생명공학_기초에서 응용까지

Biotechnologie fur Einsteiger

저자 Reinhard Renneberg

역자 김기은 · 김영민 · 송홍규 · 양덕조
이주연 · 최종선 · 홍연미

ELSEVIER

지코사이언스
GCO Science Publishing Co.

ISBN : 9783827418470
Translated Edition ISBN : 978-89-93601-00-8
Publication Date in Korea : 2009. 1. 20.

Translated by GCO Sciences
Printed in Korea

생명공학_기초에서 응용까지
(Biotechnologie fur Einsteiger)

발 행 일 2009년 1월 20일 초판 1쇄
지 은 이 Reinhard Renneberg
옮 긴 이 김기은 · 김영민 · 송홍규 · 양덕조 · 이주연 · 최종선 · 홍연미
발 행 인 박성율
발 행 처 지코사이언스
Design OPS design
편 집 유은아, 윤수진, 한우리
교정·교열 호혜정

출판등록 제2-4387호
주 소 서울시 마포구 서교동 449-43 국일빌딩 401호
전 화 대표전화 02-2279-9771
도서주문 02-2279-9771
팩스주문 02-2279-9772

ISBN 978-89-93601-00-8 93470

값 27,000원

역자 서문

최근 몇 년간 생명공학은 차세대 국가 기간산업으로 주목을 받고 있다. 생명공학은 생물학이라는 학문에 응용기술을 덧붙여 인간에게 유용한 물질 및 기술을 만들어 내는 학제적 학문으로서 의약, 식품, 환경, 농업, 분자 등 산업 전반에 걸쳐 연구 및 실제 산업에 이용되고 있다. 또한 생명공학은 인간생활에 매우 밀접한 영향을 주기 때문에 윤리적 학문에도 맞닿아 있다.

시대의 흐름을 반영하듯 생명공학분야에 대한 국민적 관심 및 기대는 남녀노소, 직업, 학력에 관계없이 높아지고 있다. 생명공학은 칼날의 양면과 같아서 긍정적인 측면–인류가 당면한 문제를 해결해 줄것이라 기대함–과 부정적인 측면–윤리적 문제–을 동시에 가진다. 그러므로 생명공학은 판도라의 상자와 같은 재미있는 학문이다.

국민들은 현재 생명공학자들에게 더 많은 것을 요구하고 있다. 특히나 산업계에선 현장에 바로 투입되어 연구할 수 있는 생명공학자들의 배출을 요구 하고 있다.

고도의 지식과 훈련 및 통찰력을 고루 겸비한 생명공학자들을 배출시키기 위한 교과서가 이미 시중에 많이 나와 있으나 그 내용이 진부하고 시대에 뒤떨어진 감이 있는 것이 사실이다. 또한 난이도 면에서는 학부생들에겐 어렵고 대학원생들에겐 쉬운 책이거나 학부생들에게 조차도 쉬운 책들이 대다수 였다. 그러므로 많은 교수님들이 생명공학을 전공하는 사람들의 입문 및 개론 교과서로 책을 선정하기가 쉽지 않았을 것이다. 본 역서는 생명공학분야에 관심을 가지고 있는 사람이나 전공하려 입문하는 사람들에게 생명공학에 대한 지식을 총체적으로 전달 할 수 있는 책으로 기대가 된다.

본 역서는 총 10장으로 구성되어 있다. 1장은 고대사회에서 시작되어 현재까지 이용되고 있는 생명공학기술을 소개하면서 자연스레 생명공학기술을 접하게 하였다. 2장에서는 효소와 산업적 이용, 3장에서는 유전학의 기초와 산업적 이용, 4장에서는 세포와 물질의 합성을 5장에서는 바이러스와 항체, 백신, 6장에서는 환경, 7장에서는 녹색생명공학, 8장에서는 배아복제와 형질전환, 9장, 10장에서는 인간의 다양한 병과 그 검사 및 치료를 분자적 수준에서 배울 수 있도록 집필하였고 최대한 저자의 의도대로 번역하도록 노력하였다.

이 책을 번역 출판하기까지 많은 도움과 배려를 지원하신 지코사이언스의 박성율사장님, 김기용이사님과 호혜정씨 등의 노력에 진심으로 감사드립니다.

2009년 1월

역자대표 김기은

|역자명단|

김기은 서경대학교 생물공학과

김영민 한남대학교 생명과학과

송홍규 강원대학교 생물학과

양덕조 충북대학교 생명과학과

이주연 축산물위해연구소중점관리연구원

최종선 강원대학교 의과대학

홍연미 한양대학교 생명과학과

원저자 서문

클로닝 실험 후의 저자 (그의 수고양이 Fortuné I, Fortuné II, Fortuné III, Fortuné IV 과 함께)

수고양이 Asmar Kahn과 함께 있는 Darja Suessbier.

그 누가 긴 서두문을 읽고 싶어 하겠는가 - 따라서 본론으로 바로 들어가고자 한다. 무엇이 나에게 이 책을 쓰게 했는가?

호기심과 열정 소년이었을 때도, 나는 나에게 세상에 대해 말해주는 모든 것을 읽는 것을 좋아했다. 오늘날, 과학자로서, 나는 우리의 미래에 현재 직면하고 있는 생명공학보다 더 매력적인 과목에 대해 생각해보지 못했다. 그 어떤 것이 더 즐거울 수 있을까?

모든 것을 알고 싶어서 과학 저서로의 본격적인 진출을 하려는 시기에, 소크라테스의 말을 빌리자면, 나는 "내가 무지하다는 것 외엔 아는 게 없다."라는 사실을 깨달았다. 매우 숙달된 르네상스의 학자가 되는 것이 내 이상이었으나-아아 슬프게도-요즘에 이런 길을 선택할 수 없다. 단지 지식의 한 분야에 대한 전체적인 모습만 가늠하는 것이 가능할 뿐이다. 그것 이상을 원한다면, 연계된 분야의 전문적인 과학자들과의 협력에 의존해야 한다. 그 점에서, 나는 운이 좋게도 두 명의 Oliver씨를 만났다-이 두 사람은 현재 네덜란드의 그로닝겐(Groningen)에서 연구 중인 베를린 출신의 Oliver Kayser와 독일 함부르크(Hamburg)에서 온 Oliver Ullrich이다. 두 분 모두 방대한 영역의 지식을 갖추었다. 그들은 책을 전체적으로 검토하는 것에 동의하여 이 책이 현재의 형태를 갖추는 데 크게 일조하였다. 그리고 그들에게 "고맙다"라는 말을 전한다. 저술 내용이 점점 복잡하게 될 쯤에서는, 나는 이 분야의 전문가들에게 의지했고, 그들의 견해(종종 아주 축약되었지만)를 참고 상자(box)에 짤막하게 삽입했다. 나는 그들에게 매우 감사하고 있으며 내가 단 한 사람의 이름도 빼놓지 않았길 원했다!

요가를 즐기고 바이오나노 공학 공상가로 알려진 분자그래픽 아티스트 David Goodsell

나태 나는 십 년간 홍콩에서 분석 생명공학과 화학을 가르쳤다. 나의 중국인 제자들은 맥주 양조법, 효소함유 합성세제, DNA, 기름 먹는 세균, "황금쌀", Glofish(유전자 변형 물고기), 심장병, 혹은 인간 게놈 프로젝트에 관해서는 거의 아무것도 몰랐다. 결과적으로, 나의 생명공학 강의는 학생들에게 88개의 문헌목록을 지시하는 것같은 길고 시간 낭비적인 탈선의 경향을 보였다. 그들이 읽기 위해 준비하면 되는 것은 겨우 책 한권이다. 지금 나는 말할 수 있다: "그냥 내 책을 사서 읽으시오. 당신이 알고 싶어 하는 모든 것은 책 안에 있으니까."

기쁨 피카소가 말했다. "당신이 상상할 수 있는 모든 것은 현실이다." 그리고 이 새로운 형식의 문서를 독일의 최고 바이오-그래픽 아티스트인 Darja Suessbier의 도움을 받아 현실로 실현시키는 것은 순수한 기쁨이었다. 그녀는 나의 임시적인 즉석 작품들을 굉장한 그래픽으로 변형시키는 독창적이고도 호의적인 방법을 발견하였다. 그 어떤 그래픽 아티스트였어도 나의 혼돈된 작업방식 때문에 절망으로 내달렸을 것이다. Dascha, 정말 고마워요!

David Goodsell의 굉장한 분자 그래픽을 사용할 수 있게 된 것은 내 꿈의 실현이었다. 그리고 내가 택솔(taxol)의 탄소 원자를 세는 데 지쳐갈 무렵에, 이탈리아에서 온 Francesco Bernardo가 필수 분자들의 3D 모형을 만들어 주었다. 오 이 흥겨움이란!

이미지에 대한 열정 아시아는 그림 표현에 있어서 긴 전통을 가지고 있다. 생명공학 삽화를 위해 구글(Google)을 검색하다 보면 내 자신은 격노하게 된다. 처음에, 출판자는 훌륭한 흰색 책에 두 개의 색깔로 이루어진 삽화의 잉크가 점차 번지는 것을 보고 조금 충격받았었다. 마지막에, 흰색 부분은 거의 남지 않았다!

저작권을 분류하는 데 있어 문제가 되어버린 이미지들이었지만, 대부분의 저작권자들은 매우 협조적이었다. 스위스의 Ringier 출판사는 형식적으로는 Leipzig의 Urania Verlag 소유로 되어있지만 나의 이전 저서인 Bio-Horizonate의 모든 권리를 이전해 주었다.

GBF Braunschweig, Roche Penzberg, Degussa, Transgen, 그리고 Biosafety Networks에서도 내가 10MB의 메일을 보내가면서 나의 서버(server) 능력에 대하여 테스트 하는 동안, 그들이 보유하고 있는 이미지 수십 장을 사용하는 것에 동의하였다. Texas에서 온 Larry Wadsworth는 내게 많은 복제 동물의 사진을 제공하였다. 내가 삽화의 작자로 언급하지 않은 사람이나 내가 접촉할 수 없었던 사람들은, 부디 연락해 주기를 바란다. 빠뜨리고 놓친 사람들 중 단 하나도 고의는 아니었다.

독자들도 내가 고양이, 새, 개구리, 돌고래, 음식, 중국, 그리고 일본- 모든 것은 나의 생물학적 저서에 있는 나의 고유한 사진들을 사용했다는 것을 알아챌 것이다. 여러분들은 나를 전문적인 저자보다 홀로 실험하는 사람으로서 보지 않기를 바라는 바이다.

커뮤니케이션 마니아 커피 한잔과 함께 자리에 앉아서 남중국해를 바라보며 밤새 어떤 메일이 도착했나 보기 위해 랩톱 컴퓨터를 켜는 것보다 더 멋진 것은 무엇일까? 아마 생명공학 세계의 주요 인물들과 사소한 소식이나 베를린에 살고 있는 Dascha로부터의 새로운 기획 같은 것일 것이다. 엄청난 양의 메일이 왔다갔다 오갔으며 그것은 마술과도 같았다. 이 책은 인터넷의 소산이다. 나는 타자를 치면서 아열대의 섬에 앉아있었고, 자 보라, 아름다운 책 하나가 또 다른 세계의 끝에 출현했다. Jules Verne가 감격했을 것이다.

이것은 누구의 **아이디어**였는가? 독일에 있는 Spektrum Akademischer 출판사에서 온 Merlet Behnecke-Braunbeck는 나의 아이디어를 책에 쓰겠다는 약속을 했었다. Imme Techentin-Bauder인 Bärbel Häcker와 Ute Kreutzer는 매우 의욕적이었고, 능률적이었으며 매력적인 편집부였다. 때때로 내가 다 끝나가는 단원을 다시 작업하거나, 완전히 바꾸거나 "보완을 하게" 되면 아마 숨죽여 악담을 했을지도 모른다. 하지만 그들은 Dascha와 나에게 훌륭한 지원을 해주었다. 숙녀 여러분, 감사합니다!

이 책은 어떻게 사용되어야 하는가?

전문대학이나 대학에서 학업을 시작하려는 학생들, 선생님들, 저널리스트, 또는 관심 있는 일반인에 대한 소개서로서, 학생들을 위한 교과서로서, 여러 분들은 체계적으로 단원들을 통해 공부할 수 있고, 각 단원 끝에 있는 8개의 질문에 대한 답변을 통하여 체크할 수 있다.

유레카 경험으로서, 대충 책을 한번 훑어보라. 당신이 좀 더 흥미를 갖는다면, 전문가의 책이나 인터넷에서 더욱 많은 정보를 찾길 바란다.

참고 문서로서, 당신을 괴롭히는 생명공학에 관한 질문들에 대한 답을 구할 때, 아마 처음으로 이것을 찾을 것이다. 그런 뒤에는 인터넷이나 전문가용 서적으로 계속 공부해 나갈 수 있을 것이다.

효과가 있을까? 나의 동료들 중 어떤 사람들은 명백하게 실험적인 이 책에 눈길조차 주지 않을지도 모른다. 하지만 어떤 책을 위해 종이를 제공해준 나무들이 무익하게 죽어갈 정도로 지루한 책은 내가 견디질 못한다.

사용자들 혹은 독자들에 의한 서평은 환영하며, 부디 메일을 chrenneb@ust.hk로 보내주길 바란다.

Ollie...라고 이름 지어진 유전자 조작이 아닌 생쥐와 함께 있는 Oliver Ullrich

아들과 딸과 함께 있는 Oliver Kayser

생명공학의 역사: 실험실에서 발효생산물과 함께 즐거워하는 Francesco Bennardo. 그는 이 일로 인하여 유기화학 실험을 중단하고 컴퓨터 앞에서 담배를 피우며 분자들을 설계하고 있다.

차 례

Chapter 04

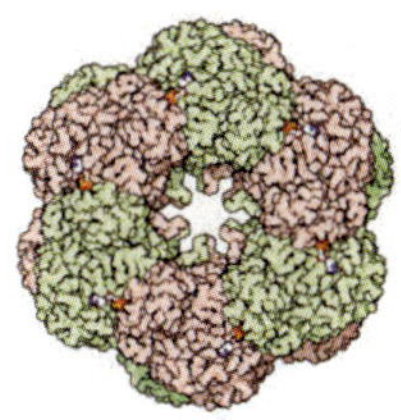

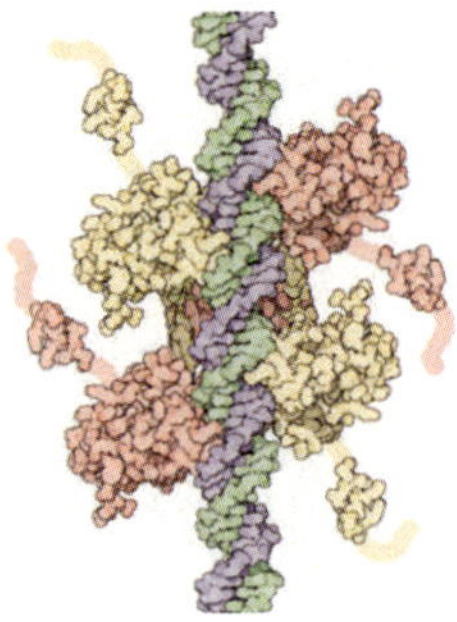

맥주, 빵, 치즈
_맛있는 생명공학

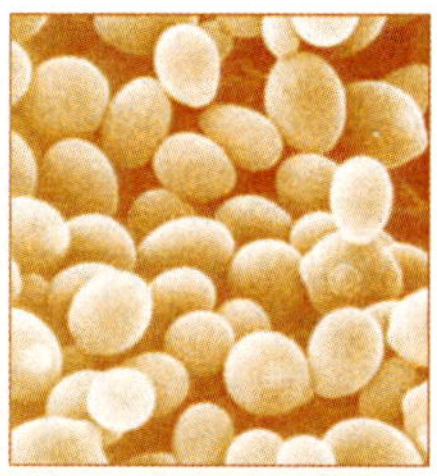

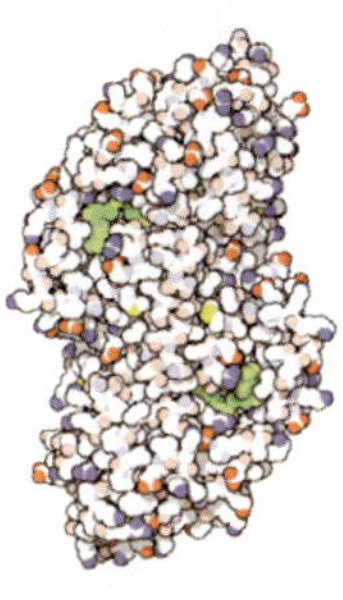

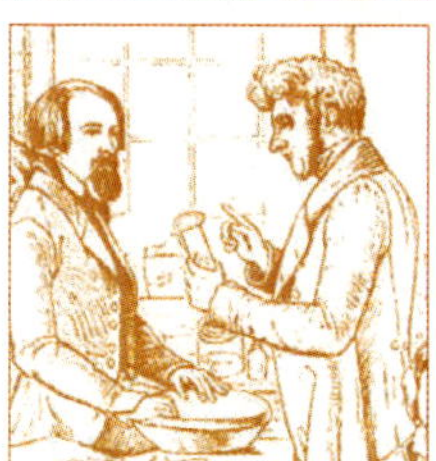

Chapter 01

그림 1.1 4400년 전 맥주 생산하는 이집트 벽화

그림 1.2 6000년 전 빵을 굽는 보이오티아(Boeotia) 여인들

1.1 아주 오래 전에도 맥주와 포도주는 있었다: 문명의 생명수

이미 6,000~8,000년 전에 유프라테스강과 티그리스강(현재 이라크) 사이에 위치한 메소포타미아(Mesopotamia)의 수메르인들은 이미 앞선 양조기술을 갖고 있었다. 그들은 발아된 곡식으로부터 영양이 풍부하고, 오랫동안 보존 가능한 음료수를 생산했는데, 보리와 밀의 옛날 형태인 에머 밀(emmer wheat)을 축축하게 적셔 발아시켰다. 파리 루브르 박물관에 소장된 모뉴멘트 블루(Monument Bleu)에는 B.C 3세기 것으로 추정되는 수메르인들이 에머 밀을 방아찧고 맥주를 만드는 방법이 기록되어 있다. 즉, 발아된 곡식알갱이인 맥아로부터 맥주빵을 만든 다음, 그것을 잘게 부수어 물과 함께 섞어 휘젓는다. 그것들을 버들가지로 만든 여과기로 찌꺼기를 걸러내고, 걸러진 액체는 진흙으로 만든 밀폐된 토기에 저장하였다. 용기에서는 곧바로 기포가 생성되며, 액체는 발효하기 시작한다.

공기를 차단한 상태에서 단맛이 나는 액체로부터 **발효(fermentation)**를 통하여 알코올 음료인 맥주가 만들어진다.

발아된 곡식들의 일정량은 햇볕에 말렸는데–이것은 오늘날 건조에 해당한다–이렇게 건조물로 오랫동안 보관하였다. 바빌로니아 맥주에는 약간 신 맛이 있었는데, 이는 **젖산발효(lactic acid fermentation)**때문이었다. 젖산(lactic acid) 때문에 맥주의 신선도가 뚜렷하게 증가하였고, 이는 산성에서는 미생물들의 번식이 어렵기 때문이다. 위생적으로 문제가 없는 맥주를 생산해야 했기 때문에 이와 같은 방법은 동방의 더운 나라에서는 대단히 중요하였다.

알코올(alcohol)은 효모의 최종 대사산물로서 당이 발효된 것이다. 2~3% 알코올은 미생물의 세포를 둘러싼 원형질막의 투과성을 변화시켜 세포성장을 억제한다. 동양의 더운 기후를 가진 나라에서는 위생을 목적으로 발효를 시킴으로써 미생물의 번식을 막았다. 그 시기에 농업인구는 폭발적으로 증가했었고, 깨끗한 음료수는 19세기까지 유럽에서와 같이 중요하였다. 신성한 의식을 치르고 있는 모습을 묘사한 옛 그림들에서 이러한 사실을 확인할 수 있다. 동물과 사람의 분변은 오늘날에도 지하수를 오염시키는 주원인이다! 이와 반대로 발효산물인 **맥주, 포도주(와인), 식초는 병원성 세균에 의해 오염되지 않는다.** 이들 발효산물들에 포함된 알코올이나 유기산들이 병원성 세균의 증식을 억제하는 작용을 하기 때문이다.

우리 조상들은 갈증을 해소할 때 물뿐만 아니라, 맥주, 포도주, 식초를 이용하였다. 말하자면 이들은 "문명의 생명수"이다. 지구상에서 가장 오래된 생명공학기술이며, 이들은 영양이 풍부하고, 향기가 있으며, 안전한 식품으로 혁명적인 진보를 거듭해 왔다.

메소포타미아인뿐만 아니라 이집트에서는 약 B.C 2,400년 전에 맥주를 생산했는데, 이는 이집트 고분 안에 있는 벽화에 잘 나타나 있다(그림 1.1).

이집트인들은 맥주 침전물을 재이용했을 때, 신속하게 발효가 일어난다는 것을 이미 알고 있었다. 이집트 맥주들은 대부분 구운 맥주빵으로부터 생산되어 어두운 색깔이었는데, 이들 중의 일부는 알코올 도수가 12~15% 정도였다. 이집트인들은 병맥주를 개발하였다. 피라미드를 건축할 당시 진흙토기 안에 보관된 맥주가 피라미드의 건설현장으로 수송되었다.

켈트족과 게르만족은 지하 약 10℃에서 500L 용기에 꿀과 함께 혼합하여 저장한 신맛이 나는 맥주인 미드(mead)를 선호하였다. 6세기 승려들은 맥주 생산을 주요 과제로 여겨 예술의 차원으로 발전시켰다. 특히 영양분이 풍부하고 알코올 도수가 높은 맥주는 "포만감을 주는 액체(*Liquida non fragunt ieunum*)"라는 격언까지 생겨났다(그림 1.2).

"beer"라는 단어는 고대 색슨족의 단어 bere, 즉 barley(보리)로부터 파생되었다. 성공적으로 맥주를 생산하기 위해서는 미생물인 효모(yeast)가 발효를 일으켜야 한다는 것을 그 당시에는 알지 못했다.

세균의 존재를 처음으로 관찰한 사람은(Box 1.1) **안토니 반 레벤후크**(Antonie van Leeuwenhoek, 1632~1723)였다. 그가 발명한 한 개의 렌즈(단일

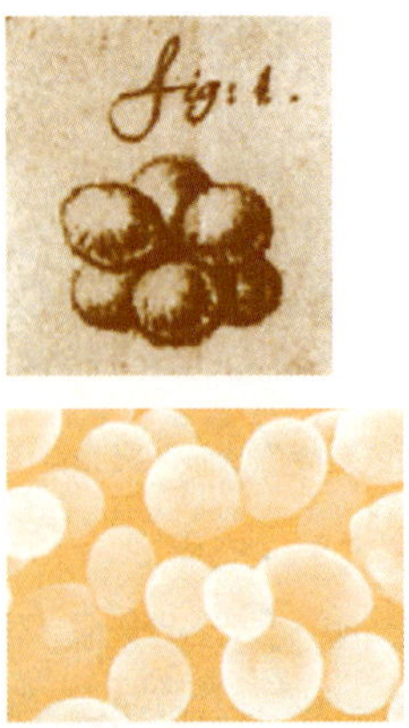

그림 1.3 Leeuwenhoek에 의해 묘사된 효모(위), 딸세포가 출아하는 모습이 뚜렷한 오늘날의 전자현미경 사진(아래)

렌즈)로 된 현미경을 통하여 인류 최초로 맥주 시료에서 노란 효모 덩어리를 관찰하였다(그림 1.3). Leeuwenhoek가 살던 시대는 농축되고 정제된 형태의 효모가 이미 빵 만드는 일은 물론 맥주와 포도주 생산에도 이용되고 있었다.

1.2 효모-알코올 발효의 비밀

효모는 커다란 범주에서 곰팡이, 자낭균류(*Ascomycota*)에 속한다.

원핵생물(prokaryote)과 반대로 효모는 진핵생물(eukaryote, 그리스어 *karyon*, 핵)로서 복잡한 세포구성물(예, 미토콘드리아)로 이루어져 있고, **진정한 세포핵(genuine nucleus)**을 갖고 있다. 효모는 대부분 무성생식인 출아를 통하여 증식하기 때문에 출아균류라고도 부른다. 그러나 효모는 때때로 두 개의 반수체를 통한 유성생식으로 증식하기도 하며, 온전한 염색체쌍을 갖는다. 효모는 그들의 증식 방법에 따라 서로 다른 군으로 분류되기도 한다.

효모는 오직 한 개의 세포로 구성되어 있다. 모세포는 출아 시 많은 혹, 즉 스스로 살아갈 수 있는 새로운 세포인 딸세포를 돌출시킨다(그림 1.3). 효모는 산성 pH 조건하에서 광합성을 하지 않고, 영양분에 의존적인 종속영양(heterotrophy)을 한다. 효모의 세포벽은 곤충의 외피처럼 키틴(chitin)과 헤미셀룰로오스(hemicellulose)로 이루어져 있다. 맥주는 곡식의 씨앗에 있는 탄수화물을 알코올 발효를 통해 생산된다. 이러한 탄수화물들은 대부분 다당류로서 만일 먼저 이당류와 단당류로 분해되면 효모세포 안에 있는 해당작용 효소(그림 1.15)에 의해서만 분해된다.

그림 1.4 중세의 맥주 제조

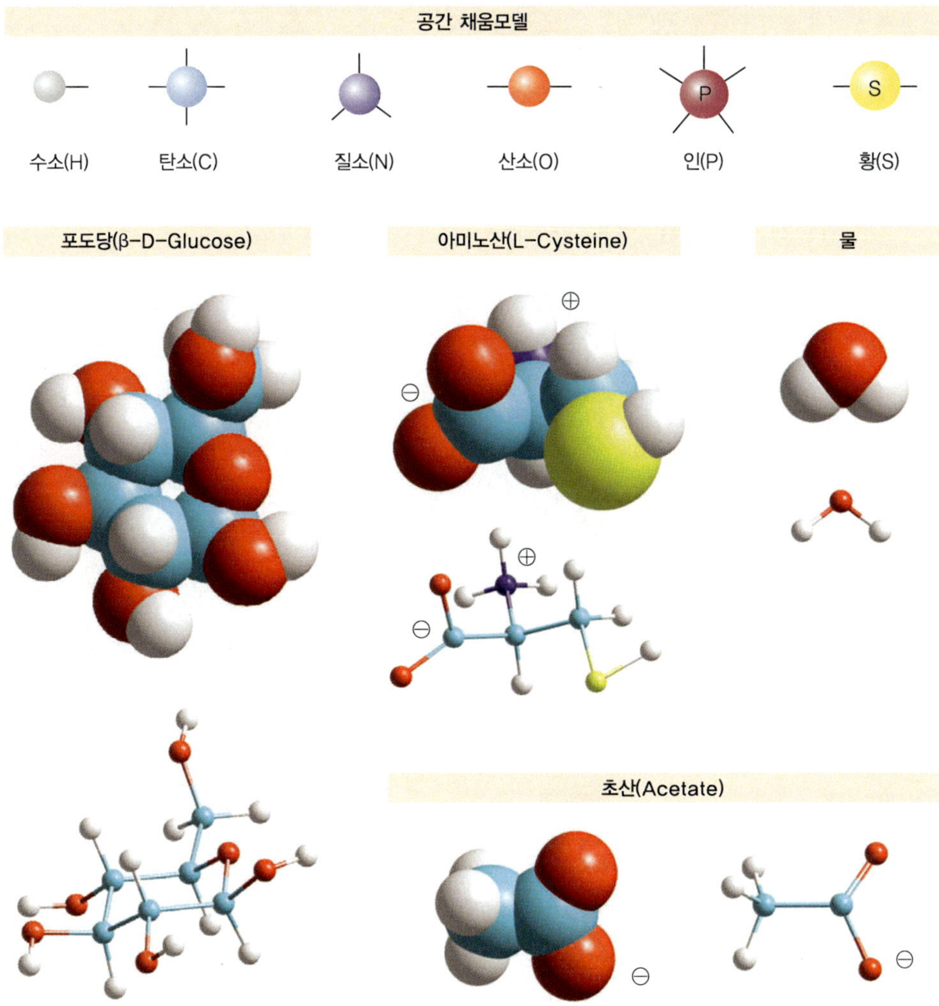

그림 1.5 이 책에서 표현된 다양한 원자와 분자의 모형

그림 1.6 고대 이집트의 맥주 제조

그림 1.7 이산화탄소 거품이 뚜렷하게 보이는 맥주

Box 1.1 생명공학 역사:
안토니 반 레벤후크(Leeuwenhoek)

그가 발명한 200배까지 확대 가능한 단일렌즈 현미경으로 관찰하고 있는 Leeuwenhoek.

"우리는 한 마리의 창꼬치(pike, 날카로운 이빨을 가진 커다란 민물고기)가 물살을 가르며 헤엄치듯이, 강하고 빠른 움직임을 보았다. 이러한 물체의 수는 적었다. 두 번째 종류는 그림 B와 같은 모습이었다. 이것들은 자주 원을 그렸고 그리고 나서 그림 C, D와 같은 곡선을 그렸는데, 그들의 숫자는 매우 많았다. 세 번째 종류는 어떤 형태도 만들지 않았다. 왜냐하면 한편으로는 타원형처럼 보였고, 다른 한편으로는 원형처럼 보였다. 그것들은 그림 E와 같이 너무 작았기 때문에, 그리고 커다란 벌떼 혹은 모기의 날개처럼 빠르게 빙빙 돌았기 때문에 관찰을 할 수가 없었다.

앞니와 어금니 사이에서 채취한 이물질(치태)이라 할지라도, (내가 생각하기에)그것은 더 이상 한 개의 모래알이 아니라 물 덩어리 혹은 침(언급한 물질과 혼합된) 속에서 수천 개로 보일 정도로 숫자가 너무 많았다. 그것들은 주로 매우 다양한 길이와 그림 F처럼 일정치 않은 다양한 두께, 즉 어떤 것들은 휜 모양, 다른 것들은 직선 형태로 관찰되었다."

(출처: Paul de Kruif, Microbe Hunters, 1930)

과학분야의 독학자라고 할 수 있는 Antonie van Leeuwenhoek(1632~1723)는 네덜란드의 작은 도시 델프트(Delft)의 소매상인이었다. 그는 현미경으로 그 자신의 치태를 관찰한 결과를 발표하여 인류에게 새로운 세계를 열어 주었다. 세계 최초로 미생물을 관찰한 Leeuwenhoek는 렌즈를 세공하는 안경제조업자로서 일을 시작하였다. 그는 신들린 듯이, 언제나 도수 높은 유리렌즈를 세공하는데 몰두하였다. 처음에 200배로 확대할 수 있는 현미경을 목표로 시작하였다. 그는 그 일을 즐기면서 하였고, 그 결과, 아주 가느다란 머리카락도 그가 발명한 한 개의 렌즈(단일렌즈)로 만들어진 현미경 아래에서는 두꺼운 끈으로 관찰되었다.

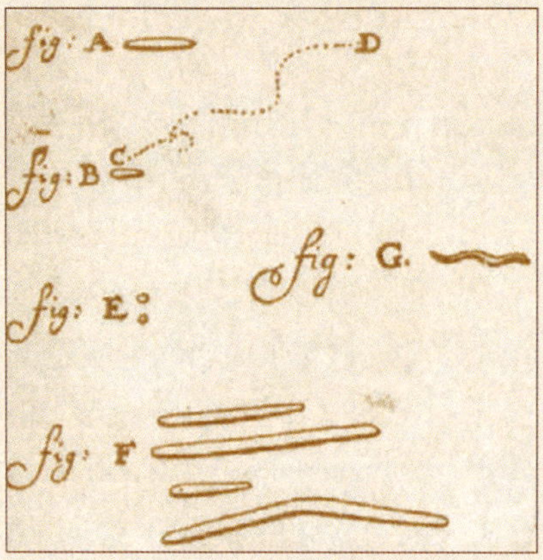

Leeuwenhoek가 그린 첫 번째 세균의 형태. 그는 영국의 과학 작가 Brian F. Ford로부터 요청을 받아, 나선형 세균(fig. G)을 실제로 볼 수 있었다.

어느 날, Leeuwenhoek에게 한 개의 빗방울을 관찰하고자 하는 아이디어가 떠오르게 되었다. 현미경 아래에서 그 작은 물체의 군집을 보았을 때, 그는 매우 놀랐다. 그것들은 서로서로 활발하게 움직이며 수영을 했다. Leeuwenhoek는 이 물체가 이(louse)의 눈(eye)보다 천 배 정도 작다고 판단하였다.

1673년, Leeuwenhoek는 한 친구의 권유로 그 당시에 매우 저명한 과학학회인 런던왕립학회(Royal Society of London)에 네덜란드어로 쓴 한 통의 감동적인 편지를 보냈다. 그 기관의 학자들은 Leeuwenhoek가 기이한 동물이라고 명명한 것처럼 "수척한 작은 동물"에 관한 글을 경탄해하며 읽었다.

영국의 과학자 **로버트 후크**(Robert Hooke, 1635~1703)는 왕립학회의 일원으로서 새로운 실험을 한 학자들의 만남을 주선하는 책임을 맡고 있었다. 그는 그 자신이 여러 개의 렌즈로 이루어진 현미경(복합 현미경)을 통하여 병뚜껑의 코르크 마개를 관찰한 결과, 일정하게 정돈된 작은 구멍들을 발견하였고, 이것들을 "세포(cell)"라고 명명하였다. Hooke는 Leeuwenhoek의 지시에 따라 네덜란드식 현미경을 개조하여 관찰을 계속하였다. 그는 아무튼 "작은 동물"이 세포들로 구성되었다는 것을 알지 못했었고, 오직 한 개의 세포로 이루어졌다고 생각했었다.

왕립학회의 과학자들은 현미경을 통하여 작은 물체의 존재를 눈으로 직접 확인하고자 하였다. 그들에게 "수척한 작은 동물"은 대단한 관심사였다. 1680년, 한 번도 대학을 다녀본 적이 없는 Leeuwenhoek는 왕립학회의 회원으로 임명되었다.

그의 손기술, 호기심, 인내를 통하여 당시의 과학자들보다 사람들에게 더 많은 감동을 안겨 주었다. 그 시대의 사람들은 그리스의 철학자 아리스토텔레스(Aristoteles)의 말처럼, 당나귀 한 마리의 이빨이 몇 개인지를 알기 위해서는 당나귀의 입을 열어 보아야 한다고 생각했기 때문이었다.

Leeuwenhoek의 현미경. 그는 약 500개의 단일렌즈 현미경을 만들었다.

Leeuwenhoek의 발견에 대하여 모든 나라들의 왕, 군주, 과학자들은 대단한 흥미를 갖고 있었다. 영국의 왕과 프로이센의 프리드리히 1세(Friedrich I)는 연마기술을 배우기 위해 Leeuwenhoek를 찾았고, 러시아의 황제 피터(Peter) 대제도 다른 사람의 이름으로 네덜란드에 체류하며 Leeuwenhoek를 방문하였다.

오랫 동안 "작은 동물"은 많은 사람들에게 호기심의 대상이었으나, 서서히 잊혀졌다.

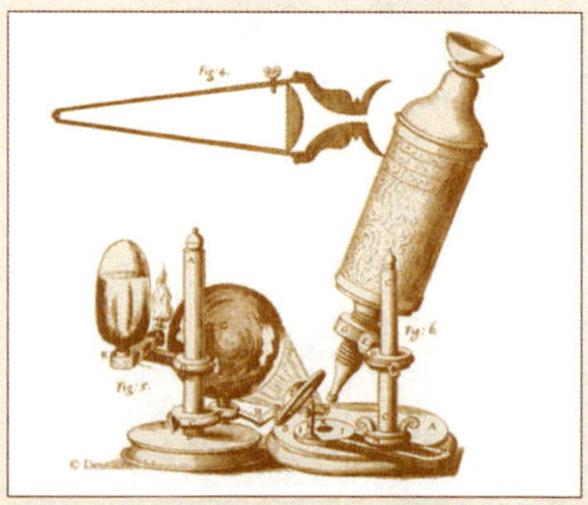

Hooke는 복합렌즈 현미경을 만들어 얇은 코르크 단면을 관찰한 후, "세포"라는 용어를 사용하였다.

Box 1.2

현대의 맥주제조

독일에서는 이미 1516년 바이에른(Bayern)에서 보리맥아, 호프(hop), 물 그리고 효모첨가물로부터 **라인하이츠게보트(Reinheitsgebot)**라는 이름으로 맥주가 출시되었다.

녹말을 함유한 곡식을 직접 발효시킬 수는 없고, 녹말분해효소인 **아밀라아제(amylase)**를 통해서만 발효가 가능하다. 녹말분해효소는 발아하는 곡식알갱이로부터 분비되며, 녹말을 맥아당(maltose)과 포도당(glucose)으로 만든다. 따라서 맥주제조에는 맥아당과 맥아즙을 처리하는 과정과 발효하는 과정이 각각 필요하다.

처음에 세척과 선별과정을 거친 보리를 1~2일 정도 **맥아저장고(malting house)**에서 물에 불린다. 그 다음에 정화된 보리 알갱이를 15~18℃로 유지되는 자동회전축이 설치된 커다란 발아상자에서 7일 동안 발아시킨다.

위와 같은 방법을 거친 **녹색 맥아(green malt)** 일부에서 효소작용을 통하여 녹말이 맥아당으로 분해된다. 다음 점차로 온도를 상승(45℃에서 시작하여 60~80℃ 유지, 흑맥주의 경우에는 105℃까지)시키면서 건조시킨 후, **건조맥아(brown malt)** 보관소로 이동시킨다.

맥아즙 제조과정에서는, 우선 작게 조각난 맥아를 찧어서 섞은 후, 많은 양의 물을 부은 다음에 온도를 올리기 시작한다. **맥아즙 제조** 과정은 효소의 분해작용을 돕기 위해 반응억제 과정이 있다. 50℃ 이하에서는 β-글루카네이즈(β-glucanase)가 여과를 방해하는 "고무 성분"을 분해한다. 50~60℃에서는 단백질이 분해된다. 60~74℃에서 녹말분해효소(α- 및 β-amylase)가 남아있는 녹말을 포도당, 맥아당 그리고 덱스트린(dextrin)으로 완전히 분해시킨다.

침전과 여과 과정을 거친 정제된 용액(맥아즙)은 호프와 같이 끓이는데, 이는 발아가 더 이상 일어나지 않고, 농축시키기 위함이다. 여기에 쓴맛을 내는 호프, 송진(rosin), 방향유를 첨가하여 맥주의 감미로운 쓴맛과 보존성을 높여준다.

맥주 원액의 성분은 맥아즙 100g 당 포도당 그리고 맥아당과 같은 물에 녹을 수 있는 추출물이 그램(gram) 단위의 건조물로 포함되어 있고, 독일에서는 맥주세금을 부과하는 기준이 된다. 일반맥주는 2~5.5%, Schankbiere는 7~8%, Vollbiere는 11~14%, 그리고 Starkbiere는 16% 이상의 맥주 원액을 포함하게 된다.

호프가 첨가된 맥주 원액은 흐르면서 여과된다(**정제**). 녹말분해효소는 가열에 의해 활성이 없어지므로, 곧이어 계속되는 효모에 의한 발효 시에는 오직 포도당과 맥아당만이 분해된다. 맥주 원액을 냉각하고 산소를 공급한 후에 **효모**(*Saccharomyces cerevisiae*)를 이용하여 발효를 시작한다. 효모는 성장과 증식에 산소를 필요로 한다.

장시간 발효하는 **저온발효**(8~10일) 맥주인 필스너(Pilsner), 도르트문트 맥주(Dortmunder beer), 뮌헨 맥주(Münchener beer)는 수송이 편리한 저장용 맥주(Lager beer)이다. 반면에 단시간에 끝나는 **고온발효**(4~6일)에서는 주로 약한 맥주가 생산된다. Schankbiere(주점에서 컵으로 파는 맥주)와 마찬가지로 모든 일반적인 맥주 종류는 저온발효를 통하여 생산된다. 고온발효의 종류로는 Berliner Weissbier, Kölsch, Alt, Karamelbier, 영국 맥주인 Ale, Porter 그리고 스타우트(Stout)가 있다.

맥주는 최종적으로 수주일 동안 0~2℃를 유지하고 있는 냉장보관소에서 후발효를 통해 **숙성(mature)**된 후, 작은 수송용기에 그대로 또는 여과된 후 병에 채워진다.

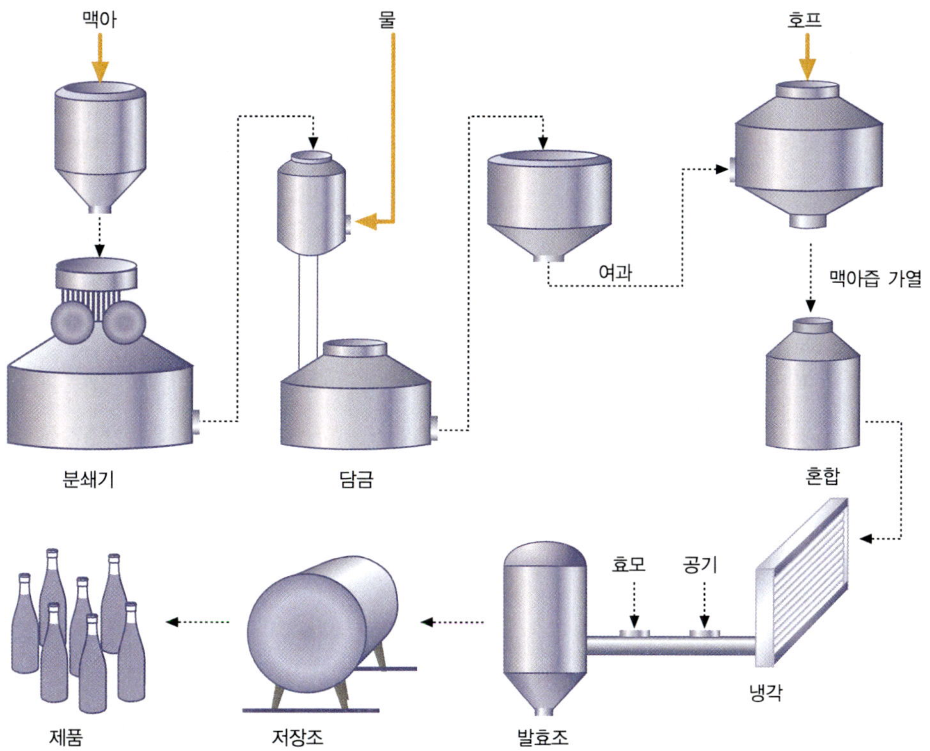

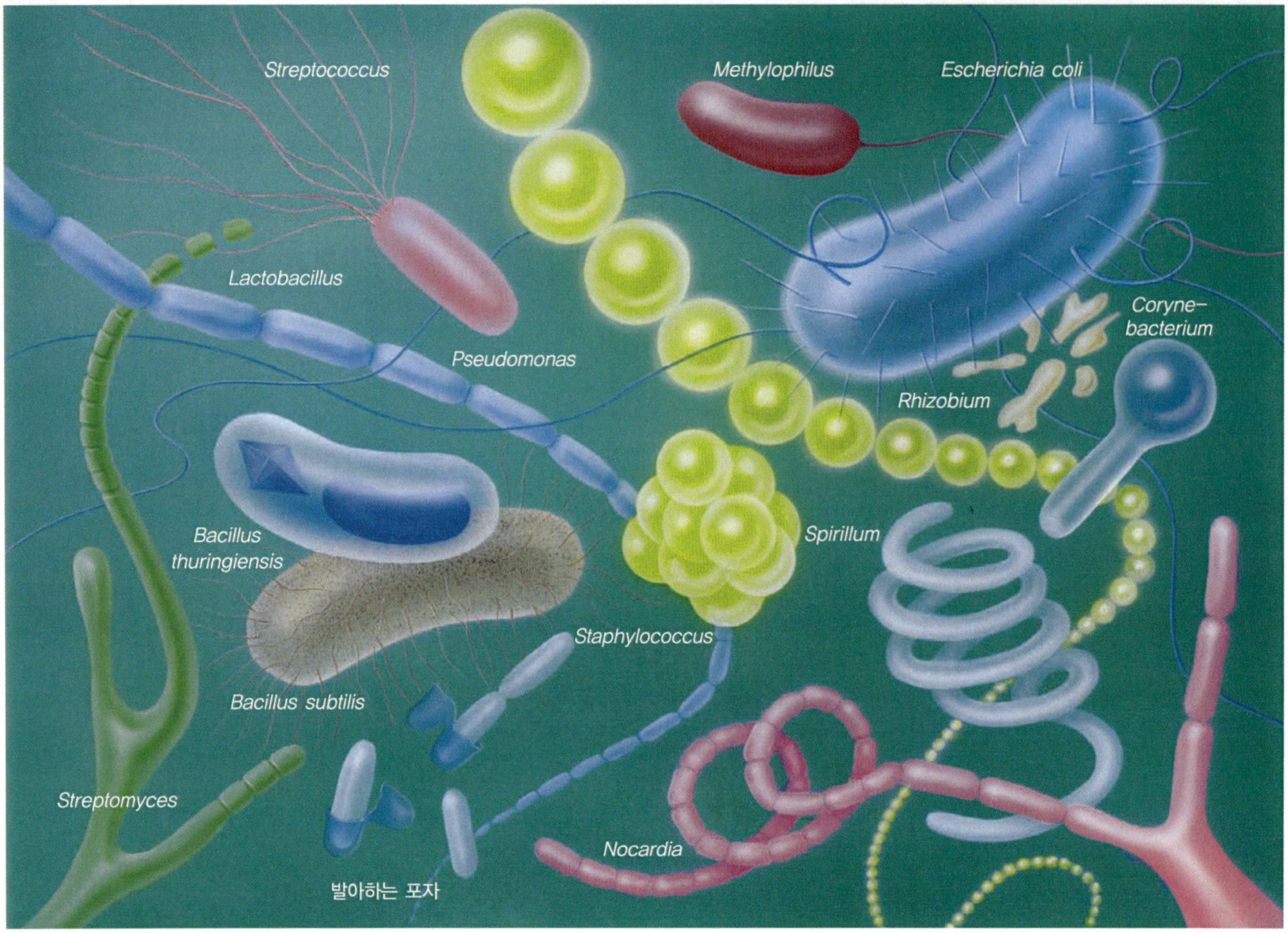

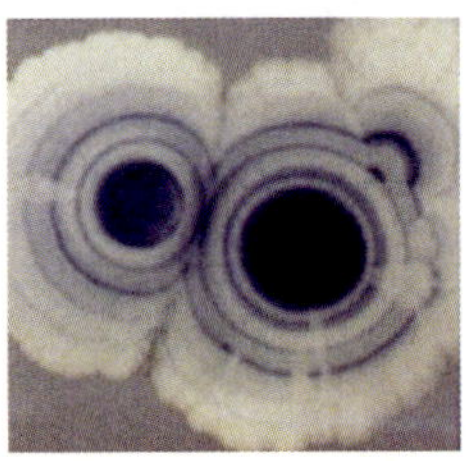

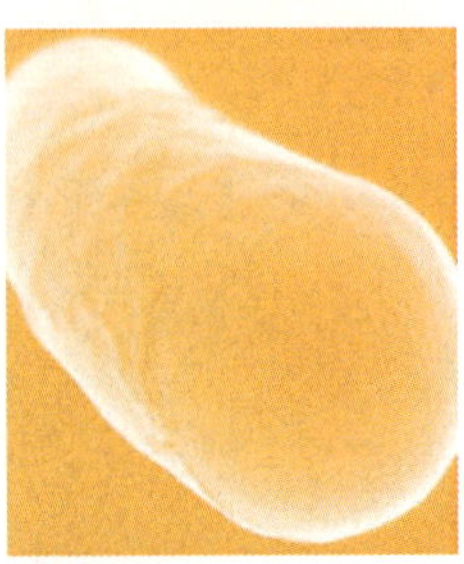

그림 1.8 세균

세균은 원핵생물이다. 유전 정보는 핵 속에 있지 않고, 대부분 환형의 이중 나선형으로 세포질에 존재한다.

세균에는 진핵생물(효모, 고등식물 및 동물세포)에 존재하는 전형적인 세포소기관, 미토콘드리아(세포호흡에 필요)나 또는 엽록체(광합성에 필요), 소포체 등이 없다.

세균은 종속영양생물이다. 유기물로부터 에너지를 얻는다. 그러나 광합성을 하는 세균이 있는가 하면, 무기물(예, 황)로부터 에너지를 얻는 세균도 존재한다.

세균에는 운동성이 있는 것과 없는(예, 막대형) 단세포 형태와 다세포, 예를 들면 노카르디아(*Nocardia*) 속 그리고 스트렙토마이세스(*Streptomyces*)-종류의 균사체가 있다.

이 그림에는 생화학적으로 중요한 대표적인 세균들이있다. 세포벽은 다양한 형태로 이루어져 있다(4장). 현미경 관찰 시 세균의 염색 정도에 따라 그람양성과 그람음성으로 구별된다.

슈도모나스(*Pseudomonas*) 종류(탄화수소의 이용, 스테로이드 산화), 아세토박터(*Acetobacter*, 초산 생성), 리조비움(*Rhizobium*, 질소 고정) 메틸로필러스(*Methylophilus*, 단세포단백질, 메탄올 산화)는 그람음성이면서 호기성인 막대균과 구균에 속한다.

유전공학의 분야에 중요한 대장균 *Escherichia coli*는 그람음성이면서 혐기성인 막대균이다.

바실러스(*Bacillus*, 효소 생산), 클로스트리디움(*Clostridium*, 아세톤 및 부탄올 생산)은 그람양성이면서 포자를 형성하는 막대균과 구균에 속한다.

곤봉 형태를 하고 그람양성인 코리네세균(*Corynebacterium*) 종류는 아미노산을 생산한다.

젖산을 생산하는 스트렙토코커스(*Streptococcus*), 스타필로코커스(*Staphylococcus*, 식중독의 원인균), 프로피온세균(*Propionibacterium*, 비타민 B_{12}, 치즈 제조), 노카르디아(*Nocardia*, 탄화수소의 산화), 스트렙토마이세스(*Streptomyces*, 항생물질 및 효소) 종류는 그람양성 구균이다.

유산균(*Lactobacillus*, 젖산 생산) 종류는 **그람양성이지만 포자를 형성하지 않는 균**에 속한다.

세균은 음식물의 부패균이며, 질병 원인균이다. 그러나 한편으로는 생명공학 공정과정에서 대단한 경제적 가치를 지니고 있다.

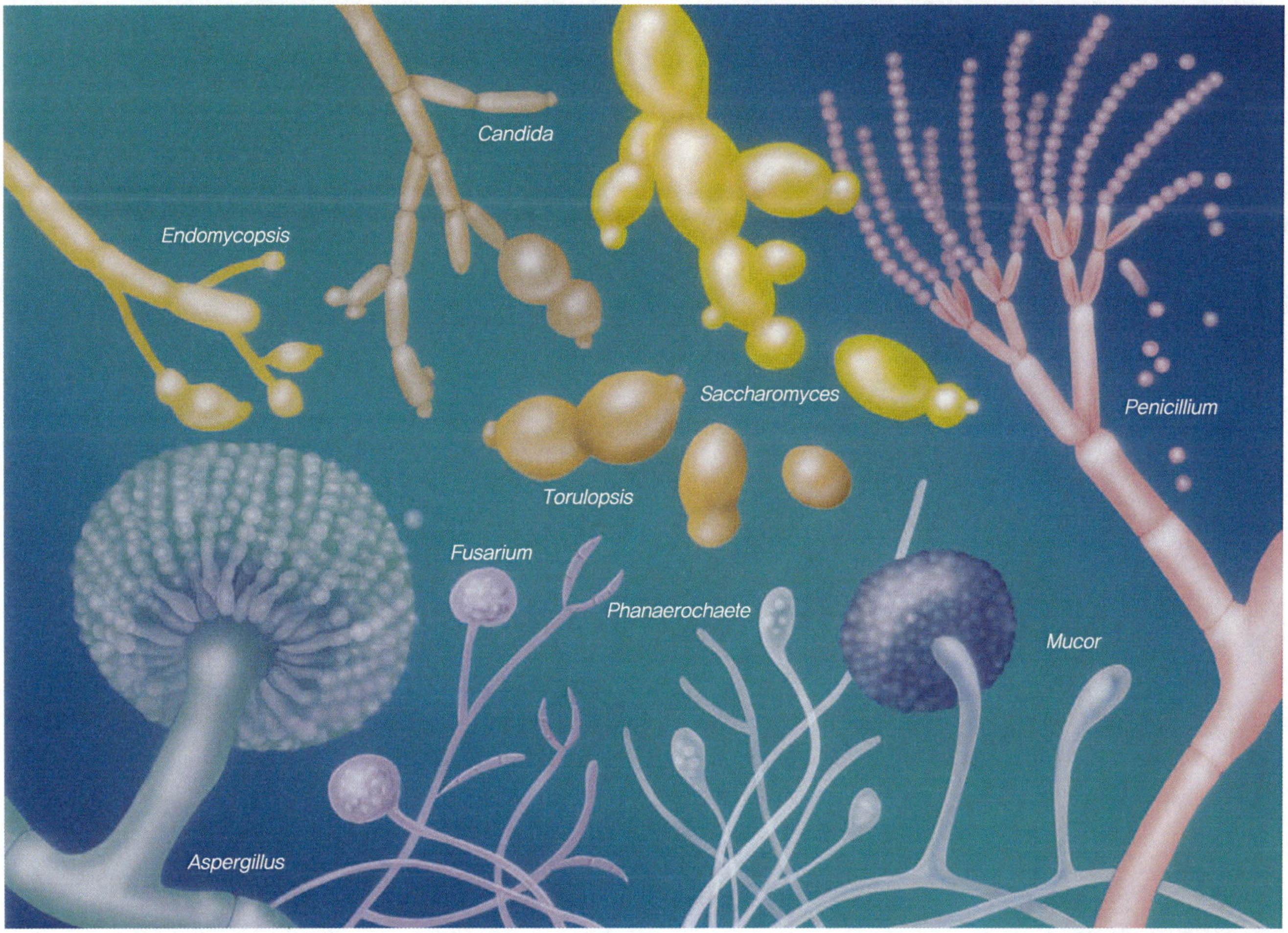

그림 1.9 진균류 자연적 순환, 특히 분해과정에서 중요한 역할을 한다. 현재까지 약 70,000종의 진균류가 분리되었다. 효모와 모든 진균류는 진핵생물에 속한다. 유전정보가 핵 속에 있는 **진균문(Eumycota)**이다.

야생효모는 산업체에서 대량생산에 이용되는 맥주효모(*Saccharomyces carlsbergensis*), 포도주- 및 빵-효모(*S. cerevisiae*), 사료용 효모(*Candida*)인 배양효모와 구별된다. *Candida utilus*는 사료용 효모와 같이, 인을 포함하는 폐수에서 빠르게 증식한다. *Candida maltosa*는 원유에 있는 알칸(파라핀)을 영양원으로 하여 사료단백질을 생산할 수 있다. *Trichosporon cutaneum*은 다른 곰팡이류에는 독성을 나타내는 폐수에 있는 페놀을 분해시킨다. *Trichosporon*과 효모인 *Arxula adeninivorans*는 폐수방류의 미생물 센서로 이용된다.

곰팡이(mold fungi)는 20,000종류의 곰팡이 그룹으로 이루어진 자낭균류(*Ascomycota*)에 속한다. 둥근 효모에 비해 길고 가는 세포로 되어 있으며, 대부분 절대 호기성이다. 곰팡이는 균사체(mycelia)안에 있는 세포핵의 분열로 무성생식으로 포자를 형성한다. 이러한 균사체는 공기가 있는 쪽으로 뻗어 나가 포자낭(sporangia)이라고 한다. 성숙한 포자는 공기 속으로 쉽게 이동하여 안정된 물질에 도달했을 때, 새로운 균사체를 생성하기 위하여 발아를 시작한다. 자낭균류(*Ascomycota*)는 자낭(ascus)의 색깔과 형태에 따라 더 세분화된다.

많은 곰팡이들은 대부분 구별이 쉽지 않고, 무색의 실같이 가늘고 긴 모습으로, 형태와 색깔에 따라 세분화된다. 산업적으로 중요한 곰팡이는 탱크 안에서 균사체 덩어리로 자라므로 포자를 형성하지 않는다. 곰팡이는 효모와 유사한 영양원을 필요로 하지만, 다목적으로 이용된다. 효모와 달리, 섬유소(*Tricoderma reesei*) 혹은 리그닌(*Phanaerochaete chrysosporium*)도 잘 분해한다(6장). *Aspergillus*, *Penicillium*과 같은 곰팡이는 녹말, 보리 단백질, 대두를 분해하는 발효에 이용되는 반면, *Aspergillus niger*는 구연산(citric acid)을 생산한다. 페니실린은 *Penicillium chrysogenum*으로부터 생산된다(4장). 다른 종류의 *Penicillium*은 카망베르(Camembert) 혹은 로크포르(Roquefort)와 같은 특정한 타입의 치즈 생산에 이용된다.

곰팡이에 의해서 분비되는 녹말분해효소(amylase)와 단백질분해효소(protease)는 산업 효소 정제를 통하여 생산된다(2장).

*Endomycopsis*와 털곰팡이(*Mucor*)도 산업적인 효소를 생산한다. *Fusarium* 종류는 식용 단백질 생산에 이용된다(6장 Quorn 참조).

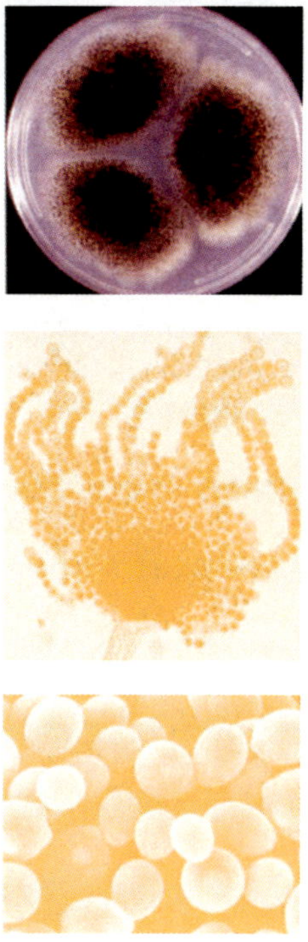

1.3 오늘날 맥주제조에는 효모, 물, 맥아와 호프가 사용된다

현대적 맥주 제조법은 이미 수메르인들이 보리 발아와 **효소를 포함하고 있는 맥아**를 이용했던 것과 같다(Box 1.2).

맥아는 분쇄되어 따뜻한 물과 함께 혼합된다. 이렇게 만들어진 맥아즙은 용기에 채워진 후, 수 시간 동안 곡식 알갱이에 저장된 녹말분해효소인 아밀라아제(amylase)의 작용을 통해, 맥아당, 포도당 그리고 다른 당들로 분해된다. 세포벽을 분해하는 효소인 β-cellulase는 α-amylase가 알갱이 내부에 포함된 녹말을 분해하도록 곡식 알갱이의 외부 껍질을 분해시킨다. 이어서 맥아즙의 고형성분은 여과되고, 단맛이 나는 액체는 맥주통으로 옮겨진다. 여기에 호프가 첨가되고, 액체는 향기와 함께 쓴맛이 나게 된다.

생산된 향기를 내는 액체를 발효통에 붓고 맥주 효모를 첨가한다.

이제 **알코올 발효(alcoholic fermentation)**가 시작된다. 발효가 시작된 후, 맥주는 수 시간 동안 숙성시키기 위해 탱크에 저장된다. 최종적으로, 유해한 미생물을 살균시키기 위해 살짝 가열된 후, 병맥주, 깡통맥주, 통맥주로 분류되어 채워진다.

오늘날 맥주제조의 기본적인 과정들은 수천 년

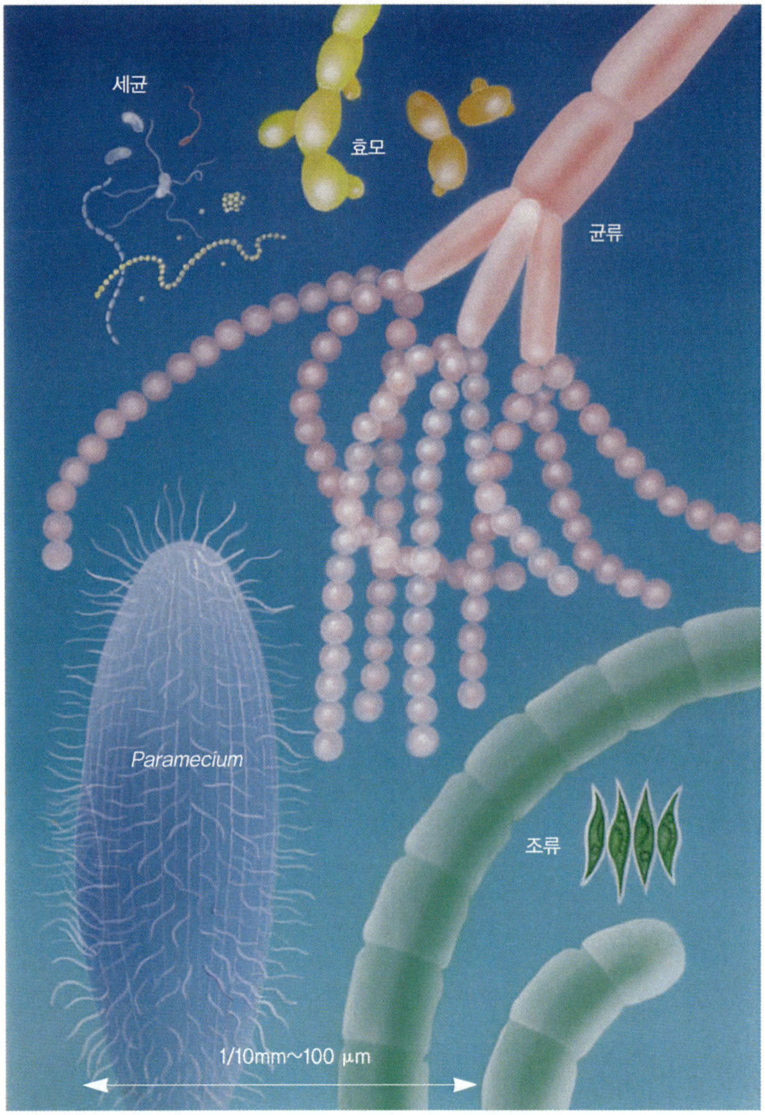

그림 1.10 생물공학에서 중요한 미생물의 크기 비교. 짚신벌레(*Paramecium*) 길이는 대략 사람 머리카락 두께와 같다. 1/10mm 혹은 100µm

그림 1.11 오른쪽: 진핵세포, 원핵세포, 바이러스의 크기 비교

그림 1.12 오른쪽: 한 개의 세균세포에는 얼마나 많은 분자들이 있나?

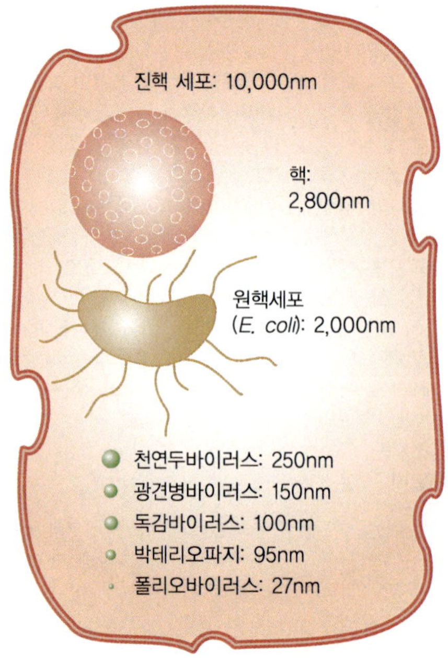

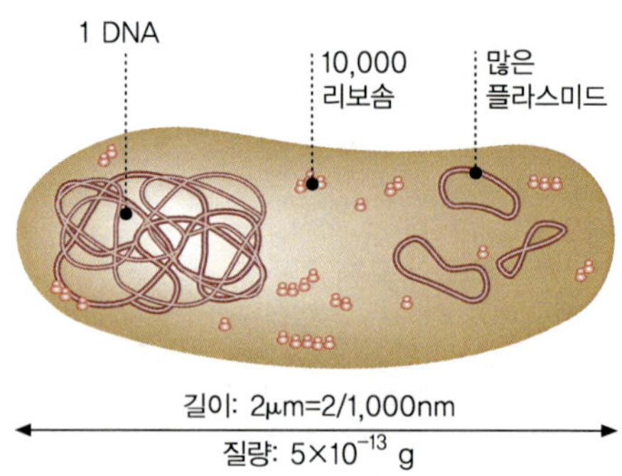

분자수와 세포내 총질량 비율

물	10^{10}	80.0%
단백질	10^6~10^7	10.0%
당	10^7	2.0%
지방	10^8	2.0%
아미노산 및 유기산	10^6~10^7	1.3%
DNA	1	0.4%
RNA	10^5~10^6	3.0%
무기물질	10^8	1.3%

Box 1.3
와인과 증류주

포도주 제조의 경우, 우선 포도주용 포도를 분쇄기에서 잘게 부순다. 백포도주 제조 시, 압축하거나 매시(mash, 으깬 물질)를 만든다. 포도가지, 껍질, 포도씨로 된 포도박(pomace)과 즙을 분리한다. 이 때 펙틴분해 효소(pectinases, 2장)를 첨가하면, 더 맑고 많은 양을 추출할 수 있다. **적포도주(red wine)** 생산과정에서는 즙을 직접 발효시킨다. 포도껍질에 함유된 붉은 색소, 안토시안(anthocyan)이 용해되어 붉은 색을 만든다. 따라서 매시는 4~5일이 경과한 후 압축 과정을 거친다.

발효과정은 포도껍질의 표면에 붙어 있는 효모에 의해서 일어나거나, 혹은 발효가 잘 진행되도록 순수한 **효모 배양물(*Saccharomyces cerevisiae*** 계통의 균주, yeast culture)을 첨가한다. 이 과정에서 거품이 생성되는데, 거품이 섞인 뿌연 발효액은 가을의 양파 키쉬(onion tart)로 여겨질 만큼 독일의 남부 지방에서 인기가 매우 높다.

4~8일 동안 진행되는 **주 발효(main fermentation)** 과정에서, 당은 거의 소모된다. 단백질과 펙틴은 물에 녹지 않고 침전물로 남게 된다. 포도주 생산 후 12개월 이상은 차가운 곳에 저장하게 되는데, 이 때 남아있던 당(sugar)이 서서히 후발효되어, 포도주 고유의 향미를 지니게 된다. 발효가 거의 끝날 무렵, 황(sulfur)으로 처리된 밀폐용기로 옮겨져 **숙성**(maturation) 과정을 거친다. 숙성 과정은 지하실에서 이루어지는데, 이는 특히 포도주 품질을 보존(예를 들면 황, 이산화황은 효모보다 세균에 독성을 나타냄)하기 위함이다. 대부분의 포도주는 10~12%의 알코올 농도가 된다.

발효과정에서 유산균이 **말산(malic acid, 사과산)**을 분해시켜 약한 젖산을 형성시킨다. 이러한 발효과정이 없다면, 높은 농도의 산 성분(8~10g/L) 때문에 독일 포도주는 마실 수 없을 것이다.

포도주는 색깔(백포도주, 적포도주), 원산지, 그리고 포도의 종류(예, Riesling, Pinot noir, Chardonnay, Syrah 등)에 따라서 구별된다. 포도주의 단맛을 내기 위하여, 어떤 경우에는 발효를 중지시킬 수도 있고, 발효가 시작되기 전에 갓 압축된 포도즙을 첨가할 수도 있다. 이처럼 포도주에 남아있는 당 성분은 발효를 중지시키거나, 포도즙을 첨가함으로써 조절할 수 있는데, 달지 않은 포도주(dry wine)는 L 당 8g, 중간 맛 포도주(semi-dry wine)는 L 당 18g(혹은 18g 이상)의 당 성분을 함유하고 있다. 주정강화 포도주(fortified wine)는 당, 알코올, 향료를 첨가하여 생산한다.

샴페인 및 발포성 포도주(sparkling wine)는 두 번의 발효과정을 거쳐 병 속으로 이산화탄소가 유입된다. 2차 발효 초기에 특별한 샴페인 효모를 통하여 배양되어 병속에 채워진 선택된 포도주와 설탕액(sugar syrup)이 혼합된다. 몇 달 동안 발효가 서서히 진행되는 동안 경사진 선반에 병목을 아래로 향하게 하고 주기적으로 회전시키면, 침전물은 병목의 캡슐에 쌓이게 된다. 병의 뚜껑을 열고 침전물을 제거한 후, 설탕액, 브랜디(brandy)를 첨가한 후 코르크로 된 병마개로 막는다. 이리하여 마개를 딴 후에도 풍미가 오래 유지되는 포도주가 만들어진다. 이에 비해 **발포성 포도주**는 일정한 압력 하에서 이산화탄소를 첨가한다.

브랜디, 리큐어(liqueur), 펀치(punch), 칵테일, 코냑, 아르마냑(armagnac), 럼, 아라크(arrack), 위스키, 그리고 과일 슈납스(schnapps)를 포함하는 **증류주(spirits)**는 때때로 귀한 술로 여겨진다. 발효과정 중에 생긴 향미를 내는 부산물(에스테르, 고농도의 알코올, 알데히드, 산, 아세테이트 등)이 부분적으로 술에 남게 된다. 녹말이 발효될 때, 퓨젤유(fusel alcohol)는 거의 생성되지 않는다.

일반적인 **증류주**는 원액 증류주에 물과 향미를 내는 물질, 예를 들면 아니스의 열매(aniseed), 회향(fennel), 캐러웨이(caraway), 곱향(juniper) 등을 섞어서 만든다. 이들은 적어도 32% 이상의 알코올을 함유해야 한다. **곡주**(grain spirits)는 호밀, 밀, 메밀, 귀리 또는 보리로부터 생산된다. 스코틀랜드나 아일랜드에서 유래된 **위스키**(적어도 43% 이상의 에탄올 제품)는 맥아(malt)를 건조시킬 때 직접 연기에 쐬게 하기 위하여 화로를 이용한다. **보드카(vodka)**는 40~60%의 알코올을 함유하고 있으며, 호밀, 감자 또는 다른 녹말 식물로 만든 매시로부터 연속적 증류로 생산된다. **진(gin)**과 Steinhaeger 등의 생산을 위해 두송실(juniper berry) 또는 juniper 알코올 추출물을 곡물 매시에 첨가한다.

과일 브랜디(fruit brandy)는 38%의 알코올을 함유하고 있는데, 설탕이나 알코올, 다른 색깔을 내는 원료를 첨가하지 않고, 발효된 과일로부터 증류를 통해 생산된다. 칼바도스(calvados), 그랍파(grappa)가 과일 브랜디에 속한다. 반면에 버찌, 자두, 살구, 복숭아 증류주는 신선한 과일에 알코올을 첨가하여 생산한다. 브랜디(적어도 38% 알코올 포함)는 포도주나 발효된 과일액을 증류하여 생산된다.

코냑(cognac)은 프랑스 지방인 Charente Maritime, Charente, Dordogne, 그리고 Deux Sevres에서 생산되는 포도로 만들어진다. 아르마냑(Aramagnac), 독일, 그리스, 이탈리아, 스페인과 같은 나라에서 포도주를 이용하여 생산하는 브랜디도 여기에 속한다. 발효된 사탕수수를 증류하여 생산하는 **럼**(rum)에는 38%의 알코올이 생성된다. 아락(arrak)은 쌀 혹은 코코넛(coconut) 야자나무 꽃의 수액으로부터 생산된다.

리큐어(liqueur)는 증류주에 설탕, 향미를 내는 과일, 혹은 식물 추출물을 혼합하여 생산된다. **펀치(punch**, 힌디 말인 *punshafive*에서 유래)는 5개의 성분(에탄올, 향신료, 레몬 쥬스, 설탕, 약간의 차 혹은 물)을 포함하는 매운 음료이다. **칵테일(cocktail)**은 에탄올을 함유한 에피타이저(appetizer)인데, 이러한 명칭은 미국 독립 전쟁 시, 서로 다른 액체를 수탉꼬리의 털처럼 섞이지 않게 여러 층으로 유리컵에 채우는 기술로부터 유래되었다.

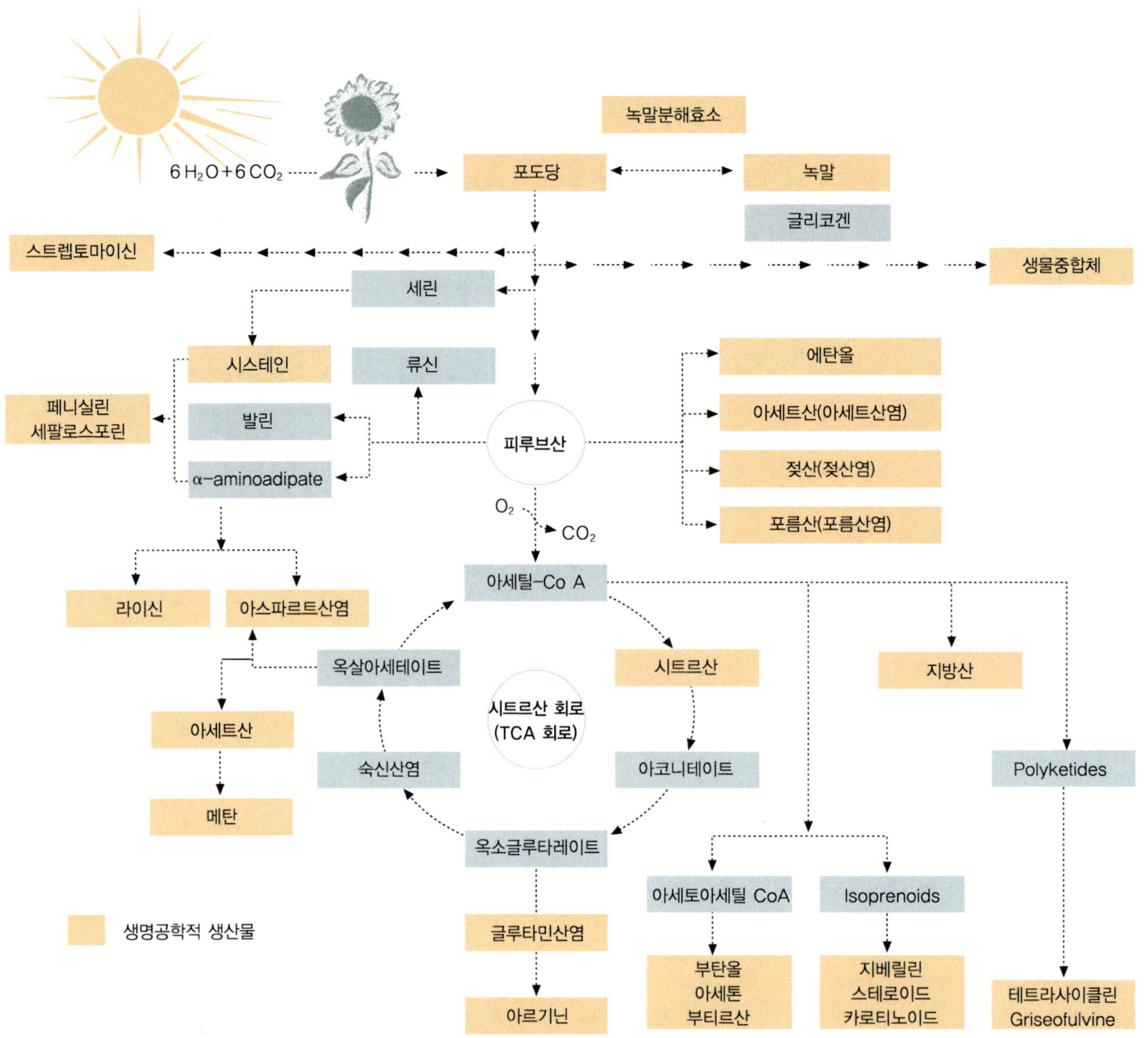

Box 1.4

포도당 대사는 어떻게 이루어지나?

포도당의 분해인 해당과정(glycolysis)은 포도당 분자에 ATP(Adenosinetriphosphate)로부터의 인산기의 효소적 전달을 통해 시작된다(그림 1.15). 이는 에너지를 사용할 수 있도록 전환하는 과정으로, 계속되는 단계를 통해 에너지가 지속적으로 생산된다.

해당과정을 통하여 보조요소 **NADH**와 **ATP**가 생성된다. 이러한 보조요소들은 효소를 재생산할 때 중요하다(2장 참조). 6개의 탄소원자를 포함하는 포도당 분자는 효소 작용으로 분해되어 2개의 피루브산(**pyruvate**)이 된다.

피루브산은 물질대사에서 중심적인 역할을 한다. 많은 피루브산들은 산화되어 "활성화된 초산(acetyl-coenzyme A)"이 된다. 동시에 포도당 호흡의 결과물인 CO_2가 처음으로 생성된다. Acetyl-coenzyme A에는 여전히 2개의 탄소 원자가 남게 된다. 소량의 피루브산이 옥살산으로 전환되는데, 이것으로부터 소위 **시트르산 회로(Krebs cycle**, 독일의 생화학자이자 노벨상 수상자인 Hans Krebs의 이름에서 명명되었으며, 후에 그는 영국으로 이민 감)가 시작되는데, acetyl-coenzyme A내 2개의 탄소 원자가 회로에 들어가고, 2 분자의 CO_2로 산화된다. 시트르산과 같은 시트르산 회로의 중간산물은 정상적인 경우에 매우 미미한 양으로 존재한다. 그것들은 평형상태에 놓여 있다(4장 참조). 해당작용에 있어서 에너지는 가수분해에 의해서 생성되며, 여기에는 수소(H)를 일시적으로 전달하는 산화된 조효소 NAD^+가 참여한다. 그리하여 생성된 조효소(NADH)는 수소를 다시 떨어뜨려야만 한다. 왜냐하면, NADH는 해당작용에 에너지를 공급하는 반응을 더 이상 수행할 수 없기 때문이다. 이러한 반응은 미토콘드리아에서 **호흡계**의 효소작용을 통하여 일어난다. 전자전달계에서 높은 에너지 상태에 있는 수소를 연소시키기 위하여, NADH에 포함된 수소는 오토 바르부르크(Otto Warburg)가 발견한 **시토크롬 산화효소(cytochrom oxidase**, 그림 1.14, 2장 참조)를 통해 이용되고, 동시에 에너지가 생성된다.

전의 방법과 동일하다. 그러나 당시의 사람들은 무의식적으로 미생물들을 이용했었다.

아주 오래 전 지구상에 있는 거의 모든 민족들은 수메르인들과 마찬가지로 비슷한 발견을 하였다. 아마도 **포도주**(와인, **wine**)는 6,000년 전의 아라라트(Ararat) 산 근처의 지역에서 생산되었을 것이다. 그러나 석기시대인 9000년 전의 중국에서 최초의 술을 제조한 것이 최근에 발견되었다(Box 1.7).

고대 그리스인과 로마인들은 포도송이로부터 발효된 즙, 포도주를 특히 선호하였다(Box 1.3). 그리하여 로마인들은 라인강과 모젤강에 포도주 농장을 만들었다. 아프리카인들은 수수로부터 분열효모인 *Schizosaccharomyces pombe*를 이용하여 Pombe-맥주를 생산했었다. 아시아의 유목 민족들은 마유(horse milk)를 가죽통에서 넣어서 마유주(Kumys)로 발효시켰다. 일본인들은 쌀로부터 알코올 발효를 통해 사케(Sake)를, 러시아인들은 유산균 *Lactobacillus* 종류, 곰팡이 *Aspergillus oryzae*와 함께 크와스(Kvass)를 만들어 냈다.

오늘 날까지 포도주 생산방법(Box 1.3)은 별로 변화하지 않은 채, 전해져 내려오고 있다. 다시 말하면, 적포도와 청포도를 빻고 압착하여 얻은 포도즙을 여과시킨 후에 밀폐된 통에서 발효시킨다. 이러한 통은 예전에는 나무로 만들어 사용했지만, 요즈음에는 250,000L까지 채울 수 있는 금속 탱크를 이용한다. 전 세계적으로 해마다 5억 헥토리터(hectoliters)에 해당하는 포도주가 생산되고 있다.

1.4 세포들은 태양에너지에 의존한다

태양은 매일 4×10^{15}kWh의 에너지를 지상에 내뿜는다. 이렇게 태양은 매 30분 마다 모든 지구인들이 1년 동안 함께 사용할 수 있는 에너지를 공급한다. 오직 태양에너지의 3/1,000만이 녹색식물의 **광합성**(**photosynthesis**)을 통해 에너지로 전환된다.

물은 세포의 **엽록소**(7장 참조)에서 에너지가 풍부한 광자의 도움으로 산소(연간 100억 톤)와 수소로 분해되는데, **산소**(**oxygen**)는 가스와 분자 형태로 방출된다. **호흡**(**respiration**)하는 모든 생명체는 "차가운 연소"를 필요로 한다. 이와 반대로, 광합성에 의해서 생산된 수소는 연간 2,200억 톤의 탄소와 결합하여 탄수화물(당)로 저장된다.

지구상에서 대부분 생명체의 에너지원인 **탄수화물**(**carbohydrate**)은 광합성에 의하여 다량으로 생산된다.

호흡 때, 탄수화물에 결합되어 있던 수소는 다시 빠져나와 "생화학적 폭발반응"을 통해 호흡계의 단계적인 과정을 거치면서 최종적으로 방출된다. 결과적으로 모든 에너지는 태양으로부터 나온다!

세포들은 성장기는 물론 휴식기에도 지속적인 에너지 공급을 필요로 한다. 에너지는 세포 안에서 섭취된 영양소의 통제된 전환(**물질대사**, **metabolism**)을 통해 생긴다. 영양소는 특이한 물질대사 경로를 경유하여 연속적으로 일어나는 효소 반응을 통하여 에너지로 전환된다.

이리하여 에너지 합성과 소비 과정에 필요한 구성요소와 에너지가 생성된다. 영양소는 우선 작은 조각으로 나누어지고, 효소반응을 통하여 저분자 결합으로 전환되어, 이들로부터 세포의 구성요소인 **포도당**, 아미노산, 핵산(피리미딘 염기, 퓨린 염기, 당인산), 유기산 그리고 지방이 생성된다.

이 구성요소들로부터 "단백질의 거대분자", 핵산(DNA, RNA), 다당류 저장물질과 세포벽 구성성분이 생산된다.

대다수 생명체의 보편적인 영양소인 탄수화물은 광합성에 의해 다량으로 생산되며, 맨 처음 포도당으로부터 시작된다. 수많은 생화학적 산물들은 포도당처럼 세포 안에서 분해되는 방식에 의하여 생산된다.

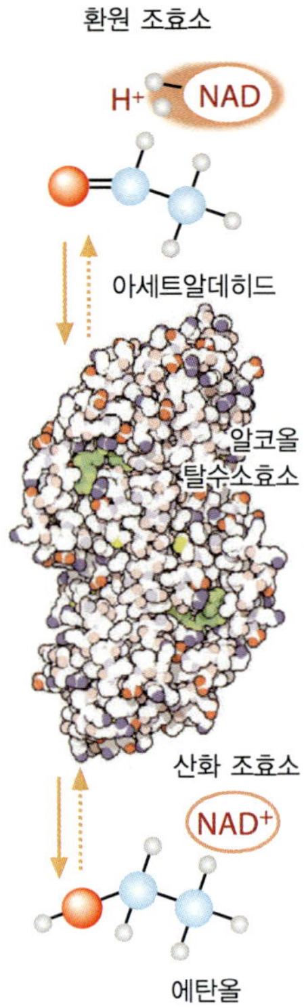

그림 1.13 효모로부터 분비된 알코올 분해효소는 아세트알데히드를 에탄올로 전환시킨다. 이들의 역반응은 생물학적인 분석(10장)에서 혈중에 포함된 에탄올을 탐지하기 위하여 이용된다.

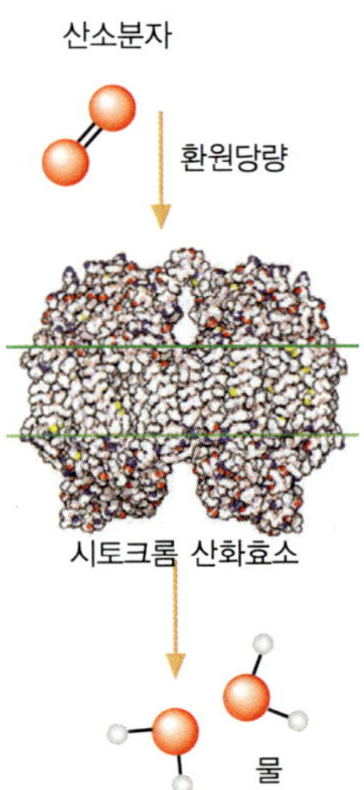

그림 1.14 Otto Warburg에 의해 발견된 호흡 효소인 시토크롬 산화효소. 차가운 연소과정에서 수소는 물로 전환되어 에너지를 방출한다.

1.5 효모에게 알코올은 즐거움이 아닌 비상조치의 결과이다

효모세포의 "생명문제"에 관한 답을 하기 위하여, 생화학적인 지식에 눈을 돌려 보기로 하자. 효모는 "호기성(aerobic)" 또는 "혐기성(anaerobic)" 조건에서 살아갈 수 있지만, 호기성 생물에 더욱 가깝다. 산소가 공급되는 상태에서 효모는 활발하게 증식하여, 당을 CO_2와 물로 분해하는 과정을 통하여 새로운 세포의 성장과 생성에 이용할 수 있는 에너지를 얻는다.

효모에게 공기의 공급을 차단시키면, 그들은 비상조치를 취하기 위하여 물질대사의 과정을 바꾼다. 발효는 그들의 생명이 위협을 받는 동안에, 비록 에너지 면에서는 효율적이지 않지만, 그들이 살아남을 수 있도록 도와준다. 1861년, 루이 파스퇴르(Louis Pasteur)는 산소가 없는 상태에서 효모는 더 많은 포도당을 소비한다는 것을 발견하였는데, 이것을 **파스퇴르 효과(Pasteur effect)**라 한다. 에너지 손실을 보충하기 위하여, 효모는 혐기적인 조건하에서는 호기적인 조건에서보다 더 많은 포도당 분자를 전환시킨다. 그러나 산소가 차단되면, 효모는 호흡계에서 축적된 조효소 $NADH+H^+$를 연소시킬 수가 없다. 따라서 해당작용은 피루브산의 단계에서 머물고 만다(Box 1.4).

세포에서 피루브산이 아세트알데히드로 전환될 때, CO_2가 방출되며, 시트르산 회로는 이용될 수 없다. 호흡계의 "차가운 연소" 과정에서 O_2 부족으로 더 이상 NAD^+로 환원될 수 없는 축적된 $NADH+H^+$를 이용하기 위해, 세포는 오직 한 개의 경로에서 머물게 된다. 세포는 **알코올 탈수소효소(alcohol dehydrogenase**, 그림 1.13)를 이용하고, $NADH+H^+$를 이용하여 아세트알데히드로부터 에탄올(ethanol)과 NAD^+를 생산한다. 따라서 결국 포도당은 알코올과 CO_2로 불완전하게 연소된다. 포도당 1 분자가 발효될 때, "에너지교환 현금"인 ATP가 1~4 분자까지(산소 공급 시, 38 ATP 분자가 생산되는 것에 대신하여) 생산된다. 이 정도 양이면 살아남기 위하여 충분하다.

알코올은 효모에게 즐거움을 주는 것이 아니라 오히려 비상조치의 결과이다. 그러나 알코올 양이 일정한 기준을 초과했을 때, 세포는 죽게 된다. 이에 반하여, L 당 100mg 이상의 포도당이 영양배지에 공급된다면, 에탄올은 호기적인 조건에서도 생산될 수 있다(Crebtree 효과). 이렇게 "과잉반응"일 경우에, 피루브산은 시트르산 회로를 경유하여 산화하지 않고, 에탄올로 환원된다.

현재는 효모의 mRNA(단백질 합성을 위해 세포핵 DNA 정보를 리보솜으로 전달하는 단일나선 핵산)가 산소가 부족한 경우, 혐기성 효모가 호기성 효모와 전혀 다른 효소를 갑자기 분비한다는 것을 **유전자칩**(10장)의 도움으로 알게 되었다. 즉, 효모세포의 산소 상태에 따라서 유전자(DNA)가 서로 다르게 해석되어 다양한 단백질이 발현되었다.

세균은 위에서와 같은 방법으로 ATP를 만들고 소비함으로써, 발효를 통하여 **젖산**(*Lactobacillus*), **낙산**(*Clostridium butyricum*), **프로피온산**(*Propionibacterium*), **아세톤**, 그리고 **부탄올**(*Clostridium acetobutylicum*)을 생산한다(6장).

산소가 부족한 상태에서는 오로지 매우 많은 양의 영양소 전환만이 세포가 필요한 에너지를 ATP의 형태로 공급할 수 있기 때문에, 발효산물을 대량으로 얻을 수 있다.

인간이 이용한 최초의 생명공학 과정들이 왜 알코올과 젖산 발효였는지 이해할 수 있다. 발효를 통해 짧은 시간에 대량으로 발효산물이 생산되므로 매우 효율적이다.

1.6 높은 농도의 알코올은 증류를 통해 생산된다

효모는 오직 일정한 농도의 알코올만을 생산할 뿐이다. 알코올 함량이 높아지면 효모는 서서히 죽기 시작한다. 이러한 이유 때문에 맥주와 포도주의 알코올 도수는 약하다. 포도주의 도수는 12~13%, 사케(sake)는 16~18%이다.

도수가 높은 술(Schnaps 또는 Branntwein)은 12세기 이후에 알려졌다. 사람들은 그 당시에 포도주를 밀폐된 용기 안에서 가열(증류)하였다.

그림 1.15 해당작용 및 이와 관련된 효소: 포도당이 피루브산으로 분해(요약)

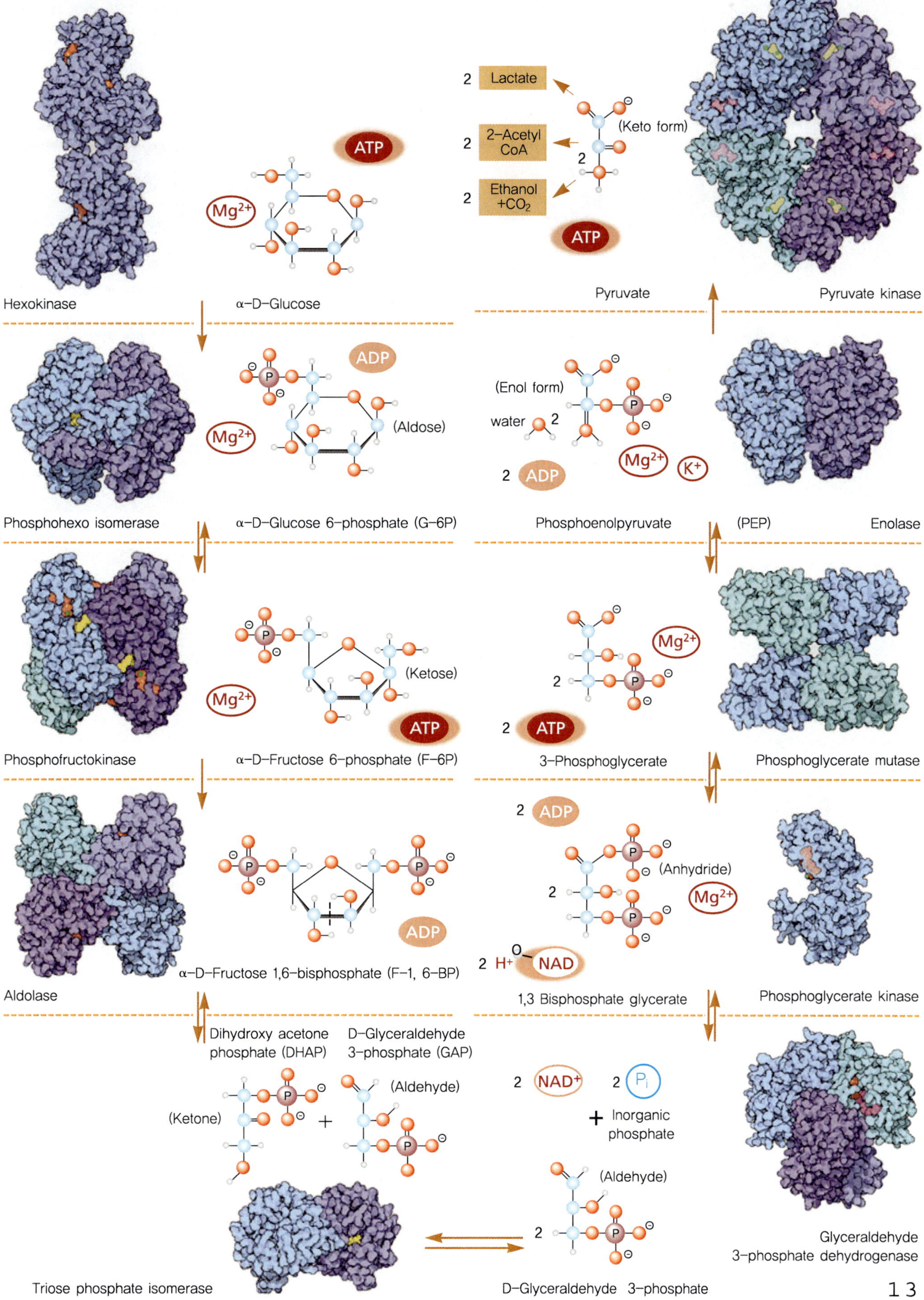

Box 1.5 산유(sour milk) 제품 및 치즈

산유(sour milk)는 *Streptococcus cremoris*, *Str. lactis* 그리고 향미를 갖는 미생물인 *Leuconostoc cremoris*를 접종하여, 약 16시간 발효탱크에서 배양한 후, 살균 처리한 우유이다.

카망베르 치즈 제조

요구르트는 산양유, 양유, 우유로부터 만들어진다. 요구르트 배양은 호열성 유산균인 *Streptococcus thermophilus*, *Lactobacillus bulgaricus*를 이용한다. 이 유산균들은 서로 공생하는데, *Lactobacillus*는 *Streptococcus*에게 우유의 분해산물인 카세인(casein)을 제공하여 그들의 증식을 돕는다. 이에 반하여 *Streptococcus*는 포름산(formic acid)을 생산하여 제품에 기여한다.

카망베르 제조에는 페니실리움(*Penicillium*)을 이용한다.

케피어(Kefir, 발효유의 일종)는 농도가 높아, 찐득찐득하며, 거품이 쉽게 일어나는 발효유다. 0.8~1% 젖산, 0.3~0.8% 에탄올, 이산화탄소, 이외에도 미량의 디아세틸, 아세틸알데히드, 아세톤이 들어 있어 차갑게 해서 마셨을 때, 더욱 좋은 맛을 느끼게 해준다. 무슬림들 사이에서 예언자의 밀릿(millet)이라고 불리우는 케피어의 작은 덩어리는 콜리플라우어(cauliflower)처럼 생긴 도토리 크기의 작은 덩어리인데, 이것은 *Saccharomyces kefir*, *Torula kefir*, *Lactobacillus*와 *Streptococcus* 종류, 향미를 내는 *Leuconostoc* 종류, 초산세균과 같은 미생물들, 그리고 카세인과 유당으로 되어 있다.

쿠미스(마유주, kumys)는 마유(horse milk)를 젖산과 효모를 혼합하여 발효시킴으로써 생산된다.

지중해 코르시카의 다양한 치즈 종류

신 크림버터(sour cream butter)는 크림을 분리한 후, 열처리를 하고 냉각시킨 다음 "숙성" 시킨 미생물제품이다. 이때 버터 지방이 결정화된다. *Streptococcus lactis*, *S. cremoris*, *Leuconostoc cremoris*를 접종하면, 이미 존재하던 유당(lactose)은 젖산(milk acid), "버터향(diacetyl)" 그리고 아세토인(acetoin)으로 전환된다. 버터우유는 버터 생산 중에 나오는 부산물로부터 만들어진다.

치즈생산(cheese preparation)은 살균된 우유에 유산균과 사상균을 종균제(starter)로 접종함으로써 시작되는데, 여기에 응유효소를 첨가하면 약 1시간 정도 후에 우유가 응고된다. 이렇게 만들어진 젤리를 조심스럽게 몇 센티미터 정도 크기의 주사위 모양으로 자르고 유청(whey)을 분리시킨다.

로크포르의 곰팡이 성장을 위한 공기통로

에멘탈러(Emmentaler) 치즈는 약 2주일 동안 위와 아래를 번갈아가며 수차례 뒤집고, 소금물에 담근 후 건조시킨다. 다음 약 6~8주 정도에 걸쳐 더운 지하실에 저장하면 프로피온 세균이 젖산을 CO_2와 프로피온산으로 발효시킨다. 이 과정에서 스위스 치즈의 특징인 구멍이 만들어지고 특유의 맛이 형성된다. 그 후, 6개월 정도의 숙성 기간을 거친다.

림부르크(Limburg) 치즈는 건조 과정을 거친 후 치즈 위에 붉은 점액층이 생기도록 *Brevibacterium* 계통의 균주를 반복하여 코팅한다.

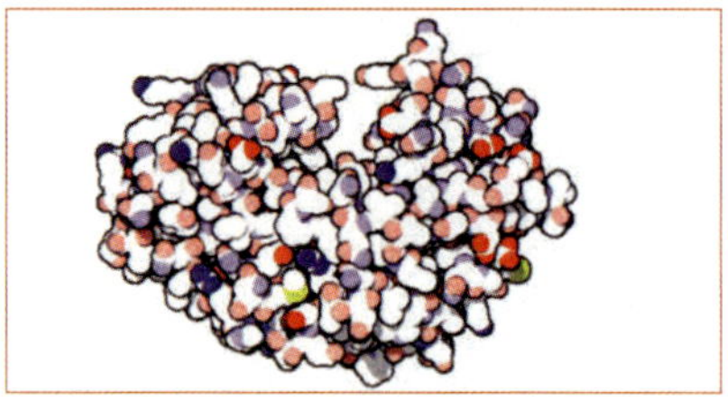

레닌(키모신) 분자

카망베르(Camembert) 치즈 생산은 페니실리움(*Penicillium caseicolum*) 혹은 전통적인 *P. camemberti*를 접종하여 빠른 포자 형성을 유도하는 것으로 시작된다. 3~4일 정도 건조실에서 곰팡이가 자라도록 한 후에, 9~11일 후에는 포장하여 제품으로 판매할 수 있다. 이 치즈는 판매진열대에서도 여전히 숙성이 계속되는 상태이다. 단백질을 분해하는 곰팡이의 효소가 치즈를 부드럽게 만들고 치즈 고유의 향과 암모니아(쏘는 냄새)를 발생시킨다.

유명한 치즈 구멍: 프로피온산 세균의 산물

진정한 로크포르(Roquefort) 치즈는 살균시키지 않은 신선한 양유(sheep' s milk)로부터 생산된다. 양유의 응고는 *Penicillium roqueforti* 포자를 접종함으로써 일어난다. 이 치즈는 프랑스 전역(코르시카에서 피레네에 이르기까지)으로부터 로크포르(Roquefort)로 수송되어, 거기에서 염분이 첨가되고 곰팡이 성장을 돕기 위한 공기통로를 만들기 위하여 바늘로 찔러 구멍을 낸다. 최종적인 숙성은 로크포르산에 있는 천연지하실에서 이루어지는데, 20일 동안은 공기를 넣어주고, 3개월 정도 공기를 차단하기 위해 주석박으로 감싸준다. 이 때 단백질과 지방을 분해하는 사상균의 효소 반응이 계속해서 진행된다.

Box 1.6
사케, 간장 및 기타 아시아의 발효식품들

일본의 **사케(Sake**, 쌀로 만든 발효주) 생산 과정은 포도주보다는 맥주생산에 더 가깝다고 할 수 있다. 왜냐하면, 우선 쌀에 포함된 녹말이 녹말분해효소인 아밀라아제에 의해 발효 가능한 당으로 전환되기 때문이다. 익힌 쌀과 사상균인 *Aspergillus oryzae*를 섞은 다음, 소위 코지(*Koji*, 누룩의 일종)를 생산하기 위해 35℃에서 5~6일 동안 방치해 두면, 균사체로부터 녹말과 단백질을 분해하는 효소들이 분비되어 높은 농도로 축적된다. 다량의 익힌 쌀과 배양 종균제(culture starter)인 *Saccharomyces cerevisiae*와 같은 효모를 섞어 만든 코지는 Moromi(아직 거르지 않은 술이나 간장)로서, 석 달 후 쌀에서 사케로 발효가 이루어진다. 사케는 약 20%의 알코올을 함유한다.

간장(일본, shoyu, 중국, chiang-siu, 홍콩, siau) 생산도 위의 방법과 유사하다. 대두, 밀, 다량의 소금으로 만든 코지를 혼합한 Moromi(諸味)는 8~12개월 동안 *Aspergillus soyae*, *Aspergillus oryzae*와 함께 발효된다. 동시에 미생물인 *Pediococcus soyae*, 효모인 *Saccharomyces rouxii*, *Hansenula* 그리고 *Torulopsis*가 종균제로서 자주 첨가되고 젖산과 알코올이 생성된다. 발효가 끝난 후 압착하면 18%의 소금함량 이외에, 1% 이상의 식욕을 돋우는 아미노산인 글루타민산(4장 참조), 2% 알코올이 함유된 간장이 생산된다.

일본의 사원 앞에 저장한 사케통.

일본에서 가장 오랫동안 단백질의 주공급원으로 기여해온 발효 식품인 **미소(miso)**는 코지의 전단계 성분을 함유하고 있다. 두부(tofu 또는 sufu)는 콩(대두) 단백질이 *Mucor sufu*에 의해서 발효된 산성응고물이다.

톡 쏘는 자극적인 냄새를 풍기는 **낫토(natto)**는 콩을 증기로 처리하여 생산된다. 콩을 전나무 잎으로 감싼 후, 코지(*Aspergillus oryzae*)를 접종하고, 수개월 후에 *Streptococcuss*와 *Pediococcus*로 2차 발효시킨다.

앙카크(Angkak, 붉은 쌀)는 찐 쌀에 곰팡이인 *Monascus purpureus*를 혼합하여 생산하고, 중국, 인도네시아, 필리핀에서는 매운 양념과 색깔을 내는데 사용된다.

곰팡이에 의해 발효된 콩–낫토(natto).

인도네시아의 **템프(tempeh)**는 익힌 콩에 거미줄곰팡이 *Rhizopus*를 접종하여 바나나 잎으로 싸서 만든 것이다.

와사비(wasabi, 과산화효소를 포함한 서양고추냉이로부터 유래)와 섞은 간장.

알코올 증류에는 속임수가 있다. 물은 100℃에서 끓지만, 알코올은 78℃에서 이미 증발해 버린다. 이때 생긴 알코올 증기는 차가운 물로 둘러싸인 관으로 이동되고, 서서히 식으면서 액체방울의 형태로 농축된다. 이와 같은 방법으로 농도가 매우 높아진 알코올은 술통에 모여진다.

증류주(spirituosen, 라틴어 *spiritus*, 정신)는 적어도 32%의 에탄올을 함유하는데(Box 1.3) 코냑(cognac), 독일 와인브란트(weinbrannt), armagnac, 과일증류주, 위스키(whisky), 보드카(vodka), 진(gin) 등이 있다.

유명한 **코냑(cognac)**은 15세기 초에 프랑스 Charente 지방의 포도재배자로부터 개발되었는데, 코냑을 만들기 시작한 이유는 이웃 지방인 Bordeaux에서 생산되는 포도주의 품질보다 이 지방의 포도주 품질이 떨어졌었기 때문이었다. Charente 지방 사람들은 포도주를 증류하는 아이디어를 냈고, 계속해서 두 차례 증류하여 제품을 만들게 되었다. 오늘날에도 여전히 막 생산된 코냑의 알코올 도수는 70%에 달하는데, 색깔과 맛을 더하기 위하여 수년 동안 숙성시킨 후, 제품 완성 시에는 40%로 희석된다.

오늘날의 최신 양조기법에서 곡물 녹말 혹은 감자 녹말로부터 **순수한 알코올(spirits)**을 생산한다. 곡물이나 감자에 포함된 녹말은 우선 녹말분해효소에 의해 당으로 전환되고, 당은 효모와 함께 알코올로 발효된다. 여기서 만들어진 알코올은 가열과 증류를 통하여 최고 96%의 알코올로 된다. 애주가들은 이처럼 높은 농도의 알코올이 세균을 죽인다고 주장하는데, 실제로 병원에서 피부의 부분소독

그림 1.16 Koch 교수는 곰팡이가 순수하게 배양될 것이라고 확신한다(그 당시의 시사 만화).

그림 1.17 빵은 유산균과 효모가 협력한 결과이다.

그림 1.18 중세기의 빵 제조

그림 1.19 산업적 규모의 현대의 제빵업

에 70%의 알코올을 사용한다.

알코올 농도가 2~3%만 되어도 세균을 둘러싸고 있는 세포막의 삼투압을 증가시켜 세균의 증식을 억제한다. 따라서 이보다 더 높은 농도의 알코올은 세균의 번식을 더욱 억제한다. 알코올에 절인 과일, 예를 들면 럼토프(Rumtopf)는 보존이 용이할 뿐만 아니라, 알코올이 세균의 증식을 막는 효과가 있다는 것이 증명되었다. 식품을 부패시키고 식중독을 일으키는 세균들의 대부분은 알코올에 예민하므로, 알코올을 이용하여 이들의 번식을 억제할 수 있다는 것은 잘 알려진 사실이다. 인류의 초창기 시절에 알코올 발효는 저장수단 뿐만 아니라 식품 위생에도 대단히 중요한 역할을 담당했었다는 것은 결코 부인할 수 없는 사실이다.

1.7 세균이 만드는 산은 보존을 용이하게 한다!

세균은 원핵세포이고 효모 크기의 1/10 정도이다. 세균의 크기를 상상하기 위하여 가장자리가 1mm인 주사위($1mm^3$의 공간 크기임)를 상상해보자. 그 안을 10억 개 이상의 세균들이 채울 수 있다.

세균(그림 1.8)은 흔히 **막대(bacilli)** 형태로 존재한다. 그러나 어떤 것들은 **구형(cocci**, 그리스어 *kokkus*, 둥근 핵) 모양, 콤마 형태로 항상 진동하는 **비브리오균(vibriones**, 라틴어 *vibrare*), 또는 나선형 모양으로 감겨있는 **나선균(sprilli**, 라틴어 *spirllum*)도 존재한다. 많은 세균들은 빨리 이동하기 위하여 편모와 긴 부속물을 가지고 있다. 세균들은 대부분 중간이 양분되어 분열한다. 따라서 이전에는 이들을 "분열 균류"라고 불렀다(그림 1.16). 이와 같이 생성된 딸세포들은 완전하게 분리된다. 이 딸세포들은 대부분 스스로 떨어지지만, 역시 고리 모양을 만들 수 있는데, 이것들을 **연쇄상구균**(streptococci, 그리스어 *streptos*, 사슬)이라 한다. 또한 **포도상구균**(staphylococci, 그리스어 *staphyle*, 포도)은 포도송이처럼 함께 모여서 덩어리를 형성한다.

효모와 마찬가지로, 세균들도 기호품을 비롯하여 수많은 식품과 사료들을 생산한다. 그중 일부는 심지어 알코올 생산에 적합하다. 멕시코 원주민들은 수백 년 동안 알 지 못한 채, **Pulque**(데킬라로 더 잘 알려져 있는데, 이는 멕시코의 도시 **Tequila**로부터 유래하였음)를 생산할 때 용설란(agave sap)이나 종려(야자) 술에 세균 *Zymomonas mobilis*를 접종하여 발효시켰다. 지난 수십 년 전에야 처음 밝혀졌던 것처럼, 세균은 고당배지(high-sugar media)에서도 매우 잘 성장할 수 있다. 이들은 효모 계통보다 약 6~7배 빠른 속도로 알코올을 생산한다.

현대적인 의미에서의 **제빵업**은 아마도 양조업이 발전한 후 성장했을 것이다. 처음에 사람들은 딱딱하고 납작한 빵을 만들었다. 약 6,000년 전에 처음으로 이집트의 제빵업자들은 효모(yeast)를 넣은 밀가루 반죽으로부터(발효된) 부드러운 빵을 생산하였다.

빵은 다양한 유산균(*Lactobacillus*) 종류와 산성에 잘 견디는 효모를 필요로 한다. 이러한 효모에는 산성뿐만 아니라 중성인 환경에서도 잘 살아남는 *S. cerevisiae*, *Candida krusei*, *Pichia saitoi*와 같은 것들이 속한다.

효모 발효의 부산물, 즉 알코올, 초산, 아세토인, 디아세틸, 퓨젤알코올은 빵의 맛과 향을 결정하는 데 대단히 중요한 역할을 담당한다.

발효의 궁극적인 최종 산물은 알코올이 아니라, 반죽을 부풀게 하는 **이산화탄소**(CO_2)이다. 발효 과정은 녹말에 포함된 아밀라아제에 의해서 생산된 포도당과 **맥아당(maltose)**, 그리고 예를 들면 **포도당(glucose)**, **과당(fructose)**, **자당(saccharose =sucrose)**과 같은 당이 첨가됨으로써 진행된다.

빵을 만들 때, 효모와 세균은 오븐 안의 뜨거운 열기에 의해 사멸되므로 발효는 멈춘다. 발효 시, 알코올은 증발하고, 구워진 밀가루 반죽에는 빵의 절단면에서 알 수 있듯이, 오직 CO_2에 의해 만들어진 벌집모양의 기포가 생성된다.

오늘날 상업적으로 판매되고 있는 빵은 이미 만들어진 밀가루 반죽에 소금, 물, 효모를 첨가하여 몇 시간 동안 발효시킨 후, 빵 모양을 기계로 절단함으로써 생산된다.

약 20분간 빵을 알맞게 구운 후, 오븐으로부터 꺼내어 식힌다. 흰 빵과 케이크 반죽에는 오직 밀가루와 물에 효모만을 첨가한다. 즉, 이들 빵에서는 젖산 발효가 일어나지 않는다.

흰 빵과 케이크에 이용되는 **빵효모(*Saccharomyces cerevisiae*)**는 사탕수수나 사탕무우의 부산물인 당밀(molasses)로 생산된다. 세계적으로 연간 1,500,000톤 정도가 생산되며, 이는 약 5억 유로(Euro)에 해당된다.

인류는 문명 초기부터 양, 염소, 그리고 소를 길들이기 시작했고, 그들로부터 젖을 얻을 수 있었으며, 역시 산유(sour milk)를 알게 되었다(Box 1.5). 이러한 산유는 신선한 우유를 몇 시간 동안 방치했을 때, 자연히 만들어졌다. 사람들은 끓인 우유가 쉽게 상하지 않는다는 것을 경험을 통하여 이미 알고 있었다. 유산균은 막 짜낸 신선한 우유 안에서 급속한 속도로 증식하였고, 유당(lactose)을 **젖산(lactic acid)**으로 발효시켰다. 포도상구균(staphylococci)과 같은 부패균, 그리고 병원성 균은 산성인 조건하에서 증식이 억제되었다. 이리하여 저장이 용이하고, 맛이 더 좋은 천연제품이 탄생하게 되었다.

산유는 산성화를 통하여 유단백질인 **카세인(casein)**이 작은 박편으로 침전하므로 맛이 좋다. 그 외에도, 산유는 위에서 골격형성에 중요한 무기질인 칼슘을 젖산칼슘(calcium lactate)으로 전환시켜 소장에서 쉽게 다시 흡수될 수 있도록 작용을 한다.

이와 같이, 칼슘은 몸 안에서의 균형을 유지시켜 준다. 지구상의 서로 다른 지역들 안에서 그들의 고유한 기후 조건과 우유의 특성에 따라서, 유제품(Box 1.5)은 다양한 차별성을 보이며 발전해 왔다. 유럽에서는 **산유(thickmilk)**, **크박(Quark)**, 발칸 반도와 중동 지방에서는 **요구르트(yoghurt)**, 카프카스 산맥에서는 **케피어(kefir)**, 중앙아시아에서는 **마유(kumys)**, 인도에서는 **다히(dahi)**, 그리고 이집트에는 **라벤(laben)**이 생산되었다.

버터 생산은 우선 우유를 살균하는 것으로부터 시작된다(4장 참조). 그런 다음, 유지(우유지방)를 걷어내어 유산균이 포함된 혼합배양액을 섞어, 16~30시간 정도 유지탱크에서 숙성시킨다. 이 때, 세균이 전형적인 "버터향"을 산화시킴으로써 산(acid)과 아세토인(acetoin)을 생성시킨다. 버터통에서 버터가 만들어질 때, 여기서 부산물로 남게 되는 수분이 바로 **버터우유(butter milk)**이다.

"산(sour)은 즐거움을 준다"라는 말은, 부드러운 산이 확실히 식품에서 만족감을 느끼게 해준다는 것을 의미한다. 아주 고전적인 발효방법은 **양배추**나 **오이**로부터 **식초(vinegar)**를 만드는 것이다. 작은 오이들은 흔히 다른 야채들(혼합 피클)과 함께 발효된다. 이 때, *Lactobacillus plantarum*이 중요한 역할을 하는 세균이다. 신 오이는 아침마다 풍부한 알코올 기분을 느끼도록 해준다. 역시 **올리브 열매**(약한 가성소다를 처리하여 쓴 맛을 제거한)는 유산균을 통하여 저장이 용이해진다. 익지 않은 올리브는 처음에는 녹색으로, 그리고 검은색을 띤 익은 올리브로 된다.

사우어크라우트(sauerkraut)를 만들기 위해서는 흰 양배추를 잘게 잘라서 소금(경우에 따라서 양념과 함께)을 뿌리고, 다져진 양배추의 세포로부터 빠져 나온 수분이 양배추를 덮어 공기가 완전히 차단되게 한다. 서늘한 곳에 보관한면 발효가 매우 빠르게 진행된다. 신선한 양배추는 소금물속에서 공기가 차단된 상태로 있게 되면, 점차로 맛있는 사우어크라우트로 익는다. 부패를 일으키는 미생물들이 젖산과 초산이 들어있는 강한 산성의 환경에서는 증식을 못하기 때문에, 사우어크라우트는 장기간 저장이 용이하다. 오늘날, 사우어크라우트는 7~9일이면 80톤 정도의 생산이 가능하다. 흔히 생산된 사우어크라우트에 열을 가하기도 하는데, 이는 유산균을 죽임으로써 산성화가 계속되는 것을 억제하기 위함이다. 이러한 방법을 통하여 중간 정도의 사우어크라우트가 생산된다.

사람 뿐만 아니라 가축도 산성 먹이인 **사일리지(silage)**를 좋아한다. 신선한 마초, 옥수수와 사탕무우잎을 잘게 절단하여 사일로(silo)에 두껍게 차곡차곡 넣고, 겨울을 대비하여 저장해 둔다. 이렇게 하여 장기간 동안 저장이 가능하고 영양분이 풍부한 사일리지가 생산된다.

사일리지가 만들어지는 초기과정에서는 호기성 세균이 증식하여 산소를 소비하게 된다. 산소가 감

저온살균(pasteurizing)

Louis Pasteur는 부패를 일으키는 세균을 죽이기 위해 포도주를 살짝 가열하는 것으로도 충분하다는 것을 발견하였다. 이러한 방법은 우유가 산패되는 것을 막는 데에도 적절하였는데, 오늘날 사람들은 이 방법을 그의 명예를 기리어 저온살균(pasteurizing)이라고 부른다. 매우 위생적인 상태로 생산되는 원유(raw milk)에 서조차 ml 당(cm^3) 250,000~500,000마리의 미생물이 포함되어 있다. 따라서 오늘날 우리가 슈퍼마켓에서 사는 우유는 대부분 71~74℃에서 잠깐 저온살균 되어 미생물의 98~99.5%는 사멸된다. 냉장고에 보관하지 않고 4주간 보관이 가능한 소위 UHT-milk는 120℃에서 증기로 순간 가열 처리하여 저온살균된 제품용기에 포장한 것이다.

호흡

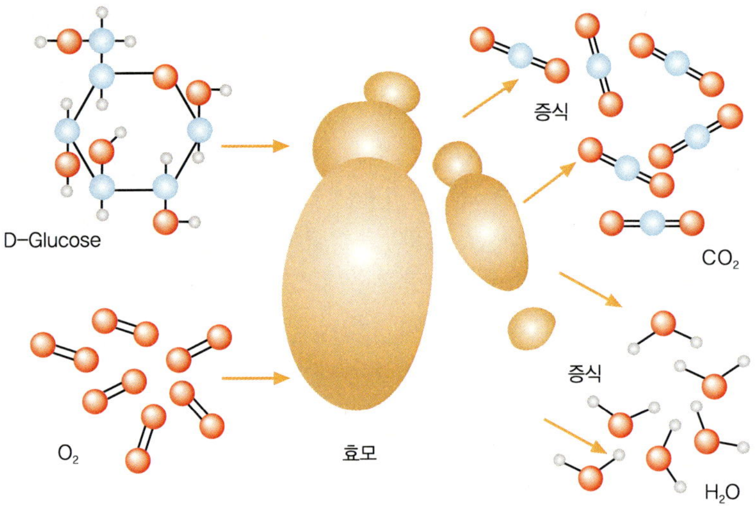

$C_6H_{12}O_6 + 6O_2 \cdots\blacktriangleright$ 에너지 $+ 6CO_2 + 6H_2O$

발효

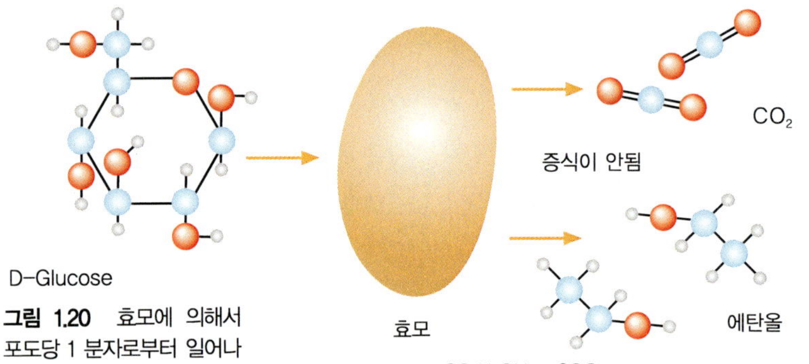

$C_6H_{12}O_6 \cdots\blacktriangleright 2C_2H_5OH + 2CO_2$

그림 1.20 효모에 의해서 포도당 1 분자로부터 일어나는 호흡과 발효의 비교

그림 1.21 이탈리아 모데나(Modena)에서 유래된 발사믹 식초(balsamic vinegar)

그림 1.22 유산균을 이용한 소시지 보존

소하고 산성도가 증가함에 따라서 *Lactobacillus*, *Streptococcus* 그리고 *Leuconostoc*과 같은 종류의 미생물들이 증식하게 된다.

이 때 젖산(lactic acid)이 충분하게 형성되지 않으면 역겨운 냄새가 나는 발효취인 **부티르산-생성세균**(*Clostridium butylicum*)이 증식하게 된다. 이 책의 원저자는 독일 농가에서 어린 시절을 보냈기 때문에, 소는 부패한 사일리지를 먹지 않는다는 것을 잘 알고 있다. 부패한 사일리지는 "급성고창증"을 일으킨다.

보존성이 뛰어난 소시지, 예를 들면 살라미(salami), 메트(mett) 소시지, 세르블라(cervelat) 소시지는 젖산발효로 생산된다(그림 1.22). 잘게 토막 낸 소고기와 돼지고기에 유산균과 *Micrococcus*와 같은 종균제를 첨가한다. 유산균은 고기에 첨가된 당을 발효시키는데, 고기에는 당이 거의 없기 때문에 당을 첨가한다. 미생물들에 의해 만들어진 젖산은 맛을 좋게 할 뿐만 아니라, 첨가된 소금(식염)과 함께 해로운 미생물들의 증식을 억제하고, 소시지를 숙성시킨다. 내용물이 채워진 소시지용 창자를 숙성창고에 매달아 2주 정도 숙성시키는데, 숙성하는 사이사이 훈증을 하고 난 후, 다시 후숙성 시킨다.

포도주를 오랜 시간 공기 중에 방치하거나 뚜껑을 꼭 닫지 않으면 신 용액인 **식초(vinegar)**가 된다.

사람들은 따뜻한 공간에서 맥주나 포도주의 뚜껑을 잘 막아 두지 않으면 알코올이 식초로 변한다는 것을 쉽게 알 수 있었다. 수메르인들은 식초의 제조법도 알고 있었다. 식초 생산을 종려과 식물이나 대추야자 열매로 시작했다가, 나중에는 맥주나 포도주로 바꾸었다. 그리스인들과 로마인들은 청량음료로서 약하게 희석된 포도주식초를 마시기도 했다. 중세의 프랑스에서는 그때까지 아무도 모르던 오를레앙(Orleans) 방법을 통해 산업적으로 포도주산을 생산했다. 식초는 오늘날 공장에서 짧은 시간에 대량으로 생산된다.

초산세균(*Acetobacter suboxydans*)들은 공기 중의 산소를 이용하여 알코올을 산화시켜 식초로 만든다. 식초발효는 공기가 차단되지 않기 때문에 진정한 발효로 보기는 어렵다.

1.8 기호품을 위한 발효: 커피, 카카오, 바닐라, 담배

커피, 카카오, 차, 담배, 바닐라와 같은 기호품들을 생산하는데 예전부터 발효를 이용하였다. 즉, 미생물이나 식물이 갖고 있는 고유의 효소를 통하여 발전되어 온 것이다. **커피 발효(coffee fermentation)**에서, 과육은 미생물들에 의해서 분해된다. 그 미생물들은 펙틴(pectin)을 분해하는 효소인 펙티나아제(pectinase)를 분비하여 과일의 지지물질인 펙틴을 분해시킨다.

카카오콩(cocoa beans, 그림 1.23)의 과육은 알코올을 생산하는 효모에 의해서 분해된다. 이 때, 열이 발생하는데, 이 열은 카카오의 질을 결정하는 아주 중요한 요소이다. 씨는 서서히 죽어가고, 카카오의 향을 유지하는 폴리페놀이 생성된다. 또한 탄닌이 분해되면서 초콜릿 특유의 갈색이 나타난다. 그런 다음 씨를 걸러낸다.

바닐라(*Vanilla planifolia*) 향은 효소의 작용으로 결정된다. 덜 익은 과일을 수확(그림 1.24)하여, 햇볕 아래에서 건조하게 되면, 전형적인 어두운 갈색이 나타난다. 바닐라는 효소 작용을 통하여 글리코사이드(glycoside)로부터 생성된다.

차 잎(tea leaves)은 하루정도 말린 후 돌돌 감는다. 이렇게 함으로써 세포는 파괴되고, 세포액은 잎의 표면으로 흘러나온다. 산화된 식물효소, 미생물, 효모의 작용으로 녹차에서만 음미할 수 있는 전형적인 맛과 향기가 생긴다(그림 1.25).

특히 녹차 잎에 포함된 유기물을 통하여 폴리페놀이 생성되는데, 이는 잎의 변색 과정(가장자리에서 시작하여 천천히 가운데로 변하는)에서 육안으로 쉽게 알 수 있다. 녹색이었던 녹차 잎은 구리 빛을 띠는 붉은 색에서 나중에는 어두운 갈색으로 변한다.

유럽에서는 대부분 홍차를 많이 마시는 데, 이는 녹차와 달리 발효된 차이다. 반 정도 혹은 전체적으로 발효된 차를 우롱차, 황차(yellow tea), 또는 약하게 발효된 백차(white tea)라고 한다.

우롱차를 생산할 때 차 제조업자는 정확한 순간에 산화과정을 중단시켜야만 한다. 너무 일찍 중단시키면 차의 향이 생성되지 않으므로, 맛이 없는 품질이 낮은 제품이 되고 만다. 또한 과정이 너무 길어지면 쓴 맛이 생성된다.

담배(tobacco)의 경우에도 유사한 효소와 미생물의 작용을 거친다(그림 1.26). 궐련담배는 거의 대부분 자연발효를 통해 생산된다. 미리 말린 담배 잎들을 다발로 묶은 다음, 차곡차곡 쌓는다. 여기에 50℃ 정도까지 열을 가하면서 위와 아래가 섞이도록 뒤집어 준다. 이와 같은 온도에서 왕성해진 발효 덕분에 담배 잎의 색깔이 변하게 되며, 원하는 잎 색깔의 조절도 가능하다. 3~4개월 동안 발효가 계속되는데, 담배의 보존 능력은 이와 같은 과정을 거침으로써 이루어진다.

식품 발효(food fermentation)는 아주 우연하게 발견되었다. 발효가 갖고 있는 장점(알코올이 함유된 제품의 매력뿐만 아니라, 더 오랜 보존성, 신선도 유지, 그리고 풍부한 향)은 널리 알려져 있어, 거의 모든 문화에서 아주 일찍이 발효제품이 생산되었다. 그리하여 발효는 식품생산에 있어서 가장 중요한 영역이 되었다.

실제로 최초로 정착하게 된 인류는 식품을 보존하는데 오로지 건조와 소금을 이용하는 방법만을 알고 있었다. 그 당시 소금은 비싼 품목이었다(4장 참조).

인간은 발효방법을 알게 됨으로써 맛이 좋고 다양한 제품을 생산했는데, 이를 통하여 식품이 부패하는 위험을 현저하게 감소시킬 수 있었다.

오늘날, 고도로 발달된 산업국가에서는 발효식품을 **기호품**의 최우선적인 가치로 여기고 있는 반면에, 개발도상국가에서는 여전히 높게 평가하지 않고 있으며 식품의 1/3이 부패로 소실되고 있다. 발효는 현대의 냉장법, 화학적 방부제, 그리고 냉동법에 비하여 값이 저렴하고, 간단하게 취급할 수 있고, 비싼 기구가 필요하지 않으며, 발효식품은 널리 받아들여지고 있다. 그 외에 발효식품은 새로운 산업을 창출하여 일자리를 만들어 낸다.

1.9 곰팡이는 세균과 협력하여 치즈를 만든다

우유는 모든 영양소, 비타민, 무기염류가 풍부하여 이미 오래 전부터 농부와 가축의 주요한 영양원이었다. 생리학자 제레드 다이아몬드(Jared Diamond)는 가축사육이 대륙을 발전시키는데 결정적인 요인이었다고 주장했다. 오직 유라시아에만 **길들여진 동물(가축)**이 존재했었다. 소, 염소, 돼지, 특히 짐을 끄는 황소를 통하여 농업의 발전이 촉진되었다. 말은 예상외의 동력을 제공하였다. 미국에서는 오로지 라마(lama)와 알파카(alpaka)만이 가축화되었고, 호주에서는 어떤 동물도 가축화되지 않았다. 가축은 고기, 우유, 거름, 노동력을 제공하였다. 소, 양, 염소, 말, 물소, 야크, 낙타와 같은 우유 생산자들은 인간 생활에 고기를 통하여 더 많은 단백질원을 공급하기도 하였다. 우유는 **젖산 발효(lactic fermentation)**를 통해 유제품을 보존성이 용이하도록 만들었다.

그림 1.23 카카오 열매는 9개월 동안 카카오나무 *Theobroma cacao* 에서 자라며, *Theobroma*는 그리스어로 "신들의 음식"이라는 뜻이다.

그림 1.24 바닐라(*Vanilla planifolia*)는 발효 후에 향기를 내는 난초(orchid)이다.

그림 1.25 중국에서의 차 발효

그림 1.26 담배(*Nicotiana tabacum*)

Box 1.7
오래된 술의 암호해독

펜실베니아 대학교의 패트릭 맥거번(Patrick McGovern)은 꿈과 같은 직업을 갖고 있다. 그는 화학적 분석법을 이용하여 포도주의 유래에 관한 고고학을 연구한다. 그는 황제의 자의(보랏빛 옷)를 역사적으로 추적한 과학자로 유명해졌다. McGovern은 "노아(Noah)의 가설"을 주장하였다. 성경 속의 노아는 터키 동쪽에 위치한 아라라트 산에 정착하여 포도재배를 시작하였다. 실제로 농업의 시초는 아라라트산에서 이루어 졌으며, 아인코른-밀(Einkorn-Weizen)이 이를 증명해준다.

McGovern은 야생종 포도의 DNA 비교분석을 시작하였다(10장 참조).

중국 포도주병과 갑골

야생종 유라시아 포도(*Vitis vinifera sylvestris*)는 스페인에서 중앙아시아에 이르기까지 발견된다. 이러한 야생종으로부터 재배용 포도가 유래되었다. McGovern은 티그리스 산맥에 위치한 터키의 타우루스 산(Taurus mountain)에서 야생종 원조포도를 발견하였다. 이탈리아인 Jose Vouillamoz와 앙카라 대학의 Ali Eruguel는 DNA를 분석하는 팀의 연구원들이다. 그들은 동쪽의 포도재배지에서 일어날 수 있었던 모든 가능성을 수집하였다. 왜냐하면, 사람들은 최초의 포도재배지를 추적하고 싶어할 것이기 때문이다.

연구자들은 포도 잔여물에 포함된 많은 찌꺼기를 조사하였다. 아주 대단한 간접적인 증거는 Pasteur가 그의 시대에 연구했던 포도주산(wine acid)이었다.

10년 전에 McGovern은 가장 오래된 포도주와 보리맥주가 7,400년 전에 이란의 Hajil Firuz Tepe 마을에서 발견되었다고 믿고 있었다.

그러나 현재는 중국 헤난 지망의 지하후(Jiahu)에서 가장 오래된 "갑골 문자", 새 뼈로 만든 피리, 진흙 토기가 발견되었는데, McGovern은 술 찌꺼기가 들어있던 9,000년 된 토기 중에서, 토기 16개와 상(Shang) 왕조(은나라)에서 유래한 뚜껑이 막힌 동으로 만든 술병 90개를 필라델피아에 있는 펜실베니아 고고학 및 인류학 박물관으로 가져다 놓았다.

6,000년 후에 상 왕조에서는 괄목할만한 양조학이 발달하기 시작하였다. 청동으로 만들어진 술병에 담긴 상황제가 마시던 술에 국화꽃, 소나무 열매의 송진(오늘날 그리스의 수지향 포도주인 retsina와 유사함), 올리브, 타닌산으로부터 약쑥의 흔적까지 배어 있었다.

McGovern은 향이 좋은 상왕조의 술을 시음하지는 않았다. 왜냐하면, 그 술에는 20%의 납이 포함되어 있기 때문이었는데 술의 산성도는 금속을 쉽게 부식시킨다. 로마의 상류계층 사람들이 납으로 된 주전자를 사용했던 것과 마찬가지로, 중국의 황제도 납 성분에 의해 중독되었을 것이다. 모든 중금속들처럼 납은 안정된 단백질의 이황화결합을 공격함으로써 효소의 작용을 크게 방해한다(2장 참조).

9,000년 전의 고대 중국술의 일부가 수수로 만들어졌다는 것은 대단히 놀랄만한 일이다. 왜냐하면 유일한 수수의 흔적은 7,500년 전의 고대 이란의 술에서 발견되었기 때문이다. 그 당시에 중앙아시아에서는 정기적으로 문화적인 교류가 있었을 것으로 추정된다.

모든 사회적 및 경제적 현상과 관련된 술에 관한 연구는 McGovern에게 고대 문명으로 향하는 문과도 같았다. "훌륭한 Merlot 혹은 Shiraz 한 병은 우리에게 역사를 재발견하게 할 수 있다."

중국에서 만들어진 동물모양의 청동 포도주병. 포도주의식에 사용.

신 우유를 여과시킴으로써 고체 형태인 **응유(curd)**를 얻고, 이것으로부터 저장하기가 편리한 치즈를 생산한다. 우유를 마시는 송아지의 위(stomach)에는 **응유효소**가 존재하고, 인간들은 일찍이 이것을 이용하여 치즈 만드는 방법(Box 1.5)을 터득하였다. 응유효소[**레닌(renin)**으로 불림]는 유단백질을 카세인으로 응고시킨다. 응고 시에, 우유를 가만히 방치하여 산성이 되도록 만들지라도, 우유의 고형성분은 매우 빠르게 덩어리지고 굳기 시작한다. 치즈 제조 시, 종균제와 응유효소로서 우유에 유산균이 첨가된다.

대부분의 경우, 우유는 30분 이내에 응고되고 카세인으로 가득 채워져 고형화된다. 액상으로 된 응유를 압축한 후에 소금을 첨가하여 크박(Quark, 응유치즈)을 만들고 조각으로 자른다.

카망베르 및 브리와 같은 **연치즈(soft cheese)**를 응고시킬 경우에는, 치즈반죽의 표면에 곰팡이가 자라도록 한다. 프랑스의 카망베르와 로크포르에서는 아주 특별한 곰팡이를 이용해 왔다. 이와 같이 치즈가 생산된 지방에 따라 제각기 다른 치즈 이름이 만들어졌다.

에멘탈과 같은 **경치즈(hard cheese)**는 소위 치즈압축으로 딱딱해지고 연치즈 보다 보존성이 좋다. 경치즈를 만들 때, 치즈반죽에 특별한 곰팡이가 첨가된다. 여기에 충분한 공기가 공급된다면, 치즈의 내부에서 뿐만 아니라, 표면에서도 균사체가 자라게 된다. 공기를 제공할 때, 치즈덩어리에 침으로 가느다란 공기구멍을 만든다. 숙성된 치즈에서는 구멍이 난 부분을 따라서 잔디밭 같이 자란 곰팡이를 볼 수 있다.

에멘탈 치즈(스위스 치즈)와 같은 경치즈의 향과 치즈에 생긴 구멍에 대해서, 우리는 당류를 프로피온산, 초산, CO_2로 발효시키는 **프로피온산 세균(propionic acid bacteria)**에 감사해야 한다. 림부르크(Limburger), 로만쥬(Romadur) 치즈 표면의 붉은 기름도 표면에서 성장하는 세균으로부터 만들어진 것이다.

우리는 효모에 비하여 더 많은 세포로 구성된 생명체인 곰팡이를 맨눈으로 식별할 수 있다. 그러나 대부분의 경우에는 오로지 곰팡이의 포자만이 관찰된다. 숲에서 자라는 버섯처럼 우리가 보통 보는 것은 포자보유자 또는 진균의 자실체이다.

곰팡이의 경우와 마찬가지로 버섯 고유의 몸체는 식용버섯의 경우에도 뚜렷하게 구분되지 않는다. 그것은 길고 가는 구조인 **균사체(mycelium**, 그리스어 *mykes*)로 구성되어 있다. 이러한 균사체로부터 **포자낭(sporangia)**이 성장하는데, 포자체는 수천 개의 포자로 이루어져 있고 바람이나 혹은 빗물에 의해서 씻겨 나간다. 포자는 풍부한 영양 아래서 발아를 시작하여 새로운 균사체를 형성한다.

penicillium 같은 치즈 곰팡이는 작은 붓 모양의 포자낭을 가진다.

곰팡이 *Aspergillus*는 빵과 잼 위에서 잘 자란다. 치즈 제조 시에 해롭지 않은 곰팡이가 이용되는 것과 반대로, 예를 들면 *Aspergillus flavus*는 독성을 띤다. 이러한 *Aspergillus flavus*는 간에서 시토크롬-P450-효소계에서 산소를 결합함으로써 독소를 활성화시키고 간암을 유발시킬 수 있다.

1.10 사케와 간장

동아시아(일본, 중국, 한국)에서는 단백질이 풍부한 콩(대두)과 쌀을 알코올 및 젖산발효 시키기 위하여, 수천 년 동안 곰팡이에 포함된 곰팡이효소(녹말분해효소, 단백질분해효소)를 이용해 왔다. 유럽에서 가장 잘 알려진 **간장**(Box 1.6, 그림 1.29)은 일본에서 연간 한 사람당 10L가 소비된다. 간장은 콩과 밀을 섞은 혼합물에, 초기 배양 시 *Aspergillus oryzae* 혹은 *Aspergillus soyae* 곰팡이를 접종하여 생산한다.

곰팡이로부터 분비된 효소는 콩에 들어 있는 단백질과 밀에 포함된 녹말 분자를 분해시킨다. 이 외에 부패를 방지하기 위하여 다량의 소금을 넣어 준다. 8~10개월 안에 효모와 미생물(*Pediococcus* 계통)이 성장하여 발효를 완성시키고 나면, 압착하여 간장을 만든다.

쌀로 만든 곡주(사케)는 유사한 방법으로 생산된다(그림 1.27). 우선 쌀 속에 포함된 녹말이 발효가 가능한 당으로 분해되어야 한다. 이것은 곰팡이가 주위로 분비하는 효소(녹말분해효소)를 통하여 진행된다. 이렇게 분해된 당은 효모(*Saccharomyces* 계통)를 통하여 알코올로 발효된다.

사케는 알코올 도수가 약 20%이다. 아시아인들은 유럽인들에 비하여 그들의 간에 알코올을 분해할 수 있는 효소가 적다는 것을 가볍게 생각해서는 안 된다. 그들은 유럽인들보다 알코올을 분해하는데 있어서 더 많은 시간을 필요로 하는 아세트알데히드-탈수소효소(acetaldehyd dehydrogenase)의 분자적 변이체(**동위효소**)를 갖고 있다. 그래서 아시아인들의 경우에 조금만 마셔도 유럽인들이 많이 마시는 것과 똑같이 취하는 효과를 가질 수 있다(얼마나 경제적인가?). 그러나 잘 알려진 결과처럼 술을 즐긴 다음날 아침에 몸이 숙취에 괴로운 것은 모두에게 마찬가지이다.

그림 1.27 Shimizu교수(교토 대학교): 학창 시절에 발표된 사케 발효의 시사만화

그림 1.28 바이에른의 공작 윌리엄 4세(William IV, 1493~1550)는 1516년에 순도(purity)의 조건을 제정하였다.
아래: 문서 사본

그림 1.29 간장 광고

Box 1.8 생명공학 역사

Pasteur, Liebig, 그리고 Traube – 발효란 무엇인가?

Leeuwenhoek의 발견이 있고나서 약 200년이 지난 후에, 미생물은 다시 커다란 관심사로 떠오르게 되었다. 19세기 중엽, 유럽에서는 산업혁명의 영향으로 대규모의 공장들이 생겨나게 되었다. 알코올 역시 예전처럼 소규모가 아닌 대규모의 발효를 통해서 생산되기 시작했다. 따라서 비용이 소모되는 잘못된 공정을 피하기 위하여, 발효가 진행되는 과정에 관한 더욱 정확한 지식이 필요하게 되었다.

미생물학과 생명공학의 아버지 Louis Pasteur (1822~1895), 실험실에서의 모습.

1856년에 프랑스의 도시 릴리(Lille)에서 주류공장의 소유자인 Monsieur Bigo는 화학교수인 **루이 파스퇴르(Louis Pasteur)**를 잠시 방문했다. 그의 아들은 Pasteur지도하에 공부를 하고 있었다. 아버지 Bigo는 아주 희귀한 병원체가 알코올 통을 오염시켰다고 보고하였다. 이전처럼 사탕무 찌꺼기인 당밀로부터 알코올이 만들어진 것이 아니라 시큼한 냄새가 심하게 나고, 끈적거리며 회색인 액체가 생겨났다. Pasteur는 그의 현미경을 챙겨서 공장으로 향했다. 그는 이 공장에서 오염된 것뿐만 아니라, 정상적인 액체 시료도 채취하였다. 정상적인 알코올을 현미경으로 관찰한 결과, 노랗고 둥근 형태의 효모를 발견하였다. 그 효모들은 포도송이 모양이었다. 씨앗으로부터 발아가 되는 것처럼 가지를 친 작은 공(ball)에서 포자가 형성되었다. 이런 방법으로 효모는 살아간다. 효모는 당을 알코올로 전환시키는 작용을 한다. 마찬가지로 Pasteur는 오염된 액체를 관찰했는데, 그 안에서 효모는 찾을 수 없었고, 작고 노란 점들을 발견하였다. 각 점들은 진동하는 막대 형태를 띠었고, 그 중에서 많은 막대 모양은 회색 점을 갖고 있었다. 그러한 막대 균들이 생산하는 산성물질을 화학적으로 분석한 결과, 젖산(lactate)으로 판명되었다.

Pasteur는 효모와 당이 포함된 투명한 액체가 들어 있는 병 안에, 그러한 막대균들을 방울방울 떨어뜨렸다. 얼마 지나지 않아서 그 안에 들어 있던 효모들은 사라지고 막대균들이 대부분을 차지하게 되었다. 알코올 대신에 젖산이 다시 생긴 것이다.

발견된 막대균들은 세균들이다. 그것들의 몸통 형태에 따라 이름이 붙여졌는데, 그리스어로 막대는 박테리온(*bakterion*)이라고 부른다. 세균들은 발효를 통하여 당으로부터 젖산을 생산하는 반면에, 효모는 당을 알코올과 이산화탄소로 발효시킨다.

알코올통에서 유산균을 발견한지 얼마 안 되어, Pasteur는 포도주 제조장이 있는 Arbois에서 부름을 받았다. Pasteur의 아버지는 Arbois에서 제혁공으로 일하고 있었다. 포도주 제조업자들은 알코올을 발효하는 과정에서 큰 근심거리를 갖고 있었다. 가장 우수한 포도주 포도즙에서 재차 기름지고, 찐득찐득하고, 쓴 맛의 포도주가 생산되었기 때문이었다. 여기에서 Pasteur는 상한 와인 속에 효모 대신, 진주 목걸이처럼 생긴 작은 세균을 발견하였다. Pasteur는 그가 수행한 철저한 관찰을 통하여 포도주를 부패시키는 다양한 세균의 종류를 발견하였다. 마침내 그는–그 전에 포도주를 마시지 않고도, 마치 포도주 시료를 시음한 것처럼–명확한 포도주제조법을 예고하였다. 그는 오로지 현미경을 통하여 포도주 시료를 관찰하여 효모와 세균 종류를 확인하였다. 이것으로부터 세균을 죽이기 위해서는 포도주를 잠깐 가열하는 것으로 충분하다는 것을 알게 되었다.

동일한 기술이 우유가 산성화되는 것을 보호하는 것에도 적용되었다. 이러한 방법은 우유에 포함된 많은 미생물들을 사멸시키는 데 사용되어, 오늘날 그의 명예를 기리어 Pasteur 기법이라고 부르게 되었다.

발효의 여러 문제점들이 오로지 Pasteur에 의해서만 연구되었던 것은 아니었다. 1810년 **요셉 루이 게이-뤼삭(Joseph Louis Gay-Lussac**, 1778~1850)은 포도주를 만드는 포도즙에서 발효가 일어날 때, 포도당으로부터 에틸알코올과 이산화탄소가 생성된다는 것을 증명하였다. 19세기 중엽의 유명한 독일 화학자 **유스투스 폰 리비히(Justus von Liebig**, 1803~1873)는 하나의 이론을 정립하였다. 그는 알코올이 생기는 것은 완전히 화학적인 반응으로 생물학적인 과정은 아니라고 주장하였다. Liebig는 발효가 아주 작은 생명체로 야기될 수 있다는 것에 대하여 간단히 웃고 말았다. 오히려 유기물이 분해될 때 진동을 가하면 당으로 전달되어, 그것이 CO_2와 알코올로 전환되는 것이라고 주장하였다. 그러나 많은 사람에 의해서 모든 알코올 발효는 효모, 즉 살아있는 생명체에 의한 것이라는 것이 발견되었다.

Pasteur는 그의 과학적 업적 초기에, 국제적으로 권위자였던 Liebig와 격렬한 학문적

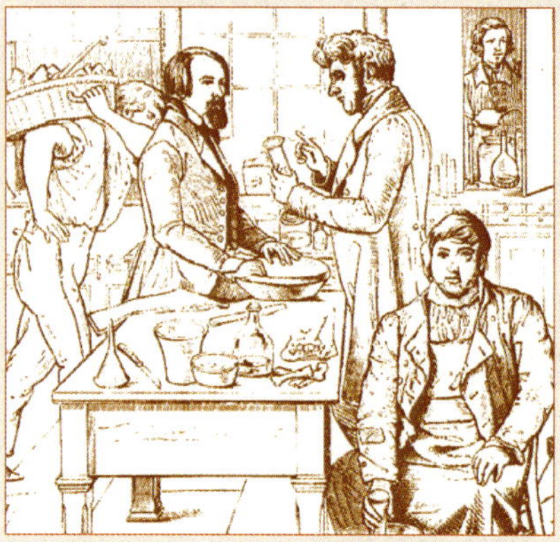

19세기 가장 저명한 화학자 Justus von Liebig(1803~1873). 독일의 기센 실험실 모습.

논쟁을 시작하였다. "살아있는 효모가 없다면 알코올은 없다!" 라고 Pasteur는 완고하게 주장하였다.

그것에 대하여 Liebig는 다음과 같이 조롱하였다. "발효과정이 작은 동물에 의해서 일어난다고 믿는 모든 사람들은, 라인 강의 강가에 나타나는 물결이 물레방아의 바퀴에 의해 생긴다고 믿는 어린아이와 같다!" 라고. 그와 같은 격분된 논쟁은 수 년 동안이나 계속되었다. 결국 그 싸움은 Pasteur와 Liebig의 사망 후에야 비로소 끝이 났다.

1876년에 Pasteur는 그가 처음 20년 동안 연구한 결과물들을 한 권의 방대한 책으로 출간하였다. "발효란 산소 없이 호흡하는 것이다" 라고 Pasteur는 설명하였다. 발효는 생명체에게 에너지를 얻도록 "추진력" 을 제공한다. 모든 생명체는 살기 위하여 에너지를 필요로 하고, 그들은 대부분 그들의 체세포 속에 있는 당, 지방, 그리고 단백질 분해를 통한 물질대사를 함으로써 에너지를 얻는다. 예를 들면 당은 세포 안에서 이산화탄소와 물로 전환되어 세포를 떠나게 되고, 신체는

근육을 움직이는데 있어서 자유롭게 방출된 에너지를 필요로 한다. 세포는 "차가운 연소"를 하기 위하여, 나무가 재로 변할 때 "뜨거운 연소"가 필수적인 것처럼, 공기 중의 산소를 필요로 한다. 산소가 없다면 고등동물들과 식물들이 에너지를 얻을 수가 없고, 따라서 살 수가 없다. 이에 반하여 미생물들은 산소가 없을 경우에, 비상적인 방법으로 발효를 선택한다. 아마도 이러한 비상처방 방식은 지구상에 산소가 없던 시절인 생명이 시작한 태초로부터 유래되었을 것이다. 산소는 식물(광합성)을 통하여 물과 함께 만들어져 방출된다. 이전까지, 산소가 부족한 환경에서 고대미생물을 위한 발효는 에너지를 얻기 위한 정상적인 방법이었을 것이다.

Moritz Traube (1862~1894)

Pasteur의 주장이 맞는다면, 미생물 없이 발효는 불가능한 것일까? 1858년 Liebig의 학생이었던 **모리츠 트라우베(Moritz Traube**, 1826~1894)는 "발효"라는 것은 효모의 활동이 절대적인 것이 아니라, 오히려 산화와 환원에 의해 촉진되는 화학적 과정이라고 주장하였다. Traube는 발효는 유기체에서-그러나 생명체가 아니더라도-차례로 일어나는 산화와 환원작용이, 촉매작용을 하는 단백질에 의해서 나타나는 화학적 결합이라고 처음으로 설명하였다. 따라서 그는 발효를 반응유형(reaction type)으로 구분하였다. 더 나아가 그는 발효를 반응에 필요한 기질 사이의 분자적 접촉에 의하여 필연적으로 생기는 것이라고 하였다.

그가 이미 반응역학에 깊은 생각을 가졌었고, 처음으로 발효시간과 발효양의 연관성에 대한 공식을 세웠다는 것은, 지금까지 어떤 생화학 문헌에 소개되지 않았다.

1897년 에드워드 부흐너(Eduard Buchner, 1860~1917)는 Liebig와 Pasteur 사이에서의 학문적 논쟁을 종식시키는 결정적인 실험을 수행하였다(2장 참조).

1.11 무엇이 진정한 발효일까?

지금까지 설명한 모든 방법들과 발효과정들은 수천 년 동안 인간에 의해 이용되어 왔다. 여기에서 축적된 경험들은 매 세대를 통하여 후손들에게 전수되어 왔다. 그러나 무엇이 진정한 발효인지 아직까지 완전하게 밝혀진 것은 아니다. 19세기 초, **Louis Pasteur**(1822~1895)는 어둠 속에서 빛을 밝힌 과학자였다. 그는 "일하는 생물"인 미생물이 작용하는 기술적인 과정을 확실하게 규명함으로써 이 분야의 초석을 놓았고, 따라서 현대 생명공학의 아버지라 한다(Box 1.8).

알코올 발효는 효모에 의해서 일어난다. 효모는 공기가 공급된 상태에서 당을 알코올과 이산화탄소로 분해한다. 공기의 제공 상태에 따라서 효모는 호흡과 발효를 할 수 있는데, 발효를 통하여 얻는 에너지의 양은 호흡을 통하여 얻는 양보다 훨씬 적다. 효모는 산소가 없는 경우에, 산소가 충분하게 공급되는 경우보다 약 20배 정도 느리게 성장한다. 알코올을 만들기 위하여 혹은 빵을 만들 때, 혹은 이산화탄소를 통하여 반죽을 부풀게 하기 위해서 인간들은 효모로 하여금 비상사태를 취하도록 하였다.

효모는 살아남기 위하여, 호흡 때보다 발효 시에 더 많은 양의 당을 소비한다. 따라서 생산성을 높이는 발효가 이루어진다! 그러나 많은 양의 효모를 필요로 할 때, 예를 들면 생합성의 초기 또는 사료용 효모를 생산하고자 할 때, 효모를 빨리 증식시키고자 한다면, 영양배지에 추가로 산소를 공급해 준다. 그러면 오직 미미한 양만의 알코올이 생산된다.

효모는 혐기 혹은 호기성 조건에 모두 적응하는 통성혐기성 생물이지만 다른 미생물들이 역시 존재한다. 예를 들면 메탄세균은 오로지 산소가 없는 상태에서 메탄을 발생시킨다. 혹은 위험한 식중독을 일으키는 클로스트리디아(clostridia)도 역시 오로지 산소가 차단된 상태에서의 통조림과 같은 혐기적 조건에서만 생존할 수 있다. 이들은 아주 적은 양의 산소만 공급되어도 죽는다(절대 혐기성).

그림 1.30 현대 기술과 조합한 고대의 발효: 효모세포는 일본 가정에서 이용되는 에탄올을 연속적으로 생산한다(80년대 일본의 시사 만화).

자가진단을 위한 8가지 문제

1. 원핵생물과 진핵생물은 어떻게 구별되는가? (적어도 3가지 특징을 나열하여라)
2. 알코올은 어떤 이유에서 "문명의 모유"라고 명명되었나? 누가 포도주(와인)를 가장 먼저 발견했는가?
3. 어떤 생화학적인 이유로 발효를 통하면 단시간에 대량생산이 가능한가?
4. 세균과 효모는 어떻게 구별되는가? 생물공학적인 응용에 관하여 각각 두 가지를 설명하시오.
5. 발효를 통하여 어떤 기호품을 얻을 수 있는가?
6. 왜 알코올은 세균의 증식을 억제하는가?
7. 어떤 효모를 선택했을 때, 알코올을 생산하는가?
8. 발효에 관하여 Liebig와 Pasteur는 각각 어떤 주장을 했는가? 결국 누가 옳았는가?

참고문헌

- Der deutsche Biotech–Klassiker: Dellweg H(1987) Biotechnologie. VCH, Weinheim
- Die Taschen–Bibel der Biotechnologie: Schmid R D(2002) Taschenatlas der Biotechnologie und Gentechnik. Wiley–VCH, Weinheim
- Vom Altmeister der deutschen Biotechnologie unterhaltsam geschrieben: Dellweg H(1992) Biotechnologie verständlich. Springer, Heidelberg
- Alt, aber gut–eine gute Einführung: Gruss P, Herrmann R, Klein A Schaller H(Hrsg.)(1984) Industrielle Mikrobiologie. Spektrum der Wissenschaft, Heidelberg
- Besonders für Technologie–Interessierte: Crüger W und Crüger A(1989) Biotechnologie–Lehrbuch der Angewandten Mikrobiologie. 3. Aufl. Oldenbourg, München.
- Prägnant und didaktisch gut, besonders für Fachhochschulen: Leuchtenberger A(1998) Grundwissen zur mikrobiellen Biotechnologie. Teubner B G, stuttgart, Leipzig
- Das wohl beste Mikrobiologie–Taschenbuch: Schlegel H G(1992) Allgemeine Mikrobiologie. 7. Aufl. Thieme, stuttgart
- Quellen vieler Sach–Boxen dieses Buches: Ullmann' s Encyclopedia of industrial Chemistry. 5th Edition, Wiley–VCH, Weinheim
- Ruttlo ff H, Proll J, Leuchtenberger A(1997) Fermentierte Lebensmittel: Lebensmittel–Biotechnologie und Ernährung. Springer, Heidelberg
- Wie man die kulturellen Unterschiede zwischen verschiedenen Regionen erklären kann: Diamond J(2000) Arm und Reich. Die Schicksale menschlicher Gesellschaften. Fischer, Frankfurt
- Die spannende Geschichte der Mikrobiologie: de Kruif P(1940) Mikrobenjäger. 8. Aufl., Orell Füssli, Zürich, Leipzig
- Alles über den Wein: Ambrosi H(2002) Wein von A bis Z. Gondrom, Bindlach
- Dellweg H, Schmid RD, Trommer W(Hrsg.)(1992) Römpp Lexikon Biotechnologie. Thieme, Stuttgart

웹사이트

- Biotech–Suchmaschine im Internet: *www.biotechfind.com*
- Alles über Mikrooorganismen: *www.microbes.info*
- Informations–Sekretariat Biotechnologie des BMBF: *www.i–s–b.org/*
- Brot:*http://de.wikipedia.org/wiki/Brot*
- Sehenswertes Museum: *www.brotmuseum–ulm.de/*
- Bier:*http//de.wikipedia.org/wiki/Bier*
- Wein:*http//de.wikipedia.org/wiki/Wein*
- Käse:*http//de.wikipedia.org/wiki/Käse*
- Was passiert, wenn man heute durch Leeuwenhoeks Mikroskope schaut: *www.sciences. demon.co.uk/wav–spf.htm*
- Alles zu asiatischer Fermentation und Fermentation zu Hause: *http://users.chariot.net.au/~dna/*

효소

_우리들의 일상생활에 작용하는 촉매제들

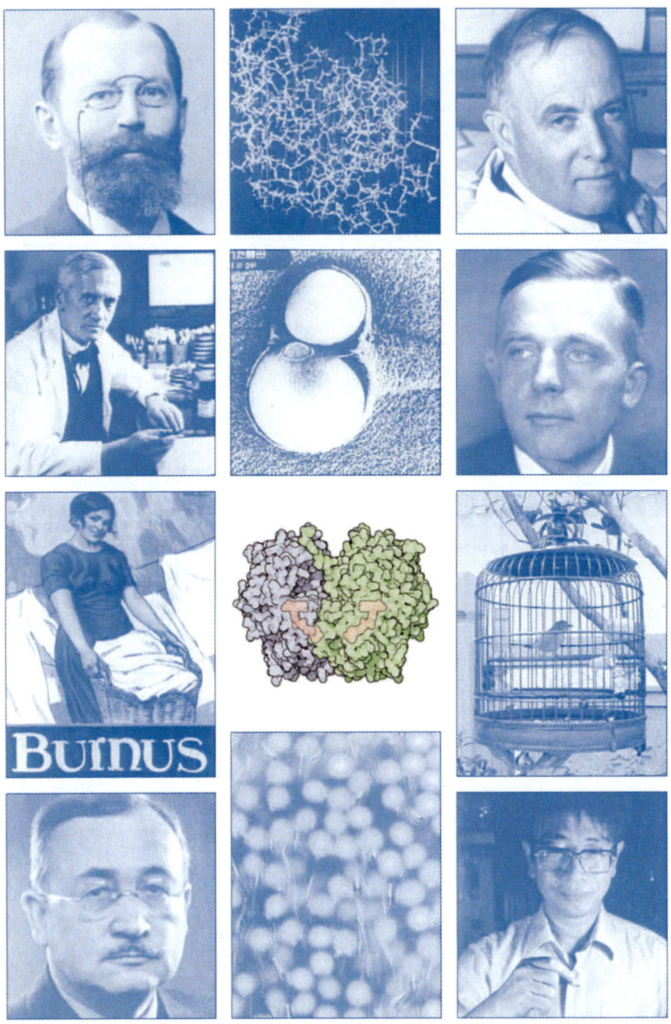

Chapter 02

그림 2.1 미국의 James B. Summer(1887~1995)는 1926년 처음으로 효소인 urease를 결정체 형태로 얻었고 명확히 단백질 특성을 지닌다는 것을 밝혔다.

그림 2.2 John H. Northrop(1891~1975)은 1930년과 1933년 사이 소화효소인 트립신과 펩신을 결정형태로 얻었으며, 이들이 결국은 단백질로부터 형성된다는 것을 증명하였다. 그 이후 Summer의 발견이 받아 들여지게 되었고, 이 둘은 1946년 노벨상을 받았다.

그림 2.3 Otto Heinrich Arburg(1883~1970)는 조효소 nicotinamide adenine dinucleotide (NAD)를 발견하였고, 시토크롬 산화효소와 같은 철분 함유 호흡관련 효소를 발견하였다(그림 1.14, 1장 참조). 1941년 노벨상을 받았다.

2.1 강력하고 특별한 바이오 촉매제들

효소(enzyme)는 살아있는 세포에서 일어나는 거의 모든 화학적 작용을 변화시키고, 조절하고 통제한다.

지금까지 3천 가지 이상의 효소들이 알려져 있으며, 자연계에는 약 10,000여 종의 다양한 효소들이 존재한다고 한다. 또한 그 양은 한 세포에서 몇 개 분자로부터 1,000개 심지어 100,000개 분자까지 다양하다. 모든 효소들은 **생물학적 촉매제(biological catalyst)**로 작용하여, 자신은 변하지 않고 채 수 초 내에 물질을 분해하고 다른 물질로 전환시키기도 한다.

효소들은 화학적 반응을 수 백만에서 수 천만배 빠르게 촉진시켜 생명을 유지하게 된다. 당으로부터 알코올과 이산화탄소가 생성되는 것도 효모의 세포 중에 있는 효소에 의해 수 초 안에 이루어질 수 있는데, 아마 효소가 없다면 이러한 반응은 천년도 더 걸릴 것이며, 사실상 그러한 반응 자체가 불가능할 것이다. 효소는 고효율적이며, 고기능의 바이오 촉매제이다.

약 0.1mm로부터 0.001mm 정도 크기의 세포들 안에서는 매 초마다 1,000여 가지 이상의 효소작용들이 일어나고 있다.

이와 같은 작용들은 세포 속에 존재하는 수 천 가지 물질들 가운데 해당 촉매제가 "자신의" 생산물로 변화시킬 특별한 성분인 "자신의" 기질(substrate)을 "인식" 하였을 때 가능해진다(Box 2.1). 바이오 촉매작용들은 효소의 활성부위(active site)에서 일어난다.

거의 모든 생물학적 촉매제들은 단백질이다. 물론 RNA(ribonucleic acid)도 생물학적 촉매제 역할을 한다(3장 참조). 가끔 이들은 리보자임(ribozyme)으로 작용하여 다른 RNA를 분해하기도 한다. RNA로부터 목표 물질과 결합하는 앱타머(aptamer)들을 인위적으로 만들어낼 수도 있다(10장 참조).

1894년 독일의 화학자로 노벨상을 수상한 Emil Fisher(1852~1919, 그림 2.4)는 이미 효소가 **"자물쇠와 열쇠 원리(lock and key principle)"** 에 따른 "시도" 를 통해 해당 기질을 인식하게 된다고 가정하였다. 효소의 표면에 생긴 틈이나 구멍이 활성 부위로 작용하여 여기에 마치 자물쇠에 열쇠가 맞아 떨어지듯이 공간적으로 정확하게 기질이 일치하게 된다는 것이다. 만약 기질에 조금이라도 변화가 일어나게 되면 더 이상 효소와 작용할 수 없게 되는 것이다. 이와 같은 "자물쇠-열쇠" 가설은 무엇보다도 효소의 기질특이성에 따른 높은 선택성향을 잘 설명해주고 있다. 또한 이를 통해 경쟁적인 효소저해제(페니실린과 같은 저해제)가 왜 기질과 공간적으로 비슷한 가에 대해서도 잘 설명된다. **경쟁적 효소저해제(competing enzyme inhibitor)**들은 해당 효소가 기질에 가서 결합하게 될 활성 부위(자물쇠)에 마치 열쇠가 들어 맞듯이 경쟁적으로 결합함으로써(경쟁적 저해) 효소의 결합을 막는 것이다.

Box 2.1에서 보여주고 있는 간단한 생화학 실험은 효소의 **기질특이성(specificity)**을 잘 설명해 주고 있다. 포도당 산화효소(glucose oxidase, 그림 2.5)와 같은 효소들은 세포 내에서 이미 계획된 대사를 수행하기 위해 **높은 기질특이성(high substrate-specificity)**을 가져야 한다. 즉, 이와 같은 효소들은 대체로 높은 특이성을 발휘한다.

이와 달리, 단백질분해효소(protease)나 전분 분해효소(amylase) 등과 같은 **세포외 효소(extracelluar enzyme)**들은 특이성이 낮은 편이다. 이들은 세포 밖에서 작용하게 되는데 각기 다른 단백질이나 당질을 분해하기 위해 특수한 효소를 만들어낸다는 것이 경제적이지 않기 때문이다.

세포외 단백질분해효소(extracellular proteases) 중 세포로부터 주변으로 방출되는 두 가지 효소들을 살펴보겠다.

- **트립신(trypsin)**은 돼지나 사람의 위에서 모든 단백질을 작은 단위로 분해할 수 있다. 트립신의 경우 기질에 대해서는 낮은 특이성만을 가지는 한편 높은 작용특이성을 보인다. 즉, 트립신은 거의 모든 단백질 결합체들을 분해하며, 정확하게 정해져 있는 특정 아미노산이 연결되어 있는 부위(펩티드 연쇄고리 중에서 라이신 혹은 아르기닌과 결합해 있는 카르복실기 위치)에서 분해한다. 트립신은 돼지의 인슐린으로부터 사람의 인

Box 2.1 GOD(glucose oxidase)의 당에 대한 고특이성과 변형 가능성

시험관 내에 포도당(glucose), 과당(fructose), 자당(saccharose)과 전분 등의 탄수화물의 혼합체가 존재한다.

이들 혼합체에 GOD를 첨가하고 얼마 후 이를 화학적으로 분석하면, 포도당은 완전히 사라져 존재하지 않고, 대신에 glucono-lactone이라고 하는 포도당의 산화생성물이 남게된다. 포도당은 포도당 산화효소(glucose oxidase)에 의해서 gluconolactone이라는 물질로 전환되었음이 자명하다. 이때 포도당도 포도당 산화효소의 기질로서 작용하였고, 효소반응의 산화생성물로 gluconolactone이 된 것이다. 5가지의 다른 탄수화물 중에서 오직 β-D-glucose만이 포도당 산화효소의 기질로서 선택이 되어 전환된 것이다. 이때 α-D-glucose는 인식되지 못하여 전환되지 않는다. β-D-glucose의 경우 고리구조의 첫 번째 탄소원자(C_1)에 수산기(-OH)가 상단으로 존재하는 반면, α-D-glucose에는 수산기 C_1의 아래쪽으로 달려 있다. 포도당 이외에도 산소가 또한 전환(환원)되는 두 번째 기질이 되어 과산화수소(H_2O_2)가 생성된다.

맥아당(maltose), 자당, 그리고 전분(starch)은 포도당 산화효소에 있어서 "너무 큰 열쇠"이다. 과당은 소위 "효소 자물쇠"에 맞기는 하지만, 정확하게 맞아 떨어지지는 않기 때문에 효소에 의한 전환은 이루어지지 않는다. β-D-glucose만이 효소에 맞아 떨어진다.

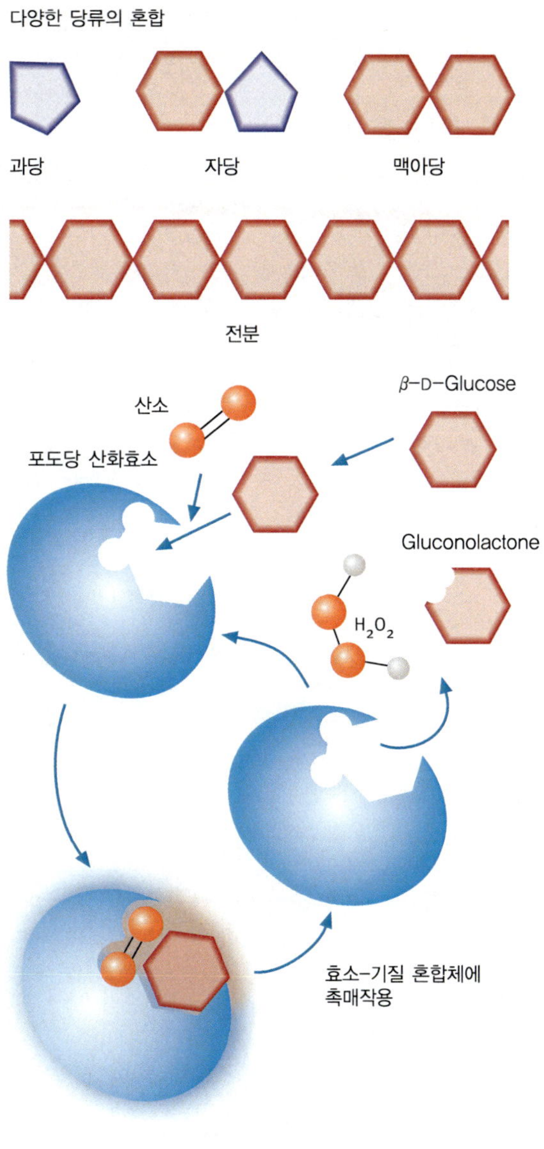

그림 2.4 열쇠와 자물쇠: 노벨상을 수상한 Emil Fischer(1852~1919). 효소에 있어서 열쇠와 자물쇠에 대한 원칙을 주장하였다. 이 원칙은 반응하는 상대에 대한 상보성을 잘 설명해 주고 있다.

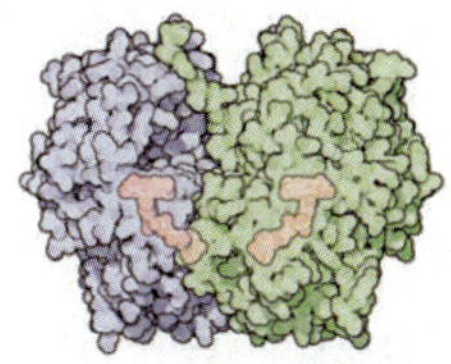

그림 2.5 포도당 산화효소의 공간적 구조. GOD는 이량체(dimer)로 산화환원 효소이며, 당뇨환자의 혈당을 재는데 매우 성공적으로 사용되고 있는 바이오센서이다(10장 참조). GOD의 활성 중심에 있는 보결분자단인 flavin adenine dinucleotide(FAD)는 분홍색으로 표시되었다.

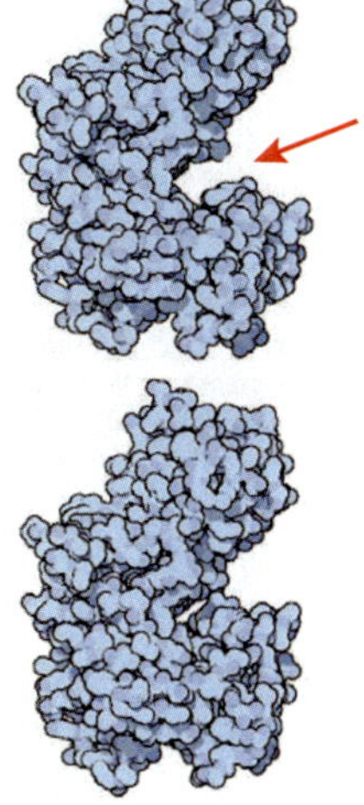

그림 2.6 세포 중에서 포도당을 분해하는 첫번째 효소인 hexokinase(화살 표시된 부위)는 포도당과의 결합을 통해 그 모양이 변형된다(아래).

슐린으로 변형시키는데 사용되는 특수 합성제이기도 하다(3장).

- 이와 달리 미생물로부터 얻는 **서브틸리신(subtilisin)**은 아미노산으로 되어 있는 곁가지들을 전혀 분간하지 못하고, 대신 펩티드 결합을 분리시킨다. 서브틸리신은 다양한 기질과 효과특이성이 다양하다. *Bacillus subtilis*에 의해 생성 배출되고, 단백질을 '섭취 가능한 수준' 의 조각으로 잘라내므로 바이오 세제 같은 기술적 활용에 가장 적당하다(그림 2.17).

작용 특이성에 따라 효소를 분류하고 명명하였고, Box 2.3은 IUPAC의 효소 명명법을 보여주고 있다.

2.2 라이소자임: 분자의 구조, 기능 등이 알려진 최초의 효소

라이소자임은 공간적인 구조로부터 그 특성이나 원자 단위까지 상세하게 이해가 된 최초의 효소이다. 프레밍(Alexander Fleming)은 페니실린이 알려지기 몇해 전 이를 발견하였다(Box 2.4).

라이소자임은 효소와 기질의 상관관계를 학습

Box 2.2 생명공학 역사: 효소가 발견된 유래

효소 반응은 오래 전부터 관찰되고 실제적으로 이용되어 왔다. 이미 Homer는 위액으로 우유를 응고시키는 작용에 대해 서술한 바 있다(그림 2.7). 치즈를 만드는데 송아지 위에서 얻은 위액을 사용했고, 효소에 대한 연구는 18세기 말에 이미 시작되었다.

발효(라틴어로는 *fermentum*)는 일반적으로 무엇인가를 통해 하나의 물질이 분해되는 것으로 표현되어 왔다. 1780년 이탈리아 사람인 Lazarro Spallanzani(1729~1799)는 새의 위액으로 고기가 액화된다는 사실에 대해 온도의 체제를 처음 고안한 프랑스인 Antoine Ferchault Réaumur와 의견을 같이 하였다.

Lazarro Spallanzani (1729~1799)

19세기 초만 해도 발효란 몇몇의 특수 형태를 지닌 유기물에 의해서 발현되는 화학적 반응으로 여겨지고 있었다.

1814년 상트페테스부르크(Petersburg) 아카데미의 학자인 독일 출신의 Gottlieb Sigismund Constantin Kirchhoff (1764~1833)는 싹이 돋는 곡류 낟알 중에 전분을 분해시켜 당성분을 생성하는 물질이 존재하는 것을 증명하였다.

Antoine Ferchault de Réaumur (1683~1757)

파리의 한 설탕 공장의 대표이사이며 후에 섬유소(cellulose)를 발견한 Anselme Payen (1795~1871)는 1833년에 동료인 Jean Francois Persoz(1805~1865)와 함께 싹이 난 곡류로부터 액화된 전분의 성분을 분리해 내었다("전분의 액화 원칙"). 이 과정에서 그들은 이미 오늘날에도 효소의 특성으로 알려져 있는 사실들을 관찰할 수 있었다. 즉, 비교적 적은 양의 특수 물질은 많은 양의 전분을 액화할 수 있었다. 그러나 이와 같은 특수 물질의 기능은 가열을 통해 손실되었다. 활성을 지닌 특정 물질은 용액의 형태로부터 건조를 통해 분말화 할 수 있었고, 물에 녹이게 되면 다시 활성을 되찾았다. 여기에 묘사된 물질을 디아스타아제(**diastase**, 그리스어로 *diastasis*, 분리)라고 명명하였으며, 이는 식물로부터 최초 분리된 것으로 정제 형태로 실험실에서 연구될 수 있었다.

Jöns Jakob Berzelius는(1779-1848) 1836년에 모든 생물체에는 수천 가지의 촉매작용이 있다고 예측했다.

세포학의 공동 창시자인 Theodor Schwann (1810~1882)은 3년 후 동물의 효소인 위액 성분 중 펩신(pepsin)을 정제된 형태로 얻었고 연구에 이용하였다.

이보다 앞서 스웨덴의 위대한 화학자인 Jons Jakob Berzelius(1779~1848)는 발효 과정은 촉매작용(그리스어로 *katalysis*, 분해)임을 확신하였다. 촉매제란 자신은 변하지 않으면서 다른 물질들의 화학적 반응을 불러일으키는 물질이라고 정의하였다.

Wilhelm Friedrich Kühne(1837-1900)는 1878년 효소를 "유기화되지 않는 발효체"로 명명하였다.

그의 예언적인 확신은 1836년에 서술되었다.

"살아 있는 식물과 동물에게서는 조직과 용액 사이에 수천 가지의 촉매적 작용이 일어난다는 것을 짐작할 수 있는 증거들을 가지고 있다".

그러나 다른 발견을 통해서 "ferment"라는 용어가 다시 불분명해졌다. 1837년에 Theodor Schwann(1810~1882)은 부패, 즉 물질의 분해와 동반되는 발효가 미생물에 의해 이루어지게 된다는 것을 발견하였다. 여기에서 두 가지 형태의 발효에 대해 이해할 수 있게 되었으며, "조직화된" 발효(예, 효모 등의 미생물)와 "조직화되지 않은" 용액성 발효(예, 디아스타아제)를 구분할 수 있게 된 것이다. 조직화된 발효는 생명체의 대사 과정과 별도로 이해가 되어야 한다. Willhelm Friedrich Kuehne(1837~1900)의 제안에 의해 오해를 방지하고 과도한 해석을 피하기 위해 1878년에 이를 효소라고 명명하게 되었다.

조직화된 발효(organized ferment)들은 생명체에 대한 마지막 방어물 중의 하나로 이들에 대한 지지자들은 *vis vitalis*(생명력)으로서 창조주로부터 비롯되었다고 받아들였다. 처음에는 유기체 관련 물질은 그 자체에 생명력이 있는 것이므로 연구실에서 생산해 낼 수 없는 존재로 여겼다.

Friedrich Wöhler (1800-1882)

Friedrich Woehler(1800~1882)는 1828년에 무기물로부터 요소 합성을 성공함으로써 이에 대한 가설을 반박하기에 이르렀다.

그는 Berzelius에게 다음과 같이 썼다. "나는 소위 나의 화학적 물을 그냥 가지고만 있을 수는 없었고, 어떠한 신장이나 동물이나 사람 혹은 개의 도움 없이도 요소를 만들 수 있었다는 것을 당신에게 감히 말씀 드립니다."

Eduard Buchner (1860-1917), 1907년 노벨 화학상 수상

1897년에 Eduard Buchner(1860~1917)는 결정적인 실험을 통해 Liebig와 Pasteur 사이의 분쟁을 종결지을 수 있었다. 그는 생명체의 세포가 없이도 발효가 일어날 수 있는 것인지 알고자 큰 사발에 석영과 실리카겔을 넣고 절구공이로 효모를 빻았다. 그 후 이를 압력을 통해 강한 직물을 통과하게 하여 분리액을 만들었다. 더 이상의 분해능이 없는 것으로 여겨지는 세포가 제거된 효모즙에 특정 농도의 설탕용액을 넣고는 하룻밤 동안

살펴보고자 한 것이다. 그러나 얼마 지나지 않아 이 용액에서는 마치 생명력이 있는 것처럼 가스가 생기기 시작한 것이다. 바로 이산화탄소가 생성된 것이다!

알코올 발효가 처음으로 살아 있는 효모세포가 없는 용액 중에서 발생하게 된 것이다! 그의 놀라운 발견을 통해 1907년 화학분야의 노벨상으로 알려져 있는 "Zymase"를 수상하게 된다.

그는 Pasteur가 사망한 2년 뒤 발효 또한 살아 있는 세포 없이도 발현될 수 있는 것이라는 것을 발견하게 된다.

실험실에 있는 James B. Summer. 비록 혼자이지만, 숙련된 연구자로 그는 urease를 결정화 하였다.

그의 이론 위에서 Pasteur와 Liebig의 주장은 모두 옳다는 논리를 찾게 된 것이다. 즉, 발효는 미생물에 의해서 일어나는 것이지만, 발효 중 발생하는 물질의 변화는 미생물의 내적 물질(*in vivo*)인 효소(enzyme)에 의해 발생하게 된다는 것이다. 또한 효소는 생명체의 세포 밖에서도(*in vitro*) 그 기능을 발휘할 수 있다는 것이다.

획기적으로 놀라운 것은 바로 이어진 그 다음의 발견을 통해서이다. 놀랍게도 1926년 미국인인 James B. Summer(1887~1955)는 효소를 결정화 할 수 있었다(그림 2.1). 그는 처음으로 칼모양 콩(Schwert-bohnen)으로부터 요소분해효소(urease)를 분리하여 결정화하였고, 이로부터 명확한 단백질의 특성을 알아낼 수 있게 되었다.

그의 동료인 John H. Northrop(1891~1975, 그림 2.2)은 1930~1933년 사이에 소화효소를 결정화할 수 있었다. 그는 이후 오랜 동안의 논쟁을 거치며 효소가 단백질임을 밝혀내기에 이르렀다.

Summer와 Northrop은 1946년에 노벨상을 공동으로 수상하게 된다.

하기에 아주 적합한 모델이다. 말하자면 열쇠와 자물쇠는 초기에 이해를 돕기 위한 좋은 모델이기는 했지만 단백질은 매우 유동적이고 다변하는 구조를 가지고 있으므로 증명하기에는 쉽지 않은 것이었다.

1958년 Daniel Koshland(1920년생)가 가설을 먼저 세웠고, 60년 후 Fischers Postulate가 이를 라이소자임에서 훌륭하게 확인할 수 있다는 것을 찾아내었다. 그는 기질과 효소의 관계를 열쇠와 자물쇠의 고정된 모델보다는 움직이는 손과 주름진 장갑과 비교한 **"유도된 적합(*induced fit*)"**이라는 이론으로 설명하고 이를 증명하였으며, 이때 손은 기질로, 장갑은 효소로서 상호작용을 하게 된다고 하였다. 이에 따르면 장갑은 손에 대해 정확한 3차원적 음의 관계를 지닌 고정형태가 아니며, 오히려 벙어리 장갑이나 손가락 장갑 등 여러 형태로 존재할 수 있는 것이다. 일단 손이 그 안으로 들어오게 되면, 그때 공간적으로 정확하게 적합한 형태를 이루게 된다는 것이다(그림 2.6).

그들의 활발한 상호작용에 의해 **중간 생성물(intermediate state)**을 거쳐 효소와 기질은 정확하게 하나가 된다. 효소는 원래 형태의 기질에 가서 조합을 이루는 것이 아니라 기질의 중간 생성물의 활성부위에 가서 결합을 하게 되는 것이다(그림 2.10, 2.11).

우선 놀라운 것은 라이소자임과 같이 모든 효소들의 경우 자신들을 통해서 전환된 기질의 원칙에 근거하여 기능을 발휘하게 된다는 것이다. 그러나 효소들의 높은 촉매기능에 대한 원인은 아직도 복잡한 것으로 여겨지고 있다(Box 2.5).

효소가 보여주는 가장 중요한 "속임수"는 그들의 단백질 구조에 의해 짧은 시간 내에 변화하는 기질에 구멍 모양이든, 균열된 틈 모양이든 그곳에 결합하는 능력이 있다는 것이다. 활성 부위에는 가장 작은 공간들을 중심으로 높은 반응성의 화학적 작용기들이 존재하고 있다(근접효과, *proximity effect*).

기질은 적재되듯이 완전히 중심부로 들어가게 되는데 이를 시작으로 "Circe-Effect"라고 하며 짧은 시간 내에 화학적 변화를 일으켜 분해가 된다. 이 후

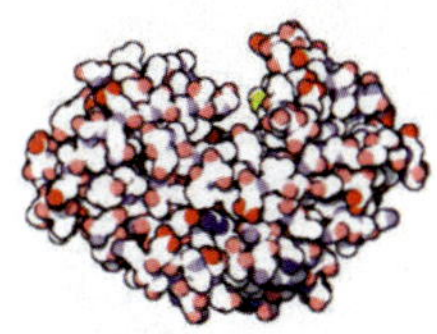

그림 2.7 Homer(위의 반신상)는 이미 무화과(중간) 열매즙으로 우유를 응고시키는 것에 대해 적었다. 이는 무화과즙이 단백질분해효소인 피신(ficin)을 함유하고 있기 때문이다. Theodor Schwann은 처음으로 동물성 효소인 펩신을 얻었다(아래).

Joen Jacob Berzelius(1836)

"많은[…]신체[…]는 다음과 같은 특성을 지닌다. 몸안에 함께 있던 이웃의 어떤 일상적인 화학물질이 완전히 다른 영향을 주게 되어, 어떤 물질의 변환이 기존과는 다른 형태로 이루어지게 되는데 이때 참여한 어떤 물질 자체는 변화가 없게 된다. […]이는 하나의[…] 새로운 작용이다. 나는 이를 신체의 촉매작용 혹은 같은 촉매제를 통한 분해라고 명하겠다."

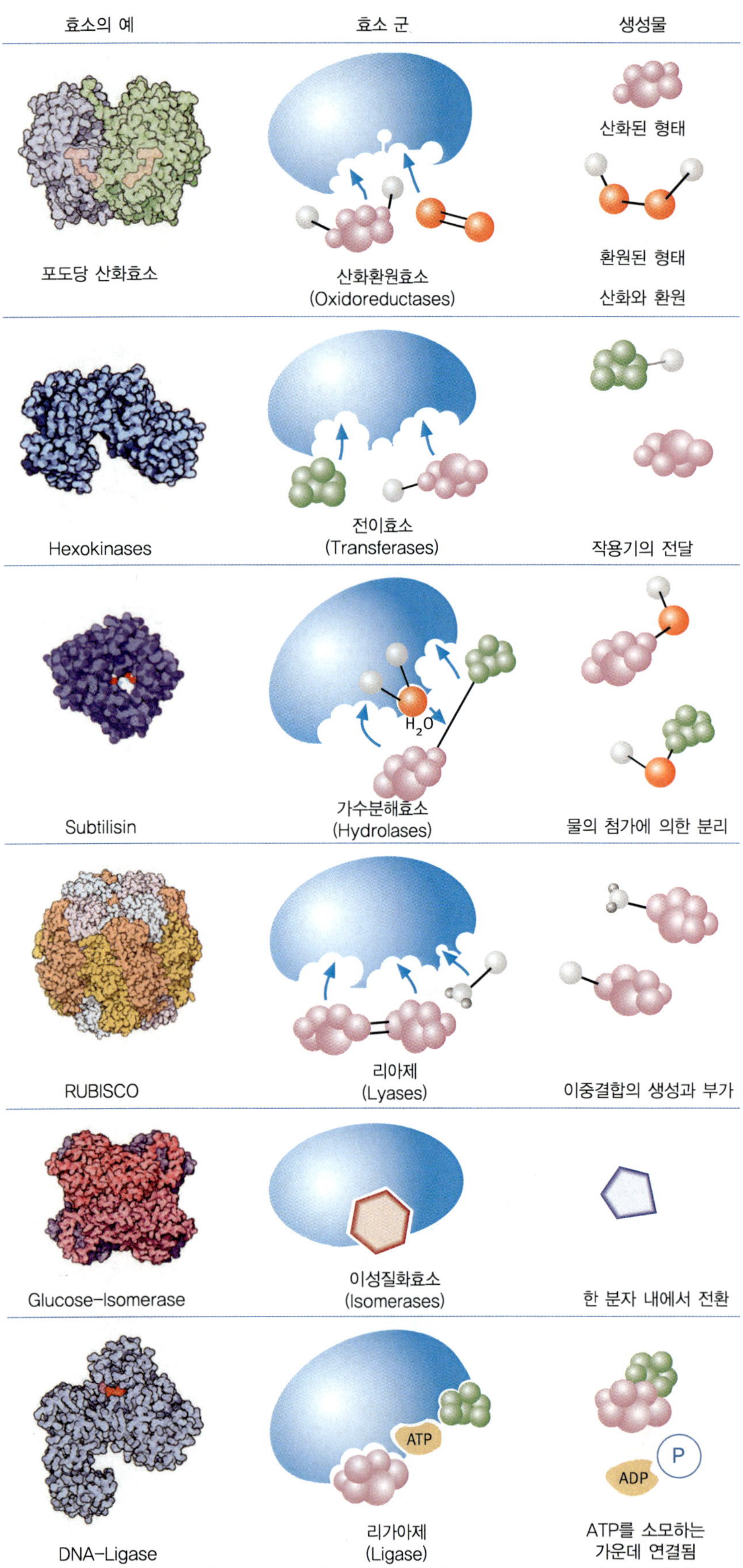

Box 2.3 효소의 명명과 분류

Louis Pasteur의 학생인 Emile Duclaux는 1883년 효소의 특징을 나타내기 위해 작용하게 되는 기질의 이름에 "-ase"를 붙이는 것을 제안하였다. 예를 들면 에스테르를 분해하는 효소는 에스테라제(esterase)로, 섬유소를 분해하는 효소를 섬유소분해효소(cellulase), 단백질을 분해하는 효소를 단백질분해효소(protease)로 표기하게 된 것이다. 그러나 하나의 효소가 여러 개의 기질에 작용할 수도 있기 때문에 작용의 형태에 따라서도 효소를 명명하게 되었는데, 예로 glucose oxidase, glucose isomerase, glucose dehydrogenase 등을 들 수 있다.

이 외에도 때에 따라 모든 가능한 상상력이 동원된 기막힌 이름들도 있는데, 호흡발효, pH 5 효소, Old Yellow Ferment 등이 예가 될 수 있다. 이와 같은 이름들로 인해 잘못 인식되는 경우도 있었고, 이 외에도 알려진 효소의 수가 끝없이 증가하고 있다. 1964년에 만도 900여 개의 효소가 있었는데, 1968년에는 1,300개에 이르렀고, 오늘날에는 약 3,000개 이상의 효소가 상세히 기술되고 있는 상황이다. 국제생화학협회(International Union of Biochemistry, IUB)의 제안에 의해 효소들을 각각의 기능적 특성에 따라 크게 6개 부류로 나누고 있다. 정말 놀라운 것은 생명체에서 일어나는 다양한 작용들이 단지 6가지의 작용 원칙에 의해 분류될 수 있다는 것이다.

각 효소는 IUB 분류에 따라 나누어지게 되고, 이 외에 부류, 그룹, 하위 그룹, 시리즈 번호 등을 각기 부여한 네 가지 숫자로 구성된 코드번호를 가지게 된다. 효소의 실제 이름은 효소가 작용을 하게 되는 기질로부터 기인되고, 이 이름에 효소의 주요 부류가 주어지게 된다.

이에 따른 glucose oxidase의 공식 이름은 β-D-glucose: O_2 oxidoreductase이며 코드번호는 1.1.3.4이다.

그러나 많은 효소의 경우 그 정확한 이름을 이해하기도 힘들고 발음하기도 어렵기 때문에 대부분 "별칭"을 사용한다. 이에 따라 glucose oxidase, pepsin 등이 사용되고 있다. 그러나 학문적 논문에는 부가적으로 분류번호와 공식적 이름을 사용해야 한다.

Émile Duclaux(1840~1904)는 효소들의 명명에 '-ase'라는 어미를 붙이게 된다.

효소는 처음 상태로 다시 돌아가게 되어, 다른 물질과 만나 다시 기질을 변화시키는 작업을 하게 된다.

효소의 활성중심에 있는 반응 작용기들의 꼼꼼한 공간적 조정과 집중적인 작용을 통해, 화학적 작용에 필요한 **활성화 에너지**(**activation energy**, 자유 활성 라디칼)는 효소가 없을 때보다 훨씬 낮다. 효소들은 중간 생성물질을 훨씬 쉽게 형성시켜 화학적 반응의 평형을 확연히 빠른 시간 내에 이루어지게 한다(Box 2.5).

라이소자임의 공간구조를 통해 활성 중심의 공간구조를 형성하기 위해 어떠한 작용기들과 힘들이 작용해야 하는지를 잘 학습할 수 있다(그림 2.9~2.11).

분자의 안정화는 아미노산의 여러 다른 곁가지 작용기들에 의해 결정된다. 아미노산들은 펩티드에 정렬해 있는 상태로 마치 병 닦는 솔과 같이 모든 곁가지에 붙어있는 상태가 된다. 이는 그들 간의 상호작용을 촉진하며 사슬을 휘거나 엉키게 한다.

특히 이 분자는 아미노산의 기초를 이루는 시스테인황을 함유하는 곁가지 작용기(–SH) 사이에서 안정적인 화학적 결합을 함으로써 결합력을 가지게 된다. 이와 같이 형성된 총 4개의 S–S연결은 라이소자임의 공간 구조를 지탱하는 결정적 역할을 한다. 중금속은 그 밖에 단백질들의 이황화결합을 안정화시키며, 이로 인해 독성을 나타낸다. 효소들은 중금속으로 인해 비경쟁적 저해를 받는다.

공모양을 하고 있는 공간구조(그림 2.8, 2.10)는 수용성 매질에서 극성과 비극성을 모두 가지는 아미노산에 의해 안정화 된다. 극성 작용기들은 물을 좋아하는(hydrophile) 특성을 가지기 때문에 물이 있는 바깥쪽을 향해 있다. 비극성 부분의 작용기들은 이와 달리 물을 싫어하는 성질(hydrophobe)을 가져, 물이 있는 환경으로부터 분리되려는 특성을 가진다. 따라서 마치 물에서 기름 방울이 안정화되는 것과 똑같이 효소 분자의 내부에만 함께 존재하면서 분자는 안정화된다. 곁가지 작용기들간의 상호작용 이외에도 다양한 아미노산의 뒷편 주변에 있는 산소와 수소 원자간에도 소위 수소결합이라고 하는 약한 결합을 이룬다.

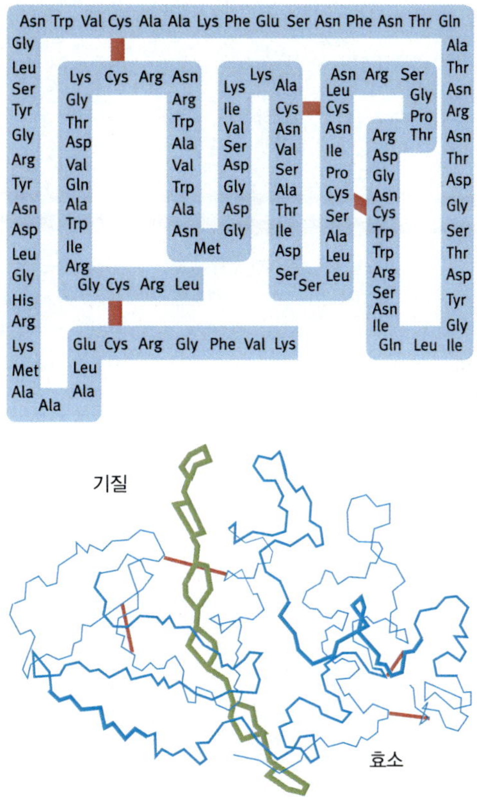

그림 2.8 라이소자임 위: 라이소자임의 1차 구조로 분자 중의 아미노산들의 순서(모두 20개의 천연적으로 존재하는 아미노산들이 대표적이다: 이들은 국제적 명명법에 의해 줄인 이름을 붙이고 있고, 시스테인끼리 연결되어 있어 있는 이황화(S–S) 연결들은 다른 색으로 표현하였다). 아래: 펩티드 사슬이 공간을 형성하고 있는 라이소자임의 4차 구조. 효소와 기질이 활성 중심에 결합되어 있는 상태는 뒷편에서만 볼 수 있는 것으로 이를 아래의 그림에서와 같이 펩티드 결합형태와 당 결합 고리형태로 표현하였다.

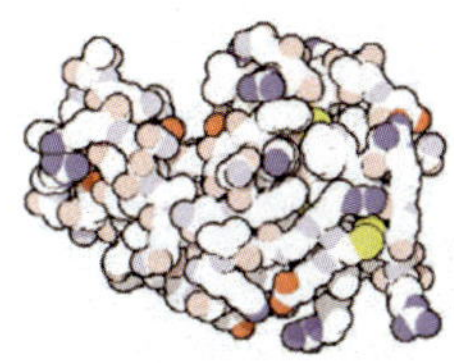

계란 흰자로부터의 라이소자임의 공간구조

2.3 효소의 기능을 완성시키는 보조인자

모든 효소들이 라이소자임과 같이 순수한 단백질 성분으로 되어 있는 것은 아니며, 대신 효소들은 **보조인자**(**cofactor**)라고 불리우는 부가적인 화학성분을 "도구"로 이용한다. 이러한 "자격을 갖춘" 효소들은 또한 복잡한 반응 대사를 하게 된다.

보조인자로는 하나 혹은 다수의 무기질 이온(Fe^{2+}, Mg^{2+}, Mn^{2+}, Zn^{2+})이 될 수도 있고, **조효소**(**coenzyme**)라고 하는 복합 유기물 분자가 될 수도 있다. 가끔 효소들은 동시에 보조인자의 한 종류가 되기도 한다.

조효소는 유기적 결합물질로 효소(혹은 그 주변의) 활성 중심에 가서 결합을 하여 기질의 구조를 바꾸거나 자신이 다 소모되어 효소로부터 분리되는 순간까지 효소와 기질 사이에서 전자, 양자 및 화학 작용기들을 전달하는 역할을 하고, 가끔은 큰 효소분자 내에서 간격이 큰 분자간에도 작용을 한다.

많은 조효소들은 비타민의 전구체로부터 합성된다. 따라서 사람들은 특정 비타민들을 소량이나

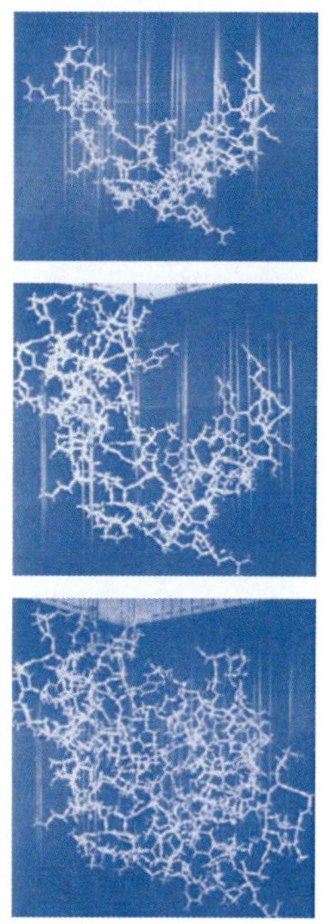

그림 2.9 David Phillips가 만든 라이소자임의 공간모델. 위: 최초의 38개 아미노산 잔기, 중간: 1~86개 잔기, 아래: 129개 잔기의 완전한 분자 모델

그림 2.10 라이소자임의 4차 구조 및 기질들. 이 두 분자들에 대한 모든 원소들도 보여주고 있다. 굵은 글씨는 기질의 결합과 전환이 일어나는 활성 중심 중의 아미노산의 곁가지 작용기들이다. Asp 52와 Glu 35는 52번 자리의 아스파르트산과 35번 자리의 글루탐산을 의미한다. 총 129개의 아미노산들이 함께 구성되어 있다.

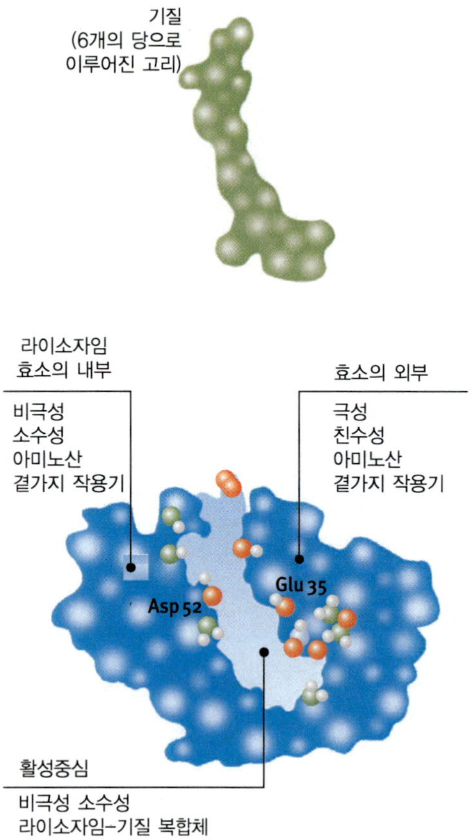

그림 2.11 아래: 기질의 분해를 진행 시간 중심으로 본 것 – 여기에서 보여주는 것은 당의 고리 구조 중 4번과 5번만 보여 주고 있으며, 이들은 "뒷면"에 위치해 있는 것으로 이들 사이에서 실제적 분해가 이루어지는 중요한 것들이다.

1. 활성 중심에 결합된 기질
2. 4번 당 고리구조의 변형
3. 글루탐산의 양이온(H^+)은 4번과 5번의 당 고리구조 사이를 공략한다.
4. 4번 당 고리구조에 양전하를 띠는 탄소(C^+)가 생기고 아스파르트산(Asp)의 음전하를 띠는 작용기에 의해서 안정화된다. 4번과 5번 고리 구조 사이의 결합은 5번과 6번 고리 사이에서 발생한 생산물이 활성 중심을 떨어져 나가면서 분리된다. 양이온을 띠게 된 C^+는 물로부터 나온 수산 이온(OH^-)과 결합하게 된다. 물분자 중의 양전하는 활성 중심의 글루탐산의 남아 있는 자리를 채우게 된다.
5. 두 번째 분해 산물은 1번으로부터 4번까지의 고리구조 사이에서 형성된 후 떨어져 나가게 된다.
6. 효소는 완전히 재생되어 다음의 기질 분자가 오게 되면 다시 작용을 하게 된다. 1초 당 두 개의 기질 분자가 전환되는 반응이 일어난다.

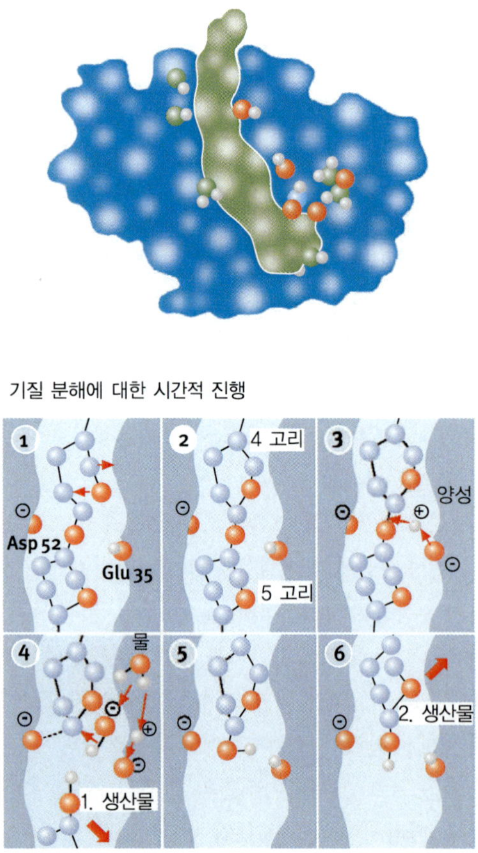

마 꾸준하게 섭취해야 하는 것이다. 가장 중요한 조효소들 중의 하나가 NAD^+(Nicotinamide Adenine Dinucleotide)로 예를 들어 비타민인 나이아신(niacin)으로부터 만들어진다. 대부분의 수용성 비타민인 B군은 조효소의 전구체로 나이아신과 비슷한 효과를 가진다.

Otto Heinrich Warburg(1883~1970, 그림 2.3)은 호흡효소인 시토크롬 산화효소(1장, 그림 1.14)와 NAD를 발견했다. 그의 발견과 구조분석은 현대 생화학의 기념비적 존재이다. 영양섭취 중에서 나이아신이 빠지게 되면 몸 안에서는 특정 효소들(예, dehydorgenase)이 작용을 할 수 없게 되고, 비타민 결핍증인 펠라그라에 걸리게 된다. Warburg은 **광학적 Warburg 테스트**를 실행하여 340nm 파장에서 환원형인 NADH를 측정할 수 있었다(산화형인 NAD^+는 340nm 파장에서 빛을 흡수하지 않는다). 이를 통해 중요한 효소의 작용을 측정하게 되었는데, 포도당을 포도당 탈수소효소로 측정하고, 현재까지 자주 사용되고 있다(10장 참조).

비타민 B_2(riboflavin), B_{12}(cyanocobalamin), C(ascorbic acid) 등은 생명공학 기술을 통해 최근에는 톤 단위로 생산할 수 있는 상황에 이르렀다.

보결분자단은 강력히 결합해 있는 보조인자들이다. 포도당 산화효소로부터의 보결 분자단은 FAD(flavin adenine dinucleotide)이다. 과산화효소와 시토크롬(cytochrome) P450은 헤모글로빈이나 미오글로빈과 같이 헴(heme)그룹을 함유하고 있다. 헴그룹은 중심에 철분과 결합해 있는 포르피린 고리(porphyrin ring)로 구성된다.

이와 달리 조효소는 약하게 결합되어 있는 형태로 기질과 같이 결합하고 변화되며 사용되기도 한다. 그러나 기질들과는 달리 많은 효소들에 의해 이용되며(거의 모든 탈수소효소로부터의 NADH와 NADPH를 예로 들 수 있다), 세포에서 재생산된다(2.13 참조). 같은 조효소를 사용하는 효소들은 대사가 대체적으로 비슷하다.

보조요인들은 많은 효소들의 "도구"가 된다. 이에 반해 효소의 단백질 부분은 "기술자(도구를 다루는)" 역할을 하게 되어, 도구가 얼마나 효율적으로 사용되는 가는 이들에게 달려 있다. 도구가 없다

Box 2.4 생명공학 역사: Fleming의 감기와 그의 업적

알렉산더 플레밍(Alexander Fleming, 1881~1955)은 1922년 감기에 걸린 상태에서도 런던에 있는 그의 미생물 실험실에서 일을 하게 된다. 그는 호기심에 자신의 콧물을 몇 방울 세균용 배지에 떨어뜨렸다. 그는 놀랍게도 몇 일 후 자신의 콧물로 인해 세균들이 죽은 사실을 보게 된다. 이는 어느 효소 성분이 특정 미생물을 용해시키기(lyse) 때문인 것을 발견하고 **라이소자임(lysozyme)** 이라고 명명하게 된다. 이후 Fleming 신체의 분비기관 모두에 라이소자임이 존재하며 특히 눈물 중에 많이 존재한다는 것을 발견하게 된다.

Alexander Fleming (1881~1955)은 페니실린을 발견하기 전에 먼저 라이소자임을 발견했다.

동료나 학생 그리고 스스로 찾아온 방문객들은 Fleming에게 자신의 눈물을 제공했을 것이다. 특히 라이소자임이 풍부한 것은 계란 흰자(egg white)이다. 여기에서 세균 발생을 막는 보호 방법을 짐작할 수 있었다. 그러나 Fleming에게 큰 실망이 되었던 것은 일반 미생물들에게는 그렇게 강력한 보호작용을 보였던 라이소자임이 병원성 세균에 대해서는 그렇지 못했다는 것이다.

Fleming이 다시 우연한 실험을 통해 특별한 효과를 발휘하는 항생물질인 **페니실린(penicillin)**을 발견한 것은 2년이 더 지나서였다(4장 참조).

이러한 페니실린의 발견에도 불구하고 현대 생물학 역사상 라이소자임의 발견은 특별한 것이다. 이는 공간적 구조가 설명되고 원소단위까지 그 특성이 상세히 이해되고 있는 첫 번째 효소이었다. 라이소자임의 기질은 세균의 세포벽을 형성하고 있는 소위 뮤코다당류의 하나로 acetyl muramic acid와 acetyl glucosamine의 당들로 함께 만들어진 형태이다(그림 2.10).

라이소자임이 그의 기질로부터 분리가 되면 세포는 더 이상 조밀하지 못하게 되어 용액이 흘러 들어가게 되어 높아진 삼투압에 의해 세포내부가 파열되게 된다.

1963년에 계란 흰자에 있는 라이소자임의 아미노산 배열(단백질 1차 구조) 수와 그 순서가 정확히 밝혀지게 되었다(그림 2.8).

20개의 아미노산들은 각각 다른 작용기를 가지고 있다. 그러나 분명하지 않았던 것은 어떻게 129개의 아미노산과 1,950개의 원소들로 구성된 긴 사슬의 단백질 실타래가 하나의 활성 중심을 형성하고 기질과 결합을 하며 변화를 도출해 낼 것인가에 대한 것이었다.

우선 X-선을 통해 구조분석을 함으로써 라이소자임의 공간적인 구조를 말할 수 있게 되었다. John C. Kendrew(1917~1997)와 Max F. Perutz(1914~2004)가 혈색소인 헤모글로빈과 근육단백질인 미오글로빈에 대한 공간구조를 설명하는데 성공(노벨상, 1962)한 이후 바로 이 방법을 응용하여 단백질로는 세 번째이자 효소로서는 첫 번째가 된 라이소자임의 공간적인 구조도 설명되었다(그림 2.8~2.10).

David Philipps(1924~1999)와 라이소자임 결정체

이와 관련한 작업은 1960년에 이미 영국의 왕립 연구소에서 David Philipps(1924~1999)와 그의 동료들에 의해 이루어지고 있었다. 우선 단백질을 결정화시켰다. 1965년 봄에 라이소자임의 공간구조가 완성되었다. 처음에 밝혀진 구조는 실타래가 얽혀 있는 형태가 아니었으며, 대신 갈라진 틈새를 가지고 있는 전체 형체에 대한 것이었다. 라이소자임 분자에 있는 인상적인 깊은 틈새는 활성 중심을 가지고 있는 부분이었음에 틀림 없다.

처음에는 X-선을 통해 효소의 활성부분을 보여줄 수 있게 되었던 것이다!

하지만 이와 같은 공간구조만으로는 기질이 어떻게 이곳에 결합하게 되고 분해되는지, 그리고 이 분해를 위한 에너지는 어디로부터 오는지 밝힐 수 없었다. 따라서 Philipps는 라이소자임의 공간구조를 기본으로 하여 줄과 구슬을 이용하여 조각 조각 모아 공간모델을 만들어 나갔다(그림 2.9).

그는 이와 동시에 라이소자임과 상호관계를 가지는 기질의 한 부분을 공간적인 실-모델로 구성했다. 이를 통해 의자형 구조를 가진 당고리가 6개 연결되어 있는 것을 알아내게 되었다.

세 개의 당 고리구조는 자물쇠-열쇠 원리에 따라 정확하게 가장 윗부분의 틈새부분과 딱 맞아 떨어졌다. 그러나 의자형의 네 번째 당 고리구조는 틈새에 맞질 않았다. 이 당을 형성하는 각기 원소들은 활성 중심에 있는 아미노산의 곁가지 작용기들과 대치하는 형국이 되었던 것이다.

Philipps는 천연 상태에 의자형으로 존재하는 네 번째 당 고리구조의 줄 모델을 꼬아 인조적 "보트형"으로 만들었다. 그러자 딱 들어맞게 된 것이다! 이와 같이 당 고리구조를 변형시켜 구조가 딱 들어맞게 됨으로써 라이소자임은 또한 실제적으로 그 기능을 가지게 된 것이다. 다섯 번째와 여섯 번째 고리들은 네 번째 고리와 같은 변형 없이 그대로 두어도 틈새와 맞아 떨어졌다. 하필이면 변형시킨 네 번째 고리와 정상적인 다섯 번째 고리 사이에 기질의 틈새가 자리잡고 있다(그림 2.11).

효소의 틈새는 주로 비극성의 아미노산들로 구성되어 있으며, 이들의 주변 곁가지는 또한 전혀 전극을 띠지 않았다. 그러나 틈새를 형성하는 주변인 네 번째와 다섯 번째 고리 구조 사이에는 극성을 가지는 곁가지 작용기으로 음이온인 아스파라긴산이 있다. 그 건너 다른 편에는 글루탐산(아미노산 35번)을 곁가지 작용기으로 가지는 틈새가 있다(그림 2.11). 이 두 곁가지 작용기들이 균열되는 연결부위를 결합해 주는 "집게" 역할을 하는 것이다. 이를 통해 처음으로 효소작용의 대사가 원소 단위에서 명확하게 된 것이다. 이 외에도 라이소자임 모델에서 효소의 구성상 일반적인 규칙성을 학습할 수 있게 되었다.

라이소자임 모델은 또 한 가지 새로운 것을 깨닫게 해 주었다. Emil Fischer의 자물쇠-열쇠 원칙에 따라서 사람들은 기질이 정확하게 활성 중심에 맞게 된다고 기대할 수 있었다. 그러나 이와 같은 활성 중심에 효소가 맞아 떨어지게 되는 것은 활성 중심 부위가 효소에 의해서 변형이 이루어진 후이다. 이것만으로 아직 충분하지는 않다. 기질의 변화만이 아니라, X-선 분석에서 보여졌던 것과 같이 라이소자임의 틈새는 기질과의 결합을 통해서 더욱 좁아지고 깊어지는 현상을 가진다. 이는 마치 고무로 되어 있는 자물쇠가 역시 고무로 되어 있는 열쇠와 만나는 현상과 같다고 하거나 혹은 손이 손장갑 안으로 들어가서 맞아지는 형식이라고 설명될 수 있다.

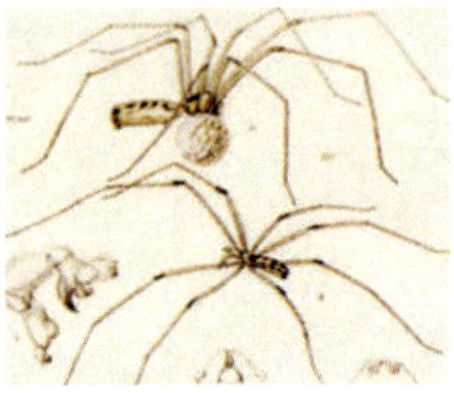

그림 2.12 거미의 일종인 *Pholcus*는 거미줄에 잡힌 모기의 긴 다리 중 한 쪽을 문다. 소화즙을 그쪽으로 쏘아 보내면 희생물의 내부로부터 소화가 일어나게 되고 이 "빨대"를 통해 모기의 전체 내용물 빨아들인다. 전 과정을 위해 약 16시간 정도가 걸리게 되는데, 이 시간은 잡아 놓은 "모기 밥"에게 역으로 당하기 전 그 얇은 다리를 통해 소화효소가 모기의 몸으로 들어가게 하고 나머지 다섯 개의 다리를 통해서도 역시 이와 같은 주사작용이 더 일어나는데 걸리는 것이다.

그림 2.13
Jokichi Takamine (위, 1854~1922)는 미생물을 이용한 효소를 산업적으로 처음 사용한 사람 중의 하나이다. 아래: 그의 소화효소인 Taka-소화제

면 물론 아무리 훌륭한 기술자라고 해도, 그리고 기술자가 없다면 아무리 훌륭한 도구가 있다고 해도 소용이 없을 것이다.

2.4 동물, 식물, 미생물에 있는 효소들

소화효소의 발견과 함께 19세기에 이르러 도살용 동물로부터 효소를 얻어내는 방법을 개발하게 되었다(Box 2.2). 이와 같은 맥락에서 오늘날에는 돼지나 소의 위 점막으로부터 펩신, 송아지 위로부터 얻은 응유효소, 췌장으로부터 얻은 트립신(trypsin), 키모트립신(chymotrypsin), 리파아제(lipase), 아밀라아제(amylase)의 혼합물 등이 생산되고 있다. 약국에서 구입할 수 있는 펩신약제는 대부분이 돼지의 위로부터 얻은 것들이다. 분석 및 의료용으로 사용되는 것은 좀더 대사능이 높은 기관들(근육, 간, 비장, 신장, 심장, 소장)로부터 얻는데 고순도로 정제되어야 한다.

동물로부터 얻어지는 효소들 외에도 **식물성 효소(vegetability enzyme)** 또한 산업용 이용도에 대해서 연구되었다. 곡류는 싹이 나면서 전분을 분해하는 아밀라아제 또는 단백질을 분해하는 단백질분해효소와 같은 효소를 발생시켜 예로부터 맥주나 약주를 만드는데 이용되어 왔다.

열대성 식물의 즙으로부터도 이미 수세기 전부터 많은 단백질분해효소를 쉽게 얻을 수 있었다. 메론 나무로부터 얻은 파파인과 키모파파인(그림 2.19)이나 무화과 나무의 즙으로부터 얻은 피신, 파인애플로부터 얻은 브로멜라인(bromelain, 단백질분해효소의 일종) 등을 예로 들 수 있다. 이들 이국의 단백질 효소들은 요즘 고기 육질의 "연화제", 소화 보조제, 혹은 콘텍트 렌즈의 청결제로 사용되고 있다(그림 2.18).

이와 달리 유럽에서는 식물로부터 효소를 얻는 것이 제한적이며, 계절에 따라 차이를 많이 보이고 있고, 많은 양의 식물을 효소를 얻고자 사용하는 것 자체가 낭비라고 생각하고 있다. 동물성 효소는 동물성 생산물의 부산물인 반면 식물성 효소는 식물 자체가 재료로 사용되기 때문이다. 이 두 가지 원천들로 계속해서 증가하고 있는 효소의 필요량을 충당하기에는 충분하지 않다. 따라서 배양하기 쉬운 미생물들이 새로운 효소 원료로서 이용되고 있다.

1894년에 이미 일본인 Jokichi Takamine (1854~1922)가 특허를 낸 미생물로부터 얻은 효소들이 산업용으로 이용되었다(그림 2.13). 그는 후에 미국의 Peoria로 가서 일을 하였다. Peoria는 후에 페니실린 생산에 있어 중요한 역할을 하게 된다(4장 참조). Takamine가 특허를 내었던 방법인 표면배양은 쉬우면서도 놀라운 것이었다. 밀겨에 영양소와 영양염을 부어 주었고, 여기에 *Aspergillus oryzae*의 포자를 접종한 후에 용액이 흐르는 밀겨를 배양조에 넣었다. 곰팡이가 성장한 후에 세포로부터 분리된 효소들(amylage, protease)를 세포로부터 추출하기 위해 밀겨를 염용액에 씻어내었다. 제2차 세계대전이 일어나기 전까지 미국에서는 하루에 "곰팡이 밀겨"를 10톤까지 생산해내는 효소공장이 있었다. 50년대 말에 처음으로 곰팡이를 액상 배양을 통해 생산하게 되었다.

효소 생산에 있어 미생물을 이용하는 분명한 이유는 다음과 같은 장점을 보이기 때문이다. 일단 빠르게, 많은 양을, 비교적 싸게 그리고 장소나 계절과 상관없이 생산할 수 있다는 것이다. 돌연변이, 유도, 선별을 통해서 효소 생산량을 극대화시킬 수도 있다. 즉, 유전적 변이를 이용한 미생물들이나 단백질 구조변경과 같은 유전공학의 이용을 통해 "선별적 효소"를 생산할 수 있게 된 것이다.

높은 효소의 생산성과 더불어 산업용을 위한 효소의 높은 안전성도 요구되고 있다. 극한 환경 하에 존재하는 천연의 많은 미생물들은 세포속에 특별히 안정적인 효소들 또한 포함하고 있다. 미국의 Yellowstone 국립공원이나 러시아의 캄차카반도 등의 뜨거운 열천으로부터 나온 호열성(thermophile) 미생물들은 생존을 위해 어쩔 수 없이 열에 안정적인 효소를 함유하고 있다. *Thermus aquaticus*(10장)로부터 얻은 ***Taq* DNA polymerase**가 좋은 예이며, 오늘날 유전공학의 이용은 평범한 일이 되어 버렸다. 이와 같은 열에 안정적인 효소들은 은밀한 성분더미 중에 존재하고, 높은 온도에서만 생성이 된다. 소금과 관련해서는 호염(halophile) 세균들이 있다. 호냉성

Box 2.5 효소의 속임수

효소는 화학적 반응 속도를 약 억에서 조(10^8~10^{12})배까지 증가시킨다. 효소가 존재할 경우 1초 안에도 완전히 이루어질 수 있는 촉매작용이 효소의 부재 시 약 10^{10}배의 시간이 걸려야 이루어지게 되어 이론적으로 3000년이라는 시간이 필요하게 된다는 것을 상상해보라! 효소의 반응 속도는 사실 측정 불가한 정도이다. 신체에서 일어나는 대사작용도 효소가 없다면 너무 느려서 이용성이 없어질 것이다. 따라서 효소는 생명체를 유지시켜주는 첫 번째 필수조건이 되는 것이다.

물질들이 서로 반응하기 위해서는 효소가 작용가능한 상태에 이르도록 활성화 되어야 한다. 이를 위해 사용되는 에너지를 **활성화 에너지(activation energy)**라고 명하고 있다. 화학적 반응의 에너지 흐름은 산맥 형성과 비교될 수 있다(아래 그림 참고). 여기에서 **시작 물질(starting compound)**은 산골짜기를 넘기 전인 골에 놓여 있는 돌들과 비교할 수 있어서 [즉, 변환될 수 있는 **생산물(product)**], 해당되는 활성화 에너지가 조달된다면 산의 정상을 넘어 반대편 골짜기로 굴러가게 될 수 있을 것이다. 화학적 작용에서는 이러한 에너지가 예를 들어 온도 혹은 압력의 상승을 통해 물질들에게 조달될 수 있다. 이러한 것은 살아 있는 세포에게는 물론 치명적인 일이 된다!

일반적으로 모든 촉매작용은 활성화 에너지를 낮춘다(자유 혹은 Gibbs의 활성화 엔탈피). 비유적으로 보자면 산 정상이 지속적으로 낮아지는 형상과 같아져서 아주 적은 에너지만 있어도 이를 넘어설 수가 있게 되는 것이다. 이와 같이 필요한 현저히 적은 에너지는 매우 쉽게 그리고 자주 소비될 수 있을 것이다. 촉매제 또한 언덕 인도자와 비교할 수 있어서 수 많은 언덕을 낮추어 주어 가능한 소모를 줄이면서 넘어갈 수 있도록 해주는 역할을 하게 된다. 반응의 평형상태는 골(시작 상태)과 골짜기(마지막 상태)로 상징화시킬 수 있다. 정상은 활성화된 복합물의 불안정한 **중간상태(transition state)**라고 표현할 수 있다.

효소는 반응의 평형을 변화시키지는 않는 대신(골이나 골짜기의 깊이는 변화시키지 않는다는 의미) 다만 **평형이 확연히 빨리 이루어지도록** 하는 역할을 한다. 즉, 작용을 촉진시키는 역할을 하는 것으로, 효소가 없다면 반응이 대개의 경우 측정 자체가 어려울 정도로 느리게 이루어지게 된다.

물론 효소이론에 대해서는 아직 논쟁의 여지가 있다. 공식적으로 모든 효소들에 대한 일반적으로 적용할만한 도식은 없다.

하나의 가능한 것은 라이소자임에서 익힌 바 있는 것이다(그림 2.8~2.11). 기질은 효소에 의해 형태가 변화되고, 중간단계가 되는 긴장상태에 이르며, 이 중간단계 물질은 목표 물질의 생성에 따라 사라질 수 있다.

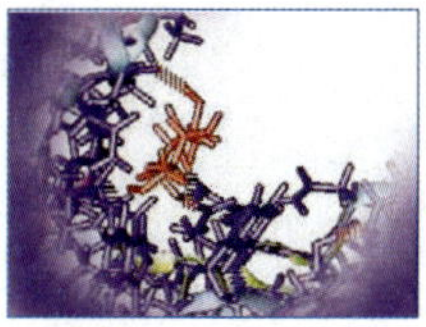

라이소자임(파란색)의 활성중심에 있는 기질(빨간색) 형성

반응을 위한 높은 에너지 기여도는 사실 기질의 활성 중심의 형성과정에서 얻게될 것이다. 용액 중에서 우연히 처음 만나게 되는 물질은 효소에 의해서 그 활성 중심이 공략을 받게 되어 **가까운 이웃**이 된다. 이를 통해 서로가 반응하게 되는 기회는 훨씬 높아지게 된다.

활성 중심의 가장 작은 공간에는 효소의 **고반응성 화학물질 작용기(highly reactive functional group)**들이 농축되어 있고, 기질의 변화무쌍한 결합부위에 직접적인 반응을 하도록 공간적으로 배치가 되어 있다. 이를 통해 목표하고 있으며 병행하는 실질적인 "사격"으로 들어가게 된다. 활성 중심은 주로 비극성 작용기로 형성되어 있기 때문에 이 지역은 비극성의 유기 용액과 비교될 수 있다. 유기 반응은 극성을 띠는 물에서보다는 비극성의 용액에서 대체적으로 훨씬 빠르게 일어난다. 따라서, 활성 중심의 유기적 환경에서는 전하를 덜 띠고 있는 곁가지를 가지는 아미노산들이 수용액에서의 활동상태와 비교해 볼 때 **"고-활동성"**을 보여주게 되는 것이다.

촉매작용이 없는 "보통의" 화학반응에 비해 효소 반응이 차이를 보인다는 것과 이러한 차이는 기술적인 촉매제에 의해서라는 생각이 어디로부터 생겼는지는 지금까지 언급한 요소들을 통해 분명해진다. 여기에서 결론 지을 수 있는 것은 효소들이 엄청난 사슬 분자구조를 하고 있을 것이라는 것이다. 이들은 공간적으로 주름을 함유하여 필요한 반응 작용기들과 한 장소에서 집중할 수 있으며 이를 통해 적절한 때에 적절한 장소에서 효과를 나타낼 수 있게 된다. 여기에서 말하는 효소 분자들은 단단한 형태가 아니며 유연하고 탄력성 있는 구조를 가진다.

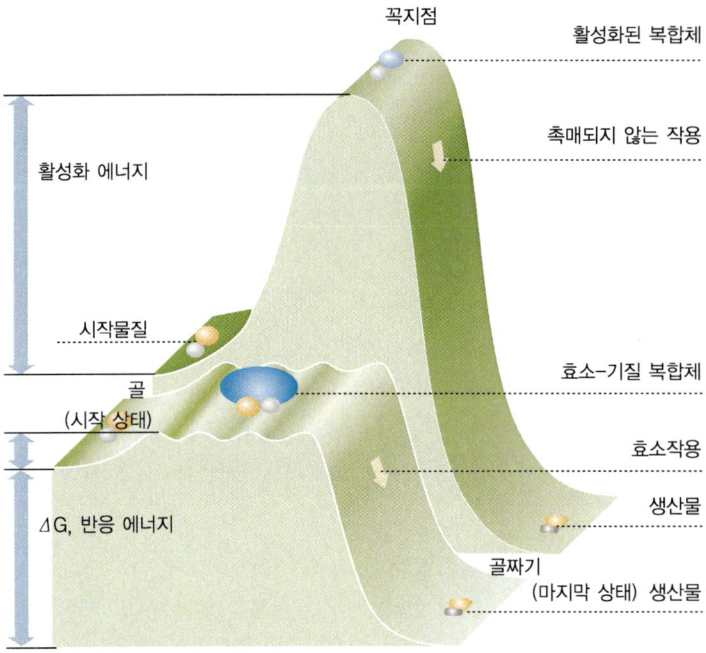

그림 2.14 독일의 Darmstadt에서 Bakelits Otto Roehm(1876~1939)과 그의 학생인 Eduard Buchner는 이미 금세기 초에 더러워진 빨래를 장 관계의 효소(췌장) 추출물의 희석액을 통해 깨끗하게 할 수 있다는 것을 알아내었다. 그는 자신의 회사를 통해 1914년에 돼지의 췌장으로부터 채취한 단백질분해효소를 가지고 만든 "Burnus"라는 세탁제품을 생산하게 된다.

(psychrophile) 효소들은 남극에서 나온 미생물들로부터 분리한 것이다.

2.5 생물 고분자 물질을 분해하는 세포외 가수분해 효소

미생물을 통한 효소생산물을 논할 때 가장 중요하게 여기는 것은 단백질분해효소(protease), 아밀라아제(amylase), 펙틴분해효소(pectinase)와 같은 단순한 가수분해효소들로 이들은 천연의 고분자 물질인 단백질, 전분, 혹은 펙틴 물질 등을 분해한다. 관련 미생물을 배양하게 되면 영양분을 취하기 위해서 배지로 효소를 분비한다. 이와 같은 세포외 효소는 세포를 제외한 큰 단위의 물질들을 분해하여 작은 단위의 물질로 만들고 이를 통해 미생물들이 이용할 수 있게 된다. 동물 세계에서는 이를 **장 외 소화(extraintestinal digestion)**라고 하며 예를 들어 거미에게서 이와 같은 것을 볼 수 있다(그림 2.12).

미생물로부터 얻게 된 세포외 효소들은 배지를 이용하여 쉬우면서도 값싸게 얻을 수 있는 한편 어렵고 비용이 많이 드는 세포정보 취합이나 정제과정 등이 필요 없기 때문에 지금까지 산업용으로 선호되어 온 것은 놀라운 일도 아니라 하겠다. 세균의 세포에는 수천 가지의 효소들이 공존하고 있기 때문에 필요로 하는 효소를 얻기 위해서는 우선 **세포 내에 존재하고 있는 다른 효소들(intracellular enzyme)**이나 세포 구성물로부터 분리시켜야 한다. 단백질의 경우 분자 무게나 전하의 차이가 심하기 때문에 단백질간의 분리에 있어서도 보이게 되는 차이를 적절히 이용할 수 있다.

지금까지 알려진 모든 단백질 분리공정은 염을 이용한 분리, 전기장에 있어서의 이동(전기영동), 전하를 띠거나 띠지 않는 이동체와의 결합(크로마토그래피), 질량분석법 등의 방법에 기초하여 이루어지고 있다(10장 참조).

2.6 술, 빵, 엿 제조에 작용하는 아밀라아제

바이에른 지역의 귀족인 빌헬름 4세(그림 1.28 참조)는 1516년에 '청정의 법칙' 을 공포하였다. 이것이 뜻하는 바는 맥주를 만들 때 보리, 호프, 물 이외의 다른 물질을 첨가하는 것을 금한다는 것으로 독일에서는 오랫동안 이 법을 따랐다. 그러나 대부분의 지역에서 경제적인 이유로 편법이 사용되기도 하였는데, 예로 보리의 경우 부분적으로 혹은 전체를 싹이 나지 않는 곡류인 옥수수나 쌀로 대신하기도 하였다. 이와 같이 대신 사용된 물질들은 아밀라아제를 자체적으로 함유하고 있지 않기 때문에 아밀라아제, 글루카나아제(glucanases), 단백질분해효소 등을 곰팡이나 세균에서 기술적으로 얻어 소위 **"양조 효소"**를 부가적으로 첨가하였다.

독일인들은 그 사이 미국(1998년 생산량 2억 3천 6백만 L), 중국(1억 7천 8백만 L)에 이어 세계 제 3의 맥주 생산국(1억 1천 4백만 L)이 되었다. 금세기 세계적으로 매년 생산되는 맥주의 양은 1천 5백만 hL에 달하며 이는 약 5천만 유로에 해당된다. 그러나 아직까지도 효소를 이용한 공정은 2000년전 이집트에서 이루어지던 수준 정도에 머물고 있었다.

곡류의 전분은 효소작용에 의해 당으로 분해되고, 이후 효모 등의 미생물 작용에 의해 알코올이 생성된다. 전분은 식물성 저장 성분으로 사람이나 동물 모두에게 중요한 영양분이다. 전분은 다당류의 일종인데 포도당으로 구성된 물질이다. 맥아(malt)에 들어 있는 아밀라아제의 경우 여러 종류의 전분들을 각기 다른 위치에서 포도당으로 분해하여 각기 크기가 다른 포도당 분자를 만들어 냄으로써 그 기능을 하게 된다. 맥아의 경우 단지 0.5~1%만의 아밀라아제를 함유하지만 전 세계적으로 효소를 가장 많이 함유하고 있는 물질이라 할 수 있다. 만일 에너지원이 되는 포도당을 얻고자 한다면, 우선 감자나 옥수수의 전분을 완전히 분해시키는 것이 필요하다. 예전에는 이를 위해 고온에서 산을 가하는 방법을 사용하였다(산 가수분해).

약 20년 전부터 점차 아밀라아제의 사용이 증가되기 시작하였다. 전분을 우선 80~105℃의 온도에서 약 3시간 가량 α-아밀라아제에 노출시켜 작은 단위로 분해시킨 후에 액화시킨다. 이렇게 하면 덱스트린 혼합물이 형성되고 다시 다른 아밀라아제의 일종인 글루코아밀라아제(glucoamylase)를 통해 마지막 구성물인 포도당까지 분해시키게 된다. 이를 결정화하게 되면 바로 순수한 포도당분이 되는 것이다.

Bacillus 종으로부터 얻은 α-아밀라아제는 열에 안정적이어서 95℃ 이하의 온도에서 2~3시간 작용할 수 있다. 글루코아밀라아제는 곰팡이(*Aspergillus* 종)으로부터 얻을 수 있다. 효소를 통해서 당분을 얻는 경우 좋은 것은 수확량이 높다는 것이고, 또한 전분의 분해시간을 단축시킬 수 있을 뿐만 아니라 예전에 환경에 무리를 주던 산처리를 안 해도 되는 장점을 가지고 있는 것이다.

빵을 굽는 과정에도 효소의 첨가가 유용하게 쓰일 수 있다. 아밀라아제는 전분을 분해시킴으로써 반죽의 당분 함량을 높이고 이를 통해 발효를 촉진시키는 효과를 보인다. 단백질분해효소는 이와 반대로 반죽 중의 "끈적하게" 하는 단백질인 글루텐을 분해하는 역할을 한다. 글루텐은 반죽 중의 물과 융합하여 젤라틴과 같은 구조를 형성하게 된다. 곰팡이에서 얻은 단백질분해효소들은 이와 같은 글루텐을 분해하여 반죽이 늘어지고 이산화탄소 발생이 더욱 쉬워질 수 있도록 하는 역할을 하게 된다. "효소 첨가 빵"의 경우 효소가 첨가되지 않은 것에 비해 부피가 더욱 커진다.

직물 산업(textile industry, 예; 청바지의 생산)에서도 면의 뒤틀림 모양은 윤기를 내는 역할을 하는 전분과 관련이 있다. 풀 성분에 의해서 서로 붙은 실들은 늘일 수 있으며 짜는 과정 중 기계적 힘을 견디어 내는 특성을 가지게 된다.

그러나 사용하였던 전분 성분은 마지막 단계에서 제거시켜야 한다. 이러한 제거 작업에 예전에는 옥수수나 췌장에서 얻은 아밀라아제를 사용하였었으나, 최근에는 열에 어느 정도 안정성을 보이는 세균으로부터 얻은 아밀라아제를 대신 사용하고 있어, 높은 온도에서도 작업을 할 수 있으며, 또한 빠른 속도로 작용이 이루어질 수 있다. 동시에 이와 같은 작업 온도에서는 탈색도 잘 이루어질 수 있다.

2.7 과일, 야채쥬스 생산에 작용하는 펙틴분해효소

과일과 야채쥬스는 건강한 삶을 위한 "경주자"이다. 과일이나 야채로부터 즙을 얻을 때 수확량은 고분자 물질인 펙틴 때문에 적어지게 된다. 사과씨 등에 있는 **펙틴**(**pectine**)들은 가정에서 잼을 생산할 때 굳히는 작용을 하는 물질로 이용되고 있다. 그러나 이와 같은 겔화 성분은 즙을 내는 과정에서는 없어야 하는데, 이는 펙틴성분이 과일즙을 걸쭉하게 하는 역할을 하기 때문이다.

곰팡이(*Aspergillus*, *Rhizopus*)로부터 얻은 **펙틴분해효소**(**pectinase**)들은 표면발효를 통해 얻는다. 전 세계적으로 이러한 방식을 통해 매년 약 100톤의 펙틴분해효소를 생산하고 있다. 이들은 잘게 절단된 과일이나 야채에 첨가되고 이를 통해 긴 사슬의 펙틴은 분해되게 된다. 이에 따라 즙의 점도는 급격히 낮아져서, 필터에 거르기가 더욱 쉬워지게 되고 수확량도 크게 증가된다(그림 2.16). 유아식은 펙틴분해효소가 첨가되는 또 다른 영역이라고 할 수 있다. 여기에서 펙틴분해효소는 과일과 야채들을 연하게 만들어주는 역할을 하게 된다.

또한 과일이 첨가된 요구르트나 혼탁한 과일쥬스들은 대부분 생명공학을 통해 탄생한 제품이다. 홍당무즙 대신 홍당무쥬스를 생산하기 위해 펙틴분해효소 이외에도 세포벽을 분해시키는 곰팡이로부터 얻은 **섬유소분해효소**(**cellulase**)들을 첨가한다.

2.8 바이오세제를 빛내는 가수분해효소

단백질(우유, 계란 노른자, 혈액, 혹은 코코아)을 함유하고 있는 때를 제거하기란 어려운 일이다. 단백질 때들은 물속에서 녹아나지 않으며 높은 온도에서는 응고하여 옷감 성분에 더욱 강하게 부착하는 특성을 가지고 있다. 빨래들의 때는 대부분 먼지, 매연, 지방이나 단백질, 탄수화물과 같은 유기 성분, 혹은 색소 등이 함께 어우러져 이루어진다. 특히 이불이나 의복에는 때가 집중적으로 묻어나게 된다.

그림 2.15 1914년에 췌장 단백질분해효소로 생산한 세탁제품인 "Burnus"

그림 2.16 펙틴분해효소는 과일을 액화시킨다.

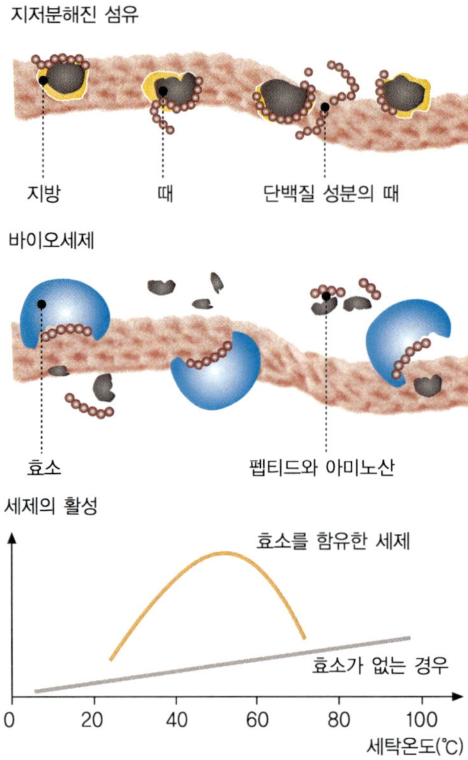

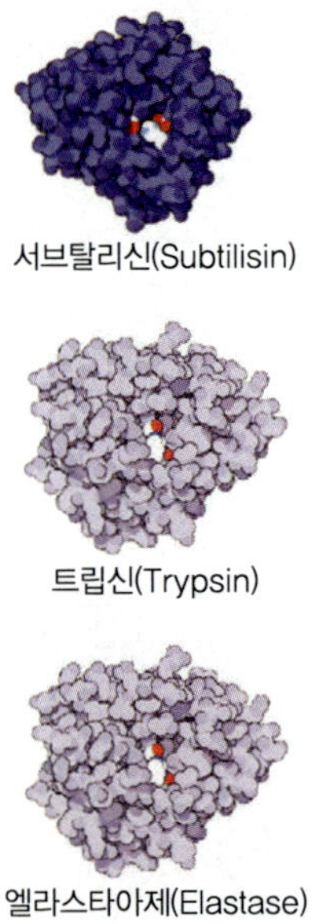

그림 2.17 바이오세제와 그의 작용기전(왼쪽). Serine-protease(아래): 활성 중심에서 특별히 작용성을 가지는 세린 작용기들에 의해 명명되었다.

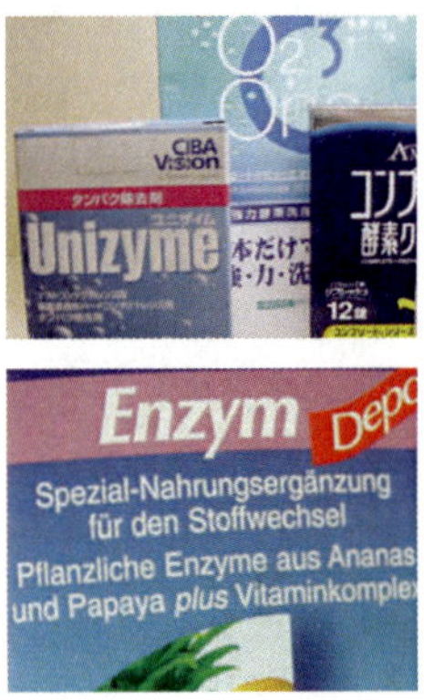

그림 2.18 콘택트렌즈를 위한 효소 청결제(위), 소화제로 사용되는 파파인 열매(아래).

그림 2.19 파파인 나무(*Carica papaya*).

지방이나 단백질은 마치 때의 접착제 역할까지 하게 된다.

세탁과정에서 지방 때는 표면활성 성분(세제)에 의해 옷감으로부터 분리가 되고 미세하게 퍼지게 되지만, 단백질 성분은 여전히 붙어있는 상태가 유지된다. Eduard Buchner의 한 학생이었던 Otto Roehm(1876~1939, 그림 2.14)은 세탁에 효소를 처음으로 사용하였다(그림 2.15).

그러나 사용하였던 췌장 효소는 그리 안정적이지 않았으며 비싸기까지 하였다. 바이오세제의 생산은 대량으로 이루어지지도 않았다. 그러던 중 1960년에 처음으로 *Bacillus licheniformis*로부터 알칼리 범위에서 효과를 나타내는 **서브틸리신(subtilicin)**이 발견되었다.

오늘날 바이오세제는 세계적으로 널리 사용되고 있다. 알칼리성 단백질분해효소들은 세탁물 kg당 약 200mg만 넣어도 적절한 효과를 나타낸다. 이들은 기질에 대한 특이성이 그리 강하지 않기 때문에 “거의 모든” 단백질을 아미노산이나 짧은 길이의 펩티드로 “분해시키는 물질”로 작용하게 된다(그림 2.17). 이를 통해 단백질 성분의 때는 분해되어 옷감 조직으로부터 분리되기 때문에 진정 “구멍 구멍 완전한” 세탁이 되는 것이다.

바이오세제는 60년대 중반부터 미국, 서유럽, 일본 등에서 널리 판매되었다. 세제의 특성상 생산 공정 중 발생하는 먼지나 잔류 세제로 인한 알레르기 문제는 세제를 **알갱이로 만드는 방법(granulation)**을 통해 해결할 수 있었다. 최근에 와서는 먼지가 날리지 않는 알갱이 형태로 생산되고 왁스로 표면처리를 하여 생산하고 있다. 또한 액상 세제의 경우 알레르기를 가진 사람에게 어떠한 문제도 발생시키지 않을 수 있다. 납작한 조각으로 된 것도 어떠한 위험 부담 없이 사용할 수 있는 형태이다(Box 2.6).

지난 세월 동안 에너지에 대한 인식이 증가됨에 따라서 바이오세제의 특징은 가장 중요한 가치들 중의 한 자리를 차지하게 되었다. 해당 효소들은 50~60℃에서 이상적으로 작용하기 때문에 효소세제는 이 온도 범위에서 최대의 효과에 다다르게 된다(삶지 않아도 됨, 그림 2.17). 이를 통해 에너지를 절약하는 효과 또한 볼 수 있는 것이다. 단백질분해효소들 외에도 아밀라아제를 첨가하는 경우가 있는데 이는 전분 때를 제거하기 위한 것이며, 지방을 제거하도록 하기 위해 리파아제를 첨가하기도 한다.

세제 중의 섬유소분해효소는 옷감에서 돌출한 미세섬유를 제거해 주는 역할을 하기 때문에 면섬유를 더욱 부드럽게 해 주고 색상도 더욱 선명하게 되는 효과를 보인다. 그릇 세척제의 경우도 점차 효소가 첨가된 것을 많이 이용하게 되었는데, 여기에는 물론 아밀라아제나 리파아제가 더욱 많이 들어 있다.

효소를 이용한 얼룩제거제는 단백질분해효소, 리파아제, 아밀라아제를 함유하여 적포도주, 잔디, 과일, 야채, 커피, 차 등에 의한 강력한 색소 함유 때를 제거할 뿐만 아니라 자주 발생하는 혼합 얼룩을 제거하는 효과도 있다. 예를 들어 아이스크림이나 과일 크박(응유치즈), 크림함유 시금치 등의 식품들은 색깔이 있는 성분 이외에도 단백질과 지질을 함유하고 있다. 육류 소스나 케첩 등 인스턴트 식품들은 색상, 단백질, 지방 그리고 전분의 네 가지 다양한 얼룩 성분을 모두 함유하고 있다.

세제와 같은 얼룩제거제는 사실 원래의 효소성분을 제거하는 산화적 탈색제를 함유하고 있다. 이

Box 2.6 어떻게 세탁세제가 생산되는가?

10,000~100,000 L에 달하는 커다란 혼합용 용기에 효소생산을 위한 배양을 한다. 배양액에는 미리 어느 정도 분해된 전분(5~15%)을 탄소원 및 에너지원으로 넣고 2~3%의 콩가루 및 2% 정도의 유단백 성분을 넣거나 혹은 젤라틴을 싼 단백질 및 질소원으로 주며, 이 외에 pH가를 안정화시키는 목적으로 인을 첨가한다. 배양액은 121℃에서 압력과 함께 약 20~30분 정도 열처리하여 식힌다. 배양은 30~40℃ 중성의 pH 범위로 공기가 잘 통하는 조건으로 이루어진다.

바이오세제의 효과원칙

특별히 순수 분리된 *Bacillus licheniformis*를 접종하는데 우선 배양액을 자동 진탕 플라스크를 이용한 작은 규모(10~50L)의 배양조에 넣은 것을 사용한다. 그 다음으로는 대부분 500~1,000L 정도되는 생물배양기에 재접종을 하고, 이를 마지막으로 생산 배양기에 재접종한다.

세균들은 배양액으로부터 우선 이용하기 쉬운 질소원을 소비하게 되는데, 약 10~20시간 후에 배양액 중에 배출해 놓은 단백질 분해효소인 서브틸리신을 확인할 수 있게 된다. 그 다음으로는 미리 분해 되어 있던 전분을 분해하기 위해서 형성된 α-아밀라아제가 소비되어 후에 남지 않게 되는 한편, 단백질 분해효소의 생성은 배양액에 단백질이 존재하는 한 지속적으로 생성된다.

다른 미생물들이 생성되어 목표하는 생산물이 소모되는 일이 없도록 하기 위해 배양조를 5℃이하로 재빠르게 냉각시킨다. 미생물(약 100g/L)들을 원심분리기를 통해 분리해 내고 필터를 통해 걸러준다. 투명한 배양액으로부터 단백질분해효소를 얻기 위해 마지막으로 한외여과(ultrafiltration) 작업을 통해 농축시킨다. 한외여과막은 아주 미세한 구멍을 가지고 있어서 단백질분해효소와 같은 분자는 통과될 수 없고 단순한 물이나 여기에 녹아 있는 염 등의 작은 분자들만이 통과될 수 있다. 이에 따라 막에서 걸러진 단백질분해효소를 10배 정도로 농축시키면 된다.

일본의 세탁기에는 가열기능이 없다. 이는 오래전부터 바이오세제를 사용해 왔음에 기인한다.

분말화한 효소제제는 주로 분사건조기를 통해 얻어진다. 이를 위해 효소를 함유하고 있는 용액을 뜨거운 공기흐름이 있는 곳에 넣어주게 되면 수분은 날아가게 되는 것이고, 분자 크기가 약 0.5~2mm 정도되는 가루가 남게 된다. 분진 없는 제품을 만들기 위해서 불활성물질과 예를 들면 폴리에틸렌 글리콜(polyethylene glycol)과 같은 왁스류의 성분을 넣어 주게 되면, 건조시킨 효소는 그 물질의 안에 존재하게 되거나(소위 Prills) 그 물질로 덧씌워지게 된다.

러한 사이 **단백질 공학**(**protein engineering**)을 통해 *Bacillus*로부터 얻은 단백질분해효소들은 세탁 과정에서 적절히 사용할 수 있게 되었다. 매년 1000톤 이상의 유전공학을 통해 변형된 단백질분해효소들이 생산되고 있다. 이는 특히 서브틸리신을 예로 들 수 있는데, 222번째 자리에 가지고 있는 산화에 예민한 아미노산인 메치오닌을 안정적인 아미노산으로 대체해 주었다.

이 서브틸리신은 pH 10에서 60℃까지 충분히 안정적이기 때문에 세탁 시 발생하는 딱딱함이나 경수화 시키는 산화물질과의 복합물 생성을 막아주는 역할도 하게 된다.

2.9 요리와 가죽가공에 사용되는 단백질분해효소

멕시코를 정복하는 과정에서 스페인 사람들은 고기를 요리하거나 굽기 전에 파파야나무(*Carica papaya*, 그림 2.19) 잎파리에 처리하거나 파파야 열매를 얇게 썰어 문질러 바르는 작업을 보게 된다. 이러한 전통적인 처리법은 바로 파파야나무나 그 열매에 특히 많이 존재하는 단백질분해효소인 **파파인**(**papain**)이나 **키모파파인**(**chymo-papain**)에 근거하고 있는 것으로 이들은 고기의 결합조직을 해체하여 연하게 만드는 작용을 하는 것이다.

미국에서는 매년 수백톤의 파파인이 고기의 "연육제(tenderizing)"로 이용되고 있다. 같은 목적으로 사용되고 있는 식물성 단백질분해효소로는 무화과나무 열매즙으로부터 얻는 **피신**(**ficin, ficain**) 혹은 파인애플로부터 얻는 **브로멜레인**(**bromelain**)을 들 수 있다. 단백질분해효소를 함유하고 있는 가루형태의 **연육제**는 많은 나라들에서 판매되고 있다. 요리를 하기 전에 고기에다가 문질러 바르거나 가루를 뿌려서 실온에서 몇 시간을 둔다. 이러한 과정에서 식물성 단백질분해효소들은 콜라겐이나 엘라스틴과 같은 결합조직의 단백질을 분해하게 된다. 고기의 숙성 중에 자연적으로 발생하는 **유연제**는 이러한 과정을 더욱 촉진시키는 역할을 한다. 동물을 도축하면 우선 "걸어 놓아야 하는" 것은 누구나 아는 것으로 이는 고기를 더욱 맛있

그림 2.20 가죽 무두질에 참여한 Otto Roehm(오른쪽).

그림 2.21 Oropon은 첫 번째 산업용 가죽 무두제였다. 이 제품은 췌장 추출물을 함유하고 있다.

그림 2.22 피타제 첨가에 의해 닭과 돼지 농사에서 이익을 창출한다. 이는 인 첨가를 줄이고 인의 손실을 줄일 수 있을 뿐만 아니라 환경피해도 줄일 수 있기 때문이다.

Box 2.7 전문가 의견: 피타제(Phytase) - 인을 관리하는 제1의 요소

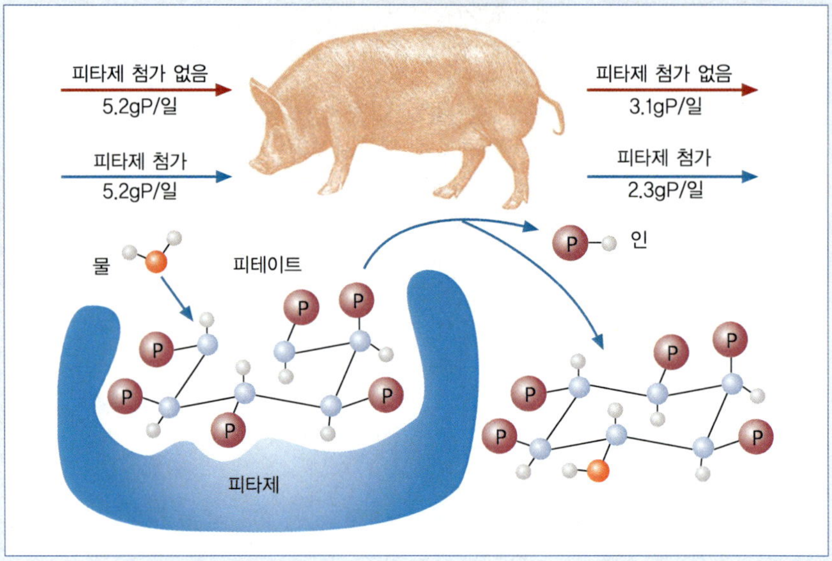

인은 흥미로운 요소이다! 인은 더 이상 과량으로 존재하는 원료도 아니고, 비용을 증가시키는 요인이며, 신중하고 지속적인 후 처리를 요하는 물질이다.

수 세기 동안 한편으로는 산업용 농지에서 인을 함유하는 비료의 과다사용이나 다른 한편 동물에게 주는 사료 중의 과량의 인(무기적 인)의 사용에 의해 환경 부담이 생기게 되었다. 식물 뿐만 아니라 동물의 경우도 인을 필요로 한다. 인은 골격형성에 중요하며 DNA의 가장 중요한 구성성분 중의 하나일 뿐만 아니라 ATP의 구성성분으로 세포의 "에너지원"으로 중요한 역할을 한다. 그러나 자연 중에 인이나 질산염 함량이 너무 높아지게 되면 하천의 극심한 비료화를 일으키게 된다. 최근 크로아케(Kloake)에서 발생한 악취도 인이나 질산염 비료에 의한 것이었다. 홍콩 부근의 남지나해에서 발생한 "적조" 현상도 바로 이러한 이유 때문이었다. 붉은 갈색을 띠는 물의 색상은 2년 전에만 해도 독일의 Kiel의 내협만에서도 묵인할 수 없는 상황이 되었다. 미세하게 작은 조류들은 쌍편모조류에 속한다. 이들은 따뜻한 물과 영양소가 주어질 경우 위해한 독소를 배출한다.

두 번째로 세계적인 인산 관련 사건은 중국과 인도의 갑작스러운 발전과 관련이 있다. 원유 가격은 조정할 수 없는 수준으로 증가하게 되었고 가격의 변화도 심했다. 이러한 사이 "인산 관리"라는 상반되는 운동도 시작되었다. 여기에서 무엇보다 제1의 최고 관리기능은 피타제(phytase)라고 하는 효소에 의해서이다.

닭이나 돼지(그림 2.22)와 같은 비 반추동물이나 사람들의 경우도 섭취한 인산 중 많은 양을 사용하지 않은 채 다시 배출시키게 된다. 이 이유는 피테이트(phytate)라고도 불리우는 식물종자 중에 저장되어 있는 인산의 형태(myo-inositol hexakisphosphate) 때문이다. "하나의 위를 가진" 동물에게는 이를 분해할 수 있는 효소가 결핍되어 있거나 소량 밖에 존재하지 않기 때문에 가수분해되지 못한다. 그러나 물론 반추동물들의 경우 여러 각기 다른 위에 서식하는 미생물들에 의해 활성을 지닌 피타제(phytase)가 생산된다. 미생물에 의해 생성된 피타제들은 가수분해를 통해 피테이트로부터 인산 그룹을 분해하여 이용할 수 있는 형태로 만든다. 곰팡이와 같은 각종 미생물들은 피타제를 생성하여 세포외로 배출한다.

생명공학과 동물사육자들은 미생물에 의해서 생성된 피타제(곰팡이나 세균에 의해 생성된) 배양을 통해 대량생산하여 돼지나 닭의 사료에 첨가하자는 아이디어를 내게 된다. 이와 동시에 사료에 첨가하던 무기 인산의 함량을 낮추게 된다. 돼지는 잘 알려진 바와 같이 오수를 많이 생산해 내어 환경에 악영향을 주게 된다. 효소의 이용을 통해 놀라운 결과가 도출되었는데, 바로 피타제를 통한 피테이트의 가수분해 산물을 통해 사료에 첨가하던 인산 함량을 줄였고 동물에서 인산의 배출도 25~30% 줄일 수 있었다. 다시 말해 피타제라는 효소의 이용을 통해 사료에 첨가하던 무기인산의 함량을 놀라운 수준까지 감소시켰던 것이다. 네덜란드, 덴마크, 독일과 같이 가축의 사육이 주요 산업을 이루는 곳에서는 피타제의 첨가 및 사료 중의 인산 첨가를 줄여 이미 매년 수천 톤에 해당되는 인산의 부담을 줄이는 효과를 보았다. 네덜란드와 덴마크의 입법기관에서는 피타제의 첨가를 권장하고 있으며 역시 미국의 여러 주에서도 마찬가지이다. 중국과 같은 다른 나라들은 원료관리 차원에서 인산의 채굴을 제한하고 있으며 국가 기준규격을 통해 사료에 대한 인산의 함량을 저하시켰다. 이 모두는 피타제가 세계적으로 특별히 성공적인 효소 생산물임을 각인시키고 있다. 이를 통해 덴마크의 Novozymes라는 회사는 세계에서 가장 큰 피타제 생산회사 중의 하나가 되어 2003년 특히 곰팡이의 일종인 *Peniophora lycii*가 생산하는 피타제 (상품이름은 RONOZYME® P으로 제휴 회사인 DSM을 통해 영양소 생산이 이루어지게 됨)가 주를 이루는 동물사료용 효소의 생산을 통해 1억 달러라는 이윤을 남기게 된다. 여기에서 가장 큰 성공은 온도에 안정적인 CT(coated thermostable)-낱알 형태의 생산품을 통해서이다. RONOZYME® P(CT)는 지금까지 유일한 피타제 제품이며, 펠렛형의 사료 생산 시 첨가되는 형태로 80~85℃의 높은 온도에서도 잘 견디는 특성을 가진다. 동시에 미생물에 의한 피타제 생산에 대한 결정적인 확산을 주도하고 옥수수나 쌀, 콩에서 미생물에 의한 피타제 생산을 통해 "녹색생명공학"의 선도자로서의 역할을 하게 된 것이다. 이 외에도 피테이트 함량이 낮은 식물에 대해서는 유전 조작을 통해 생리적으로 이용 가능한 피테이트의 함량을 증가시키게 된다. "녹색생명공학"은 특히 수용 가능한 것인지에 대한 의문점이 유럽에서 논쟁의 대상이 되고 있는 등 몇가지 공학적인 문제가 있어 당분간은 피타제가 보다 성공적이게 될 것이다.

Dr. Frank Hatzack은 덴마크의 Novozymes의 매니저이다.

게 만들기 위함이다. **고기의 숙성**과정을 통해 도살체 내 자연적으로 존재하는 단백질분해효소들(카텝신, cathepsins)이 중요한 역할을 하게 되는 것이다.

또한 **제혁업**에서도 미생물에 의한 단백질분해효소들이 탈모 및 피부를 벗겨내는 작업에 매우 유용한 역할을 하게 된다. 이를 통해 가죽의 질과 수확량을 증가시킨다.

독일에서 효소를 이용하는 가장 오래된 특허는 Otto Roehm(그림 2.14)이 1911년에 가죽 탈회제로 사용한 동물의 췌장추출액에 대한 것이다(그림 2.20, 2.21).

이 효소의 사용으로 기존에 사용해 오던 개의 분변을 대신하게 되었는데, 이전까지 제혁업을 "더러운" 업종으로 여기던 것도 바로 이 분변의 사용 때문이었다. 또한 분변이 제혁업에 사용된 이유에 대해서도 알게 되었는데, 이는 분변 중에 존재하던 단백질분해효소 생성 세균들이 자라게 되어 가죽을 무두질하는 효과를 내기 때문이다.

2.10 효소의 재사용을 위한 고정화

지금까지 서술한 효소적 작용의 성공적인 사용은 다음과 같은 전제를 두고 있다. 효소 자체는 비싸지 않아서 나중의 생산에서 활성을 띠거나 비활성 상태로 반응을 끝나게 할 수도 있어야 하고 사용 후에는 버릴 수도 있어야 한다. 무엇보다도 세포외 가수분해제인 단백질분해효소, 아밀라아제, 리파아제 등은 안정적이어야 하고 부가적으로 보조요인 없이도 작용을 할 수 있어야 한다.

따라서 분리해 내는 데 많은 노력이 필요하고 비쌀 수밖에 없는 세포내 효소는 이러한 목적으로 사용하기에 경제적이지 않다. 이들의 경우 안정성을 높이고 재사용이 가능하도록 허용해주는 공정과정이 더 필요하다. 예를 들어 의약 산업계에서 일련의 과정 중에서 면역반응을 피하기 위해 최종 제품에 효소가 남아 있지 않도록 하고 있다. 따라서 남은 효소를 제거하기 위한 공정이 더 필요하다. 이를 위한 한 가지 방법은 이동성 물질에 고정화(immobilization) 시키는 방법이다(Box 2.8).

세포 내에 있는 효소를 분리해 내고자 한다면 다른 혼합물을 제거하는 정제과정이 필요하다. 이와 관련하여 효소의 특성과 작용기전을 실험실에서 연구할 경우 "비정상적인 환경"에서 일어나는 역시 비정상적인 작용들일 수 있다는 것을 잊기도 한다. 시험관내 조건에서의 "정상"이라 함은 단지 몇 안 되는 그리고 대개 세포외 효소로 세포들에 의해 주변의 배양액에 배출한 상태가 된다. 대부분의 세포 효소들은 어떠한 형태로든 다른 물질과 결합해 있는 상태가 되거나 세포막에 묻혀 있는 형태가 된다. 이들은 다른 단백질들이나 지방 함유 성분들(lipids)과 복잡한 복합물을 형성하게 된다. 따라서 세포 내의 효소들에 대한 모델을 만들어보고자 노력을 하였다. 효소들은 인위적인 운반성분이나 세포막에 결합되어 있거나 겔 속에 갇혀 있는 형태가 되었다. 이와 같은 형태로 더 혹은 덜 결합되어 있는 효소들은 움직이지 못하도록 고정되어 있는 형태이므로 고정화된 혹은 운반체에 고정화된 효소들이라고 명한다.

고정화된 효소들에 대한 상징성은 홍콩에 있는 새시장의 "새장에 갇힌 나이팅게일"로 비유할 수 있다. 이 새들은 작은 새장(고분자의 젤)에 갇혀서 빠져 나올 수 없는 상태이기는 하지만 고양이들(단백질분해효소나 미생물!)로부터 보호를 받게 된다. 영양분, 수분, 그리고 산소(기질)는 안으로 확산이 잘 되어 반응 생산물은 쉽게 밖으로 나올 수 있게 된다. 이들의 활성도는 보고 들을 수 있는 수준이다. 이들은 생존력이 강해서 "재사용이 가능"하다. 유럽에서는 이외에도 일산화탄소 중독을 피하기 위해 광산에 카나리아 새들을 붙잡아 놓고 있다. 여기에서 새들은 죽음으로 위험을 경고하는 바이오 센서로서 작용하는 것이다(10장 참고).

효소는 여전히 비교적 비싼 편이기 때문에 생명공학자들은 효소를 안정화하고 해당 기질에 재사용하기 위해 살아 있는 세포와 같은 수준의 합리적인 작용을 이용하고자 하는 노력을 하고 있다.

성공적인 예로 고정화된 형태를 이룬 포도당 이성질화효소(glucose isomerase)와 아미노아실화효소(amino-acylase)를 들 수 있는데, 이들은 고정화된 효소가 이용되기 위해서는 선행 조건이 갖추어져야 함을 분명하게 보여주고 있다.

그림 2.23 Ichiro Chibata (위)와 Tetsuya Tosa는 70년대에 Tanabe Seiyaku 사에서 고정화된 아실화효소(acylase)를 이용하는 공정을 세계적으로 처음 개발하였다.

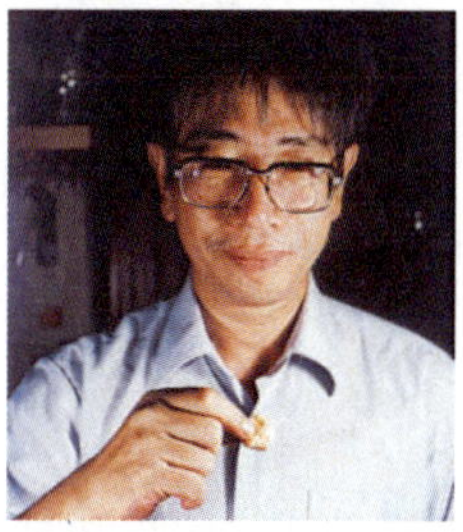

그림 2.24 Atsuo Tanaka (Kyoto)는 겔 안에 미생물들을 고정화시켰다. 본 책자의 저자인 Buchs는 그로부터 일본의 생명공학을 배운 바 있다.

그림 2.25 갇힌 카나리아 새와 함께 있는 광부. 광산에 카나리아 새가 마지막으로 사용된 것은 1996년이었다.

그림 2.26 당뇨병 환자를 위해 감미료로 사용되고 있는 과당.

그림 2.27 고정화된 효소에 대한 심볼: 홍콩의 새 시장에 있는 새장 속의 새. 기질(산소, 먹이)은 새장에서 얻을 수 있다. 생산물(이산화탄소, 변)은 새장 밖으로 제거된다. 새는 새장으로부터 벗어나지 못하지만 고양이로부터는 보호를 받게 된다.

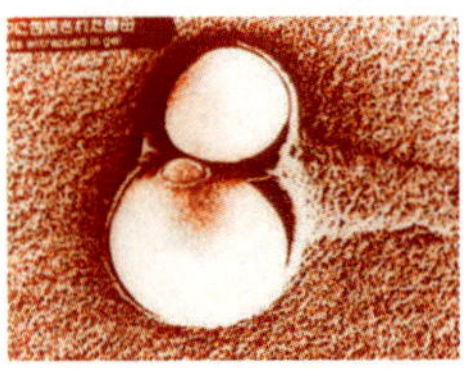

그림 2.28 효모(*Yeast*) 세포들은 중합체 속에 갇혀있는(고정화된) 상태로 활성을 가지고 심지어는 증식까지 한다.

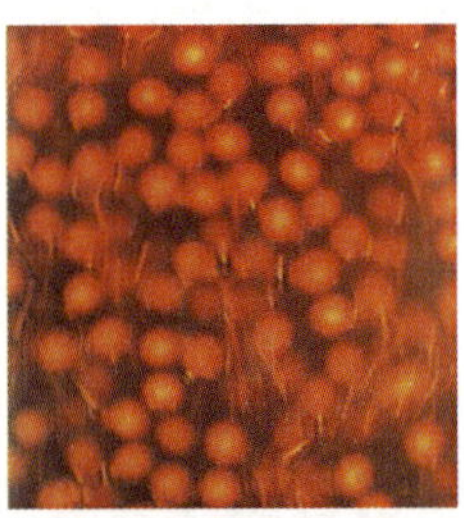

그림 2.29 기둥모양의 반응로에서 고정화된 효모를 함유하고 있는 alginate구슬로 여기에서는 설탕용액이 흘러 지나간다.

Box 2.8 고정화된 효소

고정화된 효소들은 몇 번이고 재사용이 가능하다. 크기가 커서 눈으로도 확인 가능한 운반체와 결합하여 간단하게 기술적으로 반응액체로부터 분리될 수도 있다(예, 필터를 통해). 고정화시키는 기술이 다양하게 개발되었는데, 효소를 직접 화학적으로 운반체에 결합하거나(공유결합) 혹은 물리적으로 운반체에 흡수 혹은 정전기 힘에 의해 결합시키는 방법이 있다. 효소 분자들은 서로가 특수 작용에 의해 결합을 하여 망구조를 형성하여 마치 젤이나 섬유 사이의 공간에 갇힌 것과 같아진다.

산업용 공정에 적절히 적용시키기 위해서는 고정화 효소가 간단하고 비교적 싸게 생산되어야 하며, 운반체 당 효소 활성이 크고 작용 안정성을 보여주어야 한다. 이렇게 생산된 효소들은 다양한 효소 반응조에 이용된다. 기본이 되는 형태는 기둥형태의 반응조나 교반기능이 있는 반응조 등이다. 기존의 녹는 효소에 비해 고정화된 효소의 사용에 대한 기술적 그리고 경제적 이점은 다음과 같이 명백하다. 일단 재사용이 가능하고, 목표하는 화학적 물리적 특성을 가지고 있으며, 가끔 광범위한 pH 범위(산성 범위)나 높은 온도에서 훨씬 안정화된 모습을 보이고, 최종 산물은 효소를 함유하지 않는다는 것이다.

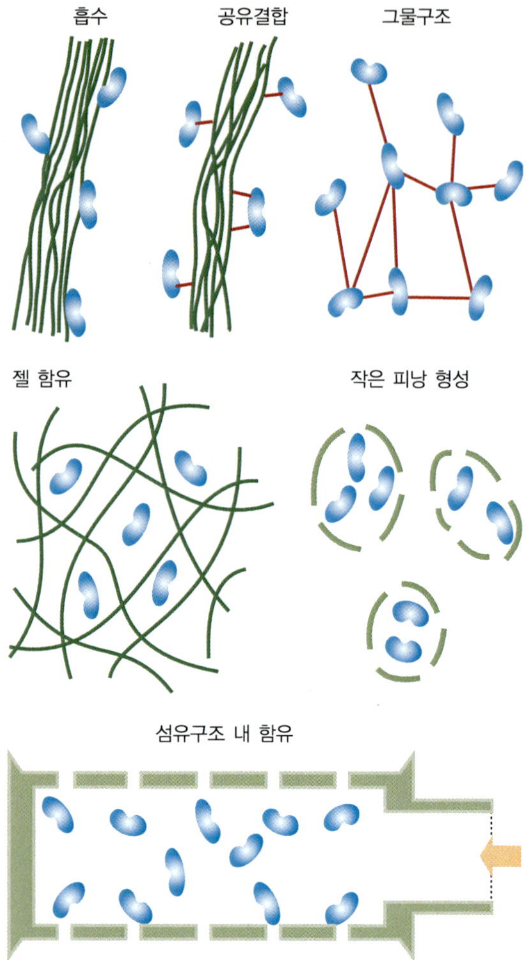

2.11 포도당 이성질화 효소와 과당 시럽: 당도가 높은 설탕

세계적으로 설탕의 사용이 증가하고 있다. 사탕무우와 사탕수수를 농사짓기 위해서는 해당되는 기후 조건과 토양조건을 필요로 하며 생산된 것은 손실을 막기 위해 수확 후에 바로 처리되어야 한다. 이와 달리 식물성 저장 영양분인 **전분(starch)**은 다양한 식물(감자, 곡류, 카사바, 고구마)을 통해 얻을 수 있을 뿐만 아니라 경우에 따라서는 열악한 환경에서도 얻을 수 있고 저장성도 좋은 편이다. 전분으로부터 당분(포도당)을 얻는 것 또한 쉽다.

독일에서는 점차 전분 함유 식물을 **차세대 원료**로 취급하며 경작을 증가시키고 있어 125,000ha에 이르는 면적에 농사를 하고 있다. 세계적으로 연간 분리하는 전분의 절반 정도에 해당되는 2,000만 톤 정도가 효소로 당화된다.

앞의 맥주 양조에서 보았던 바와 같이 전분은 산업적으로 아밀라아제로 분해시킨다. 하지만 최종 산물로서의 포도당은 부족한 것이 있다. 즉, 설탕에 비해 그 단맛의 정도가 3/4 정도밖에 되지 않는다는 것이다. 단맛의 정도가 설탕과 같은 수준이 되도록 하기 위해서는 더욱 많은 포도당이 필요하다는 이야기가 된다.

과당(fructose)은 이와 달리 설탕의 약 80%에 해당되는 단맛을 가지고 있어서 포도당의 약 2배에 달하는 단맛을 지니고 있다. 과당은 포도당의 이성질체이기 때문에 화학식은 같고($C_6H_{12}O_6$) 같은 원소로 구성되어 있어 포도당을 "간단히" 화학적으로 변화시키면 과당으로 전환시킬 수 있고 이를 통해 당도도 2배로 증가시킬 수 있게 된다. Box 2.9에 묘사되어 있는 것은 HFCS(high-fructose corn

Box 2.9 과당 시럽

기술적 촉매를 가지고 높은 pH 범위에서 포도당을 과당으로 이성질체화 하는 순수한 화학적 공정은 실패하였다. 어두운 색을 가지고 맛도 이상한 부산물이 생성되었는데 이를 분리하는 것도 많은 경비가 들었던 것이다.

1957년 자일로스 이성질화효소(xylose isomerase)가 개발되었고, 이를 통해 xylose뿐만 아니라 xylulose나 포도당을 과당으로 전환시킬 수 있었다. 이외의 기능에 대해서도 경제적 측면에서 관심을 불러 일으키는 요소가 되었기 때문에 이 효소를 대부분 포도당 이성질화효소(glucose isomerase)라고 명명하고 있다. 포도당 이성질화효소는 세포내 효소로 *Streptomyces* 종과 같은 다양한 미생물을 통해서 얻을 수 있다.

미국에서의 fructose(과당) 시럽 운반

이에 상당하는 효소 공정에 대해 1960년 미국에서 특허를 받았다. 1966년 일본의 연구자가 치바(Chiba)시에서 용해성 포도당 이성질화효소를 사용하는 산업 개발을 하였다. 포도당을 산업적으로 이성질체화하는 과정에서 포도당과 과당이 혼합된 물질이 생성되었다. 이 혼합물은 높은 당도를 나타내기 때문에 결정화된 설탕 형태보다는 시럽으로 사용되었다.

미국에서는 1967년 Clinton Corn Processing 회사가 용해성 포도당 이성질화효소를 이용하여 포도당-과당 시럽을 생산하게 되었다. 이 시럽에는 처음 15%의 과당만이 들어 있었다. 이 외에 분명해진 사실은 포도당 이성질화효소 공정에서 이 비싼 효소의 재사용이 가능해야 경제적으로 수익성이 있을 것이라는 사실이었다. 운이 좋게도 포도당 이성질화효소는 고정화하기에 이상적인 효소였던 것이다. 이 효소는 높은 온도에서 안정적이라는 것과 기질인 포도당이나 생산물이 과당 모두 미세한 분자이므로 고정화된 효소를 컬럼(column)에 포장을 한다고 해도 확산의 문제가 그리 크지 않았다. 포도당과 과당 분자들은 전하를 띠지 않기 때문에 포도당 이성질화효소는 전하를 띠는 셀룰로오스 유도체를 운반체로 결합할 수 있었다. 그렇지 않다면 기질과 생산물은 운반체에 정전기적으로 "붙어 있는 상태"가 되고 말았을 것이다.

1968년 Clinton Corn Processing 회사는 고정화된 효소로 비연속적 공정을 통해 42%의 과당을 생산하게 되었다. 1972년에는 고정화된 포도당 이성질화효소를 연속적으로 작업하는 시스템에 적용하였다.

그러나 기술적인 해결만으로는 이 공정에 대한 인정을 받을 수 없었고 결정적으로 필요한 것은 시장의 상황이었던 것이다.

60년대에는 설탕값이 kg당 15~20센트 정도였다. 과당 시럽의 경우는 도저히 이보다 낮은 값으로 생산하는 것이 불가능하였다. 이러한 상황에서 효소의 이용에 대한 단점을 이겨내야 하였다. 편견에 대한 극복 이외에도 산업체에 있어서의 새로운 접근도 필요하였다. 압력을 이용한 필터의 복잡한 시스템이나 효소의 안정제로 사용하는 중금속인 코발트를 제거하기 위한 시설 등을 개발해야 했다.

1974년 11월 설탕의 가격이 kg당 1달러 25센트로 상승하였다. 이에 따라서 이성질체화 공정이 매우 매력적으로 다가올 수 밖에 없었다. 동시에 덴마크의 Novo사에서는 고정화된 포도당 이성질화효소를 더욱 싸면서도 코발트를 필요로 하지 않고 기둥의 높이가 7m에 이르는 커다란 산업용 반응조에 기압을 유지하도록 개발하였다.

1976년 미국에서는 고정화된 포도당 이성질화효소만 750톤 정도 생산되었고 42%의 과당 시럽을 800,000톤 생산하였다. 1976년 말 설탕의 가격은 다시 kg당 15센트로 떨어졌지만, 새로운 공정은 이미 성공적으로 자리를 잡은 상태여서 영향을 받지 않게 되었다. 42% 과당 시럽은 설탕보다 더 낮은 가격으로 생산되었던 것이다. 1978년에는 한 발자국 더 앞으로 나가게 되었다. 새로운 분리공정에 의해서 55% 과당 시럽이 생산될 수 있게 된 것이다. 이 새로운 제품은 42% 과당 시럽보다 생산비가 약 15~25% 정도 더 들었다. 콜라와 같은 산음료(pH 4.0)를 위해서는 설탕을 대신하기 위해 적어도 55%의 과당을 함유하는 시럽을 필요로 한다. 이에 따라 과당 시럽은 시장에서 중요한 위치를 차지하며 성공의 가도를 달리게 되었다.

1910년부터 2001년 사이의 설탕가격

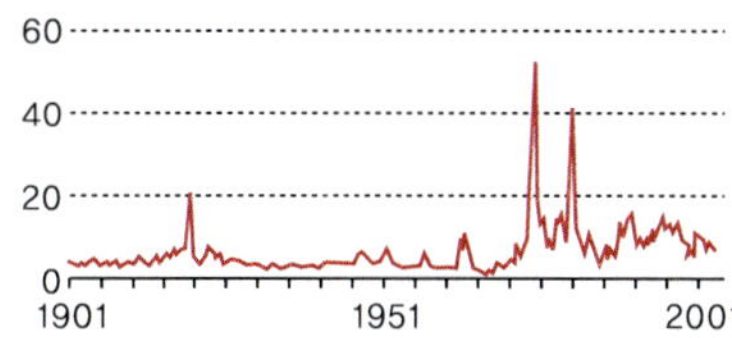

syrup, 고과당 옥수수 시럽)에 대한 것이다.

현재 세계적으로 매년 생산되고 있는 포도당 이성질화효소는 약 100,000톤에 달하고 있다. 9백만~천만 톤의 과당 시럽이 생산되고 있는 것이다. 미국에서는 음료수에 과당 시럽의 사용이 선호되고 있다. 포도당 이성질체들은 주로 *Streptomyces* 종의 미생물로부터 얻고 있으며 고정화시키고 있다. 여기에서 사용되는 미생물은 주로 사멸되었거나 잘라진 것들로 이들로부터의 포도당 이성질체들은 완전한 형태이다. 이들은 가끔 glutardialdehyde에 의해 서로 연합하여 망을 형성하기도 하여 안정화된다.

아주 재미있는 것은 과당이 기타 식품생산을 위해 사용된다는 점이다. 이들은 다른 어떤 당보다도 빨리 흡수가 되기 때문에 스포츠 음료로 이상적이다. 이들은 또한 과일이나 쵸코렛의 맛을 강화시키기도 하고 또한 인공감미료의 쓴 맛을 가려주는 역할도 한다(그림 2.26).

과당은 아이스크림에 첨가할 경우 빙점을 낮추기 때문에 얼린 제품을 부드럽게 하고, 더욱 크림화하여 "맛있다" 고 느끼게 해주는 역할을 한다. 임상

그림 2.30 아미노산 음료는 일본에서 건강 음료와 함께 생산되고 있다.

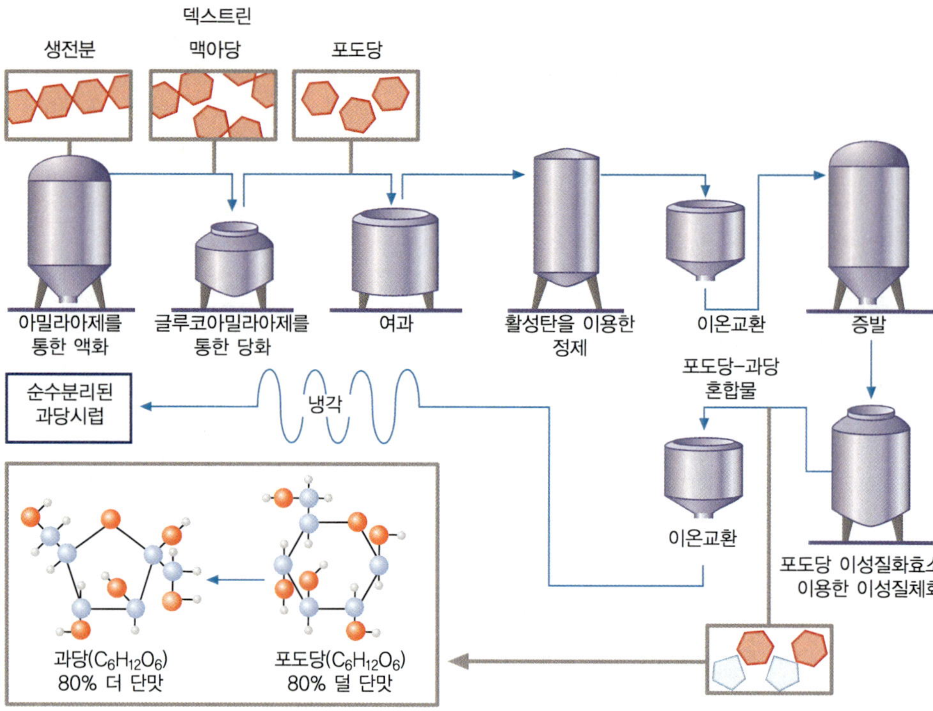

그림 2.31 전분으로 과당 시럽을 얻는 공정 설명(왼쪽 그림)
해당 효소들(아래)

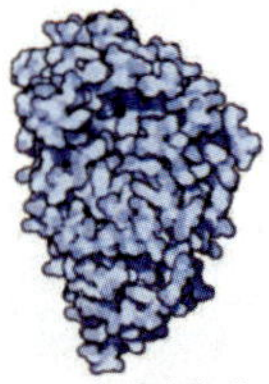

α-아밀라아제

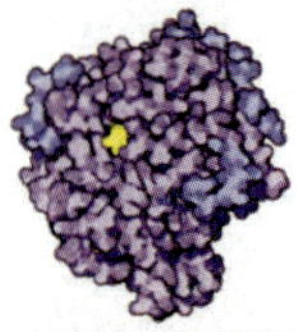

글루코아밀라아제

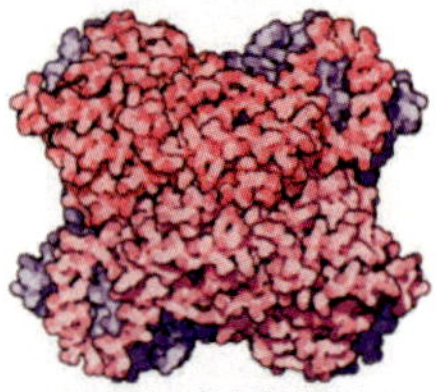

포도당 이성질화효소

실험에서는 과당 함유 식품인 경우 당뇨병자에게서 설탕이나 전분 함유 식품보다 혈당을 조절하는 능력이 훨씬 뛰어난 것으로 결과가 나왔다.

과당은 주로 간에서 인슐린에 의해 대사된다. 과당은 당도가 높기 때문에 적은 칼로리를 가지고도 설탕과 같은 느낌을 가질 수 있어 중요한 다이어트 식품으로 여겨지고 있다(그림 2.26).

유럽에서의 과당의 생산은 먼저 전분을 아밀라아제로 분해한 후에 포도당 이성질체로 전환시켜 이루어진다. 다른 방법이라면 설탕으로부터 시작하는 방법이 있다. 산 가수분해나 **전환효소(invertase)**를 통한 분해를 하면 과당과 포도당으로 이루어진 전환당이 생성된다. 당뇨병 환자에게도 바람직하지 않은 그리 달지 않은 포도당은 크로마토그래피를 통해 분리된다.

이를 위해 고정화된 효소(glucose isomerase)를 사용할 경우 기존의 효소사용에 비해 총 경비를 약 40% 정도 줄일 수 있다.

유용한 정보: "숙취"에는 과당을

몇몇 전문가들은 즐거운 밤을 위해 한 숟갈의 과당을 권한다. 하지만 간혹 과당을 소화시키지 못하는 사람(fructose intolerance)도 있으며, 심한 경우에는 사망에 이르는 경우도 있다. 그러나 신선한 과일로 만든 꿀이나 잼인 경우는 둘 다 과당을 함유하고 있다고 하더라도 위험은 없다. 간에서 생성되는 fructokinase는 hexokinase보다 과당을 분해하는 능력이 약 10배 정도에 달한다. 이 과정 중에 보조요인이며 알코올 분해(alcohol dehydorgenase와 acetaldehyde dehydrogenase에 의해서)에서 필수적인 NAD^+가 생성된다. 알코올과 "숙취성분"인 acetaldehyde는 따라서 매우 빠르게 분해가 될 것이다.

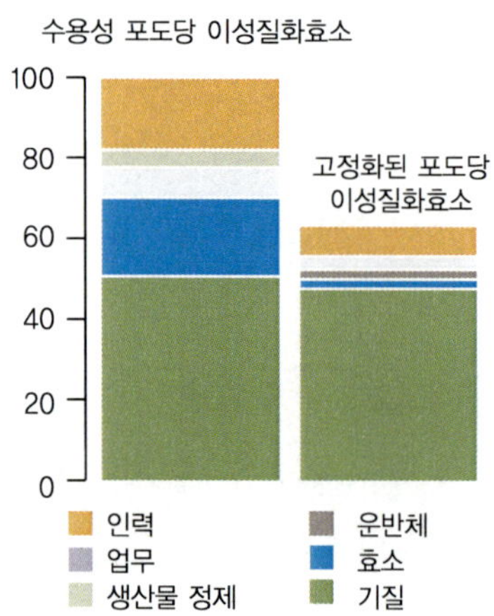

그림 2.32 용해성 및 고정화된 포도당 이성질화효소를 통한 과당 시럽 생산비 비교 (Kyowa Hakko Kogyo Co. 보고, 일본)

2.12 고정화된 효소를 이용한 식품과 사료 생산

포도당 이성질화효소의 예에서 보았듯이 고정화된 효소를 이용하면 생산비를 절감하여 저렴한 결과물을 더욱 많이 생산할 수 있게 된다. 고정화된 효소를 이용할 수 있는 다른 가능성들은 적은 양으로도 이용률이 높은 생산물을 효과적으로 만들어 낼 수 있다는 것으로 페니실린 아실화 효소(penicillin acylase)가 이러한 예를 보여주고 있다. 페니실린 아실화 효소는 페니실린 분자에 맞춤옷 재단과 같은 변화를 촉진한다.

라이신(lysine)이나 **메티오닌(methionine)**과 같은 **아미노산(amino acid)**들은 사람이나 닭 혹은 돼지와 같은 비반추동물들에게서는 합성이 되지 않거나 되더라도 충분하지 않은 속도로 이루어

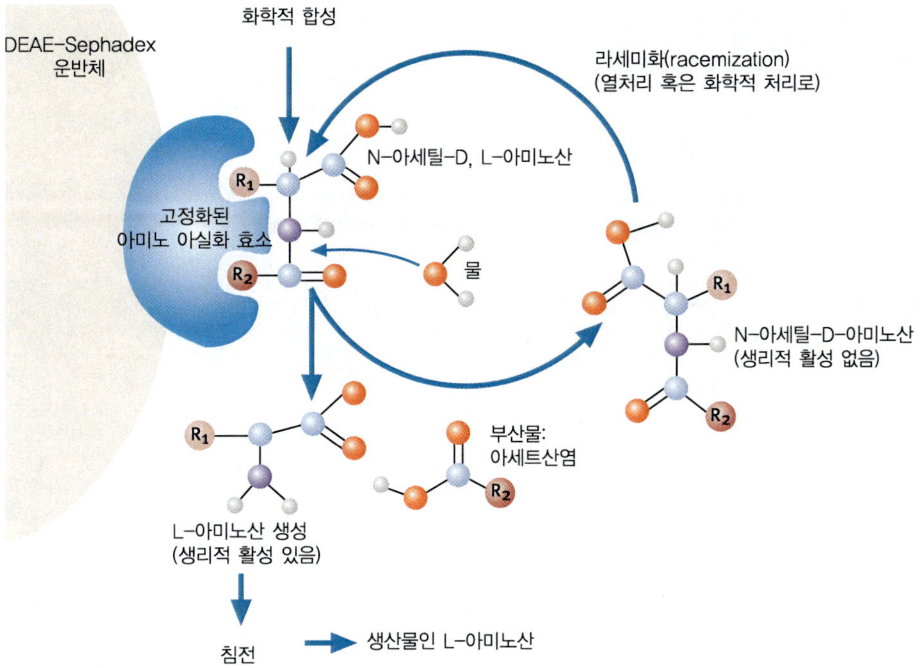

그림 2.33 고정화된 효소를 이용한 최초의 산업용 공정: 화학적으로 생산한 아세틸-D,L-아미노산들을 아미노 아실화 효소를 이용하여 활성형의 L-아미노산(용해도가 낮으며, 결정화 시킨 형태)과 불활성의 아세틸-D-아미노산으로 분리시키게 되며, 이는 다시 온도를 이용하거나 화학적으로 처음 물질로 돌아갈 수 있다. 해당 공정 과정에서는 모든 원료를 사용한다.

L-아미노 아실화 효소

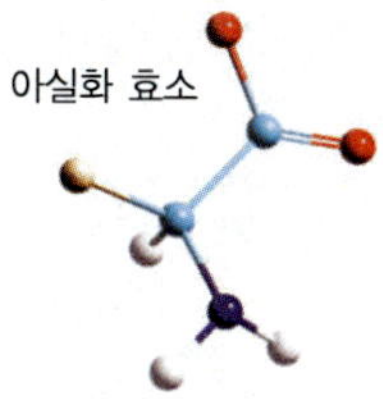

져 영양소 섭취로 보충해 주어야 하는 요인들이다. 따라서 이들을 **필수 아미노산(essential amino acid)**이라고 표현하고 있다. 사료의 첨가제로서 혹은 의학적인 측면(링거 영양소로서)에서 필수 영양소에 대한 필요는 급격하게 증가하게 되었다. 최근에는 단백질로부터 분리해 내는 전통적인 방법 대신 발효나 화학적 방법을 통해 L-아미노산들을 생산해 내게 되었다(4장 참조). 그러나 화학적 합성을 통해 생산한 아미노산들은 D- 및 L-이성질체들이 혼합되어 있는 **광학적 불활성 물질(racemate)**이었다. L-형(methionine은 제외)만이 생리적으로 활성을 가지기 때문에 의료용이나 운동선수에게 그리고 사료에는 이들이 필요한 것이다.

Ichiro Chibata(그림 2.23)와 그의 그룹은 일본에서 화학적으로 생산한 아세틸-D,L-아미노산의 racemate를 효소적으로 L-아미노산과 가수분해되지 않은 형태의 아세틸-D-아미노산으로 분리하는 방법을 개발하였다(그림 2.34). 그 이후 유용하게 사용될 L-아미노산들을 낮은 용해성을 이용해서 아세틸화 되어 있는 D-아미노산으로부터 쉽게 분리해 낼 수 있었던 것이다. 여기에서 필요하지 않은 물질인 D-아미노산은 다시 racemate를 화학적으로 합성하는 데 재사용하였다. 우선 본 공정은 *Aspergillus oryzae*나 신장으로부터 용해성 **아미노 아실화 효소**를 얻는 것으로 시작하며, 이때 효소의 반복적인 사용은 포기하였다.

아미노산을 함유하는 링거약제 제조와 같이 특정 목적을 가지는 제품 생산에서는 남아 있는 효소로 인해 환자에게서 면역적 방어작용이 일어나지 않도록 하기 위해 "효소가 함유된 비 정제" 상태로부터 효소를 제거하는 매우 소모적인 과정이 필요하다. 이 과정 중 수율도 떨어지게 되고 추가적인 비용도 많이 들었다. 이 문제를 해결하는 방안으로 효소의 고정화가 있었다. 효소를 복잡하지 않고 값싼 운반체(DEAE-섬유소)에 **흡착(adsorption)**을 통해 결합시키는 방법이다(그림 2.33). 이러한 고정화된 효소는 65일이 경과되어야 활성이 반으로 주는 꽤 안정적 물질이 된다. 오사카의 Tababe Seiyaku 사는 이를 통해 처음으로 고정화된 효소를 산업적으로 이용하게 되었다.

1969년부터 이와 같은 공정을 통해 L-페닐알라닌, L-발린, L-알라닌이 산업적으로 생산되고 있다(그림 2.33, 4장 참고).

고정화된 아미노 아실화 효소를 이용하는 경우 기존의 수용성 효소를 이용할 때보다 총 경비를 약 40% 정도 낮추는 효과를 보였다(그림 2.34). 공정 과정을 자동화함으로써 인건비도 줄일 수 있으며, 촉매제 경비가 적어지면 적어질수록 생산량은 높

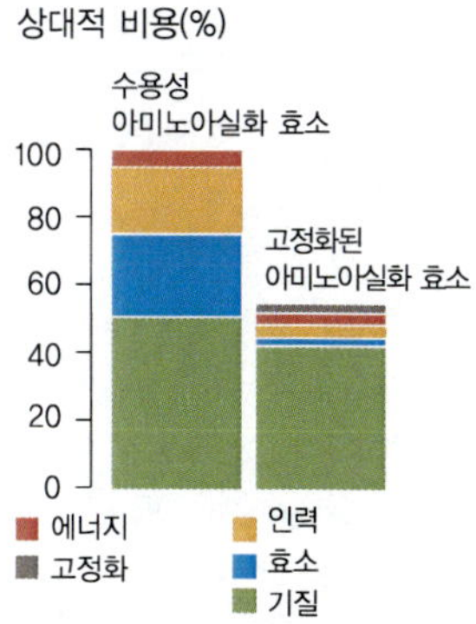

그림 2.34 수용성과 고정화된 아미노아실화 효소의 생산비 비교(Tanabe Seiyaku의 보고, 일본).

그림 2.35 어린 수고양이는 미래에 고정화된 lactase (β-glactosidase)의 효소처리를 통해 젖당이 제거된 우유를 즐길 수 있게 될 것이다. 락타아제는 젖당을 포도당과 갈락토오스로 분해한다.

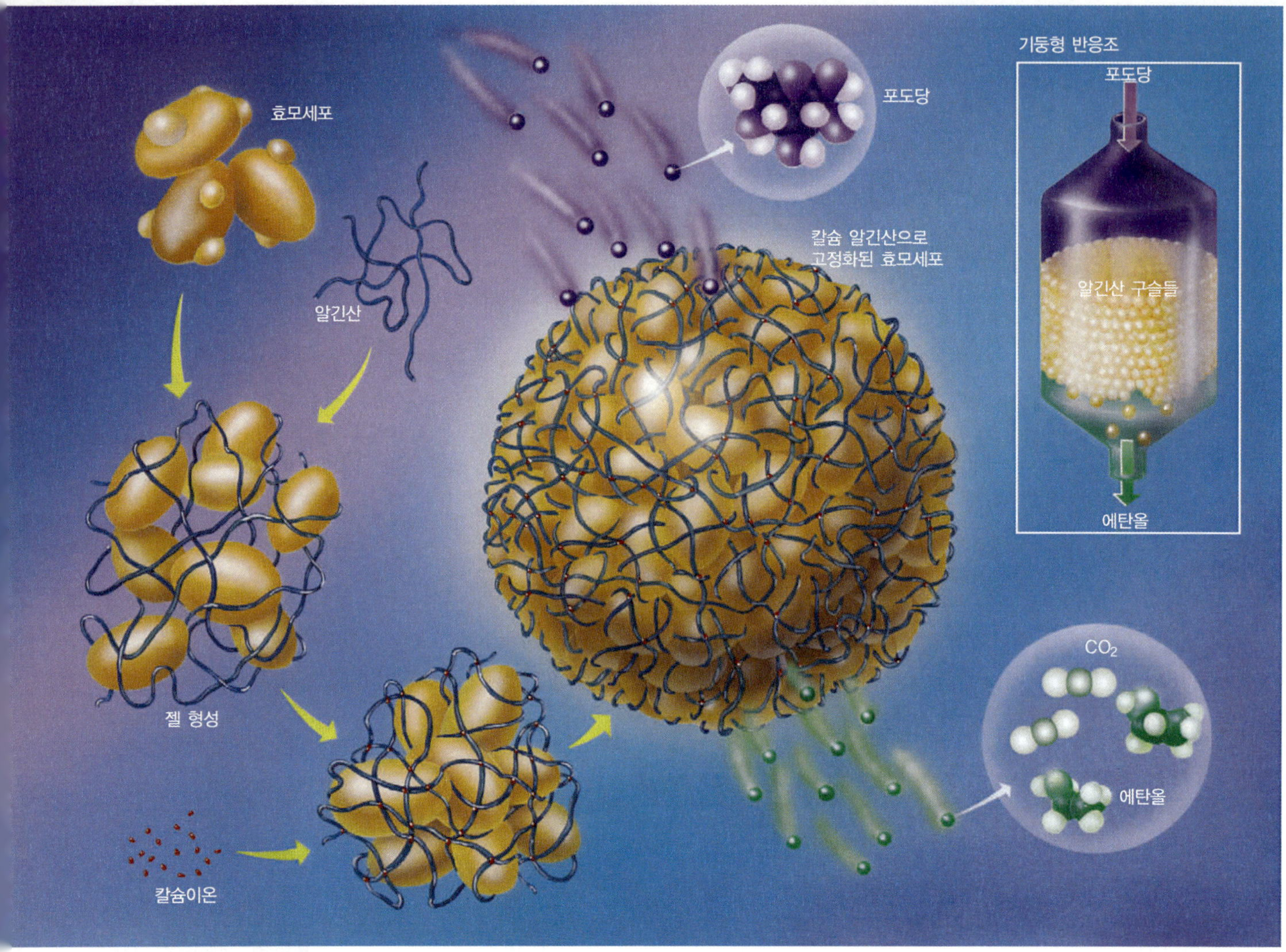

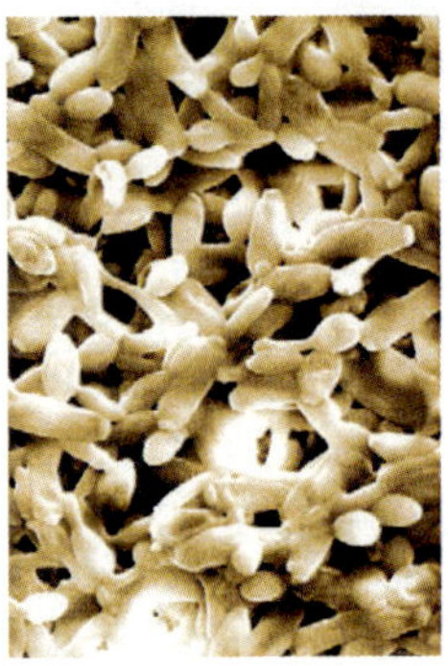
고정화된 Arxula의 세포들

그림 2.36 에탄올을 생산하는 고정화된 효모.

세포의 고정화(운반체와의 결합)은 대사작용에서 여러 장점을 보여준다: 세포는 재활용이 가능해지고 크게 증가된 생존력을 보인다. 또한 목표하는 최종산물에는 생리적 물질이나 세포가 없기 때문에 정제과정도 생략할 수 있다.

가장 많이 이용하였던 기술 중의 하나가 세포를 젤 속에 담는 것으로 세포가 들어 있는 용액과 젤을 섞어서 이를 생산하는 방법을 사용하고 있다.

해초로부터 생산하는 알긴산은 식품산업에서 젤과 같이 사용하는 것으로 칼슘 이온과 강력한 네트워크를 형성하여 안정적인 젤구조를 만들어준다. 구슬 알긴산과 세포들을 섞고 여기에 염화칼슘 용액을 한 방울 넣게 되면 구슬모양이나 진주모양의 알긴산 젤을 생산할 수 있다. 칼슘이온이 들어가게 되면 알긴산구슬은 젤화되면서 예를 들어 효모와 같은 미생물 세포들을 가두게 된다.

포도당과 같이 작은 분자는 구멍을 통해 세포에 안착이 되어 알코올이나 이산화탄소 같은 물질을 생산해 내고 살아있는 효모는 여전히 그곳에 머물게 되는 것이다.

세포들을 알긴산 젤에 더 꽉 조이는 상태가 되도록 하기 위해 영양분과 산소를 공급하여 세포들이 증식하게 한다. 그리하여 젤 속에 남아 있던 공간이 세포들로 꽉 차게 되면 구슬들을 기둥모양의 반응기로 옮긴다. 바이오 반응기에 포도당용액을 부어 주면 고정화된 세포로 기질들이 이동하게 된다. 이때 산소가 충분히 공급되지 않게 되면 효모들은 포도당을 발효하여 알코올을 생산한다.

생산된 알코올과 이산화탄소는 이 구슬을 떠나게 되는 것이다. 파일럿 설비에서는 이미 수개월에 걸쳐 고정화된 세포의 도움을 받아 포도당으로부터 알코올을 계속하여 생산하게 된다.

효모에 사용하였던 방법과 비슷하게 식물이나 동물 세포들도 고정화할 수 있다.

구슬모양 대신에 필름형으로 고정화된 세포들고 생산할 수 있으며, 이러한 예로 바이오 센서들에 대한 막들을 들 수 있다.

효모인 *Arxula*는 고정화를 통해 오수 중 생화학적 산소요구량을 측정하는 바이오센서에 이용되고 있다(10장 참조). 다중막에 있는 고정화된 효모 세포들의 호흡을 산소센서를 통해 측정하는 것이다. 만약 물에 생리적으로 분해할 성분이 없을 경우에는 (깨끗한 물), 효모는 영양분을 섭취하지 못하게 되므로 산소를 호흡할 수 없게 된다. 바이오 센서는 5분 안에 신호를 통해 결과를 보여 주는 반면 기존의 방법으로는 결과를 얻기 위해 5일이 걸린다.

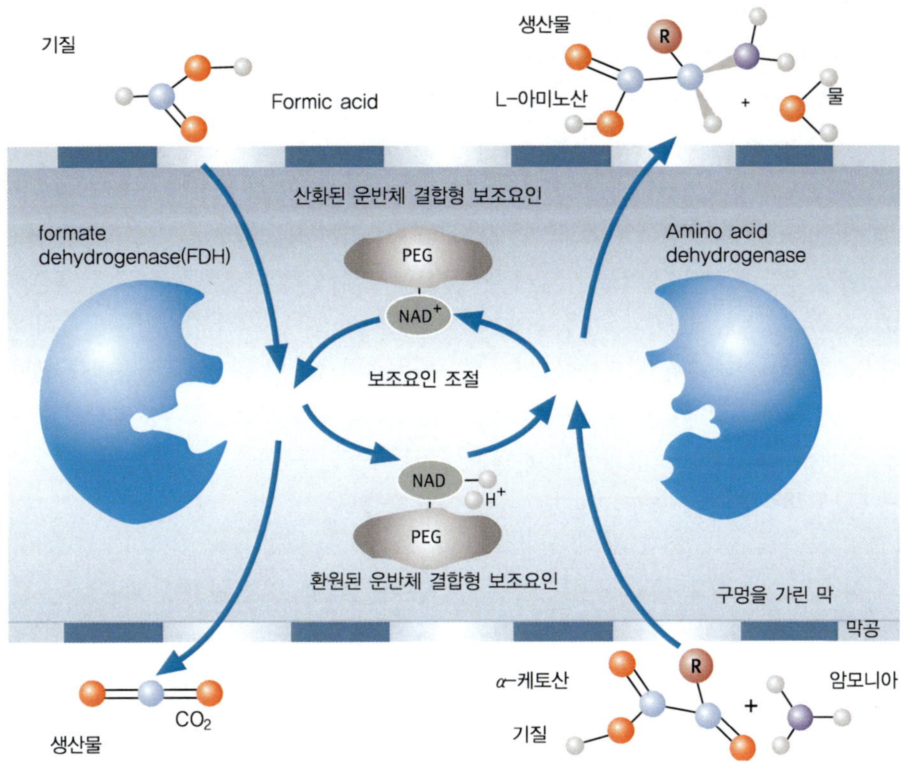

그림 2.37 L-아미노산(예, L-알라닌)의 생산에 이용된 효소막반응기 이론. 보조요인인 NAD$^+$는 큰 분자인 polyethylenglycol (PEG)과 결합하여 반응기에 효소와 함께 남아 있게 된다. 이 보조요인은 formate dehydrogenase를 통해 환원되어 L-아미노산 dehydrogenase의 작용에 재활용된다(Wandrey 1986의 내용을 수정).

아 졌다. 이를 통해 고정화된 형태의 효소 사용에 대해 심각하게 고려하지 않을 수 없게 되었다.

지금까지 몇몇 다른 효소의 사용에 대해서는 이러한 고민에 이르지도 못하고 있다. 용해성 글루코아밀라아제는 산업용으로 20년도 넘게 사용되어 오고 있기 때문에 이를 고정화하고자 하는 성공적인 시도들이 있었다. 가장 최근까지 비록 고정화된 형태의 효소가 기술적으로 장점을 가지고 있기는 하지만 용해성 효소가 얻기도 쉽고 따라서 값도 싸기 때문에 이를 사용하는 데 있어 기술적인 문제가 발생하지 않고 효소의 작용을 위한 조건만 적절히 주어질 수 있다면 아직까지는 이의 사용을 선호하고 있다. 용해성이던 고정화된 형태이건 락타아제(lactase, 그림 2.35)를 처리해 젖당(lactose)을 제거한 소화가 용이한 우유를 생산하게 되었다.

최근 사료업계에서는 무엇보다도 피타제(그림 2.7)와 같은 용해성 효소의 사용이 증가하고 있다. 피타제는 피테이트로부터 인산그룹을 분해해 내어서 비싼 인산을 부가적으로 첨가할 필요가 없게 해주고 돼지나 닭에게서 인산 분비를 줄여 주어 환경 피해도 줄여주는 효과를 가진다.

2.13 보조인자 재생에 이용되는 세포막 효소 작용기

효소의 사용에 있어서 새로운 전기는 **효소막반응기(enzyme membrane reactor)**의 개발이라고 할 수 있다. 여기에서는 보조요인들에 의존하는 효소들이 해당되는 것으로, 보통 보조인자들은 매우 비싸기 때문에 소모해 버리는 것이 아니라 지속적으로 재활용하는 방법을 찾아내게 된 것이다.

막반응기(membrane reactor)에서는 보조인자(NADH)들에 의존하는 amino acid dehydorgenase와 formate dehydrogenase(FDH, 사용한 보조인자들의 회복을 위해)가 함께 한외여과막 사이에 위치해 있고, 여기에 기질 용액이 지나가게 된다. 이때 효소는 막을 통과할 수 없는 반면 작은 분자인 보조인자는 막을 통해 밖으로 나갈 수 있다. 이러한 보조인자들을 크기가 큰 중합체 운반체(polyethyelnglycol, PEG)와 결합시키게 되면 자신의 실제 크기보다 약 100배가 더 커지면서 막을 통과하지 않고 남아 있게 된다. 아미노산 dehydrogenase는 이때 보조인자의 참여하에 케토산을 L-아미노

그림 2.38 Christian Wandrey는 Regina-Maria Kula, Andreas Frits Bueckmann과 함께 Juelich와 Braunschweig에서 처음으로 보조요인 재활용을 하는 효소막반응기를 개발하였다.

그림 2.39 전분의 분해에 아밀라아제가 사용되었던 1900년대의 알코올 양조장

그림 2.40 일본에 있는 고정화된 효모를 사용하는 현대적 에탄올 생산 설비

산으로 전환시키고, 이 아미노산은 막 밖으로 확산되어 나가게 된다(그림 2.37). 고액의 비싼 보조요인인 NADH는 NAD^+로 산화되고 이러한 상황에서는 효소가 작용을 할 수 없는 상황이 된다. 반응이 이루어지고 있는 막 안쪽에 "머물고" 있던 효소인 formate dehydrogenase는 저렴한 가격의 개미산염(formate)에서 무해한 이산화탄소를 만들어 내면서 NAD^+를 NADH로 환원시킨다. 이를 통해 비싼 보조효소는 재생되어 재활용이 가능해지게 된다. 효소막반응기에서의 보조인자 재활용에 대한 안은 Juelich와 Braunschweig의 Christian Wandrey(그림 2.38), Maria-Regina Kula 그리고 Andreas F. Bueckmann에 의해서 제안되었다. 90일 이상의 시간 동안 바이오반응기에서는 "재사용" 된 NAD^+를 통해 각 분자 당 총 700,000~900,000배에 달하는 양을 생산해 낼 수 있었다.

2.14 고정화된 세포

효소가 아닌 세포 자체를 고정화시킬 수도 있다. 일본은 특히 세포의 고정화 분야에서 앞서 나가고 있다. 오사카(Osaka)에 있는 Tanabe Seiyaku사의 Ichiro Chibata와 Tetsuya Tosa는 효소의 고정화에 개척자로 1973년에 젤 속에 갇혀 있는 *Escherichia coli*의 죽은 세포를 이용하는 방법을 개발하여 이를 통해 **fumarine**으로부터 **aspartate**를 연간 600톤 정도 생산하였다(4장 참조). 120일이 지나서야 이 미생물에 의한 아스파타아제 활성이 반으로 감소하였다. 그러나 이에 반해 자유로운 세포를 사용할 경우에는 반감기가 10일 정도였다. 고정화된 세포를 이용하는 경우 소요 경비가 자유로운 세포를 사용하는 경우의 60%에 해당되는 정도였다. 이에 따라 촉매제 소요경비는 자유 세포를 사용하는 경우보다 약 30% 정도 감소되는 데 반해 자유 세포를 사용하는 경우 3%가 증가하며, 인건비와 에너지는 약 15% 정도 줄어들게 되었다. 1,000L 규모의 기둥모양 반응기에서는 1일 2톤 정도의 L-aspartate를 생산해 낼 수 있다. 미생물들의 경우는 물론 고정화된 효모로 알코올을 생산하는 경우와 같이 다단계의 반응을 거치는 데 유용하게 사용된다. 에탄올은 무산소 환경에서 포도당으로부터 **다단계 반응**을 통해 생산되며 이때 필요한 보조요인들은 재생하여 사용할 수 있다.

일본의 Kyowa Hakko Co.사(그림 2.40)에 있는 **에탄올 생산을 위한 파일럿 설비**에서는 1982년부터 5개의 기둥모양의 반응로(각각 $4m^3$의 용량)를 이용하여 작업을 하고 있으며 각각 6개월을 넘게 지속적으로 사탕무우 당밀로부터 8.5% 알코올을 생산하고 있다. 반응로는 살아있는 효모가 젤상태의 알긴산에 갇힌 세포들을 이용하고 있다(그림 2.36). 알긴산은 해초로 만든 것으로(7장) 식품산업에서 농축제로 사용되고 있다. 파일럿 설비는 일일 약 2,400L의 순수 알코올을 생산하고 있다.

고정화된 세포를 이용하는 경우와 전통적인 방법에 대한 **생산성**을 비교해 보면 세포의 고정화에 대한 선호도는 명확해진다. 생산성은 기존의 방법보다 약 20배 정도가 높아지는 반면 소요 경비는 극적으로 감소된다. 공정은 연속적으로 작용하게 되므로 컴퓨터를 통한 통제도 가능하고, 이를 통해 인건비도 절약할 수 있다. 에탄올을 생산하는 설비는 복잡한 바이오 합성 설비에 대한 좋은 모델이 되고 있다.

참고문헌

- Der deutsche Biotech–Klassiker:
  Dellweg H (1987) Biotechnologie. VCH, Weinheim
- Der Biochemie–Klassiker 'Lehninger': Lehninger A L, Nelson D L, Cox M M (2001) Biochemie. 3. Aufl. Springer, Berlin
- Dingermann T, (1999) Gentechnik, Biotechnik, Wissenschaftliche Verlagsgesellschaft, Stuttgart.
- Renneberg R (1984) Elixiere des Lebens, Aulis–Verlag Deubner und Co., Köln
- Der Originalartikel zur Lysozymstruktur: Phillips D C (1967) The hen egg–white lysozyme molecule. *Pro Nat Acad Sci*, 57(3): 484–495
- Die Taschen–Bibel der Biotechnologie:
  Schmid R D (2002) Taschenatlas der Biotechnologie und Gentechnik. Wiley–VCH, Weinheim
- Das allerneueste zur Biokatalyse: Bommarius A S, Riebel, B R (2004) Biocatalysis. Wiley–VCH, Weinheim
- Buchholz K, Kasche V, Bornscheuer U T (2005) Biocatalysts and Enzyme Technology. Wiley–VCH, Weinheim
- Aehle, W (ed.) (2004) Enzymes in Industry. Production and Applications. Wiley–VCH, Weinheim
- Der Klassiker für immobilisierte Biokatalysatoren: Tanaka A, Tosa T, Kobayashi T (1993) Industrial Applications of Immobilized Biocatalysts. Marcel Dekker, New York
- Otto Warburgs Leben und wissenschaftliches Werk:
  Werner P, (1991) Ein Genie irrt seltener ... Akademie–Verlag, Berlin
- Primrose S B (1990) Biotechnologie. Grundlagen, Anwendungen, Perspektiven. Spektrum der Wissenschaft, Heidelberg

웹사이트

- Website für Enzymtechnologie der London South Bank University, basiert auf einem Lehrbuch: 'Enzyme Technology' von Martin Chaplin und Christopher Bucke (Cambridge University Press, 1990): www.lsbu.ac.uk/biology/enztech/
- BRENDA, die Enzymdatenbank dur Uni Köln: alle Enzyme mit Eigenschaften und Literaturzitaten:
  www.brenda.uni–koeln.de/
- Die Proteindatenbank (PDB) liefert alle bekannten Strukturen von Enzymen. Der Mitautor des Buches David Goodsell schreibt eine sehr lesenswerte Rubrik 'Molecule of the Month' :
  www.rcsb.org/pdb/ und http://www.scripps.edu/mb/goodsell/pdb/
- Wie Lysozym das Substrat bindet, eine Computeranimation der Protein Mecanics Inc.:
  www.locuspharma.com/structureMovies/lysozyme.php
- Moleküle in Bewegung, 3D–Ansichten von Proteinen und DNA:
  www.umass.edu/molvis/freichsman/index.html
- Prof. Blume bietet für Schüler tolle Expeimente (auch mit Enzymen) an:
  http://dc2.uni–bielefeld.de/cgi–bin/perlfect/search/search.pl

자가진단을 위한 8가지 문제

1. 왜 세포에서 효소대사가 필수적인가?
2. 바이오 촉매제들은 항상 단백질 성분인가?
3. 어떤 "속임수"를 통해 효소는 반응 중 활성화에너지를 극적으로 감소시킬 수 있는가?
4. Emil Fischer의 자물쇠–열쇠 이론은 David Phillips에 의해서 어떻게 라이소자임 모델로 변형되었는가? Koshlands는 "유도된 Passform"의 아이디어에 대해 무엇이라 하고 있는가?
5. 효소를 고정화하면 어떠한 이점이 있는가? 고정화된 효소들은 어디에 이용될 수 있는가? 왜 고정화된 효소들을 모든 곳에 이용하지는 않는가?
6. 산업용으로 효소가 이용되고 있는 가장 중요한 분야는 어디인가?
7. 무엇 때문에 일본에서는 세탁기에 가열기능이 없는가?
8. 왜 그리고 어떻게 아미노산을 생산하는 효소막 반응기에서 보조요인들을 재활용할 수 있게 되었나?

유전공학의 경이로움

Chapter 03

그림 3.1 왓슨(James D. Watson, 1928~)

그림 3.2 크릭(Francis C. Crick, 1916~2004)

그림 3.3 DNA이중나선구조. 브레너(Sydney Brenner)는 DNA 이중나선구조에 대한 첫 인상을 다음과 같이 말했다. "내가 DNA 모델을 본 순간...그것은 생물의 모든 문제를 이해하는 데에 중요한 열쇠임을 알았다."

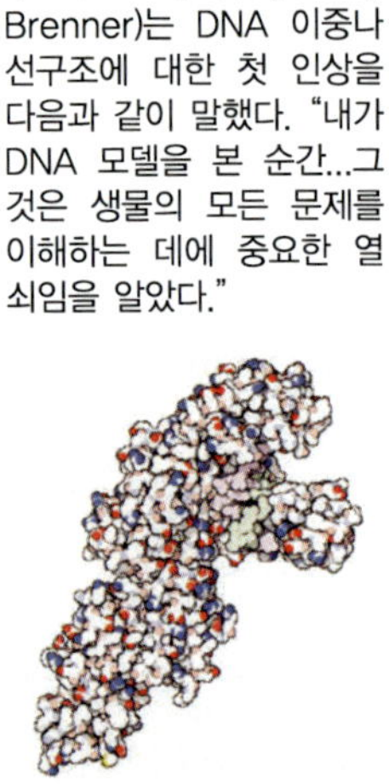

그림 3.4 DNA중합효소. 그림에서 주형가닥 DNA는 보라색으로, 새로 합성된 DNA는 초록색으로 표시되었다.

3.1 유전정보의 전달자–이중나선 DNA

생물학 혁명의 획기적인 전환점은 유전정보의 전달자라고 할 수 있는 디옥시리보핵산(deoxyribonucleic acid, **DNA**)의 발견이다(Box 3.1). 오랜 기간 동안 찾았던 유전에 관여하는 물질이 1953년 과학 잡지 〈네이처 (Nature)〉에 두 명의 젊은 과학자 **왓슨**(James Dewey Watson, 1928)과 **크릭**(Francis Compton Crick, 1916~2004)에 의해 발표되면서 절정을 이루었다(그림 3.1, 3.2). 그것은 DNA가 이중나선으로 꼬여진 모양을 하고 있다는 놀랍도록 단순한 것이었지만 매우 독창적이었다(그림 3.3).

DNA 구조는 지퍼가 꼬여있는 모양과 비교를 할 수가 있는데, 그 지퍼에는 4가지의 서로 다른 치아(염기)를 포함하고 있다. 이 4가지는 아데닌(A), 시토신(C), 구아닌(G), 티민(T)이며 이러한 염기들은 뉴클레오티드를 구성하는 DNA의 골격을 만든다. 뉴클레오티드는 당, 염기 그리고 인산으로 구성되어 있는데(그림 3.8) 이러한 기하학적 이중구조는 단순히 공간만을 절약하는 것이 아니라 모든 방향으로부터의 정보도 탐지할 수 있게 유리하게 설계되어 있다.

디옥시리보오스(deoxyribose)는 뉴클레오티드를 구성하는 당이다. RNA를 구성하는 리보오스(ribose)는 두 번째 탄소위치에 산소원자가 결합되어 있는 반면 디옥시리보오스에서는 그 위치에 산소가 없다. 이것을 이루는 사다리모양의 골격은 디옥시리보오스와 인산기로서 이들은 서로 교대로 연결되어 있다. 이것의 중간부분은 지퍼처럼 서로 네 종류의 염기에 의해 맞물려 있는데, 유전적 정보는 네 종류 **염기의 서열**에 의해 결정된다.

잠겨져 있는 지퍼모양에서 양쪽가닥 외부는 역학적으로 지탱을 하고 있고, 그와 반대로 이중가닥의 DNA 내부, 즉 염기가 위치하고 있는 부분은 분자학적 상호작용인 **수소결합(hydrogen bond)**을 이루고 있다(그림 3.8).

생화학자인 **샤가프**(Erwin Chargaff, 1905~2002, 그림 3.5)는 1950년 크로마토그래피라는 방법을 사용하여 DNA의 구성에 대해 중요한 사실을 발견하였는데, 모든 생명체에서 아데닌의 양은 항상 티민의 양과 같고, 시토신의 양은 항상 구아닌의 양과 같다는 것이었다(**Chargaff의 법칙**, 그림 3.6). 이러한 발견은 Watson과 Crick이 세운 모델에서 염기 아데닌과 티민이 그리고 구아닌과 시토신이 공간적으로 어떻게 정확히 맞아 떨어졌는지에 대한 의문점을 해결해 주는 열쇠가 되었다. 염기구조상 구아닌과 시토신이 결합할 때 3개의 수소결합을 이루고, 아데닌과 티민은 2개의 수소결합으로 이루어진다. 이러한 **염기짝짓기 법칙**(base paring 또는 **왓슨-크릭의 법칙**)은 정확한 유전자 정보를 전달하는 부분에서 중요한 요소이다.

3.2 DNA중합효소는 DNA 복제의 촉매이다

모든 유전적 특징의 연속성은 세포증식에 근거를 둔다. 하나의 세포에서 똑같은 두 개의 자손이 생길 때 그들은 동일한 유전정보를 가져야 한다. 그래서 **DNA 복제(replication)**는 **체세포분열(mitosis)**이 진행되기 이전에 정확하게 진행되어야 한다. 이러한 목적으로 지퍼가 열리는 것처럼 DNA는 양쪽으로 벌어진다. 각각 풀려진 DNA가닥은 **DNA중합효소**(DNA polymerase, 그림 3.4)에 의해 새로운 DNA 가닥을 생성한다. 이미 있던 DNA와 새로 생겨난 DNA는 다시 이중나선구조를 이루어 최종적으로는 새로운 두 개의 DNA가 생긴다.

DNA중합효소는 화학적으로 **전달효소**(transferase)에 속하며(2장 참조) **콘버그**(Arthur Kornberg, 1918~, 1959년 노벨상 수상)에 의해 대장균(*E. coli*)에서 추출되었다. DNA 복제과정 동안 이미 세포 내에 존재해 있던 A-뉴클레오티드는 T-뉴클레오티드와 G-뉴클레오티드는 C-뉴클레오티드와 짝을 짓는다.

수소결합에 의해 짝을 이룬 염기가 "앞쪽 면"에서 정확하게 정렬되어 가는 동안, 중합효소는 디옥시리보오스와 인산기로 이루어진 "뒤쪽 면"의 골격부분인 뉴클레오티드에 붙게 된다.

DNA중합효소(그림 3.4)는 이때 새로 형성되는 뉴클레오티드의 5'-PO_4^- 위치와 기존염기에 존재하는 3'-OH기 사이를 결합시켜 3',5'-이인산에스테르결합(phosphodiester bond)을 촉매한다. 이 반응에서 디옥시리보오스 3인산 말단에 붙어있는 2개의 인산기는 피로인산(pyrophosphage/PPi)의 형태로 떨어져 나간다.

효소는 이때 복사를 위해 **주형가닥(template)**을 필요로 한다. 주형가닥은 단일가닥의 DNA이거나 부분적으로 벌어진 이중나선이다.

이러한 주형가닥 이외에 중합효소는 또 다른 구성 요소로서 디옥시뉴클레오시드(deoxynucleoside-5-triphosphates, dNTPs)와 3'-OH 그룹을 가진 **프라이머(primer)**를 필요로 한다.

그림 3.4에서 보여지는 DNA중합효소 I은 두 가지 기능을 가진다. 첫 번째의 기능은 DNA 가닥의 짧고 분리된(nick) 뉴클레오티드에 결합하여 이미 있는 RNA 프라이머 가닥을 계속 잘라내면서(nuclease activity) 그 자리에 다시 상보적인 DNA 가닥을 합성하는 것이다(polymerase activity). 이렇게 분해하고 합성하는 과정은 동시에 일어나며, nick은 DNA 주형을 따라 움직인다. 만약 이러한 과정에서 실수가 나타나면 뉴클레오티드는 다시 새롭게 수선되어진다. 이러한 기작들은 믿기 어려울 만큼 정확하게 이루어지며, 1억 개의 염기쌍 중 1개 정도로 실수가 일어난다. 이러한 것은 사람 손으로 천 권의 소설책을 타이핑할 때 단지 한 개 정도의 글자를 실수로 치는 것과 동일한 것이다.

중합효소의 분자구조는 오른손과 흡사하다. 4개의 손가락과 엄지손가락 사이에 DNA를 싸듯이 한다. 그리고 효소의 활성은 쥐어진 상태에서 두 번째와 세 번째 손가락의 위치에서 일어난다. 새로 형성되는 뉴클레오티드의 교정은 효소의 중앙부분에서 이루어진다. DNA이중나선으로부터 2개의 정확한 복사본이 생성되어 다시 완전한 새로운 DNA가 만들어지는데, 체세포분열에서는 두 개의 딸세포에 전해진다.

유전공학에서 사용되는 기술 중에 **중합효소연쇄반응(polymerase chain reaction, PCR**, 10장 참조)이 있는데, 이에 사용되는 DNA중합효소는 Yellowstone이라는 국립공원의 용암구에서 살고 있는 열에 강한 세균(*Thermus aquaticus*)에서 추출한 것을 사용한다. 세균 이름을 따라 *Taq* polymerase라고 명명되었다.

3.3 모든 유전자가 DNA로만 이루어져 있지 않다: RNA로만 구성된 RNA 바이러스

거의 모든 생명기관에서 나오는 게놈은 모두 DNA로 구성되어 있다. 그러나 어떤 종류의 바이러스는 단백질외피에 싸여진 RNA(리보핵산)를 사용한다. 담배모자이크 바이러스(TMV)는 담배잎을 감염시켜 잎을 떨어뜨리는데, 6,395개의 뉴클레오티드로 구성된 외가닥 RNA와 2,130개의 동일한 단위체로 이루어진 단백질외피로 구성되어 있다(그림 3.7). **RNA중합효소(RNA polymerase)**가 그들의 복제를 촉매한다.

RNA 바이러스의 또 다른 중요한 그룹은 **레트로바이러스(retrovirus)**이다. 그들의 유전자정보의 전달 경로는 DNA에서 RNA로 진행되는 보통의 경우와는 달리 반대방향(retro)으로 진행된다. 이러한 종류에 속하는 가장 대표적인 바이러스는 에이즈를 유발하는 후천성인간면역결핍바이러스(HIV)와 암 종양 바이러스이다(5장 참조).

이러한 바이러스들은 단일가닥 RNA에서 이중가닥의 DNA를 복제한다. 바이러스가 숙주세포에 RNA를 침투시킬 때 역전사효소(reverse transcriptase)를 함께 넣는데, 이 효소에 의해 RNA에서 이중가닥의 DNA로 복사되고(3.13절 참조, 그림 3.35) 복사된 DNA정보는 숙주세포의 염색체에서 함께 증식이 된다. 숙주세포는 결합된 바이러스 유전자정보에서 새로운 바이러스의 RNA와 외피 단백질을 만들어서 감염성을 가진 바이러스를 대량생산한다(5장 참조).

3.4 유전암호의 해석

4개의 염기가 유전정보 전달자라는 것이 알려진 후, 많은 사람들의 의문점은 어떻게 유전적 정보가 염기의 순서에 의해 결정되어지는지에 초점이 맞추어졌다.

1940년대 이러한 연구들은 두 명의 미국의 유전학자 **비들**(George W. Beadle, 1903~1989)과 **테**

그림 3.5 샤가프(Erwin Chargaff, 1905~2002)

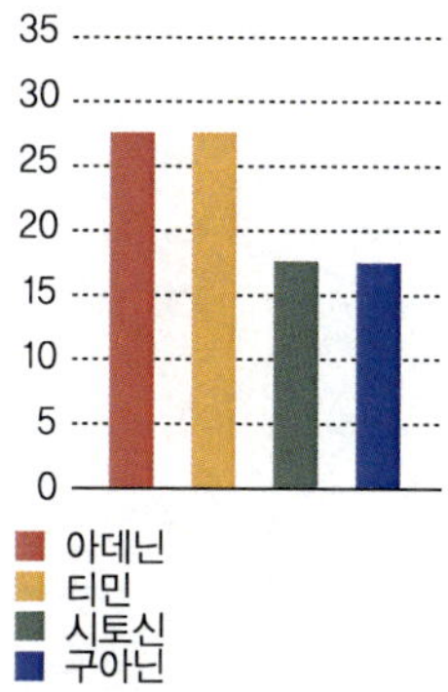

그림 3.6 사람 DNA의 염기조성 비율. Chargaff의 법칙에 의한 인간게놈의 염기 A, T, G, C의 분포

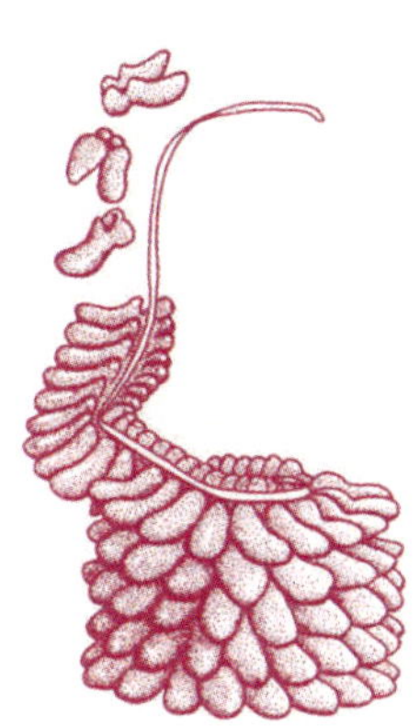

그림 3.7 담배모자이크바이러스(TMV)는 동일 단백질단위체와 외가닥의 RNA로 구성되어 있다.

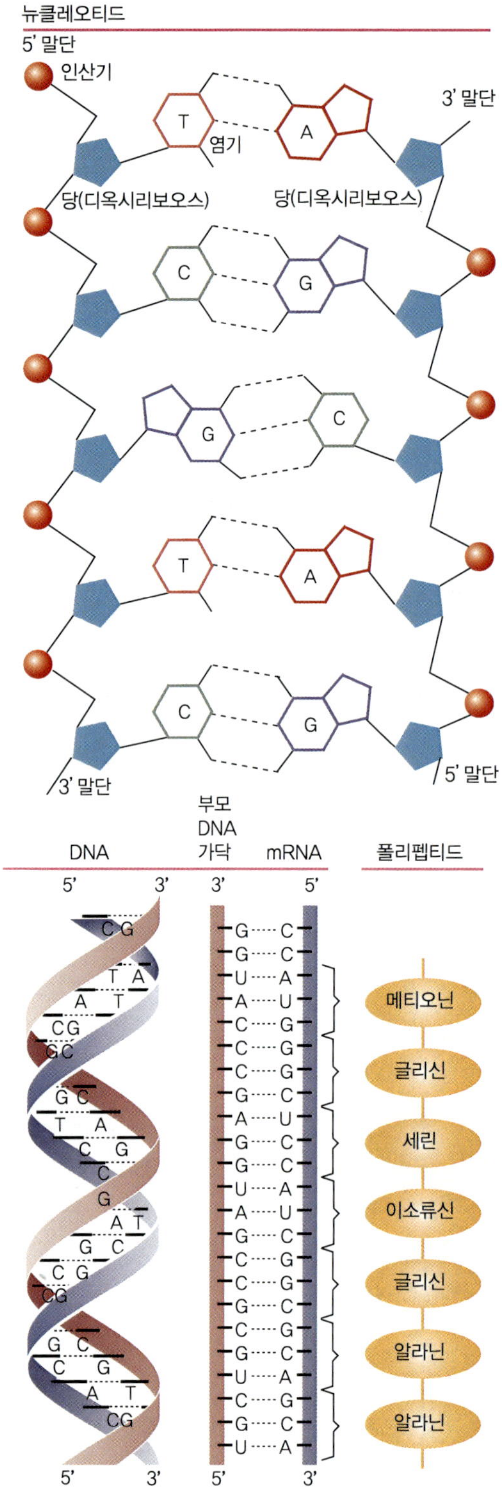

그림 3.8 DNA로부터 시작되는 단백질합성 과정. 오른쪽 위: DNA이중나선 구조. 오른쪽 아래: DNA 염기서열에서 mRNA로의 전사와 리보솜에서 아미노산으로 번역되는 단계

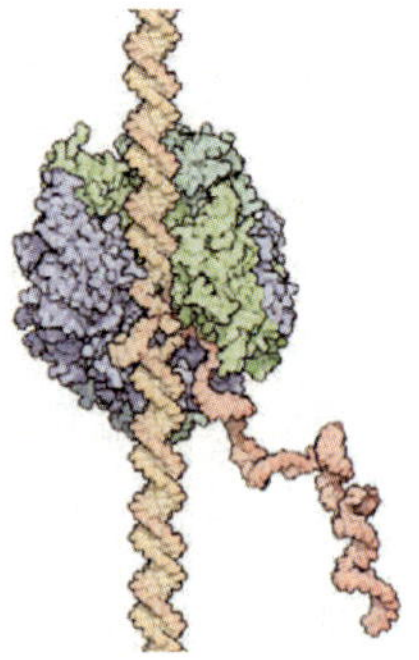

그림 3.9 RNA중합효소에 의해 새로 합성된 mRNA

그림 3.10 니런버그(Marshall Nirenberg, 1927~, 오른쪽)와 마타이(Heinrich Matthaei, 1940~)

그림 3.11 코라나(Har Gobind Khorana, 1922~), 1968년 Nirenberg, Holley와 노벨상을 공동수상함

이텀(Edward L. Tatum, 1909~1975) 그리고 파지 유전학이 전공인 **레더버그**(Joshua Lederberg, 1925~)에 의해 빛을 보게 되었다.

그들은 하나의 유전자가 단 하나의 효소생성에 관여한다는 **"1-유전자 1-효소설"**을 제시하였다.

효소는 단백질이다. 사람들은 푸른 잎의 색상을 가진 꽃의 유전자는 푸른 잎 색상의 형질발현을 나타내는 효소생산을 조절한다고 생각했다. Beadle, Tatum 그리고 Lederberg는 이것으로 1959년 노벨 의학상을 수상하였다.

그러나 어떻게 DNA에서 단백질이 합성되는지에 대한 의문은 아직 남아있었다. 단백질은 변화가 가능한 거대 물질로서 20개의 각각 다른 아미노산으로 구성되어 있다. 아미노산의 종류, 숫자 그리고 **아미노산서열(amino acid sequence)**은 단백질의 성질을 결정한다(2장, 라이소자임 참조).

DNA의 염기서열은 단백질을 구성하는 아미노산의 서열을 결정한다. 이미 알려진 염기서열, A, C, T, G에 대해 아미노산은 전혀 다른 언어인 아미노산 언어로 쓰여진다. DNA를 아미노산으로 번역하는 요소를 **유전암호(genetic code)**라 한다.

Watson과 Crick의 DNA이중나선구조 모델이 생긴 50년대 이후, 사람들은 유전암호의 종류에 대해 생각을 하기 시작하였다. 4종류의 염기가 20종의 각각 다른 아미노산합성에 관여하여 조절이 된다는 것이다. 여러 개의 염기에서 단지 하나의 조합이 하나의 아미노산을 합성하고 이러한 아미노산은 단백질을 생산한다. 만약 2개의 염기가 조합된다면, $4 \times 4 = 16$개의 조합이 생기는데, 이는 20개의 아미노산을 대변하기에는 부족했다. 그래서 적어도 **3개의 염기**(코돈, codon, triplet)가 한 세트가 될 경우 $4^3(4 \times 4 \times 4) = 64$개의 조합을 만든다. 그러나 64개는 20가지의 아미노산에 대한 20종류의 조합보다 훨씬 더 많은 것이기 때문에, 몇몇의 아미노산은 한 종류 이상의 코돈으로 구성되어짐을 알 수가 있었고 이러한 코돈들은 "변형"이 된 것이다.

50년대 말, 사람들은 DNA에 의해 직접적으로 단백질이 합성되지 않음을 알고 있었다. 원핵생물 및 세균의 유전자는 세포질내에 자유롭게 떠서 존재를 하는 반면, 진핵생물의 DNA는 핵 내에 단단히 고정되어 있다(그림 3.16). 진핵생물은 핵 내부 외에도 미토콘드리아 DNA 같이 핵 외부에도, 식물세포에서는 엽록체 등에 추가적으로 DNA가 내재되어 있다.

단백질은 핵 외부인 세포질에서 합성되는데, 리

보솜은 세포내 단백질을 합성하는 공장이다. 핵과 리보솜 사이에는 거리가 생기는데 이러한 것은 메워져야 한다.

그러면 어떻게 핵 안의 DNA의 유전정보가 세포질 내의 리보솜으로 전달될까? 여기에는 전달자(messenger)라는 것이 필요한데, 이러한 전달자는 세포내에서는 효과적이면서도 필수적인 요소이다.

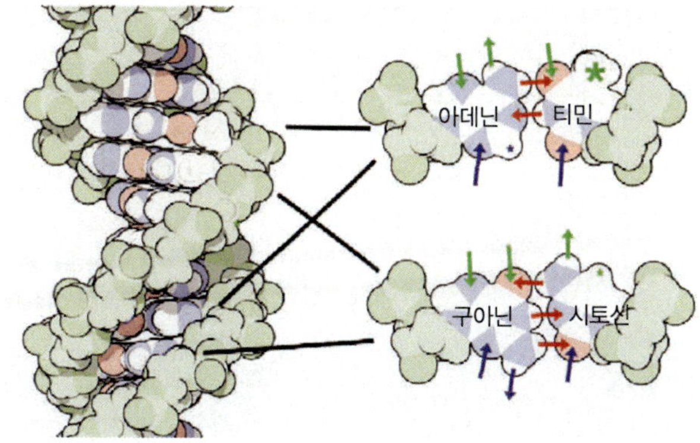

그림 3.12 화학적 반응에 의한 염기짝짓기유형(Watson과 Crick의 법칙). 아데닌–티민 사이는 2개의 수소결합으로 구아닌–시토신은 3개의 수소결합으로 이루어졌다.

3.5 인간게놈–23쌍으로 이루어진 거대한 백과사전

308,000,000개라는 글자 수는 대략 750메가바이트(MB)의 용량이라는 디지털 정보와 맞먹는데, 이것이 인간게놈(human genome)이다. 5,000권의 책에 사용되어지는 글자 수이면서 단지 DVD 한 장에만 들어가는 용량이다.

사람은 대략 20,000개 내지는 25,000개의 단백질과 연관된 유전자를 가지고 있다.

23쌍(22쌍 상염색체+1쌍 성염색체)의 **사람 염색체(human chromosome)**의 한 개는 대략 1,000개의 다양한 유전자를 가지고 있다.

인간게놈은 모두 23권의 거대하고 두꺼운 용량을 가진 백과사전과 비슷하며, 뉴욕에 사는 시민들의 전화번호부 2,000권을 채울 수 있다(10장 참조).

이러한 백과사전의 각 권은 1,000개의 단백질을 만들어 낼 수 있는 정보를 보유하고 있고, 길이는 촘촘히 꼬여있다. 언어라는 것은 신비하다. 각각의 단어(codon)는 단지 3개의 알파벳으로 구성되어 있고 그 알파벳은 모두 4개의 철자(A, T, G, C)로 되어 있다. 어떤 내용은 겨우 몇 개의 줄로 구성되어 있거나 어떤 것은 몇 장으로도 구성되어 있다.

진핵세포에서 단백질로 번역되는 유전자 부분을 **엑손(exon)**이라 하고 그 엑손 사이에는 의미가 없는 듯한 **인트론(intron)**이 존재하며 개수로는 하나 이상이 존재한다. 인트론은 엑손과 함께 전사가 되지만 성숙한 mRNA로 번역되기 전에 제거가 된다.

만약 어떤 특정한 지시사항(gene)이 내려오면, 도서관행정부서(cells)는 수백 가지의 백과사전 통째로 내주는 것이 아니라 요청한 부분만 복사하여 준다.

전령RNA(messenger RNA, mRNA)는 단일가닥으로서 DNA에서 복사되어진다.

mRNA는 DNA와 유사하기는 하지만 동일하지는 않다. 5탄당 리보오스와 인산기 그리고 염기를 가지고 있는데, DNA와는 달리 5탄당의 두 번째 탄소자리에 산소가 없다. 세 가지 염기(아데닌, 시토신, 구아닌)는 DNA와 동일하나 네 번째 염기는 티민이 아닌 **우라실(Uracil)**로 되어있다(그림 3.8).

세포내에 어떤 특정한 단백질이 필요하다면, DNA에서 mRNA로 전사가 된다. 고등동물에서는 mRNA가 세포핵에서 세포질에 존재하는 단백질 합성장소, 리보솜으로 나오게 되고 그곳에서 mRNA의 명령에 따라 단백질이 만들어진다(그림 3.16).

DNA 일부분에서 mRNA로 복사되는 것을 **전사(transcription)**라 하며 이는 체세포분열이 시작되기 전 합성시기(S기)에 일어난다.

DNA 복제와는 달리 전사에서는 DNA가닥의 일부분이 주형으로 작용하여 RNA가 만들어진다. 생성되는 리보뉴클레오티드는 **RNA중합효소(RNA polymerase**, 그림 3.9)에 의해 한 번에 하나씩 첨가되며 이때 동일한 염기짝짓기 규칙에 따라 두 종류의 염기 아데닌(A)–우라실(U)과 구아닌(G)–시토신(C)으로 이루어진다.

DNA		RNA
• 아데닌(A)	⇒	우라실(U)
• 시토신(C)	⇒	구아닌(G)
• 구아닌(G)	⇒	시토신(C)
• 티민(T)	⇒	아데닌(A)

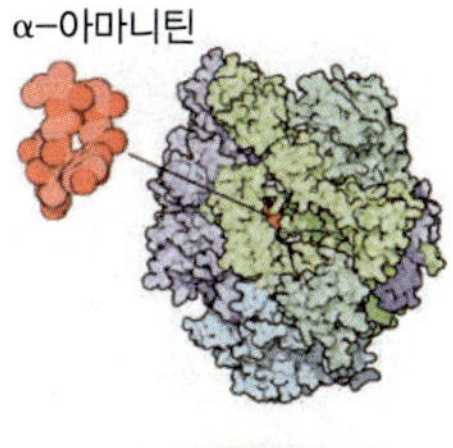

그림 3.13 진핵생물에는 3종류의 RNA중합효소가 존재한다. 알광대버섯(*Amanita phalloides*)은 α–아마니틴(α–amanitin)을 생산하는데, 이것은 사람의 RNA중합효소 II와 III의 작용을 저해하며 치사량이 넘으면 인체에 치명적이다.

Kilobase(kb)의 의미는?

1 kilobase의 의미는 이중나선 DNA 또는 단일가닥 DNA에 있는 1,000개의 염기쌍과 동일하다. 이중나선 DNA의 1 kb는 0.34 μm 길이이며, 이것은 대략 660,000 dalton의 무게에 해당한다.

Box 3.1 생명공학 역사: DNA

멘델(Gregor Mendel)과 같은 시대에 살았던 어떤 사람은 다음과 같이 적고 있다.

"그 수도원장이 브륀(현재 체코의 브르노)에서 가장 존경받는 성직자로 있는 동안, 그가 하는 실험이 취미생활이었으며 그의 이론이 잡담의 주제일 것이라고는 아무도 생각하지 않았을 것이다."

Mendel(1822~1884)은 1865년에 그가 1856년에 시작을 했던 "완두콩 교배실험"을 공식적으로 발표했다. 처음으로 그에 의해 유전법칙이 완성되었다. 외부로 나타나는 형질(예를 들어, 잎의 색상, 씨앗 또는 깍지의 형태)들은 서로 상관관계 없이 독립적으로 유전이 되어 나타난다는 것이었다. 이러한 유전요인들은 나중에 유전자라고 명명되었다.

Gregor Mendel (1822~1884)

1900년 초, 멘델의 법칙은 코렌스(C. E. Correns), 체르마크(E. von Tschermak) 그리고 드 브리스(H. de Vries)에 의해 재발견되었다.

1869년 바젤(스위스에 위치)에서 미셔(Johann Friedrich Miescher, 1844~1895)는 붕대에서 묻어나오는 고름으로부터 "뉴클레인(nuclein)"이라는 물질을 분리하였는데 이것은 단백질을 분해하는 효소에 의해 분해되지 않았다. 그것은 산성의 특성을 가져 나중에 "핵산(nucleic acid)"이라고 다시 명명되었다. Miescher는 뉴클레인이 효모, 신장, 간세포 및 적혈구에도 있다는 것을 발견하였다.

사람들은 DNA가 모두 6종류의 물질로 구성되어있다는 것을 알기까지는 대략 50년이 걸렸다. 6종류로는 인산, 당(5탄당), 그리고 4종류의 유기염기(아데닌, 구아닌, 시토신, 티민)이다. 이러한 간단한 구조가 유전과 같이 복잡한 기능에 관여한다는 것에 대해서는 회의적이었다.

지그너(Rudolf Signer, 1903~1990)는 1938년 베른(스위스 수도)에서 처음으로 순수한 형태의 DNA를 선보였다. 그 당시 그는 성급하게 결론을 내렸는데, DNA 염기는 사슬분자의 축이 수직으로 향하는 편평한 링 모양이라고 단정을 지었다. 그는 1950년 15g에 해당하는 귀중한 정제된 DNA를 캠브리지로 가져갔다. 그것은 "베른에서 온 만나(신이주신 음식물)"였다.

1928년 영국의 의사인 그리피스(Frederick Griffith, 1877~1941)는 폐렴을 유발하는 폐렴구균을 가지고 실험을 하였다. 그는 두 종류의 폐렴구균을 사용하였는데, 한 종류는 협막을 가지지 않은 것이고(R로 표시, *rough*) 다른 것은 협막을 형성하고 있었다(S로 표시, smooth). 실험에 의해서 S형은 쥐에게는 치명적이었지만, R형 균주는 무해하였다. 그는 독성을 가진 S형 균주를 높은 온도에서 죽인 후, 내용물을 쥐에게 주사를 하였다. 그러나 쥐에게는 아무런 피해가 없었다. 그 다음 그는 살아있는 R형 균주와 죽인 S형 균주를 혼합한 뒤 내용물을 쥐에게 주사를 하였다. 그 결과 쥐는 폐렴에 걸려 죽었다. 이것은 원래 처음 무해한 R형 균주가 S형 균주가 가지고 있는 악성요소를 넘겨받아 새로운 것으로 변성이 되었던 것이다.

Friedrich Miescher (1844~1895) 1869년 핵산발견

그리피스는 처음으로 세균 사이에서 유전자 전달(transformation, 형질전환)의 가능성에 대해 서술하였다. 오늘날 사람들은 독성을 가진 S형 균주의 DNA가 열처리과정에서도 살아남아서 무해한 R형 균주에 의해 도입이 되었다는 것을 알았다. S형 균주에 있는 DNA는 세균이 숙주세포의 면역시스템에 대해 방어할 수 있게 해주는 유전자를 포함하고 있는 것이다.

캐나다인 에이버리(Theodore Avery, 1877~1955)는 의사로서의 교육이 끝난 후, 록펠러의 의학연구소에서 1913년부터 1947년까지 연구원으로 근무하였다. 1944년, 미셔가 연구한 지 75년이 지나서 그는 맥리오드(C. Macleod)와 맥카티(M. McCarty)와 함께 유전물질이 그 당시 사람들이 생각했던 단백질이 아니라 핵산이라는 것을 증명하였다. 유전자전달에 있어서 "형질전환의 근본"은 무엇인가? 그리고 유전자는 화학적으로 무엇인가? 에이버리는 그리피스보다 한 걸음 더 나아가서 S형 구균을 열로만 처리하지 않고, 세포를 마지막까지 정제해서 추출물을 모두 뽑았다. 정제된 추출물(세포막구성요소, 다양한 단백질들의 파편과 핵산을 함유한 파편들)들은 S형과 R형 구균 기능에 따라서 조사를 하였다. 추출물에 에탄올을 첨가하면 유리 실험관에는 침전물이 생성되어 근본적으로 형질전환이 일어나지 않았다. 알코올을 첨가하였을 때, 세균의 협막을 구성하는 탄수화물은 침전하지 않지만 핵산은 침전한다. 단백질분해효소 처리는 효과가 없었다. 이 실험에서는 활성을 가진 핵산이 포함된 부분만이 성공적으로 형질전환을 일으켰다.

Theodore Oswald Avery(1877~1955)는 1944년 DNA가 유전물질임을 증명하였다. 그는 분자유전학을 창설하였다.

만약에 에이버리가 RNA에 리보핵산분해효소를 처리했다면, 그것 또한 "원칙적"으로 효력이 없었을 것인데 형질전환을 시키는 요인은 단백질이나 RNA가 아니기 때문이다. DNA의 디옥시리보오스를 화학적으로 반응을 시키면 색상이 파란색으로 변하였다. 그것은 DNA였던 것이다! DNA를 함유하고 있는 부분, 그리고 마침내 화학적으로 정제한 DNA만이 무해한 R형 균주로 옮겨지고 지속적으로 악성을 띠는 S형 균주의 형태를 나타내었다. DNA 만이 형질변화를 시키는 근본이었다. Griffith/Avery 실험은 오늘날에 있어서도 매우 놀라운 실험 모델이다. 그것은 최초로 이루어진 유전학실험에 대한 역사인 것이다.

세 번째에 해당하는 DNA에 대한 역사는 Erwin Chargaff, Maurice Wilkins, Francis C.Crick과 James D. Watson에 대한 것이다.

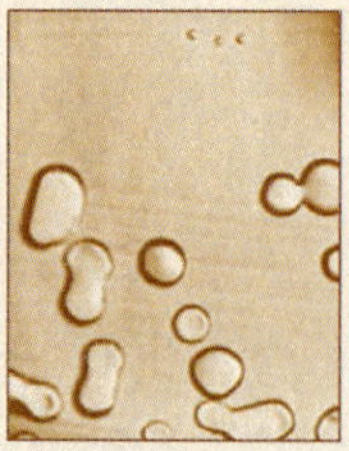

Avery의 분류목록에서 발췌: 협막이 없고, 둥근모양이며 독성이 없는 폐렴구균(위)과 매끄럽고 협막이 있는 폐렴구균(아래)

샤가프(**Erwin Chargaff**, 그림 3.5)는 유대인인데 독일의 사회주의에 밀려 파리의 파스퇴르 연구소로 갔다. 1935년 미국으로 이주하여 1938년 뉴욕의 콜롬비아 대학에서 근무를 시작하였다. 1944년부터 그는 DNA에 대해 연구하였다.

Chargaff가 모든 생명체의 DNA 염기는 같은 양의 비율로 존재하고 아데닌은 티민과, 시토신은 구아닌과 결합을 하며, 같은 분자숫자를 가진다는 것을 확신하였는데, 그는 이것을 "Chargaff의 법칙"(그림 3.6)이라고 명명하였다. 뒷날 그는 유전공학의 오용 방지에 대해 앞장섰다.

Rosalind Franklin (1929~1958)

수재이며, 조류학에 조예가 깊은 유태인 왓슨(**James Dewey Watson**)은 그의 나이 15세 때 시카고 대학에서 동물학을 시작하였다. 새로운 유전학에 대해 늘어가는 궁금증으로 그는 박사논문을 박테리오파지 연구자인 루리아(Salvador Luria)밑에서 수학하였다. 세균을 감염시키는 바이러스(5장 참조)는 유전학을 위한 모델로서 많이 이용되었다.

Maurice Wilkins (1916~2004) Watson과 Crick과 함께 노벨상을 공동수상함.

1950년에 Watson은 파지의 번식에 대한 생화학적 개론을 연구하기 위해 유럽으로 갔다. 그는 물리학자이면서 결정학을 연구한 Francis Crick과 함께 일을 하기 위해 캠브리지로 왔고-적절한 사람이, 적절한 시기에, 적절한 장소에 와서-1953년, 짧은 기간 내에 DNA의 이중나선구조를 밝혔는데, 이중나선구조에 대한 역사는 Watson 스스로가 가장 설명을 잘하였다. Watson과 Crick은 DNA 나선구조를 밝힌 런던의 DNA 결정학 연구자 프랭클린(**Rosalind Franklin**, 1920~1958)과 함께 경쟁을 통하여 실험에 박차를 가하게 되었다. Franklin은 DNA 구조를 알고 있었고 윌킨스(**Mauric Wilkins**, 1916~2004)는 후에 Watson과 Crick과 노벨상을 공동수상하였다. 미국의 화학자인 폴링(Linus Pauling)은 1951년 α-나선 구조가 단백질 구조에 있어서 중요한 요인으로 알고 DNA 구조에 대해 연구하였다. Pauling의 아들 Peter에 의하면 폴링은 DNA의 구조가 이중결합이 아니라 삼중결합이라고 가정하고 있었다.

DNA 사슬을 규명하고 나서 Watson은 계속 관심 있는 주제들을 찾았다. 그가 찾고자 한 것은 RNA의 구조에 대한 설명이었지만 많은 실패를 감수해야 했다.

Linus Pauling (1901~1994) 2번에 걸쳐 노벨상 수상.

다음 해에 미국, 영국 그리고 프랑스의 젊은 연구자들은 Watson과 Crick을 제외한 그 밑의 수제자들과 Brenner(10장 참조), Richard Feynman, 독일에서 활동 중인 Erwin Chargaff, Gunther Stent, Edward Teller, 러시아-미국 과학자 Georgi Gamow 등과 함께 "RNA 신사 클럽"을 형성하였다. 그들은 그 당시 가장 위급한 분자생물학에 대한 질문, 특히 유전자 코돈에 대한 것을 비공식적인 모임을 통하여 양적 질적인 부분에서 서로 도와가며 설명을 해나갔다.

대학교수들도 역시 Watson의 혁신적인 태도를 보았다. 그의 개념은 다음과 같았다. 과학의 성공여부는 선생님이 그들의 학생에게 신속히 자립심을 키워주는 것에 달렸다. 그는 이러한 개념을 60년대 하버드 대학에서 실천을 통하여 실시하였다. Gilbert와 함께 그의 개념을 촉구하였는데, 그의 제자들의 발표논문에 그가 직접적으로 관여하지 않음에도 불구하고 그의 이름을 적는 것은 교수의 생활을 포기하는 것이라고 역설하였다.

Watson은 인간게놈프로젝트에 관여하기로 결정을 하였고(10장 참조), 오늘날까지 그는 논쟁의 여지가 있는 토론에 참가하여 신랄한 언급과 코멘트를 한다.

DNA 염기서열 순서:

뉴클레오티드 수산기의 5'-OH기는 다음에 있는 뉴클레오티드 인산기의 3'-OH기와 연결되어있다(그림 3.8). 모든 DNA와 RNA의 인산기 결합은 서로 반대 방향으로 연장된다. 각각의 염기는 일정한 극성을 띠는데 구별되는 부분은 5'와 3' 말단이다. 그래서 뉴클레오티드의 읽혀지는 방향은 5'→ 3'으로 정해진다.

예를 들어, ACCGGT의 짧은 염기서열은 5'-ACCGGT-3'으로 방향을 표시하는데, A의 노출된 인산기 5'을 머리로, T의 당에 있는 3'-OH를 꼬리 부분으로 한다. 이러한 방향성에 의해 ACCGGT의 상보적 염기순서는 TGGCCA로서 2개의 완전히 다른 염기서열이 생긴다!

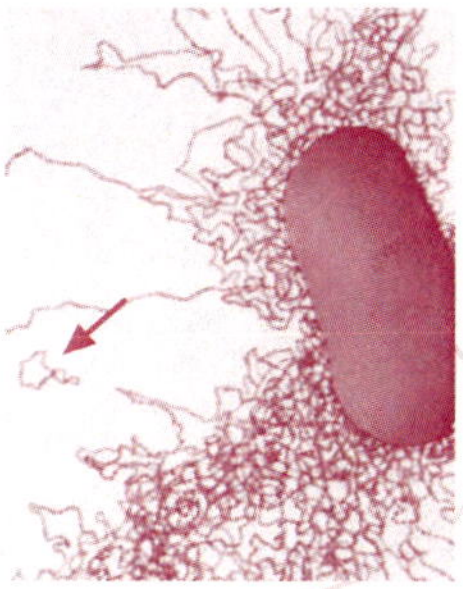
그림 3.14 대장균(*E. coli*)의 전자현미경사진 (화살표: 플라스미드). 세포를 압착한 후 DNA를 표출시킴

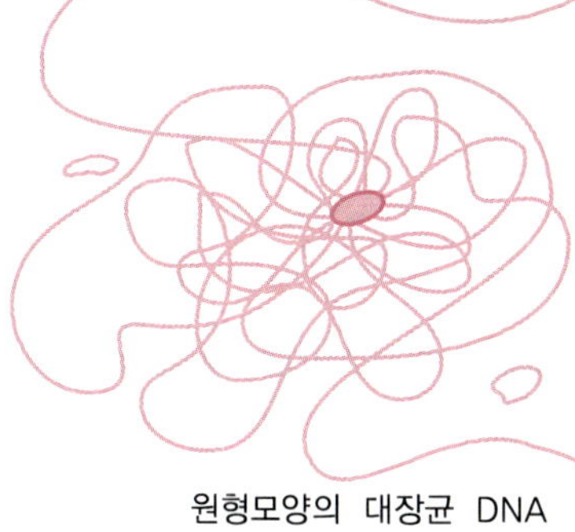
원형모양의 대장균 DNA (대략 1mm 길이)와 몇 개의 플라스미드. 세포는 그에 반해 2μm 크기이다.

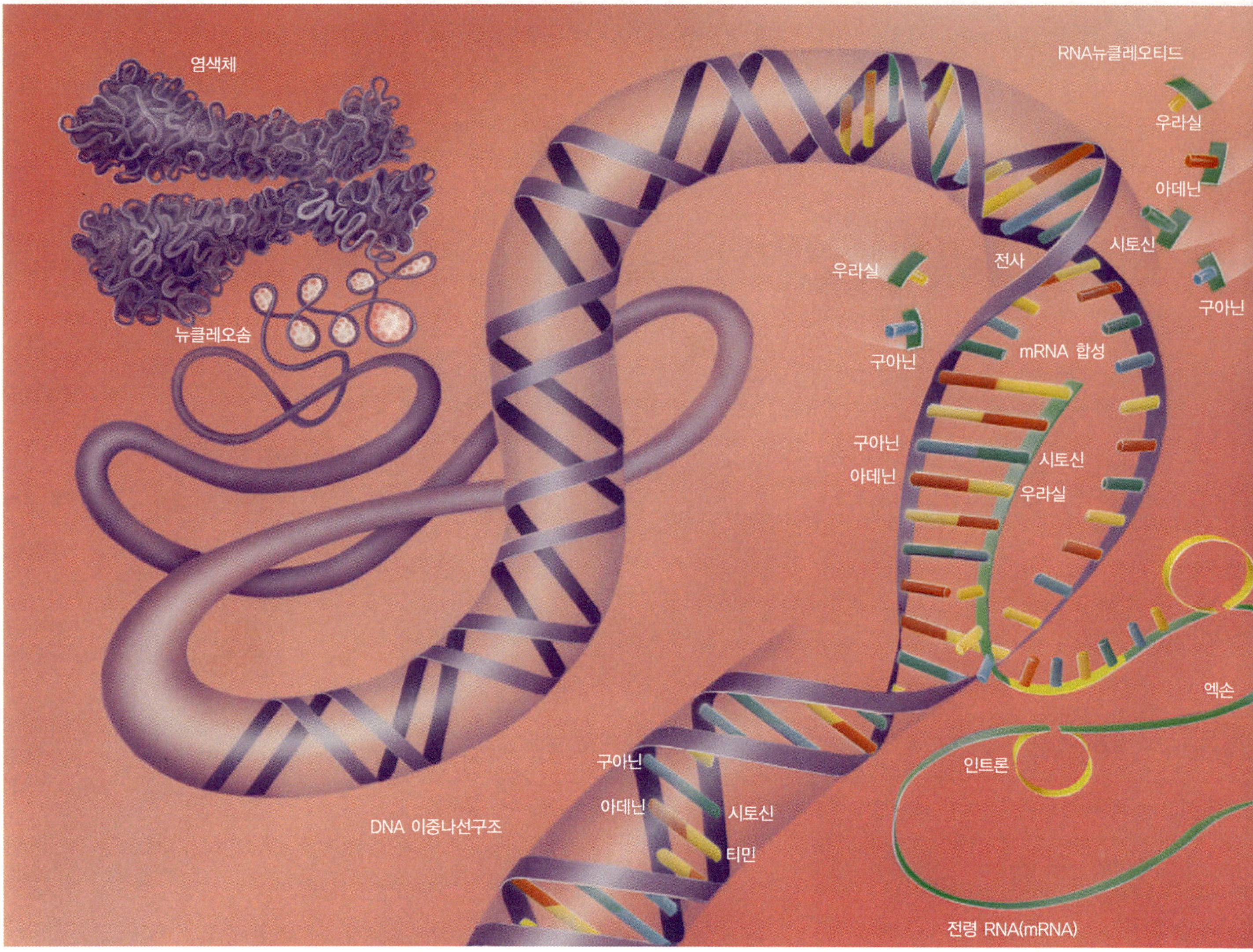

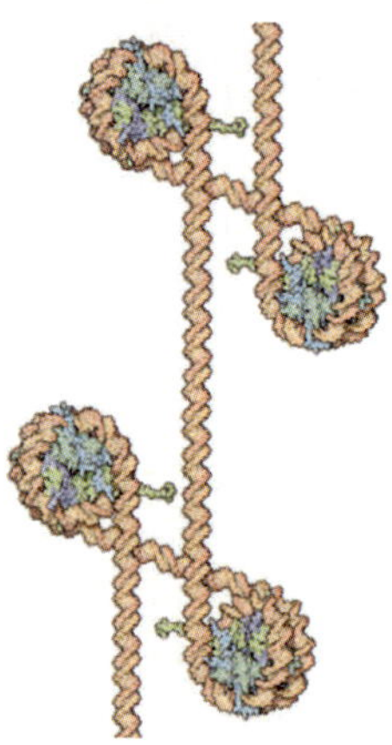

그림 3.15 진핵생물에 있어서 DNA는 염색체 형태로서 드러나 있지 않고 히스톤이라고 불리는 단백질과 부착되어 있는데 이러한 형태를 뉴클레오솜(nucleosome)이라고 한다.

그림 3.16, 3.17 모든 살아있는 세포들은 단백질을 생산하는데, 그 단백질은 아미노산으로 구성되어 있다. 어떤 종류의 단백질이 합성되어야 하는지에 대한 지침서 내용은 직선모양인 이중구조를 하고 있는 DNA에 있다.

각각의 DNA사슬은 뉴클레오티드로 이루어져 있는데, 그들 염기의 첫 단어의 알파벳을 따서 아데닌(A), 시토신(C), 구아닌(G) 그리고 티민(T)이라고 표기한다.

뉴클레오티드는 상보적으로 짝을 이룬다. 이러한 이중구조에서의 뉴클레오티드는 항상 A는 T와 C는 G와 결합한다.

단백질합성 시 한 개의 아미노산은 항상 3개의 염기가 한 세트로 되어서 이루어진다(triplet). 이러한 트리플렛은 특정 아미노산을 지정하고 이러한 것을 단백질구조유전자라 한다.

진핵생물에서 이러한 구조유전자는 여러 개의 단백질구조를 결정짓는 엑손(exon)부분과 그사이에 결정과는 무관한 인트론(intron)부분이 있다.

염기서열은 아미노산만 지정하는 것이 아니라 단백질합성에서 "시작"과 "종결"을 알리는 총체적인 신호도 전달한다.

DNA에 있는 정보가 세포질에서 정확히 작동되게 하기 위해서는, 핵막 내에서 mRNA가 정확하게 전사가 되어야 한다. 이러한 mRNA 역시 뉴클레오티드로 구성되어 있는데, 염기 중에서 티민(T)대신에 우라실(U)이 사용된다.

전사(transcription)과정동안 중합효소에 의해 DNA의 엑손과 인트론 부분이 복사가 되고, 다시 mRNA의 인트론부분은 잘려나간다(splicing). 이렇게 짧아진 mRNA를 "완성된 mRNA"라고 하며 핵막에서 세포질로 나와서 마침내 단백질합성을 시작한다.

mRNA의 염기서열에 의해 단백질이 합성되는데, 리보솜과 20여 종류의 아미노산을 운반하는 운반 RNA(tRNA)에 의해 세포질에서 번역된다(translation). 합성된 폴리펩티드사슬은 차후 단백질 구조를 갖춘다.

α-아마니틴(α-amanitin, 그림 3.13)은 알광대버섯에서 생산되는 독성물질로서 많은 사람들의 생명을 빼앗아간다. 이는 RNA중합효소의 기능을 비가역적으로 작용하게 하여 세포내에 mRNA를 만들지 못하게 하고 급기야는 단백질 합성마저도 방해한다.

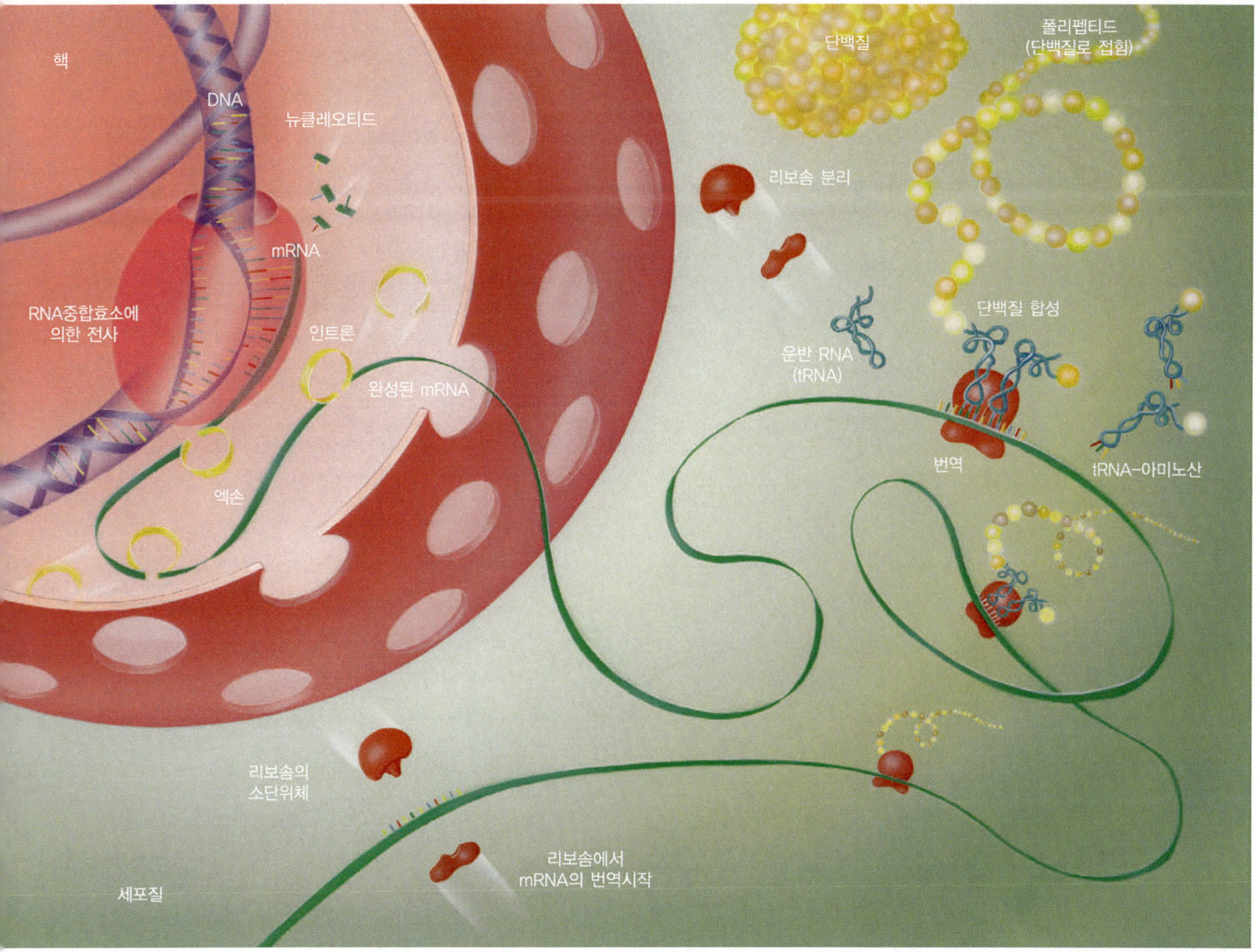

3.6 DNA 암호 해석: 합성 RNA로 코돈을 밝혀내다

유전암호에 대한 원리는 60년대 초에 확립되었지만 그것에 대한 확실한 것은 정립되지 않았다. 4가지의 염기로 3개의 염기단위(codon)를 사용해서 만들 수 있는 조합의 가능성은 모두 64(4^3)가지인데, 이 64가지의 조합된 코돈이 어떻게 단백질의 기본인 20종류의 아미노산 합성을 조절할 수 있을까?

그에 대한 결정적인 정립이 1961년 미국학자 **니런버그**(Marshall Nirenberg, 1927~)와 독일학자 **마타이**(Heinrich Matthaei, 1940~)에 의해 모스크바에서 개최된 세계 생화학 학회에서 알려지게 되었다.

그들은 먼저 우라실로만(UUU) 구성된 mRNA를 인위적으로 합성하여 지시된 방법에 따라 시험관에서 단백질을 합성하였다. 혼합되어지는 물질은 모든 생명체를 형성하는 구성요소이면서 특징적으로 차이를 나타내는 것이어야 했다. 합성되는 물질은 우라실염기로부터 인위적으로 합성된 mRNA 이외에 다른 DNA나 RNA는 포함이 되지 않았다. 그럼에도 불구하고 이러한 "생명력이 없는" 합성물질은 마치 살아있는 세포내에서 단백질을 생산하듯이 인위적 방법으로 합성을 시작하였다. 그 결과 합성된 단백질에는 반복적으로 연결된 페닐알라닌(Phe-Phe-Phe)이라는 연결된 고리가 만들어졌다.

Nirenberg와 Matthaei는 처음으로 3가지의 염기배열 조합이 64가지의 코돈을 형성한다는 것을 밝혔고 RNA코돈의 UUU가 단백질에서 페닐알라닌이라는 아미노산을 지정한다는 것을 알았다.

그 후 같은 방법으로 "AAA"는 라이신을,

엑손과 인트론-기묘한 원고작성법:

영국의 과학부 기자인 프렌티스(Steve Prentis)는 진핵생물의 유전자기작을 완벽하게 책이 출판되는 과정에 비유하여 설명하였다. 책의 한 페이지에 완벽한 문장이 적혀있고(exon) 그다음은 의미가 없는 단어나 글자가 나오고(intron) 그 뒤에는 또다시 정확한 문장이 나온다.

글 쓰는 사람은 사본(mRNA)에서 의미 없는 글자들을 잘라내고(splicing) 필요한 문장들로만 서로 연결한다. 원고작성(mature mRNA)이 완전히 끝나면, 인쇄소(리보솜)로 넘겨서 완벽한 책(단백질)이 나오게 된다.

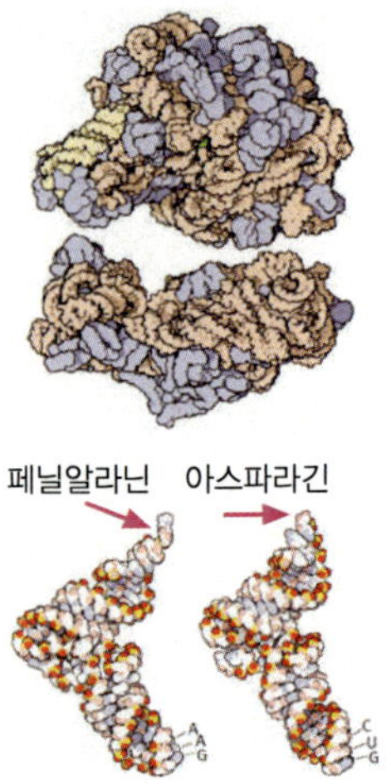

그림 3.19 리보솜은 작은 소단위체와 큰 소단위체인 2개의 단위체로 구성되어 있다. 단백질 합성동안 이 단위체들은 mRNA의 주변을 감싼다.

위: 세균 리보솜. 진핵생물의 리보솜은 세균 것보다 조금 크다. 리보솜은 RNA(노란색과 오렌지색)로 구성되어 있고, RNA들은 여러 가지 단백질(파란색)들로 복잡하게 엉켜 있다. 리보솜의 작은 소단위체는 tRNA-안티코돈에 상응하는 아미노산과 mRNA를 결합시킨다.

큰 소단위체는 이러한 결합 형성을 촉진시킨다: 첫 번째 tRNA에 있던 아미노산을 다음에 있는 tRNA에 있는 아미노산으로 옮겨서 펩티드 결합을 이루게 한다.

아래: 20종류의 tRNA중 2종류의 tRNA: 아스파라긴-tRNA은 아스파라긴을 전달하고, 페닐알라닌-tRNA는 페닐알라닌을 전달한다(화살표). 그림에서 안티코돈이 표시되어 있다.

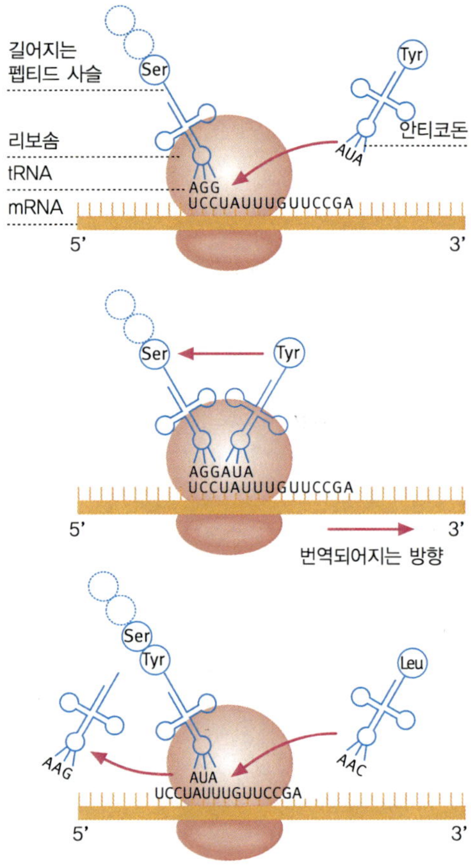

그림 3.18 리보솜에서 mRNA로부터 단백질로의 번역

그림 3.20 홀리(Robert W. Holley, 1922~1993)는 tRNA의 기능을 규명해서 1969년 Nirenberg, Khorana와 노벨상을 공동수상 했다.

"CCC"는 프롤린을 지정한다는 것을 밝혔으며, 마침내 1966년 미국에서 사는 인도과학자 **코라나**(Har Gobind Khorana, 1922~)에 의해 나머지 남은 64개 코돈과 관련된 단백질 합성과정에서의 유전암호 해석을 완성하였다.

한 개의 아미노산은 3가지의 염기배열(triplet)로 구성된 단위로 읽혀지는 것이 확실하였으며, 특정한 시작점을 알리는 코돈도 있었다. 64개의 코돈 중에서 61개는 아미노산에 대한 암호이지만 나머지 3개의 코돈(UAA, UAG, UGA)은 아미노산을 지정하지 않고 합성을 종결하는 것임을 밝혔다. AUG 코돈은 진핵생물에서 시작을 알리는 암호이고 동시에 메티오닌을 지정하는 암호이다.

61개의 코돈이 20종류의 아미노산을 지정하는데, 이것의 의미는 한 개의 아미노산이 여러 개의 코돈에 의해 지정된다는 것이다. 이러한 코돈을 소위 "동의적 코돈(synonymous codon)"이라 한다. 이것의 예로서 발린과 알라닌은 4개의 코돈으로부터, 류신은 6개의 코돈으로부터 결정된다. 이러한 유전암호의 변환성은 DNA의 염기서열과 단백질의 아미노산서열이 정확하게 맞아떨어지지 않는 요인이 된다. **유전암호(genetic code)**는 대부분 이러한 규칙을 따른다. 그러나 미토콘드리아는 예외 중 하나다. 미토콘드리아는 고대에 호기성 세균으로 진핵세포 내에 공생해 있었는데, 이 세포들은 세균에 에너지를 공급해주었으며 미토콘드리아는 그들만의 코돈을 가진다. 사람의 미토콘드리아 UGA는 종결신호가 아니고 트립토판을 구성한다. 마찬가지로 섬모류에서도 조금 변환된 유전암호를 보인다. 예를 들어 UGA는 유일한 종결신호이고 사람에게서는 UAA와 UAG가 종결신호인데 반해 섬모류에서는 아미노산을 구성하는 코돈이다.

이러한 코돈들은 왜 수만년에 걸쳐서도 변화하지 않고 있었을까? 만약에 돌연변이가 mRNA의 전사를 변화시킨다면 모든 단백질의 아미노산 염기서열에 변화가 일어난다. 이러한 돌연변이는 굉장히 위험스럽고 진화과정을 통해 자연선택에서 도태되고 말았을 것이다.

3.7 DNA 주형가닥의 일부분은 유전자 발현을 조절한다

원핵세포(prokaryote)처럼 핵이 존재하지 않는 세균에서는 DNA가 둥글게 고리처럼 감겨져 있고 길이는 밀리미터 정도이다. 이것은 마이크로미터 크기의 세균 내에서는 실타래 모양으로 응집되어져 있다. 대장균(*Escherichia coli*) 균주 K12 DNA는 4,639,221개의 염기쌍이 서로 함께 정렬되어 있고 여기에는 대략 4,300종류의 단백질을 만들 수 있는 유전자를 함유하고 있다. 이러한 것을 **구조유전자(structure gene)**라고 하는데 대략 1,000쌍의 염기 길이이며 대부분이 효소를 만드는 데 사용된다. 이러한 구조유전자는 세포내에서 활동하면서 수많은 아미노산을 리보솜에서 정해진 순번으로 생산하게 하고 특정한 단백질을 구성한다.

DNA의 모든 부분이 단백질로 번역이 되지는 않는다. 구조유전자 주변에 있는 특정부분이 **발현**

(**expression**)을 조절하는데, 이러한 부분들이 mRNA로 전사되고 단백질로 번역된다.

첫 번째 단계는 **전사단계**(**transcription**)로서 2종류의 특정한 DNA부분에 의해 조절되어진다. 그중 하나가 RNA중합효소의 활동을 가능하게 하는 **프로모터**(promoter, 시발점)인데, 이것은 짧은 가닥이며 DNA에 붙어서 전사의 시작을 알린다. 이 효소는 구조유전자에서 mRNA로의 전사가 시작되는 자리의 윗부분에 결합한다.

다른 하나는 **종결**(**stop sequence**)을 알리는 DNA내의 염기서열인데 대략 구조유전자의 뒤편에 위치하며 전사를 중단하라는 명령을 내린다. 대장균에서는 이러한 종결신호가 새로 형성되는 mRNA가닥에서 “머리핀 구조(hairpin loops)” 모양이 만들어져 종결이 된다. 이러한 머리핀 구조가 생기면 RNA중합효소는 곧바로 새로 형성된 mRNA로부터 분리된다.

진핵생물(eukaryote)은 다른 종류의 프로모터를 사용하며(예를 들어, 중금속에 영향을 주는 metallothionein 프로모터, 8장 참조) 강한 영향력을 행사하는 증폭자(enhancer sequence)와 종결신호도 가지고 있다.

진핵생물의 mRNA전구체는 전사 후 약간의 변화가 일어난다. 5′ 말단에는 변형된 구아닌 캡(cap)이 붙고 다른 반대편 3′ 말단 끝에는 아데닌 poly A-tail(poly A)로 된 꼬리가 붙는다(그림 3.36 인슐린 발현 참조). 다른 유전자 조절부위에는 신속하게 물질대사 활성화를 촉진시키는 유전자들이 있다.

원핵세포가 젖당사용을 조절하는 젖당 오페론을 예로 든다면(4장 참조), **오퍼레이터**(작동유전자, operator)는 구조유전자와 프로모터 사이에 위치하는데 이 모든 부분을 오페론이라 하며, 전사과정을 멈추게 하는 조절단백질인 **억제단백질**(**repressor protein**)이 결합하는 부위이다.

유도물질(**inducer**, 예, 설탕)이 억제단백질과 결합하게 되면 단백질구조에 변형이 생기고 억제단백질이 오퍼레이터에 결합할 수 없게 된다. 그러면 구조유전자는 작동이 되어 젖당분해효소가 만들어진다.

3.8 단백질 합성공장-리보솜

mRNA는 단백질합성에 필요한 시작과 종결을 알리는 모든 정보를 포함하며 리보솜에서 모두 번역된다. 리보솜은 작은 소단위체와 큰 소단위체로 구성되어 있는데(그림 3.19), 이러한 단위체는 단백질과 RNA로 구성되어있다. **리보솜 RNA**(**ribosome RNA, rRNA**)는 단일가닥으로 되어 있고 리보솜의 구성요소이다. 20종의 tRNA는 각각의 20종의 아미노산활성화효소(aminoacyl tRNA synthetase, 그림 3.21)에 의해 만들어지며, 이러한 20종의 tRNA는 해당하는 아미노산을 rRNA에 붙인다.

RNA에는 3종류가 존재하는데, mRNA, rRNA 그리고 tRNA이다. **운반 RNA**(**transfer RNA, tRNA**)는 활성을 띤 아미노산을 리보솜으로 운반한다(그림 3.18). 20종류의 각각의 아미노산은 적

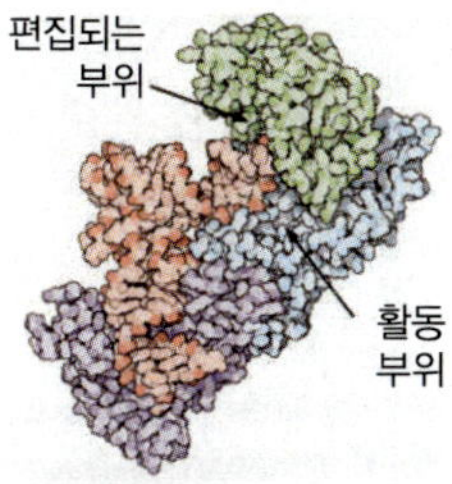

그림 3.21 20종류의 다양한 aminoacylated-tRNA 중합효소는 tRNA와 20종류의 유리아미노산을 정확하게 결합시킨다. 이소류신은 발린과 매우 흡사하다. 잘못되어지는 결합의 실수를 줄이기 위해 이소류신-tRNA중합효소는 추가적으로 “편집”을 담당하는 활동부위가 한 곳 더 있다. 그래서 3,000분의 1 정도의 실수가 일어난다(수정이 안 된 경우에는 실수할 확률이 150분의 1이다).

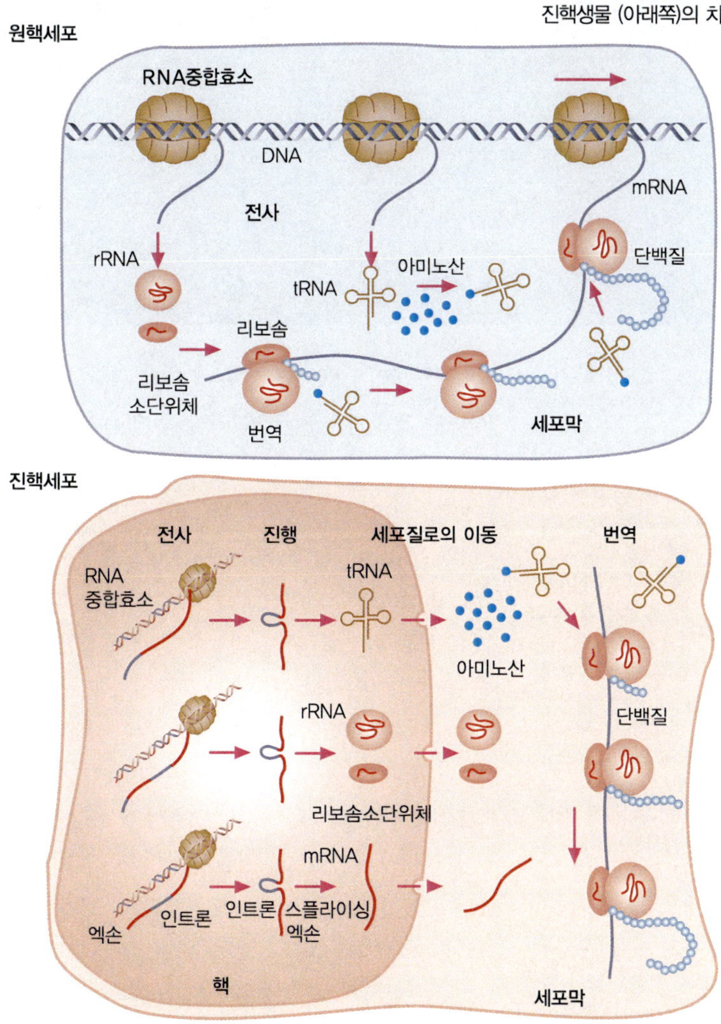

그림 3.22 단백질합성과정에서 원핵생물 (위쪽)과 진핵생물 (아래쪽)의 차이점

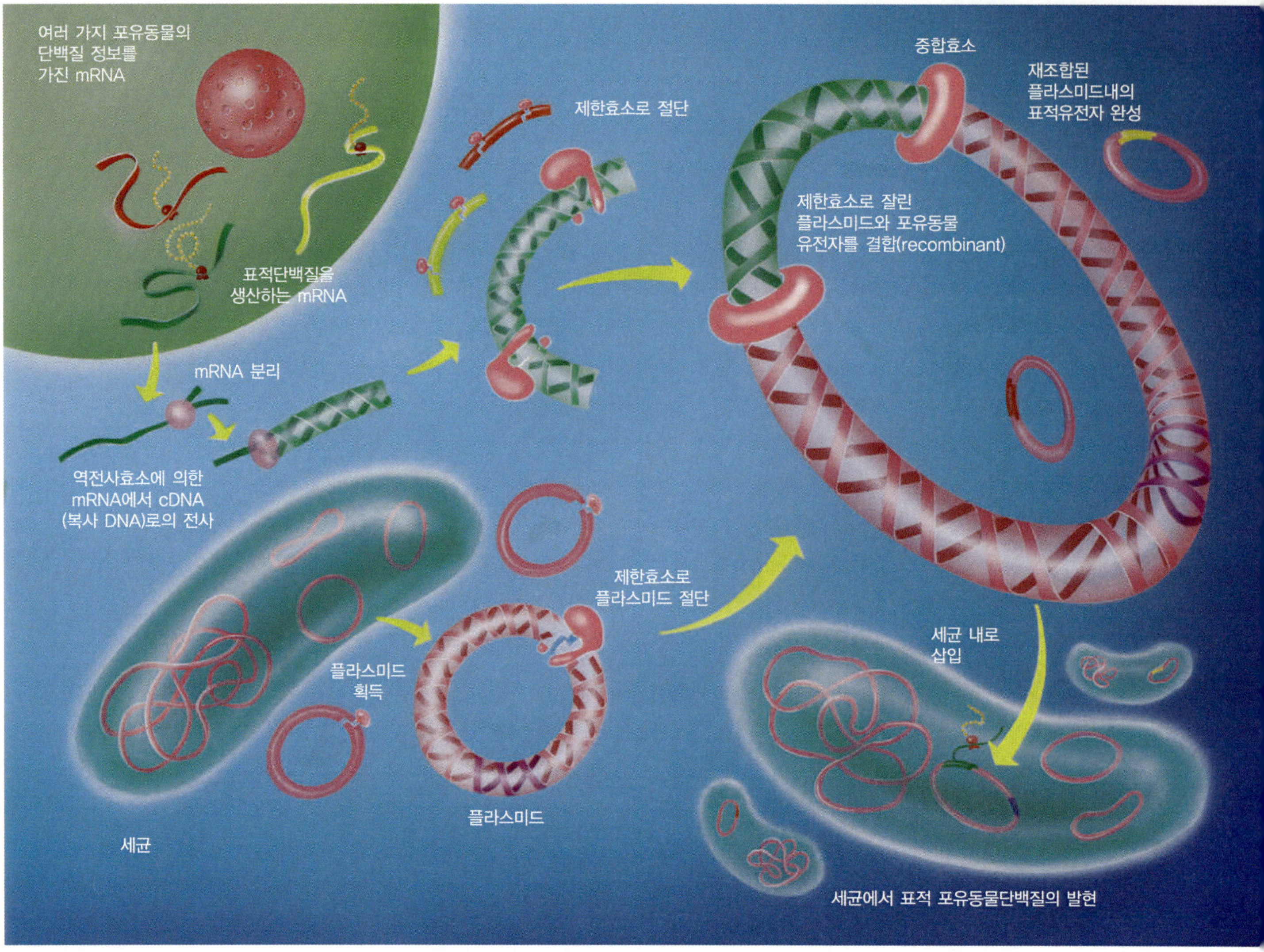

그림 3.23 세균을 이용해서 생산된 인간인터페론은 세균의 유전자조작의 한 예이다.

사람의 세포에서 전체 mRNA를 분리한 후, 실험실에서 역전사효소를 사용하여 이중구조의 DNA로 전사를 한다. 제한효소로 세균 플라스미드의 특정부분을 자르고, 연결효소로 세균 플라스미드와 전사된 DNA를 연결한다. 재조합된 플라스미드를 세균으로 도입을 하여 증식시키고 클로닝을 한 후, 수천 가지의 세균 클론으로부터 인간인터페론의 유전자를 가진 클론만을 분리한다.

어도 한 개의 tRNA에 의해 운반이 된다. 이러한 tRNA는 코돈과 염기 짝을 이룰 수 있는 3개의 염기인 안티코돈(anticodon)이 존재하고, 끝부분에는 아미노산이 붙는 곳이 있다(그림 3.19).

mRNA로 전사된 구조유전자는 리보솜에서 **번역(translation)**이 되어 폴리펩티드 가닥을 형성한다(그림 3.18). mRNA는 리보솜 내에 특정한 부분에 위치한다. 이러한 번역은 구조유전자의 첫 번째 코돈에서 시작되고, 마침내 종결코돈이 나오면 합성이 중단된다. 새로 만들어진 폴리펩티드사슬은 리보솜에서 방출된다.

이러한 모든 기작은 정교하게 계산이 되어진 DNA 프로그램 없이는 완벽하게 진행이 되지 않는다. 구조유전자가 손상을 입게 되면 아미노산의 염기순서가 변하게 되고 결과적으로는 활성이 변하게 된다. 프로모터는 구조유전자의 미세한 변화에도 RNA중합효소와 결합을 잘 한다. 이러한 것은 DNA에서 mRNA로의 전사효과를 높여준다(4장 참조). 그래서 궁극적으로 오퍼레이터 부분이나 조절유전자 부분에 돌연변이가 일어나지 않게 해서 억제단백질이 정확한 위치에 가서 작동되게 한다. 이러한 전사 과정은 지속적으로 일어난다. 여기에서 "새로이 도입된" 외래 유전자와 숙주 유전자의 프로모터와 리보솜 결합 위치가 아주 유사할 때, 외래 유전자가 단백질로 번역된다.

효모, 해조류, 사람들과 같은 진핵세포는 세균과 같은 원핵생물에서 사용하는 조절기작과는 다르다. 그러나 이것만이 유일하게 다른 것은 아니다. 진핵세포의 DNA는 세포 안에 "산재"해 있지 않다(그림 3.22). 그들의 DNA는 히스톤이라는 단백질과 묶여져 있고(그림 3.15) 각각 하나의 염색체로 나누어져 있다. 그리고 이러한 염색체들은 세포의 핵 안에 위치한다.

진균류의 세포는 세균보다 10배 가량 많은 양의 DNA를 가지고 있고, 고등 식물이나 동물들은 그것의 1,000배 가량 많은 양이다. 이것은 유전적인 다양성을 만족하고도 남을 많은 양이다. 인간은 20,000에서 25,000종류의 유전자를 가지고 있는데 이것은 대장균보다 겨우 5배 정도 많은 양이다. 이것에 대한 이유는 소위 말하는 **모자이크 유전자, "조각난 구조유전자"** 구조로 이루어져 있기 때문이다. 이러한 구조는 단백질로 번역이 가능한 **엑손(exon)**부분과 단백질로 번역이 되지 않는 **인트론(intron,** junk DNA)부분이다. 아직까지 기능이 알려져 있지 않은 인트론들은 DNA 주형을 따라 반복적으로 나타난다.

인트론에 대한 기능이 무엇인가는 항상 궁금하다(10장 참조). 진화적인 면에서 그것에 대한 자취를 찾아 볼 수 있는데(아마도 그것들은 바이러스의 파편이라는 설도 있다), 그들은 적어도 폴리펩티드를 만들 수 있는 정보조차도 가지고 있지 않다는 것이다. 진핵세포에서는 인트론도 mRNA로 전사가 되고(mRNA 전구체) 사슬을 구성하지만 핵 밖으로 나가기 전에 잘리게(**splicing**)되어 제거가 되고 엑손들만 서로 붙어서 핵 밖으로 나간다(그림 3.16). 짧아진 mRNA는 단백질로의 번역을 시작하는데 이러한 것을 **완성된 mRNA 전사체(mature mRNA)**라 한다.

3.9 재조합-유전자 카드 뒤섞기

돌연변이(mutation)는 생명체에서 유전자가 변형된 것을 말한다(4장 참조).

재조합(recombination)은 유전학자들이 두 번째로 중요하게 다루는 부분으로서, 서로 다른 두 개 내지는 그 이상의 개체들로부터 근원한 유전자가 다시 융합되어 새로운 유전자 지도가 생성되는 것을 의미한다.

상동조합(homologous recombination)은 동일하거나 비슷한 두 개의 DNA염기배열로 된 염색체가 한 세포에서 생기는 것을 말하고 조합된 부분은 유전자가 쪼개어지거나 다시 재분산이 되어 교환을 통해서 일어난다. 이들은 특정한 효소에 의해 촉매가 된다.

진핵동물에 있어서 상동조합은 주로 **감수분열(meiosis,** 생식세포의 형성) 동안 일어난다. 새로운 조합은 각각 양쪽 부모로부터 온 **상동염색체(homo-logous chromosome)**가 서로 우연히 섞여서 생식세포를 만든다. 감수분열을 마치면 부모가 가지고 있는 **반수체(haploid number)**의 염색체가 아닌 **배수체(diploid number)**를 갖게 된다.

상동염색체에서의 재조합은 많은 의미를 내포한다. 2개의 유전자 형태가 서로 섞이면 두 종류의 **유전자형(genotype)**이 생겨서 유전적으로 다양한 형질이 생긴다. 예를 들어 2가지 종류의 세균이 12가지의 염기배열에 차이를 보인다면, 2^{12}으로 거의 5,000여 가지의 새로운 유전형질이 나타난다. 이러한 경우는 보통 12가지보다 더 많이 발생하므로 재조합에 의해 생기는 가능성은 천문학적인 숫자가 된다.

많은 종류에서 근원한 모든 미생물의 유전자들은 서로 교환이 가능함에도 불구하고, 사람들은 지금까지 여러 가지의 균주를 산업사회에 이용할 수 있는 균주로 발전시키는 목적에서는 자연적인 유전적 재조합에 의한 것만을 시도하였기에 많이 실용화되지는 못하였다.

가장 간단한 세포주기를 가진 것은 **반수체 효모(haploid yeast)**이다. 세포주기 동안 효모는 다른 동물이나 식물이 배수체로 만드는 것에 비해 가장 간단한 염색체수를 가진다. 정상적인 효모세포는 다른 성을 가진 타입의 세포와 함께 만났을 때만이 증식을 하는데, 두 개의 세포는 서로 섞여서 하나의 이배체를 가진 포자세포로 된다. 생성된 포자는 부모로부터 가져온 반수체가 아닌 다른 새로운 조합체로 형성된 이배체가 된다. 산업적으로 사용되는 효모는 이러한 간단한 "법칙에서 탈피"하여 여러 개의 염색체 쌍을 이루게 하거나 이배체가 되는 것을 막아서 생성된 것이다.

혼성화(hybrid, 잡종)는-간혹 다른 종으로부터 유래한-산업적으로 사용되는 효모(Yeast)에 있어서 큰 의미가 있다. 특히 빵의 대량생산을 가능하게 하고, 갈색효모사용으로 탄수화물을 신속하게 분해를 해서 맥주생산을 높이는 것 등이다(1장 참조).

그림 3.24 Herbert W. Boyer(1938~)는 젠넨텍(Genentech)회사의 시발주자. "궁금증은 인간과 다른 생물을 구별짓는다. 인간을 제외한 어떤 종도 존재의 이유나 우주 또는 자신들의 복잡성에 대해 궁금증을 품지 않는다."

그림 3.25 Stanley N. Cohen(1935). 플라스미드의 전문가, 유전공학의 창시자.

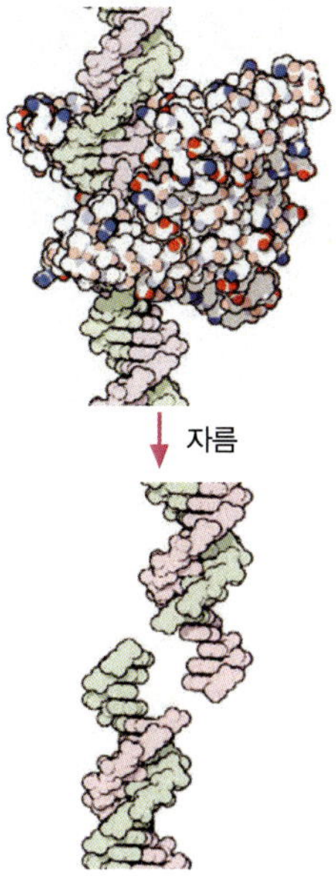

그림 3.26 제한효소가 DNA를 잘라서(위) "점착성 말단"을 가진 DNA를 만들었다(아래).

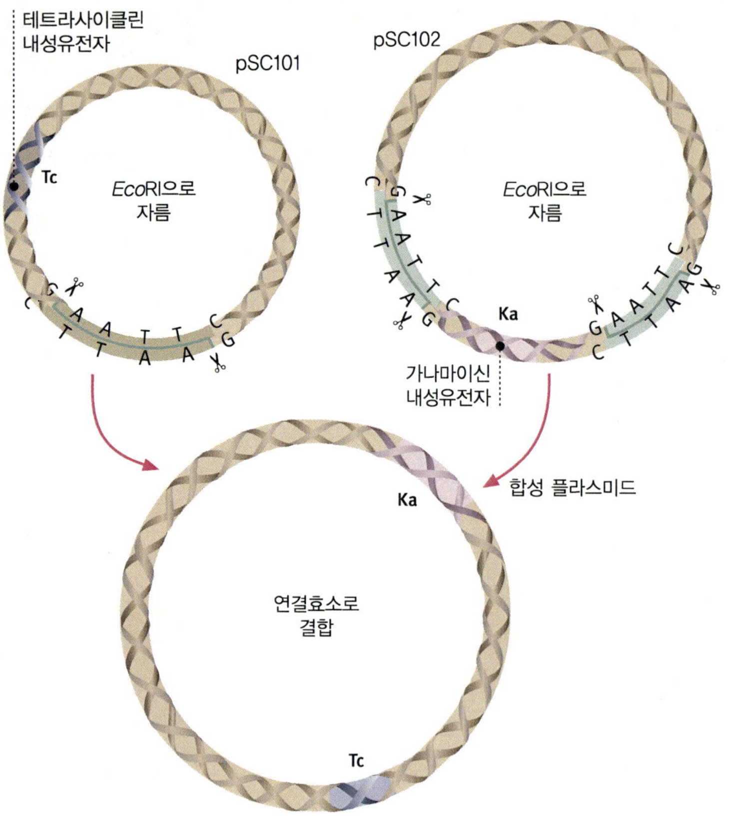

그림 3.27 Cohen과 Boyer에 의한 첫 번째 유전공학실험

그림 3.28 Werner Arber (1929~)

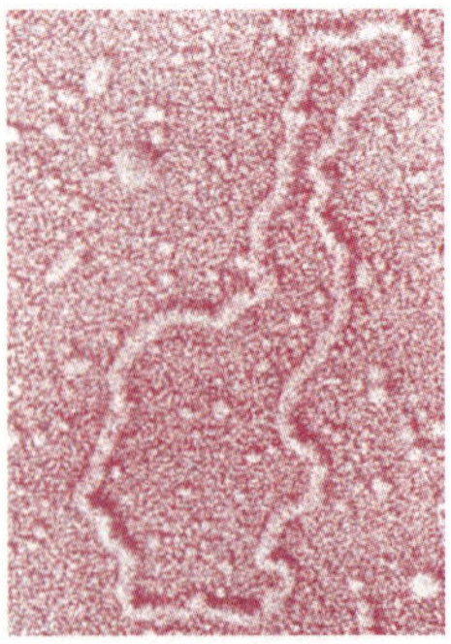

그림 3.29 플라스미드 pSC101은 Cohen에 의해 목걸이형 플라스미드라고 명명되었다.

이러한 재조합은 세포의 감수분열 외에 또 어디에서 관찰이 될까?

이러한 재조합은 다양한 **항체(antibody)**의 생산과 같은 면역시스템에 있어서 사용된다(5장 참조). 대부분의 바이러스는 숙주세포에 그들의 유전자를 감염시켜 숙주유전자에 삽입될 때 이용한다(5장 참조). **유전자(gene)**를 인위적으로 조작을 해서 재조합을 할 수가 있는데, 형질전환생쥐(knock-out-mouse)는 그 하나의 예이다(8장 참조).

3.10 이상적인 유전자 운반도구–플라스미드

1955년 일본의 미생물학자에 의해 시겔라 세균(*Shigella* bacteria)이 원인인 세균성이질에 대한 연구가 진행되었다. 이 세균은 3종류의 항생제를 사용했음에도 불구하고 죽지 않고 살아났다. 그 뒤로 **항생제내성(antibiotic resistance)**에 대한 증가는 항생제 사용만큼이나 증가하였다. 저항성이 있는 세균은 항생제가 존재하는 환경에서도 살아남았고, 그들의 저항력은 다른 세균에도 영향을 주었다. 세균들은 다른 여러 가지 방법으로 항생제를 무력화시키는 효소들을 만들어내었다(4장 참조).

1960년 일본인 와따나베(Watanabe)가 이러한 의문점에 대해 해결책을 발견하였다. 많은 세균들은 **플라스미드(plasmid)**라는 작은 환형의 DNA(3,000~ 10,0000개의 염기포함)를 가진다. 이는 자체 내의 염색체를 제외한 적은 수의 유전자들인데, 세포내에 대략 50~100개 정도의 작은 플라스미드와 하나 또는 두 개의 큰 플라스미드가 존재한다. 대부분의 플라스미드는 세포내에서 스스로 증식을 하며, 2개의 세균이 서로 접하게 되면 섬모(pilus)를 통해서 플라스미드를 교환한다(conjugation, 접합).

작은 크기의 플라스미드는 큰 것에 비해 섬모를 통해서 교환되지는 않는다. 플라스미드 스스로는 세균이 항생제내성을 가지게 하지는 않고, 불활성화시키는 효소 생산을 조절한다(예를 들어 페니실린 또는 테트라사이클린 불활성화효소).

캘리포니아주 스탠포드대학에 근무하는 플라스미드의 전공자인 **코언**(Stanley N. Cohen, 1935~, 그림 3.25)은 어떻게 이러한 플라스미드를 이용할지를 최초로 알아내었다. 플라스미드야말로 외래 DNA를 운반할 때 사용할 수 있는 운반자, 벡터(vector)로는 최적이었다. 플라스미드는 소위 둥지 속(세균)의 계란(외부 DNA)에서 태어난 병아리인 것이다. 그러나 링 모양의 플라스미드를 자르고 외래 DNA를 삽입하기까지는 여러 단계를 거쳐야 했다.

이것은 그렇게 간단한 것만은 아니었다. 세균 염색체 길이는 펼쳐지면 대략 1mm이며(57~58쪽) 뭉친 크기는 1/1,000mm로서 세포 내에 서로 엉키고 뭉쳐져서 존재하는데, 플라스미드의 크기는 그것의 1/100정도이다. 그런데 플라스미드에 삽입이 되어야 할 유전자는 대략 1/10,000mm이다. DNA 나선구조는 1/200만mm 정도이므로, 사람이 사용하는 가위나 칼로서는 이러한 크기를 자르는 것은 불가능하며, 또한 "가위"는 잘려지는 부분을 정확히 인식할 수도 있어야 한다.

3.11 DNA 자르기와 붙이기–제한효소와 DNA 연결효소

1960년대에 제네바의 **아르버**(Werner Arber, 1929~)는 미국의 생물학자 스미스(Hamilton D. Smith, 1931~) 및 네이선스(Daniel Nathans, 1928~1999)와 함께 세균이 그것에 기생하는 바이러스인 **박테리오파지**(**bacteriophage**)의 공격으로부터 자신을 방어하는 시스템을 가진다는 것을 발견하였다. 이들은 1978년에 노벨상을 공동 수상하였다. 박테리오파지가 세균에 그들의 DNA를 주입하게 되면 세균은 외래 DNA를 효소로 잘라서 자신을 보호하는데, 이러한 효소를 **제한효소**(**restriction-endonuclease enzyme**)라고 한다. 세균은 자신의 DNA에 메틸기(CH_3)를 첨가하여 제한효소가 작용하지 못하게 하여 보호한다.

1970년대 사람들은 이러한 제한효소가 DNA를 임의적이 아니고 상당히 정확하게 염기를 자른다는 것을 발견하였다. Herbert W. Boyer(1936~, 그림 3.24)는 샌프란시스코의 캘리포니아대학에서 *Eco*RI(*Escherichia coli* 균주 RY13에서 근원한 이름)이라는 제한효소에 대해 연구하였다. 이 효소의 염기인식부위는 "GAATTC"라는 배열이 있는 곳이며, 염기 G와 A 부분에서 정확하게 잘랐다. DNA의 양쪽가닥에 상보적인 뉴클레오티드 서열을 가지고 있는데, GATTC의 반대쪽 서열은 "CTTAAG"로서 *Eco*RI의 제한효소는 염기의 A와 G 부분을 정확하게 절단하였다.

3'–XXXXXXX**G/AATTC**XXXXXXXXX–5'
5'–XXXXXXX**CTTAA/G**XXXXXXXXX–3'

이렇게 DNA절편의 말단부위는 "무딘(blunt)" 절단면이 아닌 단일가닥의 부위를 남기는 "어긋난" 절단면(점착성 말단: sticky)을 만든다.

3'–XXXXXXXG　　AATTCXXXXXXXXX–5'
5'–XXXXXXXCTTAA　　GXXXXXXXXX–3'

절단된 DNA는 낮은 온도에서는 2개가 서로 붙지는 않는다. 생성된 절단면은 그대로 유지되는데, 스탠포드대학의 베르그(Paul Bergs, 그림 3.47) 실험실 소속인 메츠(Janet Mertz)는 A와 T 그리고 C와 G 염기에 점착성 말단(**sticky ends**)이 형성되면 이들은 전기적으로 서로 끌어당기는 것을 알아내었다. 그래서 점착성 말단 부분을 ATP를 사용하고 **DNA 연결효소**(**DNA ligase**)를 첨가하면 다시 결합된다는 것을 밝혔다.

서로 연관성이 없는 상태에서 연구자들이 DNA를 "자르고", "붙이는" 기작을 발견한 점에 대해 그들의 노고는 존경할 점이다.

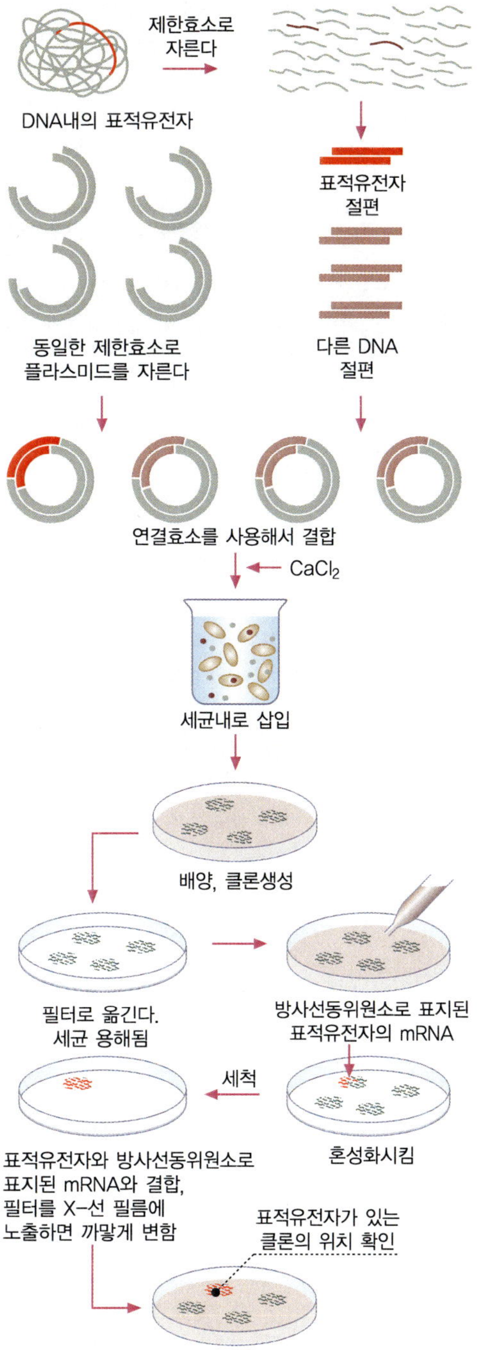

그림 3.30 포유동물세포에서 유전자를 클로닝하는 방법

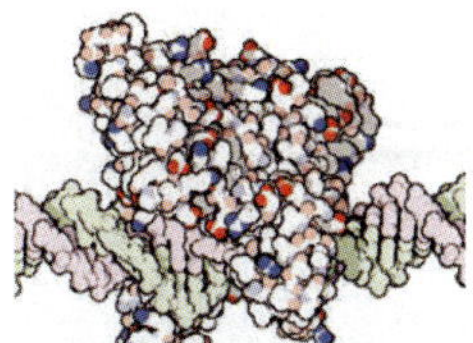
제한효소

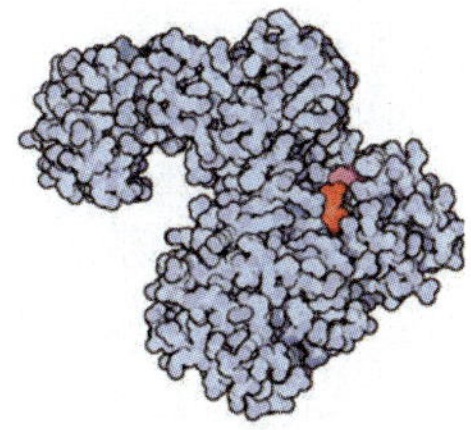
DNA연결효소

사람들은 유전자로부터 무엇을 읽어낼 수 있는가?

유전자는 엔지니어가 조립책을 보면서 작성하는 청사진과는 비교할 수 없다. 오히려 요리책에 나오는 요리방법이다. 그것에는 어떠한 재료를 넣어야 할지, 얼마만큼 그리고 어떠한 순서로 넣어야 할지–물론 우리가 그것에서 무엇을 얻고자 하는지에 대한 완전하고 정확한 내용은 우리에게 보여주지는 않는다. 스튜어트(Ian Stewart, 수학자, Life's Other Secret, New York, 1998)

Box 3.2 유전자 전달에 유용한 벡터

플라스미드 pBR322

유전공학자가 가장 애용하는 플라스미드는 pBR322로서 1970년 말에 *E. coli*에서 분리된 것이다. p는 플라스미드(plasmid)를 의미하고, BR은 과학자 Bolivar와 Rodriguez를 의미한다. 숫자 322는 pBR325나 pBR327과 같이 동일한 실험실에서 나온 다른 플라스미드와 구별을 위한 것이다.

pBR322는 테트라사이클린(tetracycline)과 암피실린(ampicillin)에 대한 항생제내성 효소를 함유하고 있으며, 여러 종류의 제한효소들은 이 플라스미드의 일정한 위치를 자를 수 있다. 그래서 최종적으로 동일한 위치로 잘린 DNA절편을 그 위치에 끼워넣을 수 있다. *Eco*RI은 테트라사이클린 유전자가 포함된 부분을 자르지는 않지만, 예를 들어 *Bam*HI으로는 자를 수 있고, 외래 DNA는 테트라사이클린 유전자(*tc*-Gen)사이에 끼워 넣을 수가 있는데(삽입, insertion) 그렇게 하면 세포는 테트라사이클린이 아닌 암피실린에 대해서만이 내성을 가지고 있어서 간단히 선별을 할 수 있다.

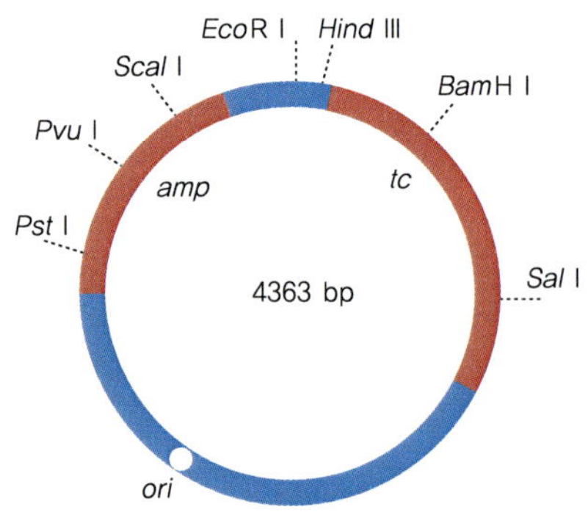

pBR322의 유전공학적, 형태적 도형: 테트라사이클린(tetracycline, *tc*)과 암피실린(ampicillin, *amp*)에 대한 내성유전자, 복제원점(*ori*)과 중요한 제한효소의 잘리는 부분이 표시되어 있다.

벡터가 들어가지 않은 세포들은 두 개의 항생제에 대해 내성이 없으며, 외래 DNA 삽입없이 pBR322만 들어간 세포는 두 가지 항생제에 대한 내성이 있다.

λ 파지

λ 파지(lambda phage)의 생활주기는 교대를 한다. 숙주세포를 죽이거나, 숙주세포 내에서 그들 몸의 한부분만을 일시적으로 삽입하여 증식하는 것이다.

첫 번째의 경우는 숙주세포 내에서 캡시드단백질 합성과 DNA 증식이 동시에 일어나는 과정으로 파지구조물들을 만들게 한 후 세포를 파괴하거나 용해해 새로운 파지입자들을 방출시킨다(**lytic cycle, 용균현상**). 두 번째 경우는 파지 DNA를 숙주세포의 염색체에 삽입시켜서 세포분열 동안 보존이 되는데, 이 경우에는 숙주세포를 파괴하지 않고 바이러스의 DNA와 숙주세포의 DNA가 함께 증식을 하는, 숙주세포의 분열과 동행하는 과정이다(**lysogenic cycle, 용원현상**).

특정한 조건에서 주변 환경이 변하면 잠잠하던 바이러스 DNA들이 갑자기 활성을 띤다. 그들은 숙주게놈으로부터 방출되어 세포를 파괴하는 주기로 변화된다(용균현상). λ 파지는 48kb이며, 감염을 위해서는 대부분의 DNA가 필요하지가 않다. 세포를 파괴하지 않는 용원상태일 경우에 외래 DNA가 삽입될 수 있어서 벡터로 이용이 가능하다.

DNA클로닝을 위해 **변형된 파지**(phage-mutant)들이 개발되었다. 이러한 DNA에서는 *Eco*RI으로 단지 두 곳만을 자를 수 있는데(5곳 대신에), 그로 인해서 3개의 잘린 절편이 생기며 나머지 그것들의 중간부분은 잘려나간다.

적당한 길이의 DNA절편(대략 10kb)은 연결효소로 메워진다. 이러한 상태의 파지는 아직도 감염성을 가지지만, 용원성이 아니라 용균현상을 진행한다. 이 조건은 클로닝벡터로서 원하는 특성을 갖춘 것이다. λ 파지의 장점은 플라스미드를 세균세포에 넣는 것보다 더 쉽게 바이러스에 삽입할 수가 있다는 것이고 큰 크기의 DNA의 삽입이 가능하다는 것이다.

사람들은 특별한 cosmid도 제작할 수가 있다. 이것은 λ 파지와 플라스미드를 합성한 것인데, cosmid의 이름은 *cos*라고 명명된 DNA 염기서열과 박테리오파지 λ에서 유래되었다. Cosmid에는 상당히 큰 유전자(45kb까지)의 삽입도 가능하며, 이러한 cosmid에 외래 DNA를 삽입시킨 후 파지에 싸서 세균으로 쉽게 도입을 시킬 수 있다.

암피실린에 대한 내성유전자를 가진 cosmid를 함유하고 있는 세균은 세포배양액에 항생제를 첨가하여도 살아날 수 있어 외래 DNA를 증식시킬 수 있다.

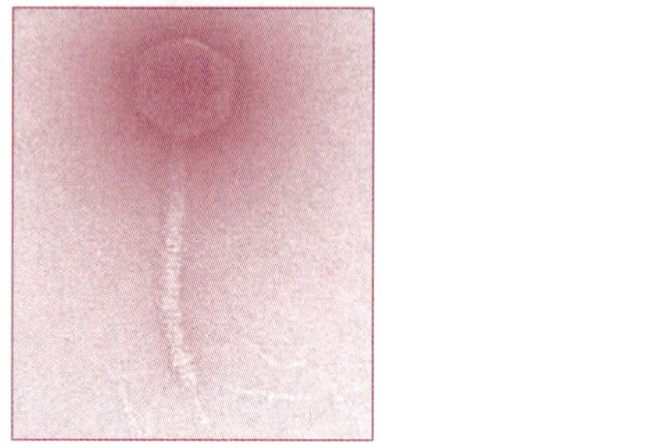

λ 파지

M13 파지

M13 파지는 섬유형(filamentous) 파지이고 구조는 λ 파지와 전혀 다르다. 이것은 실모양의 바이러스(900nm 길이, 9nm 지름)로서 외가닥 DNA(+가닥)와 2,710개의 동일한 단백질단위로 구성된 단백질껍질을 가지고 있다(5장 참조).

바이러스는 "Sex organ"이라고 할 수 있는 성 섬모(sex pilus) 부분을 통해서 대장균 안으로 침투하는데, 세균끼리 DNA의 교환이 가능하다. M13은 상당히 매력적인데, 이것을 사용해서 클로닝을 하면 단일가닥 DNA를 얻을 수 있다. 클론이 된 단일가닥의 DNA는 DNA 염기서열 결정과 *in vitro* mutagenesis실험에 있어서 매우 유용하게 이용된다(10장 참조).

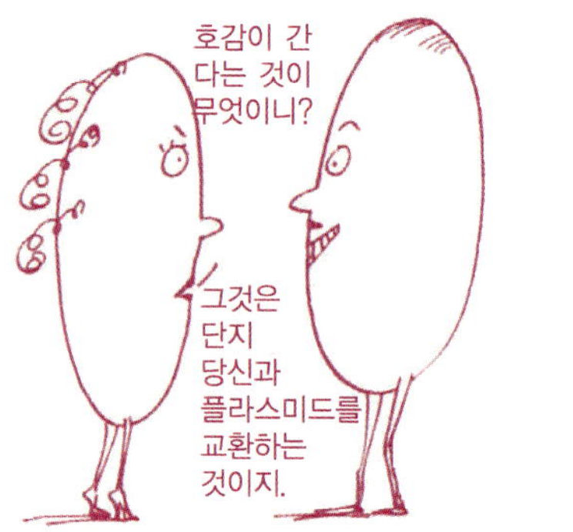

M13은 파지디스플레이(**phage-display**) 기법에 있어서 핵심적인 부분이다(5장 참조). M13 DNA는 λ 파지와 같이 세균 염색체에 편입되어 들어가지 않고 세포를 용해시키지도 않는다. 세균은 분열을 하는데, 무엇보다도 감염되지 않은 세포보다 천천히 진행이 되어 딸세포들은 계속 M13 파지를 배출할 수 있다.

한 세대마다 대략 1,000개의 새로운 M13 파지가 생겨난다. 이는 M13이 숙주세포를 파괴하지 않기 때문에, 많은 양을 배양할 수 있고 쉽게 얻을 수 있다.

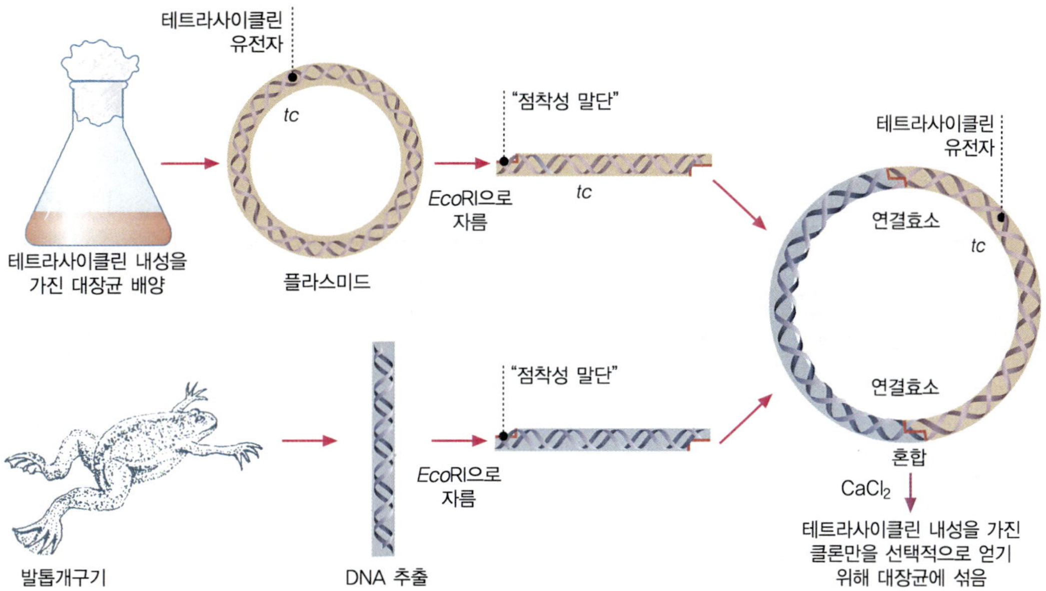

그림 3.31 세균에서 아프리카 발톱개구리 DNA 조합 및 클로닝하기

그림 3.32 아프리카 발톱개구리(*Xenopus laevis*)–마우스나 쥐와 마찬가지로 실험실용 동물로서 키우는 데 까다롭지 않고, 오래 산다. 그의 이름은("특이한 발") 검은 발톱에서 유래한다. 캘리포니아에서는 식성 좋고 10cm가 넘는 크기의 이 개구리가 토종 파충류를 위협하고 있다.

오늘날 1,200종류의 제한효소가 알려져 있고, 이들은 3가지 그룹으로 분류가 되어 있다. 그러나 적은 숫자만이 유전공학에서 관심대상이며, 몇몇의 제한효소는 점착성 말단을 만들지 않고 무딘말단(blunt end)으로 만든다. 그에 속하는 효소로는 *Pvu*II(*Proteus vulgaris*)와 *Alu*I(*Arthrobacter luteus*)이다.

여러 종류의 효소가 동일한 DNA의 인식부분을 감지하는 경우도 있다: *Bam*HI(염기서열 인식부위, GGATCC, *Bacillus amyloliquefaciens*)과 *Bgl*II(염기서열 인식부위, AGATCT, *Bacillus globigii*)는 DNA의 염기서열이 GATC인 경우 점착성 말단을 만든다. 제한효소에 의해 잘려진 DNA절편들은 서로 다시 결합할 수 있다.

3.12 첫 번째 유전공학실험: 개골개골거리는 세균?

1973년 초, 제한효소에 의해 유전공학적인 방법이 사용되고 일 년이 지난 후, 코언(Stanley N. Cohen)과 스탠포드대학의 동료인 창(Annie C. Y. Chang) 그리고 샌프란시스코 대학의 보이어(Herbert W. Boyer, 그림 3.24)와 헬링(Robert H. Helling)이 처음으로 새로운 **유전공학적 방법(genetic technology)**을 실시하였다. 이들은 Cohen이 초기에 명명했던 **플라스미드 pSC101**을 골랐는데(그림 3.29), 이것은 크기가 작고 세포내로 잘 전달이 되지 않지만 많이 존재하였다. pSC101은 **테트라사이클린(tetracycline**, *tc*–gene)이라는 유전자를 포함하고 있어, 대장균에서 테트라사이클린이라는 항생제에 대해 내성을 가졌고, 제한효소 *Eco*RI에 의해 인지부위가 GATTC로서, 유일하게 G와 A 사이의 한 곳만 잘라내었다.

항생제에 대한 내성은 플라스미드가 잘리는 상황에서도 그 능력이 결코 소실되지 않아야 했다. 사람들은 후에 어떤 종류의 세균이 외래 DNA와 잘 섞여지는 것인지를 알았는데–이름에서도 표현되듯이–그것은 대장균 종류였다. *Eco*RI 제한효소에 의해 링 모양의 플라스미드는 점착성 말단을 가진 줄 모양으로 되었다. Cohen과 Boyer는 먼저 대장균에서 얻은 **가나마이신(kanamycin)**에 대한 내성을 가진 다른 플라스미드(**pSC102**)를 제한효소 *Eco*RI으로 잘랐다(그림 3.27). 이 플라스미드 역시 한 곳만 잘려지는 인지부위를 가졌고 가나마이신을 내포하고 있는 부분은 잘려지지 않았다.

두 번째 단계는 같은 인지부위(–G/AATTC)부분이 잘려져 있는 두 개의 플라스미드를 서로 연결하는 것이었다. 잘려진 두 종류의 플라스미드는 전기적으로 서로 끌어당기는데, 이때 **DNA연결효소**(DNA–ligase, 그림 3.33)에 의해 잘려진 접착부위가 서로 붙게 되어 새로운 **재조합플라스미드(recombinant plasmid)**가 형성되었다.

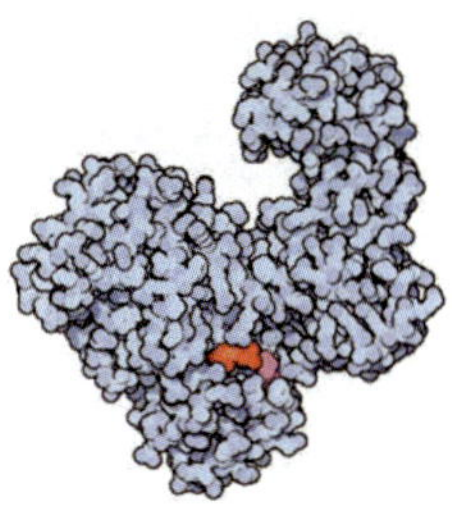

그림 3.33 "점착성 말단"을 만드는 DNA연결효소는 ATP에 의존적이다(2장 참조). 연결효소는 유전공학에서는 매우 중요한 도구이며, ATP(빨간색)와 라이신기(자주색)는 필수적인 보조요소이다.

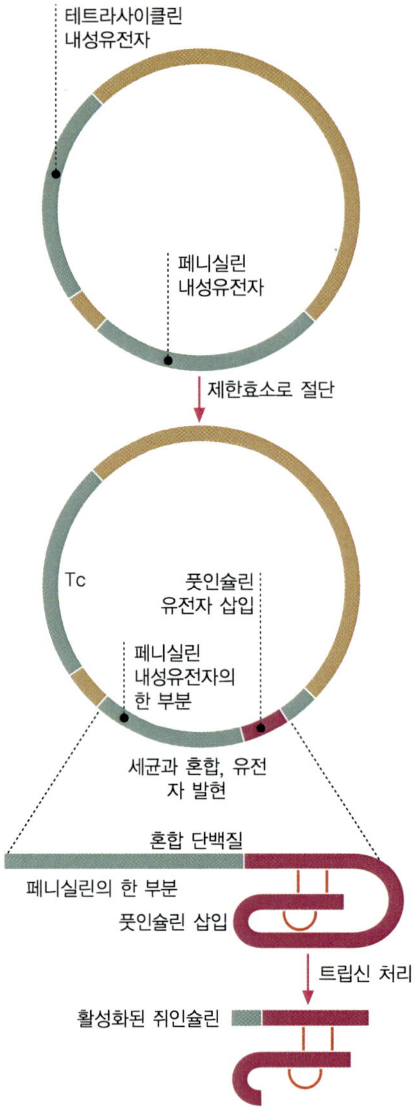

그림 3.34 세균을 이용한 쥐-퓻인슐린 합성

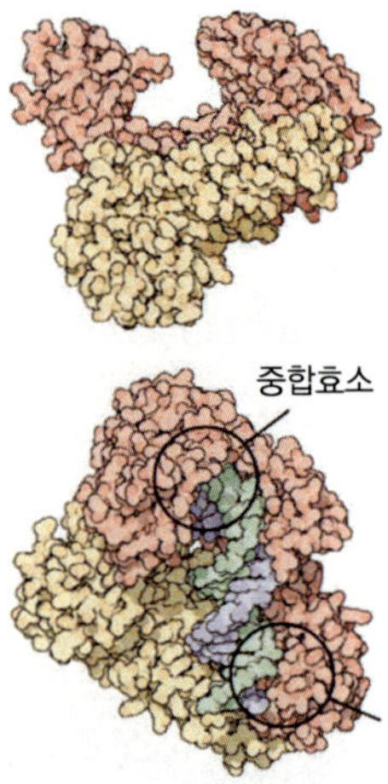

그림 3.35 위: 역전사효소. 갈고리모양의 구조 아래: 역전사효소는 2곳의 활성 부위를 가지고 있다. 중합효소부위에 의해 RNA-DNA 잡종분자가 형성되고, 핵산분해효소부위에 의해 RNA의 말단이 제거된다. 단일가닥 DNA사슬은 다른 DNA 가닥을 합성한다.

세 번째 단계는 재조합된 플라스미드를 세포내로 집어넣는 **형질전환(transformation)**인데, 이때 사용되는 용액은 $CaCl_2$로서 정상적인 자연 상태에서는 일어나지 않는 현상을 만드는데, DNA가 세균의 세포막을 통과할 수 있게 해준다(그림 3.30). 마지막 단계는 세균용액을 두 가지의 항생제, 테트라사이클린과 가나마이신이 포함된 고체배지에서 키운다.

대부분의 세균은 죽고 몇몇의 세균만 살아남게 되는데, 살아남은 세균은 **두 가지의 항생제에 대한 내성**을 가진 플라스미드를 포함한 것들이며, 세균은 이 두 가지에 대한 내성을 갖는 효소를 만들어 낸 것이다. 살아남은 세균은 변형된 플라스미드를 포함하고 증식을 하는데, 이렇게 변형된 플라스미드를 클로닝벡터(cloning vector)라 한다. 대략 100억 개 정도의 클로닝벡터를 포함한 세포들이 빠르게 분열하여 다량의 자손세포를 만든다. 하나의 **클론(clone)**은 유전적으로 동일한 생명체를 나타내는 하나의 그룹이다.

이러한 실험이 성공을 거둔 후, Cohen과 그의 동료들은 다음 실험에 착수를 하였다. 그들은 여러 종류의 세균에서 얻은 플라스미드 pSC101과 *Staphylococcus aureus*종에서 얻은 페니실린에 대한 내성을 가진 플라스미드를 재조합하였다. *S. aureus*에서 추출한 플라스미드는 *Eco*RI으로 잘려지는 4개의 인식부위를 가지고 있어서 잘린 후 4개의 작은 조각이 생성되고 그중 한 개의 조각만이 페니실린에 대한 내성을 포함하였다. 이것은 첫 번째 실험에 비해 다양한 재조합가능성을 보여주었고, 세균 용액을 테트라사이클린과 페니실린이 포함된 고체 배지 상에서 관찰했을 때 더더욱 확연해졌다.

Cohen실험실에서의 함성: 이렇게 재조합된 플라스미드를 함유한 대장균은 기능을 잘 하였으며, 이것은 처음으로 다른 종에서 유래한 유전자를 이식하는 것이었다. "생물학적 종의 분리에 대한 한계를 극복했다는" 성급한 그의 발표와 마찬가지로, 오늘날 다양한 미생물과 바이러스들의 유전물질들은 "자연적"으로 교환이 가능하다고 알려져 있다. 모든 **바이러스성 감염**은 유전자 교환이 가능한 것이다!

이러한 성공을 바탕으로 연구자들은 세균과 **아프리카산 개구리**(*Xenopus laevis*, 그림 3.32)에 대한 종의 한계성을 극복하였다.

개구리세포에서 유래한 유전자와 세균 플라스미드 pSC101을 *Eco*RI의 제한효소로 각각 자르고(그림 3.31), 이 둘을 DNA연결효소로 다시 결합시킨 후 대장균에 도입하여 증식시켰다. 재조합된 개구리-세균 플라스미드를 함유한 세포는 개구리에서는 없는 테트라사이클린에 대한 내성을 가지고 있고, 이러한 것들은 화학적 방법으로 확인이 되었다.

1973년 7월 27일, 개구리의 DNA가 세균에 의해 제조되었음이 확실해졌다.

새로 만들어진 재조합플라스미드는 1,000배의 세포분열에 의해 1,000배 가량 증식이 되었고 동일한 외래 DNA를 포함하는 다량의 자손을 만들었다. 재조합 개구리-세균 플라스미드가 클로닝된

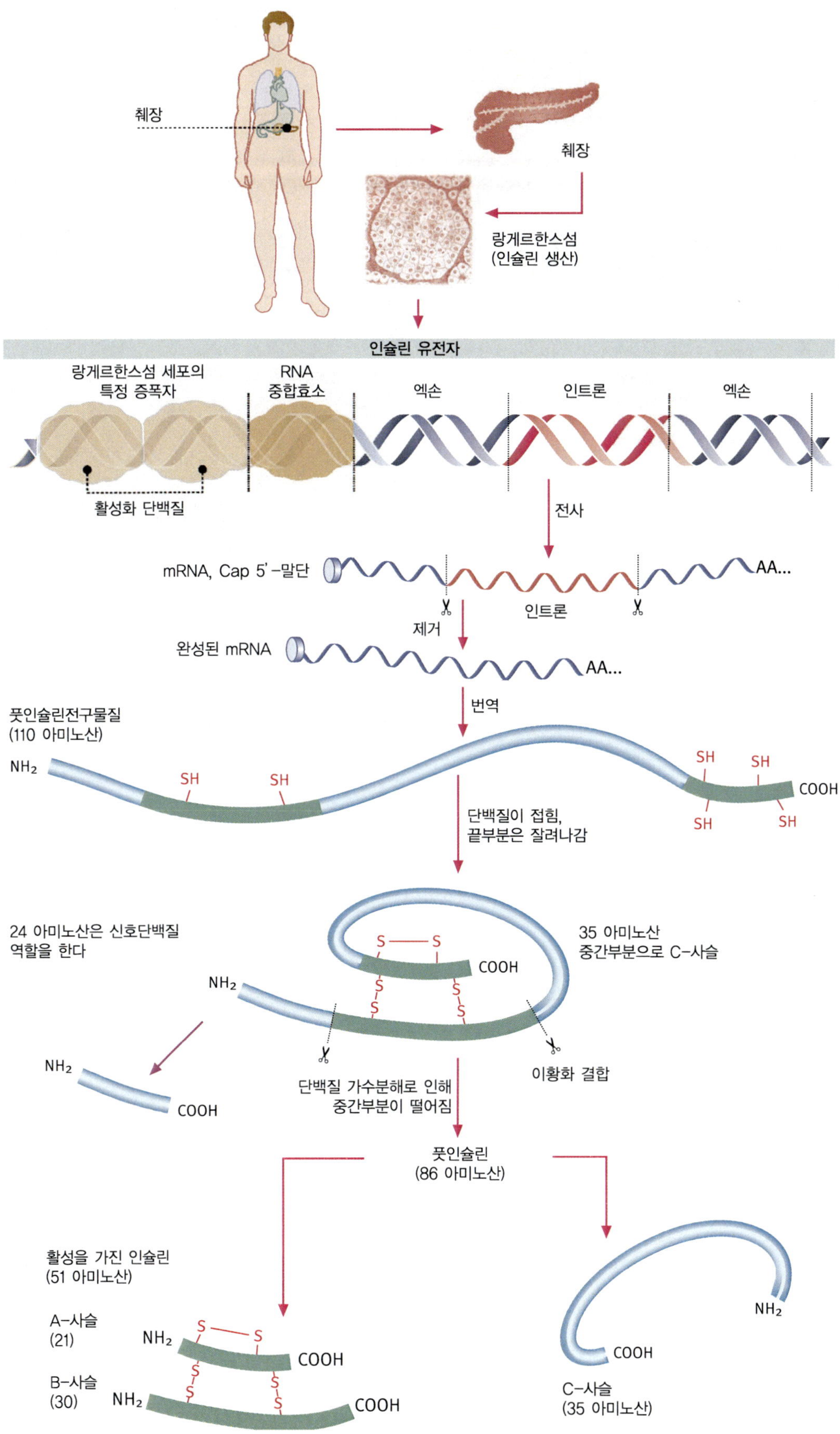

그림 3.36 췌장의 랑게르한스섬에서의 인슐린 합성.

포유동물세포의 전형적인 인슐린유전자는 단백질로 번역이 되는 엑손과 성숙된 mRNA 전사체가 번역되기 전에 제거가 되는 인트론으로 구성되어 있다. 인슐린 유전자가 mRNA전구체로 전사되기 전에(5' 말단 부위에 표시) 인슐린단백질로서 역할을 할 수 있게 해주는 여러 가지의 구성단위들이 놓이게 되는데, 이러한 조절단백질들은 DNA에 결합을 해서 활성화를 갖게 한다. 인슐린을 생산하지 않는 세포에서는 다른 단백질들에 의해 DNA의 활성이 저지가 된다.

RNA중합효소는 노출된 DNA 가닥을 주형으로 하여 RNA가닥으로 전사를 시작하고, mRNA로의 전사가 끝나면 진핵생물에서는 5' 말단에 "캡(cap)"이, 3 말단에는 poly-A tail이 붙는다. 캡은 인산화효소나 핵산분해효소에 의해 분해되는 것을 보호하고 단백질로의 번역이 되는 것을 강화시킨다. poly-A 말단은 DNA에 포함되어 있지 않고 mRNA를 안정화시킨다.

리보솜에서 번역이 끝난 후에 인슐린 생산의 속도는 가속화된다. 128 아미노산으로 구성된 인슐린전 전구물질은 활성화를 가진 인슐린에 비해 길이가 길다. 특수한 효소에 의해 먼저 24개의 아미노산으로 구성된 부분이 잘리는데, 이 부분은 소포체에서 막을 통과할 때 신호단백질 역할을 한다. 24개의 아미노산이 떨어져 나간 사슬에서 마침내 중간부분에 해당하는 C 사슬도 잘려나가 풋인슐린이 만들어진다. A와 B 사슬이 만들어지면 시스테인 부분에서 이황화 결합을 하게 되고, 마침내 활성을 띠는 인슐린이 완성된다.

활성 인슐린의 양은 인체에서 대부분이 길항작용에 의해 조절이 된다.

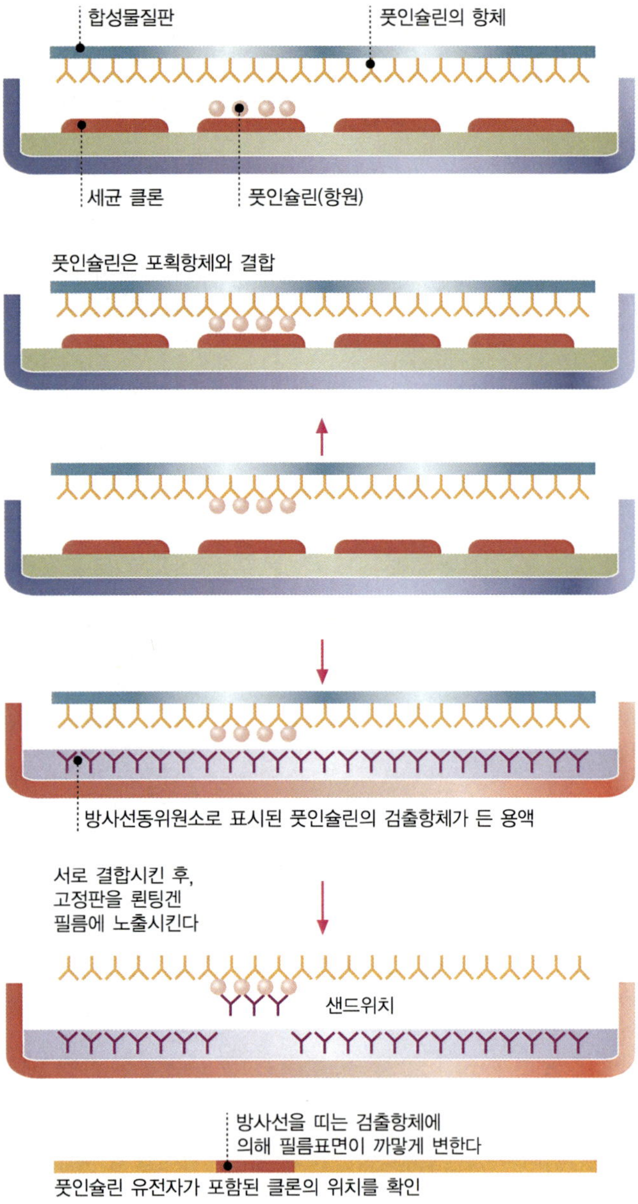

그림 3.37 방사면역측정법과 항체를 이용해서 풋인슐린의 유전자를 세균 클론으로부터 찾아내는 방법

그림 3.38 Rosalyn Yalow(1921~)는 방사면역측정법(RIA)을 개발하여 1977년 노벨상을 수상하였다.

것이었다.

이것은 새로운 종도 아니며 단지 개구리로부터 유래한 유전자의 1/1,000 보다도 더 적은 숫자를 세균 DNA가 대변할 뿐이었다. 개구리 종류로서 분류가 가능한 개골거리는 세균은 아니지만 이러한 방법은 유전공학적인 측면에 있어서 매우 중요한 성과를 낸 것이었다. 그들은 처음으로 고등동물의 유전물질 대량생산을 가능하게 하는 완벽한 유전적 방법을 고안해 낸 것이었고 그에 대해 연구가 이루어졌다는 것이다. DNA의 클로닝이 기술적으로 가능하게 된 시발점이었다(그림 3.30).

3.13 유전자 획득 방법

"잘려진" 개구리 DNA를 가지고 고등동물들에게 필요한 단백질을 만드는 것은 그렇게 간단하지 않았다. 그 이유는 DNA주형에는 단백질로 번역이 되지 않는 "nonsense"라는 인트론이 존재하기 때문인데, 이러한 부분들을 고등원생동물에서 제한효소로 잘라내고 다시 플라스미드 DNA에 삽입하는 것은 큰 의미가 없었기 때문이다. 1,000여 가지의 외래 DNA가 포함이 된 클론은 있지만 그에 상응하는 기능을 가진 단백질은 생산되지 못하기 때문이다. 가장 좋은 결과는 엑손 내에 그에 상응하는 아미노산이 모두 만들어지고 최종적으로 그에 맞는 단백질이 생산되는 것이었다. 그러면서 인트론으로부터 불필요한 아미노산이 만들어지지 않는 경우였다.

유전공학자에게는 진핵세포의 인트론을 이용하는 것이 주목적이 아니라, 인트론이 제거된 상태에서의 단백질이 만들어지는 완성된 mRNA 전사체를 얻는 것에 관심이 집중되었다. 그러나 단일가닥 mRNA는 이중가닥의 플라스미드 DNA내로는 삽입이 불가능하였다. 다행히도 레트로바이러스에서 추출한 **역전사효소(reverse transcriptase)**로 이 문제를 해결할 수 있는데(이미 3.3절에 서술된 것처럼), 역전사효소는 단일가닥의 mRNA를 주형으로 해서 이중가닥의 DNA로 전사를 가능하게 하였다(그림 3.35). 레트로바이러스의 유전물질은 DNA로 구성되어 있지 않고 외가닥의 RNA이다. RNA를 가진 바이러스가 숙주세포내로 침투를 한 뒤(5장 참조), 단일가닥의 바이러스RNA는 역전사효소를 이용하여 이중가닥의 DNA로 전사를 한다. 역전사된 DNA는 숙주세포의 DNA내로 삽입된다(그림 3.23).

유전학자들은 이러한 역전사효소를 mRNA를 주형으로 해서 DNA를 합성하는 데 이용하였다. 이렇게 생성된 DNA, 즉 RNA를 주형으로 복사된 DNA를 **복사 DNA(copy DNA, cDNA)**라 한다.

단백질의 아미노산 서열을 알 수 있을까? 그리고

Box 3.3 생명공학 역사: 인슐린 합성

Frederick Banting, Charles Best

1921년 캐나다인 밴팅(Frederick G. Banting, 1891~1941, 비행기사고로 사망)과 베스트(Charles Best, 1899~1978)는 토론토에서 동물의 췌장으로부터 인슐린을 분리하였다. 그들의 성과는 매우 획기적이었는데, Banting이 노벨 생리·의학상을 수상한 매클레오드(J. J. R. Macleod)와 함께 일한 지 겨우 2년이 지난 때였다.

1922년에 이미 그들은 호르몬을 환자에게 투여하여서 성공적인 결과를 얻었었다. 미국의 Eli Lilly합작회사는 1년간 독점을 얻었고 “Iletin”이라는 이름으로 많은 양을 생산하였다.

이것은 오늘날 세계의 가장 많은 인슐린을 생산하는 다국적 회사로서의 첫 번째 신호탄이었다. 이후로 토론토대학의 위원회는 여러 가지 제안들을 의뢰하였다.

독일에는 민코프스키(Oscar Minkowski)가 있었다. 1923년 Minkowski에게 Hoechst 공장에서 제의가 들어왔다. Hoechst는 Frankfurt와 Karlsruhe의 도축장에서 이미 모아진 췌장들을 가지고 인슐린생산에 착수하였다. 1923년 11월 초, 자연산으로 만들어진 “Altinsulin”이 캐나다에서 승인을 받아 시장에서 팔렸다. Fortan은 Hoechst회사의 인슐린에 대한 연구를 주도하는 기관이며, 오늘날 새로운 이름인 Sanofi-Aventis, Eli Lilly, Novo Nordisk, Berlin Chemie 회사 등의 이름으로 독일의 인슐린 시장에 진출하고 있다.

Oscar Minkowski (1858~1931) 1889년 그는 개에게서 췌장을 제거하면 당뇨병에 걸린다는 것을 Strassburg의 의대병원에서 발견하였다. 1923년 Hoechst에서 인슐린 합성을 개발하였다.

많은 회사들이 그들의 행운을 찾으려 했지만, 대부분이 원료를 구하는 데 어려움이 있어 실패하였다. 독일에 있는 적은 규모의 많은 도살장으로부터 원료를 얻는다는 것은 상당히 힘이 들었다–사람들은 그것에 대해 “싱클레어(Upton Sinclair)를 무시한 시카고의 도축장들!” 이라고 생각하였으며 췌장들은 수입되었다.

1936년 Hoechst사는 처음으로 전체 생산물을 결정화한 호르몬으로 변화시키는 것에 성공하였다. 이렇게 해서 생산된 용액에는 외래단백질의 불순물이 정제되었고, 조금 더 안정적이게 되었다. 그리고 용해가 잘되는 보관용 인슐린(Depot Insulin)으로 가공되었다. 1938년 “Depot Insulin Hoechst”가 안전한 용기에 넣어져 시판되었다. 더군다나 전쟁 동안 이러한 새로운 방법으로 만들어진 인슐린으로 걱정을 하지 않아도 되었었다. 1945년이 지날 무렵 생산량은 고갈되었지만 그래도 Hoechst사는 대부분의 인슐린을 생산하였으며, 1953년 오랫동안 효과가 지속이 되는 “Long Insulin”이 시판되었다. 그런 후 10년간의 노력 끝에 생거(Frederick Sanger)에 의해 인슐린의 구조가 밝혀졌다(Box 3.4 참조).

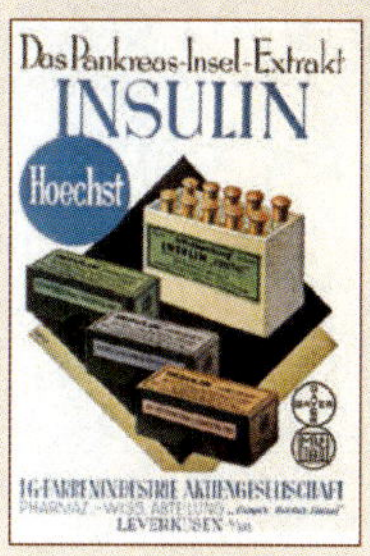

위: Hoechst사에서 인슐린 생산 모습
왼쪽: Hoechst사의 인슐린 광고

1963~1965년 여러 연구소에서 인슐린의 전체 구조적 합성에 대한 연구가 이루어졌고, 1969년 호지킨(Dorothy Crowfoot-Hodgkin)이 X-선 회절사진을 사용해서 인슐린의 공간구조를 규명하였다.

세포로부터는 아니지만 그에 상응하는 mRNA의 분리는 가능할까? 그렇다면 그에 대한 유전자도 화학적인 방법으로 합성이 가능할 수 있을까?

오늘날 사람들은 자연적인 상태에서는 존재할 수 없는 DNA를 만들 수 있는데, **DNA 자동합성(automatic DNA synthesis)**으로써 가능하다(Box 3.5). Silicagel과 같은 고형매트릭스에 개시를 알리는 뉴클레오티드를 넣은 다음, 원하는 순서대로 뉴클레오티드를 넣어준다. 1988년에는 하루에 30개의 염기서열을 가진 DNA를 합성할 수 있게 되었다. 1979년까지도 한 팀이 반년 정도 함께 일을 해야 하는 작업이었다, 오늘날에는 짧은 시간내에 원하는 만큼의 “주문 DNA” 합성이 가능하게 되었다.

3.14 세균에서 생산되는 사람인슐린?

1980년 7월, 런던의 Guy 병원에서 17명의 당뇨병 환자가 피하에 인슐린을 넣는 인슐린펌프 치료를 스스로 받겠다고 지원하였다. 이러한 기사는 신문에 대서특필 되었는데, 무엇이 그렇게 획기적인 내용이었을까? 매일 세계적으로 수백만 명의 당뇨병 환자가 인슐린치료를 받고 있는데(Box 3.3), 인슐

그림 3.39 Walter Gilbert(1932~) 1980년 노벨화학상 수상

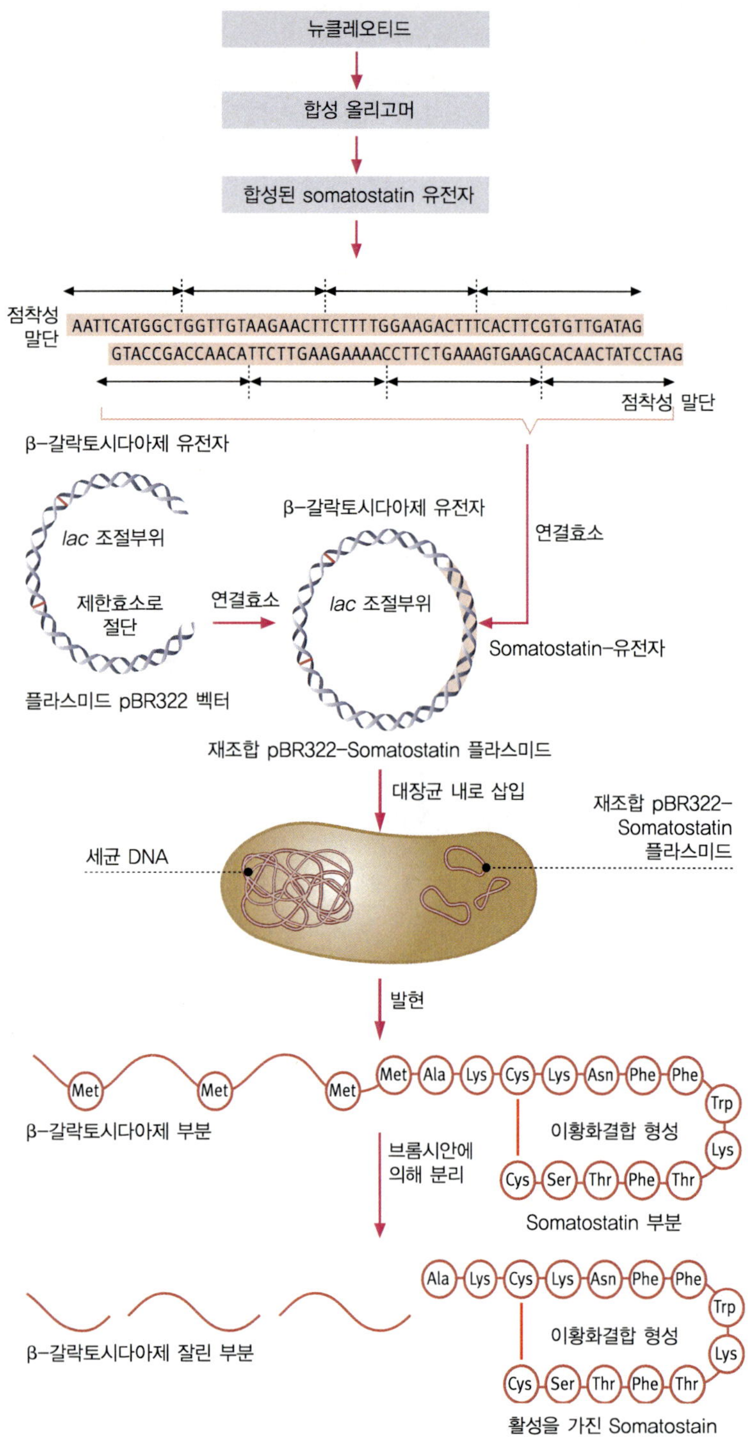

그림 3.40 세균의 유전자 조작으로 처음으로 합성된 사람펩티드, somatostatin

린은 소나 돼지의 췌장(pancreas)에서 채취되었다. 대치된 인슐린은 환자의 혈당을 조절하고 현대사회의 사망원인 3위에 속하는 **당뇨병(diabetes)**이라는 심각한 질병에 맞서게 되었다(Box 3.4).

제1형 당뇨병은 선천적인 것인데 췌장에서 인슐린을 생산하는 세포의 자가면역에 의한 파괴가 원인이 되어 나타나는 것으로 대략 20세 전후에 발생한다. 제2형 당뇨병은 후천적인 것으로 대부분의 당뇨병환자가 이에 속하며(~90%) 중년 때부터 나타나는데 과체중이 중요한 원인이 되고 있다(10장 참조). 위에서 언급한 17명의 자원자들은 의학사상 처음으로 포유동물에서 추출한 호르몬으로 치료를 받은 사람들인데, 이 호르몬은 포유동물의 기관이 아닌 세균에서 얻은 것이었다. 이것은 처음으로 유전공학적인 기술로써 얻어진 물질을 사람에게 실험한 내용이었으며, 2년 후 공식적으로 유전공학방법으로 생산이 되는 인슐린을 치료목적으로 사용할 수 있다는 인정을 받았다.

인슐린의 수요는 엄청나다. 한 명의 당뇨병환자가 평생 필요한 인슐린 양을 얻기 위해서는 대략 50마리의 돼지에 해당하는 췌장이 필요하다. 독일회사 Hoechst는 매일 11톤의 돼지 췌장을 가공하였는데 이것은 100,000마리의 돼지에서 얻었다.

2005년부터 독일에서는 더 이상 동물로부터 인슐린을 채취하지 않는다.

3.15 인체에서의 인슐린 합성: 인슐린과 풋인슐린

기능성을 가진 인슐린은 2개의 단백질사슬로 이루어진 작은 분자의 호르몬이다. 하나는 A 사슬이라고 하며 21개의 아미노산으로, 다른 하나는 B 사슬로서 30개의 아미노산으로 구성되어 있다. 1945년 Frederick Sanger(Box 3.4)는 영국 런던의 생화학연구실 지하에서 십 년 동안 끈질기게 인슐린의 1차 구조에 대해 연구하였다.

그전만 해도 인슐린에 대한 분석은 체계적이지 못하였는데, 생거는 120마리 소에서 추출한 인슐린을 기초물질로 사용해서 결정화하였다. 1957년 생거는 노벨화학상을 수상하였는데, 인슐린 전체 크기인 51개의 아미노산서열 중에서 두 번째 사슬에 대한 분석을 마친 3년 후였다.

인슐린은 췌장 내에 랑게르한스섬(langerhans islet)의 β-cell에서 만들어지는데, 모두 110개의 아미노산이며 이것을 풋인슐린 전구물질(pre-proinsulin)

이라고 한다(그림 3.36). 이것은 다른 펩티드 호르몬과 같이 소포체(endoplasmic reticulum, ER)에서 분비되는데, 110개 중 24개 아미노산으로 구성된 첫 번째 사슬은 인슐린이 세포 밖으로 나오게 하는 신호로서 작용을 한다. 이 첫 번째 사슬은 **펩티드분해효소(peptidase)**에 의해 잘려져서 세포 안에 남아있고 나머지 86개 아미노산은 세포 밖으로 나오게 되는데 이것을 **풋인슐린**(pro-insulin)이라고 하며, A-, B-, C-사슬로 잘린다.

A-사슬과 B-사슬은 분자 구조적으로 서로 이황화 결합(**disulfide bond**, -S-S-)으로 결합을 하여 활성화된다. 전구물질의 마지막 부분인 C-사슬은 35개의 아미노산으로 구성되어 있고 골지체(Golgi body)의 막에 존재하는 프로테아제에 의해 잘린다.

C-사슬의 역할은 A와 B-사슬이 구조적으로 정확하게 결합하게 하는 것인데, 만약 A-사슬과 B-사슬이 정확한 구조를 형성하지 못하면 인슐린으로서의 활성을 띠지 못한다.

활성화된 인슐린과 C-사슬은 소낭에 싸여져 신호가 오면 세포 밖으로 운반된다. 사람의 "하루필요량" 인슐린은 대략 1.8mg이다.

3.16 유전공학적 시발점-쥐의 풋인슐린

인슐린을 세균에서 유전공학적인 방법을 사용해서 생산한 것은 1977년 하버드대학의 **길버트(Walter Gibert**, 그림 3.39)와 **코마로프(Lydia Villa-Komaroff)**가 암에 걸린 쥐의 췌장으로부터 β-cell을 분리하였을 때이다. 그들이 이러한 실험을 할 당시만 해도 인간의 유전자를 이용하는 것은 허가되지 않았다.

이들은 암세포의 mRNA에서 역전사효소를 사용하여 cDNA를 만들었고, 제한효소를 사용해서 점착성 말단을 만들었다. 그리고 이 DNA를 페니실린과 테트라사이클린의 두 가지 항생제에 대한 내성이 포함된 플라스미드에 삽입하였다(그림 3.34). 외래 DNA가 삽입된 플라스미드는 세균 세포내로 도입되었고 각각의 클론들은 세포내에서 증식되었다. 클론을 포함한 세균은 두 가지 항생제가 포함된 한천(agar)고체 배지에서 배양되었다.

이와 같이 만들어진 클론에서 정말 쥐의 풋인슐린이 생산되었을까? 이러한 실험에 대한 결과를 알기 위해 길버트와 그의 동료들은 전구물질에 대해 인위적으로 합성된 항체의 판을 사용하였다. 쥐의 항체는 풋인슐린과 반응을 일으키는데, 이것은 단백질이 사람 몸에 주입되었을 때와 비슷한 상황을 만든 것이다. 폴리스테롤(PS)과 같은 합성물질에는 항체가 잘 달라붙는데, 연구자들은 PS에 항체를 붙이고 DNA를 포함한 세균과 접촉이 잘 되게 해주었다. 또한 라이소자임(2장 참조)을 첨가하여 세균의 세포막을 녹여 그 안의 내용물이 밖으로 잘 분비되도록 하였다.

세포는 풋인슐린의 아미노산을 대변하는 단백질(항원)을 포함하고 있는데, 이러한 세포들을 인슐린항체가 도포된 합성물질과 결합하였다(그림 3.37). 이러한 항체를 **포획항체(capture antibody)**라 한다.

그러면 사람들은 합성물질 판의 어느 부분에 풋인슐린이 붙었는지 알 수 있을까? 풋인슐린을 인지하는 특이적인 **검출항체(detector antibody)**에 방사성 동위원소를 용액에 첨가한 후, 클론이 결합한 합성물질 판과 함께 일정시간 배양을 했다. 클론이 붙어 있는 합성물질 판에는 풋인슐린을 인지하는 포획항체가 붙게 되고 이것에 다시 방사선을 띠는 특이적 검출항체가 결합을 하는 샌드위치 형태를 만들었다.

풋인슐린이 없는 상태에서는 특이적 검출항체가 결합을 못하며, 결합되지 않은 항체들은 모두 세척과정을 통해 제거되었다. 그러면 더 이상의 샌드위치 형태를 이루지 못하여 방사능도 나타나지 않는데, 이러한 방법을 **방사면역측정법(radioim-munoassay, RIA**, 10장 참조)이라 한다.

앨로(Rosalyn Yalow, 1921~, 그림 3.38)는 1959년 뉴욕에서 처음으로 혈액으로부터 인슐린을 감지하는 RIA를 개발하였고, 이로 인해 1977년 기유맹(Roger Guillemin), 샬리(Andrew V. Schally)와 함께 노벨상을 수상하였다. 항체에 방사능표지가 되어 있기 때문에 합성물질 판 위에 뢴팅겐 필름을 놓고

그림 3.41 27세 Robert Swanson(1947~1999)은 1975년 Boyer를 만나서 Genentech회사를 건립하였다: "내가 요청한 모든 대학은 유전자 Splicing의 상업적 응용은 10년이 걸릴 것이라고 했다. 하지만 그렇지 않았다."

그림 3.42 위: 유전공학회사의 처음 건립 역사가 항상 Genentech회사처럼 시작된 것은 아니다. 시터스회사(Cetus Corporation)는 1972년 생화학자 Ronald Cape의 주치의인 Peter Farley와 노벨물리학수상자인 Donald Glaser에 의해 건립되었다. MIT 교수인 Arnold Demain(윗쪽 그림의 왼쪽, 사진의 아래쪽 그림, 현재의 모습)과 스탠포드대학의 Lederberg와 Cohen은 그들의 고문이었다.

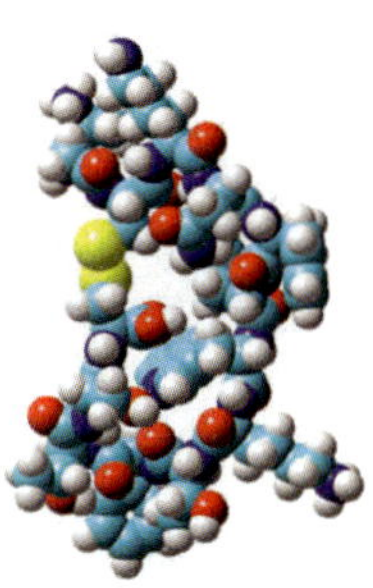

그림 3.43
사람의 somatostatin

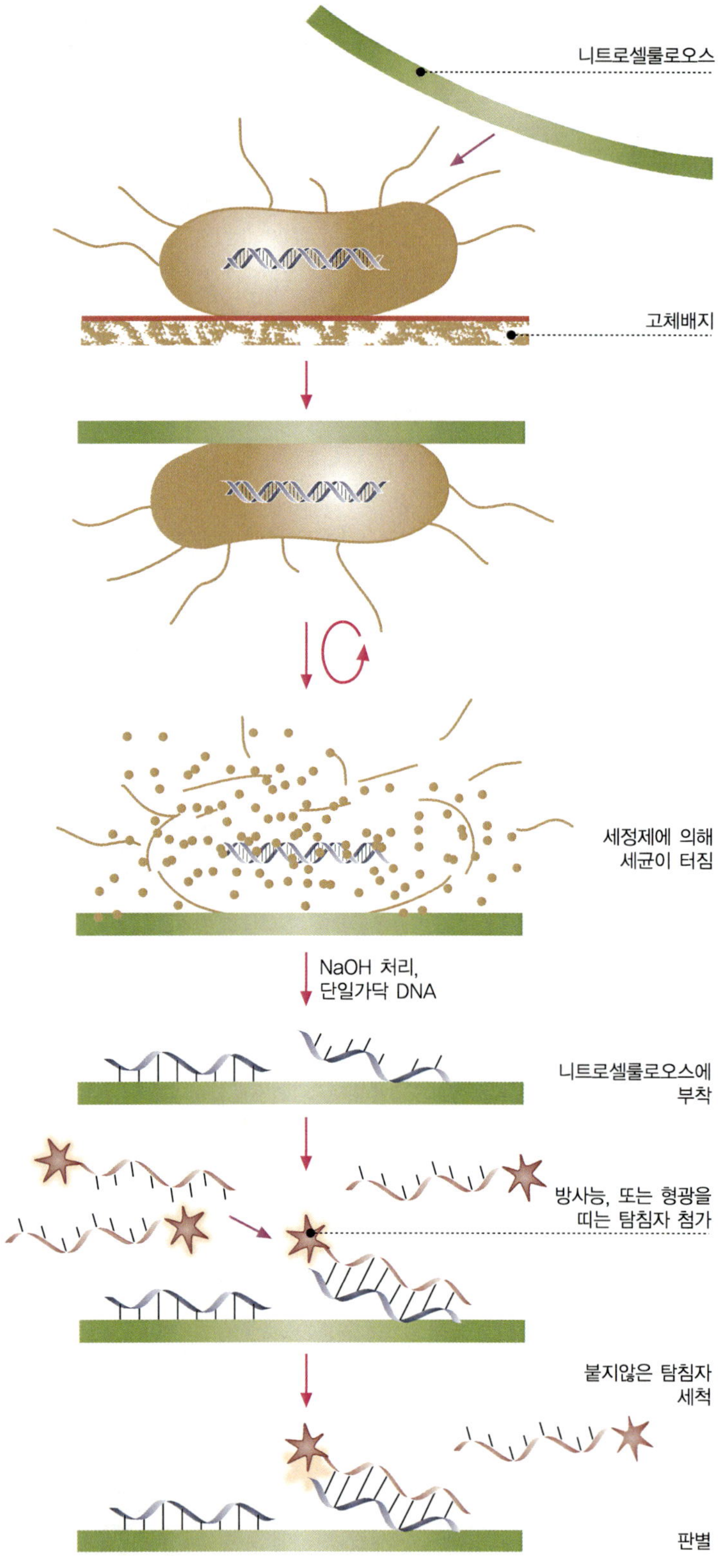

그림 3.44 DNA 탐침자와 핵산의 혼성화를 이용해서 표적유전자를 가진 세균 군체를 찾는 방법

X-선을 쪼이게 되면 풋인슐린의 위치를 확인할 수 있다(방사선 사진 촬영술, autoradiography).

필름이 부분적으로 까맣게 변하는 것은 양성 클론이 있다는 의미이다. 그러나 이것은 합성 물질판에 있는 풋인슐린과 항체가 반응하여 나타나는 현상만을 나타내는 것이 아니라, 페니실린 분해효소와 항체가 반응하였을 때에도 필름은 부분적으로 까맣게 변하게 된다. 항체를 사용하여 합성된 단백질을 알아내고자 한 것에는 **페니실린 분해효소-풋인슐린의 복합산물**이 포함되어 있다. 풋인슐린 유전자는 페니실린 분해효소 유전자 사이에 존재했다(그림 3.37).

선택된 클론을 조심스럽게 분리하여 액체배지에서 키웠다. 합성된 복합단백질은 세포를 파괴하지 않고도 용액내로 분비가 되어 분리가 가능하였다. 페니실린 분해효소 부분은 이러한 전체 복합단백질이 세균 세포막을 통과시키는 것을 가능하게 했는데, 쥐의 풋인슐린이 용액내로 분비되는 것은 세포 내에서 합성은 되지만 분비되지 못하고 그곳에 머물러 있는 것과 비교했을 때 상당히 큰 진보라고 할 수 있었다.

페니실린 분해효소는 세포로부터 합성되는 단백질의 배출을 **신호(signal sequence)**로 보내어서 그의 생산이 시작되게 한다. 그렇지 않으면 풋인슐린은 분비되지 않고 세포내에 축적이 될 것이다. 세균의 플라스미드에 포함된 외래 DNA의 뉴클레오티드는 정확하게 풋인슐린을 합성하는 염기서열과 동일한 것이었다.

페니실린 분해효소-풋인슐린 복합산물로부터 순수한 인슐린만 추출하기 위해, Gilbert는 소화효소인 **트립신**(trypsin, 2장 참조)으로 페니실린 분해효소 부분과 풋인슐린의 중간 부분인 C-사슬을 동시에 분리하여 활성화를 가지는 인슐린을 만들었다. 보스턴에 있던 과학자들은 이렇게 활성화된 인슐린을 검증하였는데, 정상적인 쥐의 인슐린과 마찬가지로 지방세포의 해당작용에도 동일하게 적용됨을 확인하였다. 그래서 세균은 쥐의 "자연산" 인슐린을 합성하였다.

3.17 핵산 혼성화-DNA 탐침자를 이용한 표적유전자 찾기

쥐의 풋인슐린의 경우 샌드위치-방사선역측정법이라는 항체와 결합된 유전자에 의한 산물측정 방법을 통해서 재조합된 균체를 찾았다. 사람들은 종종 변형되지 않은 세균 내에 존재하는 "본래의" 유전자 일부를 찾기 위해 DNA 탐침자를 사용한다.

이러한 방법에는 **핵산 혼성화(DNA hybridization)**가 이용되는데, 이는 여러 종류의 유전자로부터 유래한 단일가닥 DNA에 대해 상보적인 DNA가 결합하여 이중가닥 DNA가 형성되는 현상을 말한다.

세균 내의 특정 염기서열을 찾기 위해 이에 대해 상보적인 단일가닥의 올리고머(짧은 길이의 뉴클레오티드, oligomer)를 사용하는데 이를 **DNA 탐침자(DNA probe)**라 말한다.

먼저 고정 배지에서 자란 세균 군체(그림 3.44)를 표시하고(대부분은 페트리 접시 위에 시계방향으로 표시) **니트로셀룰로오스 필터(nitrocellulose filter)**를 페트리 접시에 올린다. 각각의 군체는 필터위에 붙게 되고 이 필터는 다시 세포를 용해시킬 수 있는 **용액**(detergent, tween이 함유된 용액)에 담겨져 세포막을 터트린다. 하지만 그 안에 들어있는 DNA는 필터에 붙게 된다. NaOH를 첨가해서 세균의 이중나선구조 DNA에 형성된 수소결합을 파괴시키면 DNA는 서로 떨어져서 두 개의 단일가닥을 형성하는데 이러한 상태로 DNA들은 니트로셀룰로오스 필터에 붙어있게 된다.

여기에 20개 정도의 뉴클레오티드로 구성된 DNA 탐침자를 첨가하게 되는데, 이는 알고자 하는 DNA 염기서열의 일부분을 자동화된 염기서열 기계를 사용해서 합성을 한 것이다(Box 3.5 참조). 이러한 탐침자에 방사성원소나 형광염색을 표지한다. 혼성화 시킨 후 붙지 못한 DNA 탐침자는 세척되어 떨어지고 표지된 DNA탐침자와 상보적인 염기서열을 가진 DNA절편만이 필터에 남게 된다. 필터를 X-선 필름에 노출시키면 탐침자가 붙어 있는 부분은 까맣게 변한다. 이때 형광을 사용했을 때에는 특정한 빛의 광선을 쪼이는데, 빛을 발하는 부분이 탐침자가 존재하는 부위이다. 이는 표적유전자를 가지는 균체의 위치를 반영하는 것으로, 최종적으로 페트리 접시 안의 원래 군체를 찾아서 세포를 배양한다.

이러한 방법으로 사람들은 유전자가 변형된 세포를 찾거나, 콜레라를 유발하는 병원균 등을 발견하는 의료 진단용으로도 사용을 하였다(6장 참조). 그러나 이때는 적어도 찾고자 하는 병원균 종류에 대한 유전자의 염기서열을 알고 있어야 한다.

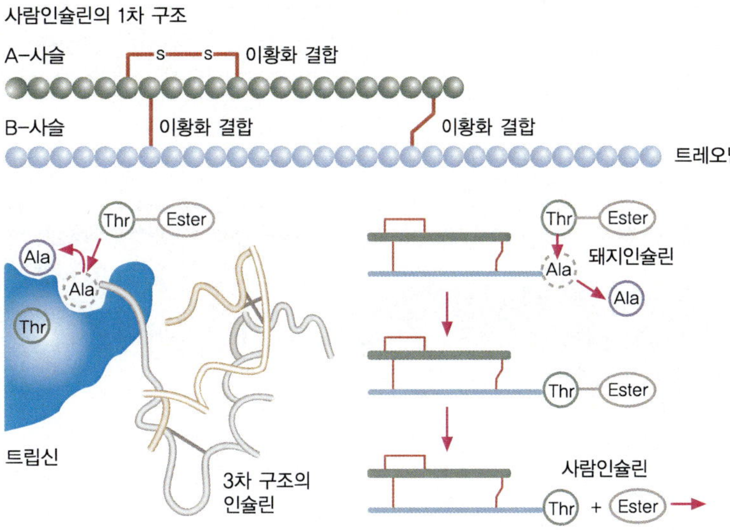

그림 3.45 효소학적 방법을 이용해서 돼지인슐린을 사람인슐린으로 전환하기

3.18 유전적 변형: Somatostatin-세균에서 추출한 첫 번째 사람단백질

그 다음은 세균에서 처음으로 사람의 단백질인 **somatostatin**(성장억제호르몬)이 만들어졌는데(그림 3.40), 이것은 차후 인슐린생산을 위한 결정적인 기술을 습득하게 하는 것이었다.

Somatostatin은 14개의 아미노산으로 구성되어 있고, 전뇌중심부의 일부분인 시상하부(hypothalamus)라는 곳에서 생산되는 여러 가지 호르몬 중의 하나이다. 이곳에서 생산이 된 somatostatin은 혈관을 따라서 뇌하수체(pituitary gland)에 도달하여, 인슐린 분비 및 사람의 성장호르몬 분비를 억제한다.

그래서 somatostatin은 임상적으로 큰 의미를 가지는데, 1977년 Boyer와 그의 동료들은 캘리포니아의 City of Hope National Medical Center와 대학에서 이것에 대해 연구하였다. 그때까지만 해도 사람으로부터 somatostatin 유전자를 분리하는 것은 성공적이지 못했다. 물론 유전공학적인 지식을 바탕으로 somatostatin이 14개의 아미노산 염기서열로 펩티드를 구성하고 있다는 것은 알려져 있었다.

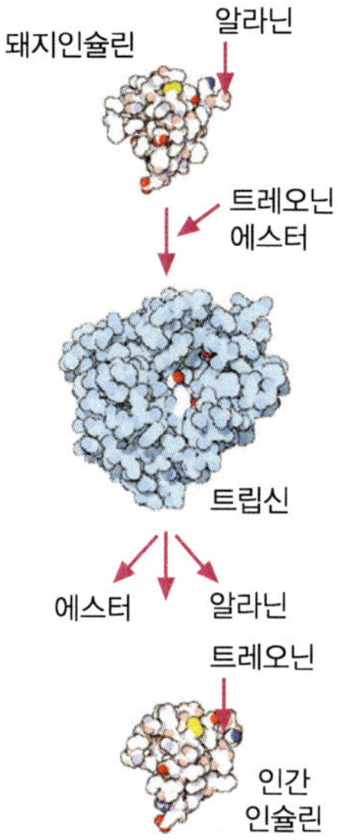

그림 3.46 돼지와 사람인슐린의 공간적 구조 및 트립신의 구조(중간 그림)

Box 3.4 인슐린과 당뇨병

인슐린은 포유동물에게 아주 중요한 단백질이다. 1953년 생거가 인슐린의 구조를 규명했는데, 이 단백질이 α-아미노와 α-카르복실 그룹 사이에 펩티드 결합으로 이루어져 있으며, L-아미노산으로만 구성된 간결한 아미노산 서열구조(단백질 1차 구조)임을 처음으로 밝혔다.

생거(Fredrick Sanger, 1918~)는 1945년부터 1955년까지 캠브리지에서 인슐린의 구조에 대해 규명하였고 그것으로 인해서 첫 번째 노벨상을 수상하였다. 그는 가끔 지하실험실에서 극단적인 양면을 가진 두 사람을 관찰하곤 하였는데, "열광적이고도 서로가 거친 말로 언쟁을 하는 마치 미친 것 같은 태도와 서로 위로해주면서 고함도 치고 그리고 어떤 것에 대해 엄청나게 감격을 하는 것이었다." 그들은 바로 Watson과 Crick이었다. 생거가 이러한 비정상적인 두 사람에 의해 생각되어진 DNA에 대해 감격하는 것은 너무나도 자명하였다. 마침내 생거는 DNA염기순서분석법을 개발해서 두 번째 노벨상을 수상하였다(10장 참조).

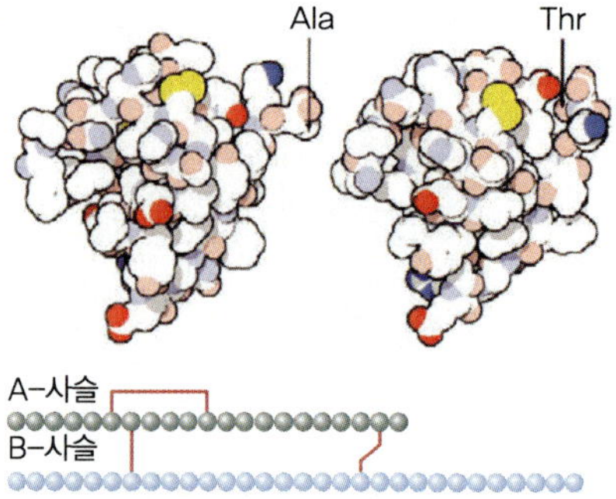

사람인슐린(위에서 오른쪽)을 돼지인슐린과 비교하면, 단지 한 개의 아미노산만이 다르다. 사람인슐린에서는 30번 위치에 트레오닌(The)이 있는데, 돼지의 경우는 알라닌(Ala)이다.

아래 그림은 돼지인슐린의 두 개의 사슬(A와 B)을 나타낸다. 이 사슬들은 이황화 결합으로 되어있다(빨간색으로 표시).

인슐린은 췌장에서 생산이 되고, 식사 후 혈당이 높아지면 혈액으로 분비된다. 이러한 신호는 간, 근육, 그리고 지방세포 등 몸에서 조절이 된다. 인슐린은 세포에서 혈액으로부터 온 포도당(glucose)을 받아서 저장물질인 글리코겐, 트리글리세린으로 합성을 하고 단백질로 사용한다. 인슐린은 작은 크기의 물질인데, 작은 크기의 단백질이 세포로 나오기 위한 조건은 안정적인 구조를 가지는 것이다. 작은 크기의 단백질이 만들어진다는 것은 매우 어려운데, 세포는 이러한 문제점들을 해결한다. 먼저 길이가 긴 펩티드 사슬을 만들어 원하는 모양으로 구조를 형성한 후, 그 이외의 필요하지 않는 부분(이 경우는 C-사슬)을 잘라내는 것이다(그림 3.36).

인슐린의 기능이 망가지면(췌장에 문제가 있거나 나이 또는 병으로 인한 이유), 혈당이 높아져 위험하다. 높은 혈당은 탈수를 유발하게 되는데, 이는 몸이 과다한 포도당을 소변을 통해서 밖으로 내보내려고 하기 때문이다. 혈액의 pH 값도 드라마틱하게 변하여 세포가 이에 대해 반응을 하게 된다.

당뇨병은 제1의 국민병이고(10장 참조) 유행병처럼 세계적으로 늘어간다. 제1형 당뇨병 또는 인슐린의존적 당뇨병(라틴어 mellitus, 달콤하다)은 췌장의 랑게르한스섬의 자가면역성반응이 원인이다.

이러한 환자들은 인슐린이 평생 필요하다. 대부분의 당뇨환자는 혈액에 인슐린양이 정상적이거나 높은 경우인데, 저장은 하지만 호르몬으로서의 기능을 충분히 수행하지 못한다(제2형 당뇨병, 10장 참조).

사람들은 각각 3개의 염기를 배열하여 52개의 염기로 이뤄진 **합성유전자**를 만들었다(그림 3.40). 이것은 14 · 3 = 42개로 구성된 somatostatin의 구성암호를 모두 포함할 수 있는 숫자였다. 나머지 10개의 염기는 리보솜에서 유전자의 발현(구성요소의 작동)을 도와 호르몬이 잘 분리가 될 수 있게 만들어주었고, 마침내 이중가닥의 합성된 유전자는 "점착성 말단"으로 되어서 플라스미드에 삽입되었다. 숙주세포로는 대장균을 선택하였고, 합성된 유전자는 *lac* 오페론(*lac* operon)이 포함된 pB322(Box 3.2 참조)플라스미드에 삽입되어서 대장균에 전달되어 배양되었다.

클로닝이 된 유전자가 세균에서 발현이 잘 되고 있는지를 알기 위해서는 확실하게 표시가 나는 방법이 필요했다. 이러한 **프로모터(promoter)**들은 대부분 숙주세포에서 높은 발현을 유도하는 것을 사용하는데, 가장 간단한 방법은 클로닝이 된 유전자가 세균 세포 내에 있는 유전자 사이에 끼워져 그것 자체를 이용하는 것이었다. Somatostatin 유전자는 **β-갈락토시다아제(β-galactosidase)** 유전자가 존재하는 뒤에 삽입되었다. β-갈락토시다아제는 대장균에 많은 양이 존재하는 효소로서 젖당(락토오스)을 분해하며 또한 유도성 효소이다(4장 참조).

Somatostatin유전자가 성공적으로 세포내의 플라스미드에 삽입이 되면, 세균은 somatostatin- β-갈락토시다아제와 같은 형태를 이루어 **융합단백질(fusion protein)**을 생산한다. 이것은 β-갈락토시다아제에 14개로 구성된 아미노산이 붙은 것으로 매우 짧은 펩티드였다.

이렇게 생산된 물질에 단백질구성에서 **메티오닌(methionine)**이 있는 부분만 자르는 화학물질인 **cyanogen bromide**(CNBr)를 사용하여 somatostatin을 β-갈락토시다아제로부터 분리하였다.

Somatostatin 유전자는 합성이 된 것이었기 때

Box 3.5 인위적인 유전자제작: DNA 자동합성기계

오늘날에는 자동화이면서 속도도 빠르게 단일가닥 DNA의 염기를 합성하는 기계가 있다. 각각의 염기의 차례를 읽는 총체적 작업은 마이크로프로세스에 의해 조절된다.

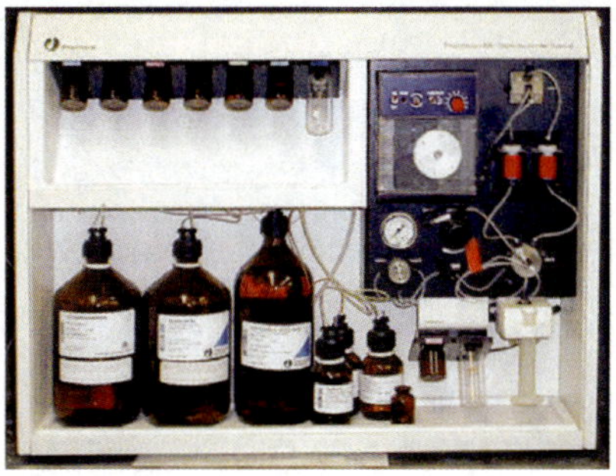

DNA 자동합성기계

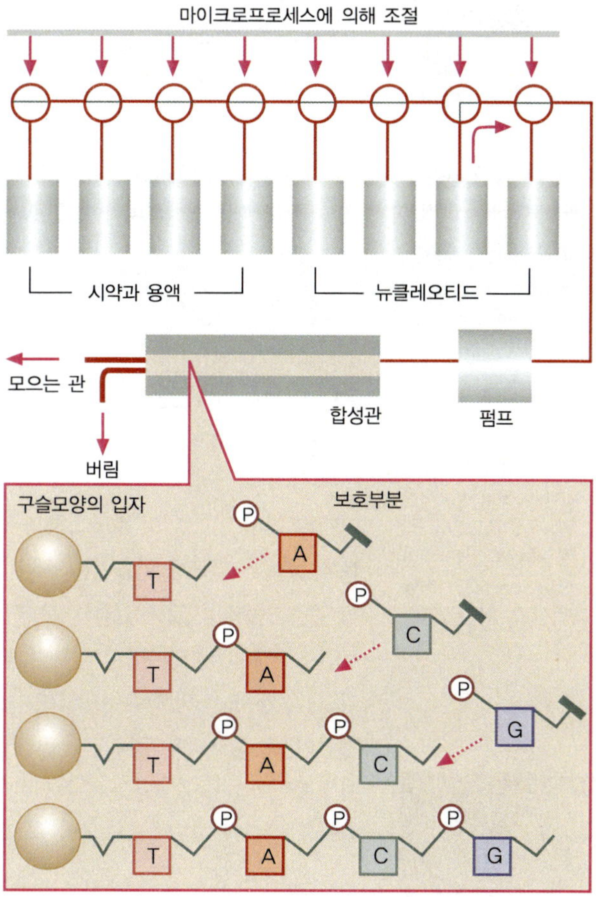

DNA 자동합성 기계의 원리

위에서 보여준 기계에서 원하는 염기배열이 만들어진다. 마이크로프로세스는 합성 관을 통해서 각각의 순서에 필요한 뉴클레오티드, 시약, 용액이 들어갈 수 있게 조절을 한다. 관 안에는 silicagel이라는 작은 구슬모양의 물질들로 차 있는데, 아주 부드러운 모래와 같은 입자들이다. 각각의 구슬들은 생성된 DNA가 사슬에 고정되도록 하는 역할을 한다.

만약에 TACG라는 염기배열이 합성되기를 원하면, 첫 번째 관에 이미 준비된 뉴클레오티드를 넣어준다(이 경우에는 티민이다)-말단에는 3' 이 위치되게 한다. 마이크로프로세스는 다음에 해당하는 수억 개의 뉴클레오티드(A)를 관을 통해서 밀어 넣는다. A의 5' 말단에 화학적으로 표시를 해서 T가 정확하게 붙도록 한다. 보호하는 부분은 떨어져 나가고 다시 새로운 뉴클레오티드가 붙는다.

이러한 방법으로 사슬의 길이는 대략 50개의 뉴클레오티드까지 이어지고 완성된 올리고뉴클레오티드는 구슬에서 분리되어 관으로 나온다. 뉴클레오티드의 합성시간은 새로 만들어지는 자동기계에 의해 매번 단축이 된다. 사람들은 그냥 원하는 염기순서만 입력하면 완성된 올리고뉴클레오티드를 짧은 시간 내에 얻을 수 있다. 생명공학에서 올리고뉴클레오티드는 3가지 점에서 중요한 용도로 사용된다. 크기가 크고 완전한 DNA를 얻을 수가 있고(인슐린 또는 somatostatin), DNA 탐침자로서 사용이 가능하며(그림 3.44), 프라이머(primer)로 사용되어 PCR을 할 수 있어 염기서열 순서를 알아낼 수 있다(10장 참조).

문에 DNA 상태에서 메티오닌 코돈인 ATG를 somatostatin물질의 시작 부분에 함께 조립을 해서 끼워넣었다. 만약 이렇게 조금 변형된 방법을 사용하지 않고 somatostatin을 합성하게 되면, 생산된 단백질은 세균 자체 내의 프로테아제에 의해 순식간 분해가 되어버린다.

이것은 공공연히 β-갈락토시다아제를 "속이는 것"이고 또한 합성물질이 분해될 수 있는 상황임에도 불구하고, somatostatin이 부속적으로 달려 있다는 것을 인지하지 못하게 하는 것이다. 이에 대해 과학자들은 세균 내의 유전자를 이용한 융합단백질인 somatostatin은 외래 DNA로부터 생산된 것임에도 불구하고 자체의 프로테아제에 의해 분해도 되지 않았으며 보호되었다고 하였다.

대장균에서 합성된 somatostatin이 자연적으로 생산된 사람의 것과 동일함이 확인되었다. 각 세포들은 대략 10,000개의 somatostatin분자를 만들었는데, 이것은 상당히 획기적인 양으로서 다른 종류의 펩티드도 이러한 방법으로 얻을 수 있을 것이라는 확신을 주었다.

1977년 샬리(Andrew V. Schally), 앨로(Rosalyn Yalow)와 함께 노벨상을 수상한 **기유맹**(Roger C.L.

그림 3.47 버그(Paul Berg, 1926~)는 그의 나이 33세 때 스탠버그대학의 교수가 되었다. 그는 "버그 보고서"에서 위험스러운 DNA실험의 일시적 정지를 요구하였고, 1975년 DNA실험에 대한 지침서를 만드는 애실로마 학회를 주관하였다. 1980년 Gilbert와 Sanger와 함께 노벨화학상을 수상하였다.

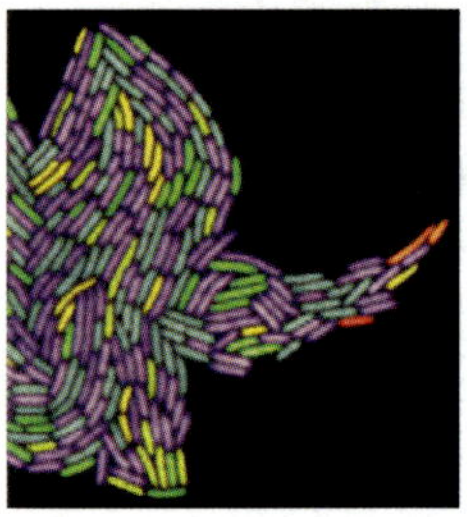

그림 3.48 대장균의 군집. "세균도 나이를 먹는다"에 대한 상세한 설명은 10장에 있는 Box 참조

Guillemin, 1924~)은 양의 머리로부터 50만 개의 시상하부를 분리해서 동물성 somatostatin을 발견하였는데, 이것에서 분리된 것은 순수한 동물 호르몬으로서 대략 5mg 정도였다.

대략 8L의 재조합 세균을 배양해서 얻어지는 양은 사람이 필요로 하는 somatostatin양과 비슷한 양이다.

3.19 돼지인슐린으로부터 사람인슐린 얻기

이미 앞에서 언급한 것(Box 3.3)과 같이 당뇨병 치료에 있어서 필요한 인슐린은 소나 돼지의 췌장에서 추출하는데, 이것은 인간의 것과 비교할 때 염기서열이 정확하게 일치하지 않는다. 돼지의 경우 아미노산 1개가, 소의 경우는 3개가 다르다. 인슐린은 발견이 된 후 2년이 지나서 당뇨병 치료에 사용되어졌다. 그러나 당뇨병의 주원인은 해결되었지만 바라지 않았던 합병증을 감수해야 했다. 몇몇 환자들은 이러한 동물성 호르몬에 대해 알레르기가 생겼는데, 이는 외부단백질에 대한 인체의 면역반응이 작동하여 항체를 만들었던 것이다.

이것에 대한 해결책은 돼지인슐린을 효소를 이용해서 사람인슐린화 하는 것이었다. Hoechst사의 한 연구자는 80년도에 획기적인 방법을 사용해서 이 문제를 해결하였다. 돼지인슐린에 있는 아미노산 알라닌을 효소를 이용해서 트레오닌으로 치환하였다. **트립신(trypsin**, 그림 3.46)은 위에서 단백질을 "잘게 자르는" 가수분해효소(hydrolase)인데(2장 참조), 펩티드 연결에 있어서 라이신과 아르기닌의 옆에 있는 아미노산을 정확하고도 특징적으로 가수분해시켰다. 돼지인슐린에서 B-사슬 끝의 염기순서는 다행히도 라이신이 자리를 잡고 있고 그다음은 알라닌이었다. 이 얼마나 다행인가!

알라닌은 간단히 제거가 되었다(그림 3.45). 먼저 돼지인슐린에 트립신을 처리하고 동시에 트레오닌-ester를 첨가하여(트레오닌-tetrabutyl-ester) 55%의 유기용매에서 반응을 시키면 효소의 가역반응이 일어난다. 프로테아제는 물과 반응하여 펩티드를 자르는데, 잘려진 펩티드는 물이 부족한 환경에서 다시 원래 형태로 돌아간다. 이러한 상태를 사람들은 **펩티드전달반응(transpeptidation)**이라고 한다. 트레오닌-ester는 돼지인슐린에서 잘려진 알라닌의 위치에 붙게 되고, 물을 첨가해서 가수분해가 일어나도록 하면 부탄올(butanol)이 제거된다. 이렇게 해서 활성화된 사람인슐린이 만들어진다.

이러한 획기적인 방법은 대략 6시간 정도 소요가 되는데, 많은 양의 돼지인슐린이 필요하다. Hoechst사는 매일 10만 마리의 가축을 도살하여 대략 12톤에 달하는 돼지의 췌장에서 인슐린을 생산하였다.

3.20 유전공학으로 얻어진 최초의 사람인슐린, 드디어 성공하다

1979년 세균에서 사람인슐린 합성이 성공적으로 이루어졌다. 각각의 세포에서 100,000개에 해당하는 인슐린분자의 양은 somatostatin과 비교하면 대단히 많은 양이었다. 그 외에 인슐린은 의학적인 면에서도 매우 큰 의미를 가졌다. 어떻게 이러한 합성이 성취될 수 있었을까?

인슐린은 2개의 펩티드사슬로 되어있는데, 첫 번째 사슬은 21개의 아미노산으로, 두 번째 사슬은 30개의 아미노산으로 구성되어 있다. 합성된 인슐린이 성공적으로 세포 밖으로 분비되게 하는 정보는 활성을 띤 인슐린의 유전자 정보에 포함되어있지는 않다. 인슐린의 전구물질에서 **신호펩티드(signal peptide)**와 C-사슬이 먼저 분리되어야 하고, 나머지 두 개의 사슬에 있는 시스테인은 정확하게 서로 이황화결합을 이루어야만 한다. 이러한 과정은 췌장의 **랑게르한스섬**에서만 이루어진다.

대장균과 진핵생물에 속하는 효모(*Yeast*)는 이러한 기능이 없다(3.25절 참조). 그래도 인슐린은 당을 분해하지 않아도 되는 장점이 있었다(glycolysis, 해당작용). 인슐린 mRNA를 분리하는 방법은 쉽지 않아서 somatostatin을 합성하는 방법을 사용해야 했다. City of Hope National Medical Center의 한 과학자는 인내와 끈기로 3개월 동안 인슐린 사슬과 일치하는 유전자를 합성하였다. 그 사람은–10년 동안 Sanger가 이룬 성과에 감사함–인슐린이 어떻게 구성되어 있는지 알고 있었고 드디어 일치하는 염기순서들을 특별히 제작된 판 위에서 분석하는 법을 개발하였다.

이 과학자는 각각에서 유래한 여러 개의 뉴클레오티드에서 18개의 염기는 긴 사슬과 함께, 11개의 염기는 짧은 사슬과 함께 연결하였다. 그리고 이것을 다시 분리하기 시작했다. 모든 실패의 가능성에 대비해서 A–사슬과 B–사슬은 여러 종류의 미생물에서 병행해서 생산되게 하였다(그림 3.47). 이로서 활성화를 가진 인슐린이 마침내 세포 내에서 합성되었다.

3.21 애실로마 학회: 새로운 유전자 조작기술의 위험성에 대한 논의

왜 유전자 조작기술이 염려스러울까? 1975년 미국 캘리포니아주 애실로마(Asilomar)의 휴양지에서 버그(Paul Berg, 그림 3.47), 볼티모어(David Baltimore), 생어(Maxine Singer) 그리고 브레너(Sydney Brenner)와 함께 몇몇 학자들이 유전자 조작기술의 위험성에 대해 토론을 하였다. 예를 들어, 암을 유발하는 대장균이 유전자 조작으로 인해 항생제에 대해 내성을 가지는 경우, 즉 "세균으로 인한 유행성 암"이 번질 수 있는가? 걱정이 많은 과학자들은 물론 매스컴에 의해 유전자 조작의 위험성에 대한 공포감이 그들 자신의 책임으로 돌려질 수도 있다고 생각하였다.

만약 활성화된 인슐린을 생산하는 세균이 실수로 사람의 장으로 들어가서 그곳에서 산다면, 어떠한 일이 일어날 수 있을까? 세균은 치명적인 인슐린쇼크를 유발할 수가 있다. 이러한 일들은 미국국립보건원(National Institute of Health, NIH)에 의해 강력히 유전자조작 법률시행에 따라 규제가 되고 있다.

대장균(예, K12 종류)은 반드시 실험실 내에서만 사용되게 하고, 사용 후 살균처리하여 버리게 하는 방안이 강구되었다. 모든 실험실에는 미생물실험에 대한 여러 가지 안전수칙(P1~P3)단계에 대해 법안이 만들어졌다.

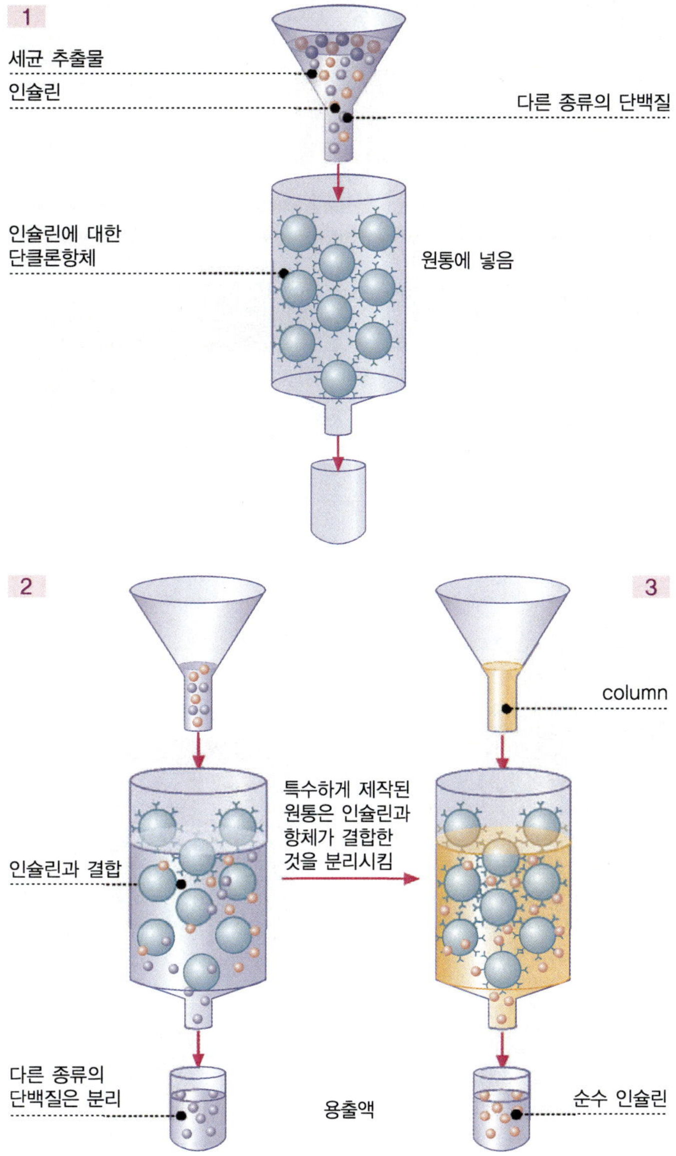

그림 3.49 친화성 크로마토그래피를 이용한 인슐린 정제

인위적으로 합성된 인슐린의 A–와 B–사슬에 대한 유전자는 자연적으로 잘린 유전자서열 형태와 정확하게 일치는 하지 않지만 폴리펩티드로서는 동일하다. 또한 각각의 A–와 B–사슬(somatostatin 경우와 동일하게)은 프로모터와 β–갈락토시다아제 유전자 뒤에 삽입되었고, 이것은 다시 여러 종류의 플라스미드에 삽입되었다.

이때 인슐린과 β–갈락토시다아제 유전자 사이를 "벌려서" 아미노산 **메티오닌**(ATG)을 삽입하였는데, 여기에서 만들어진 펩티드 A와 B–사슬의 N–말단에는 추가적으로 갈락토시다아제가 잘릴 수 있게 메티오닌이 달렸다(그림 3.51).

완성된 플라스미드를 각각 대장균에 도입을 시키

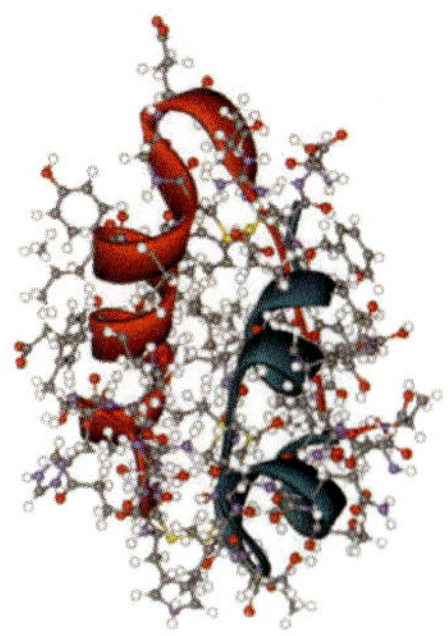

그림 3.50 인슐린의 3차적 공간 구조, 이황화 결합과 A와 B–사슬의 α–helix로 이루어졌다.

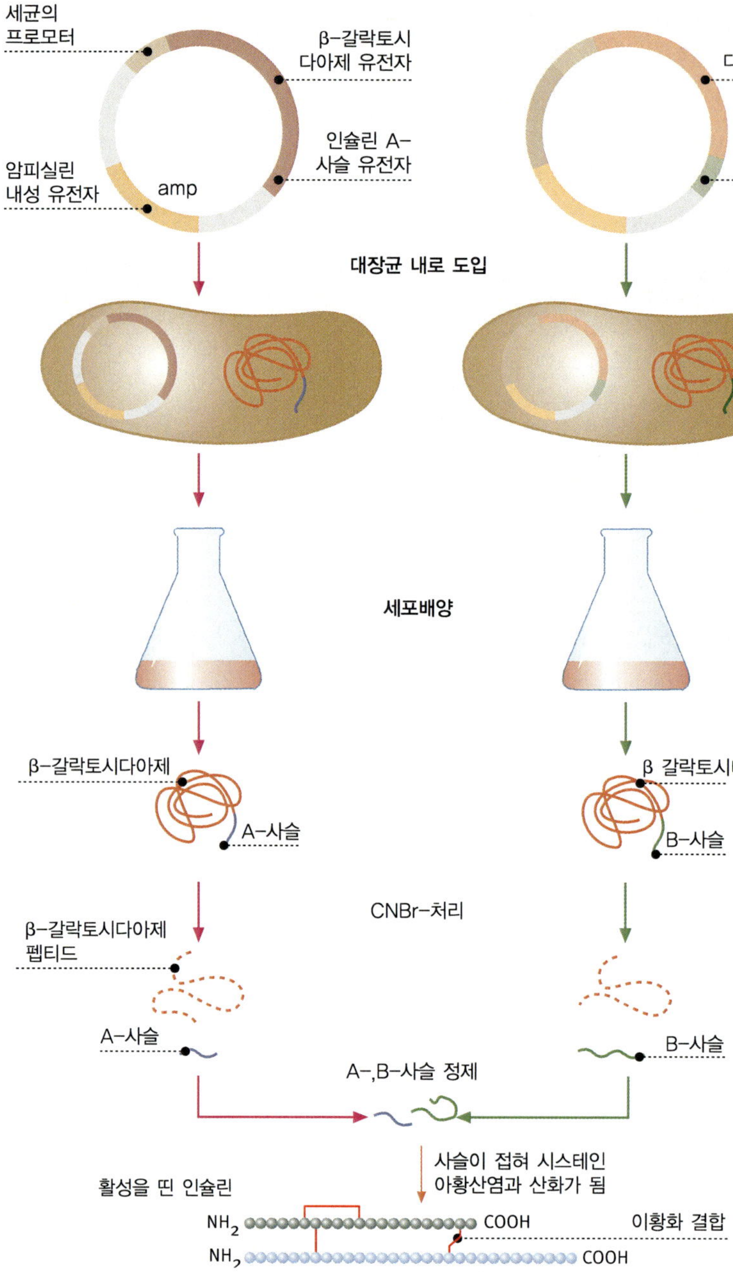

그림 3.51 분리된 대장균으로부터 각각의 인슐린 발현.

두 종류의 올리고머(A와 B-사슬)를 화학적으로 합성을 하였다. DNA 가닥을 각각의 인슐린 사슬과 융합을 시키고, 제한효소를 사용해서 사슬을 잘랐다. 잘려진 DNA 사슬들은 DNA 연결효소로 다시 플라스미드에 삽입되었다.

β-갈락토시다아제(β-gal) 유전자와 세균의 프로모터는 인슐린 DNA 앞에 삽입이 되었고, 대장균에서는 혼합단백질, β-갈락토시다아제-A사슬인슐린과 β-갈락토시다아제-B사슬 인슐린이 각각 생산되었다. 세포들을 모아서 혼합단백질을 정제하면 β-갈락토시다아제에는 메티오닌이 붙어있는데, cyanogen bromide (CNBr)을 사용해서 인슐린과 효소부분의 펩티드를 분리하였다. 이것으로 자연적인 형태의 인슐린이 생겼다. β-갈락토시다아제는 아직도 메티오닌의 잔기가 붙어있기 때문에 많은 작은 펩티드들이 형성되었다.

신기한 점은 인슐린 사슬내부에는 메티오닌이 존재하지 않아서 두 개의 사슬들은 서로 가까이 놓여 있게 된다. 정제를 한 후 A-사슬과 B-사슬의 시스테인과 황에 산화적 반응이 생기면, 두 개의 사슬은 서로 접해져서 사람인슐린으로 된다.

β-갈락토시다아제

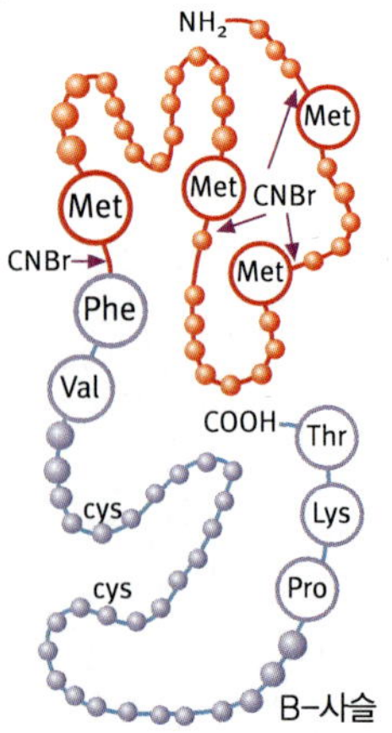

CNBr은 메티오닌 다음에 있는 펩티드 결합을 절단한다.

고, 생산된 펩티드를 cyanogen bromide(CNBr)를 사용해서 갈락토시다아제의 "특정한 위치"를 잘랐다. 그림 3.49는 인슐린이 세균에서 유래한 여러 가지 물질로부터 어떠한 방법으로 분리가 되는지를 보여주는데, 합성된 사슬들은 인슐린에 대한 특별한 항체와 크로마토그래피를 통해서 분리가 되었다. 이러한 분리법은 인슐린 항체에 대한 인슐린과의 친화력에 근거를 하고 있는데, 이러한 방법을 **친화성 크로마토그래피(affinity chromatography)**라고 한다.

여기에 화학적으로 처리되어야 할 단계가 한 번 더 있는데, "**황화물의 산화(sulfide oxidation)**" 이다. 아황산(sulfite)과 산소 그리고 저 염기성의 상태는 SH-그룹을 가진 시스테인을 산화시킨다. 이것은 아주 민감하며 활성화된 인슐린의 형태를 유지하기 위한 **이황화 결합**에서 산화된 SH-그룹의 옆에 붙는다.

활성화된 인슐린의 최종산물을 얻기 위해서는 A와 B-사슬이 잘못 엮어져서 그 사이가 좁혀진 것을 다시 잘라야만 한다. 이황화 결합은 공간 구조적 면에서 매우 중요한 요소로 작용을 하고, 이러한 구조로 되어야만이 인슐린이 활성을 갖는다.

활성을 가진 인슐린은 모두 3가지 이황화 결합을 가져야 하는데, A-사슬 내에서 한 개와 A와 B-사슬을 연결해주는 2개의 결합이다. 이렇게 미생물을 이용한 방법으로 재조합된 인슐린은 1982년 인슐린시장에서 획기적인 혁명을 가져다주었다.

안전성에 대한 이유로 인해서 A와 B-사슬은 절단이 되어서 생산이 되었다. 이러한 생각은 다음과 같은 사실과 연계되어진다. 1984년 Hoechst사는 유전공학적으로 만들어지는 인슐린 생산을 위해 생산 공장의 건설에 대해 허가를 신청했다. 끝없는 투쟁 끝에 마침내 1998년-14년 동안 서류처리 문제와 공식적인 토론을 거쳐서-Hoechst Marion Roussel 이라는 공장이 독일 내에 세워지게 되었다.

3.22 한 종류의 대장균에서 유래한 사람풋인슐린

다음 단계의 개선점으로는 풋인슐린 생산을 한 종류의 세균에서만 얻는 것이었다. 완전한 풋인슐린 유전자(신호펩티드가 제거된, C-사슬을 포함한 상태)는 먼저 인위적으로 합성되었다. 첫 번째 아미노산 앞의 코돈은 메티오닌(ATG)이었다.

이것의 장점은 오직 한 종류의 플라스미드와 한 종류의 대장균 종류를 사용해서 풋인슐린을 생산하는 것이었다. 이 경우는 풋인슐린 유전자가 트립토판(tryptophan) 합성효소의 프로모터에 의해 조절이 되는 것이었는데, 플라스미드에는 트립토판 합성프로모터, 트립토판 합성유전자, ATG 염기(메티오닌이 달려있어 쪼개어지는 부분) 그리고 풋인슐린 유전자(B-C-A 사슬)가 있었다. 이것들은 나중에 합성단백질을 만들었다.

융합 단백질(fusion protein)이 만들어지면, 이것에 CNBr을 첨가해서 메티오닌이 있는 트립토판 효소부분을 잘라내고 풋인슐린을 추출하였다. 황화물의 산화 방법을 통해서 정확하게 시스테인이 접합되도록 하면 C-말단 부분이 포함된, 양적으로나 질적으로 뛰어난 A와 B-사슬을 얻을 수 있었다. 나머지 C-사슬을 **트립신**으로 제거시키면, 정확하게 접혀진 형태로서의 활성을 가진-거의 100% 사람인슐린과 동일한-인슐린이 완성된다. 오늘날까지 이러한 방법으로 Berlin-Chemie, Sanofi-Aventis (과거의 Hoechst)와 Lilly에서 인슐린이 생산되고 있다.

3.23 풋인슐린 생산자로서의 효모

Novo Nordisk 회사는 원핵세포의 세균 대신에 진핵세포인 효모를 사용하였다. 그들 역시 합성된 유전자를 사용하였는데(C-사슬전체 절단 실패 후), C-사슬은 단지 9개의 뉴클레오티드(3개의 아미노산 합성)로만 구성되었다. 효모의 프로테아제는 이렇게 짧은 펩티드를 가수분해시키지 못했다. 이 짧은 펩티드는 신기하게도 A와 B-사슬을 효모 세포 내에서(그리고 생성과정의 마지막 부분이 아닌 단계에서) 이황화 결합으로 확실하게 접어지는 구조를 이루게 하였다. 이러한 "미니-인슐린전구 유전자"는 효모로부터 만들어지는 triose phosphate isomerase유전자(해당작용에 관여하는 효소들 중의 하나) 프로모터에 의해 조절이 된다. 더욱 절묘한 것은, 프로모터와 유전자(B-사슬+짧은 펩티드+A-사슬) 사이에 **개시 염기**를 삽입하였다. 합성된 개시 펩티드는 세포 밖에서 효모의 프로테아제에 의해 분해가 되는 대신에 미니-풋인슐린을 세포 밖으로 내보내는 것에 박차를 가하는 역할을 하였다.

이렇게 완벽하게 생성이 된 풋인슐린은 용액에 녹아들어갔고 미니-C-펩티드는 돼지인슐린에서 사람인슐린으로 변화시키는 방법으로 분리되었다. 물이 부족한 상태의 용액(유기용매)에 있는 **트립신**은 threonine-tetrabutylester가 존재하면 두 개의 라이신 가지로 쪼개어지게 하고 B-사슬의 역반응을 길게 함으로써 threonine-ester 기가 생긴다. 효소반응에 의한 가수분해를 통해서 활성을 가진 사람인슐린이 생산되었다.

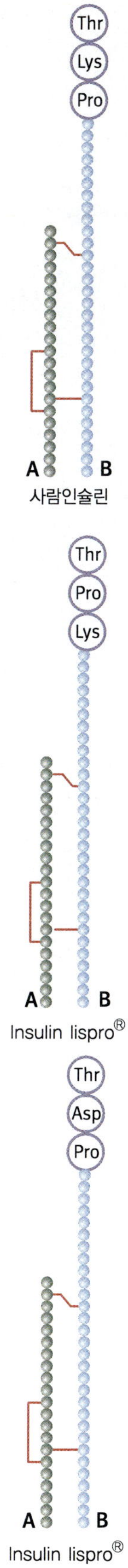

그림 3.52 다양한 형태로의 인슐린 구조

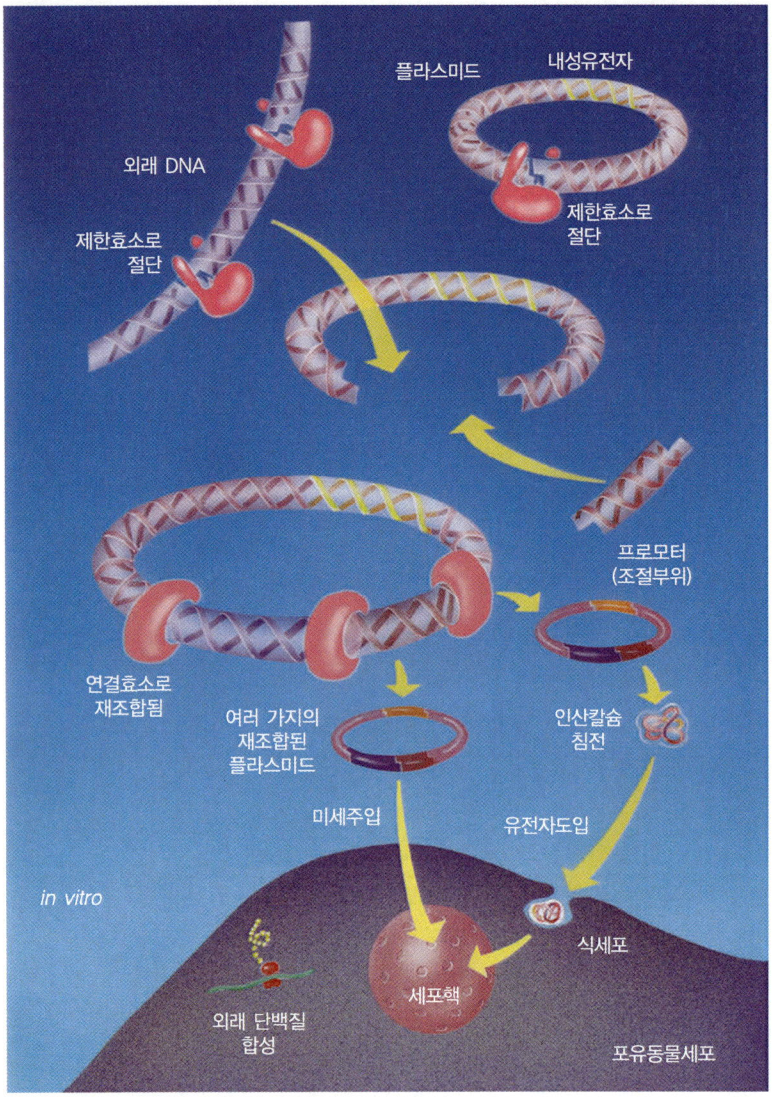

그림 3.53 포유동물세포에서의 유전자 조작.
먼저 외래 DNA를 분리하여 세균에 클로닝 하였다(또는 PCR을 이용해서 증폭시킴). 제한효소와 연결효소를 사용해서 벡터를 자르고 DNA를 벡터내로 삽입을 시킨다(세균 플라스미드는 특정한 항생제에 대한 내성을 가진 유전자를 포함한다). 동물세포내로 들어간 외래 DNA가 읽혀질 수 있도록 동물세포의 프로모터를 동시에 외래 DNA 앞에 붙여준다(프로모터는 RNA중합효소가 인지할 수 있는 염기서열로 구성).
재조합된 플라스미드는 세균으로 도입되고, 성공적으로 도입된 세포는 특정한 항생제에 대해 내성을 가져서 선별이 된다. 외래 DNA를 포함한 플라스미드는 세균에서 클로닝이 되고, 마침내 분리가 되어 많은 숫자의 외래 DNA가 포함된 플라스미드를 얻는다.
포유동물세포내로의 유전자도입(transfection)은 세포막 내로 직접 주입을 하는 미세주입법이나 플라스미드를 침전시켜서 세포로 들어가게 하는 방법이 있다. DNA의 적은 양만이 세포로 들어가서 융합이 되어 마침내 안정적으로 외래 단백질을 생산한다. 포유동물세포의 유형에 따라서 배양을 하는데, 이것은 생산된 단백질을 가능한 한 간단하게 배양액으로 배출하게 해서 정제하기 위함이다.

3.24 합성 인슐린–단백질공학을 이용한 다양화

이러한 방법을 통해서 만들어진 사람인슐린은 모두 안전하였다. 이제는 한걸음 더 나아가 자연적인 상태에서는 존재하지 않는 다양한 형태의 인슐린들을 유전공학 방법을 이용해서 만드는 것이다.

첫 번째 고려해야 할 점은 인슐린의 효과를 빠르게 하는 것이고 두 번째는 24시간 이상의 효능이 지속되게 하는 것이다.

인슐린을 피하주사로 맞게 되면, 짧은 시간 내에 인슐린의 농도가 주사기 안뿐만 아니라 피부 내에서 아주 높은 농도로 존재한다. 인슐린이 높은 농도로 존재하게 되면 스스로 6개의 분자로 뭉치는 6단위체(hexamer)를 형성한다. 그래서 목표로 하는 세포에 도달하기 위해 혈관으로 흡수되기 전 그것들은 다시 피하 내에서 단위체나 이합체(monomer or dimer)로 분리되어야만 했다. 피하주사를 통한 인슐린은 혈액 내에서 천천히 활동을 하게 되고 또한 비생리학적인 상태를 오랫동안 유지하게 되는데 당뇨병환자들에게는 이러한 것들이 문제가 되었다.

과학자들은 어떻게 하면 빠른 시간 내에 인슐린을 침투시킬 것인가에 대해 고민하였다. 1996년 인슐린의 B-사슬의 아미노산 서열 중에서 28번에 위치한 프롤린과 29번에 위치한 라이신의 자리를 바꾸어서 Humalog®이라는 상품이 생산되었는데, 이것을 Insulin lispro(그림 3.52)라고 명명하였다. 이름에서 알 수 있는 것처럼 라이신 프롤린의 위치가 바뀐 것이었다. 만약 여기에서 프롤린 대신에 아스파라긴이 있으면, Insulin aspart®라고 명명된다.

이와 같이 변형된 형태의 인슐린은 효과가 매우 빨랐다. 세포내에서 인슐린 농도의 최고치가 과거 90분 만에 도달되었던 것이 60분 만에 도달되었다. 인슐린농도가 내려가는 속도도 빨랐다. 이것은 자연적인 인슐린에서 농도가 떨어지는 것보다 더 효과가 좋았다. 환자들은 식사하기 전 언제 인슐린을 맞아야 할지 고민하지 않아도 되었고, 간식 또한 먹을 수 있었다.

이미 생산되어 있지만 효과가 별로 좋지 않은 인슐린에 대해서도 계속 연구가 되었다. Insulin glargine (HOE 901, Lantus®)은 사람인슐린의 유사상품으로서 유전공학방법에 의해 만들어진 것인데, 6단위체를 형성하여 빨리 용해가 되지 못하는 단점이 있었다.

B-사슬의 C말단부위에 2개의 아르기닌을 붙이고 A-사슬의 21 위치에 아스파르트산 대신 글리신을 붙였다("gl" 이라 명함). Insulin glargin은 생물학적 범위(pH 7.4)내에서는 쉽게 녹지 않았다. 향상된 형태의 인슐린은 안정적인 6단위체-회합체를 형성하여 피하주사 시 천천히 녹으면서 24시간 이상 약효가 지속되었다. 이러한 것은 *one-shot-variant*로서 사람들이 직접 스스로 주사 놓는 것을 가능하게 하였다.

위에서 언급된 모든 경우는 유전공학이라는 방법을 통하여 아미노산의 위치를 바꿈으로써 가능하였고, 인슐린은 대장균에서 생산되었다. 이러한 것들은 모두 **단백질공학(protein engineering)** 이라는 실용적이고도 성공적인 하나의 예이다.

2005년 3월 15일 이래로 독일 내에서는 인슐린 생산에 동물 사용이 금지되었다.

3.25 동물세포의 유전자 조작과 변형단백질 생산

세균을 이용해서 사람인슐린 획득에 대한 행복감에 젖은 후 유전학자들에게는 다른 또 하나의 시련이 기다리고 있었는데, 그것은 이미 예감된 것이었다. 모든 단백질이 미생물을 조작한다고 해서 만들어지는 것은 아니었다. 인슐린은 그중에 가장 운이 좋았던 경우인데, 그것은 작은 크기의 단백질 이었으며 오직 아미노산으로만 구성되었다.

단백질의 특징을 나타내는 것에서는 아미노산의 염기서열만이 중요한 요소가 아니었다. 복잡하고 정확하게 이루어져야 하는 동물과 사람의 단백질은 그의 역할을 수행하기 위해 아미노산 외에도 당, 인산 그리고 뉴클레오티드와 같은 것이 포함되어야 했다. 하지만 이러한 것들은 원핵 세균에서는 합성되지 않거나, 혹은 합성이 되더라도 활성되지 않았다. 하나의 해결책으로는 세포의 구조 및 물질대사가 진화된 진핵생물인 효모를 사용하는 것이었다. 효모는 풋인슐린, Hirudin(9장 참조) 생산에도 성공적일뿐만 아니라 B형 간염(Hepatitis B, 5장 참조)에 대한 백신생산에도 이용되었다. 이러한 점은 대장균과는 대조적이었다.

물론 효모 역시 많은 효소들이 존재하지 않고 특정한 단백질에서 필요한 보조요소도 없으며, 새로 합성된 단백질이 이황화 결합을 이루어 안정적인 그들만의 공간에 맞게 조직적 구조를 갖지는 않았다.

여기에서 유일한 방법은 포유동물세포를 유전적으로 조작을 하여(그림 3.53) 생물반응기(bioreactor)에서 많은 양을 키우는 것이었다. 이에 대해 조금이라도 희망이 있어 보이는 것은, 오늘날 기술적인 면에서는 이에 대해 준비가 잘 되어 있다는 것이다.

포유동물세포의 유전자 조작은 세균을 조작 하는 것과 비교했을 때 보다 더 많은 어려움이 내재되어 있는데, 이것은 포유동물세포의 DNA가 복잡하게 구성되어 있기 때문이다. 유전자는 염색체 단백질에 둘러 싸여있고 핵 안에 위치하고 있다. 외래 DNA는 세포핵으로 들어가야 될뿐만 아니라, 세포 내에서 그들의 발현이 이루어져야 했다.

먼저 원하는 포유동물에서 DNA를 분리하여 세균에서 클로닝을 하거나, PCR(polymerase chain reaction, 중합효소연쇄반응)을 이용하여 사용할 만큼의 충분한 DNA양을 얻는다(증폭시킴). 동물세포 내로 증폭된 DNA를 넣기 위해, 운반을 용이하게 하는 벡터 시스템이 필요하다(Box 3.2 참조).

가장 많이 이용되는 벡터들은 세균의 **플라스미드(plasmid)**이다. 이 플라스미드는 사용 용도에 따라 항생제 내성유전자가 삽입이 되어 외래유전자가 성공적으로 도입된 세균만을 선택적으로 고를 수 있게 해주고, 다량의 자손세포를 만들어 연구하는 데에 도움을 준다, 그래서 이러한 플라스미드는 동물세포에 치명적인 항생물질에 대해서도 살아남게 해주고, 물질대사에 이상을 초래하더라도 사용된 동물세포가 그것을 상쇄하게 할 수 있는 효소유전자를 가지고 있어야 한다. 이러한 두 가지 경우만이 선택적 시료에서 플라스미드가 포함된 원하는 세포들을 찾을 수 있다.

이미 알려진 제한효소나 DNA연결효소, 즉 "DNA를 자르거나 접착시키는" 효소들은 사람의 유전자와 함께 플라스미드에 삽입이 되고, 나중에 동물세포 내에서 발현이 될 수 있게 프로모터도 사람의 유전자가 놓인 위치 앞에 함께 삽입시킨다.

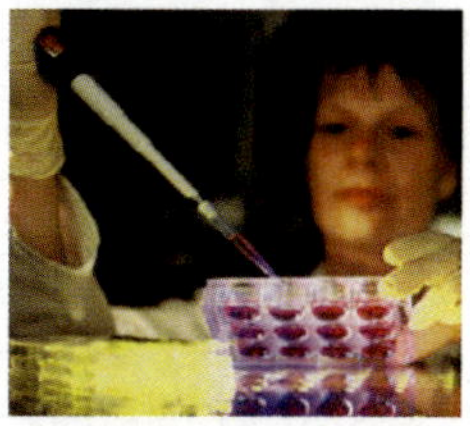

그림 3.54 특별히 제조된 배지에서 포유동물세포를 배양한다.

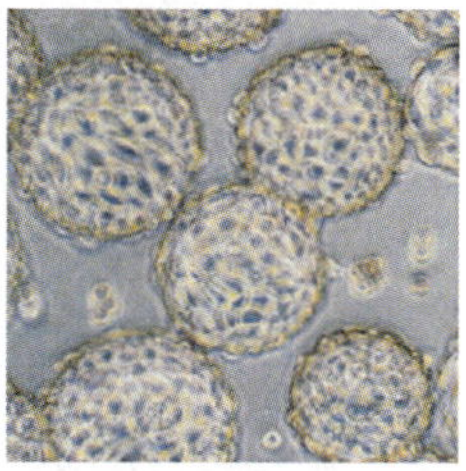

그림 3.55 포유동물세포는 둥근 군집 모양의 형태를 형성하여 자란다.

그림 3.56 생물반응기(bioreactor)-포유동물세포 배양기

그림 3.57 그림에서 보여주는 포유동물세포 배양기-생물반응기에 있는 교반기는 세포가 배양액과 자랄 수 있게 한다.

포유동물세포의 단백질 합성 후 가능한 조작들

- 시스테인기 사이의 이황화 결합
- 해당작용
- N-말단의 종결
- 단백질을 세포막에 결합시키기 위해서 farnesyl화 또는 myristic화
- 특징적으로 가수분해시킨다

이렇게 만들어진 재조합플라스미드는 세균과 함께 섞어서 플라스미드가 세포 안으로 들어가게 하고, 특정한 항생제에 대해 내성을 가진 세포들만을 쉽게 골라낸다. 세포들은 분열하여 동일한 세균 세포로 이루어진 커다란 집단 또는 군체를 형성한다. 이것을 클론(clone)이라고 하는데, 한 클론에는 복사가 된 동일한 플라스미드들이 포함되어있으며 많은 숫자가 증폭되어 있다. 세균으로부터 이러한 플라스미드를 간단히 분리한다.

세포내로의 유전자도입(transfection)은 재조합된 플라스미드를 포유동물세포내로 도입시키는 것으로 다음과 같이 여러 가지 방법이 있다.

벡터의 **미세주입법(microinjection)**은 현미경하에서 아주 가는 주사바늘을 사용해서 벡터를 세포핵 안으로 주입을 하는 방법이다. 플라스미드가 포유동물세포의 염색체 DNA에 성공적으로 들어가면 서로 융합된다.

인산칼슘 침전법(calcium phosphate transfection)은 플라스미드를 인산염용액(phosphate buffer)에 넣고 섞은 후 칼슘이온을 추가로 넣어주면, 물에 녹지 않는 인산칼슘이 형성되어 플라스미드가 그 사이에 쌓이게 된다. 이렇게 뭉쳐진 것들은 두툴두툴한 침전물을 만들어 가라앉는데, 칼슘이온은 동시에 DNA 침전물을 동물세포막 안으로 들어오게 한다. 적은 양의 DNA만이 세포 내로 도입이 되어 안정적으로 염색체 DNA와 융합된다.

전기 천공법(electroporation)은 포유동물세포에 강한 전기적인 충격을 주어서 외래 DNA가 세포내로 들어가게 하는 방법이다. 짧은 시간 동안 전기적 충격에 의해 세포막에 큰 구멍이 만들어지는데 이때 플라스미드는 세포내로 들어간다.

이러한 세포내로의 유전자 도입이 끝나면, 포유동물세포는 특정한 배지에서 키워지는데(그림 3.54), 이미 대장균 상태에서 검증이 되어 살아남은 클론들이 다시 선택된 배지에서 유전적으로 조작이 된 세포들만 걸러져 살아남는다. 예를 들어, 항생제에 대해 내성을 가진 플라스미드가 존재하거나 또는 물질대사에 이상을 초래해도 그것은 세포내에서 상쇄를 할 수 있는 효소유전자를 가진 세포들이다.

원하는 물질을 여러 가지 방법을 통해서 얻는다. 만약 생산된 물질이 세포 안에 머물러 있으면 키워서 막을 깬 후 분리를 하고 정제를 한다(그림 3.49). 반대로 생성된 물질이 세포 밖으로 분출되는 것이면(예, 항체의 경우), 생물반응기의 배지로 흘러나오게 하여 추출한다.

조작된 세포는 클론을 형성한다. 선택적인 배지에서 자라 원하는 단백질을 많이 생산하여 배지 밖으로 내보낸다.

대부분의 포유동물세포는 자연적인 상태에서는 성장을 위해 표면이 단단한 상태가 필요한데, 유리나 플라스틱은 정상적으로 세포가 잘 자라게 해주는 최상의 조건이다. 오늘날 단일종류세포의 배양은 생물반응기의 배지에서 자란다.

또한 포유동물세포는 겔(gel)에서도 자라는데, 혼성세포(hybridoma)에서 형성된 항체는(5장 참조) 알긴산염(alginic acid)에서 만들어진 캡슐에서 자란 후 캡슐의 막을 통해서 항체가 나온다.

생명공학 발전에 있어서 최고봉이라 할 수 있는 유전공학의 첫 번째 산물은 유전자조작에 의한 의약품 생산이다.

1940년경에 페니실린의 생산은 이미 생명공학에서 한 획을 긋는 일이었다.

유전공학에 있어서 생각해 봐야 할 점들

이제 우리는 상당히 진지해져야 한다고 생각한다.
불에 순종하는 것부터 슈퍼컴퓨터가 만들어지기까지, 과거의 모든 문명의 발달은 자연적인 욕구에 의한 것이었다. 우리는 다루는 주체였고 자연은 그 반대로 객체였다. 우리의 목표는 사람들을 자연에 의해 연계된 힘든 일로부터 해방되게 하는 것에 있었다. 우리가 지금 무엇인가를 준비해야 하는 것은 자연의 주변에 생명이 있는 것과 없는 것에 순종하는 것이 아니다. 우리는 스스로 우리들의 의지와 몸과 머리와 마음을 생물학적인 존재로서 기획하는 것을 시작해야 한다. 그리고 기술적 평가를 한 후 다시 모형을 세워야한다.
우리는 우리들의 존재에 대해 근본적으로 생각해야 하고, 더 이상 주변 환경이 변화되지 않게 하며, 우리 스스로가 우리의 육체를 더 건강하게 하고 근본적으로 치유를 해야 한다. 만약 그것이 가능하다면.
이러한 것들이 과연 가능할까?
만약 가능하다면, 우리가 아직도 인간이라 할 수 있을까?
Jens Reich: "Es wird ein Mensch gemacht"(인간이 만들어졌다) Rowohlt Berlin 2003

참고문헌

- Das entscheidende weiterführende Buch, komplementär zur vorliegenden 'Biotechnologie für Einsteiger' :
  Brown T A (2002) Gentechnologie für Einsteiger. 3. Aufl.
  Spektrum Akademischer Verlag, Heidelberg, Berlin
- Obwohl ein Dutzend Jahre alt, immer noch die beste Einführung in die DNA-Forshung:
  Watson J D, Gilman M, Witkowski J, Zoller M (1993) Rekombinierte DNA.
  2. Aufl. Spektrum Akademischer Verlag, Heidelberg
- Geschichte der DNA-Forschung:
  Judson H F (1980) Der 8. Tag der Schöpfung: Sternstunden der neuen Biologie.
  Meyster, Wien und München
- Der autobiografische Klassiker von Jim Watson:
  Watson J D (1969) Die Doppel-Helix. Rowohlt-Verlag, Hamburg
- Das umfassende, reich illustrierte Kompendium zur Gentechnik und Biotechnologie, schon jetzt das Standardwerk für Pharmazeuten auf Deutsch:
  Dingermann T (1999) Gentechnik Biotechnik. Wissenschaftliche Verlagsgesellschaft, Stuttgart
- Eine gute US-amerikanische Einführung, hauptsächlich in die Gentechnik, mit Tipps für Berufe in der US-Biotechnologie:
  Thiemann W J, Palladino M A (2004) Introduction of Biotechnology.
  Pearson/Benjamin Cummings, San Francisco
- Biochemie pur und sehr gut illustriert, 'Der Stryer' :
  Berg J M, Tymoczko J L, Stryer L(2003), Biochemie, 5. Aufl.
  Spektrum Akademischer Verlag, Heidelberg, Berlin
- Trotz des Alters lesenwert und voller neuer Einsichten: Bergep, Singer M(1993) Die Sprache der Gene. Spektrum Akademischer Verlag, Heidelberg, Berlin, Oxford
- Modernes, sehr gut illustriertes Mikrobiologie-Buch:
  McKane L, Kandel J (1996) Microbiology, essentials and applications.
  2nd ed. McGraw-Hill Inc., New York

웹사이트

- Geschichte der DNA-Forschung und großartige Animationen, unbedingt ansehen:
  www.dnaftb.org/*dnaftb*
- Auf Deutsch werden molekularbiologische Grundlagen vermittelt durch Prof. Hans Traxel (Bern):
  http://ntbiouser.unibe.ch/trachsel/teaching/Gentechnologie/Start.html
- DNA-und Chromosomen-Animation ... fantastisch:
  www.wehi.edu.au/education/wehi-tv/dna/wrapping.html
- David Godsells Beiträge zur Proteindatenbank im Original:
  www.scripps.edu/mb/goodsell/
- Das Insulinmolekül als dreidimensionales Bild, frei rotierbar:
  http://brodel.med.utoronto.ca/molecule/
- Die klassishen Artikel von Wilkins, Franklin, Avery, Watson und Crick im Original: *www.nature.com/nature/dna50/archive.html*

자가진단을 위한 8가지 문제

1. DNA와 RNA는 어떻게 구별되는가? 그에 대해 적어도 3가지 차이점을 서술하시오.
2. DNA 사슬이 다음과 같다.
   5'-AATTCGTCGGTCAGCC-3'
   이에 상보적인 염기서열은 무엇인가?
3. 당신은 새로운 세균 종을 발견하였다. 세균은 17% 아데닌으로 구성되었면, 이 세포는 몇 %의 구아닌으로 이루어졌는가?
4. 진핵생물의 mRNA의 염기서열이 다음과 같다.
   5'-AUGCCCCGAACCUCAAAGUGA-3'
   몇 개의 코돈이 포함되어 있는가? 몇 개의 아미노산이 합성될 수 있는가? (보통의 경우 mRNA는 길다. 힌트: 단백질생성을 위한 코돈만이 포함되어 있지 않다)
5. 만약 인간게놈 DNA를 직접 제한효소로 자른 후 플라스미드에 삽입을 하고 단백질의 발현을 유도한다면, 어떤 종류의 단백질이 만들어질까? 이러한 결과물을 저지하는 방법은 무엇인가?
6. 세균 플라스미드가 외래 DNA 운반을 위해서 가장 좋은 벡터로서의 조건은 무엇인가? 바이러스에 기원한 벡터를 적어도 한 가지 예를 드시오.
7. 왜 DNA 탐침자(probe)는 항상 단일가닥 DNA 이어야만 하는가?
8. 어떠한 이유에 의해서 인슐린의 A와 B-사슬이 대장균에서 분리되어 생산되는가?

백색생명공학

_물질합성 공장인 세포

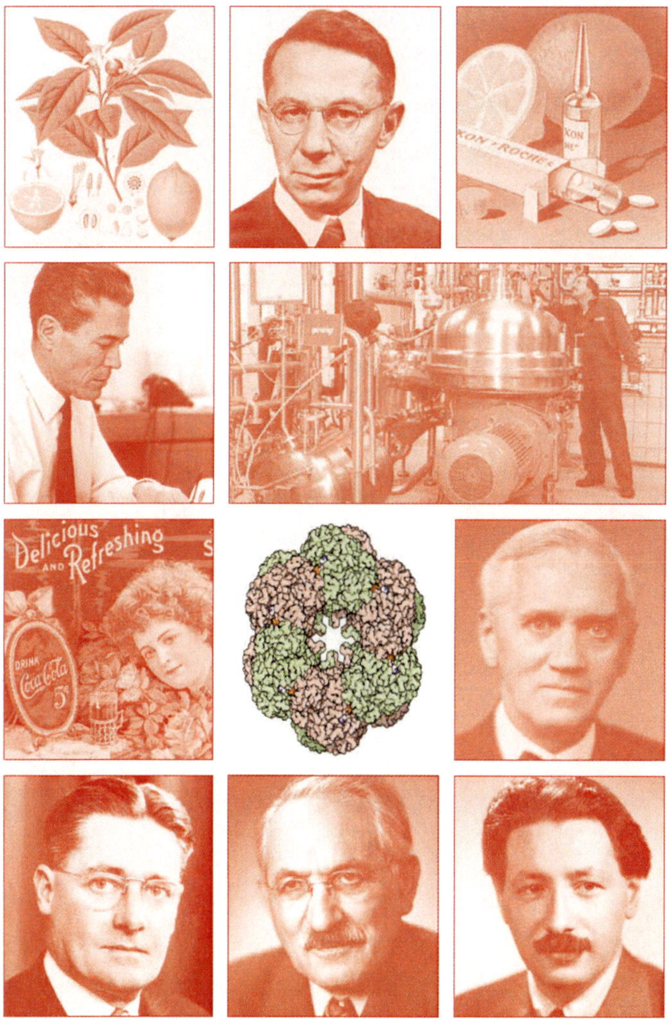

Chapter 04

그림 4.1 이론 생물학의 창시자인 Ludwig von Bertalanffy(1901~1972)는 하나의 이론으로부터 부분적으로 강렬한 실제 결과를 도출해 내게 된다.

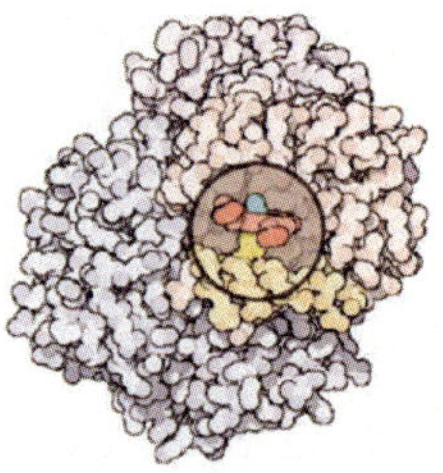

그림 4.2 헤모글로빈(헴 그룹인 포르피린과 철의 복합체에 산소가 결합되어 있는 형태)은 다른자리입체성(allosteric) 효과를 보여줄 수 있었던 첫 번째 단백질이다. 산소결합은 분자의 형태를 변화시킨다. 이를 통해 다른 산소와의 계속적인 결합이 수월해지게 된다.

그림 4.3 노벨상 수상자이자, 파스퇴르연구소에서 1971년부터 사망해인 1976년까지 소장을 맡았던 Jacques Monod(1910~1976). Monod는 여러 번 논의되었던 철학적 영역인 "우연과 필요"에 대해 저술하였다.

4.1 문제 개요

각 세포는 환경에 대면하고 있는 **개방체제(open system)**이다. 물질들은 지속적으로 세포를 드나들게 되고, 따라서 특별히 빠르게 변화되는 한편, 한 번도 정체된 평형을 이루는 적은 없으면서 안정상태(steady state)에 머물게 된다. 이론 생물학의 공동 창시자인 **Ludwig von Bertalanffy**(1901~ 1972, 그림 4.1)는 이러한 현상에 대해 다음과 같이 표현하고 있다. "만약 당신이 한 마리 개를 키우고 있다면, 당신은 5년 후에도 같은 이름으로 불리는 같은 개를 당신 앞에 두고 있다고 믿을 것입니다. 하지만 실제로는 오늘 당신에게 있는 그 개라는 실체와 똑같은 것은 다시는 존재하지 않는 것이지요. 5년이라는 세월이 흐르는 동안 그 개가 이전과 같이 여전히 가지고 있게 되는 세포나 분자는 극소수에 불과하게 되니까요. 이 생물체가 아는 사람들과 당신의 부인을 위해 지속적으로 새로운 생명물로 헌신하는 결과로 당신은 키우는 즐거움을 가지게 되는 것입니다".

예를 들어 70kg의 몸무게가 나가는 사람이 하루에 약 50~100g의 단백질과 300g의 탄수화물 그리고 40~90g의 지방을 섭취하고, 여기에 물, 비타민, 미네랄을 섭취하고 500L의 산소를 마신다고 가정해 보자. 그의 몸에서는 이로부터 "에너지 변환체"인 아데노신-3-인산(adenosine triphosphate, ATP) 70kg과 2kg의 시트르산(구연산, citric acid)

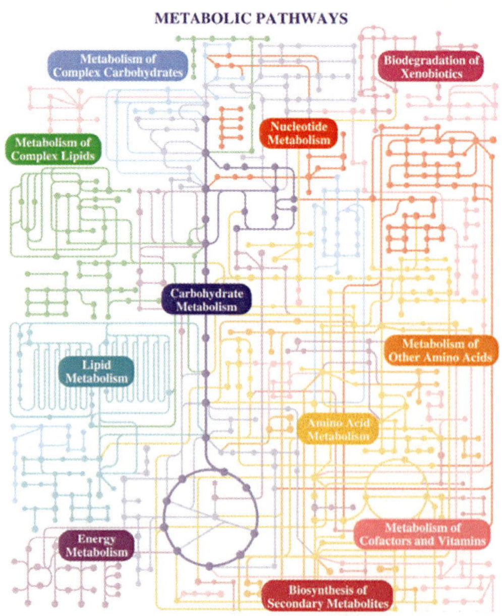

그림 4.4 세포 중 대사 네트워크: 예를 들어 복합체인 당으로부터(파란색, 왼쪽 위) 해당작용(glycolysis, 1장 참조)를 통해 포도당이 생성되며, 이는 다시 변환되어(파란색, 오른쪽 중간부분) 시트르산 회로로 들어가게 된다(파란색, 아래). 아미노산은 파생물로 형성된다.

이 생기고 분해되며 마지막으로는 에너지와 사용되지 않은 부산물들이 생기게 될 것이다.

지속적으로 영양분이 공급될 때 세포체계는 정상상태를 유지할 수 있다. 이 외에도 내장에서는 2kg에 해당되는 미생물들이 대사나 몇몇 중요한 비타민의 형성에 이용되고 있다.

몇몇 세포들은 크기가 평균 1/1,000로부터 1/100mm에 해당되고 이 안에서는 수많은 대사작용이 차례로 혹은 동시에 일어난다. 조용히 머무를 때나 활동 중이거나, 배가 고프거나, 성장 중이거나, 덥거나 춥거나 대사의 정상적인 상태가 고도로 유지되어야 하며 변화되는 환경에 대해 적응할 수 있어야 한다. 따라서 모든 생명체는 긴밀하게 연루되어 있으며 여러 가지 원칙에 근거하고 있는 **법칙과 관리체계의 망**으로 구성되어 있다. 세포 차원에서는 효소가 이러한 연결망 중에서 중요한 역할을 하게 된다. 공장의 한 일부분처럼 "세포 공장" 내 대부분의 효소들은 긴 혹은 몇 겹으로 가지를 뻗은 사슬이나 회로형식으로 구성되어 있다(그림 4.4, 4.6). 가장 단순한 형태로 되어 있는 효소는 **세포질(cytoplasm)** 중에서 자유롭게 "떠 있는" 것이다.

몇몇의 세포질 중에는(그림 4.5) 예를 들어 포도당 가수분해(glycolysis)에 가장 중요한 효소들이 50,000~100,000분자들로 존재하고 있다(1장 참조). 이들에 대한 자그마한 기질들과 생산물들은 하나의 효소로부터 다른 효소로 가기 위해 비교적 빠른 속도로 기질을 통과하게 된다. 그러나 아무리 기질이 빠르게 움직이고 효소들간의 거리가 최소로 되어 있다고 해도 그 사이에는 방해 요인이 존재하게 된다. 효소의 작용을 활성화 시키거나 방해하는 물질이나 다른 대사에 관여하는 효소들은 각 작용에 있어 방해요인이 될 수 있다.

고도로 조직화된 효소들은 이러한 방해요인들을 피하는 한편 효율은 높이고자 하는데, 이를 위해 서로 함께 위치하거나 복합물을 형성한다. 대부분 이러한 형태는 여러 다른 종류의 효소들이 함께 구조를 이루고 있는 것으로 **복합효소 체제(multi-enzyme system)**라고도 표현한다.

독일 생화학자로 노벨상을 수상한 Feodor Lynen (1911~1979)은 세포 중의 지방합성 대사를 오랜 시간에 걸쳐 연구하였다. 여기에서 그는 세포 중 지방산이 합성되기 위해 큰 덩어리의 복합세포 체제가 구성된다는 것을 발견한다. 효모의 경우 지방산을 합성하는 7개의 효소로 구성된 복합물을 가지고 있다. 이러한 복합체제를 구성함으로써 공간적으로 떨어져 있는 거리를 최소화하게 되는 것이다. 기질은 직접 하나의 효소로부터 그 다음 효소로 건너가게 되고, 그리하여 닫혀져 있는 공간에서 순환하는 형식의 시스템을 구성하게 되며 생산물이 발생했을 때만 이 체제를 떠나게 되는 것이다. 이러한 구조에서는 방해요인들을 차단할 수 있게 된다.

전자현미경을 통해 처음 관찰하였던 것과 같이 고등동물의 세포들(eukaryotes) 속에는 모든 물질들이 그냥 불규칙적으로 들어 있는 것이 아니고 다양한 망과 통로로 연결되어 있으며, 세포막으로 둘러싸여 있는 형태이다. 그림 4.8은 세포가 어떻게 "통통하게 채워져 있는지"를 보여주고 있다(이는 진핵세포에 해당됨).

마치 다양한 색상으로 이루어진 건물 같은 구조는 진핵세포 중에서 다양한 기능을 위한 공간들이나 부분들을 나누어 놓은 것이다. 벽과 관, 줄 등은 **세포막**(cell membrane, 그림 4.5)으로 형성되어 있고 특수 부분에 대한 구역도 이를 통해 이루어지게 된다. 핵은 본부이며 미토콘드리아는 발전소이고 리보솜들은 단백질 생산을 하는 곳이다. 마치 한 공장에 있는 기계들과 전문가들은 각자의 특수 분야에 대해 일을 하는 것과 같이, 세포의 구성물들의 특정 효소는 해당 기능을 수행하는 영역에만 국한되게 된다. 여기에서 각자 맡은 기능을 수행할 수 있도록 서로가 엄격하게 다른 공간에 분리되어 있게 된다. 예를 들어 지방산들은 세포질에서 형성이 되는 한편 분해는 막을 통해 분리되어 있는 미토콘드리아 내부에서 일어나게 된다.

세포막은 차단벽으로서의 기능 외에도 기질들이 특정 부위에 다량으로 쌓이도록하고, 효소작용에 연결시켜 주며, 공간적으로 정렬시키고 조직화하는 역할을 하기도 한다. 더욱 많이 관찰되는 것은 효소들이 세포 내에서 자유롭게 존재하기 보다는 다양한 조직들과 결합되어 존재하는 상태라는 것이다. 효소에 대해 명확한 것 중의 하나는 세포막의 지질

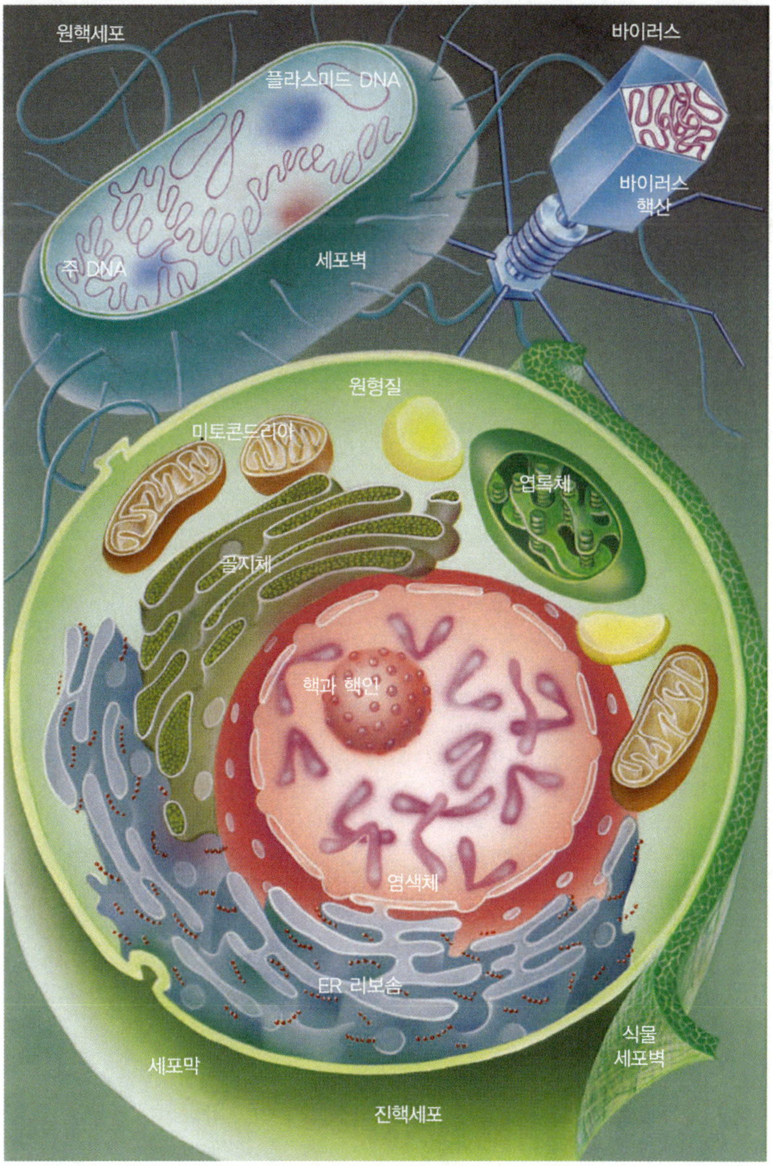

그림 4.5 진핵세포(아래, 식물이나 동물의 세포를 조합해서 구성해 놓은 것)와 원핵세포(위 왼쪽) 그리고 바이러스(그림 상의 바이러스는 박테리오파지)

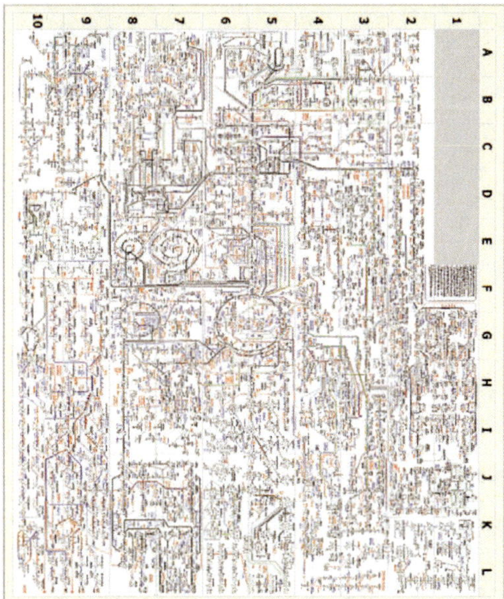

그림 4.6 놀라운 총체적 요약본: 세포의 지도. Gerhard Michal(Boehringer-Mannheim, 지금의 Roche)이 만든 유명한 대사경로(metabolic pathways)로 여기에는 모든 알려진 효소, 기질, 생산물, 보조요인들, 연결요인들, 피드백들을 다 보여주고 있다.

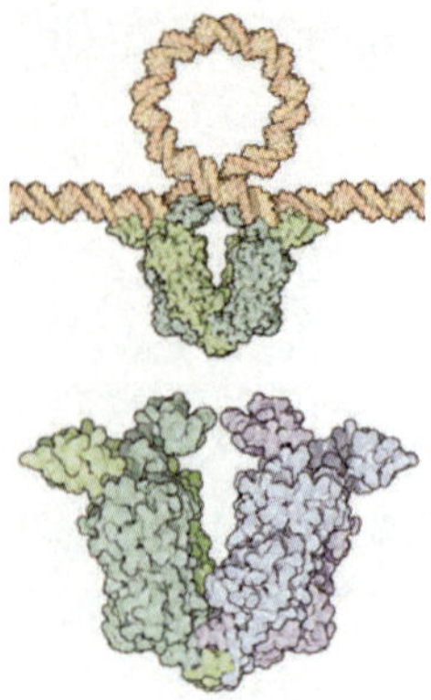

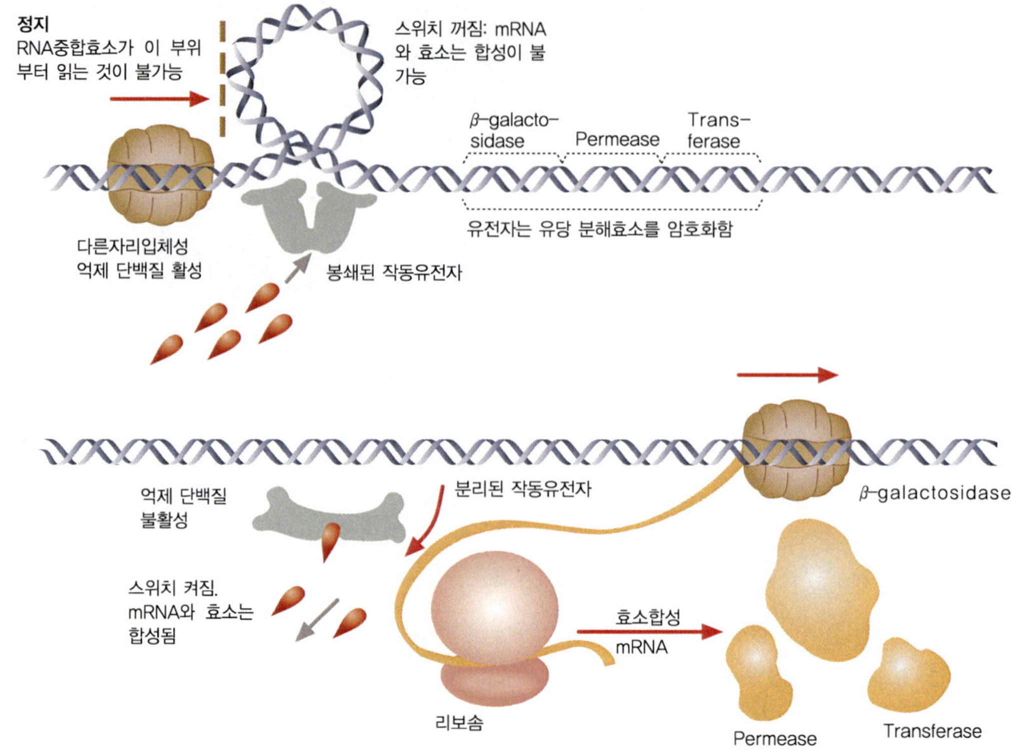

그림 4.7 세균 세포 중의 유당(혹은 진짜 유인제 allolactose)를 통한 유당 분해효소의 유도. Lac-억제제는 DNA의 작동유전자 부위에 결합한다.

그림 4.8 아래: 진핵생물 세포의 파노라마 절단부위. 아래왼쪽: 파노라마는 왼쪽에 있는 세포표면으로부터 시작하여 세포질 부분을 통과해서 흘러간다. 소포체에는 단백질합성 중인 리보솜이 있다. 그 다음으로 골지체와 소포가 있다. 파노라마 중 가운데 있는 것은 미토콘드리아다. 오른쪽에서는 세포핵을 볼 수 있다. 모든 분자들을 보여주고 있다: 단백질은 파란색으로 표현되어 있고, DNA와 RNA는 붉은색과 오렌지색으로, 지질은 노란색, 탄수화물(당)은 초록색으로 나타내었다. RNA와 단백질로 구성되어 있는 리보솜들은 짙은 분홍색으로 나타내었다. 실제 세포에서는 큰 단위의 물질들과 작은 분자들 사이에 공간이 있어서 이온들과 물로 채워져 있다.

부분에서 "**수영**하고" 다닌다는 사실이다.

세포에는 효소들이 대사를 조절할 수 있도록 해주는 두 가지 원칙적인 가능성이 있다.

전술적 적응(tactical adaptation)이 그 첫 번째 가능성이다. 효소들은 화학적 혹은 물리적 변화를 통해서 활성화되거나 저해를 받게 된다. 이러한 모든 과정들은 한꺼번에 일어나게 되며 짧은 시간 내에 매우 빠르게 변화하는 환경에 반응을 하게 되어 심지어는 1초 이하의 시간에서도 일어나게 된다.

이와는 달리 일반적으로 변화하는 환경에 대응하여 일어나는 것이 **전략적 적응(strategic adaptation)**으로 "유전적 장치"를 통해 일어나게 된다.

■ 4.2 전술적 적응: 피드백을 통한 조절

"유레카! 나는 인생에 있어 두 번째 비밀을 밝혀내게 되었다…" Jacques Monod(1910~1976) 교수(그림 4.3)는 파리의 파스퇴르 연구소에서 2년여의 연구를 한 후인 1961년에 흥분하여 소리질렀다. 50년대 중반부터 생화학자로 구성된 여러 연구 그룹들은 대사조절의 원칙을 밝혀내고자 "애완생물"인 장내세균 *Escherichia coli*를 가지고 연구하게 된다.

특히 관심이 많이 간 것은 시작물질을 몇 단계의 과정을 거쳐 중요한 최종산물로 분해시키는 효소들의 연쇄작용에 대한 것이었다. 여기에서 놀라운 것은 효소의 연쇄작용이 정확하게 조절될 수 있다는 것이었다. 만약 합성된 최종산물을 첨가시키게 되면, 효소들은 합성을 바로 정지시켰던 것이다! 이와는 달리 연쇄작용의 첫 번째 효소를 조심스럽게 가열하면 최종산물을 첨가시킨다고 해도 작용이 정지되지는 않았다. 그 후 활성이 아직 남아 있는 상태에서 효소의 스위치 기능부위는 망가지게

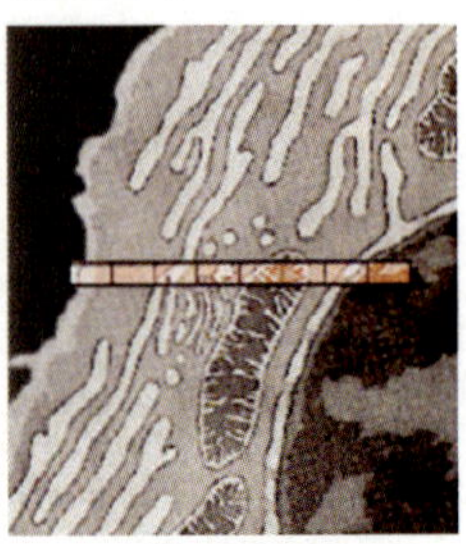

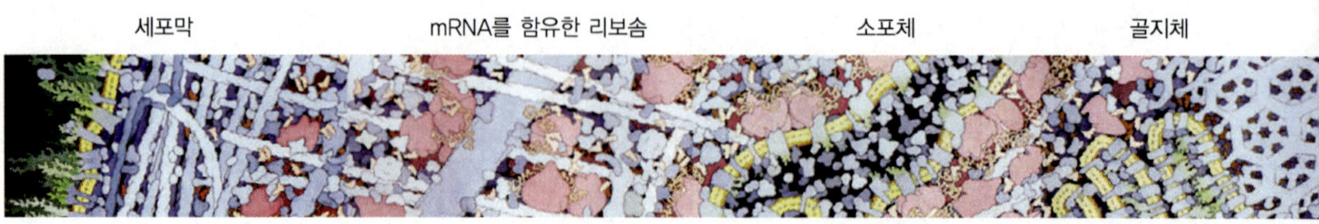

된다. 그렇다면 어떻게 마지막 단계의 산물이 첫 번째 효소의 작용을 정지시키게 되는 것일까? 기질과 최종산물은 서로 비슷한 점이 전혀 없기 때문에 이들 효소에 대한 경쟁에 대해서는 논할 필요가 없다.

Monod는 이에 따라 연구를 계속하여 "스위치"는 활성 중심으로부터 공간적으로 분리된 최종산물을 위한 연결부위라고 결론지었다. 이 모든 현상들은 **다른자리입체성**(allosteric, 그리스어로 *allos*, 다른, 다양한 뜻을 의미함) 조절이라고 불리게 된다.

이 두 번째 다른자리입체성 중심은 어떠한 방법으로든 활성 중심에 영향을 미친다. 이러한 것을 발견한 때를 즈음하여 John Kendrew(1962년 Max Perutz와 함께 노벨상 수상)는 X-선을 통해 헤모글로빈의 구조를 분석하여 결과를 발표한다. 처음에 이들은 다른자리입체성 중심에 대한 문제를 푸는 것에 대해 무관심한 것으로 보였으나, 헤모글로빈의 4개의 소단위 중 하나에 산소분자가 가서 결합을 하게 되면 전체 헤모글로빈 분자의 형태가 변하게 됨을 보게 된다.

이것이 바로 해결점이었다! **다른자리입체성 효소(allosteric enzyme)**에 대한 결론은 형태학적 변화에 있는 것이다. 다른자리입체성 중심에 있는 헴 성분과의 결합은 활성부위의 형태를 변화시켰고, 이에 따라 기질의 변환이 더 이상 일어날 수 없게 된 것이다. 그러나 촉진제의 경우는 이와 달리 다른자리입체성 중심에 결합함으로써 효소와 그의 활성중심은 적절한 구조로 변화되었다.

사실 모든 다른자리입체성 효소들은 여러 개의 소단위로 구성되어 있다. 이들 중 각각은 대부분 하나의 활성 중심과 하나 혹은 심지어 그 이상의 다른자리입체성 중심을 가지고 있기도 하다. 여기에서 소단위들은 서로가 긴밀하게 엉켜있기 때문에, 다른자리입체성 저해제가 하나만 있어도 서로 결합되어 있는 공간적 구조와 소단위들의 활성까지 변화시킬 뿐만 아니라 동시에 다른 소단위들마저도 저해시키는 역할을 한다. 이러한 소단위들의 협동작업은 억제제 혹은 촉진제의 조절 능력을 더욱 강화시키게 된다.

다른자리입체성 조절효소(allosteric regulation enzyme)는 이를 통해 마치 전기 계전기(relay)와 같이 약한 신호(억제제 혹은 촉진제)에 의해 조정이 될 수 있고 세포에서 강한 효과를 유도하게 된다. 따라서 이들은 대사에 있어서 중요한 열쇠역할을 하는 위치에 있다. 가끔 대사과정의 처음에는 하나의 다른자리입체성 "**진행효소**(*pacemaker enzyme*)" 만으로도 전체 과정의 속도를 조절하기에 충분하다. 이에 대한 중요한 생명공학적 예가 세균에서 일어나는 글루타민 합성이다(4.4절). 대사과정을 통해 최종산물이 많이 쌓이게 되면, **음성 피드백**(negative feedback)이 뒤따르게 된다.

최종산물은 대체역할을 하기도 하여 다른자리입체성이 되도록 연쇄상의 진행효소에 가서 결합하여 이를 저해해서 전체적인 흐름을 정지시킨다. 이를 통해 중간산물과 최종산물이 더 이상 생산되지 않도록 하는 것이다. 최초 물질의 경우 과도하게 생성된 최종산물이 이동하거나 소비되어 분해될 때까지 다른 목적을 위해 이용될 수 있다.

효소뿐만 아니라 다른 단백질들도 역시 다른자리입체성 원칙에 의해 조절될 수 있다. 이들은 Monod가 이야기했듯이 "결합물들 사이의 작용이 서로간에 화학적 친화력 없이 물질대사나 에너지 흐름의 전체 시스템을 조정하는 한편 자기 자신을 위해서는 아주 적은 에너지만을 필요로 하게 된다". Monod와 Francois Jacob(1920)은 1965년에 Andre Lwoff(1902~1999)와 함께 노벨상을 받는다.

Lac-억제제와 글루타민 합성이 어떻게 다른자리입체성이 되도록 조절되는지 알아보도록 하자.

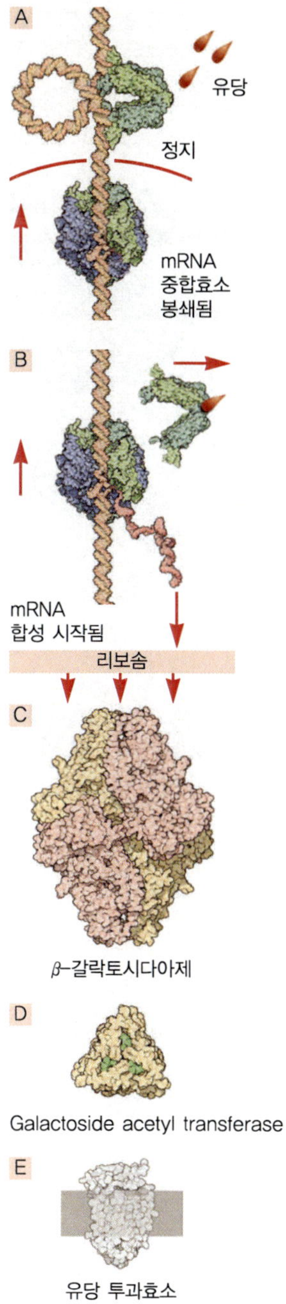

그림 4.9 Lac 유도(induction) 과정(위). 세 가지 유당 분해효소들(아래)의 분자 구조. β-갈락토시다아제는 유당이 단당류인 포도당과 갈락토오스로 분해되는 과정에서 촉매작용을 한다. Galactoside acetyltransferase는 두 번째 효소이다. 유당투과효소(lactose permease)는 세균들의 세포막부위에 있는 단백질로 유당을 세포 내로 이동시키는 역할을 한다.

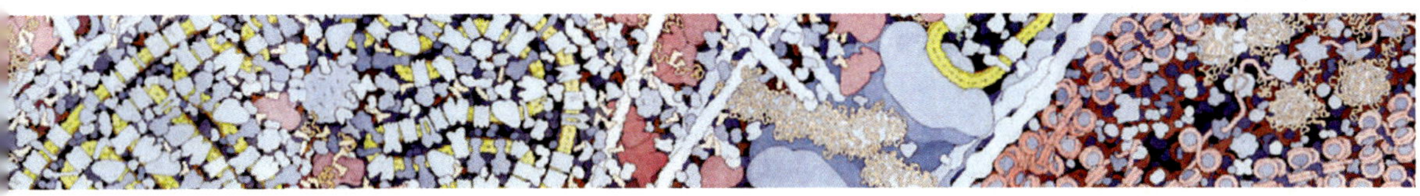

Box 4.1 생명공학 역사: *Aspergillus niger* – 이탈리아 독주의 끝

구연산(citric acid)의 상업적 생산은 John과 Edward Sturge에 의해 1982년 영국의 Selby 지역에서 시작되었다. 원료로는 이탈리아에서 수입된 감귤류로부터 얻은 즙이 사용되었다. 이 원료로부터 calcium citrate를 얻었고 이로부터 구연산으로 쉽게 변환시킬 수 있었다.

이탈리아는 이 생산에 있어 매우 빠른 속도로 독보적인 존재가 되었고, 가격이 상승하게 되었다. 그러나 제1차 세계대전 중 이탈리아는 감귤류 나무의 재배를 게을리했고 구연산의 가격은 천정부지로 높아지게 되었다. 이에, 다른 나라들은 이의 생산에 대한 새로운 방법을 찾고자 노력하게 된다.

1971년 **J.N. Currie**는 「Journal of Biological Chemistry」에 이탈리아의 독주가 몇 해 안 가 끝나게 될 것이라는 내용의 논문을 싣는다. 곰팡이인 *Aspergillus niger*의 특별한 대사작용에 대해 다루었던 것이다. Currie는 *Aspergillus niger*가 다른 어떤 곰팡이보다 구연산을 훨씬 많이 생산한다는 것을 알아내게 되고 이 생산량이 최고가 되는 조건에 대해 연구하였다.

Pfizer사는 뉴욕에서 1923년에 John Currie의 도움을 받아 구연산을 처음으로 대량 생산하게 되며 계속해서 지부를 독일, 체코, 영국 및 벨기에에 두게 된다.

*Aspergillus niger*의 배양은 액상 배지의 표면에서 이루어지게 되었다. 여기에서 사용한 원료는 포도당, 설탕(saccharose)와 사탕무우의 당밀이었다.

영국에서 업체를 설립한지 100년이 흐른 후 John & E. Sturge(Citric)사는 요크에 있는 Sitz와 결성을 하게 되고 1930년 Currie의 방법에 따라 레몬즙으로부터 calcium citrate를 화학적으로 생산하게 된다. 후에 이 회사는 뵈링거 잉겔하임(Boehringer Ingelheim)이나 Haarmann & Reimer에 소속이 된다. 제2차 세계대전 후에 액상 배지(submerged culture)가 개발되고, 이를 통해 조정이 훨씬 수월해 지게 된다.

60년대와 70년대에 낮은 원유 가격에 힘입어 효모(*Candida* sp.)를 이용하여 구연산을 원유분획으로부터 합성하게 된다. 그러나 이 방법 또한 단일 단백질의 생산에서와 같이 경제성이 떨어진다는 문제를 안게 된다(6장의 단일세포단백질 참고).

오늘날은 *Aspergillus niger* 외에 다양한 종류의 효모들이 이용되고 있다.

아무리 원한다 하더라도 오늘날 레몬으로부터 80만 톤에 이르는 구연산을 생산한다는 것은 불가능하다. 이와같은 생산량을 충당하려면 전체 이탈리아는 레몬나무로 가득해야 할 것이기 때문이다.

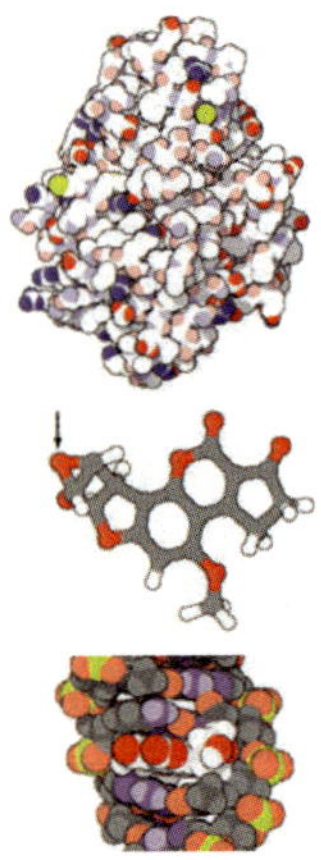

그림 4.10 시토크롬 P-450(여기서 보여주는 것은 Campher가 사용했던 세균인 *Pseudomonas putida*로부터임). 외부 물질은 삽입된 분자상 산소에 의해서 해독된다. 그러나 벤조피렌(benzopyrene)이나 아플라톡신(aflatoxin)과 같은 물질들은 "중독"을 일으킨다. 여기서 보여 주고 있는 아플라톡신(가운데)의 에폭시드(epoxides 화살표)는 DNA(아래)에 가서 결합하고 돌연변이와 암을 발생시킨다.

4.3 전략적 적응: 필요에 따른 효소생산

모든 신체의 조직세포들은 세포핵을 가지고 있으며 유전 정보를 통합적으로 가지고 있는 DNA를 소유하고 있다. 그러나 매우 특별화된 신경이나 장세포들은 통합적인 유전 프로그램을 전혀 필요로 하지 않는다. 예를 들어 장세포의 경우 아세틸콜린 에스테라제와의 결합은 아무런 의미가 없게 되고, 역시 마찬가지로 신경세포에 소화관련 효소들이 결합되게 되면 치명적인 경우가 되어버리는 이치와 같다. 따라서 저장된 정보들의 많은 부분은 각기 다른 크기의 세포 형태에 따라 제거되거나 봉쇄된다. 그 외에 어떠한 정보가 어떻게 적당한 때에 적절한 곳에서 읽어질 수 있게 되는지를 결정하는 조정 및 정보 메커니즘도 있어야 한다.

Jacques Monod와 그의 동료인 Francois Jacob은 50년대 초반부터 어느 한 문제에 봉착하게 된다. 이들은 주요 영양소로 포도당을 소비하는 세균들을 유당(젖당, lactose)만이 있는 배지로 옮겨 놓았다. 이들 세균들은 유당을 분해하는 효소를 세포에 충분히 가지고 있지 않아 영양분으로 이용할 수 없게 됨에 따라 바로 성장을 멈추었다. 그러나 약 20분 정도의 정지기가 흐른 후 이들의 성장이 조금씩 이루어지기 시작한 것이다. 이들 세균들은 공공연하게 유당을 이용하는 효소를 생산했던 것이다.

이와같은 현상은 이미 30년대부터 **유도기(induction)**로 알려져 왔다. 이 시기에 이미 세포에 있는 효소들은 **구성효소(constitutive enzyme)**와 **유도효소(inducible enzyme)** 두 가지 종류로 나누어진다는 것을 짐작하기 시작한 것이다. 구성효소들은 세포의 지속적인 구성물 조성을 위한 대사를 위해 가장 중요한 효소로 세포의 구조성분에 속하며 어느 정도 일정량 생산이 유지된다. 이에 반해 유도효소들은 필요한 경우에만 생산되는 것으로 특정 물질이 유도되어야 만들어지기 시작한다. 이들은 변화하는 환경에 대해 적응을 할 수 있게 한다. 따라서 세포 중 이들의 농도는 매우 다양하다.

앞에서 언급한 실험에서 유당을 통해 세 가지의

유당 분해효소들의 생산이 유도되었다. 먼저 예리한 실험을 통해 DNA상에 세 가지의 효소들에 대한 유전 정보가 서로 근접해 있다는 것을 찾아내게 된다. 물론 세 가지의 유당 분해효소들의 생산은 바로 세 가지의 유전정보에 기인하게 되는 것이다.

그렇다면 어떻게 유당이라는 단순한 물질 하나가 세균의 그 복잡한 유전적 기구를 "작동"하도록 할 수 있었던 것일까? 이 시점에서 Monod는 갑자기 유도기에 대한 풀리지 않는 미스터리를 다른자리입체성을 통해 분명하게 설명할 수 있게 된다. 그 답은 매우 간단하면서도 훌륭하였다. **유도제(inducer)**는 바로 유당 분해효소를 정지시키고 있던 다른자리입체성 단백질과 관련이 있는 것이었다. 이 다른자리입체성 억제 단백질이 구조적으로 변화되면서 그 기능이 억제되어 관련 DNA가 풀려나게 되는 것이다. 비록 Jacob과 Monod가 실험을 통해 억제 단백질을 보여주지는 못했지만, 이와같은 견해는 중요한 것으로 증명되었다. 1967년부터 Walter Gilbert(3장 참조)와 Benno Mueller-Hill은 실로 이들 유당 분해효소들을 억제하는 단백질을 정제된 형태로 분리하는데 성공하였다. 이에 따라 Jacob과 Monod의 가설은 노벨상을 받기 2년 전에 후속 연구를 통해 증명이 되었던 것이다.

유당을 통한 유도과정은 그림 4.7과 4.9에 나와 있는 것과 같이 세균들에게서도 일어난다.

억제제(repressor)는 네 개의 동일한 소단위로 이루어진 4차원 구조물이다(그림 4.7). 이는 세균의 DNA 중 특정 부분에 결합하여 세 가지의 유당 이용 효소들을 위해 정보를 가지고 있는 어느 구역과도 직접 근접해있게 된다. 그러다가 유당이나 이와 비슷한 당이 억제 단백질과 결합을 하면 억제제는 자신의 형태를 변화시켜 더 이상 DNA와 결합해 있을 수 없는 상태가 된다. RNA중합효소는 DNA를 따라서 움직여 정보를 복사할 수 있다. 만일 유당이 거의 남아있지 않게 되면 유당 분해효소들은 더 이상 사용되지 않게 되어 Lac-억제제는 다시 원래 형태를 찾게 되고 DNA를 다시 봉쇄하게 된다.

분해효소와 연관되어 있는 유전자들에 대해 직접적으로 관련되어 있는 곳에는 유전자에 대한 스위치 역할을 하는 작동유전자(operator)의 DNA 부위가 존재한다. 이것은 억제 단백질의 네 개 소단위를 통해 차단이 되며, 이들은 공간적으로 DNA 단위에 정확하게 맞아 떨어진다. 이 억제제는 공간적으로 DNA의 형태를 "비틀어서" 리본형태를 만든다. 이를 통해 이미 그 안에 들어 있는 RNA중합효소는 기계적으로 작용을 시작할 수 없게 된다. 유당을 분해하는 효소의 세 가지 유전 정보가 더 이상 읽혀질 수 없게 되는 것이다.

유당의 경우에서는 **유도제(inducer)**가 나타나게 된다. 유도체는 활성 다른자리입체성 억제단백질에 가서 결합을 하고 공간적 구조를 변화시킨다. 분해되어야 하는 물질은 그 자체가 유도체가 될 필요는 없다. 우리의 경우 "진정한" 유도체는 allolactose로 유당으로부터 유도가 시작되는 시기에 형성된 **변형된 화합물**이다. 이는 억제제를 불활성화 시킨다. 이 allo-lactose는 억제제를 불활성화 시키고, 이에 조절자와 공간적으로 더 이상 맞아 떨어지지 않게 됨에 따라 결합을 이루지 못하게 되어 스위치는 연결되지 않은 상태가 된다! 이에 따라 DNA의 매듭은 무효가 된다.

RNA중합효소는 이 시점에서 움직임을 가질 수 있게 된다(그림 4.9). 이 효소는 긴 조각의 mRNA에 있는 유전정보를 다시 쓰게 되고, 이는 리보솜에 의해 바로 판독되어져, 세 가지의 효소들이 순차적으로 생산된다. 이렇게 새롭게 생성된 효소는 유당의 섭취와 이용을 가속화하여 세포 안으로 유도 물질들이 더 많이 유입되도록 하는 역할을 하게 된다. 비교적 짧은 시간에 세균 세포들은 유당을 영양분으로 이용하기에 충분한 효소들을 만들게 된다.

이러한 상황에서 세균들을 순수 포도당 배지 위에 도말을 하게 되면 유도체들(유당이나 allo-lactose)은 당연히 갑자기 사라지게 된다. 유도체가 불활성화된 억제단백질은 다시 활성화 형태로 돌아가게 되고 작동유전자(operator)에 가서 결합하여 RNA중합효소의 작용과 세 가지 유당분해 효소들의 합성 작업을 정지시킨다. 아직 세포 속에 남아 있는 유당분해 효소들은 더 이상 필요가 없어지게 됨에 따라 분해된다. 간단히 말하자면 유도과정에서 유도체는 유일하게 효소합성을 저지하게 되는 것으로 즉, 음성 조절관계(negative control)라 하겠다.

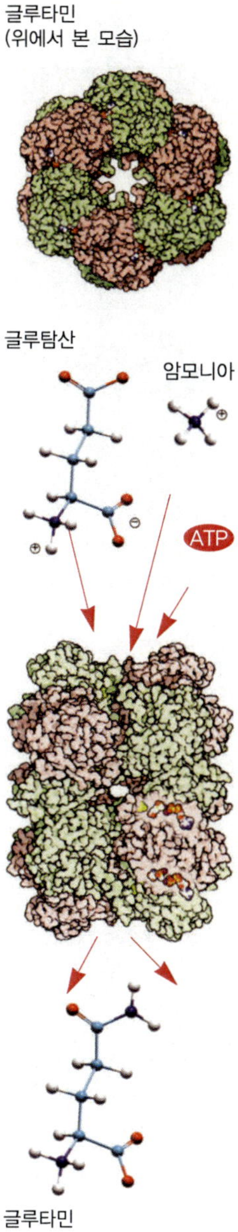

그림 4.11 글루타민 합성효소는 12개의 소단위들로 구성되어 있으며, 이들 각각은 글루탐산을 생산하기 위한 활성 중심을 가지고 있다. 글루탐산과 암모니아는 결합하면서 ATP 한 분자는 에너지를 운반한다. 모든 12개 소단위들은 서로가 의사소통을 한다. 해당 기질의 농도가 증가하면, 총 효소들의 활성이 계속하여 저지된다.

세포들은 또한 활성 중심에 특정 아미노산, AMP 혹은 CTP들이 결합되어 있고 소위 "단추를 눌러" 총체적인 효소들을 바로 제어할 수 있게 되고 그 활성을 감소시키게 된다.

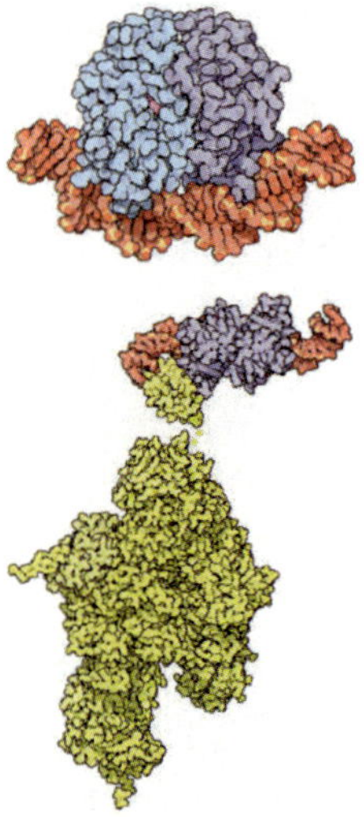

그림 4.12 분해대사물 활성 단백질(Catabolite Activator Protein, CAP)은 유전자들을 "잡고" 이를 통해 중합효소들이 작업을 하기 쉽게 만들어 준다. cAMP와 결합하면(위 그림 중 보라색 부분) CAP의 형태를 약간 변화시켜 분해효소의 유전정보에 근접해 있는 해당 DNA의 작동유전자에 완벽하게 결합할 수 있게 된다. CAP는 DNA를 꽤 "과격하게" 잡아서 거의 90도 정도 굽힌다(위). CAP는 이후 RNA중합효소를 DNA 쪽으로 "유인하여" 유전정보를 전사한다. RNA중합효소(노란색)는 작은 소단위를 가지는데 이는 CAP나 DNA와 상호 작용을 한다(마치 낚싯대 같이). 그림에서는 중합효소 소단위의 절반이 어떻게 DNA(빨간색)나 CAP(파란색)에 가서 결합하는 지를 보여주고 있다. 이 소단위들의 양반쪽들은 유동적인 윈편에 가서 결합한다. RNA중합효소는 활발히 목표하는 유전정보를 "잡아 낸다".

이러한 작용을 통해 세포들은 절약정책을 펼 수 있게 된다. 물론 세균이 변화되는 모든 환경 속에서 지속적으로 수천 가지의 다른 효소들을 생산해내야 한다면 최악의 비경제적 상황이 될 것이다.

비록 이미 생산된 물질들이 "바로 앞에" 산처럼 쌓여 있다 하더라도, **억제작용(repression)**이라고 하는 또 다른 대사형태를 통해 지속적으로 생산하는 과정을 저지하게 된다.

고등동물에서 일어나는 유도와 억제작용은 세균에서 일어나는 것보다 더 복잡하기는 하지만 천천히 그리고 덜 극적으로 일어나는 특징이 있다. 또한 영양분 이외에도 체내 호르몬이나 체외 물질의 유입에 의해서도 일어날 수 있다. 사람에서 약물(시토크롬 P-450 시스템, 4.10절 참조)과 알코올(alcohol-, acetaldehyde-dehydrogenase, 1장 참고)에 의해서 간효소들이 유도되는 것이 일례가 된다. 많이 알려진 바와 같이 수면제를 지속적으로 섭취할 경우 그 효과가 떨어지게 되는데, 이는 시토크롬 P-450 시스템이 가동되기 때문이다. 수면제는 수용성 물질이기 때문에 분해되어서 "해독"된다. 하지만 P-450이 유도되고 benzo-a-pyrene(흡연 시 혹은 탄 고기 섭취 시)과 같은 물질과 접촉을 하게 되면 발암물질로 변환이 되어 "독소"로 남게 된다. 이와같은 현상은 아플라톡신(4.10절 참조)에서도 볼 수 있다. 물론 지나친 흡연 등을 통해 P-450이 미리 유도되어 있는 상황이 된다면 그 독성이나 위험성은 더욱 커지게 된다.

알코올을 계속해서 섭취하게 되면 그와 반대로 alcohol-dehydrogenase와 acetaldehyde-dehydrogenase가 간에서 유도된다. 계속해서 술을 마시는 경우 간손상이 따르게 된다는 것을 인지해야 한다.

4.4 다른자리입체성 분자 컴퓨터: 글루타민 합성효소

우리의 몸은 각기 다른 영양소에 대해 반응을 할 수 있어야 하고 그에 상당하는 효소들을 준비해 두어야 하며, 이러한 상황은 세균에게도 마찬가지가 된다. 그러나 가끔 사람과는 세균의 경우 달리 자신이 처한 위치에서 어쩔 수 없이 일단 영양분을 섭취한 후 그 후에 해당되는 효소들을 만들어내야 하는 상황에 봉착하게 된다.

글루타민 합성효소(glutamine synthase, GS)는 세포 중에서 질소성분을 조절하는 핵심 효소이다(4.11절 참조). 글루타민은 아미노산으로서 단백질의 구성성분이 될 뿐 아니라, DNA의 기본과 아미노산을 형성하는 효소에다 질소를 운반해주는 역할도 한다. 따라서 질소가 필요하게 되면 이 효소가 활성화되어 세포가 굶주리지 않게 한다. 반면에 질소가 충분하다 싶어지면, 이 효소는 불활성화 되어, 세포가 지나친 영양소를 취하게 되는 것을 막는다.

GS는 분자단위의 컴퓨터로 작용하여 글리신(Gly), 알라닌(Ala), 히스티딘(His), 트립토판(Trp)과 같은 아미노산이나 아데노신 일인산(adenosine monophosphate, AMP), cytidine triphosphate(CTP)와 같은 핵산 등 질소가 풍부한 분자들의 함량을 기록해두고 있다. 이들 분자들이 계속해서 많이 존재하면, GS는 이를 "감지하여" 생산을 감소시킨다. 하지만 그 수준이 급격하게 상승하면, GS는 최종산물의 생산을 느려지게 한다. 그러다가 모든 물질들이 충분하게 존재하게 되면 효소 작용은 중단된다.

GS는 소위 "종합적인 피드백(cumulative feedback)" 중의 하나이며, 8가지의 모든 최종산물들은 효소의 작용을 저지할 수 있다. 각 저해제는 다른 저해제가 이미 충분할 정도로 관련되어 있다 하더라도 효소활성을 추가적으로 저해할 수 있다.

아미노산인 글루타민은 동물의 세포에서 중요한 영양성분이다. 이 아미노산은 에너지를 공급하는 특징을 가지고 있기 때문에 스포츠 음료에 사용되고 있고 아르기닌(Arg)과 함께 "보디 빌더"용 영양분으로 쓰이고 있다.

4.5 분해대사물 억제: 합성효소는 어떻게 만들어질까?

세균들은 단 것을 좋아하며 그 중에서도 특히 포도당을 좋아해서 쉽게 소화해내고 화학적 에너지로 변환시킬 수 있다. 만약 포도당이 넘치게 있으면, 세균들은 다른 탄소원들을 무시하는 정도가 된다.

세균들은 세포시스템에 방금 섭취한 것을 알려주기 위해 특이한 ATP 변형을 이용한다. 당 농도가 떨어지면 세포막에 결합되어 있는 **아데닐산고리화효소(adenylate cyclase)**가 "포도당 센서"로 작용하게 된다. 이는 ATP로부터 두 개의 인을 떨어뜨리고 이 떨어진 부위에 가서 작은 분자 단위인 **cyclic AMP(cAMP)**가 결합을 한다. Cyclic AMP는 두 번째 전령(second messenger)이라고도 불린다.

세포에 연료를 통해 에너지를 공급해주는 작용을 **이화작용(catabolism)**이라고 한다. 이와는 반대로 에너지를 필요로 하는 작용을 **동화작용(anabolism)**이라고 한다.

분해대사물 활성화 단백질(catabolite activator protein, CAP)(그림 4.12)은 cAMP를 통해 활성화되고, 포도당 이외의 영양소를 분해하는 효소들을 자극하게 된다. cAMP와 결합이 되면 CAP는 자신의 형태를 약간 변화시키고 분해효소의 유전자 주변에 있는 해당 조절 DNA에 가서 완벽한 결합을 이루게 된다. 그림 4.12에서는 RNA중합효소가 어떻게 필요한 유전정보를 활성화시키도록 "잡아내는지" 보여주고 있다.

*E. coli*에는 이화작용의 다양한 효소들을 촉진시키는 CAP들에게 적합한 결합부위가 많다. *E. coli*가 포도당 성분 속에서 자라나는 한, cAMP 농도는 적어서 당분해를 위한 다른 모든 효소들이 생산될 필요가 없다. 따라서 아예 합성되는 현상마저도 사라지게 될 것이다! 그러나 포도당이 없어지게 되면 다른 당이 나타나게 되고 세포는 이에 맞게 변형을 이루게 된다.

소위 **분해대사물 억제(catabolite repression)**는 부의 유당 유도와는 반대로 정의 형식을 띠는 것이다. cAMP와 CAP의 복합체는 중합효소를 통해 DNA의 전사를 약 50배 가량 더 잘하게 한다. Lac-오페론에는 유당분해 및 수송 효소에 대한 유전자 정보가 있는데, 유당이나 allolactose가 Lac-억제제를 통해 저해를 발생시키고 동시에 CAP-cAMP 복합체가 RNA중합효소의 형성을 촉진하게 되면, 그 발현이 가장 강해지게 된다.

4.6 레몬 대신 곰팡이

구연산(cirtic acid)의 구조는 1838년에 **Justus von Liebig**(1장 참조)에 의해 밝혀졌다. 그 후 1893년에 하노버 대학의 미생물학자인 C. Wehmer가 곰팡이에 의해 당이 분해되어 구연산(구조는 그림 4.13)으로 배양액에 배출된다는 것을 관찰하게 된다.

제1차 세계대전 이후 구연산에 대한 수요가 증가하게 되고, 미생물학적으로 구연산의 생산이 가능해지면서 나무를 통해 레몬을 수확해야 하는 많은 시간이 드는 작업이나 비싼 수입을 그만 해도 되는 상황이 되었다(Box 4.1). 구연산을 가장 많이 생산해 내는 곰팡이 종류는 빵곰팡이라고도 불리우는 *Aspergillus niger*이다(그림 4.14, 1장의 그림 1.9 참조).

같은 시기에 사람들은 배양액 중의 양이온(H^+) 함량이나 pH 값이 곰팡이의 구연산 생산성에 결정적인 역할을 한다는 것을 알게 된다. 극한 산성 조건일수록 *Aspergillus niger*는 구연산을 더욱 많이 생산해 냈던 것이다. 배양액 중에서 자유 철이온의 농도가 0.5mg/L로 낮아지게 되면 다시 생산성이 향상되는 경향을 보였다. 이를 통해 구연산을 분해하는 효소인 아코니트산수화효소(aconitase)는 철이온이 부족하거나 낮은 pH 범위일 경우 저해를 받게 된다는 것을 추측하게 되었다. 이러한 조건 하에서는 이미 형성된 구연산이 분해되지 않게 된다. 또한 추측하기로는 배양액 중에서 양이온의 농도가 적어지게 되면 곰팡이 세포들의 막구조에 변화가 일어나서 구연산들이 세포 밖으로 더 쉽게 배출되어 나올 수 있다는 것이다. 낮은 pH 범위에서는 기타 다른 소용없는 미생물들의 성장을 막을 수 있다는 이점도 있다.

배양액에 "노란 혈액알칼리염"(calcium hexacyanoferrate)를 주게 되면 철이온들이 결합하게 된다. 이를 통해 불용성의 "Berlin blue"를 만든다. 푸른색은 구연산 생산을 통해 나타나는 물질의 색상이다.

이와 같이 성공적인 구연산 산업은 20년대에 레몬나무를 심어 생계를 이어가던 많은 이탈리아의 소작농들의 농사를 포기하게 만들었고, 이는 생명

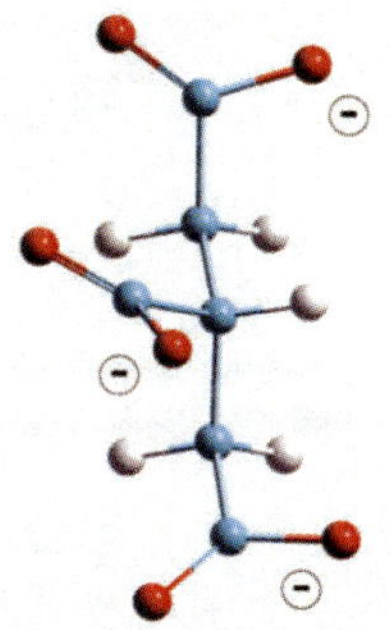

그림 4.13 구연산(citric acid)

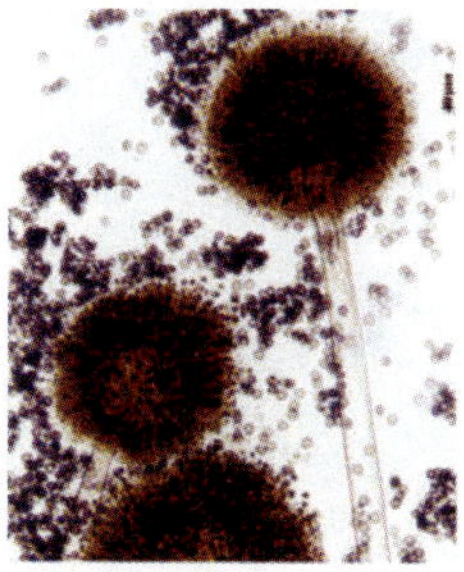

그림 4.14 레몬을 상하게 하는 곰팡이인 *Aspergillus niger*

그림 4.15 구연산은 칼슘 및 마그네슘과 결합하여 물을 연화시키는 작용을 하므로 세제에 이용하고 있다. 실험실에서 피의 응고를 막기 위해 구연산을 이용한다.

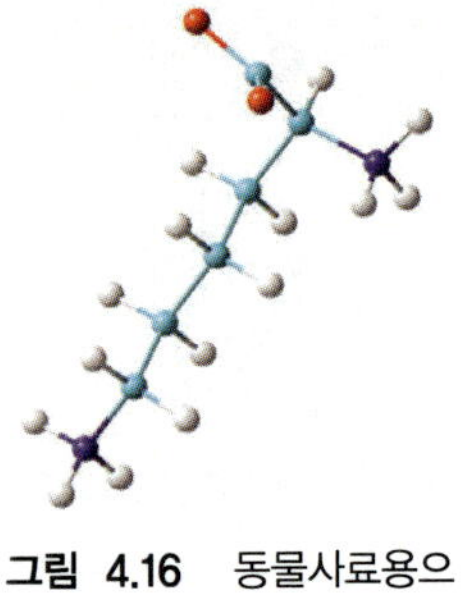

그림 4.16 동물사료용으로도 사용되는 필수아미노산 라이신

공학의 반사회적인 모습을 일찍이 보인 예가 되었다(Box 4.1).

오늘날 85%의 스테인레스 스틸로 만든 100~500m^{3}에 이르는 규모의 교반배양기 혹은 탑바이오반응기에서 구연산을 생산하고 있다. 여기에서 얻어지는 생산물이 워낙 산성이기 때문에 사용하는 배양기의 스테인레스 스틸 재질은 부식하지 않는 것이어야 한다. 미생물로부터 얻고 있는 구연산은 화학적으로 레몬열매로부터 얻는 것과 똑같으며, 이러한 과일맛 덕분에 사탕이나 레몬음료, 제과 등의 식품에 널리 사용되고 있다. 구연산은 칼슘이나 마그네슘과 결합하기 때문에, 세탁제나 청소세제에 들어 있으면서 환경에 피해를 주는 인산의 대체물로도 그 가능성을 보이고 있다(그림 4.15). 또한 구연산은 중금속과도 결합력이 있기 때문에 해독제로도 사용이 가능하다.

세계적으로 옌간 약 80만 톤의 구연산이 미생물을 통해 생산되고 있으며 이는 약 미화 8억 달러에 해당되는 시장을 형성하고 있다. *Aspergillus* 속에 의해 생산되는 것이 가장 많은 것으로 추정되고 있다.

합성공장 역할을 하며 여러 다른 물질들의 큰 장이 되는 세포와 그 생산 및 이용성에 대해서는 본 교재의 1장과 2장에서 더욱 자세하게 다루었다.

구연산 회로와 직접적으로 연관되어 있는 것은 아미노산의 합성이다.

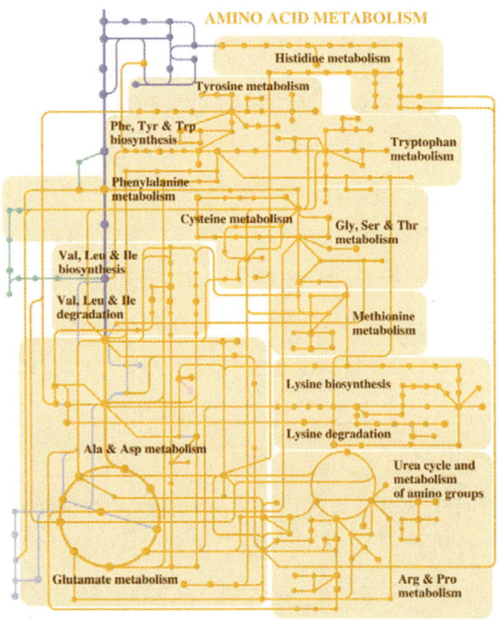

그림 4.17 상세히 기술된 아미노산들의 대사 지도(그림 4.4 참조)

4.7 라이신 농도와 변이주의 기능

라이신은 사람이나 동물의 체내에서 합성되지 않아 식품으로 섭취해야 하는 다음과 같은 8가지 필수 아미노산 중의 하나이다(그림 4.17 도표, 4.16, 4.18 구조): 페닐알라닌(Phe), 이소류신(Ile), 트립토판 (Trp), 메티오닌(Met), 류신(Leu), 발린(Val), 트레오닌(Thr) (94페이지의 "Eselsbruecke" 참고)

메티오닌, 트레오닌과 함께 라이신은 곡류(밀, 옥수수, 쌀)에 거의 존재하지 않기 때문에 특히 중요한 아미노산으로 동물사료에 매우 중요하다.

2001년 미생물을 통해서 생산해 낸 라이신이 55만 톤에 이르며 이들 대부분이 동물사료로 이용되었다. 라이신은 동물에게 뿐만 아니라 사람의 영양으로도 중요한 의미를 가진다.

라이신을 생산하는 미생물로는 *Corynebacterium* 종이 있다(그림 4.23). 이들은 곤봉모양으로 생긴 미생물로 *koryne*라는 이름도(그리스어) 그로부터 유래된 것이다. 피드백을 통한 효소저해는 처음 *Corynebacterium glutamicum*에 의해서 생산된 아미노산인 라이신과 관련이 있다.

자연계 미생물 중에서 라이신은 구연산 회로(citric acid cycle)의 2중 효소작용으로 옥살아세테이트(oxalacetate)와 피루브산(pyruvate)으로부터 아스파르트산을 거친 후 ATP를 소모하는 작용기전인 다른자리입체성 단계의 효소인 aspartate kinase에 의해 시작이 되며 그 이후 역시 아미노산인 트레오닌과 메티오닌이 생성된다(그림 4.21). 효소작용들은 피드백 저해작용으로 조절이 된다. Aspartate kinase는 과도하게 생성된 라이신과 트레오닌에 의해서 활성화 되며, 이들의 생성을 저해하기 위해 두 아미노산은 aspartate kinase에 가서 결합하게 된다.

만약 라이신과 트레오닌이 세포가 필요로 하는 양보다 더 생산되면, 이들은 aspartate kinase의 합성을 저해하게 되고, 반대로 라이신과 트레오닌이 부족하게 되면 이 효소의 합성을 촉진한다. 자연법칙에 의한다면 이는 당연한 결과라고 볼 수 있겠으나, 라이신을 더 많이 생산해내고자 한다면 이야기는 달라지게 된다! 소위 라이신을 생산하는 세균들에 대해 그리 많이 알려진 바는 없지만 다른자리입

Box 4.2 전문가 의견: 고순도의 시스테인을 얻기 위해 머리카락을 사용하지 않아도 되다.

아미노산들 중에서 시스테인이 특징적인 것은 이들이 황을 함유하고 있는 화학적으로 반응성이 높은 황화수소(sulfhydryl) 그룹을 함유하고 있다는 것이다.

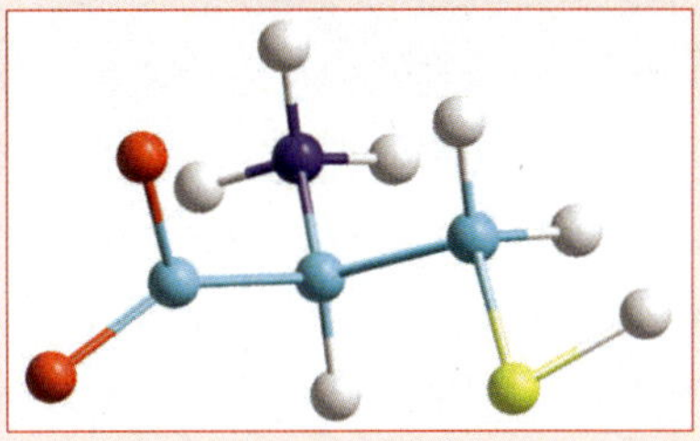

따라서 이들은 이황화 다리를 형성하여 단백질의 안전성에 기여하게 된다. 이를 통해 예를 들어 머리카락이나 면 혹은 깃털뿐만 아니라 손톱, 말굽, 뿔과 같은 특유의 실가닥 구조가 안정화된다. 이들의 단백질 성분 중에는 많은 양의 시스테인을 함유하고 있다.

빵을 만드는 사람의 경우 밀가루에서 형성되는 끈적끈적한 글루텐을 끊기 위해 시스테인을 넣어주기도 한다. 이렇게 하면 반죽이 훨씬 가벼워지고 치기도 쉬워진다. 시스테인의 고반응성에 따라 파생되는 아세틸시스테인과 같은 물질은 콧물감기약으로도 사용이 된다. 아세틸시스테인은 호흡기 상피세포의 점막 단백질을 절단하여 콧물이 흐를 수 있게 해 주기 때문이다.

유럽의 미용실에서는 퍼머용으로 냄새가 매우 강한 티오글리콜산(thioglycol acid)이 일반적으로 사용되고 있는데 일본에서는 이를 시스테인으로 대체하고 있다. 이와 같이 다양하게 사용되고 있는 황함유 아미노산인 시스테인의 사용에는 문제도 있다. 시스테인은 얼마전까지만 해도 사람이나 동물의 머리카락이나 깃털, 돼지털 혹은 말굽으로부터 얻었다. 이에, 아시아에서는 본격적인 산업분야가 되었는데, 중국의 미용실에서는 시스테인 생산용으로 머리카락을 전문적으로 모으는 사람도 있으며, 매년 수천 톤에 이르는 머리카락이 활성탄과 농축 염산을 이용하여 시스테인 생산에 이용되고 있다. 1톤의 머리카락으로 약 100kg의 시스테인을 생산할 수 있다.

의약, 화장품, 식품산업 등 시스테인이 이용되는 분야가 다양한 점을 고려해 볼 때 매년 약 4,000톤 정도의 시스테인이 필요한 것으로 추정이 되고 있고, 이를 생산하기 위해서 원료가 얼마나 필요한지 가히 짐작할만 하다. 또한 매년 시스테인의 필요량이 약 4% 정도씩 증가하고 있는 상황이다. 이를 볼 때 새로운 생산 방법을 모색하고자 하는 데에는 고효율성이나 환경보호만이 그 원인이 아님을 알 수 있다.

더욱 중요한 것은 의약분야에 있어서 요구되고 있는 최종산물의 품질 때문이다. 의약분야에 있어서 중요한 것은 광우병이나 SARS 혹은 AI의 원인물질과 같은 기타 오염물질이 들어있어서는 안 되는 사실이다. 생명공학적인 방법을 통해 아예 처음부터 이와같은 오염원들을 제거할 수 있다.

중국인 이발사에게 머리손질을 맡긴 저자. 자신의 머리카락의 사용처를 알면 원료공급원임도 알 것이다.

Wacker사의 연구자들은 변이와 선정과정을 통해 보통 *E. coli*에게서 시스테인 생산을 중단시키는 조절단백질을 제어하게 되었다. 이를 통해 *E. coli*는 "흐르는 샘"처럼 시스테인을 생산할 수 있게 되었고, 약 50,000L에 이르는 발효조에 이 세균의 세포막을 넣어 엄청난 양의 시스테인을 생산하게 되었다.

이와같은 방법은 다양한 이점들을 보여주고 있다. 우선 효율성이 높다는 것이다. 기존의 머리카락 추출방법으로는 약 60% 정도의 순도밖에 낼 수 없었지만 세균을 이용한 새로운 방법을 통해서는 그 순도가 90%에 이르게 되었다. 그 외에도 추출을 위해 이용되는 염산의 소비량이 훨씬 적어졌다는 것이다. 새로운 생명공학적 방법을 통해서는 1kg의 시스테인을 생산해 내는데 1kg의 염만 있으면 되는 반면 머리카락으로부터 시스테인을 생산할 경우에는 27kg의 염산이 필요하다. 생명공학을 통해서 부적절한 오염원도 피할 수 있게 되었다. 원료로 사용되는 물질들이라고는 설탕, 소금, 미량 무기질 정도이기 때문에 최종산물에 어떠한 질병 원인이 될 물질이 있을 수 없다. 생산물은 적어도 98.5%의 순수 시스테인을 함유하기 때문에 요구되고 있는 모든 기준을 만족시키고 있는 것이다. 이와 같이 생산된 시스테인은 또한 채식가를 위한 식품 생산에도 매우 유용할 수 있는데, 예로 이를 이용하여 인조 고기향을 생산해 낼 수 있다. 시스테인이 리보오스와 같은 당과 함께 있게 되면 가열에 의해 고기 냄새를 내는 향성분을 생산해낸다. 이는 시스테인이 당성분과 결합한 상태에서 열처리에 의해 메일라드 반응(Maillard reaction)을 통해 전형적인 고기향을 생산해 내기 때문인 것으로 닭구이와 같은 식품에서 자연적으로 발생되는 향기를 통해 우리는 경험할 수 있다.

*E. coil*로 부터 시스테인을 생산하는 생물반응기.

이와같은 방법을 통해 2004년에만 약 500톤에 이르는 시스테인을 생산해 내게 되었고 이는 전세계에서 소비된 양의 1/8에 해당하는 양이었다. 매년 생명공학을 통해 생산되는 시스테인은 약 10%씩 증가하고 있다.

고양이 Mao-jai가 퍼머약에서 나는 시스테인을 맛있다고 느낀다.

그럼에도 불구하고 아시아지역에서는 머리카락 수집가들의 실업을 걱정하여 기존의 방법에 따라 수천 톤에 이르는 시스테인이 매년 생산되고 있으며, 이들이 차지하는 시장규모도 증가하고 있는 추세이다. 다만 이와같은 기존의 방식으로 생산된 시스테인의 사용을 감소하고자 하는 분야는 개나 고양이 사료 생산 시 고기향으로 "상품가치를 높이려"한 생산가들이 해당된다. 이러한 시장들은 분명히 오랫동안 전통적인 생산방식에 의해 이루어지게 된 것이다.

Christoph Winterhalter 박사는 WACKER(사)에서 프로젝트 매니저로 근무.

그림 4.18 8가지 필수 아미노산의 구조

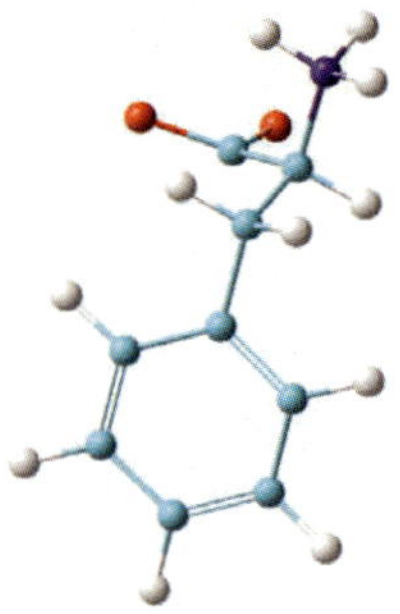

페닐알라닌(Phe)

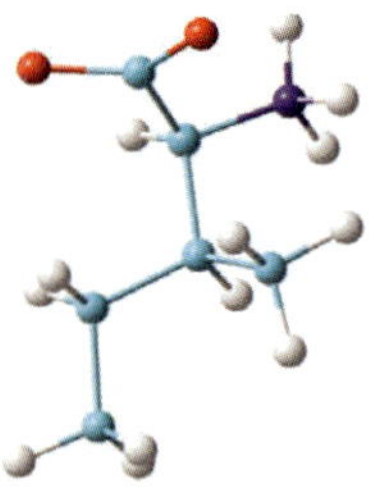

이소류신(Ile)

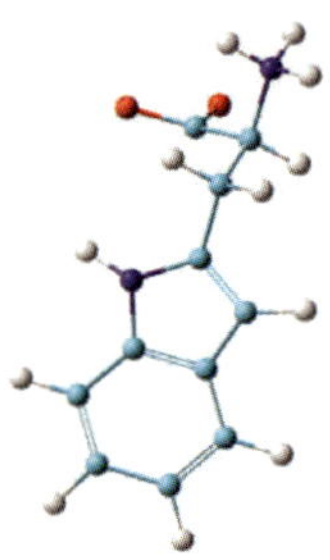

트립토판(Trp)

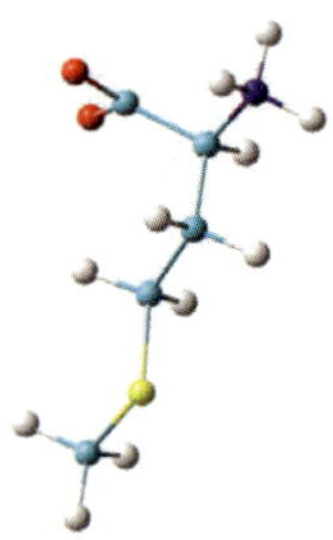

메티오닌(Met)

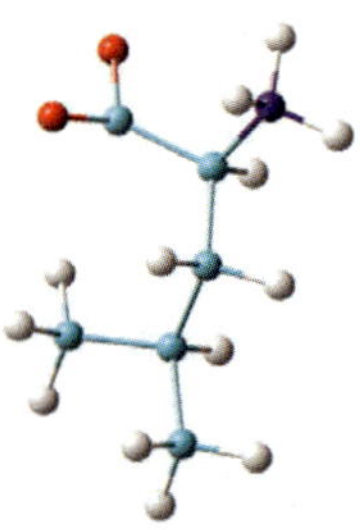

류신(Leu)

체성 조절 기구를 단절시키도록 조절기능을 속이는 방법을 사용할 수 있을 것이다.

세균들의 두 가지 **결함 변이체(defective mutant)**들을 찾아내었다. 그 중 하나는 트레오닌을 필요로 하는 것으로(thr− , 그림 4.21), 효소인 **homoserine-dehydrogenase**가 일시적인 변이로 불활성화된 것이다. Aspartate kinase의 두 가지 저해성분 중의 하나인 트레오닌은 더 이상 만들어지지 않게 된다. 만일 트레오닌이 많이 들어 있는 배양액에서 이러한 변이를 일으키게 된다면 세포의 성장은 보장이 되겠지만, 트레오닌이 너무 조금 들어 있어서 라이신과 함께 aspartate kinase를 저해하는 작용을 하기는 어려워지게 되면서(소위 "살기에는 너무 적고, 죽기에는 너무 많음"), 라이신의 생성은 충분히 이루어지게 되는 것이다!

다른 하나는 aspartate kinase에 대한 유전정보가 자체적으로 변이를 일으키는 것이다. 그 구조가 약간 변형되면서 생성된 효소는 더 이상 라이신의 함량이 많아진다고 해도 그 합성을 저해하지 않게 된다.

라이신의 생성은 효소반응과 변이의 합리적인 선택에 대한 지식을 통해 산업적 공정과정이 얼마나 경제적으로 이루어질 수 있는지를 보여준 하나의 좋은 예가 되었다. *Corynebacterium glutamicum*의 변이뿐만 아니라 *Brevibacterium flavum*의 변이 역시 당으로부터 라이신을 생산하는 배양액에 사용되는 것 중 1/3을 차지하는 수준이 되었으며, 이를 통해 500m^3의 배양조에서 L당 60시간에 약 120g의 라이신을 생산하게 되었다.

오늘날 **대사공학(metabolic engineering)** 분야에서 유전공학을 이용하여 합리적인 미생물 개발을 시도하고 있다. 빌레펠트(Bielefeld) 대학의 **Alfred Puehler**의 연구 그룹은 *Corynebacterium glutamicum*의 유전정보 중 3.3 mega-base의 해독을 통해 많은 양의 아미노산을 생산하고 있다(그림 4.23).

역시 필수아미노산 중의 하나인 **메티오닌(Met)**의 경우, D-메티오닌이 몸 안에서 L-메티오닌으로 변형이 되는 특별한 경우가 되고 있다. 따라서 메티오닌을 아크롤레인(acroleine), 메티오닌, 시안화수소산으로부터 순순하게 화학적으로 이성체(D, L-혼합형태)로 생산할 수 있게 되었다(4.9절 참조). 2001년에만 이와 같이 생산된 메티오닌이 370,000톤에 이르렀다.

30,000톤의 **L-트레오닌**이 매년 *Escherichia coli*의 변이를 통해 대부분 합성되고 있고 부분적으로 겨우 30시간 안에 80g/L의 농도로까지 생산되고 있는 실정이다.

세 가지 아미노산 각각의 가격은 톤당 5,000달러(미화) 내외가 되고 있어, 총 시장규모는 10억 달러 규모 정도이다. 무엇보다도 이 분야에 있어서 중국의 성장이 매우 역동적이다. 예를 들어, 필수 아미노산 중 일부분의 함량을 높이는 것과 같이 유전자 변이를 통해 아미노산 스펙트럼을 변화시키는 방법과 발효공법을 이용하여 생산되고 있다.

4.8 L-글루탐산: 과량으로 생산가능한 "왼쪽 회전형"의 조미료

우마미(umami)는 네 가지 기본적인 맛(쓴맛, 단맛, 신맛, 짠맛) 이외의 다섯 번째 맛으로 불리우고 있는 것이다. 이 맛을 표현하자면 "양념맛" 혹은 "고기맛" 등이라 할 수 있을 것이다. 이것은 극동지역으로부터 중앙 유럽으로 유입된 것이다. 지중해식 요리에서도 맛을 증진시키는 목적으로 우마미가 이용되고 있다.

우마미에 들어가는 세 가지 주요 성분들로는 *monosodium glutamate*(MSG), *disodium inosinate*(DSI), *disodiumguanylate*(DSG)로 특히 글루탐산은 결정적인 역할을 하고 있다.

일본 사람인 Kikunae Ikeda(1864~1936)가 1908년에 특별한 해조류인 *Laminaria japonica*인 *Konbu*에서 맛을 내는 성분인 우마미가 글루탐산임을 알아내게 되었다(그림 4.20). 아미노산이 L-글루탐산의 염이 국이나 소스의 맛을 훨씬 강화시키는 것을 발견하게 된 것이다(그림 4.19). 우리 몸에는 L-글루탐산에 대한 글루탐산 수용체는 있으나, D-글루탐산에 대해서는 수용체가 없다(그림 4.26).

L-글루탐산은 20년대부터 생산해 낼 수 있게 되었으며, 오늘날에도 부분적으로 밀로부터도 생

산하고 있다(1장 참조). 이 분야에서 최고로 꼽히는 회사는 일본의 Ajinomoto(사)이다(그림 4.20). 제2차 세계대전 후 즉석 식품과 양념의 소비가 증가하면서 역시 글루탐산의 수요가 증가하였다.

50년대 초 일본인인 Kinoshita는 포도당이 있는 배양액 중에서 글루탐산을 생산하는 세균을 찾는 실험을 하였다. 라이신 생산에서 이미 언급한 바 있는 세균인 *Corynebacterium glutamicum*이 발견되었고 그 이름도 이 과정 중 토의를 통해 얻어진 것이다. 그 후 글루탐산을 생산하는 다른 미생물들을 찾아내게 되었는데, 특히 *Corynebacterium*, *Brevibacterium*, *Arthrobacter*, *Microbacterium* 등의 종에 속하는 미생물들이다.

미생물을 통한 글루탐산의 생산은 일본과 중국의 바이오 산업을 통해 연간 약 1,500만 톤이 생산되어 수백만 달러에 달하는 시장이 되고 있다.

글루탐산은 대사 중 효소작용의 근본지식이 어떻게 생산공정 중에서 이용될 수 있는가를 보여준 좋은 예가 되고 있다. 20여 종의 아미노산들이 그러하듯 L-글루탐산은 단백질 합성에 소용이 되며 포도당 해당과정(glycolysis)과 구연산 회로의 전구체이다.

*Corynebacterium glutamicum*에서 볼 수 있듯이, 유전적으로 구연산 회로에서의 oxoglutarate dehydrogenase의 활성이 매우 약하다. 이 효소는 2-oxoglutarate가 구연산 회로 중에서 변이되는데 중요한 역할을 한다. 이를 통해 2-oxoglutarate가 "축적"된다. 이 물질이 쌓이는 것을 방지하기 위해 세포 중에서 구연산 회로로부터 파생된 형태로 존재하는 글루탐산 dehydrogenase의 활성이 높아진다. 이 효소는 암모니아 이온(NH_4^+)을 만드는 한편 2-oxoglutarate를 L-글루탐산으로 전환시킨다.

많은 글루탐산을 형성하기 위해서는 2-oxoglutarates의 변이에 필요한 암모니아 이온들이 많이 필요하다. 가스형태의 암모니아(NH_3)를 물에서 양이온 형태인 NH_4^+로 "거품을 형성" 할 수 있다.

배양액 중에서 세포로부터 얼마나 많은 글루탐산을 생산할 수 있을 것인가? 세포들을 파괴하고 수천 가지 세포물질로부터 글루탐산만 분리해 내는 일이란 무척이나 비경제적인 것으로 여겨진다. 따라서 살아있는 세로포부터 배양액에 우리가 필요로 하는 글루탐산을 생산해 내도록 하는 것이 좋을 것이다.

*Corynebacterium*들은 운이 좋게도 아주 중요한 특성을 가지고 있다. 이들은 세포막을 형성하는데 중요한 보조요인인 비오틴(biotin, 비타민의 일종)을 생산해내지 못하므로 배양액 중에 이 영양소를 공급해야 한다. 만약 배양액에 아주 소량의 비오틴이라도 존재하면 세포는 계속 성장할 가능성을 가지면서, 세포벽에는 글루탐산이 통과하게 되는 특성을 가진다. 글루탐산을 생산해 배출하도록 하는 다른 방법은 페니실린이나 계면활성제를 넣어주는 방법이다.

음식 중에 어느 정도의 글루탐산을 첨가하는가? 아시아 지역에서는 음식을 못할수록 이를 숨기기 위해 글루탐산을 사용한다고 말한다. 글루탐산과 "Chinese Restaurant Syndrome"에 대한 새로운 연구로 아시아인이 아닌 다른 사람들에게 중국음식을 먹도록 해 본 결과 심한 알러지 반응을 일으켜 여기에는 정신적인 요소들이 많이 가미되고 있음을 알 수 있었다.

의약, 화장품 및 식품산업 중에서 지속적인 관심을 불러 일으키고 있는 또 다른 아미노산이 있다. 바로 L-시스테인인데 세계적으로 매년 4,000톤에 이르는 양이 필요한 것으로 조사되고 있다(Box 4.2). 지금까지는 머리카락으로부터 얻고 있으나 독일의 Wacker-Chemie(사)에서는 이미 *E. coli*를 이용한 생명공학을 통해 생산하고 있다. 설정된 변이와 선택을 통해 *E. coli*에게서 시스테인 생산을 저하시키는 조절 단백질을 끊게 한 것이다. 세균들은 이를 통해 시스테인을 샘솟듯이 생산해 내게 되었으며 약 50,000L 발효기에 있는 배양액에서 세포막을 통과해 많은 양이 분비되고 있는 상황이다.

그림 4.18 계속

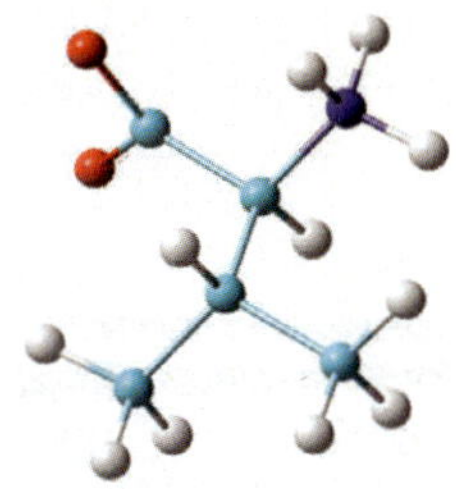

발린(Val)

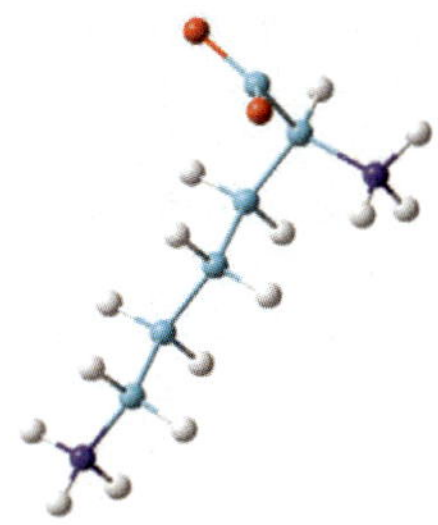

라이신(Lys)

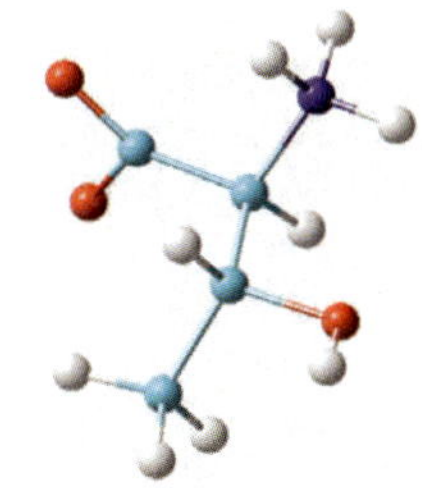

트레오닌(Thr)

시험을 준비하는 학생을 위한 도움이 되는 "요령"
I Like to teach
My Vets Lumbar
Puncture
Ile Leu Thr Trp Met
Val Lys Phe

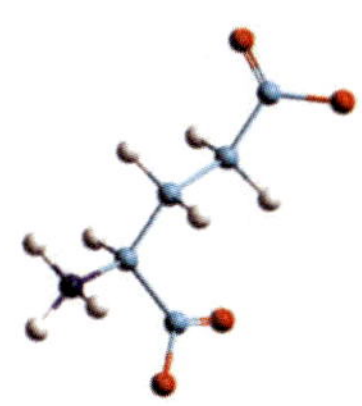

그림 4.19 글루탐산

그림 4.20 Kikunae Ikeda(1864~1936)와 Ajinomoto 사의 첫 번째 글루탐산 생산품들

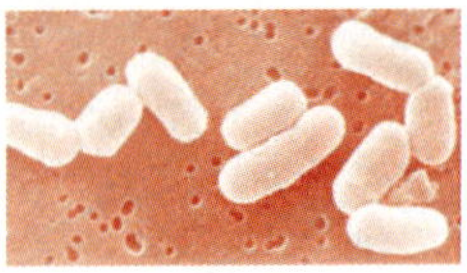

그림 4.21 야생형의 *Corynebacterium*(현미경으로 본 사진이 위에 있음)에 의한 라이신 합성에서 음성피드백과 두 가지 변이체들. 첫 번째 변이체에서는 효소 homoserin dehydrogenase가 불활성화된다. 두 번째 변이체에서는 aspartate kinase가 변형이 되어 라이신이 과량으로 생산되어도 효소에 의해서 저해를 받지 않게 된다.

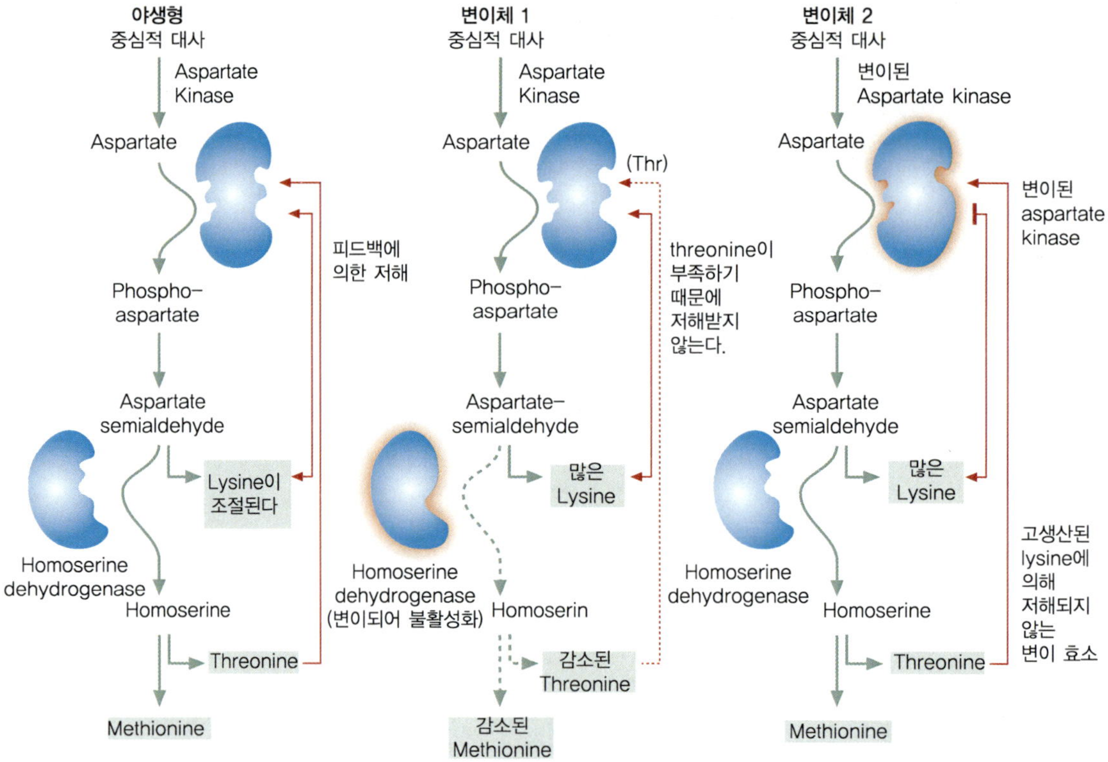

괴테와 생물반응기?
이들의 특성: 천연의 것은 우주라도 만족하지 않지만, 인공적인 것은 닫혀진 공간을 필요로 한다.
J. W. Goethe : "파우스트." (파우스트)의 운명 그 두 번째 부분

4.9 항상 미생물만이 유용한 것인가? 화학적 합성: 발효

L-글루탐산의 합성이나 L-라이신의 합성에 왜 미생물만을 사용하는 것인가? 같은 물질을 화학적인 방법을 이용해 역시 경제적으로 생산할 수는 없는 것인가?

사실 일본에서는 처음에 글루탐산을 cobalt carbonyl 촉매의 도움으로 acrylonitrile로부터 생산하였고, 소위 Strecker Synthesis를 운영하기도 하였다. 라이신은 aminocaprolactam으로부터 화학적으로 생산하기도 하였다. 이 생산물은 우리의 왼손과 오른손이 서로 맞대어 갈을 수 있는 것과 같이 거울이성체들의 혼합물(racemate)이었다(그림 4.26).

그림 4.22 일본에 있는 대규모의 라이신 생산 생물반응기

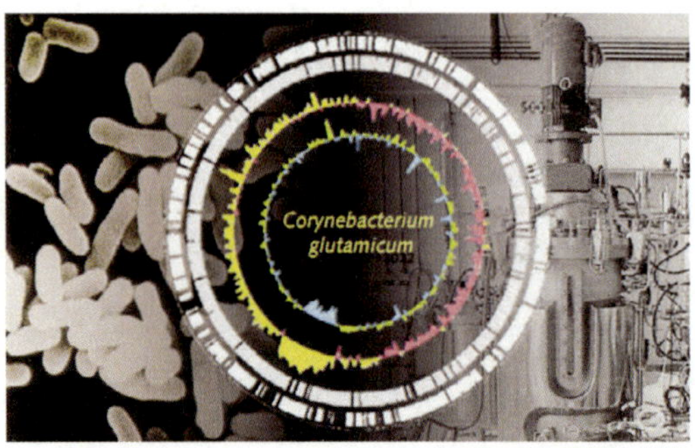

그림 4.23 *Corynebacterium glutamicum*은 American Type Culture Collection(ATCC)에서 13032번으로 남아 있다. 유전체를 나타내는 원들과 생물반응기를 보여주고 있다.

글루탐산의 두 가지 거울이성체들의 형태는 광학적 회전작용에 의해(왼쪽으로 회전 혹은 오른쪽으로 회전) D-형과 L-형으로 나뉜다. 화학적으로 같은 양의 D-형과 L-형이 형성되기는 하지만, 조미료 맛은 L-글루탐산만이 소유하고 있다.

맛을 느끼게 해주는 미각세포들은 활성 중심에 있는 효소들이 그러하듯 반응을 일으키게 만드는 상대의 공간적인 것만 인지하게 되어 있다(마치 우리가 인사로 악수할 때 왼손과 오른손이 바로 맞잡을 수 있게 되는 상황과 같다).

단백질은 L-아미노산들에 의해 합성되고, 따라서 세포 중에서 단백질을 합성하는 곳들은 L-아미노산들의 합성에만 초점을 맞추고 있다. 이 외에 당의 경우는 반대 상황이다. 당은 예를 들어 β-D-포도당과 같이 D-형만 형성이 되는 것으로 알려져 있다.

근본적인 원인에 대해서는 아직까지 알려지지 않았다. 분명히 진화 초기에 우연에 의해 시작된 것으로 보인다. 이론적으로는 다른 위성에 L-당분이나 D-아미노산을 생산하는 생명체가 있는 것으로 상상할 수 있을 것이다. 그들은 심지어 우리와 비슷하게 생겼을 수도 있을 것이다. 그러나 이들 두 가

지 형태는 서로 섞일 수 있는 것들이 아니며, 우리 몸에는 L-포도당과 D-글루탐산을 인지할 수 있는 효소가 없기 때문에 이들이 다른 별에서 생산되고 있다고 해도 우리에게는 쓸모가 없는 것이다.

Lewis Carroll은 "거울 나라의 앨리스"와 같은 실험을 시도해 보았다. 그림 4.25에 나와 있는 것과 같이 거울에 비친 우유(D-유당 대신 L-유당으로)는 보통의 고양이 입맛에 맞지 않겠지만, 고양이 역시 거울에 비친 상이라면 어떨까?!

화학적으로 아미노산을 합성하는데 있어 발생하는 문제는 분명한 것으로 보인다. 화학적으로 합성한 글루탐산의 반쪽(D-글루탐산)은 조미료맛을 전혀 가지지 못한다. 이에 반해 *Corynebacterium*은 조미료 맛을 가지는 L-글루탐산만 생산한다. 미생물을 이용할 경우 라이신과 트레오닌도 마찬가지로 L-형만 100% 생산된다. 다양한 형태가 복잡하게 합성되어야 하는 경우에는 화학적인 합성을 이용할 경우 미생물에 의한 경우보다 균등하고 다양한 형태를 만들어 낼 수 있기 때문에 그 이용성에 대해 고민을 해보기는 한다. 그 이외에는 화학적으로 만들어낸 D, L-혼합형을 다시 활성형으로 고치기 위해 효소를 사용한다(2장 아미노아실 화효소).

목적하는 합성과 변형을 위한 미생물의 이용성은 L-아스코르브산(비타민 C)의 생산에도 이용되고 있다.

4.10 L-아스코르브산(비타민 C)

우리와 같은 영장류들과 특이하게도 돌고래는 비타민 C(그림 4.29)를 합성하지 못하기 때문에 영양분으로 섭취해야 한다. 돌고래와 침팬지에게는 괴혈병이 발생할 수 있으며, 이 모두에게는 gulono-lacton oxidase라는 효소가 없다.

1900년대 왕정시대에 독일의 왕들은 괴혈병을 막기 위해 매일 한 숟가락의 구연산을 섭취하는 것을 허락하였는데, 오늘날의 관점으로 보아도 이는 매우 세심한 배려였던 것으로 보인다. 이미 그때 레몬류의 과일에서 비타민 효과를 경험했던 것이다. 사실 그 당시에는 괴혈병을 막는 것이 구연산이 아닌 아스코르브산(비타민 C)의 역할이라는 것을 알지는 못했다. 사우어크라우트 (Sauerkraut) 또한 강한 매우 건강한 식품이다(납성분으로 땜이 되어 있는 캔형태에 담겨져 있어 성분들이 없어지지 않은 상태이기만 하다면, Box 4.8 참조).

1933년에 취리히에 있는 공과대학의 Polytechnic 지하연구소에서 비타민 C인 L-아스코르브산를 합성하게 된 일은 매우 놀라운 사건이었다(Box 4.3).

생산공정으로 **Tadeusz Reichstein**(1897~1996)은 포도당으로부터 10단계가 넘는 중간 물질을 생산하여 L-자일로스(xylose)를 생산한 후에 마지막으로 청산(HCN)을 이용해 비타민 C를 만들어 내었다. 하지만 이 방법은 대량 생산용으로는 너무 복잡했고 마지막 생산량이 적었다. 이에 반해 비타민 C의 필요량은 일일 100mg으로 다른 비타민에 비해 증가되었다.

이에, Reichstein과 그의 젊은 동료인 **Gruessner**는 다른 방법을 모색하게 된다. 그들은 압력 하에 수소와 촉매로 포도당을 환원시켜 100%의 수율로 솔비톨을 만든 후 중간 산물인 소르보스의 생성을 원했다.

그러나 솔비톨을 화학적으로 산화시켜 비타민 C의 전구체인 소르보스로 만들기에는 무척 어려웠다. 프랑스의 화학자인 **Gabriel Bertand**(1867~1962)(Box 4.3)는 그러나 1896년에 이미 다음 단계까지 이르게 된다. *Acetobacter suboxydans*를 이용하여 솔비톨을 소르보스로 전환시킨 것이다. 오늘날 새로운 학명으로 *Gluconobacter oxydans*로 불리고 있다.

Reichstein은 화학자로서 그 시대에 익숙하지 않

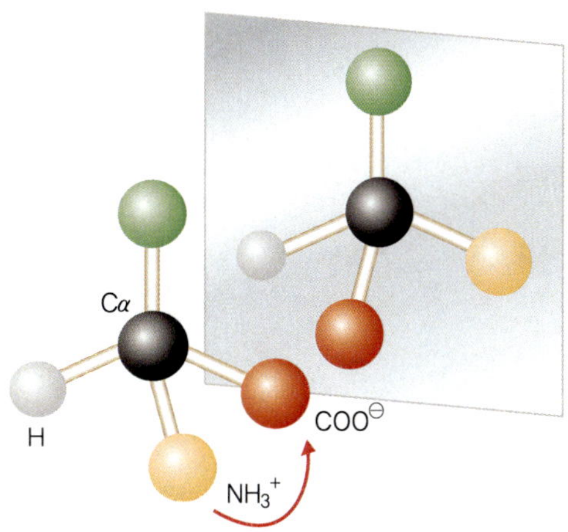

그림 4.24 제임스 본드(Sean Connery)는 영화 "007 두 번 산다"에서 일본에 있는 미사일 기지를 찾기 위한 사업가로 변신하여 나온다. 이 첩보원은 지구를 지키기 위한 첩보작전으로 주의를 딴 데로 바꾸기 위해 일본의 깡패집단 보스에게 "Mo-no-so-di-um-glu-ta-mate"라고 또박또박 끊어 주문을 한다.

그림 4.25 Lewis Caroll은 1871년에 출간한 책인 "거울 나라의 앨리스"에서 어떻게 앨리스가 거울을 통해 거울에 비쳐진 세계로 가는 것을 성공하는지 쓴 바 있다. "야옹아, 내가 하는 말을 잘 듣고 중간에 끼어들지 않는다면 거울 뒷편에 있는 집을 어떻게 상상할 수 있는지 이야기 해 줄게. 거울 뒤에 있는 보이는 방으로 먼저 가는 거야. 거기는 우리가 잘 알고 있는 거실로, 모든 것이 반대로 위치해 있다고 생각하면 돼. 그런 식으로 거울 뒤편에 놓인 집에 산다면 어때, 야옹아? 거기서 우유도 마시고 할 수 있을까? 하지만 아마 거울에 비친 우유맛은 아마 그리 좋지는 않을 거 같은데?"

그림 4.26 광학성 물질의 오른쪽으로 회전하는 형태(D)와 왼쪽으로 회전하는 형태(L)의 편광형. 두 가지 모두 공간적 형태들이 거울에 비친 모습과 같은 상태이다.

그림 4.27
오른쪽: Reichstein의 비타민 C 합성.

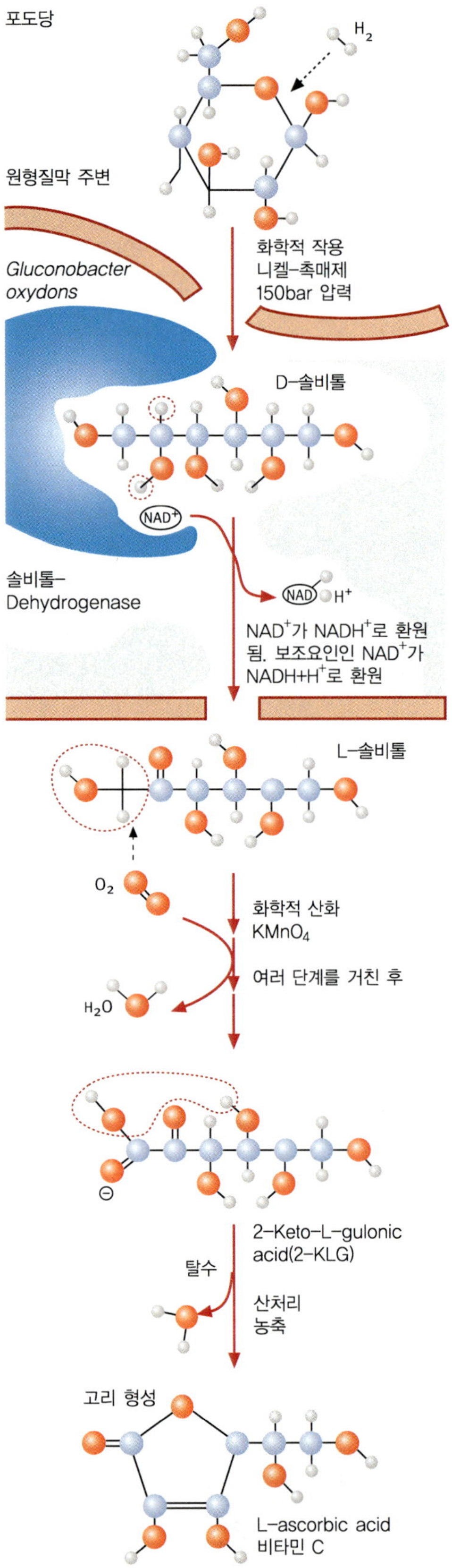

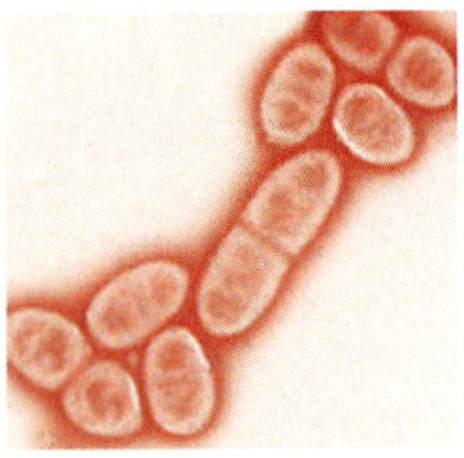

그림 4.28 *Gluconobacter oxydans*는 L-소르보스에 있는 sorbitol dehydrogeanse와 함께 L-솔비톨로 전환된다.

그림 4.29 현미경을 통해 본 아스코르브산(비타민 C)의 결정들.

은 행동을 하게 된다. 그는 생명공학적으로 생각하여 순수 *Acetobacter* 균주를 생물학자들로부터 돈을 주고 구입하게 된다. 그러나 Reichstein의 경우 구입한 세균을 미생물학적인 영역에서 다루었을 뿐 사업에 이용하지는 않았다. Bertrand는 운이 좋게도 천연의 소르보스 생산 세균을 초파리라는 믿을 수 없는 매개체를 통해 찾아내게 된다.

Reichstein은 D-솔비톨을 L-소르보스로 전환시키는데 화학적 합성과 함께 생명공학적 방법을 사용하였다(그림 4.27).

1933년 Reichstein은 바젤에 있는 Hoffmann-La Roche에 자신의 아이디어를 제공한다. Roche는 이전까지 Albert Szent-Gyoergyi(1893~1986) 방법을 사용하고 있었는데 그는 1937년에 파프리카로부터 비타민 C를 분리하여 노벨상을 받았다.

Reichstein의 방법(그림 4.27)은 다음과 같은 순서로 진행된다.

- D-포도당은 촉매제인 니켈과 150bar라는 압력하에 D-솔비톨로 환원된다.
- 이후 솔비톨은 *Acetobacter suboxidans*라는 세균에 의해 섭취된 후 **sorbitol dehydrogenase**를 통해 L-소르보스로 선택적 전환이 된다. 이 공정 과정은 20~30% 솔비톨이 들어 있는 배양액 중에서 1~2일 후면 완전하게 이루어진다.
- 마지막으로 L-소르보스는 화학적으로 2-keto-L-gulonic acid(2-KLG)로 산화되고 이들이 산에 처리된 후 탈수가 일어나게 되면 L-아스코르브산으로 전환이 되는 것이다.

이와 같은 성공을 이룬지 수십년 후 Reichstein과 Gruessner가 비타민 C를 생산하기 위해 사용한 화학적 그리고 생명공학적 방법은 새로운 순수 생명공학적 방법으로 전환된다(그림 4.32, Box 4.3).

Erwinia(그림 4.33)라는 세균은 포도당을 2,5-diketo-D-gluconic까지 전환시킨다. 이 과정은 세 가지 다른 효소(효소 1부터 3까지, 그림 4.32)에 의해서 이루어진다. *Erwinia*는 *E. coli*와 마찬가지로 그람 음성 세균이다.

이 세 가지 효소들은 그람 음성 세균에 있는 세포막과 세포벽 사이의 원형질 주변의(periplasm, 주변

세포질) 세포막과 관련이 있는 것이다.

그람 양성인 *Corynebacterium*과 같은 세균들은 세포막이 단순하게 생겼기 때문에(murein 90%, teichoic acid 10%), 그람 양성 세균과 그람 음성 세균들을 염색의 차이로 구분하고 있다. 한편 흥미로운 것은 이들은 원형질에 2,5-diketo-D-gluconic acid reductase를 보유하고 있어서 2,5-DKG를 2-keto-L-gulonic acid (2-KLG)로 전환시킬 수 있고, 이 물질은 쉽게 비타민 C로 전환된다.

*Erwinia*는 또한 *Corynebacterium*이 필요로 하는 시작물질을 형성한다! 따라서 *Corynebacterium*과 *Erwinia*를 함께 배양조에 넣어 주는 것이 필요하다. 그러나 이 둘은 필요로 하는 환경(pH, 적정 온도, 성장률, 다른 미생물과의 관계, 필요로 하는 영양분의 차이 등)의 차이가 크기 때문에 한꺼번에 넣어 준다는 것은 매우 어려운 일이다.

그러나 결과적으로 성공을 하였는데, 바로 유전공학을 이용해 두 세균의 유전적 특성을 하나의 미생물로 합쳐놓은 것이다. 이 미생물은 포도당을 섭취하여 바로 비타민 C의 전구체를 배양액에 생산하게 된 것이다.

이때 *Corynebacterium*의 환원효소(reductase) 유전자를 *Erwinia* 세포에다가 옮겨놓았는데, *Erwinia*의 경우 하나의 효소만이 부족한 상황이고, *Corynebacterium*의 경우는 주변세포질 세포막이 없는 상황이므로 매우 합리적인 결정이었다고 볼 수 있다. *Corynebacteirum* **환원효소**는 그대신 세포막에서 작용하는 것이 아닌 세포 원형질에서 자유로운 상태로 존재하게 되었다.

재조합 *Erwinia* 세포에서는 다음과 같은 과정이 일어난다(그림 4.32).

- D-포도당은 배양액으로부터 주변세포질(periplasma)로 섭취된다.
- 세 개의 주변세포질 효소들은(*Erwinia*의 내부막 부위에 존재) 순차적으로 2,5-DKG를 합성한다.
- 2,5-diketo-D-gluconic acid reductase(*Corynebacterium*으로부터 나온)는 *Erwinia* 세포에 있는 2,5-DKG를 2-KLG(2-ketogulonic acid)로 가도록 촉매작용을 하고 생산물은 배양액으로 배출이 된다.
- 2-KLG는 산처리를 통해 탈수되면서 L-아스코르브산으로 바뀌게 된다.

유전공학을 통해서 대사능이 매우 판이한 미생물들의 특성을 우아하게 합할 수 있게 된 것이다. 재조합 *Erwinia* 세포들은 120시간 내에 발효액 2리터당 약 120g의 2-KLG를 생산할 수 있게 되었고, 첨가된 포도당의 60% 정도가 전환되게 되었다.

화학적 그리고 생명공학적 합성을 놀랍게 조합하여 Hoffmann-La Roche는 여러 해가 지난 뒤 세계에서 비타민 C를 가장 많이 생산하는 업체가 되었다. 그 사이 DSM 생산은 네덜란드가 이어 받았다.

오늘날 비타민 C 시장 순익은 약 4억 달러에 달하게 되었고, 그 중 65%가 이미 중국의 생명공학 회사가 차지하고 있으며, 가격을 엄청나게 낮게 만들고 있다. 이에, 비타민 C 생산은 계속 증가하고 있는 한편 그로부터 생기는 이익은 점차 줄어들고 있는 상황이다.

Tadeusz Reichstein은 부신피질 호르몬인 코르티손(cortisone) 연구에 대한 공로로, 1950년에 노벨의학상을 수상한다.

Roche사는 1936년에 370kg의 비타민 C를 kg당 1140스위스 프랑으로 판매하였다. 이 가격은 1938년 kg당 550프랑으로 감소하고 1940년에는 390프랑, 1950년에는 102프랑이 되었다가 60년대 초에 이르러서는 80프랑까지 떨어져, 오늘날에는 20프랑에까지 이르게 되었다. 오늘날의 비타민 C 가격은 70년대 가격의 약 50배 정도가 싸진 것이다.

예방의학적인 목적 이외에도 비타민 C는 해가 없는 **천연 항산화제(natural antioxidant)**로 사용하게 되었고, 청량음료 등에 보존력을 높이기 위해 첨가되고 있다. 노벨 화학상과 평화상을 수상한 **Linus Pauling**은 비타민 C가 몸에서 유전자 손상을 일으킬 수 있는 자유 라디칼(free radical)을 잡는다고 자신하였다. 그는 매일 일정량의 비타민 C를 섭취하였고 92세가 될 때까지 감기에 걸린 적이 없었다고 한다. 그의 이론이 논쟁 거리가 있다고 하더라도 비타민이 많고 단백질이 풍부한 식단으로 지방과 고기가 많은 식단을 대체하여 수명을 연장시킬 수 있다는 것이 확실시 되고 있다.

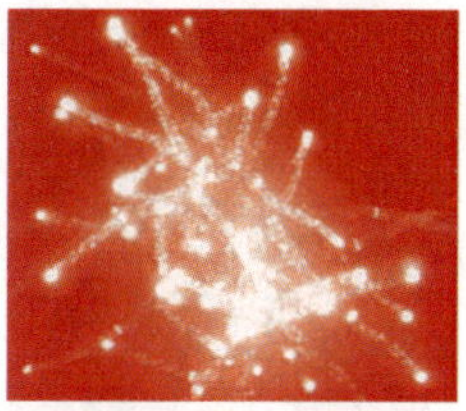

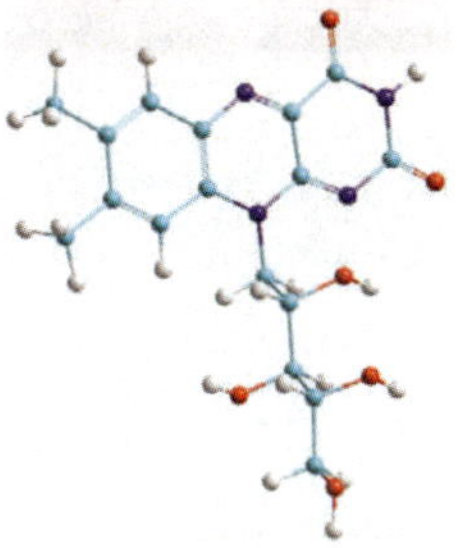

그림 4.30 섬유상의 자낭균 *Ashbya gossipii*는 비타민 B_2(riboflavin)를 생산한다.

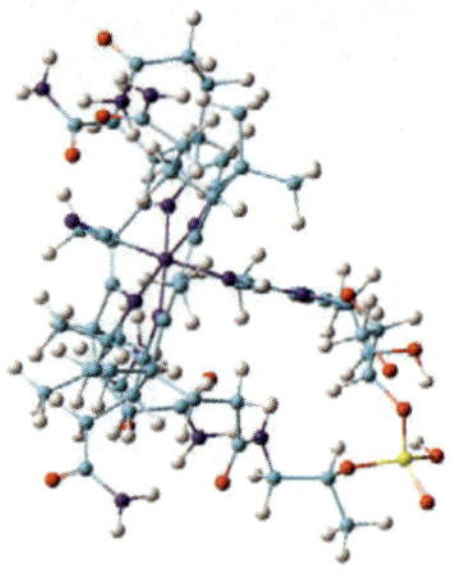

그림 4.31 Dorothy Crowfood Hodgkin(1910~1994)은 Marie Curie(1867~1934)와 그의 딸인 Irene Joliot-Curie(1897~1956)이후 노벨화학상을 받은 세 번째 여성이었다. 그녀는 1949년까지 페니실린의 구조를 규명하였다. 그때까지 설명되지 않고 있던 작은 분자인 비타민 B_2에 대한 구조도 1955년 그녀에 의해서 밝혀지게 되고, 이에 대해 1964년 노벨화학상을 받게 된다. 영국 언론은 할머니에게 노벨상이 주어진 것으로 잘못 알린 바가 있다. 35년이라는 오랜 기간의 연구 끝에 1969년에 처음 Dorothy Crowfoot Hodgkin은 인슐린의 구조를 알린다.

그렇다면 비타민 C를 어느 정도 섭취하면 되는가? 독일의 영양협회에서는 하루에 150mg정도를 섭취하도록 권장하고 있다. "영원한 젊음"을 추구하는 사람들의 경우 매일 3g까지도 섭취하고 있다. 이 비타민은 수용성이기 때문에 과량 섭취한다고 해도 유해하지는 않을 것으로 보인다. 과량 섭취의 경우 지용성 비타민인 A, D, E, K처럼 몸에 축적이 되지 않고 소변을 통해 배설될 수 있기 때문이다. 과량의 산성 물질은 물론 위에 부담이 될 수 있다.

대부분의 다른 비타민들은 당근의 색소성분인 β-카로틴(carotene)이 그러한 것처럼 순수하게 화학적으로 생산되어 동물사료로 사용될 수도 있고, 토코페롤(tocopherol)처럼 식물로부터도 생산해 낼 수 있다. 단지 비타민 C, B_2, B_{12}만이(그림 4.31) 주로 미생물을 이용한 생명공학을 통해 생산되고 있다.

곰팡이인 *Ashbya gossipii*(그림 4.30)는 비타민 B_2인 리보플라빈(riboflavin)을 생산한다. 그 사이 산업체에서 이용해온 미생물들은 과거 천연의 미생물을 이용했을 때보다 현재 20,000배나 더 많은 비타민 B_2를 생산하고 있다. 이와 같은 변화는 이미 1947년부터 시작되었다.

*Ashbya*는 처음에 아주 소량의 리보플라빈만을 생산했었다. 그러다가 유사한 곰팡이인 *Eremothecium ashbyii*가 이용되었고, 또한 많은 양의 비타민을 생산해내는 세균로 *Bacillus subtilis*가 이용되었다. *B. subtilis*는 두 곰팡이와 같이 자연형이 아닌 의도적으로 유전조작을 통해 만들어진 미생물이다.

리보플라빈은 우유, 간, 닭고기, 계란, 해수, 견과류나 채소에 존재한다. 이 영양소는 건강을 유지하고 근육을 형성하는 데 영향을 주는 것으로 스트레스 호르몬인 아드레날린(adrenaline)의 형성과도 관계가 있다.

*Pseudomonas denitrificans*와 *Propionibacterium shermanii*는 cyanobalamine(비타민 B_{12})의 전구체인 코발라민(cobalamine)을 생산하며(그림 4.31), 심지어는 천연에 존재하는 미생물보다 50,000배가 넘는 양을 생산한다. 무산소 상태에서 한 단계 과정만으로 *Pseudomonas denitrificans*는 사탕무우 당밀로부터 4일 안에 60 mg/L의 코발아민을 생산한다. 생산된 코발라민은 배양액으로 배출되어 나온다. 당밀은 그 생산량을 혁혁히 증가시키는 요인인 베타인(betain)을 함유하고 있다. 마지막 단계에서 시아닌(cyanine)을 첨가하고 가열을 하게 되면 시아노코발라민(cyanocobalamine)을 얻게 되는 것이다.

비타민 B_{12}가 부족하면 빈혈(악성)에 걸린다. 1926년 악성빈혈인 사람에게 주당 2 파운드의 생소간을 주어 처음으로 성공적으로 치유하였다. 이러한 발견에 대한 공로로 1934년 George Hoyt Whipple, George Richards Minot와 William Parry Murphy는 노벨상을 받게 된다.

비타민 B_{12}은 혈액생성에 중요한 영양소로 간 보호용으로 이용되고 있고, 동물의 성장과 골격형성을 위한 사료용으로 매년 20여 톤이 생산되고 있다. 사람에게는 침착하고 정신적으로 조심스럽게 만든다.

4.11 아스파탐-단맛의 dipeptide esters

미국의 의약품 제조회사인 G.D. Searle(사)의 화학자인 James Schlatter는 1965년 여러 아미노산으로 조합을 한 짧은 사슬의 펩티드를 위궤양에 대한 약으로 시험하였다. 나중에 그는 연구소에서 실수로 손에 이 약물을 떨어뜨리게 된다. 이후 그는 우연히 종이조각들을 모으다가 손가락을 침으로 적시게 되고 이 과정에서 설탕처럼 단맛을 느끼게 된다(나쁘게 말하면 마치 실험실에서 금지된 흡연을 한 것과 같은 사건이다). 나중에 밝혀낸 바에 의하면 이 시험 약물에 사탕무우나 설탕원료보다 200배가 강한 단맛이 있었던 것이다.

새로운 슈퍼 설탕인 **아스파탐(aspartame)**은 펩티드로 아스파르트산과 페닐알라닌이라는 두 아미노산이 메틸에스터(methylester)로 결합되어 있는 형태이다.

페닐알라닌과 아스파르트산은 미생물을 이용하여 생산할 수 있다. 순수 화학적으로 이들을 연결시킬 수도 있고, 유기 용매와 함께 3단계 시스템에서 protease(트립신과 같은)를 이용해 역으로 펩티드로 분해시킬 수도 있다(2장 참조).

아스파탐은 장에서 소화효소에 의해서 분해된다. 성인의 1일 필요량인 1g 아스파탐은 4 kcal에 해당되는 에너지만 내므로 사람들이 보통 섭취하는 설탕으로부터 얻게 되는 에너지의 약 1/100 정도라고 생각하면 된다. 아스파탐의 두 번째 장점은 맛이 거의 설탕과 같다는 것으로, 이와 경쟁상대가 되는 사카린(saccharine)이나 시클라메이트(cyclamate)와 같은 이상한 맛이 거의 없다.

아스파탐은 적절한 시기에 나왔다고 하겠다. 70년대 말에 이르러 미국에서는 몸매 가꾸기가 붐을 일으키게 되고, 아스파탐을 이용한 저칼로리 식품들이 생산되게 된다(그림 4.35). 그러나 아스파탐에게도 단점은 있는데, 약 6~9개월 후면 분해되어 버린 다는 것이다. 그러나 이러한 특성의 경우 음료수에 대한 이용면에서는 그리 치명적이지 않다. 왜냐하면 통계자료에 의하면 95%에 해당되는 음료수들이 3개월 이상 보관되는 경우는 드물기 때문이다.

오늘날 아스파탐은 아직 사카린보다 비싸고 효소를 이용해 생산한 과당(fructose)시럽보다도 비싸다(2장 참조). 그러나 미생물을 유전자 조작을 통해 바로 아스파탐을 생산하거나 적어도 아스파탐의 두 가지 원료를 대량으로 생산하게 되면서 가격 경쟁력이 있게 되었다. 아스파탐의 경우 열량이 거의 없다고 해도 과언이 아닐 정도로 적어서, *Streptococcus mutans*와 같이 충치를 일으키는 세균의 성장을 돕지 않게 된다(그림 7.54, 7장 참조). 지방의 축적과는 관련성이 어떠한지에 대해서 영양학자들도 의심을 하고 있다. 저열량 음료들은 신체에 에너지를 섭취하는 것과 같은 암시를 주어 강한 배고픔을 느끼지 않게 되며, 나중에 이 문제는 다른 방법으로 해결되도록 진행된다. 심지어는 일부 영양학자는 아스파탐의 섭취가 위험하다고 경고하고 있다. 미국에서는 몇몇 그룹들이 아스파탐 섭취에 대해 항거하고 있는데, 그 이유는 이 성분이 소화되는 과정 중에 생성되는 메탄올(methanol)이 맹인이 되는 위험을 초래할 수 있다고 보기 때문이다. 그러나 이러한 위험은 엄청난 양의 아스파탐을 섭취했을 때 해당되는 것이다.

세계적으로 연간 14,000톤에 이르는 아스파탐

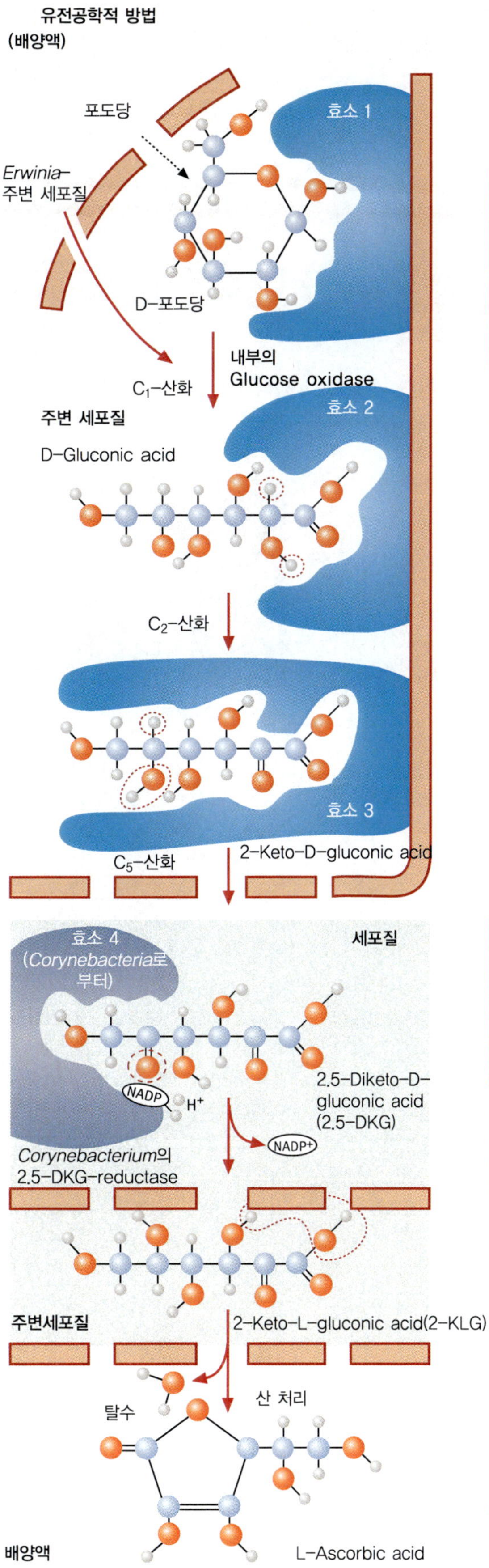

그림 4.32 유전자 재조합 *Erwinia* 세포에서 합성되는 비타민C

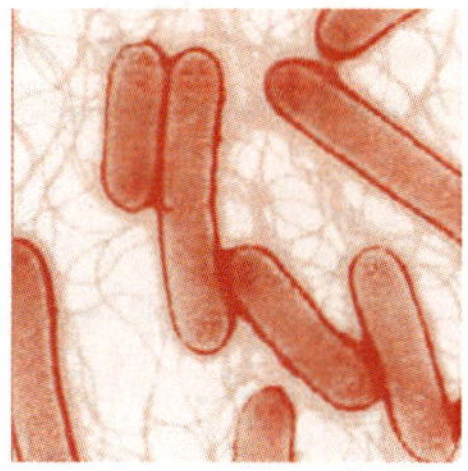

그림 4.33 *Erwinia*는 원래 그람 음성 식물병원체로 식물세포내로 펙티나아제(pectinase)를 분비하여 식물세포에 습기가 있거나 건조한 부패를 유발한다.

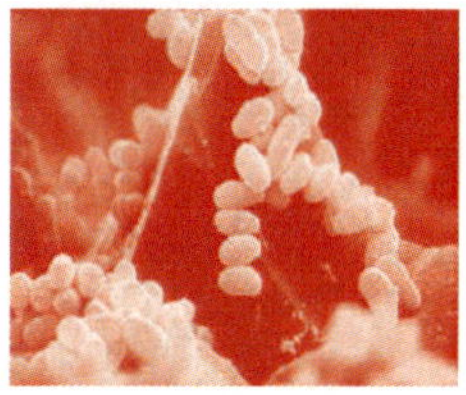

그림 4.34 *Corynebacterium*은 효소 2,5-DKG 환원효소를 생성하는데 *Erwinia* 세포질 내에서 발현된다.

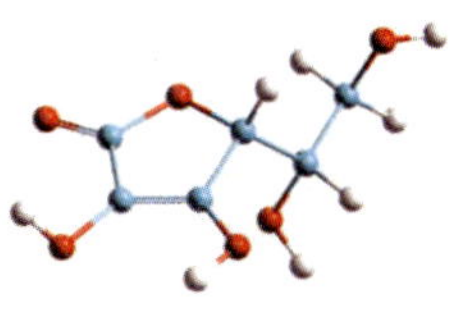

Box 4.3 생명공학 역사: Reichstein의 초파리와 비타민 C

Tadeusz Reichstein (1897~1996)

Tadeusz Reichstein은 취리히(Zuerich)의 ETH의 천재 합성화학자인 **Leopold Ruzicka** (1887~1976) 밑에서 조교를 했다. Ruzicka는 Roche에 자신의 호르몬 합성을 제공하려고 하였다. 그러나 그저 독창적일 뿐 계약 등에는 약했던 Ruzicka에 비해 원칙에 근거하는 스타일의 Roche의 Barell은 서로의 이해관계가 맞지 않게 된다. Ruzicka는 1929년 바젤(Basel)에 있는 시바(Ciba)로 가는 것에 성공하게 된다. 이와 비슷하게 Reichstein은 처음 1932년에 Roche로 간다.

프랑스의 Gabriel Bertrand *Drosophila*(초파리)에 의해 소르보스가 생산될 수 있는지 기술했다. Reichstein에게서 성공적이었던 것과 같이 120년 후 홍콩에 있었던 이 책의 저자에게서도 똑같은 결과가 이루어졌다.

50년 후 Reichstein은 그 당시를 다음과 같이 상기하였다.

"정확한 과정을 더 이상 기억하지는 않지만, 대략 다음과 같았다. 와인에 약간의 설탕과 식초를 넣은 후에 컵에 담아 밖에 두었다. 이 액체는 *Drosophila*라고 불리는 파리를 부르게 된다. *Drosophila*는 또한 초파리라고도 불리는 것으로 장 속에 여러 세균을 품고 있는데, 이 액체를 들이키는 과정에서 장 속의 세균들이 나오게 된 것이고, 소르보스를 생산하게 된 것이다. 맛을 한 번 보려고 했던 그 당시는 연말이었고, 날씨는 그리 춥지 않았으며, *Drosophila*는 보이지 않는 상태였다. 그럼에도 불구하고 일년을 더 기다릴 수는 없었기에 맛을 보게 되었다. 와인에는 설탕대신 소르비톨을 넣었고 이미 이야기한 바와 같이 약간의 식초를 넣어주었으며, 효모육즙도 약간 넣었다. 이는 세균이 필요로 하는 영양분들이 효모육즙에 다 들어있다는 것을 생물학자로부터 들었기 때문이었다. 이렇게 만든 용액이 든 잔 5개를 지하 실험실의 창문가에 두었고, 약간의 햇빛도 비취는 상태였다. 어느 토요일이었던 것으로 기억한다. 나는 파리가 날아와 준다면 좋은 일이고, 그렇지 않다고 해도 잃을 건 없다고 생각하고 있었다. 월요일에 다시 그곳으로 갔는데, 컵 안은 모두 말라 있었다. 그 중 두 개의 잔 속은 결정으로 가득차 있었다. 이 결정 성분을 들여다 봤더니, 바로 소르보스였던 것이다! 하나의 잔 속에는 아직 *Drosophila*가 죽은 상태로 있었다.

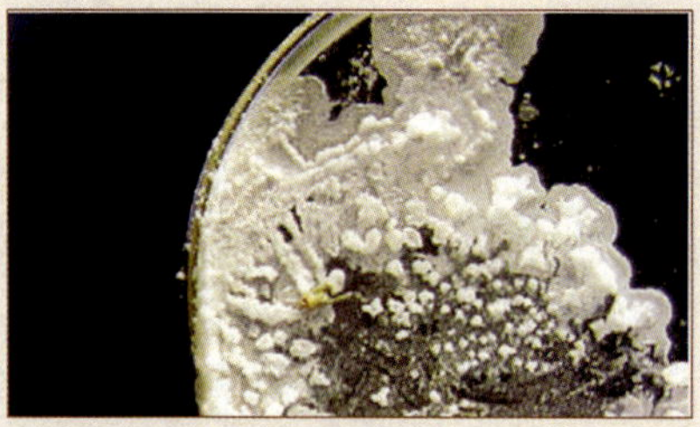

저자가 sorbitol 실험을 따라 해본 결과: 붉은색 화살표는 초파리를 가리킴.

바로 이 초파리로부터 광채를 띠는 소르보스 결정이 형성되었던 것이다. 판매용 제품은 1일이 걸려 이루어졌던 것이 야생의 세균들은 2일 안에 소르보스로 만들어 버렸던 것이다. 그 다음으로 우리는 세균들을 배양하면서 실험을 해 본 결과 모두가 24~48시간 안에 소르보스를 생산해 내었다. 이러한 방법으로 몇 일 안에 50g의 소르보스를 생산할 수 있었다. 물론 이 소르보스 안에는 미생물들이 자연적으로 섞여 있는 상태였는데 전혀 위험한 것은 아니었다. pH 5로 약간의 산성인 상태에서 그 효과가 최적으로 나타났다. 이보다 더 산성환경이 되면 세균이나 곰팡이가 더 자라지 못하였다. 소르보스로부터 실제 비타민 C를 손쉽게 얻을 수 있었고, 하물며 그 생산량이 톤 단위에 달하는 정도였다.

내 생각에 보통 100g 포도당으로부터 30~40g 비타민 C를 얻을 수 있다. 하지만 아직 합성 조건을 최적화 시키거나 결과를 개선시켜야 하는 상태였다."

취리히에 있는 Roche(사)는 Reichstein의 특허를 넘겨받게 된다. 그 당시로서는 아주 작은 상태의 이 회사 소유주는 세균을 이용한 미생물학적 반응을 그리 마음에 들어하지 않았고, 또한 화학자들도 마찬가지였다. "그들에게 사랑을 받던 그렇지 못하던 그 결과를 바꿀 수는 없는 것이었고, 세균들은 놀랍게도 소르비톨의 약 90%를 소르보스로 전환시켰던 것이다. 누구도 이를 따라할 수 없는 수준이었다. 거기다가 2일 안에 그저 공기 이외에는 다른 아무것도 필요하지 않은 상태에서 말이다. 그저 약간의 효모만 넣어주면 되는 것이었다."

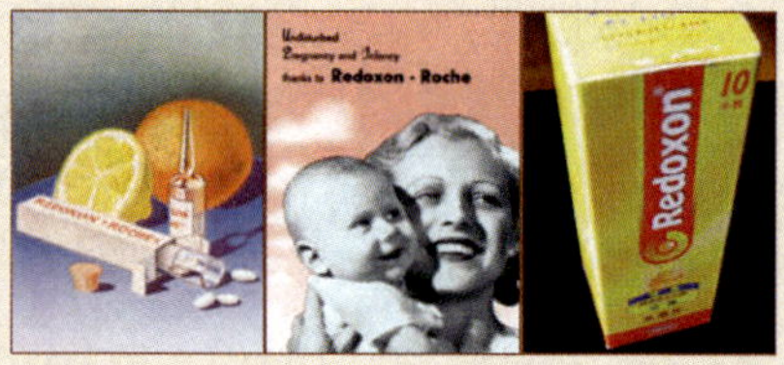

Redoxon®의 어제와 오늘(중국에서도) 레모네이드 럼민

100년째를 맞는 행사(1996)에서 Roche는 "항괴혈병 비타민을 분리해 내는 것에 대해 오랜 연구를 거쳐 헝가리에 있는 A. Szent-Gyoergyi가 성공을 하게 되었고, Roche는 이 방법을 통해 비타민 C를 생산해 내게 되었다. 즉, 고추에서 비타민 C를 생산해 낸 것이다. [···] Reichstein의 놀라운 합성품은 훨씬 미래지향적이었다. 이를 통해 Roche는 본격적으로 비타민을 생산하게 되었던 것이다. [···] 어찌 되었던 Barell은 그 당시 비타민 C를 잘 사용하지 않는 생화학품으로 생각했고, 그로부터 최고 일년에 10kg 정도를 팔 수 있는 규모였으나, 단 몇 달 만에 이 영양분이 가장 많이 찾는 제품이 되는 것에 그만 놀라고 말았다."

1934년에 생산하기 시작한 비타민 C 정제인 Redoxon은 아직까지도 가장 큰 시장을 점유하고 있다.

이 생산되고 있다. 2004년에는 아스파탐으로 얻어진 이윤만도 8억 5천만 달러에 달하고 있다.

단맛을 가지는 단백질 두 가지가 서아프리카의 관목에서 발견되었다. thaumatin과 monellin(그림 4.38)으로 이들은 각각 208개와 94개의 아미노산으로 구성되어 있으며 설탕보다 약 2,500~100,000배 더 단맛이 강하다고 한다. 식물로부터 이들 물질들을 얻기에 아직 경비가 많이 소요되므로 미생물을 통해서 유전학적으로 생산하는 것을 계속 이용하고 있다.

많은 고양이들은 thaumatin을 좋아한다. 이는 thaumatin 혹은 특정 아미노산들이 고양이들로하여금 바로 이들을 위한 사료에 중독이 걸리게 만드는 지독한 냄새를 유지하게 해준다.

4.12 고정화 세포에 의한 아미노산과 유기산 생산

고정화세포를 이용하는 분야는 특히 일본에서 앞서 나가고 있다(2장 참조). 오사카(Osaka)에 있는 Tanabe Seiyaku사의 Ichiro Chibata와 Tetsya Tosa(2장, 그림 2.23 참조)는 효소고정화 분야의 선구자로서, 1973년에 젤로 고정화시킨 후 동결한 *Escherichia coli*를 통해 푸마르산(fumaric acid)으로부터 매년 600톤의 아미노산인 아스파르트산(aspartame의 구성물질)를 합성하고 있다. 이와 같이 고정화된 세균을 통해 생산한 아스파르트산의 활성은 120일 정도가 지나면 반으로 준다. 이에 반해 자유로운 세포를 통해 생산할 경우는 반감기가 6일밖에 되지 않는다. 고정화된 세포들을 이용한 공정에서는 그냥 세포를 사용하는 경우보다 경비를 약 60% 절감할 수 있다. 이에 따라 촉매작용을 위한 경비도 약 30% 절감할 수 있으며, 인건비도 3% 정도, 그리고 에너지는 약 15% 정도 절감할 수 있다고 한다. 하루에 1,000 L 규모의 기둥형 발효조에서 약 2톤에 해당하는 L-아스파르트산을 생산한다고 한다.

이와 비슷하게 *Brevibacterium* 세포들을 고정화하여 푸마르산으로부터 연간 180톤 정도의 L-말산(malate)와 사과산을 생산해 내고 있다. 두 가지 공정 모두 단순히 미생물의 효소인 아스파르타아제(aspartase)와 푸마라아제(fumarase)를 이용해서 이루어지는 것으로 경제적, 실용적 이유로 세포 밖에서 일어난다. 세포막들은 사용하기 전 조심스럽게 파괴시켜 살아 있는 세포들은 없게 된다. 기질은 세포막과 결합되어 있지 않지만 효소들은 이러한 상태 하에서 안정된 상태로 있게 된다.

미생물들을 이용할 경우 물론 여러 단계의 공정 과정을 필요로 한다. 예를 들어 고정화된 효모를 이용하여 알코올을 생산하는 것도 좋은 예가 될 수 있을 것이나(1장 참조), 이는 더 이상 경제적인 것으로 여겨지고 있지는 않다. 고정화된 세포들을 이용할 수 있는 가능성은 매우 크다. 자유롭고, 살아 있는 세포들에 비해 고정화된 세포들의 경우 여러 경우에서 더 나은 상황을 보여주고 있다.

심지어 1982년에 Tanabe Seiyaku에 의해 개발된 방법은 두 가지 다른 고정화된 미생물을 순차적으로 전환시키는데 이용하였다. 우선은 푸마르산을 고정화된 *Escherichia coli*를 통해 1,000L짜리 배양기에서 L-아스파르트산으로 생산하였고, 이어서 고정화된 *Pseudomonas dacunhae* 세포들을 넣어 2,000L 작용기에서 L-알라닌을 생산하도록 하였다. 이 생산기를 통해 월 100톤의 L-아스파르트산과 10톤의 L-알라닌을 생산하고 있다.

4.13 돌연변이의 활용

많은 산업체에서는 이용가능한 미생물들을 찾아내기 위해서 천연의 균주들 중 원치 않는 기능들은 제거하고 이용성이 있는 기능들은 강화시키거나 심지어는 완전히 새로운 것으로 교체하고자 하였다.

이를 위해서는 여러 가지 방법이 있다. 우연히 발생한 돌연변이를 이용하거나 인공적인 변이가 있을 수 있다.

가장 간단한 방법으로는 **점돌연변이(point mutation)**가 있다. 이 경우는 DNA의 염기 서열 중에서 하나를 다른 것으로 대체하는 것이다. 다른 경우로는 여러 개의 염기 혹은 짧은 DNA 조각을 아예

그림 4.35 얼마나 시대가 변하고 사람들의 입맛이 변했는가: 위의 두 광고는 시대적으로 100년의 차이가 난다.
위: 미국에서 판매되었던 열량이 높은 오리지널 상품
아래: 아시아에서 선전되고 있는 저칼로리 제품

그림 4.36 Cola-light 표시사항에는 내용물에 대한 표시 이외에 아스파탐에 의한 페닐케톤뇨질병에 대해 경고하고 있다.

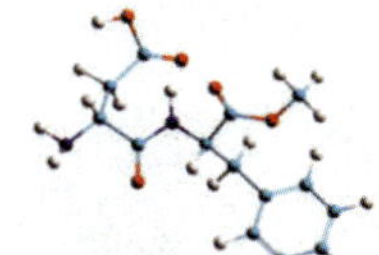

아스파탐

그림 4.37 현재 아스파탐은 설탕과 비슷한 맛 때문에 사랑을 받고 있다.

그림 4.38 Thaumaine은 아프리카의 *Ketemfe*라는 관목의 열매로부터 얻는다.

Box 4.4 어떻게 UV는 미생물들을 죽게 하나?

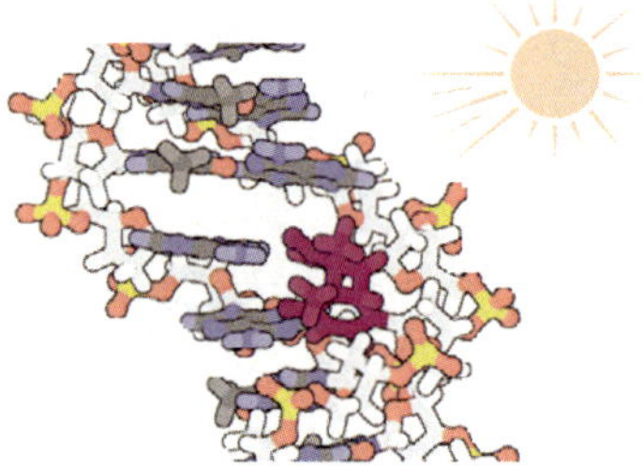

UV를 통해 TT-이량체(보라색)의 DNA 이중나선이 생기게 된다. 이때 싸이클로부탄(cyclobutane) 고리가 두 티민 염기(위) 사이에 생성이 된다. 이량체는 나선구조에서 회전이 생기게 하고(아래) 원래의 파트너인 아데닌과의 관계를 약화시켜 DNA 뼈대를 구부리는 역할을 한다.

UV는 피리미딘 염기(DNA의 티민과 시토신)의 이중 결합에 흡수되어 결합을 분리해내고 주변의 분자들과 작용할 수 있게 만든다. 가장 자주 일어나는 작용은 티미딘(thymidine) 염기끼리의 직접적인 반응이다. 화학적으로 안정화된 공유결합을 일으켜 단단한 네 개짜리 고리를 만들어 낸다. 각 피부세포들에서는 햇빛 하에서 매 초마다 약 50~100 정도의 그러한 변이가 일어나고 있다.

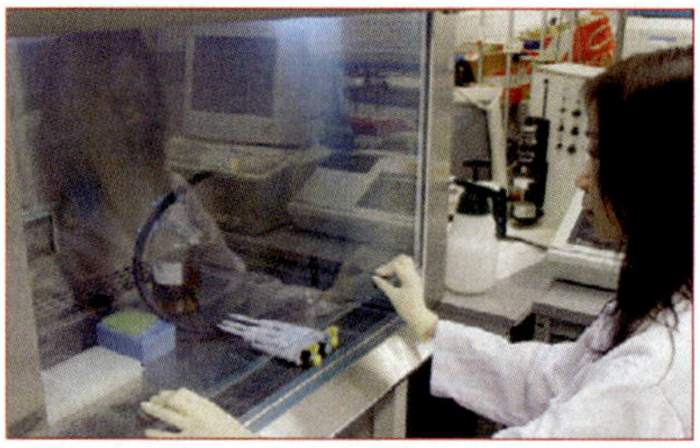

UV 빛은 Clean Bench에서 멸균하는 데 사용한다.

운이 좋게도 사람에게는 그러한 문제가 생겼을 때 수 초 내에 이를 제거하는 능력이 있다. 수많은 단백질들이 이를 위해 협조하고 있다. 이들은 소위 nucleotide excision repair(뉴클레오티드 제거 수선)라고 불리는 과정에서 30개의 염기쌍들의 길이 정도의 단위를 잘라내고, 다시 올바른 뉴클레오티드를 채워넣는다. 이것이 우리들에게 있어서는 UV에 대한 유일한(자외선 차단제와 함께) 보호기능이다. 만일 이 보호기능이 제대로 발휘되지 않으면, 피부암이 발생한다. 미생물들은 이와 달리 단순히 문제가 생긴 염기를 찾아내어서 잘라내는 핵산내부가수분해효소(endonuclease)를 이용한다. T4 박테리오파지의 핵산내부가수분해효소 V는 DNA와 매우 강한 관계를 가지고 있어 이를 치유하는 기능을 가진다. 이들은 TT-이량체와 결합을 한다.

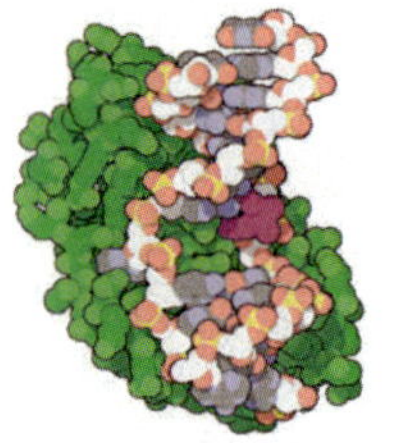

DNA-수선 효소는 TT-이량체(보라색)를 찾아내어 수정하고, DNA의 왼쪽 주머니안에 있는 adenine을 작용하도록 촉진한다.

놀랍게도 효소는 이량체를 알아차리는 것이 아니고 이 이량체에 의해 느슨해진 나선구조를 찾아낸다. 효소는 손상이 일어난 부위의 DNA를 꺽어서 보충이 될만한 아데닌 염기를 찾아 가지게 된다.

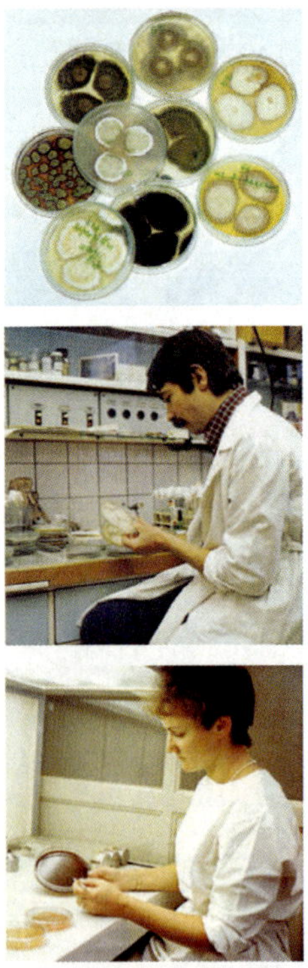

그림 4.39 예나(Jena)의 한 실험실에서 페트리접시에 있는 미생물들의 새로운 항생물질 생성에 대해 탐색을 하고 있는 모습.

빠지게 하거나 새로운 것으로 채워 넣는 방법이다. 그러한 변화들은 각 DNA에서 자연적으로도 발생하고 있다.

특정 염기에서의 **자연발생 돌연변이(spontaneous mutation)**는 사실 매우 드문 일이다. *E. coli*에서 일어나는 복제 중 일어나는 변이 비율은 10^{-10}에 이르러, 이는 100억개의 염기 중에 하나의 염기 변이가 일어난다고 봐야 하는 것이다! 그러한 변이는 대부분 "조용히" 혹은 간단히 효소를 통해 교정된다(Box 4.5).

미생물들을 돌연변이원으로 처리하게 되면 이 위험은 1000배가 넘게 된다. 게다가 UV(이들은 예를 들어 DNA의 가까이 놓여 있는 티민들을 이량체가 되도록 한다, Box 4.4), 이온화 방사(X-선, 감마 혹은 중성자 빛 등) 및 서로 화학적인 관련성이 없으면서도 DNA 염기[예, 아질산(nitrous acid)은 아미노기와 반응을 한다])와 반응을 일으키거나 복제과정을 망가뜨리는 수많은 요인들이 있다. 일부 화합물은 우선 간효소인 시토크롬 P-450에 의해서 돌연변이원으로 전환된다(예로 견과류 위에서 병원성 곰팡이가 생산한 아플라톡신 등)(그림 4.10). 그것들은 반응성이 매우 높은 에폭사이드(epoxies)가 되면 DNA의 구아닌과 반응하여 안정화된 화합물이 된다. 암은 사람이나 포유동물에서 보통 성장조절과 관련된 유전자 변이와 DNA 수선에 문제가 있을 때 일어난다(많은 종류의 장 관련 암들).

하나의 유전자를 변이시키고자 하는 것은 보통 불가능한 일이다. 만약 하나의 미생물 균주를 변이를 통해 개선하고자 하면 매우 민감한 선발 실험을 수행해야 하는데, 이를 통해 잘 일어나지 않는 우연의 "바람직한" 변이를 알아낼 수 있다.

어떻게 변이를 통해 미생물들을 원하는 식으로 변형시킬 수 있는가에 대해서는 이미 아미노산의 생산 부분에서 보여준 바 있다. 자연적 변이와 목표한 바를 해독함으로써 필수 아미노산인 라이신을 많이 생산하는 세균 종이 생겨나게 된 것이다.

다른 경우는 항생물질을 생성하는 곰팡이와 세균에 대한 것이다. 생산된 항생물질량은 많은 유전자들에 달려 있다.

천연의 균주 중에서 변이된 종을 찾아낸다는 것은 불가능하며, 찾아 낸다고해도 이들의 생산성이 L당 겨우 몇 mg 정도의 물질을 생산하는 정도로는

Box 4.5 탐색, 돌연변이, 선정을 통해 항생물질 생성능을 가진 미생물을 찾다

우선 의심이 가는 서식지로부터 시료를 채취한다.

토양 1 cm^3 안에는 수많은 미생물들이 존재하고 있기 때문에 시료를 일단 희석시켜야 한다. 여러 단계의 희석과정을 거친 후에 선별 배지 위에 도말을 한다. 이 배지는 페트리 접시에 만든 것으로 영양성분을 포함하고 있게 된다. 그 후 배지를 25℃ 혹은 37℃에서 각 미생물이 눈에 보이는 집락으로 자랄 때까지 약 6일간 배양한다. 배지 밑에 집락이 형성되면, 이들은 항생물질을 생산하는 것이 아니라 방어물질을 주변으로 분비한다. 예로 배지에 streptococci를 키웠다고 하면 이들 세균들은 배지 위를 마치 잔디와 같이 두껍게 뒤덮는다. 오직 항생물질을 생산해내는 집락들만이 이들 중 죽은 구역을 만들어내게 된다.

"죽은 지역"을 만드는 항생물질 생성 미생물 탐색.

다른 균들에 대한 제어물질을 생산하는 집락들을 화염으로 멸균한 백금이로 잡아 내어 새로운 배지에다 한 획을 그어 짧은 시간 배양한다. *Staphylococcus*, *Streptococcus*, *Escherichia coli* 혹은 *Candida*와 같은 효모류 등 여러 종류의 시험대상 미생물들에 대해 다시 첫 번째 획의 끝에서 밑으로 선을 그어 다시 배양한다. 새로운 항생물질에 대해서 민감한 시험 균들은 첫 번째 획의 근처에서 잘 자라지 않는 한편 민감하지 않은 균들은 자랄 수 있다.

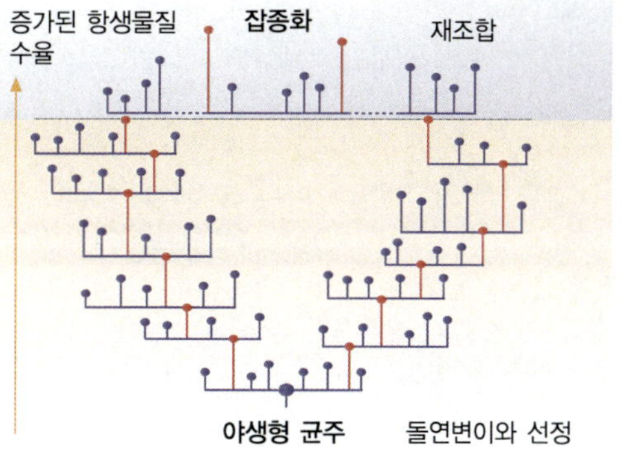

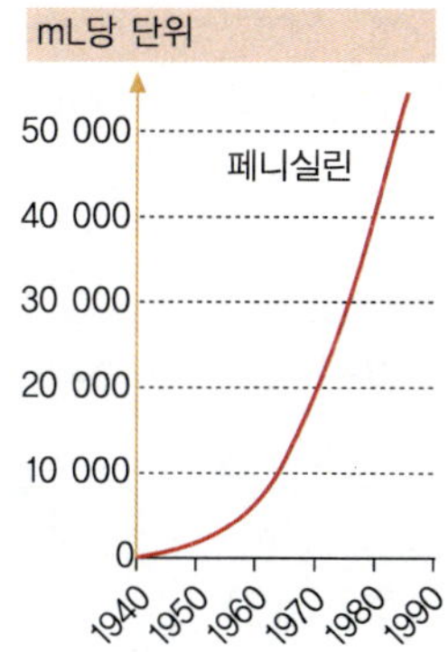

항생물질 생산이 발견된 미생물들을 배양한다. 잘 자라면 순수한 균으로부터 항생물질을 얻기 위한 과정을 거친다. 이후 항생물질을 동물실험을 통해 시험한다.

돌연변이에 이어 선정을 통해 항생물질을 생산하는 미생물들은 더욱 생산성이 높아지게 된다. 각 단계마다 가장 실적이 높은 균주들을 뽑아내고, 이를 다시 변이시켜 그 생산성을 시험한다. 변이와 선정을 한 차례 하고 나면 가장 효율이 높은 변이 균주들끼리 짝을 짓는다. 유전자의 재조합을 통해 수천 가지의 유전적으로 달라지는 새로운 세대들을 구성해 낼 수 있게 되며, 이로부터 항생물질을 더욱 많이 생성하는 균주를 찾게 되는 것이다. 페니실린은 탐색, 돌연변이 및 선정으로부터 성공한 가장 좋은 예로 "페트리 접시의 혁명"이라고 말하기도 한다.

오늘날 *Pecnicillium chrysogenum*으로부터 생산한 산업용 균주들은 150,000unit/mL(약 100mg)을 생산해 내 Fleming의 곰팡이에서 얻었던 4unit/mL보다 훨씬 높다.

40년대 초 약 1,200종류의 병원성 곰팡이가 있었다면 오늘날 Peoria에 있는 USDA culture collection에는 80,000종류 이상의 균주를 보유하고 있다. 90년대 말 Peoria의 미생물학자인 **Stephen W. Peterson**은 기존의 102가지의 *Penicillium* 종에다가 유명한 멜론 균주를 포함하여 39개의 새로운 *Penicillium* 종을 찾아내었다.

페트리 접시에 도말한 미생물들.

산업화시킬 수도 없다. 오늘날 산업용으로 사용되고 있는 훌륭한 미생물들의 경우 배양액 L당 20g 이상의 항생물질을 생산하고 있으며, 이는 다단계의 변이와 선정과정을 통해서 가능하게 된 것이다 (Box 4.5).

각 단계마다 변이시킨 미생물이 있게 되며 이로부터 성장한 집락들을 시험한다. 그러다보면 수천 개의 집락으로부터 생산성이 확연히 높은 한 개 정도의 변이체를 찾아내게 되고, 이 것이 새로운 변이와 선정과정을 위한 출발점으로 작용하게 된다. 이러한 방법으로 생물체들도 비자연적인 방향으로 진화를 한다. 이와 같은 과정은 산업용으로 사용하기에 충분한 생산성을 보이는 균이 나올 때까지 거듭하게 된다. 그러나 시간이 매우 오래 걸리는 방법이며, 일도 많고 그 결과에 대해서도 보장할 수 없다는 특징이 있다.

유전자뿐만 아니라 배양조건들도 항생물질 생성에 영향을 미친다.

초기에는 변이된 미생물들의 장점을 배지에서 자란 집락의 생산성 측정을 통해 관측할 수 있었다. 그러나 오늘날 정확한 결과를 알기 위해서 개선된 균주들에 대해 실제로 생산에 이용되고 있는 큰 배

그림 4.40 실험실용 생물 반응기에서는 배양조건이 각 미생물에 따라 최적화되어야 한다.

Box 4.6 생명공학 역사: Fleming, 페니실린과 항생제 산업의 선구자

1928년 어느 가을 날 미생물학자인 Alexander Fleming(1881~1955)은 런던(London)에 있는 St. Mary병원의 작은 실험실에서 다양한 화농성 세균(*Staphylococcus*)에 대해 연구하고 있었다. 실험실은 미생물을 배양하는 페트리 접시로 뒤덮여 있었다. 어수선함에서 열매가 맺어질 수도 있는 것이다!

Fleming은 여름 휴가 때 배양했던 세균들의 페트리 접시도 가지고 있었고, 이들은 성장한 미생물들의 집락으로 가득했다. 몇몇의 페트리접시에는 병원성 곰팡이들이 자란 것도 있었다. 어느 시원한 여름날로 세균들이 충분하게 빨리 성장하지 못하고 있던 때였다.

Fleming의 동료인 **Melvin Pryce**는 학계의 역사적인 순간의 증인이 된다. 이 이야기에 대해서는 Andre Maurois의 책인 「Alexander Fleming」에 나와 있다.

Fleming은 이야기를 나누는 동안 몇 개의 오래된 균주들이 있는 페트리 접시를 손에 쥐고 뚜껑을 열었다. 배지는 병원성 곰팡이로 가득해 있었다. 그저 평범한 순간이었다. Fleming이 말하기를 "그저 하나의 페트리 접시를 열었다. 그러고는 항상 그렇듯이 공기로부터 무언가가 그 안으로 떨어져 들어갔기에 나는 짜증이 났다". 그러던 중 갑자기 그는 잠시 침묵하며 관찰하다가 다음과 말했다. "이거 재미있는 일인걸.." 그가 들고 있던 페트리 접시에는 눈에 띄는 병원성 곰팡이가 자라고 있었다. 특이했던 것은 곰팡이가 자라난 주변에 세균의 성장이 보이지 않았던 것이다. 도대체 세균들이 어디로 간 것인가? 병원성 곰팡이가 *Staphylococcus*의 성장을 저지하는 것이 명백해진 것이다.

Pryce가 관심이 고조에 달한 Fleming을 발견했을 때 "당신은 라이소자임을 발견했지요, 안 그런가요?" 라고 물었지만, Fleming은 아무런 말도 없었다. 그는 핀셋을 이용하여 곰팡이를 집어 실험관 배지로 옮겨 담았다.

Fleming은 페트리 접시를 자신의 곁에 두었다. 그는 마치 인생의 중요한 보물을 보호하듯 했다. "이걸 봐요. 흥미로와요. 이런 페트리 접시를 난 사랑합니다. 이들은 정말 중요한 것이 될 수 있어요". Fleming은 한 다른 동료에게 보여 주었다. 그 동료는 살펴본 후에 그에게 공손히 돌려주면서 "네, 매우 흥미로운데요" 라고 말했다.

몇 일이 지난 후 Fleming은 멸균한 배지 위에 곰팡이를 배양했다. 그런 다음 곰팡이 주변으로 다양한 종류의 그람 양성 세균들을 심었다. 여기에는 연쇄상 streptococci, 포도 모양의 staphylococci, pneumococci 등으로, 이들은 곰팡이 주변에서 자라지 못하였다. 반면 *Escherichia coli*나 *Salmonella*와 같은 그람 음성 세균들은 계속 자라나는 것이었다. Fleming은 "그의" 곰팡이가 *Penicillium* 속의 구성원으로 정확하게는 *Penicillium notatum*으로 동정하였다.

그는 배양액이 들어 있는 큰 용기에 곰팡이를 키웠다. 바로 푸른색의 곰팡이 더미가 배양액의 표면을 잔디처럼 뒤덮었고 몇 일 후에는 금색을 띠었다. 세균을 가지고 한 새로운 연구에서는 이 배양액 자체가 세균의 성장을 저해하는 결과가 나왔다. 곰팡이는 세균들에 대항하는 어떤 물질인가를 생산해 내는 것이었다. Fleming은 유래 균주의 이름에 따라 이를 페니실린이라 명명하였다.

Streptococci, staphylococci, 탄저병(anthrax), 디프테리아, 전염성 선염, 파상풍 등은 페니실린으로 막을 수 있었다.

Fleming은 자신이 발견한 페니실린으로 수백만 사람들의 생명을 구하게 될 줄 몰랐다. 비록 계속해서 실시한 실험을 통해 페니실린은 세균만 죽일 뿐 살아있는 토끼는 해치지 않았지만 Fleming은 자신에게 적용하지도 않았고, 순수한 물질로서 얻고자 하거나 실험동물의 몸에 질병을 유발한 세균들에 대해 적용해 보지도 않았다.

British Journal of Experimental Pathology에 있는 논문에 대해 아무도 주목하지도 않았다. 1940년 Fleming은 페니실린을 생산하기 위해 노력할 가치가 없는 것으로 여겼다. 그의 페니실린에 대한 주요 관심사는 다만 다양한 세균들에 대한 선택적으로 보여주는 효과에 대한 것이었다. 그의 도움으로 그 종류를 잘 분류할 수 있었다. 이러한 때 이미 다른 학자가 세균을 막는 물질을 얻게 된다.

1938년 Ernst Boris Chain(1906~1979)은 영국의 Oxford 대학에서 곰팡이에 대해 관심을 가지게 된다. 1939년 제2차 세계대전이 일어나면서 갑자기 세균에 감염된 상처를 치유할 약품의 필요성이 대두된 것이다. Oxford에서는 우크라이나의 유대인 이민자인 Chain이 Howard Florey(1898~ 1998)의 지휘 하에 열정적인 작업을 한다. 그는 페니실린을 얻어냈고, 배양액 물질을 제거하는 정제과정을 거친 후 노란색 가루를 질병유발성 세균으로 전염시켰던 쥐에게 투여하였다.

Ernst Boris Chain (1906~1979)

Howard Florey (1898~1998). 그의 호주 전기작가에 따르면 그는 인류에 유익함을 선사한 유일한 호주인이다.

쥐들은 짧은 시간 안에 다시 건강해졌다. 정말 놀라운 일이었다! 영국정부와 미국은 많은 양의 페니실린을 생산할 수 있도록 지원하는 노력을 기울였다. 군사적 의미 때문에 이는 일급 비밀로 다루어졌다.

1941년 여름 독일의 영국 침공이 있을 것을 확신하게 되어 Florey와 그의 동료들은 적들이 침입하는 것을 생각하여 실험실을 완전히 부수게 된다. 오직 한 가지 남겨 둔 것은 놀라운 곰팡이로, 이 포자를 실험복에 묻혀 놓은 것이다. 도망 후에도 이 병원성 곰팡이를 다시 배양할 수 있게 된 것이다.

1941년 페니실린에 대해 처음으로 staphylococci와 streptococci로 병을 앓고 있던 43살의 환자에게 적용된다.

비록 처음에는 잠시 좋아지는듯 하였으나, 한달 후 그는 사망하고 만다. 다행히 환자의 소변에 배설된 것을 다시 수거할 수는 있었지만, 그 당시 사용 가능한 페니실린의 양이 너무 적었던 것이다. Florey와 Chain은 우선 더욱 많은 양의 페니실린을 생산해 내어서 환자를 성공적으로 완치시킬 수 있어야 했다.

1941년 7월 Howard Florey와 **Norman Heatley**는 미국의 일리노이(Illinoi)의 Peoria에서 미국 농무성(USDA)과 함께 공동작업을 하였다. 바로 Merck, Squibb, Lilly, Pfizer와 같은 약품회사들이 참여를 하게 되었는데, 이 후 몇 달 지나지 않아 미국에도 전쟁이 일어나게 된다.

Norman Heatley는 아직까지 그 penicillin 역사의 실제적 영웅이다. 1940년 3월 Heatley는 8마리 쥐들에게 1.1×10^8 streprococci를 주사하고 이들 중 반에게 1시간 후 penicillin을 주사하였다.
'이들은 살아났다' 라고 Florey는 살아난 쥐들을 보며 마지못해 대표자 발언을 했다. Heatley는 노벨상을 받지 못했고, 후에 옥스포드 대학의 800주년 기념에 즈음하여 첫 번째 명예박사직을 받게 되었다. (1990)

Peoria의 실험실.

Charles Thom(1872~1956)은 *Penicillium* 종을 분류했다.

Heatley와 Florey가 1941년 미국으로 갔을 때 그렇게 훌륭한 결과를 내지는 못하고 있었다. 이때 생산량은 4unit/mL(1*unit*=0.6 mg). 국립과학원(The National Academy of Science)은 컨설팅을 하게 되고 Charles Thom에게 이 둘로 구성된 페니실린 전문가들이 일리노이의 Peoria에 있는 새로 건립된 북부지역 연구소(Northern Regional Research Laboratory, *NRRL*)의 새로운 발효단위로 보내도록 권한다. Charles Thom(1872~1956)은 처음으로 *Penicillium roqueforti*와 *P. camemberti*를 치즈생산에서 활성을 가진 곰팡이로 서술하였다(1장 참조).

문제는 Fleming의 균주가 단지 표면생장만 한다는 것이었다. 미국을 포함한 전 세계적으로 액상배양을 할 수 있는 *P. chrysogenum*을 찾는데 열을 올리게 된다.

단순한 가정주부이기도 했던 연구소 동료 **Mary Hunt**(놀라운 *Mouldy Mary*라고도 한다)는 1943년 Peoria의 한 시장에서 *Penicillium chrysogenum*이라는 곰팡이가 생긴 멜론을 구입해 오게 된다. 이 곰팡이를 액상배양시키게 되어 70~80units/mL라는 생산량을 얻게 되고, 분리해낸 집락을 변이시켜 250units/mL까지 생산하는 단계에 이르게 된다. 멜론으로부터 분리해낸 균주인 *Penicillium chrysogenum* NRRL은 1951년 현대 균주들 대부분의 아버지가 된다.

페니실린 팀은 표면배양 방법 대신 deep-tank 공법으로 대량의 페니실린을 생산해내게 된다. 이것이 항생제 산업의 탄생기가 된다. 1941년 11월 말 병원성 곰팡이 영양에 대한 전문가인 Andrew J. Moyer는 Norman Heatley와 함께 기질로서 옥수수 침출액(*corn steep liquor*)을 사용하여 생산량을 10배나 증가시킨다. 옥수수는 미국 농업 중 많은 부분을 차지하는 식물이다(3장 과당 시럽 부분 참조).

Peoria에 있는 연구소는 무엇보다도 옥수수 폐수를 처리할 방법을 찾기 위해 건립되었다. 옥수수로부터 녹말을 생산하는 과정에서 엄청난 양의 부산물이 생기게 된다. 옥수수 침출액은 녹말과 당 미네랄 성분들이 섞여 있는 상태의 것이다.

후에 당 이외에 페니실린의 화학적 전구체를 포함하는 새로운 영양성분을 찾아낸다. 이 물질은 당연히 곰팡이의 페니실린 생산을 돕는 역할을 하게 되었다.

미국의 전시 생산국(The War Production Board)은 여러 가지의 프로젝트를 수행하기 시작한다. 예를 들어, 위스콘신 메디슨(Wisconsin-Madison)대학의 **J. F. Stauffer**와 **Myron Backus**는 수천 번에 달하는 UV를 통한 변이시험을 실시하였다(Box 4.5).

Backus와 Stauffer는 생산량을 250units로부터 900units/mL까지 끌어올리게 된다. 부가적으로 변이 균주는 2,500units/mL까지 생산량을 증가시켰다. Stanford, Minnesota와 같은 다른 대학들이나 Cold Spring Harbor에 있는 Carnegie 연구소들도 참여를 하였다.

1940년 옥스포드에 있는 페니실린 생산지.

1942년 말 이미 17개의 미국 회사들은 페니실린을 생산하기 시작하였다. 1944년 3월 1일 뉴욕의 브룩클린(Brooklyn)에서는 액상배양을 하는 대량의 반응기를 가동하게 되었다. 그 생산량은 1943년 2억 1천 units에 이르게 되고 1944년에는 16억 6천 3백만 units까지 생산하다가 1945년에는 그 생산량이 6조 8천억 units에 달했다. 1943년 3월에 이미 1,500명의 군인 환자들을 페니실린으로 치료하게 되었다. 1년이 흐른 뒤 1944년 6월 6일(D-day 상륙일)을 기해 발생된 셀 수 없을 정도의 많은 환자들이 페니실린으로 구조를 받게 된다. 생산량은 1% 이하의 농도를 가진 1L병으로부터 80~90%의 10,000 갤론 탱크(1갤론=3.8 L)로 상승하게 된다.

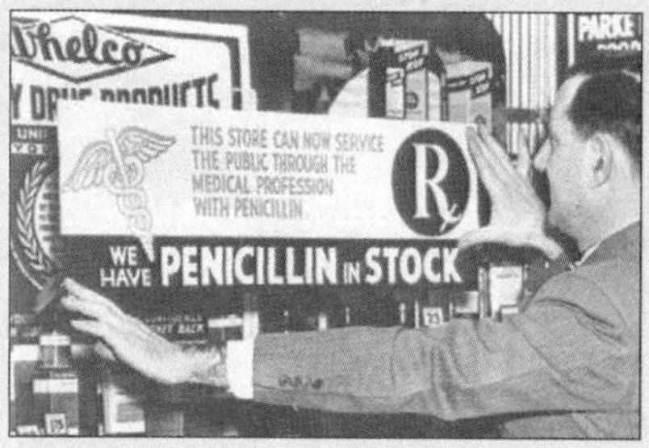

즐거운 손님들: 1945년 미국에서는 약국에서 페니실린을 판매함.

1945년 5월 15일부터 미국의 약국에서는 페니실린을 자유롭게 판매하게 된다.

Fleming, Florey, Chain은 1945년 노벨상을 받게 된다. 오늘날까지 영국인들은 윤리적인 문제로 그들이 Florey에게 페니실린에 대한 특허를 출원하지 말 것을 요청한 것을 후회하고 있다.

Oxford 대학의 누구도 미국의 페니실린 생산으로 얻어지는 동화 같은 이익에 동참하지 못하였다. 더욱 안 좋았던 것은 영국이 수년간 미국회사들에다가 특허비를 지불해야 했던 것이다.

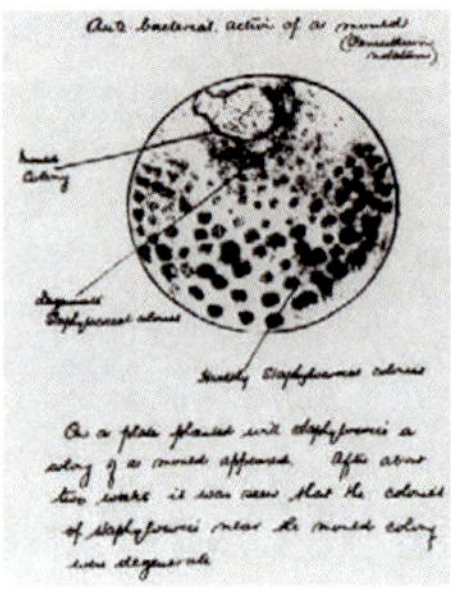

그림 4.41 Fleming과 페니실린에 영향을 받은 세균들에 대한 그의 실험실 노트.

그림 4.42 멜론(Cantaloupe)에 존재하는 페니실린 생산 미생물을 찾아냄(저자가 따라한 실험으로부터)

그림 4.43 액상배양에 의한 현대적 페니실린 생산

양기와 가능한 비슷한 환경에서 시험을 해야 한다. 이러한 어려움 속에서도 20~30단계의 선정과정을 거쳐서 찾아낸 고생산성 균주들로부터 페니실린과 같은 다양한 항생제 생산을 개발하게 되었고, 이러한 개발은 20~30여 년에 걸쳐 이루어진 결과다.

4.14 *Penicillium notatum*: Alexander Fleming의 놀라운 곰팡이

우리 대부분의 사람들은 세균에 의한 전염병에 대해 의사가 아무런 대책을 가지고 있지 못하는 시대를 경험해 보지 않았다. 세균에 의한 심장내막염은 거의 죽음에 이르는 결과를 가져온다. *Meningococcus*에 의한 뇌수막염(meningococcal meningitis)이 발생할 경우 살아 남는 경우가 희박하고, 살아 남는다고 해도 정신적인 장애를 가지게 된다. *Pneumococcus*에 의해 발생한 폐렴은 나이든 사람들에게서 "은혜로운 죽음"을 보장해 주었기 때문에 "나이든 이들의 친구"라고 불리기도 하였다.

이러한 배경 하에 페니실린은 수많은 병원성 세균에 대해 높은 효과를 보이고 독성을 완화시켜주는 작용에 따라 놀라운 약과 같은 존재가 되었다. 1928년 라이소자임을 발견(2장 참조)하여 유명해진 미생물학자 **Alexander Fleming**(1881~1995)은 *Penicillium notatum*이 특정 세균의 성장을 저해한다는 것을 알아낸다(그림 4.41).

페니실린은 질병에 대한 전쟁에 있어 새로운 시대를 열어주는 역할을 하게 되었다. Box 4.6에서 상세히 설명되어 있으며, Fleming 자신은 사실 초기에 그 효과성에 대해 저평가를 하였다가 Florey, Heatley, Chain 등에 의해 상세히 알려지게 된다. 다만 세균에 의한 염증에 대한 치료효과는 상처부위에만 국한된다. 당시 페니실린 생산은 너무 소모적이며 비쌌다. 한 명의 환자에게 처방하기 위해서는 약 1,000L의 "곰팡이 배양액"이 있어야 하고 그를 위한 작업이 이루어져야 했다.

그 당시 해결되어야 할 세 가지 문제점들은 다음과 같았다.

- 페니실린 고생산성의 균주를 찾아내야 한다(4.15절).
- 많은 양의 곰팡이를 배양해야 한다(4.16절).
- 마지막으로 배양액 중의 불순물을 제거한 순수 페니실린 생산이 가능해야 한다(4.17절).

4.15 탐색: 곰팡이를 찾아 나선 생명공학자들

전 세계적으로 Fleming의 *Penicillium notatum*보다 페니실린을 더 많이 생산하는 곰팡이를 찾아 나서고 있다. 찾아낸 곰팡이에 대해 배지에 키워 페니실린 생산 정도를 시험하고 있다. 특정 미생물을 찾아내려는 작업을 위해 탐색 프로그램이 개발되었다. 영어인 screening의 의미는 여러 차례 거른다는 뜻을 가진다.

가장 훌륭한 생산 균주를 찾기 위한 작업은 우선 미국 정부에 의해서 전쟁에 따라 결정된 페니실린 프로젝트가 있은 후 이루어졌다. Peoria의 미국 연구소는 Florey를 적극적으로 지원하였다. 그러나 1943년까지 Fleming의 곰팡이보다 더 나은 페니실린 생산균주를 찾아내지는 못하였다.

하필이면 Peoria에서는 Fleming의 곰팡이 이외에 나중에 ***Penicillium chrysogenum***이라고 불린 병원성 곰팡이를 찾아내었다. 곰팡이가 생긴 멜론에서 이를 찾아내었는데(그림 4.42) 놀라운 생산성을 보였다. 이 곰팡이를 배양하여 사용하게 되었고, 오늘날 페니실린 생산에 사용하는 모든 곰팡이들이 Peoria의 멜론으로부터 유래되었다.

동물이나 식물육종에서와 같이 고생산성을 보이는 병원성 곰팡이를 계속해서 배양하였고 여러 세대를 걸쳐 오늘날의 놀라운 생산능을 보이는 균주들을 얻게된 것이다.

1920년대에만 해도 인공적으로 유전자 특성을 변이시키고자 하는 시도를 하였다. X-선이나 특정 화학물질들은 세포의 심각한 **돌연변이(mutation)**를 초래하기도 하였다. 푸른곰팡이를 X-선으로 처리하기도 하였고, UV 혹은 화학물질(dichloroethyl

Box 4.7 페니실린의 작용은 어떻게 이루어지나: 분자들에 대한 심술쟁이로서의 효소저해

페니실린의 개발은 현대 생명공학의 모체가 되었다. 어떻게 페니실린이 미생물들을 죽게 하는 지에 대해서는 오랜 기간 동안 분명하지가 않았다.

오늘날에는 페니실린이 세균들이 필요로 하는 영양성분과 함께 흡수되기 때문인 것으로 이해되고 있다. 세균들의 증식과정 중에 생산되어야 하는 새로운 세포벽들은 특수 막형성 효소의 도움으로 아미노산의 측쇄들을 연결하여 만들어지게 된다. 페니실린은 바로 이 효소의 작용을 저해한다. 이를 소위 “dog in the manger(필요로 하지도 않으면서 다른 이들이 사용하는 것이 싫어서 차지하고 있는 심술쟁이)” 라고 표현하고 있으며, 막형성을 위해 “실제로” 변형되어야 하는 물질들의 과정을 방해한다. 이를 **경쟁적 저해(competitive inhibition)**라고 한다.

이러한 효과 기구에 대해서는 나중에 노벨상을 받게 되는 **Joshua Leder-berg**(1925년생)에 의해서 1957년에 밝혀진다. 아주 간단한 실험을 통해 페니실린이 세균들의 세포벽 형성을 저해한다는 것을 밝혀내게 된다. 배양액 중에 소금을 많이 넣어 주면 비록 페니실린이 자라고 있어도 세균들이 세포벽을 형성하였다. 그러나 정상적인 배양액에 넣어주게 되면 보호막인 세포벽이 없어져 “알몸”의 세균들이 되고 말았다. 1965년 James Park과 Jack Strominger는 페니실린의 정확한 메커니즘에 대해 서술한다. 세균들의 세포벽은 긴 당사슬(mureine)들로 구성이 되고, 이들은 펩티드 사슬(peptide glycan)로 엮어지게 되어 있다. 이러한 망(net)형성은 glycopeptido- transpeptidase라는 효소를 통해 촉매된다. 페니실린은 마치 완벽한 복사본을 만들어 놓은 것 같은 단백질 네트를 제공하고 이를 통해 세균들의 세포벽이 생성되도록 하면서 이 효소의 작용을 저해한다. 이와같은 페니실린의 방해적 작용의 결과는 세균에게 있어 치명적인 것이 된다. 세포벽은 조밀하지 않은 구조가 되고, 이에 세포의 삼투압을 더 이상 견디지 못해 결국 세포가 터지게 되는 것이다.

페니실린은 세균들의 세포 성장 시기에만 저해작용을 가지고, 이미 성숙한 세포는 죽이지 못한다. 따라서 이미 아픈 상황이 진행된 상태에서 페니실린을 장기간 섭취하는 것은 충분하지 않게 된다. 처음 세균이 침입했을 때 페니실린을 섭취하게 되면 이들의 성장에 대해 저해 효과를 가지게 되는 것이다. 페니실린 처방은 몇 일간 이어서 이루어져야 효과를 볼 수 있다. 의사들이 이를 처방할 때 가장 우려하는 것은 환자가 좀 나아진 것 같아 임의로 중간에 섭취를 중단하는 것이다. 살아남은 미생물들이 다시 빠르게 성장하게 되어 환자가 재공격을 받게 되는 위험한 상황이 될 수 있기 때문이다. 살아남은 미생물의 경우 때에 따라 항생제에 대한 내성까지 가지게 되어 사람과 미생물 사이의 전쟁이 더욱 치열해 질 수 있다.

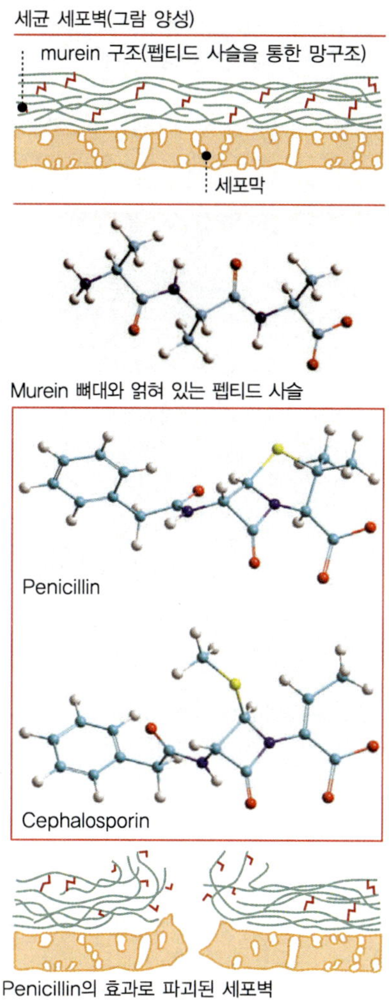

Lactam 고리와 항생제 효과: 이들은 펩티드 사슬과 비슷한 구조로 murein 사슬의 그물구조 형성을 저해한다.

sulphide)로 처리하여 각기 페니실린을 가장 많이 생산하는 균주를 찾고자 하였다. 곰팡이에게 이러한 처리를 총 20회에 걸쳐(Box 4.5) 시도한 결과 L당 7g의 페니실린을 생산하는 곰팡이 변이균주를 찾아내었다.

오늘날의 **고성능 곰팡이(high-performance fungi)**는 50년대 초의 조상들과는 차별화된다. 이들은 L당 100 g의 페니실린을 생산하여 멜론으로부터 처음 찾아 내었던 조상균에 비해 2,000배를, Fleming의 균주가 생산하던 양보다는 20,000배 더 증가한 상태이다! 같은 종의 미생물 종류라 하더라도 특성에 있어서는 매우 차이가 나며 이들의 유전자를 물려 받은 다음 세대 균주들을 strain (균주, 계통)이라 명명하였다. 고성능을 보이는 균주는 대개 민감하고 우리의 보통 환경 속에서는 살아남기 어렵기 때문에 생명공학자들은 이들을 조심조심 다룬다(마치 애완동물 다루듯 한다).

슈퍼 곰팡이들은 스스로 조상들이 생산하는 페니실린보다 1,000배나 더 많이 생산하는 기능을 발휘하지는 않는다. 이러한 고생산은 강압적으로 이루어지는 것인데, 유전정보를 변형하고 환경을 변화시켜 주는 등 노력이 기울여진 결과이다. 현대의 애완견처럼 적절한 온도와 충분하면서도 적절한 영양, 자연적인 경쟁자 및 침입자들로부터의 보호 등 인공적으로 만들어진 환경 속에서 생존하고 생산하는 것이다.

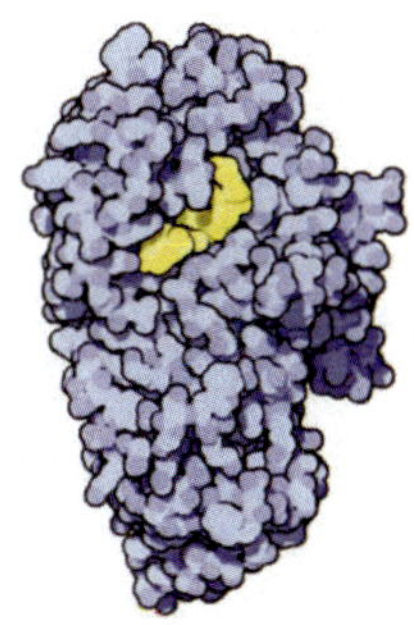

그림 4.44 세포외 효소인 α-아밀라아제는 배양액에서 전분을 분해한다(여기에서는 활성 중심에 수천개 중 5개의 포도당 단위가 결합되어 있다).

Box 4.8 생명공학 역사: 열, 진공 혹은 냉기를 이용한 보존

미생물 생명에 대한 지식이 없는 상황에서도 파스퇴르가 가열을 통한 살균을 알아내기 50여년 전에 이미 프랑스의 요리사 **Nicholas Appert**는 가열에 대해 알아내게 된다.

요리사 Nicolas Appert(1749~1841), 나폴레옹 시대에 현대 통조림 산업의 근간을 이룸.

1795년 나폴레옹은 군대의 출전을 위한 식품을 오랫동안 보존할 수 있는 방법을 찾는데 대한 상을 내걸었다. 14년간 Appert는 이를 위해 연구하였다. 그는 병과 유리용기에 들은 식품을 가열하고는 코르크로 닫아 공기가 진공상태를 만들었다. 진공밀폐에 대한 실험은 **Otto von Guericke**(1602~1686)와 **Denis Papin**(1647~1712)에 의해서 준비되었다.

Otto von Guericke는 1654년 레겐스부룩(Regensburg)의 국회 앞에서 소위 "마르데부룩의 반구(Magdeburger Halbkugeln)"를 가지고 공기의 크기와 힘을 증명하여 사람들을 놀라게 한 역사적인 시도를 한 것으로 유명하다. 공기 압력의 작업능력을 보여주는 것은 Guericke가 1657년에 실시하였는데, 두 반구가 진공처리 되어 하나의 구를 이룬 상태에서 서로 떼어내는데 16 마리 말의 힘이 필요한 것을 보여주었다. 그는 그의 발견이 진공밀봉 식품보전에 필수적인 것을 몰랐다.

Appert의 저장법으로 몇 달간도 보관을 할 수 있게 되었고 프랑스의 해병을 위해서도 실험을 하였다. 1809년 Appert는 12,000 프랑의 상금을 받게 된다(이는 몇몇의 역사학자들에 의하면 현재의 25만 유로에 해당되는 큰 돈이다). 그는 자신의 방법을 공개하고 이는 현대적인 저장산업의 근간을 이루게 된다.

1810년 영국의 Peter Durand는 보관 중 유리가 터지는 문제를 가지게 된다. 그는 강철로 만든 후 주석을 겉에 싼 용기를 만들게 된다. 드디어 저장 용기인 캔이 탄생한 것이다. 영국인들은 저장육을 방부처리한 고기(embalmed meat)라고 칭한다.

1845년 5월 19일 런던에서는 원정탐험대가 생긴다. 134명의 공무원, 영국 해병대들이 두 개의 배에 나누어 타고 북극탐험 전문가인 **Sir John Franklin**과 함께 떠나게 된다. 이들의 목표는 북서 통로를 탐험하고자 한 것이다. 이 전의 어떠한 탐험대도 이렇게 화려한 준비를 하지는 못했었다. 난방용 온수 보일러, 증기추진 프로펠러, 얼음으로부터 보호하기 위한 강철판, 적어도 3년을 버틸 수 있는 저장제품과 연료 등을 갖추었던 것이다. 이 여행을 떠날 무렵만 해도 아무도 살아서 돌아오지 못할 것이라는 것을 짐작하는 이는 없었다. 19 세기의 이해할 수 없는 비극이 벌어진다. 왜 훈련이 잘된 군대가 스스로를 구해내지 못했던 것일까? 1986년 얼음 속에 파묻힌 세 명의 어부를 얼음으로부터 떼어내 세밀히 연구를 하게 된다. Franklin의 선원들은 굶주림이나, 추위 혹은 괴혈병으로 사망했던 것이 아니고 납중독(lead poisoning)으로 사망했던 것이다. 바로 살인 원인이 되었던 것은 새로이 발견되었던 공급용 저장용기였던 것이다. 그 당시 8,000개 정도를 배에 실었고, 이 용기들을 생산한 사람의 경우 시간 안에 공급해야 한다는 압력 때문에 용기들을 모두 납으로 땜을 한 상태였고 이는 내부 음식까지 이어졌던 것이다. 이에 독성을 가진 납 성분이 치명적으로 많은 식품을 선원들은 매일 섭취하게 되었고 심각한 중독현상이 발생하게 되었던 것이다. 중금속은 단백질의 이황화물(disulfide) 연결을 파괴하여 효소저해제로 작용한다(3장 참조). 전형적인 증상은 빈혈, 집중력 상실, 정확한 판단의 불가능 등이다. 시체에서 발견한 것은 납을 약 10배 이상 섭취한 상태라는 것이었다.

EinWeck 기구와 파인애플이 든 Weck 병(1987).

Franklin의 탐험이 있은 지 100년 후 미국의 탐험가 Clarence Birdseye(1886~1956)는 미국의 지리학적 공무로 래브라도

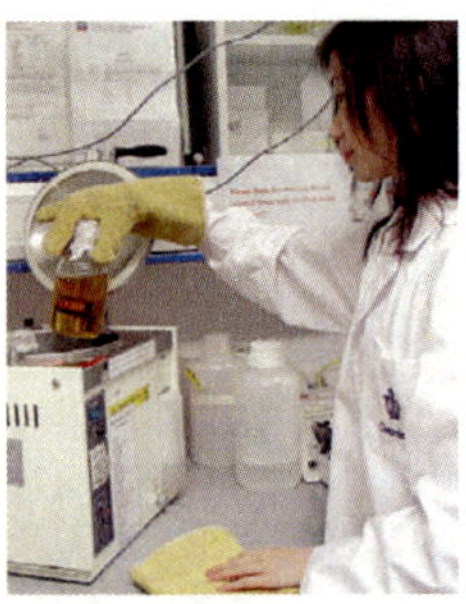

그림 4.45 고압멸균기는 배양액의 멸균을 위해 고압 증기를 이용한다.

4.16 곰팡이들을 위한 영양소

미생물에게 좋은 환경을 주기 위해 필요한 것은 무엇일까? 우선 영양이다. 미생물들은 우선적으로 포도당, 지방산, 아미노산 등과 같이 소화시키기 쉬운 유기물질부터 "섭취"하기를 좋아한다. 녹말, 셀룰로오스(cellulose), 펙틴(pectin), 단백질과 같은 복합성 물질들은 보통 직접적으로 이용되지 않는다. 이들은 세포 외에서 우선 준비되어 있어야 하며, 이를 위해 미생물들은 **세포외 효소**(**extracelluar enzyme**)들을 이용하는 방법밖에 가지고 있지 않다(2장). 예를 들어, 녹말을 포도당으로 분해하기 위해서 세포들은 아밀라아제(amylase)를 주변(배양액)으로 배출한다. 이를 세포외 소화라고 표현하고 있다.

배양액 중에서 **아밀라아제**(그림 4.44)는 미생물들이 포도당을 필요로 할 때까지 분해한다.

이와 같이 형성된 포도당은 쉽게 섭취될 수 있는 형태이다. 만일 단백질이 이용되어야 한다고 하면 세포들은 단백질을 분해하는 단백질분해효소(protease)들을 분비하고, 셀룰로오스(cellulose)가

(Labrador) 반도로 탐험을 떠난다.

그는 차가운 북극 공기에 노출되어 있던 생선과 카리브의 고기들이 몇 달이 지난 후에도 요리 후 신선한 맛을 내는 것을 경험하게 된다. 그는 낮은 온도에서 급격하게 동결할 경우 식품의 신선도를 유지할 수 있는 결론을 내리게 된다. 그는 후에 미국으로 돌아가 Multiplate Quick Freeze Machine (급속동결기)를 개발하여 특허를 내고 이를 이용해 40℃에서 고기를 급속하게 동결한다. 1925년 처음으로 동결 생선요리를 제공하고 모든 다른 식품들도 이 방식을 이용하여 생산하게 된다. 처음에는 이러한 냉동식품이 그리 성공적이지는 않았지만 현재는 미국인들에게 있어 없어선 안 되는 식품으로 자리를 잡게 되었다.

Johann Weck(왼쪽)과 Georg van Eyck

제2차 세계대전 중 남은 태평양 해상에서 일본인들에 의해 초기 점검을 받게 된다. 미국을 제외한 모든 공급 가능한 납용기들은 군대용으로 그 용도를 변경하게 되고 이를 통해 납용기가 필요하지 않은 냉동식품이 퍼지기에 적절한 조건이 주어지게 된다!

"매우 독일적인" 저장 방법 중의 하나는 절임이다. 이와같은 방법을 사용할 만큼 서두르는 미국인들은 시간적 여유가 없었을 것이다.

독일에서는 Rudolf Rempel(1859~1893)이 자신의 방법에 대해 1892년 특허를 받게 된다. 그의 아내는 Weck이라는 회사명을 사용한다. "내 남편인 Dr. Rudolf Rempel이 사망한 지 약 50년이라는 세월이 흘렀군요. 그는 겔젠키르헨(Gelsenkirchen)에서 석탄증류를 하는 회사의 화학자였고, 최초로 식품을 멸균하는 시도를 했지요. 이 최초의 시도에서 그는 화학실험실에서 사용하는 가루컵들을 사용했고 그 컵의 주변을 벗겨 사용했습니다. 그리고는 컵들을 고무로 둘레를 친 얇은 금속판으로 뚜껑을 만들어 닫았고, 수조(water bath)에서 그 안에 든 식품을 끓였지요. 이때 그는 컵들이 지탱할 수 있도록 뚜껑 부위를 돌이나 무게가 나가는 물건으로 눌렀습니다.

방문객이 찾아와 커피에 사용할 우유가 없자 멸균해 두었던 우유를 몇 달이 지난 후 열었더니 놀랍게도 신선한 맛이었습니다. 휴일에는 우리의 큰 정원에서 가져온 과일이나 야채를 가지고 집에서 같은 형식의 시도를 해 보기 시작했어요. 저는 컵들을 세척돌 위에 놓고 연마가루로 둘레를 벗겨 가능한 모든 종류의 과일과 야채를 멸균하는데 사용해 보았어요. 대부분의 컵들은 밀봉이 잘 안 되었는데, 잘 된 것은 아주 잘 유지가 되었지요. 이에 끓이는 동안 밀폐를 유지시켜 줄 수 있는 고정용 기구를 개발하게 되었습니다. 이와 같이 고정하는 역할을 하는 기구를 사용하였더니 가열과정 중에 열리는 일이 거의 없었어요. 이후에는 가벼운 압력으로 컵을 지탱해 주는 기구를 만들게 되었답니다.[…]

첫 번째 손님은 Mr. Johann Weck이었어요. 그는 지대한 관심을 가지고 많은 양의 컵들을 한꺼번에 주문했지요. Weck는 1895년 Rempel의 특허를 사고자 한 이후 바덴(Baden)의 젝킹엔(Saeckingen)에서 외프링엔(Oeflingen) 방향의 스위스 국경으로 옮겨 갔습니다."

매우 능력이 좋았던 사업가 Georg van Eyck은 Johann Weck과 함께 1900년 1월 1일 J. Weck이라는 회사를 함께 건립한다.

Weck은 스스로 "회사를 건립한지 얼마 지나지 않아 개인적 그리고 가정의 이유 때문에 회사를 떠나게 되고, 1902년에 특허협약을 하게 되었습니다". Georg van Eyck는 직원을 뽑고 전국을 통해 Weck 컵들과 기구들을 들여와 판매하게 된다. 그는 가정 경제학 선생들을 고용하여 요리강습소나 목사관 그리고 병원 등에서 컵들과 기구들의 사용 용도에 대해 설명회를 개최하는 한편 가열용 컵들이나 고무링 그리고 가열기구, 온도계 및 보조기구 등의 개발에 박차를 가하였다. 이 모든 개발품에는 Weck®이라는 상호를 붙였다. 그가 생각한 목표 그룹은 절약하고 부지런한 독일의 가정 주부들이었고, 매우 성공적이었다!

Weck®이라는 상호와 함께 독일에서 최초의 상표를 개발하고 등록한 Weck가 들어있는 딸기를 트레이드마크(trademark)로 사용하게 되며, 광고를 대대적으로 하였다.

절임에 대한 Weck 사의 광고.

분해되어야 한다고 하면 셀룰라아제(cellulase)를 배양액으로 분비한다(2장 참조).

산업용의 경우 포도당 외에 녹말이나 사탕무우도 이용이 되고 있다. 녹말은 곡류로부터 비롯되고 설탕은 옥수수나 당밀로부터 기인하다. 당밀은 짙은 끈적끈적한 부산물로 설탕을 생산하고 남은 것이며 사탕무우의 약 절반 정도에 해당된다.

먼저 물에 녹지 않는 녹말을 끓여 수용성으로 만든 후 미생물로부터 얻은 아밀라아제의 도움으로 설탕으로 분해를 한다. 아미노산과 같은 다른 영양성분들은 콩류나 옥수수 침출액(corn steep liquor) 혹은 양조 후 남은 찌꺼기로부터 얻는다.

마지막으로 미생물들은 성장하는데 미네랄(암모니아염, 질산, 인산)을 필요로 하고 경우에 따라 산소도 필요로 한다. 메탄 세균과 같은 많은 미생물들은 산소가 있을 경우 매우 치명적일 수 있으므로 이로부터 완전히 보호되어야 한다.

제2차 세계대전 동안 곰팡이 배양을 위해 포도당이 들어 있는 배양액을 사용하였고, 여기에 미네랄 성분도 넣었다.

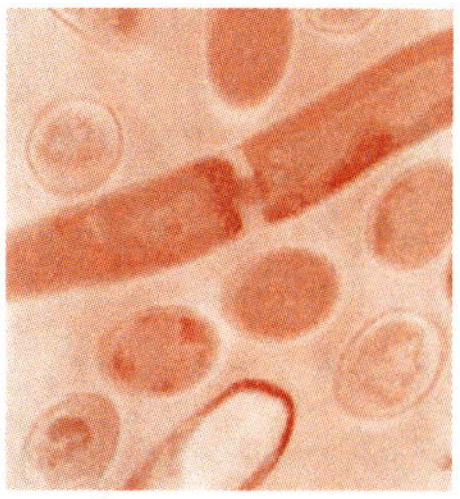

그림 4.46 각 미생물에 대해(여기에서는 세균) 적절한 영양성분 혼합물이 만들어져야 한다.

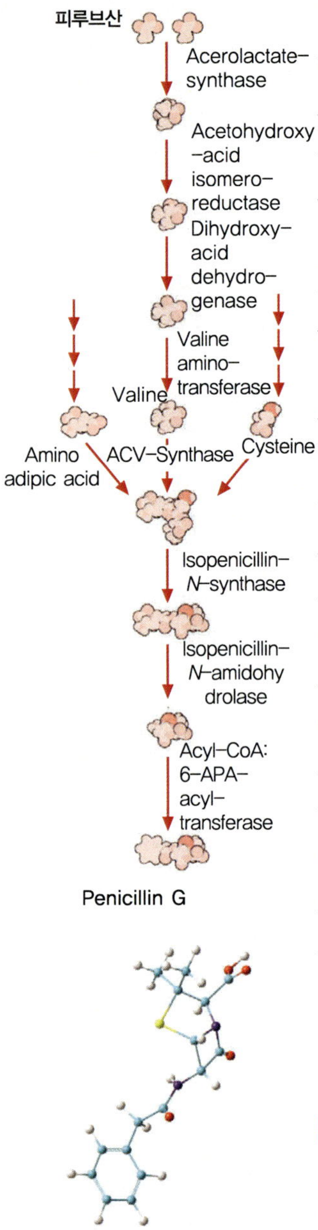

그림 4.47 세포내 피루브산으로부터 페니실린의 생합성.

그림 4.48 중국의 딤섬은 대나무 찜기에서 증기에 의해 익혀지며, 이 과정을 통해 미생물들을 사멸시키게 된다.

곰팡이는 포도당을 이용하여 잘 성장하게 되었다. 그러나 이들이 생산하는 페니실린은 소량에 불과했다. 그러던 중 우연히 Peoria 연구실에서 페니실린을 만들어내기 위해 유용하면서도 저렴한 이상적인 배양액인 옥수수 침출액을 찾아내었는데 역사의 아이러니라고 하겠다. Peoria의 한 부서에서는 환경을 보호할 수 있는 폐수 처리에 대한 방법을 찾는데 집중하였다.

푸른곰팡이들에게 그러했던 것과 같이 각 미생물 종류는 자신에게 맞는 적절한 영양소 복합체를 필요로 한다. 그리고 이들은 가능한 한 가격이 저렴해야 한다. 농업 폐수나 셀룰로오스 공장의 폐수 등은 모두 당을 함유하고 있는 부산물이다. 특이한 미생물들의 경우 심지어는 휘발유 찌꺼기나 플라스틱과 같이 소화하기 힘든 물질까지도 이용하는 경우도 있다. 이를 통해 그냥 폐수로 머물거나 다른 방법으로 우리의 자연환경에 독성물질로서 작용할 수 있었던 물질을 이용할 수 있게 된 것이다. 이러한 물질들은 저렴할 뿐만 아니라 이들을 제거하는 방법을 모색하거나 이용하려면 엄청난 경비가 소모된다. 생명공학자들은 이외에 섭취하지 않고 남은 자원을 이용하는 동시에 자연을 깨끗하게 유지하는 방법을 연구하게 되었다.

4.17 현대 생명공장

현대적 생명공학 공장에서는 연기나는 굴뚝이 없으며 밝고, 타일을 깐 복도에 똑바로 서있는 스테인리스로 만들어진 반응기들이 관들과 밸브 그리고 표시기계들로 서로 얽혀 있는 모습이다. 밖에는 하늘 아래 높은 가마처럼 생긴 거대한 철제 물건들이 놓여있다. 이들 철로된 용기들은 반응기 혹은 발효기라 불리우고 있다.

현대 반응기들(Box 4.10)은 기술의 산물이며 세기에 걸친 연구의 결과물들이다. 그러한 개발까지 오는 데 페니실린은 결정적인 동기를 제공하였다. Florey, Chain, Heatley가 푸른곰팡이를 키울 용기를 찾을 때만 해도 작고, 평평한 유리접시 같은 것을 이용했었다.

배양액의 표면에는(표면배양) 곰팡이들이 헤엄치고 있었다. 이러한 상태로는 아픈 사람들을 치료하기에 충분한 양의 페니실린을 도저히 생산할 수 없는 수준이었다. 평평한 유리 접시형의 배양기는 자리를 많이 차지한다. 곰팡이들이 배양액의 표면뿐만 아니라 배양액 내부에서도 잘 자라줄 수 있다면 배양 자체가 쉬워질 뿐만 아니라 장소도 절약할 수 있다고 학자들은 입을 모았다.

그러나 Fleming의 *Penicillium notatum*은 표면 생장만 가능했다. 운이 좋게도 Peoria에서 발견된 새로운 균주인 *Penicillium chrysogenum*은 표면뿐만 아니라 "잠수"도 가능하였다.

그것은 마치 어항에서 붕어를 키울 때 그러한 것처럼 산소만 충분히 공급하면 배양액의 내부에서도 자랄 수 있었다(submerged culture). Andrew Moyer는 액상배양에서 자라는 곰팡이들을 Peoria에서 찾는데 성공하였다(Box 4.6 참조).

페니실린 생산을 위해 최근에는 대부분 100,000~200,000L 용기를 사용하고 있다. 그러나 실험실에서는 미생물들에 대한 새로운 것을 찾아내기 위해 몇 L 정도의 용량이면 충분하다. 그 후에는 물론 학자, 기술자 그리고 기획자가 함께 모여서 실험실 수준의 생명공학적 공정에서 보여준 결과가 10,000배 정도 확대된 산업용 규모에서도 같을 수 있을지에 대해 결론을 내려야 한다. 규모의 확대(scaling up)는 자주 복잡한 문제를 제공하기도 한다.

미생물들의 적절한 환경을 위해 중요한 요소 중의 하나는 배양액의 **온도(temperature)**이다. 대부분의 미생물들은 20~50℃ 범위에서 "편한함"을 느끼는데 이는 온대에서 열대 기후 범위와 유사하다. 따라서 생물공장에서는 굴뚝을 찾아볼 수 없는 것이다. 이에 반해 화학 산업에서는 물품의 생산을 위해 100℃ 이상의 온도를 필요로 한다.

생명공학적 방법들은 심지어 **냉장(cooling)**까지도 필요로 한다. 냉장은 물론 가열처리보다 때론 비용이 더 든다. 따라서, 마치 많은 사람들이 작은 방에 모여 있는 것처럼, 반응기 안의 곰팡이들이나 다른 세포들도 대사작용을 통해 열을 생산한다. 따라서 지나친 열에 의해 미생물들이 사멸하지 않도록 하기 위해 생물반응기 표면에 물이 흐르도록 하여

Box 4.9 생명공학적으로 생산한 항생제는 어디에서 어떻게 사용될까?

지금까지 8,000종 이상의 항생물질이 미생물들로부터 분리되었고, 약 4,000가지는 고등 동물로부터 분리되었다.

항생물질들은 작용 방식에 따라 크게 세 종류로 나뉜다.

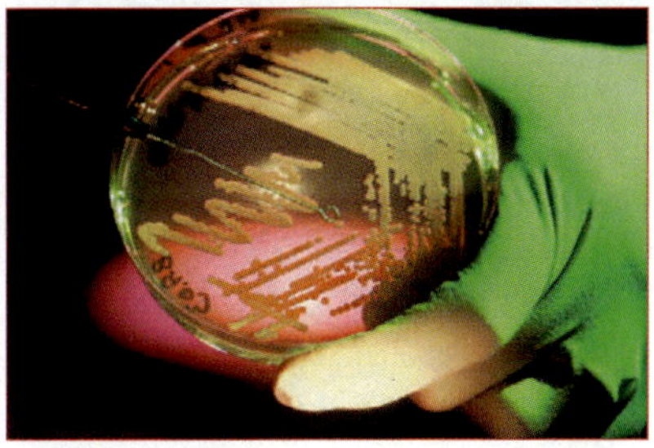

1. 세포벽 저해제

네 개의 락탐(lactam) 고리를 함유하고 있는 β-락탐 항생제(페니실린, 세팔로스포린과 이들의 유도체)들은 가장 중요한 항생제이다. 30,000톤 정도가 매년 생산되고 있다. 이들은 세균 세포벽에서 펩티드 연결을 방해하는 역할을 한다. 중요한 대표주자는 페니실린 G와 세팔로스포린 C이며, 이로부터 반합성적 항생제가 생산되고 있다. 효모와 곰팡이(세균은 아님)의 세포막에 주로 Streptomyces에 의해서 생산되는 **폴리엔(polyene)**이 작용한다. *Candida* 전염인 경우는 nystatin이나 amphotericin B 등이, 치즈 생산에는 pimaricin이 이용되고 있다. 또한 *Amycolatopsis orientalis*로부터 생산된 glycopeptide vancomycin은 세균의 세포벽 합성을 저해한다. 무엇보다도 강한 *Staphylococcus aureus* 전염 시에 마지막 구제방법으로 이용되고 있다.

2. 단백질 합성 저해제

테트라사이클린(tetracycline)은 광범위 항생제로 β-락탐 항생제 이후 가장 많이 사용되는 항생제이다. 이들은 300만 달러 이상의 시장가치를 가지고 있다. 이들 항생제는 리보솜(ribosome)의 30S 단위에 결합하는데 독점적으로 *Streptomyces*에 의해서 생성된다. **Anhracycline**은 doxorubicin(adriamycin)처럼 나선구조의 "주름부위"에 결합하고 topoisomerase를 제어(topoisomerase는 DNA 나선구조의 "주름성"을 변화시켜 복제, 전사, 재조합에 결정적인 역할을 한다)하여 DNA 복제를 막는 효과를 가진다.

*Streptomyces venezuelae*로부터 얻은 **클로람페니콜(chloramphenicol)**은 역사적으로 첫 번째 광대역 항생제이며 리보솜의 peptidyl transferase를 제어한다. **Griseofulvin**은 발효를 통해 생산한 정균성 항생제이며 곰팡이의 세포분열과 세포의 축대를 저해한다. 진균 피부감염의 치료나 노균병으로부터 식물을 보호하는데 사용되고 있다.

3. DNA 저해제

Macrdide 항생물질은 그람 양성 세균들의 리보솜 중 50S 단위에 가서 결합하여 polypeptide 사슬의 성장을 방해함으로써 그 성장을 저해한다. **에리스로마이신(erythromycin)**과 **스피라마이신(spiramycin)**은 호흡기 전염병에 사용한다. 에리스로마이신은 *Streptomyces erythreus*(현재는 *Saccharopolyspora erythrea*)에 의해서 생성되는 항생제이다. 관련이 있는 Tylosin은 비육돼지에게 사용한다(EU에서는 이 사용이 금지되어 있고, 중국에서는 사용가능하다). 260만 달러의 시장성을 가진다.

리팜피신(rifampicin)과 같은 ansamycin은 반합성적 유도체로 폐결핵과 한센병에 처방하는 항생제이다. 이들은 세균들의 RNA 중합효소의 β-단위에 결합으로써 그 활성을 저해한다(그러나 진핵생물의 효소에는 작용 안 함. 3장 참조). 리팜피신의 시작 물질은 *Nocardia mediterranei*(오늘날에는 *Amycolactopsis*)에 의해서 생산된다. *Strepmyces verticillus*에 의해 생산된 bleomycin과 같이 펩티드 항생제들은 중요한 암을 정지시키는 항생제이다. 면역력 제어에 **싸이클로스포린(cyclosporin)**이 쓰인다. 이는 *Tolypocladium inflatum*에 의해서 생성된다. 매년 3톤 정도가 생산되며 시장적 가치는 약 1억 3천만 달러에 달하고 있다.

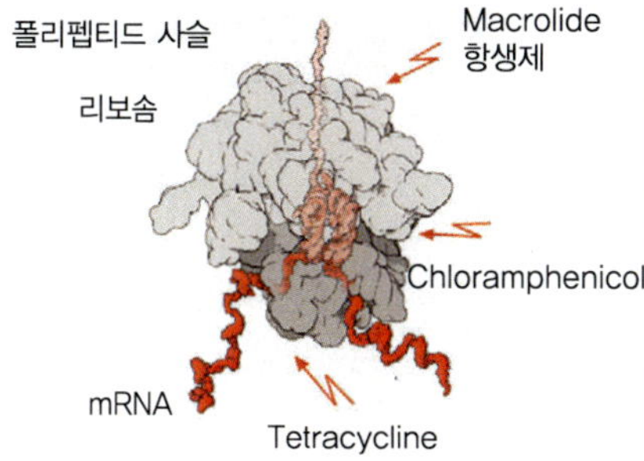

*Bacillus licheniformis*로부터 생산된 4톤의 **bacitracin**은 치료용으로 사용되며 약 1억 달러의 가치에 달하고 있고, 매년 200톤 정도가 사료 첨가물로 생산되어 약 2000만 달러의 시장가치를 가지고 있다.

열을 식힐 수 있어야 한다.

4.18 열, 냉기, 건조는 미생물을 제어한다

생명공학자들은 생물반응기들의 운영 기간 동안 보이지 않는 방해요인들이 있을 수 있는 것에 대해 걱정을 많이 한다(Box 4.10).

만일 생물반응기 안에 다른 원치 않는 미생물들이 존재하면서 영양분을 소모하여 곰팡이의 성장을 저해하거나 심지어는 배양액 중에 독성 물질을 배출시키고 있다면 아무리 페니실린을 잘 생산하는 균주를 키운들 무슨 소용이 있겠는가? 모든 영양성분이나 주입시켜 준 공기는 따라서 잠시 가열을 통해 멸균을 해 주어야 한다.

생물반응기 자체도 멸균된 상태여서 시작 시 기타 다른 미생물이 있어서는 안 된다. 또한 보일러도 뜨거운 증기로 멸균해야 한다. 감염의 위험을 피하기 위한 두 가지 정도의 방법이 있다. 보일러 내에 약간의 압력만 있어도 균들이 자리를 잡기 힘들어진다. 특히 오염되기 쉬운 부분은 관의 시작과 끝

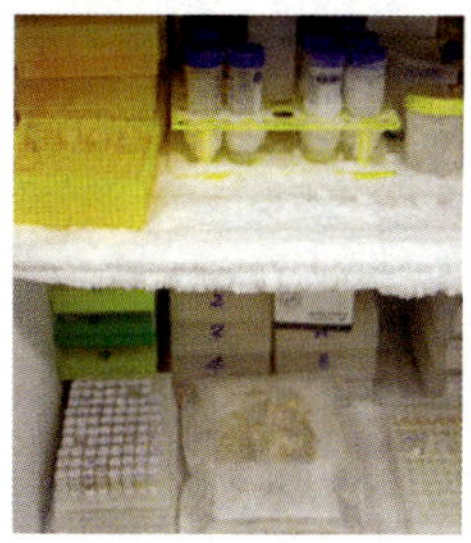

그림 4.49 냉동실(여기서 보이는 온도는 −80℃)은 예민한 생화학적 시료들의 저장용으로 사용하며 이곳에 보관된 시료들은 오랜 시간이 지난 후에도 이용가능하다. 세포들의 경우는 액체 질소가 이용된다(−196℃).

Box 4.10 생물반응기: 미생물들의 생존 및 작업공간

생물반응기는 생명공학 분야의 생산 기구의 중심을 이루며 예전의 **발효용기(fermenting tank)**를 더 발전시킨 형태이다. 초기와 달리 그것은 다양한 정교한 공학적 설비를 갖추고 있다. 처음 생물반응기를 개발할 당시에는 단순한 쓰레기통을 사용하였고, 후에 알코올이나 식초 생산용으로 여기에 뚜껑을 달은 용기, 가죽이나 나무 혹은 사기로 된 용기를 사용하였다. 진정한 발전은 Pasteur의 작업으로 이루어졌으며 순수배양, 멸균 그리고 순수 생산물에 대한 개념으로부터 시작되었다.

역사적으로 중요한 의미를 가지는 것은 구연산 생산을 위한 **표면발효기(surface reactor)**와 호기성 폐수 처리에서 삼투여상인 살수 막 반응기(**trickle film reactor**)이다. 이 두 가지는 모두 다루기가 쉽지만, 공간-시간-생산량이 너무 적다. 빵 제조 효모의 생산, 유기화학물(아세톤, 부탄올), 그리고 페니실린에 이르기까지 이들의 생산을 위해서 20세기에 와서는 생물반응기가 필요하게 되었고, 이들 반응기에서는 정확한 공정 조정과 유도가 가능해야 했다. 통상적으로 이용되는 모델은 교반반응기이다. 여기에서는 온도조절이 가능하고, 교반 시설과 가스 배출 그리고 멸균된 주입시설 및 시료배출시설까지 갖추고 있다.

최근에는 생물반응기들에 대해 크게 두 종류로 나누고 있다. **비연속적 공정**(Batch 혹은 Charge 공정이라함)이 그 중 하나로 용기 안에는 시작 시에 원료물질이 전부 담기고 미생물도 함께 채워지게 된다. 그 후 생화학적인 반응이 몇 시간 혹은 몇 일에 이어 이루어진 후 마지막으로 탱크를 비워 생산물로부터 이물질을 제거하고 정제한다. 이후 다시 새로운 생산공정이 시작될 수 있게 된다.

연속적 공정에서는 반응기에 지속적으로 원료물질이 유입되고 생산된 물질이 포함되어 있는 해당 반응 혼합물은 밖으로 배출되어 나오게 된다. 공급과 제거가 맞아 떨어져서 흐름이 균형을 이루어야 한다. 지속적인 생산 공정은 휘발유 정유과정과 비슷하다고 생각하면 된다. 이에 반해 비연속적 공정은 제과점에서 사용하는 생산방법과 비교하면 쉽게 이해할 수 있다.

이 두 가지를 병행하여 사용하는 방법도 있다. 반-연속 생산공정에서는 미생물들을 생물반응기에서 약 90일까지 두고 배양액은 매일 교환하는 형식으로 진행된다.

공정의 선택은 결과적으로 경제적 관점을 통해 결정되어야 한다. 연속적 공정은 원칙적으로 대량생산(예로 하수처리) 형태에 더 적절하다. 그럼에도 불구하고 오늘날까지도 비연속적 공정을 선호하는 경향이 있는데 이는 사실 소량의 생산물이어도 사용할 수 있기 때문이다. 생물반응기는 기존 생산물 이외의 다른 것에도 바로 이용될 수 있고, 멸균하기에도 용이하게 되어 있다.

생물반응기에는 여러 종류가 있어서 다음과 같이 나눌 수 있다. 용량에 따라 나누면

- 실험실 반응기(< 50L)
- 시도 반응기(50~5,000L)
- 산업용 반응기(> 50~150,000L)

높이(H)와 너비(D)의 관계에 따라 탱크형 반응기(H/D 3)와 기둥형 반응기(H/D >3)로 나눈다.

에너지 유입형태에 따라 반응기의 형태를 다음과 같이 나눌 수 있다.

- 기계적으로 교반하는 반응기(교반반응기 또는 교반 탱크반응기)는 다양한 용도로 사용 가능한 반응기들로 예를 들어 항생제 사용에 이용된다.
- 외부에 용액펌프가 설치되어 있는 유체역학 반응기(예, 사료용 효모 생산용)
- 가스압착을 통한 에너지유입이 있는 공기작용 반응기, 공기의 내부적 또는 외

교반탱크-생물반응기

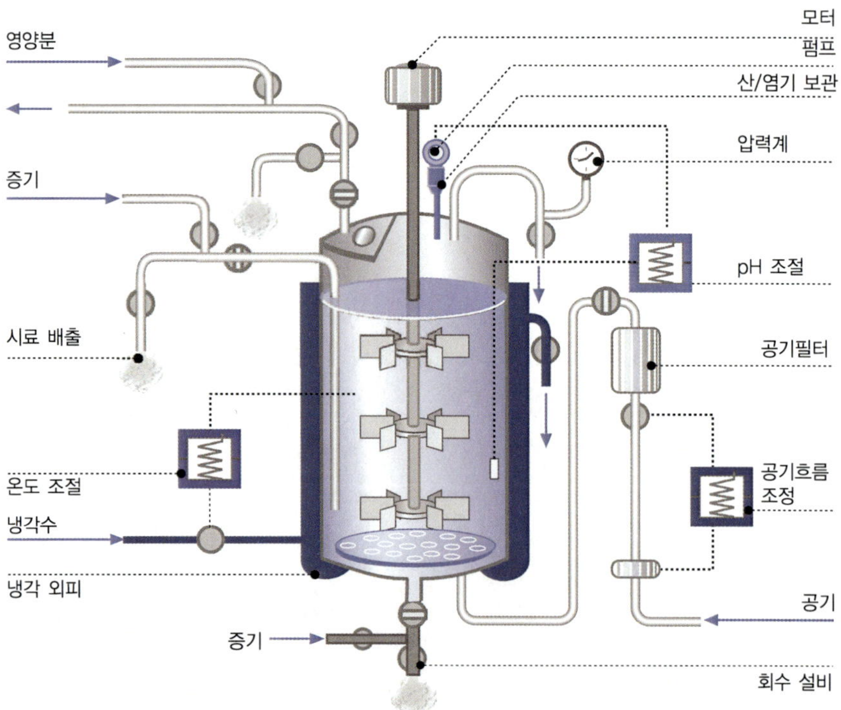

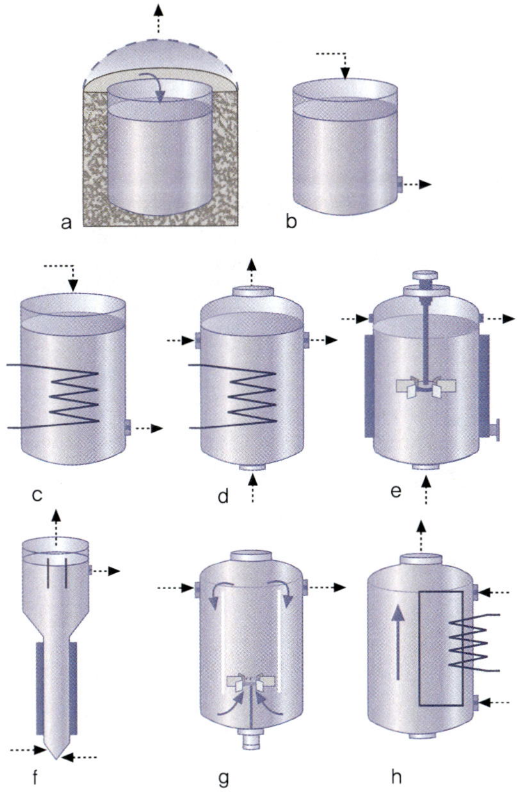

생물반응기(발효기) 종류의 역사적인 발전

a. 뚜껑이 있는 구덩이(사람들에 의해 발생한 쓰레기, 바이오가스).
b. 나무, 가죽, 철, 플라스틱 등으로 만든 단순 용기(와인, 맥주, 알코올, 식초, 산유)
c. 온도조절기가 있는 개방형 반응기(양조)
d. 발효를 조정할 수 있는 멸균반응기(효모, 특수 화학물질)
e. 교반 반응기(항생제)
f. 터빈반응기(맥주, 와인, 식초)
g. 내부적 재순환의 공기부상 반응기(원유 성분으로부터의 효모)
h. 외부적 재순환의 공기부상 반응기(methanol로부터의 세균)

부적 재순환의 공기부상 반응기). 예로 단일 단백질 생산(원유로부터의 효모, methanol로부터 세균)와 폐수정화("tower biolology")

세포들을 배양하는 데 있어 결정적인 문제가 되는 것은 발효 관련물질들을 연속적 재순환(**continuous recirculation**)하는 데 있다. 대개의 공정들이 산소가 있는 가운데 이루어져야 하므로 보통은 포기가 필요하다. 따라서 교반 반응기는 가장 자주 사용되는 반응기이다. 교반은 보통 젓는 기구나 펌프를 통해 이루어진다. 교반 반응기는 기계적으로 터빈 교반기를 가지고 있거나(프로펠러) 공기를 불어 넣어서 분산시키는 작용을 하는 터빈을 가지고 있다. 보통은 이 둘을 같이 사용하기도 한다. 반응기의 높이와 너비의 비율이 1.4보다 크면, 다중 교반기를 사용해야 한다.

"거친 기술"로도 가능한 발효조들(식초나 효모를 위한 수중 발효와 하수처리)은 역동적인 공기분산이 없는 생물반응기를 사용한다. 교반(프로펠라 혹은 터빈)은 소용돌이를 일으키고 이를 통해 공기를 균일하게 분산시킨다. 그러나 예민한 포유동물 세포들에게는 이러한 반응기가 적절하지 않다(3장). 맥주생산이나 효모생산에서는 발효를 통해 가스(CO_2)가 발생한다. 발효기에는 생산된 가스와 동반 발생한 공기를 섞어서 호흡이 가능하게 만들어야 한다. 수리적 교반 반응기에서는 펌프가 교반 작용을 책임진다.

지금까지 서술한 반응기들은 배양액과 세포들이 일정하게 섞여있는 상태로 진행되는 것이다. 이에 반해 막 반응기(**membrane reactor**)는 생산물로부터 촉매제(세포 혹은 효소)를 막을 통해 제거한다. 우리는 이와 관련하여 이미 2장에서 효소를 이용한 아미노산의 생산에 대해 배운 바가 있다. 특수 형태로는 빈섬유 반응기(**hollow fiber reactor**)가 있는데, 여기에서는 효소와 세포들이 섬유 표면에 고정화되어 이용된다. 배양액은 빈섬유들을 통과하게 되고, 따라서 생물반응기로 작용을 하게 되는 것이다. 이러한 빈 섬유 더미를 이용할 경우 고용량 작업을 하게 되어 작은 공간에서도 높은 생산성을 낼 수 있다. 고정상 반응기(**fixed bed reactor**)는 큰 표면적을 가진 운반물질(예로 다공성 유리, 셀룰로오스)로 채워져 있다. 효소 반응기(2장 참조)로 사용되거나 예민한 고등 세포(3장 참조)-용으로 이용된다.

세균 균주: Levine 한천 배지 위의 *Escherichia coil*와 *Klebsiella pneumoniae*.

미생물 배양을 위한 생산시설

발효공학의 공정개발

크기가 다른 분자들은 한외여과 기구에서 막을 통해 분리된다.

발효배양액을 원심분리기로 처리하며 세포를 분리해냄.

생산공정의 마지막에 미생물 제거 후 채워 넣음.

Box 4.11 1차 및 2차 대사산물

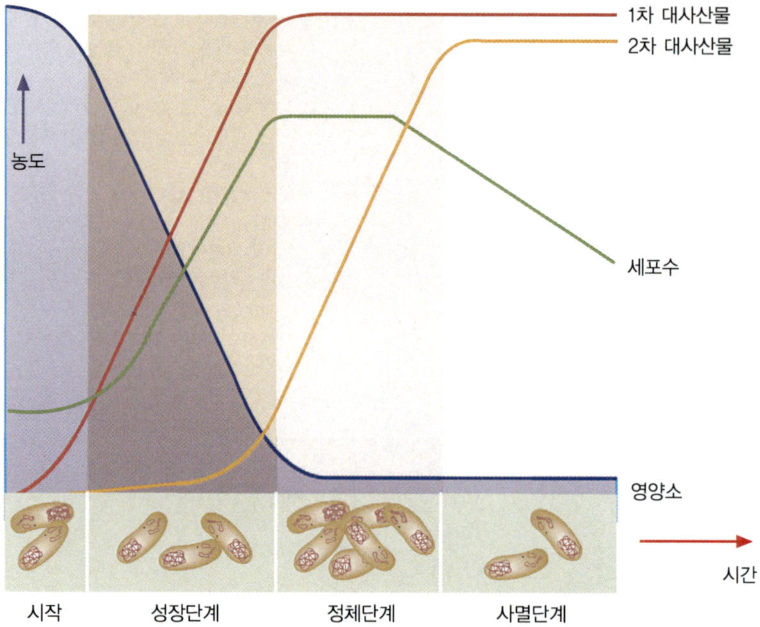

1장에서 우리는 에탄올이나 젖산과 같은 전통적인 대사산물에 대해 배웠다. 이들 물질들은 발효과정 중 "필요에 따라" 생성된다. 필수적인 1차 대사산물들은 성장을 위해 필수적인 물질들이기 때문에 세포에서 합성된다. 경제적으로 의미를 가지는 것으로는 아미노산이나 이들로부터의 유도물질들이다[트레오닌, 라이신, 페닐알라닌, 트립토판, 글루탐산, 비타민 B_2, B_{12}, nucleosides[Inosine-5-monophosphate, IMP; Guanosine-5-monophosphate, GMP)].

자연에 존재하는 미생물들의 경우 이러한 물질을 많이 생산하려면 이를 위한 에너지와 탄소원의 필요량이 높아지기 때문에 과량의 생산을 지양한다. 따라서 자연적 조절 기능을 강압적으로 변경시켜야 한다.

2차 대사산물들은 세포들의 성장과정 후에 이루어지며, 이들은 사실 성장이나 자연적인 기능을 위해서는 필요로 하는 물질이 아니므로 잘 알려지지 않는 경우도 있다. 예를 들어 항생물질과 같이 2차 대사산물들 중의 많은 부분은 다른 미생물들의 성장을 저해하여 장점으로 작용을 한다. 그러나 마이코톡신(mycotoxine)이나 색소 같은 것이 만들어지기도 한다.

2차 대사산물들은 성장과정이 최고조에 달한 이후부터 생산되는 반면 1차 대사산물들(에탄올이나 아미노산)은 세포의 성장 정도에 따라 생물반응기로 배출이 된다.

생산에 대해서는 극적인 결과가 있다.

아미노산과 같은 1차 대사산물의 생산은 "오직" 이상적인 성장조건 하에서 이루어진다.

세균이나 효모가 성장함에 따라 이에 비례하여 1차 대사산물의 양도 증가한다. 이와 달리 페니실린과 같은 2차 대사산물은 곰팡이의 성장이 정지되었을 때 최고에 달한다.

이상적인 성장조건들과 생산성 사이의 타협점이 찾아져야 한다.

그림 4.50 청정구역에서는 보호복을 입는 등 최고의 주의가 필요하다.

그림 4.51 Selman Abraham Waksman (1888~1973)은 스트렙토마이신을 찾아내며 "항생물질"의 정의를 만들어낸다.

부분으로, 이 곳의 깨끗한 상태를 유지하기 위해 밸브 앞부분에서 관을 열어 뜨거운 증기를 불어넣어 주는 방법이 있다.

열(heat)은 집에서나 식품산업에서도 위해성 미생물들을 제거하기 위해 사용하고 있다.

간단히 떠올릴 수 있는 것으로는 우유에 사용하는 단순한 가열 혹은 저온 살균법이 있으며, 과일을 병조림으로 만들거나 통조림 식품의 생산 등이 있다. 이들은 모두 세균과 곰팡이 포자까지 열을 통해 죽이는 방법인 것이다(Box 4.8). 용기들은 진공상태로 밀폐했기 때문에 미생물들이나 산소가 들어갈 수 없다. 그러나 공기가 안으로 침입하는 순간 내용물은 상하기 시작한다. 우리의 조상들은 완전히 막히지는 않아서 곰팡이가 생길 수 있었던 저장용 유리용기를 알고 있었다.

높은 온도 이외에도 냉기(그림 4.49) 또한 원하지 않는 미생물들의 성장을 저해하기 위해 이용하고 있다. 대부분의 미생물들이 생장에 적절한 온도를 필요로 하기 때문에 사람들은 식품을 냉장고에 보관하거나 냉동고에서 냉동시킨다. 이러한 환경에서는 미생물들의 성장을 산발적으로만 막을 수 있을 뿐 죽이지는 못한다. 심지어 미생물들 중에는 질소용액의 −196℃에서도 살아남는 경우도 있다. 해동한 식품은 깨어난 미생물들을 위한 이상적인 영양원이 되지 않도록 바로 섭취해야 한다.

미생물들은 **수분(water)**도 필요로 하기 때문에, 건조를 통해 미생물의 증식을 제어할 수 있다. 소금물에 담그거나 강한 설탕 절임을 하는 것도 미생물 세포로부터 수분을 제거하기 위한 방법으로 내부 세포물질이 건조해져서 더 이상 성장할 수 없게 된다.

동결건조(freeze-drying)는 가장 많이 사용되는 현대적 저장 방법 중의 하나이다(Box 4.7). 농축한 알코올은 세균의 세포질막의 투과성을 높일 뿐 아니라 이를 통해 성장을 저해하고, 미생물 세포들로부터 수분을 나오게 하기도 한다.

마지막으로 미생물들을 막는 방법으로 다양한 종류의 소독제들도 개발되고 있다.

4.19 하위공정

일단 미생물이 조절되고 생물반응기내 공정이 성공적으로 완료되면 그 다음은 회수의 차례이다. 용기로부터 곰팡이들의 두툼한 혼합물과 나머지 영양성분 그리고 페니실린이 서서히 빠져 나오게 된다. 페니실린이 곰팡이로부터 외부로 배출되기 때문에 이들을 분리해 내는 것이 훨씬 쉬워지게 된다. 미생물들을 막여과를 통해 분리해 내고, 남은 투명한 용액으로부터 녹아 있는 페니실린을 침전시키면 결정으로 쉽게 분리가능하다.

생물반응기를 위한 기질의 준비를 위한 상위공정(**upstream processing, 품종개량기술**)에 대한 유추어로 발효액으로부터 최종산물이 생산되기까지의 전 과정을 **하위공정(downstream processing)**이라 한다.

대부분의 생산물들(예, 여러 가지 단백질들)은 물론 배양액으로 배출되어 나오지 않는다. 따라서 미생물 세포들을 파괴하여 원하는 물질들을 세포내 물질로부터 분리해 얻어야 한다(예, affinity chromatography). 이러한 공정을 통해 얻어진 물질들은 따라서 가격이 높다.

4.20 스트렙토마이신과 세팔로스포린-페니실린 이후의 항생제들

페니실린은 그람 양성 세균들에 대해 효과가 높다는 것에 대해 이미 알려져 있다. 의료용으로 페니실린이 쓰이기 시작한 이후 *Streptococcus*에 의한 목부위 염증(인후염, pharyngitis)이나 *Pneumococcus*에 의해서 발생한 폐렴, 대부분의 *Staphylococcus* 감염 등과 같이 다양한 종류의 세균에 의한 감염이 빠르고 완전히 치유되었다. 이 외에도 치명적일 수 있는 *Meningococcus*에 의해서 발생한 뇌수막염이나 심내막염을 유발할 수 있는 독성 세균들에 대해서도 치료기능을 보였다. 이와같은 놀라운 의학적 성공은 계속적으로 천연 항생물질을 찾는 작업을 심화시켰다.

이러한 노력 뒤에는 동기를 부여한 두 가지 원인들이 있었다. 페니실린은 *Escherichia coli*, *Salmonella*, *Pseudomonas*, *Mycobacterium*과 같은 그람 음성 세균에서는 효과가 없다. 다른 한 가지는 특정 그람 양성 세균들도 페니실린에 대해 내성을 가지고 있거나 가질 수 있다는 것을 알아내게 된 것이다.

토양 속에 존재하는 미생물들을 지속적으로 항생제 생산 가능성에 대해 연구할 수 있는 새롭게 개발된 기술을 통해 1943년 미국의 Rutgers 대학의 **Selman Abraham Waksman**(1888~1973)과 그의 동료들은 ***Streptomyces*** 속의 Actinomycetes로부터 새로운 항생물질을 분리하는데 성공한다. Actinomycetes는 그람 양성이며 불규칙적으로 색상을 띠고 있는 비운동성 세균으로 필라멘트를 형성하고 가지치기를 한다.

스트렙토마이신은 아미노 글리코사이드(amino glycoside)로 당과 아미노산으로 구성되어 있다. 스트렙토마이신은 페니실린과 달리 그람 음성 세균들에 대해 효과를 보인다. 처음에는 결핵치료에 효과가 있었다. 아미노 글리코사이드 항생제는 광범위한 효과를 가지는 한편 독성도 쉽게 가진다. 신선한 토양의 전형적인 냄새는 이 안에 살고 있는 *Streptomycetes* 때문이다.

Waksman과 그의 동료들은 새로운 항생물질을 더 찾아낸다. actinomycin(1940), clavacin, strep-tothricin(1942), grisein(1946), neomycin(1948), fradicin, candicidin, candidin 등이다. 이들 중 스트렙토마이신과 네오마이신(neomycin)은 오늘날까지 다양하게 사용되고 있다.

1945년에 이미 Giuseppe Brotzu(1895~1976) 교수는 이탈리아의 Gagliari에 있는 위생연구소에서 지중해의 오염 문제와 씨름하고 있었다. 사르데냐(Sardinia)쪽의 오수유입구 근처에서 시료를 채취하였다. 만일 폐수에서 소화기의 감염성 질병을 초래할 세균들이 있다면, 자연적으로 이들에 대항

그람 양성

그람양성, 그람음성 혹은 염색에 대한 용어는 덴마크의 Hans Christian Joachim Gram에 의해 형성됨.

그림 4.52 Hans Christian J. Gram
1884년에 이미 베를린의 의학 연구소에서 우연히 그람양성 세균과 그람음성 세균 사이의 차이는 세포벽의 구조 차이 때문인 것을 찾아내게 된다. 고정화 시킨 미생물을 크리스탈 바이올렛(crystal violet)으로 염색하고, 이차적으로 Gram's 요오드(iodine)로 염색한 후 알코올로 씻어내어 염색이 남아 있는 정도를 본다. 파란색으로 염색된 것(그람양성)은 대부분 구균(*Pneumococcus, Streptococcus*)이고 보라나 붉은 색을 보이는 것(그람음성)은 대부분 간균(*E. coli, Salmonella*)이다.

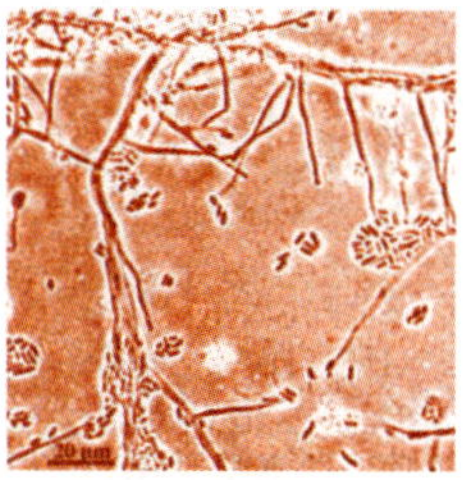

그림 4.53 *Acemonium*은 세팔로스포린을 형성한다.

그림 4.54 Guiseppe Brotzu(1895~1976)은 세팔로스포린을 발견한다.

Box 4.12 연구자 의견: 독일에서의 백색 생명공학

산업용 생명공학은 더 이상 새로운 규율이 아니며, 유럽 생명공학협회가 정의하였듯이 "자연의 도구상자로의 파악"으로 이해되고 있다. 이 분야에서는 새로운 물질들을 사용하고 자연의 작용 방법을 유지하는 형식을 이용하고 있다. 이를 통해 자원을 보호하고 자연의 훼손을 줄이면서도 기존의 방식보다 훨씬 효율적으로 생산하게 된다. 여기에다가 백색 생명공학은 완전히 새롭게 기술적인 문제를 해결하고 이를 이용한 생산을 한다.

최근에만 해도 생명공학을 통해 생산된 것들이 세계 화학산업계 이익의 5% 정도를 차지하게 되었다. McKinsey과 Festel에서 수행한 조사에 의하면 이러한 영향력이 앞으로는 더 성장하게 될 것이라고 한다. 2010년에는 모든 화학 생산품의 20%정도를 차지해 생명공학을 통해 생산된 것들의 시장성은 약 3억 1천만 달러에 달할 것으로 예측되고 있다. 이에, 순수 생명공학은 화학 산업계의 경쟁능력을 강화시키는 열쇠이자 날개가 되어 줄 것으로 보인다. 새로운 원료, 새로운 생산 공정, 새로운 생산물 등은 순수 생명공학의 근본적인 성공요인들이다. 수요가 증가되는 원료들은 화석연료들로 대체한다. 효율적인 경제적 혹은 환경친화적으로 고려된 생산공정들인 바이오 촉매, 바이오 전환 혹은 발효가 화학적 합성의 문제를 해결하게 될 것이다. 새로운 합성 방법의 도움으로 새롭고 창의적인 생산물들이 개발되고 창의적 발돋음이 더욱 커질 것이며, 이를 통해 세계의 경쟁에서 결정적인 장점으로 작용하게 될 것이다.

화학산업에서의 성공사례

백색 생명공학은 일찍이 실험실에서 다루던 범위를 넘어선지 오래다. 이미 오늘날 동네 공원에서 퍼온 한 삽 정도의 흙속에 있는 전체적인 세균들의 유전정보를 조합해서 사람에게 유익할 수 있는 물질들을 더욱 우아하게 창조하는 데 성공을 이루고 있다. Henkel 사는 무엇보다도 효율성 시험을 통해 다양한 때에 대해 최적화 시킨 효소시스템을 개발하고, 생산공정 중에 적용시켜 제품을 생산하여 세계에서 세제의 선도기업이 되었다.

의약업이나 농업에서도 생명공학은 더 이상 빼놓을 수 없는 것이 되었다. 키랄 중심(chiral center)을 가진 유효성분들은 자주 생명공학적인 방법들에 의해 경제적 의미를 가지는 이성체들로 생산될 수 있다. 이들의 의미는 더욱 중요해지고 있는데, 최근에는 이성체적 유효성분에 기초를 한 상위 100대 의약품들 중 50% 이상을 이들이 차지하고 있으며 이들의 이익도 1억 달러를 상회하고 있는 실정이다. 이에 맞춰 의약품 유효성분 중 순수한 이성체들의 숫자도 증가하고 있다.

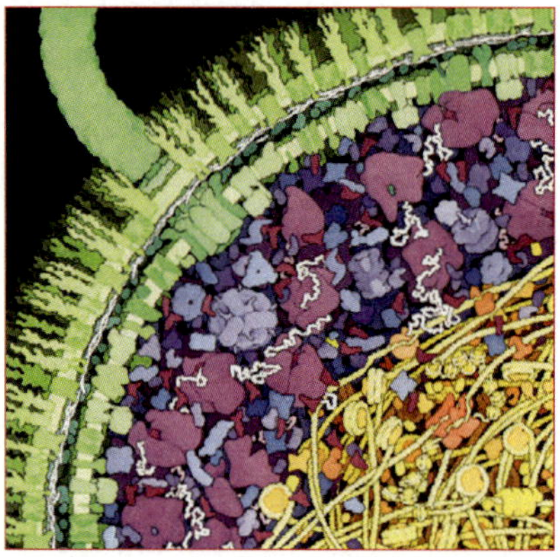

산업용 일하는 말(馬).

특수화학 분야에서도 상황은 비슷한 것 같다. BASF AG의 비타민 B_2 합성에 수요가 증가하고 있는 원료를 사용하는데 대해 언급한 바 있다. 8단계의 화학적 합성 공정은 1단계의 발효공정으로 대체되었고 이를 위해 특수 곰팡이가 이용되어 원료(콩기름)를 목적하는 최종산물로 변화시켰다. 비타민 B_2는 노란색 결정 형태로 발효액으로부터 얻어진다. 생명공학적 공정을 통해 생산가가 약 40% 정도(overall costs) 낮아졌고, 총 환경에 대한 영향(environmental impact)도 40% 정도 감소되었다. BASF는 바이오 촉매 혹은 발효로 사용해서 화학물질들의 약 1/3을 생산하고 있다.

McKinsey에 의하면 DSM에서는 생명공학 공정이 차지하는 비율은 50%에 달한다고 한다. 예를 들어 DSM에서 cephalexin과 같은 항생제 생산에서는 일년 전부터 큰 규모의 공학적 10단계의 합성 공정을 생명공학을 통해 적용하게 되었고 이 방법에서는 발효공정과 그 이후 이어지는 효소적 작용을 조합하여 사용한다. 새로운 합성 과정은 현대 대사적 공학(**metabolic engineering**)을 통해 가능하게 되었다. 공정과 연결되어 있는 다양한 비용들은 50% 정도 감소하게 되었고, 에너지 소모나 소모 물질은 각각 65%씩 감소하게 되었다. 화학적 합성과정은 유기용매에서 이루어졌었으나, 생명공학을 통해 수용성 용제로 대체하게 되었다.

Degussa AG는 필수 아미노산을 생산하는 세계적인 선도회사이다. 아미노산은 사람이나 동물의 건강을 보장하기 위해 근본적으로 중요한 역할을 하는 영양소이다. 발효를 통해 즉, 백색 생명공학을 통해 아미노산을 생산하게 되었다. "거대한" 화학 회사들이 있는 한편 건립한지 얼마 되지 않은 생명공학 회사들도 최근에는 많아져 이 분야의 개발에 결정적인 역할을 하고 있다. 화학 회사들에서 나오는 많은 창의적인 아이디어들은 생명공학 회사들이나 연구 기관들과의 연계를 통해 창출된다. Maxygen, Codexix, Diversa, Genencor 혹은 BRAIN과 같이 산업용 생명공학에 초점을 맞추고 있는 회사들은 이미 연결망을 만들어 동료로서 일하고 있으며, 프로젝트에 따라 연합회사 혹은 *연맹 벤처*들을 구성하게 되었다. 현대의 공조 모델은 백색 생명공학 분야에서 성공으로 이끄는 중심적 역할을 하고 있다.

독일에 대한 새로운 견해

의학계로부터 나오게 된 적색 생명공학(9장 참조) 이후 초기에 나온 백색 생명공학과 함께 농업 분야에 목표를 두고 있는 녹색 생명공학(7장 참조)이 제3의 생명공학 분야로 대두되고 있다. 산업용 생명공학과 이의 지식들 그리고 무엇보다도 이들의 경제적 잠재력에 대해서 아직 우리가 잘 인식을 하지 못하고 있는 것 같으며, 연구자들이나 과학자들 혹은 회사 매니저들이나 금융관련자들 사이에서도 이에 대한 인식이 없어 보이며, 적어도 광범위한 대중 속에서는 침묵하기 때문인 듯하다.

첫눈에도 익숙지 않아 보이는 유럽의 가장 큰 환경재단, 독일의 환경을 위한 연방재단 DBU, 산업협회, 독일 화학산업(DIB/VCI)과 생명공학회사인 BRAIN AG의 협회에 있는 산업연맹 생명공학 등으로 이루어진 연합은 모두가 안락해지기 위한 유일한 방법인 백색 생명공학을 이용할 수 있도록 함께 길을 닦아 나가야 한다. DBU, DIB/VCI, Festal Capital, Degussa AG 그리고 BRAIN AG 등의 발의에 의해 2005년 2월 "백색 생명공학의 독일 프랫홈"을 창설하게 되었다. 이 플랫홈의 사무국은 VCI에 자리를 잡고 있다. 그 목적은 백색 생명공학 분야에 대한 연합을 이루고자 하나의 목소리를 통해 외부와 정보교환을 하기 위함이다. 동시에 해당 유럽 플랫홈과의 관계를 더욱 돈독하게 할 수 있고 유럽연합을 위한 대표자도 갖출 수 있기 때문이다. 공동의 처리규율과 목표를 가지는 연합을 통해 미래 산업의 중심을 독일이 잡아 나가기 위함이다.

참고문헌:
Bachmann R. Budde F, Riese J(2000): 세 번째 파도-생명과학이 화학산업계를 강타하고 있다. 76:1155~1158
Festel G. Knoll J. Grotz H, Zink H(2004): 화학산업계의 생산공정에 미치는 생명공학의 영향 Chemi Ingenieur Technik 76: 307~312

Dr. Rainer Erb, 독일 연방 환경청. 환경커뮤니케이션 센터

Dr. Stefanie Heiden교수 독일 연방환경청, Osnabrueck

Dr. Ricardo Gent, 독일 화학산업협회 독일산업연합 생명공학

Dr. Holger Zinke, B.R.A.I.N 사, Zwingenberg

할 존재가 있지 않을까? 이에 Brotzu는 거의 모든 세균들의 성장을 막는 병원성 곰팡이인 *Cephalosporium acremonium*(오늘날은 ***Acremonium chrysogenum*** 이라고 개명함, 그림 4.53)을 찾아내게 된다.

학계의 별 관심을 받지 못하던 이탈리아 한 대학의 잡지에 실린 Brotzu의 출판물은 운 좋은 우연한 기회를 통해 옥스포드(Oxford)의 "항생제 사냥꾼" 그룹으로 들어가게 된다. 이 곰팡이는 여러 종류의 항생물질을 생산하는 것으로 밝혀졌다. 그 중 하나가 세팔로스포린 C인데 이는 특히 페니실린 내성을 가진 그람 양성 병원성 미생물들에게 효과가 있음이 증명되었다(Box 4.9).

페니실린, 세팔로스포린, 스트렙토마이신은 항생물질에 대한 연구가 이루어지던 초기 단계에서는 가장 중요한 발견물들이었으나, 시간이 흐르면서 이들만 발견된 것은 아니다. 새롭게 발견되고 있는 항생물질의 수는 매년 증가하고 있어서 40년대 말부터 70년대 초까지 약 200개까지 늘었다. 지난 세기 말에는 그 수가 300개까지 달하는 최고 기록을 갱신하였다. 오늘날에는 미생물로부터 분리해 낸 항생물질 종류가 8,000종에 달하고 고등 동물로부터 분리해 낸 것은 4,000종이 있다(Box 4.9). 세계적으로 30,000톤에 달하는 페니실린과 세팔로스포린들이 생산되고 있다. 세팔로스포린들은 사람에게만 사용되고 있으며, 페니실린들은 물론 유용가축의 사육에도 이용되고 있다(가끔 오용되기도 한다).

4.21 미생물들과의 대결: 내성

위대한 학자인 Louis Pasteur는 다음과 같이 서술한 바가 있다. "세균들은 마지막에 Messieurs (..님) 라는 존칭을 가지게 될 것이다!" 여러 가지 정황으로 볼 때 얼마나 맞는 말인가!

페니실린은 수 년에 걸쳐 성공적으로 이용되었다. 그러나 1972년 멕시코에서는 이를 뒤엎는 현상이 생기게 되고, 1975년 필리핀에서는 성매매가 증가하면서 악성 임질(gonorrhea)이 퍼지게 된다. 임질(그리스어 뜻으로는 정액루)은 독일적인 표현으로는 저지대 독일어(niederdeutsch)의 "방울" 이

그림 4.55 50년대 항생제의 오용에 대한 미국의 경고: 항생제는 바이러스에는 효과가 없고 세균에서만 효과가 있음

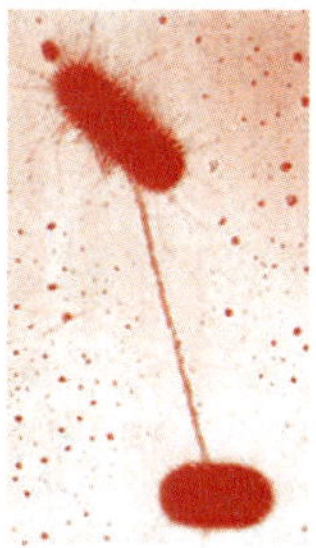
그림 4.56 세균들은 접합을 통해서 유전자를 교환할 수 있어, 저항력을 가질 수 있다.

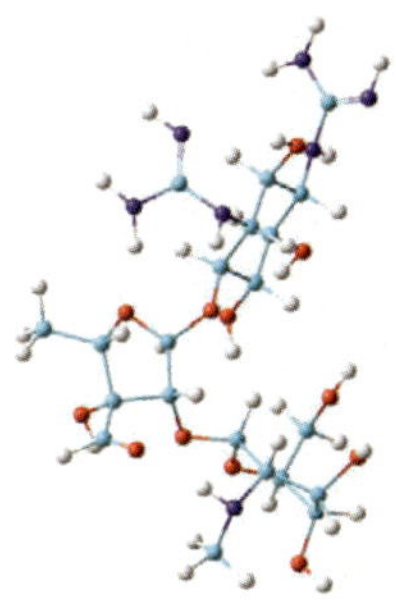
그림 4.57 스트렙토마이신

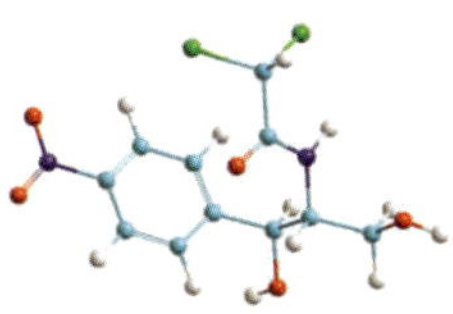
그림 4.58 클로람페니콜

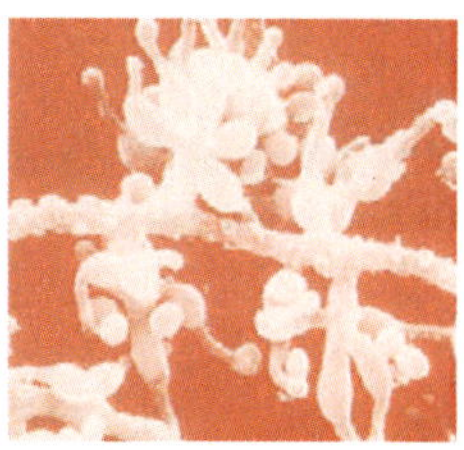
그림 4.59 *Tolypcladium inflatum*

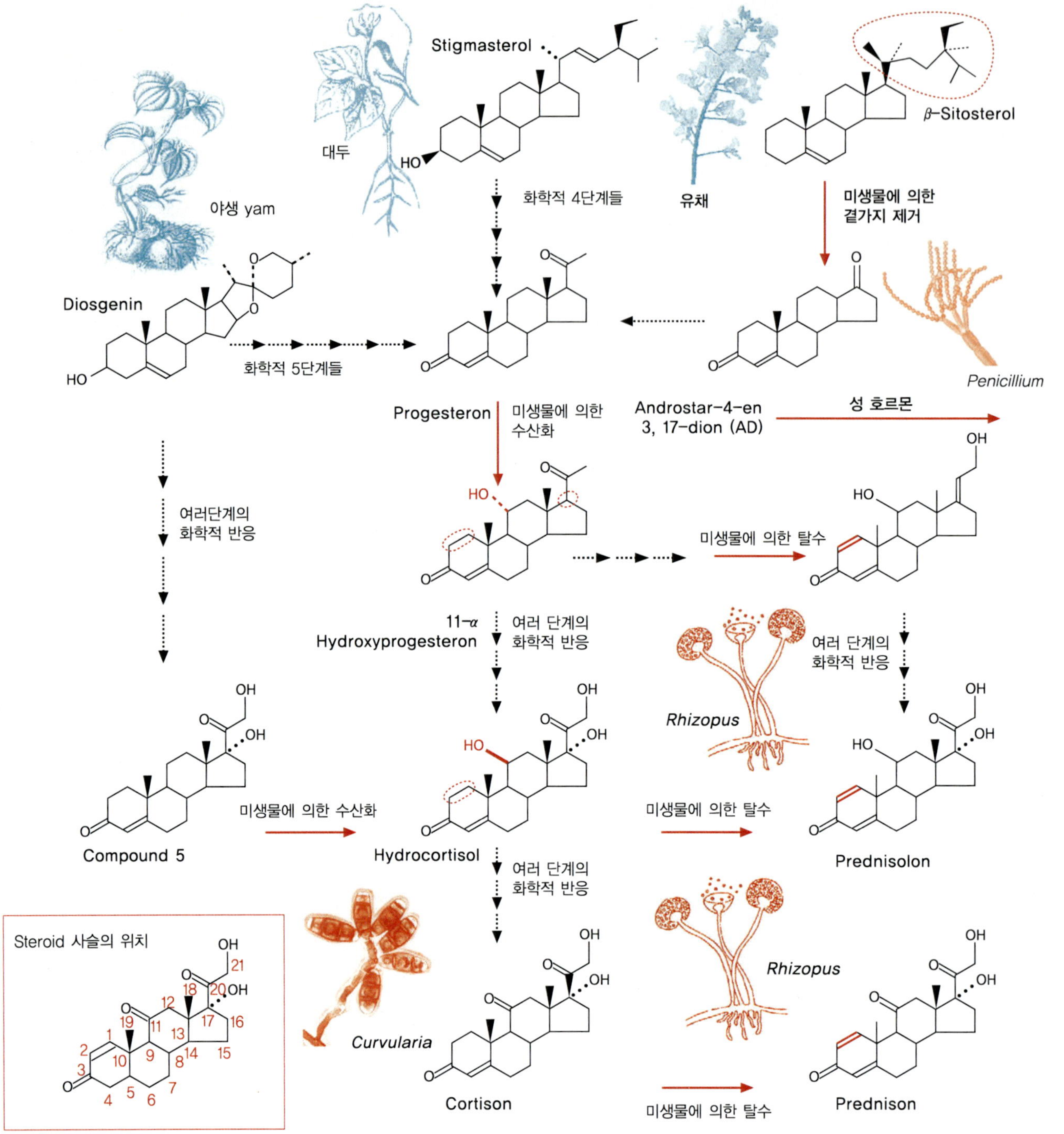

그림 4.60 치료의학적으로 중요한 의미를 가지고 있는 스테로이드(steroid)의 생산에 대한 미생물들의 참여(위)와 코티솔(cortisol)의 화학적 구조(아래)

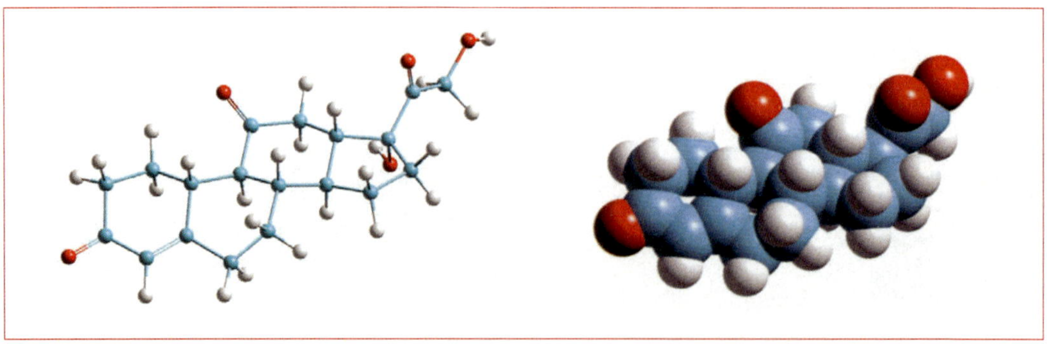

Box 4.13 생명공학 역사: yam으로부터 얻은 diosgenin과 피임약

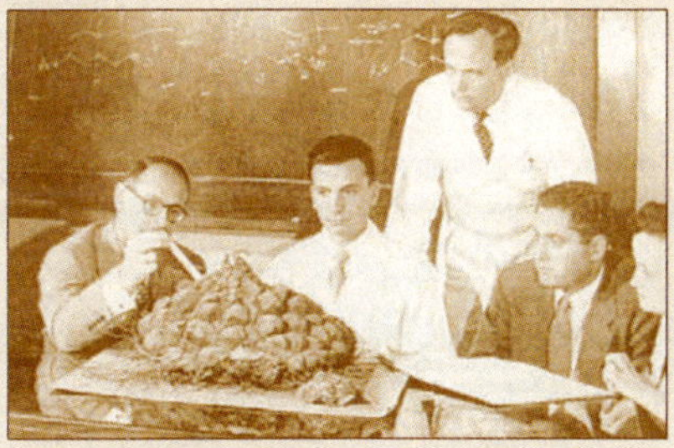

왼쪽 Carl Djerassi
1951년 Carl Djerassi는 yam으로 피임약을 만듦.

"피임약의 아버지"이자 오늘날 Science in fiction의 저자로도 유명한 Carl Djerassi (1923)는 50년대에 멕시코에서 일하고 있었다. Syntex라는 아주 작은 회사에서 yam (*Discorea*)이라는 야생이자 식용으로는 적절치 않은 뿌리로부터 비누기능을 가지는 디오스게닌이라는 스테로이드 원료가 되는 물질을 분리하는 일을 하고 있었다. 이 맛 없는 yam은 세탁과 물고기를 잡는데 쓰이는 물질로 인디오에 의해 사용되고 있었다. Russel Marker는 디오스게닌을 화학적으로 여성호르몬인 프로게스테론으로, Georg Rosen-krantz는 테스토스테론으로 전환시켰다. 이들은 전 세계 중요 화학자들로 하여금 yam으로부터 코티솔을 화학적 방법에 따라 생산하는 경쟁을 치열하게 만드는 역할을 하게 된다. 결국 많은 노력 끝에 화학적으로 Upjohn사가 성공을 이루어내게 된다. 이 회사는 Djerassi가 10톤에 달하는 프로게스테론을 생산할 수 있을지 궁금해 하고 있었다. 그 당시 전 세계적으로 생산되고 있는 양이 이의 1/10정도에 해당되었기 때문이다.

완전히 불합리한 요청인 것으로 보였다! 잠 못 이루는 밤들을 보내며 Carl Djerassi는 드디어 Upjohn이 의도했던 것과 같이 프로게스테론을 중간 물질로 이용할 수 있는 것으로 결론을 내게 된다. 실제로 Durey H. Peterson과 Herbert C. Murray는 놀라운 발견을 하게 되는데 빵에 생긴 곰팡이인 *Rhizopus arrhizus*가 프로게스테론의 탄소 고리의 11번째 위치에 수산화를 할 수 있게 된 것이다.

자연산 yam(*Dioscorea*), 맛이 없는 뿌리류로 Diosgenin 성분이 풍부함.

"멕시코 시(Mexoco city), 캠브리지(Cambridge), 라웨이(Rahway)에 있는 화학자들은 복잡한 화학적 전환을 이루게 되었고 Upjohn의 미생물들은 하나의 단계 정도에서 짧게 작용을 하게 된다." 그의 자서전인 「피임약의 어머니」에 써 있는 것과 같이, Carl Djerassi는 입으로 섭취하는 피임약을 George Rosenkrantz와 함께 처음으로 합성하는데 성공한지 한 달이 지난 후에 보답을 받게 된다. "피임약"은 그를 억만장자로 만들었고 예술가 후원자가 될 수 있도록 해 주었다.

라는 단어로부터 나온 말로 통상적으로 임질이라고도 한다. 이 두 단어(gonorrhea, tripper)는 모두 특징적인 증상을 의미한다.

임질은 몇 세기 전부터 이미 알려져 있는 성병으로 항생제를 통해 처음으로 치료가 되기 시작했다.

그러나 매춘부들은 임질을 예방하고자 너무나 장기간 과량의 페니실린을 섭취하는 상황이 발생했다. 이러한 상황에서 *Neisseria gonorrhoeae*는 번식하는 과정에서 재생가능한 세포들을 이끌어냈다. 바로 **페니실린 내성(penicillin resistance)**을 가진 세균들이 나타난 것이다. 세균들의 "비만감성"은 바로 페니실린을 불활성화 시키는 효소인 **β-락타마아제**를 생산하기 때문이다. 이 가수분해 효소는 소위 페니실린과 세팔로스포린의 β-락탐 고리를 파괴하여 효과를 낼 수 없는 구조로 바꾸기 때문이다(Box 4.7). 무엇보다도 병원에 있는 환자들은 불운하게도 자주 항생제 내성을 가진 세균들에 의해 감염된다(hospitalismus). 독일에서는 매년 20,000명 미국에서는 매년 90,000명 정도가 이로 인해 사망한다.

그러나 사람들은 이에 가만 있지 않고 미생물들을 나열하기 시작했다. 주로 의약계에서 페니실린 종으로부터 벤질(benzyl) 곁가지를 가지는 소위 페니실린 G를 생산하게 된다. 이들 곁가지들을 특별히 고정화시킨 효소들(penicillin amidases)로 분리시켜서 새로운 종류와 짝을 이루어 새로운 종류의 내성을 가지고 있는 미생물들에 대항하는 반합성 항생제를 얻게 되었다(2장 참조).

이는 실로 미생물과의 경주라고 할 수 있으며, 가축에게 성장촉진 및 질병예방용으로 항생제를 너무 많이 주게 되면 이들을 더욱 강하게 만든다는 것을 알아야 한다. 우리는 세균들이 플라스미드(plasmid)를 전달해서 항생제 내성을 가지는 유전자를 가질 수 있다는 것을 이미 보았다(그림 4.56).

근본적으로 세균들과 항생제에서 Darwin과 Wallace의 개념으로 바라본 진화가 돌연변이, 선택, 적자생존 그리고는 최적의 적응 형태로 오늘날에도 진행되고 있음을 볼 수 있다.

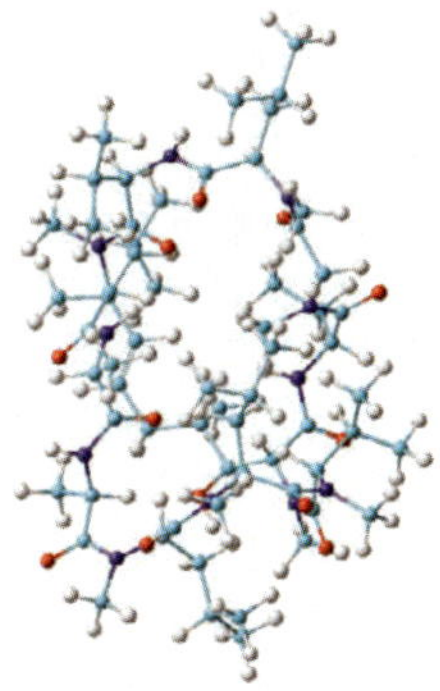

그림 4.61 싸이클로스포린의 구조

그림 4.62 Edward Kendall(앉아 있는 사람)과 그의 코티솔 팀

그림 4.63 스테로이드 생산에 이용되는 식물들과 미생물들.

콩

yam

유채

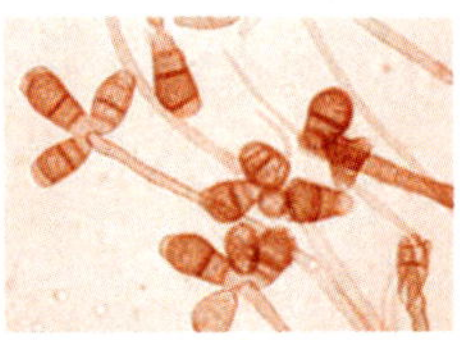

Rhizopus

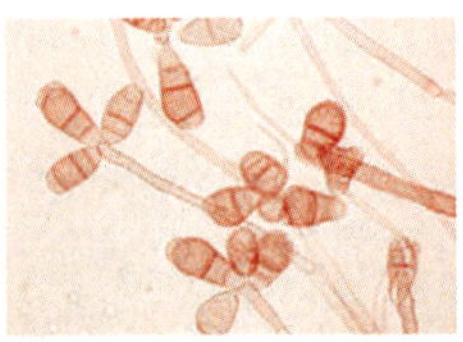

Curvulaia

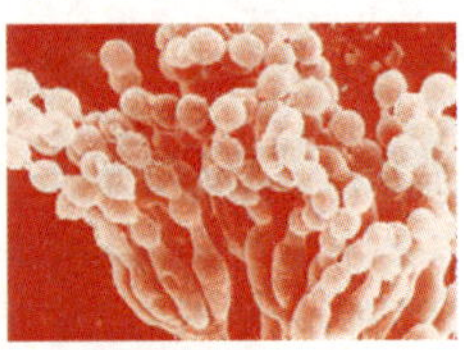

Penicillium

4.22 싸이클로스포린-장기이식에 사용되는 미생물로부터의 생산물

1957년 바젤(Basel)에 있는 Sandoz(사)의 직원들이 휴가를 가거나 출장을 가게 될 때는 항상 전세계의 토양을 가져 오도록 하였다.

돌아온 후에는 이들 토양들로부터 새로운 항생물질을 생산하는 미생물이 있는지 "철저한 탐색"을 실시하였다. 1970년 3월 학자들은 미국의 위스콘신(Wisconsin)과 노르웨이의 하당거(Hardanger)로부터 ***Tolypocladium inflatum***(그림 4.59)을 찾아내게 된다.

바젤의 연구자들은 처음에 실망스럽게도 몇몇의 곰팡이들에게만 효과를 가지는 한 가지 물질만을 찾아내게 되어, 그리 좋은 결과물로 봐 줄 수는 없는 것이었다. 그러나 곰팡이로부터 생산된 항생물질로 실험실 번호 24-556을 가지게 된 이 물질은 아주 특이한 특성을 보였다. 곰팡이들에 대해서는 약한 효과를 보였지만 실험동물에게서 독성을 거의 보이지 않았던 것이다. 따라서 이에 대해 더 실험을 해 보았다.

1972년 실험 중 갑자기 놀라운 일이 벌어지고 만다. 11개의 아미노산으로 둘러쳐 닫혀진 모양의 고리 형태를 가진 펩티드 물질이 사람의 면역체계를 억제시켜 면역억제제로 작용하면서 새로 이식된 장기에 대한 자연발생적인 면역을 저지시킬 수 있었던 것이다. 이러한 면역억제는 오래 전부터 사용되어 오긴 하였지만 그 당시 사용되던 것은 전체 면역체계를 억제시키는 것이었다. 따라서 이러한 처리를 받는 환자는 아주 사소한 감염에도 사망할 수 있었다.

예전의 24-556이 아닌 오늘날 싸이클로스포린(**cyclosporin**, 혹은 ciclosporin)이라 불리는 물질은 전세계적으로 유명해졌다. 싸이클로스포린을 섭취하게 되면 T-림프구(lymphocyte)의 특정 수용체에 가서 결합을 하게 된다. T-세포들은 체내 가장 중요한 면역 세포들이다(5장 참조). 이 물질은 몇 단계의 과정을 거쳐 T-세포들이 더 이상 인터류킨-2를 생산하지 못하게 한다. **인터류킨(interleukin)**-2는 면역체계를 활성화 시키기 위해 필요한 메신저(림포카인, lymphokine)로 염증 발생에 관여하고 있다.

싸이클로스포린 A는 T-림프구를 저지하고 인터류킨-2의 생산을 막아서 면역체계를 결국 억제하게 되는 것이다.

미생물을 통해서 생산한 싸이클로스포린이나 이와 비슷한 물질들을 통해 80년대 초부터 심장, 신장, 폐 등의 장기 이식이 폭발적으로 증가하게 된다. 싸이클로스포린은 쉽게 구강으로 섭취할 수 있는 약간의 펩티드를 함유하는 형태로 되어 있어 사용도 간편한 편이다.

4.23 스테로이드 호르몬: 코티손과 피임약

산업용 항생제 생산에서 일을 도맡아 하던 미생물들은 다른 약물의 생산에 있어서 대부분이 생물학적 합성이 아닌 길고 긴 공정 중 일부분 만의 단계를 맡게 된다. 이러한 예를 들면 스테로이드 호르몬이 있다.

30년대 초 Mayo 재단의 Edward C. Kendall (1866~1972)과 바젤(Basel)대학의 Tadeusz Reichstein(비타민 C 합성도 이루었던 사람)은 부신피질로부터 분비되는 코티손(cortisone)을 분리해 낸다. 이러한 업적으로 이들은 1950년 노벨상을 받는다. 약 1년이 지난 후 코티손이 류마티스 관절염을 가지고 있는 환자들에게 진통제로 작용한다는 것을 알아내게 된다. 이후 의약품화 하자는 의견이 모아지게 된다.

이 약품의 시장이 거대해짐에 따라 사람들은 화학적 합성을 이용하고자 하게 된다. 하지만 이에 대해서는 논란의 여지가 많았다. Merck사는 소의 담즙산으로부터 코티손을 얻는데 특수 조건 하에서만 약 37단계의 공정과정을 필요로 하였다. 이에 코티손의 가격은 높을 수 밖에 없었고 g당 약 400 마르크(독일 화폐단위)에 달하였다!(Box 4.12)

미생물학적 수산화작용을 통해(*Rhizopus arrhizus*가 주로 이용됨) 37단계의 공정과정이 11단계로 줄어들게 되고, 이에 따라 가격도 g당 15마르크로 낮아졌다.

미생물을 이용한 수산화작용은 합성과정을 단축시켰을 뿐만 아니라, 그 전에는 높은 압력과 온도하에 비싼 물 이외의 용제를 사용해야 했지만, 이를 통해서는 37℃의 보통 온도와 일상 압력 하에 보통 물을 사용할 수 있었던 것이다. 이에 생산가를 혁신적으로 낮출 수 있었다. 1980년 생산 공정의 개선을 통해 이 생산가는 더욱 낮아지게 되어 g당 가격이 2마르크까지 낮아지게 된다.

코티손을 생산하는 원료로는 디오스게닌 성분이 있는 멕시코의 yam(*Dioscore*)만이 이용되었다. 1975년까지 매년 2,000 톤이 넘는 원료가 소비되고 있었다. 이에, 멕시코 정부는 이 원료에 대한 독점을 하고자 하였다. 그 당시 OPEC 국가들의 원유가격의 성공적인 타협에 힘입어 멕시코의 관련 회사는 1975년 디오스게닌에 대한 가격을 10 배까지 상승시킨다. 스스로 명령을 부여하는 데 익숙해져 있던 국제적 의약연합은 그러나 생명공학자들의 덕으로 결과를 얻게 된다. 생명공학자들은 미생물을 이용하여 콩기름을 만들고 난 찌꺼기로부터 관련 물질을 얻어내는 대안 방법을 찾아낸다. 여기에는 스테로이드 sitosterol과 stigmasterol이 풍부하다(그림 4.60). 이를 통해 매우 빠르게 디오스게닌을 생산할 수 있었다.

가격 상승이 있은 지 2년 후 멕시코는 원료 가격을 엄청나게 다시 내려야 했다. 하지만 그럼에도 불구하고 아무도 이 원료를 사용하려는 사람은 없어, 디오스게닌 시장은 무너지고 만다. 이 경험을 통해 우리는 어떠한 물질이든 생명공학을 통해 대체되지 못할 것이 없다라는 것을 배우게 된다.

코티손의 경우는 또한 비타민 C에서 그랬던 것과 같이 생명공학과 화학 중 어느 하나를 선택할 수 있는 존재가 아니라 함께 가야 하는 것이라는 것을 배우게 되었다. 이제 생물학적인 과정과 화학적인 과정을 통합함으로써 이쪽 분야는 더욱 강력해졌다. 여기에서 미생물과 그들이 생산한 효소들은 합성단계 중 화학적으로 하게 되면 매우 비싸거나 논란의 여지가 있는 부분의 업무를 담당하게 되었다.

어느 유기화학자의 비밀스런 짧은 기도:

오, 주여
저에게 은총을 허락하시어
세균들이 더 이상 승리로 자축하지 아니하도록
나의 거룩한 기술을 뛰어넘어,
새로운 합성물질을 창조하게 하여 주소서!

Hanswerner Dellweg: 독일 생명공학 분야의 대가 중 일인 ; By D. E. Eveleigh

자가진단을 위한 8가지 문제

1. 우마미는 무엇이며 왜 이를 화학적으로 생산하는 것은 옳지 않다고 하는가?
2. 어떻게 빵에 생긴 병원성 곰팡이가 이탈리아의 레몬산업을 단기간에 조용하게 만들 수 있었던 것인가?
3. 페니실린이 발견되는 데 라이소자임(2장 참조)은 어떠한 도움을 주었는가?
4. 어떠한 현상을 통해서 단순한 유당이 *Escherichia coli*에게서 유당을 이동시키고 유당을 분해하는 단백질들의 생산을 조절할 수 있었던 것인가?
5. 어떻게 초파리인 *Drosophila*가 바젤에 있던 Roche라는 회사를 세계적으로 비타민 C를 가장 많이 생산하게 만들 수 있었던 것인가? 비타민 C가 사람에게 해가 될 수도 있나?
6. 페니실린은 어떻게 작용하여 효과를 나타내는가? 어떻게 세균들이 페니실린에 대해 내성을 가질 수 있는가? 왜 페니실린은 처방에 따라 섭취해야 하고 중간에 섭취를 중단하면 안 되는가?
7. 8개의 필수 아미노산들은 무엇이며 왜 이들을 섭취해야 하는가?
8. UV는 어떻게 미생물들을 사멸시킬 수 있으며 사람에게서는 피부암을 발생시키는가?

참고문헌

- Der deutsche Biotech–Klassiker:
  Dellweg H(1987) Biotechnologie. VCH, Weinheim
- Die "Taschen–Bibel der Biotechnologie": Schmid R D (2002) Taschenatlas der Biotechnologie und Gentechnik. Wiley–VCH, Weinheim
- Alt, aber gut, eine gute Einführung:
  Gruss P, Herrmann R, Klein A, Schaller H (Hrsg.) (1987) Industriellse Mikrobiologie. Spektrum der Wissenschaft, Heidelberg
- Besonders für Technologie–Interessierte: Crueger W, Crueger A (1989) Biotechnologie–Lehrbuch der Angewandten Mikrobiologie. 3. Aufl. Oldenbourg, München
- Prägnant und didaktisch gut, besonders für Fachhochschulen:
  Leuchtenerger A (1998) Grundwissen zur mikrobiellen Biotechnologie. B. G. Teubner Stuttgart, Leipzig
- Das wohl beste Mikrobiologie–Taschenbuch:
  Schlegel H G (1992) Allgemeine Mikrobiologie. 7. Aufl. Thieme, Stuttgart
- Lexikaliche Sachinformation:
  Wiley–VCH (eds.) (2002) Ullmann' s Encyclopedia of Industrial Chemistry. 6th Edition, Wiley–VCH, Weinheim
- Schön solide: Ratledge C, Kristiansen B (Hrsg.) (2001) Basic Biotechnology. 2nd ed. Cambridge University Press, Cambridge, New York
- Ein kompletter und sehr anregender Einblick in industrielle enzymatische und mikrobielle Biotransformationen: Liese A, Seelbach K, Wandrey C (2005) Industrial Biotransformations. 2nd ed. Wiley–VCH, Weinheim
- Die spannende Autobiografie des Vaters der Pille:
  Djerassi C (2001) Die Mutter der Pille. Heyne, München
- Die komplette Fleming–Story, auch zum Lysozym, etwas romantisiert:
  Maurois A (1962) Alexander Fleming. Paul List Verlag, Leipzig
- Zwei realistischere Schilderungen der Penicillin–Entdeckung:
  Goldsworthy PD, McFarlane AC (2002) Howard Florey, Alexander Fleming and the Fairy Tale of Penicillin. *The Medical Journal of Australia* 176, 4:176–178
  Emsey J (2003) Sonne, Sex und Schokolade. Wiley–VCH, Weinheim
- Herrliche historische Mikrobiologie–Miniaturen, unbedingt lesen!
  Dixon B (1998) Der Pilz, der John F. Kennedy zum Präsidenten machte. Spektrum Akademischer Verlag, Heidelberg
- Michal, G. (1998) Biochemical Pathways. Spektrum Akademischer Verlag, Heidelberg

웹사이트

- Deutsche Informationen des Informationssekretariats Biotechnologie: *www.i-s-b.org*
- Biotech–Suchmaschine im Internet: *www.biotechfind.com*
- Alles über Mikroorganismen: *www.microbes.info*
- Eine fundgrube zu Protein–Strukturen in diesem Buch: *www.scripps.edu/mb/goodsell/pdb*
- Die Penicillin–Geschichte zum Nachspielen am Computer: *http://nobelprize.org/medicine/educational/penicillin/index.html*

바이러스, 항체, 백신

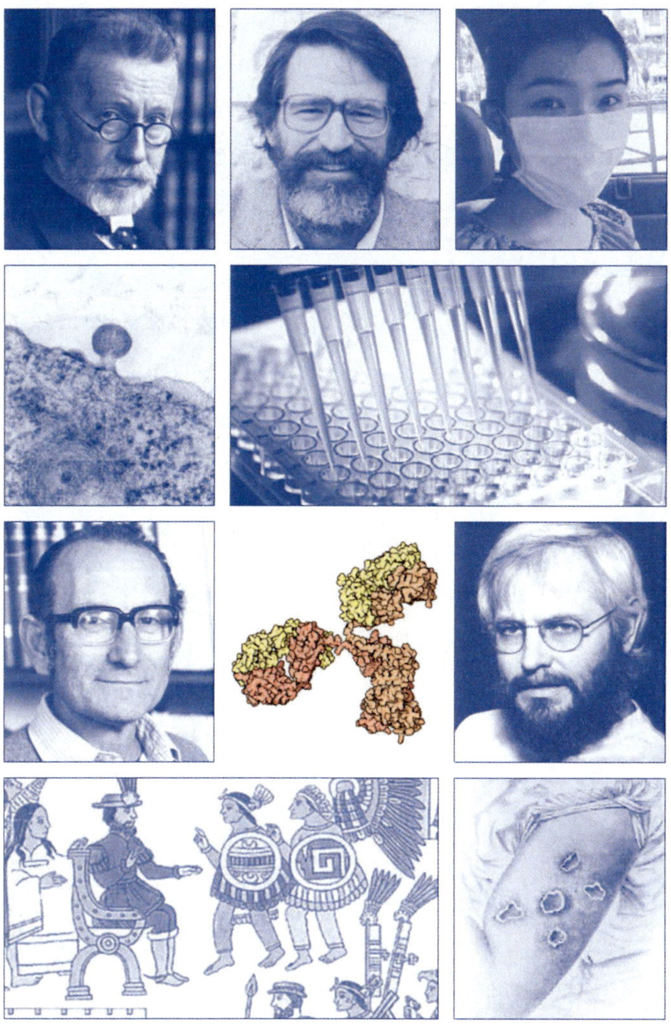

Chapter 05

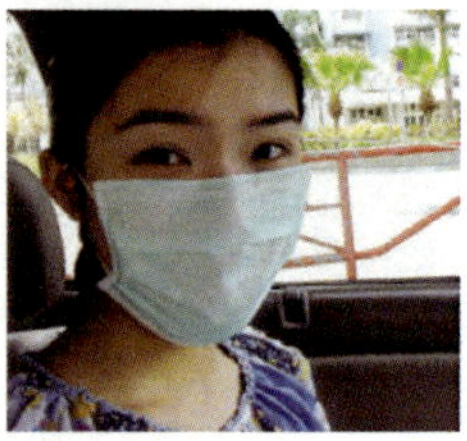

그림 5.1 새로운 바이러스가 세계 인류를 위협하고 있다. SARS 유행으로 인하여 홍콩은 2달 간 적막한 도시가 되었으나, 주민들은 성공적으로 전염을 차단하여 원인 바이러스를 퇴치하였다.

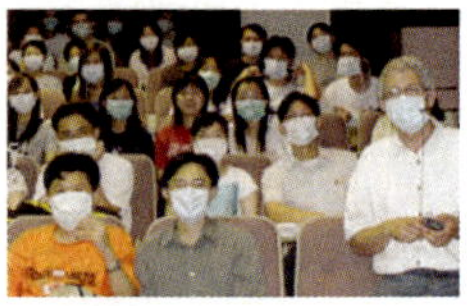

그림 5.2 SARS가 발발하였지만 저자는 홍콩대학에서 생명공학 강의를 계속하였다. 물론 주제는 '바이러스 검출'이었다.

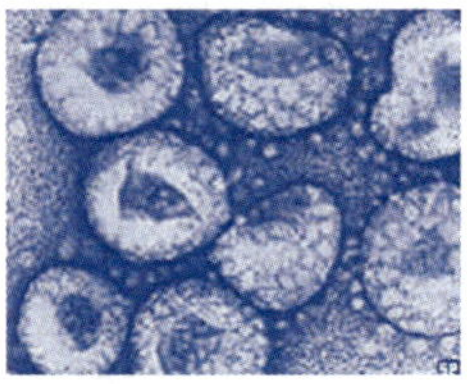

그림 5.3 SARS 바이러스는 코로나바이러스이다. 이 바이러스는 AIDS 바이러스와는 다른 방식으로 작동하는데, 숙주세포에 침입한 단일가닥 RNA는 RNA-의존 RNA중합효소를 이용하여 거울대칭 구조를 갖는 자손을 생산해 낸다.

그림 5.4 조류와 인간의 독감 바이러스가 조합되면 새로운 위협이 광범위하게 발생할 수 있다.

5.1 바이러스 – 남의 둥지에 알을 낳는 뻐꾸기

생물에 대한 고전적 정의에 의하면 바이러스는 생물이 아니다. 왜냐하면 바이러스는 자기 스스로 대사활동을 하지 못하며, 숙주(동물, 식물, 세균)의 복제 기구에 의존하여 증식하기 때문이다. 숙주세포를 벗어나면 증식을 할 수 없기 때문에 바이러스는 혼자서 스스로 생존할 수 없다. 살아있는 유기체가 아니라면, 바이러스는 무엇인가?

바이러스는 마치 컴퓨터 바이러스처럼 숙주의 유전체 속으로 삽입한 다음 숙주의 복제 기구를 탈취하여 더 많은 바이러스를 생산해 내는 프로그램이다.

바이러스는 자신의 대사도구를 가지고 있지 않기 때문에 항생제와 같은 억제물질로부터 아무런 영향을 받지 않는다. 유일한 제어방법은 바이러스와 숙주의 상호작용 단계를 찾아내어 이를 차단하는 것이다.

바이러스는 외피 보유 여부에 따라서, **외피 보유 바이러스(enveloped virus)**와 벌거벗은 **외피 비보유 바이러스(naked virus)**로 분류된다. 외피 비보유 바이러스의 유전체는 **캡시드(capsid)**라 불리는 단백질껍질층에 의해 보호된다. 외피 보유 바이러스는 숙주세포에서 빠져나올 때 숙주의 세포막을 덮어쓰고 출아하여 외피를 보유하게 된다. 지질과 단백질로 이루어진 바이러스의 내피 속에는 벌거벗은 바이러스와 유사한 캡시드가 들어있다(그림 5.8).

미생물과 바이러스의 차이는 바이러스는 핵산만 있으면 숙주세포를 이용하여 증식한다는 것이다. 그러나 어떤 바이러스는 복제에 필요한 효소도 지니고 있다. 캡시드 속에 **역전사효소(reverse transcriptase)**를 포함하고 있는 레트로바이러스(retrovirus)가 이에 해당한다.

바이러스의 핵산과 단백질 합성은 전적으로 **숙주세포(host cell)**에 의존하고 있다. 바이러스는 용균성 회로(lytic cycle, 그리스어 *lysis*는 용균라는 의미이며 플레밍의 라이소자임(lysozyme)도 여기에서 유래하였다) 또는 비용균성 회로(non-lytic cycle)를 지니는데, 용균성 회로를 지닌 바이러스는 숙주세포를 파괴하고 세포 밖으로 방출된다. 비용균성 회로를 지닌 바이러스는 세포막으로부터 떨어져 나와 출아를 형성한다. 독감 바이러스나 HIV가 비용균성 회로를 나타낸다.

바이러스는 핵산의 종류, 단백질 껍질 및 숙주 특이성에 따라서 분류되는데(그림 5.5), 모든 바이러스의 핵산은 RNA나 DNA 둘 중 하나이다.

RNA 바이러스에는 AIDS 바이러스인 HIV, 독감바이러스, 홍역바이러스, 광견병바이러스, 식물성 바이러스인 담배모자이크바이러스(tobacco mosaic virus, TMV, 3장 참조) 등이 있다. 이중 광견병바이러스와 TMV는 막대 모양이다. 이 분류에 속하는 다른 바이러스로는 피코르나바이러스(picornavirus) 군이 있는데, 폴리오바이러스(poliovirus)와 감기를 일으키는 리노바이러스(rhinovirus)가 이에 포함된다(그림 5.3~5.5). 또 다른 RNA 바이러스인 **사스(severe acute respiratory syndrome, SARS) 바이러스**는 홍콩, 중국, 캐나다에서 특히 사회적으로 관심이 높다(그림 5.1~5.3). 표면이 왕관을 닮았기 때문에(라틴어 *corona*는 왕관을 의미) 코로나바이러스라고 한다.

DNA 바이러스에는 파포바바이러스(papovavirus)가 있으며 대부분은 사마귀를 만들지만 종양을 유발하는 종도 있다. 다른 것으로는 천연두(*variola*, smallpox)바이러스, 백시니아(*vaccinia*, cowpox, 우두)바이러스, 헤르페스(herpes)바이러스, 점막감염을 일으키는 아데노바이러스(adenovirus), 세균을 공격하는 박테리오파지(bacteriophage, 그리스어 *phagein*은 먹는다는 의미, 줄여서 파지라고 한다), 곤충만을 공격하는 배큘로바이러스(baculovirus) 등이 있다.

5.2 바이러스는 어떻게 세포를 공격하는가

바이러스는 언제나 먼저 세포 표면에 부착한다(그림 5.6). **박테리오파지(bacteriophage)**와 같은 DNA 바이러스는 유전 물질인 이중가닥(double-strand) DNA를 세균 세포 속으로 주입한다(그림 5.6, 왼쪽). 예를 들어 T4 파지의 경우, 바이러스는 세균 세포 속에서 DNA 합성에 필요한 T4-DNA중합효소를 생산한다. 세균의 RNA중합효소에 의해 생산되는 바이러스 mRNA는 세균의 리보솜에 의해 해독된다. 따라서 세균 세포는 자신의 기본 도구를 이용하여 바이러스의 DNA와 단백질 껍질을 생산하는 것이다. 파지 입자를 구성하는 각 성분들은 최종적으로 조립되어 완전한 파지가 되면 숙주세포를 용균하게 된다.

한편, 바이러스 DNA는 세포를 용균하는 경로로 가지 않고 세균 DNA 속으로 삽입될 수 있다. 그런 DNA는 휴면바이러스 상태로 있다가 나중에 세균 DNA에서 빠져나와 증식과정에 들어간다. 동물 세포의 경우(그림 5.6, 오른쪽) 바이러스는 세포 표면의 수용체에 결합하여 수용체를 매개로 세포 속으로 들어가던가 외피가 세포막과 융합한 후에 세포질 속으로 들어가게 된다.

레트로바이러스(예, HIV)의 RNA 바이러스는 단일가닥 RNA가 세포 속으로 들어가서 바이러스가 가지고 있던 역전사효소(3장 참조)를 이용하여 이중가닥 DNA로 전환된다. 역전사된 바이러스 DNA는 핵 속에 있는 염색체 DNA에 삽입한다. 숙주세포의 전사기구인 RNA중합효소는 삽입된 DNA를 먼저 mRNA로 전사하고, 이 전사체는 세포질로 이동하여 바이러스 단백질 합성에 필요한 청사진이 된다. 세포질에서는 리보솜이 작용하여 단백질을 합성한다. 이 합성에는 많은 바이러스가 병원성의 원인이 되는 비구조 단백질이 포함된다. 새로 만들어진 바이러스 RNA와 캡시드가 결합하여 새로운 바이러스가 만들어지면서 바이러스는 세포를 떠나게 된다.

숙주의 유전체 속으로 삽입되는 바이러스의 종류는 그리 많지 않다. 여기에는 헤르페스바이러스와 레트로바이러스가 있다. 숙주 유전체에 삽입된 바이러스는 숙주세포가 세포 분열을 거쳐 여러 세대를 거치는 동안 안정적으로 유전체에 남아 있다가 다시 활동하게 된다. B형 간염바이러스나 파필로마바이러스(papillomavirus)와 같은 몇몇 바이러스는 숙주 유전체 속에 삽입하면 바이러스 증식을 관찰할 수 없는 불현감염(abortive infection)을 일으키면서 종양을 유발한다. 바이러스는 삽입과정 동안 증식하는 능력을 잃게 된다.

한편, 바이러스 공격에 대항하는 인간의 전략이 점점 강화되고 있다(Box 5.1). 특이 항체를 이용하면 바이러스가 숙주세포에 정착하여 침입하기 전

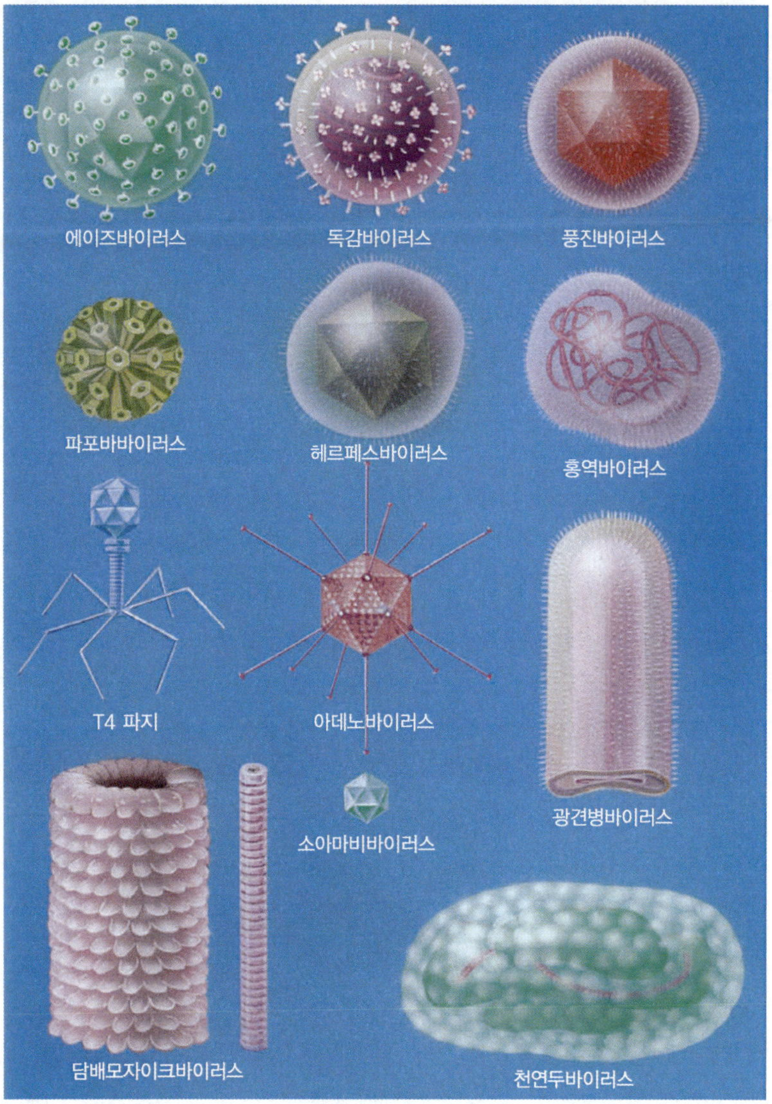

그림 5.5 RNA 바이러스와 DNA 바이러스
에이즈바이러스(HIV): 외피, 단일가닥 RNA, 긴 잠복기를 특징으로 하는 레트로바이러스
독감바이러스: 몇 개의 단일가닥 RNA 분절과 외피를 지닌 오소믹소바이러스(orthomyxovirus)로서 A, B, C형 등이 있다.
풍진바이러스: 외피와 단일가닥 RNA를 지닌 토가바이러스(togavirus)
파포바(파필로마(유두종), 폴리오마, papova, papilloma, polyoma)바이러스: 이중가닥 DNA를 지닌 외피가 없는 바이러스. 파필로마바이러스는 사마귀를 폴리오마바이러스는 암을 유발할 수 있다.
홍역바이러스: 단일가닥 RNA를 지닌 파라믹소바이러스(paramyxovirus)로서 점막, 면역계, 그리고 신경계의 세포를 공격한다.
T4 파지: 이중가닥 DNA 바이러스로서 대장균과 같은 세균을 공격한다.
아데노바이러스: 이중가닥 DNA 바이러스로서 호흡기에 질병을 일으킨다.
광견병바이러스: 단일가닥 RNA를 지닌 랍도바이러스(rhabdovirus).
담배모자이크바이러스(TMV): 막대모양인 단일가닥 RNA 바이러스. 담배와 고추잎에 감염하여 특징적인 갈색 반점을 형성한다.
소아마비바이러스(폴리오바이러스, poliovirus): 외피없이 단일가닥 RNA를 지닌 피코르나바이러스(picornavirus)로서 심각한 신경계 질환인 소아마비를 일으킨다.
천연두바이러스: 외피와 이중가닥 DNA를 지녔으며 바이러스 가운데 가장 큰 종류에 속한다.

Box 5.1 항바이러스 약제

HIV 전파를 차단할 목적으로 많은 전략들이 개발되었다. 이들은 아래와 같이 바이러스 증식 주기의 각 단계에서 작용한다.

1. 숙주세포와의 결합: 바이러스 외피에 있는 gp120 단백질은 보조 T 림프구(helper T lymphocyte) 표면의 CD4 수용체에 결합한다. 이 CD4 분자에 대한 항체를 이용하면 세포 표면에 바이러스가 부착하는 것을 차단할 수 있다. 또한 합성된 CD4 분자를 혈관에 주사하여 바이러스 gp120 단백질에 결합하게 함으로써 감염을 방지하는 방법도 있다. 두 방법을 적용하였을 때, 실험실에서는 작용하지만 생체에서는 면역학적 문제를 일으킬 수 있는데, 이는 CD4 분자나 항체가 CD4 분자와 리간드의 정상적인 상호작용까지 방해할 수 있기 때문이다.

2. 역전사효소 억제: HIV는 레트로바이러스이기 때문에 바이러스 RNA는 먼저 DNA로 전사되어야 한다. Azidothymidine(AZT, zidovudine이라고도 함), lamivudine, dideoxyinosine(ddi) 등의 약제는 뉴클레오티드와 구조적으로 유사하기 때문에, 역전사효소가 바이러스 DNA를 만들 때 실수로 이들을 이용하게 한다.

아시클로버(Acyclovir)는 헤르페스(herpes)에 대해 최초로 개발된 강력한 약제인데, 뉴클레오티드 유사체로서 역전사효소의 작용을 차단한다. 이 약제는 단순 헤르페스와 대상포진을 일으키는 Herpes zoster에 매우 효과적인 연고제이며, 독성도 없는 편이다. Nevirapine과 delavirdine은 HIV 역전사효소의 작용 부위를 차단한다.

3. 안티센스 RNA: 안티센스 RNA는 HIV RNA에 상보적인 RNA이다. 이 RNA는 단백질을 암호화하지 않기 때문에 세포에서 아무런 기능을 나타내지 않는다. 바이러스 유전체는 단일가닥 RNA이기 때문에 세포 속으로 들어가자마자 이미 대기하고 있던 안티센스 RNA와 RNA/RNA 잡종을 형성하여 프로바이러스(provirus)를 생산할 수 없게 만든다. 이 전략은 유전자 치료나 줄기세포 치료를 통하여 달성될 수 있다(10장 참조).

Fomivirsen은 이러한 안티센스 약제인데 에이즈 환자의 안구감염을 성공적으로 치료하였다.

4. HIV 단백분해효소 저해제: 단백분해효소를 저해하는 약제 개발은 현대 의학, 특히 분자설계의학의 승리이다. 단백분해효소는 바이러스가 만든 기다란 폴리펩티드 사슬을 새로운 바이러스 합성에 적당한 크기의 절편으로 잘라내는 효소이다. 이 저해제는 단백분해효소에 단단히 달라붙어 효소작용을 차단함으로써 감염력을 지닌 바이러스 입자가 생겨나는 것을 막는다.

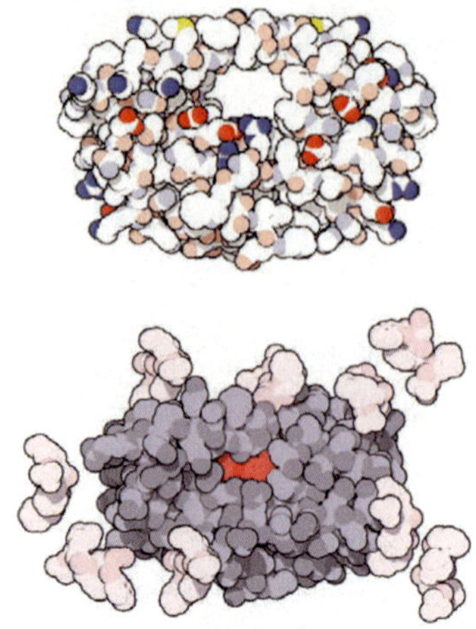

컴퓨터를 이용한 약제 설계: 컴퓨터의 자동화된 결합방법(docking method)을 이용하면 생체분자에 가장 잘 결합하는 약제를 설계하고 시험할 수 있다. 결합이 충분히 강할 것으로 예상되는 분자를 합성하여 그 활성을 시험하는 것이다. 위 그림은 HIV 단백질분해효소인데, saquinavir에 가장 잘 결합할 것으로 예상되는 부위를 붉게 나타냈다.

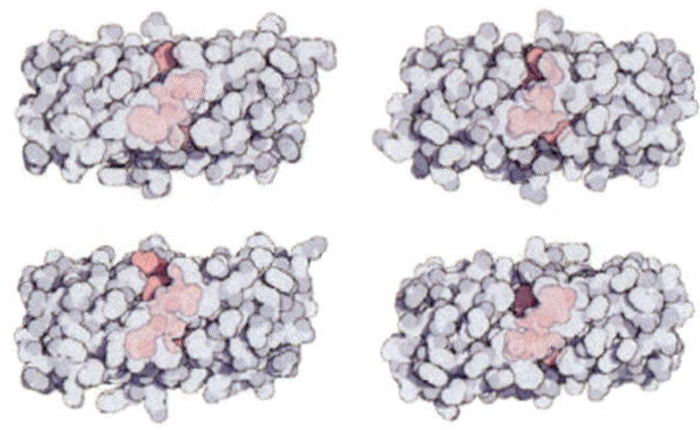

윗줄은 약제 indinavir와 saquinavir를 아랫줄은 ritnavir와 nelfinavir를 묘사하였다.

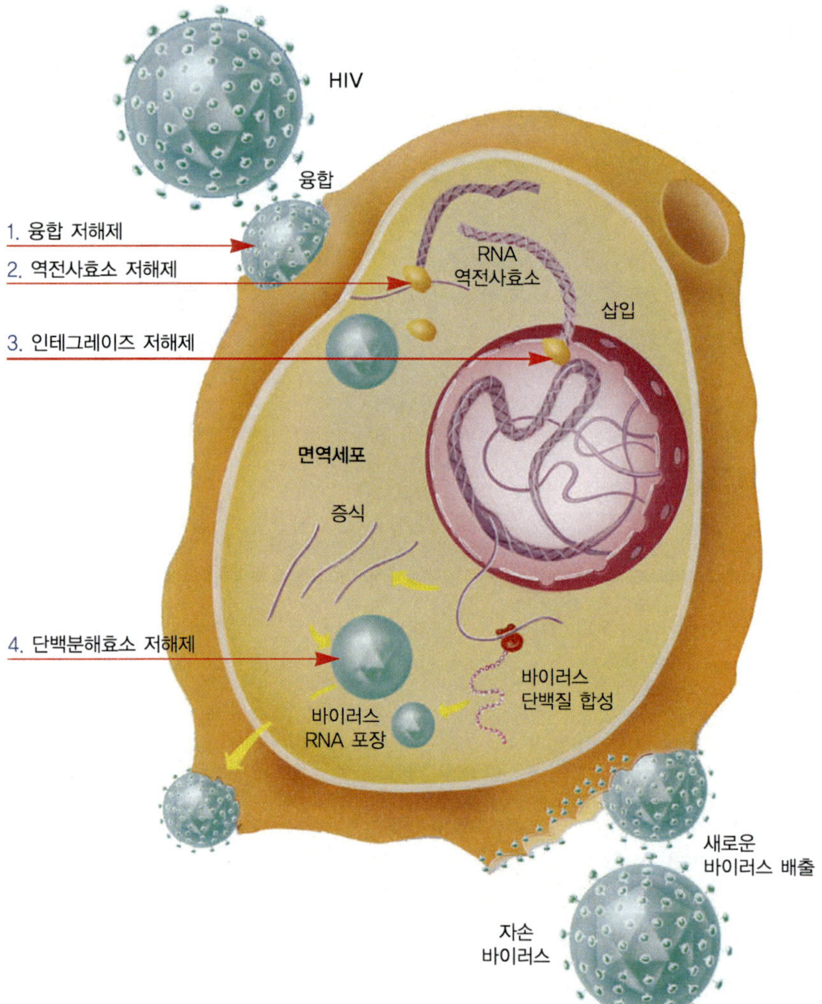

HIV 전파를 차단하기 위한 전략

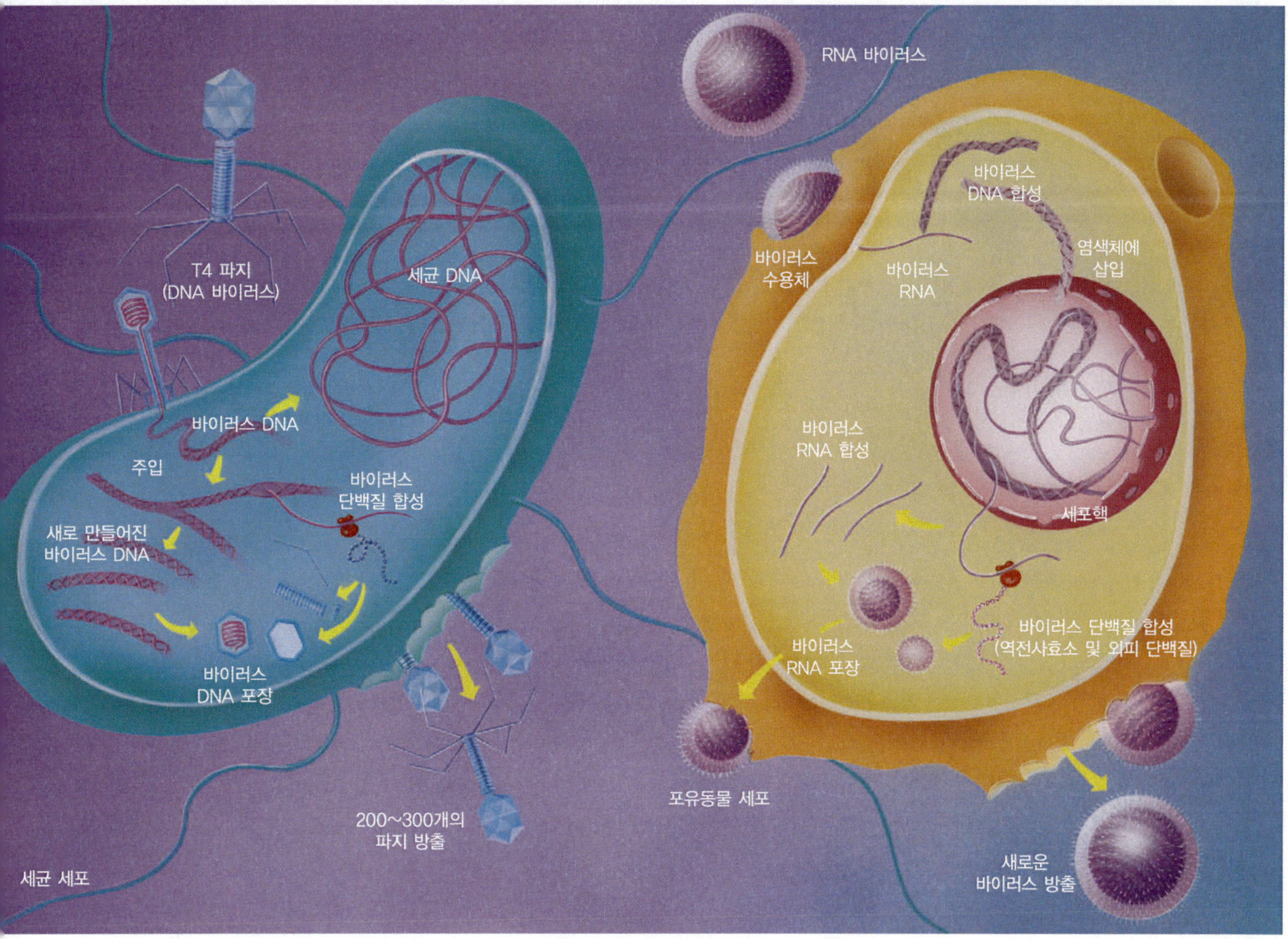

그림 5.6 바이러스의 세포 공격. 왼쪽: 박테리오파지의 대장균 공격, 오른쪽: HIV의 사람 세포 공격

에 항체가 바이러스에 먼저 결합하여 바이러스의 감염력을 중화시킬 수 있다. 또한 항체는 숙주세포의 수용체를 차단함으로써 바이러스가 수용체를 인식하지 못하게 함으로써 감염을 막을 수 있다(그림 5.9). 항체는 바이러스를 표지함으로써 대식세포와 과립구의 바이러스 인식을 도와주는 방법으로 바이러스를 파괴할 수 있다.

RNA 바이러스에 대해서는 역전사효소(3장 참조) 저해제(inhibitor)를 사용하여 바이러스 RNA가 DNA로 역전사되는 과정을 방지할 수 있다. 그러나 AIDS 치료에 사용되는 이들 저해제의 다수에서 독성이 문제가 된다. 바이러스 RNA에 대칭적인 구조를 갖는 **안티센스 RNA(antisense RNA**, 10장 참조)를 주입하여 바이러스 RNA에 결합을 유도하여 바이러스 활동을 차단할 수 있다.

최근에 개발된 다른 방법으로 짧은 이중가닥 RNA 절편을 이용하는 **RNAi**(i는 interference를 나타냄, 9장 참조)가 있다. 인공적으로 제작된 21~23개 길이의 뉴클레오티드인 RNAi를 이용하여 독일 과학자 Tom Tuschl(9장 참조)은 인터페론 반응을 유발하지 않으면서 포유동물의 유전자 침묵을 유도하는 데 성공하였다. 인터페론 반응이 일어나면 세포 속에 있는 모든 RNA가 파괴된다. 그 후로 예를 들면, HIV의 *nef*, *rev*, *gag* 및 *pol* 유전자 가운데 하나만을 특이하게 침묵시키는 방법이 가능하게 되었다. 이 방법은 독감과 C형 간염에 대해서도 성공적이었다.

바이러스 유전체에 의해 암호화되는 **단백분해효소(protease)**는 바이러스 단백질 완성 단계에서 중요한 역할을 수행하는데, HIV 치료에서 이를 표적으로 하는 저해제가 많이 이용되고 있다. 최근의 에이즈 연구에서는 위에 기술된 여러 가지 방법을 개선하고 있는 중이다(Box 5.1).

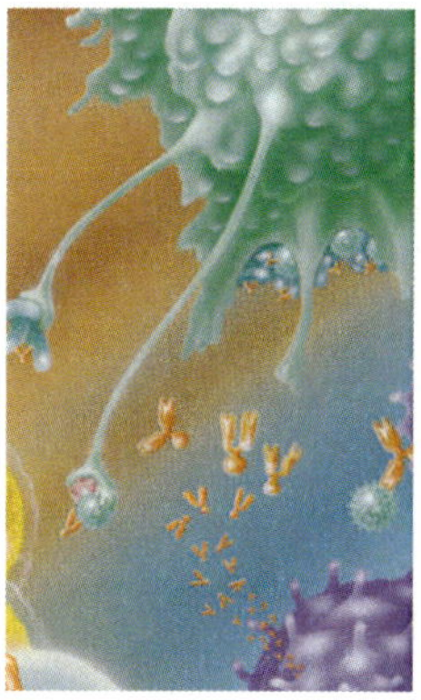

그림 5.7 감염에 대한 인체의 방어. 9장에 자세히 기술되어 있는데, 이 그림에서는 대식세포, 항체, 그리고 T-세포를 볼 수 있다.

Box 5.2 전문가의 견해: HIV 감염 검사

감염의심자의 HIV 상태를 파악하는 것, 즉 HIV 감염 여부를 검사하는 데에는 여러 가지 이유가 있다. 감염 상태를 제대로 파악해야 25년이 넘는 시간 속에서 개발해 온 치료법을 제대로 적용할 수 있다. 현재 항레트로바이러스 치료법을 실시하면 HIV에 감염된 사람들의 대부분은 에이즈로 죽기보다는 HIV 감염자로 살면서도 질 높은 삶을 향유할 수 있다. 수혈을 위해 기증되는 피의 안전성을 보증하기 위하여 HIV 검사가 시행된다. 임신한 여성의 검진에도 HIV를 실시하는데, 이는 어머니로부터 자식으로 전파되는 수직감염을 줄이기 위함이다.

그러나 HIV 검사가 행해지기 전에 개인의 동의서가 있어야 한다. "에이즈 검사"라는 용어는 피해야 한다. 에이즈는 대부분의 HIV가 감염된 개인이 수년이 지나서 증상이 나타나는 의학적 확정 상태이다. 즉, HIV 검사는 단순히 바이러스의 존재 여부를 파악하기 위해 행해지는 것이다.

HIV 감염은 보통 바이러스에 대한 특이 항체가 생겼는지를 조사하는 간접적인 방법을 통해 진단된다. 실제로 모든 HIV 감염자들은 HIV에 대한 항체를 만들어내지만, 대부분 다른 바이러스 감염과는 달리 이들 항체는 면역성을 주지 않는다.

항체를 검출하는 많은 검사법이 있다. 보통 **ELISA(enzyme-linked immunosorbent assay)**를 선별 목적으로 사용한다. ELISA는 민감성이 매우 높은데, 다시 말하면 그것은 양성 시료를 정확하게 판정할 수 있다. 일반적으로 양성 시료 가운데, 거짓 음성 결과는 1000분의 1 이하의 확률을 보인다. 이것은 (시험에서 환자의 항체가 결합하는) 적절한 항원의 사용을 통해, 그리고 (항체-항원 반응을 눈으로 확인하기 위해 고안된) 전체적인 분석법의 최적화를 통해 이뤄진다. 이는 거짓 음성 결과가 나와서 감염된 것을 진단에서 놓치는 것을 최소화하기 위함이다.

반면, ELISA는 검사의 특이도(**specificity**) 즉, 음성 시료를 정확하게 동정하는 능력은 그다지 높지 않다. 이것은 비록 그것이 HIV에 대한 항체를 가지고 있지 않아도 때로 시료가 양성 결과를 갖는 것을 의미한다. 이러한 비특이적인 반응은 많은 인자에 의해 일어날 수 있다. 대부분 그것은 어떤 병리학적 상태와 관련이 없다. 양성으로 나온 진단 검사 결과는 반드시 검사 받은 사람이 HIV에 감염되었다는 것을 의미하는 것은 아니다.

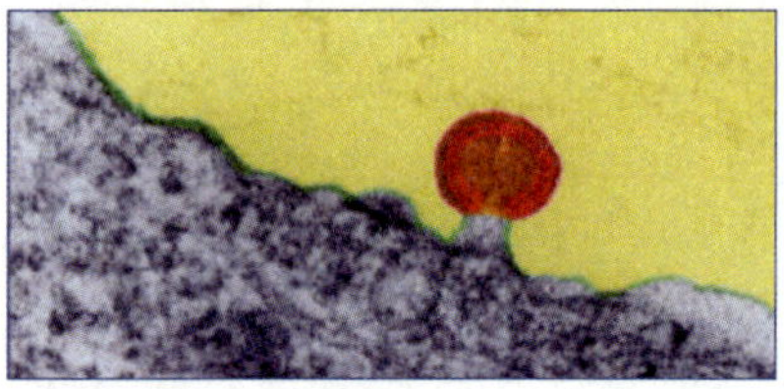

HIV(human immunodeficiency virus)는 에이즈(acquired immunodeficiency syndrome, AIDS)의 원인이다. HIV는 레트로바이러스, 즉 RNA 유전체를 지닌 외피 보유 바이러스이다.

바이러스가 증식할 때 역전사효소의 작용에 의하여 RNA 유전체가 DNA로 역전사된다. 또 다른 효소 인테그레이즈는 이렇게 만들어진 바이러스 DNA를 숙주 염색체 속으로 끼워넣는다. 에이즈가 발생한 사람은 면역계가 파괴되어 치명적인 기회감염에 걸리게 된다. HIV는 혈액, 정액, 투명한 정액, 질액, 유즙 등을 통해서 전파된다.

이들 체액 속에는 바이러스 입자나 바이러스가 감염된 면역세포가 들어 있다. HIV 3대 전파 경로는 콘돔을 사용하지 않은 성교, 오염된 주사 바늘, 그리고 감염된 모체에서 아이로의 수직감염이다. HIV는 주로 면역계의 보조 T-세포(CD4-양성 T-세포)와 대식세포 및 수지상세포에 감염한다. 감염되면 CD4-양성 T-세포의 수가 줄어든다. 이 수치가 임계치 이하로 내려가면 세포성 면역이 없어지며 인체는 기회감염에 걸릴 위험이 점점 높아진다.

치료받지 않는다면 HIV 감염자는 에이즈로 발전하여 죽게 되지만, 흥미롭게도 감염자의 10분의 1정도는 아무런 증상을 보이지 않으면서 건강을 유지한다.

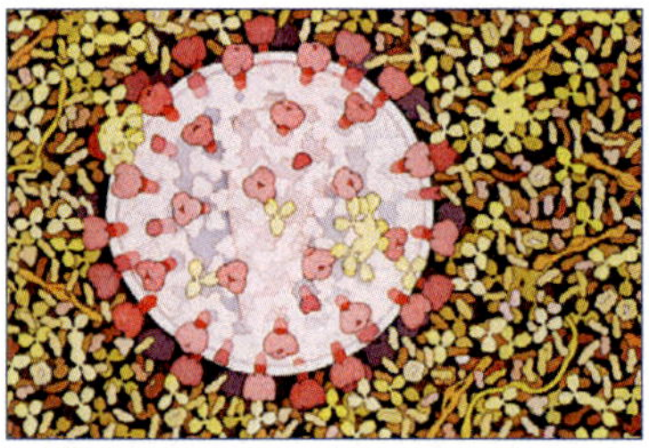

Y-자 모양의 항체에 둘러싸인 에이즈 바이러스.

이러한 이유로 선별 검사에서 양성으로 나온 결과는 적어도 한 가지 이상의 확진 검사를 거쳐야한다. 이것은 소위 웨스턴 블럿(Western blot, 미국이나 독일에서는 필수적임) 또는 다른 일련의 검사를 필요로 한다. 이런 확진 검사가 시료의 반응성을 확인할 수 있는 경우에만 환자가 HIV 양성이라고 말할 수 있을 것이다. 물론 혈액 시료의 일부는 검체의 신원을 확인하는 데 이용되어야 한다.

특이한 HIV 검사법의 민감도과 특이도는 잘 알려져 있지만, 실제로 더 중요한 다른 변수가 있다. 의사는 검사를 받은 환자의 진정한 HIV 상태를 실제로 알 수 없으며, 검사 결과로부터 그것을 유추하여야 한다.

양성예측치(positive predictive value, PPV)는 양성 검사 결과가 진짜 감염된 환자를 나타내는 확률이고, 반대로 음성예측치(negative predictive value, NPV)는 환자의 음성 결과가 환자가 진짜 감염되지 않았음을 나타내는 확률이다. 이러한 예측치는 사용되는 검사법의 민감도 및 특이도와 함께 검사 받은 집단의 HIV 유병률(prevalence)에 따라 달라진다. 불행하게도 이러한 통계치는 HIV 검사의 무용성 주장을 입증하는 데에 잘못 이용되고 있다. HIV 유병률이 아주 낮은 집단의 경우, 헌혈된 혈액의 선별 검사에서 양성으로 나온 결과의 대부분은 실제로는 감염되지 않은 것으로 나타났다. 이것이 양성으로 나온 모든 선별 검사가 확진 검사에 의해 확인되어야 하는 이유이지, HIV 검사가 필요없다고 비난할 이유는 아니다.

유병률이 높은 집단에서 나온 대부분의 양성 선별 검사 결과는 실제 양성을 의미하는데, 이 때문에 세계보건기구는 이러한 상황에서는 간단하고 확증적인 검사법을 시행하라고 권고하고 있다.

어떤 경우에는 실험실에 기반한 검사법보다는 소위 신속 검사법(현장 검사법이라고도 함)이 선호된다. 신속 검사법은 주로 손가락을 바늘로 찔러 얻은 피로 행해지는데, 이것은 실시가 쉽고, 최소한 장비만을 사용하며, 검사 결과는 일반적으로 30분 이내에 나온다. 신속 검사법은 결과가 빨리 필요한 경우 유용하다. 예를 들면, 응급실에서 주사 바늘에 의해 입은 상처 등에서이다. 그것이 환자들이 검사 결과를 받으러 다시 병원에 오지 않는 비청구 검사율(unclaimed test rate)을 줄이는 데 도움이 된다. 또한 자원에 제한을 받는 경우에 가능할 수 있는 방법이다. 신속 검사법을 잘 구성하면 확진 목적으로 사용될 수 있을 것이므로, 시료를 실험실로 보낼 필요가 없어질 것이다. 그러나 신속 검사법의 정도관리(quality control)는 결코 만만하지 않으며, 지극히 중요하다.

HIV 특이 항체를 탐지하는 모든 검사법은 공통적으로 한 가지 문제가 있다. 그러한 검사법은 인체가 면역반응을 진행하는 동안인 감염 초기 단계에 있는 감염자들을 확인할 수 없다. 항체가 감지될 수 있을 때까지의 기간을 잠복기(window period)라 한다. 감염 바이러스를 추출하거나 바이러스 항원 또는 바이러스 유전체를 탐지하는 직접 진단법을 이용하여 잠복기를 현저하게 단축하게 되었다. 바이러스 추출은 특수 실험실에서 세포배양을 통해 이뤄지며, 실용적이지도 않고

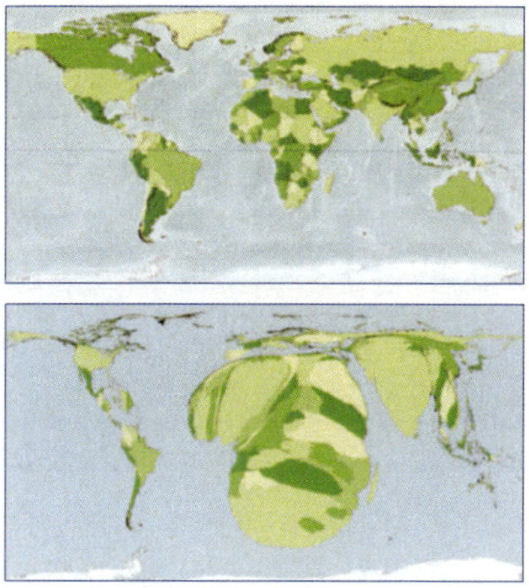

Mark Newman 교수(미시건 대학교)가 이끄는 연구진이 만든 새로운 세계 전도.

위쪽은 일반적인 세계전도로서 각 국의 실제 크기와 모양을 나타내고 있다. 그러나 특정 관심 분야의 자료를 적용하여 각 나라의 크기를 조절함으로써 지도를 새로 작성할 수 있다. 그런 지도를 통계지도라 하는데, 지리적인 또는 사회적인 자료를 묘사하는 데 매우 효과적이다. 아래쪽에 있는 통계지도는 HIV/에이즈 감염 주민의 수를 나타내고 있다. (UMICH의 Mark Newman 제공)

HIV 감염은 이제 전 세계적인 유행병이 되었다. 세계에이즈연합(Joint United Nations Programme on HIV/AIDS, UNAIDS)과 세계보건기구(WHO)는 1981년 12월에 최초로 발견된 이래로 2006년 1월까지 2,500만 명 이상이 에이즈로 사망하였다고 추정하였다. 에이즈는 역사상 가장 파괴적인 대유행병의 하나가 되었다. 2005년 한 해만 하더라도, 에이즈는 240~330만 명의 목숨을 앗아갔는데, 그 중 57만명 이상이 어린이였다. 현존 세계 인구의 0.6% 정도가 HIV에 감염된 것으로 추정된다.

이들 죽음의 3분의 1이 아프리카 사하라사막 이남에서 발생하고 있어 이 지역의 경제 성장 억제와 빈곤을 부채질하고 있다. 추정 통계치에 의하면 HIV는 아프리카에서 9,000만 명을 감염시켜 최소한 1,800만 명의 고아를 양산한 것으로 보인다. 항레트로바이러스 요법은 HIV 감염으로 인한 사망률과 유병률을 줄이지만, 모든 나라에서 이 치료법에 쉽게 접근할 수 있는 것은 아니다.

비용도 많이 든다. 바이러스 **p24 항원(viral p24 antigen)** 검출법은 제4세대 검사법의 주요한 검사이다. 이 방법은 특이항체와 함께 바이러스 항원을 검출하는 방법인데, 잠복기가 크게 단축되었다. PCR(polymerase chain reaction)을 이용하는 바이러스 유전체 검사(nucleic acid testing, NAT)는 특별한 경우에 실시된다. 헌혈된 혈액의 감염성을 배제시키거나 수직감염이 의심되는 신생아 또는 1차 감염이 의심되는 사람의 HIV 감염 여부를 진단하는 경우이다.

수직감염이 된 신생아가 모체에서 받은 HIV에 대한 항체는 보통 12~15개월 동안 검출된다. 따라서 HIV 양성 산모에게서 태어난 아이들은 모체의 항체가 사라질 때까지 HIV 항체 검사에서 양성으로 나타날 것이다. 다행스럽게도, 이들 유아의 대부분은 HIV에 감염되지 않는다. 수직감염 예방 프로그램을 실시하면 수직감염을 1% 이하로 낮출 수 있다. 바이러스 유전체 검사를 실시하면 감염된 영아를 초기에 찾아내어 적절한 치료를 시작할 수 있다.

항체검사가 비실용적일 때, 백혈구에서 바이러스 cDNA를 검출하는 방법으로 정성적인 진단 검사를 실시할 수 있다. 혈장에 존재하는 HIV RNA 정량화(소위, 바이러스 부하 검사)는 치료법의 성공여부와 감염정도를 측정하는 예후인자로 활용되고 있으며, 이는 항레트로바이러스 치료법에서 매우 중요한 도구가 되었다. 그러나 바이러스 부하 검사법(**viral load test**)은 감염진단에는 이용되지 않으며, 때로 감염되지 않은 사람에서 낮은 정도의 위양성결과를 나타낸다.

제대로 훈련받은 전문가의 HIV 감염 검사는 이제 매우 신뢰할 만하며, 대부분 매우 정확하다. HIV 검사를 제 때에 실시한다면, 심각한 질병과 항레트로바이러스 요법에 따른 죽음까지 피할 수 있으며, 예방조치를 취하여 다른 사람에게 전파되는 것을 막을 수 있다.

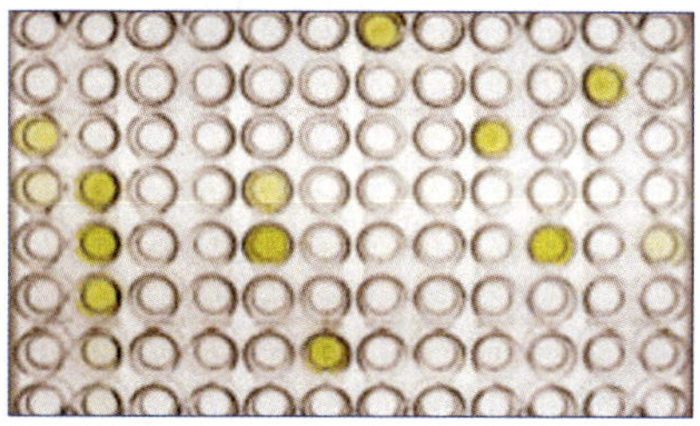

96-ELISA 시험판

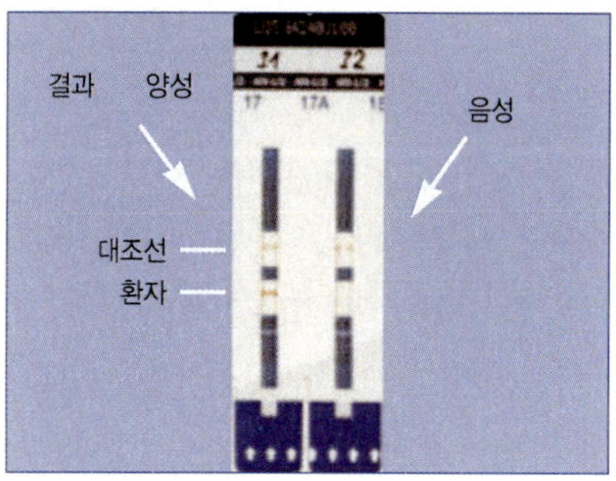

신속 검사법의 일례(Capillus)

인용문헌:

World Health Organization(WHO), HIV/AIDS Diagnostics: http://www.who.int/hiv/amds/diagnostics/en/index.html

Center for Disease Control and Prevention (CDC), USA, Division of HIV/AIDS 인용

Wolfgang Preiser는 독일 프랑크푸르트에서 태어나 의학을 공부하였으며 고향의 괴테대학교와 영국 런던대학교에서 의바이러스학을 전공하였다. 2003년 SARS가 발발하였을 때, 세계보건기구가 파견한 임시 고문관으로 중국에 가서 원인균 동정 작업에 참여하였다. 2005년부터 남아프리카에 있는 Stellenbosch대학교 의바이러스학 부장을 역임하고 있다. 그의 연구는 바이러스 감염의 실험실 진단을 위한 새로운 방법을 모색하고 평가하는 일과 열대성 및 신출현 바이러스에 집중되어 있다.

Stephen Korsman은 남아프리카에 있는 Walter Sisulu대학교 및 Mthatha 국립보건원 병리학과에서 근무하는 의바이러스 학자이다. 그는 1999년 의대를 졸업한 후, 2005년 임상바이러스학자로서 남아프리카 병리학회의 연구원이 되었다. 2006년 의학석사 학위를 취득하였다. 그의 관심 분야는 HIV 수직감염, 신출현 전염병, 분자생물학적 진단, 그리고 의학교육이다.

인용문헌:

http://www.cdc.gov/hiv/testing.htm, http://www.cdc.gov/hiv/rapid_testing/

U. S. Food and Drug Administration (FDA), Center for Biologics Evaluation and Research (CBER): Licensed/Approved HIV, HTLV and Hepatitis Tests: http://www.fda.gov/ cber/products/testkits.htm

Preiser W, and **Korsman S** (2006): HIV Testing. Chapter 3 in HIV Medicine 2006. Full text available free online at http://hivmedicine.com/ textbook/testing.htm (This is the 14th edition of a regularly updated medical textbook that provides a comprehensive and up-to-date overview of the treatment of HIV Infection (825 pages, ISBN: 3-924774-50-1- ISBN-13:978-3-924774-50-9). Full text available free online at http://hivmedicine.com/)

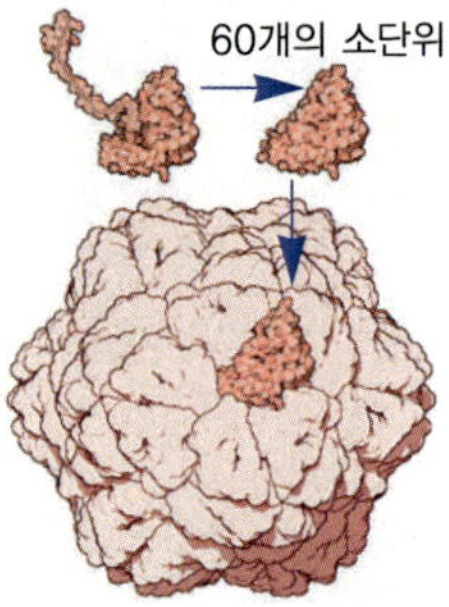

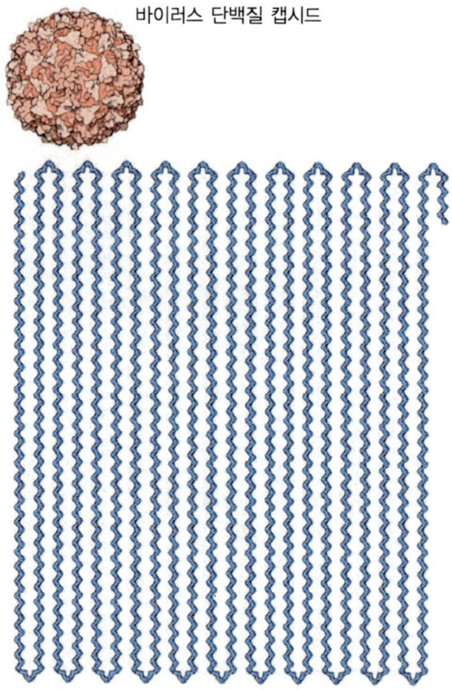

그림 5.8 위쪽: 바이러스를 구성하는 소단위 분자들이 조합되면 캡시드가 만들어진다. 오른쪽 위: 2002년 최초로 폴리오바이러스가 시험관에서 합성되었다. 이 바이러스는 속이 빈 단백질 캡시드 내부에 기다란 RNA 가닥을 내포하고 있다(오른쪽).

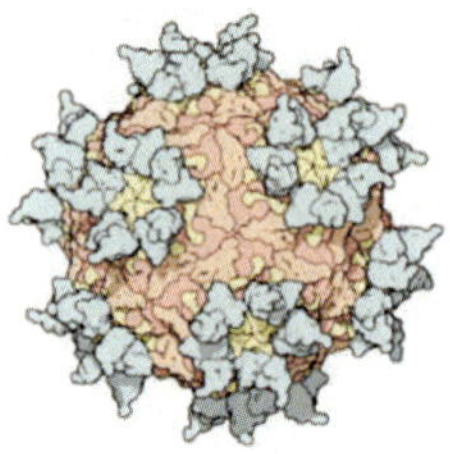

그림 5.9 항체에 의한 바이러스 중화: 그림에는 항체 가운데 바이러스에 결합한 "손" 부위만 청색으로 표현하였으며, "다리" 부분은 그리지 않았다. 그림을 보면 바이러스의 돌기가 항체에 의해 완전히 차단된 것을 알 수 있다.

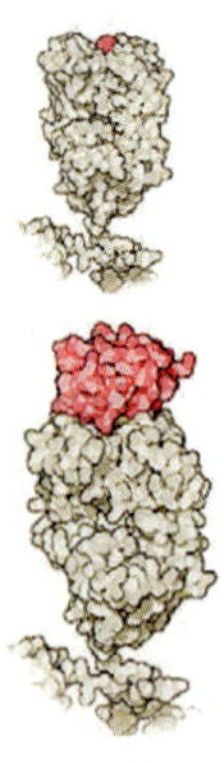

그림 5.10 항원과 항체의 결합: 위; 항체의 항원결합부위가 형성한 깊은 공동 속에 항원인 Buckminster fullerene(적색)이 들어가 있다. 아래; 항체의 항원결합부위가 형성한 편평한 면에 항원인 라이소자임(역시 적색)이 결합되어 있다.

HIV는 사람의 면역반응을 주관하는 보조 T-세포를 공격하기 때문에, T-세포의 저항력을 강화시키면 더욱 효율적으로 HIV에 대항할 수 있다. 예를 들어, 이런 목적으로 유전공학적으로 제조된 **사이토카인(cytokine**, 예, 인터류킨-2, interleukin-2, 줄여서 IL-2)을 투여할 수 있다. 즉, 1단계로 "화학무기"를 사용하여 바이러스를 무력화시키고, 2단계로 IL-2를 투여하여 면역세포를 강화시키는 것이다.

다른 바이러스 감염에서는 **인터페론(interferon)**이 사용된다. 원래 바이러스에 감염된 세포는 인터페론을 생산하여 배출한다. 자연적으로 생산된 또는 인위적으로 투여된 인터페론은 다른 세포의 특이 수용체 분자에 결합하여 세포 활성을 변화시키는데, 인터페론이 결합한 세포는 바이러스 감염에 저항하는 여러 단백질을 합성하게 된다. IL-2와 마찬가지로 인터페론이 처음 발견되었을 때 사람들은 감기에서 암까지 많은 질병을 치료할 수 있는 기적의 약이라며 열광하였다. 그러나 이러한 기대와 달리, 치료제로서 인터페론의 효율성은 제한적이었고 심각한 부작용이 나타났다. IL-2처럼 인터페론은 인간의 질병 치료에 이용되고 있으나 단독으로 쓰이는 것이 아니라 다른 약제와 함께 사용되고 있다(9장 참조).

5.3 감염에 대한 인체의 방어 – 항체를 이용하는 체액성 면역반응

유럽인들이 아메리카를 정복하였을 때 그들은 자신들도 모르는 "생물학 무기"의 도움을 받았다. 유럽인들이 들여온 세균과 바이러스가 수많은 아메리카 원주민을 살해한 것이다. 아메리카 및 오세아니아 정복자들과 정착민들은 16세기와 19세기 사이에 홍역, 천연두, 독감, 장티푸스, 디프테리아, 말라리아, 이하선염(볼거리), 백일해, 흑사병, 결핵, 황열 등을 들여온 반면, 원주민들이 지니고 있던 치명적인 질병은 매독뿐이었다. 아메리카 대륙에 다른 전염병은 알려진 것이 없었다. Jared Diamond에 의하면, 인디언들과 유럽인들 사이에 형성된 "생물학적 무기"의 불평등은 유라시아에 정착한 농민들이 사육하였던 가축떼를 통해 생겨났다. 가축떼는 급성질환과 풍토병의 온상이었으며 나중에는 몰려든 정착민들에게 퍼져나갔다(Box 5.4).

이는 우리에게 알려진 감염병이 인류역사에서 비교적 최근에 발생한 것임을 말해주고 있다. 천연두는 기원전 1600년경에, 볼거리와 흑사병은 기원전 400년경에, 그리고 콜레라 및 이가 매개하는 장티푸스는 단지 16세기에 처음 발생하였다. 수백 년을 지나는 동안 유라시아인들은 이들 질병에 대한 **면역(immunity)**을 갖게 되어 질병은 더 이상 발생하지 않는 듯 하였다. 반면에 신세계의 원주민들의 면역계는 완전히 무방비 상태에 있었기 때문에 거의 완벽하게 병원균들에 의해 희생을 당한 것이다.

면역계는 어떻게 인체를 보호하는가? 이에 대한 답은 여기서는 간단할 수밖에 없는데, 이는 면역계가 너무 복잡해서 온전하게 설명하려면 생명공학 소개서의 범위를 벗어나기 때문이다. 면역계는 "**자기(self)**"와 "**비자기(non-self)**"를 구별한다. 면역계는 1억 가지 이상으로 다양한 항체의 특이성을 나타내고 있으며, T-세포 수용체의 다양성은 1조 가지 이상이다. 면역계는 매우 밀접하게 얽혀있는데, 체액성 면역반응과 세포성 면역반응으로 이루어져 있다.

체액성 면역반응(humoral immune response, 라틴어 *humor*는 액체를 의미)은 항체(면역글로불린, Box 5.3)라는 수용성 단백질을 이용하여 항원

Box 5.3 항체

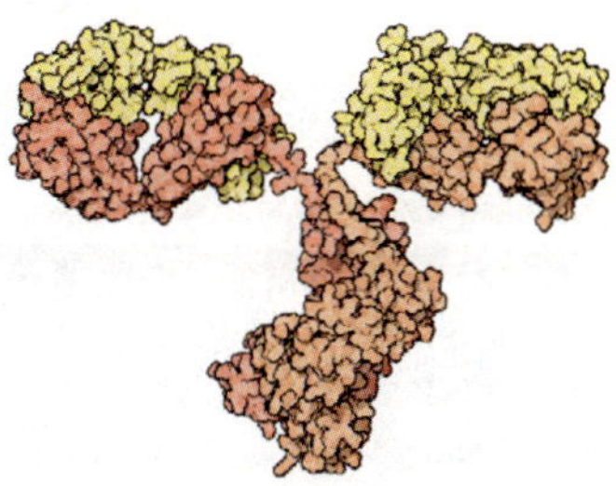

두 개의 경사슬(노랑)과 두 개의 중사슬(빨강)이 결합하여 가변부위를 형성하는데, 이 두 부위가 두 개의 "손"처럼 항원을 포획한다. 가변부는 수십 억 가지의 항원을 인식할 수 있도록 아미노산 20개가 가변성이 매우 높은 방향으로 배열되어 만들어진다.

항체는 침입자로부터 척추동물을 보호하는 면역계의 주요 성분이다. 항체는 병원체를 특이적으로 인식하여 결합한 다음 면역계의 다른 성분이 인식할 수 있도록 표지하는 역할을 한다. 항체는 또한 많은 병원체가 분비하는 독소를 중화한다. 항체 분자는 단백질 사슬 4개로 이루어져 있다.

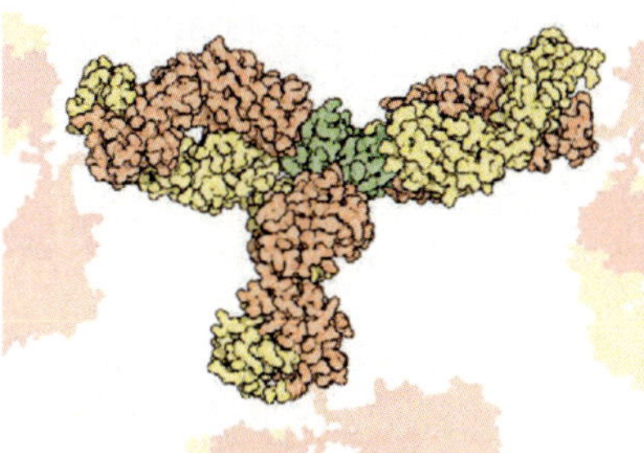

그림은 라이소자임(2장 참조)의 에피토프(녹색)에 세 개의 항체 분절(Fab)이 동시에 결합한 것을 나타내고 있다. 두 번째 Fab의 분자 윤곽과 항체의 "다리"인 Fc 부분이 첨가되었다.

두 개의 경사슬(light chain, 분자량 25 kD)과 두 개의 중사슬(heavy chain, 분자량 55 kD)을 말한다. 이들 사슬은 이황화결합에 의해 연결되어 있다. 모든 항체 분자의 "다리"는 동일하며 불변부(constant region)라 한다. 이 불변부를 통하여 항체가 B-세포의 표면에 부착되어 있다.

어떻게 척추동물은 실제로 모든 항원에 대해서 특이적으로 결합하는 항체를 생산하는 것일까? 어떻게 믿을 수 없을 만큼 많은 항원을 특이적으로 인식할 수 있는 것일까? 대략 1억 가지의 다른 종류의 항체 각각에 대한 유전자를 지니는 것은 경제적이지 않기 때문에, 면역계는 매우 교묘한 방법을 쓰고 있다.

면역학자 Frank Breitling과 Steufan Dübel은 그 방법을 다음과 같이 설명한다. 표준화된 벽돌 몇 종류만 있으면 끝없이 다양한 집을 지을 수 있는 것과 마찬가지로, 세포는 규격화된 항체를 만들기 위하여 표준화된 폴리펩티드 벽돌을 이용한다. 따라서, 유전체는 이들 폴리펩티드 벽돌 몇 백 가지만 암호화하면 되는 것이다. 약간 큰 벽돌 성분은 항체의 불변부를 암호화한다.

한편, 항체의 항원 결합 특이성은 전체 분자 가운데 가변부(variable region)라 불리는 작은 부분이 나타내고 있다. 가변부 역시 기본 단위 3~4개가 결합하여 구성하는데, 이 결합은 B-림프구가 분화하는 동안 세포 각각에서 일어난다.

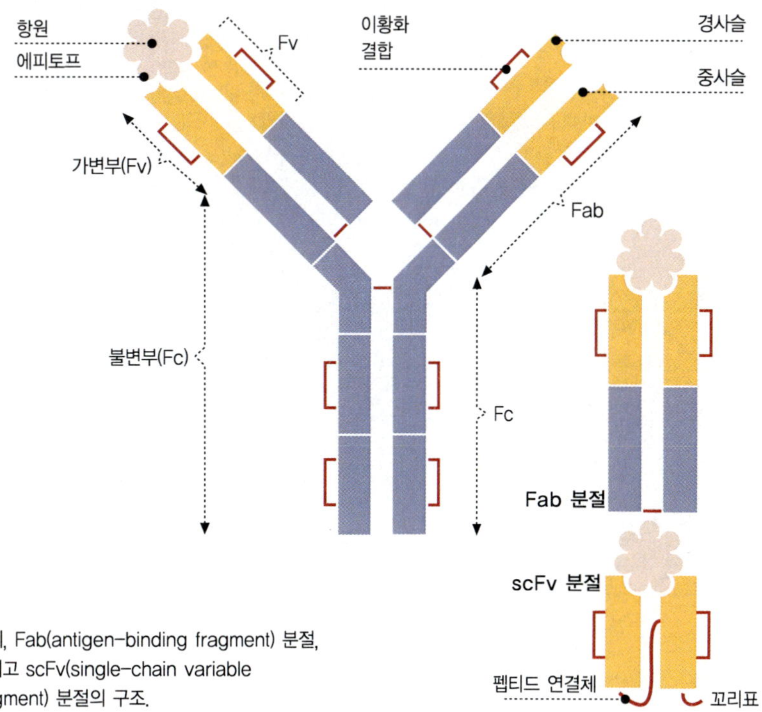

항체, Fab(antigen-binding fragment) 분절, 그리고 scFv(single-chain variable fragment) 분절의 구조.

을 인식한다. 다른 체액성 방어 인자로는 라이소자임(2장 참조)과 인터페론이 있다. 이들과 달리 항체는 외래성 분자와 세포에 결합하여 침입자임을 표지하거나 이를 통해 대식세포의 탐식작용을 용이하게 한다. 항체는 B-세포(B-cell)에서 유래한 형질세포(plasma cell)가 생산한다.

B-세포, 즉 B-림프구(B-lymphocyte)는 조류의 배설강 말단에 위치한 면역기관인 파브리시우스 낭(Bursa of Fabricius)에서 그 이름이 유래하였다(그림 5.11). B-림프구 성숙기관인 파브리시우스 낭을 제거한 닭은 항체를 생산할 수 없기 때문에 세균에 쉽게 감염된다.

이질적인 거대분자(또는 세포나 바이러스)는 **항원(antigen)**이라 불린다. 항체는 항원 분자 전체에 달라붙는 것이 아니라, 외부로 노출된 특정 부위에 친화도를 보이는데, 이 부위를 **에피토프(epitope)** 또는 **항원 결정기(antigenic determinant)**라 한다.

감염(infection)이 일어나면 그 부위로 서로 협력하는 면역세포 집단이 몰려들게 된다. B-림프구 표면에 있는 항체는 항원을 인식하는 표면 수용체로 작

그림 5.11 B-세포(B-림프구)는 조류의 배설강 말단에서만 발견되는 파브리시우스 낭(Bursa of Fabricius)이라는 림프 기관을 따서 명명되었다.

Box 5.4 생명공학 역사:
Jared Diamond와 치명적인 미생물

Jared Diamond 교수는 그의 베스트셀러 「총, 병원균, 철-지난 13,000년의 작은 역사」에서 왜 유럽과 중동이 현대 사회의 요람이 되었는지를 묻는 물음으로 시작한다. 그는 인간의 역사에서 미생물이 행한 역할에 대한 축약본 게재를 허락하였다.

인간의 역사에서 치명적인 미생물의 중요성은 유럽인의 공격에 이은 신세계 원주민의 멸절에서 잘 드러나고 있다.

전쟁터에서 총칼에 의해서보다 유라시안 병원균으로 인해 더 많은 아메리칸 인디언들이 집에서 죽어나갔다.

병원균들은 인디언과 족장들 대부분을 죽임으로써 인디언의 저항을 침식하였으며, 생존자의 사기를 꺾어버렸다. 예를 들어, 1519년 Cortés가 이끄는 600명의 스페인 군은 인구가 수백만인 매우 호전적인 아즈텍 제국을 정복하기 위하여 멕시코 해안에 상륙하였다. Cortés는 아즈텍의 수도인 Tenochtitlán에 도달하여 "단지" 군대의 3분의 2를 잃고서 간신히 해안으로 도망쳤다는 것은 스페인군이 군사적으로 유리했다는 점과 아즈텍인들이 매우 순진했다는 것을 보여준다.

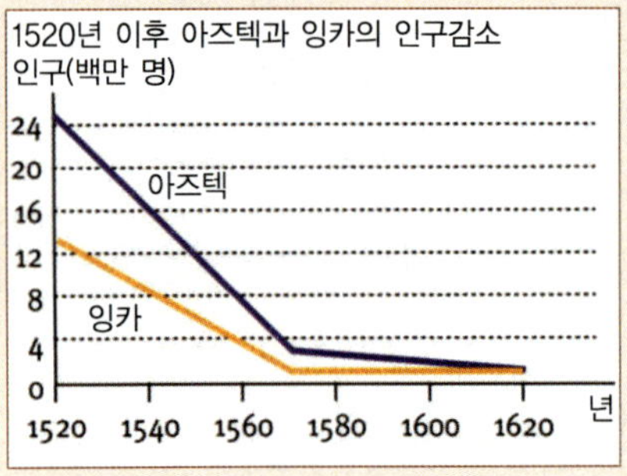

스페인들이 결정적으로 유리했던 까닭은 천연두 때문이었는데, 천연두는 스페인령 쿠바에서 도착한 감염된 노예로 인해 1520년 멕시코에 유입되었다. 이 전염병으로 인해 황제 Cuitláhuac를 비롯한 아즈텍인의 절반이 희생되었다. 아즈텍 생존자들은 스페인 사람들은 건드리지 않고 인디언만을 죽이는 신비한 질병에 의해 사기가 꺾였으며, 스페인인들을 대적할 마음이 사라지게 되었다. 약 2천만 명이었던 멕시코 인구는 1618년경에 약 160만 명으로 급락하고 말았다.

Albert Dürer(1471~1528, 독일 화가)가 그린 목판화인데, 계시록에 등장하는 네 명의 기사가 보인다. 이들은 흰 말, 빨간 말, 검은 말, 청황색 말을 타고 있으며 질병, 전쟁, 기근, 죽음을 상징한다.

"내가 이에 보니 흰 말이 있는데 그 탄 자가 활을 가졌고 면류관을 받고 나가서 이기고 또 이기려고 하더라. 둘째 인을 떼실 때에 내가 들으니 둘째 생물이 말하되 오라 하더니 이에 붉은 다른 말이 나오더라. 그 탄 자가 허락을 받아 땅에서 화평을 제하여 버리며 서로 죽이게 하고 또 큰 칼을 받았더라. 셋째 인을 떼실 때에 내가 들으니 셋째 생물이 말하되 오라 하기로 내가 보니 검은 말이 나오는데 그 탄 자가 손에 저울을 가졌더라. 내가 네 생물 사이로서 나는 듯하는 음성을 들으니 가로되 한 데나리온에 밀 한 되요 한 데나리온에 보리 석 되로다. 또 감람유와 포도주는 해치 말라 하더라. 넷째 인을 떼실 때에 내가 넷째 생물의 음성을 들으니 가로되 오라 하기로 내가 보매 청황색 말이 나오는데 그 탄 자의 이름은 사망이니 음부가 그 뒤를 따르더라. 저희가 땅 사분의 일의 권세를 얻어 검과 흉년과 사망과 땅의 짐승으로써 죽이더라(요한계시록 6: 2-8).

Pizarro가 168명을 이끌고 수백만 명의 잉카 제국을 정복하려고 1531년 페루에 상륙하였을 때도 잔인한 행운을 얻었다. Pizarro에게는 다행이었지만 잉카에는 불행스럽게도, 1526년경 육지를 통해 전파된 천연두에 황제 Huayna Capac와 그의 후계자를 포함한 대부분의 잉카인이 희생되었다. 왕좌가 빈 상태에서 Huayna Capac의 다른 두 아들은 내란에 휩싸이게 되었고, Pizarro는 분열된 잉카를 손쉽게 정복할 수 있었다.

1492년에 신대륙에 존재했던 번성한 사회로 아즈텍과 잉카만을 떠올리는 경향이 있는데, 이는 오늘날 최상의 농지가 위치하고 있는 미시시피 계곡에 있던 북아메리카 인디언 부족들을 잊고 있는 것이다. 그러나 이 경우에, 스페인 정복자들은 이들 사회의 파괴에 아무런 직접적인 역할을 하지 않았다. 이미 확산되고 있던 유라시안 병원균들이 모든 것을 대신하였다.

Francisco Pizarro가 잉카의 지도자 Atahualpa에게 만날 것을 요구하면서 호위병들을 무장해제시키고 있다. 잉카 제국의 황제였으므로 엄청난 양의 황금을 가지고 있다는 것을 안 것이다. Pizarro의 부하들은 대포를 쏘아대면서 Cajamarca 광장에서 모든 잉카인들을 학살하였다.

아즈텍의 11대이자 마지막 황제였던 Cuauhtémoc은 1521년 8월 Cortés에게 항복한다. 그림 속의 "Ycpolinh q mexuca"는 "이제 아즈텍(mexica)은 끝났다"는 뜻이다.

1540년 Hernando de Soto가 최초의 유럽 정복자로서 미국 남동부를 활보할 때, 이미 2년 전의 전염병으로 인하여 주민이 멸절되어 텅 비어 있는 인디언 마을을 발견하였다. 이 전염병은 해안을 찾은 스페인들을 통해 감염된 인디언들에 의해 전파되었다. 스페인의 미생물은 스페인 사람들보다 먼저 내륙으로 퍼진 것이다.

De Soto가 미시시피 하류에 다다랐을 때만 해도 아직 인구가 많은 인디언 마을을 볼 수 있었다. 그가 여정을 마칠 무렵에는 아직 유럽인들이 미시시피 계곡에 도착하기 오래 전이었지만, 유라시안 미생물들은 이미 북아메리카에 정착하여 주변으로 퍼지고 있었다.

1600년대 후반 프랑스에서 건너온 유럽인들이 다시 미시시피 하류에 모습을 드러냈을 때, 커다란 인디언 마을은 거의 모두 사라지고 없었다. 미시시피 계곡의 거대한 제방은 그들이 남긴 유물이다. 우리가 최근에 깨닫게 된 사실은 콜럼버스가 신대륙에 도착하였을 무렵, 제방을 쌓은 많은 인디언 사회가 그대로 있었으므로 그들은 1492년과 유럽인들이 체계를 갖춰 탐험을 시작한 시기 사이에 붕괴되었다는 것이다.

나는 어린 시절에 학교에서 북아메리카에는 단지 백만 명의 인디언이 살고 있었다고 배웠다. 이 낮은 수치는 거의 텅 비어 있는 대륙을 침략한 백인들의 행위를 정당화하기 위한 것이었다. 그러나 고고학적 발굴과 유럽 탐험가들의 기록을 자세히 살펴보면 인디언의 인구는 2천만 명 정도였을 것으로 보인다. 콜럼버스가 도착한 이래로 1~2세기 내에 아메리카 전체 인디언 인구가 95% 정도 줄어든 것으로 추정된다.

주요 살해자는 "구세계"에서 옮겨간 병원체였는데, 인디언들은 이들에게 노출된 적이 없었기 때문에 면역학적 또는 유전학적 저항성을 지니고 있지 않았다. 이들은 천연두, 홍역, 독감, 그리고 장티푸스에 의해 주로 희생되었으며, 그 뒤를 이은 질병은 디프테리아, 말라리아, 볼거리, 백일해, 흑사병, 결핵, 황열 등이었다. 이들 질병에 의한 인디언들의 멸절과 백인과의 상관관계를 나타내주는 경우는 셀 수 없을 정도로 많이 찾을 수 있다.

예를 들어, 록키 산맥 동부의 캐나다와 미국에 걸쳐 있는 대초원에서 매우 정교한 문화를 자랑하던 Mandan 부족은 세인트 루이스에서 미주리 강을 따라 올라오던 증기선에 의해 1837년에 천연두에 걸렸다. 몇 주가 지나지 않아 2,000명에 달하던 부족의 인구는 40명 이하로 줄어들었다.

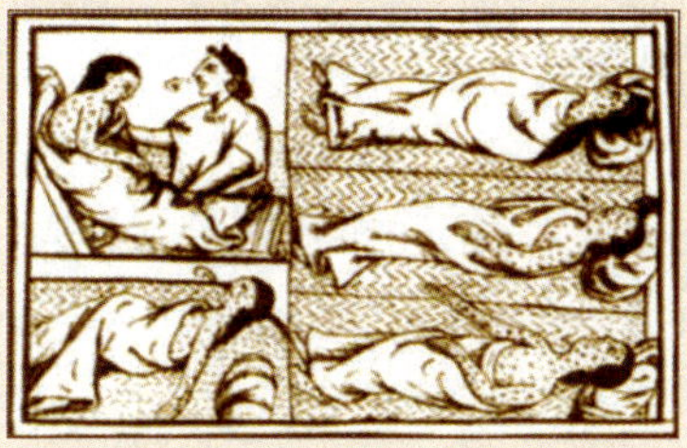

천연두에 걸린 환자의 여러 시기를 나타낸 아즈텍 그림.

"구세계"로부터 신세계로 십여 가지의 주요 감염성 질병이 넘어와 퍼졌지만, 아메리카로부터 유럽으로 건너간 질병은 단 하나도 없었다. 유일한 예외로 들 수 있는 것이 매독인데, 그 기원은 아직 확실하지 않다.

집단 발병 감염병이 진화하려면 많은 수의 밀집 인구가 필요하다는 것을 생각할 때, 위에 기술된 병원균의 일방적인 전파는 더욱 신기하다. 만약 콜럼버스 이전 신세계의 인구에 대한 최근의 재평가가 정확하다면, 현재 유라시아 인구에 육박할 것으로 보인다. 그런 경우 Tenochtitlán과 같은 큰 도시에는 아주 무서운 병원균이 스페인 사람들을 기다리고 있었을까?

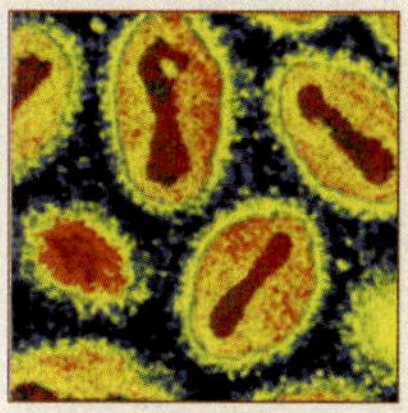

천연두(라틴어로는 *Variola*)는 사람만 걸리는, 전염성이 매우 높은 질병이다.

아메리카에서 치명적인 전염병이 생겨나지 않은 이유는 "대체 어떤 미생물이 진화하였을까?"를 생각하면 간단해질 것이다. 유라시아에서 생겨난 집단 발병 전염병은 야생에서 길들여진 가축떼에서 진화했다는 것을 생각해보자. 유라시아에는 그런 동물들이 많았지만, 아메리카에서는 개를 제외하고는 길들여진 가축이 거의 없었다.

신대륙에 가축이 거의 없었던 점은 진화를 시작할 야생 병원균이 거의 없다는 것을 의미한다. 약 13,000년 전인 빙하기 말기에 아메리카에 있던 거대 동물의 80% 정도가 멸종되었다. 아메리카 원주민에게 길들여진 소수의 동물들은, 소나 돼지와 같은 집단 발병 감염원이 아니었다. 러시아 오리나 칠면조는 큰 무리를 지어 살지 않으며, 인간과 접촉이 많은 양처럼 붙어서 지내지 않는다.

동물에서 유래한 질병의 역사적 중요성은 구세계와 신세계의 충돌에서 그치지 않는다. 유라시아 병원균은 태평양의 여러 섬에 살던 사람들, 호주 원주민, 그리고 남아프리카의 원주민을 포함한 (호텐토트와 부시맨) 세계 여러 나라에서 수많은 사람들을 희생시켰다. 유라시아 병원균에 노출된 적이 없던 사람들의 누적 사망률은 50~100%에 이른다. 가령, 1492년 콜럼버스가 도착하였을 때 8백만이던 히스파니올라(Hispaniola) 섬의 인구는 1535년에 0명이 되었다. 1875년 피지의 족장이 호주를 방문하고 돌아왔을 때 홍역이 유입되었는데, 이로 인해 피지 사람의 4분의 1이 희생되었다. 이들은 1791년 최초로 유럽인이 방문한 이래로 발생한 전염병에서 간신히 살아남았던 사람들이었다.

1779년 Cook 선장을 따라온 매독, 임질, 결핵, 독감과 1804년 크게 유행한 장티푸스 등으로 1779년 약 500,000명이던 하와이의 인구가 1853년 84,000명으로 감소하였는데, 더군다나 이 해에는 천연두가 유입되어 그나마 많지 않던 생존자 가운데 10,000명이 희생되었다. 이런 예는 끝없이 열거할 수 있다.

그러나 병원균이 유럽인들에게만 유리하게 작용한 것은 아니었다. 신대륙과 호주에는 유럽인들을 기다리고 있던 전염병이 없었지만, 동남 아시아, 아프리카, 인도네시아, 그리고 뉴기니는 그렇지 않았다. 열대 지방의 말라리아(malaria), 동남아시아의 콜레라(cholera), 아프리카의 황열(yellow fever)은 가장 악명이 높은 열대성 살해자였으며, 현재도 그러하다. 이들 질병은 열대 지방을 식민지로 만들려는 유럽에게 아주 심각한 장애물이었으며, 이런 이유로 뉴기니와 아프리카 대부분을 식민지화하는 데에 최초로 유럽 선박이 항해한 이래로 거의 400년이나 걸린 것이다. 이들 질병은 또한 유럽이 아메리카의 열대 지방을 식민지화하는 데에도 주요한 걸림돌이었다. 비슷한 이유로 미국도 거의 완성 단계에 있던 파나마 운하 건설을 포기할 뻔하였다.

유럽인들은 그들이 정복한 거의 모든 비유럽국보다 나은 무기류, 기술, 정치 제도를 지니고 있었음은 부인할 수 없다. 그러나 이러한 우위만으로는 어떻게 적은 수의 초기의 이민자들이 아메리카와 다른 지역의 수많은 원주민들을 밀어낼 수 있었는지를 설명하기는 어렵다. 유라시아인의 가축에서 유래한 음흉한 선물인 병원균이 아니었다면 불가능하였을 것이다.

Jared Diamond

인용문헌:

Diamond J (1998) *Guns, germs, and steel. A short history of everybody for the last 13,000 years*. Vintage, Random House, London, Pp 210–213 and 214

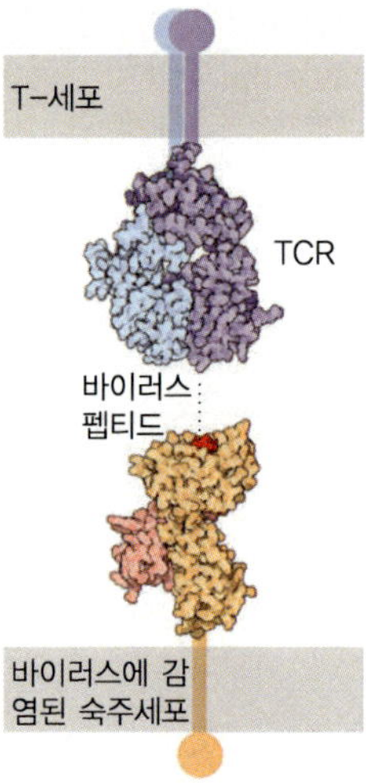

그림 5.12 위: T-세포 항원 수용체(TCR), 아래: 바이러스 펩티드(빨강)가 부착된 제1형 MHC 단백질의 구조.

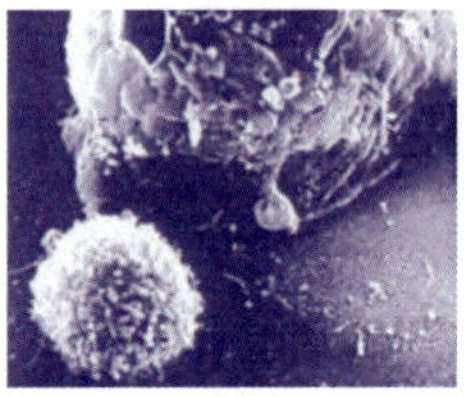

그림 5.13 위: 바이러스 감염 세포를 공격하는 살해 T-세포 (앞에 있는 작은 세포)
아래 왼쪽: T-세포 항원 수용체(파랑)와 CD8(녹색)을 지닌 살해 T-세포.
아래 오른쪽: T-세포 항원 수용체(파랑)와 CD4(녹색)를 지닌 보조 T-세포. 두 세포 모두 바이러스 펩티드를 제공하는 감염 세포에 정박하고 있다.

용하여 우리 몸을 돌아다니는 항원과 결합할 수 있다. B-세포는 항원제공세포(antigen-presenting cell)로 작용할 수 있다. 다른 항원제공세포로는 **대식세포(macrophage)**와 **수지상세포(dendritic cell)**가 있다. 이들 세포는 세포 내부에서 항원을 처리한 다음 일부 항원 펩티드를 세포 표면에 운반하여 보조 T-세포에 제공한다. 항원의 자극을 받은 T-세포는 IL-2를 생산하여 항원으로 자극된 B-세포의 활성화를 돕는다. 항원 자극을 받은 세포는 증식하여 세포클론을 형성하면서(clonal expansion) 분화하여 항체를 분비하는 형질세포가 된다. 이들 중 일부는 기억세포(memory cell)로 분화하여 같은 종류의 감염이 발생하였을 때 빠른 면역반응을 일으킨다.

자유롭게 순환하는 항체는 항원에 결합하여 면역계의 다른 성분이 인식하여 파괴할 수 있도록 표지하는 기능을 갖는다.

이런 기능을 가진 면역계의 다른 성분으로 **보체계(complement system)**를 들 수 있다. 보체계는 약 30가지의 단백질로 구성되어 있으며 이들이 마치 도미노처럼 순차적으로 작용한다.

보체계를 구성하는 단백질은 혈장을 자유롭게 순환하거나 세포에 부착되어 있으며, 세균, 진균, 기생충 등과 같은 미생물에 대한 방어선을 구축하고 있다. 보체는 매우 강력한 세포 파괴능력을 지녔기 때문에 제대로 조절되지 않는다면 자기 조직에 심각한 해를 끼칠 수 있다. 예를 들어, **류마티스 관절염(rheumatoid arthritis)**이나 전신성 홍반성 낭창(systemic lupus erythematosus)과 같은 자가면역질환에서 이와 같은 일이 일어난다. 보체 성분은 세포막을 공격하기 때문에, 세균이나 낡아서 손상된 세포도 파괴할 수 있다(9장 참조).

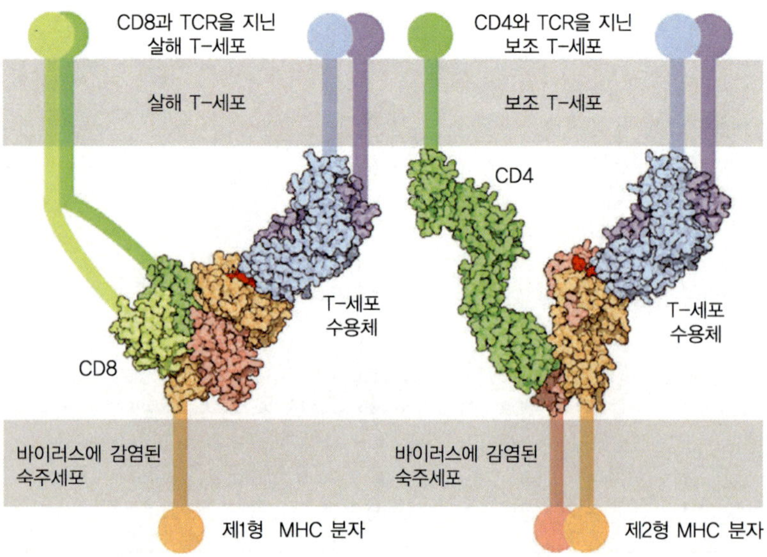

5.4 세포성 면역반응: 살해 T-세포

어릴 때 가슴샘(흉선, thymus)을 제거한 동물은 파브리시우스 낭이 제거된 닭처럼 세균이나 바이러스에 쉽게 감염된다. 가슴샘 제거 후에 림프구의 수가 급격히 감소하는데, 가슴샘에서 유래한 이들 림프구를 T-림프구(T-lymphocyte) 또는 T-세포(T-cell)라 한다.

체액을 떠돌아다니는 항체(그림 5.7)는 비록 세포 외부에 존재하는 병원균을 방어하기에 매우 효과적이지만, 바이러스나 세포내 기생 세균(나병균이나 결핵균)에 대해서는 거의 아무런 방어 기능이 없다. 항체는 숙주세포의 세포막을 통과하여 세포 속으로 들어갈 수 없기 때문이다. 그러나 이들 세포 속에 있는 병원균에 대해서는 **세포매개면역반응(cell-mediated immune response)**이라고 하는 아주 교묘한 방어기구가 준비되어 있다.

세포독성 T-림프구(cytotoxic T-lymphocyte)는 인체를 돌아다니며 만나는 모든 세포 표면에 이질 성분이 있는가를 감시하다가, 이질 성분이 발견되면 해당 세포를 파괴하는 림프구이다(그림 5.12, 5.13). 침입자들은 아무런 흔적을 남기려 하지 않기 때문에 이 작업은 쉽지 않지만, 숙주세포는 프로테아좀(proteasome, 단백분해효소체)을 이용하는, "잘라서 제공하기"라는 아주 훌륭한 전략을 가지고 있다. 숙주세포는 세포질에 있는 침입자에서 유래한 단백질을 분해하면서 작은 펩티드를 잘라낸 다음, 이들 펩티드를 **주조직적합체(major histocompatibility complex, MHC)**라는 단백질(그림 5.12)에 부착하여 세포막 표면으로 운반한다.

MHC 단백질은 제1형과 제2형 두 종류가 있다(그림 5.13). 감염된 세포 속에서 제1형 MHC 분자는 제공되는 펩티드를 단단히 부착시켜 살해 T-세포의 항원 수용체가 감지할 수 있도록 한다. 이질

Box 5.5 생명공학 역사: 접종

"의학적인 자격을 갖추지 않은 의사는 치명적인 질병으로 고생하는 환자를 치료할 때 조성과 독성을 알지 못하는 물질을 사용한다. 심지어 환자의 동의서를 받지도 않지만, 놀라운 결과를 공개할 때는 환자의 이름과 주소까지 발표한다. 게다가, 세계 곳곳의 돌팔이 의사와 마찬가지로, 그런 사람은 자기가 행한 치료의 구체적인 부분을 비밀에 부치기 때문에 치료의 유효성을 독자적으로 검증해 낼 수 없다. 최악의 경우는 그 분별없는 의사가 극도로 병원성이 강한 미생물을 동물 실험을 하지도 않고 사람에게 주입하는 것이다.

어떤 환자는 죽을 것이고, 동료 의사는 자기는 그 일과 아무런 관련이 없다고 발뺌을 할 것이다. 이러한 위험을 무릅쓰고 광견병을 퇴치한 공로로 우레와 같은 갈채를 받으며 출현한 사람이 바로 파스퇴르(Louis Pasteur)이다."

위 내용은 Bernard Dixon의 저서 「보이지 않는 힘. 어떻게 미생물이 세상을 지배하는가.(*Power unseen. How microbes rule the world.*)」에서 인용한 것이다. 파스퇴르는 자기가 엄청나게 운이 좋았다고 말했다. "우연은 준비된 사람에게 은혜를 베푼다". 이것은 그가 이룩한 다른 선구자적인 업적에도 적용된다. 이전에 제너(Edward Jenner)가 최초의 백신을 적용했을 때와 마찬가지로 파스퇴르는 몇 가지 윤리적인 문제를 간과하였다. 그 당시에는 전혀 알려지지 않은 미생물이었지만 파스퇴르는 광견병 병원균이 척수에 있을 것이라는 가설을 세웠다. 그는 광견병에 걸린 개의 척수에서 얻은 물질로 토끼에 접종하고 척수를 꺼내어 숙성시키면 병원균의 독성이 약화될 것이라고 생각하였다.

1885년 7월 6일, 파스퇴르는 비록 광견병 바이러스가 들어있는지를 확신하지 못했지만 Joseph Meister라는 개에 물린 소년에게 토끼 척수 물질을 주사하였다. 파스퇴르 시대에는 바이러스를 볼 수 없었지만, 요즘은 전자현미경으로 어뢰 모양의 광견병 바이러스(랍도바이러스과, *Rhabdovirus family*)를 관찰할 수 있다(그림 5.5). 제너가 만든 백신과 달리, 파스퇴르의 백신은 실험실에서 만든 것이다.

우두가 사람에게 무해하다는 사실을 관찰하였기 때문에 제너는 안전성 문제에서 훨씬 유리한 고지에 있었다. 11세기에 중국의 의사들은 천연두에서 살아남은 사람들은 재발 감염에 저항성을 보인다는 것을 관찰하였다. 따라서 고대 중국에서는 유아에게 일부러 천연두를 접종하였다. 높은 유아 사망률을 고려할 때, 천연두 예방접종에 따른 위험성은 감수할 수 있는 것으로 받아들여졌다. 중국에는 *Chuan Hsing Hua Chieh*라는 천연두 여신이 있었고, 힌두 여신은 *Shitala mata*였다. 경미한 천연두를 앓은 환자에서 얻은 백신은 부작용이 훨씬 적었다. 천연두 백신 접종법은 유럽에도 전파되었는데 18세기 후반에는 "마마접종(variolation)"이라 불리며 유행하게 되었다.

1721년 Mary Wortley Montagu 부인은 자기 딸에게 마마접종을 시도하였는데, 이는 공식적으로 영국에서 실시한 천연두 접종의 첫 사례로 꼽힌다. 수형자들과 고아들을 대상으로 실험을 한 후에 영국 의사들은 확신을 가지고 왕족에게도 예방접종을 할 수 있었다.

그러나 제너는 위험성이 적은 방법을 사용해도 같은 효과를 낼 수 있음을 증명하였고, 그의 공로덕분에 천연두 발생은 현저히 줄어들게 되었다. 그렇지 않았다면 산업혁명은 불가능하였을 것이다. 하지만 제너의 업적은 파스퇴르의 연구를 통해 조명을 받게 되었다. 그는 가금류의 병원균인 *Pasteurella multocida*를 가지고 실험 중이었는데, 실험실에 수 주 동안 방치하였던 배양액을 주사한 닭들이 감염되지 않을 뿐만 아니라 병원성이 높은 세균에 면역성을 보인다는 것을 발견하였다.

1881년 파스퇴르는 예방접종을 받은 양들이 탄저에 걸리지 않는다는 것을 공개 실험을 통하여 증명하였다. 그는 또한 양잠업자들의 구세주였으며, 포도주 발효의 원리를 과학적으로 설명하였다. 파스퇴르의 실험들은 성공적이었고, 광견병에 대한 싸움에서 승리한 것이 바탕이 되어 파리에 파스퇴르 연구소가 설립되었다. 그의 면역반응에 대한 이해에 힘입어 많은 예방접종법이 개발되었다.

코흐(Robert Koch, 1843~1910)는 의세균학의 기초를 세운 과학자이다. 파스퇴르와의 논쟁에서 코흐는 콜레라, 탄저, 결핵, 흑사병이 각각 특정한 세균에 의해 유발된다는 것을 증명하였다. 결핵에 대한 공로를 인정받아 1905년 노벨 생리 · 의학상을 수상하였다.

인도, 일본, 아프리카 등 열대 지방을 찾아다니며 행한 수많은 연구를 통해 우리는 열대의학과 기생충학에 대한 소중한 연구 결과를 얻을 수 있었으며, 흑사병, 말라리아, 수면병(아프리카 파동편모충증, African trypanosomiasis), 콜레라 등의 원인균에 대한 정보를 획득하게 되었다.

Emil von Behring (1854~1917)

독일의 세균학자 베링(Emil von Behring, 1854~1917)은 수동 예방접종(passive vaccination)이라는 새로운 접종 방법을 고안해 냈는데, 이는 동물의 항혈청을 주사하는 혈청 치료법이다. 1880년부터 1889년까지 프로이센 군대의 의무관으로 근무할 때, 베를린의 위생 전염병 연구소에서 코흐의 조수로 일하면서 학생들을 가르치곤 하였다. 바로 여기서 일본 의사이며 미생물학자인 Shibasaburo Kitasato(1856~1931)와 공동 연구를 시작하였다.

Shibasaburo Kitasato (1856~1931): 베링의 일본인 동료

1890년 베링은 동물실험에서 처음으로 디프테리아 치료에 성공하였다. 디프테리아는 그 당시 "어린이를 해치는 악마"라고 불릴 정도로 공포스러운 감염성 질환이었다. Paul Ehrlich와의 공동 연구를 통해 베링은 1893년 디프테리아 항혈청 제조에 성공하여 수많은 어린이의 목숨을 구하였다.

베링은 1895년에 독일 Marburg 대학 위생연구소장이 되었으며, 디프테리아 항체와 백신을 발견한 공로로 1901년에 노벨 생리 · 의학상을 수상하였는데, 이는 그가 존경해 마지 않는 그의 스승 코흐보다 4년이나 앞선 것이었다. 노벨상 수상으로 그의 이름에 "von"이 붙게 되었다.

1904년 그는 Marburg에 *Behring-Werke*라는 공장을 만들어서 디프테리아와 파상풍에 대한 항혈청을 대량으로 생산하였다.

그림 5.14 유전자 재조합 기술을 이용한 천연두와 간염에 대한 이중 백신 제조

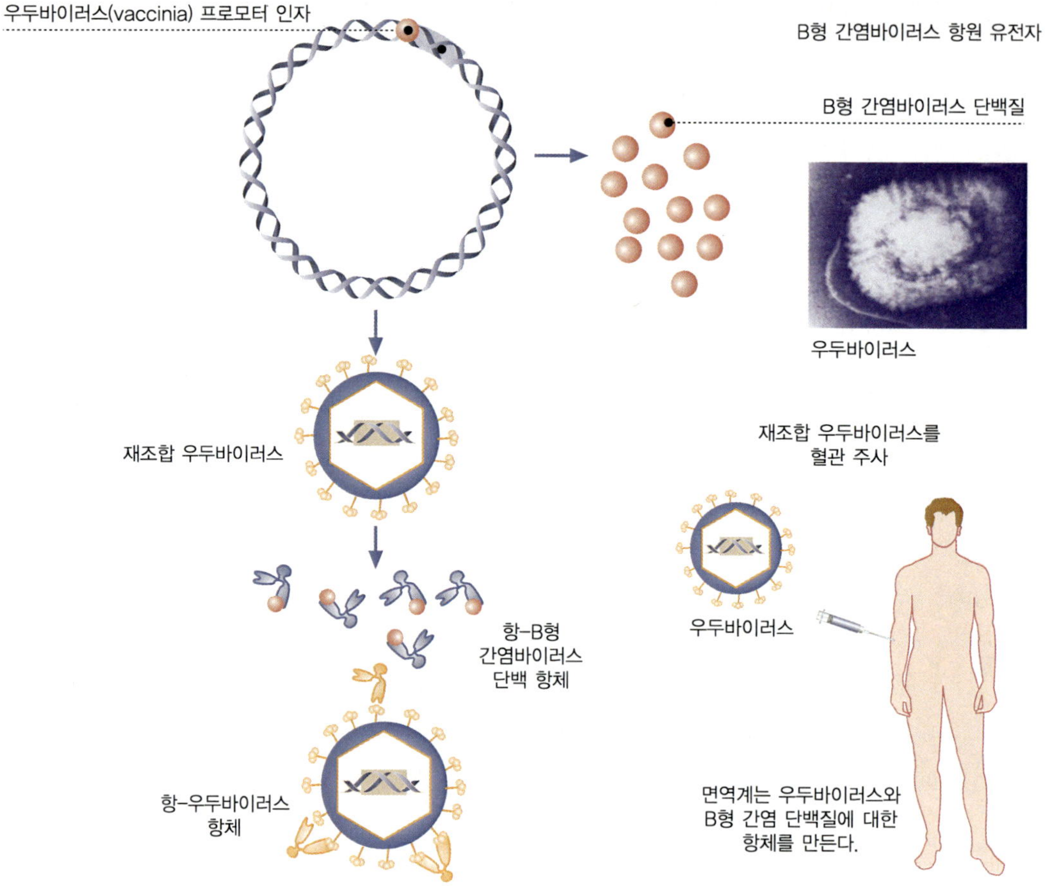

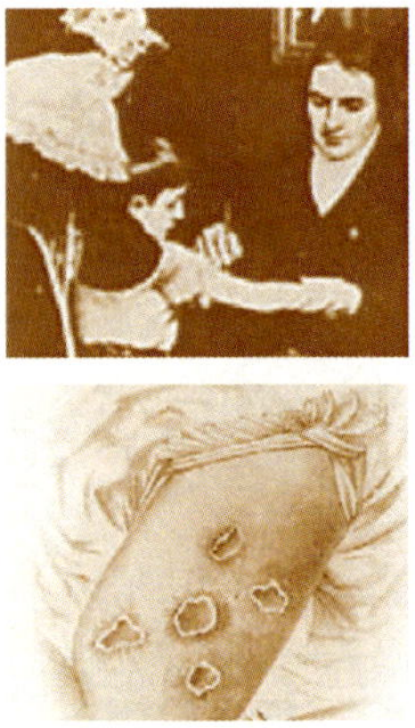

그림 5.15 위: 우두접종을 실시하는 제너
아래: 목장 소녀 Sarah Nelmes의 우두에 감염된 팔인데, 제너가 그린 것이다.

그림 5.16 1977년 세계에서 마지막으로 천연두에 감염된 23세의 Somali Maow Maalin. 천연두 소멸을 위해 세계는 2~3억 달러를 지불하였다. 항생제가 없었다면 Maow Maalin은 살아나지 못했을 것이다.

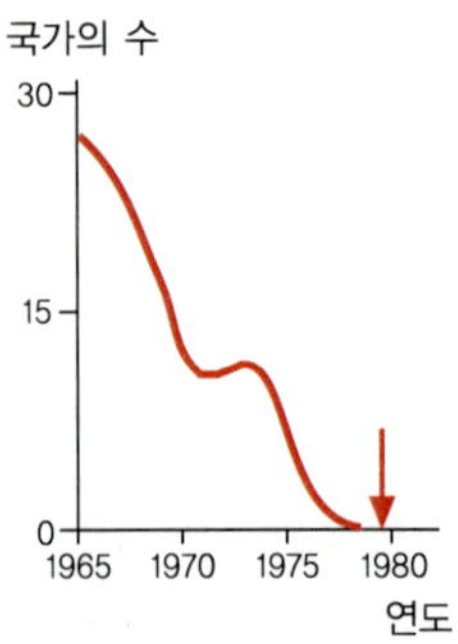

그림 5.17 천연두가 발생한 나라의 수

펩티드가 발견되면 그것이 살해 신호로 작용하여 **세포사멸(apoptosis)**이라는 "유기체 전체를 위한 자살" 을 유발한다.

세포독성 T-세포는 세포 표면에 항원 수용체와 함께 CD8(CD는 cluster of differentiation의 약자)이라는 분자를 발현하고 있는데, 이 분자는 이질 펩티드를 제공하는 제1형 MHC 단백질을 인지한다. 항원 수용체와 CD8이 표적세포의 이질 항원 펩티드와 제1형 MHC 단백질의 복합체를 인지하면, T-세포는 퍼포린(perforin)이라는 단백질을 분비하여 표적세포의 세포막에 지름 10nm의 구멍을 여러 개 만든다. 살해 T-세포는 이 구멍을 통하여 표적세포 속으로 그랜자임(granzyme)이라는 단백질분해효소를 주입한다. 죽어나가는 표적세포는 자기 단백질과 바이러스 단백질을 산산조각으로 만든다. 이때 T-세포는 표적세포에서 떨어져 나와 다른 표적세포를 찾아 나선다.

모든 T-세포가 세포독성 또는 살해 세포는 아니다. **보조 T-세포(helper T-cell)**는 세포 속에 있는 병원균뿐만 아니라 세포 외부에 있는 병원균에 대한 싸움에 없어서는 안 되는 세포이다. 왜냐하면 이들이 B-림프구와 세포독성 T-림프구의 증식을 도와주기 때문이다.

보조 T-세포는 항원제공세포(주로, 수지상세포)의 표면에 제공되는 항원을 인식하면서 활성화된다. 항원은 항원제공세포 내부에 있는 외래 항원에서 유래한 펩티드 절편의 형태로 보조 T-세포에 제공된다. 이 "처리된" 항원 펩티드는 제2형 MHC 단백질에 부착되어 항원제공세포 표면에 운반된다.

제2형 MHC 단백질은 이질 펩티드를 제공하면서 "이 세포가 병원균과 접촉했으니 도와 주세요" 라고 도움을 요청하는 신호를 보낸다. 반면, 제1형 단백질이 전하는 신호는 "이 세포에 침입자가 들어왔으니 자폭하세요" 이다.

보조 T-세포는 항원 수용체와 함께 CD4 분자를 세포막에 발현하는데, CD4 분자는 항원제공세포의 제2형 MHC 단백질을 인지한다(그림 5.13). 보조 T-세포가 항원제공세포의 제2형 MHC 단백질

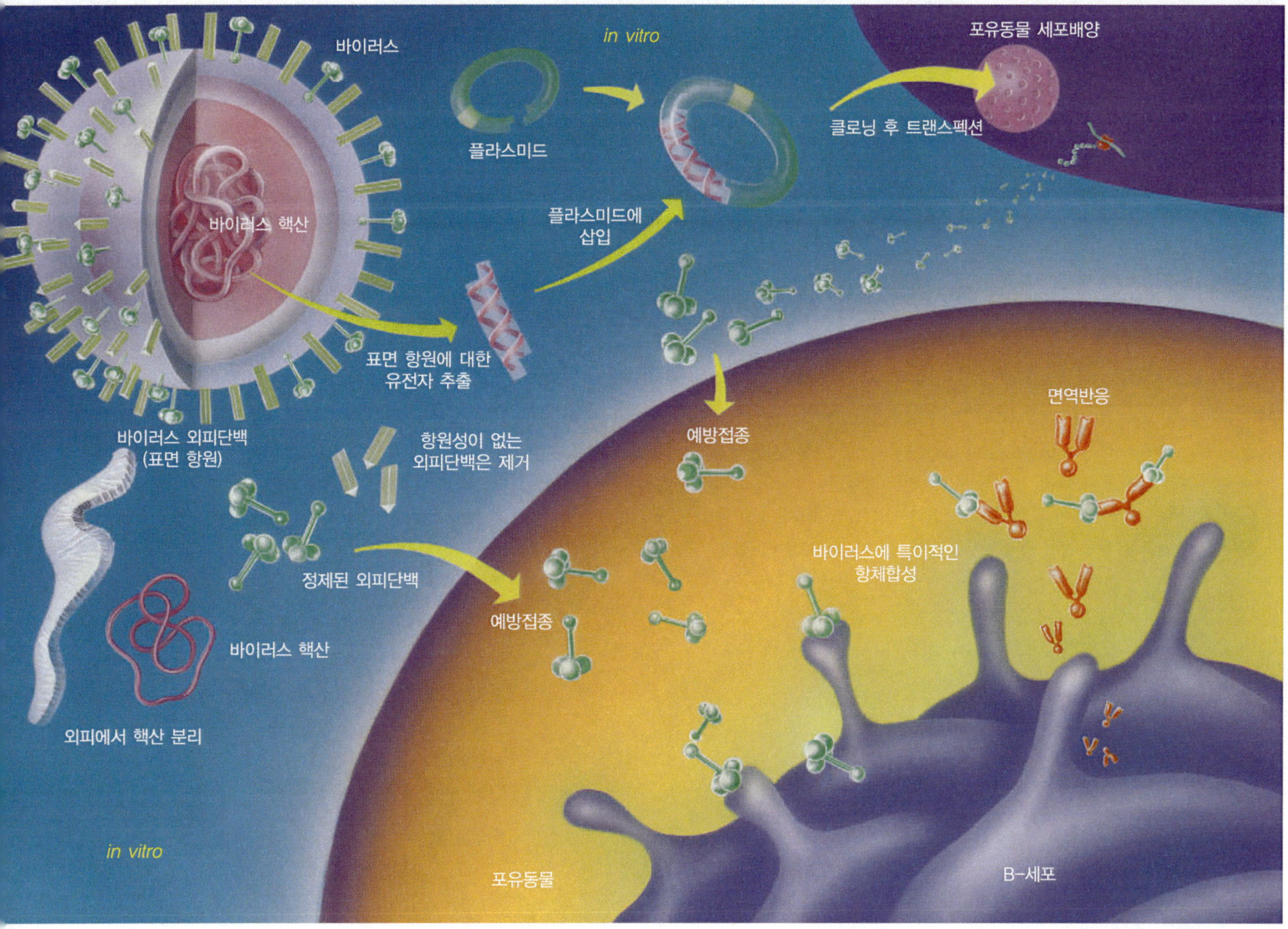

그림 5.18 백신 제조 방법

과 이질 항원 펩티드의 복합체를 인지하면, 항원제공세포의 사멸을 유발하는 것이 아니라 보조 T-세포의 **림포카인(lymphokine**, IL-2나 감마-인터페론 등) 분비가 일어난다. IL-2는 항원과 접촉한 B-세포의 증식과 분화를 도와 항체를 분비하는 형질세포가 되도록 한다. HIV는 바로 이 보조 T-세포를 파괴하여 면역계를 초토화하는 것이다.

최근 발견된 **neopterin**은 바이러스 감염시에 활성화되는 신호물질이다. 이 저분자량 물질은 감마-인터페론의 자극을 받은 대식세포가 분비하며 혈장에 존재한다. Dietmar Fuchs 박사(오스트리아 Innsbruck)가 이끄는 연구팀은(그림 5.22) 이 현상이 바이러스 초기 감염 진단에 이용될 수 있음을 보여주었다. 즉, neopterin의 혈장 농도가 높으면 침범한 바이러스를 확인하기 전에 바이러스 공격을 알아챌 수 있는 것이다. 이것은 초기 감염 진단에 유용하며, 혈액은행에서 헌혈자의 바이러스 감염을 점검하는 데 있어 더 없이 귀중한 도구이다. Neopterin 검사는 오스트리아 혈액 은행의 정규 검사 항목이다.

5.5 최초의 예방접종: 우두로 천연두 예방하기

만약 영국의 시골 의사였던 제너(Edward Jenner, 1749~1823)가 1796년에 실시한 그의 유명한 실험(그림 5.15)을 지금 실시한다면 감옥에 가게 될 것이다. 그는 목장에서 일을 하는 소녀 Sarah Nelmes가 우두에 감염되어 생겨난 농포에서 시료를 채취하여 8살 소년 James Phipps에게 접종하였다(그림 5.15). 두 달 뒤, 그는 소년에게 치사량의 천연두를 접종하였다. 다행히 그 소년은 죽지 않았

그림 5.19 바이러스 감염에 항생제가 작용하지 않기 때문에 유일한 의학적 조치는 항염증성 진통제를 이용하는 것이다. (포스터 글귀: 독감바이러스 투성이다…아스피린 있소?)

Box 5.6 항체 제조 방법

1890년 무렵에 행해진 베링과 키타사토의 실험 이래로 혈액으로부터 항원에 특이적으로 결합하는 분자를 추출해 낼 수 있다는 것이 알려졌다.

고전적인 방법은 실험동물에 항원을 주사하는 것이다. 실험동물에 몇 차례에 걸쳐 면역을 한 다음 혈청에서 항체를 분리한다. 그림 5.24에 보이는 상하이 염소에 사람의 심근 단백질(h-FABP, Fatty-Acid Binding Protein)을 정제하여 면역한 후 혈청으로부터 h-FABP에 대한 항체를 분리하였다. 분리 항체는 항원의 다양한 **에피토프(epitope)**에 결합하는 분자들이 섞여 있다. 이들 항체의 결합력은 다양하다. 이들 특이 항체의 각 종류는 B-림프구 클론에서 만들어지기 때문에 면역반응 결과 여러 클론들이 만들어졌음을 의미한다. 이러한 항체를 다클론항체(polyclonal antibodies)라 한다.

가운데: Köhler와 Milstein에 의해 개발된 하이브리도마(hybridoma) 기술. 실험동물(주로 생쥐)을 항원으로 면역하면 이에 대한 항체가 비장에서 생겨나 혈류와 림프액을 따라 순환한다. 이들은 다양한 B-세포 클론에서 생산된 다클론항체이다. 그러나 하나의 에피토프에만 결합하는 동질의 항체를 다량으로 얻는 것이 목적이다.

이 경우 항체를 혈청에서 얻는 것이 아니라 접종된 생쥐의 비장으로부터 얻는다. 비장에는 B-림프구가 많이 포함되어 있는데, 이들은 골수의 조혈모세포에서 유래하여 비장과 림프절에서 증식하면서 항원에 특이적인 항체를 생산하는 형질세포나 기억세포로 분화한다. 하나의 B-림프구는 한 종류의 항체만을 만든다.

B-림프구와 골수종 세포(myeloma)를 융합하는데, 골수종 세포는 세포배양을 통해 쉽게 얻을 수 있다. 이렇게 만든 하이브리도마 각각은 B-림프구와 마찬가지로 한 종류의 항체만을 만드는데, B-림프구와 달리 죽지 않고 무한히 살아가면서 단클론항체(monoclonal antibody)를 대량으로 생산할 수 있다.

이 방법의 단점으로는 원하는 하이브리도마를 선별하기 위해서는 각 클론들을 따로 배양해서 검사해야 하기 때문에 노동집약적이고 비용이 많이 든다는 점이다.

항체를 만드는 다른 대안으로 재조합항체(recombinant antibody)가 있는데, 이는 동물이 아니라 세균이나 세포배양을 이용한다.

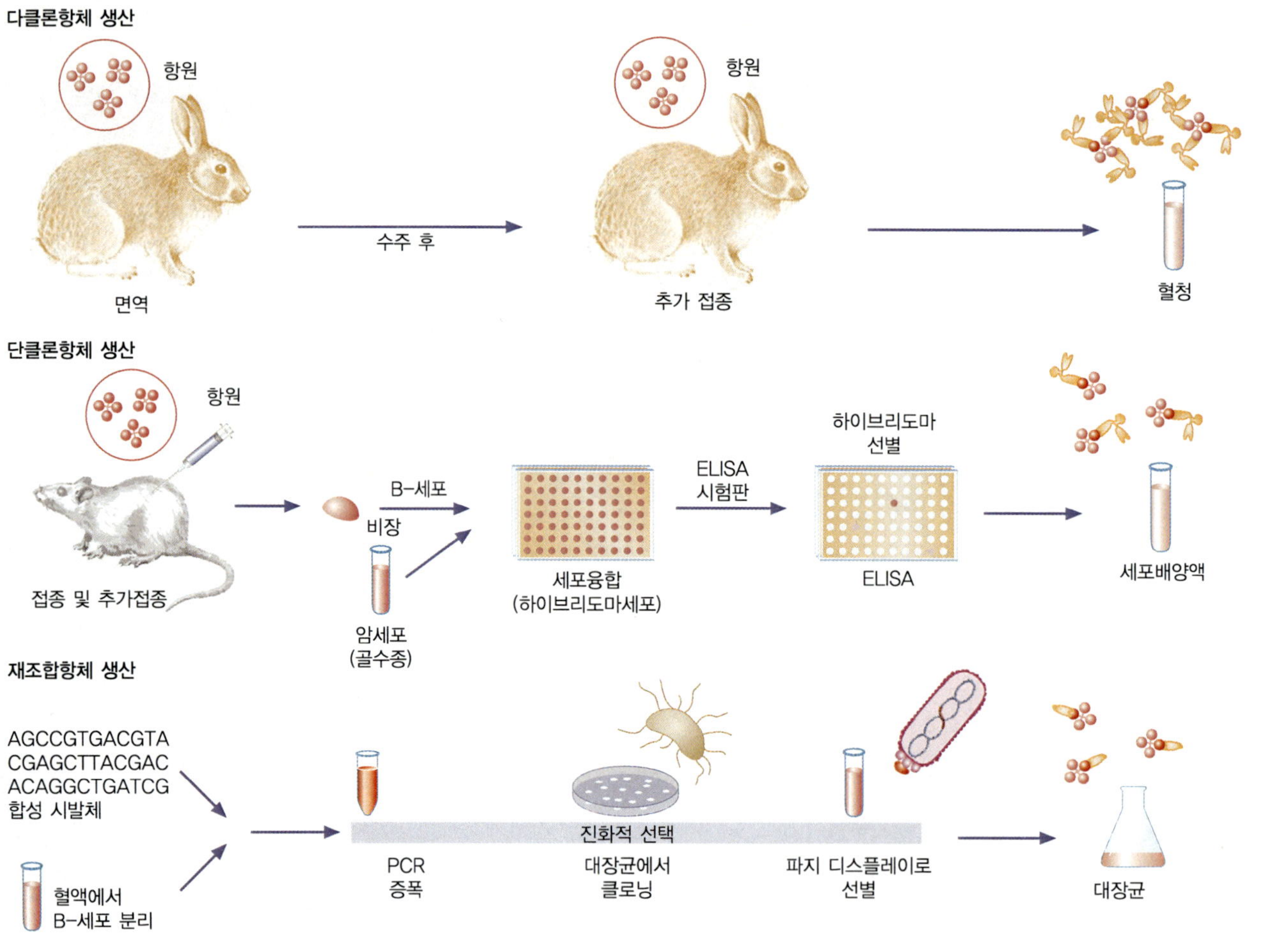

으며, 제너는 의학에 혁명을 불러왔다. 비록 기원전 1,000년경에 천연두 접종법이 활발하게 실시되었다는 기록이 있지만, 제너는 과학적으로 만들어진 최초의 백신(라틴어 *vacca*는 젖소를 의미)을 탄생시킨 것이었다. 하지만 그의 행위는 현재 가장 느슨한 윤리 규정에도 위배되는 것이었으며, 이런 무모한 행위는 파스퇴르도 마찬가지였다(Box 5.5).

최근 생명공학의 발달로 단시간에 위험성이 낮은 백신(vaccine)을 제조하는 것이 가능하게 되었다. 일부 B-세포는 기억세포로 분화하여 동일한 병원균이 다시 감염할 때 신속한 면역반응을 일으킨다. 제너는 우두에서 살아남은 소의 우두를 이용하면 소뿐만 아니라 사람도 평생 천연두에 걸리지 않는다는 것을 제대로 관찰하였다. 다만 제너가 알지 못했던 것은 우두바이러스(cowpox virus)와 천연두바이러스(smallpox virus)의 유연관계가 매우 깊다는 것이었다. 위에서 설명한 것처럼, 혈액 속에 있는 림프구는 항원이 유입되면 다른 세포가 항체를 생산하도록 경보 신호를 보낸다(그림 5.7).

B-세포는 항원과 접촉하고 나서 보조 T-세포의 도움을 받아 활발히 증식한다. 증식하는 자손의 대부분은 항체를 대량으로 생산하여 침입자를 표지하는데, 생산된 항체가 병원균에 결합하면 대식세포가 작용하여 병원균을 파괴한다. 제너의 우두바이러스는 기억 B-세포 생산을 유도하였으며, 이들 기억 B-세포가 구조적으로 유사한 천연두바이러스에 반응하여 빠른 속도로 항체를 생산한 것이다.

이들 기억세포는 면역계에 남아서 관련된 항원에 대한 면역을 평생 유지시킨다.

제너가 운이 좋았던 까닭은 우두바이러스와 천연두바이러스의 표면 구조가 매우 유사해서 우두접종을 하면 해가 적은 우두뿐만 아니라 치명적인 천연두에 대해서도 면역을 갖게 되기 때문이었다. 이 원리를 적용하여 무해한 병원균을 면역계에 노출시킴으로써 생명을 위협하는 병원균의 공격을 막는 것이 가능하게 되었다. 세계에서 마지막으로 천연두에 감염된 환자인 소말리아인 Somali Maow Maalin가 1977년 10월 26일 퇴원하였다. 그 후 2년 간, 세계보건기구(WHO)는 정밀조사를 실시한 후에 천연두 소멸을 선포하였다.

현재 천연두바이러스를 가지고 있는 실험실은 세계에서 단 두 곳인데, 미국 애틀랜타와 러시아 Novosibirsk에 있는 WHO 국제 표준 실험실이다. 남아있는 균주를 유지할 것인가 또는 파괴할 것인가에 대한 논란이 있었다. 생물테러의 가능성을 고려할 때 모든 나라가 천연두 백신을 확보해 둘 필요

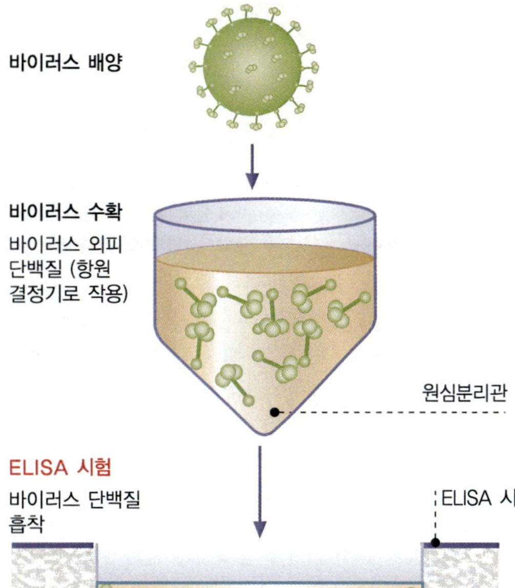
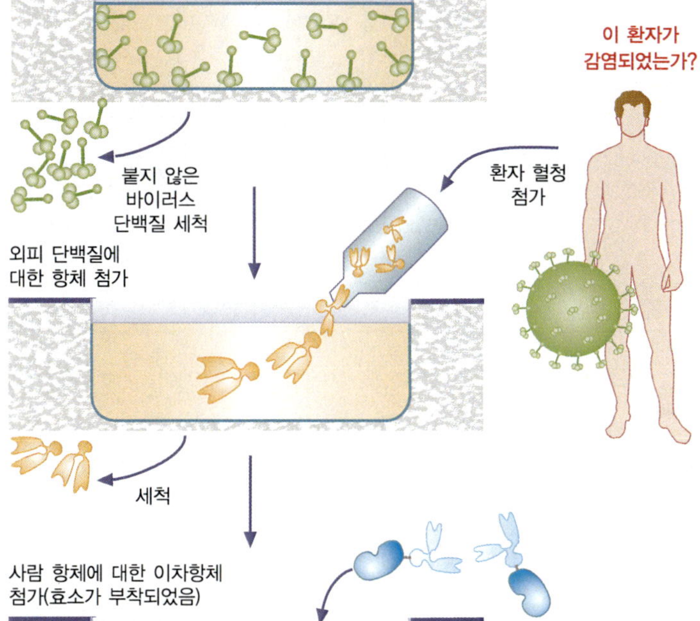
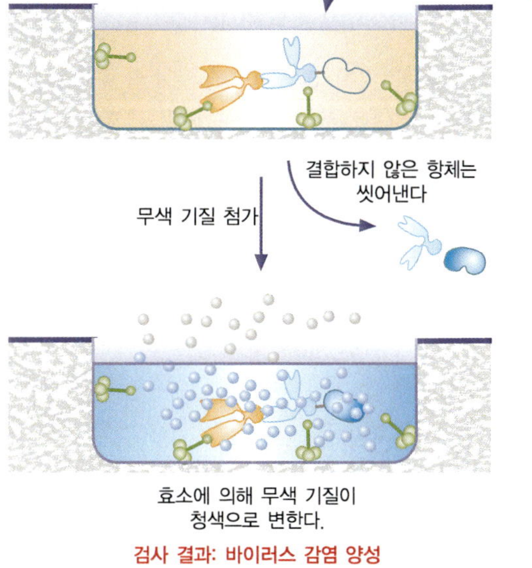

그림 5.20 ELISA 검사법은 바이러스 감염자에게 바이러스에 대한 항체가 생겨났는지를 알려준다.

바이러스 경고

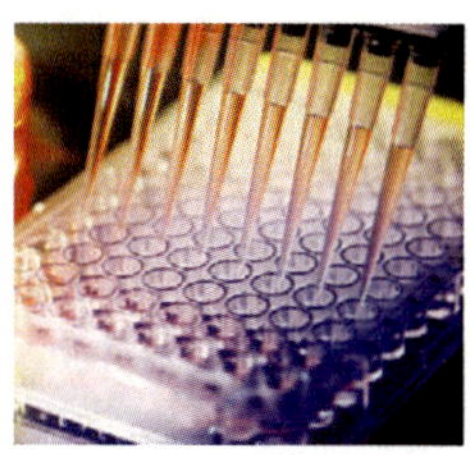

그림 5.21 폴리스티렌 ELISA 시험판의 8×12 = 96개의 구멍 각각에서 항원-항체 반응이 일어난다. 8-채널 피펫을 이용하여 시약을 넣는 그림이다.

Box 5.7 생명공학 역사: 단클론항체

Georges Köhler는 독일 Freiburg에서 수학하였으며 스위스 Basel에서 박사학위를 취득한 후, 1974년부터 2년 동안 Cesar Milstein의 연구실에 합류하였다.

Milstein은 정상 림프구 집락을 배양하여 항체를 만드는 것이 불가능하다는 것을 알고 있었다. 대신 그는 생쥐에서 얻은 골수종 세포(myeloma)를 배양하였다. 골수종 세포는 림프구가 악성종양으로 변한 것인데, 항체를 생산하는 능력을 유지하면서 한없이 증식하는 특성을 지녔다. 만일 이들 세포를 항원 특이성이 알려진 정상 림프구와 융합하여 잡종세포를 만든다면 골수종 세포의 항체와 항원에 특이적인 항체를 함께 생산할 수 있지 않을까? 그들은 면양 적혈구를 항원으로 사용하여 생쥐를 면역하였다. 면역반응이 무르익었을 때 림프구가 많이 들어 있는 비장을 갈아 골수종 세포와 섞은 다음 폴리에틸렌글리콜(polyethylene glycol)을 넣어 세포융합을 유도하였다. 그들은 이렇게 하면 그들이 의도하는 성질을 지닌 잡종세포가 생겨날 것으로 기대하였다.

결과는 그들의 기대에 부응하는 깜짝 놀랄만한 것이었다. Köhler와 Milstein는 그들이 이용한 면양 적혈구에 대한 항체를 생산하는 많은 잡종세포를 얻게 되었다. 잡종세포들은 하나씩 떼어서 배양하여도 죽지 않고 끝없이 증식하면서 클론을 만들었으며, 이들 클론은 조상 림프구의 항원 특이성을 그대로 지니고 있었다. 이들 세포를 하이브리도마(hybridoma)라 한다.

1984년 노벨상을 받은 후 Köhler는 한 인터뷰에서 왜 그들이 개발한 방법을 특허를 출원하여 천문학적인 부를 누릴 기회를 포기했는지에 대해 다음과 같이 말했다. “Milstein 교수님이 의학연구위원회에서 특허를 낼 수 있는 뭔가를 찾았다고 얘기한 적이 있지만 아무런 응답이 없었습니다. 그래서 수고할 것 없이 우리가 개발한 방법을 공개한 것이지요. 우리는 과학자이지 사업가가 아니거든요.

나는 과학자라면 특허를 내서는 안 된다고 생각합니다. 그 당시 우리는 그 문제에 대해 심사숙고하지 않고 마음에서 우러나오는대로 자연스럽게 결정하였습니다. 만일 특허를 출원했다면 내가 돈을 다루는 법과 특허증을 가지고 협상하는 법을 배워야 했을 것입니다. 그랬다면 내 인격은 달라졌을 것이고, 내게는 아무런 도움이 되지 않았을 것입니다.”

Georges Köhler(1946~1995)

Cesar Milstein(1927~2002)

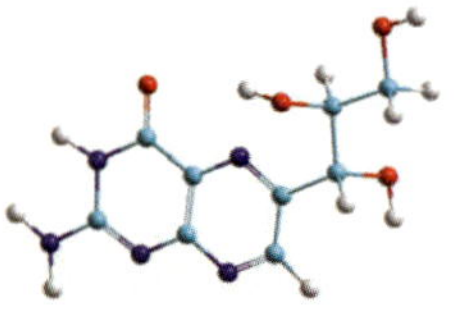

그림 5.22 위: Dietmar Fuchs (오스트리아 Innsbruck 대학교)박사는 바이러스 침입에 대항하여 대식세포가 생산하는 신호분자인 neopterin 연구를 선도하고 있다. Neopterin은 모든 바이러스 감염에서 검출된다.
아래: Neopterin 분자 모형

가 있는 것으로 보인다. 천연두바이러스가 악한의 손에 들어가지 않을 것이라고 어느 누가 장담할 수 있겠는가? 이미 그런 일이 벌어졌을지도 모른다. 따라서 천연두는 사상 처음으로 예방접종을 통하여 소멸된 질병이 되었다.

독일만 하더라도 19세기 초에 매년 50만 명 정도가 천연두에 걸려서 10분의 1이 사망하였으며, 얼굴에 흉터가 남아있는 곰보를 흔히 볼 수 있었다.

우두바이러스처럼 치명적인 질병과 유연관계가 깊으면서도 무해한 병원균이 많지 않은 것은 유감스런 일이다. 백신에 대한 체계적인 연구는 제너 사망 1년 전에 태어난 파스퇴르에 의해서 비로소 시작되었다.

5.6 최근의 예방접종

오늘날 예방접종에 이용되는 백신은 주로 변성독소인 톡소이드나 사멸 또는 약화된 생백신(live vaccine)이다. 유전공학의 발달로 요즘은 변형된 생백신과 펩티드 백신에 대한 연구가 활발히 진행되고 있다.

톡소이드(toxoid)는 병원균이 생산한 독소인데 포르말린을 처리하거나 열처리를 하여 독성을 중화시켜, 인체에 주입되면 독성은 없지만 면역반응을 유발한다. 파상풍 백신과 디프테리아 백신이 여기에 속한다.

파상풍균 *Clostridium tetani*는 토양에 존재하다가 깊은 상처에 감염하여 혈류 속으로 신경독소를 분비한다. 독소는 강직성 마비를 일으키는데, 종종 전쟁터의 병사들에게 소름끼치는 장면을 연출하였다.

파상풍은 추가 접종을 통하여 체내에 충분한 항체를 유지하여 예방하는 것이 좋다.

콜레라, 소아마비, 장티푸스 백신은 세균과 바이러스를 화학적으로 사멸시킨 사균 백신이다. 따라서, 콜레라 백신은 병을 일으킬 수 없지만 중화된 콜레라독소를 포함하고 있기 때문에 면역을 유발할 수 있다.

톡소이드나 사균 또는 생균백신 등은 능동백신(active vaccine)이라 불리는데, 인체 스스로 이들에 대해 항체를 만들어서 자기를 보호하기 때문이다. 이에 비해, 다른 개체에서 만들어진 항혈청 투여는 수동백신에 해당한다.

콜레라 예방접종은 약 90%의 예방 효과를 보인다. 성인과 6세 이상의 어린이는 1~6주 간격을 두고 두 번의 접종을 받는다. 접종 후 8일이 지나면 면역이 생기며 약 2년간 지속된다.

약독화 병원균(attenuated pathogen)을 이용한 약독화 백신은 풍진과 홍역 예방접종에 이용된다. 병원균이 충분히 약독화되지 않으면 치명적인 부작용을 낳는 단점이 있다.

1985년 이래로 유전공학적으로 제조된 백신이 사람과 가축에게 이용되었는데, 소에 발생하는 구제역에 대한 백신이 여기에 속한다. 사람에 대한 최초의 유전공학 백신은 B형 간염 백신이다.

B형 간염 바이러스(hepatitis B virus, HBV)는 DNA 바이러스이다. 이 바이러스는 결핵 및 HIV처럼 전 세계적으로 빈번한 감염을 일으키고 있다. 감염된 사람의 25% 정도가 간경변이나 간암 같은 HBV 후유증으로 사망한다. 동남아시아와 아프리카 사하라 사막 이남에서는 풍토병에 해당한다. 예방접종을 실시한 덕분에 서부 유럽과 미국에서 만성 보균자의 수는 인구의 0.1% 수준으로 감소하였다.

일반적인 방법으로 B형 간염 백신을 제조하는 데에는 큰 문제가 있다. 다른 미생물과 달리 B형 간염바이러스는 일반적인 배지나 수정란에서 배양이 되지 않는다. 따라서 감염자나 보균자의 혈액을 이용하여 백신을 제조한다. 정제 과정 중 바이러스는 대부분 파괴되는데, 여기서 단백질만 분리한 다음 외피 단백질을 정제한다. 이렇게 얻은 외피 단백질을 주사하여 면역반응을 유도한다.

물론 감염 혈액을 가지고 일하는 것은 위험하다. 따라서 실험실원은 모두 예방접종을 맞아야 하며, 작업은 격리된 실험실에서 수행되어야 한다. 또한 백신을 제조할 때마다 살아있는 바이러스가 오염되어 있을 가능성을 배제하기 위해 침팬지로 감염 검사를 실시해야 하기 때문에 문제는 매우 복잡해진다. 윤리적인 문제 때문에 침팬지마저 구하기가 힘들다.

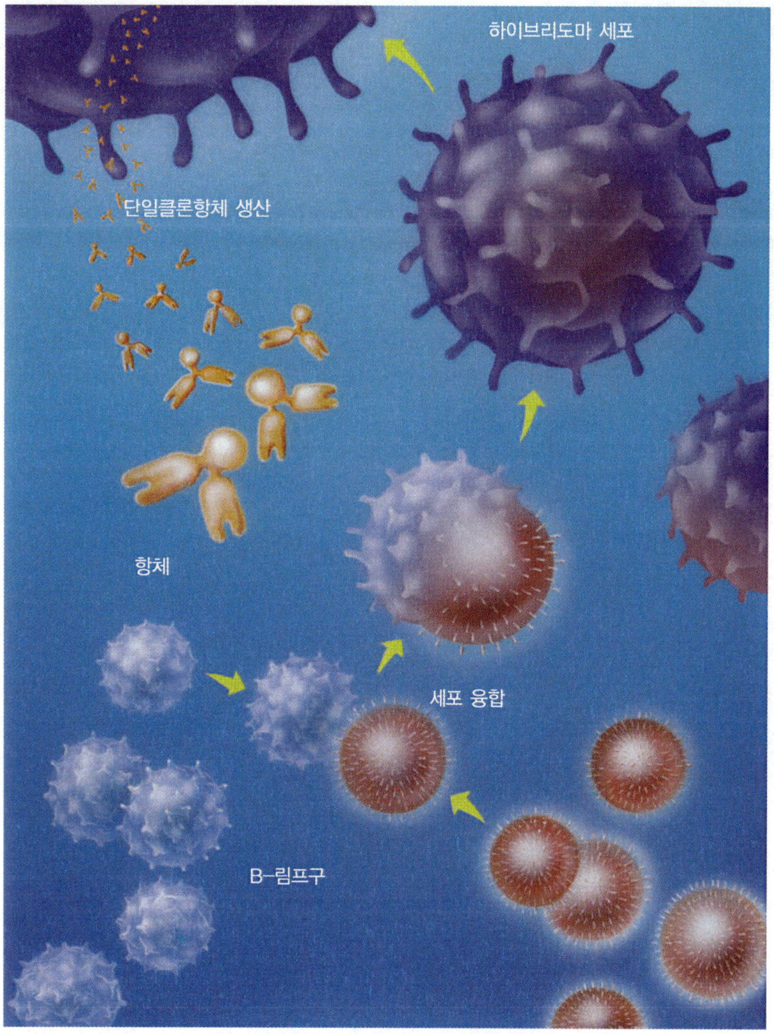

그림 5.23 단클론항체를 생산하는 하이브리도마 만들기: 생쥐의 비장에서 분리한 림프구와 암세포가 된 면역세포인 골수종세포를 융합한다(폴리에틸렌글리콜이나 전기융합을 이용). 하이브리도마는 림프구의 항원 생산 능력과 암세포의 불멸성을 동시에 지니고 있다. 배양 중인 하이브리도마는 클론으로 자라면서 배지 속으로 동일한 단클론항체를 분비한다.

이와 같은 방식으로 백신을 제조하는 데 거의 1년이 걸리기 때문에, 자연백신의 양은 제한적일 수밖에 없으며 오직 고위험군에만 투여된다.

유전공학을 이용한 새로운 간염 백신에는 유전적으로 변형된 효모나 포유동물 세포를 이용한다. 효모는 진핵생물이다. 원핵생물인 대장균을 이용하여 생산된 백신은 효율적이지 못했는데, 세균에서 만들어지는 단백질은 당화과정(glycosylation)을 거치지 않기 때문이다(3장 참조).

DNA 백신은 유전자 연구의 부산물이다. 동물에 DNA를 주입하는 실험에서 주입된 DNA에서 유래한 단백질이 종종 알레르기를 유발하였는데, 이는 면역반응이 일어났음을 의미하는 것이다.

항원(antigen)은 단백질이기 때문에 면역반응을 유발하는 표면 단백질을 동정하게 되면, 그 단백질을 암호화하는 바이러스 유전자를 알아낼 수 있다.

그림 5.24 다클론항체는 토끼와 염소에서 대량으로 얻을 수 있다. 저자는 상하이 염소에 항원(심장마비 인자인 FABP)을 주입하여 다클론항체를 생산하였다. 단클론항체 제조에는 특별한 종류의 생쥐가 이용된다.

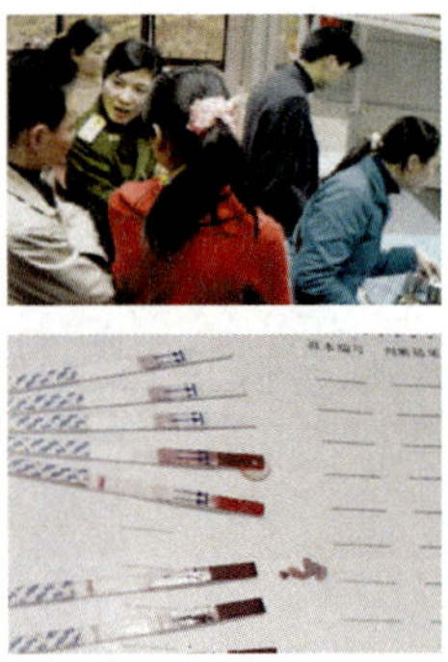

그림 5.25 광저우(Guangzhou) 혈액은행에 줄을 선 헌혈자들. 매독과 간염 검사를 간단하게 실시하여 양성으로 나오면 헌혈에서 제외된다.

이 유전자를 제빵 효모, 포유동물 세포 등 해가 없는 세포에 주입하여 단백질을 대량으로 생산한다. 이 방법에는 또 다른 장점이 따르는데, 제조 백신에 바이러스가 오염되는 일이 없다.

5.7 생백신

북유럽, 일본, 호주, 그리고 소수의 태평양 제도를 제외하고는 광견병은 세계 곳곳에서 창궐하였다.

유럽 삼림지대에 사는 여우들은 "생명공학적인" 방법으로 광견병바이러스에 대한 면역을 갖게 되었다. 이는 그들의 먹이가 생백신(live vaccine)으로 덮여있기 때문이다. 최근에 제조되는 생백신에는 우두바이러스(*Vaccinia*)와 같이 인간에게 무해한 바이러스가 이용되어 항원 유전자를 전달하는 매개체(vector)가 된다. 우두바이러스의 이중가닥 DNA는 180,000 염기쌍으로 이루어져 있다.

1982년 이 바이러스 DNA 가운데 커다란 두 부분이 없어도 증식에 문제가 없음이 밝혀졌다. 따라서 이 부분에 원하는 항원 DNA를 삽입할 수 있다. 항원 효과를 지닌 외피 단백질을 암호화하는 유전자를 이 부위에 넣어도 매개체 바이러스의 포유동물 세포 감염력에는 이상이 생기지 않는다. 이런 방식으로 20가지의 항원 유전자를 동시에 넣을 수 있다. 이때 이들 유전자가 성공적으로 단백질 발현을 할 수 있도록 작동 유전자를 일치시키는 것이 바람직하다(그림 5.14). 이 방법은 동물실험에서 성공적이었으며, B형 간염, 광견병, *Herpes simplex*, 독감의 표면 항원을 동시에 발현하였다.

HIV 백신(HIV vaccine)은 2005년 초에 임상 2기에 들어갔다. 이 백신은 일반 감기바이러스인 아데노바이러스에 "MRKAd5 HIV-1 gag/pol/nef"의 3가지 유전자를 넣은 3가(trivalent) 백신이다. 변형된 바이러스는 감기를 일으키지 못하지만 3가지 합성 유전자를 성공적으로 전달한다. 발현되는 HIV 단백질은 아무런 해를 가하지 않지만, 주입된 개체에서 면역반응을 유발하게 된다.

식용백신(edible vaccine)은 현재 논란을 불러일으키고 있다. 7장에서 유전자 도입 식물을 공부하게 된다. 청색 색소가 들어간(그림 7.53참조) 바나나 또는 감자를 섭취하면 경구용 백신처럼 소화기를 통해 면역계에 유입될 것이다.

5.8 단클론항체

1975년 8월 7일 세계가 깜짝 놀랄 결과가 발표되었다. 아르헨티나의 군사 독재정부를 피해 캠브리지로 건너간 Cesar Milstein(1927~2002, Box 5.7)과 독일 과학자 Georges Köhler(1946~1995)가 단클론항체(monoclonal antibody) 생산법을 발표한 것이다. 단클론항체는 동일한 분자 구조와 동일한 항원 특이성을 가진 순수한 항체로서, 생화학적 분석과 의학적 진단에 새로운 시대를 열었다. 두 과학자는 Niels Kai Jerne(1911~1994)와 함께 1984년 노벨상을 공동 수상하였다. 그들의 방법은 항원을 주사한 생쥐의 비장(spleen)세포와 골수종세포(myeloma)를 융합하여 하이브리도마(hybridoma)를 만든 다음 원하는 하이브리도마를 선별하는 것이다(Box 5.6). 이 발명이 혁명적인 이유는 항원에 특이적인 단클론항체를 원하는 만큼 대량으로 얻을 수 있기 때문이다.

특정 구조를 분자적인 수준에서 인지하는 면역계의 독특한 특성은 여러 가지로 활용될 수 있다.

오페라 광들은 Carl Maria von Weber의 "Freischutz"에 나오는 마법의 탄환(magic bullets)이 항상 표적만을 찾아가는 것을 기억할 것이다(그림 5.27).

Paul Ehrlich도 그런 마법의 탄환을 꿈꾸었는데, 현대 의학에서 단클론항체가 바로 그런 도구로서 진단 목적으로 널리 이용되고 있다.

예를 들면, 바이러스가 감염하면 인체는 이에 대항하여 항체를 생산하는데, 바이러스 검사는 이 항체를 또는 바이러스 자체를 검출하여 이루어질 수 있다. 감염자의 체액 속 바이러스 검사에 단클론항체가 이용된다(바이러스 검출을 위한 ELISA 검사, 5장 참조). HIV와 간염에 대해서는 이런 검사가 이미 일상화되었다(그림 5.20, 5.21).

바이러스에 대한 항체를 검출하기 위해서는 수

주가 지나야 하는데, 면역계가 의미 있을 정도의 항체를 생산하는 데에 시간이 걸리기 때문이다. HIV 감염 직후에는 음성 결과를 얻게 된다.

홍콩에 사스(SARS)가 발발하였을 때, **중합효소 연쇄반응(polymerase chain reaction, PCR)**을 이용하여 바이러스를 빠르고 확실하게 검출하는 것은 매우 까다로운 일이었다. 왜냐하면 PCR의 민감성 때문에 공기 중의 오염물질도 검사에 영향을 미치기 때문이다. 감염되지 않은 건강한 사람들이 사스 양성 결과로 인하여 (위양성) 입원하였다가 오히려 병원에서 사스에 걸리기도 하였다.

바이러스뿐만 아니라 다른 병원균 심지어 자기 세포 표면의 병적 구조에 대해서도 유사한 일이 발생한다. 예를 들어, 어떤 암세포는 정상세포에는 없는 특이한 분자를 발현한다. 이들 분자는 면역계에 의해 암항원으로 인지되기 때문에 암 표지자라 부른다. 그런 암 표지자(tumor markers)에 대한 단클론항체를 이용하면 생겨난 암의 위치와 크기를 판정할 수 있어, 치료 방법에 대한 더 나은 결정을 내릴 수 있다(수술을 할 것인지 아니면 방사능 치료를 할 것인지).

환자의 혈관에 주입한 단클론항체에는 방사능 물질이 표지되어 있기 때문에 항체가 결합한 암세포를 찾아낼 수 있다.

항체는 인체의 구석구석 어디나 돌아다닐 수 있다. 이 때 인체에 방사능 노출을 최소화하기 위하여 저준위 방사성 물질이 이용되며, 측정기는 매우 민감하여 이 저준위 방사능의 농도와 위치를 정확하게 측정한다. 단클론항체는 화학요법을 개선하는 데에도 이용될 수 있을 것이다.

현재 화학요법의 문제는 아무리 좋은 약이라 하더라도 독성이 강하다는 것이며 암세포만 표적으로 삼지 않는다는 사실이다. 따라서 부작용을 피할 수 없다.

독성이 있는 약제를 단클론항체에 결합하면 표적세포로만 향하는 마법의 탄환을 만들 수 있다.

이 분야에서 최초로 성공한 치료제는 단클론항체 rituximab인데 이는 유전공학적으로 변형된 항체로서 비호지킨 림프종(non-Hodgkin's lympho-ma) 치료에 쓰인다.

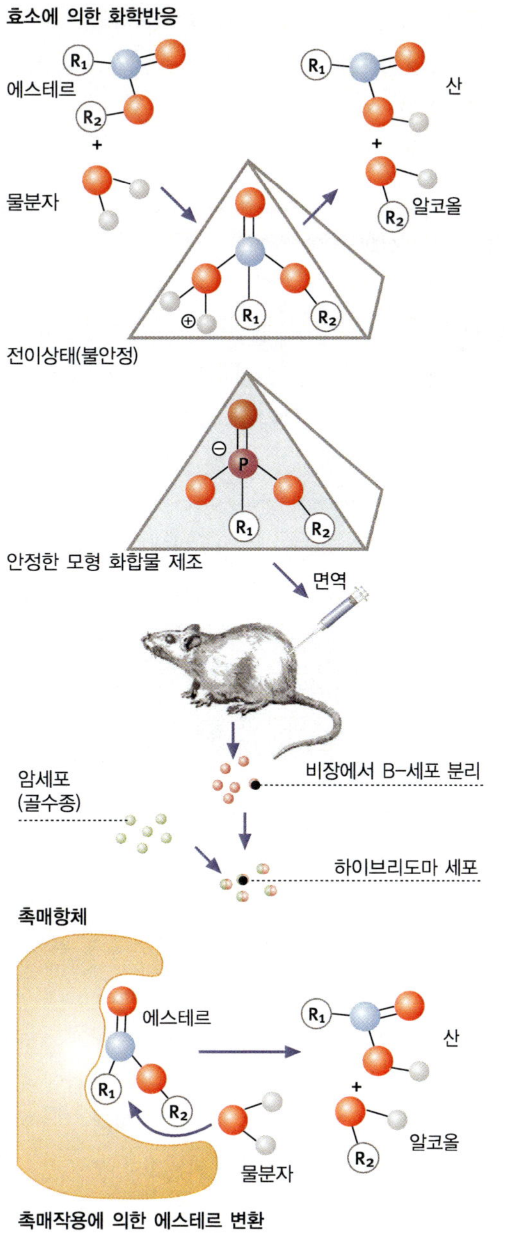

그림 5.26 에스테르 가수분해를 매개하는 촉매항체 제조 (왼쪽 그림).
아래: 화학합성을 통해 이뤄지는 Diels-Alder 반응을 매개하는 효소는 자연계에 없다. 반응하는 두 물질은 불안정한 중간 복합체(그림에서 빨간색)를 잠시 형성했다가 이산화황과 최종산물로 분해된다. 효소는 중간 생성물을 안정화한다. 효소로 기능하는 항체를 만들려면 화학적으로 안정한 중간 생성물이나 이를 닮은 모형 화합물이 있어야 한다.

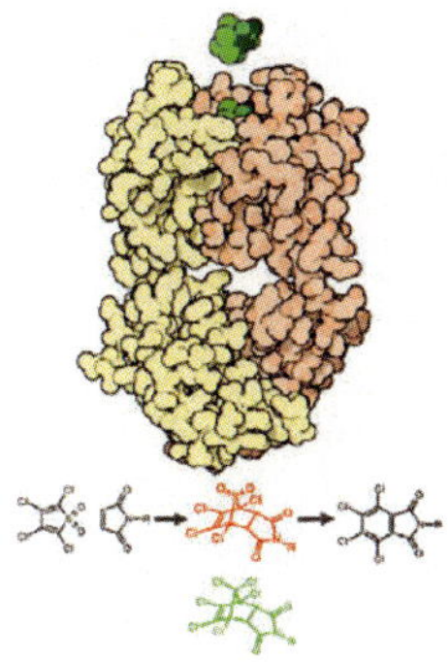

녹색으로 표시된 것이 그런 모형 화합물이다. 이를 생쥐에 주사하여 면역반응을 유발한다. 비록 진정한 효소만큼 효율적이지는 않으나, 생성된 항체는 효소반응을 수행한다. 그림은 항체의 두 "손"을 위에서 본 것을 묘사하였다.

Paul Ehrlich가 마법의 탄환에 대한 개념(그림 5.33)을 고안한 지 100년이 지나서 그의 꿈이 실현된 것으로 보인다. 그는 항체의 작용을 수용체와 곁사슬(side chain) 즉, 열쇠와 자물쇠의 관계로 생각하였기 때문에 고도로 선택적인 약제 개발의 기초가 될 것이라고 믿었다.

현재 더욱 흥미로운 약제가 개발되고 있다. **이중 특이성을 지닌 항체(bispecific antibody)** 한 분자는 서로 다른 두 항원에 결합할 수 있다. "인간화된(humanized)" 항체에는 사람과 생쥐의 항체가 섞여 있다.

그림 5.27 오페라 "Der Freischutz"에 나오는 악마인 Samiel이 요즘 있었더라면 마법의 탄환이 아니라 단클론항체에 의해 쓰러졌을 것이다.

효소 활성을 지닌 항체(**촉매항체, catalytic antibody, abzyme**)는 항체의 무한한 다양성과 효소의 촉매 능력이 결합되어 있다.

5.9 촉매항체

항체가 효소로 작용할 수 있을까? 항체와 효소의 분자 결합 방식이 비슷하다는 사실(유도적합, induced fit)에 착안하여 Richard Lerner(캘리포니아 Scripps 병원)박사가 이끄는 연구진은 촉매 기능을 지닌 항체 제조를 고안하였다.

효소는 기질에 결합하는 것이 아니라 기질의 **전이상태(transition state)**에 결합하여 활성화 에너지를 현저하게 낮춘다(2장 참조). 효소와의 결합으로 전이상태는 안정화되며 반응에 소요되는 에너지는 줄어든다. 효소반응의 평형에 도달하는 시간도 10^9 만큼 단축될 수 있다.

기질의 전이상태에 결합하는 항체(antibody against transition state)를 만들 수 있다면, 그 항체가 효소 반응을 촉매할 수 있을 것이라는 것이 고안의 핵심이다. 항체를 만들려면 실험동물에서 면역반응을 일으키는 항원이 있어야 한다. 그러나 기질의 전이상태는 아주 불안정하기 때문에 충분한 양의 전이상태 분자를 마련하여 실험동물에 주사하기는 불가능하다. 이 문제 해결을 위해 실제 기질이 전이상태에 있을 때 갖게 되는 화학적인, 공간적인 구조를 완벽하게 닮았으면서도 동시에 안정한 모형을 화학적으로 제작하였다(그림 5.26).

여기 한 가지 예가 있다. 에스테르가 가수분해될 때, 에스테르는 평면 구조이고 반응 산물인 산과 알코올도 평면 구조이지만 전이상태의 분자는 4면체 구조(원자들이 4면체의 중심과 꼭지점에 위치한다)를 형성한다. 에스테르는 전기적으로 중성이지만, 전이상태는 양전하와 음전하가 있어 극성을 유지한다.

모형 화합물에서는 에스테르의 중심에 있는 탄소 원자를 인(phosphorus)으로 대체하였다(그림 5.26). 모형 분자는 불안정한 전이상태의 기하학적 구조와 전하분포를 꼭 닮았지만 안정된 구조이다. 이 분자를 운반체에 부착한 다음 생쥐에 주사하여 성공적으로 면역반응을 유도하였다. 이 생쥐를 이용하여 하이브리도마를 제작하였고, 모형 화합물에 결합하는 클론을 선별하였다.

이렇게 얻은 다양한 단클론항체에 에스테르를 넣었을 때 일부는 아무런 반응을 나타내지 않았다. 아마도 이들은 전이상태와 무관한 부분에 결합하였기 때문일 것으로 추정된다. 그러나 다른 항체들은 효소반응을 천 배나 빨리 촉진하였다.

Diels-Alder 반응은 화학적으로 매우 흥미로운 현상이지만, 반응을 매개하는 효소는 자연에 존재하지 않는다. 그럼에도 불구하고 이 반응을 매개하는 촉매항체를 합성하는 것이 가능하였다.

5.10 재조합항체

항체의 항원결합부위가 작을수록 항체를 이용할 수 있는 응용범위가 넓어진다. 유전자 활용 기술 이전에는 항체를 획득하려면 동물에 항원을 주사하여 다클론항체를 만들거나 하이브리도마 기술을 통하여 단클론항체를 제작해야 했다(Box 5.6).

최근에는 실험동물이 아닌 세균이나 세포배양을 이용하여 항체를 만드는 것이 가능해졌다. 이 시험관(*in vitro*) 항체는 주로 항원결합절편(Fab fragment, fragment of antigen-binding)으로만 이뤄져 있다. 지금까지 Fab 절편은 온전한 항체에 단백질분해효소를 처리하여 얻었는데, 이제는 유전자 재조합으로 대행하는 것이다.

항체의 항원 결합에 중요한 부위는 가변부(variable region)이다. 불변부(constant region)와 달리, 가변부에는 이황화결합이라는 연결다리가 없기 때문에 다른 방법으로 두 개의 가변부를 연결하여야 한다. 보통 연결 펩티드를 이용하여 한 가닥의 단백질 사슬을 만드는데, 이것이 단일사슬 Fv 절편(single-chain Fv fragment, scFv, Box 5.3, 우측 하단)이다. 여기에 특정 분자를 연결하여 생화학적 성질이나 표면 결합 특성을 변화시킬 수 있다.

면역계가 항체를 무한정 공급할 수 있는데, 왜

Box 5.8 전문가의 견해: Frances S. Ligler: 항체를 활용한 독극물 감지장치

2001년 9월과 10월 미국에서 몇 건의 탄저가 발생하였다. 이로 인하여 생물방어(biodefense)와 생물방위(biosecurity)의 개념이 생겨났으며, 나아가 생물안전(biosafety)의 개념 속에 농업기술과 의학기술의 발달이 초래할 수 있는 영향을 포함시켰다. 미국 질병관리본부(The Center for Disease Control, CDC)는 우선 생물학적 테러 병원체(bioterrorism agent)를 정의하고 분류하였다. A 등급 병원체는 공중 보건에 악영향을 줄 가능성이 크면서 광범위하게 전파될 가능성이 높은 병원체이다. 이에는 탄저균(*Bacillus anthracis*), 천연두바이러스(*Vaccinia*), 흑사병균(*Yersinia*), 보툴리누스균(*Clostridium botulinum*), 야토병균(*Francisella tularensis*), 그리고 출혈열 바이러스(Ebola와 Marburg viruses) 등이 있다.

인체는 위험한 분자와 병원균을 매우 정교한 방법으로 인지할 수 있다. 가장 잘 알려진 방어기구는 항체이다. 항체가 지닌 가장 큰 매력은 인지할 수 있는 분자의 다양성과 특이성이다. 하지만 효소와 달리 항체는 결합한 분자(항원)를 변환시키지 못한다.

어떻게 신호를 발생시킬 것인가?

항원-항체 반응이 일어났는지를 알기 위해서는 표지물질이 필요하며, 표지물질에서 나오는 신호를 탐지하고 정량화하려면 감지장치(센서, sensor)가 있어야 한다.

ELISA와 임신진단 시약 등은 이미 시판되고 있다. 임신진단시약에서 소변 속의 융모생식샘자극호르몬(human choriogonadotropin, HCG)을 탐지하는 검출 항체에 금입자(colloidal gold)를 표지하였다. 이는 필요할 때 실시하는 일회용 검사이다.

하지만, 예를 들어 생물테러 공격에 대비하여 계속적으로 주변을 감시하는 것이 가능할까? 항체를 이용한 감지장치 개발작업은 1975년과 1985년 사이에 수립된 두 가지 기술 덕분에 크게 도약하였다.

하나는 광학기기와 전자기기에 항체를 접합하여 맨눈보다 훨씬 민감하게 항원 결합 여부를 읽어내는 것이었다.

다른 하나의 개념은 항체가 수용액에서 항원과 반응하는 것이 아니라 감지장치에 고정된 상태로 항원에 결합할 수 있다는 것이다.

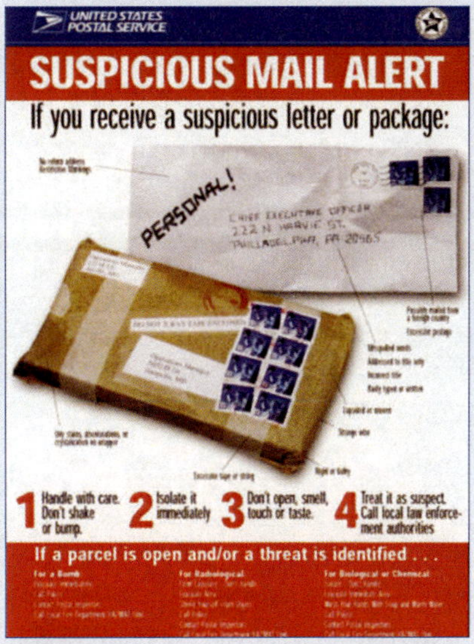

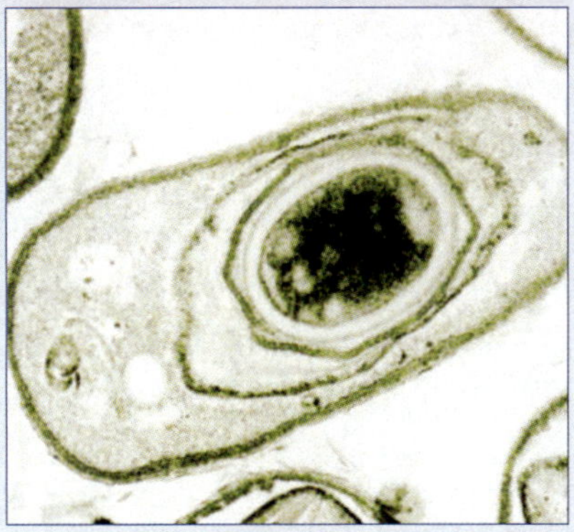

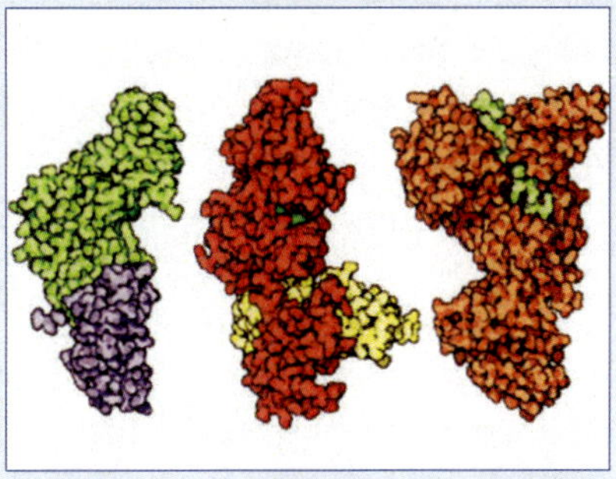

최근에 일어난 일련의 사건으로 인하여 탄저를 이용한 생물테러의 가능성이 높아졌다. 탄저는 저항성이 뛰어난 아포를 형성하기 때문에 장기 보관이 쉽고 흡입되면 치명적인 감염을 일으키기 때문에 효율적인 테러 물질이다. 탄저는 비교적 큰 세균인 *Bacillus anthracis*가 일으킨다. 아포가 피부나 폐에 자리를 잡게 되면 재빨리 발아하고 성장하여 치명적인 독소를 생산한다. 독소는 3가지 성분으로 이뤄져 있는데, 최대의 독성을 나타내도록 구성되어 있다. 3가지 성분은 방어항원(protective antigen, 그림의 왼쪽)", 부종인자(edema factor, 그림의 중간), 그리고 치사인자(lethal factor, 그림의 오른쪽)이다.
방어항원은 탄저백신에 이용되기 때문에 그렇게 불리며, 다른 두 인자를 표적세포에 전달하는 역할을 한다. 부종인자와 치사인자는 세포를 죽이는 독성을 지니고 있다.

다이오드 레이저(diode laser), 발광 다이오드(light-emitting diode), 광전 다이오드(photodiode), CCD 및 CMOS 카메라, 그리고 다른 저렴하고 소형인 광학기기와 전자기기가 개발되어 감지장치 개발작업을 크게 발전시켰다. 그러나 고형장치에 고정시킨 후에도 항체가 기능을 유지할 수 있도록 하는 문제를 최우선적으로 해결해야 했다. 1980년대 후반, 저자는 이 문제 해결에 커다란 공헌을 하였다.

어떻게 항체의 기능을 유지할 것인가?

IgG 분자는 Y-자 모양이며 Y-자의 두 "팔"이 항원 결합 부위이다. 따라서 과학자들은 항체의 "다리" 부위를 감지장치의 표면에 고정시킨다면 두 "팔"은 시료 속에서 자유롭게 움직일 것이라고 생각했다.

이를 위해 두 가지 방법을 시도하였는데, 항체의 탄수화물 사슬을 부착에 이용하거나 항체에 파파인과 같은 효소를 처리하여(3장 참조) 노출된 thiol-기를 부착에 이용하는 것이었다. 비록 두 가지 방법이 약간 성공적이었으나 항체 고정에서 나타나는 두 가지 심각한 문제를 해결하지는 못했다. "달걀 프라이" 효과와 "걸리버" 효과.

"달걀 프라이" 효과

다른 단백질과 마찬가지로 항체는 고체의 표면에 흡착하는 성질이 있다. 단백질의 외부에 위치한 친수성 부위와 고체의 소수성 표면과의 상호작용은 처음에는 약하지만, 시간이 지남에 따라 단백질 내부의 소수성 부위가 표면과 강력하게 결합하게 된다. 날계란의 소수성 노른자를 친수성 흰자가 감싸고 있다고 생각하자. 껍질을 깬 달걀을 뜨거운 프라이팬에 떨어뜨리면 흰자가 퍼지면서 노른자는 프라이팬에 매우 가깝게 접근한다. 항체에 이런 구조적인 변화가 일어난다면 항원과 결합하는 최적의 형태는 아닐 것이다. 달걀 프라이 효과를 피하기 위해서는, 센서 표면을 최대한 친수성으로 만들어 항체와의 결합을 최소화해야 한다.

조나단 스위프트(Jonathan Swift)의 소설 "걸리버 여행기"에 보면 Lilliput 해변에서 잠에서 깬 걸리버는 소인들이 수많은 밧줄을 이용하여 자신을 모래사장에 묶어둔 것을 알게 된다. 그는 팔다리를 움직일 수 없다. 항체를 센서 표면에 부착하는 초기 방법들은 가교분자(crosslinking molecules)를 사용하여 항체를 센서의 여러 곳에 결합시키는 것이었는데, 이로 인하여 항체의 팔이 지닌 항원 결합 기능이 제한을 받았다. 이상적인 가교제(crosslinker)는 항체를 센서의 몇 부분에만 부착시켜야 한다. 그것도 항체의 다리 부분만을 이용해야 한다.

소인들에 의해 Lilliput 해변에 묶여있는 걸리버

1980년대 후반, 저자가 이끄는 연구진은 특별한 가교제를 이용하여 항체를 친수성 필름으로 가공된 센서 표면에 부착하였다. 그들이 사용한 이중 기능을 가진(heterobifunctional) 가교제의 한 쪽 끝은 항체에만 달라붙고 다른 쪽은 가공된 센서에만 부착하였기 때문에, 항체가 잘못하여 서로 달라붙는 일은 발생하지 않았다.

Silane 필름과 이중 기능 가교제는 재빨리 확산되어 사용되었으며, "달걀 프라이 효과"는 발생하지 않았다.

걸리버 효과

저자들은 항체 고정에서 나타나는 걸리버 효과를 해결할 수 있는 두 번째 돌파구를 마련하였다. 비타민 B계열인 비오틴(biotin)과 달걀 흰자 단백질인 아비딘(avidin) 사이의 강한 결합은 잘 알려져 있다. 비록 저자들이 처음으로 비오틴을 매개로 하여 항체를 아비딘 표면에 결합시킨 것은 아니지만, 저자들은 항체 분자 하나에 단지 2~3개의 비오틴을 붙여서 항체의 기능을 최적화하였다. 이렇게 항체를 센서 표면에 부착하는 방법은 몇 가지 장점이 있다. 아비딘은 항체와 센서 표면 사이에서 아주 훌륭한 친수성 쿠션으로 작용하여 "달걀 프라이 효과"를 방지하였다. 또한 교차결합의 수를 제한하였기 때문에 "걸리버 효과"도 생기지 않았다. 게다가 항체에 달라붙는 비오틴의 수를 제한하였기 때문에, 항체의 활성 부위 손상을 최소화하였다.

고정된 항체를 이용한 바이오센서

항원-항체 결합을 감지하는 장치는 이제 믿을 수 없을 정도로 정교해졌으며, 작동도 간편하고 신뢰도도 높은 편이다. 예를 들어, 최초로 야전에서 사용된 광섬유 바이오센서는 무게가 150파운드에 달했으며, 수동으로 액체를 조작하였고, 시료는 한 번에 한 표적만 검사하였다. 하지만 현재 시판되는 광섬유 바이오센서는 자동화 기기이며, 여덟 가지 표적을 동시에 검사할 수 있으며, 공기 시료 채취기가 부착된 상태로 등에 짊어질 수 있다. 이 기기를 변형하여 하중이 10파운드인 무인 경비행기에 장착하면 대기를 날아다니면서 병원성 세균을 감지할 수 있다.

이들 면역센서는 다음의 간단한 원리를 이용한다(큰 그림 참조). 유리 표면에는 아비딘-비오틴 결합을 통하여 포획항체(capture antibody)가 부착되어 있다. 유리는 광섬유나 단순한 슬라이드 글라스를 이용한다. 유리가 물로 덮여 있는 경우, 2개의 굴절률이 작용한다. 레이저 빔은 유리를 통과하여 지나갈 수 있는데, 빔이 임계각(critical angle) 이하로 입사하게 되면 광선의 TIR (total internal reflection)이 일어난다. 이 때 유리 표면에서 순간파(evanescent wave)가 발생하는데, 이 순간파는 수용액을 100nm만큼 침투한다. 이 깊이는 정확히 탐지항체가 작용하는 구역이다. 포획항체가 항원을 포착하게 되면 형광 추적자(tracer)로 표지된 탐지항체가 포착된 항원에 결합하여 샌드위치를 형성한다.

순간파가 형광 추적자를 흥분시키면 형광을 발하면서 항원이 탐지되었음을 알린다. 검출된 형광 신호는 여과되고 증폭된다. 한편, 부착하지 않은 탐지항체에서는 이런 일이 일어나지 않는데, 이들은 순간파 영역 외부에 위치하기 때문이다.

Frances S. Ligler

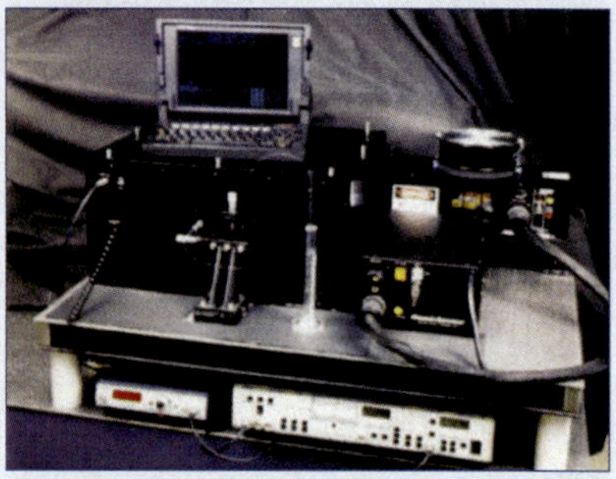

항체에 기반한 바이오센서인데, "사막의 폭풍(Desert Storm)" 작전에 배치되었다(무게 150파운드, 수동식, 커다란 레이저와 전자장치)

BioHawk: 들고 다닐 수 있는 공기 시료 채취기 겸 테러 병원체 감지장치

제비(*Swallow*): 공기 시료 채취기(앞쪽에 돌출한 튜브)와 항체기반 바이오센서를 탑재한 무인 감시기

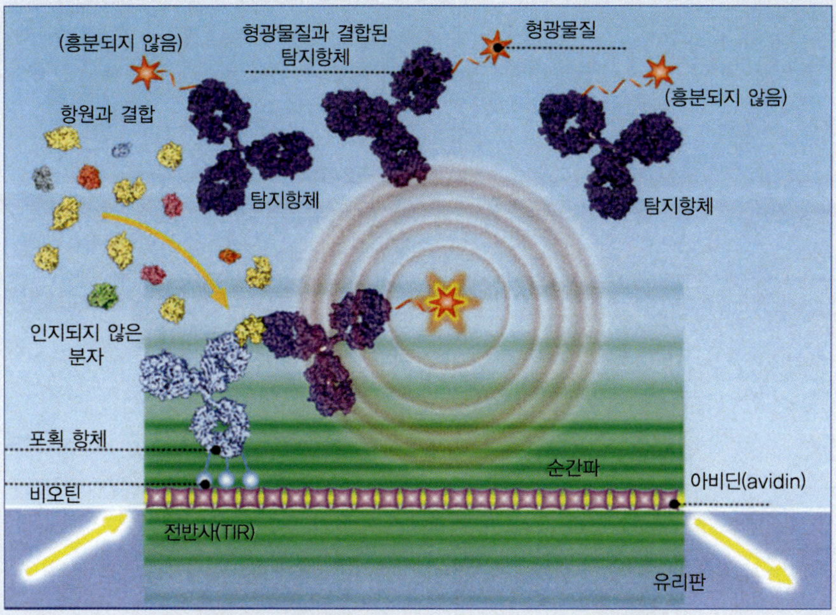

면역센서에서는 순간파가 탐지항체에 표지된 형광 추적자를 흥분시킨다(자세한 설명은 본문 참조).

이들 면역센서의 민감도는 10억 분의 1 이상으로서 이는 올림픽 수영장에 약품이나 폭약 한 숟가락을 넣은 것과 같은 수준이다.

어레이 바이오센서(**array biosensor**)는 여러 표적을 동시에 감시하기 위한 목적으로 개발되었다. 이것은 여러 종류의 항체를 바둑판처럼 점배열한 평판이다.

여기에 시료와 형광 추적자를 반응시키면 어떤 점의 항체는 형광 복합체를 형성하게 되는데, 표적의 정체는 형광을 발하는 위치를 조사하면 알 수 있다. 형광 신호의 세기는 시료에 존재하는 표적에 대한 정량적인 정보를 제공한다.

항체 기반의 바이오센서 사용자들은 작용 원리보다 작동의 간편성과 가격에 더 많은 관심을 갖게 되었다. 요즘은 간편하게 사용할 수 있도록 작은 배관을 이용하는 미세유체역학(microfludics)을 접목하는 추세이다.

광학의 발전으로 말미암아 센서의 민감도 증가 및 크기와 비용의 감소가 가능해졌다. 실리콘 기술의 발달은 우수한 집적화 광도파관(integrated optical waveguides)을 만들어서 복잡한 정보를 분석할 수 있게 하였다. 특이한 항체 결합이 오래 지속되는 한, 단일 광자 검출기 어레이(arrays of single photon detectors)를 이용하면 한 가지 표적을 제대로 검출할 수 있다.

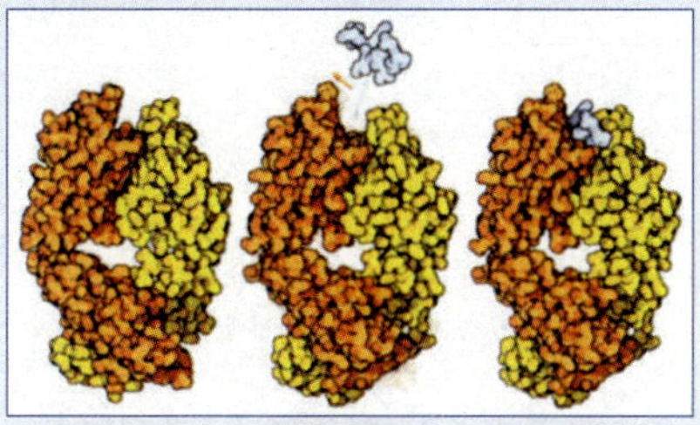

항체의 분자 인지 원리

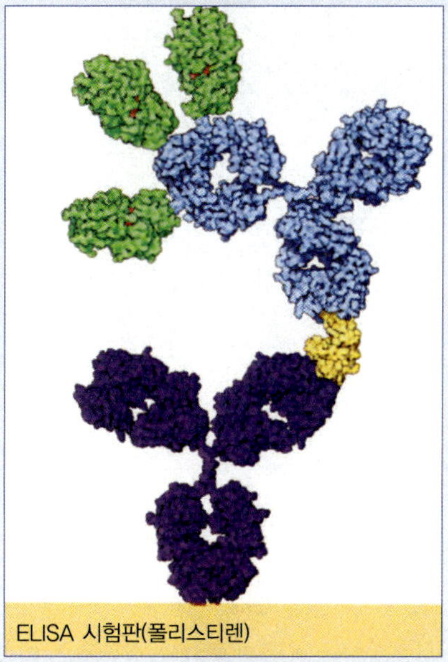

ELISA(Enzyme-linked Immunosorbent Assay): ELISA판에 고정된 포획항체가 항원을 잡게 되면 여기에 효소로 표지된 탐지항체가 달라붙어 "샌드위치" 구조를 형성한다. 세척 후 무색인 기질용액을 넣으면 항원 농도에 비례하여 발색 산물이 생성된다.

유기 LEDs, 트랜지스터, 광다이오드와 같은 유기 중합체를 기반으로 만드는 장치 또한 흥미로운 분야이다. 왜냐하면 이러한 장치는 생물학적 인지 성분 및 중합체를 기반으로 한 미세유체역학에 쉽게 접목할 수 있어서, 집적화되고 저렴한 일회용 센서를 만들 수 있기 때문이다.

항체를 기반으로 한 새로운 바이오센서는 높은 민감도와 함께 여러 방면에서 효용성을 입증하였다. 농산물의 잔류 농약, 균질화된 식품의 독소와 병원균, 임상 검체 속의 질병 표지자, 물과 공기 속의 생체 위협 물질 등의 검출과 감시가 그러한 예이다.

분석 생명공학 덕분에 우리는 더욱 안전한 삶을 누릴 수 있게 되었다.

저자 Frances Ligler 박사가 100마일 산악 경마 대회(미국 Tevis Cup)에 참가하고 있다. 이 경주는 Sierra Nevada 산맥에서 열린다. 그녀는 과학 연구와 경마를 통하여 산에 오르기를 즐긴다.

Frances S. Ligler는 현재 해군 소속의 바이오센서 및 생물재료 연구소에서 책임 연구원으로 활동하고 있다. 그녀는 미국 공학회 생물공학 분과 회원이다. Furman 대학교를 졸업하고 Oxford 대학교에서 박사 학위를 취득하였다. 현재 그녀는 바이오센서와 미세유체역학을 연구하고 있다. 특허 24개와 290편 이상의 과학 논문을 저술하였으며, 이들은 4,000번 이상 인용되었다. 그녀는 대통령상을 비롯하여 수많은 상을 수상하였다.

인용문헌:

Ligler FS, Taitt CR (2002) *Optical Biosensors: Present and Future.* Elsevier Science, NY

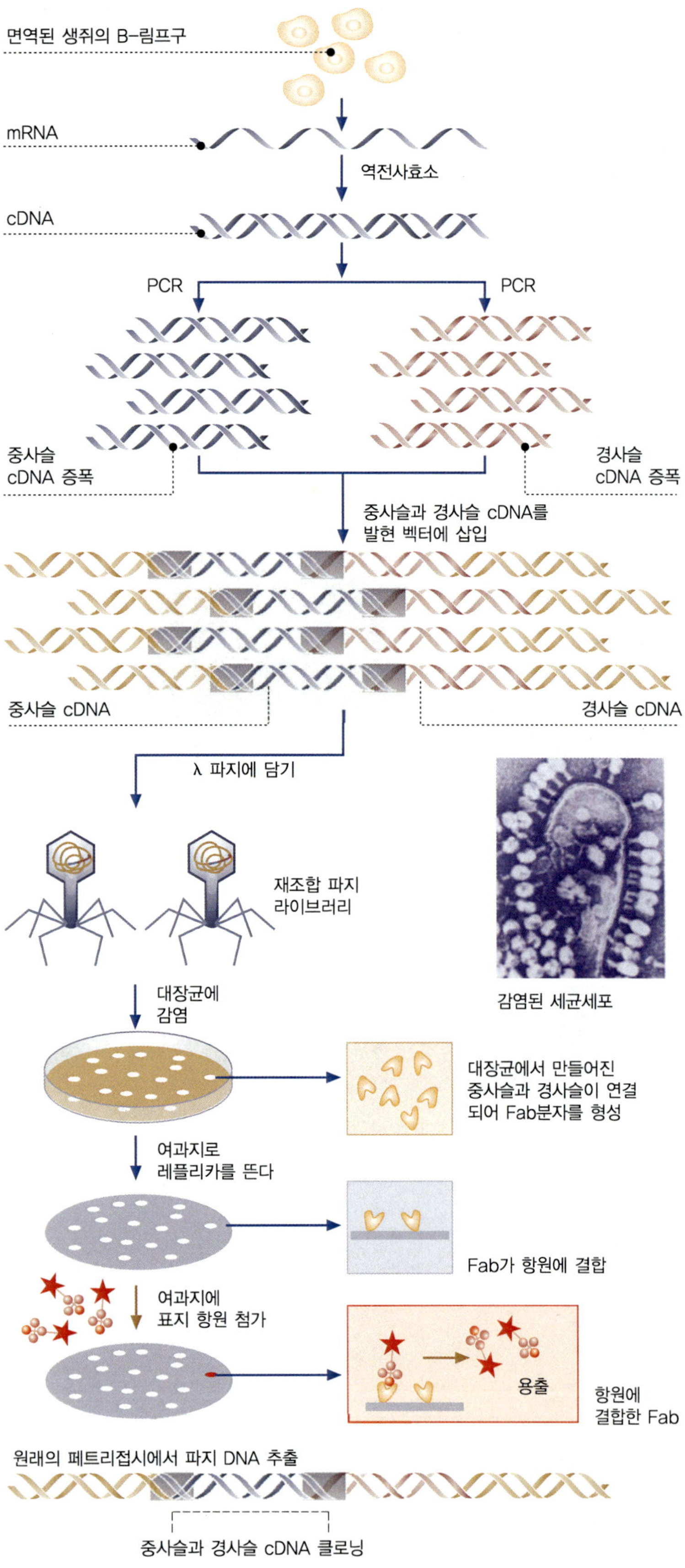

그림 5.28 재조합항체 라이브러리 제조

재조합항체(recombinant antibody)를 만들어야 하는가? 동물 애호가들은 동물이나 사람을 연루시키지 않고 항체를 만들 수 있다는 소식에 몹시 기뻐할 것이다. 이는 광견병, 간염, 에이즈가 관계된 경우에 더욱 그러하다.

재조합항체는 클론에서 유래하는 특이 항체이므로 물론 단클론항체이다.

대장균을 이용한 항체 생산은 하이브리도마 세포배양과 비교할 때 시간과 비용 면에서 유리하다. 게다가 서열분석, 유전자 변형 등 대장균으로 확립된 일련의 기술을 모두 적용할 수 있다.

5.11 재조합항체 라이브러리

골수종 세포와 비장세포를 융합하여 매우 성공적인 하이브리도마를 만들더라도 기껏해야 수십 가지 또는 수백 가지의 항체를 얻는다. 우리의 면역계가 생산하는 항체의 특이성이 1억 가지에 달한다는 사실을 고려하면, 이는 별로 인상적이지 않다. 어떻게 하면 이 막대한 가능성을 이용할 수 있을까?

기본적으로 비효율적인 세포융합을 피하는 방법은 항원을 면역한 생쥐의 비장에서 성숙한 mRNA를 추출하는 것이다(3장 참조). 여기에는 인트론(intron)이 빠진 채 엑손(exon)만이 들어있다. 역전사효소를 이용하여 단일사슬 mRNA로부터 이중사슬의 cDNA(complementary DNA)를 만든다. 그런 다음, PCR(10장 참조)을 통하여 항체의 경사슬과 중사슬 cDNA의 수백만 복사체(copy)를 만든다(그림 5.28). cDNA에 제한효소를 처리하여 점착성 말단을 만들어 λ 파지에 들어가는 벡터에 끼워넣는다. 이렇게 하면 중사슬(H-chain)을 포함한 라이브러리와 경사슬(L-chain) 라이브러리가 만들어진다. 이 두 라이브러리를 다른 재조합 파지 라이브러리(phage library)와 재조합한다. 그러면 가끔씩 경사슬과 중사슬 cDNA가 들어있는 파지가 생겨난다. 이들을 대장균으로 가득한 페트리 접시에 넣고 파지 감염을 유도한다.

이런 방법으로, 하이브리도마 기술에 비해 적어도 수천 배나 많은 종류의 항체를 얻을 수 있다.

5.12 파지 디스플레이 – 차세대 혁명

면역계의 B-림프구는 항체 유전자 조각들이 들어 있는 커다란 "배낭"에서 독특한 방식으로 유전자 조각을 선택하여 항체를 만든 다음 세포막 표면으로 내보낸다. 거기에 달라붙는 항원과 보조 T-림프구가 생산한 IL-2는 B-림프구를 자극하여 세포분열을 유발한다(클론 확장, clonal expansion). 따라서 항체는 림프구 내부에 있는, 선택된 유전자를 가리키는 "번지수" 역할을 한다고 볼 수 있다.

즉, 수많은 B-림프구 가운데서 원하는 항체를 표면에 발현하는 B-림프구를 확보하면, 해당 유전자를 추출해 낼 수 있다는 말이다. 이는 그리 어려운 일이 아니다.

세균에서 해당 유전자를 확인하기 위하여, "번지수"를 읽어내는 것은 유전공학자들의 오랜 꿈이었다.

이 꿈은 1985년 George P. Smith(1941~, 그림 5.30, 미국 미주리대학교)박사에 의해 실현되었다. 그는 세균이 아니라 M13이라는 파지에서 그 답을 찾았다. λ 파지(3장 참조)와 마찬가지로, M13은 막대형이지만 유전체는 훨씬 작다. M13 유전체는 원형의 단일가닥 DNA이며, 캡시드 단백질과 숙주 감염에 필요한 몇 개의 유전자만 가지고 있을 뿐 숙주 유전체 삽입에 필요한 유전자는 가지고 있지 않다.

M13은 성섬모(sex pilus, F-pilus)를 통하여 대장균에 단일가닥 DNA를 주입한다. 이 DNA는 세균에서 이중가닥을 만드는 주형으로 작용하며, 파지 DNA는 세균 유전체에 삽입되지 않은 상태로 100~200 복사체를 만든다. 세균이 증식하면 딸세포들은 DNA 복사체를 나눠 갖는다.

M13은 숙주를 죽이지 않고 성장만 저하시키기 때문에 "사려깊은" 파지이다. 단일가닥 DNA 복사체가 막대모양의 단백질 캡시드에 들어가 파지 입자가 완성되면 바이러스는 세포 밖으로 방출된다. 막대 모양의 캡시드는 2,700여 개의 pVIII 단백질로 구성되어 있다. 주목할 만한 점은 막대의 한 쪽 말단에는 pVII 단백질과 pIX 단백질이, 다른 말단에는 pIII 단백질과 pVI 단백질이 각각 5분자씩 자리잡고 있다는 것이다(그림 5.29).

이것이 특별한 이유는 *pIII* 유전자에 외부 서열

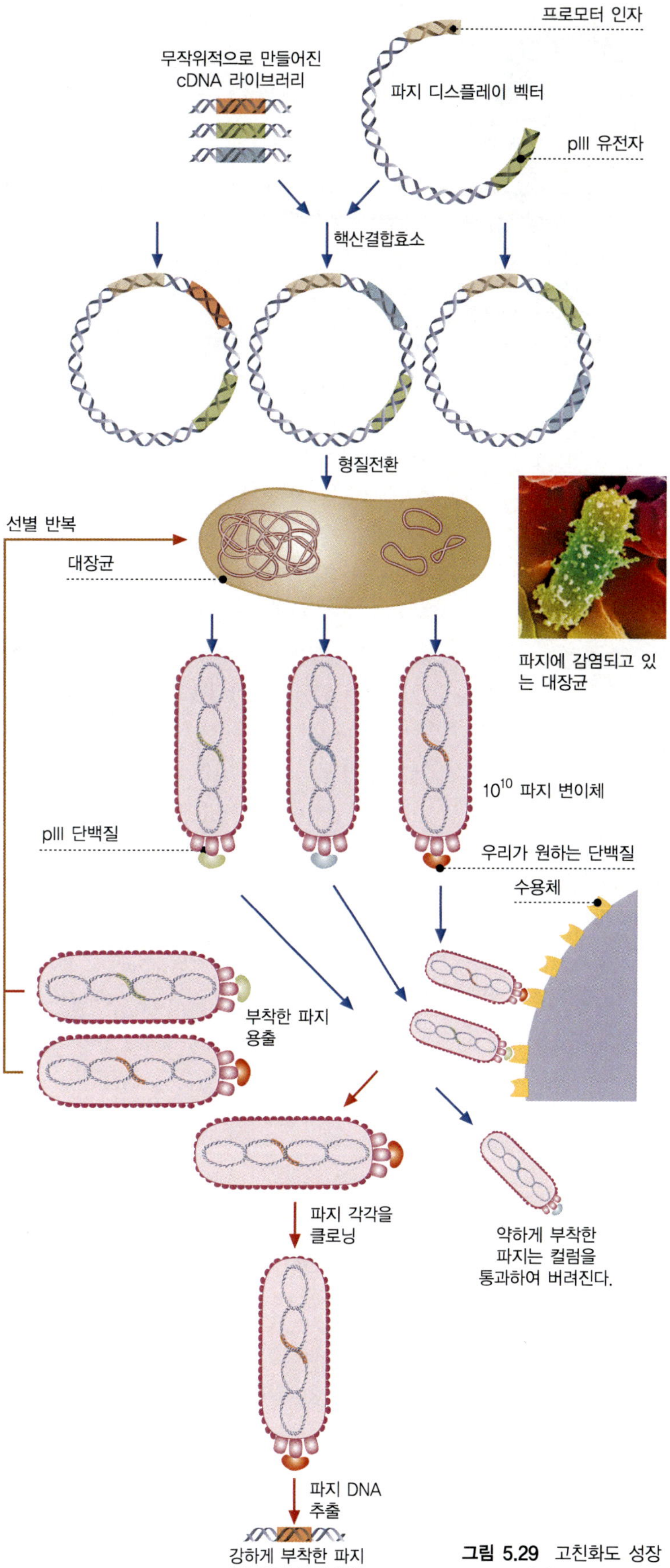

그림 5.29 고친화도 성장 호르몬 탐색

그림 5.30 George P. Smith는 M13파지를 이용하여 파지 디스플레이 기술을 개발하였다.

이 삽입되어도 기능을 갖기 때문이다. 즉, 외부 유전자가 *pIII* 유전자에 삽입되면, 파지 캡시드에 외부 단백질이 함께 발현되는 것이다.

실제 그러하다! 파지 디스플레이(phage display)라 불리는 이 방법을 처음 적용한 곳은 강력한 생장 호르몬 유전자 탐색이었다.

5.13 파지 디스플레이를 이용한 고친화도 성장호르몬 생산

인간의 성장호르몬 수용체(hGH receptor)에 더 잘 결합하는 성장호르몬(hGH)을 탐색하는 일은 계속되어 왔다(그림 5.29). hGH에서 수용체에 결합하는 펩티드 서열은 이미 알려졌기 때문에, 그 부위에 다른 아미노산을 암호화하는 "변형된" 뉴클레오티드를 제조하였다. pIII-hGH 융합 단백질을 만들기 위해, 이들 hGH 유전자 변이체를 M13 벡터(vector)의 *pIII* 유전자 옆에 삽입하였다. 이렇게 만들어진 라이브러리를 대장균에 넣어서 융합 단백질을 발현하도록 하였다.

즉, M13 파지는 캡시드 껍질에 정상적인 pIII 단백질과 결합한 hGH를 생산하는 것이다. 파지 각각은 한 종류의 hGH 변이체만을 드러내는데, 가장 적합한 것을 어떻게 찾아낼 것인가?

hGH 수용체를 단단히 붙인 라텍스 입자를 가득 채운 컬럼(이에 대한 자세한 정보는 3장 "고정항체를 이용한 인슐린 정제" 참조)에 여러 종류의 파지가 섞여 있는 배양액을 통과시켰다. 표면에 hGH가 없는 파지와 약하게 결합하는 파지는 그대로 컬럼을 빠져나가지만, 수용체에 강하게 결합하는 파지는 컬럼에 남게 되는데 이들을 약산성 용액으로 떼어냈다(그림 5.29).

이렇게 선택된 파지는 다시 대장균에 재감염시킨 후에 컬럼 정제 과정을 다시 거쳤다. 이 과정을 6번 반복하여 파지 변이체 가운데 가장 친화도가 높은 파지를 골라냈다. 초강력 파지 클론을 획득하여 DNA 서열을 확인하는 방법으로 개선된 성장호르몬을 생산한 것이다. 이는 단백질 설계(protein design)의 한 예이다(2장, 3장 참조).

이 혁명적인 방법이 항체에도 적용될 것인가? 물론이다! 항체의 scFv 분절에 대한 유전자를 항체 라이브러리에서 마련하여 M13 파지에 삽입하였다. 파지는 대장균에서 증식하면서 항체 분절을 마치 "번지수"처럼 바깥에 발현하였다. 원하는 항체는 패닝(panning) 과정을 통해 선택되는데, 패닝은 사금 채취판으로 사금을 골라내던 작업에 비유하여 붙인 이름이다. 이제 암세포를 향한 새로운 골드러시가 시작되었다.

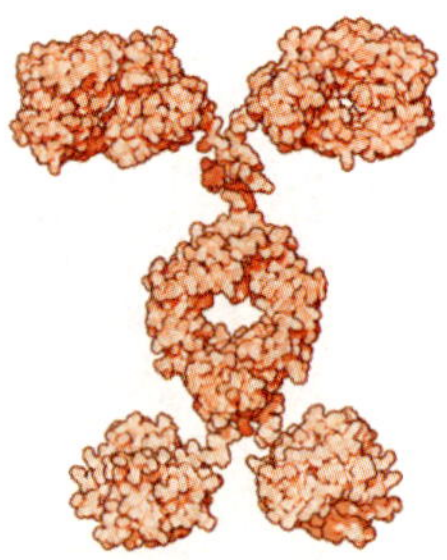

그림 5.31 면역독소: 면역독소(빨간색)는 Y-자 모양의 항체에 리신이 결합한 것이다. 면역독소가 백혈병 B-세포 표면의 항원에 결합하면 리신은 (가지가 3개 달린 상자 구조의 clathrin을 통해) 세포를 뚫고 세포질 속으로 들어간다.

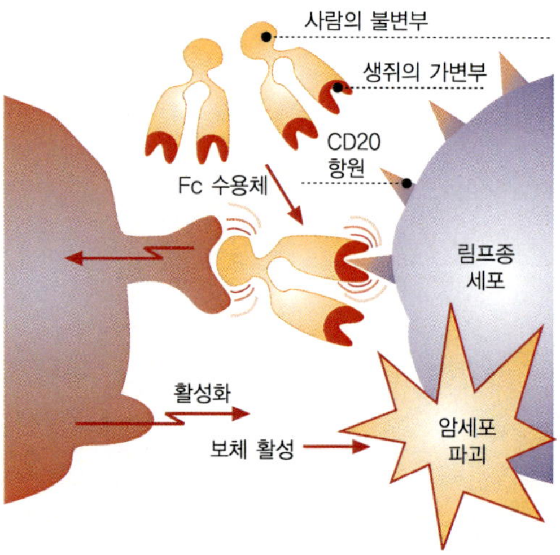

그림 5.32 Rituximab 작동 원리의 모식도

5.14 암환자의 새 희망 – 재조합항체 Rituximab

"크루즈 미사일 원리로 작용하는 새로운 항암치료법을 상상해 보라. 자동탐색 탄두를 가진 초현미경적 로켓이 혈관주사를 통해 몸으로 발사된다. 로켓은 건강한 정상 세포는 건드리지 않고 암세포만 골라서 파괴한다. 이런 신비의 무기는 아직 존재하지 않지만 가까운 장래에는 가능할 것이라는 강한 징후가 있다." 이런 취지의 글이 1981년 *Wall Street Journal*에 실렸는데, 이 신문은 좀처럼 허황된 소리를 하지 않는다.

현재 암세포 표면에 발현된 암세포 항원에 특이적으로 결합하는 단클론항체가 몇 종류 개발되었다. 암진단에서는 방사성 동위원소로 표지된 항체를 사용하지만, 암치료에는 리신(ricin)과 같은 맹독성 세포독소로 표지된 항체를 사용한다. 세포 하나를 죽이는 데는 리신 한 분자면 충분하다(그림 5.31).

단클론항체는 세포독소 운반체일 뿐만 아니라 세포독소가 배달되는 "우편번호"를 가지고 있다. 특정 암세포에 대한 첫 번째 시도는 매우 고무적이었다. 그러나 이 방법이 병원에서 일상적으로 쓰이려면 많은 문제가 해결되어야 한다. 독소를 암세포로 가져간다는 것이 반드시 독소가 세포 속으로 들어가서 독성을 발하는 것을 의미하지 않는다. **항체독소복합체(면역독소, immune toxin)**가 세포로 들어가는 기전이 완전히 이해되지 않았고, 많은 암세포의 변이체가 지닌 암항원이 아직 확인되지 않았기 때문에 그들에 대한 단클론항체가 마련되어 있지 않다.

비록 리신과 세균 독소가 암세포를 잘 죽이기는 하지만, 간과 신장에 독성이 있으며 강렬한 면역반응을 일으킨다. 인체가 생산하는 **RNase**를 독성으로 사용하는 대안이 있다. RNase 한 분자는 세포 하나를 죽이기에 충분하지만, 항체에 의해 세포 속으로 유입되었을 경우에만 그러하다. 사람에서 유래한 면역독소는 혈액 속에 들어가면 독성과 면역원성을 잃는다. 더 나은 암세포 표면 항원이 발견되면 상황은 달라질 것이다.

장차 암항원과 면역세포에 대한 특이성을 가진 **이중 특이성 항체(bispecific antibody)**가 대안이 될 수도 있다. 독소나 방사성 동위원소가 붙어있지 않지만, 이들은 예를 들어, 살해 T-세포를 끌어들인다. 이 경우, 인체의 면역계가 암세포를 쉽게 볼 수 있기 때문에, 지니고 있는 무기를 암세포로 향하게 한다.

2004년 한 해의 재조합항체 판매는 미화 17억 달러에 달했다. 300,000명의 환자가 **rituximab**(-mab은 단클론항체를 나타낸다)로 치료를 받았다. Rituximab은 비호지킨 림프종(non-Hodgkin's lymphoma, NHL)의 선택제제이다.

NHL은 림프조직에서 발생한 악성 종양으로서, 림프절, 비장, 가슴샘, 아데노이드(adenoid), 편도선, 골수 등에 영향을 미친다.

Rituximab은 비호지킨 B-림프종의 90% 이상에서 발견되는 특이 항원 CD20에 결합한다. Rituximab은 CD20을 표면에 발현하는 세포에 여러 가지 방법으로 결합하여 면역계를 자극하여 암세포를 죽인다(그림 5.32).

그것은 다른 세포에는 해를 입히지 않고 CD20 항원을 가진 세포만 공격하기 때문에 다른 항암요법에 비해 뛰어나다. 이러한 이유로 환자들의 rituximab에 대한 순응도가 높다.

Rituximab은 인간화된 재조합항체(humanized recombinant antibody)이다. CD20에 달라붙는 부분만 면역한 생쥐에서 유래하였고 90%에 달하는 항체의 나머지 부분은 사람의 것이다. 이것이 rituximab이 외부 물질로 인식되어 면역반응을 일으키지 않는 이유이다.

2006년의 rituximab 및 이에서 파생된 약제의 판매고는 미화 20억 달러에 달하였다. Rituximab은 다발성 경화증(multiple sclerosis, MS)의 일부에도 효험이 있는 것으로 드러났다. 현대 면역학 기술이 수십억 달러 어치의 진단과 치료 시장을 개척한 것이다. 에를리히의 꿈이 실현된 것이다(그림 5.33).

에를리히는 특정 병원체에만 나타내는 선택적인 독성을 강조하여 이러한 약제를 마법의 탄환이라 하였다. 첫 번째 마법의 탄환은 salvarsan 또는 arsphenamine으로 알려진 화학요법제이다. 이것은 1909년 에를리히와 Sahachiro Hata에 의해 개발되었다(그림 5.33). 독일 이름은 라틴어 *salvare*(구하다)와 *sanus*(건강한)에서 따온 것이며, 영어 이름의 arsenic은 "치료용 비소"로 해석할 수 있을 것이다. 그것은 약제 연구에서 획기적인 일이었으며, 처음으로 표적성 항미생물제제를 가지고 감염성 질환을 치료하였다. Arsphenamine의 효용성은 주사 한 번으로 매독과 같은 질병을 치료한 데서 잘 드러나고 있다.

현대 면역요법이 에를리히의 꿈인 마법의 탄환을 실현시키고 있다.

이제 나아갈 방향은 어디인가? 세포 배양용 장치의 용량이 한계에 달하여, 유전자 이식 동물에서 항체와 항체 분절을 제조하는 일이 늘어나고 있다(7장, 8장 참조).

새로 나온 치료약을 쓰지 않는 사람은 오래 된 병을 참고 있어야 한다 – 프란시스 베이컨(1561~1626)

FDA에서 허가한 재조합항체

현재 400여 건의 임상 연구가 진행 중에 있으며, 그중 42건은 벌써 임상 3기 또는 2/3기에, 174건은 임상 1기 또는 1/2기에 있다(Stefan Dubel, 2005년 5월).

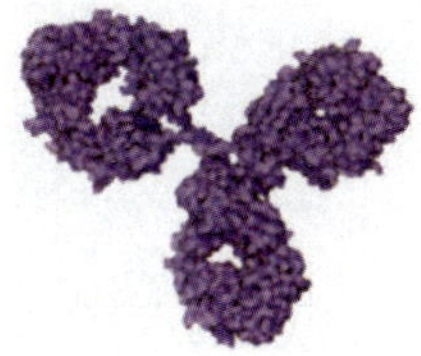

Avastin: 대장 혹은 소장암
Herceptin: 유방암
Humira: 류마티스 관절염
Leukosite: B-세포 백혈병
Mylotarg: 급성 골수성 백혈병
Raptiva: 건선
Synagis: 호흡기세포융합바이러스(Respiratory Syncytial Virus, RSV) 감염
Tysabri: 다발성 경화증
Xolair: 알레르기성 천식
Zenapax: 이식 신장 거부반응
Cotara: 여러 종류의 암
Erbitux: 장암
Remicade: 류마티스 관절염, 크론씨 병(Crohn's disease)
Reopro: 혈액 응고 방지
*Rituximab*과 *Alemtuzimab*: 비호지킨 림프종
Simulect: 이식 신장 거부반응
Zevalin: 림프종, 류마티스 관절염

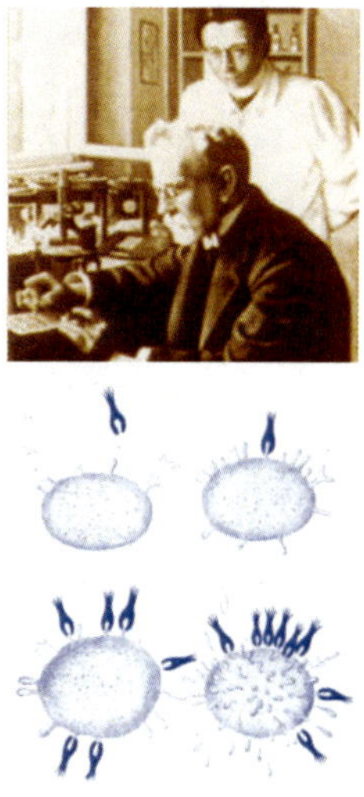

그림 5.33 위: 일본인 제자 Hata와 Paul Ehrlich 아래: 에를리히의 곁사슬 이론(side chain theory)

자가진단을 위한 8가지 문제

1. 바이러스성 감염이 항생제로 치료되지 않는 이유는?
2. RNA 바이러스가 숙주 DNA와 반응하는 방법은?
3. 제너와 파스퇴르가 그들의 예방접종 실험을 요즘 실시한다면 어떤 일이 일어나겠는가?
4. 살해세포는 바이러스가 숙주세포에 침입한 것을 어떻게 알아내는가?
5. 단클론항체와 다클론항체를 제조하는 방법은? Milstein과 Köhler가 내놓은 기발한 아이디어는 무엇인가?
6. 항체의 높은 특이성과 효소의 촉매 기능이 결합될 수 있는가?
7. 어떻게 유전자 번지수가 바이러스 표면에 위치할 수 있으며 이것이 어떤 방법으로 단백질 최적화에 이용될 수 있는가?
8. 항암치료에 항체를 이용할 수 있는 방법은?

참고문헌

- Cann A (2005) *Principles of Molecular Virology* (4th edn.) Academic Press New York. In my opinion, the best textbook on this subject. Cann explains: that there is more biological diversity within viruses than in all the rest of the bacterial, plant, and animal kingdoms put together.
- McKane L, Kandell J (1996) *Microbiology* (2nd edn.) McGraw-Hill, New York. Colorful and easy-to read-textbook, highly recommended.
- Goldsby RA, Kindt TK, Osborne BA and Kuby J (2003) *Immunology*, 5th edn., W.H. Freeman, New York. Reliable introduction in immunology.
- Sompayrac LM (2002) *How Pathogenic Viruses Work*, Jones and Bartlett. A survey of 12 of the most common viral infections, good reading.
- Sompayrac LM (2002) *How the immune System Works* (2nd edn.) Blackwell Cambridge. From same author. again., a good read!
- Dübel S (2006) *Recombinant therapeutic antibodies* (*Mini-review*) Appl Microbiol Biotechnol. DOI 10.1007/s00253-006-0810-y. Short and very informative review, comprehensible even for newcomers.
- Dixon B (1994) *Power Unseen: How Microbes Rule the World*. WH Freeman/ Spektrum Oxford NY Heidelberg, Very amusing and interesting reading!

웹사이트

- Great resources:
  www.microbe.info and
  www.microbiology-direct.com
- Microbes on the Move: Alan Cann (University Leicester) provides microbiology and immunology resources and video:
  http://www-micro.msb.le.ac.uk/
- The Center for Disease Control and Prevention website
  http://www.cdc.gov/
- Nature Reviews Immunology. With an impact factor of 32.7, it is the leading monthly review title for immunology:
  http://www.nature.com/nri/index.html
- The Merck manual of Diagnosis and Therapy, Section 12: Immunology; Allergic disorders
  www.merck.com/pubs/mmanual/
- HIV-test:
  http://en.wikipedia.org/wiki/HIV_test

환경생명공학

_일방통행로에서 로터리까지

Chapter 06

그림 6.1 Robert Koch, 콜레라균, 결핵균, 탄저병균과 기타 병원체의 발견자로 1905년 노벨상 수상

그림 6.2 전염병 콜레라로 죽어가는 참상

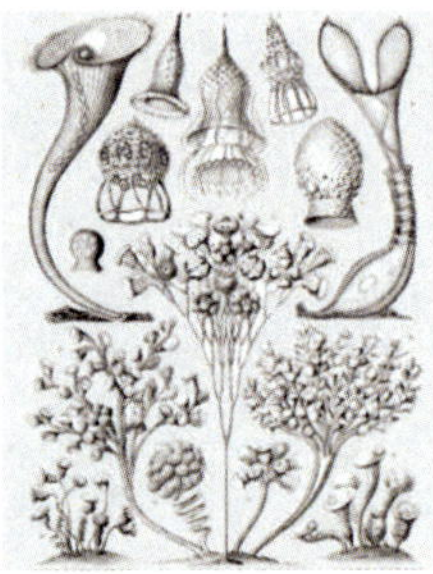

그림 6.3 생물학자이며 화가였던 Ernst Haeckel이 1904년에 "Art Forms in Nature"에 그린 섬모충류. 종벌레(*Vorticella*) 같은 섬모충류는 좋은 활성슬러지의 지표생물이다. 폐수 1 ml는 1만 마리의 섬모충류를 포함할 수 있으며 만일 그들이 많으면 분해과정이 정상적으로 유지된다.

6.1 깨끗한 물–바이오산물

1939년에 출간된 '열대의학의 역사 (A History of Tropical Medicine)' 의 저자인 **Harold Scott**은 콜레라를 모든 전염병 중 아마도 가장 무서운 병이라 하였다. 그 이유는 워낙 빠르게 전파되어 아침에 건강하던 사람이 해가 지기 전에 죽을 수 있었기 때문이었다.

1892년에 독일 함부르크 주민들은 Elbe강과 Alster강의 물을 직접 마시는 것이 안전하다고 생각하였으나 치명적인 실수로 8,605명 시민의 생명이 희생되었다. 그 강들은 콜레라 병원체를 포함한 미생물들의 이상적인 서식지였다. 반면 인접한 Altona 지역은 강물을 간이 모래여상을 통과시켜 이용하였기 때문에 아무런 피해를 입지 않았다. 이렇게 하수처리는 대도시에 매우 중요하게 되었다.

비록 **Robert Koch**(1843~1910, 그림 6.1, 6.2)가 콜레라 병원체 *Vibrio cholerae*를 1884년에 동정하였지만 물 공급과 하수처리의 발전은 당시에는 막 시작하는 단계였다. 콜레라와 장티푸스는 분명히 상하수 처리의 발달에 크게 기여하였다. Box 6.1의 그림은 장티푸스 사망자수와 물 위생 간의 상관관계를 나타내고 있다.

깨끗한 물! 매일 우리는 1인 당 200~300L–더울 때는 심지어 1,000L의 물을 사용한다. 음식 찌꺼기, 지방, 당, 단백질, 배설물, 세탁용 세제를 포함하여 모든 것이 하수구로 들어간다.

하수의 생분해성은 실험실에서 **5일 생화학적 산소요구량(5-day biochemical oxygen demand, BOD_5)**으로 측정된다. 이는 물 시료 내의 유기 오염물을 완전히 분해하기 위해 5일 내에 미생물에 의해 얼마나 많은 양(mg)의 용존산소가 소모되는지를 알려준다. 생활하수의 평균 유기오염은 60g BOD_5이다. 이는 또한 **인구 등가(population equivalent, PE)**로도 정의된다.

생활하수(domestic wastewater)의 경우 1PE를 분해하는데 60g의 산소가 필요하다. 산소의 평균 용해도를 물 1L에 약 10mg이라 한다면 단 한 사람의 하루 오염을 제거하는데 깨끗한 물 6,000L에 녹아있는 산소가 요구된다.

여기에서 미처리 하수에 의해 촉발되어 호수와 하천에서 끝이 나는 일련의 사건에 대해 간단히 설명하고자 한다. **호기성 미생물(aerobic microorganism)**은 유기 오염물을 분해하면서 신속하게 가용한 산소를 대사한다. 물의 일부 지역, 대부분 바닥 근처는 산소가 고갈되어 혐기성 세균만이 살 수 있다.

어류와 기타 산소–의존적 생물들은 죽기 시작하지만, **혐기성 미생물(anaerobic microorganism)**은 독성 암모니아(NH_3)와 전형적인 계란 썩는 냄새를 가진 황화수소(H_2S)를 발생한다. 이 두 화합물들은 저산소 환경에 생존하던 나머지 생물들을 죽게 만들어 하천을 악취 나는 하수도로 만든다.

농업 환경(farming environment)에서는 한 마리의 암소가 16명의 시민이 만드는 폐수를 생성한다. 세계적으로 14억 마리의 가축은 약 220억 인간에 의한 양 만큼의 폐수를 배출한다.

더욱 우려되는 것은 산업에 의해 생성되는 막대한 양의 폐수이다. 그것은 많은 양의 무기화합물을 포함하는데 염 또는 황화수소뿐만 아니라 미생물에 의해 쉽게 분해되지 않으며 심지어 그들을 죽일 수 있는 수은과 기타 중금속을 함유한다. 제지공장은 종이 1톤 당 200~900PE를, 양조장은 맥주 1,000L 당 150~300PE를 발생한다.

하천에서 미생물의 자연적 정화력이 오랫동안 불충분했기 때문에 폐수는 하천과 호수로 안전하게 방류될 수 있기 전에 거대한 **하수처리장(sewage plant)**에서 미생물에 의해 분해되어야만 한다. 하수처리장은 현재 인간이 갖고 있는 가장 큰 생물공장이다. 그것은 폐수를 많은 양의 **깨끗한 물(clean water)**이라 하는 **바이오산물(bioproduct)**로 전환시킨다.

하수처리장에서 미생물은 그들의 삶을 위해 극도로 열심히 일한다. 공기로부터의 산소를 이용하는 호흡과정에서 그들은 폐수내의 당, 지방과 단백질을 이산화탄소와 물로 전환시키며 그 과정에서 생장하고 새로운 세포를 만든다. 하수처리장은 미생물의 증식과 그들이 관여하는 분해과정을 위해 이상적인 조건을 제공한다.

당 1g의 분해는 1g 이상의 산소를 요구하지만 물 1L에는 불과 10mg의 산소가 용해될 수 있다.

Box 6.1 생명공학 역사: 베를린에서 폐수의 처분과 오수 경작

1878년까지 빗물, 폐수와 주방 폐기물, 심지어 상당량의 분변이 도랑을 통해 배출되었는데 그것은 보도와 도로 사이의 개방된 도랑으로 유거수(runoff) 도랑 또는 하천이나 강으로 연결되었다. 수로로 직접 연결되지 않는 곳에서는 큰 지하 수로로 방류되었는데 그것은 충분한 구배 없이 임시변통으로 지어졌지만 매우 큰 직경을 가졌다.

그 수로 내의 부패되는 폐기물은 매우 고약한 냄새를 발생하여 지나다니는 사람들을 불쾌하게 만들었다. 분뇨 구덩이에 수집된 분변은 정기적으로 수작업을 통해 비워지고 마차로 거리를 통과해 수송되었다. 거리, 도랑, 마차 모두 적절하게 밀폐되지 않아 토양과 지하수가 상당히 오염되었다. 사람들은 집안, 근처 우물에서 음용수를 취수하였으며, 오염된 물은 질병을 전파하였다.

1816년에 프러시아 정부는 오물과 악취를 제거하기 위해 도랑과 거리를 씻어내는 최초의 결정을 내렸다. 그러나 이는 실행되지 못하였는데 충분한 물과 수압을 얻을 수 없었기 때문이었다. 프러시아의 Friedrich Wilhelm IV 치하에서 정부 위원회는 1846년에 상수도 건설을 결정하였다. 그들은 또한 수세식 화장실의 도입에 대한 허가를 부여하였다. 1856년에 상수도가 Stralau 문 근처에 건설되었으며 1873년에는 베를린 시에서 시작되었다. 그러나 도랑 청소는 예측했던 성공을 거둘 수 없었다. 물로의 쉬운 접근성과 수세식 화장실의 신속한 보급 때문에 하수의 양은 극적으로 증가하였으며 비록 도랑이 폭이 1m나 되도록 넓고, 깊어졌지만 하수량을 극복하지 못하였다. 하수가 주된 문제가 되었음에도 불구하고 보수적인 베를린 시민들은 여전히 하수 체제의 도입을 반대하였다. 사람들은 기존의 수로와 같이 그것이 단순히 악취를 증가시킬 것이라고 생각하였다.

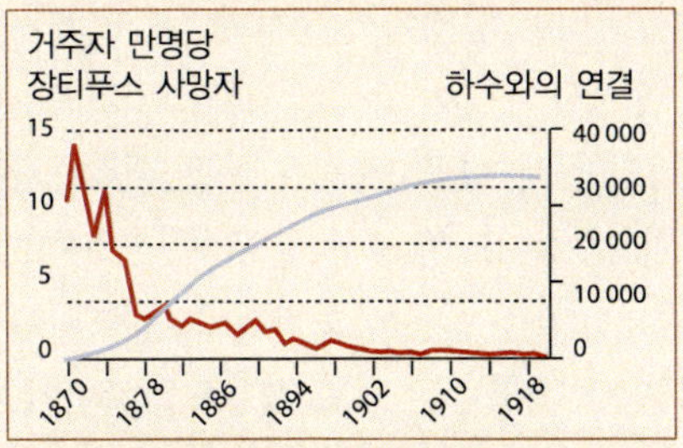

베를린에서 물 공급의 개선에 따라 장티푸스 사망률이 반비례로 감소하였다.

Rudolf Virchow(1821~1902) (위 사진) 세포병리학 분야의 기초를 수립한 의학역사학자 겸 위생학자, James Hobrecht(1825~1903).

1860년에 베를린의 공공건축의 책임자였던 시의원 **Wiebe**는 함부르크, 파리와 런던의 하수 체제 연구와 베를린의 하수 문제 해결을 위한 계획의 수립을 위해 파견되었다. 그는 같은 해에 철도와 수로 건설 책임자인 James Hobrecht와 같이 여행하였다. Wiebe의 의견은 모든 하수를 지하 수로에 모아 처리하지 않은 채로 베를린 외곽의 Spree 강으로 배출하는 것이었다. 이 계획은 기술자, 의사와 정치인들 사이에 논란을 불러 일으켰다. 1867년 2월 저명한 의학미생물학자인 **Rudolf Virchow**가 이끄는 위원회가 조직되었는데 그는 Hobrecht를 차후 조사의 책임자로 임명하였다. Virchow는 그의 보고서를 1872년 11월 시의회에 제출하였다. 1873년 5월 하수 체제 건설에 대한 결정이 내려졌다. 시는 여러 구역으로 나뉘어 각 구역은 독립적인 수로 체제(방사상 체제)가 설치되었다. 이 체제는 어딘가 파손되었을 때 전 체제가 작동되지 못하는 것이 아니며 나머지 수로가 파손된 수로에서의 하수를 배수할 수 있었다. 물은 굽고 유약을 칠한 점토관을 통해 흘렀다. 증기-동력 펌프는 물을 시 외곽에 있는 오수농장으로 이송하여 살포하였다. 이렇게 하수도의 하상에서 끝나는 것이 아니라 물은 토양세균에 의해 처리되고 농업을 위한 비료로서 제공되었다. Hobrecht는 베를린을 거의 동일한 크기의 12구역으로 나누고 각 구역에 오수 경작을 위한 넓은 지역을 할당하였다.

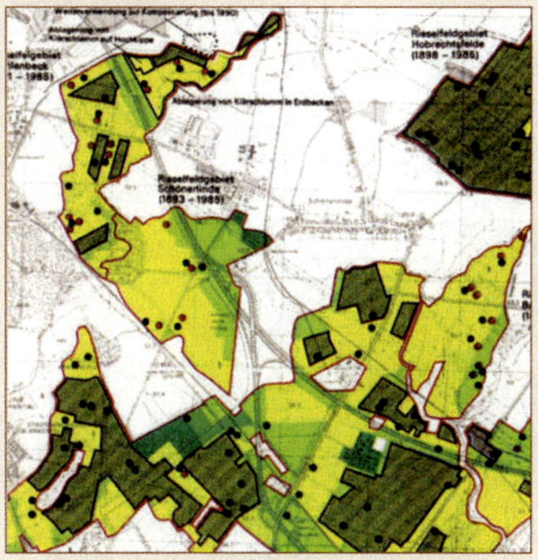

베를린 남부의 오수농장으로 일부는 1876년부터 1976년까지 100년간 사용되었다.

일단 하수 체제가 운영되자 건강과 위생상 해로웠던 도랑과 구덩이들이 과거의 것이 되었으며 오수농장을 위해 할당되었던 지역은 그들의 새로운 목적을 위해 개조되었다. 그 지역들은 평평해지고 댐이 건설되고 경사에 따라 평지 또는 제방을 만들고 물이 고르게 살포되었다. 오수농장이 하수를 처리할 뿐만 아니라 농업생산에 이용되므로 교외지역은 완전히 변화하였다.

다양한 작물(곡류, 채소, 순무)이 자라는 오수농장의 모식도. 경작지의 주기적 범람이 필수적이었다.

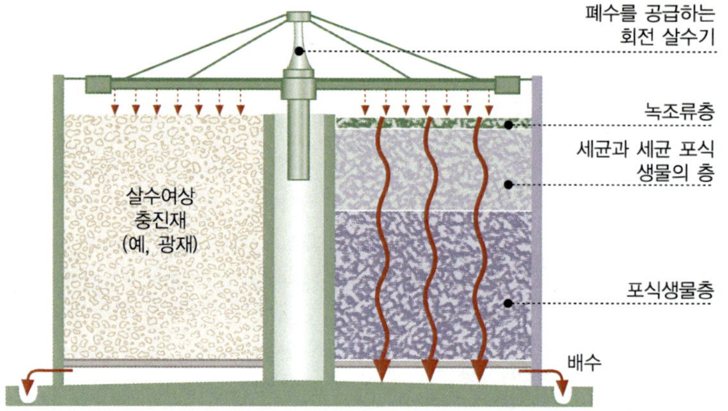

그림 6.4 살수여상 기술

따라서 미생물들은 물에 녹아 있는 산소를 매우 빠르게 소모하며, 충분한 산소를 제공하기 위해 폐수는 지속적으로 섞어주고 공기가 공급되어야 하는데 이는 매우 에너지-집약적 공정이다.

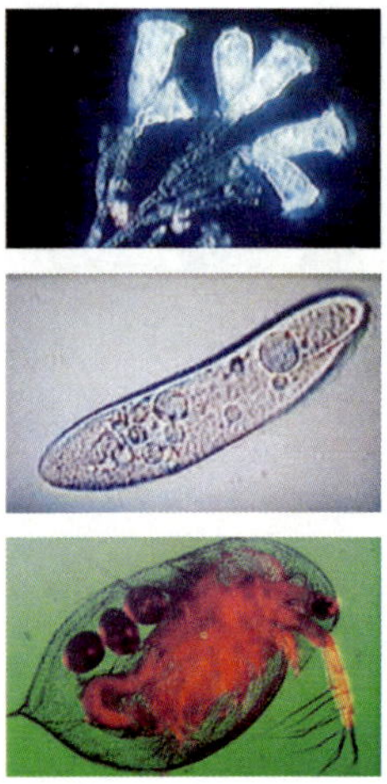

그림 6.5 폐수 내 담수생물 *(Vorticella, Paramecium, Daphnia)*

그림 6.6 *Aspidisca costata*는 폐수처리에서 질산염 지표생물로 폐수 1ml에서 2만 5천 마리까지 발견된다. 미생물의 개체수뿐만 아니라 그들의 돌기의 돌출도 지표가 되는데 물에 질산염이 많을수록 돌기가 더 많이 돌출된다.

6.2 호기적 물 정화–오수농장, 살수여상 및 활성슬러지

오수농장(sewage farm)은 가장 오래된 오수 처리 방법 중 하나로 19세기 베를린처럼 유럽 도시 주변에서 발달하였다(Box 6.1 참조). 하수는 기계적으로 전 처리한 후 토양에 살수하여 유기오염물이 미생물에 의해 분해된다.

오수농장은 넓은 부지를 요구하기 때문에 부지를 절약할 수 있는 대안에 대한 연구가 시작되었다. **살수여상(trickling filter**, 그림 6.4)은 1894년에 영국에서 개발되었는데 고정상 생물반응기(4장 참조)처럼 작동하며 화산암, 광재, 소결 유리 또는 플라스틱 같은 큰 공극을 가진 물질로 채워진다. 회전 분무기가 충진 물질 위로 전처리된 폐수를 기계적으로 살수한다.

충진물질의 넓은 표면적은 폐수생물의 활성을 위한 필수조건이다. 세균, 진균, 남세균, 조류, 원생동물, 윤충, 진드기와 선충이 살수여상에서 발달되어 훌륭한 수서 **군집(biocoenosis)**을 형성한다(그림 6.3, 6.5).

현재 사용되고 있는 세 번째 하수처리법은 **활성슬러지(activated sludge)**를 포함하는데 (그림 6.7~6.9), 이것도 약 100년 전에 도입되었다. 기계적 처리 후 폐수 내 호기성 세균, 진균과 효모가 세균 점액질에 의해 뭉쳐져서 영양물질이 가득한 큰 덩어리를 형성한다. 플록(floc)이라 부르는 이 공생적 슬러지 조각은 미생물을 위해 유지기반을 제공한다. 이들은 거대한 활성슬러지조(그림 6.7, 6.8)에서 부유하는데 탱크에는 공기를 물로 유입시키기 위한 기계장치가 있으며 이는 산소를 이용하는 미생물들이 증식하게 만든다. 폐수처리량은 산소의 원활한 공급 때문에 살수여상보다 훨씬 높다.

슬러지는 침전조 또는 라군(lagoon)에서 침전되는데 노출된 구조이기 때문에 악취 문제가 생길 수 있다.

폐수는 질소와 인 등의 영양물질이 많이 함유되어 있을 수 있다. 폐수(또는 비료)를 환경으로 과도하게 방류하면 호수와 하천에서 영양물질의 축적(**부영양화, eutrophication**)을 일으킨다. 이는 통제되지 않은 조류의 생장을 촉진하여 조류 개체군의 급등 또는 조류 수화(algal bloom)를 일으킨다. 세균에 의한 이 조류의 분해는 수중 용존산소를 대부분 소모하여 물에 있는 많은 또는 모든 동물이 죽게 된다. 그 후 혐기성 세균이 자라나 독성 황화수소와 메탄을 생성하며 나머지 생물들을 죽게 만든다.

질소(nitrogen)는 암모니아의 질산염으로의 생물학적 산화(질산화, nitrification)와 뒤이은 질산염의 질소 기체로의 환원인 탈질화(denitrification)에 의해 폐수로부터 제거된다. 질소 기체는 대기로 방출되어 물로부터 제거된다.

질산화 자체는 2 단계 호기적 과정으로 각 단계는 다른 종류의 세균에 의해 수행된다. 암모니아(NH_3)의 아질산염(NO_2^-)으로의 산화는 대부분 *Nitrosomonas* 종에 의해, 아질산염의 질산염(NO_3^-)으로의 산화는 *Nitrobacter* 종에 의해 일어난다.

인(phosphorus)은 세균에 의한 생물학적 인 제거 촉진이라 하는 공정에서 생물학적으로 제거될 수 있다. 이 세균이 많이 증식된 생물량이 처리수로부터 분리되면 이 생물고형물은 높은 비료가치를 갖는다. 인 제거는 또한 보통 철염(예, 염화제2철) 또는 알루미늄염을 이용한 화학적 침전에 의해서도 이루어진다. 음용수는 그 후 병원체를 죽이기 위해 염소 또는 오존으로 처리한다. 활성슬러지의 일부는 충분한 미생물 개체군 유지를 위해 활성슬러지 탱크로 반송된다.

활성슬러지 미생물의 효율은 매우 뛰어나다. 슬러지 $1m^3$는 20배 부피의 오염된 폐수를 정화할 수 있다. 활성슬러지 탱크 내용물의 20%까지는 활성슬러지에 의해 흡수된다.

침전된 슬러지는 산소가 없는 소화조에서 특별한 처리를 거친다. **메탄생성균(methanobacteria, methanogen)**은 고세균 종류(그림 6.14 참조)로 잔류 유기물을 에너지원(바이오가스, 아래 참조)으로 사용할 수 있는 메탄으로 전환한다.

하수처리장은 탱크들이 많은 면적을 차지하며 특히 산업지역에서는 부지비용이 많이 든다. 공간을 절약하는 **탑생물반응기(tower bioreactor)**는 15~30m 높이로 Bayer와 Hoechst사에 의해 그 기업 자체의 생물학적 폐수처리를 위해 개발되었다(그림 6.9). Rhein-Main 지역 (독일의 핵심적 산업지역의 하나)에서 산업폐수처리는 연간 약 150억 m^3를 처리한다.

심층 반응기(deep-shaft reactor)는 지하 깊이 설치되는데 또 다른 가능성을 나타낸다. 그 깊이는 기체 방울이 오랫동안 액체에 남아있게 하며 반응기 내에서 증가된 압력에 의해 산소 용해도가 증가한다.

두 반응기 종류 모두 아래로부터 풍부한 산소흐름을 제공하며 80%의 산소 용해도를 갖는다(보통 반응기는 15%). 따라서 이들은 많은 양의 유기물을 분해할 수 있으며, 매우 작은 면적을 차지하고 불쾌한 냄새를 최소한으로 유지할 수 있다. 그러나 현재는 비용이 많이 들며 복잡한 장치를 요구한다.

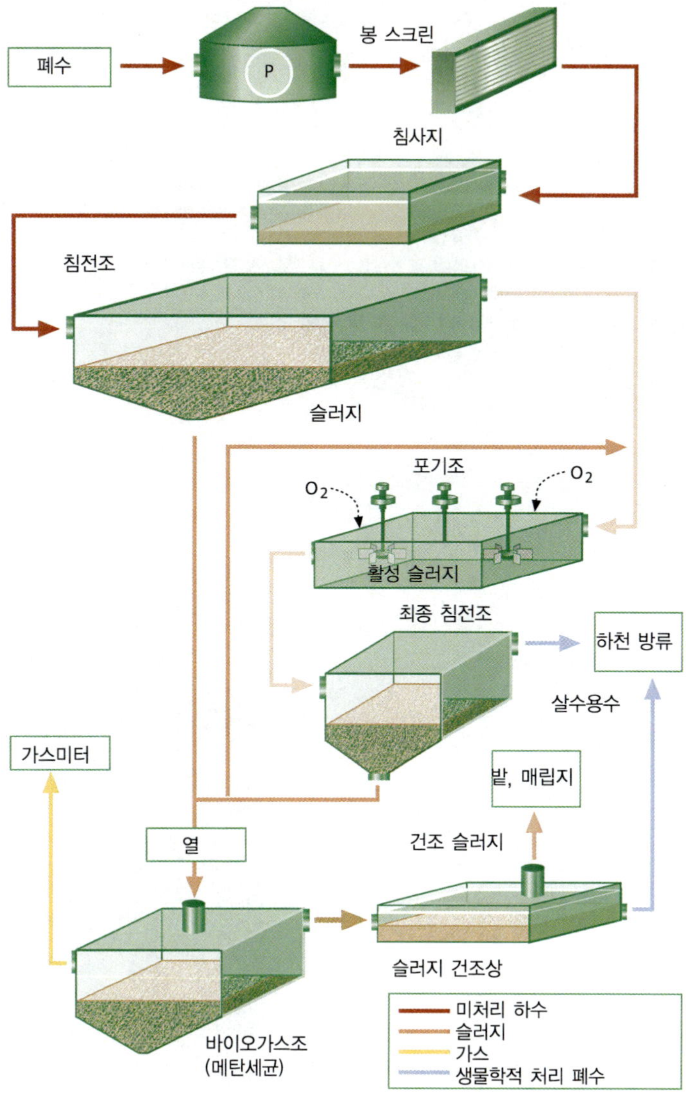

그림 6.7 하수처리장의 모식도로 기계적 처리와 생물학적 처리 단계(활성슬러지조) 및 바이오가스조 내 슬러지의 재순환을 포함한다.

6.3 바이오가스

습지의 도깨비불(will o' the wisp)은 널리 알려진 현상으로 이미 3천 년 전 고대 중국의 책 「I Ching」에서 "습지의 불"로 기록되어 있다. 유럽에서는 이탈리아 물리학자 **Alessandro Volta**가 "늪 위의 타는 공기"에 대하여 거론하였다. 미확인 비행물체(UFO)를 믿지 않는 사람들은 습지에서 보이는 "비행접시"를 이런 현상 때문인 것으로 돌린다. 땅에서 올라오는 발효기체는 가연성 **메탄(methane)**을 함유하고 있으며, 불이 붙은 메탄은 UFO나 도깨비불에 대한 완벽한 설명이 된다. 그러나 아직 불분명한 것은 어떻게 메탄이 자연적으로 발화되는가이다.

메탄의 형성은 호수에서 퇴적토를 휘저으면 관찰될 수 있다. 반추동물의 **반추위(rumen)**는 또한 소형 바이오가스 공장이라 할 수 있다. 소의 반추위에서 미생물 개체군은 먹이의 8~10%를 100~200 L의 온실기체인 메탄으로 전환하는데 소는 트림 또는 방귀를 통해 이를 방출한다. 패스트푸드 회사가 소유한 거대한 농장의 소들은 지구의 메탄 생성에 상당히 기여한다. 인간 장에 서식하는 유용한 세균들은 비타민뿐만 아니라 대장에서 일부만 재흡수되는 기체들도 생성한다. 섭취하는 음식에 따라

그림 6.8 홍콩 Kai Tak 공항에 있는 현대적 하수처리장의 활성슬러지조. 처리장에서 기름과 세제는 활성슬러지조로 들어가기 전에 물로부터 먼저 분리되어야만 한다.

Box 6.2 전문가의 견해: 산업미생물학을 위한 우림, 휘발성 항생물질과 내부공생체

미생물의 다양성은 놀라울 정도이며 미생물이 사는 생태적 지위는 심해 퇴적층부터 열천까지 매우 다양하다. 그러나 비교적 잘 알려지지 않은 미생물 다양성의 추가적인 공급원은 우림(rainforest) 지역이다.

야외조사에서 새로운 시료를 수집하는 Gary Strobel.

내부공생 미생물은 대부분의 식물종의 살아있는 조직 안에 존재하며 우림 식물에서 가장 풍부하다.

미생물은 오랫동안 그들이 만드는 다양한 효소와 2차대사산물로 인류에게 봉사하였다. 더욱이 치즈/포도주/맥주 제조 같은 산업적 응용과 환경 정화작업 및 해충과 병원체의 생물학적 조절 등에 비교적 소수의 미생물들만이 직접적으로 이용되었다. 우리는 세상의 숨어있는 미생물들을 모두 규명하지는 못할 것이다. 지구상의 생태적 지위의 보다 포괄적인 탐색은 인간 사회에 직접적인 유용성을 갖는 새로운 미생물들을 많이 찾아낼 수 있을 것이다. 그런 응용은 미생물 자체 또는 그것의 하나 또는 그 이상의 천연 산물일 수 있다.

우림: 알려지지 않은 미생물 다양성의 기원

우림지역은 지구 육지 표면의 불과 7%를 차지하지만 알려진 모든 종의 50~70%를 포함하고 있다. 이는 지구상의 조류(bird) 종의 30% 이상이 아마존에만 존재한다는 사실에 의해 증명된다.

왜 그렇게 큰 다양성이 우림에 존재하는가?

Paul Richards는 그의 저서 「열대우림(The Tropical Rainforest)」에서 "열대우림의 막대한 식물의 다양성은 의심할 바 없이 그 곳이 오래되었기 때문이며, 그 곳은 극도로 오랫동안 식물 진화의 중심이었다."라고 지적하였다.

대형 생물의 다양성은 또한 미생물에서 일어났을 다양성의 재판일 수 있다. 즉, 지구상에서 고등 생물의 다양성이 큰 지역은 미생물의 다양성도 클 것이다. 이는 아무도 주목하지 않았던 것이다.

미생물의 생장을 유지하는 하나의 특수하고 독특한 생물학적 지위는 고등식물의 살아있는 세포 사이의 공간이다. 각 식물은 내부공생체(endophyte)로 알려진 다양한 미생물들을 부양하는 것으로 나타났다. 이 생물들은 그들이 사는 식물에 눈에 띄는 영향을 미치지 않는다. 더욱이 이 내부공생체에 대한 연구가 거의 없기 때문에 식물-연관 미생물과 그들의 다양성이 고등식물의 다양성과 같이 할 수 있으므로 매우 많은 새로운 진균과 세균 종이 존재할 것으로 추정된다.

새로운 미생물종을 위한 미개발 자원: 우림 내 착생식물.

일부 내부공생체는 그들이 공생하는 고등식물과 공진화했을 수 있으며 따라서 고등생물과의 적합성을 갖는다. 그에 따라 새로운 내부공생 미생물들 및 어떤 수준에서건 유용할 수 있는 작용뿐만 아니라 그들이 생산할 수 있는 새로운 생리활성 산물에 대한 협동연구가 시작되었다. 어떤 새로운 미생물의 발견이건 산업미생물학의 근본적으로 모든 표준공정에 연관될 수 있는데 그 이유는 미생물의 대규모 발효가 필요하기 때문이다.

우림 미생물 연구 시 발견의 감격을 독자들에게 전달하기 위해 새로운 내부공생 진균 속 *Muscodor*의 발견에 대한 예를 들겠다.

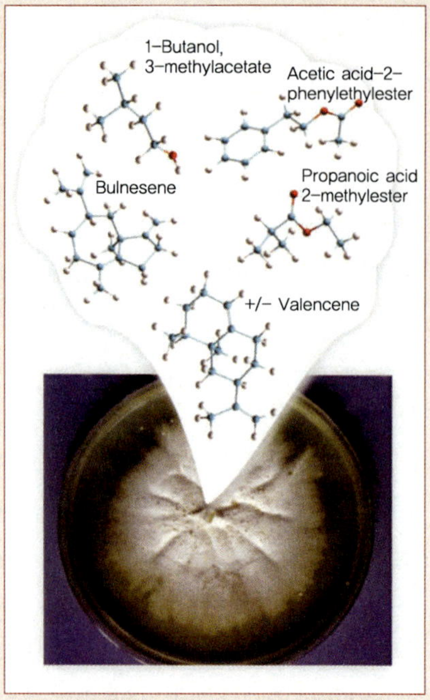

*Muscodor albus*와 이것이 생성하는 일부 대표적인 저해성을 가진 휘발성 화합물들.

***Muscodor albus*의 발견**

1990년대 말 나는 온두라스의 카리브 해안 근처의 밀림에서 채집을 하였다. 중미 전체가 세계의 "생물다양성의 중요지"의 하나이므로 이 지역 방문을 선택하였다. 신세계 고유종이 아닌 중간 크기의 나무 *Cinnamomum zeylanicum*이 내게 소개되었으며 작은 가지 시료를 얻었다. 불행하게도 열대로부터의 식물시료의 대부분은 현미경적 크기의 초식 진드기가 서식한다.

이들은 실험대 또는 파라필름(parafilm)으로 밀봉한 페트리 평판에서 그 수가 급격히 증가한다. 따라서 이 진드기 문제를 피하기 위해 우리는 식물 조직이 들어있는 페트리 평판을 밀봉되는 큰 플라스틱 상자에 넣었는데 이렇게 하면 진드기가 실험대 표면에서 상자 안으로 들어가기가 어려워진다.

며칠 후 대부분의 식물 시료가 내부공생 균류 생장을 나타내며 평판을 꺼내 각 균사 끝을 새로운 potato dextrose agar 평판으로 옮긴다.

배양 2일 후 단 하나의 내부공생체만 자라났다. 내부공생체를 큰 플라스틱 상자로 옮긴 것이 산소 가용성을 제한하여 내부공생체를 죽였을까? 그러나 반대로 살아남은 하나의 내부공생 진균(균주 620으로 명명)이 휘발성 항생물질 또는 휘발성 유기화합물(volatile organic compounds, VOCs)을 생성한 것이 분명하였다.

넓은 범위의 생물학적 활성을 갖는 휘발성 항생물질을 내부공생체가 만들 수 있다는 가설이 세워졌다. 비록 많은 목재-서식 진균이 휘발성 물질을 만들지만 어떤 것도 균주 620의 생물학적 활성을 갖지는 않았다.

분리균주 620은 흰색의 내부공생 진균으로 균사 코일, 점착성, 직각의 가지치기 등의 특성을 갖는다. 따라서 이 생물을 분류학적으로 규명하기 위해 ITS 5.8 rDNA의 일부분을 분리하여 염기서열을 조사하고 GenBank에 등록하였다.

진균 VOCs의 기체크로마토그래피/질량분석기(GC/MS) 분석은 적어도 28가지 VOCs의 존재를 나타내었다. 이 화합물들은 적어도 5가지의 일반적인 종류의 유기물질을 대표하는데 지질, 에스테르, 알코올, 케톤과 산을 포함하며 일부 대표적인 구조를 그림에서 볼 수 있다. 휘발성 화합물의 최종 동정은 시판되거나 우리 또는 다른 연구자들이 합성한 순수 화합물의 GC/MS에 의해 수행되었으며 진균의 VOCs와 직접 비교하였다.

이 진균의 학명을 제안하는데 확실한 자료는 라틴어의 *Muscodor*(악취)와 *albus*(백색)로부터 비롯되었다.

궁극적으로 각 화합물의 상대적 활성을 조사하기 위해서 생물검정 체제에서 화합물들의 인위적 혼합물이 사용되었다. 비록 휘발성 물질의 80% 이상만이 동정될 수 있었지만 진균에 의해 생성되는 VOCs의 치사적 항생효과가 훌륭히 재현될 수 있었다.

"악취나는 흰 진균"으로부터의 휘발성 화합물

이 기체 혼합물은 주로 다양한 알코올, 산, 에스테르, 케톤과 지질로 구성되었다. 우리는 생물검정 시험에서 VOCs의 5가지 일반적 종류를 각각 조사하였는데 각 종류는 어느 정도 저해 활성을 갖고 있었으며 에스테르가 가장 활성이 높았다. 이중 가장 활성이 높은 단일 화합물은 1-부탄올과 3-메틸 아세테이트였다.

그러나 어느 단일 화합물이나 화합물 종류도 식물병원성 진균, 그람양성 세균, 그람음성 세균과 기타 생물의 대표로 구성된 어떤 시험 미생물에게도 치사효과가 없었다.

분명히 *M. albus*의 VOCs의 항생효과는 기체상 화합물들의 상조적 활성(**synergistic activity**)에 절대적으로 연관된다. 우리는 이 화합물들의 시험 미생물에 대한 작용기작에 대해 거의 모르며 따라서 이는 장래에 수행해야 할 흥미있는 학문적 내용이 될 수 있다.

*M. albus*의 본래 분리균주를 선택도구로 이용하여 이 진균과 매우 가깝게 연관된 다른 분리균주들이 태국, 호주, 페루, 베네수엘라와 인도네시아를 포함한 세계 여러 지역의 열대식물로부터 얻어졌다. 그들은 분리균주 620과 높은 염기서열 유사도를 가지며 분리균주 620의 VOCs를 전부는 아니지만 많이 생성한다.

*Muscodor*의 "진균훈증"

*M. albus*의 VOCs는 식물, 인간 및 심지어 건물에 영향을 미치는 많은 병원체를 죽이며, "진균훈증(mycofumigation)"에 실제로 적용된다. 병원체에 대한 그 효과의 최초의 실질적 적용은 깜부기균에 감염된 보리종자를 2~3일 진균훈증한 것으로 질병을 100% 제어할 수 있었다. 이 기술은 현재 저장과 수송 중의 과일 처리를 위해 개발 중이다. 토양처리 또한 농경지와 온실 모두에 효율적으로 사용되고 있다. 이 경우 감염된 묘종의 발달을 배제하기 위해 *M. albus* 제제로 토양이 전 처리된다.

미국 캘리포니아 Davis시에 있는 AgraQuest사는 다양한 농업활용을 위한 *M. albus*의 대규모 개발로 2006년 제품을 출시하였다. 미국 환경보호청은 *M. albus*의 농업적 사용을 위한 임시 허가를 부여하였다. 현재 농작물, 토양과 건물에 유해물질이 사용되고 있으며 그중 토양 멸균을 위한 브롬화메틸(methyl bromide)이 가장 위험한데 진균훈증의 개념은 이들의 사용을 대체할 수 있는 잠재력을 갖는 것처럼 보인다. AgraQuest사는 현재 과일 처리를 위한 제품을 시판할 것으로 예상된다.

*M. albus*에 대한 정보의 발견과 개발은 아마도 다른 우림 미생물의 발견과 개발을 위한 좋은 예가 될 것이다.

이는 동시에 현재 인간에 의한 거대한 위협에 처해 있는 세계의 귀중한 우림의 보전을 위한 또 다른 동기를 부여할 것이다.

Gary Strobel은 미국 Bozeman에 있는 Montana State University의 식물학과 교수이다.

인용문헌

Demain A (1981) *Industrial microbiology*. Science, 214:987-995.

Bull AT (ed). (2004) *Microbial Diversity and Bioprospecting*, ASM Press.

Kayser O, Quax W (2007) *Medicinal Plant Biotechnology*. Vol 1 and Vol 2 Wiley-VCH.

Strobel GA, Daisy B (2003) *Bioprospecting for microbial endophytes and their natural products*. Microbiol Mol Biol Rev, 67:491-502.

www.agraquest.com

그림 6.9 Bayer사의 "탑 생물처리장"에서는 악취 없이 높은 산소 공급과 신속한 분해가 일어난다.

그림 6.10 베를린 근처의 바이오가스 시설

그림 6.11 위: 모택동, 1950년대 바이오가스 시설로 운영되는 주방을 시찰. 중국작가는 바이오가스의 장점을 찬양하였다. 아래: 30년 후 바이오가스는 이전보다 더 중요해졌다. 바이오가스 시설 앞의 등소평

그림 6.12 UN의 원조 하에 건설 중인 바이오가스 시설

매일 0.5 L까지의 기체가 방출되는데 주로 냄새가 없는 메탄이며 약간의 황화수소가 포함된다.

매년 지구상의 미생물은 약 5억~10억 톤의 메탄을 발생하는데 이 양은 천연가스전에서 추출되는 것과 거의 유사하다. 광합성 중 미생물에 의해 동화된 탄소의 약 5%가 메탄으로 전환되는데 이는 탄소 순환에서 중요한 요소가 된다. 막대한 **메탄 수화물(methane hydrate)**은 해저 아래에 존재하는데 이것은 괴기소설가뿐만 아니라 생태학자의 상상을 자극한다. 만일 메탄이 방출되면 그것은 커다란 재앙을 유도할 것이다. 노벨상 수상자인 **Paul Crutzen**(그림 6.15)에 따르면 다른 온실기체와 달리 지구 대기 중 메탄의 양은 최근 증가하지 않았다. 메탄의 가장 큰 생산자는 사람이 아니라 곤충, 더 정확히 흰개미이다. 한 마리의 흰개미(그림 6.22), 즉 그 장의 미생물 (주로 단세포 편모충류)은 매일 0.5mg만의 메탄을 생성하지만 이 곤충의 막대한 개체수를 감안하면 그들의 연간 생성은 1억 5천만 톤에 이른다.

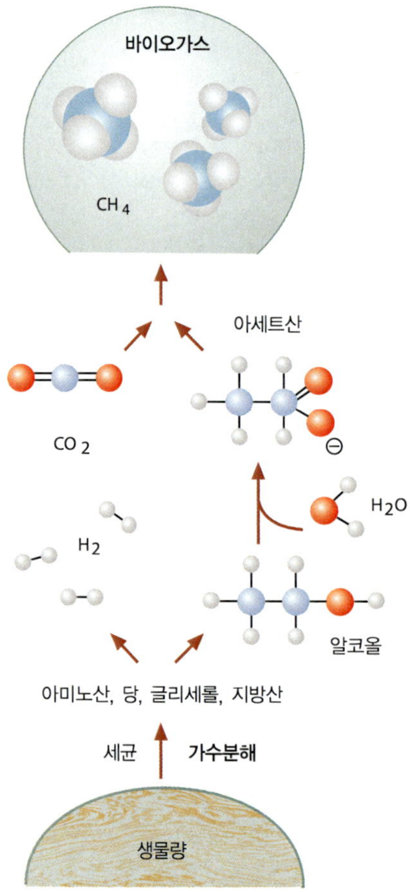

그림 6.13 메탄 발생단계

어떻게 **메탄생성(methanogenesis)**이 일어나는가? 다양한 종류의 세균이 셀룰로오스, 단백질 또는 지방 같은 큰 생물분자들의 메탄과 이산화탄소로의 혐기성 전환에 관여한다. 먼저 혐기성 방추균(clostridia)과 통성혐기성 (산소가 있을 때나 없을 때나 모두 자랄 수 있는) 장내세균(enterobacteria)과 연쇄상구균(streptococci)이 환경으로 효소를 분비하여 고분자물질을 당, 아미노산, 글리세롤과 지방산 같은 그들의 기본적 구성요소로 만드는데 (그림 6.13) 이 과정을 **가수분해 단계(hydrolytic phase)**라 한다. 그 다음의 산생성 단계 (acidogenic phase)에서는 그 성분들이 알코올뿐만 아니라 수소, 이산화탄소, 아세트산 및 기타 유기산으로 전환된다. 메탄은 **수소, 아세트산**과 **이산화탄소**로부터 생성된다.

메탄생성균은 지구상에서 가장 산소에 민감한 종류이다. 이 오래된 생명체는 시토크롬과 수소분해 효소인 **카탈라아제(catalase)**가 없기 때문에 세포 내로 들어온 산소가 세포독성 과산화수소로 축적되고 세포 구조를 파괴한다.

메탄생성균은 호염성세균(halobacteria) 및 고온성 황-환원 미생물과 함께 **고세균(Archaea)** (이전에는 Archaebacteria)을 구성한다. 그들의 구조와 대사는 보통 **세균(Bacteria**, 이전에는 Eubacteria)과 매우 다르며, 그들은 대부분 극단적인 환경에서 발견되는데 (그림 6.14) 그곳의 조건은 산소가 희귀했던 지구 역사의 초기와 유사하다.

6.4 바이오가스가 삼림을 살릴 수 있다

전 세계적으로 약 2백만 명의 사람들이 아직도 그들의 에너지 공급을 위해 생물량(바이오매스, biomass, 나무, 농업 폐기물과 건조 배설물)의 연소에 의존하는데 그것은 생물량으로부터 에너지를 회수하는 직접적이지만 비효율적인 방법이며, 환경뿐만 아니라 농업에도 좋지 않은 결과를 가져온다. 후진국에서 나무는 식량만큼 귀해지고 있다.

반면 바이오가스는 농업지역에서 활용할 수 있는 대안인데 식물 폐기물뿐만 아니라 동물과 인간

배설물을 공급하는 작은 반응기에 의해 생성될 수 있다. 그것은 또한 질소, 인, 칼륨을 함유하기 때문에 인공비료 수요를 감소시킬 수 있는 슬러지 형태의 천연비료를 공급할 수 있다. 밀폐된 생물반응기(그림 6.12)는 또한 병원체를 죽일 수 있다. 바이오가스는 많은 개발도상국에서 삼림을 보전하는 데 도움이 될 수 있다.

인도에서는 **Gobar 프로젝트**(gobar는 힌두어로 소똥을 의미)로 알려진 새로운 계획이 수립되었는데 250만 개의 바이오가스 시설을 운영하여 Mahatma Ghandi의 자급 마을단위 설립의 꿈을 실현할 예정이다.

그러나 부유한 농민만이 스테인레스 스틸 생물반응기를 살 수 있으며 거기에 충분한 폐기물을 공급할 수 있는 인도 마을의 반봉건적 사회구조 때문에 이 계획은 아직도 실현되지 못하고 있다. 반면 가난한 농민은 흔히 소를 갖고 있지 못하며 심지어 공짜 반응기를 공급해도 거기에 공급할 원료 물질을 구하지 못한다.

부유한 농민은 매우 싸게 건조 배설물을 살 수 있으며 따라서 빈민이 거리에서 수거하여 사용하던 연료를 빼앗게 된다. 또한 많은 인도인은 종교적 이유로 배설물에 손을 대지 않는다. 그 결과 얻을 수 있는 모든 나무들이 난방에 이용된다.

UN은 **중국**을 긍정적인 예로 보고 있는데 수십만 개의 바이오가스 시설이 흔히 자치단체에 의해 운영되고 있다(그림 6.11). 반응기는 싼 콘크리트 반응기 기술로 지어지고 폐기물, 에너지와 비료는 경제적으로 이용되고 현명하게 분배되고 있다.

6.5 선진국의 바이오가스–액상 거름의 이용

비열대 국가에서 바이오가스를 생성하는 것은 매우 어렵다. 그러나 유럽과 북미에서 넓은 범위의 희망적인 계획들이 시행 중이다. 바이오가스 반응기는 산업적 농업의 **폐기물 문제 해결**에 도움이 될 수 있다. 그런 농업단위에서는 많은 양의 액상 거

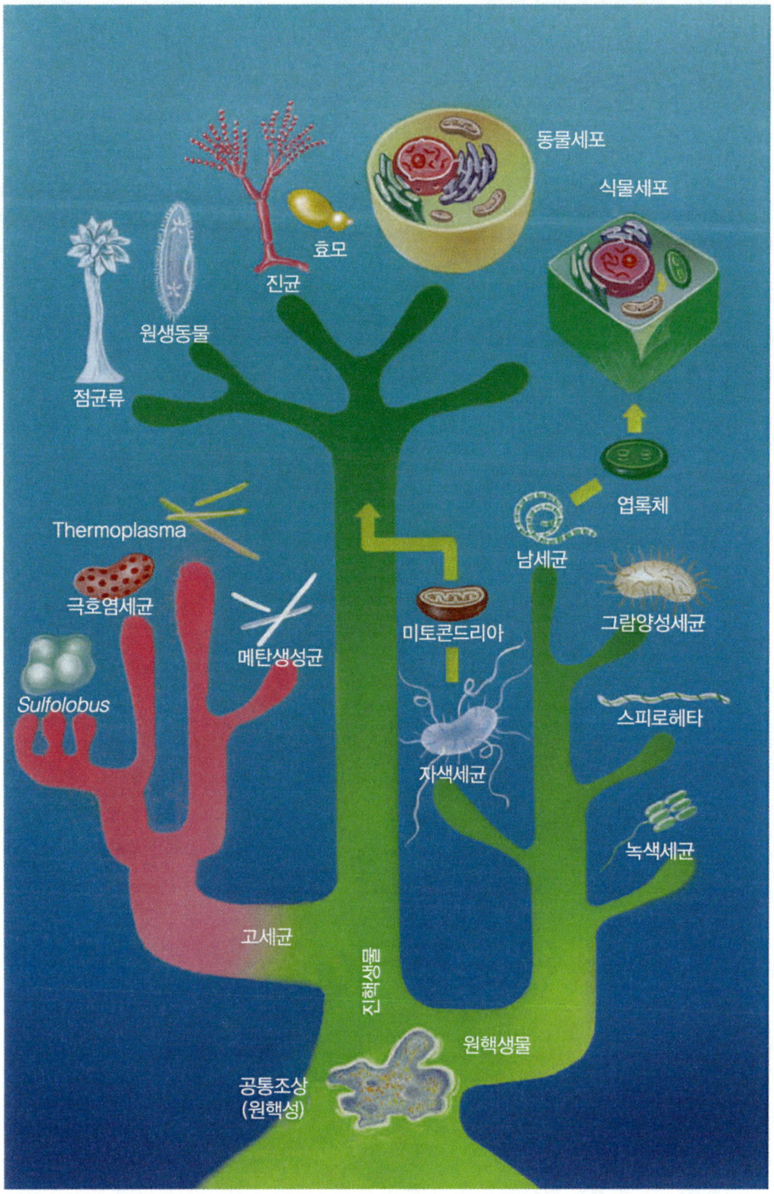

그림 6.14 생명수.
고세균 발견 이전에 생명수는 진화의 두 중요 가지–원핵생물과 그로부터 비롯된 진핵생물–로 구성되었었다.

처음에는 발효를 통해 에너지를 생성하는 혐기성 세균이 있었을 것이다. 대기에 충분한 산소가 축적되자 그 세포벽을 잃어버린 특정 혐기성 세균(mycoplasma)이 더 작은 세균을 섭식하고 그것과 내부공생 관계를 만들게 되었다.

이 삼켜진 세균들 중 한 호기성 세균(산소호흡을 하는)이 미토콘드리아가 되었으며 광합성 남세균은 엽록체로 발전하였으며 나선세균 스피로헤타(spirochete)는 편모가 되었다. 진핵세포의 조상은 이렇게 하여 나타나게 되었다.

현재 알려진 실제 세균의 계통수(dendrogram)는 다음의 5개의 주요 가지를 갖는다. 그람양성세균으로 bacilli, streptomycetes와 clostridia를 포함하며, 두꺼운 세포벽을 갖는다. 광합성 자색세균과 일부 그들과 밀접한 비광합성 세균(예, 대장균). 스피로헤타는 긴 나선형 세균이다. 남세균(cyanobacteria)은 산소를 생성하는 광합성 세균으로 식물세포의 엽록체를 생성했을 것이다. 비전형적 세포벽을 갖는 일부 구형세균(micrococci)은 빛에 극도로 민감하다. 녹색 광합성 세균(*Chlorobium*)은 혐기성세균이다.

1970년대에 원핵성 고세균의 세포구조가 다른 모든 생물과 상당히 다른 것이 발견되었다. 그들은 생명의 "세 번째 종류"로서 원시 생물계에서 우점하는 역할을 하였다. 그들의 산소 민감성 때문에 그들은 현재 특별한 생태적 지위 서식지에서만 생존한다.

Box 6.3 생화학적 산소요구 (BOD_5) – 폐수 내 생분해성 물질의 측정단위

산소는 물에 대한 용해도가 낮아서 15℃에서는 L 당 약 10mg, 20℃에서는 9mg만이 용해된다. 폐수가 호수, 강과 바다에 방류되었을 때 물에 있는 용존산소는 급격히 감소하는데, 유기물의 분해 중 호기성 세균과 진균에 의해 소모되기 때문이다.

하수처리장은 따라서 깨끗한 물을 만들기 위해 과량의 산소를 공급해야 한다.

생화학적 산소요구(biochemical oxygen demand, BOD)는 물의 유기 오염을 측정하기 위해 1896년 영국에서 개발된 시험이다. BOD_5는 물에서 전체 유기화합물 중 쉽게 생분해되는 비율을 알려주는데 그것은 종속영양 미생물의 산소 요구로부터 기인한다.

20℃의 물에서 유기물 분해 중 제거되는 산소의 양은 여러 날 동안 측정되는데 BOD_5의 경우에는 5일이 걸린다. 물 시료는 희석되고 병에 넣은 후 산소로 충분히 포화되기 위해 공기를 불어넣는다. 경우에 따라 폐수 미생물의 혼합배양으로 접종한다. 그 후 산소량은 Clark 산소전극으로 측정한다. 병을 밀봉하고 20℃의 어두운 곳에서 진탕하면서 배양한다. 배양 후 산소량을 다시 측정한다. 처음과 5일째 사이의 차이(시료의 희석배수를 곱하고)가 BOD_5값이 된다.

배양 플라스크 내의 Clark 산소 전극을 이용한 BOD값의 측정.

만일 물이 어떤 생분해성 물질을 함유하지 않는다면 분해할 것이 없으므로 미생물은 호흡하거나 증식하지 못하며 산소가 소모되지 않을 것이다. 측정 시작과 5일째 사이의 차이가 없을 것이며 BOD_5는 L당 0mg의 산소가 된다. 즉 이물은 쉽게 생분해되는 물질이 없다.

반면에 만일 물에 생분해성 물질이 많다면 첨가된 미생물이 증식하면서 산소를 소모한다. 만일 예를 들어 배양 후 용존산소 차이가 9 mg/L이고 100배 희석률에서 산소가 완전히 대사되었다면 BOD값은 900mg/L가 된다.

산소 900mg이 폐수 1L를 완전히 분해하는데 요구되며, 다른 말로 900L의 깨끗한 물에 녹아있는 산소가 1L의 폐수를 분해하는데 필요하다.

하루에 한 사람에 의한 폐수의 BOD_5 오염은 인구등가 (**population equivalent, PE**)로 인용되는데 1PE는 약 60g BOD_5/일 이다. BOD_5값은 질산화(nitrification), 조류 호흡 또는 미생물 생장을 저해하는 독성화합물에 의해 영향을 받을 수 있다.

BOD_5값은 폐수의 비교 틀을 제공하며 폐수 처리 및 방류 기준의 근거가 된다. 그러나 BOD_5는 비생분해성 화합물에 대해서는 어떤 정보도 제공하지 않는다.

BOD 시험은 긴 측정시간이라는 중요한 단점을 갖는다. 5일의 측정시간은 처리장의 융통성있는 관리를 위한 시험으로 BOD_5를 사용하는 것을 어렵게 만들지만 미생물 바이오센서는 폐수의 BOD를 5분 내에 측정한다. 그러나 바이오센서는 보호막을 통과할 수 있는 저분자량 화합물만을 측정할 수 있다.

그림 6.15 오존구멍의 공동발견으로 노벨상을 수상한 Paul Crutzen (중앙), 2005년 4월에 홍콩에서 "지구상의 14억 마리의 소가 엄청난 양의 메탄을 발생한다"라는 강연 후의 사진

그림 6.16 이전의 베를린 장벽 근처의 땅은 제초제 오염 때문에 봉쇄되었다.

름이 발생하는데 재래식 액체 거름으로 이용하면 토양을 크게 오염시키며 그것을 다른 곳으로 수송하는 것은 비용이 많이 든다. 소는 하루에 75L를 배설한다. 스위스에서는 농부들이 바이오가스 시설로 오래된 기름탱크를 사용하여 연간 소 한 마리당 난방유 300L 상당의 에너지를 생산한다. 바이오가스는 또한 하수처리 슬러지로부터 매우 효율적으로 생성될 수 있다.

바이오가스의 또 다른 공급원은 가정 폐기물이다. 매립지에서는 많은 메탄이 발생하는데 상당히 위험할 수 있다. 만일 매립지가 적절히 덮여있다면 메탄이 추출될 수 있다. 미국의 계산에 따르면 미국 에너지 소비의 1%가 바이오가스로 공급될 수 있다. 이는 많아 보이지 않지만 미국 소비의 1%가 여러 후진국의 전체 에너지 소비와 같다는 것을 염두에 두어야 한다.

산업화된 지역에서는 바이오가스가 아마도 제한된 양의 가용한 생물량 때문에 전체 에너지 수요의 1~5%만을 충족시킬 것이다. 그러나 그것은 전 세계적으로 농업 지역에서는 에너지원으로 매우 중요하다. 에너지 공급만이 아니라 폐기물의 처분이 점차 중요한 문제가 되고 있으며 토양과 삼림의 보호는 전 세계적 생태적 문제이다.

6.6 밭에서 자라는 연료

자동차에 시동을 걸 때 흔히 불쾌한 배기가스와 더불어 살짝 알코올 냄새가 난다. 이는 에탄올–동력 및 다중–연료 차량이 제작되는 **브라질** (구체적 내용은 Box 6.5 참조)에서는 매일 일어나는 일인데, 그 엔진들은 수화 에탄올, 즉 에탄올 (약 93% v/v)과 물(7%)의 공비(共沸)혼합물(azeotrope)을 이용한다.

2004년에 약 420억 L의 에탄올이 전 세계에서 생산되었으며 그 대부분이 자동차에 사용되었다. 브라질은 약 164억 L를 생산하였으며 이 생산을 위해 270만 ha의 부지를 사용하였다. 이중 약 124억 L가 브라질 국내시장에서 에탄올–동력 차량을 위한 연료로 생산되었다.

브라질에서 에탄올 연료 생산이 크게 시작된 것은 1973/4년의 1차 유류위기 때였다. 이 산업의 두 번째 급상승은 1979년의 2차 유류위기 중에 일어났다.

이미 사탕수수 같은 원료물질은 충분히 공급되고 있었다. 석유에 대한 전 세계 시장의 높은 가격에 대한 반응으로 브라질 정부는 1975년에 Proalcool이라는 에탄올 연료 정책을 출범시켰다. 이 계획은 경제적으로 뿐만 아니라 정치적으로도 동기가 부여되었으며 계속 논란거리가 되었다. 즉 한 쪽에는 연료 생산이 식량 생산보다 우선적인가라는 의문이 있으며, 다른 쪽으로는 수질 오염과 토양 침식을 통한 **환경 영향(environmental impact)**이 심각하다는 점이다. 순수 에탄올 1L는 12~15L의 설탕 찌꺼기와 100L의 세척수를 발생하는데, 둘 다 경제적 이유에서 대부분 처리되지 않은 채 강으로 방류된다. 비료로 사용될 수 있는 설탕 찌꺼기는 대신 강을 하수도로 만든다. 알코올 1L를 생산하는데 발생하는 유기성 폐기물은 4명의 시민이 배출하는 폐수에 해당한다. 하루에 15만 L를 생산하는 단일 증류시설은 60만 명이 거주하는 도시의 하수와 동일한 양을 발생한다.

결론은? **생명공학은 친환경적 해결책을 자동적으로 만들지는 않는다!**

알코올 생산 계절 중에는 도시 전체의 상수 공급이 일시적으로 중단된다. 현재, 브라질 정부는 정책을 수정하여, 알코올 산업은 그 세척수를 폐쇄회로에서 사용해야만 하며 설탕 찌꺼기는 동물 사료와 비료로, 폐수 슬러지는 바이오가스로 전환해야 한다. 바이오연료 문제는 정치적 측면뿐만 아니라 경제적 측면을 강조하는데 미래의 신기술 개발에서 고려될 필요가 있다(Box 6.5).

Worldwatch Institute의 소장인 **Lester Brown**은 바이오연료용 작물 재배는 세계 여러 지역의 비옥한 경작지에 이미 과도한 압력을 증가시킬 것이며 결국 토양 침식과 파괴를 유도할 것임을 강조하였다. Brown에 따르면 1년에 한 사람을 먹여 살리는데 경작지 1천 m^2가 필요한데 1년에 미국 자동차 한 대에 필요한 연료를 위해 충분한 작물을 생산하는 데에는 3만 m^2가 필요하다. **즉 한 대의 자동차가 30명의 식량을 먹어치운다!**

미국은 현재 자국의 에탄올 생산을 증가시키고 있다. Renewable Fuel Association에 따르면 2006년 11월에 107개 곡물 에탄올 바이오증류시설이 있으며 시설용량은 연간 51억 갤런의 에탄올이다. 추가적으로 56개의 증류시설이 건설 중이며 시설용량이 38억 갤런 더 증가될 것이다.

6.7 Chakrabarty의 석유 대식가

초능력 미생물이 환경을 구하는데 역할을 할 수 있

그림 6.17 베트남 밀림, 고엽제 Agent Orange (2,4-D와 2,4,5-T)로 처리 전 (위)과 약품 처리로 낙엽진 후(아래). Ananda Chakrabarty는 Agent Orange 분해세균을 배양하였다.

그림 6.18 Ananda Chakrabarty는 1981년 Washington에서 그의 특허를 받았다. 캘커타대학교 졸업생인 그는 현재 시카고에 있는 일리노이대학의 석좌교수이다(Box 6.4 참조).

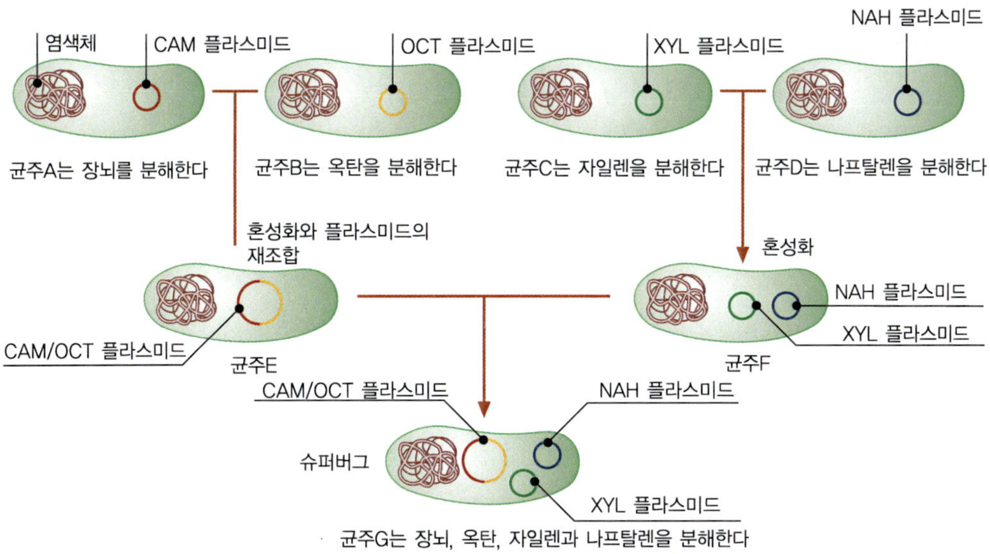

그림 6.19 석유의 여러 탄화수소를 분해할 수 있는 슈퍼세균 또는 슈퍼버그의 제작. 먼저 장뇌(camphor)-분해 플라스미드(CAM)를 옥탄-분해 플라스미드(OCT)를 이미 갖고 있는 세균에 도입한다. 두 플라스미드는 융합하고, 두 분해경로의 효소들은 한 플라스미드에 존재하게 된다. 자일렌-과 나프탈렌-분해 플라스미드는 반면 이미 한 세포에 공존하고 있다. 마지막으로 Chakrabarty는 이 모든 플라스미드를 한 세균 균주에 넣으면 세균이 장뇌, 자일렌, 옥탄 및 나프탈렌을 탄소원으로 이용하여 석유에서 자란다.

그림 6.20 Exxon Valdez 사고. 1989년 3월 26일 Bligh 암초에서 Exxon Valdez 유조선 사고 후 1~5일. 기름으로 심하게 오염된 해변(1989년 4월 Smith 섬). 해변 정화 시도. 알래스카 반도를 따라 350마일이나 오염되었다(1989년 8월).

사진 속의 Exxon Valdez 사고의 여파

38,000톤의 원유 (올림픽 수영장 125개 분량)가 바다로 유출되어 1,300마일의 해안이 오염되었다. 죽은 동물의 추정치: 바다새 25만 마리, 해달 2,800마리, 물개 300마리, 대머리 바다독수리 250마리, 범고래 22마리와 많은 수의 물고기.

겠는가? 미국에 사는 인도 태생의 생명공학자 **Ananda Mohan Chakrabarty** (1938년생, 그림 6.18과 Box 6.4)는 General Electric사를 위해 일할 때 **제초제(herbicide)** 2,4,5-T를 분해할 수 있는 세균을 길렀다. 제초제는 월남전 당시 넓은 밀림을 낙엽지게 만들기 위한 고엽제 Agent Orange(돌연변이원인 다이옥신을 또한 함유)의 성분으로 많은 양이 사용되었다(그림 6.17). 그것의 사용으로 인해 월남인들과 미국 참전용사의 후손들 사이에서 일어난 파국적인 결과에는 선천성 기형과 암이 포함되었다.

제초제 분해자의 성공적인 생산 후에 Chakrabarty는 틀림없는 석유-대식가를 기르기 시작하였다(그림 6.19). 그는 각각 옥탄(octane), 장뇌(camphor), 자일렌(xylene)과 나프탈렌(naphthalene)을 분해하는 4개의 *Pseudomonas* 균주로부터 플라스미드를 취하였다.

그 플라스미드들은 슈퍼플라스미드를 만드는데 사용되어 세균으로 재도입되고 네 가지 화합물 모두를 분해하는 능력을 부여하였다. 이 형질전환 세균은 독성 원유 잔류물을 공격하고 대규모 석유오염을 신속하게 정화하는데 사용되도록 고안되었다. 대량의 미생물은 그 후 먹이연쇄의 상위에 있는 생물에 의해 포식된다. 그러나 유전자변형 세균의 환경으로의 방출에 대한 제한 때문에 Chakrabarty의 석유 대식가는 전혀 사용되지 못하였다.

1989년 유조선 **Exxon Valdez**호가 알래스카 연안에서 좌초되었을 때 두꺼운 기름층의 대부분은 회수되었지만(그림 6.20), 바위와 돌 위의 기름은 오염현장의 세균들에 의해 분해되었다. 그들의 생장은 인산염과 질산염 "비료"의 첨가에 의해 촉진되었다. 오늘날까지 이것이 법적으로 할 수 있는 모든 것이다.

환경에서 그런 새로운 분해미생물들이 장래에 무엇을 할 수 있겠는가? 독일의 생물학자이며 작가인 Bernhard Kegel은 그의 소설 Sexy Sons에서 놀라운 시나리오를 전개하였다. 세계적 환경보호 기업의 유전자 조작이 무섭게 잘못될 뿐만 아니라 효율적으로 작용하던 새로 조작된 기름분해 미생물이 유정(oil well)으로 잘못 들어가 파국적인 결과를 가져온다. 다행히도 이것은 단지 과학소설에 불과하다.

그러나 Exxon Valdez와 같은 거대한 유조선 사고는 전체 유류 오염의 극히 일부에 불과하다. 매년 바다에 수백만 톤의 원유가 유입되며 원양에서 빈 유조선의 불법적인 세척에 의해 25%, 하천으로의 방출을 통해 1/3이 유입된다.

석유오염 토양(예, 주유소 지하)의 정화는 보다 복잡하다. 독일 재통일 후 동독에서는 토양복원이 주요 문제가 되었다. 2m 높이의 토양더미에 특별한 미생물을 접종하고 섞으면서 공기를 공급하였다. 많은 경우 2주 이내에 오염물질의 90%가 분해되었다.

베를린에서는 한 때 시를 갈라놓았던 **장벽**을 따라 보초병들의 시야 확보를 위해 수십 년간 많은 양의 **제초제**가 살포되었다. 사용된 물질은 주로 2,4-D 같은 염화탄화수소였다(그림 6.16). 16년 후 오염물질들은 자연적으로 존재하는 토양미생물들에 의해 분해되었다.

1980년에 미국 대법원은 *Diamond* 대 *Chakrabarty* 소송건 [447 U.S. 303 (1980)]의 판결을 내렸는데, **Chakrabarty**는 1971년에 유전자조작 미생물에 대해 특허를 출원하였으며 출원에 대한 거부에 대하여 법원에 소송을 제기하였다. 그의 유류분해 세균은 미국에서 역사상 특허가 부여된 최초의 조작된 생물이 되었으며(그림 6.19), 생명공학 산업에서 미생물에 대한 특허 허용을 위한 본보기가 되었다(Box 6.4 참조).

6.8 목재로부터 당과 알코올의 생산

당, 알코올과 기타 산업용 화학물질 생산을 위한 이상적인 원료물질은 **전분(starch)**이다. 그러나 전분이 주요 영양물질이지만 산업적 목적으로 전분의 사용은 논란이 되어왔다(Box 6.5 참조).

그러나 알코올 생산을 위한 가장 중요한 지속가능한 재료물질은 식량자원으로 사용할 수 없는 **리그노셀룰로오스(lignocellulose)**이다.

리그노셀룰로오스는 포도당 분자의 선형 중합체인 **섬유소(cellulose)**, 자일로오스(xylose) 같은 5탄당을 함유한 다당류인 **헤미셀룰로오스(hemicellulose)**와 방향족 분자 복합체인 **리그닌(lignin)**의

Box 6.4 전문가의 견해: Ananda Chakrabarty – 생명에 대한 특허?

역사상 새로운 생명체에 대한 최초의 특허는 Ananda Chakrabarty에게 부여되었다. 그는 1965년에 인도의 Calcutta 대학에서 박사학위를 취득하였다. 미국에서 General Electric 회사의 연구원으로 일하면서 그는 원유 성분을 수서생물이 이용할 수 있는 덜 복잡한 물질로 분해할 수 있는 *Pseudomonas* 균주를 개발하였다.

이 균주는 실험실에서 만든 생명체에 특허를 부여할 수 있다는 1980년 미국 대법원의 역사적 판결의 대상이었다. 판결이 나온 직후 선도적 생명공학 기업인 Genentech (R.A. Swanson과 H.W. Boyer가 설립, 3장 참조)의 대변인은 대법원의 판결이 "이 나라의 기술적 미래를 보증하였다"라고 하였다.

Chakrabarty의 특허 보호를 위한 투쟁은 생명공학적 발견의 미래 특허출원의 길을 닦은 것으로 현재 널리 간주되고 있다.

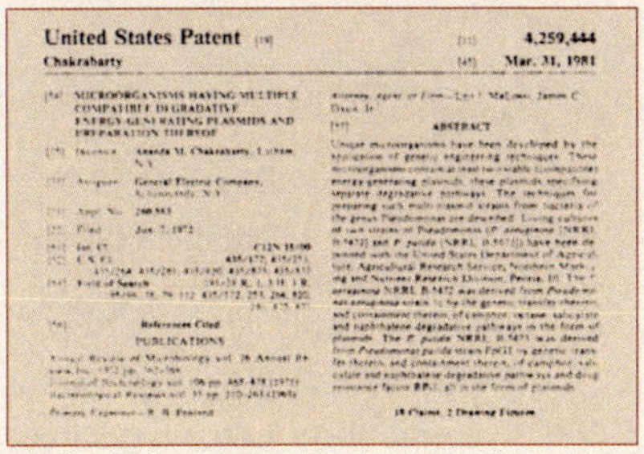
United States Patent [19] Chakrabarty

[11] 4,259,444

[45] Mar. 31, 1981

[54] MICROORGANISMS HAVING MULTIPLE COMPATIBLE DEGRADATIVE ENERGY-GENERATING PLASMIDS AND PREPARATION THEREOF

[57] ABSTRACT

References Cited

PUBLICATIONS

그에 대한 이야기:

"누가 생명을 소유하는가" 이는 간단한 답이 존재하지 않는 수사적 의문이다. 무엇이 생명이며 언제 그것이 시작되었는가에 대한 정의는 낙태 논란의 시절 또는 더 일찍 철학자와 과학자들이 생물과 무생물 간의 구분을 시도했을 때부터 만족스런 답을 얻을 수 없었다.

더 복잡한 문제: 소유권이 무엇을 의미하는가?

우리 모두 고유한 생명이라는 의미에서 소유권은 새로운 생명체를 기르고 (우리가 소, 닭, 물고기 또는 식물을 기르는 것처럼) 그리고 그런 생물을 마음대로 죽일 수 있는 능력을 갖는 것을 의미한다.

생명체 특허출원에 대한 나의 사건

생명체 특허출원 또는 입법의 두 가지 문제에 내가 관련된 것은 내가 뉴욕주 Schenectady에 있는 General Electric (GE) R&D center에서 연구원이던 1970년대로 거슬러 올라간다.

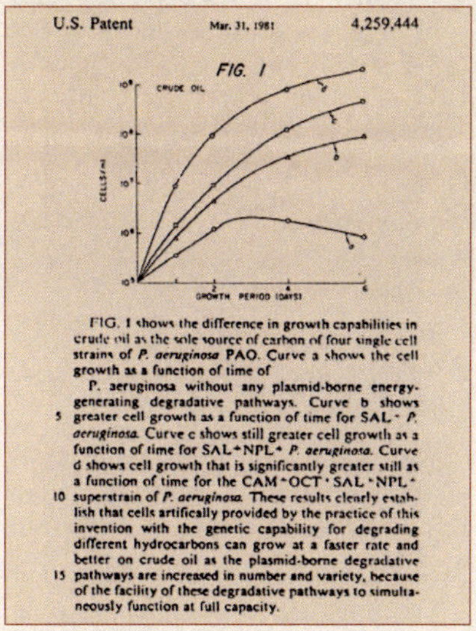
U.S. Patent Mar. 31, 1981 4,259,444

FIG. 1

FIG. 1 shows the difference in growth capabilities in crude oil as the sole source of carbon of four single cell strains of *P. aeruginosa* PAO. Curve a shows the cell growth as a function of time of

P. aeruginosa without any plasmid-borne energy-generating degradative pathways. Curve b shows greater cell growth as a function of time for SAL⁺ *P. aeruginosa*. Curve c shows still greater cell growth as a function of time for SAL⁺NPL⁺ *P. aeruginosa*. Curve d shows cell growth that is significantly greater still as a function of time for the CAM⁺OCT⁺SAL⁺NPL⁺ superstrain of *P. aeruginosa*. These results clearly establish that cells artifically provided by the practice of this invention with the genetic capability for degrading different hydrocarbons can grow at a faster rate and better on crude oil as the plasmid-borne degradative pathways are increased in number and variety, because of the facility of these degradative pathways to simultaneously function at full capacity.

거기서 나는 유전적으로 개량된 미생물(179쪽 참조)을 개발하였는데 그것은 원유를 신속하게 분해하도록 만들어졌고 따라서 유류사고의 정화를 위해 적절한 것처럼 간주되었다. 그것을 환경에 방출하면 그것을 갖기를 원하는 누구든 가져갈 수 있기 때문에 GE는 유전자조작 미생물의 제조공정과 미생물 자체에 대한 특허를 출원하였다.

미국 특허 상표국(**US Patent and Trademark Office, PTO**)은 제조공정 특허는 허용하였으나 미생물 특허는 그것이 자연의 산물이라는 사실에 근거하여 거부하였다. GE는 PTO 항소부에 유전자조작 미생물은 그것의 본래 미생물과 유전적으로 매우 다르다는 점을 지적하며 항소하였다. 항소부는 그것이 자연의 산물이 아니라는 것은 인정하였지만 그 미생물이 살아있다는 사실 때문에 미생물의 특허권에 대한 청구를 여전히 거절하였다.

그런 거부는 법적 근거가 없다고 확신하여 GE는 미국 조세 및 특허 항소법원(US Court of Custom and Patent Appeals, CCPA)에 항소하였다. CCPA는 3대 2로 GE에 유리한 판결을 내렸다. **Giles S. Rich** 판사는 승자쪽 입장에서 미생물이 "말과 벌 또는 나무딸기와 장미보다는 반응물, 시약과 촉매 같은 생명이 없는 화학성분에 훨씬 가깝다"라고 주장하였다. 다른 판사 **Howard T. Markey**는 동의하면서 "죽은 발명으로 특허를 제한하는 의회의 의지는 법률의 공백에 잠복해있지 않으며, 우리에게 그것이 거기에 있다는 것을 발견하기를 요구하는 강제적 환경은 없다."라고 말하였다.

PTO는 바로 대법원에 상고하였다. 처음에 대법원은 다른 특허소송 측면에서의 재검토를 위해 그것을 다시 CCPA로 돌려보냈으나 CCPA는 다시 GE에 유리한 결정을 내렸으며 이 때 법원은 "그들이 살아있기 때문에 일어나는 그들의 화학반응을 위해 사용되는 생물체와 죽은 것으로 간주되는 화학물질 사이에 어떤 법적으로 중요한 차이"를 발견할 수 없다는 것을 강조하였다.

CCPA 결정에 법무차관이 대법원에 재정신청을 하였다. **Sidney Diamond**가 새 특허국장이 되었기 때문에 **Diamond 대 Chakrabarty 소송**으로 알려지게 된 사건을 지지하거나 반대하는 여러 법정조언자에 의한 의견서가 제출되었다. 정부측에서 제출된 한 의견서는 People's Business Commission (PBC)로부터 나왔는데 생명체에 대한 특허출원은 공공의 이득이 아니며 미생물에 대한 특허 허용은 불가피하게 포유류와 아마도 인간을 포함한 고등생명체에 대한 특허출원으로 이어질 것이라고 주장하였다. PBC는 "문제의 본질"은 "생명체에 대한 특허발급은 생명이 어떤 극히 중요하거나 신성한 성질을 갖지 않으며 그것은 단순히 화학물질 또는 물질 조성에 불과하다는 것을 의미한다."라고 주장하였다.

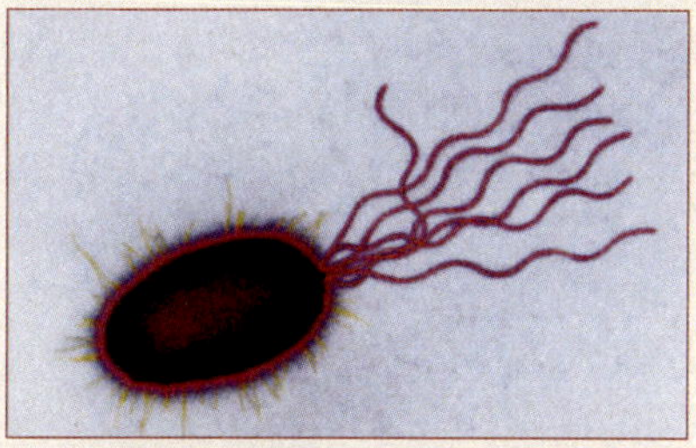
이 놀라운 *Pseudomonas*의 사진은 Dennis Kunkel (www.denniskunkel.com 참조)이 찍었는데 그는 다음과 같이 설명하였다. "이것은 음성염색된 세균의 투과 전자현미경(TEM) 사진이다. 이 종은 한 더미의 극성 편모만을 갖는데 그 대부분이 남아있는 것은 큰 행운이었다. TEM으로 관찰할 때 음성염색은 편모를 잘 나타나게 만든다."

최초로 제기된 지 8년 후인 1980년에 대법원은 문제의 미생물이 새로운 조성의 물질이며 인간 창조성의 산물이고 자연의 제작물이 아니며 따라서 특허출원 대상의 물질이라는 CCPA의 판사 **Giles Rich**에 5대 4의 표결로 동의하였다. 대법원 판사 **William Brennan**은 소수측 주장으로 이 사건이 "독특하게 대중적 관심의 문제"가 되었으며 따라서 의회의 검토와 새로운 법률이 필요하다는 것을 지적하였다. 생명체의 소유권이 흥미로운 결과의 실체가 되었다.

어떤 일이 다음에 일어났는가?

기준을 충족시키는 한 하늘 아래 인간이 만든 어떤 것이든 특허가 출원될 수 있다는 것을 비록 법원이 강조하였지만 대법원의 결정은 좁게는 "영혼이 없는, 지성이 없는, 하등한 생명체"로 기술된 것들로 초점이 맞춰졌다. PTO는 생명체의 특허출원에 대한 위원회 해석으로 결정을 받아들이고 미생물, 식물, 동물, 물고기, 새와 인간 유전자, 돌연변이 및 세포를 포괄하는 수백 개의 미국 특허를 발급하였다.

동물과 인간 신체세포에 대한 특허 발급은 전례가 없는 법적 결과를 가진 미답의 영역의 소유권을 부여하였다. 특허 침해 경우를 포함한 많은 논란이 생겨났는데 법원에 의해 결정되어야만 하는 명료성, 가능성, 또는 발명의 우선권과 관련된 의문들 때문이었다.

보다 어려운 것은 소유의 권리와 특권에 대한 의문이었다. 예를 들면, "독특한 T-림프구 세포주와 거기에서 비롯된 산물" 특허에서 발명자는 모양(毛樣)세포성 백혈병으로 고생하고 캘리포니아 대학교 로스앤젤레스 분교(UCLA)의 의사 **David W. Golde**에게 가서 치료를 한 환자 **John Moore**의 비장(spleen)을 이용하였다. 치료의 일환으로 Moore씨의 비장을 떼어내어 Golde 박사는 암 또는 AIDS 치료에 유용한 많은 양의 림포카인을 생산하는 T림프구가 많은 세포주를 개발하였다. Moore씨의 최초 인지 또는 승낙 없이 그러나 Moore씨의 반복된 병원 방문을 요구하며, Golde 박사와 UCLA는 Moore씨의 비장으로부터 비롯된 세포주에 대한 특허를 신청하여 1984년에 발급받았다. Moore씨는 그 후 Golde 박사와 UCLA를 그의 신체 일부의 절도로 고소하였다. 1심에서는 Moore씨가 패소하였으나 항소심에서 판결이 번복되었으며 이 소송은 끝내 캘리포니아 대법원까지 갔다. 항소심과 대법원 모두 법에 선례가 없는 Moore씨 주장의 신규성을 인정하였다. 그럼에도 불구하고 캘리포니아 대법원은 횡령권(그의 신체 일부의 허용되지 않은 사용)에 대해서는 Moore씨에 대해 패소판결을 내렸지만 그의 건강과 복지를 포함하여 의사가 하고 있는 것을 주지시켜야 한다는 그의 권리는 인정하였다.

어떤 발명이 인간의 독창성뿐만 아니라 인간의 조직까지 요구할 때 누가 지적재산권을 소유해야만 하는가?

"Superbug"를 연구할 때 실험실에서 Ananda Chakrabarty.

2000년 10월 30일, 뉴욕시의 Canavan Foundation, National Tay-Sachs, Allied Diseases Association과 여러 개인에 의해 시카고 연방법원에 소송이 제기되었다. 이 개인과 단체들은 기금을 모으고, 가족을 등록하고, 17번 염색체 상의 aspartoacylase 효소를 암호화하는 유전자의 돌연변이에 의해 일어나는 **Canavan병(canavan disorder)**을 위한 유전자시험의 개발을 도와줄 조직 기증자를 모집하였다. 이 병은 주로 Ashkenazi 유대인 어린이에게 일어나며 유전자시험은 그런 돌연변이를 가진 잠재적 환자를 검색하는데 유용한 것으로 간주되었다. 그 재단은 병에 걸린 환자의 조직과 연구비를 **Reuben Matalon** 박사에게 제공하였는데, 그는 Miami Children's Hospital (MCH)에 고용되었을 때 유전자시험을 개발하였으며, 시험법이 개발된 후 그에 대한 특허는 MCH가 소유하게 되었다. 그러나 MCH는 시험비용을 많이 요구하며 시험에 대한 접근을 제한하고 면허시행 시험의 수도 제한하였다.

이는 Canavan병을 방지하기 위해 많은 미래의 부모에게 가능한 저비용 시험의 개발을 돕기 위한 개인과 단체들의 뜻에 어긋나는 것이었다.

그것 없이는 시험이 개발되고 특허가 발급될 수 없는 조직 공여자의 기여가 얼마나 중요한지에 대한 의문은 그런 사건들이 계속 법원에 제기되면서 더욱 부각되었다.

또 다른 중요한 고려는 시험의 비용이다. 질병은 흔히 인간 유전자의 돌연변이, 결실 또는 유전자 재배열에 의해 일어난다. 따라서 일부 질병의 유전자 검색은 모든 가능한 유전적 변화를 검출할 수 있는 여러 유전자시험을 포함한다. 환자의 70%가 cftr(cystic fibrosis transmembrane conductance regulator) 유전자의 단일 돌연변이(trinucleotide codon deletion)를 갖는 낭포성 섬유증(cystic fibrosis, CF) 같은 질병은 단일 유전자시험이 충분하지 않으며 다중 돌연변이가 검색되어야만 하기도 하며, 따라서 유전자시험 비용이 크게 늘어난다.

그런 시험의 유전자 변화의 검출과 개발은 시간과 비용이 많이 들기 때문에 개발자는 그런 유전자시험에 대한 특허를 강구하며, 시험 시행을 위한 면허비용 요구로 비용을 회수하고자 한다. 이 비용을 누가 부담할 것인가? 그런 유전자시험의 비용을 누가 결정하는가? 누가 병 없이 살고 누가 고생해야 하는가를 시장의 힘이 결정해야 하는가? AIDS 감염 환자들에게 이용가능하게 제약회사들이 그들의 AIDS 특허약품의 저비용 무특허 생산을 허용한 남아프리카에서의 최근의 사건이 거대 제약기업의 사회적 책임의 흥미있는 예가 된다.

특허소송에서 승소 후 Ananda Chakrabarty.

그러면 유전자에서 모든 돌연변이 또는 유전적 변화를 검출할 수 없는 유전자시험의 **특허자격(patentability of genetic test)**에 대한 의문이 생긴다. 미국 Salt Lake City의 **Myriad Genetics**사는 BRCA 돌연변이와 결실을 검색하기 위한 자동화 염기서열 검사에 이용되는 BRAC 분석기술이라 하는 BRCA1과 BRCA2의 유전자시험에 대한 유럽 특허를 2000년에 발급받았다. BRCA1과 BRCA2의 돌연변이는 모든 유방암 환자의 거의 10%에서 나타나며 그들의 조기검출은 유방암 치료에 중요하다. 그러나 약 11.6 kb의 DNA를 포함하는 BRCA1의 일부 결실과 유전자 재배열은 Myriad 시험에 의해 검출되지 못하며 combed DNA color bar coding이라 하는 특허 방법에 의해서만 검출될 수 있다. 그런 유전자 결실은 모든 BRCA1 돌연변이의 약 36%를 차지한다. Myriad Genetic 유럽특허의 청구는 파스퇴르 연구소(Institute Pasteur)에 의해 출원된 combed DNA color bar coding 기술을 유럽 의사들이 사용하지 못하게 하며, 인간 유전자 돌연변이의 소유권과 그 검출을 누가 조절하거나 확립하는가와 일반적인 인간 유전자 구성에 대한 어려운 법적 의문을 불러일으켰다.

특허가 부여된 유전자시험에는 또한 사적 자유와 시민권 문제가 있다. 예를 들면 미국 Equal Employment Opportunity Commission(EEOC)은 특정 작업-관련 손 질병(carpal tunnel syndrome)에 대한 손해배상을 청구한 직원에 대해 유전자시험을 요구한 Burlington Northern Santa Fe Railroad를 고소하였다.

17번 염색체 상의 특정 유전자 결실 때문에 일어나는 이 질병에 어느 직원이 걸리기 쉬운지 철도회사가 조사하기를 원했다. EEOC는 철도회사가 그 조사를 거부하는 직원을 해고하겠다고 위협하여 직원의 인권을 침해하였다고 주장하였다. 이 사건은 그 후 EEOC에 유리하게 판결이 내려졌다.

인간이란 무엇인가?

1998년, US PTO에 인간-동물 잡종(**human-animal hybrid**)에 대한 특허 신청서가 제출되었는데 그것은 실제로 만들어지지는 않았지만 그 개념은 양과 염소 사이에서 잡종이 만들어질 수 있다는 사실에 근거한다. 인간과 침팬지 사이의 DNA 염기서열 유사도가 양과 염소 사이의 것과 유사하다는 점이 지적되었다. 신청자는 인간과 침팬지간의 잡종을 만드는 것이 가능하며 그런 잡종은 장기공여 또는 기타 의학적 목적에 유용할 수 있다고 주장하였다. 실제로는 이 신청자가 특허를 원한 것은 아니며, 단순히 인간 유전자의 조작과 인간 복제에 대한 미래의 특허를 방지하기 위해 문제를 제기한 것이었다. 특허국은 인간에 대한 소유권을 거부하는 노예제도 반대 수정헌법인 미국 13차 수정헌법에 근거하여 그 신청을 기각하였다.

비록 특허신청서는 거부되었지만 그것은 흥미로운 의문을 제기하였다. 만일 인간-동물 잡종이 인간이며 따라서 소유될 수 없다면 인간의 특성을 부여하기 위해 얼마나 많은 인간 유전물질 또는 인간 표현형질이 생물체 또는 동물 내에 존재해야 하는가?

특허자격 문제의 제기 없이 여러 인간 유전자들이 비인간 생물체에 삽입되어 왔다. 13차 수정헌법에 근거한 특허자격을 막는 그런 인간 유전자 또는 형질 존재의 상한선 또는 하한선이 있는가? 비록 배가 충분히 세포분열을 일으키지 않아 배반포가 되지 않았어도 미국 매사추세츠주의 한 기업은 인간의 배아를 복제했다고 주장하였다. 복제된 많은 수의 동물을 감안하면 인간 배아도 장래에 복제될 수 있을 것이다. 복제동물의 건강과 복지에 대해서는 많은 불확실성이 있으며 분명히 인간의 복제에 대해서는 거대한 저항이 있을 것이다. 과학자의 호기심과 복제의 상대적 용이성을 생각하면 누군가, 어디선가, 핵이 제거된 난모세포에 핵 전이를 수행할 것이다. 만일 어떤 이가 침팬지 핵을 핵이 제거된 인간 난모세포에 집어넣고 그것을 인간 자궁에 이식하면 어떤 일이 일어날 것인가? 반대로 침팬지 난자의 핵을 인간 핵과 치환하고 그것을 침팬지 자궁에 이식할 수도 있다. 유전자 발현을 제어하는 세포질의 기여와 난자의 미토콘드리아 DNA가 있지만, 치환된 핵은 배아의 1차적 유전형을 결정할 것이다.

인간 엄마가 낳은 아기 침팬지는 침팬지인가 인간인가? 반대로 침팬지 엄마가 낳은 인간처럼 보이는 아기는 인간인가 침팬지인가? 만일 그들이 자연의 산물이라면 그런 아기들이 특허출원 될 수 있는가?

맺는 말

지금은 생물학자에게 흥미로우면서 또한 어려운 시기이다.

동물과 인간 증식의 기술은 유전자 조작 기술과 더불어 매우 신속하게 발달하기 때문에 우리의 법적 구조를 초월하고 우리의 사회적 및 윤리적 구성에 직접 영향을 미치는 상황을 만들고 있다.

과학이 어디로 가고 있는지, 긍정적 기여를 위해 그리고 아마도 자연의 알지 못하는 생물학적 의문으로의 우리의 모험 한계를 규정하기 위해 어디로 가야하는지에 대해 의회가 심각하게 고려할 시간이다. 당연히 모든 과학적 방향을 포괄하거나 또는 인간 창의성의 방향을 정하는 어떤 의회의 명령도 없으며, 인간 유전자 증식, 유전자 조작 식물과 음식 및 환경복원을 포함한 분쟁의 해결에 사법부가 점차 커다란 역할을 할 것이다. 사회에 대해 큰 영향을 갖는 과학적 발달의 지침을 제공하기 위해 사법부, 법조계, 입법부, 관심있는 대중과 과학계 사이에는 따라서 대화를 계속해야할 큰 필요성이 있다.

현재의 Ananda Chakrabarty.

Ananda Mohan Chakrabarty는 Sainthia (인도)에서 태어나 현재 시카고에 있는 University of Illinois College of Medicine에서 석좌교수로 있다. Chakrabarty의 경력은 연구를 항상 실용적인 것으로 바꾸는 능력을 보여준다. 그는 현재 새로운 흥미로운 발견을 다루고 있다. 특정한 감염된 병원성 세균이 사람 환자에서 종양을 퇴화시키는 능력이 100년 이상 알려져 있다. 퇴화의 이유는 그러나 활성화된 면역체제에 의한 cytokine과 chemokine의 생산 때문인 것으로 생각되었다.

*Pseudomonas aeruginosa*가 암세포에 노출되었을 때 azurin 단백질을 생성한다는 것을 Chakrabarty는 현재 보여주고 있다. Azurin과 *Neisseria*종에 의해 생성되는 Laz라 불리는 azurin의 변형체는 암 생장에 관련된 다양한 단백질 및 말라리아 병원체 *Plasmodium falciparum*과 AIDS 바이러스 HIV-1의 표면단백질과 복합체를 매우 효율적으로 생성하여, 그들의 생장을 크게 저해한다. 이같이 단일 세균 단백질이 암, 말라리아 또는 AIDS와 말라리아 병원체에 의한 AIDS 환자의 동시감염 같은 연관되지 않은 질병의 치료에 대해 잠재적인 가능성을 갖는다.

인용문헌:

Chakrabarty A M (2003) *Patenting life forms: yesterday, today, and tomorrow,* in: Perspectives on properties of the Human Genome Project (Kieff, FS, Olin, JM, eds.), pp 3-11, Elsevier Academic Press, Amsterdam, Boston.

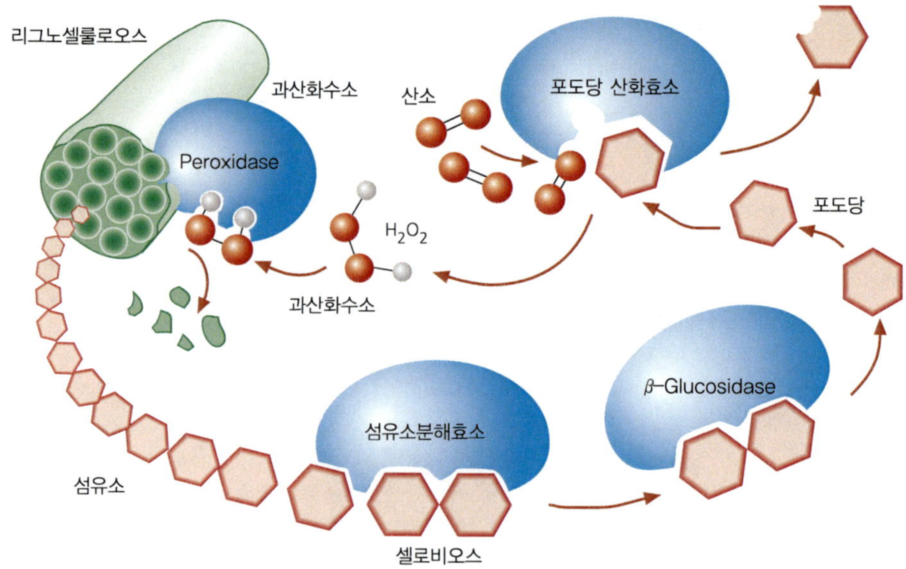

그림 6.21 리그노셀룰로오스의 가상적 효소분해.

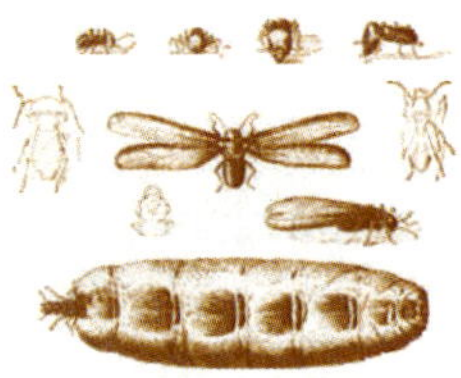

그림 6.22 위: 흰개미는 그들의 장에 있는 장내 편모충류에 의해 생성되는 섬유소분해효소를 통해 바이오가스를 생성한다. 가운데와 아래: 홍콩에 있는 저자 찬장 내 서랍으로 한동안 사용하지 않아 흰개미 집락이 형성되어 서랍의 목재를 메탄으로 전환한다.

그림 6.23 제2차 세계대전 중 일본군과 태평양에서 싸울 때 미군의 면 의류와 탄띠는 놀라운 속도로 분해되었는데, *Trichoderma* 같은 섬유소분해효소-생성 진균 때문이었다.

세 가지 성분으로 구성된다. 밀짚과 목재에는 이 성분들이 4:3:2의 비율로 존재한다.

비록 건조 섬유소 생물량의 톤당 가격이 곡물 전분에 비해 상당히 낮지만 당으로 전환되면 경쟁할 수 없다. 식물에 필수적인 **리그닌의 단단한 구조**는 공정에 주요 장애물이 되는데 섬유소는 결정형으로만 존재하며 헤미셀룰로오스와 리그닌으로 싸여있기 때문이다. 오래된 진짜 목가구를 소유한 사람들은 이런 종류의 섬유소가 물에 용해되지 않지만 전분은 용해된다는 것을 확인할 수 있다.

대부분의 미생물들은 효소 전처리를 하지 않으면 목재를 분해하지 못하는데, 이는 비록 나무좀, 흰개미 및 백색부후균과 청변(blue stain)으로부터의 보호가 필요하지만 목재가 **인기있는 건축재**가 된 정확한 이유가 된다. 위의 생물들은 모두 섬유소를 당으로 분해하여 목재를 파괴하는 **섬유소분해효소(cellulase)**를 생성한다. 메탄을 생성하는 흰개미에서는 장에서 원생동물이 섬유소분해효소를 분비한다(그림 6.22).

섬유소분해효소를 생성하는 생물 중 현재 선호되는 것은 유명한 미국 섬유소분해효소 연구자였던 **E.T. Reese**의 이름을 딴 진균 *Trichoderma reesei*(이전 이름 *Trichoderma viride*)로 세포 밖으로 섬유소분해효소를 분비한다. 그것은 제2차 세계대전 중 New Guinea에서 썩는 면화 탄띠로부터 발견되었다(그림 6.23). 당시 미생물학자들은 열대지역에서 미군의 섬유소 함유 장비들이 놀라운 속도로 분해되는 것에 대한 경고 보고서를 조사하였다.

한편 섬유소를 당으로 전환시키는 능력이 야생형 균주보다 10배 뛰어난 돌연변이가 발견되었으나 그 과정은 비경제적인 것으로 남게 되었다. 가장 효율적인 리그닌-분해 진균인 *Chrysosporium pruinosum*도 30일 후 40%의 리그닌을 그대로 남긴다.

리그닌의 분해산물들은 많은 미생물에 독성을 나타내는데 아마도 나무의 자연적 방어기작인 것 같으며 아직까지 리그닌의 적당한 용도가 발견되지 않고 있다. 따라서 산을 이용한 **리그노셀룰로오스의 전처리(pre-treating a lignocellulose)**는 섬유소의 효율적인 효소적 분해에 필수적이며 그 후 산의 제거는 비용이 많이 들게 된다. 증기파열(steam explosion)이나 산 제거를 위한 액체 암모니아를 사용하는 냉동파열(freeze explosion) 기술로 그 비용을 줄일 수 있다.

리그닌 분해 미생물에 대한 오랜 연구는 그러나 수년 전 예상치 않은 결과를 얻었다. 고분자량 화합물은 미생물에 의해 생성되고 배지로 분비되는 가수분해효소(hydrolase)에 의해 항상 먼저 분해되는 것으로 전문가들은 예상하였으며, 이는 녹말분해효소와 섬유소분해효소에 해당되었다. 그러나 리그닌 분해에서 진균은 목재에서 **백색부후(white rot)**라는 현상을 일으킨다. 이 진균은 60~70%의 리그닌을 작은 조각, 이산화탄소와 물로 분해하여 백색의 섬유소를 남기며 그에 따라 백색부후균이라고 이름지어졌다.

리그닌 분해기작은 획기적인데 진균 *Phanerochaete chrysosporium*과 *Coriolus versicolor*는 가수분해효소를 분비하지 않고 세포외 과산화효소(peroxidase)를 밖으로 분비하며 이들이 리그닌의 페놀 사이 결합을 분해한다(그림 6.21).

과산화효소의 작용에 필수적인 과산화수소의 기원은 아직 불분명하다. 포도당 산화효소 같은 **세포외 산화효소(extracellular oxidase)**가 포도당을 산화할 때 H_2O_2를 공급하는 것으로 생각된다. 분해에 예상치 않은 과산화효소의 관여는 효소 연구가 이제까지 빙산의 일각만큼만 진행되었으며 보다 놀랍고 유용한 내용들이 많이 남아있는 것을 보여준다.

목재 분해와 관련된 두 번째 문제는 그 자신의 산물인 포도당과 그 이량체인 셀로비오스(cellobiose)에 의한 섬유소분해효소의 저해(**product inhibition**)와 섬유소분해효소의 비교적 낮은 활성이다. 가장 효율적인 섬유소분해효소도 상업적 아밀라아제 활성의 1/1000에 지나지 않는다. **단백질 공학(protein engineering)**이 섬유소분해효소의 자발적인 자가제어를 정지시킬 수 있는 방법을 제공할 수 있을 것이다. 유전공학자들은 많은 양의 섬유소분해효소를 경제적으로 생산하기 위해 여러 진균의 섬유소분해효소 유전자를 세균에 클로닝하였다. 리그노셀룰로오스 전환의 효율성 개선의 또 다른 가능성은 세균이 헤미셀룰로오스의 5탄당(예, xylose) 사용능력을 갖게 하는 것이다.

마지막으로 *Clostridium thermocellum* 같은 리그노셀룰로오스를 직접 대사할 수 있는 미생물이 이용될 수 있다. 야생균주는 특히 에탄올과 유기산을 포함한 넓은 범위의 리그노셀룰로오스 산물을 생성한다. 어떤 산물의 생성도 유전적으로 개선될 수 있으며, 산물생산이 경제성을 가질 수 있게 된다.

북미의 한 기업은 목편의 전처리(biopulping)에 백색부후균 *Ophiostoma piliferum*을 사용하여 2~3주 내에 섬유소 수율이 크게 증가하였다. *Ophiostoma* 접종 목편은 리그닌이 분해되면서 동시에 경쟁자인 청변(blue stain) 진균이 압도되었다.

6.9 생물량으로부터 기초 화학물질의 생산

산업과 관련된 화합물들 중 약 100가지 종류가 전체 화학물질의 99%를 차지한다. 이들 중 3/4은 5가지 중요한 물질인 에틸렌(ethylene), 프로필렌(propylene), 벤젠(benzene), 톨루엔(toluene)과 자일렌(xylene)으로부터 생성된다. 현재, 이 화합물들은 모두 석유와 천연가스로부터 비롯되며 석유시장의 모든 가격변동과 동요는 화학산업에 그대로 반영된다. 또한 석유의 촉매분해와 환경피해에 대한 대비도 많은 양의 에너지를 요구한다. 전문가들은 원칙적으로 상위 100가지 화학물질들의 약 절반 정도가 재생가능한 공급원으로부터 만들어질 수 있는 것으로 생각한다. 오늘날의 상황은 어떠한가? 에탄올, 구연산과 아세트산이 생명공학을 통해 저렴한 비용으로 생산될 수 있다(그림 6.24).

에탄올(ethanol)은 중요한 산업 화학물질로(1장 참조) 용매, 추출제 또는 부동액, 그리고 색소, 접착제, 윤활제, 의약품, 세제, 폭발물, 수지와 화장품으로 사용되는 여러 유기화합물의 합성을 위한 개시물질로 사용된다.

화석연료 가격이 낮고 발효를 위한 당과 전분은 비쌌을 때, 고온에서 촉매를 이용한 에틸렌 수화에 의한 화학적 에탄올 합성은 발효를 크게 대체하였다. 연료가격의 상승 때문에 우리는 가장 오래된 생명공학적 방법의 부흥을 보게 되었다. 연속공정 및 새로운 매우 효율적인 고온성의 에탄올-내성 미생물과 에너지 효율적 증류기술을 통해 증류공정은 경쟁력을 갖게 되었다.

현재 *Acetobacter*를 이용한 에탄올 산화에 의해 생산된 **아세트산(acetic acid)**은 전적으로 인간이 소비하지만, 고농도 산업용 아세트산은 보다 저비용으로 메탄올의 화학적 카보닐화(carbonylation)에 의해 공급된다. 전 세계적으로 약 20만 톤의 아세트산이 발효에 의해 에탄올로부터 생산된다.

그림 6.24 생물량으로부터 생성될 수 있는 기본적인 화합물들

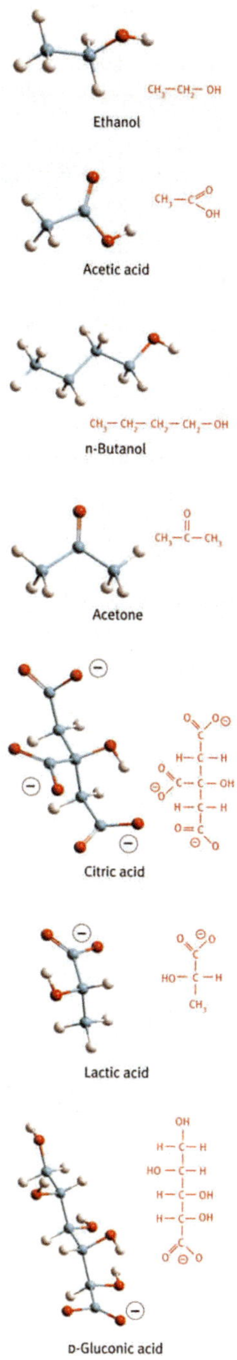

Box 6.5 전문가의 견해: 농업에너지와 노벨상 수상자 Alan MacDiarmid

차의 시동을 걸고 출발하면 뒤에 놀라운 술 냄새가 남는다…

Esso사의 오래된 광고문구 '당신의 기름탱크에 호랑이를 부착하시오'는 이제는 '당신의 기름탱크에 바이오를 부착하시오'로 바꿔야 한다. 중국, EU와 심지어 조지 부시 정권의 미국 같이 많은 국가들이 바이오에탄올의 사용 증가 방향으로 나아가는 것을 결정하고 있다. 급속히 오르는 석유와 연료 가격 때문에 세계에서 가장 오래된 생명공학기술인 당의 알코올로의 효모발효로 되돌아가는 것이 의미가 있게 되었다. 많은 사람들은 바이오연료가 우리 미래를 구제할 수 있을 것으로 생각하고 있다.

Alan MacDiarmid 교수(University of Texas at Dallas와 University of Pennsylvania)는 홍콩에 있는 우리 대학에서 농업에너지에 대해 강의를 시작하였다. 2000년에 그는 변형된 플라스틱 중합체가 전기 전도체로 작용한다는 혁명적 발견으로 노벨상을 수상하였다. 그는 최근에 중국의 바이오에너지 공급을 연구하는 연구센터를 중국에 설립하였다. 중국은 가난한 농부에게 수익을 제공할 수 있으며, 식량작물과 경쟁하지 못하지만 강건한 에너지-공급 식물이 자랄 수 있는 광대한 사막과 유사한 지역을 갖고 있다.

지속가능한 연료를 제공하는 사탕수수 밭에 있는 에탄올-주입 자동차.

노벨상 수상자 Alan MacDiarmid는 학생들에게 다음과 같이 설명하였다.

석유, 석탄과 천연가스 매장량이 전 세계적으로 고갈되어감에 따라 남아있는 화석연료의 회수가 기술적으로는 가능할지라도 경제적으로는 가능하지 않다. 그것은 너무 많은 비용이 들 것이다. 오늘날 원유 가격은 배럴 당 70달러이며 계속 오를 것이다.

국제시장에서 배럴당 원유 가격 상승이 어떤 형태의 재생가능 에너지의 대안에 대해서도 재정적 실현 가능성을 촉진시키고 있다. 그럴 가능성은 없지만 만일 석유 가격이 떨어진다면 대체 에너지의 실현 가능성은 감소할 것이다. 그럴 가능성이 높은데, 만일 석유 가격이 계속 상승하면 대체 에너지의 경제적 실현 가능성도 따라서 높아진다.

가장 유망한 대체 에너지원은 자연의 고유 태양전지인 나뭇잎, 관목과 풀인데 그들은 태양광을 흡수하여 다양한 유기물 형태로 전환하여 태양에너지를 저장한다.

사탕수수(*Saccharum officinarum*).

과거에는 사람들이 물고기, 동물, 야생열매와 뿌리를 사냥하거나 채취하였으며, 그 후 농경을 통해 그것들을 재배하였다. 그러나 우리는 여전히 석탄, 석유와 천연가스 같이 수백만 년 지난 삼림으로부터의 에너지를 사냥하고 있다.

지금 우리는 사람이 식량을 얻기 위해 했던 것과 동일하게 에너지를 얻기 위해 우리의 에너지 수요를 경작하기 시작한 것에 대해 놀라고 있다.

인간이 오래 전에 개발한 "식량을 위한 농장" 같이 지금 "연료를 위한 농장"을 만들 시간이 도래하였다.

미래에는 우리의 에너지의 대부분을 식물이 오랜 세월 화석연료로 전환되기를 기다리는 대신 식물의 생장으로부터 얻게 될 것이며 땅에서 그 에너지를 얻는데 비싸고 복잡한 기술을 사용할 것이다.

재배될 수 있는 가장 흔한 연료 종류는 바이오-에틸알코올 또는 에탄올(**ethanol**)로서 우리는 이미 상당한 양을 휘발유에 넣어 사용 중이다. 그것은 주로 설탕과 옥수수의 발효로부터 만들어진다.

바이오디젤(**biodiesel**)은 콩, 해바라기씨, 야트로파(jatropha), 또는 그와 유사한 종자들로부터 얻어진 기름으로 또 다른 형태의 바이오 연료이다. 이 경우 그 기름은 추출되고 발효가 관여하지 않는다.

어떤 나라들은 바이오-알코올로의 발효를 위한 설탕 또는 옥수수의 재배에서 그 기후 또는 토양 조건에 의해 제한될 수 있기 때문에 현재 목재 폐기물이나 농작물 폐기물에서 발견되는 섬유소 물질로부터 연료를 생산하는 것에 관심이 커지고 있다.

만일 이 섬유소가 효소에 의해 당으로 분해되어 에탄올로 쉽게 발효될 수 있다면 바이오연료의 광범위한 사용에 제한이 거의 없게 된다. 이에 대한 시험운영이 시행되었는데 그 결과가 희망적이었다. 매일 같이 그 비용은 감소하고 있는데 활발한 연구에 따라 섬유소 분해효소의 가격이 계속 내려가고 있기 때문이다.

앞으로는 특정 기후에서만 자라는 옥수수와 사탕수수뿐만 아니라 근본적으로 세계의 어느 기후에서나 자랄 수 있는 나무, 관목과 풀로부터 세계의 연료가 공급될 것이다. 석유 경제 대신 우리는 바이오-알코올 경제 시대에서 살게 될 것이다.

살아있는 식물로부터 얻는 연료 사용의 또 다른 장점은 바이오연료가 사용되었을 때 대기로 방출된 이산화탄소가 식물에 의해 재흡수된다는 점이다. 그러므로 공기 중으로 방출된 이산화탄소의 양이 증감되지 않는 순환이 일어난다. 따라서 만일 우리가 어떤 종류든지 바이오연료를 사용하면 화석연료의 연소에서처럼 공기 중으로 이산화탄소 방출의 증가로 인한 **지구온난화를 가중시키지 않는다.**

당연히, 바이오연료, 풍력 또는 태양에너지 등 어느 한 종류의 재생가능 에너지가 한 나라의 모든 에너지 수요를 충족시킬 수는 없다. 국가의 한 지역에서는 풍력과 수력, 다른 지역에서는 바이오연료처럼 기후, 토양과 지형의 국지적 조건에 따라 여러 연료가 같이 사용되어야 한다. 여전히 또 다른 지역에서는 일부 "경제적으로 회수가능한" 화석연료가 사용될 것이다.

지금 설명하고 있는 것이 이미 브라질에서 일어나고 있는데, 현재 수입석유를 사용하지

않는다. 순수 에탄올 또는 휘발유-에탄올 혼합물을 이용하는 자동차가 이미 6백만 대 생산되었는데 이들은 유연-연료 자동차(flex-fuel car)라 하는데, 어떤 주유소에도 갈 수 있으며 두 가지 종류의 연료를 넣을 수 있는데 하나는 알코올, 다른 것은 휘발유로 표시되어 있는데 그것도 이미 약 22%의 에탄올이 혼합되어 있다. 기름탱크의 센서는 에탄올과 휘발유의 상대적 양을 감지하며 그에 따라 엔진이 조절된다. 현재는 에탄올 1갤런이 휘발유 1갤런보다 싸다.

야트로파(위 그림)는 physic nut라고도 하는데 현재 양초와 비누 생산에 사용되는 비식용 기름을 위해 중국 각지에서 약 2백만 ha에서 재배되고 있다. 지금은 바이오디젤 생산을 위한 주된 작물이 될 것으로 예측된다. 대부분 중국 남부에 있는 1,300만 ha의 삼림에서 매년 거의 6백만 톤의 바이오디젤이 나온다. 야트로파 나무는 세계에서 가장 큰 삼협댐 용량의 약 2/3인 1200만 KW 시설용량의 발전소에 연료로 목재를 공급한다.

유럽에서도 유연-연료 자동차가 증가하고 있다. 포드 자동차사는 미국에서 25만 대의 유연-연료 자동차를 생산할 계획이다. 만일 브라질이 완전히 바이오연료로 전환시킬 수 있다면 왜 유일 초강대국(미국)이 석유 때문에 중동에 발목을 잡혀 있으며 지구온난화와 같은 논란을 일으키는지 의문을 품는 사람이 있을 수 있다.

우리는 그 후 Alan MacDiarmid와 논란거리에 대해 토론하였다.

최근 중국 정부는 바이오연료에 대해 적극적인 정책을 펴고 있는데 2002년부터 바이오연료에 보조금을 지급하고 있다. 중국에서는 에탄올을 주로 옥수수, 대두, 카사바(cassava), 고구마와 사탕무로부터 생산한다. 정책 변화 2개월 전, 동식물 지방으로 생산한 바이오-디젤이 중국 주유소에서 판매될 것이라고 발표되었다. 제10차 5개년 계획 내 핵심 사업 중의 하나가 무연휘발유를 에탄올로 전환하는 것이었다. 흑룡강성, 길림성과 요령성을 포함한 5개 성과 27개 도시들이 이미 그렇게 바꾸었다. 신화통신사에 따르면 중국에서 사용되는 모든 자동차 연료의 1/5이 바이오에탄올이다. 기름종자로부터의 바이오디젤은 발암물질을 덜 발생하는 것으로 알려졌다.

휘발유 또는 디젤과 혼합된 바이오연료는 감당할 수 없을 정도로 증가하는 중국의 대기오염을 줄이고 석유 의존성을 낮추는데 도움을 줄 수 있을 것이다. 최근 5년간 중국의 연간 옥수수와 밀 생산은 지속적으로 증가하였으며 잉여 농산물을 에탄올로 전환하는 것이 경제적으로 바람직하였다.

그러면 무엇이 이 **정책변화(change in policy)**를 가져왔는가? 경작지가 넓고, 과거 수 개월간 곡물 가격이 급등했다는 것만으로는 충분하지 않다. 2006년 10월과 11월 사이의 증가는 무려 5%이었다. 중국 국립곡물유류정보센터에 따르면 수출용 옥수수의 대부분을 처리하는 대련항에서 톤 당 옥수수 가격은 2006년 10월 이후 11월까지 200 위안 증가하여 1,530 위안이 되었다.

식량에서 알코올의 지속적 생산은 곡물 가격을 통제할 수 없게 만들고 사회적 불안정성까지 유도하였다. 따라서 바이오에탄올 생산을 원하는 사람들은 이제 그에 대한 허가를 얻어야 하며 그 취득은 복잡한 과정이 될 수 있다.

중국은 많은 국가들이 따를 추세를 확립할 수 있다. EU는 2020년까지 그 에너지 수요의 20%를 농업적 생산으로 충족시키려 한다. 2004년에 미국에서만 3,400톤의 곡물이 에탄올로 전환되었다. 이 수치는 현재는 두 배로 늘어 주로 옥수수 전환에 의해 6,900만 톤으로 계획되었다. 일본, 멕시코와 이집트 같은 옥수수 수입국들은 전 세계 무역의 70%를 차지하는 미국의 수출이 감소할 것을 우려하고 있는데 옥수수는 멕시코에서 가난한 사람들의 주식이다.

2006년 전 세계적인 곡물의 흉작은 이 문제를 더욱 심각하게 만들었는데 추정 소비량보다 7200만 톤이 적은 19억 6700만 톤이 수확되어 근래 가장 큰 부족량을 나타내었다.

해결책은 무엇인가? 곡물은 **2세대 에너지 공급 유기성 재료물질**인 짚, 목재, 거름과 폐기물질로 대체될 수 있다.

비판자들이 흔히 지적하는 또 다른 것은 바이오연료 프로그램의 **저효율성(lack of efficiency)**이다. 브라질은 투입되는 것보다 더 많은 에너지를 사탕수수로부터 얻는 유일한 나라인데, 분쇄된 펄프 같은 부산물을 또한 발효시키기 때문이다. 반면에 인도와 중국은 그렇게 하기 위해 농업에 보조금을 지급하지 않는 한 에탄올 생산을 위해 충분한 양의 옥수수 또는 사탕수수를 생산할 수 없다. 이는 작은 농경단위와 비료 부족뿐만 아니라 기후 요소 (토양 비옥도와 강우) 때문이며 중국과 인도는 그들 자신의 해결책을 찾아야만 한다.

한편 생명공학도들은 전분 고함유 옥수수 같은 에너지가 풍부한 작물을 개발하고 있다. 그들은 에탄올 생산공정을 가속화하기 위해 효소와 미생물의 최적화와 섬유소 사용을 포함한 식물 기질 또는 농업 폐기물을 사용할 수 있는 방법 등에 대해 연구하고 있다.

Alan MacDiarmid는 1927년에 태어났으며 뉴질랜드의 Hutt Valley 고등학교와 Victoria 대학교를 졸업하였다. 화학분야로 이학석사를 마친 후 Fullbright 장학금을 받아 미국 Wisconsin 대학교에서 박사를 마쳤다. 그 후 Shell 장학금으로 영국 Cambridge 대학교에서 두 번째 박사를 받았다. 그는 스코틀랜드의 St Andrews 대학교에서 1년을 지낸 후 1955년에 미국 Pennsylvania 대학교에 자리잡았다. 그는 1964년에 정교수가 되었으며 1988년에 화학과에서 Blanchard 석좌교수가 되었다. 2000년에 그는 물리학자 Alan Heeger (미국)와 화학자 Hideki Shirakawa (일본)와 공동으로 전도성 유기중합체의 발견으로 노벨 화학상을 수상하였다. MacDiarmid 교수는 현재 에너지 문제의 일부를 "농업-에너지"로 해결하기 위해 국제적 조직을 구축하고 있다.

Box 6.6 생명공학 역사: 세균이 어떻게 한 국가를 세웠는가

Chaim Weizmann(1874~1952)은 청년 시절 유대인 배척 때문에 고향 벨로루시를 떠나야만 했다. 그는 스위스와 독일에서 공부한 후 1904년 영국 맨체스터에서 유명한 화학교수 William Perkin과 연구를 시작하였다.

1915년 그는 군수성 장관 **David Lloyd George**의 주목을 받게 된다. 당시 니트로글리세린과 섬유소 혼합물인 폭약 무연화약의 공급이 극도로 부족하였다. 그것의 생산을 위해 필요한 아세톤이 특히 부족하였는데 아세톤은 목재로부터 증류하였다.

Lloyd George와 Weizmann은 만나자마자 서로 마음이 통하였다. 발효를 통해 아세톤을 생산할 길이 있는가? Weizmann은 당을 알코올로 발효시키는 **Pasteur**의 발견을 기억하고 옥수수나 다른 곡물에서 자랄 수 있는 적당한 세균 또는 효모를 토양에서 찾기 시작하였다.

Chaim Weizmann과 Albert Einstein.

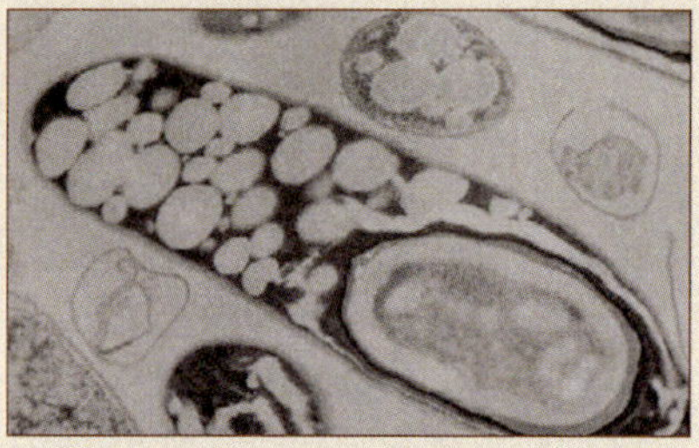

한 국가를 건설한 세균 *Clostridium acetobutylicum*.

만난 지 몇 주 내에 Weizmann은 아세톤 생산뿐만 아니라 더욱 가치있는 부탄올도 생산하는 놀라운 능력을 가진 *Clostridium acetobutylicum*을 분리하였다.

부탄올은 전략적으로 중요한 고무타이어를 위한 합성고무 생산에 필요하였다.

Lloyd George는 감격하고 Weizmann의 공적을 기리도록 수상에게 추천하였다. 그러나 Weizmann은 단호하게 반대하고 대신 모든 유대인을 위한 영구적 고향의 필요성을 이야기하였다. Lloyd George 자신이 수상이 되었을 때 그는 외무성 장관 Earl Balfour와 Weizmann의 희망에 대하여 토의하였다. 1917년 11월 2일 역사적인 Balfour 선언이 나왔으며 결국 1948년 이스라엘 국가가 수립되었고 Weizmann이 초대 대통령이 되었다. Weizmann은 단순히 두 가지 화학물질 생산의 독창적인 방법을 발견한 것 이상의 일을 했다. 그와 더불어 발효산업과 현대적 생명공학의 성장이 페니실린 생산 이전에 시작되었다.

Lloyd George(1863~1945), 영국 정치인으로 1915년 군수성 장관, 1916~1922년에 전쟁성 장관과 수상을 역임하였다.

Chaim Weizmann, 현재까지 지폐에 올라간 유일한 생명공학자이다.

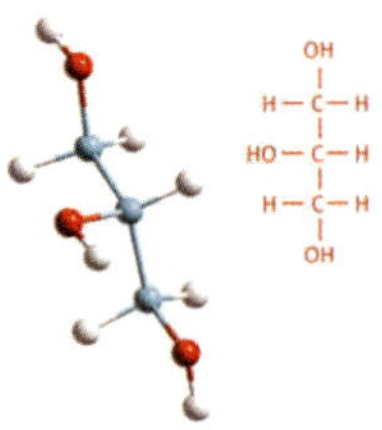

그림 6.25 글리세롤

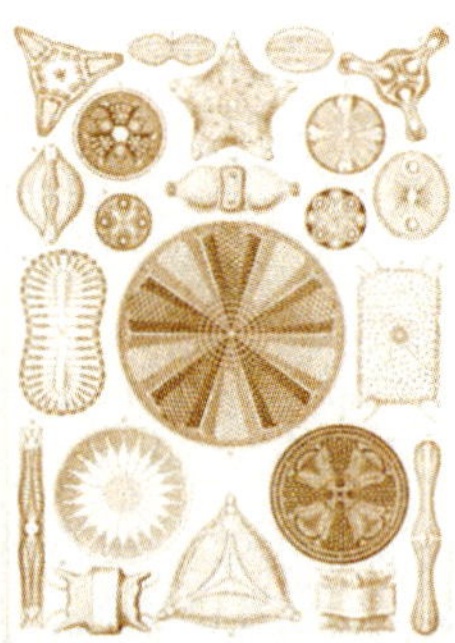

그림 6.26 규조는 다이너마이트 생산을 위한 규조토를 제공한다. "Art Forms in Nature"에서 Ernst Haeckel의 부식 동판화

아세트산의 환경친화적 활용이 미국에서 시험 중이다. 아세트산염(acetate)이 아세트산을 석회석과 혼합하여 만들어지며 아세트산은 생물량으로부터 공급된다. **Calcium magnesium acetate(CMA)**는 −8℃의 융점을 가지며 환경친화적 제설제로 사용될 수 있으며 운전자들은 그것이 차를 부식으로부터 보호하기 때문에 환영하고 있다. 유럽에서 도로 제설제로 널리 사용되는 염화나트륨은 필수 식물영양분과 경쟁하기 때문에 나무를 죽일 수 있다.

n−부탄올(1-butanol)은 중요한 유기용매인데 n은 정상(normal)을 의미하며 화합물이 측쇄 없이 직선 사슬로 구성된 화합물이다. n−부탄올은 가소제(plasticizer), 브레이크액, 연료 첨가제, 합성수지, 추출제와 페인트의 생산에 이용된다. 매년 석유로부터 120만 톤의 부탄올이 생산된다. 부탄올의 생산은 영국에서 제1차 세계대전 도중 공급부족 때문에 시작되었으며 이스라엘 국가 수립과 직접 관련되었다(Box 6.6).

*Clostridium acetobutylicum*은 부탄올뿐만 아니라 부산물로서 용매 아세톤을 생성한다. **아세톤(acetone)**은 제 1차 세계대전 중 수요가 매우 컸는데 영국에서 폭약인 무연화약(cordite)의 생산에 요구되었다. 전쟁 후 초산부틸(butyl acetate)은 니트로셀룰로오스 광택제(니스)에 사용되었으며 n−부탄올에 대한 관심이 바뀌었다. 석유제품의 가격이 전분과 당밀보다 낮았던 1940년대와 1950년대에는 미생물에 의한 n−부탄올 생산이 극적으로 감소하였다. 인종차별정책 때문에 석유수출을 국제적으로 금지시켜 석유자원이 귀했던 남아프리카공화국에서만 90 m^3 반응기를 운영하여 30% 용매를 얻었는데 그중 60%는 부탄올, 30%는 아세톤, 10%는 에탄올이었다.

1980년대 원유가격 상승과 생명공학의 발전에 따라 부탄올의 생명공학적 생산공정은 다시 더욱 관심을 끌게 되었다. 세균에 대한 부탄올의 독성 같은 주요 문제를 해결할 수 있는 방법이 발견되어야만 그 효율성은 증가할 수 있었다. 연속공정에서 고정화 미생물의 사용은 부탄올 수율을 200배까지 증가시켰다.

글리세롤(glycerol)은 다재다능한 용매와 윤활제(그림 6.25)로, 영국이 무연화약을 만들기 위해 세균의 아세톤을 사용하였듯이 이미 제1차 세계대전 중 독일에서 다이너마이트 제조를 위해 미생물(효모)을 사용해 생산되었다. 다이너마이트를 생산하기 위해 글리세롤을 계속 냉각시키고 아질산 (황산과 질산 혼합물)에 주입하였다. 소량은 큰 위험 없이 쉽게 연소되는데, 많은 양은 갑자기 가열하거나 충격을 받으면 격렬하게 폭발하였다. 차후 노벨상 재단을 설립한 **Alfred Nobel**은 규조토(kieselguhr) 흡수를 통해 **니트로글리세린(nitroglycerin)**을 안정화시켰다. 규조토는 규조(그림 6.26)의 실리카 껍질의 천연퇴적물로 구성되는데 큰 공극 때문에 흡수성이 매우 높다.

에탄올 합성의 중요한 중간산물을 결합하기 위해 아황산나트륨을 에탄올-생성 효모 배양에 첨가하면 에탄올과 더불어 글리세롤이 생성된다. 이렇게 하여 매달 천 톤의 글리세롤이 생산되었다. 그러나 전쟁 후 이 방법은 지방의 화학적 비누화 또는 프로필렌과 프로판으로부터 글리세롤 생산으로 대체되었다.

구연산(citric acid, 그림 6.24)은 진균 *Aspergillus*에 의해 생성된다. 그것은 완전히 무해한 향료, 보전제 또는 세척제로 사용되며 전 세계적으로 매년 70만 톤이 생산되는데 7억 달러의 가치를 가진다.

1780년 **젖산(lactic acid)**이 스웨덴 화학자 **Carl Wilhelm Scheele**(1742~1786)에 의해 산패유로부터 발견되었다.

Carl Wehmer는 1897년 A. Boehringer라 불린 소기업에서 *Lactobacillus delbrueckii*에 의한 포도당으로부터 젖산의 생산을 시작하였다. 이 회사는 나중에 생화학에서 세계적으로 유명하게 되었다. 젖산은 식품산업에서 산미제와 통조림 식품 보전제뿐만 아니라 직물 염색과 플라스틱 제조에도 사용되고 있다. 약 5만 톤이 매년 전 세계적으로 생산되고 있다. 유럽에서는 생산된 모든 젖산의 거의 반이 미생물에 의해 생산되지만 미국에서는 화학적 방법이 주로 사용되고 있다. 배양배지에서 젖산의 분리는 아직도 고비용 공정으로 남아 있다.

젖산 두 분자는 탈수되어 cyclic lactone인 락티드(lactide)가 될 수 있다. 다양한 촉매가 락티드를 중합시켜 **polylactate(PLA)**로 만드는데 가치있는 성질을 가진 생분해성 폴리에스테르로서 현재 많은 주목을 받고 있다(이 장의 마지막 참조).

일찍부터 사용되었으며 현재 재발견되고 있는 또 다른 생물공정은 *Aspergillus niger*를 이용한 포도당에서 **gluconic acid**(그림 6.24)의 생산이다. 이 진균은 그 공정에 중요하며 또한 포도당 함량을 측정하기 위한 바이오센서용으로 사용되는 포도당 산화효소(glucose oxidase)를 갖고 있다(10장 참조). 그것은 포도당을 gluconolactone과 과산화수소로 전환시키면서 산소를 대사한다. 세포 독성을 가진

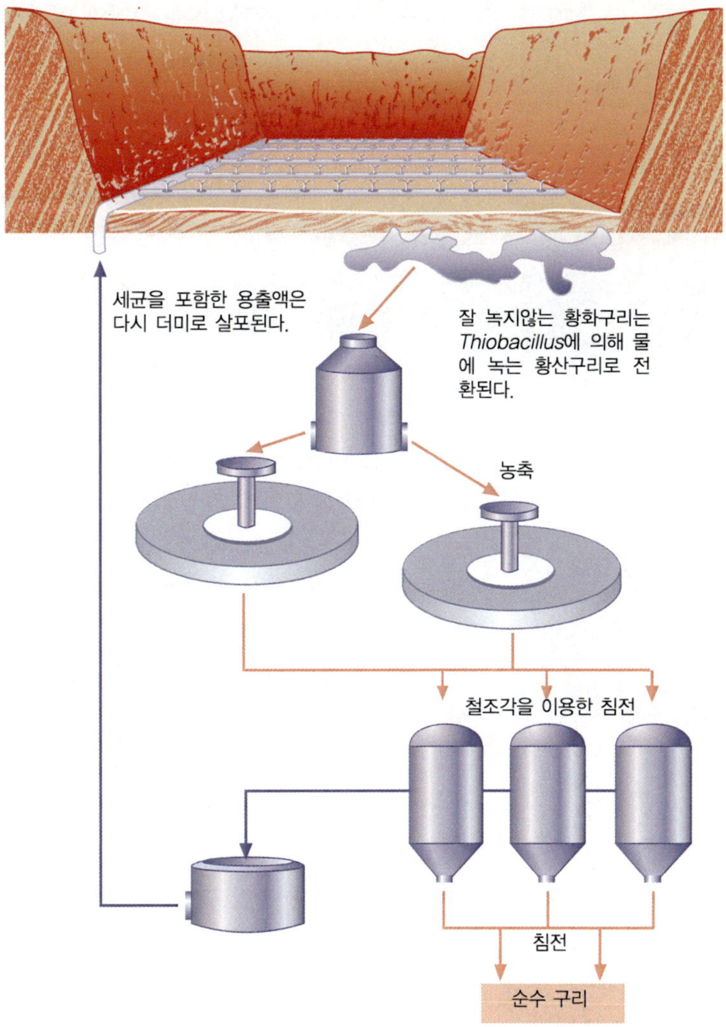

그림 6.27 미생물 구리용출의 모식도

그림 6.28 미국의 역사적인 구리 공장

그림 6.29 저품위 구리 광석을 함유한 구리 광산, Kennecott Utah Copper

그림 6.30 미생물 구리용출: 황세균 함유 용액은 광석 위에 살포된 후 수집된다(청색 액체).

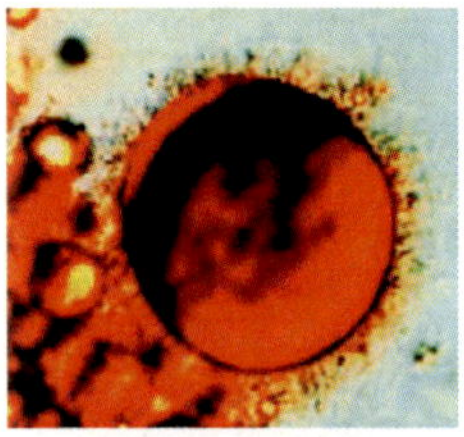

그림 6.31 미생물이 표면에 존재하는 기름 방울

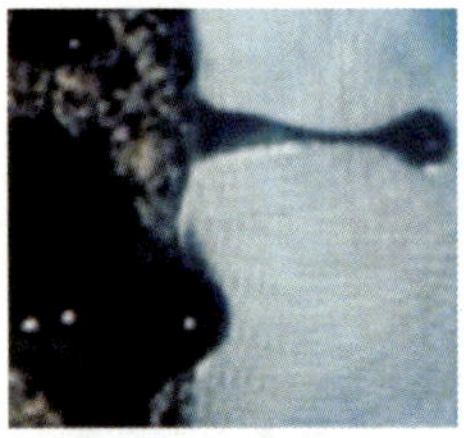

그림 6.32 잔탄은 암석 내 공극에서 기름을 추출한다.

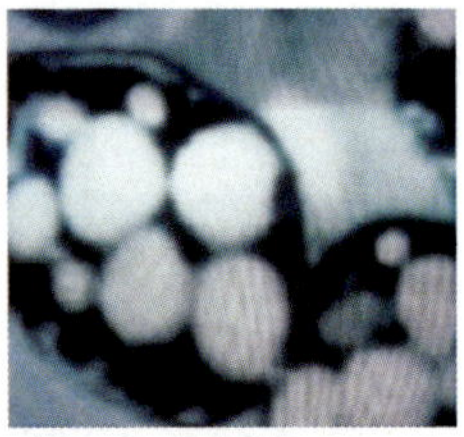

그림 6.33 이 세균들은 (*Alcaligenes* 또는 *Ralstonia eutrophus*) 거의 대부분 바이오플라스틱(polyhydroxybutyrate)으로 구성되어 있다.

과산화수소는 카탈라아제(catalase)에 의해 신속하게 분해되지만 gluconolactone은 자발적으로 글루콘산(gluconic acid, GlcA)으로 가수분해된다. 글루콘산은 매우 다재다능하며 금속이온과 결합하고 유리 위에 칼슘 얼룩을 방지하기 때문에 주로 세제 첨가제로 사용된다. 그것은 또한 금속 용기의 부식 없이 기존의 침전물도 부드럽게 용해시킨다. 대략 6만 톤의 글루콘산이 전 세계적으로 생산된다.

푸마르산(염, **fumarate**)과 말산(염, **malate**) 같은 다른 산들도 생명공학적으로 생산된다. 푸마르산은 진균 *Rhizopus nigricans*에 의해 당으로부터 또는 *Candida* 효모에 의해 알칸(paraffin)으로부터 생산될 수 있다. 그러나 아직도 화학합성이 저비용 대안으로 남아 있다. 반면 말산은 고정화된 죽은 미생물을 이용하는 매우 효율적인 생명공학 공정이 1974년 일본 기업 Tanabe Seiyaku에 의해 개발되었다(2장 참조). 죽은 대장균 세포로부터 얻은 유일한 효소로서 푸마라아제(fumarase)는 푸마르산으로부터 말산의 생산에 이용되고 있다.

재생가능 공급원으로부터 산업용 화학물질의 생산이 경제성이 있는가? 많은 양의 저부가가치 제품을 위해 엄격한 비용 제어가 요구되며 대부분 화석연료 자원을 선호한다.

많은 산업들이 가까운 미래에 그들의 공정을 바꾸지 않을 것이며 화학산업에서 "생명공학적 공정으로의 전환"은 크게 석유 가격과 경제성 있는 생명공학적 공정의 개발에 달려있다. 그런 공정은 현재 생산비용을 20~40% 사이 정도 낮출 수 있다면 가능할 것이며 결국 화학적 방법과 촉매가 지속적으로 검토되고 개선이 이루어질 것이다.

마지막으로 생명공학적 공정이나 화학적 공정 또는 둘의 조합이 채택될 지는 **경제적 고려(economic consideration)**가 결정할 것이다. 투자와 경제적 압력뿐만 아니라 충분한 관심에 따라 대부분의 산업적 화학물질이 재생가능 자원으로부터 생명공학적으로 생산될 수 있다. 생명공학은 아미노산 같은 소량의 고부가가치 정제 화학물질처럼 화학적으로 생산될 수 없는 귀중한 산물들을 생산하게 될 것이다.

6.10 조용한 채광

흔히 "붉은 금"이라 불리는 **구리(copper)**는 근래 집중적으로 채굴되어 고함량의 구리 광석이 드물게 되었다. 그에 따라 더 깊은 곳에서 채굴해야 하는데 에너지와 광산개발 비용이 더 많이 든다. 이 문제에 대한 해결은 이미 3천 년 전 지중해 지역에서 발견되었다. 구리는 광산수로부터 얻어졌는데 에스파냐가 Rio Tinto에서 광산수 채광을 통해 구리를 얻었다는 것이 기록되어 있다. 30년 전까지 추출 과정에서 세균이 큰 역할, 즉 **불용성 황화구리**를 **수용성 황산구리**로 바꾸는 것(그림 6.27)을 아무도 몰랐다. 현재 미생물은 수십억 톤의 저품질의 구리 광석을 고품질의 순수 구리로 전환시킨다. 미국, 캐나다, 칠레, 호주와 남아프리카 공화국에서 그들은 생물용출을 통해 전체 구리 생산의 1/4을 생산한다. 금의 10% 이상, 코발트와 니켈의 3% 이상이 생명공학적으로 생산된다.

구리의 생물용출에 관여하는 가장 중요한 미생물은 황세균 *Thiobacillus ferrooxidans*와 *Thiobacillus thiooxidans*이다. *T. ferrooxidans*는 호산성세균으로 2가철을 3가철로 산화시키며 불용성 황화물뿐만 아니라 용해된 황을 공격하여 황산염으로 전환한다. 반면 *T. thiooxidans*는 원소상 황과 용해된 황화합물에서만 자란다.

두 세균 균주는 두 가지 다른 기작을 통해 서로 밀접하게 작용한다. **직접용출(direct leaching)**에서는 세균이 세포막 상에서 철 또는 황으로부터 산소로 전자전달을 통해 에너지(ATP)를 얻으며, 산화된 산물은 보다 잘 용해된다. **간접용출(indirect leaching)**에서는 세균이 2가철을 강한 산화제인 3가철로 산화시킨다. 황산용액에서 3가철은 다른 금속을 쉽게 용해되는 형태로 산화시킨다. 다시 2가철이 생성되고 그것은 세균에 의해 공격적인 3가 형태로 신속하게 산화된다. 실제로 두 용출과정은 중첩되며 궁극적으로 구리 용출은 황산을 만들어 내고 불용성 황화구리는 쉽게 용해되는 푸른색의 황산구리로 전환된다.

적지만 가치 있는 양의 구리를 함유한 수백만 톤의 광산 폐기물이 세균용출을 위한 수집장으로 수

송된다. 그런 광석더미는 400m 높이까지 쌓일 수 있으며 40억 톤의 암석을 포함한다(그림 6.29). 암석에 산성수가 살포되고 물이 스며들면 암석 1g 당 수백만 마리로 존재하는 황세균(thiobacteria)이 증식한다. 금속함유 액체가 더미 바닥에서 큰 수조로 스며 나오면 구리는 쉽게 회수되고 구리가 제거된 용액은 다시 폐기물 더미 위로 살포된다.

4가 우라늄 이온의 **우라늄이 용출**될 때 세균은 황철광(pyrite, 이황화철) 또는 용해된 2가철을 공격적인 3가철로 전환시키며 3가철은 다시 희석된 황산에서 쉽게 용해되는 6가 우라늄을 형성한다.

갈대가 폐수로부터 독소를 여과하는 것처럼 **생물흡착**(**biosorption**)은 환경적 측면에서 매우 관심을 끌고 있다. 조류는 카드뮴 같은 독성 중금속을 많이 결합하며 폐수 정화에 이용될 수 있으며 동시에 귀중한 금속을 축적할 수 있다. 다양한 종류의 양배추도 중금속을 축적하는데 주변 토양보다 30~1,000배 높은 농도로 축적할 수 있다.

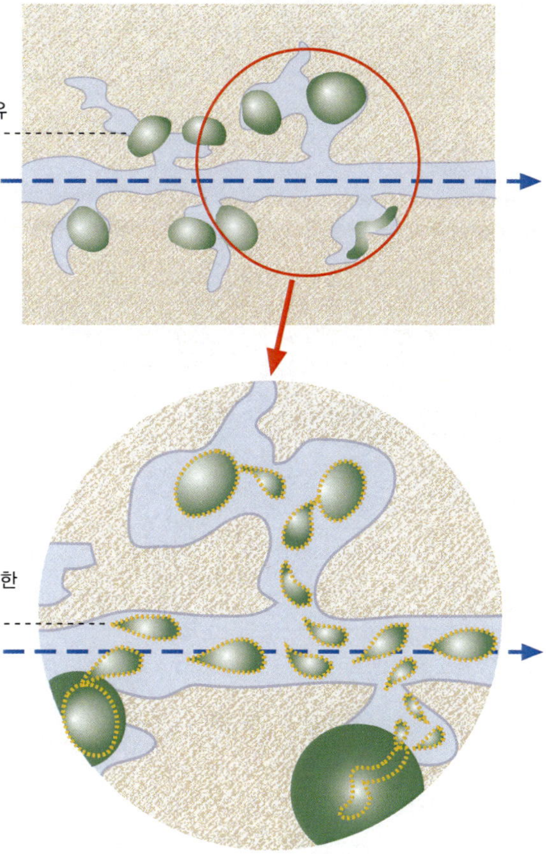

그림 6.34 미생물에 의한 원유 회수 증진(MEOR)

6.11 오래된 유정을 위한 새로운 생명체?

"헬리콥터가 해양유전 플랫폼에 도착하자 생명공학자가 작은 상자를 들고 나왔다. 이 상자의 내용물은 고갈된 유정을 되살리는 것으로 추정되는 미생물 배양으로 유전으로 넣으면 거기서 증식하며 그들의 산물이 원유를 다시 흐르게 만든다."

현재의 1차 원유생산 기술에서는 **원유의 2/3가 바닥에 잔류한다**. 물과 가스를 포함한 2차 방법이 압력을 다시 증가시키는데 사용된다(그림 6.32). 북해 유전에서만 5,900억 달러 가치의 원유가 회수되지 못하고 있다. 불과 수 %의 추가적 생산도 연구와 개발 투자를 보상할 것이다. **3차 원유회수**는 전문용어이며 MEOR(microbially enhanced oil recovery, 미생물적 원유회수 증진)이라고도 한다.

현재 여러 방법이 시도되고 있다. 외관상 고갈된 유정에 이산화탄소, 수소와 메탄 같은 기체를 생성하는 세균 혼합물을 접종하면 유정에서의 압력이 증가한다. 다른 미생물 균주는 원유를 작은 방울로 쪼개는 **생물계면활성제** (**biosurfactant**)를 생성하는데 이것이 암석 내 작은 공극을 짜내게 된다(그림 6.32).

미생물에 산소와 영양분의 공급은 그들이 기름성분을 먹지 않는 한 아직까지도 문제이다. 또한 유정 내 조건도 썩 좋지 못하다. 바다의 높은 염분 농도, 산소 부족, 200~400 기압의 압력과 90~120 ℃ 사이의 온도 등이 악조건이며 극한생물만이 거기에서 생존할 수 있다.

석유회사들은 식물병원체인 *Xanthomonas campestris*에 의해 포도당으로부터 생성되는 잔탄(xanthan) 같은 긴 사슬의 **생물중합체**(**biopolymer**)를 생성하고 분비하는 미생물을 가지고 실험을 진행 중이다. 잔탄은 용액의 점도를 높이는 증점제(thickner)로 작용한다. 비누 같은 생물계면활성제를 고갈된 유정에 주입하여 기름을 암석으로부터 분리하고 잔탄 용액을 첨가한다. 주사기의 피스톤처럼 그것은 기름에 압력을 가하여 시추공으로 나오게 한다.

잔탄은 원유 생산을 효율적으로 촉진하기에는 아직도 너무 비싸지만 아이스크림, 푸딩과 저칼로리 음료 생산을 위해 식품산업에서 널리 사용되고

그림 6.35 혀에서 녹는, 향기를 가진 풀루란 필름

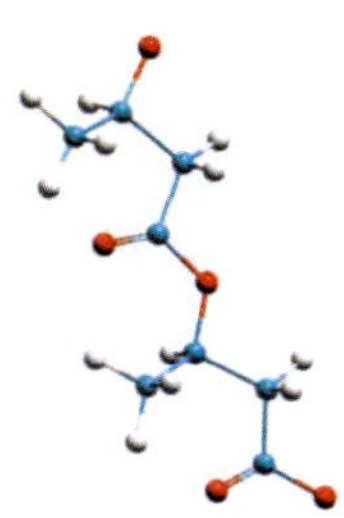

그림 6.36 Poly-3-hydroxybutyrate(PHB, 일부분)

Box 6.7 전문가의 견해: 생물량 전환으로부터 지속가능한 바이오생산까지: 연료, 대량, 정제 및 특수 화학물질

산업적 생명공학 발달의 주된 동기는 자원의 적절한 이용으로 오래 전부터 이런 방향의 사고가 주류가 되었으며 전 세계적으로 지속가능한 개발전략으로 자리잡게 되었다.

중세의 에탄올 증류.

그러나 재생가능한 자원과 폐기 생물량의 산업적 이용을 위해 현재 토의되고 있는 녹색 시나리오에는 그것이 정의에 의해 흔히 잊혀지는데 지속가능 개발의 세 가지 필수적인 측면이 있다.

- 생태학적 친화성
- 사회적 친화성
- 경제적 실현가능성

흔히 제안된 정책과 전략들이 너무 1차원적이며, 크게 보조되고 있는 농업생산에 의존하는 현재의 정책으로부터 단순히 외삽(extrapolation)된 것들이다.

바이오디젤 생산을 위한 카놀라/평지씨.

만족스러운 경제적 해결책을 또한 제공하는 진정으로 지속가능한 접근이 무엇을 요구하는가? 경제적 최적화는 분명히 증가된 공정의 효율뿐만 아니라 물질의 개선과 에너지

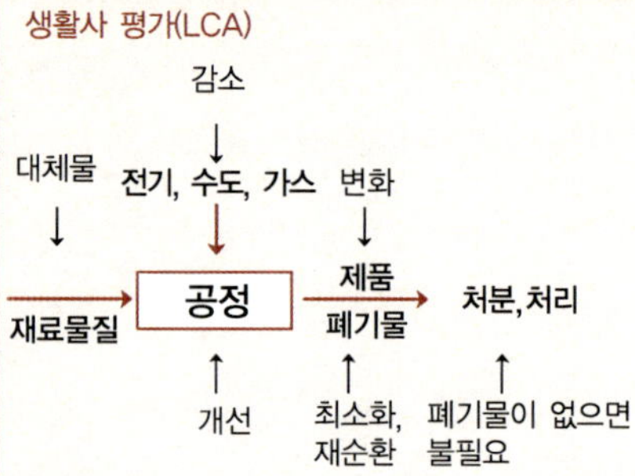

(Modified after Alan T.Bull)

생활사 평가 (LCA)는 "에너지와 물질 사용 및 환경으로의 방출의 영향을 평가하고 환경 개발을 얻기 위한 기회를 확인하고 평가하기 위해 에너지 전환, 사용된 물질과 환경으로 방출된 폐기물의 동정 및 계량을 통해 제품, 공정 또는 활성과 연관된 환경적 부담을 평가하는데 사용되는 과정"으로 정의된다.
Society of Envirntal Toxicology and Chemistry (SETAC, 1993)

균형 (자원의 보호)에 초점을 맞출 것이다. 원료물질로부터 시작하는 화학과 생명공학에서 지침원리는 "원료물질의 최소한의 구조적 변화"가 되어야 한다. 다른 말로 산업물질 추출에 사용되는 생물량은 가능한 한 이성적으로 이용되어야만 하는데 예를 들면 높은 정도의 조직화와 그것을 전환할 때 최대로 가능한대로 C/H/O비율을 유지하는 것이다. 긍정적인 예를 인용하면, 이미 정착된 기름과 지방 산업은 크게 이 원리를 따르는데 그것이 실제로 공정을 통해 시작 때의 중량을 유지하기 때문이다. 생물량을 이용할 때 그 목적은 따라서 석유화학적으로 기초한 제품 (상당한 전환 손실이 있어야 가능하다)의 화학적 등가물을 생산하는 것이 되어서는 안되지만 개시물질과 구조적으로 유사한 기능적 등가물이어야 한다.

비교적 최근의 OECD 보고서, '생명공학의 산업적 지속가능성에의 응용'에서 생활사 평가 (Life Cycle Assessment, LCA)라는 방법이 소개되었는데 이는 평가에서 에너지와 재료물질의 사용, 폐기산물과 부산물, 공정의 생태적 친화도와 안정 측면을 포함한다. 이것은 21개의 구체적 사례연구를 들어 설명하고 있다.

이 보고서의 결론 10가지는 다음과 같다

- 환경문제에 대한 전 세계적 인지는 청정 산업공정을 이행하기 위한 중요한 노력을 유도할 것이다.
- 생명공학은 지속가능한 기초 하에 청정 제품과 공정을 보장할 수 있는 강력한 기술을 제공한다.
- 산업적 생산공정의 평가는 복잡하면서도 필수적이다. LCA는 그런 평가에 가장 가용한 방법이다.
- 산업적 생산공정 뒤에 있는 주된 원동력은 경제(시장의 힘), 정부정책 및 과학과 기술이다.
- 생명공학 분야를 위한 보다 큰 시장 침투를 위해 정부와 산업계에 의한 연구개발 노력이 통합되어야만 한다.
- 현재 활용되는 이상으로 청정 제품과 공정을 위한 생명공학의 전체 잠재력을 사용하기 위해서 보다 많은 연구개발이 필요하다.
- 재조합 DNA 기술과 그것의 고부가가치 제품 생산과 생물촉매 개발에의 활용을 포함한 생명공학의 중요성의 증가 측면에서 조화되고 뒷받침하는 규칙과 규제(산업을 위해)가 필요하다.
- 시장의 힘은 환경 보호의 목표에 도달할 수 있는 강한 동기를 부여한다.
- 청정 산업제품을 장려하기 위한 정부 정책은 청정 생명공학 공정의 개발과 산업적 응용을 위한 하나의 결정적 요소가 될 수 있다.
- 다양한 산업분야에서 청정 생명공학 제품과 공정이 시장을 침투하기 위해 정보 교환과 교육이 필요하다.

탐색시험에서 새로운 효소를 조사.

생명공학과 생물촉매: 산업적 측면에서의 연구개발 분석

화학산업은 아직도 지속가능한 생산전략 개발에 핵심적 역할을 하고 있다. 연구개발에서 보다 많은 생물학적 공정과 생물학에 기초한 판단을 확립하기 위해 필수적인 구조 변화가 산업계 내부에서 일어나야만 한다. 현재의 상황(약간 풍자적인)이 아래와 같이 설명될 수 있다.

- 촉매 분야에서 혁신은 대학과 산업계에서 매우 다르게 관찰되고 평가되고 있다. 발명은 혁신과 혼동되어서는 안된다.
- 순수 학문과 실제 산업적 수요 사이의 틈은 점차 넓어지고 있다. 지식의 축적이 반드시 새로운 응용과 문제해결로 유도되는 것은 아니다.
- 학문 분야에서는 논문발표를 일방적으로 강조하고 연구결과의 혁신적 활용에는 너무 적은 노력만이 주어진다(예, 산업계의 파트너와의 협력이나 기술이전). 응용 개발에 대한 장려금이 주어져야 한다.
- 양쪽 모두 탐색 노력이 불충분하다. 생물촉매에 대해 많은 추가가 필요하다.

생물촉매와 그에 따른 백색 생명공학산업의 성공 기회를 향상시키기 위해 우리는 다음의 전략적 목표를 규정할 수 있다.

- 이제까지 알려지지 않았거나 생물학적으로 접근하지 못했던 새로운 종류의 반응을 촉매하는 새로운 유형의 생물촉매를 산업이 절실히 필요로 한다. 아직 연구되지 않았던 살아있는 생물의 거대한 생물 다양성에 의해 제공되는 기회가 가능하면 많이 이용되어야만 한다. 이성적이고 신속한 표적 탐색방법이 개발되어야만 한다. 이는 산업계와 대학의 협력에 의해서만 충족될 수 있는 도전이다.
- 결코 전체가 아닌 일부에서는, 이미 알려진 생물촉매의 유전적, 화학적 또는 물리적 개선이 필요하고도 바람직하다. 자원의 최적 사용 측면에서는 대학과 연구소가 "적당한" 체제를 선택할 때 보다 주의를 기울여야 한다. 이는 산업계와 밀접한 대화를 통해 일어날 수 있다.
- 응용 잠재력이 큰 새로운 또는 잘 규명된 생물촉매는 산업적 연구개발뿐만 아니라 학문분야에도 영향을 주기 위해서 가능한 한 신속하게 상업적으로 가용하게 되어야 한다. 부정적인 예를 들면 니트릴라아제(nitrilase)는 20년 이상 알려져 있었지만 최근에서야 일부 효소생산 기업을 통해 이용가능하게 되었다.

2005년에 에탄올 또는 휘발유로 가동되는 Saab 9-5 Biopower 자동차는 스웨덴에서 큰 성공을 이루었다. 5천 대가 판매되고 2천 대가 추가로 계약되었다. 스웨덴은 에탄올 수요의 3/4를 브라질에서 수입한다.

Oreste Ghisalba 교수는 1982년부터 CIBA-GEIGY (Central Research Laboratories and Phama Division), 나중에 Novartis Institutes for Biomedical Research, Discovery Technologies의 Bioreaction 책임자였다. 1991~2002년에 그는 Swiss National Science Foundation의 Swiss Priority Programme Biotechnology의 Programme Director이었으며 1999년부터는 University of Basel에서 생명공학 교수로 재직하고 있다. 2003년부터 그는 CTI Biotech (Swiss Innovation Promotion Agency CTI)의 책임자이며 2005년부터 Swiss Biotech Association SBA의 이사/부회장으로 활약하고 있다.

인용문헌:

World Commission on Environment and Development. *Our Common Future* (The Brundtland Report), Oxford University Press, 1987

The Application of Biotechnology to Industrial Sustainability, OECD 2001

Oreste Ghisalba (2000) *Biocatalysed Reactions*. In: Gualtieri F (ed.) New Trends in Synthetic Medicinal Chemistry, Wiley-VCH, Weinheim pp. 175-219

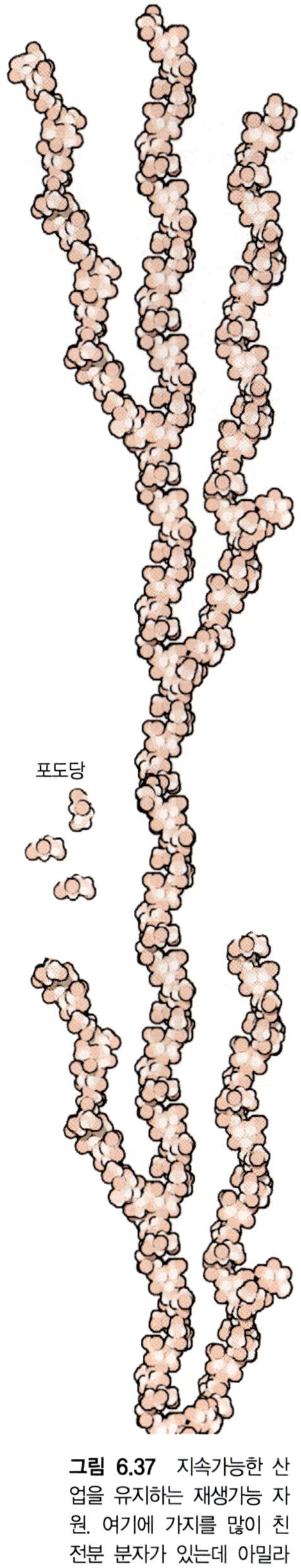

그림 6.37 지속가능한 산업을 유지하는 재생가능 자원. 여기에 가지를 많이 친 전분 분자가 있는데 아밀라아제가 이것을 단순당으로 분해하면 그 후 알코올로 발효된다.

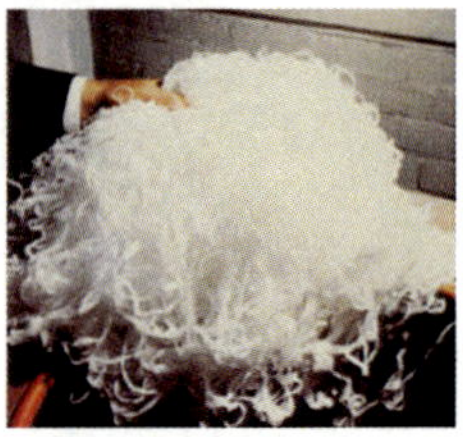

그림 6.38 Biopol®은 생분해성 물질이다.

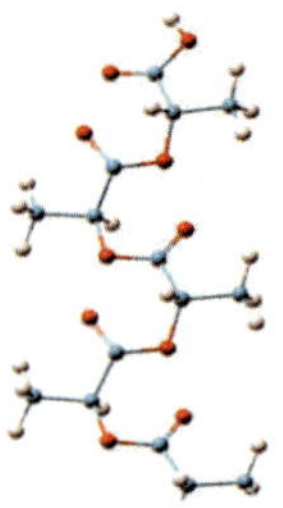

PLA

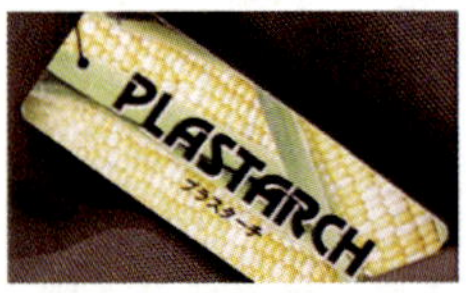

그림 6.39 일본의 생분해성 제품: 자가분해성 식품용기와 배낭

있다. 비록 잔탄이 증점제로 사용되지만 인간은 그것을 분해시키는 효소가 없기 때문에 살을 찌우지 않는다. 다른 말로 날씬해지길 원하는 사람들이 일시적으로 포만감을 느끼지만 추가적인 칼로리를 제공하지는 않는다.

30년 전 잔탄은 최초의 현대적 생명공학 제품 중 하나였다. 다른 제품들이 뒤따랐는데 그 대부분은 쉽게 생분해되는 것이다.

6.12 바이오플라스틱–일방통행로에서 로터리까지

일본 슈퍼마켓에서 채소 등의 식품을 셀로판지 같은 새로운 바이오제품인 풀루란(pullulan) 필름(그림 6.35)으로 싸는 것을 발견할 수 있다. 그것은 다당류로서 포도당이 전분처럼 1,4–결합을 하는 대신 1,6–결합을 통해 탄소원자들이 연결된다. 따라서 그것은 녹말 분해효소 아밀라아제에 의해 분해되지 않으며 인간이 소화할 수 없기 때문에 저칼로리를 나타낸다. 잔탄처럼 풀루란도 식품의 점도를 증가시킨다.

Hayashibara사는 진균 *Pullularia pullulans*를 이용하여 단순당으로부터 풀루란을 생산한다. 점도 높은 풀루란 시럽을 평평한 표면 위에 얇은 층으로 부어 건조시켜 필름을 만든다. 이 필름은 훌륭한 포장재료가 되어 채소를 씌워 밀봉하고 나중에 뜨거운 물에 용해된다. 이것은 또한 환경친화적이며 습한 곳에서 미생물에 의해 분해될 수 있다. 이것은 현재 포장된 식품의 향을 보전하기 위해 과일 또는 마늘 등의 다양한 향을 가진 제품으로 판매되고 있다.

다른 쉽게 생분해되는 제품들은 많은 플라스틱 일상용품으로 사용되는 폴리프로필렌과 같은 성질을 가진 **polyhydroxybutyrate(PHB)**로 만들어진다. 폴리프로필렌이 석유제품인데 반해 PHB는 세균 *Alcaligenes eutrophus*(그림 6.33)에 의해 당으로부터 생성된다. PHB는 세균의 에너지 저장물질인데 이 세균이 주로 플라스틱으로 구성된다.

이 새로운 바이오플라스틱 물질은 ICI의 영국지점의 생명공학자에 의해 최초로 개발되었으며 영국 Cleveland에 있는 ICI 자회사인 Marlborough Biopolymers Ltd.에 의해 Biopol®이란 상표로 생산되었다(그림 6.38). *Alcaligenes*로부터의 PHB는 180℃에 가까운 융점을 가진 고결정성 열가소성 플라스틱으로 밝혀졌다.

최초의 시험 운전에서 주조된 부품, 얇은 막과 섬유가 생산되었다. 그것은 좋은 포장재로 판명되었으나 폴리프로필렌보다 우수하지는 않았다. 즉 유용하지만 기술적 측면에서 특별히 흥미를 끄는 대안은 아니었다. 3–hydroxybutyrate 성분과 더불어 3–hydroxypentanate가 세균에 의해 성공적으로 생성되면서 상황은 변화하기 시작하였다.

Biopol®은 생분해성 때문에 의학적 용도로 좋은 후보가 되었다. 장래에 생분해성 봉합사는 수술 후 별도로 제거될 필요가 없다. Biopol®은 또한 신체 내로 서서히 방출되는 장기적 약품의 캡슐에 사용될 수 있으며 원예와 농업에서는 Biopol®–피복 영양물질과 생장 조절제가 토양 내로 투여되어 미생물 분해과정 중 서서히 방출될 수 있다.

보다 많은 생명공학 제품들이 개발 중인데 *Nephila* 거미가 만드는 실크는 아주 강해서 남태평양에서 어업에 사용되는데 그것은 찢어지지 않으면서 1/3까지 늘어난다. 이 ***spidroin***을 대장균 또는 심지어 염소에서 재조합 단백질로 생산하려는 시도가 현재 진행 중이다(미국 기업 Nexia에 의해 Biosteel®이란 상표로). 일본 전화회사 NTT DoCoMo는 고객들에게 생태친화적 봉투에 청구서를 보낸다. 봉투의 투명플라스틱 창 부위는 석유로 만든 것이 아니라 옥수수로 만든 것이다. 그것은 polylactate(polylactic acid, PLA)로 구성되어 있는데 lactate(젖산염, 2장 참조)가 중합되어 사슬이 된다. 그것은 옥수수 전분의 미생물발효에 의해 포도당으로부터 만들어진다(그림 6.39).

2002년에 Cargill사는 미국 Nebraska주에 연간 14만 톤의 PLA 생산능이 있는 공장을 세웠다. 그것은 NatureWorks® 상표로 판매된다. Toyota사는 예비 타이어 덮개와 바닥 매트를 PLA로 만들 것이라 최근 발표하였으며 Sanyo사는 PLA로 만든 MildDisc라는 CD를 판매하고 있다.

만일 모든 종류의 폐기물을 환경을 오염시키는 대

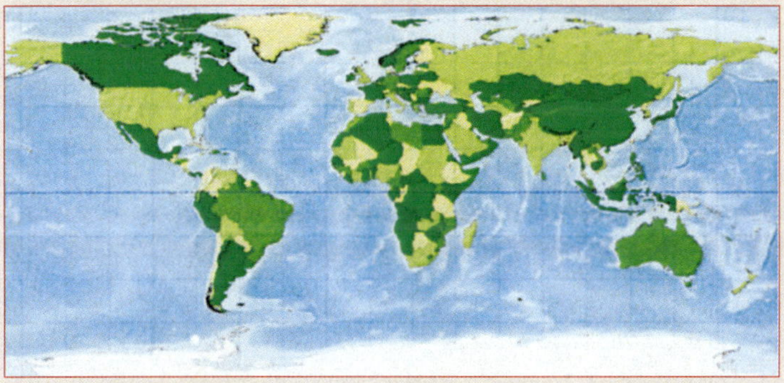

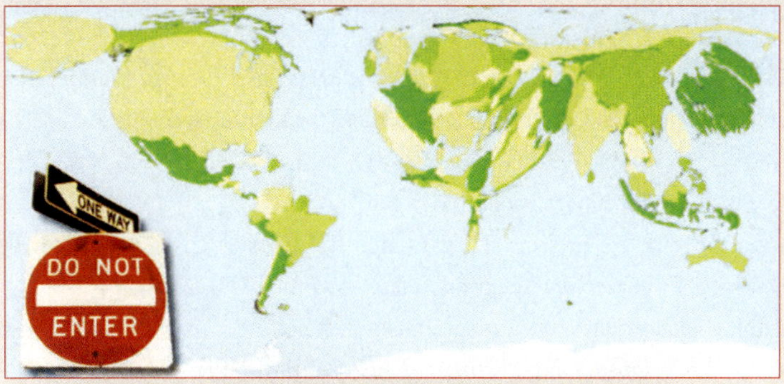

Mark Newman (University of Michigan)이 만든 통계지도는 전 세계 국가의 영토 (위)와 연료 소모를 나타낸다.

북미와 서유럽은 많은 연료를 수입한다. 가장 적게 연료를 수입하는 지역은 중앙 아프리카로 10개 영토 중 6개가 연료를 수입하지 않는다. 1인당 수입은 싱가포르와 바레인에서 가장 높다. 이들은 작은 섬나라로 거기 사는 많은 사람들이 비교적 부유하다. 싱가포르는 오래전에 수립된 무역항이며 바레인은 아랍의 걸프의 섬들로 구성되어 있다. 유전의 원유 매장량의 감소에 따라 바레인의 산업은 현재 원유를 수입하고 정제하여 수출하고 있다. 서유럽 지역은 부분적으로는 이 지역 내에서의 무역 때문에 가장 많은 총 연료 수입을 기록하였다. 영토 크기는 그곳에 도달하는 전 세계 연료수입의 비율을 나타낸다.

신 공기에 녹이는 것이 가능해진다면 그것은 생명공학적 성공이 되어 일방통행로(재료물질→제품→폐기물)를 자연순환의 연속으로 전환하게 될 것이다.

그림 6.40 생분해성 옥수수 CD

괴테- 재순환의 옹호자?
나의 이상적 강아지는 물지 않고
당신에게 으르렁거리거나
이빨을 드러내지도 않고
깨진 유리 위에서 잘 자라나
다이아몬드를 남긴다...
J.W. Goethe in *Tame Xenien*, vol.8

자가진단을 위한 8가지 문제

1. 생물학적 하수처리장에 왜 과량의 산소를 공급해야 하는가?
2. 폐수 시료에서 측정된 900mg/L의 BOD_5는 무엇을 의미하는가? 폐수 1L를 처리하는데 얼마나 많은 양의 깨끗한 물이 필요한가?
3. 바이오가스는 어디에서 효율적으로 사용될 수 있는가?
4. Ananda Chakrabarty에게 부여된 미국 특허는 무엇을 위한 것이었나? 그의 실험에서 그가 얻은 것은 무엇이었으며, 왜 그의 특허가 중요하였는가?
5. 통나무는 왜 인기있는 건축자재인가? 그것은 무엇에 대해 보호되어야만 하는가?
6. 바이오연료의 장단점은 무엇인가?
7. 지구에서 온실기체 메탄의 가장 많이 생산하는 생물은 무엇인가?
8. 지속가능한 공급원으로부터 생산되며 현재 섬유와 1회용 플라스틱 산업에서 가장 유망한 생분해성 제품은 무엇인가?

참고문헌

- Thiemann WJ, Palladino MA (2004) *Introduction to Biotechnology*. Chapter Bioremediation. Benjamin Cummings, San Francisco Easy-to-read and interesting introduction.
- Barnum S R (2006) *Biotechnology*: An Introduction, updated 2nd edn., with InfoTrac® Brooks Cole. Great introduction.
- Alexander M (1999) *Biodegradation and Bioremediation*. Academic Press, NY
- El-Mansi EMT, Bryce CFA, Demain AL, Allman AR (2007) *Fermentation Microbiology and Biotechnology* (2nd edn.) CRC Press, Taylor and Francis, Boca Raton. Comprehensive handbook for the fermentation biotechnologist. Highly recommended!
- Wackett LP, Hersberger CD (2001) *Biocatalysis and Biodegradation*. ASM Press Washington DC Both are academic books written for specialists.
- McKane L, Kandell J (1996) *Microbiology* (2nd edn.) McGraw-Hill, New York. Good chapter about Environmental Microbiology
- Tchobanoglous G, Burton FL, Stensel HD (edn.) (2002) *Wastewater Engineering*: *Treatment and Reuse* (4th edn.) McGraw-Hill. Everything about wastewater for specialists
- *Ullmann's Encyclopedia of Industrial Chemistry* Wiley-VCH Ullmann's Encyclopedia is not only available in print (6th edn. 2002), but also in electronic form – as a fully networkable DVD or an online database.
- Flickinger M, Drew S (edn.) (1999) *The Encyclopedia of Bioprocess Technology Fermentation, Biocatalysis and Bioseparation (Wiley Biotechnology Encyclopedia)* For Specialists: five-volume set of the Encyclopedia of Bioprocess Technology focuses on industrial applications of fermentation, biocatalysis, and bioseparation.
- Gore A (2006) *An Inconvenient Truth*: The Planetary Emergency of Global Warming and What We Can Do About It. Rodale Books. The accompanying book to the great documentary.

웹사이트

- Try Wikipedia, for example about biogas: *http://en.wikipedia.org/wiki/Biogas*
- All about microoganisms: *http://www.microbes.info/*
- Oilspills info from the Exxon Valdez Oil Spill Tristee Council: *www.oilspill.state.ak.us*
- Everything about polylactic acid: *http://www.natureworksllc.com/*

녹색생명공학

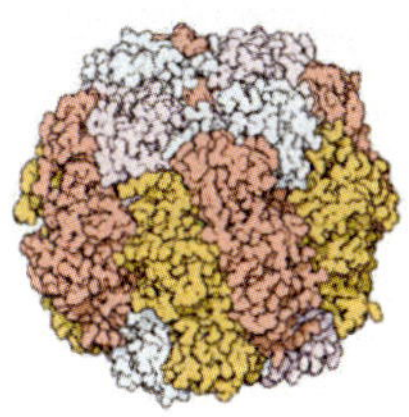

Chapter 07

그림 7.1 스피루리나(*Spirulina*)를 채취하는 아즈텍 사람들

그림 7.2 갈조류 kelp(*Macrocystis*)

그림 7.3 인도의 *Spirulina* 농장

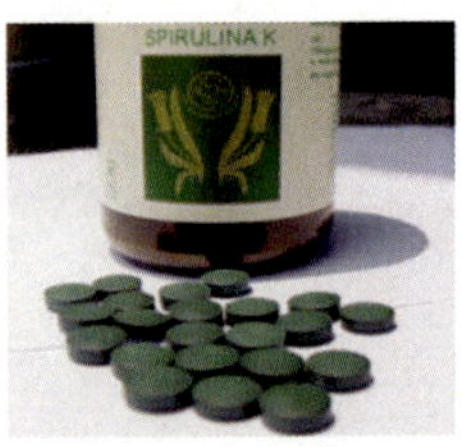

그림 7.4 *Spirulina* 정제

7.1 식용 미생물

동물성 단백질 1kg을 생산하려면 5~10kg의 식물성 단백질이 소모된다. 이때 많은 양의 단백질이 손실될 뿐만 아니라, 여러 가지 해충과 수확, 운반, 저장 과정을 통해 많은 양이 손실된다. 미생물들은 의약품은 물론, 와인, 치즈 등을 생산하는데 효율을 높이기도 하지만, 미생물세포들은 양질의 단백질, 지방, 당과 비타민으로 구성되어 있으므로, 세포자체로도 식용이 가능하다.

이미 1521년 스페인인 **Bernal Diaz del Castillo**가 멕시코의 아즈텍을 점령하였을 때, 원주민들이 치즈 모양의 작은 조각을 식사대용으로 사용하는 것을 관찰하였다. 이 케이크는 멕시코의 호수에 자라는 미세한 조류(algae)로 만든 것인데 아즈텍 사람들은 이것을 테키라틀(*Techuilatl*)이라 하였다. 그것은 오늘날에도 사용되고 있는 스피루리나(*Spirulina*)였다. 스피루리나는 정확히 말하자면 "진정한 조류(true algae)"가 아니라 남세균(cyanobacteria, blue bacteria)이다.

몬테주마 왕국에서는 귀족들에게 매일 살아있는 생선을 공급하였다. 바다에서 먼 지역이었으므로 하인들은 물고기 대신 스피루리나를 에너지 식품으로 진상하였다는 전설도 있다. 코르테즈 시대까지 원주민들은 시장에서 스피루리나를 사고 팔았으며, 빵, 곡물과 함께 먹었다. 어부들은 지금은 말라버린 염분호수에서 스피루리나를 그물로 채취하였다(그림 7.1). 오늘날에는 멕시코의 Texcoco 호수에만 자생하고 있으며, 아즈텍 시대 때 물속의 정원들이 현재는 생명이 없는 황무지가 되어있다.

멕시코에서 수천 킬로미터 떨어져 있는 아프리카(나이지리아) 챠드호의 원주민들도 이미 오래 전부터 스피루리나를 식용하고 있었다. 이곳의 시장에서는 얇고 딱딱한 녹색 조류 덩어리를 살 수 있다. Kanembu 원주민들은 이것을 디헤(Dihe)라고 하는데, 디헤는 모든 메뉴의 70% 이상을 차지하고 있으며, 이들은 토마토 소스, 칠리 소스와 다른 거의 모든 양념에 디헤를 첨가하여 그들의 주식인 조와 같이 식용하고 있다. 스피루리나 덩어리는 호수에서 채취하여 물을 걸러내고 햇빛에서 뜨거운 모래와 섞어서 순식간에 건조시킨다.

오늘날에는 스피루리나 성분이 혈액을 정화하고 혈중 콜레스테롤을 낮추는 효과가 있는 것으로 알려져 있으므로 전세계적으로 다어트 식품으로 확산되고 있다(그림 7.4). 100g 스피루리나에는 단백질 70g, 당 20g, 섬유질 2g, 지방 2g, 중요한 비타민(A, B_1, B_2, B_6, B_{12}, E 등)과 각종 미네랄 성분이 함유되어 있다.

7.2 조류와 남세균

조류(algae)는 원핵생물에 속하는 스피루리나를 제외하면, 광합성을 하는 진핵생물에 속한다(Box 7.1). **대형조류(macroalgae)**에는 녹조류(Chlorophyta), 홍조류(Rhodophyta)와 갈조류(Fucophyta 또는 Phaeophyta)가 있으며, **미세조류(microalgae)**들보다 다양하게 사용되고 있다.

갈조류들은 캘리포니아 연안에서 자라는 켈프(*Macrocystis*, 그림 7.2)같이, 잠수부들은 이미 1900년대부터 채취하였다. 1921년경부터 San Diego에서 젤라틴같은 알긴산을 대량생산하고 있다. 오늘날 **알긴산(alginate)**은 각종 식품, 예를 들면 아이스크림, 섬유산업과 의약품의 캡슐화(효소와 효모 등, 2장 참조)등에 안정제로 사용되고 있다.

다른 조류 산물로 젤을 형성하는 **한천(agar**, 실험실에서 미생물 배양과 전기영동법 등에 사용되고 있음, 10장 참조)과 **카라지난(carrageenan)**등이 있다.

조미료로 사용되는 **L-글루탐산**은 일본에서 조류로부터 처음 발견하였다(4장 참조). *Undaria*(일본명 wakame)와 *Laminaria*(일본에서는 kombu)는 일본과 중국 연안에서 서식하며, 샐러드, 국, 면류, 육류 등의 요리에 첨가한다.(그림 7.5, 7.6). 이들 조류의 연간 매출은 연간 6억 달러 정도이며, wakame의 경우 연간 20,000톤 정도 채취되고 있다.

홍조류 *Porphyra*(일본명 nori)는 일본 중세시대 때부터 양식되었으며, 오늘날에는 대나무발, 수직 그물망에 고정하여 양식되고, 공기 중에서 건조하여 판매되고 있다.

Box 7.1 광합성

지구상의 생명체가 사용하는 거의 모든 에너지는 태양에너지로부터 만들어진다. 이는 매우 많은 양으로 대략 4×10^{17} KJ 또는 연간 탄소로부터 10^{10} 톤의 당으로 변환되는 것 같다. 태양에너지는 **광합성**과정을 통해 화학에너지로 전환된다. 물과 이산화탄소가 합쳐져서 분자량이 큰 탄수화물(우선 포도당, 자당, 녹말)이 합성되고, 산소가 발생된다.

녹색식물의 **엽록체**에서 색소(엽록소)가 생성되고, 틸라코이드층에 흡수된 빛에너지는 전자를 고에너지 상태로 만든다. 이들은 NADPH와 ATP(1장 참조)를 만드는데 소모된다.

광합성은 서로 연계된 두 개의 **광계(photosystem)**로 구성되어 있으며, 다음과 같이 단순하게 정리할 수 있다.

광계 II는 P680(한 쌍의 엽록소 분자)의 에너지준위를 높여서 여러 가지 색소분자들을 거쳐 플라스토퀴논(plastoquinone A), 플라스토퀴논(plastoquinone B)에 전자를 전달한다. 여기서 사용된 전자들은 물분자로부터 다시 보충된다. 산소분자는 물분자로부터 전자를 tyrosine 그룹에 이것은 다시 엽록소로 전달하여 다음 반응이 가능하도록 한다.

전이된 4개의 전자는 산소 한 분자를 만들고, 플라스토퀴논에 있는 전자들은 시토크롬 *bf* 분자에서 플라스토시아닌으로, 여기에서 광계 I로 전달된다.

광계 I은 세포막에 삼량체 구조 상태로 '떠' 있다. 3개의 분자는 각각 100개 이상의 보조인자(녹색 엽록소, 주황색 카로티노이드 등)를 가지고 있고, 엽록소의 색에 따라 파랑에서 빨강 빛까지 흡수하므로, 진한 녹색의 식물체가 되도록 한다.

광계 I은 전자전달계로 3개의 단위로 구성되어 있다. 각 단위는 안테나로 작용하는 엽록소와 카로티노이드 고리로 밀집되어 쌓여 있다. 이 안테나들은 빛을 흡수하고, 에너지를 이웃 분자들에게 전달하면, 3개의 반응부위에서 전자들은 환원력을 복구하게 된다.

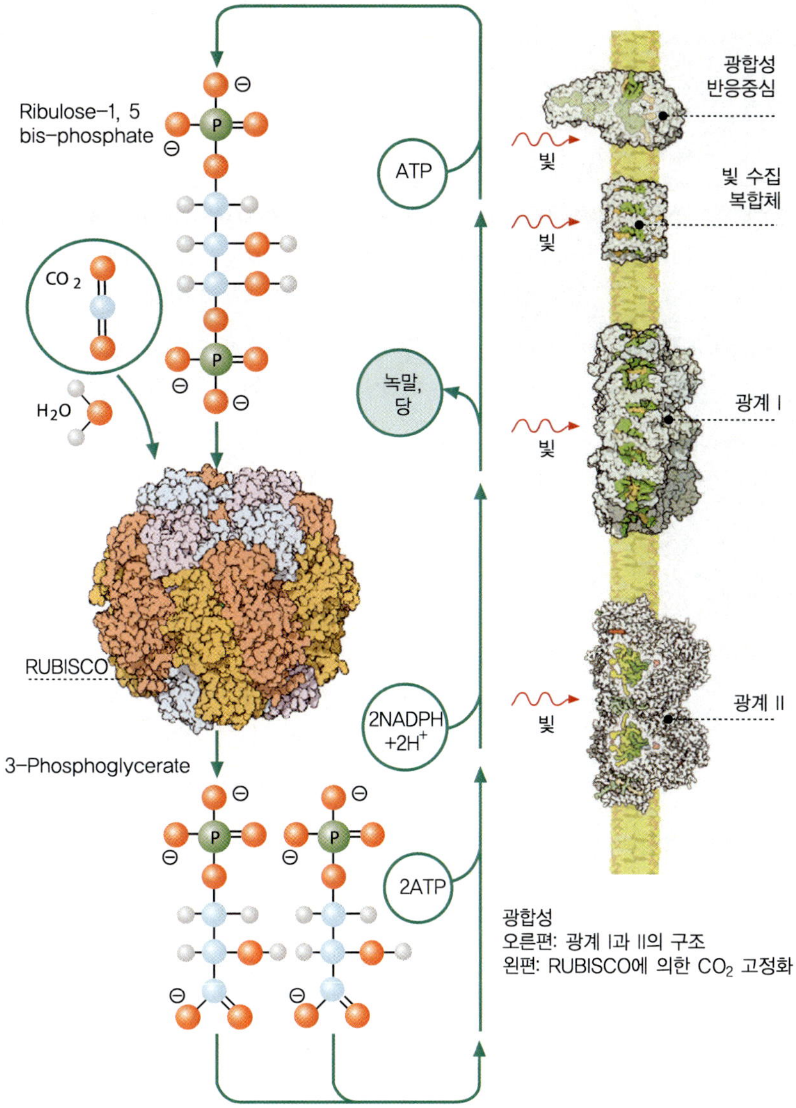

광합성
오른편: 광계 I과 II의 구조
왼편: RUBISCO에 의한 CO_2 고정화

즉, 명반응에서는 첫째, 엽록체의 틸라코이드층에서 NADPH+H^+을 만들어 환원력을 회복하고, 둘째, 틸라코이드층 사이에 양성자(H^+) 농도구배를 형성하여 ATP가 생성되도록 하고, 셋째, 산소가 생성된다.

이산화탄소 고정화: Ribulose 1,5 bisphosphate carboxylase oxygenase(**RUBISCO**)는 리아제(lyase)이며(2장 참조), 생물과 무생물간에 반응을 연결하는 일종의 다리 역할을 한다. 예를 들면 이산화탄소를 5탄당과 연결하여, 두 개의 3-phosphoglycerate를 만들고, 이것은 더 많은 ribulose bisphosphate를 만들기 위해 재생되고, 6개 탄소는 녹말로 저장된다.

엽록체의 16% 정도가 RUBISCO로 구성되어 있어서, 식물체를 구성하는 가장 대표적인 단백질분자이며, 이것은 지구상에서 가장 흔한 단백질 분자일 것이다.

미세조류에는 원핵생물인 **남세균(blue bacteria)**과 진핵생물인 녹색조류가 있다. 남세균에는 현재 산업적으로 가장 많이 상품화되고 있는 스피루리나가 있으며, 아시아에서는 벼를 재배하는 논에서 양식되는 *Azolla*와 공생하는 *Anabena azollae*(그림 7.9) 등이 있다.

스피루리나의 세포벽은 당단백질(mucopeptide)로 되어 있으므로, 사람의 체내에서 쉽게 소화되어 영양에 유리하다. 스피루리나는 얇은 실이 꼬여 있는 모양으로 약 150~300개의 세포들이 모여 길이

그림 7.5 한국, 중국, 일본에서 식용되고 있는 건조된 해조류

그림 7.6 한국과 일본에서 해조류는 중요한 영양원이다.

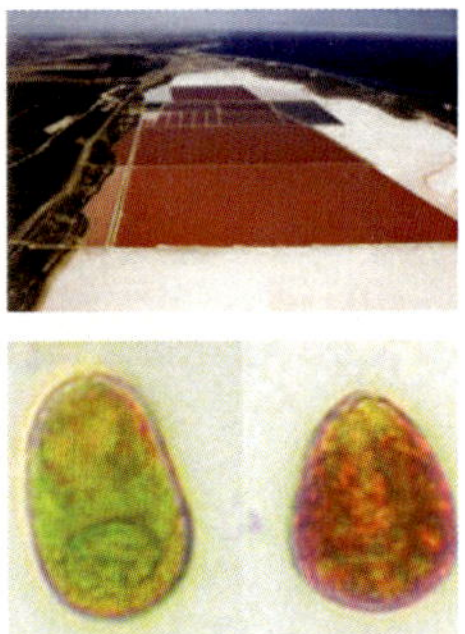

그림 7.7 *Dunaliella* 배양조(위: 서부 호주). 아래: 카로티노이드는 오른편 사진에서와 같이 세포에 농축됨

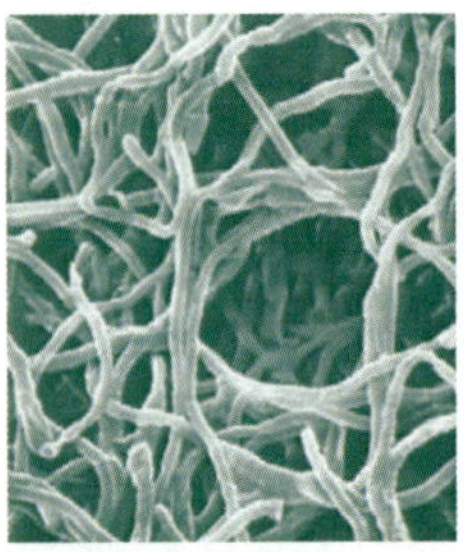

그림 7.8 퀀(Quorn: 식물성 단백질, 고기 대용) 생산에 이용되는 *Fusarium graminareum*

는 0.5mm 정도 된다. *Nostoc*도 남세균에 속한다(그림 7.9).

진핵생물인 **녹조류**(*Chlorophyceae*)에는 *Chlorella*, *Scenedesmus*, *Dunaliella*와 *Chlamydomonas*와 *Volvox* 등이 속한다(그림 7.9). 볼복스의 경우 20,000개의 여러 가지 형태의 세포들이 집락을 형성하며, 이들은 호수와 바다에서 서식하는 플랑크톤과 함께 하수에서 가장 중요한 조류 종이다.

*Chlorella*와 *Scenedesmus*의 세포들은 sporopollenin이 있는 딱딱한 섬유질 세포벽(고등식물의 화분관 벽 성분)으로 둘러 싸여있어서, 화학적으로도 분해되기 어려우므로, 식품원으로 사용하기에는 한계가 있다.

클로렐라 배양의 경우 1kg당 10유로 정도 소요되며, 소비자가는 약 10배 이상의 가격으로 판매되고 있다. 총량의 약 50% 정도가 단백질(대두의 경우 35% 단백질 함유)이며, 불포화지방산과 여러 가지 비타민 등이 함유되어 있다.

Dunaliella종은 편모(flagella)가 있어서 운동성이 있다. 세포벽은 비교적 부드러우며, 특히 소금농도가 높은 곳에서 잘 자란다. 호염성(halophilic) 조류는 소금농도가 높은 바닷물이나 염호에서도 자주 발견된다. β-카로틴이 다량 함유되어 있어, 소금물을 진한 적색으로 만든다(그림 7.7). 삼투압의 평형을 유지하기 위해 매우 많은 양의 글리세린을 축적하므로, 카로틴의 경우와 같이 산업적으로 글리세린 생산에 이용된다.

조류세포들은 6시간 정도면 전체적인 양은 두 배로 늘어나는데, 풀의 경우 2달 정도, 병아리는 4주, 새끼돼지는 6주, 송아지는 두 달 정도 걸리므로, 세계적으로 조류 양식 및 배양에 관심이 집중되고 있다. 조류는 표면적이 넓어서 많은 양의 물과 햇빛을 받을 수 있는 커다란 저수지만 있으면 충분하다(그림 7.3, 7.7). 광합성 작용으로 이산화탄소, 물, 약간의 염과 당으로부터 단백질을 생성한다. 조류의 경우 빛과 공기에는 비용이 들어가지 않고, 약간의 염만 공급하면 충분하므로, 매우 낮은 가격으로 대량생산이 가능하다. 헥타 크기로 비교하면 밀보다 스피루리나는 생산량이 10배 이상 많으며, 단백질의 함량도 훨씬 높다. 조류는 걸러낸 후 공기 중에서 건조시키고, 맛이나 향을 첨가한 후 상품화되어 시장에 공급된다.

그렇다면 기아가 일반화된 지역에 조류 생산시설이 왜 없는 것일까? 이런 지역에는 가장 단순한 기술조차도 없으며, 기아 지역에는 물의 양도 충분하지 않고, 가격도 높다. 여기에서 결정적인 변수로서 조류단백질의 경우 1kg당 10달러 정도 소요되고, 대두단백질은 1kg당 20센트에 불과하다. 그럼에도 불구하고 전문가들은 조류에 많은 가능성이 있다고 예측하고 있다.

세균, 곰팡이, 효모세포들은 조류보다 성장속도가 훨씬 빠르다. **세균의 경우, 20분에서 2시간 정도면 무게가 두 배로 증가**하고, 이 세포들은 70%이상 단백질을 함유하고 있다. 효모는 소와 비교하면 단백질생 성속도가 100,000배 이상 빠르다. 또한 소는 섭취한 식물체의 1/10 정도만을 우리에게 '육류'로서 공급한다. 즉 소의 경우 우리에게 공급한 영양분 이외에 10/11은 사라진다. 세균, 곰팡이, 효모같은 미생물의 경우에는 흡수한 영양분의 거의 대부분이 단백질, 당, 지방으로 전환되어 사람에게 전달될 수 있으므로, 영양원으로 이용가능성이 높은 이유가 된다.

7.3 단세포 단백질: 가장 경제적인 단백질

독일에서는 이미 제1차 세계대전 중 부족한 식량을 대체하기 위해 **효모**를 대량생산하여 미생물에 의한 단백질 생산을 시작하였다. 초기에는 주로 소시지와 수프에 영양분을 보강하기 위한 목적으로 첨가되었다. 활용가치가 낮은 값싼 당용액으로 효모세포를 배양함으로써, 고가의 단백질로 전환하였다. 전쟁 중 레닌그라드에서는 900일 이상 효모세포를 저장하여, 수천 명의 사람들을 죽음에서 구할 수 있었고, 전후 독일에서는 효모 덩어리를 식용하여 굶주림을 해결할 수 있었다.

1960년대에 이르러 유럽에서는 다시 미생물을 이용한 단백질 생산을 시작하였다(Box 7.2). 인구가 급증하면서 단백질 수요도 증가하여 식량부족

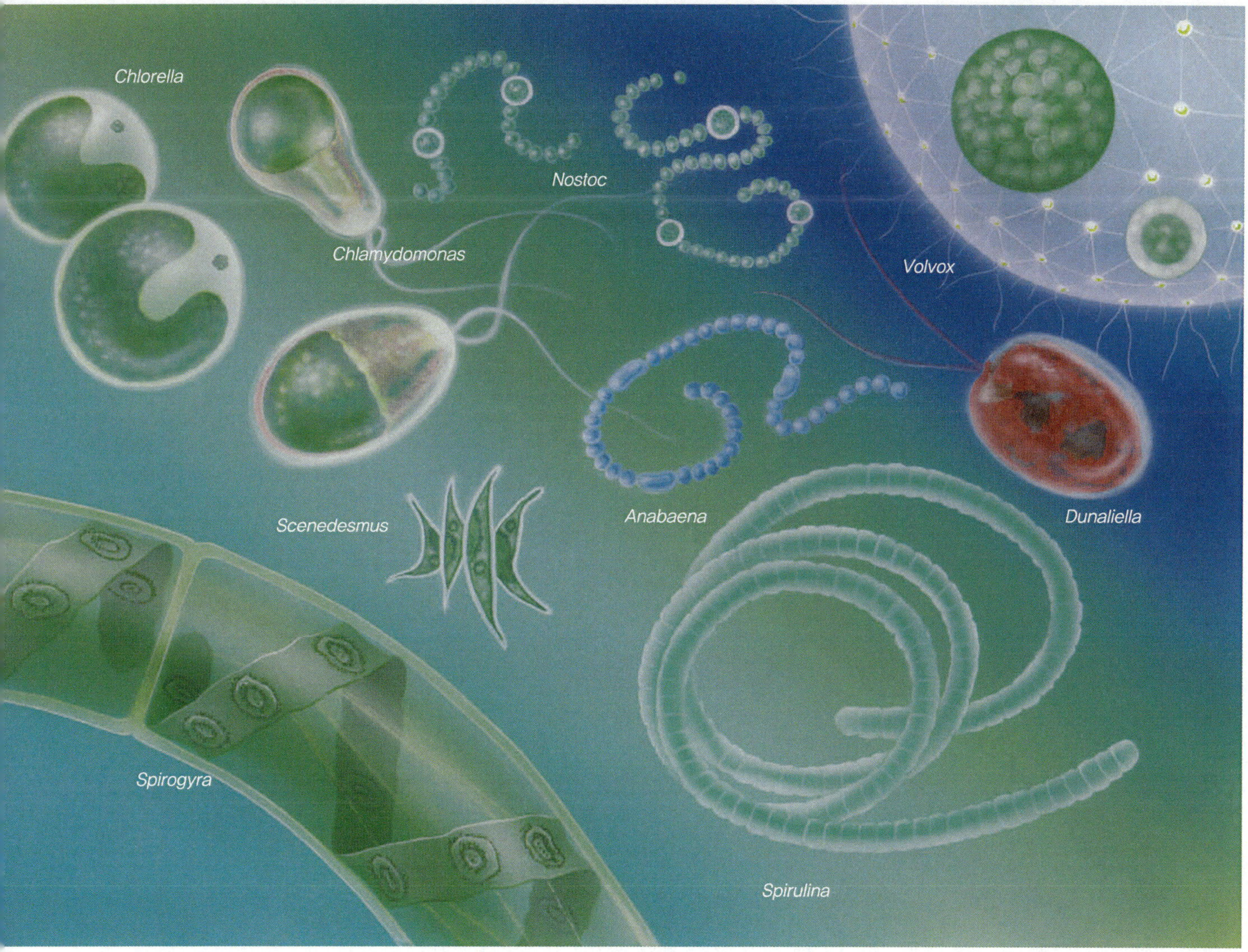

그림 7.9 녹조류와 남세균

사태를 초래하였다. 한편 당은 물론, 탄화수소가 함유된 **원유 성분, 알칸(파라핀)**과 **메탄올**로 미생물세포를 배양할 수 있게 되었다. 미생물세포는 동물이나 사람의 경우와는 달리, 파라핀을 영양원으로 사용하여, 단백질로 전환할 수 있다.

동부 유럽에서는 가격이 낮은 석유를 가정하고 alkane-소화 효모(*Candida*)에, 서구에서는 영국 ICI(사)에서 메탄올을 이용하는 효모와 세균 배양기술 개발에 많은 투자를 하였으나(Box 7.2, 그림 7.10), 결과는 모두 기대에 부응하지 못하였다.

Alkane 효모는 암을 발생시킬 수 있는 성분이 남아있을 수 있는 것으로 우려되어, 제한된 경우에만 사료첨가제로 일부 사용되고 있다. 두 가지 프로젝트 모두 1, 2차 세계유류파동을 겪으면서 중단되었다. 동물 사료 첨가제로서 탈지분유의 가격을 매우 낮춘 EU의 보조금이 메탄올 동물사료 실패의 또 다른 원인이었다.

그럼에도 불구하고 생명공학자들은 규모가 큰 반응기를 만들고, 운용할 수 있는 많은 경험과 기술을 쌓는 좋은 계기가 되었다.

7.4 식용 곰팡이 단백질

한편 Rank Hovis McDougall [RHM(사), 현재는 ICI의 자회사인 Marlowe Foods]에서 생산되는 곰팡이 단백질은 성공적이었다. 유럽에서 4위 규모 크기의 RHM에서는 60년대에 미생물을 분리하였다. 생산시설에 3,000만 파운드를 투자하여 어류, 가금류와 육류사육에 사용할 수 있게 되었다(그림 7.13).

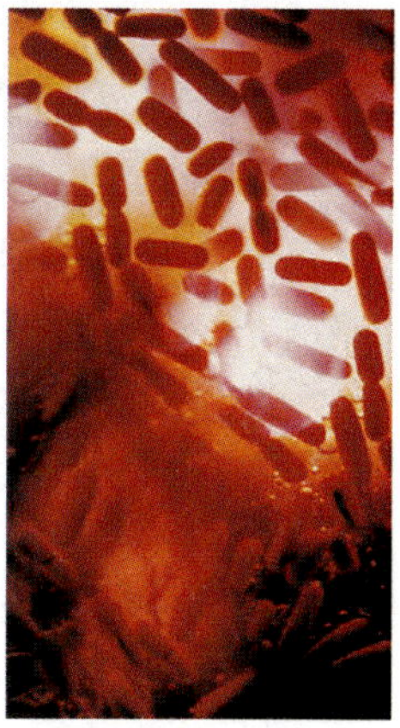

그림 7.10 세균 *Methylophilus methylotrophus*는 메탄올에서 고품질의 단백질을 생산함

Box 7.2 생명공학 역사: 단세포 단백질

1960년대 후루시초프(Chrustschow)시절 소련에서는 우주여행 프로젝트가 성공적으로 수행되었으나, 많은 지원이 있었던 석유효모에 대한 연구–값싼 석유로부터 귀한 단백질원을 생산하는–는 실패하여 많은 비판을 받았었다.

그 당시 시베리아 벌판에 산재되어 있는 섬유질을 당으로 분해하고, 여기에서 효모세포를 배양하여 단백질화 할 수 있는 프로젝트를 동시에 수행하였다. 1963년경 생산시설을 설치하여 석유 알칸(alkane)에 *Candida*를 배양하였다. 배양초기부터 석유효모를 식품이나 사료로 사용할 경우 소화되기 어려울 뿐만 아니라, 암을 발생시킬 수 있다는 주장이 제기되었다. 그러나 러시아에서 수행된 많은 연구결과에 의하면 석유 효모 단백질들이 체내에서 소화흡수가 용이하다고 알려졌음에도 불구하고, 서구사회에서는 매우 회의적이었다. 러시아에서는 1973년 연간 7만 톤의 석유효모 생산이 가능한 공장이 지어졌다. 예전에 건립된 동독의Schwedt Petrochemische Kombinat(사)에서는 러시아의 Drushba와 1986년부터 생산하였다. 연간 페모신(**Fermosin®**)이란 제품명으로 4만 톤의 사료효모를 러시아로 수출하였다. 이것은 당시 동독 엔지니어와 생명공학자들의 대단한 업적이었다. 통독 이후 페모신 생산공정은 중단되었다.

동독 시절 슈베트(Schwedt)에 있던 알칸효모 반응기(높이 42m).

서구에서도 단세포 단백질 생산이 중단되었다. BP(사)는 1971년 Sardinia에서 이탈리아 회사인 ANIC사와 같이 정유 후 남는 찌꺼기에 효모를 배양하여, 토프리나(**Toprina®**)라는 제품명으로 생산에 참여하다 중단하였다. 이 프로젝트의 중단원인으로 오일사태, 대두가격 하락을 우려하는 대두협회의 로비, 핵산을 다량 함유하여 통풍(gout)을 초래할 수 있다는 의견과 환경에 대한 우려 등을 들 수 있다.

빌링햄(Billingham)에 있는 거대한 ICI(사) 공장, 앞에는 천연 생물반응기들이 서성이고 있음.

동시에 서부유럽에서는 메탄올 프로젝트에 지원하였는데(영국 ICI(사), Durham), 당시 *Methylophilus methylotrophus*(그림 7.10)를 분리하였다. 13년간 10,000개의 균주를 분리하였고, 폐석유에서 신속히 자라고 고단백질을 생산하는 균주를 찾은 결과, **Pruteen®**을 생산하게 되었다. **ICI**(사)가 처음에는 메탄을 탄소원으로 사용하는 균주를 찾는데 집중하였으나, 회사가 북해에 충분한 양의 가스유전을 보유하고 있으므로, 단순한 유기물에서 복잡한 단백질을 만들 수 있는 기술을 찾게 되었다. 또한 메탄은 폭발성이 있고, 수용성이 낮으므로 배지에 잘 녹지 않아서 배양하는 데에 어려움이 있다. 메탄이 산화되어 메탄올이 되는데, 미생물 세포의 산소공급에도 문제가 없으며, 물에 잘 녹으며 반응기에서 온도가 올라가는 것을 막을 수 있다.

따라서, ICI(사)에서는 안정적이고 독성이 없으며, 다른 부작용이 없는 *Methylophilus* (라틴어로 메탄올을 좋아하는)를 선정하게 되었다. 또한 세균을 연속적으로 배양하려면 특히 멸균조건을 유지해야 하는데, 석유효모의 경우 이러한 조건이 불필요하므로, 균주 스스로 경쟁균주들을 억제하며 생장하게 되는데, 이것은 다른 식품생명공학 분야의 발효과정에서도 같은 원리로 작동된다.

영국회사인 **John Brown Engineers & Constructors**는 빌링햄에 있는 ICI 공장에 전세계에서 가장 큰 멸균된 생물공정을 설립하게 된다. 이 바이오공장 면적은 8ha, 생물반응기의 높이 60m(8 bubble column 반응기), 15만 L 멸균 배양액에서 메탄올세균가 배양된다. 20,000개의 밸브와 필터가 장착된 시스템에서 3~4개월에 걸쳐 지속적으로 유지된다. *Methylophilus*는 35℃, 메탄올, 암모니아, 산소만으로 증식되고, 연속적으로 배출되는 미생물 세포들은 증기로 처리하면 덩어리 모양으로 뭉쳐진 후, 건조시킨다. 황색 알갱이 형태의 Pruteen®은 이렇게 생산된다.

ICI(사) 생물반응기.

1976년 **Pruteen®**이 생산될 무렵 상승하는 유가와 대두의 풍작으로 단세포 단백질 생산의 경제성이 낮았으므로, 경쟁성도 없었다. *Methylophilus*에 glutamate dehydrogenase (암모니아 질소의 효율적 이용) 유전자를 삽입하는 방법 등 유전공학기술로 처리하여, 단백질 생산성을 5~7% 높일 수 있었다. ICI(사)는 지속적으로 운용되었으나, 시장은 기대만큼 확대되지 않았다. 1982년까지 1억 파운드가 투자되었으며, ICI에서는 생명공학으로 가는 입장료를 지불하였다는 관점으로 이 투자를 평가하고 있다.

여기에서 곰팡이 단백질 퀀(Quorn)의 대량 생산이 실현되는 가능성으로 연결되게 된다.

RHM에서는 무려 3,000여 개의 토양시료에서 균주를 분리한 결과, Buckinghamshire 근처 Marlowe에서 채취한 시료에서 *Fusarium graminareum*(오늘날 *Fusarium venenatum*, 그림 7.8)을 분리하였다. 이 균주의 경우, 그 당시까지는 밀의 뿌리를 썩히는 식물 병원성 곰팡이로 알려져 있었다.

영국에서 총 버섯 생산량의 15%가 RHM에서 생산되고 있었고, 초기부터 송로버섯이나 식용버섯과 비교하여 알림으로써, 소비자들에게 당시까지 심리적으로 내재해 있던 세균 단백질에 대한 부정적인 생각을 사라지게 할 수 있었다.

*Fusarium*에는 냄새와 향이 없으므로(그림 7.11) 50% 이상 단백질을 함유하고 있는 **스테이크의 대체식품**으로 전혀 문제가 없었다. 지방이 13% 함유되어 있어, 스테이크보다 지방함량이 낮고, 식물성 지방이므로 콜레스테롤은 없고, ergosterin이 있다. 섬유질이 25%나 함유되어 있어 섬유질과 건강에 미치는 효과는 훨씬 우수하다(그림 7.12).

생산공정의 관점에서 곰팡이는 세균보다 세포의 크기가 커서 배지로부터 쉽게 분리할 수 있는 것이 중요한 장점이지만, 20분 정도 걸리는 대장균 분열속도와 비교하여, 곰팡이세포는 한 번 분열하는 데 5~6시간 정도 필요하므로, 증식속도가 매우 느린 것이 단점이다.

그러나 증식속도가 느리면 최종 생산 후 세포의 핵산함량이 낮아지므로, 식품첨가물로 사용하는 경우 중요한 장점이 될 수 있다. 포유동물이나 사람의 경우 장기간 핵산을 섭취하게 되면, 통풍의 원인이 될 수 있으므로, 영양학적으로 저핵산 영양섭취를 권장하고 있다.

세균들은 평균 25%, 효모는 15% 핵산을 함유하고 있으며, 곰팡이 단백질 생산 회사인 RHM(사)는 그 함량을 1% 미만으로 낮출 수 있으므로, 영양학적으로 사람에게 이상적이다. 곰팡이는 FAO에서 정한 이상적인 영양성분과 함량을 보유하고 있다.

식품학적 관점에서 곰팡이는 영양학적으로 수프, 과자, 햄, 송아지고기, 계육까지 다양한 식품에 첨가할 수 있다(그림 7.11~7.13).

식품으로서의 응용가능성이 높은 이유는 곰팡이 단백질에 포함되어 있는 섬유분자의 길이조절이 가능한데, 곰팡이세포를 배양조에서 오랜기간 배양할수록 섬유질의 분자구조가 커지게 된다. 배양배지로는 암모니아를 질소원으로, 탄소원은 포도당시럽을 사용한다. 포도당시럽은 감자, 밀, 카사바 녹말로 매우 효율적으로 생산되고 있다.

ICI(사)와 RHM(사)가 곰팡이 생산공정에 합류하게 되고, 1985년 영국의 식품청(MAFF)에서 곰팡이 단백질의 생산과 판매를 허가하게 된다. 1990년대 Marlowe에서 Marlowe Foods라는 식품회사가 설립되고, 이곳에서 Savory pie라는 이름으로 생산되고, 영국에서는 곰팡이 단백질인 퀀(Quorn)이 상품화되었다.

1993년 이전에는 연간 3백만 달러 매출이 있었으며, 지속적인 광고로 2001년에는 연간 1억 5천만 달러의 매출이 가능하게 되었다. 주 소비계층이 미국의 경우 25~65세, 영국에서는 25~45세 여자들인 것은 매우 흥미롭다. 회사에서는 미생물이라 하지 않고, 식물성 단백질이라고 명명하여도 연령층이 높은 세대는 새로운 생산품에 대해 보수적인 경향을 보인다.

이론적으로나 실질적으로 세계 어느 곳에서나 탄수화물 영양원을 곰팡이 단백질로 변형이 가능한데, 예를 들면, 유럽에서는 밀과 감자를, 열대지역에서는 카사바, 쌀과 사탕수수 등으로부터 전환할 수 있다. 전통적으로 아열대지역에서는 이미 오래전부터 곰팡이를 이용한 식품 가공방법이 사용되었는데, 대두에 곰팡이발효를 이용한 템페(tempeh)가 대표적인 예이다(1장 참조). 배양기에

그림 7.11 가공 전 곰팡이 단백질(Mycoprotein) 좌: '쇠고기', 우: '닭고기'

그림 7.12 가공된 곰팡이 단백질 시식회

그림 7.13 *Fusarium*으로 만든 퀀(Quorn). 육류를 넣지않은 meatball과 소시지

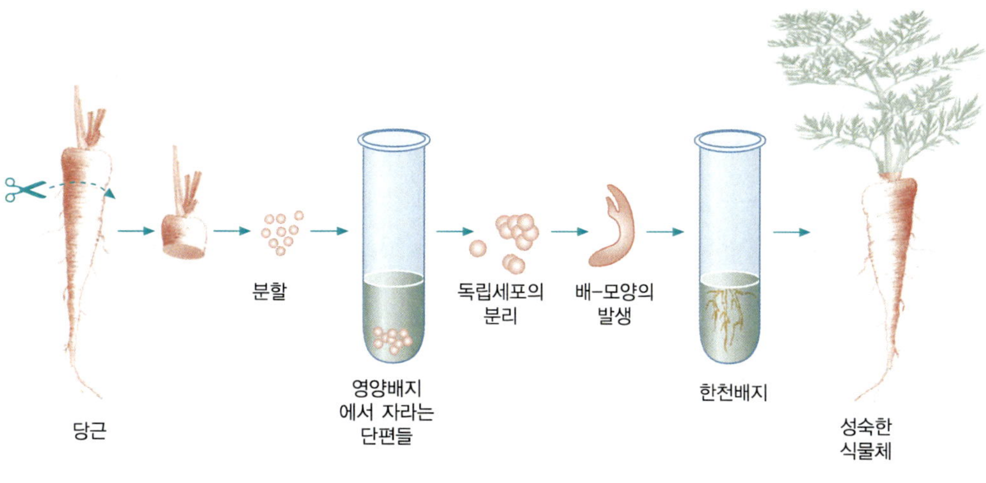

그림 7.14 왼쪽: *in vitro* 식물증식

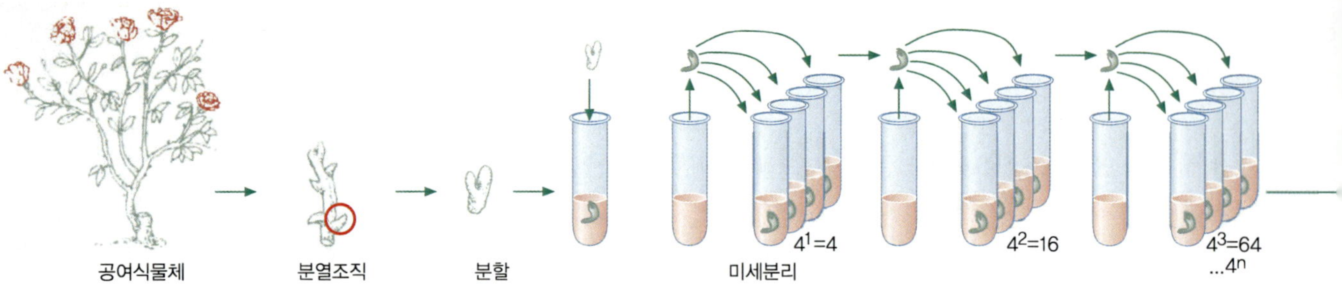

그림 7.15 장미의 *in vitro* 증식과정

그림 7.16 반응기에서 자라는 장미

그림 7.17 장미: 야생장미와 현대적 변종

서 생산되는 영양제품에 대한 심리적인 편견을 극복시키기 위한 노력은 필요하지 않아 보인다.

7.5 녹색생명공학

잡초를 제거하고, 물을 주고, 비료와 퇴비를 주고, 해충과 곰팡이를 억제하는 일들은 농업이나 정원의 일을 취미삼아 하는 사람들에게는 즐거운 여가활동일 것이다. 그러나 농업을 직업으로 하는 사람들에게는 이러한 일들을 가능한 최소화해야 할 것이다..

미래사회에서도 과연 흙에만 의존해서 생존할 수 있을까? 1950년대에 아프리카는 유럽과 인구수가 비슷하였으나, 오늘날에는 이미 두 배로 증가하였다. 오늘날 지구상에는 60억 명의 인구가 식량을 필요로 하며, 20년 후에는 80억으로 증가할 것이다. 중국에서는 한 사람이 연간 32kg의 고기를 소비하는데, 이는 과거 20년 전 보다 4배 이상으로 증가한 양이다. 미국 Worldwatch 연구소의 자료에 의하면, 중국의 경우 2030년 2억 톤의 곡물을 수입하게 될 것인데, 이것은 오늘날 지구상에서 유통되는 양과 같다.

지구에서 기아현상은 계속 증가하고 있다. 2004년 타임지에 의하면–하루아침에 부자가 된 뚱뚱한 미국인이 증가함에 따라–모순되게도 과영양상태와 저영양상태의 수가 같은 것으로 보고되었다.

이러한 현상의 원인은 농부들에게 있지 않고, 전세계적으로 60, 70년대에 일어난 **농업혁명**에 있다. 개발된 비료와 해충방제제들은 주로 벼와 밀 같은 주요 유용 작물의 작황을 높이는 역할을 하였다. 생산성을 높이기 위해서 예를 들면 비료와 농약을 투여해야 하므로 지속적으로 많은 비용이 투자되었다. 오늘날에는 더욱 새로운 방법으로 재배하고 있으며, 전세계적으로 사라지지 않는 기아현상을 극복할 수 있으리라 예상된다. 생명공학 분야에서는 외부 유전자를 식물체에 주입시키는 방법(형질전환 식물체, transgenic plant)으로 농작물의 품질을 개선시키고자 한다. 예를 들면, 단백질, 비타민과 에너지 함량을 높이거나, 병충해와 냉해에 면역성을 증진시키기도 하고, 제초제를 사용하지 않아도 잡초를 억제할 수 있게 되었다. 이외에도 유전자를 변화시키거나, 농업과 관계없이 실험실에서의 배양을 통해 의약품 원료, 화장품 원료와 식품 등이 생산되고 있다.

7.6 시험관 배양: *in vitro* 식물재배

장미는 단순히 형태뿐만 아니라 예술적인 외형으로 육종업자에게 가장 사랑받는 꽃이다. 장미재배 역사는 짧지만, 이미 페르시아와 Medes시대에도 알려져 있었다. 당시에는 ***Rosa gallica***가 주로 재배되었고, 이것은 세계 최초의 가장 오래된 정원장미로 알려져 있다(그림 7.17).

유전학적 원리가 알려지고 이해가 깊어지면서 장미는 원하는 형태로 재배되었다. 프랑스인 Jaques Louis Descement(1761~1839)이 세계 최초로 장미를 재배하였다.

접붙이기(graft) 재배법 없이 년간 한 개의 식물체로부터 500,000개로 늘릴 수 있었다. 식물체를 실험실에서 재배함으로서(*in vitro* 증식) 재배업자

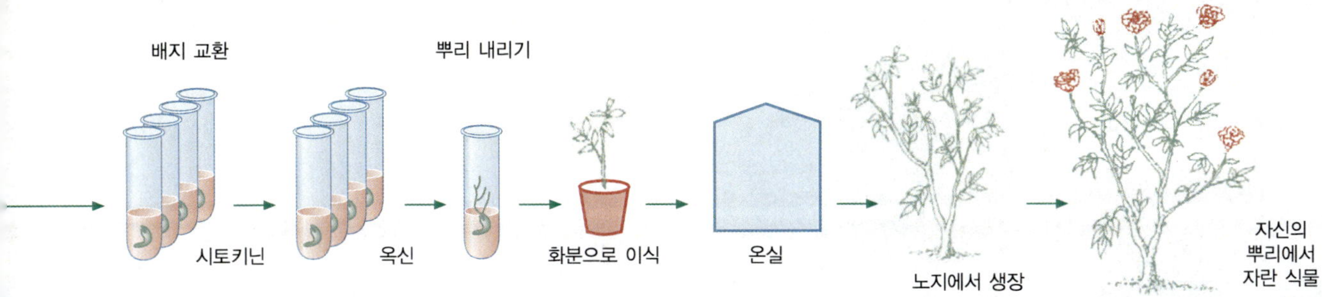

는 새로운 종을 짧은 시간 내에 증식시킬 수 있었다(그림 7.15). 또한 병충해와 농약에 잘 견디는 특성 등을 선택할 수 있었다.

품종간 교배에 의해 만들어진 잡종식물(hybird plant)의 경우, **멘델의 법칙**에 따라 세대를 분류하여 선택할 수 있으므로, 종자를 통해야 하는 전통적인 재배가 필요없게 되었지만, 아직도 딸기의 경우와 같이 영양증식법(vegetative propagation)은 제한적으로 적용되고 있다.

미세증식법(micropropagation)은 가지치기 등 전통적인 방법보다 효율적이다. 식물의 경우 한 개의 세포로부터 식물체가 될 수 있는 이유는 식물세포의 특히 뿌리와 새싹세포 등에는 **전능성(totipotency)**이 있다. 각각의 세포에는 전체 염색체가 있으므로, 한 개의 식물체로 될 수 있는 모든 유전자정보를 보유하고 있다. 기능에 따라 식물체가 생장하면서 각 세포와 세포집합체들이 식물체에 전달되면서 특정 유전자 정보들만 표현된다.

쌍자엽식물(dicotyledonous plant)의 세포들은 동물세포와 달리 성장하면서 분화되지 않는다. 식물체가 생장하면서 처음 단계부터 시작되고, 세포들은 유전자의 지시에 따라 늘 처음부터 시작하게 된다.

한 개의 세포로부터 효율적으로 식물체를 키우기 위해 식물생장호르몬(phytohormone)을 배지에 첨가해야 하는데, 식물체의 생장과 분화과정을 조절하기 위함이다. **옥신(auxin)**은 뿌리의 생장을 조절하고, 식물체의 가장 윗부분에 있는 봉우리가 꽃이 되도록 한다. **시토키닌(acytokinin)**은 새싹의 성장을 조절하고, 뿌리 성장을 억제하는데, 여기에서 시토키닌과 옥신의 비가 중요하다.

1m^2 실험실에서 100,000개의 식물체를 배양할 수 있다(그림 7.15). 이러한 방법으로 작황이 좋은 식물체를 재배할 수 있는데, 모두 한 개의 슈퍼세포에서 생장된다. 한 개의 식물체에서 분리된 후세대를 클론이라 하는데, 그리스어로서 가지를 의미한다. 클론(clone)은 쌍둥이와 같이 똑같은 유전자를 가지고 있다. 이 책에서는 형질전환 동물에서(8장 참조) 다시 다루게 된다.

세포 종류에 따라 분열조직 배양과 반수체 배양, 배양방법에 따라 캘러스(callus)와 현탁배양(suspension culture)으로 구별된다.

7.7 분열조직 배양

식물세포 클로닝의 가장 중요한 방법은 **분열조직 배양(meristem culture)**인데, 식물체의 분열(싹, 뿌리 등)이 가능하기 때문이다(그림 7.21).

분열조직은 식물체의 모든 부위에 있는데 줄기 정단 분열조직이 가장 중요하다. 줄기 끝 깊은 곳에 위치해있는 분열조직들을 분리하여 작은 조각(explantat)들을 고형 또는 액체 배지로 옮기면, 그곳에서 세포분열을 반복하면서 생장이 시작된다. 각 조각부분에 식물호르몬을 첨가하면 한 개에서 여러 개의 식물체가 된다.

천여 가지 이상의 식물체들이 이러한 방식으로 재배되고 있다. 특이한 모양으로 꽃이 되는 난, 백합(그림 7.18, 7.19), 국화, 카네이션에서 감자, 옥수수, 카사바, 포도, 바나나, 사탕수수와 콩 등 산업적으로 중요한 식물체들이 재배되고 있다.

말레이시아에서는 특히 작황이 높은 야자(그림

그림 7.18 미세증식법으로 자란 식물

그림 7.19 *in vitro*에서 증식된 난

그림 7.20 야자수(*Eloeis guineensis*)에서 포화지방산이 함유된 야자유를 생산한다. 세포배양을 통해 생산된 '개량된' 나무들이 열대밀림지역에서 재배되고 있으므로, 비판의 대상이 되고 있다.

그림 7.21 분열조직 배양(왼편)과 꽃밥/씨방 배양(오른편)

그림 7.22 바이러스 감염 예: 어저귀(*Abutilon*)의 모자이크병

그림 7.23 홍콩의 심볼인 Bauhinia 꽃밥이 선명하다.

7.20)나무를 이미 60년대부터 세포배양법으로 증식시켰다. 이렇게 증식된 야자나무들은 일반적인 야자나무들보다 30% 이상 더 많은 기름을 만들고, 나무크기도 작아 수확을 쉽게 한다. 아시아에서는 마지막으로 남아있는 열대우림에 이러한 야자수를 과다하게 퍼뜨려서 생성된 단일재배(monoculture)는 심각한 문제를 야기할 수 있다.

딸기의 경우 한 개의 곁가지에서 최대 10개의 분지를 만들 수 있다. 새로운 분열조직 배양(meristem culture)방법으로 이론적으로 한 개의 식물체로부터 일년 이내에 500,000개의 식물체를 얻을 수 있다.

경제성 외에 중요한 장점으로 모세포에 바이러스가 없으므로, 여기서 재배된 식물체들의 경우에도 **바이러스**에 대한 염려가 필요없다(그림 7.21). 따라서 번식하기 전에 바이러스에 감염되지 않은 건강한 조직을 선택하여야 한다. 분열조직을 증식시킴으로써 바이러스 없는 식물체로 자라게 하므로, 대부분 바이러스가 훨씬 적다. 가끔 식물성바이러스가 유용한 경우도 있다. 어저귀속(*Abutilon*)-모자이크바이러스는 관상용 식물체들에서 잎사귀의 모양을 특이하게 만들기도 하고(그림 7.22), 튤립에서는 *Poty*-바이러스가 다양한 꽃잎 모양을 만든다.

분열조직을 잘라서, 배양하여 뿌리를 내리게 한다(그림 7.21). 바이러스가 없다는 것이 확인될 때까지 전체 주기가 반복된다. 이것은 이렇게 배양된 식물체를 자연계로 보내면서 새로운 바이러스가 생성되거나 이에 의한 질병을 예방하고자 하는 차원에서 이루어진다. 정원을 구성하는 식물체들의 경우 분열조직 배양법은 거의 혁명적으로 자주 사용되어서, 전세계 시장은 30억 달러 이상으로 예측하고 있다.

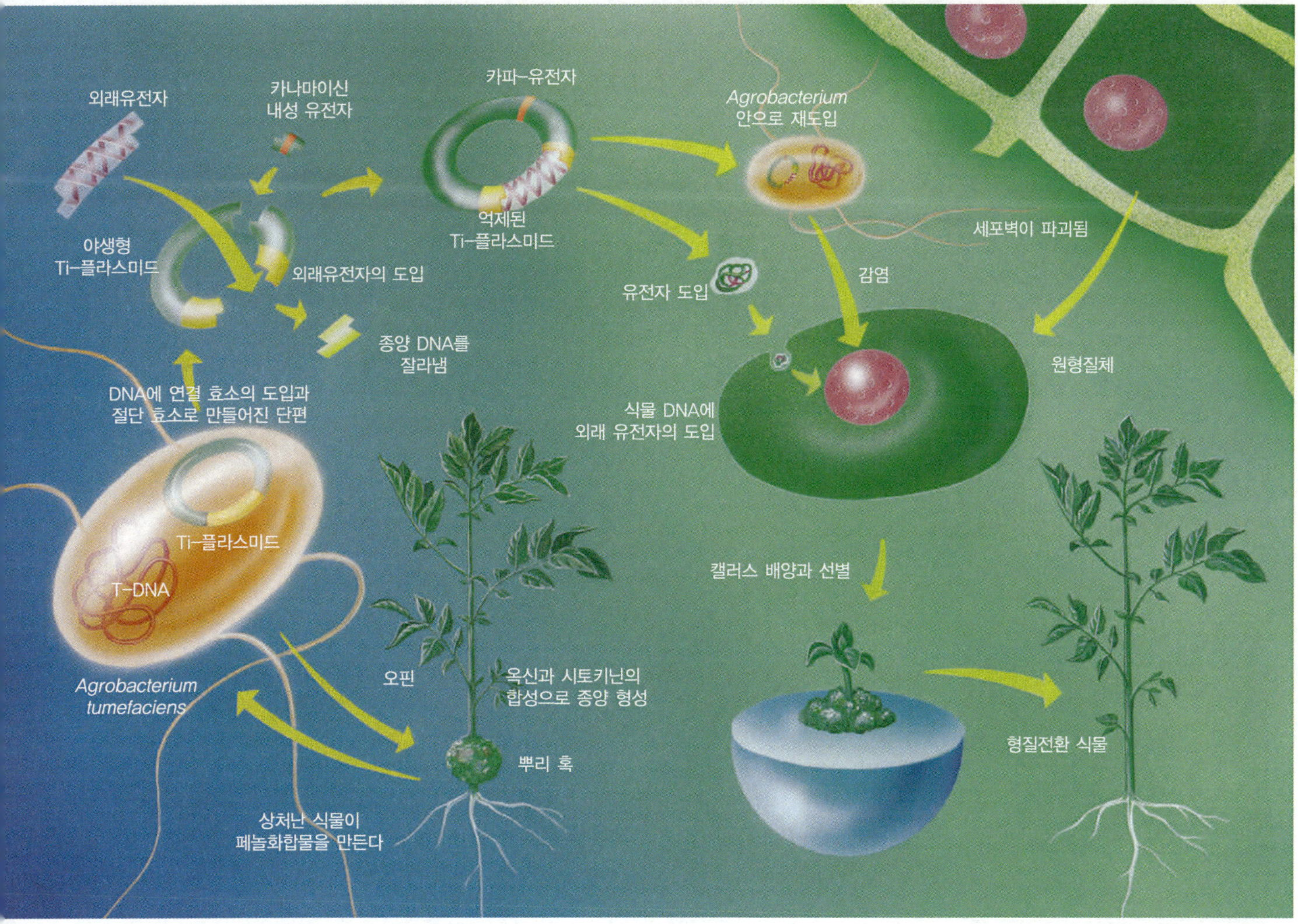

그림 7.24 *Agrobacterium*을 이용하여 형질전환 식물을 얻을 수 있다.

7.8 반수체 배양: 꽃밥과 씨방

꽃밥(**anther**, 그림 7.23)은 몇 개의 반수체(haploid)인 웅성 생식세포로 구성되어 있는데, 세포핵은 한 세트의 염색체를 가지고 있다. 꽃에서 어린 꽃밥을 멸균상태에서 분리하여 고체 영양배지에 옮기고, 호르몬을 투여하면 교배되지 않는 반수체에서 완전한 식물체로 생장한다.

이러한 배양법들은 염색체를 콜히친(colchicine, 유사분열 저해제)으로 처리하면 쉽게 이배체(diploid, homozygote)가 되어 증식되므로, 매우 선호되는 방법이다. 열성 돌연변이(recessive mutation)는 나중에 생성된 염색체로 가려지지 않고, 즉시 알아낼 수 있으므로 재배하는 사람들에게 편리하다.

식물의 **씨방**(그림 7.21)에서 꽃밥배양에서와 같이 전체 반수체 식물체가 생성된다. 반수체 배양액은 담배, 유채, 감자, 보리와 양용식물 재배에 자주 사용된다.

7.9 캘러스와 현탁배양

식물체에서 분리하여 영양배지에 옮겨서 증식될 때, 이를 **캘러스(callus)**라 한다. 식물의 자른 면에서 증식되는데, 캘러스를 한천표면에서 자라고 분화되지않은 세포덩어리를 계속 자라게 하거나, 식물호르몬을 투여하여 정상 식물체를 얻는다(그림 7.25).

세포에서 세포벽을 제거하면 세포막으로 둘러싸인 **원형질체(protoplast)**가 되는데, 이를 이용한 식물체 증식방법이 있다(그림 7.26). 잎에서 분리

그림 7.25 담배의 캘러스 배양

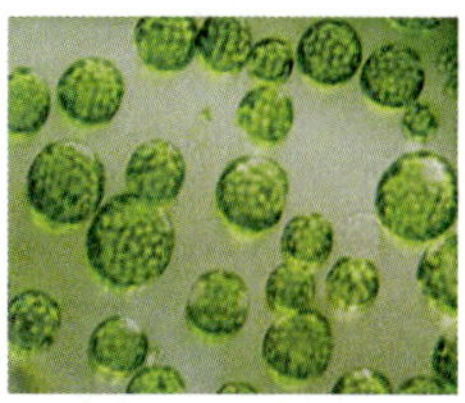

그림 7.26 원형질체

Box 7.3 생명공학 역사: 포마토와 생물학적 립스틱

이상적 그림: 본 저자에 의해 10분 만에 만들어진 포마토.

막스플랑크 연구소(MPI, Koeln)에서 만들어진 포마토(가운데), 토마토(왼편), 야생감자(오른편).

식물세포를 생명공학적 기술로 변화시키는 방법으로 원형질체 융합(protoplast fusion)이 있다. 여기에서 원형질체를 polyethylene-glycol같은 화학물질이나, 전기충격으로 처리하면 세포들간에 융합이 되어 체세포 잡종(somatic hybrid)이 형성되는 데, 이는 자연적 방법으로는 불가능하다.

첫 번째 프로젝트로 뿌리쪽에는 감자가 열리고, 열매부분에는 토마토가 열리는 포마토(pomato)를 생산하는 것이었다. 1977년 튀빙엔에 있는 막스플랑크 연구소의 Georg Melchers가 이 실험에 성공하였으나, 이 식물체로부터 감자, 토마토 중 어느 것도 얻을 수 없었다. 비정상적인 잡종의 경우, 세포분열도 비정상적으로 일어나는 것이 그 원인이었다. Cologne에 위치한 막스플랑크 연구소의 Inca Lewen-Dörr와 Green Tec이란 회사에서 1994년 개발된 식물체들은 성장하였고, 감자의 표현형과 같은 노란색 꽃이 피었다(그림 7.51).

체세포 잡종법은 육종을 목적으로 하는 감귤류나 치커리의 경우에 적용되었다. 이 방법은 복잡한 다중유전자에 의해 나타나는 특징들 예를 들면 감자에서 냉해 내성, 원래 자연계에 존재하던 야생종에서 재배종에 꽃색깔을 전달하고자 할 때 등에 사용된다.

토마토와 감자를 구성하는 물질을 나타내는 유전자들이 섞이면 식용이 불가능할 정도의 물질들이 생성될 가능성이 높다. 감자와 토마토는 동일한 Solanaceae 과에 속하면서도 이러한 문제들이 발생하였다.

시코닌(shikonin)

"화학물질을 전혀 사용하지 않고 이미 고대 중국에서 의약품으로 알려져 있었던 생물학적 색소를 이용한 립스틱은 현대 일본의 첨단기술의 생산품이다."

화장품업계에서 생물학적 립스틱은 큰 히트 상품이었고, 1985년 출시 후 일본에서는 3,500엔이나하는 높은 가격에도 불구하고 며칠 이내에 2백만 개 이상 팔리는 기록을 세웠다. 광고에서는 일본인들의 화학제품에 대한 거부감, 전통에 대한 자부심과 첨단기술제품이라는 것을 강조하였다. 립스틱의 빨간색은 시코닌(naphthoquinone 화합물)으로 이미 오래 전부터 중국에서는 의약품으로 사용되었으며, 시코닌 식물(*Lithospermum erythrorhizon*) 뿌리에서 추출되었다. 식물체 뿌리에는 3년에서 7년 정도 생장하면 최대 2%정도의 시코닌이 만들어진다. 전통의학에서 시코닌은 세균에 의한 질병이나 감염을 치료할 때 사용되었다. 일본에서는 연간 10톤 이상 시코닌 원료를 1kg 당 4,500달러에 중국과 한국으로 수출하였다. 이러한 높은 가격은 식물세포를 배양액에서 배양하여 생산하고자하는 이유가 되었다. 도쿄에 있는 Mitsui 석유화학(사)에서는 성공적으로 생산공정을 개발할 수 있었다.

Kanebo사에서 생산되는 생물학적 립스틱.

이러한 성공적인 판매 아이디어는 화장품 회사인 Kanebo에서 개발되었는데, 화려한 색조는 립스틱과 화장분에 매우 잘 어울렸다. 여기에서 더 흥미로운 것은 이 색소성분이 세균으로부터 감염도 예방할 수 있다는 사실이었다.

산업적으로 오늘날 *Lithospermum* 세포들은 200L 반응기의 생장 배양액에서 배양된 후 작은 반응기로 옮겨지고, 시코닌 생산을 촉진시킨다. 이 세포들은 750L 배양기에 접종하여 시코닌을 생산하는데, 배양기 내의 뿌리세포들은 23일 동안 23% 시코닌을 생산한다. 자연계에서 2% 농도가 만들어지는 데 3~7년 정도 걸리는 데, 각 배양기에서는 5kg 시코닌을 생산할 수 있다. 일본에서 시코닌 수요는 연간 150kg 정도인데, Mitsui(사)에서는 초기에 매년 65kg의 시코닌을 생산할 수 있었다.

마그네슘 배지에서 배양된 *L. erythrohizon*의 세포 덩어리, 시코닌으로 적색을 띠고 있음.

한 조각을 단백질분해효소, 섬유소분해효소 등이 녹아있는 분해효소액에 넣은 후 생성되는 원형질체 용액을 배양액에 옮기면, 여기에서 세포벽이 재생된다. 이렇게 세포벽이 재생된 세포들이 분열하면서 작은 캘러스가 생성된다. 여기에 호르몬을 투여하면 작은 싹 생성이 유도되고 다른 호르몬을 통해 뿌리가 생성된다. 수없이 많은 새로운 식물체들이 이러한 방법으로 잎사귀세포의 원형질체를 통해 생성된다(그림 7.21).

분리된 원형질체에는 세포벽이 없으므로 쉽게 화학적인 방법이나 전기충격방식으로 세포들이 서로 같이 합쳐저 **세포융합**이 일어난다(polyethylene-glycol에 의한 잡종세포의 경우와 같음, 5장 참조).

융합된 세포들은 체세포 잡종(somatic hybrid) 식물체로 된다. 이러한 **체세포 잡종화(hybridization)**를 통해 1977년 포마토(줄기는 감자, 열매는 토마토)가 개발되었으나 유감스럽게도 식용이 불가능하였다(Box 7.3). 포마토의 생성은 가능하였으나, 줄기와 열매를 동시에 공급하기 어려웠다. 두 변종의 **산사나무 세포**들을 융합시켜서 만들어진 새로운 산사나무 열매는 성공한 경우였는데, 융합시키기 전보다 훨씬 많은 양의 알칼로이드(scopolamine)를 생성하고 더 빠르게 성장하였다.

7.10 생물 반응기에서 식물세포가 생산하는 물질들

생물 반응기에서 식물성 물질을 생산할 때 식물이 분화되지 않아도, 세포덩어리인 캘러스만으로 생리활성물질의 생산이 가능하다.

식물에서 일부 식물조직을 분리하여 배양액에 옮겨서 수많은 식물을 기르는 것이 가능하다. 식물조직의 일부를 멸균하고, 내부조직을 떼어내 젤라틴이 함유된 고형배지에서 배양이 가능하다. 배지는 영양무기염과 당을 에너지원으로, 그리고 비타민과 호르몬을 첨가한다. 캘러스 세포배양을 위한 최적화된 성분들은 이미 알려져 있다. 생성된 캘러스를 액체배지에 옮기고, 배양액을 잘 섞으면서 산소를 공급하면 식물세포는 증식된다(그림 7.21).

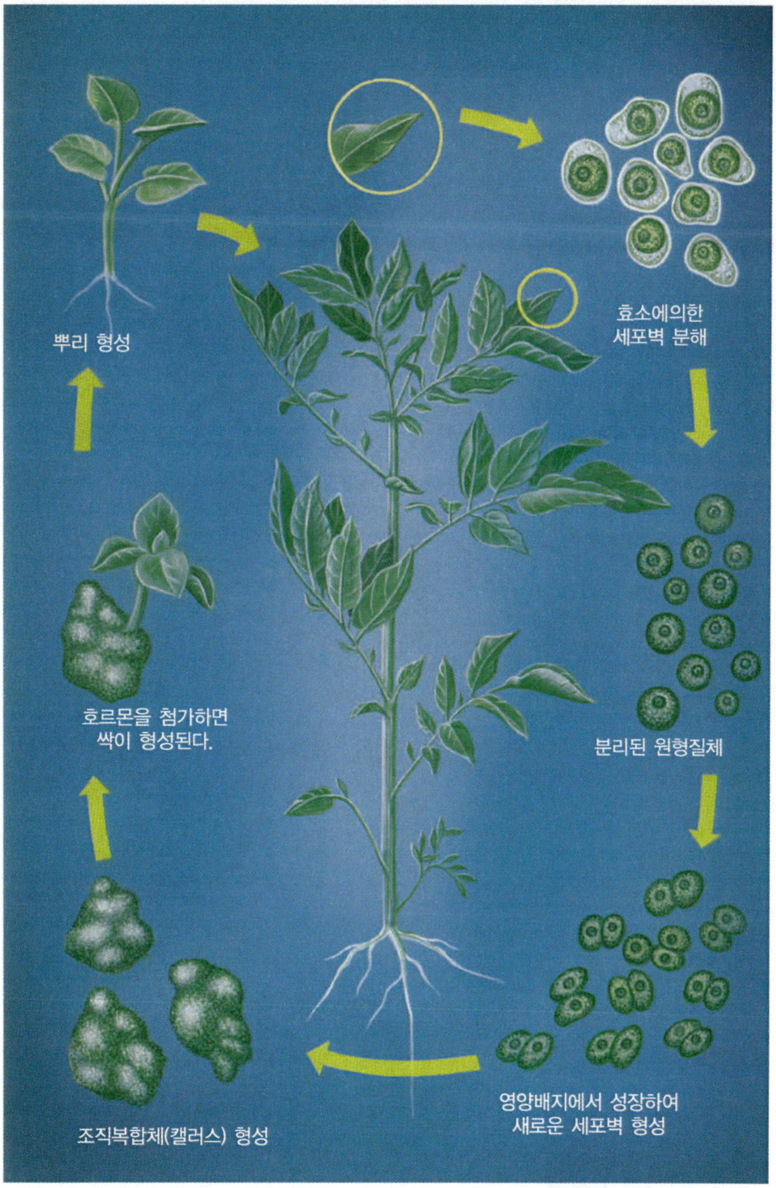

그림 7.27 원형질체 배양 원리

이러한 세포들은 거대한 생물반응기에서 많은 양의 배양액 성분으로 배양된다. 적당한 배양조건에서 식물세포 내에 물질이 쌓이고, 이러한 물질들을 분리할 수 있는 데, 예를 들면 세포를 냉동건조하고 유기용매로 추출할 수 있다. 모든 식물종류들이 배양되는 세포에 물질을 축적하지는 않는다.

Tübingen대학의 **Lutz Heide**는 ***Lithospermum erysthrohizon***의 시코닌 식물의 형질전환을 위해 *E. coli*의 유비퀴논을 합성하는 유전자와 HMG-CoA 환원효소 유전자를 넣는 연구를 하였다(Box 7.3). *Lithospermum*의 세포배양액에서 효소단백질의 발현을 통한 생명공학기술을 이용하여 의약

그림 7.28 중요한 의약품 원료를 생산하는 보라색 디기탈리스(foxglove, *Digitalis purpurea*)

그림 7.29 버드나무 껍질(*Salix*)에서 생산되는 살리실산(salicylic acid, 9장 참조)

그림 7.30 *Catharanthus roseus*에서 항암제 생산

그림 7.31 Freiburg 대학의 Eckard Wellman은 세계 최초로 *Huperzia*(위)를 *in vitro*법으로 배양에 성공함. 중국 한의원에 걸려있는 *Huperzia* 종류

품 원료인 **시코닌 생산**에 활용하였다.

시코닌 생산(Box 7.3)은 생물학적 립스틱 생산으로 유명해졌는데, 반응기에서 생산되는 다음 식물성물질에 대한 관심이 높아졌다. 원시시대부터 사람은 salicylic acid가 함유되어 있는 나무껍질(*Salix*, 그림 7.29)을 열을 내리거나 치료를 촉진시키는데 사용하였다. 오늘날에는 의약품분야에서 합성의약품을 사용하고 있지만 앞으로는 식물성 물질을 사용하는 치료법을 찾는 것이 매우 중요하다.

대표적인 스테로이드들로서는 얌(yarm)뿌리에서 생산되는 **diosgenin**(4장 참조), **codeine**(안정제, 기침 억제제), **atropine**(중독 및 안과에서 동공확장제), **reserpine**(혈압강하제), **digoxin**과 디기탈리스(Digitalis, 그림 7.28)에서 분리되는 **digitoxin**(심장치료제)과 **quinine**(말라리아 치료제, 방향성 물질) 등이 있다.

전통적인 생산방법에는 많은 단점들이 있는데, 예를 들면, 생산량의 한계, 일정하지 않은 품질, 특이한 식물체들의 멸종 가능성 및 위기, 식물재배를 위한 공간 수요로 나무를 베어 숲을 감소시킨다거나, 단일재배로 식물의 병이나 병충해가 증가될 수 있고, 농약이 남아있을 수도 있고, 오염된 공기로부터 중금속 성분이 전달되기도 하고, 기후변화, 계절, 나이, 위치에 따라 식물체에 포함되어 있는 물질성분과 양이 달라지기도 하고, 재배되는 곳의 정치적인 변화에 따른 가격과 공급량의 변화 등 공급에 미치는 사전에 예측 불가능한 여러 가지 요인들이 있다. 특히 지역의 정치상황 변화에 대해서 거대 제약사들은 스테로이드호르몬(4장 참조)의 경우에서 보였지만, 스스로 방어하는 방법을 알고 있다. 이러한 식물성 원료를 생산하여 수출하는 대부분의 경제후진국들에게는 경제적으로 중요한 의미가 있다.

식물체들은 멀지 않은 시일 내에 화학자들에 의해 합성될 것이다. 일반적으로 1만 가지 이상의 복잡한 구조를 가진 물질들이 합성될 것으로 예측하고 있다. 모든 이러한 물질들은 동물과 미생물의 선택압력을 통해 이루어졌다. 약리적으로 중요한 물질들로 이루어진 자원의 보고가 발견되기를 기다리고 있다고 할 수 있다. 지금까지 식물세계에서 매우 적은 부분만이 연구되었고, 부분적으로는 이미 오래 전부터 알려진 것이나 새로운 기술의 도입으로 활성이 알려진 것도 있다. 그러나 열대우림이 지속적으로 감소되어 식물체들도 멸종위기를 맞고 있다. 기능성 물질을 화학적으로 합성하는 일은 아직 불가능하거나 매우 고가이므로, 아직도 식물에서 직접 추출된 자연물질들을 대체할 수 없는 경우가 자주 있다.

미래에는 이러한 물질을 공급하기 위해 세포배양기술을 이용한 물질생산 기술이 필요하다.

7.11 식물성 알칼로이드

세포배양기술 분야에서 Madagaskar Periwinkle (*Catharanthus roseus*, 그림 7.30)은 고마운 연구대상 물질이라 할 수 있는 데, 여러 가지 생리활성 물질을 함유하고 있는데, 특히 그 구조가 매우 응축되어 있어 합성이 어려운 bisindol alkaloid인 **Vinblasin**과 **Vincristin**이 있다. 이 두 가지 물질들은 kg당 수천 달러 이상이며 거의 전부 저개발국에서 수입되고 있다.

스테로이드당유도체인 **digoxin**과 **digitoxin**은 디기탈리스(그림 7.28)에서 분리되는데, 특히 **digoxin**과 **digoxin**유도체들이 치료에 중요하다. **digoxin**과 **digitoxin**은 수산기의 유무에 따라 구별된다.

Freiburg 대학의 **Eckard Wellmann**은(그림 7.31) 중국에서는 이미 오래 전부터 기억력 감소를 퇴치하는데 사용되었던 식물성 의약품을 홍콩의 연구팀과 함께 세포배양을 통해 생산하는 기술을 개발하였다.

오늘날 이 병은 **알츠하이머병(Alzheimer disease)**으로 알려져 있다. 중국의 산에서 자라는 석송 *Huperzia*은 성장속도가 매우 느리다. 보통 8~10년 정도 성장하는 데, **Huperzine A**에 대한 수요가 높으므로 계속적으로 산에서 채집되어 멸종위기에 있다. Huperzine A는 일단 세포배양을 통해 생산되고, 대량배양이 시작되면 더 낮은 가격으로 많은 양을 공급할 수 있다.

식물세포 배양(plant cell culture은 화학적으로 합성이 불가능하거나, 미생물로도 생산이 되지 않는 식물유래 물질들은 식물세포 배양법을 통해 고품질로 생산할 수 있다(Box 7.3).

이러한 식물세포 배양법을 통한 약용물질 생산은 특이한 식물체의 경우 그 종을 보존하고, 농지를 식품농업에 사용하도록 하여 식품생산 증가에도 기여할 것이다.

7.12 *Agrobacterium* –질병과 유전공학

식물세포를 미생물과 같이 배지에서 배양할 수 있다면, 식물세포의 유전공학적인 변형도 가능할 것이다(3장 참조).

가뭄과 해충에도 잘 견디고, 해충과 농약으로부터 스스로를 보호할 수 있으며, 소금성분이 많은 곳에서도 잘 자라고, 더 많은 양의 단백질과 영양성분을 함유할 수 있는 식물체를 만드는 것이 식물유전공학의 목표라 할 수 있다.

자연의 유전공학자로 세균의 한 종류인 *Agrobacterium tumefaciens*가 있는데, 이 세균은 땅에 살면서 암세포같이 자라고, 쌍떡잎 식물체를 감염시켜 나무 밑둥(근두)에 암과 같은 생장을 일으키는데 이미 1907년에 발견되었다.

식물의 상처를 통해 방출된 분자인 유도인자에 의해 세균이 이끌린다. 세균의 거대 플라스미드(고리모양의 이중가닥 DNA, 3장 참조, 200~800kb)가 암을 유발시키므로 **Ti-플라스미드(tumor inducing plasmid)**라 한다. 이 병원체는 트로이 목마 같은 역할로서 외부유전자에 대한 벡터로 작용한다(그림 7.24).

Ti-플라스미드는 **오핀(opine)**검출과 식물호르몬 생성에 필요한 유전자를 가지고 있다. 오핀은 특이한 아미노산으로 영향받은 세포에서 생성되고, *Agrobacterium*만 이용할 수 있다. 세균은 식물세포를 자신의 목적에 맞게 변화시킨다. 식물호르몬인 **옥신**과 **시토키닌**은 근두 종양에서 성장과 세포분열을 촉진시킨다. 또한 Ti-플라스미드 유전자는 상처난 세포를 인식하고 **T-DNA**를 움직이게 하여 식물체에 전달되도록 한다. 전이 DNA는 식물체 세포핵의 DNA에 들어가 자리잡게 되는데, 이것은 원핵생물에서 진핵생물로 유전자를 전달하는 매우 드문 경우이다.

1983년 벨기에의 **Ghent**의 **Marc Montague**와, **Jeff Schell (1935~2003, 그림 7.32)**과 미국 **Monsanto**사의 **Robert Fraley**는 각각 새로운 방법을 제안하였다.

이들은 15~30kb 크기의 T-DNA에 외부 유전자를 삽입하여 야생형 Ti-플라스미드를 불활성화하였다. T-DNA의 식물 호르몬과 오핀 유전자를 제거하여 외부유전자가 삽입될 공간을 마련하면 증식이 정지된다. 실제로 암조직으로부터 식물 전체를 재생하는 것은 어려운 일이다.

이렇게 생산된 **Ti-플라스미드**에 제초제나 항생물질의 내성에 대한 외부유전자 등을 삽입시킬 수 있다. 추가적으로 항생물질내성 유전자(대부분 카나마이신, 앰피실린 등에 대한)를 삽입하면, 나중에 쉽게 세포를 선택할 수 있다(그림 7.24).

재조합 플라스미드를 식물세포 원형질체에 직접 전달하거나 *Agrobacterium*에 넣어 그것이 식물세포를 공격하게 하는데 후자가 표준 방법이다.

잎 절편을 재조합된 *Agrobacterium*이 첨가된 용액에서 배양한다. 특정호르몬을 첨가하면 싹이 생성된다. 세균들은 첨가된 항생물질로 인해 죽게 되고, 형질전환된 식물세포들은 카나마이신 배지에 옮겨 확인되고 선택된다. 이렇게 하여 카나마이신저항성 세포들(3장 참조)은 외부유전자를 가지게 된다. 연속해서 뿌리생성을 촉진시켜 식물세포들을 재생시킨다. 근두에 종양이 더 이상 생성되지 않으면, T-DNA 유전자중 옥신, 시토키닌과 오핀

그림 7.32 식물유전공학의 대부, Marc van Montagu

그림 7.33 녹색생명공학의 선구자, Jeff Schell, 1935~2003

그림 7.34 독일영화 'Muenchhausen'에서 배우 Hans Albers가 대포알을 타고 있는데, 이러한 방법으로 DNA를 세포에 넣음

그림 7.35 잔디풀에서 유전자총을 이용한 유전자의 전이
A: 유전자 총(PDS/1000)
B: 유전자총 가격 이전의 세포 부유물.
C: 하이그로마이신 배지 위에서 선발된 캘러스.
D,E: 형질전환체를 재분화 시킴.
F: 온실에서 자라는 형질전환 *Festuca*-식물

Box 7.4 GMO에 대한 전문가의 의견

매년 국제 농업생명공학협회인 ISAAA (International Service for the Aquisition of Agri-Biotech Applications)에서는 유전자변형 농작물에 대한 보고서를 발간하고 있다. 2005년에는 전세계적으로 대략 850만 개의 농장에서 유전자변형 농작물이 재배되고 있다. 특히 이미 산업적으로 선진화된 국가보다는 중국, 아르헨티나, 브라질과 인도 같이 집중적으로 개발과 변화가 일어나고 있는 곳에서 확산되고 있다.

콩의 경우, GM 콩이 2005년 현재 5천 4백 4십만 ha 면적에서 재배되고 있으며, 이는 전체 콩 생산량의 58%(그 전해에는 56%)를 차지하고 있다. 브라질에서 증가량이 가장 높은데, 9백만 ha에서의 재배가 법적으로 허가되고 있다. 미국, 아르헨티나, 브라질 외에 캐나다, 파라과이, 우루과이, 루마니아, 남아프리카와 멕시코 등에서도 재배되고 있다.

GM 옥수수의 재배도 늘어나고 있다. 작년과 올해의 경우 1천 9백 3십만에서 22백만 ha로 재배면적이 증가하였다. 미국, 아르헨티나, 캐나다, 스페인, 남아프리카 공화국, 우루과이, 포르투갈, 체코, 독일, 프랑스와 필리핀 등에서 재배되고 있다.

GM 유채는 4천 6백만 ha에서 수확되었고, 캐나다, 미국에서 주로 재배되었다. GM 목화도 증가 추세에 있는데, 9천 8백만 ha에서 재배되는데 재배지는 주로 미국, 중국, 아르헨티나, 인디아, 호주, 멕시코, 남아프리카공화국과 콜롬비아 등이다.

21개 국가에서 여러 가지 GM 농작물이, 특히 6개 국가의 경우 100만 ha 이상에서 재배되고 있다.

특히 GM 목화에서 놓은 증가세를 보이고 있는데, 인도는 50만 ha에서 2004년 현재 1백 3십만 ha로 증가하였다. 중국의 경우 총 목화생산량의 2/3 정도가 GM 목화이다.

병충해에 강한 GM 벼는 2005년 이란에서 최초로 재배되면서 중국에서는 허가를 기다리고 있다. 우루과이에서는 곧 GM 콩만을 재배하게 될 것이다.

유럽의 경우, 루마니아(콩, 10만 ha), 스페인(옥수수, 10만 ha)에서 GMO를 재배하고 있으며, 2005년 프랑스, 포르투갈, 체코와 독일 등지에서 5만 5천 ha에서 GM 옥수수가 재배되고 있다. 2006년 5월 중순경 독일에서는 970 ha에서 GM 옥수수를 재배하였다.

ISAAA의 회장인 Clive James는 GM 옥수수와 GM 목화가 가장 많이 재배될 것이라고 하였다.

2015년에는 GM 농작물들이 30개 국가에서 1억 5천만 ha에서 재배될 것이다. James는 농가에게 GM 농작물의 재배가 경제적으로 더 많은 이익을 가져다 줄 것이라 하였는데, 특히 병충해 내성이 있는 GM 농작물의 경우 손실이 적으므로 더 많은 수확량을 기대할 수 있다.

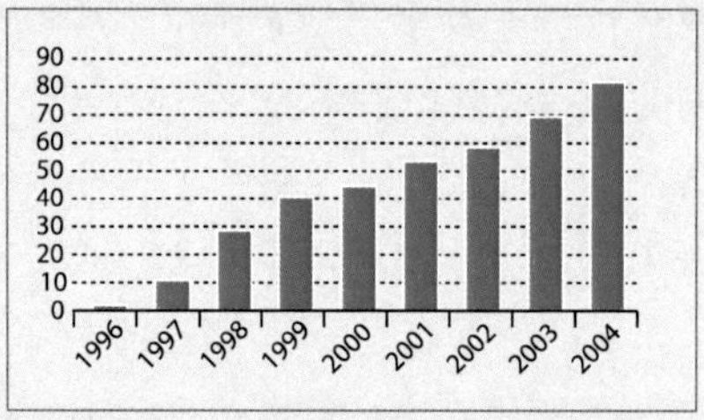

유전자변형 식물 재배 면적 1996~2005, (단위:100만 ha).

요리하여 소비되는 식품의 경우 유전자변형 식물이 일반화되어 있지 않다. 사과, 가지, 딸기, 멜론, 호박과 콜리플라워 등 과일과 야채 종류에는 아직 GM가 없다. 미국에서는 GM 파파야, 멜론, 스쿼시(작은 노란색 호박) 등이 허가되었으나, 유럽에서는 아직 수입금지 품목으로 되어있다.

유럽에서 GM 농작물을 재배하려면 복잡한 규정을 준수해야 한다. 이는 전통적인 농작물과 조절되지 않은 상태에서 섞이는 것을 막기 위함이다.

1996년 미국에서는 최초로 GM 농작물을 재배하기 시작했다. 전세계적으로 2005년에는 재배면적이 9천만 ha로 증가하였고, 주로 미국, 아르헨티나, 캐나다와 중국 등에서였다.

오늘날 세계적으로 콩 생산량의 50%이상이 GMO이다. 세계적으로 옥수수, 유채와 목화 등은 증가하고 있으며, 다른 농작물로서는 밀의 경우에도 점점 확대되고 일반화되고 있다.

콩과 옥수수는 중요한 식품원료로서, 또는 다양하게 다른 식품의 원료가 된다. 이렇게 하여 마가린 속의 기름, 초콜렛, 과자, 아이스크림의 레시틴, 콩에서 추출된 콩단백질이나 비타민 등이 섞이게 된다. 해마다 EU 국가에서는 3천 5백만 톤의 콩 원료가 수입되는데, 미국, 아르헨티나, 브라질 등 콩 재배면적이 큰 곳에서 주로 수입되고 있다. 유럽에서는 콩의 경우와는 달리, 미국과 아르헨티나에서 비교적 적은 양의 옥수수가 수입되고 있으므로, GM 옥수수에서 생산되는 녹말이 다른 식품에 섞일 가능성은 낮다.

표시제도

1997년 이후 GMO 표시에 대한 규정이 정해졌는데, GM 식물이나 미생물을 식품가공 과정에서 사용하여 최종 제품에서 구성성분을 분석하여 비GMO로 생산하였을 경우와 구성성분에서 분석결과가 다르게 나타나는 경우에만, 최종 제품에 GMO를 의무적 명시해야 한다.

오늘날에는 식품이나 사료의 생산과정에서 GMO를 사용했다면, 최종제품에서 확인이 되지 않을 경우에도 의무적으로 명시해야 한다.

이러한 표시방법으로 식품성분에 관계없이 유전공학기술에 대한 많은 정보가 필요하게 되었다. 식품의 구성성분이 같더라도 표시해야하는 경우와 그렇지 않은 경우가 있으나, 중요한 것은 생산과정에서 GMO를 사용하였어도 물질들이 분해되어 원래의 구성성분과 구별이 불가능할 수 있기 때문이다.

생성 유전자가 없다는 것을 확신할 수 있다.

이러한 과정은 더욱 기술적으로 다루어지고 있다. *Agrobacterium* 세포에서 Ti-플라스미드와 재조합 플라스미드를 재조합시키는데, 이것은 '이중(binary)' 또는 '두 가지 벡터 시스템(two vector system)'이라 한다. *Agrobacterium* 세포 안에 있는 두 개의 벡터들은 각각 독립적으로 작용한다.

화학산업, 종이산업, 각종 식품가공과 포도당 당도가 높은 식품에 사용되는 포도당시럽의 원료가 되는 녹말을 생산하는 옥수수.

식품의 경우 표시제도가 제대로 지켜지는지 감시하는 데에 한계가 있으므로, 분석결과에 의존해있는 표시제도를 지키는 것보다 소비자를 보호하려면 많은 노력이 필요하다.

분석과 검사

새로운 표시규정으로 검사추적 시스템이 필요하게 되었다. GMO에서 생산되거나 처리되는 첨가물이나 원료들은 식품제품이나 원료인 경우 다음 가공단계에 의무적으로 정보를 공개해야 한다. 서류들은 5년간 의무적으로 보관하여, GMO의 생산단계에서 최종생산품(농장에서 식탁까지..)까지 추적이 가능하도록 해야 한다. 허가 후 GMO는 언제든 확인이 가능하도록 ID번호를 부여받게 된다.

추적이 가능하도록 하는 시스템에 대한 법규와 식품업계에 대한 요구는 EU-법령(1830/2003)에서 결정되었고, 이에 대한 추적시스템을 적용하여 실시할 수 있을 때, 비로소 소비자들은 전체적으로 신뢰할 수 있는 정보를 얻을 수 있게 된다.

독일에서는 각 지역에서 처리하도록 되어 있고, 제품에 DNA가 남아있지 않아서 추적 검사가 불가능한 경우에는 가공하기 전단계까지 GMO에 대한 분석결과를 서류상 갖추어야 한다. 분석으로 검사하려면, 가공 전단계에 대한 DNA가 포함되어 있는 단계까지만 가능하다. 특히 수출입과정에서 완벽한 검사나 추적이 어려울 것이다.

GMO 혼합 규정

GMO가 최종제품에 우연히 섞여 있다거나, 가공과정에서 기술적으로 피할 수 없다면, 그리고 일정 기준 이하라면 표시하지 않아도 되는데, 여기에서 일정 기준은 0.9%(각 첨가물에 대한)이하로 정해져 있다. 이 때 GMO에 대한 기준값은 EU에서 허가되었고, 안전하다고 인정된 GMO의 경우에만 인정된다. EU에서 허가되지 않은 GMO의 경우에는 안전성에 대한 과학적인 분석법으로 5.5% 미만으로 함유되어 있어야 하고, 3년의 유예기간 후에는 0.0%를 증명해야 한다. 독일에서는 2005년 전체 제품 중 1/3이 함유되어있는 것으로 나타났고, 대부분 0.1% 미만이었다.

GMO가 아닌 농작물에서 생산되었거나, GMO제품을 사용하여 생산된 경우에는 표시하지 않아도 되는데, 즉, 이는 식품을 GM 농작물을 직접 사용한 경우에만 의무적으로 표시해야한다는 뜻이다.

각 표시방법에 대해서 필요한 성분은 법적으로 식품법을 따르게 된다. 식품으로 분류되지 않는 것은 기능성 물질(예, 효소), 첨가물(아로마, 비타민), 미생물 배양배지(효모증식을 위한..)등이다. 식품으로 분류되지 않는 GMO를 사용하는 경우에는 표시하지 않아도 된다.

식품과 GMO 사이에 직접적인 관계가 없다면, 예를 들면 동물성 식품의 경우, GMO 사료로 사육된 가축으로 만든 고기, 소시지, 계란, 우유, 유가공품의 경우 GMO 표시의 의무규정이 없다. 사료에 부분적으로 또는 전체적으로 GM 농작물이 포함된 경우 의무적으로 표시해야 한다.

유전자변형 미생물로 생산된 첨가물, 비타민이나 향료의 경우에도 표시의무가 없는데, 이는 미생물세포와 성분이 최종제품에 전혀 남아있지 않기 때문이다. 예를 들면, 비타민 B_2(리보플라빈), 글루탐산염, 아스파탐산염들도 유전자 변이 미생물에 의해 생산된다.

식품산업에서 첨가물이나 첨가물질로 사용되는 미생물들의 경우, GM 식물체가 포함될 수 있는 배지에서 배양될 수 있다고 하여도, 표시의무가 없다.

일본에서 지속되는 생명공학.

GMO 배지에서 생산된 식품이나 첨가물들은 표시되지 않는데, 여기에는 효모(GM 옥수수에서 생산된 녹말을 배지로 하여 배양되었으므로), 미생물에 의해 생산되는 비타민 C 또는 구연산(배양배지에 포함되어 있는 당밀이 GM 사탕수수에서 만들어졌을 수 있으므로)등이 있다.

효소의 경우 식품으로 분류되지 않으므로, 유전자변형 미생물에 의해 생산되어도 표시가 필요없다.

2006년 5월 독일에서는 970 ha의 면적에서 Bt-옥수수가 재배되고 있었다. 5가지 GM 옥수수가 허가되었는데, Bt-옥수수 MON810이 있다(참고: www.transgen.de).

7.13 유전자전달: DNA의 숏건법

모든 식물세포들이 형질전환에 적합한 것은 아니다. **단자엽식물(monocotyledone)**들과 옥수수, 벼 등 주요 식량작물 세포들의 경우 그러하다. 결정적인 해결책은 'gene gun' 같은 유전자총 **유전자전이**(biolistic gene transfer)방법이다. 미국 Ithaca(뉴욕주)에 있는 코넬대학에서 '초소형대포(miniature cannon)'가 개발되었다. 플라스미드 DNA를 금이나 텅스텐입자에 연결하여 조직

Box 7.5 곤충 대 곤충: 해충을 억제하는 새로운 방법

세계적으로 병충해를 없애기 위한 친환경적인 방법을 연구개발 하는데 많은 노력을 하였다. 오늘날 1mm 정도 크기의 맵시벌(*Tricho-gramma*)을 1백만 마리 정도로 배양하여 병충해가 있는 밭에 보낸다.

단 한 마리의 맵시벌 암컷이 300개 정도의 해충알에 자신의 알을 넣고, 여기서 자란 맵시벌 애벌레는 해충알을 먹으면서 자란다.

캘리포니아 오렌지농장에 1870년 전 무당벌레를 도입하여 병충해로부터 구한 예가 있다. 독일계 미국인 Albert Köbele은 고향에서 무당벌레(lady bird, *Coccinella*)가 객각충(scale insect)을 먹는 것을 보고, 독일에서 들여와 개각충을 제거하는데 성공을 거두었다. 12년 후에는 오렌지농장에서 개각충을 전부 제거할 수 있었다.

새로운 캘리포니아 개각충의 원산지인 호주에서는 이 해충들이 호주의 야생에서 자라는 Opuntia선인장에 기생체로 작용하여 제거하므로 이 해충을 환영하게 되었다.

무당벌레(위)와 맵시벌(아래)

그림 7.36 저자의 집 잔디에서 Basta(phosphinothricin)를 사용한 결과

그림 7.37 Glyphosate로 된 제초제, 라운드 업(*Round Up*®) 로고

그림 7.38 친환경 농업

에 '쏘아 넣으면', 세포구조의 손상없이 삽입된다. 세포안에 쏘아 넣은 DNA는 평균적으로 세포내부에 흡착된 상태로 있으며, 항상 가능하지는 않지만 대개의 경우 세포유전자에 삽입된다. 외부유전자를 핵유전자와 엽록체유전자에 삽입할 수 있다. 그 외 다른 방법으로 삽입외부유전자를 세포핵의 염색체에 삽입시키기도 한다. 유전자전달의 장점은 세포의 대상을 고등동물에도 확대하여 실행할 수 있다는 것이다.

7.14 형질전환 식물: 제초제 내성

유전공학적으로 변형시킨 식물을 형질전환 식물(transgenic plant, 유전자변형 식물)이라 한다. 해마다 유전자변형된 농작물들의 재배가 확대되고 있다. 2003년과 비교하여 유전자변형 식물의 재배면적은 2004년에 20% 증가하여 8천 1백만 ha 정도 된다. 17개 국가에서 녹색유전공학기술을 농업에 상업적으로 적용하고, 전세계적으로 증가하고 있다(Box 7.4)

미국에는 이미 30가지 이상의 유전자변형 식물체가 등록되었다. 제초제와 해충, 바이러스 등에 잘 견디는 유전자를 가지고 있는 유전자변형 목화, 감자, 옥수수, 유채, 콩, 토마토 등이 있으며, 이미 3천 5백만 ha에서 재배되고 있다.

전체 수확량의 약 10% 정도는 잡초들로 인해 폐기된다(그림 7.36~7.38). 이상적인 **제초제**는 가능한 적은 양으로 활성을 나타내고, 필요한 식물체의 생장에는 영향을 주지 않고, 가능한 빠르게 분해되어 생태계에 남아있지 않아야 한다. 화학자들은 물질개발에 집중하고, 생명공학자들은 유용작물의 유전자연구에 몰두하고 있다. 제초제 시장은 60억 달러 정도이다.

미국의 생명공학회사인 Calgene은 담배식물과 페투니아에 처음으로 세균 유전자를 식물체에 넣어서 **glyphosate**에 대한 내성물질을 만들 수 있게 하였다. 식물체들은 glyphosate를 함유한 **라운드업**(*Round Up*®)이라는 제초제에 대한 내성을 갖게 되는데, 이 '*Round Up*®'은 Monsanto사에서 생산되어 미국에서 가장 많이 팔리는 제초제로 일반 식물의 경우 이미 고사될 수 있는 치사량에도 형질전환 식물은 아무런 피해를 입지 않는다(그림 7.37).

Glyphosate는 식물체에서 아미노산 대사에 중요한 효소(enolpyruvylshikimate phosphate synthase, EPSP-synthase) 활성을 억제함으로써 식물체를 죽게 한다. Glyphosate 내성이 있는 *E. coli*를 분리하여 **EPSP-synthase** 유전자를 분리하여 클로닝하였다. 유전자를 페투니아, 담배, 콩세포에 옮기고, 세포들로부터 식물체로 키운다.

식물체들은 이 유전자를 통해 고농도의 효소를 생산하고 고농도의 제초제로 처리하면, 잡초들은 제거되고, 유전자를 가지고 있는 식물체는 살아남게 된다.

생태학자들은 이러한 기술발전에 대해 우려하고 있는데, 과연 넓은 면적에서 완벽하게 처리할 수 있을 지에 대해 회의적이다. Glyphosate는 적은 양으로 효과를 낼 수 있으며, 생태계에는 최소한의 영향을 주며, 식물체와 흙에 잔류물질이 남지 않는 매우 우수한 제초제이다.

효소의 농도를 높임으로써 식물체를 보호하기도 하지만 제초제를 분해하고 독성을 분해할 수 있는 유전자변형 식물체들이 생태학적으로는 더 흥미롭다. 이러한 방법으로만 자연계에 제초제 물질이 쌓이는 것을 억제할 수 있다.

제초제인 **Basta**®는 phosphinothricin(PPT) 성분인데, 식물체에서 글루타민합성효소(glutamine synthase)의 활성을 억제하여 아미노산인 글루타민의 합성을 억제한다(그림 7.39). 따라서 세포를 죽게하는 독성있는 암모니아는 축적되지 않는다. PPT를 변형시키는(acetylation, PPT-acetyltransferase) 효소의 유전자를 스트렙토마이신으로 분리하여 담배, 감자, 유채와 다른 식물체에 삽입하면, 유전자변형 식물체에서 글루타민 생성을 억제하여 잡초의 생장을 억제할 수 있다.

Basta®에 대해 내성이 있는 유채와 야생형 유채 간의 관계를 연구하기 위한 목적으로 영국에서 3년 이상 3지역의 서로 다른 기후조건에서 비교 연구를 하였다. 1993년 Nature지는 논란의 여지가 있는 결과를 게재하였는데, 현질전환 유채들의 침입 잠재력이 비 형질전환 유채들보다 더 낮았다는 것이다. 오늘날까지 충분히 시도되지 못하였고, 형질전환된 유채들은 평균적으로 결과가 좋지 않았으나, 영국에서 특정 지역에서는 좋은 결과도 도출하였다.

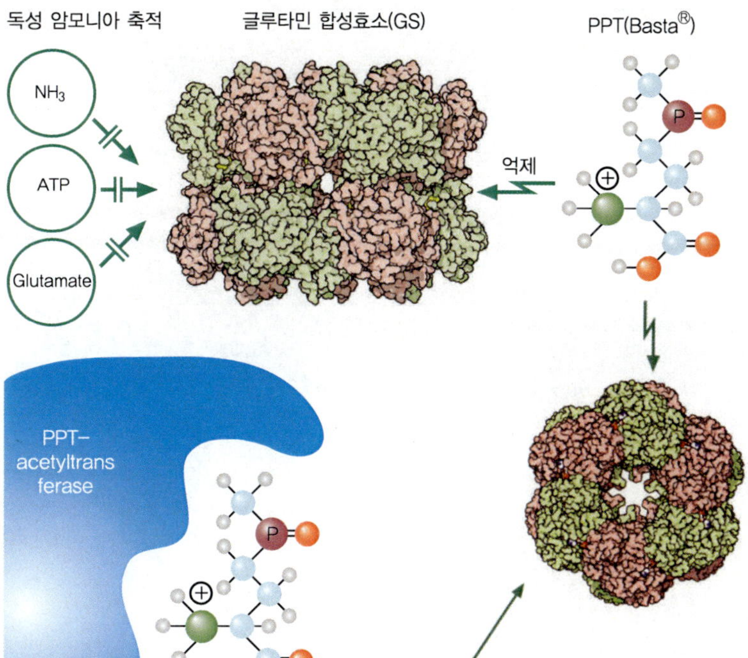

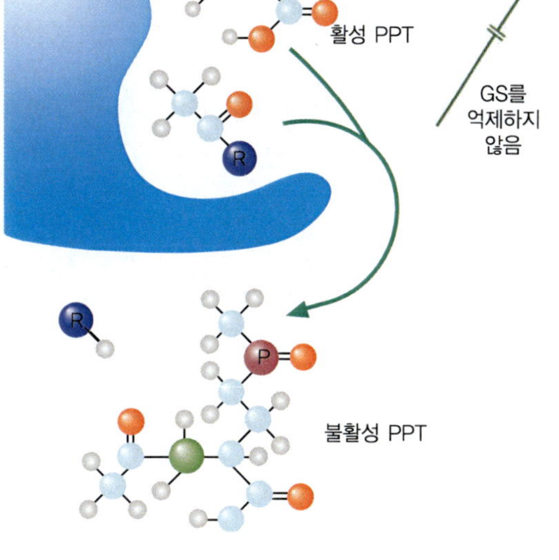

그림 7.39 글루타민 합성효소(glutamine synthetase, GS). phosphinothricin(PPT)은 식물체의 GS를 억제한다. 암모니아는 GS로 동화되며 잡초는 죽는다.
아래: 형질전환 식물체의 PPT-acetyltransferase는 위와 정반대로 PPT의 암모니아 그룹을 아세틸화(acetylation) 시킨다. 따라서 PPT가 불활성화 되고 GS가 억제되지 않는다. 식물은 건강하게 자란다.

7.15 생물학적 살충제

개발도상국에서는 수확량의 80% 이상이 해충과 설치류들로 인해 소실되고 있다. 유럽에서는 25~40% 정도 소실되는 것으로 예상하고 있다. 열대지역에서 해충들은 말라리아(*Anopheles*, 모기), 수면병(tsetse fly)을 전염시킨다. 말라리아는 연간 3억 명 정도의 환자가 새롭게 발생하여 지구상에서 가장 많이 발병되는 질병이다.

따라서 지구상에서 특정 곤충 또는 해충에 대한 방어가 필요하다. 현재까지는 화학물질을 사용하고 있다. 살충제는 해충은 물론 유용한 곤충들까지 죽게하므로 생태적 균형을 흔들 수 있다. 여기에 다른 생물들도 독성에 노출되는데 예를 들면 곤충을 먹이로 하는 조류, 물고기를 먹고 사는 흰머리독수리 등 먹이피라미드에서 윗부분에 있는 생물들이다. 살충제의 분해물들은 먹이피라미드를 거쳐 사람에게도 전달된다. 이외에 해충들도 내성을 가지게 되므로, 사람들은 더 많은 양의 독성물질을 사용하거나, 새로운 살충제를 사용하는 악순환이 지구상에서 계속되게 된다.

독일의 Thuringia에서 발견된 *Bacillus*

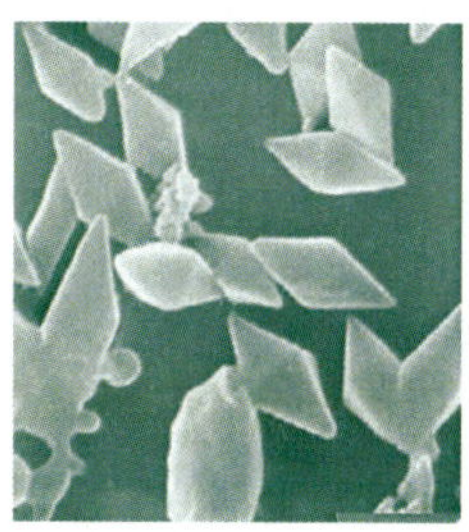

그림 7.40 *Bacillus thuringiensis*의 독성 단백질 결정

Box 7.6 Bt-옥수수, 독일의 경우

Bt-옥수수는 *Bacillus thuringiensis*에 의해 생성되는 단백질 성분을 이용하여 해충에 의해 먹히지지 않도록 스스로를 보호한다. 이 세균는 녹색생명공학 분야에서 최초의 생산물로 그동안 많은 관심을 받았다. 제초제에 대한 내성을 가지고 있는 Roundup-Ready 옥수수(미국에서 1998년부터 재배되고 있음)들은 제초제 Roundup에 대한 내성을 가지고 있어서 다양한 종류의 잡초에 적용할 수 있었다.

옥수수(*Zea mays*)

Monsanto사는 현재까지 다양한 종류의 '생명공학 옥수수'를 개발하여 공급하고 있는데, 해충에 잘 견디는 YieldGard-Cornborer는 이미 1997년부터 미국에서 재배되고 있으며, 특히 조명충나방에 거의 전 재배기간 동안 매우 효과적인 것으로 알려져 있다. Yield-Gard Rootworm은 옥수수뿌리벌레에 대한 내성을 가지고 있으며, 2003년부터 미국에서 성공적으로 재배되고 있다.

조합하여 재배되기도 하는데, 1999년부터 RoundupReady와 YieldGard Cornborer를 동시에 재배하여 제초제 Roundup에도 견디고, 조명충나방도 동시에 억제할 수 있었다. 2005년 미국에서는 YieldGard Plus/RounupReady 옥수수를 도입하여 세 가지 효과를 동시에 얻고 있다. 이러한 옥수수는 Roundup 내성과 두 가지 가장 치명적인 옥수수해충으로부터 스스로 보호할 수 있도록 '중무장'되어 있다.

옥수수 조명충나방 성체와 알

조명충나방에 저항성있는 Bt-옥수수를 테스트한 독일의 경우를 살펴보자.

해충과 곰팡이

조명충나방은 오래 전부터 마인지역을 중심으로 남부지역과 동부독일(오더부르흐)지역에 퍼져 있었고, 가장 최근에는 노드라인 베스트팔렌, 튀링엔, 작센, 작센-안할트와 브란덴부르크지역에서도 발견되었다. 오늘날 독일에서는 30만 ha이상 지역에서 문제가 되고 있으며, 조명충나방 때문에 입게 되는 경제적인 손실은 지역별, 연도별로 약간의 차이는 있다. 한 보고서에 의하면 독일에서 연간 10만 ha에서 재배된 피해 옥수수 중 5%는 약 4만 톤의 건조 옥수수량에 해당되는 데, 이들이 조명충나방에 의한 것으로 보고되고 있다. 이것은 4백 4십만 유로의 손실로 연결된다. 조명충나방에 의한 피해는 옥수수의 작황에 많은 영향을 주어 사료의 질을 낮춘다. 게다가 이 해충이 자란 곳에는 곰팡이 *Fusarium*이 자라서 건강에 치명적인 독소(mycotoxin)를 생성한다. 조명충나방피해를 예방하게 되면, 곰팡이에 의한 피해도 동시에 줄일 수 있다.

Bt-옥수수 재배

전세계적으로 1996년이후 2천만 ha에서 Bt-옥수수가 재배되고 있음에도 불구하고 독일에서는 지극히 적은 양만 재배되고 있다. Bt-옥수수는 1998년에서 2004년까지 해마다 수백 ha씩 재배면적이 증가되고 있다.

1998년에서 2002년에는 바덴뷔템베르크(Rhintal)와 브란덴부르크(Oderbruch) 지역들에서 Syngenta Seeds(사), Pioneer Hi-Bred Northern Europe GmbH와 몬산토 독일 GmbH(사)들과 부분적으로 식물방제 공공기관들이 공동으로 Bt-옥수수와 전통적인 옥수수를 재배하여 비교하는 시도를 하였다.

맵시벌(*Trichogramma*)과 변형된 살충제를 사용하여 같은 환경조건에서 조명충나방을 억제하는 방법을 개발하였다. 여기에서 사용된 Bt-Hybrid는 EU에서 재배가 허가되었다. 독일에서는 EU에서 허가되어 재배되거나, 독일에서 검사된 옥수수 종류들만 재배되고 있다.

현장실험

시험 재배지의 실험포장은 처리구당 최소한 5ha씩 무작위로 배치하였다. Bt-옥수수-대조구-허가된 살충제-상품화된 맵시벌 방식 등으로 설치하였다.

라인탈에서 실시된 처리되지 않은 대조구의 경우, 일년 간 각 옥수수별 0.11~0.42개, 오더부르흐에서는 더 심하여 0.68~1.18개의 조명충나방의 애벌레가 각각 발견되었다. 살충제를 사용하면 피해를 줄일 수 있었는데, 라인탈에서 Trichogramma를 사용한 경우 만족스런 결과를 얻을 수 있었다. 오더부르흐에서는 맵시벌을 사용하였지만, 전체 옥수수의 70%가 해충에 의한 피해를 입었다.

Bt-옥수수의 경우 예외도 있었지만, 전체적으로 일반적인 방법으로 섞은 씨앗(내성이 없는 옥수수는 거의 없음)을 사용하였고, 그 결과 조명충나방 애벌레는 전혀 발견되지 않았다. 분명히 생물학적인 효과의 결과인 것으로 평가된다. 살충제를 사용한 경우에는 두 지역에서 모두 80% 이상 조명충나방 애벌레수가 적었다.

*Trichogramma*를 사용한 지역의 경우 많은 수의 조명충나방 애벌레가 발견되었는데 각각, 라인탈에서 59%, 오더부르흐에서 29% 등이었다. Bt-옥수수의 경우에는 조명충나방 애벌레가 전혀 발견되지 않아 완벽하게 제거효과를 얻었다.

넓은 지역을 장악한 Bt-옥수수

여러 지역에서 연도별 옥수수 작황에는 차이가 있었지만, 분명한 것은 조명충나방 예방의 효율에 따라 옥수수 작황이 결정되었다. 지역에 관계없이 처리되지 않은 대조구 옥수수와 비교하여 Bt-옥수수에서 1톤 이상 많이 수확하였다.

상대적으로 비교하면(처리되지 않은 대조구 옥수수를 100%로 정하고) *Trichogramma*를 사용한 경우 2~3% 작황이 증가되었다. 살충제를 사용한 경우 라인탈에서는 7%, 오더부르흐에서는 10% 증가되었다. Bt-옥수수로 생물학적 방제방법을 적용한 경우 14~15% 수확 증가율을 보였는데, 가장 우수한 결과였다.

경제성

건조 옥수수 1톤 당 110유로 정도로 거래된다. *Trichogramma*를 사용하면 1 헥타당 60유로, 두 차례 사용하므로 15유로를 빼면, 살충제를 사용하는 경우 한 해 생산 시 대략 40유로가 더 들어간다.

Bt-옥수수 씨앗의 경우 1 ha 당 35유로가 더 필요하다. *Trichogramma*를 사용한 경우, 경제성이 별로 없었다. 조명충나방을 억제하는 데 한계가 있었고, 운영비용이 비교적 높았으므로, 처리되지 않은 옥수수와 비교하여 1 ha 당 라인탈의 경우 52유로, 오더부르흐 57 유로의 추가비용이 소비되었다.

살충제를 사용한 경우 1 ha 당 라인탈에서는 18유로, 오더부르흐 55유로의 더 많은 수익을 얻을 수 있었다. Bt-옥수수의 경우 생산품의 가격이 낮았고, 조명충나방에 대한 생물학적 효과로 1 ha 당 각각 84유로, 93유로의 더 많은 수익을 얻을 수 있었다.

Bt-옥수수를 재배한 경우 해충을 직접적으로 조절하므로 유용한 곤충들에게 피해가 없는 것이 또한 장점이었다. 전 재배기간에 걸쳐서 날씨와 관계없이 해충으로부터 보호가 되었고, 농약을 뿌릴 필요가 없었고, 조명충나방이 날아드는 것을 막기 위해 지속적으로 들판을 관찰할 필요도 없었다. Bt-옥수수는 무리없이 생장하여, 별 손실없이 작황으로 연결되었다.

Norbert Mülleder 박사
독일 몬산토 유한회사
생명공학부장

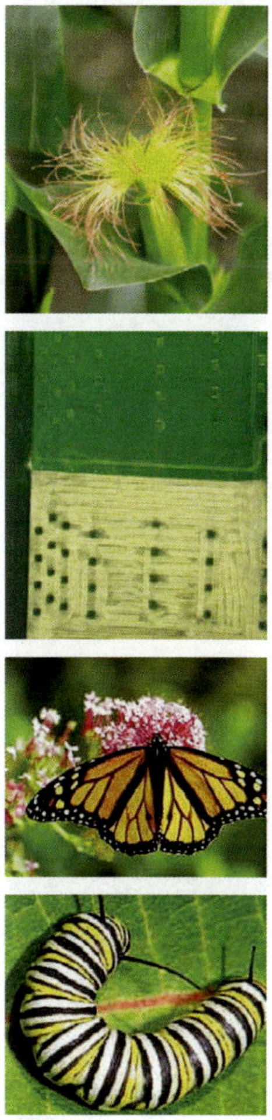

그림 7.41 위: 유전자 변형 옥수수, 2005년 6월 EU는 쥐에 대한 실험에서 문제가 될 수 있는 결과를 도출하였다는 이유로 유전자변형 옥수수 재배를 금지하였다. 일반적으로 Bt 옥수수 재배 시 더 적은 양의 살충제를 필요로 함
가운데: 꽃가루들
아래: 애벌레(*Daunus plexippus*), 미국에서 Bt 옥수수에 의한 피해에 대한 연구 결과, 극한 실험실 조건에서만 일부 애벌레에서 관찰되었으나, 일반적으로는 살충제에 의한 피해가 훨씬 큼

그림 7.42 *B. thuringiensis*로 만든 살충제

*thuringiensis*는 오랫동안 모충(caterpillar)을 죽이는 것으로 알려져 있어서, 들에 뿌려지게 되면 벌레가 삼키고 죽게 된다. 이 미생물은 낮은 독성을 나타내는 작은 결정 형태의 단백질을 생성하여(그림 7.40), 독성이 강한 형태의 성분으로 전환되어 장막에 구멍을 뚫는다. *Bacillus thuringiensis*는 생물반응기에서 대량으로 배양된다. **Bt-toxin**(그림 7.42) 1 톤은 숲, 밭, 목화, 과수원 등 300ha에서 해충을 방제할 수 있다.

새로운 세균종은 숲에서 **Colorado beetle**(그림 7.43)의 애벌레, 나방, 여러 가지 거미 종류 등 숲에 있는 해충들에 효과가 있으며, 유용한 곤충과 벌에는 무해하고 집파리, 나방 등도 억제하는 효과가 있다.

*Bacillus thuringiensis*의 한 종류인 *Bacillus israelensis*는 모기에 효과가 있다. 예전에는 농약을 사용하여 전체 생태계에 영향을 주었다. 현재 독일에서는 정원용 물품과 함께 *B.thuringiensis* var. *isralelnsis*를 구입할 수 있으며, 특히 모기 애벌레에는 작용하나 벌, 사람, 어류 및 온혈동물에게는 전혀 영향이 없다(그림 7.45). 좋은 효과에도 불구하고, Bt-toxin은 다른 농약에 비해 소비량이 낮고, 특정 경우에만 사용되고 있다. 자외선에 노출되면 쉽게 분해되고, 식물의 뿌리나 줄기 안에 있는 벌레에는 효과를 내지 못한다.

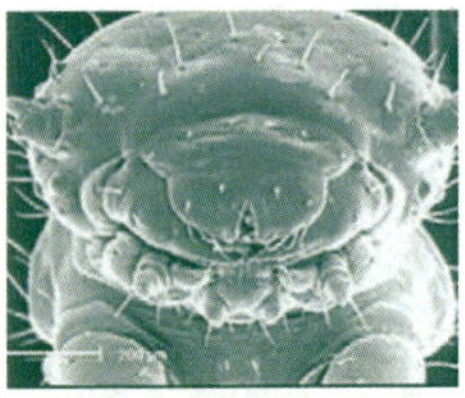

그림 7.43 Colorado beetle의 애벌레

다음 단계는 당연히도 Bt-유전자를 분리하여 증식시키고, *Agrobacterium*과 식물체에 공급하는 일이다. 여기에서 유전자변형 식물체에 기생하는 곤충에만 작용한다. 옥수수에 저항성이 있는 유전자변형 Bt-옥수수('gen-corn' , Box 7.6)는 미국에서 이미 허가되었고, 독일에서는 반대와 함께 시도되었다. Bt-유전자와 함께 변형된 목화, 담배, 토마토, 감자와 포플러 등이 이미 개발되었다.

곤충들도 Bt-옥수수에 대해 내성을 가질 수 있을 것이라는 의문에 대해 많은 연구가 진행되고 있으나, 아직 독일의 경우 발견되지 않았다. 또한 곤충들이 Bt-옥수수 밭에서 변형되지 않은 옥수수밭으로 옮겨가게 되면, 예상하지 못했던 반응이 일어날 수도 있다.

그림 7.44 유전자변형 식물의 꽃가루, 특히 유전자변형 유채는 다른 종류와 접종이 잘된다는 우려가 있음

미국에서는 Bt-옥수수 재배 경작지와 일반-옥수수 재배 경작지가 가까이 있게하는 것이 의무화되어 있다. 이러한 피난처 경작지(refuse areas)는 Bt-옥수수에 내성인 해충의 생성을 억제할 수 있다. 두 가지 경작지를 같이 운영함으로써, 내성이 없는 일반적인 해충이 살아남고, 이웃해있는 Bt-옥수수밭에서 날아온–존재할 경우–내성이 생성된 해충과 교배할 수 있는 가능성을 높일 수 있다. 열성(recessive) 내성유전자가 있어서 표현된다면, Bt-옥수수밭에서는 살아남을 수 없을 것이다. 안전을 위해서 Bt-옥수수는 내성이 없는 해충을 죽이는 데 필요한 양보다 가능한 많은 양의 Bt-toxin을 생성하도록 한다.

큰 농장의 경우 미국에서는 피난처 때문에 발생되는 손해는 별로 문제되지 않지만, 이러한 규정이 추후에 엄격하지 않게 감시되고 있다고 한다. 유럽의 작은 농가에서는 추가적으로 피난처를 운영하기 어려우므로 다른 방법을 마련해야 한다.

다음 질문은 '재배되는 식물체로부터 제초제 내성 유전자가 잡초에 전달될 수 있는가?' 이다. 만약 가능하다면 잡초들이 더욱 번성할 것이다(예를 들면, 유전자변형 유채로부터 야생겨자와 야생 무 등으로).

일반적으로 유전공학적으로 변형된 식물은 자연계에서 살아남기에 유리하지 않은 위치에 있다. 적어도 지금까지 알려진 사실은 그러하다. 변형되지 않는 농작물을 재배하는 곳에서 변형된 농작물을 재배하면, 유럽의 돼지풀(giant hogweed)이나 호주의 토끼의 경우와 같은, 생태계에 전혀 새로운 종이 생성되지는 않았다.

바람에 날라다니는 **꽃가루**는 어떠한가(그림 7.44) Bt-옥수수에 대해 집중적으로 연구되었는데, 독일에서 실시한 실험결과에 의하면, 추수한 옥수수에서 Bt-옥수수의 양이 급격히 감소하였다(그림 7.41).

Bt-옥수수밭 주변 10m 넓이 이내에서만 표지된 GMO의 0.9% 한계치 이상이 발견된다. 거리가 멀어질수록 GMO값은 0.9% 한계값보다 낮아지게 된다. 꽃이 일찍 또는 늦게 피는 옥수수 종들을 동시에 재배하면, GM 식물 도입예방이 어렵게 된다.

일반적인 옥수수들은 Bt-옥수수밭 밖에 10m 간격으로 재배되고, GMO 부분 0.9%이하로 맞추는

데 별 문제가 없다. 더 멀리서 일반 옥수수를 재배하여 GMO 성분이 적어지게 되면 표시의무가 없어진다(Box 7.4).

Bt-옥수수를 재배하는 농가에서는 20m 간격으로 일반 옥수수와 같이 재배하도록 함으로써, 두 가지 종들이 교배되어 발생되는 문제의 소지를 낮출 필요가 있다.

7.16 파란색 카네이션과 무르지 않는 토마토

빛을 만드는 효소인 **루시퍼라아제(luciferase)**의 유전자를 담배에 삽입하였다(그림 7.46 활성부위 구조). 식물체에 루시페린(luciferin)이란 기질과 물을 주면, ATP와 함께 루시퍼라아제에 의해 전환되어 유전자변형 식물은 녹황색을 내기 시작한다. 루시퍼라아제 유전자는 쉽게 인식할 수 있는 마커로 작용하여 식물체에서 어떤 유전자가 작용하는지 쉽게 알아볼 수 있게 한다.

인간의 상상력은 무궁무진하다. **유전자변형된 파란색 카네이션**이 호주 회사인 Florigen에서 개발되어(페투니아 유전자를 카네이션에 삽입함. 그림 7.47) 일본의 위스키회사인 Suntory에 면허 생산을 허가하였다. 페투니아의 효소는 카네이션에 놀라운 파란색 색소를 만든다.

식물체에 있는 주요 색소는 안토시아닌(anthocyanin)과 노란색의 카로티노이드(carotenoid)에서 생성된다. 3가지 1차 식물색소는 cyanidin, pelargonidin과 delphinidin이다. DFR(Dihydroflavinol reductase) 효소는 무색 전구물질을 색소로 만들고, DFG 유전자를 변형시킴으로써 백색꽃을 만들 수 있다.

카네이션에는 delphinidin synthase유전자가 없으므로, Florigene은 이 유전자를 푸른색 페투니아에서 카네이션에 옮겨 삽입하고, 카네이션의 DFR 유전자를 변이시킨다. 카네이션이 원래 무색이었으나, 페투니아의 파란색을 얻게 된다. 결과적으로 파란색 카네이션이 Moondust와 Moonglow라는 이름으로 일본과 미국시장에서 열풍을 일으켰다. 꿈의 목표인 파란색 장미(그림 7.48)는 RNA 간섭(RNA-interference, **RNAi**, 10장 참조)으로 만들어질 것이다.

독일에서는 아직도 유전공학기술로 생산된 식품에 대한 거부감은 크면서도, 다른 한편으로는 생명공학기술이 건강유지에 중요한 분야로 받아들여지고 있다. 예를 들면, 당뇨환자들은 유전공학기술로 생산된 인슐린에 대한 거부감없이 사용하고 있다.

토마토는 재배업자와 소비자에게 가장 친근한 소재로, 독일에서는 연간 5천만 톤의 토마토가 소비되고 있다. 유전자변형 토마토는 느리게 성숙하고, 껍질은 더 두껍고, 20% 이상 더 많은 당을 함유하여 토마토 생산에 적당하다. 무르지 않는 토마토는 소비자가 원할 때에 성숙시킨다(그림 7.49, 7.50).

캘리포니아 회사인 Calgene은 토마토가 무르는 것을 억제하기 위하여, 시장에 내놓기 전 녹색일 때 채취하는 아이디어를 내었다. 에틸렌가스로 처리하면 빨간색으로 되나, 향기는 부족하게 된다. 유전자변형 토마토는 성숙할 때까지 따지 않고 놔둔다.

토마토에서는 **polygalacturonidase(PG)** 유전자의 작용으로 세포벽이 물렁해지고 세균로부터 방어벽이 없어지는 상태가 된다. 이 효소는 펙틴(2장 참조)을 분해하고, 이를 통해 내부에 있는 씨앗들을 퍼지게 하는 역할을 한다.

이러한 유전자를 억제하여 *Flavr Savr™*토마토(향이 있는)를 만든다. 그러면 유전자를 어떻게 억제하는가? **안티센스 기술(antisense technology)**이라는 새로운 기술을 개발하였는데, 예를 들면, 세포핵에 있는 PG 생성유전자를 분리하여 mRNA로 전사시키면, 세포질의 리보솜에 옮겨지고, 유전자염기서열에 따라 아미노산들을 엮어 단백질이 만들어진다. 이 과정을 어떻게 억제할 수 있을까? 세포핵에 있는 DNA에 합성 항-PG-유전자를 만들어 넣으면, 항-PG-mRNA가 만들어지는데, 이것은 PG-mRNA와 상보적이며 리보솜으로 옮겨진다.

리보솜으로 옮겨가는 동안 두 개의 RNA가 만난다면 어떻게 될까? 서로 상보적인 두 개의 단일가닥 RNA들이 만나면 이중가닥을 만들고, 리보솜에 받아들여지지 않으므로, 세포에서 외부 DNA로서

그림 7.45 *Bacillus thuringiensis* 제제, 벌에 유익함

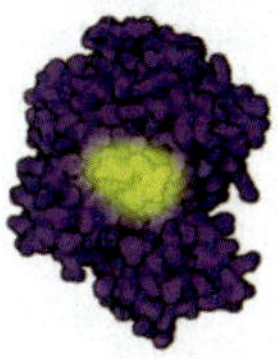

그림 7.46 반딧불이에서 분리된 루시퍼라아제는 세포에서 유전자표시 마커로 개발됨

그림 7.47 페투니아 유전자를 이용하여 변형된 파란색 카네이션(위 오른편), 아래: 유전자변형 결과

그림 7.48 녹색생명공학에서 Suntory의 결과(위), 푸른 장미(아래)

그림 7.49 녹색생명공학 분야에서 즐겨 다루는 테마: 토마토.
위: Flavr Savr 토마토기술을 광고하는 Calgene 포스터.
가운데: 토마토는 녹색일 때 채취되고 숙성됨.
아래: 중국에서는 유전자 조작여부에 대한 관심이 없다. 맛은 보통이고, 오랫동안 보관이 가능함.

그림 7.50 거대한 토마토 광고물로 유전자 식품에 대한 반대(Greenpeace와 Attac)

분해되므로 PG효소는 생성되지 않게 된다.

이러한 안티센스 기술은 의약품 생산기술에 적용되고 있으며, 새로운 생명공학 생산물들이 개발되고 있다. Isis Pharmaceuticals(Carlsbad, 캘리포니아)는 Vintravene이라는 제품이름으로 1998년 FDA에서 허가를 받았다. 이 약은 Cytomegaly-Retinitis를 (AIDS환자에게 발생하는 실명) 치료하는 데 효과가 있어서, 시력을 보존하게 하였다. 항암제와 감염치료제도 이러한 안티센스 기술로 개발되고 있다(9장 참조).

7.17 유전자변형 식품의 위험성

유전자변형 토마토, 유전자변형 옥수수, 유전자변형 식품 등의 개념은 모두 혼동을 일으키고 있다.

사람과 동물들의 중요한 영양원인 식물체들도 당연히 유전자, DNA를 함유하고 있다. 일반적으로 사람은 하루에 동물, 식물 또는 세균로부터 1g의 DNA를 섭취하며, 아무런 영향도 없다. 유전자나 DNA는 생물학적 정보를 보유하고 있으며, 영양적으로는 위나 장에서 분해되는 전혀 해가 없는 물질이다.

무르지 않는 토마토는 역사상 최초로 허가받은 유전자변이 식품이다. FDA에서 1992년 규정에 따라 생산과정은 검토되지 않고 최종제품에 대한 검사만으로 허가되었다.

항생물질 내성 유전자들이 여기에 사용되었는데, FDA는 이를 **문제삼지 않았다**. Calgene 토마토는 천연의 토마토와 크게 다르지 않으며, 일반적인 토마토와 특성이 같으므로, 결론적으로 일반적인 토마토와 같다고 하였다.

그러나 결과적으로 유전자 토마토는 시장에서 별로 성공적이지 못했다. 제품의 질이 좋지 않았고, 채취될 때 사용되는 기계가 줄기에 있는 어린 토마토들과 접촉하여 상처를 내어, 많은 토마토들이 성숙되게 되면 품질이 급격히 떨어지는 상태가 되었다.

만약 유전자변형된 농작물의 맛이 더 좋고, 제초제도 사용되지 않았고, 영양성분도 더 많이 포함되어있고, 게다가 가격까지 낮다면 상황은 달라질 것이다.

유전자변형 감자(그림 7.51)는 일반적인 감자보다 25% 이상 아밀로펙틴 함량이 높으므로, 식품가공에 더 유리하다. 막스플랑크연구소(MPI for Molecular Plant Physiology, Golm, Brandenburg)에서는 새로운 감자를 개발하였는데, 두 가지 유전자를 삽입하여 감자에 **이눌린(fructan** 또는 inulin) 함량을 높일 수 있었다. 이눌린은 인체 내에서 소화되지 않으므로 섬유질로 작용하여 칼로리가 없는데, 솜엉겅퀴(artichoke)와, 치커리 등에 다량 함유되어 있다. 이눌린 감자는 아직 상품화되지 않았지만, 분명히 매우 흥미로운 가능성있는 제품이 될 것이며, 현재는 안정성 검사를 하고 있다.

이눌린의 기본 단위는 과당이며, 긴 사슬로 연결되어 있으며, 인체내에 이를 분해하는 효소가 분비되지 않으므로 소화되지 않는다. 따라서 식물성 탄수화물로 이눌린은 위와 작은 창자를 통과하고, 큰 창자에 사는 유용한 세균들에게는 에너지원으로 작용하여 균주의 수를 증가하게 한다. 즉 이눌린은 섬유질로 작용하여 큰 창자내에서의 균주조성을 몸에 좋은 균주들은 수를 늘리게 하고, 나쁜(해로운) 균주들을 억제하는 프로바이오틱 효과를 내게 된다. 이렇게 됨으로써, 미네랄성분의 흡수를 촉진시키고, 혈중 콜레스테롤 수치를 낮추고, 대장암의 가능성을 낮출 수 있다.

이미 섬유질로 분류되는 여러 가지 올리고당이나 이눌린과 같은 다당류를 첨가한 제품들이 시장에서 큰 성공을 거두고 있다. 또한 이러한 섬유질을 요구르트와 유가공제품에 몸에 유익한 유산균이나 비피더스균과 같이 첨가하여(프리바이오틱스) 효과를 증진시키고 있다.

막스플랑크연구소의 연구가 성공되었는데, 솜엉겅퀴에서 이눌린합성 효소를 분리하여 감자에 삽입하면, 감자에 사슬이 긴, 소화되지 않는 이눌린이 합성되어 쌓이게 되어 솜엉겅퀴와 같은 상태가 된다. 이러한 Golm 감자는 건조되었을 때 5%의 이눌린을 함유하였다. 그러나 소비자가 매일 이눌린 섭취를 늘릴 수 있는 감자를 시장에서 자유롭게 구매하려면 아직 몇 년은 기다려야 할 것 같다.

유전자변형 유채와 콩은 필수 아미노산인 라이신을 더 많이 함유하게 되어 영양가가 높다. 팜유와 비교될 수 있게 조절한 유전자변형 유채는 lauric acid(C12)를 다량 함유하여, 낮은 온도(냉수)에서 계면활성제(surfactant)의 생산에 이용된다. Lauric acid는 카카오와 팜유에 많이 함유되어 있다. Lauric acid가 다량 함유되어 있는 유채기름은 야자유를 대량생산하는 말레이시아에는 중요한 경쟁자로 여겨지고 있으므로, 장래에는 야자나무 대신 유채농사로 바꿔야 되는 상황이 올지도 모른다.

BNYVV(*beet necrotic yellow vein virus*, 그림 7.52)는 사탕무우에서 잎을 떨어뜨리고, 당 함량을 낮추는데, 이 바이러스에 저항력있는 사탕무우가 개발되었다. 유명한 동화작가 그림형제의 동화에서 고슴도치의 속임수에서 아이디어를 얻었는데, '나는 여기에 있다!' 라고 고슴도치 암컷과 똑같은 모습을 한 수컷이 외친다. 바이러스를 둘러싸고 있는 외부단백질을 만드는 유전정보를 식물세포에 넣으면, 식물세포에는 바이러스에 감염된 것 같은 반응이 일어난다.

19세기 아일랜드에서 발생된 대규모 기아의 원인은 감자역병의 확산에 있었는데, *Phytophtora infestans*가 감자를 상하게 하는 주요인이었는데 이 균주에 내성을 가지고 있는 감자가 개발되었다. *Phytophtora*는 난균류(oomycete)에 속하는 곰팡이 균주로, 아일랜드인 조상을 가지고 있는 케네디(John F. Kennedy)가를 미국으로 이주하게 하였는데, 이는 역사의 아이러니가 아닐 수 없다. 이 곰팡이가 없었다면 케네디가에서는 미국의 대통령을 배출할 수 없었을 것이다. 곰팡이에 내성있는 유전자 변형된 감자는 섬유소분해효소를 만들어서 곰팡이 벽을 분해하여 녹여버린다.

Franken과 Pfalz(독일의 지역들)에서는 이미 1999년 곰팡이에 내성있는 유전자변형 포도를 재배하기 시작하였다. 포도재배업자들에게 곰팡이는 항상 큰 문제였는데, 특히 전통 재배종들인 Riesling, Merlot과 Chardonnay의 경우 문제가 더 심각하였다.

7.18 유전자변형 식품의 표시

유전자변형 식품의 표시가 필요한가? 네덜란드, Groningen대학의 **Oliver Kayser**는 한 토론석상에서 '토마토를 먹게 되면 당연히 그 토마토가 가지고 있는 유전자도 같이 섭취된다. 이때 아무도 그 토마토 때문에 빨강 머리카락이 자랄 수 있다고 생각하지 않을 것이다. 인간의 체세포에서 원칙적으로 빨간색에 대한 유전정보들은 받아들여지지만, 세포내에 있는 시스템에 의해 그 색깔이 표현되지 않도록 조절되는 것이다' 라고 주장하였다.

즉, 토마토를 물렁하게 하는 유전자가 바뀌어도, 인체 내에서 토마토 세포벽이 생성되지는 않는다. 유전자 재조합으로 생산된 물질이 혼합되어 있는 경우에도 명확한 표시는 필요하다. 토마토 케첩에는 외부 DNA와 이 DNA로부터 만들어진 단백질도 포함되어 있다. 즉 이러한 내용이 표시되어야 한다. 뿌리수염(root beard) 내성인 사탕무우에서 생산된 정제된 설탕의 경우에는 분명하지 않은데, 그것은 설탕은 다르다고 보는 견해에서 기인된다. 2005년 경부터 EU에는 새로운 규정이 발효되었고(Box 7.4, www.transgen.de 참고), 모든 규정이 이론에 타당하지는 않지만 중요한 시작이다.

그림 7.51 이눌린을 생산하는 감자(백색꽃), 가운데: 유전자변형 감자 사료화

7.19 유전자 약농

인슐린이나 성장호르몬과 같이 유전공학적으로 생산된 호르몬들(3, 9장 참조)의 개발과 생산과정에서 생명공학이 절대적으로 필요하고 중요하다. 생명공학기술에 대한 수요는 지속적으로 증가하고 있으며, 여기에 새로운 딜레마는 제한된 생산능력에 있다.

2002년 Arthur D. Little사의 보고서에 의하면, 1,167개의 단백질들이 개발 중에 있으므로 생명공학 분야는 20% 이상 성장할 것이라고 예측하고 있다. 2005년에는 시장규모가 420억 달러 정도로 증가하고 2010년에는 1,000억 달러 이상될 것이라 보고 있다.

대장균과 포유동물 세포들은 할 일이 너무나 많아졌다. Jorg Knablein(Schering AG, Berlin)은 유전자변형 식물들도 중요한 위치를 차지할 것이라

그림 7.52 포도는 곰팡이로부터 보호됨, 사탕무우는 바이러스로부터 보호됨

Box 7.7 전문가의 견해: 식물 분자생물학

오늘날 출시되는 의약품 중 1/4이 생물의약품으로, 원료물질들은 세균, 효모, 곤충, 햄스터, 동물이나 식물을 이용한 생물반응기에서 생산된다. 이러한 물질들의 시장점유율은 빠르게 증가하고 있으므로, 미생물을 이용한 생산용량이 한정적이다.

2008년 항체생산을 통해 8,000억 달러 이상의 수익을 기대하고 있다. 10가지 단클론항체(5장)의 생산에 산업생산 용량의 75% 이상이 소요된다. 대략 60개의 단클론항체가 출시될 것이고, 1,200가지 단백질들이 개발되고 있다. 2010년경에는 10조 달러 이상의 시장규모가 될 것으로 예측하고 있다. 또한 유전자변형 식물체를 생물반응기에서 생산하는 방법도 자주 논의되고 있다.

SWOT분석(strength, weatkness, opportunities, threats)에 의하면, 유전자변형 식물체는 생물의약품 생산에 매우 적합한 시스템을 가지고 있고, 저렴하게 의약품을 생산할 수 있는 것으로 평가되고 있다.

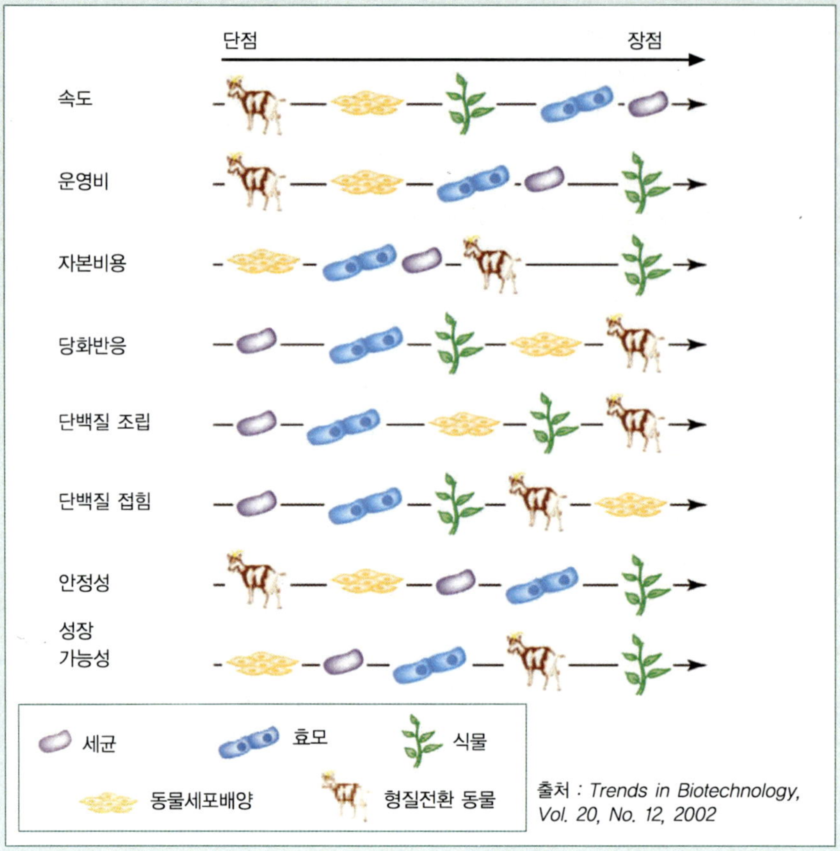

장점

- 생산용량을 추가적으로 증설 가능
- 높은 생산성과 단백질 수율
- 단백질생산까지 짧은 개발기간
- 안정적인 세포주: 유전적으로 안정되어 있음
- 단순한 배지: 물, 무기물과 빛
- 간단한 분리, 정제(예, 이온교환법 등)

단점:

- 아직 허가된 의약품이 없다(3기)
- 아직 정확한 최종적인 규정이 없다

기회:

- 낮은 가격과 높은 수익 기대
- 생산의 장애 방지
- 인체와 비슷한 단백질 당화반응(세균과 차이점)

위협:

- 먹이사슬의 오염
- DNA의 전파

식물세포배양 시 배지의 구성이 단순하므로, 배지(물과 영양염)는 비교적 값이 낮고 쉽게 오염되지 않는다(병원체, 바이러스, 프리온 등). 유전자변형 이끼는 15~25℃, pH 4~8의 조건에서 단백질이 생산된다.

Schering제약의 협력사인 Halle에 위치한 Icon Genetics는 예전에는 대장균과 동물세포로만 가능하였으나, 유전자변형 담배세포를 배양하여 3가지 생물의약품을 생산하고 있다. 이중 한 가지 단백질은 이미 상품화되어 있고, 두 번째는 Crohn질병(장염) 치료제로 허가를 기다리고 있고, 세 번째는 의약품

그림 7.53 유전자변형 토마토는 구별이 가능해야 한다. 예를 들면, 푸른 색으로...

고 예상하고 있다(Box 7.7).

이렇게 주장하는 이유는 가격에 있다. 식물체는 대장균으로 생산할 때 비용의 1/10~1/50, 동물세포의 경우 1/100정도 생산가로 생산이 가능하다. 대략 $1m^2$ 당 10 달러로 온실을 지을 수 있지만, 동물세포 배양에는 $1m^2$ 당 1,000달러가 필요하다. 세균로 생산 시 생물반응기 10,000L 용량으로 지을 때 250,000~500,000달러에 운용하기까지 대략 5년 정도의 준비기간이 필요하다(Box 7.7).

유전자변형 동물(8장 참조)들은 의약품 원료를 우유보다 쉽게 생산할 수 있는데, 이 부분에서 동물보호자들은 우려 섞인 염려를 하고 있고, 최근에 나타나는 반응으로는 새로운 기술의 개발과 확대가 어려울 것으로 보인다. 식물체의 경우에는 윤리적으로나 감성적으로 문제가 없어 보이므로, 식물체를 이용한 의약품 원료 생산은 확대될 것이고 이 부분 또한 중요한 장점으로 작용하고 있다.

고등동물의 복잡한 구조의 단백질은 세포에서

으로 개발 중에 있다. Icon Genetics사에서 개발된 바이러스 발현체제에서는 바이러스가 짧은 시간 내에 잎사귀세포를 감염시키는 경로로, 그림에 잘 나타나 있다. 이러한 세포들은 자외선 아래에서는 녹색으로 나타나는 데 그것은 녹색을 내는 단백질로 발현되기 때문이다(GFP, 8장 참조).

생물의약품을 화학적으로 생산하기에는 크기가 크고, 복잡하다. 대부분 단백질분자들이 긴 사슬로 되어있고, 정확한 위치에서 구부러진 모양을 하고 있으며, 항체, 효소, 전달물질이나 백신으로 작용이 가능하려면, 당과 다른 물질이 연결되어야 한다.

개인적으로 Schering(세계적인 의약품생산회사, 현재는 Bayer-Schering)의 미생물화학연구소장으로서 이끼, 옥수수, 담배 등이 세균보다 복잡한 물질 합성시스템에 더 적합하고, 특히 이들 세포에서 생산된 의약품들은 오염될 염려가 없으므로 매우 세련된 생산방법이었다고 생각한다.

여기에서 이려운 부분은 다른 곳에 있었는데, 식물세포들은 분명히 단백질을 합성할 때에는 다른 종류의 당을 선호한다는 것이었다. 또한 유전공학적으로 변형된 식물세포들은 다른 식물에 전달이 가능하다는 것이다.

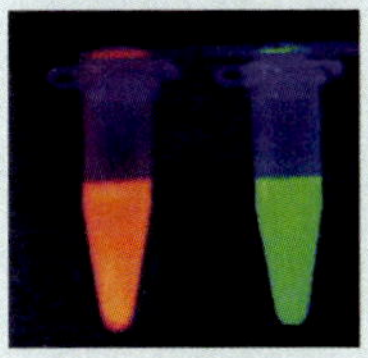

GFP(녹색)와 DSRED(적색)는 형광단백질들로 유전자 발현의 조절자로 사용된다.

이러한 문제들을 Icon Genetics는 간단하게 해결하였다. 우선 유전자 확산을 막기 위해 의약품물질 유전자를 불변하지 않게 삽입하여, 원하는 물질생산이 가능하다.

회사에서 개발한 이러한 공정들은 정확하고, 빠르게 이루어지고, 식물세포에 들어있는 변형된 유전자들을 안전하게 다루고 있다.

바이러스 발현체제: GFP(녹색)와 DSRED(적색)은 형광단백질로 동시에 발현되었다.

magnICONsystem은 최적화된 수율 및 생산성과 함께 빠른 유전자/벡터 조립과 최적화 뿐만 아니라 고효율 발현에도 적당하다. ICON과 lexICON system을 조합하면 변이된 유전자를 표시(DNA barcode)할 수 있다.

인도태평양 말미잘인 *Discosoma* 종에서 분리한 형광단백질과 녹색 형광단백질(GFP, 8장 참조)은 유전자발현에 이상적인 마커로 사용되고 있다.

그림에서 발현과정을 보면, 그림 1은 바이러스 감염, 그림 2는 감염 일주일 후의 모습이다. 자외선 빛아래에서 GFP가 거의 모든 잎세포에서 생성되는 과정을 확인할 수 있다. 그림 3과 4에서는 같은 모습을 볼 수 있다. 현미경으로 관찰하면 GFP(녹색)와 DSRED(적색) 이 같은 세포들을 나타내고 있는 것을 볼 수 있다.

이것은 한 개의 세포가 이중으로 형질전환(transformation) 될 수 있는 것을 의미하며, 한 세포안에서 짧은 사슬과 긴 사슬의 항체를 합성할 수 있다는 것을 의미한다.

미래에는 많은 기대를 할 수 있다. 최근에 나는 Halle에서 첫 번째 단백질 시료를 받았는데, 양산실험이 계획대로 된다면, 가까운 시일내에 식물체에서 생산한 물질로 된 의약품들로 약국을 가득 채울 것이다.

Dr. Joerg Knaeblein은 Schering의 미생물화학연구소장이다.

생산 후 분화된다. 예를 들면, 다른 단백질을 활성화하지 않으면서 복잡한 구조의 당을 연결할 수 있는데(4장 참조), 이는 세균에서는 불가능하였다. 항체들은 이미 식물체에서 대량생산되는데, 이들을 **식물성 항체(plant antibody)**라 한다. 충치 세균인 *Streptococcus mutans*가 만드는 부착소(adhesin)을 억제하는 항체는 유전자변형 담배로 생산하고 있다. 감자와 바나나로 항체를 생산하는 공정은 이미 실험되었다. 감자와 몇 가지 *E. coli*-균주로 생산한 단백질은 설사를 유발하였으나(장내독소, enterotoxin B), 자원한 환자들에게 적용한 결과 세균으로 야기되는 증상들을 예방할 수 있었다. **충치억제**-토마토를(그림 7.53) 먹을 수 있다면, 우선 복용량에 대해 의문을 가질 것이다. 따라서 안전성 문제를 해결하기 위한 조건으로 식품표시 제도가 의무화되어야 하며 토마토는 무색이나 다른 특별한 색으로 제품화하는 것도 상상할 수 있다. 파란색 토마토는 어떨까?

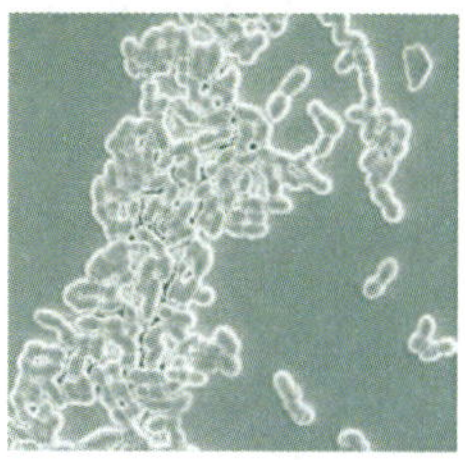

그림 7.54 충치원인 세균(*Streptococcus mutans*)를 유전자변형 토마토나 바나나의 항체로 예방할 수 있다.

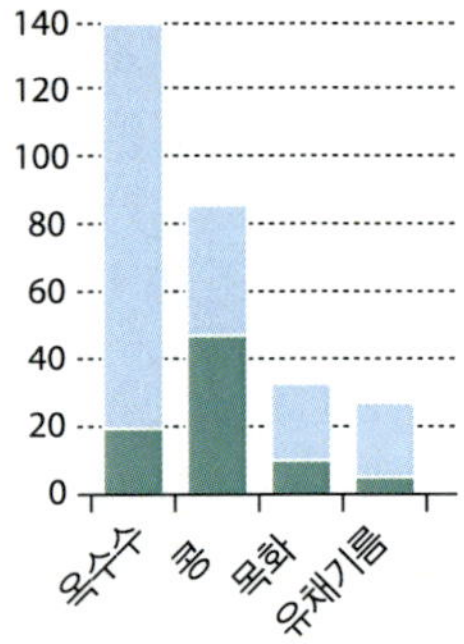

그림 7.55 유전자변형 식물(녹색) 재배량 증가(백만 톤)

그림 7.56 수선화(위)와 세균 *Erwinia*의 유전자를 벼에 옮겨 프로비타민A가 충분한 '황금쌀(gold rice)'을 만들음. Ingo Potrykus의 작품

그림 7.57 독일에서는 유채 재배가 증가되고 있음. 유전자변형 유채로 PHB 생산이 가능하나 분리정제에 어려움이 있음

7.20 유전자변형 식물과 뜨거운 논쟁

유전자변형 식물과 유전자 식품에 대한 논쟁은 지속되고 있다. 주 논제는 지극히 정치적인 입장을 대변하므로 반대하기도 어려운데, 대기업에 유리하고, 작은 농가는 큰 농가에 더 의존하게 된다. 지속적이고 진보적인 농법을 경시하고, 경제적인 이익을 강조하고 약속하다보니 씨앗에 대해 높은 값을 지불하여도 큰 농가, 작은 농가 또한 개발도상국가들 어디든 유전자변형 작물을 재배하고자 결정하게 된다.

친환경제품으로 유전자변형 애기장대(*Arabidopsis thaliana*)와 유채에서 생산되는 PHB **(polyhydroxybutyrate)**가 있는데, 이는 생물학적으로 분해가 용이한 중합체(polymer, 6장 참조)이다. 이 바이오플라스틱은 세균이 분해하므로 일정 기간 후 생태계에서 사라지게 된다.

애기장대에서 발현된 *Ralstonia eutropha*의 생합성 유전자는 식물유전학자들이 즐겨찾는 연구대상이 되었고 경제성있고 매력적인 PHB 생산기술이 개발되었다.

곧 전세계적으로 24억 명의 인구가 쌀을 주식으로 하게 되는데, 쌀만 주영양원으로 취하게 되면 쌀알에 비타민 A, 철분 등 많은 종류의 미량원소와 중요한 단백질 등이 없으므로, 영양적으로 부족하게 된다. 대략 세계적으로 8억 명의 사람들이 심각한 **비타민 A 부족현상**으로 시력, 면역시스템, 혈액생성, 뼈의 성장 등이 모두 약화되어 시달리고 있다. 과학자들에 의견에 따르면, 연간 2백만 명 정도가 죽고, 5천만 명의 어린이들이 비타민 A 결핍이 원인이 되어 시력을 잃고 있다고 한다. 여기에다 철분부족 현상도 확산되고 있는 데, 18억 명의 여자들이 특히 저개발 국가에서 빈혈을 앓고 있다.

스위스 취리히공대의 Ingo Potrykus(그림 7.56)는 독일 학자 Peter Beyer(Freiburg대학)와 연구하여 **"황금쌀(gold rice)"**을 개발하였다. 두 연구자는 연구결과를 마닐라에 위치한 IRRI(International Rice Research Institute)에 무상으로 기증하고 모든 사람이 공유할 수 있도록 하였다. 유럽에서는 황금쌀에 대한 관심이 컸는데, 이 쌀은 비타민 A의 전단계 물질인 카로틴(프로비타민 A)을 함유하고 있다. 황수선화(*Narcessus pseudonarcissus*)와 세균(*Erwinia uredovora, Erwinia*는 비타민 C 합성으로 알려져 있음, 4장 참조)에서 유전자를 분리하여 벼에 삽입하였다.

제네카(사)(Zeneca)의 유전공학부에서는 황금쌀에 대한 씨앗을 무상으로 저개발국가의 작은 농가에 공급하겠다고 공언하였는데, 이에 대해 예상하지 않았던 비판과 논쟁이 시작되더니 아직도 진행 중이다.

생명공학회사인 Syngenta(사)의 연구팀은 기존의 황금쌀 보다 23배나 많은 β-카로틴을 함유하는 새로운 황금쌀을 개발하였다.

영국의 Bracknell에 있는 Jealott's Hill International Research Center의 Rachel Drake는 2005년 벼의 유전자에 옥수수 유전자를 삽입하여, 벼에 생성되는 단백질들이 프로비타민 A를 생성하게 하였다. 이 황금쌀 II는 대략 비타민 A의 하루 필요량의 반 이상을 공급할 수 있을 것이라 한다.

이외에도 커피 카페인이 없는 커피(전 세계 인구의 20%가 decafe 커피를 마심)와 중금속을 제거하는 포플라 나무, 건조와 소금에 내성있는 관상식물 개발 등에 대한 프로젝트들이 진행되고 있다.

7.21 독일에서 자라는 열대 야자수

미래에 독일의 온실에서 냉해에 견디는 야자수를 볼 수 있을까?

생명공학분야 역사학자인 **Julie Lindemann**은 1987년 4월 24일 아침 6시 45분 경 캘리포니아의 딸기밭에 **서리방지 세균(antifrost bacteria)**을 뿌렸다고 기록하였다. 역사상 최초로 국가기관에서 허가받은 유전적으로 변형된 미생물세포를 자연계에 방사한 것이었다. 이로서 유전적으로 변형된 생물체의 자연계 방사에 대한 오랜 기간의 논쟁은 끝나게 되었다. 서리방지 세균의 역사는 1980년 캘리포니아 버클리 대학에서 시작되었다.

식물체들의 서리 피해는 오래전부터 알려져 왔다. 식물체가 냉해를 입으면, 잎사귀와 식물조직에 얼음 결정체가 생성되고, 살아있는 조직이 파괴된다. 여기

Box 7.8 생명공학 역사: 서리방지 세균

1983년 4월 서리방지 세균에 대한 야외실험은 자문위원회에서 유전공학실험을 허가한 미국보건당국에 청신호를 밝혔다. 그러나 그들은 그 결과를 공개되지 않았다. 몇몇 시민들은 법정으로 갔고, 생태학적으로 다양한 연구를 하지 않은 것에 대해 비판하였다. 서리방지 세균이 잡초나 해충증식에 유리한 조건을 만들 수도 있다는 우려 때문이었다. 생물학적 균형은 유지될 수 있을 것인지, 또한 이미 생태계에 뿌려진 세균은 다시 회수할 수 없으며, 지구온난화를 촉진하지 않는다는 보장이 없기 때문이다.

1984년 5월 유전공학적으로 변형된 생물체는 자연계에 방사되지 않을 것을 결의하였고, 생태환경에 균형을 깨뜨리지 않는다는 생태보고서를 첨부해야 한다. 따라서 연구자들은 실험실과 온실 실험을 통해 몇 가지 비판내용을 충족시킬 수 있었다.

캘리포니아 대학에서는 AGS(Advanced Genetic Sciences)(사)에 특허권을 양도하였다. 미국법에 의하면 법정에서 금지된 사항은 공공기관이나 대학에만 적용되고 회사에는 그렇지 않았다. 따라서 AGS는 서리방지 세균을 Salinas에 있는 2,400여 딸기에 뿌렸고, 3개월간 관찰하였다. 세균에 항생물질을 사용하여 15~30m 밖으로 나가지 못하도록 하였다.

그런 후 환경당국이 1985년 11월 실험을 허가하였고, 이에 대해 Salinas의 시민들이 항의하였다. 시민들은 야외실험을 환경위험부담을 내세워 반대하였고, 다른 정보를 공개하였는 데, 즉 AGS가 허가를 받기 전에 비밀리에 이미 자회사에 속해있는 과일나무에 서리방지 세균을 뿌렸다는 사실이었다. 이러한 스캔들은 완벽하였다. 환경당국은 무제한 기간동안 허가를 취소하였고 20,000달러의 벌금을 부과하였다.

회사는 추가적인 실험을 통해 보고서를 작성하였는데, 온실에서 딸기에 여러 농도의 Ice-minus 세균과 보통 세균을 뿌렸는데, 두 경우 모두 별다른 장점이 없었다. 또한 확산 가능성도 없다고 할 수 없었다.

여러 개의 결정구조로 되어있는 눈송이, 눈이 올 때 온도가 높을수록 눈송이가 커짐.

AGS(사)는 1987년 모든 자료를 완성하였다. 엄격한 감시에도 불구하고 딸기의 일부가 없어졌지만, 실험은 정상적으로 진행되었다. **Julie Lindemann**은 배지를 뿌리면서 밟아주었고, 15m, 30m 밖까지 각각 세균은 전혀 발견되지 않았다.

1992년 EPA에 등록된 Frost Technologies Corporation(사)는 3가지 *Pseudomonas 종*(Frostban B)을 섞어서 실험하였다. EPA는 그것이 세균을 저해하므로, Frostban을 농약으로 등록할 것을 요구하였다. 현재 이 프로젝트는 비용 때문에 중단된 것 같다.

유럽에서는 1986년 유전공학실험의 안전성을 검사하기 위한 목적으로, 유전자변 형 바이러스를 사용하였는데, pine beauty moth 애벌레에 Baculovirus를 사용하였다. 옥스퍼드의 바이러스학자는 바이러스의 유전자에 표시할 목적으로, 대사에는 영향을 미치지 않는 80쌍의 DNA를 넣었다. 방사된 미생물세포의 일생을 추적하기 위한 것이 근본 목적이었다. 표시된 바이러스로 해충의 애벌레를 감염시켰다. 미세하게 짜여진 네트를 사용하여 애벌레나 나비가 밖으로 나가는 것을 막았다. 실험이 성공적으로 끝나면, Baculovirus에 추가적으로 곤충을 죽게할 수 있는 독소와 자살유전자를 삽입하여, 임무 완수 후에는 완전히 죽게 하는 것이다.

세균은 얼음결정 생성을 위한 결정생성 '핵'으로 작용함

미래의 모습-눈 위에 서있는 야자수

에서 세균이 한 역할을 한다는 사실이 새롭게 알려지게 되었다. 얼음 결정체의 형성에 관하여는 결정화 중심핵(crystallization nucei)에 1/1000㎜의 작은 미생물이 모여 얼음 결정체가 생성되도록 한다는 것이다. 수돗물은 0℃에서 얼고, 정제된 증류수는 어떤 이물질이 결정체 중심으로 모여 작용하지 않으면 -15℃까지 낮은 온도에서 견딜 수 있다. 특히 결정체를 생성하는 세균인 *Pseudomonas syringae*는 자연계에 널리 퍼져 있다. 생명공학자 **Steven Lindow**(그림 7.58)와 **Nikolas Panopoulos**는 *Pseudomonas*에 오염된 식물체와 오염되지 않은 식물체를 냉동고에 넣는 실험을 하였다. -2℃에서 서리피해가 나타나기 시작하였고, 세균이 없는 식물체의 경우 -8℃나 -10℃까지 피해가 없었다.

자연계에서 관상식물에 있는 모든 세균을 없애고자 하는 것은 지극히 비현실적이다. 두 명의 연구자는 미생물들이 **서리방지 세균**으로 전환하는 이유를 알고자 하였다. 이들은 먼지만한 크기는 충분하지 않고 특정 단백질 성분이 세포의 표면에서 얼음 결정체 생성을 촉진시킨다는 것을 발견하였다. 서

그림 7.58 Steve Lindow

그림 7.59 추운 지역에선 야자수를 서리방지 세균으로 보호할 수 있다.

리방지 세균에서 얼음 결정체를 만들도록 유도하는 DNA조각을 잘라내어 제거하면, 얼음 결정체 생성능력을 잃게 된다. 두 연구자는 이 문제를 유전공학적으로 해결하였다.

다음 단계에서 식물체에 새로운 서리방지 세균을 뿌려주면, 이 세균은 식물체를 서리피해로부터 보호한다. 대규모 실험결과에 따르면, 식물체에 서리방지 세균 용액을 뿌려주는 것으로 충분하고, 유전자변형 세균은 변형되지 않은 세균을 밀어낸다. 방사용액은 생물반응기에서 대규모로 저비용으로 생산 가능하다.

서리방지에만 제한하지 않고(그림 7.59) 여러 가지 응용가능성이 있을 것이다. 예를 들면, 따뜻한 곳에서만 자라는 식물체들을 추운 지역에서 재배할 수 있을 것이다. 그러나 유전자변형된 미생물세포들이 환경에서 어떻게 반응할 것인지에 대한 의문은 아직 풀리지 않고 있다(Box 7.7). 결국 이 프로젝트는 중단되었다.

그림 7.60 죽은 *Pseudomonas* 세균으로 생산하는 인공눈 'Snowmax'에 대한 광고

7.22 인공강설기에 있는 세균은 언제든 스키를 즐길 수 있게 해줄까?

AGS(사)는 생물반응기에서 서리방지 세균을 대량으로 생산하여 멸균한 후 스노우맥스(Snowmax)란 이름으로 판매하고 있는데, 스키장에서 인공눈을 만드는 데 쓰이고 있다(그림 7.60).

사멸된 세균들은 물과 함께 눈을 만드는 대포안에 넣어진다. 'Snowmax'를 사용하면 45%이상의 눈이 더 많이 생성되고, 냉각에너지도 절약된다. 미국에서는 변형되지 않은 자연적인 미생물세포를 방사하는 것을 금지하지 않았다.

Snowmax로 만든 인공눈 사업은 전 세계적으로 붐을 일으켰고, 사멸된 서리방지 세균들은 1988년 캐나다 Calgary 동계올림픽을 예상하지 못했던 기온상승으로부터 구할 수 있었다.

그림 7.61 Insburg대학에서는 눈 지역 보존에 대한 연구를 하고 있다.

스위스에서는 90년대 초 스키장에 이 세균의 사용과 경제성에 대해 검토하였다(그림 7.61).

기후온난화 현상으로 장래에는 수요가 더 높아질 것이다. 이미 스위스에서는 44%의 스키장에서 눈이 부족할 것이라고 예측하고 있고, 점차 알프스 전체로 이어질 것이다. Kitzbuehel(Tirol)같이 유명한 스키장에서도 눈이 충분히 올 것이란 보장은 없다. 오스트리아 그라츠대학에서는 2050년경 오스트리아에 있는 대부분의 스키장에 눈이 부족할 것이라 예상하고 있다. 1997년 스위스 정부는 거센 반대에도 불구하고 Snowmax의 사용을 공식적으로 허가하였다.

> 가설은 건축공사가 진척되고 있는 동안 건물주변에 여러 가지로 구축되어 건물이 완성되면 제거되는 발판에 불과하다.
>
> –J.W.Goethe

참고문헌

- Entscheidendes weiterführendes Buch, ein hochinformatives Taschenbuch: Kempken F, Kempken R, Stockmeyer K(2003) Gentechnik bei Pflanzen, Chancen und Risiken. 2. Aufl. Springer, Berlin
- Das Standardwerk für Pflanzenforscher, „Der Strasburger“: Sitt P, Ziegler H, Ehrendorfer F, Bresinsky A (1998) Strasbruger. Lehrbuch der Botanik für Hochschulen. 34. Aufl. Fischer, Stuttgart
- Gute allgemeine Einführung, mit Kapitel zur Grünen Biotech: Schellekens H et al.(1993) Ingenieure des Lebens. Spektrum Akademischer Verlag, Heidelberg
- Komplementär zur vorliegenden „Biotechnologie für Einsteiger“: Brown T A(2002) Gentechnologie für Einsteiger. 3. Aufl. Spektrum Akademischer Verlag, Heidelberg, Berlin
- Immer noch die beste Einführung in die Gentechnik auf allen Gebieten: Watson J D, Gilman M, Witkwski J und Zoller M(1993) Rekombinierte DNA. 2. Aufl. Spektrum Akademischer Verlag, Heidelberg
- Das Kompendium zur Gentechnik und Biotechnologie, schon jetzt das Standardwerk für Pharmazeuten auf Deutsch: Dingermann T(1999) Gentechnik Biotechnik. Wissenschaftliche Verlagsgesellschaft, Stuttgart
- Gute US-amerikanische Einführung: Thiemann W J, Palladino M A(2004) Introduction to Biotechnology. Pearson/Benjamin Cummings, San Francisco
- Biochemie pur und sehr gut illustriert, „Der Stryer“: Berg J M, Tymoczko J L, Stryer L(2003) Biochemie. 5. Aufl. Spektrum Akademischer Verlag, Heidelberg
- Akribische Untersuchung, etwas trocken für Anfänger: Menrad K, Gaisser S, Hüsing B, Menrad M(2003) Gentechnik in der Landwirtschaft, Pflanzenzucht und Lebensmittelpprocuktion. Physica-Verlag Hidelberg

자가진단을 위한 8가지 문제

1. 기아지역에서 자신들이 간단한 조류농장을 운영하여 스스로를 부양하지 않는 이유는 무엇인가?
2. 단백질을 석유에서 획득하고자 하는 아이디어는 무엇 때문에 좌절되는가?
3. 식물의 근두암종(crown gall, 식물의 종양)을 유발시키는 세균의 이름은 무엇인가? 그리고 이 토양세균을 어떻게 식물의 유전자 전이에 활용할 수 있는가?
4. 옥수수와 벼에서도 문제 3에서 언급한 유전자 전이가 작동하는가?
5. 식물의 클론닝(cloning)은 유전공학자들이 처음으로 발견한 아주 새로운 것인가?
6. 무르지 않는 토마토(Flavr Savr tomatoes)를 개발하기 위하여 어떠한 원리를 이용하였는가? 그리고 어떤 효소를 정확히 억제하였는가?
7. 과학자들이 창출한 형질전환 식물의 장점 3가지를 설명하시오.
8. 식물의 냉해와 세균 감염 사이에는 어떤 상관관계가 있는가? 서리방지 세균은 무엇인가?

웹사이트

- Spirulina: *www.biothemen. de/Qualitaet/algen/spirulina.html*
- Kontroverse „goldener Reis“: „The False Promise of Genetically Engineered Rice“, erhältlich unter *www.greenpeace.org/~geneng/*
- Dieter Kiel, in: Das Parlament. Deutscher Bundestag(Hrsg.): *www.das-parlament. de/2001/44/Panorama/2001_44_040_6817.html*
- Beste deutschsprachige Informationsquelle zu transgenen Pflanzen: *www.transgen.de*
- Alles zu Biosicherheit: *www.biosicherheit.de*
- DECHEMA zur Gen-und Biotechnologie: *www.dechema.de/deutsch/isb/isbo.htm*
- Monsanto: *www.monsanto.de/*
- Internetmagazin für Biotech: *www.lifescience.de/*
- Eine phantastische Website zu alten Biologiebüchern von Dr. Kurt Stüber vom MPI für Züchtungsforschung in Köln. 90880 gescannte Seiten aus 343 bibliophilen Büchern: *www.biolib.de/*
- Botanik online von Prof. Peter Sengbusch: *www.biologie.uni-hamburg.de/b-online/*
- Golden Rice project homepage: *www.goldenrice. org/index.html*
- International Service for the Acqusition of Agri-biotech Applications(JSAAA): *www.isaaa.org*

배아, 복제, 형질전환동물

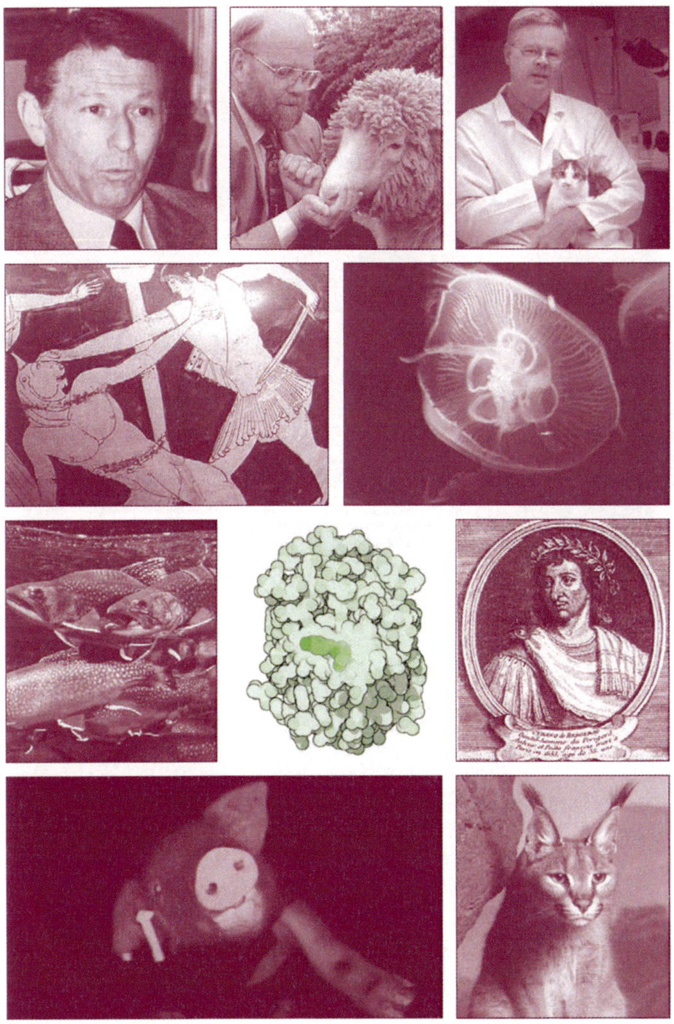

Chapter 08

그림 8.1 Hippocrates (기원전 460~370)

그림 8.2 Goya(스페인 화가, 1746~1827)시대에는 개들도 이미 인공수정을 하였다.

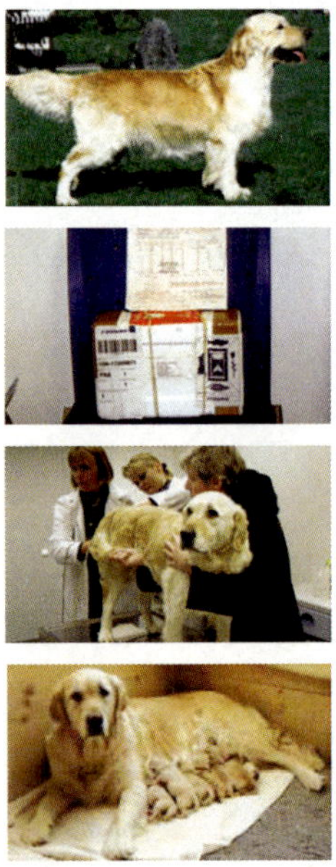

그림 8.3 개에서의 인공수정. 위에서 아래로: 골든 리트리버 암캐(영국조류 사냥개)가 독일에서 필란드산 사냥개에 의해 인공수정이 되었다. 정자는 얼려진 상태에서 특급으로 보내졌고 수태된 개는 모니터를 이용해서 관찰되었다. 어미 개와 갓 태어난 강아지들.

8.1 인공수정

현재 거의 모든 산업사회에서 실행되고 있는 소의 인공수정(인공적으로 정자와 난자를 교합시킴)은 품질은 뛰어나지만 개체수가 적은 소를 대량으로 사육 할 수 있는 길을 찾은 전환점이 되었다.

스팔란차니(Lazzarro Spallanzani, 1729~1799, 2장 참조)는 1780년에 인공수정을 통한 개의 사육에 대해 이미 서술하였다(그림 8.2). 독일에서는 대부분이 개 사육협회에서 전에 정상적으로 한 번 교미를 한 경험이 있는 암컷에만 인공수정을 허가하였다. 이렇게 하여 "자연교미"가 사라지는 것을 방지하였다. 그렇지 않으면 동물들은 더 이상 자연적 교미가 불가능해질 것이다(그림 8.3).

1942년 독일에서는 처음으로 소의 인공수정장소를 설립하였다. 50년대에는 수컷소의 정자를 **액체질소**(−196℃)에 보관하는 방법으로 동물사육의 혁신을 일으켰는데, 정자를 아주 낮은 온도에 보관하여 모든 나라로 전달되었다. 맹렬한 황소를 직접 태평양을 건너서 보내는 것과 간단히 정자만을 액체질소에 보관하여 전달되는 것을 비교하면 차이가 크다(그림 8.11~8.13). 오늘날 산업사회에서는 젖소의 90%가 인공수정에 의해 사육되며 돼지의 경우에는 대략 60%이다.

가격도 매우 저렴하다. 소가 교미를 할 때 사정된 정자로 암컷소 400마리에 수정할 수 있는 양을 얻을 수 있는데 이것에는 대략 200억 마리의 정자가 존재한다. "정자를 공급하는 소"는 대략 1,000마리의 "자연교미 소"와 맞먹는다.

지난 40년간에는 유전학 지식 없이도 우유의 생산량은 천문학적으로 늘어났다. 50년대에는 한 마리의 젖소가 일 년에 우유 1,000L를 생산하고, 오늘날에는 8,000L 이상 생산한다.

8.2 배아이식과 체외수정

고부가가치 황소의 정자로 같은 소들을 다량으로 생산하는 것이 인공수정을 통해 가능해졌다. 그러나 이러한 인공수정을 통해서 어떤 특징을 가진 소는 하나 또는 두 마리의 송아지만이 9개월 후에 세상에 태어난다. 당연히 소를 사육하는 사람의 입장에서는 이러한 소들이 짧은 시간에 여러 마리가 태어나기를 바란다(그림 8.11).

호르몬은 이러한 것들을 가능하게 하였다. 생식샘자극호르몬(gonadotropin)은 동시에 여러 개의 성숙한 난자를 생산하게 하여(**superovulation, 과배란**) 이것을 사용해서 **인공(artificial insemination)**을 가능하게 한다. 이렇게 생산된 난자는 자궁으로부터 카테터(catheter)를 이용해서 빼내거나 상처 없이 초음파 기계를 사용해서 얻는다. 8개 정도의 난자가 얻어지면 이것을 각각의 대리모에 착상시켜서 4마리의 송아지를 얻을 수 있다.

장기간 보존을 위해 배아도 정자와 마찬가지로 액체질소에 보관되어져 오랜 기간 동안 보관도 가능하며 멀리까지 운반할 수가 있다. 난자를 녹인 후에도 2/3 정도가 그 기능을 유지하여 배아이식에 사용된다.

형질이 좋은 수컷소를 암컷소로 이동시켜서 교미시키는 여러 가지 어려움과 스트레스를 피할 수 있게 되었다. 그 밖에도 송아지는 대리모에서 자라야 하는데, 대리모는 송아지에 면역보호를 제공한다. 태어난 송아지 혈액에는 그 지역에 빈번한 질병에 대항하는 항체가 들어 있게 된다.

체내 인공수정에 비해서 정자와 난자를 체외에서 수정시키는 방법이 있다(*in vitro* fertilization, **시험관 수정**). 이것은 수정된 난자를 정해진 대리모(surrogate mothers)에 주입을 시키는 것이다.

이렇게 해서 우량 소의 유전물질을 가진 소들은 환경에 적응이 잘되는 많은 자손들을 계속 만들어내었다.

오래전 **히포크라테스**(Hippocrates, 기원전 460~370, 그림 8.1)는 출생을 조절하는 것에 관심을 가졌다. 오늘날에는 얻어진 배아에서 PCR(10장 참조)을 통해 **성별판단**이 가능해졌다. 소의 배아가 8분할기까지 분화되면 현미경하에서 미세 주사기로 그중 한 개를 떼어낸다. 나머지 세포들은 착상이 되어 정상적으로 자란다.

떼어낸 세포에서 DNA를 추출하여 PCR을 통해서 Y 염색체 특정 부위를 수백만 배 증폭시킨다.

Ethidium bromide(EtBr)를 전기영동에 사용하는 겔(gel)에 섞은 뒤(10장 참조) 증폭된 DNA를 넣어서 전선을 연결하여 전기를 공급하면 DNA의 크기가 겔 상에 나타나고 수컷임이 확인된다. 만약 이것에 해당하는 크기가 없으면 암컷임을 확인할 수 있다. 지역에 따라 사람의 경우 이러한 **태아선별법(preimplantation diagnosis, PID; preimplantation genetic diagnosis, PGD)**이 금지되어 있다.

낙농업계에서는 이러한 태아선별법으로 암컷 젖소들을 생산하였고, 반대로 축산업계에서는 수컷 송아지를 선별하였다. 현재는 대리모에 배아이식이 가능한 "성별이 확인된" 배아들을 인터넷의 카탈로그에서 쉽게 구입할 수 있다(그림 8.13).

8.3 멸종되었거나 위기에 처한 동식물은 배아이식을 통해서 구제될 수 있다

미국 오하이오에 있는 Cincinnati동물원은 1984년에 희귀종 말레이지아산 들소(*Bos gaurus*)를 대리모인 홀스타인 소에 이식을 하였다. 케냐에서는 종종 오릭스 영양(*Taurotragus oryx*, 영양)을 대리모로 사용하는데 이것은 희귀종인 봉고(*Tragelaphus euryceros*, 아프리카산림영양)의 숫자를 늘리기 위함이다(그림 8.6). 얼린 상태의 봉고의 배아는 Cincinnati동물원에서 케냐로 운반되고, 케냐 산에 살고 있는 야생 봉고의 배아는 반대로 오하이오에 있는 오릭스 영양과 대리모 소로 전해졌다. 동시에 미국산 봉고의 배아는 케냐에 있는 야생 봉고에 이식되었다. 새끼가 태어나서 방출이 된 후에는 행동학 연구원들의 소형라디오를 통해서 관찰되었다.

뉴올리언스소재 Audubon연구소에서는 아프리카산 스라소니, 카라칼(*Felis caracal* 또는 *Caracal caracal* 아프리카산 살쾡이)을 키우는 데 큰 성공을 거두었다(그림 8.7). 귀 끝에 긴 검은털송이를 가진 스라소니는 관목림, 초원 등에서 볼 수 있다.

그림 8.5 인지능력이 뛰어난 바다포유동물 돌고래도 인공수정을 통해 번식되었다.

그림 8.6 봉고 영양(*Tragelaphus euryceros*)

그림 8.7 아프리카산 스라소니 카라칼(*Felis caracal*)은 2003년 뉴올리언스 소재 Audubon연구소에서 시험관 배아로 태어났다. 배아는 얼려진 후 다시 녹여져서 대리모에 이식되었다. "Azalea"라는 이름을 가진 새끼는 건강하게 자랐다.

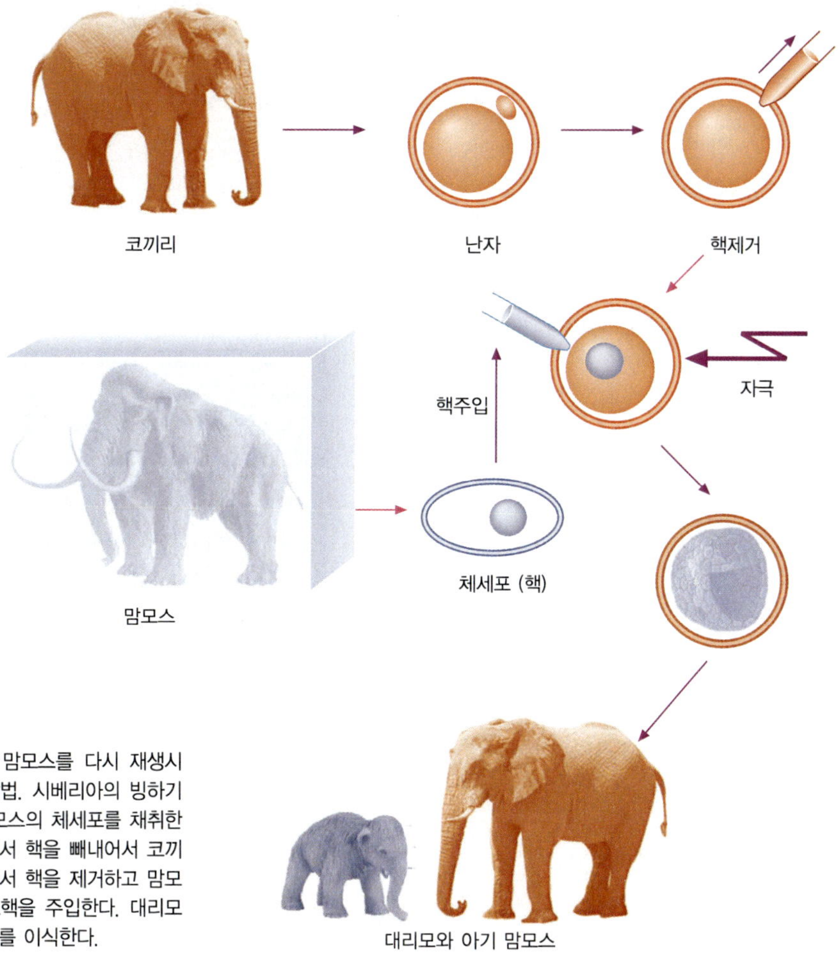

그림 8.4 맘모스를 다시 재생시키는 실험방법. 시베리아의 빙하기에 있던 맘모스의 체세포를 채취한 후 체세포에서 핵을 빼내어서 코끼리의 난자에서 핵을 제거하고 맘모스의 체세포핵을 주입한다. 대리모에게로 배아를 이식한다.

그림 8.8 염소와 양의 키메라

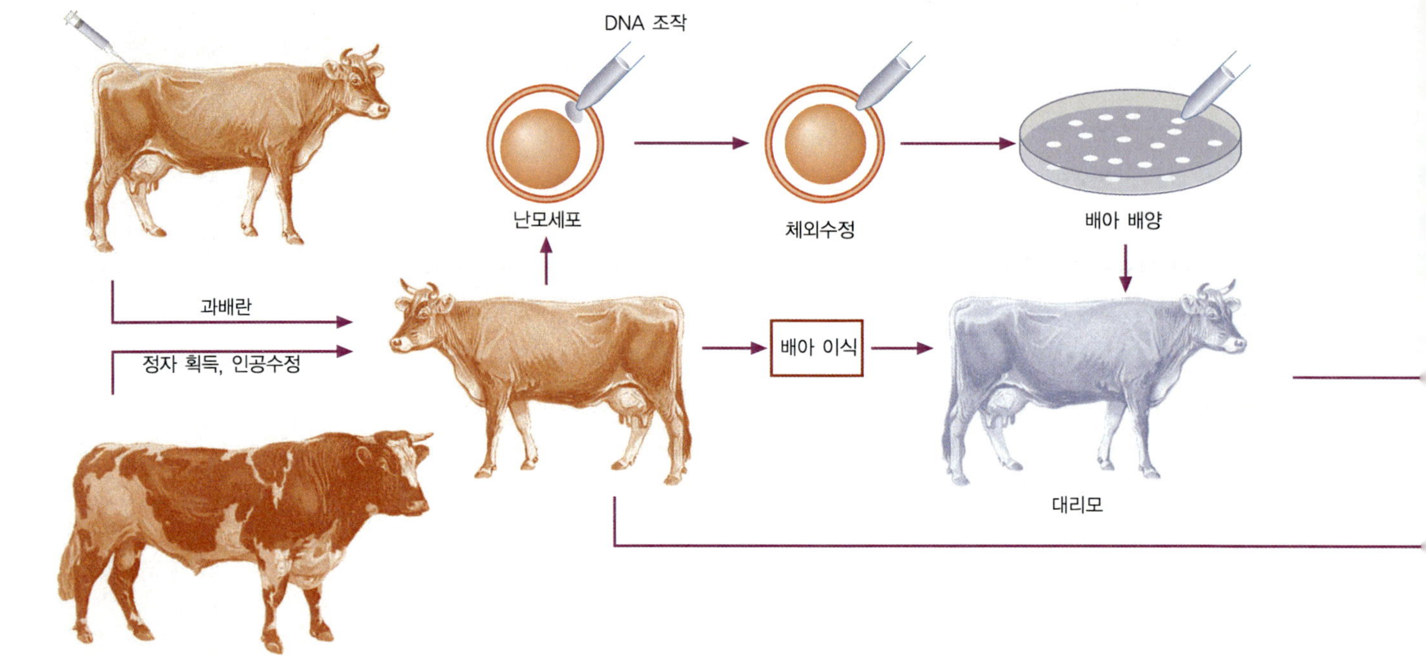

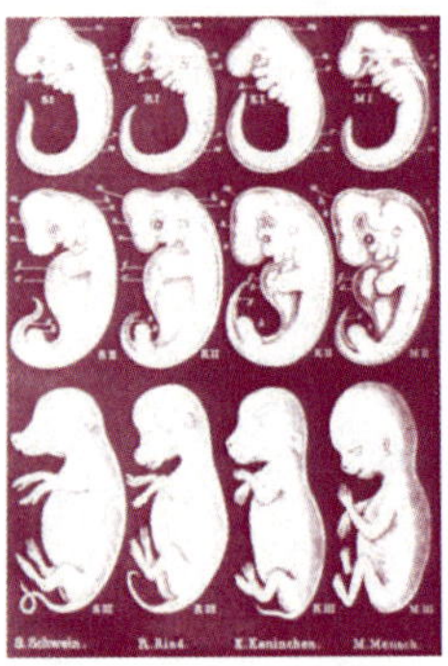

그림 8.9 Ernst Haeckel은 생물유전학에 대한 법칙을 만들었다. 개체발생은 계통발생을 반복한다.

그림 8.10 그리스 신화에 나오는 미노타우로스, 사람의 몸에 황소머리를 가진 괴물(반인반우). 크레타의 미노스 왕에 의해 미로궁에 갇히고, 테세우스에 의해 죽임을 당한다.

숫자가 많아 다른 종을 위협하는 동물들은 동물원 담당 관리사의 통제를 받는다. 최초의 혁신적인 인공수정은 홍콩에서의 돌고래 사례이다(그림 8.5). 또한 유전적으로도 비슷하고 인기가 많아서 많은 논쟁을 불러일으킨 맘모스 복제에 대한 기술은 그림 8.4에 자세히 서술되었다.

8.4 키메라는 적어도 4가지의 유전자부모를 가진다

키메라(라틴어로는 **chimaera**, 여러 동물의 부위를 지닌, 불을 내뿜는 전설상의 동물, 혼재동물)로 만들어진 동물은 적어도 4가지의 유전자 부모를 가진다. 미노타우로스(Minotaurus, 사람 몸에 황소머리를 가진 괴물)는 그리스 신화에 나오는 유명한 키메라의 한 예이다(그림 8.10).

융합키메라(fusion chimaera, 그림 8.16)는 배아막(투명대, *Zona pellucida*)이 제거된, 2~8세포기에 있는 두 개의 배아가 합쳐 융합된 키메라인데 이 때에는 동시에 같은 난할시기에 있는 배아가 필수적이다.

주입키메라(injection chimaera, 그림 8.18)는 그와 반대로 포배기에 해당하는 시기에 그 안의 세포 일부를 꺼내고 난 후 다른 배아의 내용물을 할강에 주입하여 생성이 된 것이다. 주입된 내용물들은 24시간 이내에 혼합되어서 배반포를 형성한다. 이렇게 생성된 키메라는 대리모에 착상된다.

지금까지 쥐를 사용해서 얻어진 키메라는 발생학과 암 연구 그리고 유전학 발전을 위한 연구에 이용되었다. 그러나 모양이 이상하거나 양과 같은 염소 모양을 나타내는 종류의 키메라도 존재하였다(그림 8.8). 자연적인 방법으로는 생기지 않는 이러한 키메라가 유용동물사육에서는 어떻게 될지 아직까지 예측할 수 없다. 가장 흥미로운 발견은 유전자 조작을 한 줄기세포를 이용하여 주입키메라를 만드는 것이다(상세한 설명은 9장 참조).

배반포 단계의 배아에서 내세포괴(inner cell mass, ICM)의 부분을 분리하여 세포배양을 한다. 이렇게 해서 얻어진 것을 **배아줄기세포(embryonic stem cell, ES cell)**라 한다(그림 8.18).

분화가 끝난 세포는 세포분열을 하거나(예, 간세포) 하지 못하지만(예, 신경세포), 다른 유형의 세포로는 바뀌지 않는다. 신경세포는 이미 분화가 종결되었다고 한다. 그러나 이것의 의미는 빨리 죽는다는 의미가 아니다. 그 반대로 신경세포는 살아서 오

그림 8.11 체외수정(*in vitro* fertilization, IVF)과 배아이식(embryo transfer, ET)은 고부가가치가 높은 소들의 출산율을 높여준다. 암컷소들은 호르몬의 사용으로 배란이 촉진되어 인공수정이 되거나 (중간) 체외수정이 된다(윗부분). 수정란은 새끼를 키울 수 있는 대리모에 이식된다.

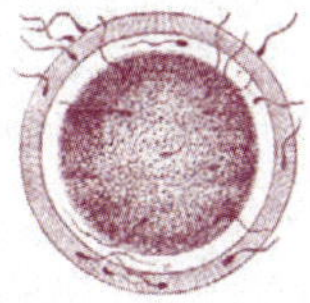

그림 8.12 난세포 수정 (Ernst Haeckel의 "인류발생학"에서 발췌)

그림 8.13 인공수정센터에서는 인터넷을 통해 소의 정자와 난자를 시판한다.

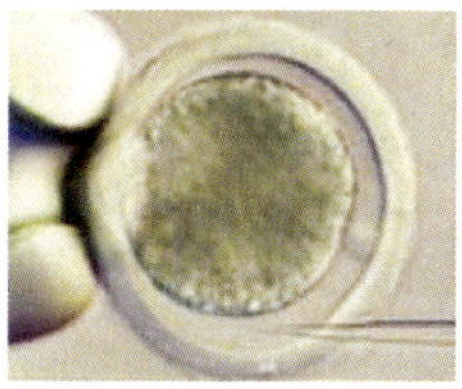

그림 8.14 미세주사법: 난자의 내용물을 가는 유리관을 통해서 빨아낸다. 이때 유리관은 현미경하에서 미세기계로 조절된다.

그림 8.15 복제에 의해 태어난 황소

랫동안 기능을 한다.

줄기세포는 전혀 다르다. 포배기에서 유래한 배아줄기세포는 모든 다른 유형의 세포로 분화할 수 있는데, 이것을 **다분화능(pluripotent)**이라고 한다. 이것은 전체의 생명체를 형성할 수 있는 분화전능성(totipotent)을 의미하는 것은 아니다.

줄기세포는 배양이 된 쥐의 섬유아세포(fibroblast, feeder layer)에서 자라는데, 이것으로부터 영양분을 공급받는다. 이러한 세포주에 진핵형질전환(transfection) 방법으로 DNA를 주입할 수 있다. 배아줄기세포에 거의 모든 DNA 기술을 응용할 수 있다.

외래 DNA가 삽입된 줄기세포를 배반포에 주입하기 전에 선별한 다음, 배반포에 주입하여 **형질전환 키메라(transgenic chimera)**를 만들 수 있다. 상실기까지의 배아세포는 분화전능성(totipotent 또는 omnipotent)을 갖지만 ES세포를 포함하고 있는 배반포는 다분화성(pluripotent)을 지닌 것으로 보인다. 하지만 이 문제는 아직 바뀔 가능성이 있다 (9장 참조).

이러한 것에는 심각한 문제점이 있다. 임상적으로 필요한 **치료복제(therapeutic cloning**, 이 단원의 끝부분 참조)에 쓰이는 ES세포를 생산하는 배아가 **인간복제(reproductive clone)**에 잘못 사용이 될 수도 있다는 것은 배제할 수가 없는데 이것에서는 완전한 생명체가 생기기 때문이다.

배반포에 주입된 형질전환된 ES세포는 ICM 세포와 섞인 후 일정한 발생과정이 지나면 4종류의 유전적 부모를 가진 키메라 동물이 생성된다(그림 8.18).

예를 들어, 배아줄기세포가 갈색쥐에서 얻어진 것이고(*agouti* gene) 흰색 쥐의 배반포에 주입된다면, 새로 태어나는 쥐의 털색상으로 주입이 된 배아줄기세포를 가졌는지를 알 수 있다.

8.5 형질전환동물: 거대생쥐에서부터 거대소까지?

식물과 같이(7장 참조) 동물에서도 세포내로 새로운 DNA를 삽입하거나 이미 존재해 있는 유전자의 기능을 멈추게 할 수 있다. 새로운 유전자는 다음 세대로 전달된다. 이렇게 형질전환된 동물들은 현대 생명공학의 위대한 산물들이다.

형질전환을 위한 여러 방법들이 개발되었다.

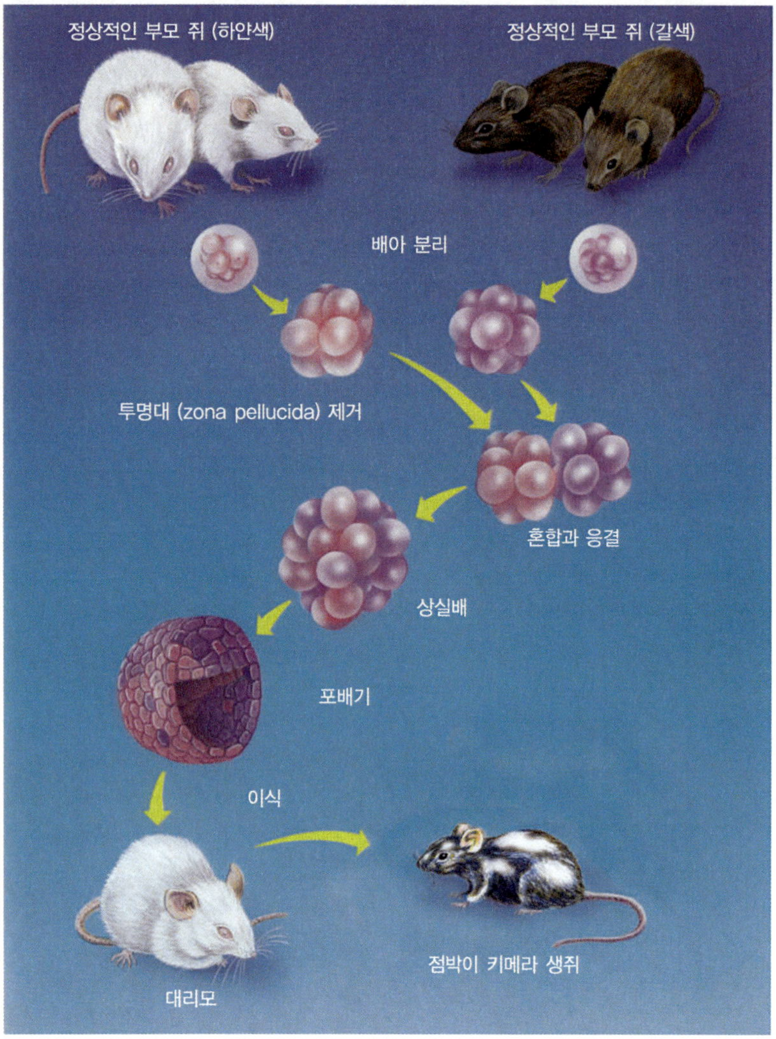

그림 8.16 융합키메라가 만들어지는 과정

그림 8.17 2005년 중반, 과학자들의 새로운 성취: 아프간종의 암컷개 스너피(Snuppy, 아프간하운드종의 귀에서 체세포를 채취하여 만들어진 복제 개)

- **유전자총**(gene guns, 7장 참조). DNA를 둥근 모양의 총알처럼 만들어서 세포내로 집어넣는 방법.
- **레트로바이러스를 이용한 형질전환**. 8세포기의 생쥐 배아에 외래 DNA가 삽입이 된 벡터를 포함한 레트로바이러스를 주입시킨다. 이때 바이러스는 단백질 껍질도 없고 감염성도 없는 상태이다. 이 방법은 도입될 유전자의 크기가 한정되어 있다(8kb 정도의 크기). 예를 들어 뮌헨에서 "형광 돼지"를 만들었는데, 이는 유전자에 초록색의 빛을 내는 단백질(green fluorescent protein, GFP)의 유전자를 포함해서 렌티바이러스(lentivirus)에 삽입 후 세포내로 도입을 시킨 것이다(Box 8.3).
- **생식핵으로의 미세주사법**(pronucleus microinjection). 정자와 난자가 합쳐서 수정란이 형성될 때 외래 DNA를 생식핵(pronucleus) 안으로 직접 주사하는 방법이다(그림 8.14). 이 때는 벡터가 필요하지 않다.
- **배아줄기세포를 이용하는 방법**(embryonic stem cell method). 포배기의 배반포에서 내세포괴 부분을 적출하여 배아줄기세포를 만든 후 외래 DNA를 넣어준다. 세포 중에서 외래 DNA가 삽입된 세포를 선별한다. 선별된 세포는 포배기상태의 내세포괴내로 이식을 시킨다. 이러한 방법은 매우 중요한 기술이 되었다. 어린 키메라(8.4절 참조)가 생성되는데, 이는 일부 세포들이 외래 DNA를 포함한 것이다. 세대를 넘기면서 마침내 거의 모든 세포들이 외래 DNA를 가지는, 즉 형질전환이 된 동물이 되고 계속 교배를 시킴으로써 마침내 순종(homozygote)의 형질만을 가진 동물이 탄생한다.
- **정자를 이용한 전달방법**. 외래 DNA에 부착단백질(linker protein)을 달아서 정자에 부착한 후 "트로이 목마"처럼 난자에 운반되어지도록 한다.

1982년 워싱턴대학의 **팰미터(Richard Palmiter)**와 펜실베니아 대학의 **브린스터(Ralf Brinster)**에 의해 **거대생쥐(giant mouse**, Box 8.1)가 생성되는 새로운 기술이 탄생하였다. 2주 후, 한 마리는 29g이었고 다른 한 마리는 49g이나 되었다. 생쥐는 두 배 가량 더 많은 성장호르몬을 생산하는 쥐의 유전자가 삽입되어진 것으로, 변형되지 않은 형제 쥐보다 빨리 자라 마침내 두 배 정도의 크기가 되었다.

생쥐(*Mus musculus*)는 생리학적 부분에서 사람들과 매우 흡사하다. 그러나 돼지의 생리적인 부분은 사람들에게 더 가깝다. 다만 생쥐는 쉽게 기를 수 있고, 다루기도 쉽기 때문에 의학적인 면에서 인간의 질병을 연구할 때 더 자주 이용된다.

획기적인 아이디어로는 막 수정된 생쥐의 난자에 쥐의 성장호르몬 유전자를 주입하여 수정란의 게놈에 도입되게 한 실험이다(Box 8.1, 그림 8.20). 도입된 유전자는 기존에 있던 유전자와 섞여서-promoter에 off system 포함-생쥐의 머리에서 호르몬이 생성되지 않고(일반적으로 생성이 되는 부분) 분비조절도 일어나지 않게 하였다. 매우 어려운 작업으로서, 예를 들어, 간과 같은 다른 조직에서 생성되어야 하고 뇌하수체의 조절을 받지 않는 상태에서 생성되어야 한다. 생쥐는 변형이 되지 않은 같은 나이의 쥐에 비해 체중이 두 배였다.

다음 세대에 태어난 생쥐들도 매우 빨리 자랐고 체중도 무거웠다. 쥐의 유전자는 생쥐의 유전체에 안정적으로 삽입되었던 것이다.

8.6 소, 돼지의 성장호르몬

사람들은 큰 마구간을 필요로 하는 거대 소에 대해서는 별 관심이 없었지만, 우유의 질 향상, 성장, 육질과 질병저항성에 관해서는 달랐다.

우유의 질은 향상되었다. 양질의 치즈를 만들기 위해 인산화 단백질인 **카세인**(**κ-casein**)의 양은 높아졌으며, 유당과민성(lactose intolerance)이 있는 수백만 사람들은 유당이 없는 우유를 사용할 수 있게 되었다. 그들은 우유를 마신 후에도 어려움없이 소화시킬 수 있었다(2장 참조, 유당은 유당분해효소에 의해 분해된다).

세균에 의한 **유방염**(**mastitis**)저항이 급선무였다. 미국 낙농업계에서는 유방염으로 인해 우유생산에 있어서 매년 20억 달러의 손실을 보고 있는데, 저항성을 지닌 소가 생겨나면 예방접종 비용을 줄일 것이다.

유전공학적으로 생산된 **소의 성장호르몬**(recombinant bovine somatotropin, rBST)은 이미 젖소에 성공적으로 이용되었다: 몇몇 과학자들의 연구에 의해 그들의 우유생산은 10~25%로 증가된 반면 사료는 그에 반해 겨우 6%만이 증가되었다. 호르몬 사용의 증가는 실질적으로 우유 생산을 추가적 경제적 부담없이 증가시켜 주었다. 다른 연구자는 집중적인 사료 공급이 필요하다고 말한다. 호르몬 사용의 장기효과는 아직 불확실하다.

호르몬을 사용하지 않고 많은 젖소들의 건강상태를 유지한다는 것은 어려운 일이다. 약효가 다 한 호르몬 젖소는 어떻게 될까?

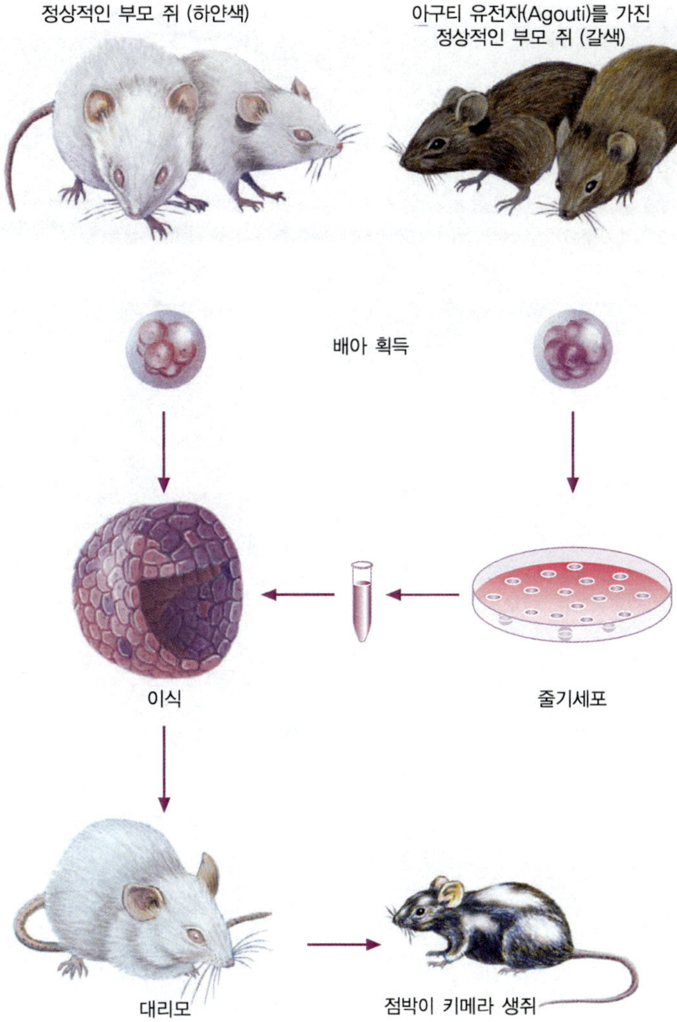

그림 8.18 주입에 의한 키메라 형성은 배아줄기세포(ES cell)를 이용하고, 이러한 배아줄기세포는 유전적으로 변형을 할 수 있다.

유럽에서는 젖소에 호르몬을 주사하는 것에 대해 회의적인 시각이 있다. 호르몬사용에 대한 비판은 곧 사라질 것이다. 성장호르몬 유전자를 소에 주입하여 더 이상 주사가 필요없이 형질전환된 소가 우유를 만들어 낼 것이다.

돼지에 대한 성장호르몬 사용은 매우 의미가 있다. 성장호르몬은 지방에 비해 육질의 양을 늘려 고기의 가격을 높여준다. 이것에는 적어도 최저지방의 함량이 필수적인데, 지방이 없으면 맛이 떨어지기 때문이다. 무엇보다도 매일 동물에게 주사를 놓는 일은 별로 실용적이지 못하다. 이러한 점에서 주사를 놓고 일정한 기간이 지난 돼지만이 사용되어져야 한다는 법률이 재정되어야 한다.

근육질과 저지방의 형질전환 돼지? 이런 것들은 사실 유전자전달에 의해서 이루어질 수 있지만, 생쥐에서보다는 효과가 낮다. 지금까지는 매우 실망

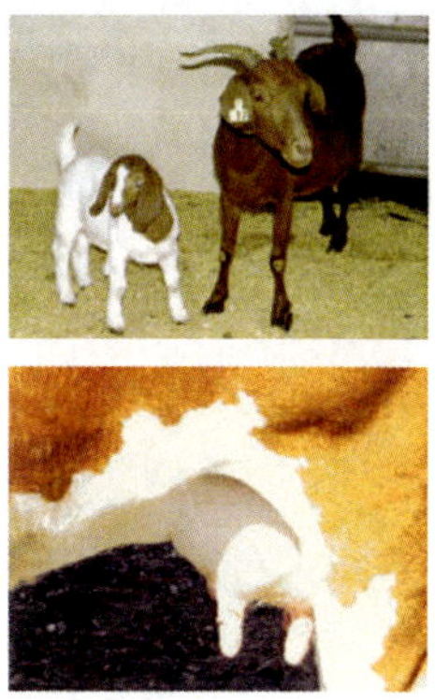

그림 8.19 위: 복제로 탄생한 염소. 형질전환 소는 사람의 단백질을 우유 속에 분비한다.

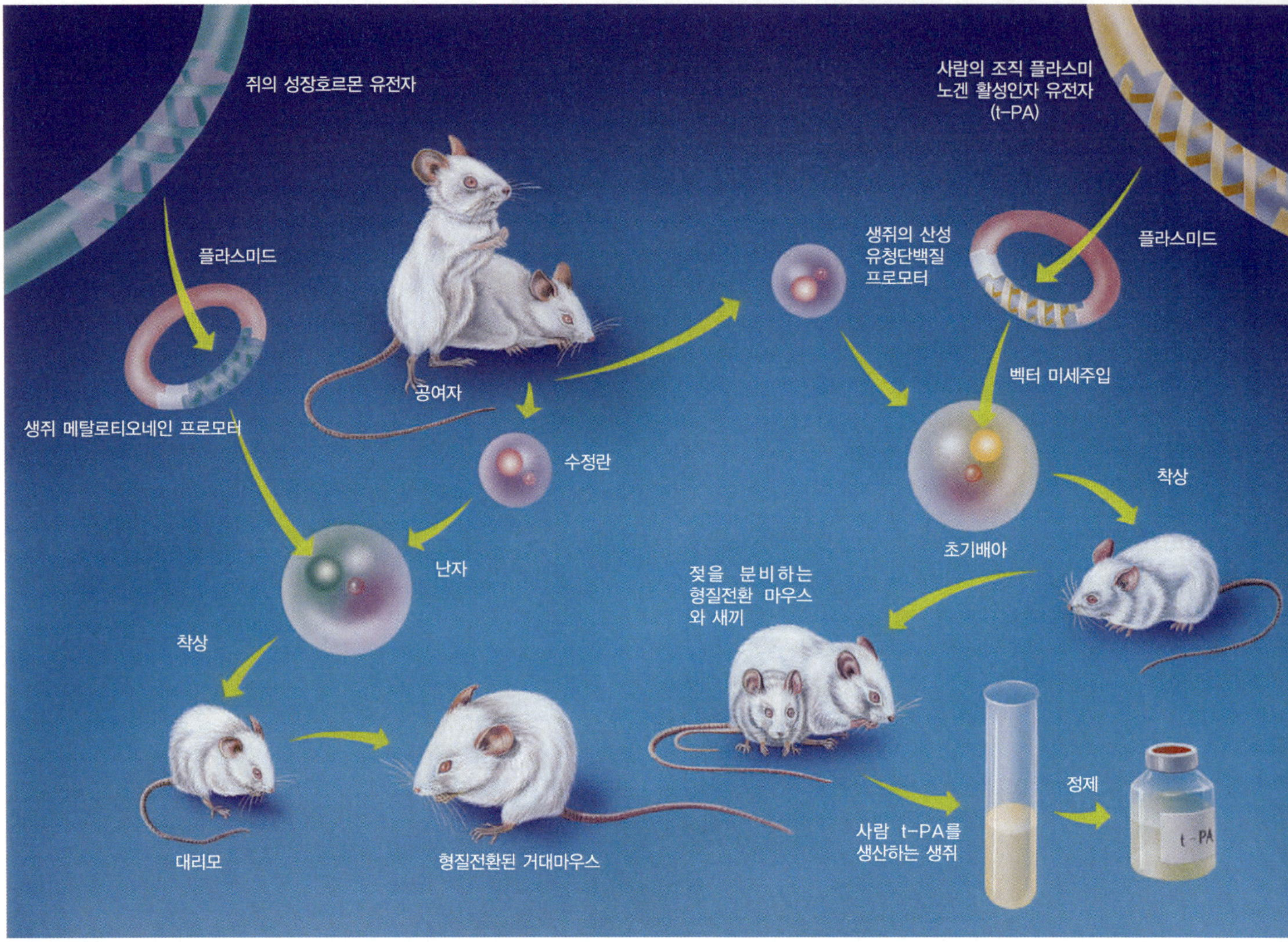

그림 8.20 왼쪽: 거대생쥐의 생성과정, 오른쪽: 형질전환 생쥐가 사람의 조직 플라스미노겐 활성인자(t-PA)를 우유로 생산한다.

그림 8.21 1L의 우유무게는 대략 1,030g이 되는데, 3~8g 정도의 비타민과 미네랄이 포함되어 있다. 15~35g 단백질, 50~70g 유당, 40g 유지방과 나머지는 물이다. 우유 단백질들은 미래에 사람들의 임상에서 필요한 치료제가 될 수 있다.

적이었다. 돼지에 있어서 성장호르몬에 의해 적은 사료에도 성장속도가 빨라서 과생산을 초래하였지만, 동시에 신장염, 피부색의 변성 그리고 관절염이 유발되었다. 형질전환 돼지는 종종 마비가 왔고 출산에 있어서도 왕성하지 못하였는데 그들의 전반적인 건강 상태를 고려할 때 이러한 증상은 별로 놀라운 사실이 아니었다.

형질전환 **염소**와 **양**은 건강에서는 별 문제가 없는 것 같다. 양과 염소의 젖샘은 "생물반응기(bioreactor)" 처럼 사람의 단백질(플라스미노겐 활성소, 혈액응고인자 VIII와 IX)과 우유를 생산하였고 그에 대한 실험도 진행되었다. 이러한 것을 유전자 약농이라 한다(gene "pharming").

8.7 유전자 약농: 우유와 계란에서 추출한 고부가가치 인간단백질

생쥐에게서 젖을 짜는 모습을 관찰한다는 것은 생명공학자들에게는 더 이상 유머가 아니다. 정상적인 생쥐에서는 이러한 것이 소모적이고 의미가 없지만, 유전공학적으로 조작이 된 생쥐에게서는 가능한 것이다. 1987년 처음으로 인간의 **조직플라스미노겐 활성화인자**(***tissue Plasminogen Activator***, **t-PA**, 그림 8.20)가 쥐에 의해 생산이 되었는데, 높은 농도의 t-PA가 우유에 섞여서 나왔다. **t-PA**는 중요한 혈전용해제로서 심장마비에 의해 응고된 트롬빈을 용해한다.

근본적인 아이디어는 이미 다른 포유동물에서 실험했던 것처럼 사람의 t-PA(9장 참조)를 생쥐의 수정란에 주입하는 것이다. 외래 DNA는 원래 있던 유전물질과 섞여서 안정적으로 삽입된다.

t-PA와 같은 외래 DNA를 삽입한 후, 우유 상태로 생산품을(그림 8.20) 얻기 위해서는 간단한 조작을 하는데, 생쥐 젖에 많이 포함이 된 유장단백질(whey protein)의 프로모터에 분리된 사람의 t-PA 유전자를 함께 삽입한다. 형질전환된 생쥐의 젖샘에서는 마침내 사람의 t-PA가 활발히 생성이 되지만. 생쥐의 혈액에서는 인간의 t-PA가 발견되지 않는다(그림 8.20).

많은 방법들을 생각해 볼 수 있는데 가난한 농가들은 가축들을 가격이 비싼 생물반응기로 전환하여 유전자조작물질을 생산해 낼 수 있다. 매 15분마다 각각의 생쥐 젖샘에서 특이적으로 생산되는 우유는 매일 4ml이다. 짧은 시간에 사람들은 형질전환된 동물들의 거대복제를 만들어 낼 수 있다.

80년 말 네덜란드의 GenePharming회사는 소의 수정란에서 유전자 약농의 목적으로 유전자 조작을 시작하였다. 목표는 소의 우유로 사람의 단백질인 **락토페린(lactoferrin)**을 대량 생산하는 것인데, 락토페린은 사람의 초유에 많은 단백질이다. 처음에는 2,400개의 수정란에 유전자 조작을 하였다. 이렇게 만들어진 수정란 중에서 128개가 정상 소에 이식되었다. 1990년 12월에 이식된 수정란에서 송아지가 태어났는데, 2살 무렵부터 락토페린을 생산해 주기를 바라던 송아지는 암컷이 아닌 수컷이었다.

어린 수송아지의 이름은 Hermann이었다. 1993년 3월에 네덜란드 정부는 형질전환된 수컷소의 정자

그림 8.22 사람 인슐린이 형질전환된 닭의 계란에서 생산된다는 것도 현실적으로 가능한 일이다.

Box 8.1 거대생쥐

보통 성장호르몬의 유전자발현은 생쥐의 경우(사람과 마찬가지로) 뇌하수체에서 조절이 된다. 그곳에서 호르몬이 생성되어 혈액으로 보내고 대뇌에 의해 조절된다. 그리고 생쥐는 뇌의 "적절한 조절"하에서 자란다.

브린스터(**Ralf Brinster**)의 기발한 아이디어는 다음과 같다. 생쥐의 성장호르몬의 조절이 뇌하수체가 아닌 다른 부분에서 되도록 하였고(예, 간조직) 또한 급격한 성장이 이루어지게 했다. 메탈로티오네인(**metallothionein**, 세포내 중금속의 농도를 조절하는 단백질)의 단백질 합성은 간에서 이루어지고 조직을 보호하는 차원에서 아연과 같은 중금속에 의해 생산이 유도된다. 이러한 유전자를 "현명한 조절자"로서 사용할 수 있을까?

만약 두 가지 종류의 유전자에 "시작코돈"(promoter)기능까지 보완해서(성장호르몬 유전자 + methallothionein 유전자 + methaoolthionein promoter) 생쥐의 배아에 삽입을 하게 되면, 적어도 성장호르몬유전자의 일부분은 간에서 발현되어 그곳에서 성장호르몬이 생성되는 것을 기대할 수 있다.

정제된 DNA를 현미경하에서 긴 관을 통해 난자의 핵 안으로 삽입하는 경우가 가장 직접적으로 외래유전자를 세포에 삽입하는 방법이며 또한 자체의 유전물질과 가장 혼합이 잘 된다. 생쥐의 경우에는 이러한 방법이 성공률이 높다.

먼저 성장호르몬유전자와 메탈로티오네인 유전자 그리고 그들을 유도할 수 있는 프로모터(promoter)를 준비한다. 준비된 유전자를 플라스미드에 삽입을 하고 세균을 사용해서 수백만 개로 증식을 시킨다. 증식된 유전자들에서 원하는 DNA 부분만큼 제한효소로 자른다. 오늘날 사람들은 PCR을 이용해서 증식을 시키지만 거대생쥐가 나올 당시에는 이러한 방법은 존재하지 않았다.

100~200배의 크기를 볼 수 있는 특수현미경하에서 배아 안으로 유전자들을 삽입한다. 배아의 분할상태는 명암대비와 밝기를 사용해서 알 수가 있다. 수정 후 8~12시간이 경과되면 두 개의 전핵(pronuclei)이 확연히 관찰된다. 정자로부터 유래한 웅성전핵이 난자로부터 유래한 자성전핵보다 크다.

수정란을 흡입유리관을 사용해서 고정시킨 후, 미세관을 통해서 50~500개로 복사된 유전자를 수정란의 웅성전핵에 삽입시킨다. 유전자가 삽입된 수정란이 모두 사는 것은 아니지만, 대략 60~80% 정도는 살아남는다.

임신 가능한 대리모생쥐들을 거세가 된 수컷생쥐와 교미를 시키는데 이는 호르몬의 주기를 따라서 대리모들이 마치 임신이 된 것처럼 속이는 것이며 그들의 본연의 수정란을 가진 상태는 아니다.

이식된 수정란은 대리모의 자궁에서 자란다. 태어난 생쥐들은 3주 정도 대리모와 함께 지내다가 분리된다.

태어난 생쥐가 형질전환이 된 쥐인가? 삽입된 유전자가 본래의 유전물질들과 융합이 되어 있는 것인가? 배아가 발생되는 동안 세포분열과 함께 DNA가 증식되었는가?

생쥐의 꼬리를 잘라서 조직테스트를 하면 이러한 사실들은 알 수 있다. 보통 PCR 방법으로 자손의 27%가 외래 DNA를 가진 것을 알 수 있고, 삽입된 DNA가 생식세포에서 다음 세대로 전달됨을 말해준다.

거대생쥐는 배아의 발달과 함께 적은 아연양에 노출되어도 건강하게 잘 자라는데, 그것은 메탈로티오네인 프로모터가 간세포에서 메탈로티오네인뿐만 아니라 쥐의 성장호르몬도 생산을 하기 때문이고 프로모터도 이 두 가지 유전자를 모두 활성화시키기 때문이다. 간에서는 호르몬의 분비가 대뇌에서처럼 조절이 되지 않고 호르몬이 과다 분비되어 생쥐의 발육을 지속적으로 자극한다.

전세계적으로 2,000마리에 해당하는 형질전환이 된 생쥐들이 연구자들에 의해 제작되었고 인간게놈에 대한 기능적 분석이 수월해졌다. 생쥐는 현재 관절염, 알츠하이머 그리고 심장 및 심혈관질환과 같은 인간의 질병에 대해 연구하기 좋은 모델로 사용되어 진다.

Brinster와 거대생쥐

Box 8.2 생명공학 역사:
***GloFish®*–최초의 형질전환 애완동물**

만화영화 어릿광대 물고기(clownfish) Nemo가 상영된 이후 미국에서는 작은 물고기가 인기를 끌었다. 형광 빛을 쪼이면 찬란히 붉은 빛을 띠는 어항물고기. 최초로 유전자 조작에 의한 애완동물이 생긴 것이다.

생명공학의 전성기는 대략 20세기에 시작되었다. 발광효소인 루시퍼레이즈(**luciferase**)의 유전자는 그 당시 담배 잎 세포 내로 넣었다. 기질인 루시페린(luciferin)과 넣어준 물이 반응을 하여 식물체 안으로 들어가서 루시퍼레이즈에 의해 산화가 되면, 유전자 조작(형질전환)이 된 식물은 녹색의 빛을 발한다. 담배제조업자들이 미래에 밤에만 일을 하거나 크리스마스 때 사용되어 혼자 빛을 발하게 하려는 의도는 없었다. 루시퍼레이즈 유전자는 식물의 어떤 부분에서 어떠한 유전자를 작동시키는지에 대한 표시자로서 연구자에게 더 많이 사용되었다.

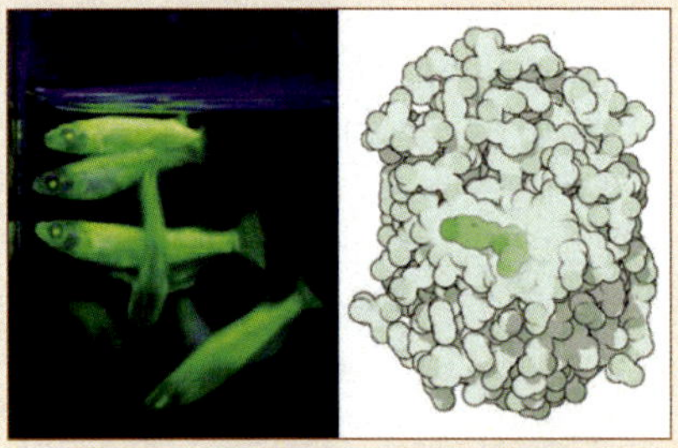

싱가포르에서 만들어진 형질전환 지브라피쉬. 이 물고기는 스트레스나 물속에 중금속 또는 성호르몬이 존재하면 발광을 하게 된다. 오른쪽: GFP분자, 중앙에 활성부위를 나타냄

형광단백질(**GFP**)은 UV 빛을 쪼이면 저 에너지를 가진 녹색 빛으로 변한다. 용액에 순수한 GFP가 포함되어 있으면 전깃불에서는 노란색을 띠고 햇빛에서는 강한 녹색을 띤다. 사람들은 항상 GFP를 사용하여 정확성을 확인했다. 예를 들어 단백질이 세포 안에서나 바이러스 내에서 어떻게 움직이는지를 관찰하는 것에 사용하였다. 만약에 GFP 유전자에 다른 유전자들을 달아서 삽입을 한다면, 정확하게 어디에서 기능을 하는지 추적이 가능하게 된다.

글로피쉬 *Glofish®*, 최초의 형질전환 애완동물, 자외선에서 붉은색을 발한다.

싱가포르의 연구가들은 인도의 갠지스강에서 살고 있는 검고 흰 얼룩무늬 물고기(*Danio rerio*)를 스트레스에서는 녹색이나 붉은색을 띠도록 유전자 조작을 하였다. 여성호르몬(에스트로겐)이나 수중에 중금속이 있을 때 빛을 발하게 하여 그 존재를 간단히 알아내었다.

일본인, 태국인 그리고 미국사람들은 이러한 "빛 아이디어"를 상품화하였다. 그들은 글로피쉬, *Glofish®* 라는 최초의 형질전환 애완동물을 만들었고 미국에서는 2005년 1월 이래로 *Glofish®* 한 마리당 5 달러에 팔렸다. 재빠른 시장의 상황은 많은 전문가들을 경쟁에 뛰어들게 하였다. 하지만 이 세 국가 중 어느 누구도 미국의 관청에 그것이 저지되기를 원하지 않았다. 공공연히 그 어느 누구도 그에 대해서 책임을 느끼지 않았다.

미국 환경보호국 EPA("기르는 물고기는 자연을 위협하지 않는다")는 미국식품의약국 FDA("기르는 물고기는 마약이 아니다")와 미국농무부 USDA("기르는 물고기는 음식이 아니다")와 마찬가지로 문제를 발견하지 못했다.

만약 이러한 허점이 메워지기를 원한다면, 불확실성과 많은 문제들이 남아있다. 예를 들어 형질전환 태평양 송어(성장호르몬 첨가)를 포함해서 다른 물고기들은 몇 년 전 부터 허가를 기다리고 있기 때문이다.

여기 한 가지 전혀 유전적인 기술과는 상관은 없지만 좋지 않은 예가 있는데, 아프리카의 빅토라아 호수에 나일퍼치(*Lates niloticus*)라는 육식어종을 좋은 의미에서 방생하였다. 이는 빅토리아 호수의 유명한 무늬가 있는 농어를 포함해서 호수에 있는 거의 모든 물고기 종류를 멸종시키거나 품질이 좋은 물고기를 볼 수가 없게 만들었다. 오늘날 아직도 점진적으로 진화하고 살아있는 자연 실험실이 쉽게 그리고 짧은 시간에 경쟁력이 뛰어난 외래종에 의해 파괴되고 있다.

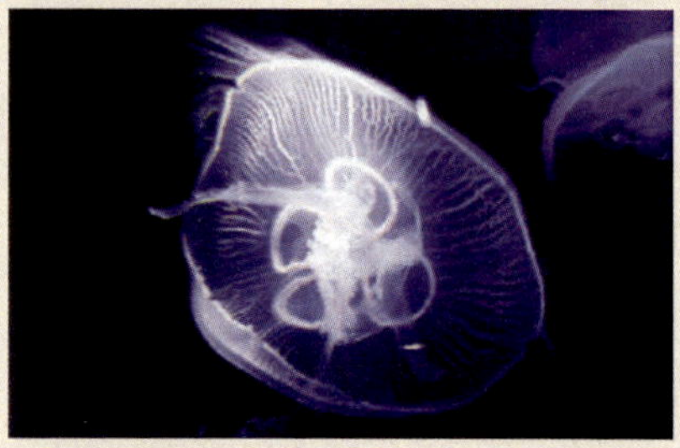

빛을 발하는 해파리

오랫동안 형질전환 물고기에 대해 연구해 온 미국 퍼듀대학의 과학자들은 일본 양식연어의 친척, 송사리(*Medaka, Oryzias latipes*)가 형질전환 수컷에게 현저한 장점이 있음을 알아내었는데, 이는 같은 종보다 4배에 가까운 횟수로 알을 수정시켰다. 과학자들의 컴퓨터 영상에서 지워질 즈음인 50세대가 지나면 자연에서 자란 야생종은 사라지게 될 것이다.

그림 8.23 얼룩무늬물고기(*Danio rerio*)는 인도의 갠지스강에서 유래하였고 생물학자들이 가장 애용하는 실험동물이다.

Box 8.2에는 그의 생명공학의 변화에 있어서 영향력이 서술되어 있다.

를 정상적인 암컷소에게 수정시키는 것을 허가하였고 1993년 말, Hermann은 새끼 송아지를 얻었다.

55마리가 태어났고 그 중에서 형질전환된 암컷은 8마리였다. 그 중 3마리는 죽었고, 나머지 5마리는 1995년 봄, 성장하여 정상적인 소와 교미하였다. 1996년 3월에 Hermann의 암송아지 딸들은 우유를 생산하기 시작하였다. 4마리의 Hermann의 딸들은 리터당 0.3~0.8g의 사람 락토페린을 생산하였다!

"소 락토페린"은 사람의 것과 유사하였고 철분흡수 및 장염에 대한 저항성을 개선시켰다.

염소는 아직도 연구중인 동물이다. 번식이 빠르고 소에 비해 값이 저렴하다. 항응고제는 이미 염소의 젖에서 성공적으로 생산되었다. 100마리의 염소는 한 해에 20억 달러에 해당하는 양을 생산하고 있다. 그렇다면 젖샘만이 "생물반응장치"로 사용이 가능한 것일까?

한 마리의 **닭**은 일 년에 평균 250개의 알을 낳는데, 흰자위에는 대략 3~4g의 단백질이 있다. 그중에서 일부분만 임상적으로 사용하더라도 생산적으로 가치가 있는데 항체를 만드는 실험에서는 이미 계란이 사용되고 있다(그림 8.22).

8.8 형질전환 물고기: 글로피시(*GloFish*®)에서 거대송어까지

사상가 노자(Laotse, 그림 8.24)는 다음과 같이 말했다. "한 사람에게 생선을 주었더니 그는 매일 만족하였다. 그에게 생선 잡는 법을 가르쳐 주었더니 평생을 만족하면서 살았다". 생선의 소비량은 급속도로 증가하여서 매년 8억 톤에 달하는 생선이 잡히는데, 지금은 많은 어장들이 위험에 처해 있을 뿐만 아니라(그림 8.30) 어획량도 감소되었다.

해양수산업계에서의 관심은 **"거대물고기(giant fish)**를 위한 다른 방법은 있을까?"이다. 지금 현재 매년 4억 톤에 해당되는 물고기가 양식장에서 키워지고 있다. 어린 무지개송어는 성장호르몬(salmon growth hormone)으로 키워지며 생선들은 몸 크기가 2배 이상으로 커졌다. 잡힌 수천 마리의 송어에 호르몬을 투여하는 것은 간단하지도 않을 뿐만 아니라 경제적으로 매우 부담스럽다. 그래서 사람들은 형질전환송어 만들기를 시도하였다.

물고기에 있어서 **유전적 변형(genetic modification)**은 포유동물에 비해 간단하다. 수정란을 체외에서 얻을 수 있어서 발생과정이 모태에서가 아니고 물속에서 관찰이 가능하다. 알들은 간단하게 얻을 수 있으며, 외래 DNA 삽입 후 다시 모태로 이식하지 않아도 된다. 또한 다른 종류의 동물에 비해서 난자도 많이 얻을 수 있고 동시에 많은 실험들을 연구할 수 있어서 연구기간도 단축될 수 있다.

물고기는 알이 커서 성장호르몬의 유전자를 삽입하는 것은 그렇게 어렵지 않다. 형질전환된 태평양 송어는 자연산 물고기보다 대략 10배 가량 크고, 각각의 송어보다는 37배 가량 크다! 자연산 송어는 그것과 비교하면 난쟁이에 불과하다(그림 8.28).

양식업자들은 맛과 모양 면에서 품질향상에 관한 법률을 원했다. 소비자들은 과거 야생동물들이 선명한 분홍빛을 가진 가재를 우선적으로 취하는 것과 같이 **연어**도 같은 색이기를 원했다. 노르웨이에서는 연어가 양식장에서 키워지고 번식되어 충분한 양이 생산된다. 오늘날 연어는 더 이상 비싼 고급음식이 아니며 일반인들도 쉽게 먹을 수 있게 되었다. 하지만 지금까지는 생산량의 목표가 유전학적 방법에 의해 많이 달라지지는 않았다. 하나의 특정적인 유전자를 삽입하고 그것으로 인해 빠르고 정확한 목표에 도달하는 것에 대한 가능성을 열어주었다. 이것에 더해 다른 종의 유전자를 사용할 수 있게도 되었다.

예를 들어 미국, 캐나다, 영국, 노르웨이 그리고 일본 등 다른 실험실의 경우에서는 지금까지 서로 다른 35종의 물고기 종류가 유전적으로 변형되었는데 송어와 잉어는 대서양연어 대신에 대체 물고기로서 주요부분을 차지한다. 이러한 점에서 어류생산에 있어서의 양식업은 전세계적으로 중요하다.

미래에 수산증식으로 생산되어야 할 해수어류, 대구, 가자미, 넙치는 이미 유전적으로 변형이 되었지만 아직 상업적으로는 이용되지 않고 있다. ***Tilapia***(틸라피아, 농어종류, 그림 8.25)는 유전적으로 변형되었는데, 아프리카에서 유래한 이 담수어는 열대와 아열대 지방에서 매우 중요한 어종으로 되었고 유럽으로도 수출되었다.

상업적으로 흥미로운 대상은 유전적 변형으로 인해 생산목표에 성공적으로 도달한 어류이며, 이러한 어류의 **"거대성장"**(그림 8.26)은 더욱 빨리 진행된다. 많은 계속적인 연구과제가 발전적 단계에 있음에도 불구하고 형질전환된 어류의 상품성에 대한 규제는 세워져 있지 않다. 여기에서는 무엇보다도 어류의 유전물질에 동화가 잘 되는 새로운 유전자를 찾는 것과 그에 대한 적합한 방법을 발전시키는 것이다.

처음에 사람들은 여러 종류의 동물(다른 종류의 어류, 쥐, 소, 사람)에서 유래한 **성장호르몬유전자**의 이식으로 어류의 거대성장을 "초자연적"으로 높이려고 했다. 이러한 경험들은 그보다 먼저 각종 고유한 성장호르몬유전자를 변형시킨 후, 원하는 성공적인 결과를 얻었다. 태평양에서 자라는 연어의

그림 8.24 노자, 그의 또 다른 이름은 Li Er. 공자시대(BC 551~479년)에 살았던 중국고대의 철학자

그림 8.25 탈라피아(*Tilapia*)는 농어의 대표되는 종으로서 아프리카와 요르단의 따뜻한 담수에서 살고 "성베드로물고기"라고도 한다. 단백질이 풍부한 음식으로서 사람들에게는 아주 인기가 좋다: 이 물고기는 키우는 것도 까다롭지가 않고, 번식력도 좋으며, 질병에 대한 저항성과 고품질의 육질을 가졌다.

그림 8.26 형질전환된 농어, 탈라피아(왼쪽)와 정상적인 물고기의 비교

그림 8.27 Norman Maclean은 사우햄스턴 대학에서 형질전환된 농어(*Tilapia*)와 송사리(*Oryzias latipes*)를 연구하였다.

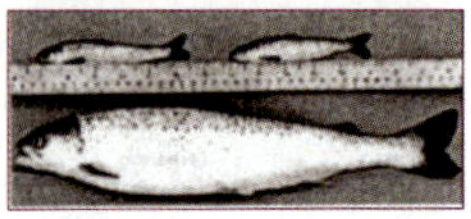

그림 8.28 자연산 송어(위), 형질전환 된 태평양 송어와 형질전환 되지 않은 정상적인 송어의 비교(아래)

그림 8.29 싱가포르대학의 휴(Choy L. Hew)교수는 형질전환된 부동–물고기(antifreeze fish)에 대해 연구하였고 지금은 Norman Maclean과 함께 농어, 틸라피아에 대해 연구하고 있다.

그림 8.30 물고기 남획으로 몸살을 앓고있는 산호초 지대. 한편으로는 시안화물 및 다이나마이트와 같은 불법적인 방법이 사용된다. 이렇게 잡힌 물고기들은 홍콩의 레스토랑에서 팔린다.

그림 8.31 유전자 제거 생쥐

성장호르몬유전자를 아틀랜타에서 자라는 연어에게 이식을 시키면, 겨울에도 성장호르몬이 분비가 될까? 예전처럼 봄이나 여름에만 자라는 아틀랜타 연어는 일 년 내내 자란다. 이렇게 유전적으로 변형이 된 연어는 성장이 빨라 성체의 무게에 빨리 도달하게 된다(그림 8.28).

어류 보관통이나 양식장 바닥은 세균과 바이러스로 인해 물고기가 많이 들어 있을 때는 특히 질병이 빠른 속도로 전파된다. 유전적 방법으로 만들어진 **내성(resistance)**을 가진 어류는 양식업자에게는 매우 의미가 있다. 어류의 질병에 대한 저항성을 높이는 방법은 먼저 적합한 저항성유전자를 찾는 것이며 그것을 어류에 도입시키는 것이다. 다른 방법은 어류에서 세균을 분해시키는 라이소자임(lysozyme, 2장 참조)효소의 생산을 촉진시키는 것이다.

1974년 뉴펀들랜드 대학에서는 넙치류가 담긴 탱크가 얼어서 200통에 해당하는 대부분의 생선들은 얼어 죽었고 그것을 연구하는 젊은 중국인 교수 **휴(Choy L. Hew**, 그림 8.29)의 실망은 컸었다. 그는 얼은 생선들을 그의 동료들에게 나누어 주었는데 그 일은 하루 종일 소요되었다. 죽은 생선들을 분리하던 중 그는 얼음 속에서도 살아남았던 몇 마리의 살아 있는 생선을 발견하게 되었다.

그 후 Hew는 그것의 원인을 알아내었다. **부동단백질(antifreeze protein)**은 어떤 특정한 어류에 있는데, 추위에 대하여 보호를 해준다. 이러한 단백질과 연관된 유전자를 찾은 후 과학자들은 이 유전자를 연어에 도입을 하였다. 사람들은 이러한 방법으로 연어도 어는 온도에서 보호되기를 희망하였다. 휴는 오늘날 싱가포르 대학에서 유전변형 어류를 생산하고 있다.

연어는 이러한 "냉동방지단백질유전자" 삽입으로 추위에 잘 견디고, 다른 양식어류의 경우에는 수확량이 높아졌다. 양식업자들의 목표는 지금까지는 겨울의 차가운 바닷물 온도조건에서는 살기가 불가능한 연어를 양식하여 생산성을 높이는 것이었다.

일반적으로 **형질전환 물고기**에 대한 생태학적 견해는 고려되어야 한다. 사람들은 물고기가 양식장소로부터 빠져나가는 것과 그것들이 통제가 되지 못하는 상태에서 확산되는 것에 대해 대책을 세워야 한다. 빅토리아 호수의 나일강 농어(*Nilperch, Lates nilotes*)는 그 호수에서 살고 있던 고유어종들(cichlid) 멸종의 원인이었으며, 결국 호수에 살고 있던 반 이상의 종들이 멸종되었다.

원하던 원하지 않았던, 형질전환 물고기가 **방출**되면 이미 존재해 있는 자연집단을 말살할 수 있다. 날씨로 인해서 물고기들이 양식장으로부터 탈출하는 것을 제재한다는 것은 불가능하다. 그래서 새로운 연구들이 활발히 전개되는데, 형질전환 물고기의 변형유전자가 다른 곳에서 확산되지 않게 하는 것이었다.

그와 반대로 인구밀도가 높은 개발도상국가에서는 형질전환 소나 돼지를 방목하는 것이 그렇게 간단하지 않다. 동물들은 간단한 우리에 가두어져서 키워지고 먹히는데, 예외는 있다. 접근하기가 어려운 갈라파고스섬에서 방목되고 있는 돼지는 다윈이 감격을 했던 유명한 거북이의 알들을 모두 먹어버렸는데 그전까지만 해도 그 거북이들은 갈매기 이외에는 천적이 없었다.

일본과 미국에서는 단 5달러에 싱가포르의 과학자들에 의해 발명된 자외선에서 형광색의 빛을 발하는 **유전자조작이된 얼룩무늬**의 물고기를 구매할 수 있다. 그것을 글로피시(*GloFish®*)라고 하는데 형질전환된 최초의 애완동물이다(Box 8.2). *GloFish®*는 유전물질에 적색의 형광을 띠는 단백질(**red fluorescent protein, RFP**)을 가지고 있다.

*GloFish®*는 열대의 얼룩무늬인 지브라피시(*Danio rerio*)에 추가적으로 적색 형광물질(*Aequorea victoria*, 발광해파리)을 발하는 유전자를 가졌다. 평소에는 얼룩에 검은 은색을 띄지만 유전자 조작이 된 *GloFish®*는 적은 양의 빛에서도 불타는 적색의 빛을 발한다. 원래는 국립 싱가포르대학에서 빛이 나는 물고기를 자연환경오염 대비책으로 사용하기 위해 발명을 하였는데, 이렇게 처음 만들어진 유전자조작이 된 물고기는 독성이 있는 물에서 헤엄을 치게 되면 녹색이나 적색으로 변하였다.

유전자조작 원숭이, 앤디(ANDi)는 2000년도에 완성된 형광물질의 유전자가 이식된 최초의 영장류인데, 앤디의 의미는 **삽입된 DNA(inserted DNA)**의 약어를 뒤집어서 된 말이다. 여기에서 GFP는 세포내에서 발현이나 위치를 쉽게 확인할 수 있는 표지자인 "Reporter protein"으로 작용하였다. 이것은 유전자가 성공적으로 삽입이 되었음을 말하며 활성되었다는 의미는 아니다.

돼지의 경우 2003년도에 성공을 거두었다. 30마리의 새끼돼지가 우리에서 희미하게 빛을 발하는 것을 뮌헨의 생식학자인 **울프(Eckhard Wolf)**와 약학자 **파이퍼(Alexander Pfeifer)**가 발견을 하였다. 발광 유전자삽입은 렌티바이러스를 이용하였는데(Box 8.3) 이것으로 Gene Pharming이 시작되었다.

이런 감격 속에서도 **윤리적 이념**은 항상 고려할 부분이었다. 형질전환된 소, 양 또는 염소에서 나온 유제품을 사용하는 것이 당연히 생쥐에서 젖을 짜는 것보다 간단하였다.

여러 종류의 약품들이 이미 35g/L의 우유로부터 나온 것에서 생산되었다. 이러한 생산품들은 우유에서 분리를 하거나 직접 우유를 마시는 것이었다. 생산량이 뛰어난 젖소의 경우 일 년에 대략 10,000L의 우유를 생산한다. 이러한 양은 미국에서 혈액과 관련된 질병을 치료하는 데에 필요한 활성인자 VII을 만드는 양에 달한다(120g). 하지만 이러한 생산방법은 아직 허가되지 않았다. 희망사항 제품들은 인슐린, erythropoietin(EPO, 9장 참조), 피브리노겐, 헤모글로빈, 인터류킨-2 (interleukin-2), 성장호르몬, 항체생성 등이다.

이제는 형질전환 동물이나 그것의 부산물 또는 형질전환식물(7장 Box 7.7 참조)과 같은 것을 가지고 누가 먼저 "Gene Pharming"에 뛰어드는지를 기다리는 일만 남았다.

8.9 유전자제거 생쥐

생쥐는 일 년에 8번 정도 출산을 하며 매 번 3~8마리 새끼를 낳는다. 태어난 지 4~6주 후에는 임신을 할 수 있으며 2년 정도 생존한다. 한 마리의 생쥐가 대략 150마리 정도의 자손을 낳는데 이러한 이유로 인해 생쥐는 실험용 동물로서는 최적의 조건을 지녔다.

신체에 털이 나게 하는 유전자가 없는 누드쥐는 **유전자제거 생쥐(knock-out mouse)**이다(그림 8.31). 중요한 인간 질병 연구에서, 예를 들면 중증면역결핍증(SCID, severe combined immune deficiency), 암, 고혈압 연구에서 유전자제거 생쥐는 큰 공헌을 하였다. 5,000가지보다 더 많은 인간 질병이 유전자 결함 때문에 발생한다.

유전자 타겟팅(gene targeting) 기술에서는 표출되는 형태를 관찰하기 위해 목표가 되는 한 종류의 유전자를 제거하는데, 제거된 유전자가 어떠한 기능을 하는지 알 수 있다. 인간 유전자의 99%가 생쥐의 그것과 일치한다는 것은 대단한 정보가 아닐 수 없다.

특정 기능을 하지 못하는 유전자(**Knockout gene**)를 배아줄기세포에 주입하는데 이것은 그전에 한 부분의 DNA를 잘라내거나 또는 기능을 하지 못하는 유전자와 교환을 시킨 것이다. 이렇게 삽입된 유전자는 생쥐의 게놈에서 해당되는 부분과 생리학적으로 서로 섞여서 혼성이 된다. 지금까지는 상동재조합(homologous recombination)의 성공률이 낮았다. 조작된 배아줄기세포가 생쥐의 난자에 주입되어서 그것들이 서로 혼합된 후, 수정란을 대리모에 이식하였다. 생쥐들을 계속해서 번식시켜 knock-out된 유전자가 자손에게까지 성공적으로 전달되는지를 관찰하였다. 초기에는 각각 두 복사체(하나는 정상이고 다른 하나는 활성이 없는)로 시작되었기 때문에 특정 유전자를 가진 생쥐는 혼합형으로 태어난다. 다른 혼합된 것끼리 다시 교미를 시키면 기능을 상실해야 할 단백질이 생산되지 않는 동형접합체가 태어난다. 이렇게 완전히 유전자가 제거된 생쥐를 얻기 위해서는 필히 두 세대에 걸쳐서 교차교배(crossbreeding)시켜야 한다(그림 8.31).

이러한 유전자제거 생쥐들은 예를 들어 인간의 낭포성 섬유증(mucoviscidosis, cystic fibrosis 또는 점액성 점착증이라고도 함) 연구에 상당한 공헌을 하였다. 낭포성 섬유증은 유럽에서는 가장 많이 퍼져있는 유전병인데 2,000명 정도의 신생아들에

그림 8.32 형질전환 돼지는 이종장기이식을 위해 장기들을 만들어낸다.

그림 8.33 유명한 큰 코: 프랑스의 계몽선구자이며 자유사상가이고 결투를 좋아하는 장교, Cyrano de Bergerac(1619~1655)는 "조직공학" 부분에서 가장 많은 도움을 받을 수 있었고 또한 많은 슬픔을 줄일 수 있었을 것이다.

그림 8.34 하나의 제시: 조직공학을 이용해서 만들어 이식될 새로운 코의 제작

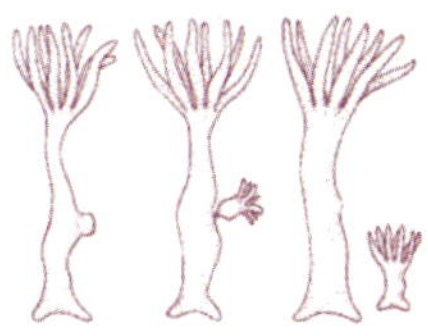

그림 8.35 히드라는 출아법으로 번식을 한다.

Box 8.3 독일의 동물복제에 대한 전문가의 생각

1998년 12월 23일 뮌헨에서 "우시(Uschi)"가 태어났다. 우시는 돌리가 성인 동물의 세포에서 복제가 되었던 것처럼 유럽에서 최초로 복제된 송아지였다.

유럽에서 최초로 복제된 송아지, 우시(Uschi)

핵치환 복제기술이란?

보통 핵치환(nuclear transfer)이라는 것은 간단한 기술이다. 설명하자면 공여자 세포내의 핵을 이미 핵이 제거된 난자에 옮기는 것을 말하는데, 이것에서 배아가 발생하는 것이다. 여기에서 특별함이란 어린양 돌리뿐만 아니라 송아지 우시도 유방세포의 핵에서 만들어졌다는 것이다.

현재의 생식학자들은 우리에게 핵이식방법 이후 아직도 완전히 이해하지 못한 어떤 환상적인 것이 생겨났다고 하였다. 지금까지 유방에서 그의 기능을 충실히 행한 유선세포핵이 다시 재프로그래밍이 되었던 것이다. 그 세포는 변신을 하였고 나중에 다른 기관의 기능을 하기 위해 다시 프로그램을 작동시키는 "회춘"한 세포핵으로 되었다. 이때 본연의 유전적 프로그램은 잠시 중단이 되었고 복잡한 메커니즘을 통해서 다시 작동을 시작하였다. 인공적으로 발생한 수정란과 세포핵은 하나의 융합체로서 작동한다–비교하자면 난자가 수정 후 진행되는 과정을 말하는데 이러한 것은 무엇보다도 핵이식의 성공여하에 달렸다.

세포생물학자들의 달라진 견해

에딘버러에 있는 로젤린 연구소의 선구적인 실험은 어떤 특정한 조건하에서 성인동물의 세포로부터 핵이식이 진행되는 것을 처음으로 보여주었다. 유방세포로부터 복제양 돌리가 만들어진 성공적인 실험은 세포생물학자의 핵심적인 생각, 즉 배아에서만이 완전한 기관이 생성된다는 견해를 뒤집는 것이었다. 많은 유명한 과학자들 역시 이러한 일에 대해 많은 의구심을 가졌다. 지금은 이러한 의구심들이 여러 종류의 동물 종에서 여러 번의 성공적인 실험으로 거의 사라졌다. 일본, 미국, 뉴질랜드에 있는 연구소 외에도 뮌헨의 연구소에서는 1998년에 이미 성인동물의 세포를 가지고 핵이식을 통한 복제가 성공적으로 이루어졌다. 93개의 융합된 난자는 32개(34%)가 포배기까지 진행되어, 대리모에게 이식이 되어도 좋을 충분한 상태가 되었다. 연구자들은 2마리에게 단지 4개의 배아만을 이식하였다. 두 마리 모두가 임신을 하였는데, 그중 한 마리는 5개월째에 유산을 하였고 태아에서는 병리적인 변화는 찾아볼 수 없었다. 단지 어미와 태아 사이에 태반의 연결에 문제가 있다는 특이한 점이 있었다. 다른 임신한 소는 아무런 문제가 없었고 건강한 송아지를 탄생시켰다. 우시, 첫 번째로 독일에서 탄생한 복제소로서 지금까지 정상적으로 성장하고 있다. 그 사이에 우시는 두 마리의 송아지를 탄생시켰다.

생식에서의 생명공학 –생산율 실현의 빠른 열시

동물들의 형질유전에 대한 사람들의 지식은 지금까지는 항상 동물을 겉으로 봐서 알 수 있는 것, 즉 표현형에 따라야만 했다. 유전학적 방법은 지금부터 직접적으로 유전물질을 알아볼 수 있게 그 길을 열었다. 유전자분석의 목적은 가치있는 유전적인 요소를 알아내고 그것이 육종을 위해서 선택되어 사용할 수 있게 유전물질의 구조적, 기능적인 구성을 정확하게 이해하는 데 있다.

이러한 것은 단지 한 면만을 본 것이다. 의미가 있는 유전자형을 직접적으로 인식하여 가능한 최대로 이용하기 위해서는 목표까지 도달하는 출산율을 증가시키는 것인데, 이때 유전적인 장점을 가진 동물이 필수적이다. 축산업에서는 이미 50년대부터 인공수정을 시행해오고 있다. 이것은 양육되어지는 소의 질을 좋게 하였다. 생명공학의 배아이식기술(ET, embryonic transfer)로 암컷의 질도 좋게 만드는 것이 가능해졌는데, ET기술은 유전적으로 가치있는 공여자의 자궁에서 호르몬에 의해 자극을 받은 난자를 수거하여 수여자에게 이식해서 배아를 발생시키는 방법이다. 그러나 이러한 방법은 매우 힘들고, 비용이 많이 들며 종종 효과가 떨어진다. 그래서 대체방법이나 보충시키는 방법을 혼성하여 사용해서 ET기술을 계속 사용하게 하였다.

소의 체외수정(IVF, *in vitro* fertilization)은 도살된 소의 난소에서 난자를 얻어서 배양을 하여 수정을 시킨 후 6~8일 동안 이식이 가능한 상태까지 배양한다. 소에서의 IVF는 기술적인 의미가 있는데, 유전적으로 가치가 있거나 나이가 들거나 또는 다른 이유에 의해 도살되어야 하는 동물은 물론 멸종위기에 처한 동물들을 다시 태어나게 하는 방법이다.

더 많은 양의 난자들이 살아있는 소에서 분리되고(OPU, ovum pickup) IVF에 의해 소의 배아가 이식되었다. 이렇게 얻어지는 난자들은 부가가치가 높은 가축의 숫자를 추가적으로 더 높게 해주는 중요한 생명공학기술이 되었다.

복제: 동물사육에 있어서 생명공학의 지속성

복제기술은 아직 기초연구 단계에 있다. 진행형이다. 이러한 생명공학이 동물사육을 위해서 일반적으로 사용되기 이전에, 생물학적 메커니즘이 적어도 지속적으로 이해가 되어야 한다. 그렇지 않으면 이것은 단지 임신 또는 복제에 의한 송아지의 문제점들만이 해결이 되는 것이다. 연구의 핵심적인 부분은 완벽한 유전적인 프로그램이 보장되는 것으로서 핵 공여자의 동질성과 수여자의 난자세포에 있다. 또한 복제된 소의 배아를 위해 최적의 배양조건에 대한 실험은 지속적으로 행해져야할 중요한 부분이다.

핵이식 복제기술은 기초연구(그림 8.42)에 있어서 첫 번째로 흥미있는 것이고 동물사육에 이용되는 전망에 대해서는 의심의 여지가 없다. 배아복제에서 진행이 잘 되고 있는 복잡한 재프로그래밍에 대한 메커니즘이 세계적으로 수많은 연구가를 감탄시켰다. 핵이식에 의한 복제는 후생학적 메커니즘(epigenetic mechanism)이해를 위한 탁월한 모델로서 제공된다.

생명공학에 있어서 복제는 무엇보다도 목적이 있는 유전자의 이식이 흥미 대상이다. 지금까지 사람들은 가축의 유전자 이식을 위해 이식하고픈 유전자를 여러 개 복제하여 수정란에 주입을 하였다. 이러한 방법은 매우 효과적이지 못한데, 주입이 된 난자의 극소수만이 전달된 정보를 그들의 염색체 내로 받아들였다. 사람이 원하는 유전자나 또는 변화시켜 이용할 수 있는 유전자를 가진 1~2 마리의 송아지를 얻기 위해서, 백 개가 넘는 수정란에 유전자를 삽입해야 했다.

사람들이 복제기술을 시작한다면, 유전자 전달의 첫 번째 단계는 세포배양에서 진행이 된다. 먼저 원하는 정보가 정확하게 삽입된 세포를 골라서, 그의 핵을 이미 핵이 제거된 세포에 주입을 하고 배아로서 발전시킬 수 있게 한다. 배아를 수여자 동물에게 이식시키면 형질전환된 송아지가 만들어진다.

어떤 목적 하에 유전적으로 변형된 세포로부터 나온 돼지의 복제는 무엇보다도 이종장기이식을 위한 조직공급자로서 변형이 된 것이다. 이것의 예로는 돼지조직의 피부에 기본물질로서 존재하는 당 성분을 유전적으로 제거하였다. 돼지의 조직에서 나오는 당 성분은 영장류에 대한 거부반응을 일으키는 것으로 복잡한 거부반응의 캐스케이드(cascade) 때문에 이식도 첫 번째만 효능이 있는 것이다. 이종장기 이식이 조금 더 오래 지속할 수 있게 하기 위해서는 다목적 형질전환돼지의 생산이 필수적이며 이것에는 여러 가지 기술이 합쳐져야 한다. 이것을 위해 우리는 매우 효과적인 방법을 개발하였다.

성공적인 이식의학

우리는 약대에서 근무하는 파이퍼(**Alexander Peifer**)와 함께 외래유전자를 성공적이고 효과적으로 고등동물의 유전자 내로 삽입하여 형광 빛을 발하는 돼지를 얻는 데 성공하였다. 동물세포 내로 외래유전자를 집어넣기 위해 바이러스를 사용하였고 외래유전자로는 표지자로 적합한 형광단백질 유전자(GFP, Green Fluorescent Protein)를 사용하였다. 여러 횟수를 거듭하여 태어난 돼지 새끼에서는 활성을 띤 GFP유전자가 거의 모든 조직에서 나타났고 다음세대에서도 유전물질이 전달되었다. 이것은 우리가 원하는 유전자를 삽입하는 것에 한걸음 더 나아가는 것이며, 사람에게 동물의 기관을 이식하여 사용할 수 있게 동물에게 원하는 형질을 부여하는 것과 연결되는 것이었다. 원하는 유전자를 삽입함으로써 조직은 면역체계로부터 자유로우며 조직을 받는 어느 누구에게나 적합하게 되는 것이다.

종이 다른 유전자의 절편을 고등동물의 세포로 삽입하는 것이 지금까지는 성공률이 높지 않았다. 대부분의 사람들은 유전물질을 미세주입방법(microinjection)으로 배아에 삽입을 하였는데, 이것은 매우 어렵고 성공률도 매우 낮았다.

외래유전자 운반자로 바이러스를 사용하는 것은 대체 방법을 양자택일 하였을 때 가치있는 선택이다. 그것들은 동물세포 내로 삽입이 되는 능력을 가지고 그곳에서 감염되는 조직의 DNA와 함께 섞이게 된다. 그러나 지금까지 이러한 방법은 가끔 세포의 바이러스 유전물질이 어떤 이유에 의해 작동이 정지되어 더 이상 활성화되지 않아서 종종 실패하였다.

Peifer의 실험실이 있는 약대에서는 이러한 문제를 현대적인 바이러스기술로 해결하였다. 그들은 렌티바이러스(lentivirus)를 아주 이른 시기에 해당되는 돼지수정란에 주입하였다. 모두 46마리의 새끼들이 태어났고 32마리, 70%에 해당하는 돼지가 GFP유전자 양성(positive)이며, 30마리의 돼지들 즉, 94%가 활성을 띠었다. 정말로 모두 조직에서뿐만 아니라, 줄기세포에도 빛을 발하였고 또한 태어나는 돼지의 세대로도 전달되었다.

우리들은 계속해서 외래 DNA가 돼지의 특정한 조직에서만 활성을 띠는지를 실험하였는데 배아에 다시 GFP유전자와 사람의 특정한 피부세포에서만 발현이 되는 유전자 일부분을 함께 삽입하였다. 실제로 GFP유전자가 다시 돼지의 모든 조직에서 발현이 되었는데, 이 때는 피부조직에서만 활성이 되는 것을 발견하였다. 그 사이에 이러한 실험들은 소에게도 실행되었다.

치료복제와 생식복제

"치료가 목적인 복제인가 아니면 생식을 위한 복제인가"에 대하여 뜨거운 논쟁이 일었다. 그것들은 이미 나의 관점으로서는 정확하게 분리를 할 수가 없는데, 그것은 포배기(수정 후 7일이 지날 시기)가 형성될 때까지 모든 순서가 거의 동일하기 때문이다.

분리되는 관점은 사람들이 배아를 가지고 무엇을 하느냐에 달렸다. 다분화능(pluripotent)의 세포를 만들기 위해 세포배양을 할 것인지 아니면 한 여성이 배아가 적당한 시기가 되어 자궁내로 이식을 하여서 아이를 갖기 위한 것인지이다.

적당한 문제해결은 법적으로도 조절이 가능한데, 무엇보다도 극단적인 경우들은 사전에 계획되어야 한다. 치료목적에서의 복제는 장기적 관점에서 인간복제를 위한 것으로도

형질전환 돼지. 돼지에게 렌티바이러스를 이용해서 GFP유전자를 주입했다. 돼지는 녹색의 빛을 발한다.

가능하다. 어떤 특정한 모임의 산부인과 의사들이 조만간 인간개체목적의 복제를 치료목적의 복제에 대한 특별한 사항–불임환자에 대한 의료행위–으로 해달라고 요구할 것이다.

독일에서 배아보호법이 실질적으로 시행되는 것과 같이 나도 역시 치료목적의 복제에 대해서는 반대한다. 세포대체 치료법을 위한 모든 다른 가능성이 제시되는 그날까지.

Eckhard Wolf는 뮌헨대학에서 분자학적 동물사육과 생명공학의 주축을 이룬다.

Box 8.4 생명공학 역사:
"복제학(Clonology)"

복제 연대학(Hwa A. Lim의 저서 「*Sex is good, why clone?*」에서 복제학이라 명함)은 독일의 발생학자 헤드윅(**Oskar Hertwig**, 1848~1922)의 단성생식(처녀생식)으로 시작되었다. 그는 스트리크닌(strychnine, 신경흥분제)이나 클로로포름(chloroform)을 성게에게 뿌린 후 알들이 정자도 없이 발생하는 것을 발견하였다.

러브(**Jacques Loeb**, 1859~1927)는 3년 후에 실험을 다시 재현하였는데 1900년 그는 미수정란 개구리알에 침을 사용하여 발생을 유도하였다. 1936년 핀커스(**Gregory Goodwin Pincus**, 1903~1967)는 토끼의 난자를 온도쇼크 방법으로 발생시키는 데 성공하였다. 영장류의 단성생식은 2002년 초 시벨리(**Jose Cibelli**)가 Buttercup이라는 이름의 짧은꼬리 원숭이(macaque)를 만든 것이 처음이었다.

Paul Berg는 처음으로 성공적으로 유전자를 복제하였다. 후에 그는 DNA실험은 통제 하에서 진행이 되어야만 한다는 모라토리움(moratorium)을 주창하였다. 1980년 노벨상을 수상하였다.

유전자의 복제는 1972년 스텐포드대학의 버그(**Paul Berg**), 코언(**Stanley Cohen**), 장(**Anni Chang**) 그리고 UC 샌프란시스코의 보이어(**Herbert Boyer**) 그리고 헬링(**Robert B. Helling**)에 의해 진행이 되었다(3장 참조). 세균에 삽입이 된 외래 DNA는 1억 배로 늘어날 수 있는데, 이것들은 복제되었다고 말한다.

제니쉬(**Rudolf Jaenisch**, Salk Institute, La Jolla)는 사람의 DNA절편을 생쥐의 수정란에 주입하였는데 이는 사람 DNA절편을 생쥐에서 생산하려는 목적이었다. 이러한 수여생쥐는 계속해서 자손에게 유전물질을 전달하여서 형질전환생쥐가 탄생한 것이다.

2년 후, 1978년 7월 25일, 브라운(**Louise Joy Brown**)이 탄생했다. 아기 브라운은 역사상 최초의 시험관아이이며, 영국의 의사인 **Bob Edwards**와 **Patrick Streptoe**는 체외수정(IVF, *in vitro* fertilization)의 창시자로 기록되었다.

복제는 공식적으로 항상 논쟁의 대상이다.

1983년 멀리스(**Kary Mullis**, 10장 참조)는 PCR(중합효소연쇄반응, polymerase chain reaction)이라는 DNA 또는 RNA절편을 1억 배 만큼이나 증폭시키는 방법을 개발하였다.

윌라드슨(**Stee Willadsen**)은 1984년 미성숙된 양의 난자를 사용해서 아기 양을 생산했다. 그는 일 년 뒤 대량의 소를 복제하기 위해 Grenada Genetics회사로 옮겼다. 배아로부터 태어난 동물들은 성교에 의해서 수정이 되기 때문에 유전적으로 양쪽 부모로부터 유전물질을 받는다. 1995년 윌멋(**Ian Wilmut**)과 캠벨(**Keith Campbell**)은 양의 체세포에 있는 핵을 빼어서 휴면기에 있는 양의 배아로 이식을 하였고 1996년 돌리가 태어났다.

와카야마(**Teruhiko Wakayama**)는 1998년 하와이에서 소위 호놀룰루 기술을 개발하여, 여러 세대가 지나도 유전적으로 동일한 생쥐들을 만들었다. 일본의 Kinki대학에서는 한 마리의 소에서 8마리의 송아지가 복제되었다. 1998년 독일에서 복제송아지 Uschi가 탄생했고(Box.8.3) 1999년 한국에서는 난자에 핵을 이식하여 얻은 배아가 4세포기까지 발생하였다. 이러한 실험들은 윤리적이나 법적인 고려로 인해서 이식을 하지 않고 종결하였다.

동일한 시기에 텍사스 A&M 대학에서 21살의 브라만 수컷소(Brahman) Chance에 의해 Second Chance 송아지가 태어났다. 이것이 지금까지 가장 늙은 복제동물이다. 2000년에 인도산 암컷 붉은털원숭이, 테트라(Tetra)가 복제를 통해서 만들어졌고, 일본과 스코틀랜드에서는 돼지가 복제되었다.

스티스(**Steve Stice**)는 2001년에 소의 복제성공률을 세 배로 높였다. 그는 피부나 신장세포를 이용하였는데 처음으로 사람들은 도살 후 48시간 지난 소의 세포를 사용하였다.

경주말 Haflinger 종인 Prometea는 2003년 이탈리아에서 피부세포를 이용해서 복제되었다.

위: 복제 돼지, 아래: Second Chance, 21살의 브라만 수컷소 Chance로 부터 세포핵을 받음. 브라만 수컷소는 고환수술로 인해 생식기능을 상실하였다.

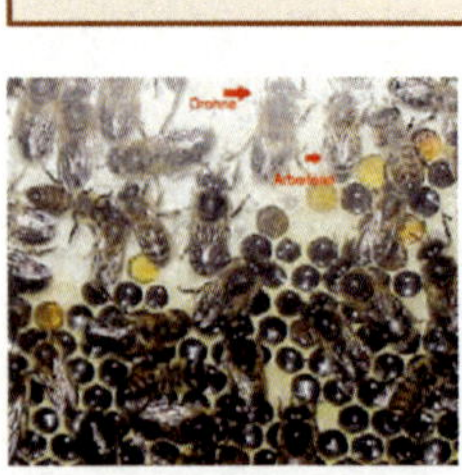
그림 8.36 수벌은 미수정된 난자의 단성생식(처녀생식)에 의해 생겨난다.

게 나타나고 대략 20명에 한 명꼴로 유전자가 결실되어있다. 환자들은 폐에서 점액성 물질이 과다하게 생산되어, 폐렴과 같이 호흡곤란을 유발한다. 지금까지 이에 대한 치료제는 없다. 이러한 실험방법을 통해서 암유발 유전자를 제거하는 것을 기대해 본다.

8.10 이종장기이식

이식할 수 있는 장기의 수요가 급증하고 있다. 미국에서는 65세 이하의 45,000명의 사람들이 심장 이식을 위해 기다리고 있지만 겨우 2,000명 정도의 환자만이 이식이 가능하다. 수요는 늘고 공급은 늘어나지 않는다. 그래서 동물이나 세포배양에서 키워진 **이종장기**(**xenologous organ**)에 대한 관심이 증가하고 있다.

돼지는 동물에서 사람으로 전해지는 이종이식(크기, 생리적, 형태적인 면에서)에 가장 적합하다(그림 8.32). 그러나 가장 근본적인 문제는 면역체계에서의 거부반응이다. 사람의 항체가 돼지 장기의 표면 항원을 좋지 않은 외부의 물질로 인식하여 반응을 일으킨다. 유전공학은 이러한 면역반응체계를 제거하였는데 첫 번째 형질전환 돼지 "아스트리드(Astrid)"는 1992년 9월에 태어났다. 이 돼지는 인간의 면역방어 조절물질을 생산하여 이식된 장기를 즉시 "외부" 물질로 인식하지 않게 하였다. 스코틀랜드의 PPL제약회사에서 발명된 최초의 형질전환 돼지는 이종장기를 위한 것이었고, α-1,3 galactosyltransferase를 "비활성화" 시킨 것이었다. 이 유전자는 돼지세포 표면에 있는 당(항원)을 구성하는 효소이다.

이 당은 면역반응에 중요한 역할을 하는데 만약에 이 당이 없다면, 수여자에게 조직이 이식되었을 때 공여자의 조직이 떨어져 나가는 확률이 낮아진다.

그래도 30~60일까지 돼지의 심장을 이식한 유인원은 살았다. 형질전환되지 않은 정상적인 심장은 이식이 된 후 몇 분 내로 수여자의 면역반응에 의해 공격을 받았다. 수여자는 이식을 받은 후 면역억제제(사이클로스포린, cyclosporin 4장 참조)를 복용해야 했다.

이종장기이식에 있어서 매우 **위험한 요소**는 동물바이러스(돼지레트로바이러스, PERV바이러스, porcine endogenous retrovirus)인데, 이는 돼지에게는 무해한 것이지만 장기이식을 통해서 사람에게 옮겨질 경우에는 생명에 치명적인 결과를 준다.

유전자적중 돼지(인슐린을 생산하지 않는 돼지)로부터 사람 인슐린을 생산하는 돼지의 췌장을 중증 **당뇨병 환자**에게 이식하는 것도 기대해본다.

조직공학(**tissue engineering**)은 이러한 위험성을 감소시킬 수 있다. 예를 들어 사람의 코뼈세포를 중합체 골격과 배양할 수 있다. 면역반응에 대한 문제성 때문에 코뼈의 재료는 본인의 물렁뼈로 하는 것이 최상이다. 이로써 사람의 코뼈가 형성되어 이식이 가능해진다(그림 8.33, 8.34).

8.11 복제는 쌍둥이 대량생산이다

"클론"이라는 말에 대부분의 사람들은 생소함을 느낀다. 그리스어 "klon"은 자손 또는 잔가지의 의미이다.

모든 과수원에서는 과일나무를 접지하거나 가지가 뿌리를 내리면 옮겨 심는다. 생식을 통하지 않는 자손번식을 사람들은 생물학에서 무성생식이라고 한다.

나뭇잎 진딧물은 번식의 제왕이며 수컷 벌들은 미수정난에서 깨어난 무법자들이다(그림 8.36).

고등동물일수록 무성생식을 통한 번식의 기회가 낮다. 짐작컨대, **암수에 의한 번식**(sexual reproduction)은 새로운 주변 환경에 대한 적응으로서 진화에 결정적인 장점으로 되었는데 짝짓기를 통해 경쟁에 의해 가장 적응을 잘하는 파트너를 선택하게 되었다. 다른 면에서는 생식세포 형성 시 유전물질이 다시 분류가 되는 것이다. 이러한 사항들은 복제에서는 찾아볼 수 없는, 주변의 환경조건이 변화하여도 적응을 잘 하는 개체에 대해서 끝없는 변화 가능성을 제시해 주었다.

Darwin과 Wallace에 따르면 결정적인 진화의 요인은 변화와 선택이며 이것들은 공공연히 암수에 의한 번식에 가장 이용이 잘 된다고 하였다.

유전적으로 일치하는 개체는 유성생식을 통해서도 생긴다. 사람에게서 일란성 쌍둥이의 빈도수는 단지 0.3%로 발생한다.

라이히(**Jens Reich**)에 의하면 "유전적인 견해로서의 복제는 조금 늦게 태어난 쌍둥이와도 같은 것이다".

8.12 도롱뇽과 개구리의 복제

독일의 생물학자 **슈페만**(**Hans Spemann**, 1869~1941)은 도롱뇽의 수정란으로 실험하였다. 그는 "지연된 핵 조달실험"에서 수정된 알을 부분적으로 결찰하였다. 다시 말해서, 핵이 결찰에 의해 한쪽으로

그림 8.37 Hans Spemann (1869~1941)

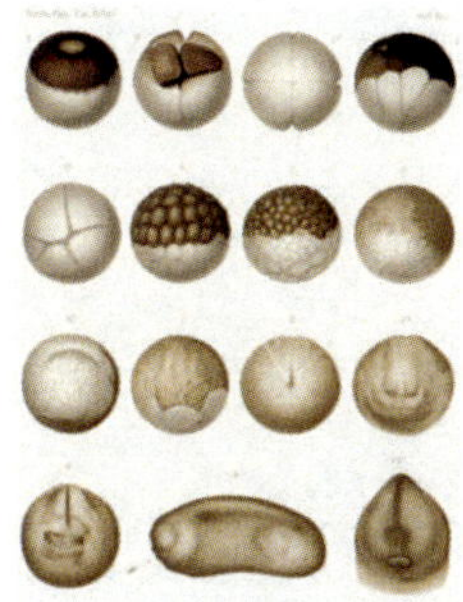

그림 8.38 개구리의 발생단계 과정. 1905년에 제작된 것으로 보이는 E. J. Bles의 발생학 연구

그림 8.39 개구리는 최초로 복제된 동물이다

그림 8.40 슈퍼스타 돌리와 Ian Wilmut

그림 8.41 복제양 돌리가 만들어진 과정

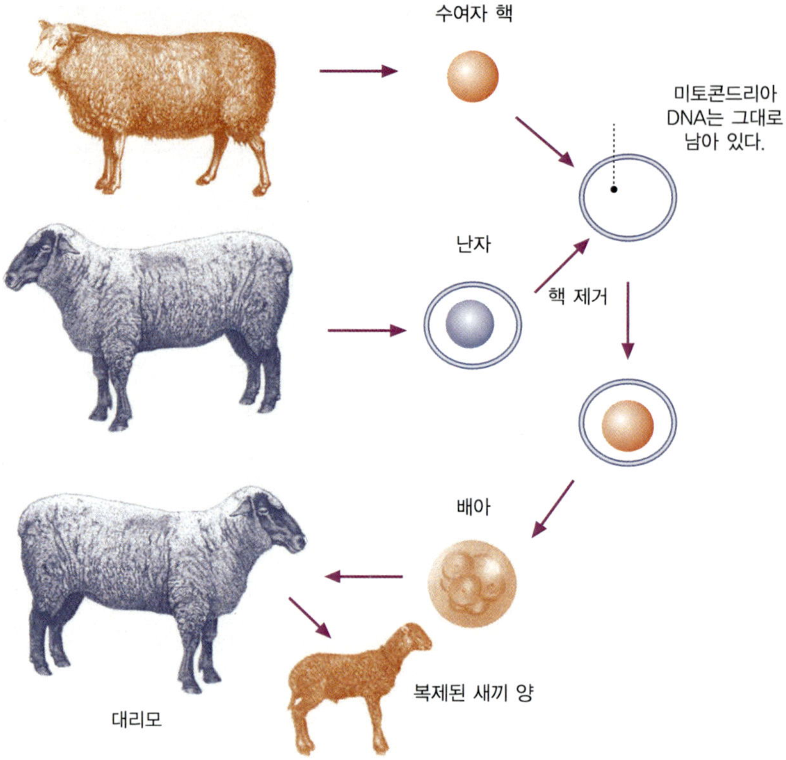

그림 8.42 돌리의 역사(위에서 아래로):메간(Megan)과 모락(Morag)은 배양된 배아세포로부터 최초로 복제된 양들이다. 카메라 플래시로부터 도피 중인 슈퍼스타 돌리: 돌리와 그의 첫 번째 새끼 양 보니

치우치게 되었다. 핵이 있는 부분만이 분할을 하였다. 분할된 일부 핵을 결찰부위를 통해서 핵이 없는 부분으로 들어가게 하여, 다시 결찰을 하고 분할하지 않은 곳에서 분할을 시작하게 하였다. 이 실험에 근거하여 "지연된 핵 조달"이라는 말이 생겼다. 각각의 반쪽 부분들은 완전히 분할이 되었다. 슈페만은 이 실험을 통해서 초기 발생 단계에서는 배아 각 부분의 운명은 결정되지 않는다는 결론을 얻었다. 그는 1935년 최초로 동물학자로서 노벨생리의학상을 수상하였다(그림 8.37).

오늘날 사람들은 이러한 실험을 슈페만의 핵이 제거된 난자의 "**핵이식 실험(nucleus transfer)**"이라고 말한다. 이 실험은 1952년 처음으로 필라델피아의 암 연구센터의 **브릭스(Robert Briggs)**와 **킹(Thomas King)**에 의해 성공을 거두었다. 그들은 자외선을 이용해서 수정된 난자의 핵을 파괴하고 얼룩무늬 개구리의 포배기의 핵을 이식하였다. 이식 후, 일주일 정도 지난 포배기에는 대략 100개 정도의 세포가 공간 내에 존재하는데 알들은 발생을 하여 "아비 없는" 올챙이로 변했다. 낭배기에서 유래한 세포핵이나 배아의 신경배단계 또는 성숙한 체세포들은 이러한 기능을 하지 못했다.

남아프리카산 발톱개구리(*Xenopus laevis*, 3장 참조)는 60년대 영국의 생물학자 **고든(John Gurdon)**에 의해 알려졌다. 그는 현미경을 사용해서 조심스럽게 올챙이의 내장에 상처를 내어 배수성(diploid)에 해당하는 내장세포의 핵을 유리관으로 빨아내었다. 그리고 개구리의 알에, 뽑아온 체세포 핵을 이식하였다. 개구리의 미수정란의 배수성 핵은 그전에 자외선을 이용하거나 또는 핵을 완전히 뽑아내어서 제거되었다. 이렇게 함으로써 DNA절편들은 서로 재합성되지 않았다. 결과는 부분적인 성공이었는데, 100개 중에 몇 개만이 수정란처럼 배수성을 가진 알로서 구조를 이루어서 분열을 시작하였고 올챙이 기간을 마치고 완전한 개구리로서의 성체를 이루었다(그림 8.39). 이 실험에서도 미숙하거나 병이든 개구리도 있었다. 그러나 이 방법이 작용한다는 것을 증명하였다. 이것은 동시에 이미 세포분열이 끝난 내장세포 핵의 **전능성(omnipotence)**에 대한 증명이었다.

올챙이의 내장세포는 이미 분열이 끝났다는 임상학자들의 논증이 빗발치기에, 고든은 발가락에서 나오는 표피세포를 개구리의 미수정란에 이식하는 것을 재현하였다. 단계 복제를 통해 그는 많은 숫자의 성체를 얻었다. 여기서 **단계 복제(serial cloning)**라 함은, 핵이 제거된 난모세포에 핵을 이식하는 것으로 최종적으로 포배기까지 자란 수정란을 핵이 제거된 난모세포에 다시 이식하는 것이다. 이것의 원리는 복제 양 돌리(Dolly)에 있어서 세포핵의 조건과 같았다(아래 참조). 분화가 끝난 핵의 염색체는 특정한 실험조건에서만 DNA전사를 수행할 수 있다.

핵이식의 근본적인 발상은 다음과 같다. 성숙한 체세포는 한 개체의 성장에 대한 정보를 가지고 있고 이것은 적당한 조건하에서 발생을 위한 프로그램으로 변경될 수 있다. 그러나 이러한 과정은 매우 복잡하고 성공률이 낮다.

8.13 돌리-복제의 혁명

사람들은 몇 백년 동안 포유동물복제를 시도하였다. 70년대에는 생쥐를 가지고 시도를 했지만 실패를 하였다. 포유동물의 난자는 개구리의 알보다 4,000배 정도 작은데 생쥐의 난자 지름은 대략 100㎛이다.

1986년 캠브리지에서 하나의 혁신적인 사건이 성공하였다. 덴마크의 생물학자 **윌라드슨(Sten Willadsen)**이 양의 난자에서 핵을 제거하고 양의 수정란 핵을 핵이 제거된 난자에 이식하여 배아를 키웠다. 그러나 성숙한 체세포의 핵을 가지고 동일한 실험을 하였을 때는 실패하였다.

90년대 중반, **윌멋(Ian Wilmut**, 그림 8.40)과 **캠벨(Keith Campbell)**은 스코틀랜드의 로슬린 연구소에서 Finn-Dorset 암컷 양, Tracy의 유방세포를 분리해서 세포배양을 하였다. Tracy는 핵이 제거된 다른 양의 난자에 그의 핵이 이식되었을 때 이미 벌써 몇 년 전에 죽었었다. 난자와 유방세포핵은 배양액에서 적당한 자극을 받아 실제로 배아로 발생하였다. 마침내 복제양 돌리는 1996년 7월 5일 세상에 빛을 보게 되었다.

돌리는 성숙한 포유동물도 복제될 수 있다는 살아있는 증거였다. 정상적인 체세포는 모든 특이한 성질을 "망각"하고 마치 "전능한 능력(totipotent)"을 가진 수정란처럼 기능을 하였다. "Nature"지의 간단한 보고서에는 모든 생물학의 전통적인 논리에 대한 반론이 실렸다(그림 8.41).

돌리의 탄생에는 행운도 따랐다. 277개의 수정란을 시도해서 그중 29개만이 이식을 할 수 있는 배아로 발달하였다. 임신기간이 짧은 어미동물들은 미숙태아를 생산하였는데 반해 돌리의 대리모만이 유일하게 행운을 가졌다. 인간복제에 대해 생각하는 모든 이들은 이러한 숫자에 대해 심오하게 생각해야 한다. 양의 수정란을 사용해서 미숙한 상태로 태어난 양의 숫자가 이미 너무나 많다는 것을!

돌리는 후에 "자연적인" 방법으로 어미가 되었다. 1998년 4월 13일 보니(Bonnie)가 세상에 태어났다. 그러나 돌리만이 복제된 유일한 양이 아니라 그전에 선행자가 있었다. 웰즈마운틴(Wels mountain) 산의 어미양인 메간(Megan)과 모락(Morag)은 1995년 수정란으로부터 유래한 핵을 직접 사용하여 복제되었고, 두 마리의 검은색 웰즈 숫염소, Taffy와 Tweed는 돌리와 함께 같은 시기에 **배양된 태아세포**에서 복제되었다. 이러한 선행실험들은 배양된 세포를 가지고도 일을 할 수 있다는 사실을 말해주었다. 돌리의 기적은 공여자의 성숙한 체세포를 사용해서 복제가 되었다는 점이다.

돌리는 6년이 지나 폐질환으로 사망하였다.

돌리 이전에 유일하게 체계적으로 행하여진 연구는 도쿄의 국립연구소에서 생쥐가 복제된 것이었다. 그 생쥐는 아주 어린 시기에 죽었다.

Advanced Cell Technology의 클론회사에서 복제된 24마리의 송아지는 그의 증상을 관찰하기 위해서 일단은 나이가 들어야 했다. 2003년 2월 호주에서 첫 번째 복제양이 2년 10개월만에 원인 불명의 증상으로 죽었는데 그 당시 돌리가 가졌던 폐질환을 죽은 양도 가졌다. 이 질환은 대체로 늙은 양에게서 나타나는데 그 양의 공여자는 세포핵을 제거할 당시 이미 6살이었다. 곧바로 복제동물에 대한 생존 시기가 도마 위에 올랐다. 2002년 1월 돌리는 이미 노인병의 대표적인 관절염을 앓고 있었고 이에 대해 로젤린 연구소의 **그리핀(Harry Griffin)**은 "양들은 11~12년을 산다. 충분한 부검을 통해서 조사를

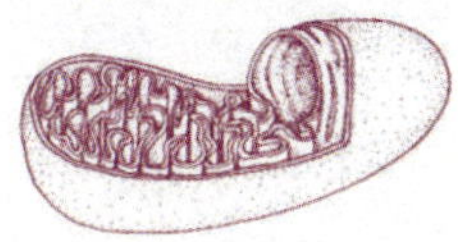

그림 8.43 미토콘드리온. 미토콘드리아는 정상적인 수정에 있어서는 항상 모계로부터 전달되고 미토콘드리아 DNA를 가지고 있다.

그림 8.44 텍사스에는 복제된 망아지가 있는데, 빔 벤더스 영화(Wim Wenders)의 이름을 따서 Paris-Texas라고 명명하였다.

그림 8.45 복제된 노루

그림 8.46 고양이는 모두 19쌍의 염색체를 가진다. 암컷의 X 염색체만이 털색에 대한 정보를 가지고 있어서 수컷 (XY)은 털색에 대한 정보를 암컷에게 얻어온다. Y 염색체를 가진 정자는 털색에 대한 정보가 없다. 그래서 수컷의 털색(검거나 붉거나)은 항상 모계로부터 받은 것이다. 여기에 재미있는 현상을 관찰할 수 있다. 삼색을 가진 아기 고양이 Fortuna는 도마뱀이 꼬리가 잘린 것처럼 꼬리가 없다. 그러나 도마뱀의 꼬리는 다시 자란다.

그림 8.47 *Cc, Carbon copy*(복제 고양이)를 안고 있는 Mark Westhusin

그림 8.48 진짜 어미인 *Rainbow* (위)와 Cc의 대리모(중간) 그리고 Carbon copy(아래)

그림 8.49 복제고양이의 털색에 대해 연구자들은 놀라워한다(본문 참조).

하였고 모든 의미있는 발견들은 보고할 것이다"고 하였다.

사람들은 판단하기를 복제동물들은 정상적인 동물보다 **텔로미어(telomere)**가 짧다는 것이다. 텔로미어는 염색체 끝에 존재하는 단백질과 염색체의 보호를 위해 반복적인 염기서열로 된 DNA의 조합체이다(발목 끈의 끝에 있는 플라스틱처럼). 텔로미어는 세포분열이 일어날 때마다 짧아져서 세포의 나이를 판단하는 기준이 된다(발목 끈의 플라스틱은 언젠가 더 이상 존재하지 않는다).

사람들은 텔로미어가 노화된 사람의 세포에서 활성화되는 것에 대해 집중적으로 연구를 하였다. 이에 관여하는 효소는 세포분열의 횟수를 50~300회로 높일 수가 있는데 이것은 단지 세포배양에서만이 가능하다. 이것을 연구하면 잠재적인 청춘의 샘을 구현할 수 있을까?

8.14 복제의 어려움

복제에 있어서 어려운 점은 기술이 충분하지 못한 것만이 아니라 생물학적인 원인에 의한 것도 있다.

세포핵은 완전히 발달한 체세포에서 가져온다. 여기에서는 특정한 유전자의 부분에 대한 기능은 상실되는데, 예를 들어 랑게르한스섬세포(인슐린 생산)는 신경세포를 생산하는 물질을 만들어서는 안 된다. 신경세포는 인슐린을 사용하지 않는다.

Wilmut은 돌리를 만들 때 채취한 체세포가 제한된 배양액에서 키워지게 함으로서 **정지되어 있던 세포**의 능력을 되살아나게 하였다. 이때 뭉쳐져 있던 DNA가 다시 최초의 상태로 돌아갔으리라 짐작하였는데 기능정지상태의 DNA가 활성화된 것이다.

공여자의 세포핵은 대부분이 상해를 입었었다. 자외선, 활성산소 그리고 독성물질 등은 종종 게놈의 일부분에 상해를 주기 때문이다. 사람에게서는 술, 약, 방사선 그리고 그을린 육류에 의해 추가적으로 상해를 입는다. 보통의 경우에 체세포는 이러한 것에 대해 방어를 하여 상해를 입지 않는다. 왜냐하면 세포들은 이렇게 망가진 정보들을 제거하기 때문이다. 이러한 것들이 먼저 재프로그래밍이 된다면, 복제가 될 때 상해를 주게 됨으로써 복제동물이 왜 조로하는지를 설명할 것이다.

마침내 핵이 제거된 난자와 조작된 세포핵 사이에는 한 치의 실수도 없이 함께 섞여 기능을 하게 된다. **난자세포의 원형질**은 함께 존재하고 있는 세포핵의 기능을 특정한 구성요소로 조절한다. 만약에 그것이 재프로그래밍이 잘 되지 않는다면 큰 문제가 발생한다. 정상적인 수정에 있어서는 정자가 난자에 들어간 후 난자 내에서 탈메틸화(CH_3기의 이탈)현상이 일어나는데 메틸기는 난자가 분할되는 것을 방해하고 보통의 경우에는 더 이상 필요하지 않기 때문이다.

대중매체에서의 "복제의 성취감"은 학문적으로는 더 이상 발표의 의미가 없다. 대부분 현재 복제된 것들은 의심의 여지가 없이 공여자의 복사본들이기 때문이다!

돌리도 다른 동물과 마찬가지로 어미공여자의 세포핵에서 채취되었지만, 난자공여자의 세포원형질을 사용하였고 그것의 미토콘드리아 DNA를 가졌다. **미토콘드리아(mitochondria)**는 보통의 수정에서 항상 모계로부터 유래하며 DNA지문검사(10장 참조)에도 이용된다.

돌리는 공여자의 핵 DNA와 난자의 미토콘드리아 DNA 그리고 추가적으로 대리모의 호르몬 영향을 합친 종합적인 생산품이다. Wilmut는 그가 저술한 책 「돌리-생명공학 시대로의 혁신」에서 다음과 같이 말했다.

"이것으로 돌리는 원래의 핵으로부터 유래한 동일한 DNA를 가졌지만, 원형질이 같지 않은 어머니로부터 태어났다. 그래서 돌리는 최초 어미로부터의 "진정한" 복제양이 아니다. 돌리는 단지 DNA 복제양 또는 혼합된 복제양이다."

그는 조심스럽게 다음과 같이 말하였다. "돌리의 체세포가 주로 스코틀랜드 Blackface 원형질을 포함한 세포일지라도, 이 세포 역시 공여자의 핵을 감싸고 있는 Finn-Dorset 원형질을 함유하고 있다. 스코틀랜드 Blackface에서 유래한 난모세포는 배양한 Finn-Dorset핵에서 온 체세포보다 훨씬 컸다. 그래서 사람들은 빈약한 Finn-Dorset 내용물이 간

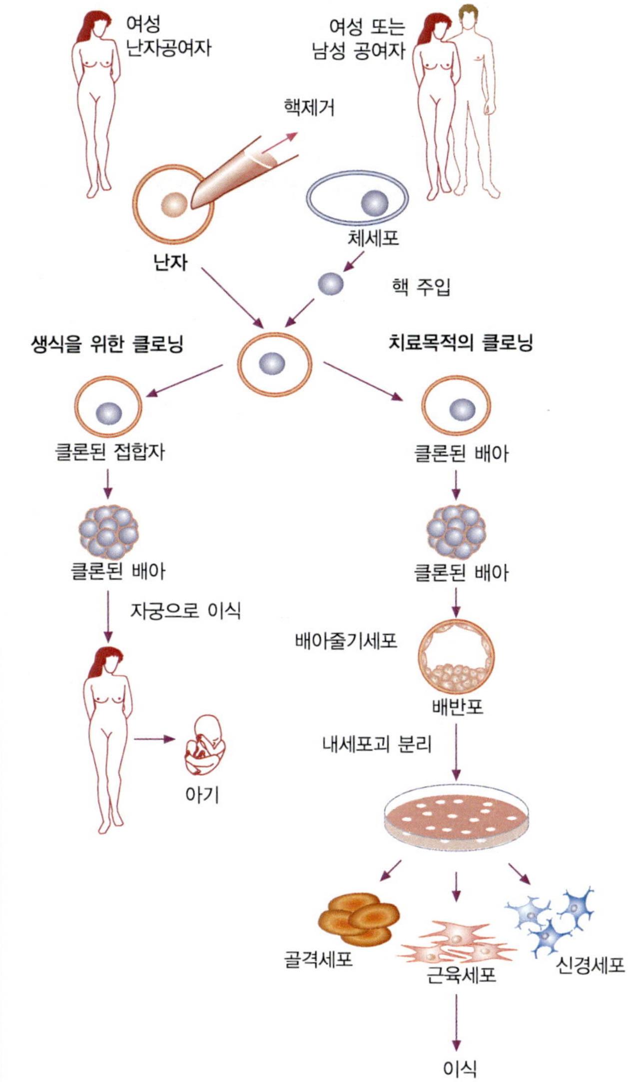

Box 8.5 사람의 체외수정
(IVF, *In vitro* fertilization)

여성의 난자를 나팔관을 통해서 얻는다. 이러한 기술은 지속적으로 발전이 되었지만 문제는 여전히 남아 있다. 여성은 난소에서 동시에 여러 개의 난자를 생산하기 위해 호르몬치료를 해야 하는데 이 때에 호르몬의 불균형이 올 수 있다. 초음파로 배 주위를 검사하면서 충분한 여포가 형성이 되었는지 조사를 한다. 물론 초음파의 통제하에서 여포는 가는 바늘로 빼낼 수 있다. 그러나 이러한 방법은 대부분 상처가 나고 상황에 따라서는 국부마취가 필요하며 또한 감염과 출혈이 불가피할 수도 있다. 8~10개의 난자를 채취한다. 정자는 남성으로부터 자위행위를 통해 얻는다.

실험실에서 난자와 정자를 수정시킨 후 여성의 신체외부인 배양기내의 배양액에서 서로 합쳐져서 융합이 된다. 여러 번의 분할이 진행된 3일과 5일 사이에 배아를 여성의 자궁에 이식을 한다(Embryo transfer, ET). 성공적인 경우에는 정상적인 임신이 시작되지만 항상 성공을 하는 것은 아니다. 10~15%만이 실험에 성공하는데 만약 여러 개의 난자가 실험도중에 수정이 되고 이식이 되면 여러 쌍둥이가 태어난다. 그래서 독일에서는 3개 이상의 배아가 동시에 착상되지 않게 하고 미국에서는 6개로 제한을 둔다.

단하게 억압된 것이 아닐까 생각하였고 실질적으로도 그렇게 보였다."

원형질의 부분적 역할과 복제 후 나타나는 대리모의 외관상 부분은 고양이를 복제할 때 더욱 확실해진다.

8.15 고양이의 복제 –다양한 종류의 부모

고양이 복제과정과 다양한 부모의 역할은 다음과 같다.

1. 암컷고양이로부터 난자를 얻는다. 이 난자에서 핵을 제거하고 그의 체세포핵을 이식한다. 같은 고양이에게 수정란을 이식시킨다. 이 암컷고양이는 체세포 공여자이면서 동시에 대리모가 된다. 부모는 한 마리이다.
2. 다른 고양이(암컷 또는 수컷)로부터 체세포핵을 얻고 난자를 난자공여자에게로 다시 이식한다. 부모는 두 마리가 된다.
3. 난자와 체세포를 다른 고양이로부터 얻는다. 대리모는 세 번째 고양이다. 부모는 세 마리이다.

그 외의 과정은 돌리에서와 같이 진행된다.

- 고양이에게서 체세포를 얻어서 "제한된" 배양액에서 키운다. 그리고 세포핵을 화학적, 물리

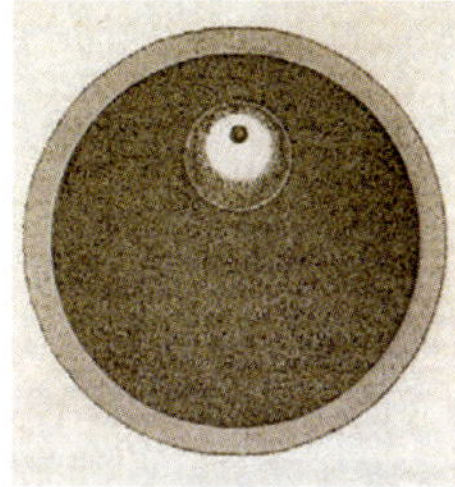

그림 8.50 Ernst Haeckel은 「인류발달론」이라는 그의 저서에서 인간의 난자를 그림과 같이 그렸다.

그림 8.51 인간, 양, 박쥐 그리고 고양이의 배아형태가 놀라울 정도로 유사하다(Haeckel의 그림).

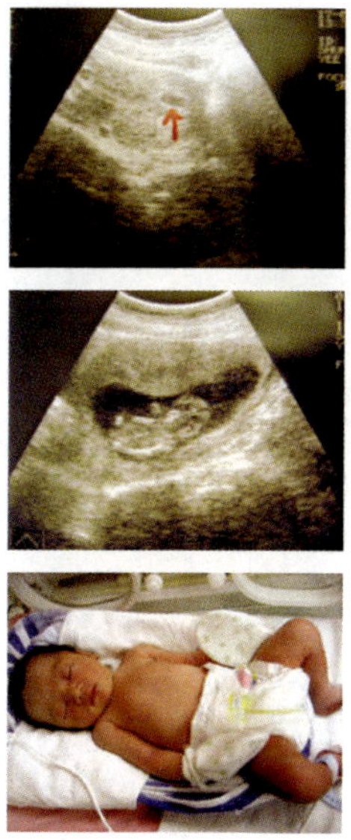

그림 8.52 초음파로 본 태아(위, 5주). 튼튼하게 태어난 Theo Alex Kwong은 사전이식진단법(PID)이나 체외수정(IVF) 없이 태어났다.

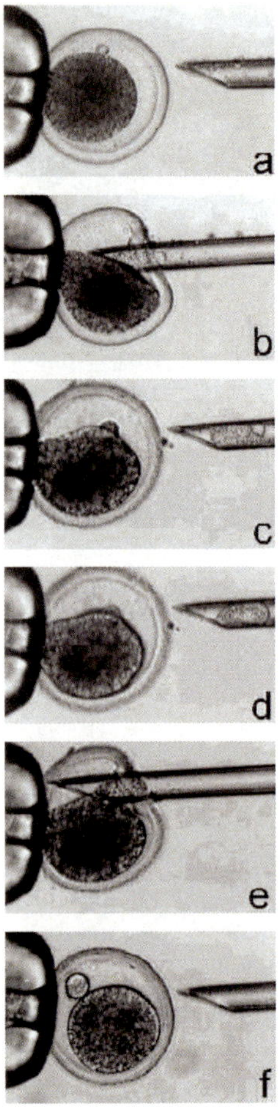

그림 8.53 소의 난자에서의 핵이식

적 방법으로 빼낸다.

- 공여자 암컷고양이에게 호르몬을 사용해서 동시에 여러 개의 난자를 얻는다(과배란, super-ovulation). 인공수정과 같은 방법으로 난자를 적출하여 핵을 제거한다. 핵만 없고 세포내용물은 남긴다(중요한 미토콘드리아 DNA는 남아있다).
- 공여자 암컷고양이의 핵이 제거된 난자에 체세포핵을 넣는다. 이때 미세 핀셋 또는 전기자극기를 이용한다. 핵이 이식된 난자는 배수성의 염색체를 가진다(이것은 마치 정상적으로 난자와 정자가 합쳐지는 것과 같다). 난자는 전기 자극에 의해 분할을 시작하고 8세포기가 되면 배아의 유전물질에 대한 상해조사를 할 수 있다.
- 성숙한 배아를 대리모 고양이 자궁에 이식하여 대리모를 임신시킨다.

복제가 되어야할 고양이가 암컷이라면, 새로운 대리모 대신에 세포핵을 제공한 공여자 고양이 스스로도 대리모로서 이용된다. 이 고양이는 스스로 복제되었다. 이 경우 복제된 새끼고양이와 어미 사이의 유사성은 최대가 된다. 만약에 수컷 고양이를 복제해야 한다면, 암컷고양이의 도움은 불가피하다.

삼색 복제고양이 Cc 또는 *Carbon copy*는 2001년 크리스마스 이틀 전에 태어났다. 미국 텍사스의 연구자 **웨스트후신(Mark Westhusin**, 그림 8.47)은 최초로 유전적인 방법으로 고양이를 복제했다.

왜 복제고양이 Cc의 **털색무늬**는 세포핵과 난자공여자인 Rainbow의 털색무늬와 일치하지 않을까? 털색무늬는 Rainbow와 비슷하게 보인다. 털과 무늬는 당연히 대리모와 일치하지 않는데 이것은 유전적으로 완전히 다른 고양이들이기 때문이다(그림 8.48).

복제되는 동물의 털색무늬는 공여자고양이와 일치하지 않는다! 털색무늬는 유전자에 의해서뿐만 아니라 **환경요인의 지배**도 받기 때문이다.

예를 들어 대리모의 자궁에서 배아가 어느 위치에 있는가에 의해서도 영향을 받는데, 이는 색소를 생산하는 세포가 관여하는 모낭을 결정하기 때문이다. 다른 환경적인 요인들도 복제되는 동물과 공여자 사이의 표현형 차이를 가져온다. 대리모의 영양상태도 태어나는 새끼의 크기에 영향을 준다(그림 8.49).

사람들은 복제되는 동물과 공여자의 유전자는 동일하지만 똑같은 동물이 아님을 명심하여야 한다! 조금의 차이는 있지만 그렇게 큰 것은 아니다.

텍사스의 과학자들은 Cc를 복제하기 위해 난구세포(cumulus cell)를 사용하였다. 이 세포는 난자가 여성의 나팔관에서 성숙할 동안에 난자의 주변에 싸여져 있는 부분을 말하는데 난자가 배란이 되면 그 주변을 에워싼다. 그들은 이 세포가 섬유아세포(fibroblast)보다 더 좋을 것이라고 생각했다. 그들은 첫 시도에서 82개의 복제배아(피부섬유아세포의 핵으로 만든)를 만들어서 7마리의 대리모에게 이식을 하였다. 그러나 실패하였다! 그후 그들은 Rainbow의 난구세포를 사용하여 복제배아를 만들었는데 이 배아들은 대리모에게로 이식이 되었고, 66일후에 Cc가 태어났다.

그러면 고양이 복제 시 반드시 난구세포를 사용해야 하는가? 그렇지는 않다. Cc는 단지 최초로 만들어진 복제 고양이이다. 다른 여섯 종류의 복제동물(양, 염소, 소, 돼지, 생쥐, 들소)들은 얼려져 있던 세포에서 핵을 얻었고 또한 얼려져 있던 피부섬유아세포에서 자랐다.

8.16 ...그리고 사람? 복제, 체외수정(IVF), 사전이식진단법(PID)

고양이, 생쥐, 소, 양, 염소 등은 모두 복제가 되었다. 이상한 종파에서 사람을 복제했다는 주장에도 불구하고, 성숙한 체세포의 핵을 이식하여 사람을 복제하기에는 아직 넘어야 할 기술적인 문제들이 아주 많다. 높은 미성숙률을 생각해 보라! 만약에 기형아가 세상에 태어난다면 과학자에게는 이것 또한 생각하고 싶지 않은 일이다. 독일에서는 배아보호법에 의해 사람의 복제는 금지되어 있다.

생물정보학자이면서 의사 그리고 생명윤리학자인 라이히(Jeans Reich)는 그의 저서 「인간이 만들어졌다」에서 다음과 같이 말했다. "나는 동물복제에 대한 문제가 보임에도 불구하고 윤리적 문제에 대해 언쟁을 하지 않겠다. 그러나 사람의 복제에 대한 것은 파렴치하다고 생각하는데 여기에는 두 가지 근본적인 이유가 있다. 인간에 의해 만들어지는 인간제작과정의 기술적인 부분과 원하는 대로 인간을 만드는 그 뒷면에 숨어 있는 의도이다."

사전이식진단법(preimplantation diagnosis, PID)은 독일에서는 유전자 식품(Gene food, 7장 참조)과 배아줄기세포연구(9장 참조)처럼 뜨거운 감자이다.

배아의 유전자를 조사해야 할 상황이 되면, 적어도 분할중의 세포 하나를 빼내어야 한다. 이때는 당연히 떼어진 세포는 파괴가 된다. 그래서 수정된 후 8세포기가 형성되는 시기인 3일이 지나야 하고 한 개의 세포만을 제거한다(확진을 위해 사실은 하나 더). 이 세포는 모든 유전정보를 가지고 있고(전체 형성능, totipotent) 아직도 느슨한 상태이므로 배아에는 손상이 없다.

무엇을 진단하고 싶은 것인가? **성별(gender)**과 염색체이상(정상 46개)은 간단히 할 수가 있다(그림 8.52). 하나의 염색체에서 잘려 나온 부분은 현미경에서 결점이 있는 부분이 있는지 조사할 수 있는데, 질병을 유발하는 유전자변이는 오늘날 이미 판별이 가능하다. 천문학적인 숫자만큼의 전체 DNA서열을 읽는 것도 가능하게 되었는데 이러한 것도 미래에는 기계의 발달로 개선될 것이다.

사전이식진단법에 대해 회의적인 사람들은 이 기술이 심하게 손상을 입는 배아를 판별하는 목적뿐아니라(음성선택), 성별이나 원하는 특성을 위한 양성선택에 이용되지 않을까 염려한다.

8.17 유전체 정보에 대한 윤리

라이히(Jens Reich)는 그의 저서 「사랑하는 사람아, 고양이를 복제하였구나(*Liebing, Du hast die Katze geklont*)」에서 다음과 같이 회고하였다.

"다른 사람과는 전혀 동일시 될 수 없는 게놈은 전체 게놈의 0.1%로서 우리의 개인적이고 유일무이한 존재를 표현한다. 이 0.1%가 다음과 같은 것을 결정한다. 키가 얼마이며 나는 영리한가, 눈동자의 색은 어떤 것인가, 내가 가장 좋아하는 음식은 무엇이며, 나는 스포츠와 음악에 대해 소질은 있는가.

사람에게 있어서 많은 성향들은 태어날 때 이미 정해져 있고, 그것은 살아가는 환경에 의해 영향을 받는다. 키의 크기와 건강상태는 먹는 음식에 따라 영향을 받고, IQ는 출생 후 3년 내에 결정된다. 피아노에 소질을 가진 사람도 그의 평생 동안 한 번도 피아노 뚜껑을 여는 것이 허락되지 않은 환경이거나, 피아노 연습을 열심히 하지 않은 상태가 된다면 그는 피아노를 칠 수 없다.

당뇨병 역시 첫 번째로 현대소비사회에서 음식과 생활습관이 원인이 된다.

다른 것도 역시 마찬가지이다. 이러한 모든 성향들은 단지 하나의 유전자로부터 원인이 되는 것이 아니라, 많은 다른 유전자, 더 크게는 몇 천 개의 유전자들이 그것에 함께 작용을 해서 나타난다. 물론 대체적으로 동물실험을 통해서 어떤 유전자가 어떠한 성향에 대해 관여하는지를 알아낼 수 있다. 생쥐는 피아노를 칠 수가 없고 또한 사람들이 관심을 가지는 미에 대한 관점들을 가지고 있지 않기 때문에 음악성이나 미모성향을 동물실험으로 발견하기는 매우 어렵다.

지금까지 사람들은 한 유전자의 기능에 대한 것이나 이러한 개인적인 게놈이 직접적인 경험에 대해 관여하는지에 대해서는 잘 알지 못한다. 이런 생각이 "실험관 아기"에 대해 흥분하는 이유일까?

예를 들어, 의학적인 진단이나 연구목적에 있어서 정보가 다른 용도로 이용되는 것에 대해 엄격히 제한해야 한다. 계약파트너(회사, 보험)가 후에 이러한 것을 요구하는 것도 그리고 나 자신 스스로도 이러한 용도로 사용되지 않게 한다는 것을 분명히 해야 한다. 이러한 정보들은 이미 언급한 용도 외에 다른 어느 곳에서도 존재하지 않아야 한다. DNA 도표에서 개인적 신상도표를 읽어내는 것은 불가능하다.

모든 사람들은 10조 개의 신경세포를 가지고 있고 그들 각각으로부터 다시 1,000개씩 다른 신경세포와 연결되어 있다. 이들 각각이 전체의 특정한 부분으로서 30억 개의 DNA 숫자로 대변된다는 것은 불가능하다.

그림 8.54 Jens Reich는 의사이자 생물정보학자이며 생명윤리학자이다. 독일정부의 윤리위원회 회원이다.

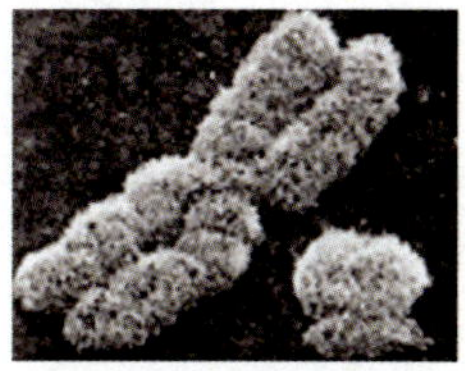

그림 8.55 "작은 차이점": 왼쪽은 여성 X 염색체이고 오른쪽은 남성 Y 염색체인데, 여성의 것과 비교했을 때 매우 작다(10,000배 확대한 사진).

유전자정보는 단독으로는 위험해 보이지 않는다. 그러나 사람들이 이것을 다음 것들과 함께 혼합해서 사용할 수 있다. 건강검진시, 모든 사람들이 인터넷주소에 등록할 때, 상업적인 면에서, 나의 전화접속카드의 상세기록으로, 계좌추적용으로, 신용카드의 계좌이체를 기록한 장소이동경로로서."

Homunculus?

빛나고 있다! 보시오!
이번에야말로 성공할 것 같습니다.

수백 가지의 물질을 조합하여,
아무튼 이 조합이 중대한 것입니다만,

인간의 원소를 잘 조립하여
증류기에 넣어 밀봉하고 적당히 증류시키면,
일은 은밀히 처리되는 것입니다.

완성된다! 덩어리가 움직이며 맑아져 온다.
신념은 점점 더 분명해지고 있다.
지금까지 자연의 신비라고 찬양해 온 것을,
우리들은 지력으로 시험해 보는 것입니다.
자연이 지금까지 유기적으로 이루어 놓은 것을
우리들은 결정시키고 있는 것입니다.

괴테의 『파우스트』 2부 중에서 주인공 "바그너"가 플라스크 속에서 물질을 조합하여 소인간 호문쿨루스(homunculus)를 만들어 내는 장면을 옮긴 것.

참고문헌

- Sehr unterhaltsam und voller Humor und Weisheit:
  Podschun TE (1999) Sie nannten sie Dolly, Von Klonen, Genen und unserer Verantwortung. Wiley–VCH, Weinheim
- Vom Dolly–Vater die ganze Geschichte:
  Wilmut I, Campbell K, Tudge (2000) Dolly. Der Aufbruch ins biotechnische Zeitalter. Carl Hanser Verlag, München
- Ein Rundumschlag in Klonologie:
  Lim HA (2004) Sex is so good, why clone. Human cloning, to do or not to do? Enlighten Noah Publishing, Santa Clara
- Ein gute, wenn auch zehn Jahre alte Einführung:
  Schenkel J (1995) Transgene Tiere. Spektrum Akademischer Verlag, Heidelberg
- Katzenklonen und Biotech *"light"*, mit tollen Cartoons von Manfred Bofinger (einige davon sind im vorliegenden Buch zu sehen): Renneberg R und Reich J (2004) Liebling, Du hast die Katze geklont!
  Biotechnologie im Alltag. Wiley–VCH, Weinheim
- Ein lexikalische Biotech–Fundgrube:
  Bains W (2004) Biotechnology from A to Z, 3rd ed.
  Oxford University Press, Oxford

웹사이트

- Die University of Arizona bietet solide Bildung in Molekularbiologie und Biochemie(auf Englisch) an. Fragen werden gestellt, und man wird je nach Antwort belehrt:
  www.biology.arizona.edu/molecular_bio/molecular_bio.html
- Die interaktive DNA–Website des Cold Spring Harbor Labors:
  www.dnai.org/index.htm
- Website von Professor Eckhard Wolf zum Kerntransfer:
  http://aet-d.de/de/klonen.htm
- Stellungnahmen des Nationalen Ethikrates zum Klonen:
  www.ethikrat.org/stellungnahmen/stellungnahmen.html
- Deutsches Agrar–Informationsnetz zu Aspekten der Landwirtschaft:
  www.dainet.de/
- Sehr gute Website für Biotechnologie:
  Bayern Innovativ Network Life Science
  www.lifescience-bavaria.de/portal/loader.php
- Das berühmte Roslin–Institut:
  www.roslin.ac.uk
- Umweltinstitut München e.V. zu Gefahren
  www.umweltinstitut.org
- Auf Deutsch letzte Nachrichten zu transgenen Tieren und Pflanzen:
  www.transgen.de und www.biosicherheit.de

자가진단을 위한 8가지 문제

1. 이론적으로 몇 마리의 "자연산" 황소가 인공수정된 황소를 대치할 수 있는가?
2. 공여자의 염색체 DNA외에 어떤 종류의 DNA가 복제동물에게 영향을 미칠 수 있는가?
3. Wolf 교수와 Peifer 교수는 뮌헨에서 근본적으로 어떻게 새끼돼지가 빛을 발하게 할 수 있었나?
4. 고양이복제에 있어서 복제고양이의 털 색상무늬는 공여자의 것과 동일한가? 그것에 대한 이유를 답하시오.
5. 사람들은 어떻게 형광유전자를 형질전환 실험에 사용하는가?
6. 형질전환 소, 염소 그리고 닭들은 제약회사들에게 어떤 특별한 기회를 제공하는가? 전통적인 생산 방법과 비교할 때 장점은 무엇인가?
7. 개구리의 전체형성능(omnipotent)을 가진 세포를 어떻게 알아낼 수 있는가?
8. 사람들은 위협받는 동물들의 종을 배아이식을 통해 어떻게 구제하는가?

심근경색, 암 그리고 줄기세포

-구명자로서 적색생명공학

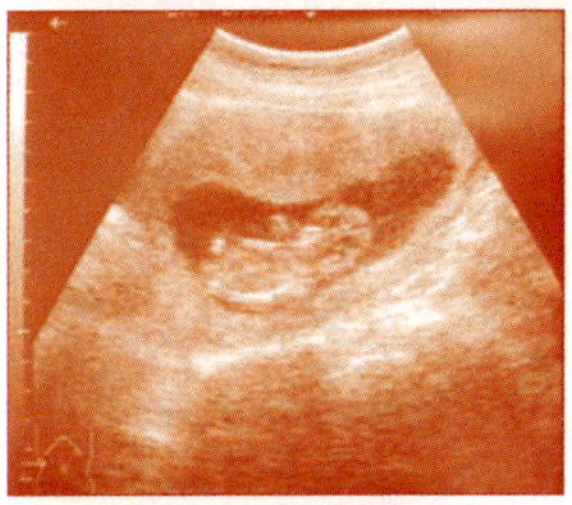

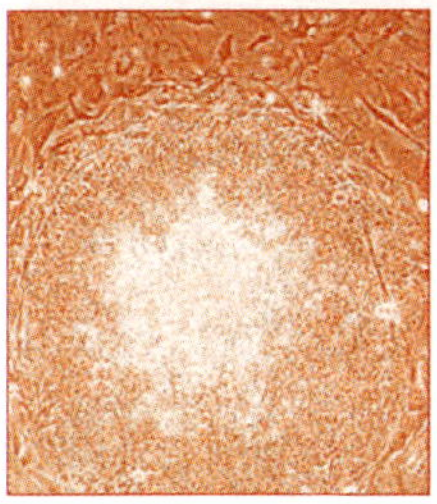
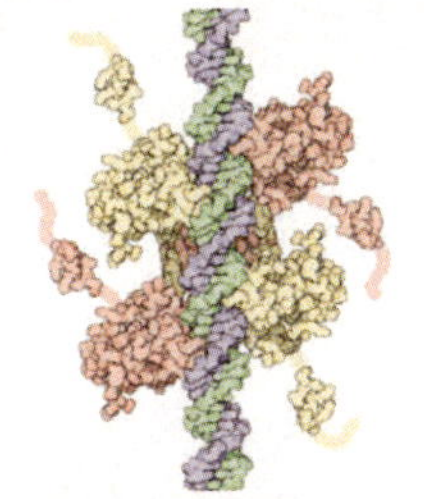

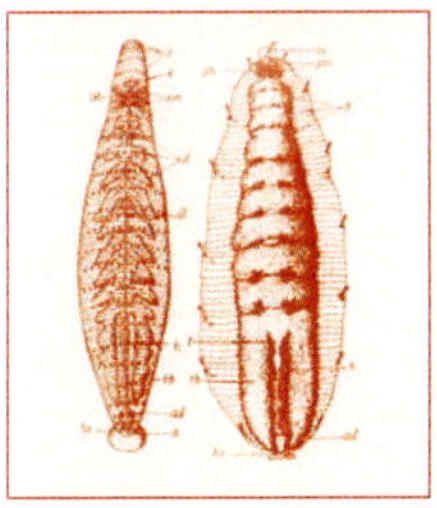

Chapter 09

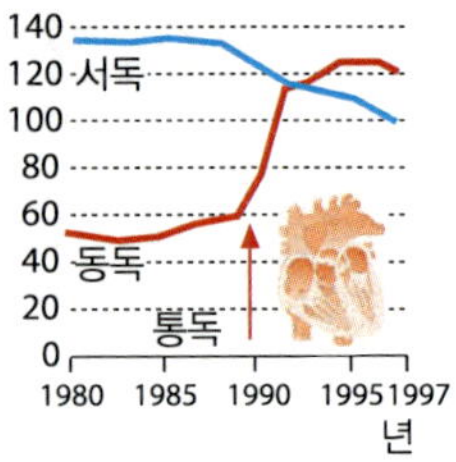

그림 9.1 통독 전후 심장마비에 의한 독일인의 사망률(x/100,000명)

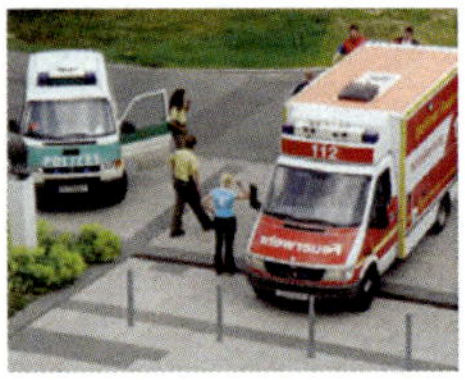

그림 9.2 심장마비는 응급조치가 최우선이다. 응급구조 작전을 수행하는 경찰과 구급차량. 만일 환자가 심근경색으로 판단되면 다음과 같은 2가지 응급치료 방법이 가능하다. 1. 효소학적 용해, 2. PTCA (Percutaneous Transluminal Coronary Angioplasty, 경피적 경혈관 관상동맥 확장술; 좁아진 심장의 관상혈관을 고무풍선 카테터로 넓히는 기법)

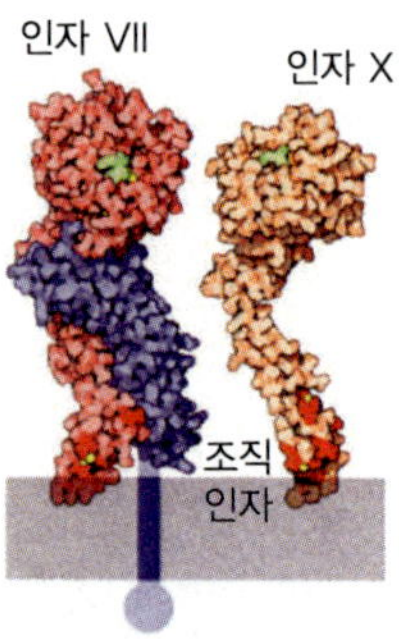

그림 9.3 인자 VII 조직인자(위)에 결합하여 활성이 수천 배 증가한다. 활성화된 인자 VIIa가 인자 X를 활성화하여 Xa로 되면 트롬빈을 활성화시킨다.

9.1 심근경색과 항혈전제

심근경색(그림 9.1)과 뇌졸중은 대표적인 선진국형 질병이다(10장 참조). 혈액응고 과정의 핵심에는 트롬빈(thrombin)이라고 불리우는 효소가 존재한다(그림 9.4). 혈액의 응고 기작은 하나의 잘못된 분자로부터 시작된다. 내피세포의 모세혈관이 손상을 입으면 혈관 내벽의 얇고 매끄러운 단층의 세포가 손상되고 그 아래쪽에 놓인 조직인자(tissue factor)가 내피세포를 통하여 유리된다. 그 뒤를 따라 효소활성 연속반응이 일어난다. 처음에는 소량의 조직인자 분자로 시작하여 점차 피라미드형으로 증가한다(그림 9.4).

조직인자는 처음에 작은 양의 비활성 인자 VII을 활성화된 인자 VIIa로 활성화시킨다. 이것은 이어서 조직인자와 복합체를 형성하고 분해과정을 거쳐 다량의 인자 X를 인자 Xa로 활성화시킨다. 여기서 조직인자 자체는 단백분해효소(protease)가 아닌 하나의 막관통당단백질(transmembrane glycoprotein)이다. 이 단백질은 순환하는 인자 VIIa와 복합체를 형성하고 결국에는 인자 X를 활성화시킨다.

인자 Xa는 또다시 트롬빈 전구체 프로트롬빈(인자 II)을 트롬빈(인자 IIa)으로 활성화시킨다. 단백질 분해효소인 트롬빈은 이제 피브리노겐의 일부분을 분해한다. 피브린이 형성되고 피브린그물망을 형성한다. 혈구세포들은 그물망에 함입되어 에워쌓이게 된다. 그 결과 상처 부위에 검붉은 딱지가 형성된다(그림 9.4).

항혈전제(anticoagulant)는 혈액응고를 방지하고 혈전(thrombus) 형성을 억제한다. 헤파린(heparin)과 쿠마린 유도체는 혈액응고억제제로 이미 잘 알려져 있다(그림 9.7). 쿠마린은 약용식물인 선갈퀴(*Asperula odorata*)에서 얻어지며 고유한 냄새가 매우 인상적이다. 또한 이러한 성분은 쥐의 내출혈을 유도하는 쥐약으로도 사용되고 있다. 쿠마린은 그 밖에 비타민 K의 길항물질로도 작용한다.

고전적이면서 오늘날까지 애용되고 있는 탁월한 혈액응고억제제로는 아세틸살리실산(acetyl-salicyl acid, ASA)이 있으며 이 ASA는 버드나무(*Salix*) 줄기에서 분리한 살리실산의 유도체이다(그림 9.18). ASA는 혈액을 희석시키고 심장마비 위험성이 있는 환자들에게 처방되고 있다. 심근경색 초기에는 즉시 응급 의사에게 알려야 한다. 그리고 의사는 아스피린을 투여하고 환자가 빨리 씹어 삼킬 수 있도록 하여야 한다. 요즈음 소개되고 있는 새로운 진단방법으로 면역반응을 이용한 테스트가 있는데 이는 매우 정밀하고 신속한 방법이다(10장 참조).

히루딘(hirudin)을 의학용 거머리(*Hirundo medicinalis*)로부터 추출하여 사용하고 있는 사실 역시 매우 흥미롭다(그림 9.5, 9.6). 히루딘은 유일한 항혈전제로서 오늘날에는 유전공학적으로 생산하고 있다(상품명: 레피루딘, Lepirudin). 거머리는 의학적으로 매우 유용하게 이용되고 있는 몇 종 안 되는 동물에 속한다.

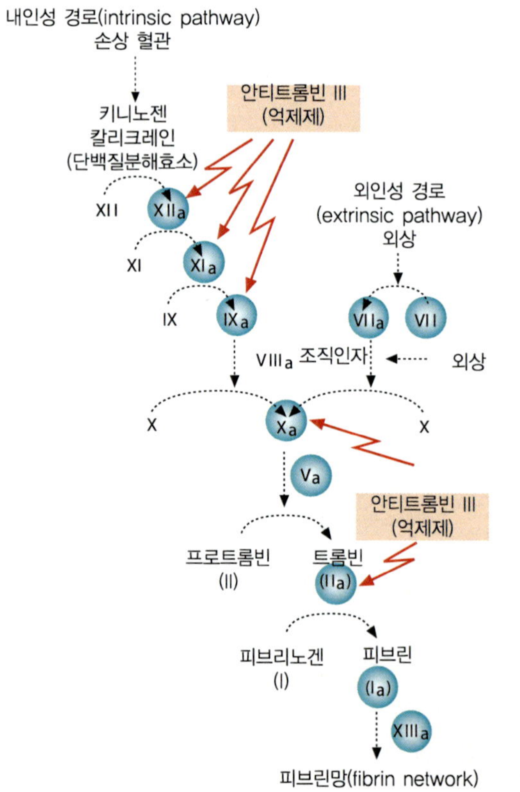

그림 9.4 혈액응고 기작

9.2 심근경색 후 섬유소용해: 혈전은 효소에 의해 분해된다

혈전용해제는 이미 혈관에 형성된 혈전을 용해한다. 이들은 단백분해효소(protease)로서 단백질을 분해하는 효소(2장 참조)이다. 혈전용해 과정 중에는 피브린덩이가 특정 단백질 그룹에 의해 분해된다. 혈전증과 색전증에 나타나는 응혈의 주요 구성성분은 피브린 단백질이다. 플라스미노겐 활성인자가 먼저 플라스미노겐을 피브린 분해효소인 플라스민(plasmin)으로 전환시킨다. 플라스민은 하나의 세린프로테아제이다(2장 참조). 인체의 플라스미노겐 활성인자는 t-PA(tissue plasminogen activator)이며 조직플라스미노겐 활성인자라고 한다.

예를 들어 관상혈관이 막힐 때 심근부위에는 산소공급이 단절된다. 따라서 이어지는 병적 결과로 치명적인 급성 심근경색증이 나타난다! 심근경색의 원인 해결을 위한 과학자들이 찾은 치료방법은 항상 발병 첫째 시간 동안, 다시 말해서 조직괴사가 일어나기 직전까지 가능한 빠른 시간 안에 혈전을 용해시키는 처방이 가장 효과적임이 확인되었다.

이제까지는 오랫동안 심근경색의 혈전용해제로 스트렙토키나아제(streptokinase)를 많이 이용하여 왔다. 스트렙토키나아제는 외부에서 생산한 플라스미노겐 활성인자이다. 스트렙토키나아제의 어미가 "-ase" 로 끝나기 때문에 일반적으로 효소라고 인식되고 있지만 실제로는 효소가 아닌 하나의 단백질로서 연쇄구균(streptococcus)이 생산한다.

스트렙토키나아제를 주입하면 플라스미노겐과 결합하여 하나의 활성복합체(activator complex)를 형성하며 이어서 플라스미노겐 분자를 연속적으로 활성화시킨다. 이미 언급한 바와 같이 스트렙토키나아제는 매우 강력한 혈전용해제이지만 연쇄구균에서 분리하여 사용하기 때문에 환자들에게 면역시스템상의 알레르기 반응을 유발할 수 있다.

효소 유로키나아제(urokinase)는 인간의 뇨와 인체의 신장세포 배양액에서 얻는다. 최근에는 유전공학적으로 재조합된 대장균(*E. coli*)을 통하여 생산한다. 만일 유로키나아제나 스트렙토키나아제를 충분한 양으로 주입하게 되면 이들은 플라스미노겐을 활성 플라스민으로 활성화시켜 동시에 혈전을 제거한다.

그러나 언급한 두 단백질은 질환부위에서만 작용하는 것이 아니라 총체적인 혈액순환 과정에서 작용한다. 따라서 체내 모든 혈관내의 혈액응고시스템에 크게 영향을 미치고 있다. 따라서 이들 두 단백질은 최근에 개발된 혈전용해제와 비교하면 내출혈 가능성이 나타날 수 있는 위험부담이 존재한다(예컨대 위 궤양 등의 질환이 있는 환자의 경우).

현재 사용되고 있는 첨단 혈전용해제는 피브린에 결합된 플라스미노겐만을 활성화시키며, 그 작용범위 또한 병적 질환 부위에 한정되어 활성화시킨다. t-PA는 조직 특이적인 플라스미노겐 활성인자로서 꼭 필요한 질환부위에서만 작용한다. 이것이 혈전이다. 다시 말해서 이들은 전신이 아닌 질환 장소의 혈액응고 기능만 감소시킨다. 그러나 진행형 심근경색증에서는 자체적인 t-PA가 과도하게 요구되기 때문에 재조합 t-PA 분자를 추가적으로 외부에서 보충해 주어야 한다. 재조합 플라스미노겐 활성인자(rt-PA, recombinant tissue PA)는 심근경색증의 혈전용해를 위한 표준 치료방법으로 각광받고 있다. 따라서 환자가 신속하고 적절한 시간에 치료를 받으면 생명의 위험으로부터 벗어날 뿐만 아니라 심장근육조직의 최상의 기능을 유지시킬 수 있다.

최근 연구결과에 따르면 실제로 초기의 2시간 이내에 조치한 1,000명 환자들 중에 60~80명의 환자 생명을 구명할 수 있었다. 그러나 심근경색증이 발생한 지 3~4시간이 지난 후에 치료된 환자들은 혈관확장을 통하여 환자의 고통은 감소시킬 수 있었지만 심근조직의 기능을 정상화시키는 데는 너무 늦은 시간이었다. 현대적인 혈전용해제는 이미 응급차로 이동하는 중에 투여할 수 있게 되어 있다.

인간 t-PA는 1982년 처음으로 클로닝되었으며, 독일에서는 1987년부터 치료제로 승인되었다. t-PA가 단백질과 당으로 구성되어 있기 때문에 세균을 통하여 쉽게 생산할 수 있는 것은 아니다. 따라서 포유동물 세포배양(중국 햄스터 난원세포, CHO 세포)으로 고가로 생산하고 있으며 최근에는 형질전환된 염소와 양의 우유 속에서 분리 정제하여 사용하고 있다(8장 참조).

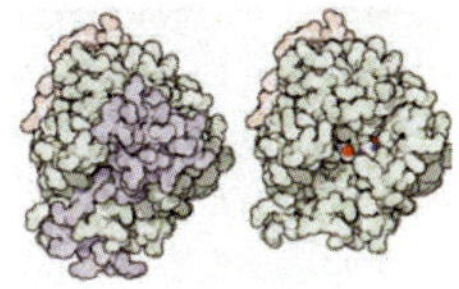

그림 9.5 거머리의 히루딘(청색)은 트롬빈에 완벽하게 결합하여 활성부위를 차단한다(오른쪽 그림은 히루딘이 없는 트롬빈).

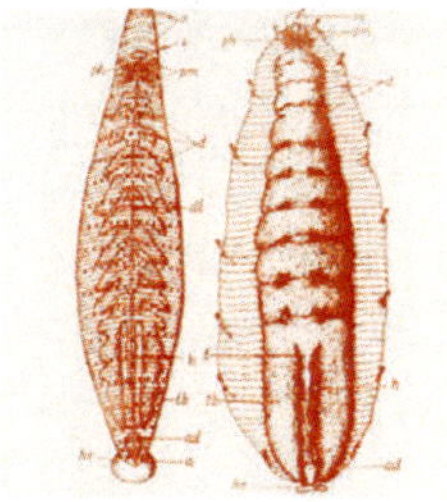

그림 9.6 옛날에는 거머리(*Hirundo medicinalis*)를 살아있는 혈압강하제로 사용하였다. 거머리는 수백 개의 뾰족한 이빨을 이용하여 살갗을 절개하고 히루딘을 주입시킨다. 따라서 포유동물의 혈액이 응고되지 않는다. 그래서 더 효과적으로 흡입할 수 있게 된다. 거머리는 먹이를 섭취할 때 체구가 10배 정도 증가한다. 그 후 거머리는 실제 18개월 동안 금식할 수 있다.

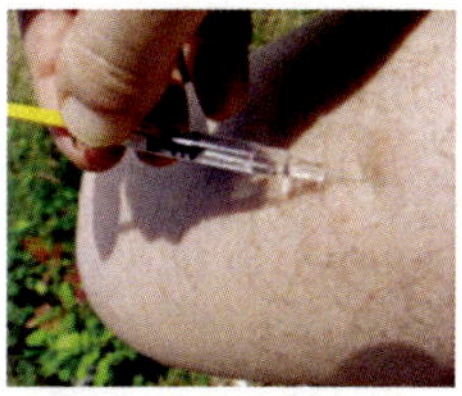

그림 9.7 헤파린(heparin) 주사는 장거리 비행 중에 혈전증(thrombosis)을 사전에 막을 수 있다.

그림 9.8 흡혈박쥐는 t-PA를 갖고 있다. 유전자재조합을 통한 t-PA 생산은 자연에서 찾은 생체모방공학적 첨단 과학기술이다.

Box 9.1 전문가의 견해:
독일의 적색생명공학의 전망

적색생명공학기술 중에 특히 의약품개발과 진단시약 개발 등과 같은 제약분야에서는 예기치 않은 가능성을 열어주고 있다. 그 중 하나는 제약시장은 매우 매혹적인 시장으로 성장하고 있다. 이 시장의 의미는 인구 통계학상의 시각에서 고려했을 때 서양 산업국가에서 크게 발전할 것이다. 또 다른 하나는 생명공학을 통해 생산되는 바이오신약에 대한 사회적 요구가 매우 크다. 그럼에도 불구하고 생명공학의 모든 가능성을 실제 활용할 수 없다. 그 이유는 이 분야에 대한 윤리적인 관점이 매우 큰 의미를 갖고 있기 때문이다.

과거 윤리적 동기가 부여된 토론에서는 생명공학기술의 성장에 전혀 발전적인 영향을 주지 못하였다. 독일에서는 적색생명공학의 기술과 제품의 거래액이 1998년부터 2003년 사이에 매년 91,500만 유로씩 확장되었다. 유럽연합 국가에서는 생명공학분야의 매출액이 크게 증가하는데 반해 미국에서는 다소 적은 거래액으로 판매가 이루어졌다. 그러나 미국에서 이루어지고 있는 실제 매출액은 310억 유로 정도로 유럽연합(110억 유로)보다 현저하게 더 큰 거래가 활발하게 이루지고 있다는 것을 고려하여야 한다. 이러한 총매출액의 증가에도 불구하고 적색생명공학 제품이 제약시장에서 차지하고 있는 비율은 약 4%밖에 되지 않는다.

유전자 요법과 줄기세포 연구는 희망을 불러일으킨다

인간유전체프로젝트(Human Genome Project)가 2000년도에 성공적으로 완료되어 세상에 그 결과가 발표됨에 따라서 우리는 특정 질환에 대한 좀 더 나은 진단법과 치료법을 실용화할 수 있게 되었다. 따라서 이러한 이정표를 바탕으로 앞으로는 바이오신약 개발뿐만 아니라 제약판매, 생명공학회사의 성장 등이 엄청난 속도로 발전할 것이다. 그러나 실제로 지금까지는 하나의 신약을 개발하기 위해 대략 12년이라는 기나긴 세월 동안 투자하여 소수의 후보신약이 다양한 테스트를 통과한 다음 최종적으로 하나의 신약이 창출되어 제약시장에 출시되었다.

적색생명공학의 독창적인 활용분야는 발암억제 및 항암치료제 개발이며 바이오신약 중에 가장 유리한 제약시장이다. 암과 관련된 모든 질환은 산업국가에서 사망률이 가장 높은 질병이다. 나이가 증가할수록 암에 걸릴 확률

대식세포(macrophage)와 세균: (식세포, 왼쪽, 세균, 오른쪽).

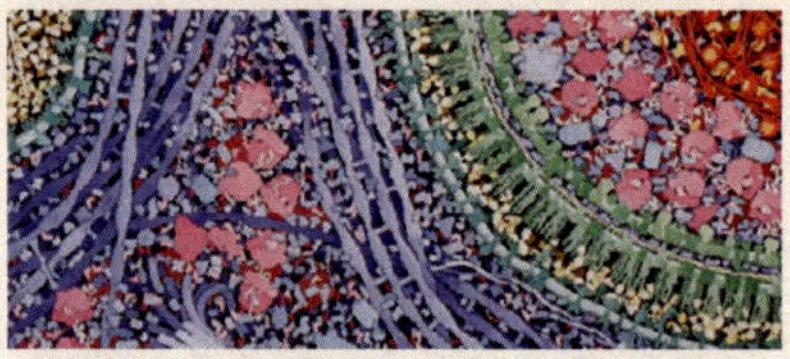

세포질은 청색, 리보솜은 자색, 적색과 주황색은 DNA를 가리킨다.

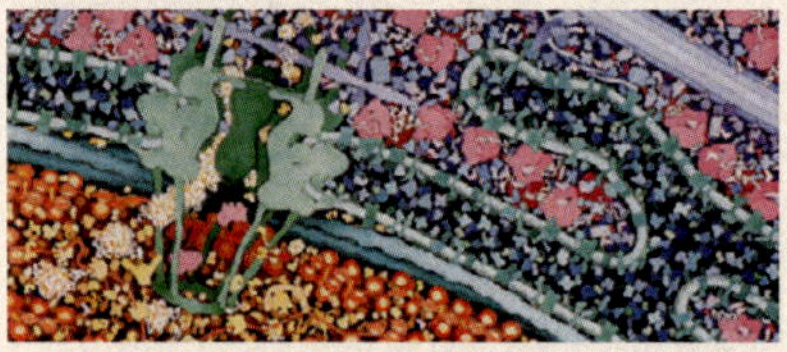

생체막은 초록색으로 표시하였다. 세포제단화는 라호야(La Jolla)에 있는 스크립스 연구소의 intergrative medicine center에서 David Goodsells가 세포 속을 도해한 것이다.

이 높기 때문에 사회 전반에 걸쳐서 노령화된 암환자의 수가 눈에 띄게 증가한다.

의료시장에서 기다리고 있는 생명공학 제품은 병든 암세포의 증식을 정지시키거나 또는 증식을 지연시키는 효능을 지니고 있으면서 큰 부작용이 없는 기존의 화학요법에서 사용하던 것과 유사한 바이오신약이다. 항암치료제 분야에서는 질적인 성장과 중대한 도약점이 기대되고 있다. 따라서 암을 선택적으로 치료할 수 있는 생명공학기술이 개발될 것으로 전망하고 있기 때문에 특정 암을 선택적으로 치료할 수 있는 획기적인 신약이 생명공학의 발전에 의해 생산될 것이다. 그러나 과학자들은 그사이 모든 종류의 암을 단지 하나의 신약으로 치료할 수 있다는 희망을 포기하였다.

앞으로 줄기세포를 이용하여 특히 조직에 결함이 발생되는 질환을 완치시킬 수 있을 것으로 믿고 있다. 그것과 관련있는 질병은 척수병, 당뇨병, 심근경색, 그리고 다양한 혈구형성계와 연결된 질환 등이 있다.

개발 방향

독일의 생명공학 회사들은 2003년에 200여 종류의 생리활성물질을 개발하여 그들의 연구개발경로를 갖고 있었다. 이것은 2002년보다 14%가 더 많은 것이며 1999년보다는 절반 이상이 더 많은 양이다. 독일의 생명공학 회사들이 보유하고 있는 총 202종류의 신물질 중에서 69개 성분은 임상실험 중에 있다(1999년, 단지 26개 성분). 그러나 실질적으로는 마지막 테스트 단계까지는 단지 5개 종류의 생물 신소재만이 진입하였고 이들의 효능연구는 수천 명의 환자를 대상으로 수행되고 있다. 현재 미국에서는 약 300종류의 생물 신소재가 검사중에 있으며 유럽연합은 총 70여 종류의 신물질을 확보하고 있다.

적색생명공학을 통해 과학자들은 각각의 환자를 치료할 수 있는 맞춤형 치료제를 개발하고자 한다. 다시 말해서 특정 환자의 질병을 치료할 수 있는 맞춤형 신약개발을 위한 돌파구를 마련하려고 한다. 인간 유전체 연구는 특정 환자 집단을 위해 정확한 유전자 프로파일(특성분석표)을 작성할 수 있는 가능성을 제공해 준다. 이것이 바로 개개인의 질병을 목적 지향적으로 치료할 수 있는 맞춤형 치료법 개발을 위한 필수 요구조건이다. 그렇게 함으로 해서 개개인의 유전자 특성을 구성하고 있는 바이오칩(biochip)을 이용하여 어떠한 조성에서 개발하고 있는 바이오신약이 최상의 상태로 환자에게 작용하는지를 규명할 수 있다.

법적 규정

독일에서는 1991년부터 배아줄기세포보호법(EschG)으로 인해 배아(embryo)를 이용한 연구 개발이 전면적으로 금지되어 있다. 이러한 이유 때문에 배아줄기세포 분야의 연구가 활성화되지 못하고 오히려 제한을 받아왔다. 또한 고급 인적 자원이 해외로 이주하였다. 2002년에 입법된 법률에 따르면 독일에서는 연구와 개발을 목적으로 배아줄기세포의 수입과 이용은 줄기세포법(StZG)에 따라서 조정될 수 있다. 그 법률에 의하면 배아줄기세포의 수입과 이용은 엄격히 금지되어 있지만 법이 정하는 특별한 조건에서는 예외를 둘 수 있도록 되어 있다.

적색생명공학 분야의 연구 및 개발 사업은 거액의 투자와 오랜 연구개발 시간 그리고 복잡한 허가 또는 승인 절차가 요구된다. 제약회사 및 생명공학 사업가들은 그들의 연구결과를 특허로 보호받고 법률적으로 권한을 승인받을 때 사업비의 투자와 관련된 위험부담을 시도해 볼 수 있다. 그래서 효과적인 특허보호는 생명공학 산업의 성장과 발전을 위해 매우 중요하다. 이미 1998년 생명공학분야의 발명과 특허를 위한 법률이 의결되어 EU-규정(BioPatent guidelines)이 발효됐다. 이 법률은 2004년 말에 독일의 생명공학법으로 재편되었다. 이 법률의 핵심내용은 인간의 클론은

특허대상에서 제외하며, 산업을 위한 배아줄기세포의 사용은 금지한다. 또한 어떠한 형태이든지 이윤을 추구하는 상업적 목적을 위한 인간 배아는 특허를 신청할 수 없다. 그리고 인간의 발생과 발달과정에 있는 모든 신체역시 특허의 대상이 될 수 없다. 독일의 규모가 비교적 작은 여러 생명공학 산업체들은 신약의 연구 및 개발, 상품화, 유통 등 일련의 총체적인 과정을 수행할 능력이 거의 없다. Ernst & Young이 조사한 설문에 의하면 거의 절반의 생명공학 회사들이 단지 하나의 자체적인 제품을 개발하여 임상실험 2단계(첫 번째 환자대상 임상실험)까지 좋은 결과를 얻으려고 애쓰고 있다.

현 시점에서는 무엇보다 거대한 생명공학 회사들의 혁신적이고 독창적인 생명공학적 사고 와 기술배양이 요구된다. 이를 위해 앞으로 다가오는 2~4년 동안 소요가 많고 거래가 매우 활발한 신약을 개발하여 생산해야 한다. 뿐만 아니라 틈새시장을 위한 유통구조와 개발경로를 개척하여 새로운 제품을 출시해야 된다. 그래서 이미 많은 생명공학 회사들이 생산과 판매뿐만 아니라 연구개발 사업에도 서비스업 또는 공급자 형태로 실질적인 주체로 확립되어 제약 산업 분야에서 확고한 위치를 차지하고 있다. 생명공학 회사와 거대 제약 산업체들은 서로 상부상조하면서 협동 및 보완해 나갈 수 있다. 제약업체들은 특히 신약의 임상시험, 제품생산, 승인절차(제품등록, 허가), 마케팅, 유통 등을 분담하고, 생명공학회사들은 특히 작용물질의 탐색, 약리효과, 독성 및 효능 등 주로 신소재 개발에 역점을 두어야 하며 위탁과제 연구를 전문화하고 있다.

독일의 적색생명공학 산업분야에서는 금세기 말까지 제품 매출량이 급속도로 성장할 것으로 추산하고 있다. 현재 1억 9천 5백만 유로에 달하는 매출량이 2010년까지는 20억 유로로 증가할 것이다. 이러한 증가추세는 생명공학회사의 개발경로가 잘 짜여져 있는 것이 결정적인 영향을 준다. 독일의 생명공학제품의 매출 신장률은 12%였는데 이는 지난해의 성장률보다 훨씬 더 작은 수치이다. 신장률이 낮은 이유는 소규모의 많은 생명공학 회사들이 기획성이 없이 큰 생산공정에 과도하게 투자하여 효율적인 사업을 수행할 수 있는 능력을 상실하였기 때문이며, 부분적으로는 첨단기술과 예산의 지원이 빈약하여 총체적인 과정에 대처하지 못하였기 때문이었다. 그럼에도 불구하고 총 매출량은 기존의 전통 의약품보다 1/10 정도 더 증가하였다. 당초에는 매출량이 연간 약 3% 정도 성장할 것으로 예측하였다.

유사한 첨단기술의 발전이 유럽의 생명공학 분야에도 이루어질 것으로 기대하고 있다. 현재 매출량이 110억 유로에서 210억 유로로 증가하는 유럽시장과는 대조적으로 미국시장에서는 증가폭이 원만하게 진행되고 있다. 미국시장의 이러한 조용한 성장은 매출량의 규모가 310억 유로로 유럽의 시장에 비교해서 이미 매우 높은 총매출액을 나타내고 있기 때문이다.

일반적으로 인구가 노령화되어 가는 사회에서는 의약산업이 이윤을 남기고 있는 산업분야로 잘 알려져 있다. 따라서 2010년 독일에서는 "Baby Boomer" 세대에 출생한 사람들이 국민연금을 수혜받은 시대로 접어들게 된다(1946~1964, 출산율이 높은 년도). 뿐만 아니라 평균적 독일인의 수명도 더 길어지고 있다.

선진산업국가에서는 총인구에 대한 노령인구의 비율이 점점 증가하는 경향이다. 이러한 노령화 그룹 인구는 특히 첨단 의료기술, 간호, 보호 등의 보건의료 사업에 의존하고 있다. 독일 통계청의 자료에 의하면 독일의 노령인구는 2001년에 비해 2050년에는 약 800만 명이 더 많이 생존하게 된다. 그러나 동시에 총인구는 8,200만 명에서 7,500만 명으로 감소할 수 있다. 그렇게 된다면 독일에는 60세 이상의 노인 약 2,800만 명이 살게 된다. 전체 인구에 대한 60세 이상 노령인구의 비율은 37%에 도달하며 2001년의 21%보다 노령화는 더 증가하게 된다.

결 론

적색생명공학 시장은 지속적으로 역동적인 성장을 유지할 것으로 기대하고 있다. 이를 뒷받침하는 증거들로는 지금까지 어렵고 가능하지 않은 질병들을 치료 또는 완치할 수 있다는 사실 등이 제시되고 있으며 기존의 전통적인 제약회사들과 협동할 수 있는 가능성 등을 이유로 들고 있다. 따라서 생명공학기술은 개발단계에서부터 의약품의 유통단계까지 효과적으로 이용할 수 있다.

그러나 실제로는 의료분야의 모든 연구결과를 아무런 제약없이 이용할 수 있는 것은 아니다. 왜냐하면 독일내의 의료 법률이 매우 제한적이기 때문이다. 이 법률은 다른 어느 분야의 법안보다 더 윤리적인 사고와 견해를 참작하여야 한다. 유전자 및 세포연구 결과들을 바탕으로 제작된 의료 신제품들은 중장기적으로는 매출이 높고 수요 또한 폭발적인 유전자신약으로 반영되어 나타날 것이다. 성공적인 생명산업 발전을 위해 우리는 바로 오늘 진로를 결정해야 한다.

우베 페어리츠 박사는 마인주 프랑크프르트시소재 독일은행 연구원에 재직하고 있는 원로 경제학자이다.

생명공학을 통한 불로장생?

생명윤리학자, 의사이자 분자생물학자인 Jens Reich는 그의 저서(「창조인간」, Rowohlt Berlin 출판사)에서 "만일, 인간의 평균적 수명이 200년 정도였다면, 유전과 무관하게 인류의 신체조직과 기관 등의 유기체가 어떻게 조직화되어 왔을지 한 번쯤 토론하는 것은 매우 흥미롭고 가치가 있다"라고 기술하고 있다." 따라서 만일 줄기세포의 샘(fountain of stem cell)인 회춘의 샘에서 끊임없이 마모되어가는 물질이 재생될 수 있다면 빠른 시간 내에 대략 10대가 서로 나란히 생존해 살아갈 수 있다. 그래서 과잉 인구밀도를 조절하기 위하여 신생아의 출산은 엄격한 허가절차를 통해서 이루어질 수 있다. 따라서 인간은 본인의 의사에 따라 삶을 포기할 수 있는 결정권을 갖고 있으며 기나긴 생명에 싫증을 느끼는 사람들은 이러한 권리를 행사할 지도 모른다. 그밖에 모든 인간은 특정 수명에 대한 정년에 도달하면 독배를 마시게 한다. 그래서 만일 4~5대 가족 세대와 모든 다른 친척이 X-대까지 존속한다면, 가족의 구성원들끼리 어떻게 정을 나누고 정상적으로 살아갈 수 있을지 상상하기 어렵다.

이미 오늘날에 90세 된 건강한 노인이 생명력을 유지하기 위하여 많은 노력을 들여 어려운 삶을 극복하고 있는데 어떻게 150년 된 초고령인 노인이 그와 같은 창조성(creativity)을 수용할 수 있을지 납득할 수가 없다. 실제로 인간은 불로장수 할 수 있다. 그러나 만일 인간이 하나의 완벽한 인격체(individuality)로 재생되지 않는다면 어떻게 생명력(vitality)만을 재생해야 하는지 납득하기가 매우 어렵다.

동양철학에서 말하는 영원한 생명의 윤회(recurrence)는 오늘날에 말하는 환생(resuscitation)으로 표현할 수 있는데 이는 전생에 특정 생명체로부터 분지되어 영생한다는 뜻을 내포하고 있다. 그리고 서양철학의 발전과정에서 깊숙이 내재되어 있는 아름다움, 웅대함, 채움, 행복 등과 같은 "모든 세속적인 삶은 덧없다"라는 지식을 낳게 하였다.

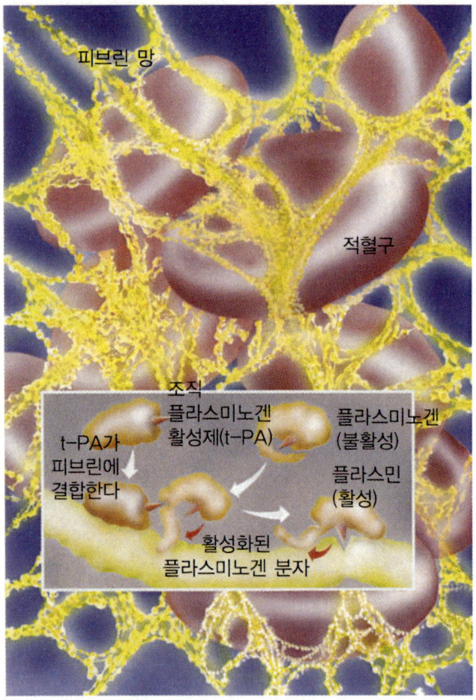

그림 9.9 t-PA에 의한 혈전 용해 작용. t-PA를 통하여 proenzyme이 활성화된 세린프로테아제(serine protease)로 전환된다. 이 결과로 인해 국부적인 섬유소용해(fibrinolysis)가 일어난다. 섬유소용해란 피브리노겐 또는 피브린에 플라스민이 작용하여 이들 폴리펩티드 사슬의 특정 결합 부위를 절단하여 용해시키는 현상을 말한다.

최근 t-PA 치료법의 추진 전략도 재조합된 인체분자를 생명공학적으로 생산하여 심근경색증을 위해 사용하는 치료 기술이다. 뿐만 아니라 목적지향적인 분자설계를 통하여 t-PA의 효능과 작용시간을 극대화하였다. 이러한 결과를 통하여 rt-PA/Reteplase(Rapilysin® Hoffman-La Roche사)가 대장균(*E. coli*)에서 생산되고 있으며, TNK-t-PA(Boehringer Ingelheim사)도 마찬가지로 CHO 세포를 통하여 생산되고 있다. TNK-t-PA는 단백질 디자인의 명품으로 주목받고 있다.

9.3 뇌졸중: 흡혈박쥐 효소의 효능

뇌졸중은 선진산업국가에 나타나는 사망원인의 3대 질환 중의 하나이며, 심장질환, 암, 뇌졸중 순으로 사망과 직결되어 있다. 그 중 뇌졸중은 가장 오랜 기간 신체-정신적 장애를 동반하는 질환이다. 산업국가에서는 연간 10만 명 중 300~500명이 뇌졸중에 의해 장애를 받고 있다. 독일에는 20만 명의 뇌졸중 장애자가 발생되고, 미국은 70만 명의 희생자가 등록되고 있다.

기록에 의하면 뇌졸중 환자 20%는 발병 4주 안에 사망한다. 환자의 $\frac{1}{3}$은 치료 후 일상적인 생활로 복귀할 수 있다. 그 밖의 $\frac{1}{3}$은 뇌졸중 장애자로 평생 동안 남의 도움이 요구되는 처지에 놓이게 된다. 따라서 뇌졸중 질환에 의한 보건당국의 경제적 부담과 장기적 체류 및 요양에 따른 치료비는 걱정할 만한 수준에 이르렀다. 미국의 경우 2004년 한 해 동안 뇌졸중 장애인을 위해 편성된 간호비 예산이 무려 540억 달러였다. 현재 뇌졸중 환자 중 일부의 장애자들이 이러한 직접적인 혜택을 받고 있다.

그림 9.10 제정러시아 황제 차르 가족. 사진 왼쪽 앞에 있는 소년이 알렉산더(Alexander)이다.

뇌졸중은 뇌의 혈관이 혈액응고에 의해 막히거나 혈관이 파열되어 나타나는 질환이다. 두 경우 모두 관련된 뇌 조직 부위에 충분한 산소 공급이 이루어지지 않을 뿐만 아니라 양분 공급도 단절된다. 그 결과 이 부분의 뇌 조직 신경세포가 사멸된다. 따라서 뇌졸중 치료 방법도 혈관이 폐쇄되는 경우(뇌졸중 환자의 88%)와 혈관이 파열되어 뇌출혈(뇌졸중 환자의 12%)이 일어나는 상태에 따라 다른 방법으로 치료된다. 국소적인 혈관 폐쇄에 따른 뇌졸중은 원인이 되는 혈관 내의 혈전을 제거하고 혈액공급이 다시 유지될 수 있도록 치료한다.

현재 혈관이 막혀 나타나는 뇌졸중의 인가된 유일한 치료제로는 **혈전용해제 rt-PA**가 있는데 이 치료제의 효능은 혈전을 녹이는 데 기초를 두고 있다. 그러나 rt-PA는 뇌졸중증이 발견되는 3시간 이내에서 처방이 허락되어 있기 때문에 사용 기회가 매우 제한적이다. 따라서 짧은 제한적인 처방가능성 때문에 급성 혈관 폐쇄에 의한 뇌졸중에만 rt-PA의 사용이 가능하다.

데스모테플라아제(desmoteplase)는 선택성이 높은 플라스미노겐 활성인자이며 Paion AG에서 새로 개발한 신약이다. 유전공학적으로 만든 이 신약은 단백질로서 원래에는 흡혈박쥐(*Desmodus rotundus*)의 타액 속에서 발견되었으며(그림 9.8), 이들 흡혈박쥐의 양분공급원은 포유동물의 혈액을 이용하고 있다.

데스모테플라아제의 작용은 피브린에 결합된 플라스미노겐을 선택적으로 활성화시키는 것이다. 활성화를 통하여 플라스미노겐은 효소인 플라스민(plasmin)으로 전환되며 피브린 매트릭스를 분해함으로써 혈전을 용해시킨다. 질환 부위의 조직으로 혈액이 점진적으로 공급되고 국부적인 허혈증도 경감된다.

데스모테플라아제 효소작용의 장점은 신경독성 효과가 없다는 것이다. II단계 임상실험의 긍정적인 결과에 의하면 뇌졸중 증상이 발견되고 나서 실시한 처방은 그 후 9시간 동안 안전하게 지속적인 효능을 나타내었다.

Box 9.2 인터페론이란 무엇인가?

인터페론(**interferon**)은 바이러스에 대해 빠르고 비특이적인 방어 메커니즘을 유도할 수 있는 내성 단백질이다. 바이러스가 세포 안에서 성장하는 동안 바이러스 증식의 산물이 세포의 인터페론 생산을 유도한다. 생성된 인터페론은 유리되어 체내 다른 기관과 조직으로 이동한다. 인터페론은 다시 세포 표면의 특이적인 인터페론 수용체(**interferon receptor**)와 결합하고 특이한 신호를 방출한다(그림 9.11). 이 신호는 세포로부터 다양하고 새로운 단백질을 합성하도록 야기시킨다. 이러한 단백질은 아직 단독적으로 세포 메커니즘을 교란시킬 수 없다. 따라서 세포가 바이러스로 감염되기 전까지 이들은 수동적(passive)이다. 감염이 되면 단백질은 활성화되고 모든 바이러스의 생장은 억제된다.

지금까지 밝혀진 인터페론의 종류는 다양하며 그 중 대표적으로 알려진 3종류의 인터페론은 α-인터페론, β-인터페론, γ-인터페론 등이 있다.

α-인터페론(**α-interferon**)은 일반적으로 바이러스에 감염된 백혈구(leucocyte)에서 생성된다. 이들은 혈청에 자유롭게 유리되어 체내의 세포에서 세포로 이동한다. 현재까지 최소한 16개 α-인터페론의 아형(**subtype**)이 규명되었다. 이들의 화학구조의 차이점은 아미노산 배열에 있다.

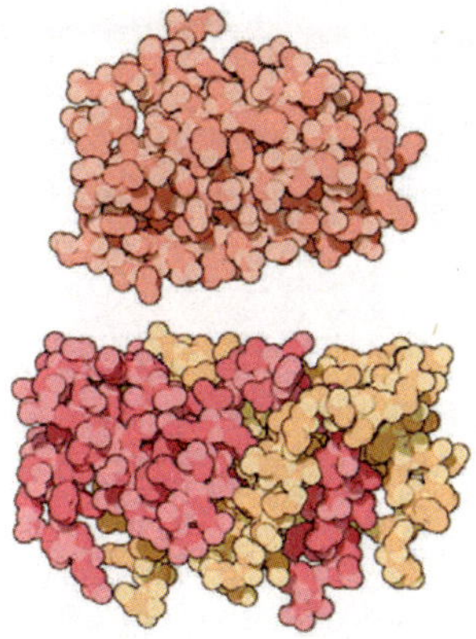

α-인터페론(위) 와 γ-인터페론(아래)

α-인터페론은 혈액암(hairy cell leukemia) 치료에 사용되고, 그 밖에 피부의 색세포가 암세포로 전환되는 흑색피부암(흑색종, melanoma)의 치료제로 사용된다. 뿐만 아니라 α-인터페론은 골수종(myeloma), B형 간염(hepatitis B), C형 간염(hepatitis C) 치료에도 이용되고 있다.

β-인터페론은 섬유모세포를 포함해서 다양한 종류의 결합조직을 형성하는 세포로부터 형성된다. 이들은 결합조직을 형성하는데 중요한 역할을 한다. 인터페론은 그 밖에 중추신경계의 질환인 경화증(multiple sclerosis) 치료에 매우 효과적이다.

γ-인터페론은 면역 반응을 할 때 비장의 백혈구가 생성한다. γ-인터페론은 항체생산을 유도하거나 바이러스에 감염된 세포를 사멸시키는 특수세포를 생산한다.

γ-인터페론은 항바이러스성 특성을 지니고 있다. 따라서 이들은 α-, β-인터페론보다 더 강한 조정자(modulator)로 알려져 있으며 이미 육아종증(granulomatosis) 치료를 위해 승인된 약품이다. 육아종증은 선천적으로 타고난 과립백혈구(granulocytes)의 산화적 물질대사 결함이다. 육아종증 환자의 과립백혈구는 강력한 항산화 산소라디칼을 생산할 수 없다. 따라서 병원균을 사멸시킬 수 없다. 이러한 이유 때문에 환자들은 장기간 항생제로 치료하여야 한다. 그밖에 γ-인터페론은 관절염(arthritis) 치료에 매우 효과적이며 천식(asthma) 치료에도 효능이 매우 탁월한 것으로 밝혀졌다.

9.4 유전공학적 인자 VIII : 안전한 항혈우병 인자

황제나 왕들은 제국에 예상치 못한 사건 또는 재앙이 나타날 때 현실을 보호하고 유지하려고 했다. 제정 러시아의 황태자 차레뷔치(Zarewitsch)는 빅토리아의 증손자로 혈우병(hemophilia)을 앓았다. 그의 "병증을 보는 왕실세계와 현실 사이에는 현격한 차이가 있었다." 라고 영국의 생물학자 J.S.B Haldane은 기록하고 있다.

혈우병(hemophilia A, 그림 9.10)은 남성들에게만 나타나지만 어머니를 통하여 아들에게 유전될 수 있다. 혈액응고인자(인자 VIII)는 따라서 X 염색체상의 유전좌위에 놓여 있다.

역사적으로 정밀하게 기록(유전적 사건 기록, "Habsburger-Lippe")되어 있는 경우는 영국 빅토리아 여왕(1810~1901)의 많은 후손들로 대부분 유럽사회의 귀족들이었다. 실제로 그 중 몇몇 후손인 남성귀족들이 오랫동안 생명을 유지할 수 있었던 사실은 철저하게 보호된 '유리종 속에서의 생활'을 하였기 때문에 가능하였다.

그러나 혈우병 환자들의 대부분은 일시적으로 혈관경색(막힘)되는 환자들보다 훨씬 더 적게 발병되고 있으며(1/10,000명), 동시에 새로운 생명공학적 치료방법 등이 개발되고 있어 완치율 또한 증가하고 있다. 혈우병 환자들은 그들의 혈액 속에 혈액응고 시스템의 주성분인 항혈우병인자(인자 VIII)가 결여되어 있다. 혈우병 환자 약 80%가 항혈우병인자(인자 VIII)가 결여된 **혈우병 A**(**hemophilia A**, 고전적 혈우병 또는 진성혈우병)에 시달리고 있으며, 나머지 20%는 혈장트롬보플라스틴인자(PTC, 인자 IX)가 결여된 **혈우병 B**(**hemophilia B**, Christmas disease)를 앓고 있다. 독일에는 현재 약 8,000명의 혈우병 환자가 당국에 등록되어 있다.

혈우병의 특징적인 장애증상은 혈우병 A와 혈우병 B가 동일하다. 장애증상의 정도 또한 혈액응고

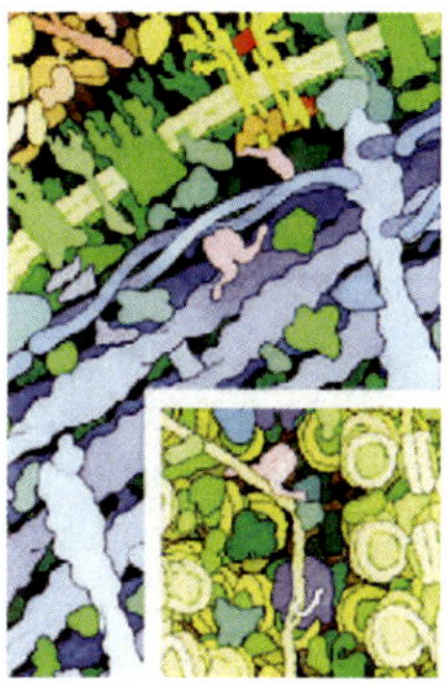

그림 9.11 γ-인터페론(빨강)이 세포 표면에 있는 수용체(노랑)에 결합한다. 신호전달은 세포안으로 이루어진다. 세포 바깥쪽에 있는 인터페론은 4개의 수용체와 결합한다. 여러 종류의 protein kinase(주황)가 안쪽으로 결합되어 있으며 인산화 반응을 거쳐 활성화된다. STAT protein(핑크)에 인산기를 갖고 있으며 이량체를 형성하고 있다. 이 이량체 단백질은 핵에서 목적 유전자와 결합되면서 mRNA합성이 시작된다.

그림 9.12 아데노바이러스. 유전자를 실어 나르는 벡터로도 사용되고 있다(본문 참조).

암의 종류

인체에 유발된 암은 200 종류 이상 밝혀져 있다. 대표적인 암의 종류는 다음과 같다.

- 폐암의 발병율은 양성(남 · 여)에서 가장 높다. (폐암 유발원은 흡연, 환경, 석면 등)
- 유방암은 여성에 나타나는 암 형태 중 두 번째로 많이 유발되어 사망률이 높다(나이 의존, 가족력 등).
- 전립선암은 남성에서 두 번째로 많이 발암되는 질병이다(나이 의존적).
- 장암은 남녀 중 세 번째로 위험한 암 형태이다(기름식품, 적은 섬유소, 가족력 등).
- 피부암의 유발원은 자외선과 화학물질이다.
- 난소암은 40대 이상 여성에서 나타나는 암 형태이다(높은 에스트로겐, 다이어트, 식품 등).
- 백혈병은 백혈구의 조절 불능 성장이다.
- 자궁경부암은 30세 이상의 여성에서 발병되는 형태이다(흡연, 파트너 교환, 성병 원인균 헤르페스).
- 고환암은 젊은 남성에서 흔히 발생하는 암이다.

인자의 함량이 부족할수록 커진다. 병증이 심한 경우는 아주 작은 상처에도 지혈이 불가능하고 치명적인 출혈이 조직과 관절 등에 나타날 수 있다. 일반적으로 장애증상이 보통인 상태에서는 혈관 내로 혈액응고인자를 인위적으로 주입하는 방법과 소아 환자의 경우에는 출혈정도에 따라 외과적인 치료도 가능하다.

전세계적으로 소요되는 항혈우병인자(인자 VIII)는 년간 500g 정도로 추정하고 있다. 0.5kg 정도밖에 되지 않은 이 의약품의 가격이 생명공학적 기법으로 생산하기 전까지는 1억 7천만 달러를 호가하였다!

항혈우병인자(인자 VIII)는 단백질로써 2,332개의 아미노산으로 구성되어 있다. 이것은 지금까지 밝혀진 단백질 중 가장 큰 생체분자의 하나이며 자세한 단백질 구조도 밝혀져 있다. 인체는 약 6L 혈액 속에 1mg 항혈우병인자(인자 VIII)를 갖고 있다.

혈우병 환자가 정상적인 생활을 하기 위해서는 1주에 2회 1.0mg 항혈우병인자를 투여해야 한다. 다시 말해서 1명의 혈우병 환자를 위하여 주당 24명의 수혈자(1/2L 수혈자)가 요구된다!

수혈자로부터 혈액을 확보하는 것과 혈액을 정제하는 과정 또한 많은 노력과 경비가 요구될 뿐만 아니라 다양한 문제점과 위험부담이 직결되어 있다. 얼마 전까지만 해도 수혈된 혈액이 B형 간염 바이러스(hepatitis B virus, 황달의 원인)에 노출되어 문제가 되었으며 오늘날에는 혈액 속에 잔존하고 있는 에이즈 바이러스와 C형 간염 바이러스 등이 문제되고 있다(5장 참조).

프랑스에서는 약 60% 혈우병 환자가 불행하게도 수혈을 통해 감염된 것으로 추정하고 있는데 이중에는 상당수의 환자가 범죄적인 행위를 통해서 감염되었다. 미국에서도 1980년대에 혈우병환자의 90% 이상이 에이즈 바이러스(HIV)에 감염되었다.

그와 반대로 현재 유전공학적 기법을 통하여 생산되고 있는 새로운 항혈우병인자(인자 VIII)는 어떠한 바이러스에도 감염되어 있지 않고 생물학적으로 매우 안전하다. 인자 VIII은 당단백질(glycoprotein)이며, CHO 세포배양(중국햄스터 난세포)을 통해 생산하여 혈우병 A 환자들의 혈우병 예방과 치료 목적으로 이용되고 있다.

최근에는 항혈우병인자(인자 VIII)를 형질전환 돼지에서 생산하는 이른바 유전자 약농(gene pharming, 8장 참조)을 통해 생명공학적으로 생산하고 있다. 유전자 약농은 인간의 cDNA를 돼지의 유장단백질(whey acid protein) 프로모터와 융합하여 유선에 도입하여 사람의 것과 같은 항혈우병인자(인자 VIII)를 우유 속에 분비하게 한다.

9.5 신장질환 환자와 운동선수를 위한 EPO

오늘날 유전공학적 기술을 통해 생산하고 있는 혈우병치료제인 인자 VIII 다음 세대의 신약으로는 **에리트로포에틴 단백질(EPO, erythropoietin)**이 대표적이다. EPO는 인체의 신장(kidney)에서 생성되며 골수세포에서 적혈구 생산(erythrocyte production)을 촉진시키는 호르몬이다. 당단백질인 EPO는 적혈구의 성장인자(growth factor)로 작용한다. EPO는 골수에서 헤모글로빈(hemoglobin, HB) 합성을 유도한다.

인공신장에 의한 혈액투석을 받고 있는 40만명의 독일 신장질환 환자들은 투석에 의해 야기되는 인위적 빈혈 때문에 어려움을 겪고 있는데, 이런 환자들의 생명에 EPO는 매우 중대한 치료제이다.

운동선수들의 체력단련을 목적으로 선수들을 높은 산에 보내 고도적응훈련을 실시한 때가 있었다. 산소의 함량이 희박한 고산의 공기는 선수들의 적혈구 생성을 촉진시킨다. 따라서 이어지는 경기에서는 최적의 산소공급이 가능하다. 오늘날에는 이러한 훈련을 좀 더 저렴하게 수행할 수 있게 됐다. 중국햄스터 난소(CHO) 배양세포를 통하여 다량의 당단백질 EPO를 생산할 수 있게 되었기 때문이다. EPO의 당사슬은 에리트로포에틴(EPO)이 간세포에서 분해되는 것을 억제하기 때문에 매우 중요하다. 따라서 당사슬이 존재하지 않은 상태에서는 EPO가 활성을 잃어버린다.

지난 "**Tour de France 1998**(자전거 경주)" 때 갑작스럽게 전체 선수단이 경기장을 떠나는 진풍경이 일어났다. 경찰과 독립적인 스포츠 기관에서 선수단에 도핑테스트를 실시한다고 예고한 다음 일어난 사건이었다. 사람들은 아마도 그 당시 많은 선수들이 EPO를 복용하여 도핑하였을 것으로 추론하고 있다.

독일인 중 약 1만 명은 또 다른 생명을 보호하는 성장인자, 과립구 대식세포 성장인자(GM-CSF, granulocyte macrophage growth factor)를 사용하고 있다. 성장인자 GM-CSF는 호산구(eosinophil granulocyte)과 호중구(neutrophil granulocyte) 생성을 촉진할 뿐만 아니라 대식세포(macrophage)의 생성도 촉진한다.

유전공학적 기술로 생산되는 이 두 의약품의 연간 매출액은 세계시장에서 20억 달러 정도에 달한다.

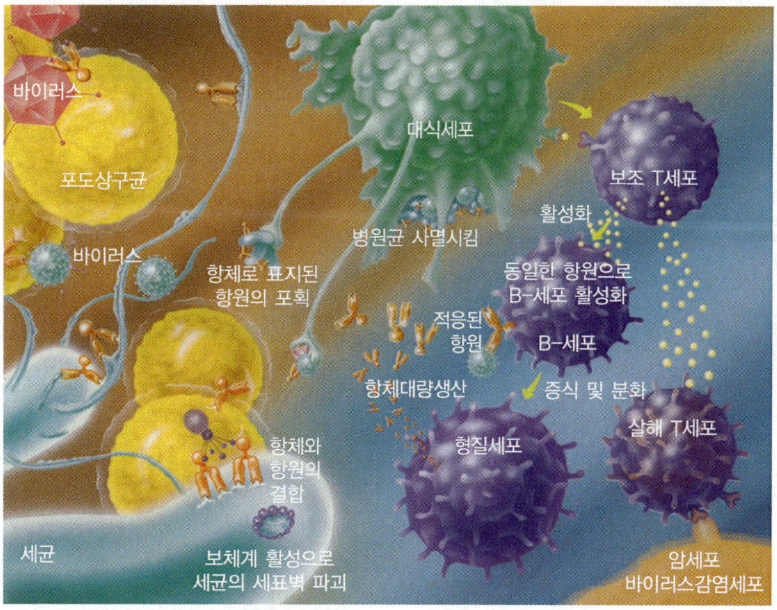

그림 9.13 감염(infection)에 대한 면역계의 방어기작(매우 단순화시킴, 5장 참조): 감염이 되면 면역세포가 동원된다. 가장 먼저 항원을 제공하는 세포(macrophage)가 항원을 수용한다. 세포표면에 제시된 항원은 T세포에 의해 인식된다. 활성화한 T세포는 인터류킨-2(interleukin-2, 노랑)를 분비하여 B세포를 활성화한다. B 세포는 이제 빠르게 증식되고 분화된다. 형질세포는 항체를 생산하고, 이 항체는 항원을 파괴하기 위하여 표지한다. 그밖에 보체계(complement system, 왼쪽 아래)와 살해 T세포(T-killer cell, 오른쪽 아래)는 수시로 모든 세포의 표면을 샅샅이 뒤지고 이물질이라고 판단되는 모든 의심받는 세포를 사멸시킨다.

9.6 인터페론: 항바이러스 및 항암제

감기바이러스에 노출된 사람은 왜 바이러스에 감염되는가? 왜 동시에 2종류의 바이러스는 침입할 수 없는가(그림 9.12)?

세균성 질환의 경우에는 방어시스템의 약화로 인해 한 종류의 세균 감염에 이어 또 다른 세균성 질환에 걸릴 수 있다. 그러나 왜 바이러스성 질환의 경우에는 동시다발적인 바이러스 감염이 불가능할까?

이와 관련해서 영국의 Alick Isaacs와 스위스 Jean Lindemann이 1956년 런던 국립의학연구소에서 원인 규명에 대한 연구를 제안하였다. 1957년 그들은 원인에 대한 연구 결과로 하나의 특정 성분인 단백질 분자를 발견하였다. 1차 바이러스에 감염된 세포에서 특정 단백질이 세포 밖으로 방출되어 작용하면 다른 세포는 동일한 바이러스나 다른 종류의 바이러스가 침입할 수 없도록 철저한 내성을 나타낸다. Isaacs와 Lindemann은 이 단백질 성분을 **인터페론**(interferon)이라고 명명하였다. 인터페론이라고 명칭을 붙인 근본적 이유는 이 단백질이 바이러스의 증식과정에서 방해 또는 간섭하는 작용을 나타내기 때문으로 알려지고 있다(interfere, 방해, 간섭 영향을 주다, Box 9.2 참조).

인터페론이 실제 항바이러스성 작용물질로 밝혀질 때 이 인자가 어떤 특정 바이러스를 공격하는 것이 아니라 특히 세포에 다양한 바이러스가 감염되는 것을 막고 세포를 우선적으로 보호하는 데 효과가 있음이 분명해졌다. 인터페론은 이 외에도 다양한 효과를 나타낸다. 인터페론은 다양한 방식과 특이성으로 세포에 활성을 주기 때문에 특정 질환의 치료 목적으로도 활용이 가능하다. 또한 미량으로도 작용 스펙트럼이 큰 물질로서 오랜 시간 동안 세포를 보호할 수 있다. 그러나 인터페론의 사용도 다른 바이오 신약의 경우처럼 올바른 함량, 사용법, 처방 방법 등이 매우 중요하다. 인터페론을 생산하는 세포들은 아주 미량을 합성하여 분비하기 때문에 과학자들도 이들의 존재를 의심하고 늘 놀라워한다.

위에서 언급한 인터페론 공급은 70년대 핀란드 적십자사의 Kari Cantell이 사람의 혈액으로부터 분리 정제하여 추출할 수 있는 생산공정을 개발하면서부터 시작되어 인터페론의 활용이 점진적으로 개선되기 시작하였다. Cantell은 핀란드의 혈액은행으로부터 혈액을 충분히 공급받아 인터페론을 얻어 임상실험을 할 수 있었다. 그러나 인테페론의 생산공정이 매우 복잡하고 생산비가 많이 드는 과정이었다. 수혈한 사람의 혈액을 특정 바이러스로 먼저 감염시킨 다음 생성되는 인터페론을 모으고 정제한다. 이러한 생산공정 기술을 통하여 총 50,000L 혈장에서 0.5g 부분정제된 인터페론을 획득할 수 있었다!

인터페론에 대한 의학자들의 높은 관심에도 불

Box 9.3 주목나무, 택솔 합성과 곰팡이

1962년 미국 농무성(U.S. Department of Agriculture)은 32세인 식물학자 Arthur S. Barclay에게 태평양 주목나무(*Taxus brevifolia*)의 껍질을 벗겨 항암제 개발 연구를 수행하도록 지시하였다. 이 연구사업은 St.Helens 산에 위치한 Gifford Pinchot 국립 산림공원의 숲에서 수행되었으며 그는 주목나무 시료의 생물학적 활성정도를 측정하기 위하여 메릴랜드에 있는 실험실에 보냈다. 실험 목적과 내용은 주목나무 껍질의 어떠한 성분이 9KB 암세포배양 과정에서 세포성장 억제 효과가 있는지를 알아보고자 하는 것이었다. 1964년에 주목나무 껍질의 추출물에서 암세포의 성장을 억제하는 성분이 있다는 결과를 얻었다.

현재는 40주년 기념비에 "1967년도에 Monroe Wall이 주목에서 추출한 파클리택셀(Paclitaxel)을 기념한다"는 내용이 장식되어 있으며 당시 파클리택셀이 광범위하게 항암효과가 있는 것으로 확인되었다. 그 후 3년이라는 세월이 지나고 나서 이 복잡한 성분의 화학적 구조 특성을 밝히는 데 성공하였다. 파클리택셀은 두 개의 분자가 결합하여 하나의 활성 성분으로 존재하였다.

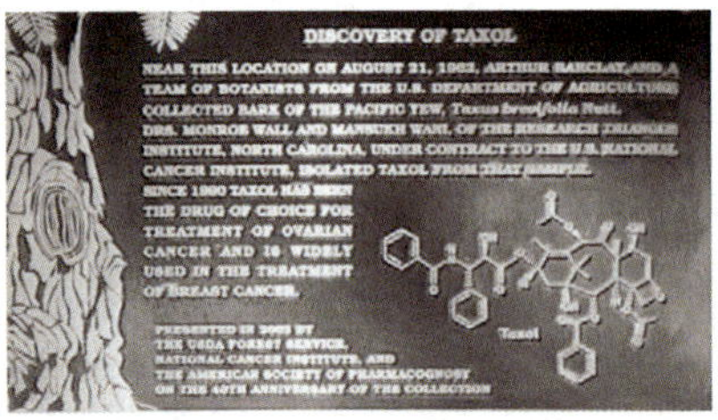

주목나무에서 택솔 항암제 발견 기념 홍보판 내용: 1962년 8월 21일 이 기념탑 근처에서 Arthur Barclay와 미 농무성 식물과학연구팀이 태평양 주목나무인 *Taxus brevifolia*의 껍질을 수집하였다. 노스케롤라이나주 트라이앵글 연구소 소속 Monroe Wall과 Mansukh Wani 그리고 미 국립암연구센터 사이의 공동 연구로 택솔(taxol)을 추출하였다. 1990년부터 taxol은 난소암, 유방암 및 다양한 제암제로 사용되고 있다. 홍보자료: 2002년 미농림성 산림 서비스 지원부 및 미국 제약학회 40주년 행사(발표작품).

1971년부터 전 세계에서 택솔 합성 경쟁이 본격적으로 시작되었다. 동시에 미국립암센터(NCI)에서는 더 많은 주목나무의 껍질을 요구하였으며 1977년 7월에는 마침내 3,500Kg의 주목나무 껍질을 얻기 위하여 1,500그루 주목나무를 벌채하였다.

파클리택셀의 항암효과는 Susan B. Horwitz가 Nature 1970년 판에 게재하였다. 이에 따르면 파클리택셀은 직접적인 세포의 분열을 억제하는 것이 아니라 암세포의 미세소관(microtubule)의 구조적 안정성을 파괴한다. 따라서 택셀은 미세소관의 생성과 분해를 교란하여 암세포 분열을 억제한다.

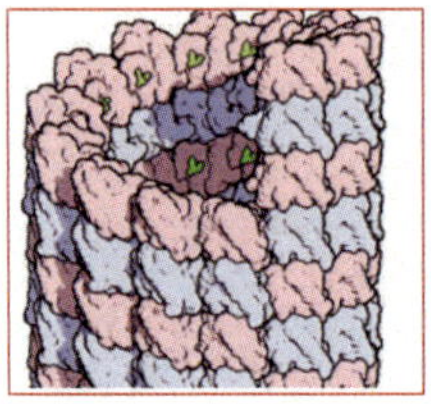

미세소관은 움푹 패인 원통형의 세포골격의 복합체이며 세포의 구조와 형태를 결정한다. 세포분열 때 딸 염색체를 분리하는 데 중요한 역할을 담당하고 있다. 어느 미세소관은 단지 10분 정도 생존해 있다가 분해되고 분해산물은 새로운 미세소관 형성에 이용된다.

태평양 주목에서 추출한 택솔(taxol), 파클리택셀(paxlitaxel), 도세택셀(docetaxel) 등은 세포증식을 억제한다. 따라서 암세포와 같이 세포증식 속도가 빠른 경우에는 매우 효과적이다. 이들 항암제는 미세소관의 형성을 억제할 뿐만 아니라 미세소관의 재구성도 차단시킨다. 항암제로 쓰이고 있는 빈카 알칼로이드(vinca alkaloids)인 빈블라스틴(vinblastin)과 빈클리스틴(vincristin)은 그와 정반대로 미세소관의 말단부위에 결합하여 이량체의 부착을 억제한다. 위에 제시한 그림에서 파클리택셀은 초록색으로 표시하였다. 파클리택셀은 튜불린과 결합하여 정상적인 미세소관의 분해 및 합성 그리고 기능을 차단한다. 세포들은 이제 자가세포사멸 프로그램(apoptosis)을 활성화하고 결국에는 사멸된다.

1984년 4월 6일 택솔은 드디어 미국 식약청(FDA)으로부터 1기 테스트 수행을 위한 승인을 받았다. 이 승인을 받기 위해 22년이라는 세월이 소요됐다. 난소암 치료 연구에 대한 II단계 시험 결과는 1984년에 발표되었다. 10명 중 3명의 환자는 종양의 크기가 축소되었다. 만일 미국에 앓고 있는 모든 난소암 환자들을 1년 동안 택솔로 처방한다고 가정하면 360,000그루의 주목나무를 벌채하여야 한다. 그러나 주목나무는 수백 년 동안을 성장하여야 원하는 만큼의 택솔을 생산할 수 있기 때문에 식재에 의한 택솔 생산방법은 비경제적이고 선택될 수가 없다. 뿐만 아니라 태평양 연안에 주둔하고 있는 환경보호단체들의 삼엄한 감시아래 주목나무는 보호받고 있다. 따라서 문제 해결을 위한 연구의 일환으로 인위적인 택솔 합성방법이 요구되었다. 1980년 프랑스 과학자들에 의해 유럽산 주목나무(*Taxus baccata*)의 솔잎으로부터 **10-deacetyl-baccatin III**(10-DAB)를 획득하였다. 다행히 주목의 잎은 어떠한 환경보호법적 행위에도 위배되지 않으며 수 톤 가량씩 수확할 수 있다.

10-DAB-택산고리(taxane ring)는 택솔 합성의 전구물질로 이용된다. Pierre Potier와 Andrew Greene은 10-DAB를 택솔의 부위와 결합시키는 데 6년이라는 시간을 소비하였으며 마치 눈송이처럼 보이는 분자는 34원자로 구성된 클러스터였다. 당시 택솔 수율은 그다지 높지 않았으나 이 연구결과는 10-DAB를 Taxol로 전환할 수 있다는 성과로 획기적인 순간이었다. 이 사실이 발표되자마자 세계에서 가장 우수하다고 하는 유기합성과학자들이 앞을 다투며 택솔 준합성(semisynthesis of taxol)을 시작하였다.

택솔을 위한 합성화학의 개입

Robert Holton(플로리다 국립대학, FSU)은 1982년 처음으로 택솔에 대한 논문을 발표하였다. Holton은 1988년에 백만 달러 연구사업비를 지원받아 주목나무에서도 합성되는 택솔 이성체인 Taxusin을 합성하는 데 성공하였다.

1988년도는 택솔 위기가 최고조에 달한 때이기도 하였다. 거대한 택솔 수요가 현존하고 있음에도 불구하고 자연산 주목나무 벌채 및 활용은 거대한 녹색환경단체의 강한 저항을 버틸 수가 없었다. 결과적으로 미국 국립 암연구센터(NCI)는 이미 2,500만 달러를 투자한 연구사업을 중단 또는 포기해야 하는 기로에 서 있었다. 다른 후보 항암물질의 연구는 이 택솔 프로젝트 때문에 모두 뒷전으로 밀려 있었다.

로버트 홀턴은 국립암연구센터로부터 역사적인 임무를 부여받았다: "고효율 택솔 준합성 공정법을 개발하라!"

Robert Holton

1989년 말 쯤 Holton은 프랑스에서 개발하였던 것보다 2배가 더 많은 생산 공정법을 개발하였다. 그는 이 생물전환 생산공정을 특허 출원하였고 많은 제약회사들은 특허사용권을 희망하였다. 1986년 결의된 미 연방기술법령 회의에 의거 국가차원의 연구결과도 민간사업분야에서도 활용할 수 있도록 법령이 재정되었다.

Rhone-Poulenc(프랑스 특허획득자)는 Bristol-Myers 그리고 다른 거대 기업들과 택솔의 사용 권리를 얻기 위하여 경쟁하였다. Bristol-Myers가 경쟁에 승리하여 택솔의 사용 권리를 취득하였다. 1990년 4월 1일 플로리다 국립대학(FSU)은 계약서에 서명하였으며 이로써 이 대학은 엄청난 연구비를 수혜받을 수 있었다! Bristol-Myers사는 그 후 새로운 준합성 공정과정인 "금속 알칼로이드 공정법"을 개발하여 특허를 획득하였다. 아일랜드에서도 택솔 생산이 시작되었다.

주목나무 껍질이 사업이 되기까지 31년이 걸렸으며 320억 달러가 소요되었다.

1993년 후반기에는 택솔 1g 가격이 5,846 달러였다. 그 후부터는 주목나무 껍질의 공급에 대한 계약이 만료되었다. 환경보호단체들은 환호하며 승리를 자축하였다. 그들의 견해는 자연의 모든 형태의 자원은 보호되어야 한다는 확고한 신념을 갖고 있었다. 히말라야 지역 1,700~3,400m에 서식하고 있는 주목의 아종(subspecies)에서부터 아프가니스탄, 인도 등지에 서식하고 있는 주목나무까지 택솔 사냥에 희생되었다.

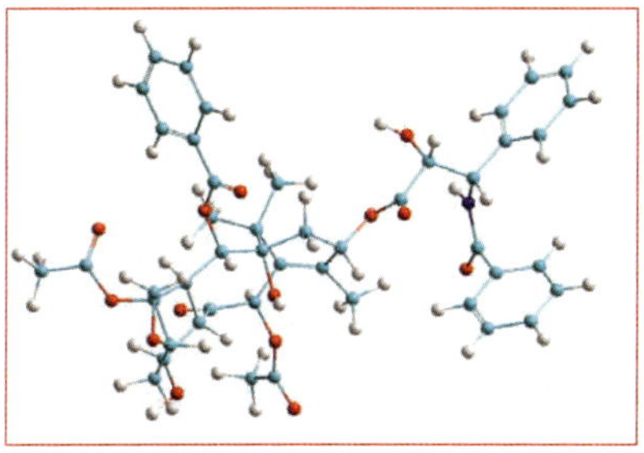

파클리택셀의 구조

이미 1995년도에도 셀 수 없을 만큼 많은 여성 암환자들이 택솔을 이용한 항암치료를 받았으며 그들의 생명을 연장할 수 있었다. 1995년도 기록에 따르면 택솔이 세계에서 수요가 가장 많은 신약이었으며 매출량도 빠른 속도로 신장되었다. 그러나 아쉽게도 택솔 역시 타 항암제처럼 부작용을 갖고 있었다. 뿐만 아니라 택솔의 용해도를 높이기 위하여 사용된 첨가제인 피마자기름의 부작용이 추가되었다. Bristol-Myers사가 발표한 택솔 매출 신장률은 연간 38%를 나타내었으며 2000년도 최고 매출은 160억 달러에 달했다. 실제로 택솔은 제품 원료의 가격보다 20배 더 많은 유통가격으로 시판되었다. Bristol-Myers사는 그 이유를 항암제 택솔을 개발하는 데 수십억 달러가 투자되었다고 항변하였다.

1993년 12월 9일에는 Bob Holten이 인위적으로 40단계로 구성된 택솔생산공정을 개발하여 약 2%의 순수 택솔을 생산하였다. 또한 Holten은 동시에 100여 종의 택솔 이성체를 합성하는 데 성공하여 이들을 특허 출원하였다.

플로리다 주립대학(FSU)은 2000년까지 택솔 연구개발로 2억 달러를 벌어들였으며 Bob Holten은 그 후 개인회사 Taxolog사를 설립 운영하였다.

택솔 이성체 TL-139는 히트상품으로 개발되었다. 이는 Taxolog사에 따르면 택솔보다 약 1,000배나 더 높은 효능을 나타내는 것으로 확인하였다.

홀턴의 신조 : "어느 누군가의 생명을 구할 수 있는 기회가 있다면, 그 일을 하라!"

자, 이제 생명공학이다!

그리고 파스퇴르(Pasteur)는 무어라 말했던가? "행운은 준비된 지성인한테 온다."

미생물학자인 **Gary Strobel**은 주목나무의 자생지인 몬타나에 살고 있다. 그는 몬타나의 산과 숲을 사랑한 등산가이다. Strobel의 취미는 식물과 미생물 사이의 상호작용에 대한 관찰이다.

Gary Strobel

Strobel은 몬타나 과학기술연구소에 재직하고 있는 동료 과학자 **Andrea**와 **Don Stierle** 등과 함께 다양한 식물시료를 채집하였다. 1993년 이들은 몬타나 북쪽 지역에 서식하고 있는 주목나무 껍질에서 곰팡이를 발견하였다. Stierle은 이 곰팡이가 그의 숙주식물인 주목에서와 똑같은 성분을 생산할 수 있을 것이라는 상상력에 심취해 있었다. 그리고 정말 놀랍게도 주목나무 껍질에서 추출한 곰팡이(*Taxomyces andreanae*)에는 예견한 바와 같이 택솔을 함유하고 있었다.

1997년 미국 특허청은 택솔을 생산하는 곰팡이를 특허로 보호해주었다. 그 후 또다른 주목나무 시료에서는 유사한 택솔을 생산하는 균주를 발견하였다. 특히 *Taxomyces andreanae*보다 1000배나 더 많은 택솔을 생산하는 아시아 주목을 발견하였다.

이제 택솔은 생산공정을 최적화하여 미생물을 이용하여 생산하고 있다. 그러나 중요한 사실은 앞으로 택솔을 좀 더 저렴하게 대량 생산하여 암치료에 부담없이 활용하는 것이다. 택솔은 3세기 동안 가장 유용하게 사용된 항암치료제였다. 예컨대 2000년도에는 세계시장에서 유통된 항암제중 택솔 판매량은 120억 달러였다. 그러나 택솔은 암환자들의 생명을 극적으로 연장시키는 것은 분명하지만 암을 완치시킬 수 있는 치료제는 아니다. 택솔은 많은 암환자들에게서 내성을 나타냈고 어느 암종류에서는 전혀 효능이 없는 경우도 있다. 따라서 생명과학자들은 새로운 차원의 항암제를 개발하기 위하여 노력하고 있다.

Strobel은 근본적으로 흥미있는 상호작용을 발견하였다. 기생하는 미생물은 아마도 숙주식물의 화학적 패턴과 비슷한 영역으로 제한될 것이다! 다시 말해서 이들 기생균은 숙주식물과 똑같은 화학적 성분을 합성하거나 함유하고 있을 것이다. 그래서 만일 과학자들이 이런 기생균을 분리 동정한 후 특정 선택배지에서 배양하면 페니실린 생산에서처럼 유사한 성분을 얻을 수 있을 것이다. 그리고 지구상에는 수천 종의 또다른 곰팡이들이 생존하고 있으며 탐구되어지기를 기다리고 있다!

이 분야의 성공적인 발판을 계기로 Strobel은 호주의 아보리지니스(Aborigines) 원주민이 살고 있는 지역을 연구 조사하였다. 탐사가 시작되자마자 미생물이 공생하는 식물 Snake vine을 발견하였다. 아보리지니스 원주민들은 이 식물을 상처를 치료하는 데 사용하였다. Strobel은 자신이 발견한 이 새로운 항생제를 무눔비신(**Munumbicin**)이라고 명명하였다. Strobel은 이 식물을 처음으로 소개한 Munumba장관을 기념하기 위하여 항생제 명칭을 Munumbicin이라고 작명하였다.

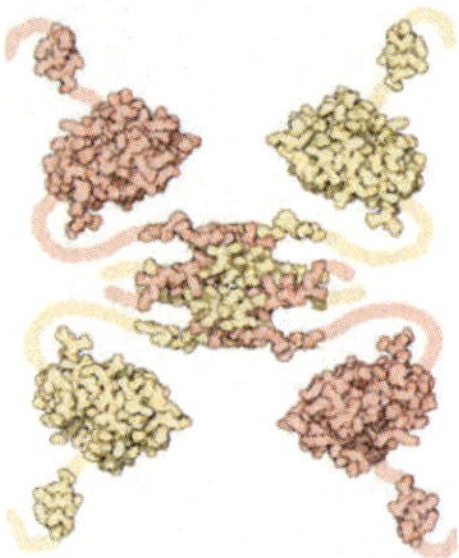

그림 9.14 p53 종양억제 단백질(p53 cancer suppressor protein)은 유연성이 있는 분자로서 4개의 동일한 하위단위로 구성되어 있다. p53의 돌연변이는 인체에 나타나는 암의 절반에 대해 공동책임이 있다. 발암인자는 p53에 있는 잘못된 아미노산 하나일 수 있다.

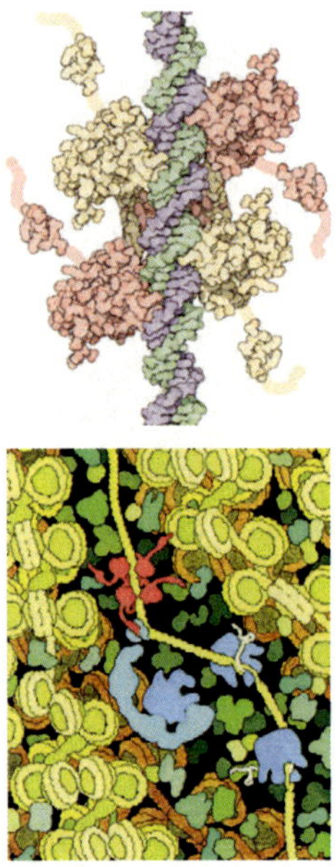

그림 9.15 위 그림: p53 단백질의 4개의 하위단위 모두가 수용체에 결합을 하고 그 결과에 의해 DNA 전사(transcription)를 유도하는 이웃한 단백질을 활성화시킨다.
아래 그림: p53 종양억제 단백질(빨강)의 작용. p53은 DNA의 전사과정을 활성화시킨다. 노란색으로 표시한 것이 DNA이며 밝은 청색으로 묘사한 두 개의 RNA 중합효소가 잘 나타나 있다. 이들은 mRNA 합성을 담당한다.

구하고 제공되는 인터페론의 양이 너무나 소량이어서 충실하고 넉넉한 연구사업을 추진할 수 없었다. 수혈자 10만 명이 제공한 혈액으로부터 단지 1.0g의 인터페론을 정제할 수 있다. 실제로 이렇게 많은 양의 인터페론을 획득한 바는 없지만 계산에 따르면 1g의 인터페론의 가격을 약 10억 달러로 추정하였다!

위에서 설명한 바와 같이 인터페론 생산에 많은 어려운 점이 있음에도 불구하고 인터페론의 효능은 바이러스 질환과 몇몇 특정한 암 치료에 성공적으로 이용될 수 있음을 시사해 주고 있다. 1980년 1월 스위스 방송사에서 인터페론 붐(interferon boom)에 대한 속보들이 흘러나왔다. 이 인터페론 호황에 의해 결정적으로 새로운 생명공학의 성공시대를 맞이하게 되었다. 스위스 취리히 소재 분자생물학 연구소에 재직하고 있던 Charles Weismann은 12월 24일 크리스마스 저녁에 대장균 HiF-2H를 이용하여 생물학적 특성이 사람이 백혈구에서 만들어지는 것과 똑같은 인터페론을 인공적으로 생산하였다. 이것이 바로 세상에서 처음으로 인간의 항바이러스성 물질인 인터페론을 세균 세포를 이용하여 생합성에 성공한 사례가 되었다. Weismann과 공동연구원들은 원래 세균을 통한 인슐린 생합성에 대한 연구 프로젝트를 수행하고 있었으며, 정작 인간 인터페론의 특징과 구조 등에 대해 전혀 알고 있는 것이 없는 때였다. 실제로 인터페론의 인공적 생산 가능성은 이미 오래 전부터 예견되었다. 그러나 당시 이렇게 빨리 인터페론의 인공적 생산이 세균 세포를 이용해 성공하여 스위스 취리히에서 속보로 보도될 줄은 그 어느 누구도 예견하지 못한 사건이었다.

유전자 재조합된 대장균(*E. coli*)으로부터 인터페론이 성공적으로 생산되면서부터 이 분자의 생리적 특성이 점진적으로 밝혀지기 시작하였다. 예전에 500,000L 혈액에서 인터페론을 정제하여 사용하던 방식 대신 이제는 10L 세균 현탁배양액으로 0.5g의 정제되지 않은 인터페론(raw interferon)을 생산할 수 있게 되었다. 그 밖에 인터페론이라는 명칭 뒤에 특정 아종의 인터페론(α, β, γ- interferon)들이 숨겨져 있었다(Box 9.2).

세계에서 베타-인터페론(β-interferon)을 가장 많이 생산하는 3대 제약회사는 Serono, Schering 그리고 Biogen이며, 2001년 베타-인터페론 단독 판매액만 미화 20억 달러를 기록하였으며 감마-인터페론(γ-interferon)의 시장 규모는 약 2억 달러에 달한다.

인터페론은 다양한 신약개발을 위한 모델시스템 즉 인터류킨-2(interleukin-2)의 중재자 역할을 해왔으며 인체 면역 세포분열을 유도하고 면역력이 약화된 에이즈(AIDS) 치료 등에 매우 효과적이다. 뿐만 아니라 인터페론의 치료 효과는 다양한 바이러스 종류와 다른 질환에도 크고 긍정적인 효능과 치료 가능성이 입증되었다. 인터페론의 효능은 특히 B형 간염과 C형 간염, 그리고 다양한 헤르페스(herpes, 바이러스에 의한 포진으로 피부, 점막 바이러스 질환) 등에서 증명되었다. 오늘날 인터페론의 중요한 최대 사용처는 아직도 의학적으로 정확히 규명되지 않고 왜 치료 효과가 있는지 구체적으로 밝혀져 있지 않은 바이러스 감염과 무관한 질환, 즉 암질환(방광암, 골수종, 흑색종, 림프종)이다.

비교적 흔히 발병되지 않은 털세포백혈병(hairy cell leukemia)의 치료제로 사용되고 있는 의약품도 현재 유일하게 인터페론뿐이다. 백혈병 환자 1명을 충분히 치료하기 위해서는 3.0mg 인터페론이 필요하다. 또한 인터페론의 효능은 다발성경화증, 류마티스성 관절염 그리고 만성 육아종증 등에도 좋은 연구결과를 나타냄으로써 치료에 새로운 희망이 보인다. 그 밖에 알려진 흥미로운 사실은 인터페론의 효능이 특히 노령 인구뿐만 아니라 면역력이 낮아 위험부담이 있는 상황에 처해 있는 환자들 사이에 바이러스성 질환의 예방적 차원에도 효과가 있다는 것이다.

9.7 인터류킨

인터류킨(인체의 면역시스템 제어 기능을 가진 저분자량 단백질)은 사이토카인(cytokine) 그룹에 속한다. 인터류킨은 폴리펩티드로 구성된 당단백질(glycoprotein)인데 면역시스템의 활성화된 세포,

혈액시스템의 활성화된 세포 그리고 신경시스템의 활성화된 세포에서 생성된다.

사이토카인(cytokine)은 다양한 생물학적 효과를 발휘하는 활성 액성인자이며, 이 물질 그룹에 속하는 성분들은 인터류킨(interleukine), 인터페론(interferon), 콜로니성장인자(colony stimulating growth factor), 케모카인(chemokine), 염증성사이토카인(inflammatory cytokine), 항혐증성인자(anti-inflammatory factor)등이 있다. 사이토카인은 세포유래 성분으로 다양성이 있고 체내에서 필요에 따라 자체적으로 늘 새롭게 만들서 사용하며, 절대적으로 만들어서 보관하지 않는다.

림프구(lymphocytes)에서 생성되는 대표적인 사이토카인(림포카인 lymphokine)은 인터류킨-2(IL-2)이며 1976년 미국 NIH에서 처음으로 발견하였다. IL-2는 T-cell(T 세포, 림프구의 아종)과 또 다른 면역세포의 활성과 성장을 촉진시킨다. 따라서 인터류킨-2(IL-2)가 에이즈 바이러스의 면역시스템에 관여하는 보조 T 세포를 파괴하기 때문에 IL-2는 에이즈 치료제로 매우 유용하게 활용되고 있다. IL-2는 면역세포의 메신저 분자(messenger molecule)로 작용하며 백혈구(leukocyte)와 중재물질 사이의 면역반응(immune response)반응을 조절한다. IL-2는 30종류의 인터류킨 가운데 첫 번째로 알려진 물질이며, 혹자는 "면역시스템의 호르몬"이라고 부르는데 제약회사 Chiron(주)는 Proleukin® 이라는 상품명으로 신장암 치료제로 등록하였다. 앞으로 이 인터류킨 제품은 임상실험을 거쳐 특히 질환이 있는 천식환자, 에이즈환자, 폐암환자 그리고 급성(만성) 염증환자 등에게 미래의 치료제로 이용될 전망이다.

9.8 암: 비정상적이고 조절이 불가능한 세포성장

암(cancer)은 비정상적이고 통제가 불가능한 세포분열(proliferation, cell division)을 하는 모든 질환의 통념적인 학술용어이다. 본 장에서는 이 방대하고 복잡한 암종학 분야의 기초적 내용만 발췌, 단순화시켜 소개하고자 한다.

인체에 부담을 주는 새로운 세포로서 아무런 유용한 기능도 하지 않고 혹(tumor)을 형성하는 세포를 종양세포(neoplastic cell)라고 한다. **양성종양(benign=non-malignant)**의 조직은 정상적인 세포와 유사한 일반적인 세포로 구성되어 있으며 세포들이 마치 섬유소로 된 캡슐처럼 세포외막으로 둘러싸여 있기 때문에 일정한 장소에 한정되어 그대로 머물러 있고, 딸세포로 구성된 종양도 새롭게 형성하지 않는다. **악성종양(malign =malignant)**은 비정상적인 세포로 구성되어 있으며 세포가 종양세포로부터 분리될 수 있다. 따라서 악성 종양세포가 다른 기관으로 전이되어 그곳에서 새로운 딸세포를 형성할 수 있다(**metastasis**, 전이암). 이러한 악성종양 세포의 전이과정을 인위적으로 제어하는 것은 아직도 많은 어려움이 있다. 따라서 암으로부터 해방 즉, 제암을 위한 최상의 방법은 조기진단을 통해 종양을 발견하고 암세포가 몸 전체로 퍼져 나가기 전에 다양한 제암 요법을 처방하는 것이다.

암종(carcinoma)은 혹(tumor)으로서 내부기관의 상피세포와 신체 표면의 상피세포에 발생되어 부어오른 조직세포이다. 피부종양, 위점막종양, 유선종양, 폐종양 등이 있다. **육종(sarcoma)**은 보호기관 또는 조직인 뼈, 근육, 연골 등의 세포에서 만들어진다. 면역계와 혈액계의 **신생종양(neoplasm)**은 혈구세포로부터 만들어지거나 그들의 전구세포로부터 만들어 진다. 대표적인 전구세포는 **백혈병(leukemia)**, **림프종(lymphoma)**, **골수종(myeloma)** 등이 있다.

암은 가끔 유전(inheritance) 또는 감염(infection)을 통해 발병할 수 있다. 예컨대 유전성 증례가 있는 가족샘종폴립증(familial adenomatous polyposis)과 유방암(breast cancer)은 특정 가족에서 유전이 된다. 지금까지 20여 종의 유전성 증례가 있는 암증후군(악성종양의 1~2% 정도)이 밝혀졌다. 바이러스는 비유전성 증례를 통해 자궁경부암(human papilloma virus), 혈액암(retrovirus HTLV-1), 그리고 간암(hepatitis virus) 등을 촉진시킨다.

그럼에도 불구하고 암은 발병시 항상 유전물질인 DNA의 변이, 즉 돌연변이가 동반되기 때문에 유전

그림 9.16 피마자(*Ricinus communis*). 피마자 종자는 Ricin의 공급원이다.
1978년 런던에서 불가리아 망명자 Georgi Markov가 리신(ricin) 공격에 의해 살해되었다. 사건당시 Markov는 Waterloo-Bridge 근처 버스 정류소에 서 있었고 누군가가 뒤쪽에서 뾰쪽한 우산으로 장딴지를 찔렀다. 같은 날 저녁 Markov는 온몸에 열이 나고 혈압이 낮아지며 심장에 심한 고통을 느꼈다. 4일 후 그는 심장마비로 죽었는데 사체부검 결과 백금과 이리듐으로 제작된 직경 1.52mm 둥근 탄환에 2개의 구멍이 나있는 것을 발견하였다.

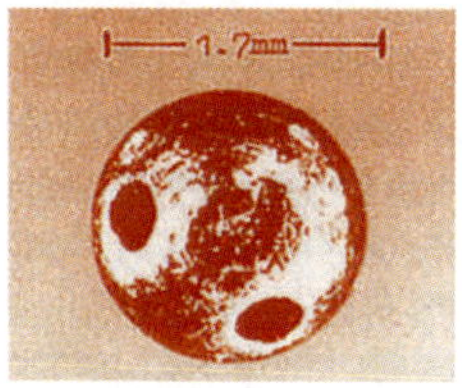

그 속에 맹독성 리신이 숨겨져 있었다. 리신을 이용한 암살행위는 70~80년대 초반까지 사이에 6번쯤 더 시도되었다.

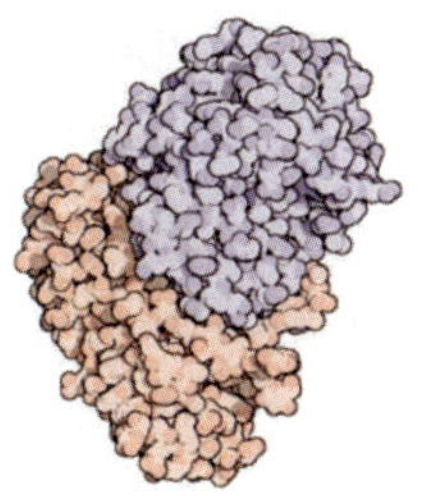

그림 9.17 리신은 식물유래 맹독성 물질로서 피마자의 종자를 포유동물로부터 보호한다. 구성되어 있는 2종류의 리신사슬은 각각 서로 다른 역할을 수행한다. B-사슬(분홍색)은 세포 표면의 당과 강하게 결합한다. 리신의 A-사슬(파란색)은 세포 안으로 진입할 수 있는 기능을 갖고 있으며 리보솜의 작용을 효소 촉매 반응을 통해 강하게 억제시킨다.

Box 9.4 글리벡(Glivec®) – 최초의 맞춤형 항암제

Louis Pasteur 와 Marie Curie는 이 어린 소년의 우상이었다. 이 소년의 이름은 **Alex Matter** (1940~)이며 스위스 바젤에서 의학공부를 마치고 미국으로 건너가 병리학(pathology)과 면역학(immunology)을 연구하였다. 과학자들은 자연에서 신기술을 찾으려고 노력한다. Matter는 생명체 중에서 쓸데없는 세포를 어떻게 자연살해시키는지를 배워야한다고 말했다. 그리고 암은 마치 인류가 전염병을 치료하듯이 제압시켜야 한다고 제언하였다.

Matter는 프랑스에 있는 자신의 연구실에서 1980년부터 인터페론(Box 9.2)에 대한 연구를 시작하였다. 당시 항암제 인터페론은 꿈의 영약으로 인식되었다. 그러나 그러한 꿈은 너무나 순박하고 희망적인 사항이었고 당시에는 항암제 개발 연구를 무시하였다. 세계적인 거대 제약회사인 Ciba-Geigy사는 심지어 사내에 설치되어 있던 항암제 개발 연구실을 1980년도에 폐쇄하였다.

그럼에도 불구하고 1983년 Matter는 프랑스에서 스위스 바젤에 위치한 Ciba-Geigy사로 자리를 옮겨 연구실을 새로 단장하고 연구개발 사업을 다시 주도하였다. 그러나 당시 그 어느 누구도 짧은 시일내에 이 연구실에서 새로운 항암제가 개발될 것이라는 것을 상상도 하지 못했다. 마터는 TF-팀을 새로 구축하여 주로 마무리 단계에 있었던 여러 연구 프로젝트들을 다시 점검하기 시작하였다. 이러한 일은 산업사회에서는 흔한 일들이다! 그는 분자생물학(molecular biology)을 통한 항암제 개발 및 항암 치료의 핵심 원리 또는 열쇠를 찾고자 하였다.

Matter는 특히 하나의 효소 그룹인 카이네이즈(**kinase**, 3장 참조)에 매료되었다. 중국에서 온 소수의 분자생물학자들과 Ciba-Geigy사에 재직하고 있던 동료 연구원들은 카이네이즈가 세포증식(cell proliferation)과 밀접한 관계가 있을 것으로 믿었다. 만일 이 효소를 인위적으로 억제하면 어떤 일이 세포 안에서 벌어질까? 사내 도서관에서 Matter는 일본에서 수행되었던 어느 연구 논문을 접하게 되었다. 이 논문의 내용은 자연의 버섯에서 추출한 스타우로스포린(**staurosporine**)이 다양한 카이네이즈 활성을 억제한다는 것이었다.

Matter의 TF팀은 카이네이즈를 이용하여 암을 억제하고 치료할 수 있다는 생각을 도출하였다. 상당히 단순하고 보통적인 상상을 초월한 구상이었다. 바젤에서 연구활동이 2년 정도 지난 1985년 Matter는 동료 **Nick Lydon**를 보스턴(Boston)에서 특수 고용하여 타이로신 카이네이즈(**tyrosine kinase**, 225쪽 그림 참조) 연구를 수행하도록 독려하였다.

오늘날에는 타이로신 카이네이즈가 정상적인 세포 생장을 위해 필수적인 효소라는 것을 잘 알고 있다. 이 효소는 신호전이(**signal transduction**)와 밀접한 관계가 있으며 세포 내부와 외부의 정보흐름을 위해 매우 중요하다. 뿐만 아니라 외부로부터 오는 신호를 수용하여 세포핵까지 전달함으로써 유전자를 발현시킨다.

Alex Matter

타이로신 카이네이즈는 세포 내의 정보 중개자로 밝혀졌으며 ATP의 Pi를 단백질의 타이로신에 전달한다.

보스턴에서 Matter는 포스트 닥터들과 종양학자 **Brian Druker**와 함께 억제제(inhibitors)에 관한 연구를 착수하였다. 화학자 **Jürg Zimmerman**과 생물학자 **Elisabeth Buchdunger**가 팀에 합류하였다.

Brian Druker는 100여 종의 암 질환 중에서 만성 골수종 백혈병인 **CML(chronic myeloid leukemia)**의 유전적인 원인이 이미 밝혀져 있다는 것을 알고 있었다. 이러한 사실 때문에 Druker는 1988년 단백질 억제제를 이용하여 치료할 수 있는 질병으로 CML이 최초가 될 것으로 예견하였다. CML 질환은 백혈구(leucocytes)가 제어 불가능하게 증식되며 유전적 결함을 현미경학적으로 관찰할 수 있다. 백혈구의 염색체 중에 변화된 필라델피아 염색체(**philadelphia chromosome**)를 확인할 수 있다. 만일 골수에서 유래하는 줄기세포에 이상이 생기면 백혈구가 생성된다. 세포가 분열하는 동안 염색체 9번이 실수로 인해 22번째 염색체 한 조각과 결합되고, 22번째 염색체는 반대로 9번 염색체 조각과 결합한다. CML에서 나타나는 이러한 유전자의 자리바꿈 현상을 염색체의 전좌(translocation)라고 한다.

필라델피아 염색체에 의한 질환의 증상은 매우 특징적이기 때문에 의사들이 오랜 전부터 질병진단의 마커 염색체로 활용해 왔다.

절단된 염색체 단편이 서로 융합(fusion)됨에 따라 2개의 유전자가 정상적인 상태에서는 이루어질 수 없는 만남이 형성된다. 이때 염색체 9번의 *abl* 유전자와 22번 염색체의 *bcr* 유전자가 서로 융합된다. 이 두 유전자는 간접적으로 서로 이웃이 되는 모양이 되는데 이러한 결합은 치명적인 결과를 초래하게 된다. 그 결과 두 유전자의 융합체는 암을 유발하는 유전자 즉, *bcr-abl*의 발암유전자(oncogene)가 된다.

Druker는 암을 유발하는 타이로신 카이네이즈를 선택적으로 억제하는 억제물질을 개발하는 것에 대해 의문을 품었다. 세포에 존재하는 150여 종의 티로신 키나아제의 활성에 전혀 문제가 되지 않는 저해제 개발은 쉬운 일이 아니었다. 그러는 과정에 Druker는 Science 논문에서 다양한 수용체 중에 EGF(epidermal growth factor, 9장) 수용체를 특이적으로 억제할 수 있다는 것을 알게 되었다. Druker의 견해는 만일 타이로시네이즈 억제제(**tyrosinase inhi-bitor**)가 *bcr-abl* oncogene을 저해한다면 이것이 바로 암을 치료할 수 있는 분자생물학적 초안이 된다고 생각하였다.

1990년에는 100명이라는 중견 과학자들이 Matter의 Ciba-Geigy사 연구실로 모여들었다. 1983년도에 비하면 대단히 많은 연구원의 숫자이며, 이들은 회사운영의 직간접적인 저항 세력이었다. 소수의 CML 환자의 숫자는 제약업체로서는 흥밋거리가 되지 않는다. 그러나 Matter의 구상은 달랐다. 그의 머릿속에는 카이네이즈 억제제의 작용기작과 원리를 그려보고 있었다. 만일 이 억제제가 CML 암세포에 작동한다면 다른 암세포에서도 분자생물학적 치료방법이 개발될 수 있을 것으로 구상하였다. 마터와 라이던은 수백 종의 성분을 테스트하기 위하여 확보하였다. 그러나 모든 성분들은 아주 약한 억제제들이었다.

Jürg Zimmerman이 1990년에 알렉스 마터 연구팀으로 합류하였다. 그의 성분들은 Bcr-Abl-Enzyme에 열쇠-자물통처럼 꼭 맞아야 했다. 이 활성부위는 ATP로 충만되어 있었다. 그러나 개발하려고 하는 이 억제성분은 정상적이고 중요한 타이로신 카이네이즈를 억제하지 않아야 한다. 매 주마다 10개 정도의 새로운 억제제가 합성되었다. 그 다음 2주 동안은 생물학자들에 의해 생물검정(bioassay)하였다. 그 첫 번째 결과는 매우 충격적이었다. 합성된 신소재의 억제효과는 매우 우수하였으나 선택적이지 못하고 모든 카이네이즈를 똑같이 억제하였다. 이러한 억제제는 세포에 독성을 나타낸다.

Zimmerman은 이미 시장에서 시판되고 있는 성분 중 페닐아미노피리미딘(phenylaminopyrimidine)에 대해 주의 깊게 관찰하였다. 화학자로서 그의 느낌은 이 성분으로부터 무언가를 만들 수 있다는 느낌을 받았다.

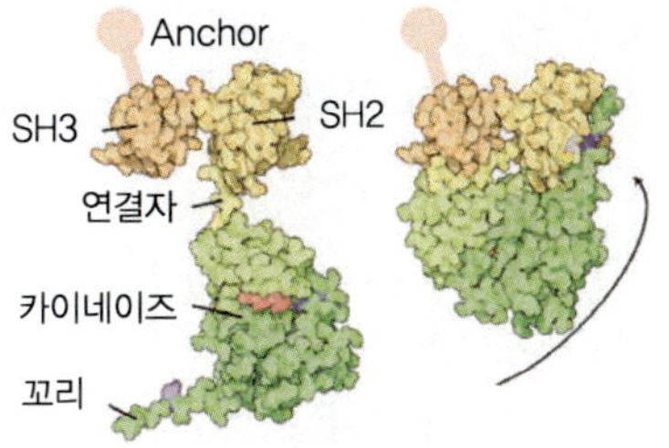

Src-단백질(하나의 tyrosine kinase)은 다수의 동적인 장소를 가지고 있다. 오른쪽 그림은 불활성화된 상태로 공 모양이다. 왼쪽의 활성화 형태는 단백질이 인산화(phosphorylation)될 수 있도록 접혀져 있다. 활성화 형태는 인산 그룹을 제공하는 ATP(적색)를 결합하고 있다. 가장 처음 일어나는 반응에서는 타이로신(남색)이 인산화된다. 이 부위가 인산화가 되면 효소는 최고의 활성을 나타낸다.

만일 타이로신 카이네이즈의 꼬리가 접히면 효소는 불활성화된 형태(오른쪽)로 접혀 있지 않는다. Src는 영구히 활성화되며 세포성장은 조절능력을 잃고 암이 유발될 수 있다.

Zimmerman이 1992년 8월 26일 실험실에 도착했을 때 주변으로부터 성공할 것이라는 예감을 느꼈다. 합성한 항암물질 시리즈가 *bcr-abl*-oncogene에 대해 활성을 나타냈고 *in vivo*에서도 활성을 나타내었다!

염색체의 전좌(translocation of chromosome)를 통해서 타이로신 카이네이즈를 암호화하는 유전자가 저해되었다. 과활성 효소(**hyperactive enzyme**)는 모든 단백질을 인산화시키며 세포를 분열하도록 유도한다. 이러한 조절불능의 인산화작용(phosphorylation)은 결국 암을 유발하게 한다. 따라서 카이네이즈를 통한 인산화를 제어할 수 있는 원리를 규명하여야 CML(만성골수종)을 치료할 수 있는 항암제를 개발할 수 있다.

생물학자 Elisabeth Buchdunger의 바이오 테스트는 단지 1~2 시간밖에 걸리지 않는다. 세포배양은 발견한 성분인 **Imatinib mesylate**를 접종하여 수행하였다. 인산화 정도는 이 성분이 *bcr-abl* oncogene에 작용하는 동안에 측정하였다. 인산화 과정은 억제되었다! 과학자들은 그때까지도 Imatinib이 새로운 의학사를 기록하게 될 줄 몰랐다. 1993년 초 이 성분은 후보약물(drug candidate)로 가능성이 있는 것으로 분류되었고 코드 명칭으로 STI571로 표기하였다.

STI571은 이 신약이 개발될 때 이용할 환자의 숫자가 적고, 매출량이 적어 큰 이윤을 낼 수 없다는 것이 경영진의 입장에서는 단점으로 지적되었다. 1993년에는 4종류의 유사한 항암제를 개발하였으며 그 중 STI57는 Brian Druker가 미국에서 테스트하였다. 1994년 2월 Druker는 90% 백혈구 세포가 세포배양 과정 중에 억제되었다는 연구결과를 발표하였다. 1995년 이어지는 동물실험이 성공적으로 완료되었다. 1996년 3월에 Ciba-Geigy사가 Sandoz사와 합병하였다. Daniel Vasella가 CEO로 추대되었다. 1999년 Novartis사의 회장이 되었다.

Matter는 Sandoz-oncoloy 연구팀과 함께 항암제 개발연구사업을 대폭 확충해 나갔다. 그러나 구상에 대한 주변의 회의적 견해는 점점 더 심해졌고 마터는 심적 고통과 끝없는 스트레스에 시달려야 했다. 특히 마케팅 담당 관리자들은 시장이 너무 작다고 불만스러워했다. 그러나 Matter는 희망을 잃지 않았으며 언제인가는 그들의 연구 개발 사업이 성공할 것이라는 확신에 차 있었다.

의학자이면서 Novartis사 회장인 Daniel Vasella는 자신이 집필한 「*Magic cancer bullet*」이라는 책에 글리벡에 대한 의학적 생각과 연구개발사를 상세히 기술하면서 Rober Slater 이야기를 언급하였다. 작은 주황색 환약이 어떻게 의학사를 다시 쓰는가(*How a tiny orange pill is rewriting medical history*). 1억 달러가 이 항암제 연구개발비로 투자되었다. 글리벡(Glivec®Europe/Australia, Gleevec®USA)의 초안은 1983년에 완료되었다. 글리벡의 주성분인 Imatinib mesylate는 1993년에 합성되었으며, 1998년에 특허 출원하고 2001년에 FDA로부터 최단시간 안에 승인을 받은 활성물질이었다.

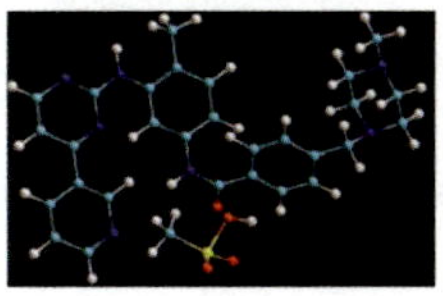

글리벡(Glivec®,Gleevec®)의 구조(주성분: Imatinib mesylate)

STI 또는 Glivec®은 **최초로 분자수준 맞춤형** 항암제로 개발된 의약품이며, 신호전이 메커니즘을 이용한 새로운 차원의 항암제이다. 글리벡의 새로운 버전(**WBZ-7**)은 글리벡의 후예로 타이로신 카이네이즈 저해제(tyrosine kinase inhibitor)이다. 글리벡과 기존 항암제 사이의 차이점은 글리벡이 건강한 세포는 공격하지 않고 암세포만 사멸시키도록 고안된 가장 효과적인 신세대 항암제이다.

과학자들은 오늘날 암(cancer)의 병변이 세포, 유전자, 분자 수준의 질환이라는 것을 잘 알고 있다. 의학계에서는 약 200종류의 암을 기록하고 있다.

세포안의 교란된 상호 정보교류의 회로는 CML 경우에서만 중요한 것이 아니다. **STI517**은 필라델피아 염색체의 기능을 결여시키는 타이로신 카이네이즈를 간섭한다. 이러한 유전적 결함에 의해 파괴된 정보흐름은 세포내의 중요한 분자적 전이 과정을 차단한다. 따라서 세포의 생장을 촉진하는 신호가 핵의 유전자에 도달하지 못하게 된다. 그 결과 조절 불능에 있던 암세포의 무한 세포 증식이 중단된다. 항암제 STI517의 최초 임상실험(phase-I-study)은 건강한 사람에 시행하는 약물반응시험으로 1998년에 미국에서 처음으로 실시되었다. 1999년 8월과 2000년 6월 사이에 만하임(Mannheim)을 포함하여 6개 국가 32개 센터에서 지원 환자들을 모집하여 제2기 임상실험(phase-II-study)을 실시하였다. 임상실험 결과는 매우 우수하고 성공적이었다. 따라서 2001년 5월에 미국 보건당국은 바이오 신약인 STI517을 CML 치료를 위한 새로운 항암제로 승인하였다.

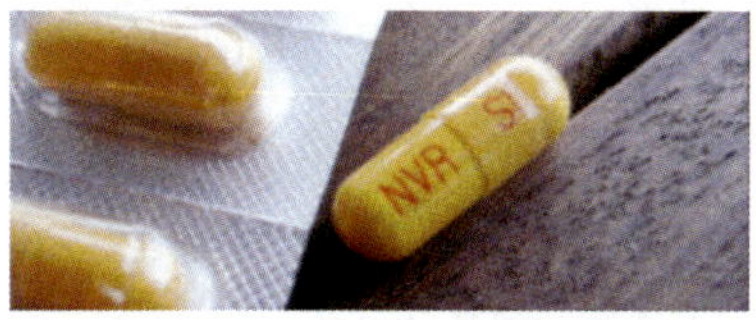

글리벡 캡슐

새로운 임상실험에서는 현재 Glivec®을 조직세포가 단단한 고형 암에서도 치료제로 사용할 수 있는지를 실험하고 있다. 이 바이오 신약은 그 밖에 다른 타이로신 카이네이즈 예컨대 c-kit에도 영향을 주는지 실험하고 있다. 이 카이네이즈는 위암의 성장을 촉진한다고 밝혀져 있다. 지금까지 복부암(abdominal cancer)을 치료할 수 있는 제암제는 개발되어 있지 않았다.

이 교재 9장의 원저자가 예언하고 싶은 한 마디(현재 2006년 8월) : Alex Matter의 업적은 노벨상감이다!

인용문헌:

Eberhard-Metzger C(2001) Die neuen Medikamente gegen Krebs. Spektrum der Wissenschaft 12,46 ff and material from Novartis www.glivec.com

9장 역자 주 : 글리벡(Imatinib)은 건강한 세포는 건드리지 않고 암세포만을 공격하도록 고안된 가장 효과적인 신세대 항암제 중의 하나이었다. 글리벡은 세포의 증식과정에서 역할을 하는 KIT라는 단백질을 표적으로 한다. 건강한 세포의 경우 KIT는 드물게 활성화되지만, 일부 암세포의 경우 KIT가 항상 "on"되어 있어 암세포가 지속적으로 증식하는 생화학 촉매로 작용한다. 글리벡은 백혈병 치료제로서 괄목할만한 성공을 거두었지만, 일부 환자의 경우 심부전이 나타난다는 보고가 있으며, 약물내성의 문제가 지속적으로 제기되고 있다.

그림 9.18 아스피린® (Aspirin®)은 오늘날까지 인간이 가장 흔히 복용하는 약품이다. 연간 약 800억 개에 달하는 알약을 사람들이 삼키고 있다! 1828년에 살리실산이 버드나무(*Salix alba*) 껍질에서 처음으로 발견되었고 노란색의 결정체로 추출 분리한 후 살리신(Salicin)이라고 명명하였다. 1889년에는 Felix Hoffmann (1868~1946)이 아세틸살리실산(acetylsalicylic acid, ASA)을 **(주)바이엘(Bayer)**에 넘겨주었다. 아스피린은 Acetylchlorid에서 "A"와 *Spirea ulmaria* (느릅나무를 닮은 스피레아 울마리아. 허브식물, 버드나무처럼 살리실산을 함유하고 있는 meadowsweet)에서 "spir", 그리고 어미 "in"은 medicine을 가리키는 합성어이다.

아스피린®은 체내에서 국부적인 통증의 신호를 전달하고 증폭시키는 역할을 하는 중재자(통증 매개 인자; pain mediator factor)인 호르몬 **프로스타글란딘**(prostaglandin)의 생성을 억제시켜 준다. 모든 프로스타글란딘 이성체들은 전구물질인 아라키돈산(arachidonic acid)으로부터 만들어진다. 효소인 싸이클로옥시겐나아제(cyclooxygenase I,-II, 일명 COX)는 2분자의 산소를 아라키돈산에 결합시키면서 체내에 프로스타글란딘(D2, E2, F2)이 합성된다. 따라서 언급한 효소의 활성을 억제시키면 염증반응과 관련된 통증신호가 유도되지 않으며 혈액응고 역시 지연된다. 아스피린®은 정확히 이 효소의 활성을 억제함으로써 이어지는 연결

인자와 연관된 질환이라고 말할 수 있다. 암은 체세포(somatic cell)에서 개체의 발생과정 중에 발병되기도 하지만 이렇게 발병되어 획득된 형질은 다음 세대로 전달되지 않는다. 따라서 병에 걸리기 쉬운 유전적 소인을 갖고 있는 특정한 혈통은 암에 걸리는 확률이 훨씬 더 높다. 그러나 단일 유전자의 단독 돌연변이에 의해서 특정인에 암이 쉽게 발병되는 것은 아니다. 그 이유는 발암에 대한 다양하고 복잡한 조절망(regulatory network)이 존재하여 암 유발을 억제하기 때문이다. 따라서 암은 단일 신생 종양세포가 점진적으로 비정상적이고 난폭한 세포로 돌변하기 때문에 일명 다단계적 질병이라고도 한다.

두 종류의 중요한 유전자가 직접적으로 생장조절의 손실과 연관되어 있다. 원종양형성유전자(**proto-oncogene**)는 세포의 성장과 증식을 촉진하는 단백질을 암호화한다. 정상적인 상태에서는 이 단백질이 빨리 분열되는 조직의 세포에만 발현되고 외부의 신호전달을 통해 활성화된다. 그래서 만일의 경우 돌연변이에 의해서 유전자가 과다하게 발현되면 또는 그들의 단백질 합성이 과다하게 진행되면 조절이 불가능한 세포증식(proliferation)이 유발될 수 있다. 원종양형성유전자가 돌연변이를 일으켜 변화되면, 이 변이종 유전자는 암을 유발할 수 있는 위험 부담을 증가시키기 때문에 **발암유전자(oncogene)**라고 한다.

종양억제유전자(tumor suppressor gene)들은 그와 반대로 체내에서 세포의 성장과 증식을 억제한다. 이 억제유전자는 세포분열과정에서 속도를 줄이는 속도제한장치(브레이크) 역할을 한다. 또한 이 억제유전자들은 세포의 분화를 촉진하고 프로그램된 세포사멸(apoptosis)을 촉진한다. 만일 언급한 기능들 중에서 어느 하나의 기능이 바람직하지 않은 방향으로 전개되면 암세포들이 과다하게 증식하게 된다.

원종양형성유전자가 발암유전자로 변환되는 기작은 다양한 방식으로 이루어질 수 있다. 발암유전자는 독특한 기능획득(gain-of-function mutation)이라는 방식과 연결되어 있으며, 그와 반대로 종양억제유전자는 기능손실이라는 방식을 잘 나타내고 있다. 많은 종류의 암에서 DNA 메틸화와 염색질(chromatin) 구조변화를 통해 개체발생의 진행과 함께 점차적으로 기능을 침묵시킨다.

p53-종양억제단백질(p53-tumor suppressor)을 그림 9.14에 제시하였다. 이 단백질은 정상적인 상태에서는 아주 미량으로 존재한다. 그러나 만일 DNA 손상이 일어나면 p53 농도가 증가하기 시작하여 세포 보호의 메커니즘을 작동시킨다. p53은 DNA의 특정 조절부위와 결합하고 보호단백질의 생산을 가동시킨다. 만일 DNA 손상이 너무 크면 p53은 프로그램된 세포사멸(apoptosis)을 유도한다. 돌연변이된 p53은 따라서 이러한 조절메커니즘과 연관된 기능을 잃어버릴 뿐만 아니라 조절 불능화된 세포의 분열에 대한 보호기능도 상실하게 된다.

종양세포들은 일련의 공통점이 있는데 임상에서는 이것을 이용하여 목적지향적 항암치료를 성공적으로 추진할 수 있다.

- 종양세포는 정상세포와 비교할 때 생리-형태적인 표현형(phenotype)이 매우 다르다.
- 종양세포는 자체가 원래 갖고 있던 세포 탈분화(cell dedifferentiation)능력을 잃어버렸다.
- 종양세포는 세포 배양시 무한생장을 하기 때문에 사실상 사멸되지 않는다.
- 종양세포는 이웃하고 있는 다른 세포 사이에 정상이 아닌 다른 방식의 상호작용을 한다.
- 종양세포는 스스로 표면에 부착하지 않는다.
- 종양세포는 화학적으로 변화된 상태의 세포막으로 구성되어 있다.
- 종양세포에는 염색체의 변이가 일어나 있다.
- 종양세포는 이질성의 단백질을 분비한다.

항암치료를 위한 성공적인 열쇠는 조기진단(early diagnosis, 10장 참조)에 있다.

9.9 새로운 암 치료법

모든 암 종류 중에서 약 30% 특히 초기암 상태에서는 외과적 수술을 통하여 완쾌될 수 있다. 최근에 활용되고 있는 **새로운 항암요법**은 유전공학과 게놈

연구의 성과에 힘입어 많은 이득을 보고 있다. 방사선면역요법(radio-immune therapy, RIT)의 핵심 기술은 방사선 동위원소로 표지된 항체(antibody, 5장)를 이용하여 암세포를 추적한다. ^{90}**이트리움**(^{90}Yttrium)과 ^{131}**요오드**(^{131}Iodine)는 암세포를 직접 사멸시킬 수 있다. 항체들은 방사선 동위원소를 정교하게 암세포에 집결해 준다.

화학요법(chemotherapy)에서는 작은 분자들을 이용한다. 가장 처음 규격에 맞추어 개발된 신약은 스위스 바젤 노바티스(사)의 **글리벡(Gleevec®)**이다(Box 9.4 참조). 글리벡은 만성골수종 백혈병(CML)의 ABL-BCR 융합산물과 결합한다. 그것은 효소 타이로신 카이네이즈(tyrosine kinase)인데 src-단백질처럼 ATP에 의해 인산화되는 단백질로서 과다하게 활성화된다.

생물요법(biotherapy)에서는 인터페론, 인터류킨, 단클론항체와 같은 특정 단백질이 주로 항암치료에 이용된다. 인터페론과 인터류킨은 면역시스템을 자극시킨다. 예컨대 인터류킨-2(IL-2)는 림포카인활성 살해세포 생산을 자극하는데 이 살해세포(killer cell)는 종양 속으로 침투해 들어가서 독소물질을 분비한다. 생물요법에서는 환자의 T-림프구(T-lymphocytes)를 세포배양 하는 과정 중에 인터류킨-2로 활성화한 다음 다시 환자의 체내로 주입시킨다. 단클론항체(monoclonal antibody)는 종양-항원(tumor-antigen)을 인식하여 혈액이나 림프속의 보체 반응(complement cascade)을 가동시키고 그밖에 세포독성 세포를 작동시킨다. **리툭시맙(Rituximab)**은 림프절종, 백혈병, 자가면역질환 등을 위해 개발된 치료제인, 키메라-단클론항체로서 생명공학적으로 생산되는 탁월한 신세대 바이오신약(Rituxan®, MabThera®)이다.

면역독소(immunotoxin)는 독소가 표지된 항체이다. 이 항체는 일반적으로 분자량이 작은 성분을 특정한 작용장소로 운반해 주는 역할을 수행한다(그림 9.16, 9.17). 면역독소는 백혈병이나 림프종 등에 효과가 있는데 그 이유는 항체 단백질이 딱딱한 혹(tumor)보다 더 쉽게 접근할 수 있기 때문이다. 유독성 단백질 **리신(ricin)**은 단일 분자로써 온전한 특정 세포를 사멸시킬 수 있다. Ricin-B는 표면을 인식하고 부착하는 역할을 수행하며, ricin-A는 RNA-N-glycosidase로서 효소 촉매반응을 한다. Ricin-A는 리보솜을 불활성화시키며 세포의 성장과 분열을 억제한다. Cyanide의 작용은 1 : 1 작용인 반면 ricin은 세포를 뛰어넘으면서 작용한다. 재조합 항체(recombinant antibody)는 사이토카인(IL-2)을 적재하여 특정 장소로 운반할 수 있을 뿐만 아니라 재조합 기술을 통해 이를 **Abzyme**(mono-clonal antibody with enzymatic activity)으로 재구축할 수 있다(5장 참조).

항암제(anti-cancer medicine) 연구 개발 및 생산은 현재 유전공학기술의 발전에 힘입어 매우 빠른 속도로 추진되고 있으며 다양한 특징을 가진 항암제들이 세계시장에 출시되고 있다. 자연에 서식하고 있는 다양한 식물 종들은 제각기 놀라운 제암능력을 나타내는 항암성분들을 함유하고 있다. 예컨대 아세틸살리실산(acetylsalicylic acid, ASA, 아스피린)은 염증을 방지하는 효능뿐만 아니라 통증을 경감시키는 진통효과, 혈액응고 억제효과를 지니고 있다. 따라서 전술한 효능 때문에 심근경색을 방지할 뿐만 아니라 항암 효과가 있는 것으로 확인되었다. 아세틸살리실산은 중요한 프로스타글란딘 합성(prostaglandin synthesis)의 1단계 전령 분자(messenger molecule)를 공격한다. 지방산인 아라키돈산은 생체막효소인 사이클로옥시겐나아제(cyclooxygenase)에 의해서 프로스타글란딘으로 전환된다.

천연의약품으로 분류되는 몇몇 바이오신약 예컨대 주목으로부터 추출되는 파클리택셀, 마다가스카에 서식하는 상록수에서 얻은 빈블라스틴(vinblastin), 빈크리스틴(vincristin) 등은 식물체에서 아주 미량으로 생합성되고 있다. 전술한 이들 성분들은 환상적이고 복잡한 구조로 되어 있다. 예를 들면 주목에서 합성되는 택솔(taxol) 이성체인 파클리택셀의 분자구조식은 다음과 같다.

> 5β,20-Epoxy-1,2-α,4,7-β,10β,13-α-hexahydroxytax-11-en-9-one 4,10-diacetate 2-benzoat 13-ester with (2R, 3S)-N-benzoyl-3-phenyl-isoserine

식물의 메타볼로믹스(metabolomics) 또는 물질대

반응인 프로스타글란딘 합성을 억제한다.

또한 분명한 사실은 비스테로이드성 염증억제물질인 아스피린이 발암억제를 위한 보호인자로 작용하는 것이다. 심근경색의 영약으로 알려진 아스피린도 실제로는 첫 번째로 발병한 심근경색을 예방할 수 있다. 심근경색 질환을 저지할 수는 없지만 발병을 지연시키고 생명에 대한 위험부담을 경감할 수 있다. 경제적인 측면에서 살펴보면 아스피린 처방은 아주 경제적인 예방 방법이며 의료비가 많이 요구되는 질환의 치료에도 예방적 차원에서 매우 효과적이다.

그림 9.19 인간성장호르몬(위). 만일 나폴레옹이 거인이었다면 그렇게 유명해질 수 있었을까?

Box 9.5 세균도 늙는다

세균은 이론적으로 늙지 않고 죽지도 않는다고 말한다. 하나의 대장균(*Escherichia coli*) 세포에서 20분 안에 2개의 똑같은 세포가 복제된다. 복제된 하나의 세포로부터 또다시 연속적으로 세포분열이 이루어진다. 스위스 바젤 생명공학연구센터 연구원들은 2년 전 노화되는 세균을 처음으로 발견하였다.

원핵생물(prokaryotes)의 특징은 진정한 핵이 없으며 세균처럼 치사환경이 아니고 충분한 양분만 제공해 주면 죽지 않는다고 여겨 왔다. 반면 모든 진핵생물(euka-ryotes)은 특정한 수명이 프로그램되어 있다. 이들 진핵생물의 세포는 노화가 시작하기 전에 몇 번의 세포분열이 이루어지고 특정 시간이 지나면 결국 사멸된다. 이때 진핵생물의 염색체 말단부위에 존재하는 텔로미어(telomere)는 세포가 분열할 때마다 조금씩 단축된다.

세균의 노화 조건은 비대칭적 세포분열(asymmetrical cell division)에 있다. 다시 말하면 세포분열에 의해 형성된 2개의 세포는 동일하지 않다는 것이다. 예컨대 *Caulobacteria crescentus*는 양분이 충분하지 않은 조건에서 비대칭적 세포분열이 일어난다. 이때 *C. crescentus*는 2종류의 세포주가 나타난다. 하나는 생식능력이 없고 주변을 헤엄쳐다니는 것과 다른 하나는 상주성 세균으로 세포분열이 가능하고 생식력이 있는 균주이다. 상주성 세균의 생식능력은 2주 동안 강력하게 감소된다.

장내세균인 대장균(*E. coli*)은 앞에서도 기술한 *Caulobacteria crescentus* 경우와는 달리 대칭적으로 세포분열이 일어나는 균주였다. 무한생장은 끊임없는 세포분열로 가능한 것일까? 대부분의 세균은 세포 중앙부위를 축으로 이분되며 분열된 세포는 각각 새로 합성된다. 따라서 각각의 세포는 늙은 전세대의 세균으로부터 유전된다.

프랑스 파리 의학연구소(INSERM)에 재직하고 있는 **Eric Stewart**는 세균이 분열하고 있는 세포극의 나이에 따라 분열하고 있는 세균 세포의 운명(fate)을 추적하였다. 과학자들은 35,000마리 대장균 세포를 형광물질로 표지하고 콜로니의 성장을 자동실시간 현미경으로 촬영하였다. 이 연구 분석 결과 늙은 세포극을 지닌 세균(사진에서 적색으로 표시됨)은 낮은 성장률과 분열을 나타냈으며 치사율 또한 새로 형성된 세균보다 더 높게 나타났다.

과학자들의 견해에 따르면 모든 생명체에는 노화현상이 나타난다. 따라서 세균도 무한생명이 설계되어 있지 않고 세포사멸(apoptosis)이 일어난다.

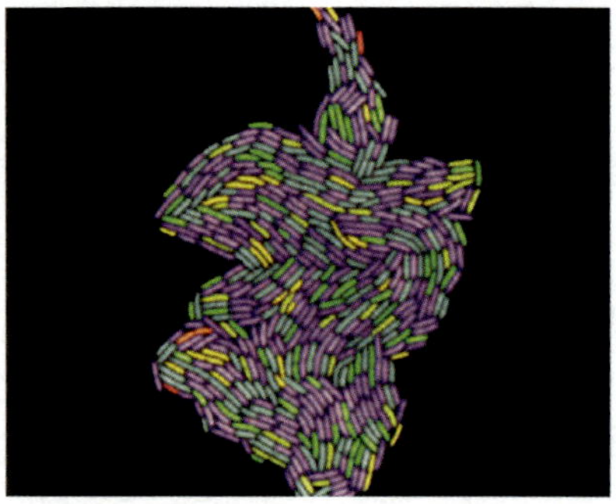

세균 세포의 노화 증거

사 공학분야에서는 유전자 재조합을 통해서 특정 천연성분이 다량 함유되어 있는 형질전환 식물체를 제작하고 있으며, 식물 바이오 약농(bio-pharming of plant)이라는 흥미있는 새로운 분야가 창출되고 있다.

9.10 항암제 택솔

주목(***Taxus* spp.**)은 상록침엽수로 가을에는 영롱하고 붉은 열매를 맺는다. 이 침엽수의 모든 부위에 독성 성분이 함유되어 있다. 그러나 예외로 열매의 붉은 과육은 독성이 없기 때문에 먹을 수 있으나 다른 부위와 함께 삼킬 염려가 있어서 매우 조심하여야 한다. 열매 속에 들어 있는 종자는 맹독성이다. 주목나무의 껍질 속에는 인간의 생명을 구할 수 있는 천연약품이 숨겨져 있다. 주목(Box 9.3)은 살아서 세포생장과 물질대사를 수행하는 동안 알칼로이드 성분인 **파클리택셀** 또는 **택솔**(**Taxol®**)을 줄기의 수피에 축적시킨다.

택솔은 임상에서 특히 항암치료 분야에서 포기할 수 없는 매우 중요한 암세포분열억제제로 잘 알려져 있다. 일반적으로 세포는 세포분열 억제 과정을 통하여 프로그램된 **세포사멸**(**apoptosis**)을 일으킨다. 1990년 초부터 미국 국립암센터(NCI)에서 수행하여 온 연구프로젝트의 성공적인 결과로 인해 택솔은 사람의 유방암과 난소암 치료에 사용하게 되었다. 그러나 불행하게도 이 항암제 택솔은 단점을 갖고 있는데, 그것은 약품 값이 너무 높아 가계에 부담을 준다는 것이다.

태평양 주목(***Taxus brevifolia***)에서 파클리택셀을 추출하여 항암제 택솔(Taxol®)로 개발하였다. 아직도 주목은 캘리포니아 북쪽 해안가의 원시림에 많이 재식되어 있다. 주목나무는 수령이 많을수록 알칼로이드 함량이 많이 축적되어 있다.

2mg 정도의 택솔은 암환자 1명을 치료하는 데 필요로 하는 함량이다. 그러나 택솔에 대한 수요인구는 엄청나게 많다. 미국에서만 발병한 유방암 환자를 1년 동안 치료하기 위해서는 캘리포니아에 재식되어 있는 모든 주목나무를 한 그루도 남기지 않고 벌채해야만 한다는 계산이 나온다. 직경이 약 60cm짜리 주목 한 그루는 200년이라는 세월을 견

디고 살아오면서 대략 2.5kg의 정제되지 않은 택솔을 제공한다. 이것을 수율로 환산하면 약 0.004% 정도 순수한 택솔을 획득하게 되는 셈이다.

주목을 벌채하여 택솔을 생산하는 생산 공정과 의료정책을 강하게 비판하는 자연보호협회의 반대 캠페인도 점점 거세지고 있다. 1993년 1월 미국 식약청(FDA, Food and Drug Administration)으로부터 Taxol®이 의약품으로 승인되어 발표한 지 3주 후에 미국정부는 동시에 모든 국립공원에서 주목을 벌채하거나 훼손시키는 것을 금지시키는 천연림보호법을 발동시켰다.

이러한 이유 때문에 새로운 식재 방법과 생산공정을 기획 개발하여 산업적으로 추출하고 분리 정제한 택솔은 이미 언급한 유방암과 난소암 치료에 널리 이용되고 있다. **파클리택셀**이 주성분인 항암제 택솔은 5년 전부터 치사율이 매우 높은 **기관지 악성종양(bronchial carcinoma)**의 치료에 수준이 한 단계 더 향상된 효능을 보여주었다. 세계보건기구(WHO)의 발표에 의하면 폐암은 세계에서 가장 많이 발병되는 악성 질환 중의 하나이다. 통계자료에 따르면 전 세계에서 1년 동안 발병되는 폐암 환자는 남성이 100만 명에 달하고, 여성들도 꾸준히 30만 명씩 발병되어 고통을 받고 있다고 한다. 또한 발병원인은 담배연기 속에 있는 성분에 있다고 보고 있다. 독일에서는 매년 약 45,000명의 폐암환자가 발병되어 당국에 등록되고 있다.

세계적으로 유명한 화학자 100여 명이 1980년부터 1990년 초반까지 파클리택셀을 어느 누구보다 더 빨리 그리고 완벽하게 실험실에서 인위적으로 합성(*in vitro* total synthesis)하려는 연구개발 사업을 경쟁하기 시작하였다. 결국 그 연구개발 경쟁은 플로리다 국립대학교(Florida State University)의 **로버트 할톤(Robert A. Holton, Box 9.3)**팀의 승리로 일단락되었다. 1994년 연구개발에 참여한 과학자들은 복잡한 택솔의 화학합성 경로를 구체적으로 발표하였다. 화학합성 수율 2%!

자연 상태, 즉 정상적인 온도, 보통 압력 그리고 물의 존재하에서 주목나무는 아주 쉽고 정밀하게 택솔을 합성하는 데 반해 화학냄비에서의 합성과정은 40단계의 "cook up(끓이다)"을 거쳐 이루어진다. 자연에서의 택솔합성이나 인위적 화학합성의 공통점은 오직 단 하나 즉, 애타게 기다리고 갈망하던 택솔 수율이 너무나 적다는 것이었다. 그럼에도 불구하고 주목의 종 보호 차원에서 발포된 금지령 때문에 또 다른 차원의 연구개발 프로젝트가 시급했고, 대체 원천기술이 요구되었던 때였다.

때마침 몬타나에 살고 있던 미생물학자인 **개리 스트로벌(Gary Strobel)**이 파클리택셀이 생산되고 있는 새로운 시스템을 주목 체관조직에서 공생하는 곰팡이에서 우연히 발견하였다(Box 9.3). 이 곰팡이(*Taxomyces andreanae*)는 특이하게도 주목세포와 함께 현탁배양을 하면 택솔의 성분인 파클리택셀을 합성한다. 이 곰팡이는 현재 함부르크에 있는 세계에서 가장 거대한 식물세포반응로에서 항암제를 생산하고 있다.

9.11 인간성장호르몬

완두콩 크기정도 만한 뇌하수체(pituitary gland)에서 생성되는 인간성장호르몬(human growth hormone, HGH)의 결핍(그림 9.19)은 난쟁이처럼 작아 보이는 발육부전증 또는 불임을 유발하게 된다. 1950년대 말까지만 해도 발육부전은 의학적으로 치료가 불가능한 질환이었다. 그러나 1958년부터는 많은 어린이들이 HGH를 이용한 호르몬요법을 받을 수 있게 되었다. HGH는 당뇨병에 사용되는 인슐린(insulin)과는 달리 매우 종 특이적 분자 성질을 갖고 있기 때문에 돼지나 소에서 추출한 인슐린 같은 다른 종의 것이 아닌 인체에서 유래한 성장호르몬을 사용하여야 한다. 자연히 20~30년 전에는 HGH를 교통사고나 갑작스런 사고에 의해 죽은 사체의 뇌에서 직접 채취하여 이용하였다. 예를 들어 2살짜리 어린 소년을 2년 동안 치료하기 위해서는 약 50~100개의 뇌하수체가 필요하였다. 그러나 오늘날에는 HGH 요법은 18살이 넘어서도 가능하며, 지속적인 치료를 통해 완치율도 매우 높아졌다.

또한 1985년부터는 죽은 시체에서 채취하여 사용하던 HGH는 법으로 금지되었다. 사체로부터

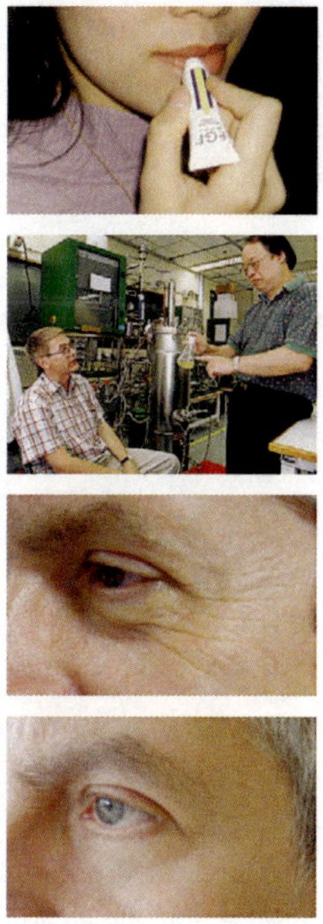

그림 9. 20 (위) : 중국에서 사용되고 있는 EGF가 함유된 립스틱. (중앙) : 바이오배양기(*E. coli*)에서 EGF 생산, 오른쪽 웡박사. (아래) : 고가의 EGF 처방 후 상태, 잔주름이 없어진 피부

Box 9.6 전문가의 견해:
태아 유전자 치료법

유전자의 결함에 의해 유발되는 질병을 앓고 있는 환자의 가족은 갑작스럽고 준비되어 있지 않은 상태에서 충격적인 진단결과를 통보받는다.

태아 유전자 테스트(fetal gene test)는 특정 유전병의 유무를 의심하고 있는 가족을 위해서 태아의 병증 또는 건강을 출생 전에 알 수 있게 해준다. 많은 가계에서는 유전병을 가진 어린이의 출산을 거부하고 임신중단을 선택한다. 그리고 일부 가계에서는 반복되는 임신과정을 통해 건강한 아이를 얻을 수 있었다.

체세포 유전자 치료법(somatic gene therapy)의 추진전략은 아주 간단하다. 유전질환의 원인은 일반적으로 특정 유전자 발현의 교란에 의해 기인되기 때문에 근본적으로 DNA 또는 핵산을 제어하는 과정에서 문제가 되는 유전자발현을 정상화시킴으로써 치료가 가능하다. 따라서 특정 유전정보를 지닌 DNA는 하나의 약으로 처방되며, 이 DNA 약의 효능은 코드화된 치료단백질의 생산을 통하여 나타나게 된다.

그러므로 외래 치료 유전자를 목표기관으로 운반하는 벡터시스템(vector system)의 효능과 안전성은 유전자 치료의 발전을 앞당기는 원동력이 된다.

유전자에 의한 특정 질환의 유전자 치료는 평생 동안 반복되는 용량과 조정 또는 장시간 연속적으로 작용하는 유전자 전달이 요구된다. 후자의 경우 현재 치료 유전자를 숙주세포의 게놈으로 합병할 수 있는 운반체로는 레트로바이러스(retrovirus)가 가장 효과적이다.

실제 효과적인 유전자 치료법이 개발되어 임상에서 활용할 수 있다고 할지라도 이미 유전자 결함에 의해 손상을 입은 조직 또는 기관을 가역적으로 치유할 수 없다는 사실이 확인되었다. 이러한 이유와 사실 때문에 심사숙고를 통해 결론적으로 "태아 유전자 치료법(*in utero* gene therapy; fetal or prenatal gene therapy)"이 제안되었다.

이 유전자 치료법은 기관의 손상을 조기에 찾아 방지할 수 있고 더 좋은 기관과 세포시스템(줄기세포의 집단)으로의 유입을 가능케 하며 면역반응의 생성을 감소시킬 수 있다. 가장 이상적인 경우는 각각의 유전질환에 상응하는 줄기세포를 보정하여 평생 동안 질병을 완치시킬 수 있도록 하는 것이다.

날로 증가하는 유전질환을 조기에 치료할 수 있는 방법으로는 유전질환이 의심되는 산모의 출산 전 태아를 *in utero* 상태에서 진단하는 것이다. 대부분 이러한 진단은 가족 중에 이미 발병한 환자가 있는 특정 집단에 나타나는 질병 예컨대 이상혈색소증, 테이삭스병(Tay Sachs disease), 낭포성 섬유증(cystic fibrosis) 등에 행하여진다. 그리고 몇몇 국가에서는 임신 중에 태아검사를 추진한다. 지금까지 유전적 원인에 의한 태아 진단 결과의 중요성은 그 가족 구성원의 결단, 즉 임신을 중단할 것인가 아니면 유전결함이 있는 미숙아의 생명의 존엄성을 존중하고 출산을 수용할 것인가이다. 이러한 가족에게 태아 유전자 치료법은 제 3의 선택을 제공한다.

태아경검사(**fetoscopy**) 또는 태아초음파검사(ultrasonic-supported *in utero* intervention)(그림 참조)는 태아에 벡터를 도입하기 위한 아주 탁월한 기반기술이 된다.

태아 유전자 치료법은 출생 후의 유전자 치료법의 대안으로 생각하지 않고 예방 의학적 이용 목적으로 투입된다.

지난 10년 동안은 다양한 동물을 이용한 모델실험에서 다양한 유전자 질환으로 손상된 기관의 치료를 가능케 하는 유전자 전달 벡터를 *in utero*에서 보여주었다. 아데노바이러스(adenovirus)는 최근 임상실험에서 혈우병(hemophilia)과 같은 질환을 치료할 수 있는 가능성을 확인하였다(그림 9.12). 이 바이러스는 면역성이 약하고 감염된 세포 안에서 오랜 시간을 머물러 있다. 숙주생물의 DNA에 삽입되는 레트로바이러스 벡터는 현재 가장 유력시되는 후보 중의 하나이다.

임상 치료를 목적으로 *in utero* 유전자 전달을 위한 학제 간 연구팀을 1999년 처음으로 결성하여 초음파 주입(injection)에 의한 유전자전달을 탯줄혈관을 통해 양(sheep)의 태아에서 수행하였다.

양의 일반적인 임신기간은 145일이며 주로 단일 개체 출산을 한다. 양은 *in utero* 조작이 비교적 손쉬우며 양의 해부는 인체의 태아시술시 응용을 용이하게 해준다. 따라서 태아 치료 전문가들은 양의 모델 시스템을 이용하여 지금까지 인간태아에서는 수행해 보지 못한 새로운 *in utero* 방법을 다양한 임신기간 중에 개발하였다. 모든 실험과정에서 양의 치사율은 매우 적었으며 태아의 치사율 또한 작아 수술중 감염에 의한 치사율 15% 정도뿐이었다.

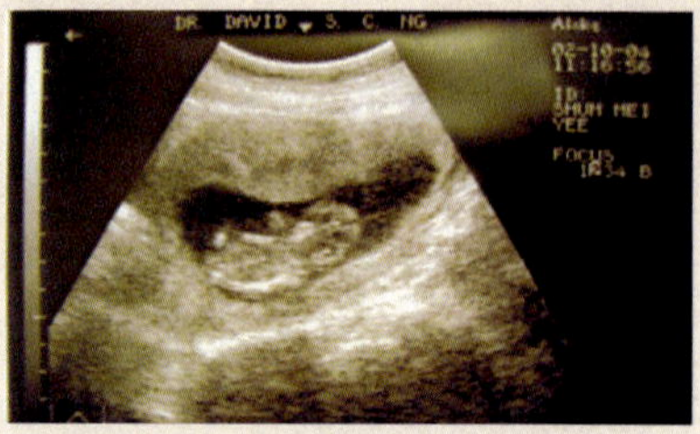

Theo Alex Kwong의 초음파 사진
(제자 Dr. Alex Kwong으로부터 사용을 승인받은 사진임)

태아 유전자 전달 치료가 처음으로 성공한 경우는 2003년 **Jurgen Seppen**(네덜란드)이 Gunn 쥐의 태아에서였다. Gunn 쥐는 사람한테 흔하지 않게 나타나는 희귀병인 CN 1(Crigler Najar Type-1 Disease)의 연구를 위한 모델시스템이다. 이 질병은 인간의 2번째 염색체의 돌연변이에 의해 발병되며 혈액 속에 독성 빌리루빈(bilirubin)의 축적을 통해 심각한 뇌손상을 유발하게 된다. 따라서 바이러스성 벡터(벡터에는 사람의 bilirubin UDP-glucuronyl transferase 생산을 조절하는 유전자가 도입됨)를 직접 도입함으로써 Gunn 쥐 태아의 간세포에 독성 빌리루빈의 함량을 1년 동안에 약 45% 가량 감소시킬 수 있었다.

결론적으로 연구진은 Gunn 쥐 모델을 이용하여 **hemophilia B**(9장) 치료를 위해 혈액응고 손상을 교정할 수 있는 방법을 단 한 번의 시술, 예컨대 바이러스 벡터(벡터에는 사람의 혈액응고인자 IX 생산을 조절하는 유전자가 도입됨)를 난황낭 혈관을 통해 주입함으로써 해결할 수 있었다. 이 쥐의 본래의 혈액응고 IX 인자는 온전한 기능을 하지 못한다. 벡터를 이용하여 전달된 형질전환 동물에는 평생 동안 치료용 IX 인자가 혈액 속에서 발현되었다. 또한 그 밖에 중요한 사실은 *in utero* 태아실험에서 처방한 동물에서는 사람의 **HX protein**에 대한 항체가 발견되지 않았다는 점이다.

지금까지 기술한 동물실험의 결과는 그렇다면 임상에서 사람의 태아에 적용할 수 있는 수준은 어느 정도인가?

추론컨대 지난 10년 동안 이 분야의 눈부신 발전에도 불구하고 임상에서의 활용은 아직 완벽하지 못하다. 가장 먼저 종 특이적인 유의차를 고려하고 문제점을 파악해야 한다. 그 밖에 다수의 일반적인 안전장치가 요구되며 그와 연관된 윤리적인 문제가 해결되어야 한다.

태아의 유전자 전달 치료기술은 프로세스 의존적 특이 위험성이 있다. 이것은 출생 후 유전자 치료법과 차이가 있다. 출산 과정의 모든 간섭은 산모의 안위와 생명이 태아의 생명보다 우선한다. 예상되는 위험은 병원균에 의한 감염, 조기진통, 그리고 유산 등이다. 그 밖에 나타날 수 있는 위험요인으로는 배아세포의 예상하지 못한 부위로의 유전자 삽입(germ line transmission), 발달장애(developmental disorders), 발암(oncogenesis) 등이다.

출생 전 유전자 치료의 가장 염려스러운 행위는 배아의 조작이다. 이 문제와 관련하여 일부는 "디자인된 아기(designer baby)"의 의학적 구상을 논하려고 한다. 현재의 출생 전 및 출생 후의 유전자 치료의 목적은 유전자의 결함으로 인해 발병된 특정 유전질환을 앓고 있는 환자를 위하여 특히 다른 어느 기존의 치료법이 존재하지 않을 때 치료하기 위함에 있다. 이러한 목적을 달성하기 위해서는 아직도 시작 단계에 있다. 그러나 언젠가 치료법의 안전성과 효율성이 충분히 정립된다면 아마 중요한 질병치료 목적이 아닌 미적 성형 또는 출생 후의 윤리적 시각에서 관용하는 분야의 치료나 간섭도 배제할 수 없을 것이다.

태아 유전자 치료의 목표는 특정 생리적 기능이 밝혀진 유전자의 돌연변이에 의해 유발된 난치성 유전질환을 앓고 있는 환자의 고통을 덜어주고 이를 치유하기 위한 것이다. 그러나 일부 사람들이 생각하는 이 기술을 잘못 이용하여 비윤리적인 의도를 가지고 특정한 신체적 또는 지적 능력을 갖춘 "맞춤형 인간(drawing board human)"을 창출할 수 있지 않겠는가 하는 상상은 분명히 소박한 환상에 불과하다!

우리는 수정된 난자에 존재하는 서로 다른 유전자들의 의존적 특성의 상호작용을 예측할 수 없으며 윤리 및 안전성을 떠나서 어느 유전자를 어떻게 조작해야 하는지도 아직 자세히 알고 있지 못하다. 배아 생식세포의 직접적인 유전자 조작을 통하여 우수혈통을 후세대에 물려줄 수 있다는 상상은 의학적으로나 기술적으로도 가능하지 않으며 윤리적으로 용납되지 않고 불법이다.

미수정 생식세포의 직접적인 유전자 조작은 현재의 기술로 가능하지 않으며 우연히 삽입된 치료 유전자의 서열이 배아 세포의 게놈에 도달하여도 치료단백질의 유전자 발현은 이루어지지 않는다. 그 밖에 유전자의 성공적인 삽입은 오직 유전자 분석을 수행함으로써 확인할 수 있기 때문에 그것을 위해서는 생식세포를 파손시키든지 또는 새로운 생명체로 변형시킨 다음에야 유전자 분석이 가능하다.

물론 미래에 인간유전체의 기능이 구체적으로 규명되고 활용 가능성이 구체적으로 밝혀져 유전자치료가 안전해지고 의학적 수요가 증가하면 인류가 목적하는 배아 생식세포의 치료가 가능할 것이다. 따라서 이를 위한 윤리적 기본조건, 안전성 문제, 법적규제 등은 미래 세대가 해결해야 할 과제이며 의무이다.

또한 *in utero* 유전자 치료법의 안전성을 높이기 위한 방안으로 유전자변이 태아줄기세포의 활용을 생각해 볼 수 있다. 예컨대 간세포 생체조직절편검사(**liver cell biopsy**)를 통하여 임신 3주째 줄기세포를 얻을 수 있다. 이러한 *ex vivo* 치료 원리는 적은 양의 벡터를 이용케 하고, 태아에게로 벡터의 분산을 방지할 뿐만 아니라 모계의 기관으로 벡터의 분산을 억제할 수 있다. 따라서 미래에는 *ex vivo screening*과 해롭지 않은 세포의 선발 그리고 그들의 잠재적 발암 장소를 제외시킬 수 있다.

모든 이러한 위협적 요인과 선천적으로 타고난 결함은 근본적으로 정밀하게 검사하고 출생 후의 영구적인 검사를 통하여 임상치료를 시작하기 전에 *in utero* 동물 실험을 통해 제거하여야 한다.

그러면 어떠한 심리적 조언 또는 상담이 특정 유전질환에 직면해 있는 미래를 함께 하는 부부에게 스스로 *in utero* 유전자 치료를 선택 또는 낙태 등의 임신중단을 결단하게 하든지 아니면 유전질환이 확실한 미숙아를 그래도 출산할 것인지를 결단하여 수용토록 할 수 있을까?

비록 유전질환을 앓고 있는 가족의 구성원들은 대부분 출생 전에 치료를 원하겠지만 가족 구성원의 선택, 즉 태아를 통한 유전자 치료를 선뜻 결단하기까지는 아마도 동물실험에서 유전자 치료의 안전성과 효율성이 밝혀졌음에도 불구하고 그리 쉬운 일이 아닐 것이다. 유전자 치료의 중요성은 관련 유전질환을 안전하게 치료할 수 있어야 하며 치료에 따른 부작용이 전혀 없어야 한다. 이러한 이유 때문에 태아 유전자 치료법은 출생 후의 유전자 치료법(postnatal gene therapy)보다 더 의학적으로 엄격한 지표 기준과 안전에 대한 표준 장치를 요구하고 있다.

태아 유전자 치료법을 임상에서 활용하려면 환자 및 보호자의 폭넓은 이해, 동의, 수락 등의 절차가 요구된다. 우리들의 지식으로는 이에 대한 견해는 민족성, 혈통 또는 환자 및 구성원에 따라서 차이가 있고 현재로서는 소문으로 듣고 알고 있는 정도에 지나지 않는다. 따라서 임상연구를 위한 설문 또는 상담을 수행하는 과정에서 꼭 환자, 가족, 보건당국의 구성원, 그리고 일반 국민들의 의견을 청취해야 하고 치료의 목적, 유전자 치료의 가능성 및 한계, 그리고 이러한 새로운 유전자 치료의 원리, 방식 등이 설문에 포함되어져야 한다. 그렇게 함으로써 환자에게 필수적인 정보를 제공하고 구성원의 걱정과 두려움을 최소화할 수 있으며, 합리적인 이익 대비 위험 평가(risk-to-benefit assessment)를 위한 과학적 초석을 세울 수 있다.

Charles Coutelle은 런던 임페리얼 대학 교수로 재직하고 있다.

그림 9.21 Lucas Cranachs "회춘의 샘" .... 생명공학 기술로 가능할까?

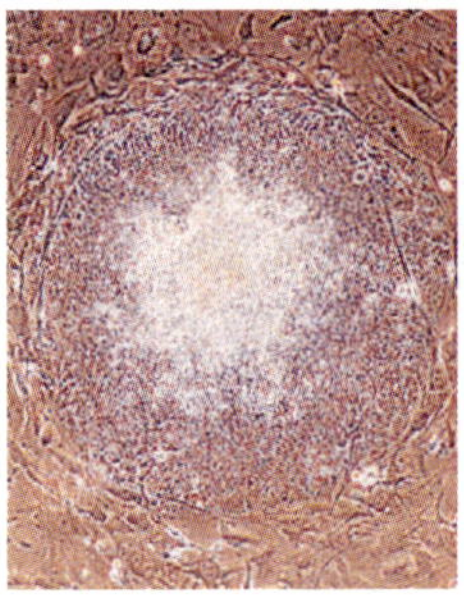

그림 9.22 인간 줄기세포

HGH를 분리 정제하여 사용하는 과정에서 전염성 소립자, 이물질, 단백질 등이 전이되어 광우병(bovine spongiform encephalopathy, BSE)과 유사한 크로이츠펠트 야곱병(Creutzfeldt Jakob Disease, CJD)이 발병되었기 때문이다.

다행스럽게 오늘날에는 첨단 유전공학적 기법을 이용하여 생산된 HGH를 사용하고 있기 때문에 기술한 바와 같은 위험성은 나타날 수가 없다. 스웨덴에 있는 Kabi Vitrum사는 세계에서 가장 큰 "자연 성장호르몬"을 생산하는 제약회사로 알려져 있다. 이 회사는 이제 형질전환된 세균을 450L 바이오배양기(bioreactor)에서 배양하면서 고전적인 방법으로는 60,000개 뇌하수체에서 추출이 가능했던 양과 비슷한 HGH양을 생명공학적으로 저렴하게 생산하고 있다. 옛날에는 뇌하수체 유래 HGH를 쉽게 구할 수 없어서 어린 중증 환자들에게 우선적으로 제공하였다. 그러나 오늘날에 와서는 모든 사람들이 혜택을 누릴 수 있게 되었다.

새로운 시장조사에 의하면 성장호르몬의 수요가 점점 증가하는 것으로 밝혀졌다. 성장호르몬은 소의 산유량을 촉진시킨다(8장 참조). 이러한 사실은 경제적인 측면에서 흥미롭다. 또한 성장호르몬은 소의 근육을 튼튼히 하는 "근육강장제" 역할을 하는 것으로 밝혀졌다! 근육강장이라는 핵심 개념은 보디빌딩을 하는 사람들이나 운동선수들에게는 짜릿하게 흥분시킬 수 있다. 성장호르몬은 근육의 단백질 합성을 촉진시키고 지방을 분해한다.

도핑테스트 전문가인 Werner W. Franke는 2003년 프랑스 파리에서 열리는 세계 육상경기대회에서 이를 실증하였다. 이 세계 육상 선수권대회는 철사로 된 **치열고정틀**을 착용하고 있는 선수들의 축제였다. Marion Jones 선수도 교정틀을 끼고 있었다. 이것은 HGH를 복용하였다는 지울 수 없는 표시와 다를 바 없다. 이들은 모두 턱이 자라고 하악이 커지며, 어린이들의 기형 턱처럼 턱이 표시나게 돌출되어 있었다.

치열교정틀을 끼고 있는 선수들은 HGH를 남용하고 있는 증거가 되며, 도핑 테스트(doping test)에서 밝혀지게 된다.

9.12 상피성장호르몬-주름살 제거 및 당뇨성 족부병변 치료

전 세계에서는 얼굴에 있는 주름살과 잔주름을 제거하기 위하여 막대한 비용이 지출되고 있다. 여성 사회에서는 심지어 보톡스(botox, botulism toxin)의 사용도 일상화되고 있다. 보톡스의 사용 원리는 생물무기(biological weapon)와 같다! 이 독성 성분은 세균(*Clostridium botulinum*)이 만들어 내는데 이는 음식물을 부패시키고 식중독을 유발시킨다. 살갗 아래에 주입하는 보톡스는 한참 동안 근육 조직을 마비시킨다. 근육이 마비되어 있는 동안 얼굴에 있던 주름살이 사라진다.

화장품 산업에서는 주름살을 방지하기 위하여 지방과 비타민이 함유된 고가의 주름개선크림(anti-wrinkle creams)을 개발하여 시장에 출시하고 있다. 광고용 매체에서는 선전효과를 높이기 위해 젊고 아름다운 여성을 모델로 기용하며, 얼굴에 잡티가 없고 깨끗한 피부색을 지닌 여성을 당연히 선호하고 있다(그림 9.20). 또 다른 주름개선 성분으로 **상피성장인자(epidermal growth factor, EGF)**가 있는데, 이것은 펩티드 분자로서 새로운 피부의 세포생장을 촉진시킨다.

홍콩 과학기술대학교(HKUST)의 Wan Keung Wong은 인간 상피성장인자(EGF)를 대장균 배양액에서 유전공학적 방법으로 생산하는 방법을 개발하였다. 비교적 고가인 EGF 크림(1통값이 450 HKD, 50 Euro)을 날마다 바르면 약 4~6주 후에는 새롭게 생긴 피부세포가 채워져서 잔주름이 없어진다.

주름개선 효과 외에도 EGF는 뛰어난 효능을 지니고 있다. 중증 당뇨병 환자는 늘 완치가 불가능한 족부궤양(diabetic feet ulcer) 때문에 고통스럽게 살고 있다. 미국에서만 해도 약 600,000명의 사람이 발이 썩어 들어가는 이 병으로 고통을 받고 있다. 그런데 홍콩대학교 EGF 연구팀의 결과에 의하면 치료 8주 후부터 희망이 없어보였던 당뇨병 환자들이 가시적인 치유를 보임으로써 놀라워하지 않을 수 없었다. 병증이 심한 경우 이런 환자들은 일반적으로 족부를 절단해야 하는 외과적 수술이 불가피했었다. 또한 EGF는 세포의 재생능력이 탁월해서 화상을 입은 환자의 피부 재생 치료에도 효과가 있으며 상처난 눈과 위궤양 치료에 탁월한 효능이 있는 것으로 밝혀졌다.

9.13 줄기세포, 회춘의 샘?

줄기세포(stem cell, 그림 9.22)는 인체의 세포를 늘 새롭게 재생시킨다. 그러나 근육조직세포와 신경조직은 아직 재생에 문제점이 남아 있다. 그래서 사람들은 이제까지 뇌졸중 또는 심근경색 후에 관련된 특정 부위가 재생(regeneration)할 수 없다고 믿어 왔다. 아마도 여기에 줄기세포가 문제해결의 기초가 될 것 같다.

줄기세포는 어떠한 원리 때문에 재생이 가능할까? 줄기세포는 늘 다양한 세포로 분열하고 스스로 생명을 유지할 뿐만 아니라 새로운 전문화된 체세포로 분화(differentiation)될 수 있다. 골수에서 줄기세포는 딸세포로 증식할 뿐만 아니라 erythropoietin(Epo) 등의 자극에 의하여 혈구세포로 분화한다.

조직줄기세포(tissue stem cell)는 특수화된 세포를 필요한 곳에서 만들어내는 원시세포이다. 줄기세포는 수정 후 5~10일쯤 초기 배 발생단계 때 찾아 볼 수 있다. 이러한 배아줄기세포(**embryonic stem cell, ES cell**)에 대한 논쟁은 2000년대부터 주요 보도매체와 의회에서 격앙된 분위기였다. 근본적으로 배아줄기세포로부터 모든 다양한 형태의 세포를 재생할 수 있는데 이러한 현상을 **다능성(pluripotent)**이라고 한다.

그러면 배아줄기세포는 어떻게 만들어지는가? 수정된 난자(zygote)는 세포분열과 난할과정을 거쳐 3~5일 사이에는 촘촘하고 둥근 12세포기 상실배(morula, 뽕열매의 형태와 유사한 배아)로 분화된다. 그후 5~7일이 지나면 상실배에서 100세포기 배반포(blastocyte)로 구성된 배(embryo)가 발생한다. 이 배반포의 직경은 약 1/7mm 정도이다. 배반포의 외부세포를 **영양막(trophoblast)**이라고 하는데 영양막 안쪽에 있는 포배강과 내세포괴가 배아줄기세포의 근원이 된다. 이 배아줄기세포는 약 200여 종류의 세포형태로 다양하게 분화할 수 있는 능력을 갖고 있다. 따라서 배아줄기세포는 다양한 형태의 분화다능성(pluripotency)이 있다고 말한다.

매디슨 소재 위스콘신대학교의 제임스 톰슨(James Thomson)은 인간 배아줄기세포를 처음으로 분리하였으며 인위적으로 배양하는 데 성공하였다. 같은 해 존스 홉킨스대학의 John Gearhart와 공동연구원들은 원시모세포를 배아성 생식체 즉, 배우자세포(정자–난자)로 분화시키는 데 성공하였다.

인간 배아줄기세포는 다음과 같은 2종류의 특징을 갖고 있다.

- 배아줄기세포는 끝없이 스스로 재생할 수 있으며 줄기세포를 계속 만들어 낼 수 있다.
- 배아줄기세포는 특정 조건하에서 다수의 성숙한 전문화된 세포로 분화할 수 있다.

인간 배아줄기세포는 노화되지 않는다. 그 이유는 세포내에 높은 수준의 **텔로머라아제(telomerase)**가 발현되기 때문이다. 현재까지 다수의 연구그룹이 특정 배아세포주(ES cell line)를 이용하여 3년 이상 600회 정도 세포가 분열하였음에도 불구하고 생명연속성에 아무런 문제점이 발견되지 않았다. 그밖에 줄기세포는 오랜 시간 동안 냉동 보존할 수 있으며 고유한 특성도 손실되지 않는다. 또한 줄기세포를 성장인자로 자극시키면 다양한 형태의 세포로 분화된다–피부세포, 뇌세포(뉴런, 신경교세포), 연골세포(chondrocyte), 골조직세포(osteoblast), 간세포, 근육세포, 혈관벽을 구성하는 평활근세포, 골격근육조직세포, 심근세포(myocyte).

특정 질환의 치료목적으로 줄기세포를 환자의 몸에 이식하게 되면 이식된 조직 부위에 필요로 하는 새로운 보조세포가 생성된다. 예컨대 심근경색을 유도한 마우스와 쥐의 심장근육조직에 배아줄기세포를 주입하여 죽은 심근세포를 대체하는 새로운 심장근육세포를 재생시킬 수 있었다(그림 9.23). 이러한 줄기세포를 통한 인간 심근경색 치료가 독일에서도 성공하였다. 따라서 모든 사람들이 이 절대적인 **만능세포(pluripotent)**에 대해 특

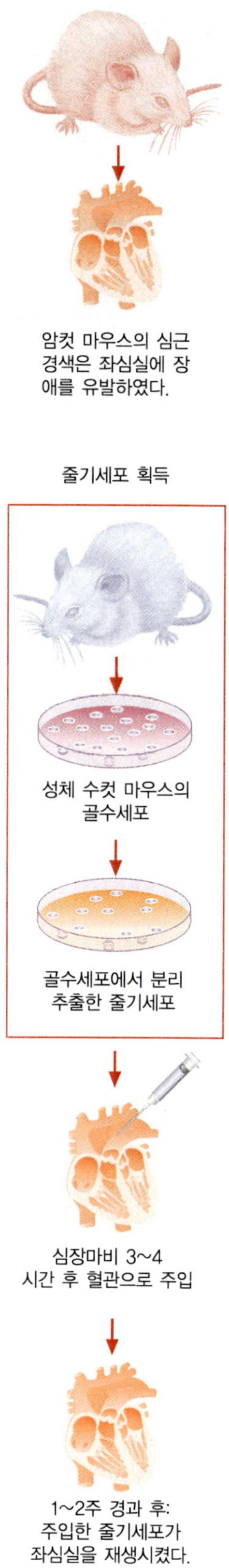

그림 9.23 심근경색의 줄기세포 치료법(마우스)

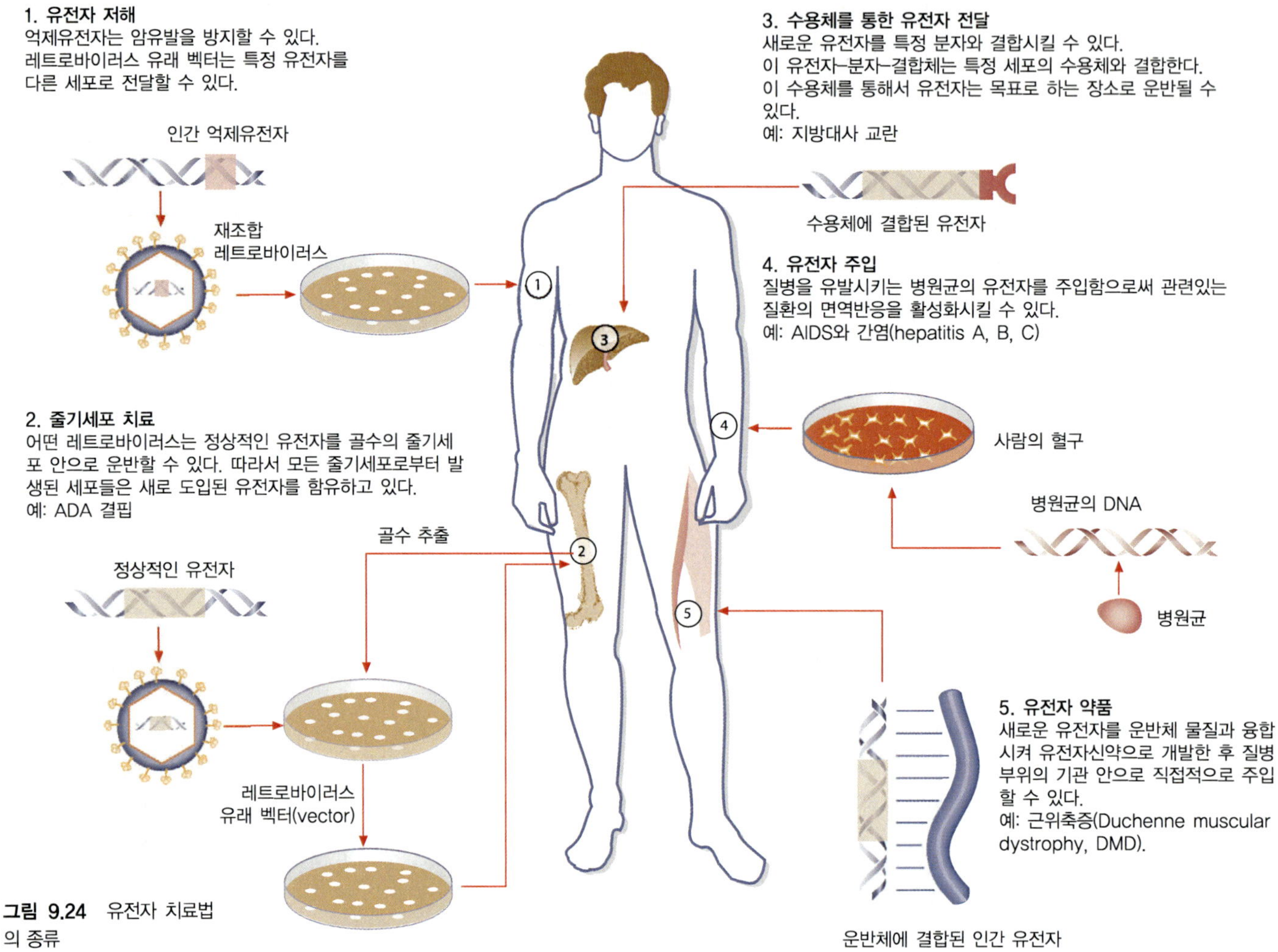

그림 9.24 유전자 치료법의 종류

별한 관심을 갖는 것은 놀라워할 일이 아니다.

사람들은 이미 *in virtro* 상태에서 배아줄기세포와 성체줄기세포 영양액을 이용하여 고도로 전문화된 세포형태로 분화시키고 배양할 수 있다. 예를 들면, 배아줄기세포를 배양하고 분화시켜 췌장(pancreas)의 랑게르한스섬을 재생하려는 연구가 추진되고 있다. 당뇨병 환자는 인슐린(insulin)을 주사하는 것보다 살갗 아래 저장소에 줄기세포를 도입하여 인슐린을 합성하는 세포로부터 수시로 새로운 인슐린을 공급받는다.

성체줄기세포의 발생능력은 배아줄기세포보다는 약하다. **성체줄기세포(adult stem cell)**의 증식력과 수명은 특정 단계까지 한정되어 있다. 그러나 성체줄기세포를 뇌에서 분리하는데 성공하였으며 뉴런(neuron)을 배양하는 것도 가능해졌다. 마우스와 쥐의 척추가 손상되었을 때 전술한 배양 뉴런을 주입하면 신경기능이 다시 회복되었다. 그러나 배아줄기세포를 이용하고자 할 때는 몇몇 단점이 도출되었다. 특히 배아줄기세포를 획득하기 위해서는 배아를 산모로부터 제공받아 사용해야 하기 때문에 아직 윤리적인 문제가 남아있다. 그밖에 형질전환된 난자(ovum)를 이식하는 과정에서 거부반응을 일으킬 수 있을 뿐만 아니라 악성종양이 유발될 수 있다.

앞에서 기술한 이 모든 문제점은 성체줄기세포에서는 큰 문제가 되지 않는다. 사람들은 환자의 몸에서 성체줄기세포를 분리해 낼 수 있고 거부반응에 대한 걱정을 할 필요가 없이 다시 환자의 몸으로 주입시킬 수 있다. 환자에서 추출한 성체줄기세포는 여전히 선천적인 결함을 가지고 있다. 이런 결함의 경우에는 윤리적으로 걱정할 염려가 없으며 골수로부터 간단한 침술을 통해 쉽게 추출할 수 있다. 태반과 탯줄 혈액 속에는 역시 줄기세포가 풍부하게 존재한다. 그래서 요즈음에는 탯줄혈액을 공급하는 회사가 다수 설립되어 있으며 이로 인해 혈액을 오랫동안 냉장 보관할 수 있을 뿐만 아니라 필요시 언제든지 제공될 수 있다. 단지 이 환자 자신의 성체줄기세포만이 훗날 특정 질환에 고통을 받을 때 효과적으로 활용될 수 있다. 이러한 성체줄기세포는 공여자만 사용할 수 있다. 그러나 배아줄기세포는 널리 이용될 수 있다.

배아줄기세포를 획득하기 위해서는 3종류의 가능성을 제시할 수 있다.

- 인공수정 후 남은 여분의 배(embryo); 전세계적으로 수십만 번의 인공수정이 행하여지고 있다.
- 낙태된 배와 자연 유산된 배; 3개월 이상에서 얻은 태아의 줄기세포.
- 치료용 클론(therapeutic clone), 핵을 제거한 난자에 체세포핵의 전이; 이런 방식으로 클론 동물인 돌리(Dolly)가 탄생되었다.

독일에서는 인체의 그 어떠한 배아줄기세포에서 유래한 클론(clone)이나 배아줄기세포의 취득은 법으로 금지하고 있다. 그러나 예외 법규에는 배아줄기세포의 수입(2002년 1월 1일 이전에 인공수정을 통해 만들어진 배아줄기세포)을 허락하고 있으며, *in vitro* 배양 과정 중에 보관되었던 배아줄기세포 또한 계속적인 이용이 승인되었다. 독일의 특정 배아줄기세포 연구사업단은 그 사이 이 줄기세포를 이용할 수 있도록 국법으로 규정해 놓고 있다. 영국과 한국에서는 치료용 클론이 절대적으로 승인되어 있다(2008년 1월 1일부터 새로운 유전자법이 발효됨). 미국에서는 배아의 클론을 연구개발에 사용할 수 있으나 국가적인 차원에서는 지원이 금지되어 있다.

9.14 유전자 치료

유전자 치료(gene therapy)는 결함 유전자의 보완에 의한 유전병 치료를 말한다. 생명체가 살아있다는 놀랍고 기적같은 사실을 미국 의회 과학 분과 위원장인 George Brown이 **"어린 소녀(Ashanti De Silva)의 생명 이야기"**라는 제목으로 설명하였다. 1995년 9월 Ashanti는 의회 분과위원회에 출석하여 매스컴의 조명을 받고 있었다. 2살짜리 소녀일 때 Ashanti는 1990년 9월 14일 세계 역사상 처음으로 유전자 치료를 받았다. 이 소녀는 극심한 면역결핍증을 앓고 있었으며 병원의 무균실에서만 생존이 가능하였다. 다시 말해 Ashanti는 일명 Bubble baby(거품아기)였다. 그래서 만일 Ashanti가 단순한 감기 바이러스에만 걸렸어도 그녀는 사망하였을 것이다. 이 유전병의 경우 단 하나의 유전자인 ADA(adenosine deaminase)가 결핍되어 있으며, **ADA 증후군(ADA syndrome)** 이라고 부른다. 백혈구는 성장과 분열을 위해 ADA 단백질이 필요하다. 따라서 이 유전자의 산물이 결핍되면 면역체계(immune system)가 결여된다.

외부에서 인위적으로 투여한 ADA는 환자의 병증을 경감시킬 수는 있지만 완벽한 치료는 불가능하다. 이 유전질환으로 고통 받고 있는 환자는 전세계적으로 약 100명 정도가 등록되어 치료를 받고 있다. ADA 유전자 결핍 질환의 실제 치료비는 비교적 높은 편이며 한 달 치료비가 약 40,000달러에 달한다.

Ashanti의 경우 *ex vitro* 실험으로 사전에 정상적인 ADA 유전자가 도입된 자신의 T-림프구(T-lymphocytes)를 제작하여 다시 몸속으로 주입받았다(그림 9.26).

그것은 감동적인 대사건이었다. ADA 환자는 처방 후 즉시 병원을 떠날 수 있었다. 그리고 그 후 그녀는 정상적으로 학교에 다닐 수 있게 되었다. 그녀의 혈구들은 약 절반 정도가 새로운 ADA 유전자가 구축되어 있는 혈구들이었다. 이 사건이 바로 **유전자 치료(gene therapy)**의 새로운 출발이 되었다.

생명공학기술이 발달된 오늘에 와서도 희귀한 유전병의 표준요법은 아직도 상세히 정립되어 있지 않다. ADA의 유전자 치료는 비교적 간단하고 쉬운 경우였다. 단지 하나의 결손된 유전자만 원래의 정상적인 유전자와 치환하면 되는 경우였다.

그림 9.25 Craig C. Mello(b.1960). 2006년 Nobel Prize 수상자.
RNA 간섭현상(유전자 침묵현상) 발견으로 생리 · 의학상 수상

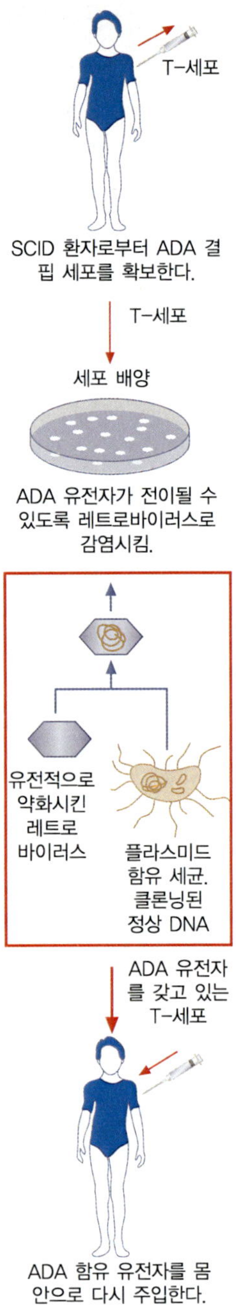

그림 9.26 ADA 결핍 증후군의 치료요법 과정

암에는 다수의 돌연변이된 유전자가 여러 복잡한 단계를 거쳐 발병되고 있다. 그래서 모든 암과 관련된 유전자는 변이되어 있으며 궁극적으로 유전자가 결함을 갖게 된다. 이러한 유전적 결함은 불행한 우연의 합이 가중되거나 DNA 사고에 의해서 일어난다.

암 유발의 특성(발암)은 분명히 가족력이 있다. 다시 말해서 가족 내의 유전적 성향이 있다. 나폴레옹은 그의 아버지, 할아버지, 세 자매와 마찬가지로 위암으로 인해 사망하였다. 유방암도 역시 특정 가족에서 자주 발병되고 있다. 유방암 유발원인은 *brca1*과 *brca2* 유전자 때문으로 밝혀졌다. 따라서 *brca* 유전자 중 어느 하나 예컨대 *brca1* 유전자에 결함이 생기면 유방암에 걸릴 가능성이 높아진다.

암에 대한 정밀한 유전자요법은 발암과정이 다양하고 단계적이기 때문에 아직까지는 개발되어 있지 못하다. 다수의 암 관련 유전자를 동시에 제어하고 영향을 줄 수 없다. 그래서 항암치료의 방법은 유전자요법보다는 면역체계의 강화와 수리효소 활성쪽으로 개선되고 있다.

항암치료를 위한 핵심적인 연구 목표는 유전자를 세포속의 특정부위로 밀반입시킬 수 있는 기작과 수용체를 정확히 인식할 수 있는 조절작용을 개발하는 것이다. 지금까지 **유전자 운반체(gene vector)**는 위험성이 없는 레트로바이러스(retrovirus)를 주로 이용하였다(그림 9.12). 레트로바이러스는 자신의 유전물질을 감염된 세포속으로 통합한다. 설명한 이 유전자 운반기작은 아직은 완벽하게 작동되지는 않지만 매우 참신하고 매혹적인 것이다.

깊은 수렁을 뛰어넘어 현재는 새로운 유전자 운반체들이 속속 개발되어 임상시험 중에 있으며 머지않아 놀라운 결과들이 연이어 보도될 전망이다. 이 새로운 유전자 운반체, 즉 **벡터(vector)**는 특정 유전자를 환자의 세포에 직접 주입할 수 있어야하고 특정 염색체좌에 삽입시킬 수 있을 뿐만 아니라 특정 결핍 유전자를 대체하고 치유할 수 있어야 한다.

결론적으로 새로운 유전자는 생리적인 변화에 잘 반응해야 한다. 예를 들면 당뇨병환자의 유전자는 건강한 원래의 유전자처럼 포도당 농도의 증감에 잘 반응할 줄 알아야 한다. 첨단 유전자요법(그림 9.26, Box 9.6)은 새롭게 개발한 기존의 의약품을 활용하는 것이 아니라 새로운 바이오 신약으로 대체하는 것이다.

앞으로 대체 유전자 치료법으로 **RNA** 간섭현상(RNA interference, RNAi)이 급속도로 발전될 전망이다.

9.15 진흙 속의 다이아몬드: RNAi, RNA 간섭현상

기능성 유전체학(functional genomics) 또는 단백질체학(proteomics, 10장 참조)을 바탕으로 하는 기존의 생명공학기술이 아닌 새로운 기술이 최근 바이오시장에서 의료인들의 마음을 사로잡고 있다. 이것은 현재 바이오시장에서 유통되고 있는 기존의 의약품이 아닌 신소재, 즉 RNAi 또는 RNA 간섭기술을 이용하여 창출된 새로운 생명공학제품이다. RNAi는 처음으로 아주 효율적이면서도 그 어느 방법보다 더 빠르게 특정 유전자를 정확히 침묵시킬 수 있다. 유전자를 침묵시키는 과정 중에서 이웃한 다른 유전자의 단백질 합성을 방해하지 않는다. 뿐만 아니라 특정 유전자의 기능을 침묵시킴으로써 그들의 기능을 밝히고 유전자프로젝트(10장 참조)에서 얻은 DNA 서열 등을 이용하여 경제적으로 부가가치가 높은 제품을 생산할 수 있는 일은 이 RNAi 기술이 처음이다.

RNAi 기술은 전문가들의 견해에 따르면 기존의 방법인 "knockout mice"(8장 참조) 기술보다 약 80% 더 저렴한 비용으로 유전자 기능연구를 수행할 수 있게 해준다. 따라서 RNAi 기술을 이용해서 우리가 알고 있는 모든 단일 유전자 각각의 기능을 밝힐 수 있다. 그리하여 RNAi는 유전체학 연구에 새로운 지평을 열어가는 데 하나의 전기를 마련해 주었다. 그밖에 RNAi는 유전자 서열특이적인 치료제를 개발하는 데 필요한 특징적인 열쇠를 제시해 주고 있다.

RNAi 기술을 통하여 인체나 또는 특정 생명체를 위한 유전자 신약을 개발할 수 있는 개시점을 찾을 수 있는데 이러한 기술은 제약회사에 합법적으로 양도 또는 매수될 수 있다.

빠르면 2008년 초쯤이면 RNAi 기술에 기초한 바이오신약이 처음으로 제품승인을 받을 것으로 예측하고 있으며 이를 위해 약 5년 전부터 Andrew Fire와 Craig Mello가 예쁜꼬마선충 (*Caenorhabditis elegans*)에서 얻은 연구결과를 토대로 초석을 놓았다. 이들은 세상에서 처음으로 이 기술을 설명하였는데 이 RNAi 기술은 소량의 **dsRNA** 분자를 이용하여 세포내의 특정 목적지향적 단백질의 합성을 정밀하게 침묵시킬 수 있는 첨단기술이다.

특정 단백질 합성을 침묵(silencing)시키기 위해서는 하나의 dsRNA 분자가 필요한데 이 분자는 단백질을 코드화하는 유전자의 염기서열과 상보적인 서열을 갖고 있어야 한다. 이러한 dsRNA는 따라서 특정 유전자를 침묵시킬 수 있어야 한다. 그러나 실제로 dsRNA는 단백질 합성과정 중의 전사과정(transcription)을 억제하는 것이 아니라 유전자가 전사시켜 만든 mRNA를 선택적으로 파괴하는 것이다. 이러한 일련의 과정을 거쳐 특정 단백질의 합성이 억제되는 현상을 전사 후 유전자 침묵 현상이라고 부른다(post-transcriptional gene silencing, **PTGS**).

유전자 침묵을 목적으로 mRNA(예, polygalacturonase by tomato)를 분해 또는 억제하기 위해서는 이중나선으로 된 짧은 RNA 분자, 즉 **siRNAs (small interfering RNAs)**를 이용할 수 있다. 이러한 siRNAs는 mRNA와 상동성이 있어야 하고 해독과정을 억제함으로써 결국에는 단백질 합성이 차단된다. siRNA 중 한 가닥인 안티센스가닥(antisense strand)은 세포 내의 **리스크 단백질 복합체(RISC protein complex)**와 연결하여 목적으로 하는 mRNA를 절단하여 기능을 하지 못하도록 작용한다. mRNA의 절단은 RISC(RNA-induced silencing complex) 안에 구성되어 있는 하나의 **핵산분해효소(nuclease)**가 서열 특이적으로 mRNA를 분해하고 단백질의 발현을 차단시킨다(그림 9.28).

50개 이상의 RNAs로 구성된 긴 가닥을 이용하여 포유류의 mRNA를 침묵시켜 신약을 개발하고자 하는 연구결과는 2년이 지난 시점까지도 성공하지 못하였다. 인터페론(항바이러스 및 종양세포 증식억제인자)의 유도, 바이러스에 대한 면역반응 등이 해결해야 하는 문제점으로 대두되었다. 그래서 당시까지만 해도 바이러스에 감염된 포유류 세포에서 단백질 합성을 억제시키고 mRNA를 비특이적으로 분해하는 시스템을 개발하여 항바이러스약품을 창출하려는 시도가 있었다.

그 후 2001년 괴팅겐 막스 플랑크 연구소 생물물리화학연구소에 있는 독일의 젊은 과학자 토마스 투슬(Thomas Tuschl, 그림 9.27)이 21~23개의 짧은 염기(뉴클레오티드)로 구성된 RNA 분자만이 mRNA를 침묵시킬 수 있다는 것을 밝혔다. Tuschl은 유전자의 98.5%를 차지하는 폐물 DNA(junk DNA)에서 다이아몬드를 발견한 것이다. Junk에서 분리 추출한 특정 가닥이 핵에서 mRNA를 효과적으로 차단하는 것을 알 수 있었다. Tuschl은 자신이 발견한 침묵효과에 대한 잠재력을 즉시 인지하였으며, 그는 처음으로 포유동물의 *in vitro* 세포배양과정에서 유전자를 원하는 대로 차례차례 하나씩 침묵시키는 데 성공하였다.

인공적으로 합성한 siRNA 약 21~23개 뉴클레오티드 서열 가닥으로 Tuschl연구팀은 포유류 세포에서 처음으로 자체적인 인터페론 반응을 유발하지 않고 원하는 유전자를 침묵시키는 데 성공하였다. 그 후부터는 다양한 성공 사례들이 보고되었다. 그 중에서도 HIV 유전자를 침묵시키는 연구결과와 인플루엔자(influenza) 방제 그리고 C형 간염바이러스(hepatitis C virus) 방제에 관한 유전자 침묵현상(gene silencing)은 매우 인상적이었다.

실제로 1998년부터 과학자들은 RNA 분자에 의해 유전자(DNA)가 침묵될 수 있다는 것을 알고 있었다. 그러나 그에 대한 내용이 분명하지 않았고 RNA 간섭현상(RNAi)의 정확한 메커니즘도 제시하지 못하였던 때였다.

약 2년이 지난 다음부터는 전세계의 연구실에서 siRNA에 대한 연구가 수행되었다. 인공적으로 합성한 맞춤형 DNA 가닥(DNA strand)을 이용하여 유전자의 기능을 밝히는 연구가 수행되었으며, 예전에는 1년 이상이 소요된 유전자 기능 규명 연구가 siRNA를 이용하면서부터는 1~2주 단위로 대폭

그림 9.27 Thomas Tuschl, RNAi 개척자

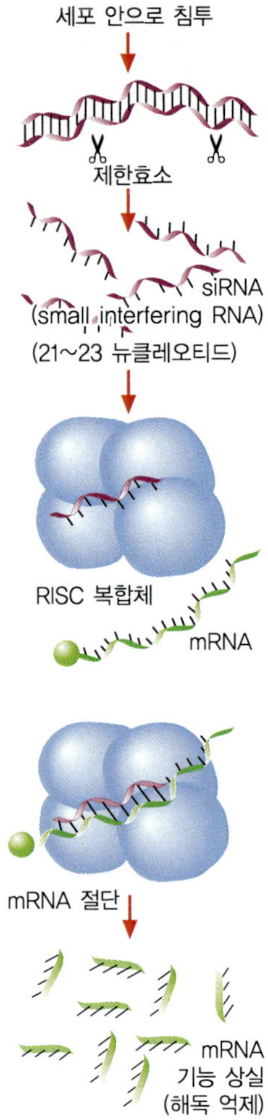

그림 9.28 RNA 간섭 현상(RNA interference)

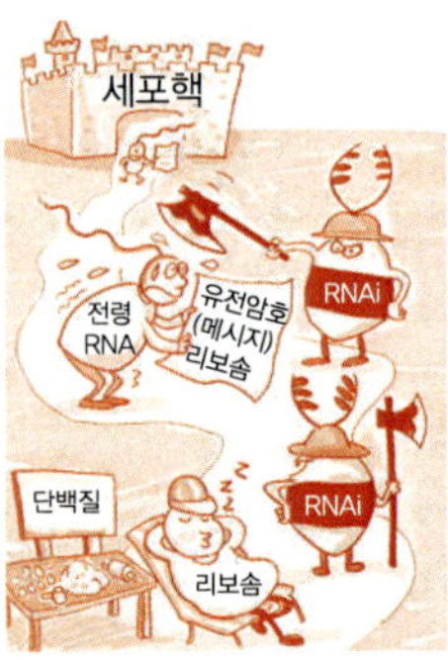

그림 9.29 RNAi의 간섭 효과는 아직도 상세히 밝혀지지 않았다. 그러나 분명한 사실은 분자 생물학자들이 세포 속에 존재한 이런 짧은 RNA 가닥의 기능을 과소평가하였다. RNAi 기술은 거대한 생명공학적 활용가능성이 기대되고 있다.

축소되었다. 또한 예전에는 한 번의 실험과정에서 단일 유전자의 기능만을 밝힐 수밖에 없는 연구를 수행했지만 RNAi 기술을 이용한 뒤부터는 수백 개의 유전자의 기능을 동시에 규명할 수 있게 되었다.

Tuschl의 방법은 특정 기초과학기술 연구뿐만 아니라 인간의 유전정보를 담고 있는 약 30,000개의 유전자의 기능을 하나씩 밝힐 수 있도록 확장시켜주고 있다. 거대 제약회사들도 역시 이 기술의 활용에 대해 흥미를 갖고 있다. 그 이유는 유전자가 특정 유전질환의 치료제를 개발하기 위해 중요한 시발점이 되기 때문이다. 대략 5,000개의 유전자가 의약품 개발에 연구대상이 되고 있다. 그리고 짧은 RNA 가닥을 이용하여 바이오신약을 찾는 것을 희망하고 있다.

물론, siRNA도 하나의 신약으로 이용할 수 있다. 만일 어느 하나의 궤도를 탈선한 유전자를 siRNA로 정확히 동정할 수 있다면 그에 상보적인 mRNA를 찾아 방어 치료제를 고안할 수 있다. 과학자들은 30년 동안 정확히 마치 안티센스 기술(antisense technology)(7장, anti-tender tomato, 무르지 않은 토마토)과 같은 새로운 메커니즘을 찾으려고 했었다. 그러나 그 당시에 과학자들은 너무나 큰 RNA 분자를 사용하였다. RNA 가닥이 긴 것은 세포핵에서 매우 과민하게 반응을 하였는데 그 이유는 아마도 이렇게 긴 가닥의 RNA 분자가 외부에서 침입해 들어오는 병원성 바이러스에서 분비하는 유해한 RNA 가닥으로 인식하였기 때문으로 생각할 수 있다. 따라서 이렇게 인위적으로 유입된 긴 RNA 가닥은 세포 내의 여러 방어기구(세포핵 면역계)에 의해 침입자로 간주하고 파괴해 버린다. 이제 단 하나의 가능성만이 남아 있다. RNA가 세포핵의 면역시스템을 비껴가는 길은 RNA 분자가 매우 작아야 한다. 유입된 RNA가 21~23개 뉴클레오티드보다 더 작아야 하는데 그 이유는 이렇게 작은 RNA 가닥은 일반적으로 세포핵에 수없이 존재하면서 유전자 발현을 제어하는 역할을 하기 때문에 과민반응을 나타내지 않는다. Tuschl이 주입한 작은 RNA 분자는 단백질 합성을 기존의 안티센스 방법보다 1,000배나 더 효율적으로 억제하였다.

가능성이 높은 RNAi 기술의 활용분야는 다음과 같다.

– 류마티즘, 알츠하이머 질병, 파킨슨 질병, 암, 대사질환, 자가면역질환, 전염병 등.

그러나 실험실에서 얻은 연구결과를 실제 임상에서 적용할 때까지는 많은 시간이 소요된다. RNAi 치료법의 가장 큰 문제점은 다음과 같다. '어떻게 하면 이 부서지기 쉬운 dsRNA 분자를 핵 안으로 이동해 와서 작용하게 할 수 있는가?' 이다. 혈관 안에서는 자극에 쉽게 반응하는 불안정한 이 물질이 쉽게 공격을 당하며 효소에 의해 빨리 분해되어버린다. 그래서 어떤 과학자들은 리포솜(liposome)에 이 물질을 쌓아 운반하게 하고 또 다른 과학자는 이 분자를 바이러스에 융합시켜 핵 속으로 들어가게 하거나 또는 화학적으로 안정된 나선형 siRNA로 구성하여 운반하는 것을 시도하였다.

그 밖에 다음과 같은 수수께끼가 풀릴 것이다.

사람은 대장균(*E. coli*)보다 단지 약 8배 더 많은 유전자를 갖고 있음에도 불구하고 사람의 유전자는 1,000배나 더 많이 유전적으로 복잡하게 얽혀 있다. 단백질 합성에 직접 관여하지 않는 작은 RNAs와 모든 유전자는 핵 속의 진정한 통합 조정 기능을 담당하며 진화의 원동력을 창출한다. 비로소 이런 정교한 조정 작용에 의해서만이 고등생물의 물질대사 유연성을 설명할 수 있다

참고문헌

- Überblick zur Pharma–Biotech: Kayser O, Müller RH(2004) Pharmaceutical Biotechnology. Wiley–VCH, Weinheim
- Der neuste Stand des Wissens, aber schwer lesbar für Einsteiger: Primrose S B, Twyman R M(2004) Genomics. Applications in Human Biology. Blackwell Publishing, Malden
- Komplette information: Dingermann T(1999) Gentechnik, Biotechnik. Wissenschaftliche Verlagsgesellschaft, Stuttgart
- Gute ausführlche Grundlagen, aber etwas kompliziert für Einsteiger: Wink M (2004) Molekulare Biotechnologie, Konzepte und Methoden. Wiley–VCH, Weinheim
- Vom Chf der DFG, alt, aber gut lesbar: Winnacker E–L (1999) Das Genom. Eichborn, Frankfurt/M.
- US–amerikanische Einführung, konzentriert auf medizinische Biotechnologie, mit Karrieretipps: Thiemann WJ, Palladino MA(2004) Introduction to Biotechnology. Pearson/Benjamin Cummings, San Francisco
- Der deutsche Biotech–Klassiker: Dellweg H(1987) Biotechnologie.VCH, Weinheim
- Die "Taschen–Bibel der Biotechnologie": Schmid RD(2002) Taschenatlas der Biotechnologie und Gentechnik, Wiley–VCH, Weinheim
- Alt, aber gut, eine gute Einführung: Gruss P, Herrmann R, Klein A, Schaller H(Hrsg.) (1987) Industrielle Mikro–biologie, Spektrum der Wissenschaft, Heidelberg

웹사이트

- Vampir–Enzym gegen Schlaganfall, die Firma PAION AG:
  www.paion.de
- Deutsche Medizin–Webseite:
  www.m–ww.de/
- Taxol und seine Synthese:
  www.bris.ac.uk/Depts/Chemistry/MOTM/taxol/taxol.htm
- Pflanzenzell–Bioreaktoren in Hamburg für Taxol:
  www.phytonbiotech.com/technology.htm
- Deutsche Informationen der InformationsSekretariats Biotechnologie:
  www.i–s–b.org
- Biotech–Suchmaschine im Internet:
  www.biotechfind.com
- "Die Zeit" zur Stammzellforschung, lesenswert :
  www.zeit.de/wissen/stammzellen/index
- Kritische Website zu Stammzellen:
  http://cloning.ch/cloning/stammzellen.html
- Die Tom–Tuschl–Story von Harro Albrecht in der ZEIT:
  www.zeit.de/2004/48/M–Small_RNA

자가진단을 위한 8가지 문제

1. 급성 심근경색(심장마비) 환자가 발생했을 때 담당 응급의사는 어떠한 조치를 취해야 하며, 혈액 속에는 FABP와 트로포닌(Troponin) 중 어느 생물학적 마커가 빨리 나타나는가?
2. 드라큘라 백작(흡혈귀)은 이론적으로 어떻게 뇌졸중에 도움이 되었는가?
3. 사람은 EGF로 자신의 주름살을 정말로 제거할 수 있는가? EGF의 유익한 실용 방안은 무엇인가?
4. 줄기세포의 연구 개발은 제한해야 마땅한가? 연구결과는 어떻게 오용 또는 악용될 수 있는가?
5. 몇몇 운동선수들은 생명공학의 업적을 자신의 능률을 향상시키고 목적을 달성하기 위하여 어떻게 이용하는가?
6. 어떠한 방법을 이용하여 혈우병 환자에게 정말 안전한 약물을 제공할 수 있는가?
7. 태평양 주목은 암환자의 생명을 어떻게 구조할 수 있는가?
8. RNA간섭현상(RNAi)은 무엇이며 어떠한 방식으로 유전자를 침묵시킬 수 있는가?

분석생명공학과 인간유전체

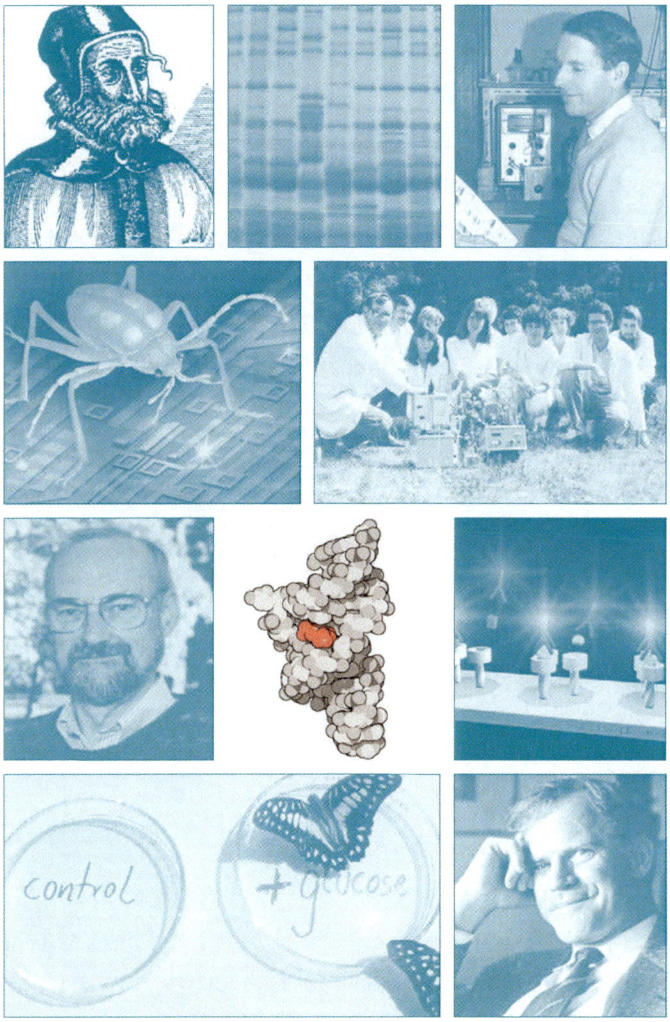

Chapter 10

그림 10.1 잘못된 영양과 운동부족은 비만과 당뇨질환의 주된 원인이다.

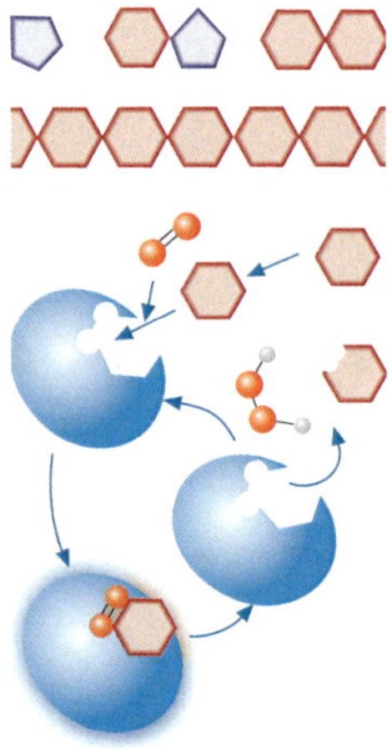

그림 10.2 GOD가 포도당을 인식하고, 결합하여 변화시킨다.

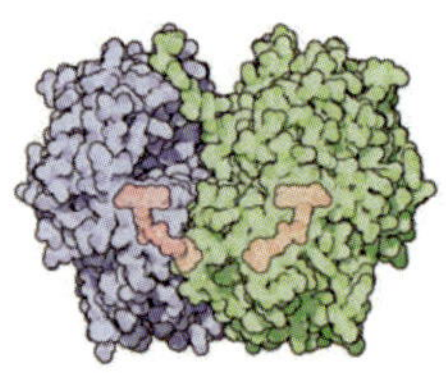

그림 10.3 GOD는 당단백질(glycoprotein) 이량체이다. FAD(빨간색)가 활성부위에 포도당으로부터 두 개의 전자를 받아들이고, 산소에 전달한다. 환원된 산소는 물분자에서 온 두 개의 수소와 결합하여 과산화수소를 만든다. 포도당은 글루코노락톤으로 환원되고, 계속해서 물분자와 결합하여 글루콘산이 된다.

10.1 수백만 당뇨환자를 위한 효소검사

효소의 발견으로 체액을 검사하여 진단하는 방법이 가능하게 되었다. 혈액과 소변에 있는 무려 100가지 이상의 물질들 중 당뇨환자의 **β-D-glucose**, **glucose dehydrogenase**(GDH)같은 특정물질을 찾을 수 있다. GDH는 **포도당(glucose)**을 NAD (nicotinamide adenine dinucleotide)를 조효소로 사용하여 글루코노락톤(gluconolactone)으로 만들고, NAD^+는 NADH(+H^+)로 환원된다. NADH는 오토 바부르크(Otto Warburg, 2장 참조)의 방법에 따라 340nm에서 스펙트로포토메터로 측정할 수 있다. NAD^+는 이 파장의 빛을 흡수하지 않는다.

산화환원효소(oxidoreductase)인 **포도당산화효소(GOD**, 그림 10.2, 10.3)는 포도당의 전자로 산소를 환원하여 과산화수소를 만든다. 당혼합물로부터 β-D-glucose만 전환시킨다. GOD를 첨가한 후 혈액, 혈청, 소변 등 혼합물에서 과산화수소가 발견되면 포도당이 있다는 것이다. 같은 양의 효소에 대해 과산화수소의 양이 많을수록, 포도당의 양도 많다. 알려져 있는 포도당의 농도를 사용하여 표준곡선(standard curve)을 만들고, 분석결과를 통해 혈당농도를 읽을 수 있다. **바이오센서(biosensor)**를 당뇨환자가 직접 사용할 수 있도록 간단하게 만들었다(그림 10.12).

독일인의 8%가 당뇨를 앓고 있는데, 당뇨(*diabetes mellitus*)는 물질대사 이상으로 혈당농도가 지속적으로 높아지는 병이다. 혈중 당농도가 높으면, 신장은 혈액을 더 이상 걸러낼 수 없으므로, 소변을 통해 당이 배설된다.

당뇨질환의 원인은 췌장에서 분비되는 인슐린 호르몬(3장 참조)이 부족하거나, 기능이 제대로 작동되지 않는 데에 있다. 인슐린은 세포 안으로 당을 밀어넣음으로써 혈중 당농도를 낮춘다. 동시에 지방 및 단백질 대사와도 연계되어 있으므로, 인슐린이 부족하면 당의 분해가 원활하게 이루어지지 않는다.

일반적인 **혈당농도**는 60~110mg/dL, 식후에는 140mg/dL이상이 된다. 당뇨환자는 식사전에도 126mg/dL이상이며 식후에는 200mg/dL이상 혈당을 유지한다.

제1형 당뇨환자의 경우 췌장에 있는 인슐린 생성세포에 문제가 생겨 인슐린이 생성되지 않는다. 원인으로는 체내에서 스스로 세포를 파괴하는 자가면역반응이 알려져 있다. 이러한 자가면역반응이 급작스럽게 발생되는 원인은 아직 알려져 있지 않지만, 어렸을 때 바이러스에 감염되었거나, 유전적 요인에 있는 것으로 알려져 있다. 환자의 20%정도는 가족 중 제1형 당뇨환자가 있다.

제2형 당뇨는(그림 10.1) 처음에는 충분한 인슐린이 생성되었으나, 나이들면서 체내 호르몬효과가 감소하여(인슐린저항) 발생되는데, 인슐린 수용체가 점점 둔감해지므로, 적은 양의 포도당이 세포 안으로 들어가고, 혈중 당농도는 감소하지 않고 증가하게 된다. 따라서 췌장은 혈중 당농도를 낮추기 위해 더 많은 인슐린을 생성하고, 세포의 수용체 수가 감소하므로 인슐린의 작용도 어려워지게 된다. 인슐린이 지속적으로 과다하게 생성되면 β-세포가 지치게 되어 인슐린이 필요할 때 더 이상 생산할 수 없게 된다.

제2형 당뇨환자의 경우 당뇨질환이 확인되기까지 증세가 특별하지 않으므로 오랜 시간이 걸리는 것이 보통이다. 일반적으로 쉽게 지치고, 의욕이 없으며, 배고픔을 자주 느끼고, 체중감소, 땀을 많이 흘린다거나 두통이 있지만, 이런 증상들이 항상 당뇨질환을 의미하는 것은 아니므로, **생물학적 테스트(bioanalytical test)**가 필수적이다. 당뇨환자의 절반 이상이 스스로 모르고 있으므로, 갑자기 극심한 결과가 초래될 수 있다. 독일에서는 당뇨질환으로 해마다 3만 명이 뇌출혈, 3천 명 실명, 3만 5천 명 정도가 심장마비를 겪고 있다. 3천 명의 환자가 신장투석을 받고 있고, 발과 다리 절단수술환자의 70%는 당뇨질환이 원인인 것으로 알려져 있다(9장, EGF).

10.2 바이오센서

바이오센서로 당농도를 빠르고 정확하게 알아낼 수 있다. 이미 600년전 **지오바니 보카치오(Giovanni**

Boccaccio, 그림 10.6)가 「포도당 바이오센서」라는 용어를 처음으로 사용하였고, 미국인 **리랜드 클락**(Leland Clark)2세, **조지 윌슨**(George Wilson), 일본인 **이사오 카루베**(Isao Karube), 영국인 **안토니 터너**(Anthony P. F. Turner)와 독일인 **프리더 쉘러**(Frieder W. Scheller, 그림 10.9)등이 뒤를 이었다.

바이오센서의 아이디어는 센서(전극 또는 광학센서)와 세포, 센서와 생물분자(효소, 항체) 등 세포와 직접적인 결합(고정화, 2장 참조)에서 시작되었다. 분석하고자 하는 물질(β-포도당)과 생물분자(GOD)간의 직접결합으로 생화학적 신호(예를 들면, 과산화수소)로 전환되어(그림 10.8) 센서와 접촉된다. 이때 전기적 신호로 전환되어 계측기에 나타나게 된다.

고정화된 생물물질들은 재생하여 사용되므로, 포도당센서에 같은 GOD를 연결하여 혈액샘플 1만 개로부터 혈당을 체크할 수 있다. 임상실험실에서는 수백 명의 환자로부터 수없이 많은 샘플을 체크해야 하고 바이오센서를 재사용할 수 있어야 하므로, 경제성은 매우 중요한 요소이다(그림 10.10).

일회용 센서(그림 10.12)로는 당뇨환자가 스스로 측정할 수 있으며, HIV나 간염바이러스로부터 자유로운 것이 장점이다. 바이오칩은 일회 사용하고 폐기한다. 당뇨환자는 자주 회사에서 전자측정기를 받는데(소비자 관리 차원에서), 환자는 바이오칩을 계속해서 구매해야 한다.

대부분의 포도당-바이오센서는 곰팡이(*Aspergillus*)에서 분리한 효소, **GOD(glucose oxidase)**를 사용한다. GOD는 β-D-포도당과 산소를 결합시켜 글루콘산과 과산화수소(그림 10.2)로 전환시킨다. 포도당 측정 원리는 다음과 같다. 샘플에 포도당 농도가 높을수록 많은 생성물이 생성되고, 더 많은 산소가 소모되는데, 이 때 생성물의 양을 알기 위해 색 변화를 나타내는 테스트막대를 사용한다.

포도당센서는 **바이오칩 제1세대**로 개발되었고, 처음으로 IT와 BT, 즉 전자공학과 생명공학이 결합된 생산물이다.

저렴하고 가벼운 측정기는 HIV와 간염 바이러스 감염을 우려하여 일회용 칩(그림 10.12)을 사용한다. 칩에 GOD는 건조한 상태에서 압축되어(screen printing) 고정화되어 있다(immobilization, 2장 참조). 여기에서 칩은 일회용이므로 재사용이 가능한 바이오센서가 아니다.

당뇨환자는 새로운 바이오칩을 기계에 넣고(그림 10.12), 손가락 끝을 멸균된 침으로 찔러서 혈액 한 방울을 측정기에 떨어뜨리면 바이오칩에 흡수된다. 이때 GOD는 혈액의 액체로 활성화되고, 포도당을 일순간에 전환시킨다. 여기에서 포도당을 연결하고 전자를 **중개물질**(페로센, 그림 10.7)에 전달한다.

혈액 한 방울의 산소농도를 측정하는 일은 매우 어려운 일이므로, 중개물질이 개입되어 센서는 더 이상 산소의 영향을 받지 않도록 한다. 효소는 협력기질로서 산소보다 중개물질을 선호한다. 두 개의 페로센 분자는 포도당분자에서 GOD(FAD, cofactor) 활성부위에 한 개의 전자와 결합한다. 환원된 페리시니움은 GOD에서 확산되어 전극(그림 10.7)에 도착하고, 칩 센서에 전자를 전달하여 전기 신호를 만든다. 이 측정기에서는 생성된 전기를 포도당농도로 계산하여 나타낸다.

바이오센서로서 **젖산염**센서가 있는데, 주로 운동선수와 경주마의 활동력을 측정한다. 홍콩에서는 경주마가 3~5분 정도 달린 후 효소센서를 사용하여 **포도당**과 **젖산염**의 농도를 측정한다. 근육에 충분한 산소가 공급되지 않으면 포도당이 혐기적으로 분해되어(1장) 젖산염 농도는 급격히 증가한

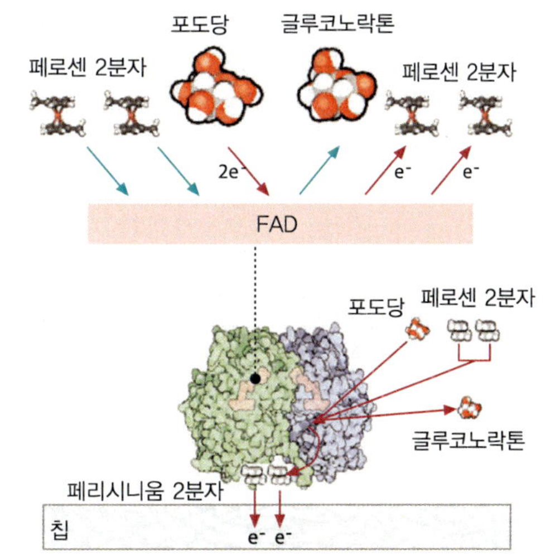

그림 10.4 클라디우스 갈레누스 폰 페가몬(129~199). 히포크라테스처럼 유명한 의사였으며 '4체액설'을 주창하였다.

그림 10.5 열대지방의 나비를 사용하는 실험에서, 당뇨환자의 소변이 건강한 사람의 것보다 단맛이 강하다는 것을 보여준다.

그림 10.6 지오바니 보카치오(1313~1375)는 1348~1353년 사이에 데카메론(그의 사후 인쇄됨, 1470년)을 저술하였고, 소변의 포도당을 측정하는 바이오센서를 묘사하였다.

그림 10.7 포도당 분석용 일회용칩. 두 개의 중개물질 페로센 분자는 포도당분자에서 GOD(FAD, cofactor) 활성부위를 사용하여 한 개의 전자와 결합한다. 환원된 페리시니움(ferricinium)은 GOD에서 확산되어 전극(그림 10.7)에 도달하고, 칩센서에 전자를 전달하여 전기신호가 만들어진다. 이 측정기에서는 생성된 전기를 포도당농도로 계산하여 나타낸다.

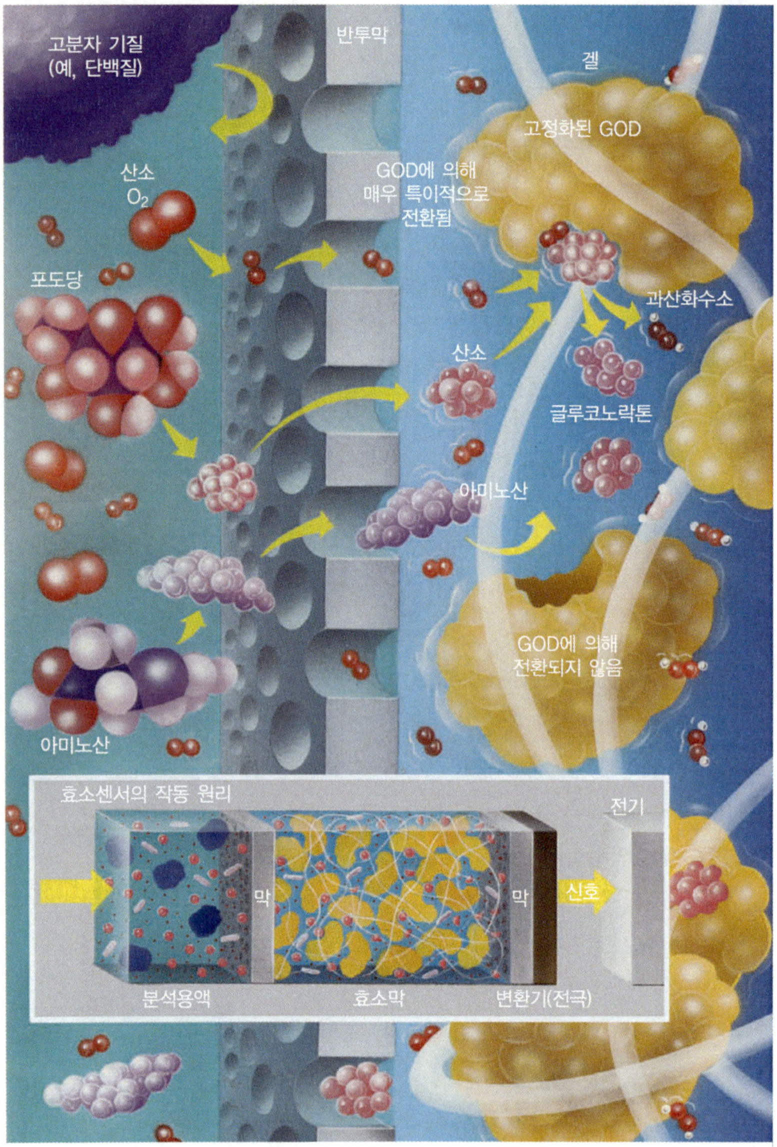

그림 10.8 재사용이 가능한 포도당 분석용 바이오센서: 한 효소로 1,000회의 측정이 가능한 의학용 센서(그림 10.10, 10.11), GOD (glucose oxidase)를 고정화한 얇은 효소막으로 덮혀 있는 센서. GOD는 폴리우레탄으로 된 겔(그림 오른쪽) 안에 있다.

샘플(왼쪽)혼합물에서 작은 분자량의 기질과 산소(그림 빨간색)가 반투막(그림 중간)의 구멍을 통해 겔(밝은 파란색)로 확산된다. 분자량이 큰 물질이나 미생물(위 왼쪽)들은 통과되지 않는다. GOD는 β-D-포도당을 산소가 존재할 때만, 글루코노락톤과 과산화수소로 전환한다. 고정화된 GOD는 씻겨나가지 않고 계속 막에 남아 있으며, 생성된 과산화수소의 농도는 전극에서 측정된다.

포도당의 농도는 과산화수소의 농도와 비례하며 이는 전기세기에 비례한다. 포도당농도 측정시 샘플에 바이오센서를 넣고, 생성되는 과산화수소양으로 포도당농도 측정이 가능하다.

측정 후 효소막은 잔여물이 남아 있지 않도록 맑은 용액으로 씻어내고, 그 전에 확산된 물질이나 GOD 반응물 등이 없도록 한다. 이렇게 하여 바이오센서는 재생되어 다음 측정이 가능하게 된다. 한 가지 효소막으로 10,000~20,000회 측정이 가능하고, 이 방법은 매우 정확하고 경제적이다.

다. 숙련된 말일수록 젖산염농도가 낮다. 젖산염이 적게 생산된다 하여 경주에서 승리하지는 않는데, 이는 승마선수들이 테스트를 통해 경주의 승부를 예견할 수 없도록 나름대로 준비를 하기 때문일 것이다.

현재까지 포도당은 가장 대표적인 바이오센서를 사용하는 측정대상이며, 바이오센서의 시장규모는 3억 달러 정도이고 시장은 계속 확장될 것이다.

10.3 미생물센서: 5분으로 충분한 효모세포의 폐수유독성 측정

환경분야에서는 바이오센서로 살아있는 미생물세포를 고정화하여 사용하는데, 대부분 *Trichosporon cutaneum, Arxula adeninivornas* 등 효모를 사용하여(1장 참조), **오염정도**를 직접 측정한다. *Arxula* 효모는 소련에서 단세포단백질로 사용하려는 목적으로 분리되었다. 셀룰로오스를 산으로 처리하여 분해하고, 알칼리로 다시 처리하는데, 이 과정에서 고농도의 염이 생성된다. 여기에서 고염 조건(halophile)에서 가능한 많은 양의 탄수화물을 분해하는 미생물을 분리한다.

셀룰로오스 단세포단백질 연구과제는(7장 참조) 원유 단세포단백질 연구과제의 경우와 같이 실패하였지만, 효모는 폐수센서로서는 적절하였다. 열대지방 해안근처에는 물이 부족하여 화장실을 바닷물로 세척하므로, 폐수에는 염의 농도가 높아 대부분 미생물들이 불활성화되나 *Arxula*의 경우에는 예외였다.

미생물 센서(그림 10.11)를 사용하는 아이디어는 전통적인 **BOD** 측정에서 시작되었다. 일반적인 BOD 테스트에서는(Box 6.2, 6장 참조) 폐수샘플에 미생물혼합체를 넣고 5일 동안 20~25℃에서 배양하면서 클라크 전극을 사용하여 배양 전과 후의 산소농도를 측정한다. 물이 맑으면, 호기성 미생물들은 먹이가 없으므로 증식하지 않아 산소를 소모하지 않고, 5일 후에도 산소의 농도는 같다.

물에 미생물이 사용할 수 있는 물질이 많이 있으면 미생물세포는 활발하게 증식하면서 많은 양의 산소를 소모하게 되는데, 이때 소모된 산소의 양을 측정하여 BOD_5를 계산하게 된다. 폐수에 있는 유기물질들이 완전히 분해되어 맑은 물이 되는데, 독일의 경우 폐수처리 후 정화된 물은 BOD_5 20mg/O_2/L 미만이어야 한다.

BOD 검사에는 5일 정도 필요하지만, 미생물의 바이오센서는 **5분**이면 충분하다. 살아있는 효모세포는 폴리머젤에 고정화하고(포도당센서와 같이) 산소 전극(그림 10.13)에 연결한다. 센서는 세포가 소모하는 산소량을 측정한다. 비교적 맑은 폐수샘플에서는 사용가능한 유기물이 없으므로, 효모는 산소를 필요로 하지 않으나, 탄수화물, 아미노산, 지방산 등을 첨가하면 세포들이 증식하면서 호흡하여 산소를 소모한다. 산소소모량은 샘플에 포함되어있는 유기물 양에 비례한다.

이러한 미생물 센서는 폐수처리기기를 **모니터링**하는 데 적당하다. 폐수에 들어있는 유기물의 양에 따라 펌프로 공기를 공급하여 미생물을 활성화시킨다. 이렇게 하여 에너지를 절약하고, 바이오센서는 폐수가 정화되었는지 감지하여 보여준다.

10.4 면역학적 임신진단 검사

1600년경 중세 유럽에 살았던 여자들은 평균, 평생 20회 정도 임신하였다. 오늘날 산업화된 곳에서는 피임약과 빠른 임신진단은 일상적인 일이다.

임신부의 소변을 개구리에게 주사하였던 것이 오늘날 의학부분의 역사적 사실이 되었다. **개구리 실험** 또는 두꺼비검사 등은 생물학적으로 임신여부를 검사하는 방법들이다. 수컷 개구리(또는 두꺼비)에 검사하고자 하는 대상의 소변이나 혈장을 등쪽의 림프주머니에 또는 피하 주사하고, 24시간 후 개구리의 정자세포를 현미경으로 관찰하면, 검사받는 여자(개구리가 아니고)의 임신여부를 확인할 수 있다. 개구리실험과 두꺼비검사는 60년대까지 조기 임신진단을 위해 자주 사용되었던 방법이었다. 여기에 사용되었던 소위 '약국개구리'라 불렸던 개구리는 약간의 휴식을 취한 후 다음 테스트에 다시 사용되었다(아프리카 발톱개구리, 3장). 개구리들이 더 이상 고통스러워하지 않아도 되게 되었는데, 오늘날에는 면역학적 **임신진단검사**가 그들을 대신할 수 있기 때문이다.

효소를 사용하는 포도당검사와 함께 면역학적 임신진단시약은 오늘날 가장 많이 팔리고 사용되는 바이오검사이다. 임신이 되면 혈액과 소변에 생성되는 **HCG(human chorionic gonadotropin)**가 항체에 의해 인식된다.

임신과정에서 생화학적으로는 어떤 반응이 일어날까? 수정된 지 6일 후 수정된 난자는 자궁벽에 자리 잡으면서 임산부와 배아에게 많은 양의 호르몬을 분비하게 된다. 태반생성호르몬이 제일 먼저 분비되는데, 이것이 HCG이다. HCG분비는 보통 생리 때 최고조에 달하지만, 이때보다 훨씬 많은 양의 호르몬이 분비된다. 과량 분비되는 HCG는 혈액에 매우 높은 농도로 존재하므로, 신장을 거쳐 소변으로도 많은 양이 배출된다.

소변검사는 '몸에서 스스로 내보내는 많은 양의 액체'로 정의되며, 혈액검사와 달리 고통없이 채취가 가능하므로 자가진단에 적합하다. 오늘날 약국에서 판매되는 임신진단시약(그림 10.14, 10.15)은 90~98% 정확도를 가지고 있다.

임신초기에 테스트가 실시될수록 정확도는 낮아지며, 병원에서는 **혈액을 채취하여 테스트**한다. 혈액검사는 소변검사보다 민감도가 높으므로, 임신초기에도 정확도가 높다. 혈액에서는 임신호르몬 HCG가 수정된 지 10일 후부터 증가하며 가장 정확한 진단방법이다.

소변검사는 플라스틱 창 안에 대조할 수 있는 색 줄무늬가 있는 종이막대가 있고(그림 10.14), 두 번째 창에는 결정적인 색도를 나타내는(임신 경우) 막대가 있다. 이 막대 색도에 변화가 없으면, 소변에 HCG가 없으므로 임신이 아니다.

이 진단은 1분이면 충분하지만, 배아세포가 자궁에 착상하기까지 기다려야 하므로, 수정 직후에는 불가능하다. 생리가 시작되었어야 하는 시점부터 진단이 가능하다.

임신진단테스트에서는 호르몬 생성확인을 위해 **단클론항체**(5장 참조)를 사용한다. 이 항체는 태반에서 생성되는 호르몬 HCG만을 수천 가지 다른 물

그림 10.9 본 저자의 Frieder W. Scheller 연구팀에서 박사과정 학생으로 일할 때의 행복하고 만족스러운 모습. Scheller(현재 포츠담 대학 학장, 왼쪽)는 1975년 베를린 부흐, 동베를린에서, 바이오센서프로젝트를 다른 바이오센서연구자들보다 뒤늦게 시작하였다. 당시 연구조건은 열악하였음에도 불구하고, Scheller 연구팀은 세계에서 가장 빠른 포도당분석 센서 GKM-01을 개발하였다.

그림 10.10 EKF-diagnostic (막데부르크/라이프찌히)사는 Scheller팀의 GKM-01에서 10,000회 측정 가능한 바이오센서를 개발하였다. 포도당과 젖산염은 10초 만에 측정이 가능하므로 정확하고, 경제적이다.

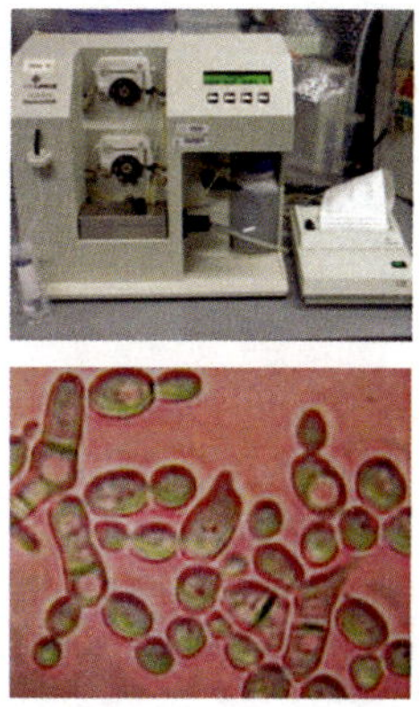

그림 10.11 재사용가능한 효모세포(아래)로 고정화된 폐수센서(위)로 BOD를 5일이 아니라 5분 내에 측정이 가능하다.

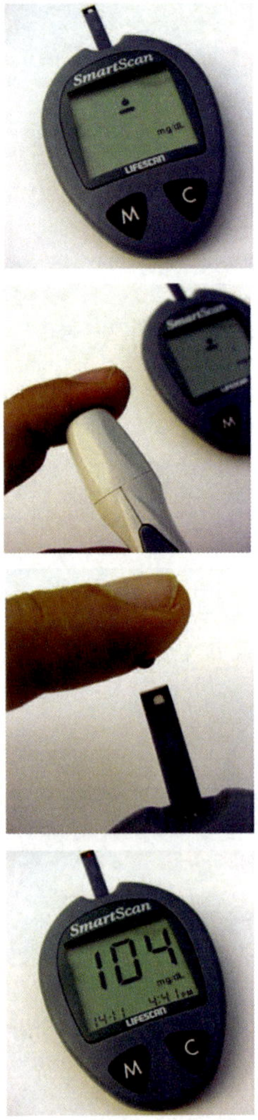

그림 10.12 포도당테스트 : 빠르고 정확하게 테스트하는 방법. 포도당값 104 mg/dL(또는 5.6 mmol/dL)은 보통임

'혈액은 특수한 용액이다.' 메피스토텔레스. J. von Goethe의 파우스트, 비극 1장(1808)

그림 10.13 바이오센서에 필요한 센서. 압력을 가하여 고정화된 센서(바이오센서테크놀로지 사, 베를린)

질들 중에서 인식하여 결합한다. 효소들의 기능과 마찬가지로 항체는 정확히 찾아내어 결합한다. 항체에 결합된 항원은 기질의 경우와 달리 변환되지 않는다.

항체가 항원 HCG를 결합했는지 여부를 나타내는 방법은?

ELISA(enzyme linked immunosorbent assay, 5장 참조)방법에서는 항원과 항체결합은 효소를 사용하여 나타나도록 한다. 수분이 있는 샘플에 변화를 읽는 측정기를 사용하여 정확한 항원농도를 측정할 수 있다.

측정막대의 경우 측정기가 필요없으므로, 빠른 결과를 얻을 수 있고, **yes 또는 no 신호**(예를 들면, 답으로 '55% **임신가능성**' 이 아닌...)로 표시된다. 필터종이 끝부분에 항체를 고정화하고, 건조시킨다. 항체는 라텍스(빨강, 파랑 또는 녹색)로 된 입자나 **금 콜로이드에 결합**하는데, 이것을 탐지가 가능한 색깔이 있으므로 **탐지자 항체(detector antibody)**라 한다.

항체크로마토그래피(immunochromatography)법에서는 시료액체에 종이막대 끝을 닿게 하면 매우 작은 공간을 통해 액체가 따라올라가는 원리이다. 종이막대를 소변시료에 넣으면 액체가 종이막대를 따라 흘러가면서 전체적으로 적셔진다. 액체가 흐르면서 소변에 함유되어있는 HCG도 이동하여, 항체탐지자로 연결된다.

HCG ··· 색소입자와 결합된 탐지자

항체는 HCG에 결합하여 같이 움직이면서, 느리게 종이막대에 있는 공간사이로 움직인다. 종이막대 중간부분에 항체가 고정화되어 있고, '줄'로 표시되어 있으며, HCG를 인식한다. 이동하는 액체로부터 HCG–색소–탐지자를 결합하여 머물게 한다. HCG에 대한 결합은 양방향에서 이루어지므로 샌드위치라 하고 구조는 다음과 같다.

종이 ··· 항체탐지자 ··· HCG ··· 색소입자와 결합된 탐지자

분명히 눈에 띄는 색깔선이 생성되는데, 소변에 HCG가 없으면 탐지자–색소결합이 만들어지지 않는다. 탐지자도 이동하지만, HCG가 없으면 결합되지 않으므로, 종이막대에는 색소선이 없게 된다. 대조선을 통해 테스트가 정상적으로 이루어졌는지 확인할 수 있다. 그 다음 HCG 없이 색소입자와 결합된 탐지자(detector Ab)를 인식하는 두 번째 항체를 종이막대에 결합시키는데, 대조군은 다음과 같다.

종이 ··· 항체 탐지자를 확인하기 위한 항체 ··· 색소입자와 결합된 탐지자

만약 대조군이 제대로 작동되지 않았다면, 테스트 결과도 신뢰할 수 없게 된다.

10.5 AIDS 검사

전세계적으로 15,000명의 사람이 매일 이 죽음의 바이러스에 감염되는 것으로 추정된다. 이를 억제하기 위한 노력도 도움이 되지 못한다. 우리는 오늘날 바이러스와 그의 공포 속에서 살고 있다. 대략 4천만명의 AIDS(acquired immune deficiency syndrome, 5장 참조)환자가 있고, 남아프리카에는 530만명이 HIV(human immune deficiency virus) 양성자로 알려져 있는데, 이는 전체 인구의 12%이다. 독일에는 약 39,000명이 HIV양성자이다.

HIV는 체내에서 스스로 보호하는 면역시스템을 무력화시킨다. HIV에 감염되면 다른 질병의 경우와 마찬가지로 면역시스템이 활성화된다. 하지만 다른 감염질병과 달리 감염된 지 4~7주 후에야 항체가 형성된다. 외부침입자에 대한 방어로 생성된 항체는 혈액에 있으므로, 혈액검사를 통해 확인할 수 있다. AIDS의 증상은 거의 없거나 약하므로 다른 검사방법을 개발하였다. 생성된 항체와 바이러스 RNA의 **PCR**(polymerase chain reaction)을 확인하는 방법으로 사용한다. 항체검사법의 단점은 감염되기 이전에 생성되었던 항체도 감염으로 인해 나타날 수 있는 것이다. 새롭게 감염되었는지 여

부는 확인되지 않는데, 이는 **B형 간염**같이 다른 테스트의 경우에도 같은 현상이 일어난다. 모든 바이러스감염질환검사에 대해서도 임신진단시약의 경우와 같이 'yes 또는 no'로 표시될 수 있는 방법이 개발되고 있다.

10.6 심근경색 검사

급성심근경색(acute myocardial infarction, AMI)는 약간의 어지럼증, 가슴부위에 압박감과 왼쪽 팔 부분에 고통스러움, 죽음에 대한 공포와 이마에 차가운 땀을 흘리는 등의 초기증상이 시작된다. 그러나 항상 이러한 증상들이 관찰되지는 않는다. 단순히 느낌이 좋지 않을 수도 있고, 여자들의 경우 위의 통증이 원인인 경우도 관찰되었다. 환자의 40%는 **ECG(electrocardiodiagram)**에서도 정확히 관찰되지 않으므로 이 경우에는 면역진단법으로 검사될 수 없다.

심근경색이 발생되면 트롬빈이 형성되어 심장으로 들어가는 혈액이 감소되거나 정지된다. 심장에 영양분이나 산소의 공급이 정지되므로 심근세포의 죽음이 시작된다. **심장의 죽은 세포들**은 단백질을 혈액으로 분비하는데, 심장근육 효소 **CK(creatine kinase)**등과 여러 가지 **트로포닌(troponin)**들 같은 단백질 등을 측정할 수 있다.

비교적 큰 분자량의 단백질은 **후기마커(late marker)**라 하는데 만약 이 단백질들이 혈액 중에 관찰되면, 이미 심장마비가 시작되었다는 증거이다. 심장마비가 발생한 지 최소한 한 시간은 되었고, 경고는 가능하지만 환자에게는 이미 너무 늦은 상황이 된다.

심장전문의들은 **'시간이 심장근육을 구할 수 있다'**라는 말을 자주 한다. 유전공학기술로 생산된 효소를 주사하면, 혈전이 녹게 되는데(t-PA, tissue plasminogen activator), 뇌에서 출혈위험 부담이 있다. 확실히 심장발작이 일어난 경우에는 이러한 위험부담도 감수하게 되므로, 가능한 빠른 검사가 필요하다.

본 저자는 홍콩의 한 연구팀, 베를린 부호의 두 회사, 네덜란드 마스트리히트의 이은 얀 글라즈(**Jan F.D. Glatz**, 그림 10.16)와 공동으로 90년대 초부터 처음에는 뮌스터, 그리고 홍콩에서 마커에 대한 연구를 하였다. **지방산단백질(fatty acid binding protein, FABP)**은 작은 단백질분자(MW 15,000)로 심장발작 후 혈액에 나타난다. 현재까지 알려진 늦게 나타나는 CK나 트로포닌 T, I 보다 더 **일찍 감지되는 마커**이다.

현재 가장 빠른 심장발작 테스트는 임신진단테스트와 기능이 비슷하지만, 심장지방산단백질에 대한 단클론항체를 사용한다. 이것은 혈액샘플의 수천 가지 물질 중에서 FABP를 찾아내어 인식하는 것이다(그림 10.17).

항체가 FABP를 발견하였을 때, 나타나게 하는 방법이 필요하였다.

임신진단시약의 경우와 같이 항체를 종이막대의 끝부분에 고정하여 건조시킨다. 항체는 **색깔있는 라텍스**(임신진단시약의 경우)가 아니라 콜로이드성 금입자에 결합시킨다. 이 입자는 액체에서 **빨간색**을 띠므로, 항체 탐지자도 빨간색이 된다. 테스트막대는 신용카드 같은 형태의 플라스틱카드(그림 10.16)에 옮기고, 혈액이 들어갈 수 있는 입구를 만들고, 결과를 볼 수 있는 창을 만들었다. 당뇨테스트의 경우와 같이 환자는 손가락을 살짝 찔러 나온 혈액 세 방울 정도를 검사막대에 넣으면, 혈액이 안쪽으로 이동한다. 혈액과 함께 이동한 FABP는 금입자로 표지된 항체 탐지자와 결합하여, 공간 사이로 같이 이동한다.

FABP … 적색 금입자와 결합된 탐지자

종이막대 가운데 부분에는 항체를 붙잡는 인자가 있어서 결합하여 밴드로 나타나게 된다.

종이 … 항체를 붙잡는 인자

이 항체를 결합하는 인자는 FABP-탐지자-항체-금입자를 찾아내어 결합한다. 이 결합은 FABP를 거쳐 샌드위치 형태로 된다(그림 10.19).

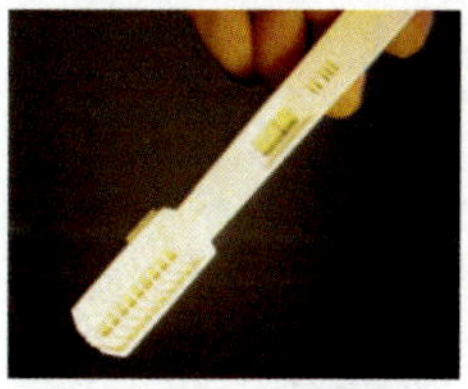

그림 10.14 생물분석 강의 중 자가 임신진단테스트. 소변검사는 밴드 한 개는 대조라인이고, 다른 밴드는 HCG이지만 보이지 않는다. 학생들의 말 '우리 교수님은 임신이 아니군요!!!'.

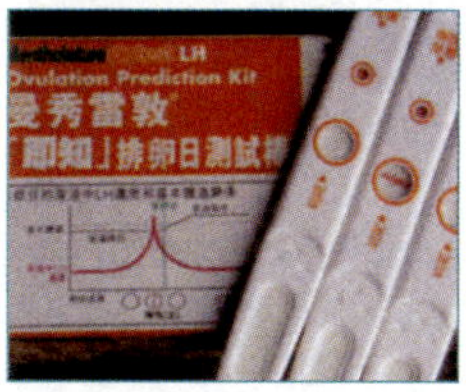

그림 10.15 배란 항체테스트는 배란 전 LH (luteinzing hormone)를 나타낸다. 소변검사는 생리시작 17일 전부터 할 수 있고, 결과가 긍정적이면 난자가 36시간 이내에 임신가능하다는 것을 의미한다. 이 결과는 본 저자의 결과는 아님.

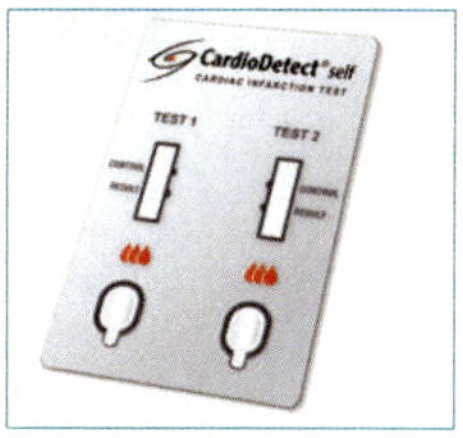

그림 10.16 위: Jan F.C. Glatz(마스트리히트 대학, 네덜란드)는 현재까지 심장발작을 인지하는 가장 빠른 마커 FABP를 발견하였다. 아래: '생명을 구하는 신용카드' rennen-sens GmbH제품, Berlin Buch.

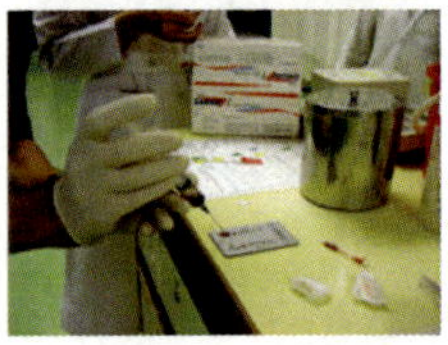

그림 10.17 신용카드 크기의 플라스틱 박스안에 종이막대에 혈액샘플이 흡수된 후 창에 나타난 결과를 확인할 수 있다. 손가락을 소독된 침으로 찔러서(당뇨환자의 경우와 같이) 약 세 방울 혈액을 떨어뜨린다. 결과가 불분명하다면 약 30분 후 반복할 수 있다. 생명을 구할 수 있는 '신용카드'는 긴급수송 차량이나 응급실 뿐만 아니라, 지갑이나 주머니에 넣어 항상 휴대할 수 있다.

> 종이 ··· 항체를 붙잡는 인자 ··· FABP ··· 금입자와 결합된 항체 탐지자

빨간색 밴드가 형성되면, 심장마비가 있을 것에 대한 **신호**가 있다고 할 수 있다.

혈액중 FABP가 없으면 아무것도 나타나지 않는다. 탐지자만 움직이게 된다. **빨간색 밴드가 없으면**, 심장마비도 없다. **대조선**을 통해 테스트가 제대로 이루어졌는지 확인할 수 있다. 테스트는 10~15분 정도 걸리며 정확한 진단으로 이미 많은 환자들을 구할 수 있었다(그림 10.17).

10.7 POC법

새로운 면역검사법이 개발되고 있다. 뇌출혈이나 심장마비가 일어날 가능성을 측정하는 방법으로 혈액의 지방성분을 측정하여 추정한다. 이미 독일의 약국에서 판매되고 있는데, 지방농도를 측정하는 것으로, 예전에는 콜레스테롤총량이 중요하였다. 총콜레스테롤양이 높다고 하여 동맥경화증의 위험성이 반드시 높아지는 것은 아니라는 사실이 이미 알려진 후에는 혈액에 함유되어 있는 여러 가지 지방성분을 측정한다.

트리글리세리드는 '좋은' HDL(high-density lipoprotein) 콜레스테롤이며, '나쁜' 콜레스테롤 LDL(low-density lipoprotein), VLDL(very low-density lipoprotein)과 구별된다. HDL에 대한 총콜레스테롤의 비율은 4.0 정도가 적당하고, 이보다 높은 경우에는 동맥경화 발생위험도도 상승한다.

대형병원의 실험실에는 규모가 큰 분석기기가 있어서 100가지 이상의 물질을 동시에 측정할 수 있는데, 불필요한 결과도 자주 있다. 필요한 곳에서 즉시 빠르게 분석하는 방법이 점점 각광을 받고 있고, 이런 방법을 **POC(point of care)**법이라 한다.

심장마비나 뇌출혈의 가능성이 얼마나 되는지 어떻게 측정할까? 염증마커(inflammation marker)는 경고신호를 보내는데, 미국에서는 이미 CRP(C-reactive protein)이 혈액지방보다 더 위험한 지표로 인정되었다. **부시대통령**도 CRP 테스트를 통해 건강을 확인하였다.

앞으로는 콧물증상이나 미열증상에도 바이러스나 세균 감염인지 확인할 수 있는 빠른 테스트가 필요하다. 세균감염의 경우, **프로칼시토닌(PCT, procalcitonin)**과 바이러스 감염에는 **네오테린(neopterin)** 등의 지표물질 등이 있다.

세균 감염에 **항생물질(antibiotics)**을 치료제로 사용한다. 항생물질을 남용하고 환자가 증세가 완화되었다고 임의로 투약을 중단하면, 세균들의 항생물질에 대한 내성을 키우게 되므로, 더 강력한 항생물질이나 더 많은 양이 필요하다. 이로 인해 악순환이 계속되게 된다(4장 참조).

항생물질을 치료제로 사용할 때 면역검사방법으로 세균과 바이러스를 확인한다. DNA테스트는 새로운 검사방법이다.

그림 10.18 전기영동 원리

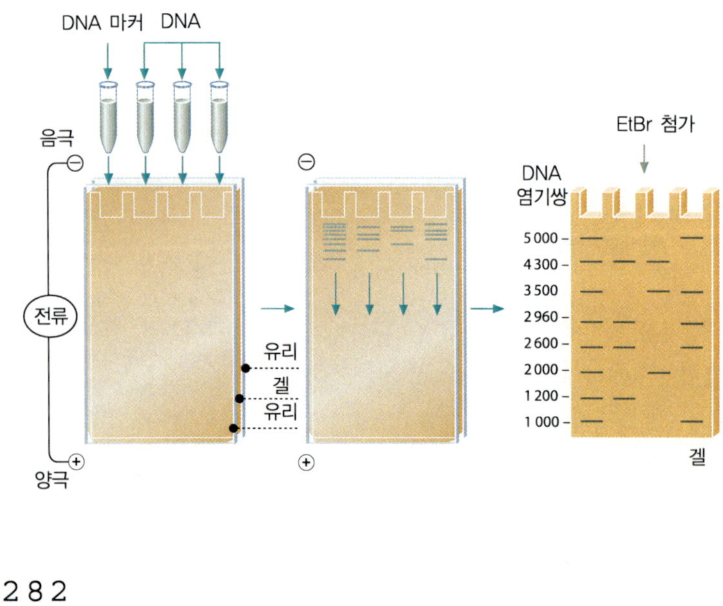

10.8 DNA 분석원리: 전기영동법으로 DNA 조각의 크기에 따라 분리

DNA 서열을 찾으려면? 한 개 또는 여러 가지의 제한효소를 사용하여 DNA(또는 세균 플라스미드 DNA)를 분해하고, 생성된 DNA 조각은 한천젤에서 조각크기에 따라 분리한다.

바다에서 자생하는 적색조류(7장 참조)에서 추출되는 한천은 다당류로 고온에서 액화되고, 온도를 낮추면 내부에 많은 공간이 생기면서 응고된다.

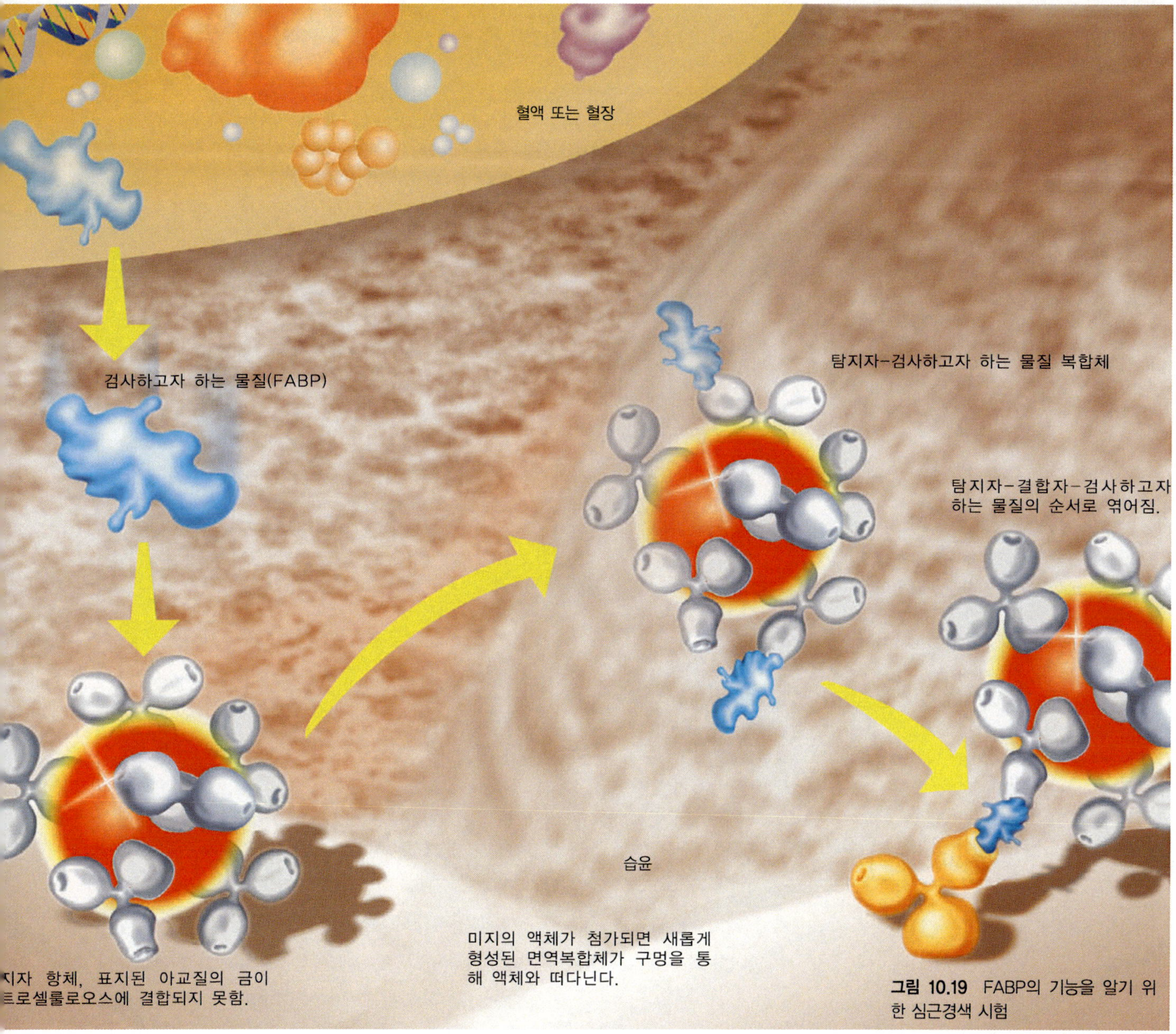

그림 10.19 FABP의 기능을 알기 위한 심근경색 시험

이 젤에 전기를 연결하면, 인산기를 가지고 있어서 음성을 띈 핵산은 양극으로 이동한다. **전기영동법**(**electrophoresis**)에서 DNA 조각의 크기가 작을수록 구멍을 통해 빨리 이동한다(그림 10.18, 10.20).

생성된 DNA 조각들은 젤에서 크기에 따라 분리하고, DNA 가닥은 동시에 이동하게 한다. **DNA 가닥**은 크기가 알려져 있는 DNA 조각들로 구성되어 있고, 1,000~5,000개의 염기쌍(그림 10.18)을 가지고 있어서 일종의 사다리 역할을 하므로, 시료 DNA조각의 크기를 짐작할 수 있게 한다.

DNA에 **에티디움브로마이드**(**ethidium bromide, EtBr**)를 첨가하면 결합하여 확인할 수 있다. EtBr은 핵산의 염기사이에 끼어들어 **자외선에서 형광색**을 갖게 된다. EtBr색소는 전기영동 후 또는 처음부터 첨가할 수 있다(그림 10.21). 방사선 동위원소로 마킹된 DNA를 사용하여 X-선 필름에서 관찰할 수 있다.

DNA 분자를 한 가지 또는 여러 가지 제한효소로 처리하여, 제한효소 지도를 만들고, 효소의 절단부위의 길이와 순서에 따라 DNA 분자내 서열을 알아낼 수 있다.

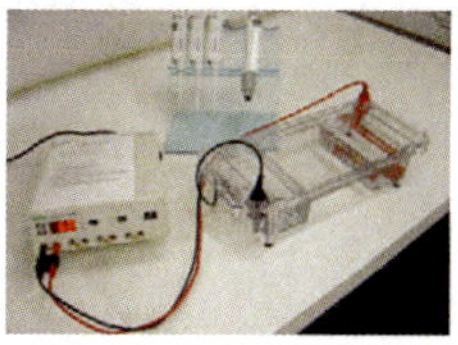

그림 10.20 한천전기영동법 기기

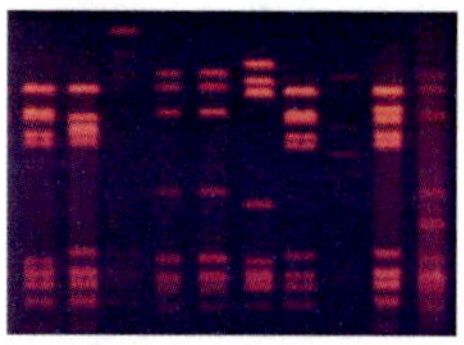

그림 10.21 한천전기영동법 후 EtBr로 염색하여 UV 빛으로 나타나는 밴드들

Box 10.1 생명공학 역사: DNA 프로필과 코린 피치포크(Colin Pitchfork) 예

1983년 영국 나르보로의 한 동네에서 15살 된 린다 만(Lynda Mann)은 강간당하고 살해당한 채 발견되었다. 3년 후 역시 15세 돈 애스워스(Dawn Ashworth)도 근처 엔더비에서 발견되었다. 두 소녀들이 모두 어두운 작은 길에서 발견되어 당시 신문에는 '어두운 길의 살인자' 라고 하였다.

경찰은 아무런 증거도 찾지 못하였고, 레스터 대학의 유전학자인 알렉 제프리(Alec Jeffry)는 RFLP분석(restriction fragment length polymorphism analysis)을 발표하였다.

1984년 9월 15일 월요일 아침 9시 암실에서 제프리는 새로운 사실을 발견하였다. 그는 미오글로빈근육에서 산소전달단백질의 유전자진화를 연구하면서 전기영동 후 해당되는 DNA 조각에 대한 사진을 찍었다. 필름 현상 후 컴퓨터 바코드 같은 모습의 DNA의 밴드들을 발견하였다. 제프리는 매우 놀랐다. 사람들마다 각각 다른 DNA 밴드를 가지고 있어서, 구별할 수 있을 것이라는 것을 생각하게 되었다. 몇 시간 후 그와 그의 동료들은 이 방법을 유전자지문감식(genetic fingerprint)이라 명명하였다.

살인자의 DNA프로필을 만들기 위해, 정자에서 DNA를 분리하였다. 5,000명의 남자 중 알리바이가 없는 16~34명의 혈액샘플을 채취하였는데, 물론 경찰은 살인자가 스스로 검사받지 않을 것이라 생각하였다. 1987년 8월 우연히 빵집에서 일하는 여자가 경찰에 말하기를, 술집에서 어떤 남자가 다른 사람의 혈액을 대신 채취하게 하였다는 말을 들었다는 것이었다. 이안켈리(Ian Kelly)를 심문했을 때 순순히 고백하였는데, 그의 동료 27세 된 콜린 피치포크(Colin Pitchfork) 대신하여 혈액샘플을 냈다고 하였다.

처음으로 DNA 지문감식을 한 Alec J. Jeffrey

실제 Pitchfork가 범인이었다. 1988년 체포되었고, 무기수로 복역하게 되었는데, 그는 세계최초로 DNA 분석으로 확인되었다. 정신이 비정상적인 19세된 로드니 버클리(Rodney Buckley)는 돈 애쉬워스 살해범으로 알려졌으나, 그의 정자 DNA가 살해장소에서 발견된 정자 DNA와 일치하지 않아 석방되었다. Buckley는 세계최초로 DNA 분석으로 혐의를 벗고, 석방된 경우였다.

미국과 영국에서는 1987년에 DNA 검사결과를 공식적인 증거자료로 허가하였다. 영국에서는 70만 개의 DNA 프로필을 보관하고 있으면서, 지금까지 매주 500건, 총 75,000건에 활용하였다. 1989년에서 1996년 사이 1만 건의 강간사건 중 25% 정도를 DNA 분석으로 해결할 수 있었다.

목격자들의 진술에도 자주 오류가 있다. 미국 대법원에서는 뉴욕 변호사인 배리 쉑(Barry Scheck)은 'Innocence project' 에서 DNA를 '결백의 황금저울' 이라 하였는데, 1992년 이후 DNA 분석법으로 70명 이상 죄수와 사형수의 결백을 입증하여 석방할 수 있었다. Scheck은 미국에서 사형된 죄수 7명 중 한 명은 결백할 것이라 보고하였다.

Jeffrey는 그의 업적으로 여왕으로부터 귀족 칭호를 받았다.

살인자 지문감식결과 일치함

그림 10.22 DNA감식법으로 새들의 모습을 확인함. 여기에서 앵무새들(위) 중 누가 새끼앵무새(아래)의 아버지인지는 저자에게 별로 중요하지 않음.

전기영동법은 유전자지문감식법(genetic fingerprint)에 매우 중요한 방법이다.

10.9 삶과 죽음: 유전자지문감식으로 친자확인과 살인사건을 해결한다

지문으로 사람을 구별하는 방법은 이미 1892년경부터 시작되었다(**dactyloscopy**). 쌍둥이들도 서로 다른 지문을 가지고 있다.

미식축구선수 **오제이 심슨(O.J. Simpson)**의 경우를 통해 분자 **DNA 유전자지문감식법**이 전세계적으로 알려졌다. 경찰에서 증거자료들을 잘못 수거하거나 보관하였고, 이에 대해 Simpson의 변호사들이 고소하였으므로, Simpson의 경우 모든 정황이 확인되지 못하였다. 실제 사라진 증거도 확인될 수 없었다. 스웨덴 외무부장관 **안나 린트(Anna Lindh)**가 살해되었을 때, 미해결된 **올라프 팔매(Olof Palme)**의 경우와는 달리, 경찰에서 살해무기인 칼을 증거로 확보하였다. 지문은 없었지만, 피부조직이 있었다. 뮌헨의 모데자 모스하머 살인의 경우에도 DNA 지문감식으로 사건을 밝혀낼 수 있었는데, 범인을 DNA 분석으로 잡을 수 있었다.

사람마다 DNA는 약 0.1% 정도 다르다. 친척간이 아닌 사람들 사이에는 약 1,000개의 염기들이 다르다. 이 정도의 차이점을 유전자지문감식법으로 오차없이 확인할 수 있다. 인종들간의 유전적 차이가 상상했던 것보다 별로 크지 않다는 것은 매우 흥미롭다. 한 명의 아프리카 사람의 유전자가 유럽 사람이나 아시아 사람의 유전자와 다른 아프리카 사람의 유전자보다 더 유사할 수 있다.

DNA 지문감식은 **알렉 제프리(Alec J. Jeffreys)**에 의해 영국 레이카스터대학(University of Leicaster)에서 70년대(Box 10.1) 보고되었다. 이 검사원리는 여러 사람들의 DNA를 제한효소로 분해이라 하고, 생성된 DNA 조각들의 크기와 수로 차별화하는 것이다. 이러한 기술을 RFLP분석(restriction fragment length polymorphism analysis, Box 10.2)이라 하고, 유전공학자들은 짧게 '*riflip*' 이라 발음한다.

RFLP법에서는 특정 DNA를 분해하는 제한효소(3장)를 이용하여 DNA 다양성을 증명하는 방법이다. 두 가지 다른 DNA를 한 가지 제한효소로 구별할 수 있다는 것은 두 개의 DNA 중 한 개는 이 한 가지 제한효소로 분해될 수 있고, 다른 것은 그렇지 않은 경우다. 잘라진 조각들은 따라서 길이가 다양하다(Box 10.2).

고등생물의 DNA 대부분에는(97%)는 단백질 합성 정보가 없다. 유전자는 사막의 오아시스와 같다. **암호화되지 않는 DNA(인트론)**는 암호화되는 DNA 보다 쉽게 변이되며, 세포의 생명이나 생존에도 별다른 영향을 주지 않는다. 이러한 **돌연변이**로 생물체의 원래 형태(phenotype)는 변화하지 않으면서 다음 세대에 전달된다. **코딩되지 않는 RFLP**들은 코딩되는 DNA 서열보다 종류가 다양하므로, 진단에 적용하기에 이상적이다.

10.10 DNA 마커: SNP와 짧은 서열의 연속적 반복

RFLP 결과는 각 DNA 조각 양 끝부분만 읽을 수 있으므로 전체적인 분석에는 적당하지 않다. 거대조각 DNA는 다양한 서열의 5%를 차지하고 있으며 DNA 분석시 매우 중요한 지표가 되고 있으며, 연속적으로 반복되는 DNA 조각(**short tandom repeats, STRs**) CACACACA 등이 있다. 약 2~10개의 핵산이 5~20회 반복된다. DNA 조각마다 반복되는 수는 다양하다. 사람의 유전자에는 최소한 65만 개의 STR이 있다. 일반 유전자에는 미세조각 DNA(microsatellite DNA)가 자주 발견되지 않지만, 있는 경우에는 유전자질병, 예를 들면 헌팅턴 무도병으로 나타난다.

RFLP와 위성마커의 결과를 취합하면 유전자지도를 만들어 염색체를 확인할 수 있다. 유전자지도를 만들면서 질병의 원인이 되는 유전자위치를 확인하기 위해 염색체를 마커로 덮을 수 있다. RFLP, STR 등의 마커가 가족 유전자 중 발견되는 빈도에 따라 유전되는 질병을 확인할 수 있다.

SNP(single nucleotide polymorphism)는 '*snips*' 로 발음되는데, 가장 중요한 것 같다.

유전자다형성(polymorphism)이란 같은 혈통이라도 유전자의 복사는 정확히 일치하지 않을 수 있다는 것을 의미한다. 핵산 polymorphism 현상은 비교되는 유전자간에 한 염기 더 많은 경우 발생된다.

인간유전자에 대한 광범위한 연구결과에 의하면 유전자칩으로 쉽게 측정이 가능하므로 SNP들이 자주 마커로 사용되고 있다.

SNP는 polymorph sequence variation의 95%를 차지하고 있으며, 1백 5천만 개의 SNP가 이미 알려져 있다. SNP의 단점은 두 개의 염기쌍 중 하나는 A-T 또는 G-C일 수 있으므로, 두 사람 사이에 구별하는 일이 어려울 수 있다.

마치 유전자의 바코드같이 **SNP block**을 찾을 수 있으며, 이러한 SNP조합을 반수체형이라하며, 각 유전자지도 프로그램의 중요한 부분이다. 90년대에는 SNP를 RFLP 지문감식법으로 대체하였다.

범죄수사에서 DNA는 점점 더욱 중요해지고 있으며, DNA 지문에서 20~50ng DNA를 채취하여 분석할 수 있다. DNA 샘플은 강간사건 희생자의 경우, 남아있는 정자(작은 흔적이라도)의 DNA를 지문결과와 비교한다. 독일에서는 몇 천 명의 범죄혐의자들의 구강표피를 면봉으로 샘플링하여 분석한 DNA 자료로 많은 범죄자를 검거할 수 있었다(그림 10.23, 10.25).

일반적은 DNA 데이터 뱅크에 대해 독일에서는 많은 논란이 있었지만 뮌헨에서 모스하머(Modezaren Moshammer)사건의 해결로 반대가 줄어들었다.

유전자지문검사법은 계속 발전하여 핸드폰에 묻어있는 침흔적이나 한 개의 머리뿌리 등으로도 충

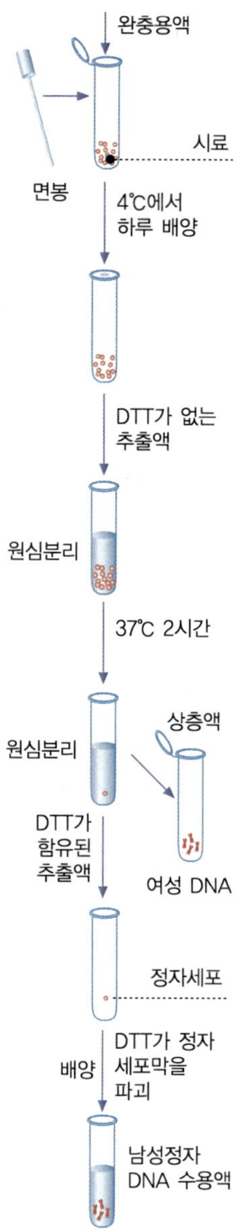

그림 10.23 범죄수사에서 DNA 검사, 정자 DNA에서 여성의 DNA를 분리한다.

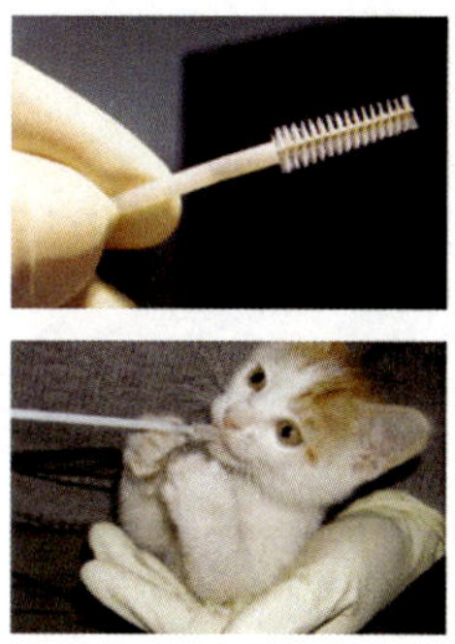

그림 10.24 면봉으로 볼에서 DNA 채취

그림 10.25 PCR에서 DNA 중합효소의 작용

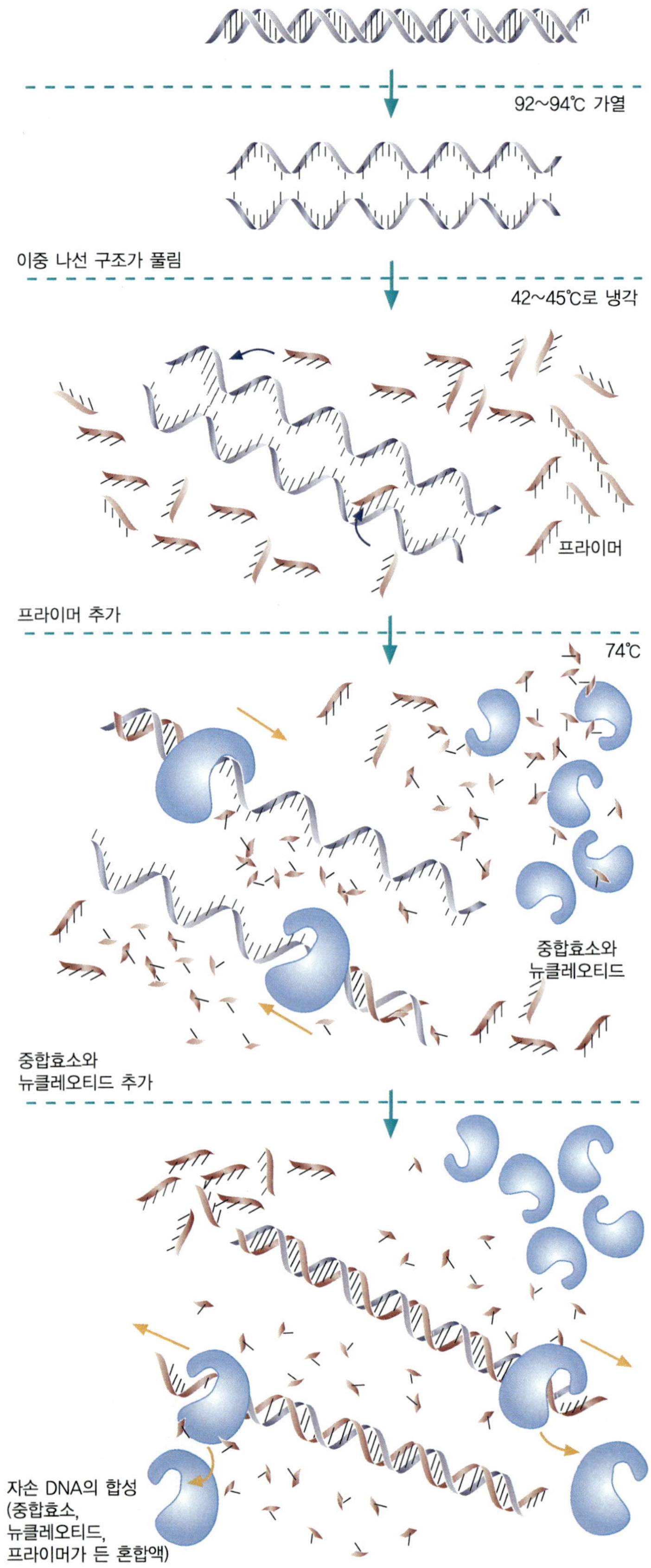

분히 결과를 도출해낼 수 있다. 머리카락뿌리방법은 독일 범죄수사국에서 개발되었는데, 2001년 9.11사태 때 뉴욕에서 희생자들을 이 방법으로 찾아낼 수 있었다. 아르헨티나의 'Las Abuelas' 사태 때 군부독재로 사라진 2,000여 명의 어린이들 중 여러 명에게 DNA분석법으로 가족을 찾을 수 있었다. 여기에서는 어린이와 할머니의 미토콘드리아 DNA를 분석하였는데, 미토콘드리아는 반드시 모계로부터 전달받으므로 할머니의 미토콘드리아 DNA과 같다. 짜르가족 로마노프(Romanow)의 마지막 황녀라 주장하였던 앤 앤더슨(Anne Anderson)도 유전자검사로 사실이 아님을 확인할 수 있었다.

유전자분석은 섬유분석에도 사용되는데, 캐쉬미어 스웨터는 일반 양털이 아닌 캐쉬미어염소의 털로만 생산한다. DNA 지문검사법을 합성 DNA로 확장하여 마커를 만들어서, 가짜를 가려낼 수 있다. 20쌍의 DNA 염기는 10조 개의 다양한 형태를 암호화할 수 있다. 매우 적은 양의 DNA로도 충분한데, DNA는 PCR(polymerase chain reaction)로 증폭할 수 있다.

10.11 PCR: 어마어마한 DNA 복사 기술

DNA를 복제하여 증폭하는 것을 PCR이라 하는데, 원래 PCR은 한 개의 세포가 두 개의 딸세포로 분열될 때 일어나는 반응이다. 딸세포들은 정확한 유전자정보를 필요로 하는데, 모세포가 가지고 있는 모든 정보가 정확히 복사되어져야 한다. 두 개의 가닥, 이중나선구조가 풀어지고, 각각의 한 가닥 DNA 분자는 새로운 가닥이 만들어지는 기준이 된다. **DNA 중합효소**(그림 10.25)가 세포에서 상보적인 가닥을 합성한다. 합성효소는 핵산을 연결하여 DNA 가닥을 늘리고, 이렇게 해서 만들어진 딸세포의 DNA는 모세포의 것과 동일하게 된다.

수천 명의 생화학자와 생명공학자들이 오랜 기간 시험관에서 똑같은 반응을 시키려고 많은 노력을 하였으나, **캐리 멀리스**(Cary Mullis)에 이르러

결정적인 아이디어가 있었다(Box 10.3). 그의 천재적인 PCR 원리는 다음과 같다.

- DNA를 가열하고 분해함(불활성화)
- 냉각, 프라이머 결합
- 보온하면서 중합효소를 사용하여 새로운 DNA 합성
- 가열하고, 새롭게 합성된 DNA 분리
- 앞의 과정을 반복한다.

이 과정은 자동으로 몇 분간 계속 반복된다.

DNA 중합효소는 항상 반응초기에 첨가하는데, 대장균에서 분리한 요소는 94℃에서 불활성화된다. 옐로우스톤 국립공원의 간헐천의 펄펄 끓는 온천수에서 분리한 세균(그림 10.36)을 분리하였는데, 이 세균들도 물론 증식하려면 중합효소가 필요하다고 생각하게 되었다.

*Thermus aquaticus*에서 분리한 효소(*Taq* polymerase)를 유전공학적으로 변형시켜 대량생산하였다. *Taq* 중합효소는 72℃가 최적온도이며, 94℃에서도 활성을 잃지 않는다. 시험관에서 많은 반응 후에도 활성을 유지할 수 있다. Box 10.4와 그림 10.25에 PCR을 자세히 설명하였다.

10.12 공룡과 매머드를 다시 살아나게 할 수 있을까?

이미 멸종된 동물의 DNA를 PCR로 분석할 수 있는 일은 매우 흥미로울 것이다. DNA 흔적이 있다면, 어디에 있든 증폭시킬 수 있다.

매머드화석은 죽은 지 2000년 후 시베리아에서 발견되었는데, DNA분석결과 예상과 같이 오늘날 코끼리의 조상이었다. 러시아, 프랑스, 미국의 합동 연구팀은 털 있는 매머드(그림 10.31)가 들어있는 큰 얼음덩어리를 톱으로 절단하여 매머드 DNA를 분리하였고, 이 DNA를 코끼리 난자에 클로닝하여 유전자를 옮겼다(8장 참조).

멸종된 종들 중에서 세계최초로 재생이 시도되었다. 지구의 빙하기 때 인간이 살아남을 수 있었던

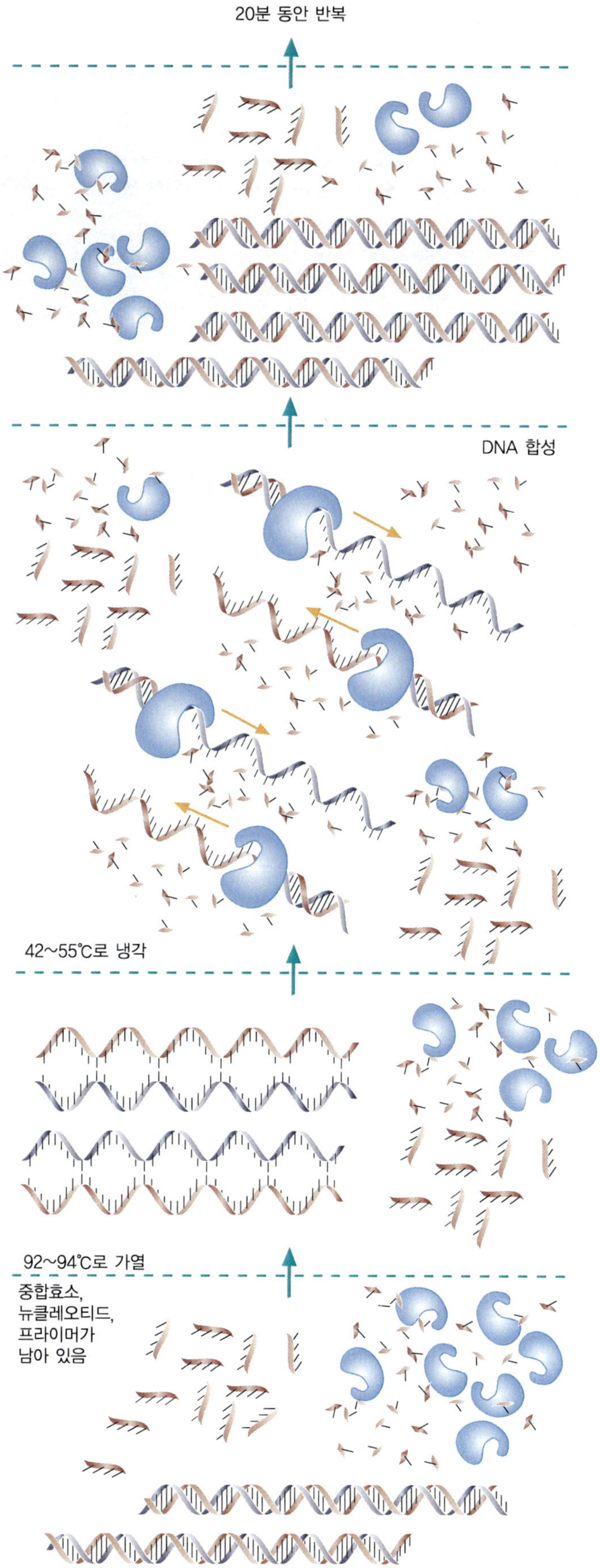

Box 10.2 RFLP와 친자확인

사람들마다 상동의 인트론 DNA(염색체에서 정확히 같은 부위에 있는 DNA 조각)의 길이는 어떻게 해서 달라지는 것일까? 제한효소는 항상 정해진 위치에서 DNA를 자른다. 한 효소가 ...GAATTC....에서 G(Guanine)에서 자른다고 하자. 'Renneberg'라는 사람이 다음과 같은 인트론을 DNA 서열에 가지고 있다면

미국 역사학자의 승리 : DNA 검사로 100년 후 Thomas Jefferson에 대한 평가가 달라졌다. 왼쪽 : 1802년 Jefferson과 Sally Heming을 풍자한 만화

...TTTTGAATTCTTTTGAATTC....

제한효소가 자르는 두 개의 위치를 쉽게 알아낼 수 있다.

....TTTTG/AATTCTTTTG/AATTC....

따라서 다음과 같은 조각들이 생성된다.

....TTTTG, AATTCTTTTG, AATTC....

다리아 쥐스비어(Darja Suessbier)란 사람의 경우에는 단순한 돌연변이(또는 SNP)가 발생되어 G가 A로 대체되었다.

...TTTTGAATTCTTTTAAATTC.....

여기에서 효소는 한 곳만 자를 수 있다.

...TTTTG/AATTCTTTTAAATTC.....

두 개의 DNA 조각이 생성된다.

...TTTTG, AATTCTTTTAAATTC....

따라서 여러 가지 샘플이 만들어지는데 DNA 시료 'Suessbier'는 두 개의 DNA 조각이 생성되고, 길이가 더 긴 DNA 조각은 전기영동법으로 분리하면, 크기가 더 크므로 천천히 이동하게 된다. 세 개의 작은 DNA 조각으로 된 'Renneberg' 시료는 쉽게 겔을 빠져나온다.

개인별 DNA 차이는 젤의 작은 홈에 피펫으로 넣고, 전기를 걸어주면, DNA 조각들이 이동하고, 블롯팅하면 육안으로 구별할 수 있을 정도로 차별화되어 나타난다. 전기적으로 음성인 DNA 조각은 양극으로 이동하면서, 크기에 따라서 분리된다.

블롯팅기기에서는 니트로셀룰로오스를 겔위에 접착시키면 크기에 따라 분리되는 DNA 조각들은 종이에 흡수되면서 고정된다. 방사성동위원소 마커를 첨가하고 뢴트겐 필름을 통해 'DNA 밴드'라고 하는 DNA조각들이 나타나게 된다. 두께가 다른 여러 개의 밴드들이 차례대로 나타나게 되는데, 이것은 마치 수퍼마켓에서 쉽게 읽어내어 가격을 알 수 있는 물건의 바코드와 같다.

블롯팅하면 'Suessbier'와 'Renneberg'의 샘플에서 서로 다른 밴드들이 나타나는데, 'TTTTG'는 공통적으로 나타나고, 작은 밴드들의 경우 서로 다르다. 따라서 사람들간에는 매우 적은 유전적 차이가 나타나는데, 예로 작가와 화가간의 차이를 들 수 있다. 한 사람은 그림은 잘 그리지만, 글 쓰는 것은 별로 좋아하지 않고, 다른 사람은 글쓰기만을 즐기고자 하는 것이다.

이 책을 출판하는 데 많은 노력을 기울였던 분들 중 베를린 여자 Suessbier와 중부독일 사람 Renneberg, 그리고 북부독일인 브라운벡과 테케틴의 RFLP를 비교하는 일은 과학적으로나 인간적인 측면에서 흥미로운 일일 것이나, 그리 간단하지는 않다.

친자확인에서는 모친, 아이와 아버지의 DNA 지문검사를 서로 비교한다. 어머니와 아이의 DNA 밴드는 같은 위치에서 발견되고, 아이의 나머지 밴드는 아버지의 것과 비교한다. 어머니의 밴드와 일치하지 않는 밴드들은 생물학적 아버지로부터 받은 것이어야 하므로, 밴드의 위치가 일치하지 않는 경우에는 아버지가 다른 사람이다.

유전자 지문검사를 적용하는 데에는 한계가 없는 것 같다. 프랑스에서는 배우이자 가수였던 이브몽탕의 경우에도 친자확인검사(친자가 아님이 판명됨)가 있었다. 미국에서 1802년 독립선언을 했던 토마스 제퍼슨(Thomas Jefferson) 대통령이 자기 집의 혼혈여자 노예 샐리 헤밍과 비밀적인 관계를 유지하여 헤밍의 7자녀 중 한명이 그의 자손일 것이라는 내용이 어느 신문에 폭로되었다. 1997년 Jefferson 삼촌인 필드 제퍼슨(Field Jefferson)의 후손을 포함하여 Jefferson의 직계후손으로부터 19개의 DNA 샘플을 검사하였다. 남자의 샘플만 있었으므로 Y 염색체에서 polymorph 마커를 분석한 결과, Thomas Jefferson이 샐리 헤밍의 막내 아들인 Eston Heming의 아버지로 판명되었다.

1998년 8월 르윈스키(Lewinsky)사건이 있었다. 빌클린턴(Bill Clinton)의 혈액샘플과 Lewinsky 드레스의 정자 흔적으로 70억분의 1 확률로 일치할 것이라고 FBI는 발표하였다.

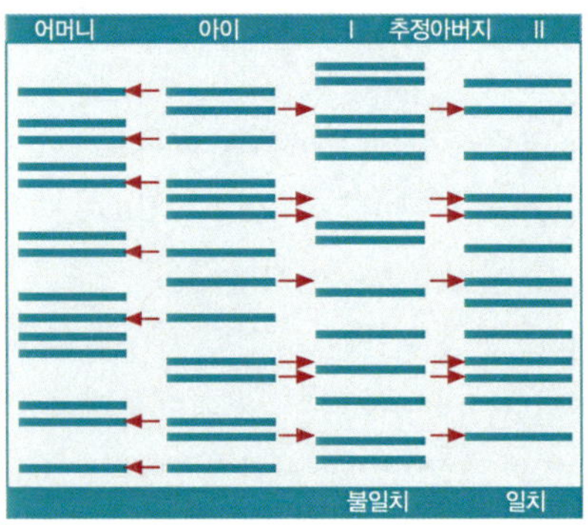

친자확인 분석의 예

것은 매머드가 거의 유일한 단백질공급원이었던 것에 감사해야 한다.

호박 안에 있는 곤충들(그림 10.32)은 공룡의 피를 빨아서 생존하였을 것으로 예상하였다. 실제 공룡의 피를 가지고 있는 경우가 있는데, 이러한 이론은 영화 '쥬라기 공원(Jurassic Park)'의 기본이 되

그림 10.26 Sanger(마리 큐리, 리누스 파울링, 존 바딘과 노벨상 공동수상)은 1958년 인슐린구조를 밝힌 지 3년 후 DNA를 분석하여, 노벨상을 두 차례나 받았다. DNA 사슬을 자르는 아이디어는 최고로 성공적이었다.

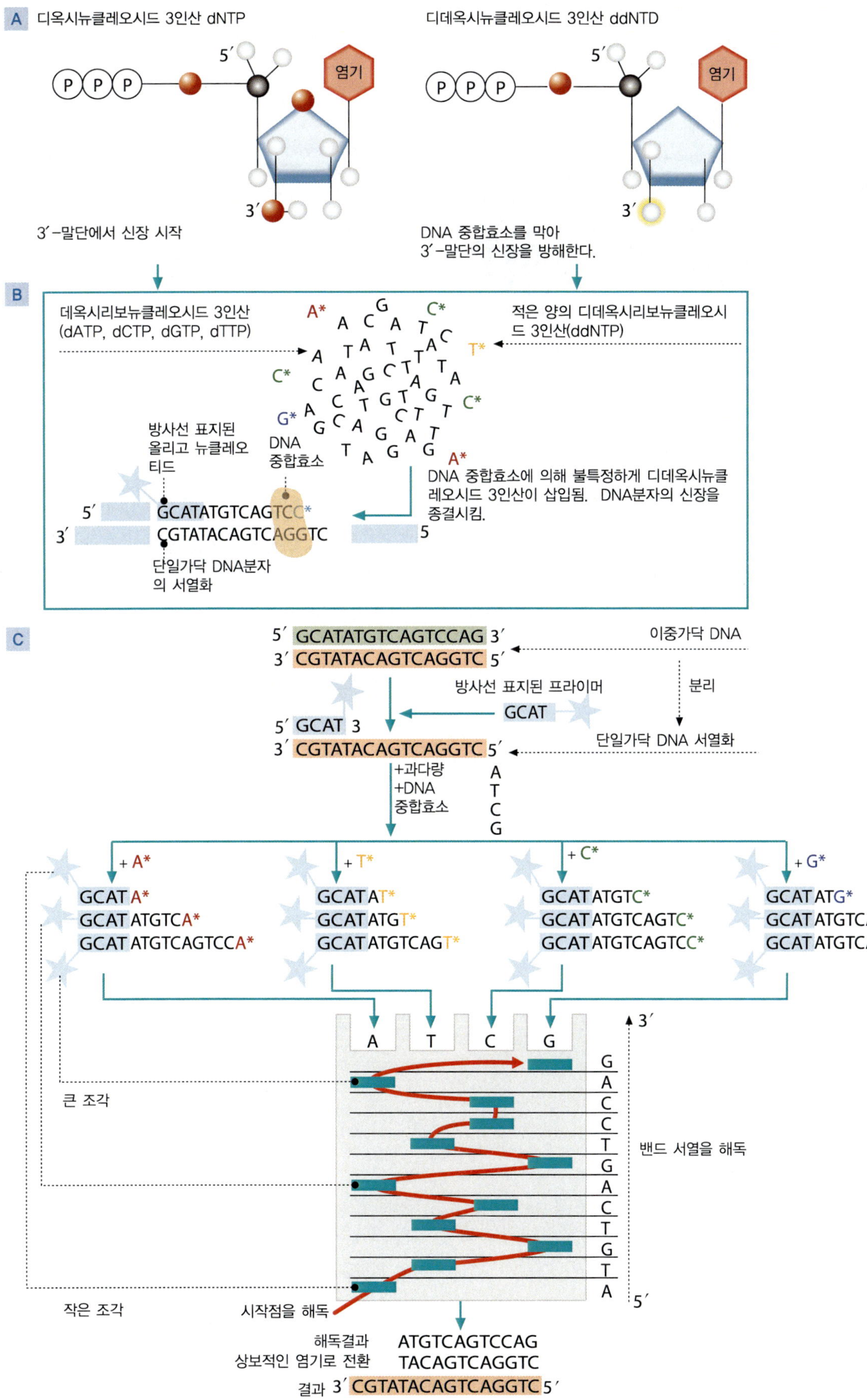

그림 10.27 Sanger가 개발한 DNA 서열분석 방법

A: 일반 DNA 사슬(왼쪽)과 아날로그(오른쪽).
B: 새롭게 합성된 DNA가 닥에 DNA 아나로그가 만들어짐(C*). 따라서 항상 끝부분에 아날로그가 있는 DNA 조각이 만들어짐.
C: DNA는 4개의 아나로그와 평행하지만, 따로 합성되고, 전기영동법으로 크기에 따라 분리된다. 상보적인 서열을 아래에서 윗방향으로 읽으면서 분석한다.

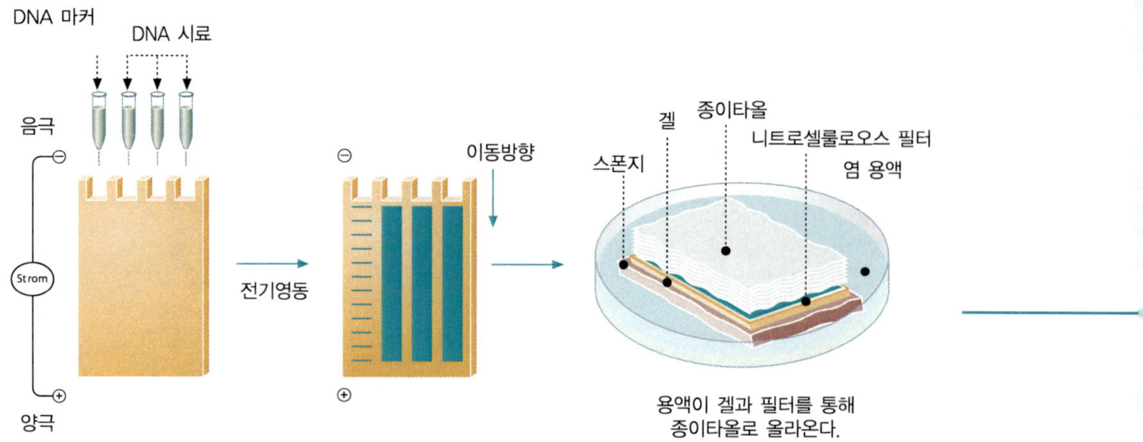

그림 10.28 겔 전기영동과 서던 블롯팅으로 DNA 분석

그림 10.29 서던 블롯팅을 개발한 Edwin Southern(University of Oxford)

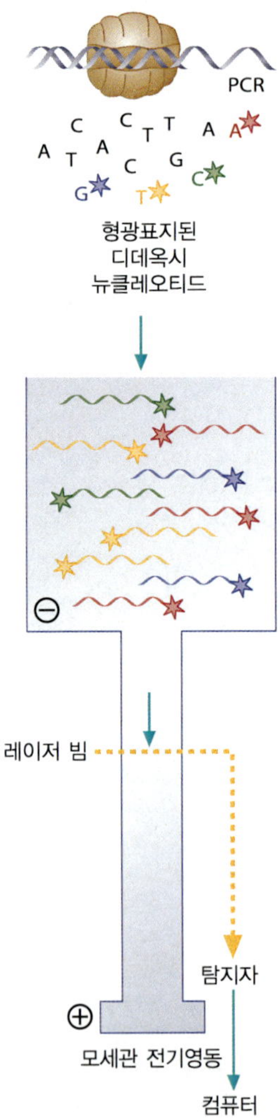

그림 10.30 자동화된 DNA서열화기(high through sequencing)

었다. 그러나 남아있는 DNA들은 양적으로도 매우 소량이고 파괴되어서 *Tyrannosaurus rex*를 다시 살아나게 하기에는 DNA양이 부족하다. DNA 조각들로 재생시키기에는 부족한 데 반해, 사람의 조상에서 분리된 DNA는 오늘날 우리들의 DNA와 비교할 수 있다. *Homo sapiens, Homo neandertalensis*의 DNA유전자 지도도 완성되었다.

10.13 유전자 서열 분석

유전자의 핵산 서열 즉, A, G, T, C의 순서를 알아내는 일은 다음과 같은 이유로 중요하다.

- 유전자가 암호화하는 단백질의 아미노산 서열을 파악하기 위해
- 유전자의 정확한 서열을 분석하려고
- 기능(프로모터 유전자와 같이)을 확인하기 위해
- 유전자들간 차이를 알아내기 위해
- 유전자의 돌연변이(polymorphism)를 확인하기 위해 필요하다.

현재 이미 여러 가지 DNA 서열화 방법들이 개발되어 있으며, 가장 자주 사용되는 방법은 1977년 **프레드릭 생거(Frederick Sanger)**가 개발한(그림 10.27) **사슬종결방법(chain termination method)**이다. 4개의 dNTP(deoxyribonucleotide)와 DNA 중합효소가 있는 시험관에서, 방사성동위원소로 마킹된 DNA 프라이머와 불활성화된 주형 DNA의 잡종(hybrid)을 만든다. 중합효소는 프라이머의 3'-말단에서 가닥들을 복사한다. **변화된 핵산(modified ddNTP)**을 넣어준다. ddNTP에 당의 3' 번 탄소에 -OH(hydroxyl 기) 대신 -H를 결합하였다. DNA에 ddNTP가 만들어지면, 3'-수소에서 새로운 핵산과 인산기를 만들 수 없으므로, 사슬이 종결된다.

4개의 반응기에서 반응시킨다. 각각 DNA, 프라이머와 4개의 dNTP를 넣고, 한 개의 반응기에만 4개의 ddNTP를 넣는다. 중합효소는 ddNTP를 결합하여, 여러 개의 DNA조각이 만들어지는데, 모두 ddNTP에 의해 종결된다.

폴리아크릴 젤에서 전기영동법으로 크기에 따라 자르고, 방사성동위원소로 마킹하여 X-선으로 뢴트겐 필름에 흑백으로 나타나게 된다(그림 10.26).

Sanger의 방법은 200~400개의 핵산서열에 1회 반응을 적용할 수 있다. 1,000개의 염기쌍이 있는 경우에는 여러 차례 반응이 일어나게 한다.

10.14 서던 블롯팅

옥스퍼드에서 1975년 **에드윈 서던**(Edwin Southern, 그림 10.29)은 DNA 전기영동법 기술을 응용하여, **서던 블롯팅**방법을 개발하였다. DNA를 제한효소로 자르고, 조각을 전기영동법으로 분해하는 기술이다. 예를 들어 염색체 DNA를 분해하면 여러 개의 DNA 조각이 생성되므로, 밴드들이 뒤섞여 있어서 차별화

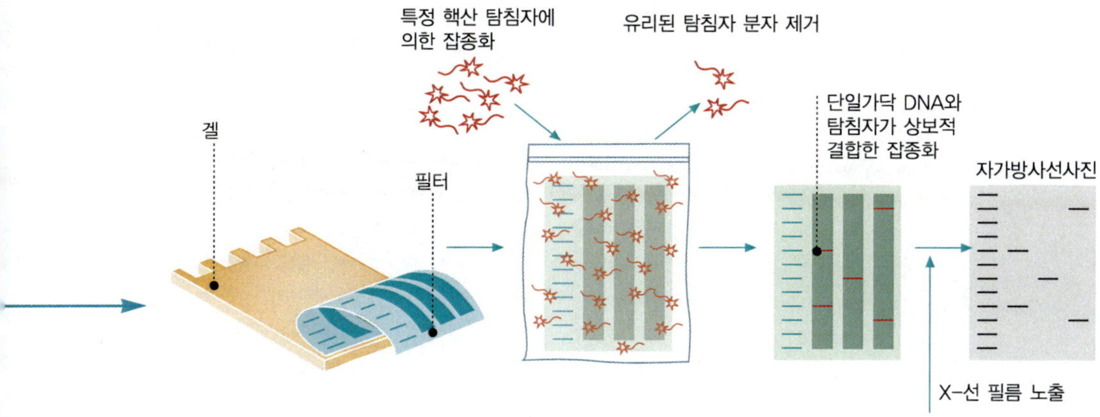

그림 10.31 성공적으로 재현된 매머드. 홍콩대(대영박물관 모델)

가 거의 불가능한데, 서던 블롯팅방법으로 특정 조각들을 분리할 수 있다.

여기에 우선 이중가닥 DNA를 NaOH로 불활성화하여 단일가닥 DNA로 분리하고 나중에 잡종화(hybridization)한다(그림 10.28). **전기영동** 후 니트로셀룰로오스 필터(또는 나일론막)를 놓고, 압력을 가하면 겔에서 필터종이나 막으로 완충액(buffer)이 흐른 자국이 찍히게 된다. 한 가닥의 DNA 조각은 모세관현상으로 겔에서 필터로 이동하여 결합하면, 겔에서 이동된 DNA가 필터에 남아 있는 형태가 된다.

블롯팅기술의 장점은 반응파트너(**DNA** 탐침자)를 느리게 겔에 확산시키면, 확인하고자 하는 반응물질은 이동하게 된다. 니트로셀룰로오스 필터에 반응물이 남게 된다.

필터를 제거하고, 방사성동위원소로 표지된 DNA 탐침자를 첨가하면 잡종화되는데, 잡종화되지 않은 탐침자분자는 씻겨져 나간다. 필터를 뢴트겐 필름 위에 놓으면 잡종화된 DNA 조각들이 흑색으로 나타나게 된다.

Edwin Southern을 기념하기 위해 블롯팅 방법을 동서남북 방향에 따라 명명하였는데, 서던 블롯팅(Southern blotting)은 DNA를 니트로셀룰로오스에 전달하지만 **노던 블롯팅**(Northern blotting)은 RNA를 전달한다. **웨스턴 블롯팅**(Western blotting)은 핵산을 전달하지 않고 SDS-PAGE에서 분리한 단백질을 니트로셀룰로오스(이 장 마지막 부분)에 이동시킨다. 분리된 단백질은 표지된 항체로 또는 다른 방법으로 확인된다.

10.15 자동 DNA 서열분석

인간유전체해독프로젝트의 유전자분석에서 전기영동법과 서던 블롯팅을 결합한 방법은 시간을 많이 필요로 하므로, 염기쌍이 500개 이상인 경우에는 컴퓨터를 사용하여 분석한다.

앞에 설명된 Sanger 방법에서는 합성된 분자를 방사성동위원소로 표지하고 DNA 염기서열을 자가방사선상에서 읽어낼 수 있다. 방사성동위원소 표지를 최근에는 형광염색 표지로 대체하고 있다. 방사성동위원소로 표지하는 대신 형광색소로 표지된 ddNTP를 사용하거나, 5'-위치에 염색된 프라이머를 사용한다. 다양하게 표시된 ddNTPs는 한 반응기에서 반응하고 시료들은 모세관전기영동(capillary electrophoresis)에서 분리하여 레이저로 스캐닝한다. 레이저는 형광색소결합물을 자극하여 핵산마다 다양한 색소로 나타나게 된다. 형광색소탐침자는 각 밴드에 따라 다른 신호로 전환하고, 컴퓨터는 DNA 서열에 다른 4개의 색소신호로 전환시킨다(그림 10.30, 10.38, 10.39).

모세관전기영동법에서는 일반적인 전기영동법 대신 4시간 동안 96개의 모세관으로 약 40,000개 뉴클레오티드를 분석할 수 있다. 384개 모세관이 설치된 기계가 개발되었다. 인간유전체해독프로젝트에서 부분적으로 100개 이상의 기계를 사용하

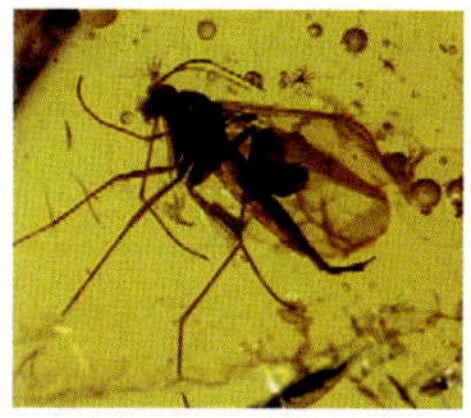

그림 10.32 호박속 곤충이 공룡의 피를 빨았다면, 공룡의 DNA를 가지고 있을 수 있다. www.amber-world.com에 있는 모기일종Diptera, *Mycetophilidae*. 발트해 2,800~5,400년 전 생성된 호박으로 추정. 뉴저지, 레바논, 버마 호박에는 드물지만 흡혈 모기가 있을 수 있다. 영화 '쥬라기 공원'에서는 발트호박을 사용함.

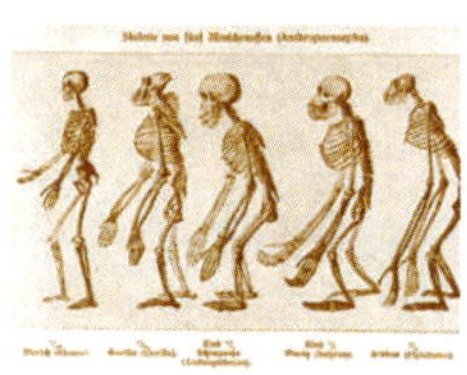

그림 10.33 오백만년 전 사람과 유인원의 공동 조상. 사람과 유인원의 DNA는 1~2% 차이가 난다.

Box 10.3 생명공학 역사: 캘리포니아 고속도로의 밤

1985년 주말 캐리 멀리스(Kary Mullis)는 생명공학회사 시터스(Cetus) 실험실에서 달빛이 비추는 고속도로를 달려 집으로 향하고 있었다. 3시간 동안 그는 한 가지 생각에 매달리게 되었다.

고속도로의 불빛은 Mullis에게 아이디어를 주었다.

특정 DNA 조각을 어떻게 하면 백만 개 아니면 그 이상 복사할 수 있을까? 마치 사막에서 작은 바늘을 찾아내듯이 떠오른 아이디어였다. DNA 조각을 링 형태인 플라스미드에 넣고, 플라스미드를 세균에 밀어 넣으면, 세균이 증식되면서 플라스미드도 늘어나고, 다시 클로닝된 DNA를 잘라내는 방법이었다. 노력이 많이 필요한 작업이지만....

Mullis는 달밤에 고속도로의 자동차들이 환한 빛을 내며 달려와 굽은 길에서 다같이 차례차례 휘어지는 현상을 보면서, 그에게 8년 후 노벨상을 안겨준 아이디어를 생각해냈다. 그는 차를 멈추고 DNA가 반응기(*in vitro*)에서 이중결합될 때 한 사이클에서 만들어진 결과물이 다음 사이클을 위한 주형이 되는 것을 그림으로 그렸다. 한 개의 이중결합 DNA분자와 같은 1백만 개의 같은 DNA를 만드는 데, 20회면 충분하였다. Mullis는 동승했던 옆좌석의 아내를 깨우면서 '믿어지지 않아! 믿어지지 않아!' 하고 소리쳤다. 그의 아내는 이해할 수 없다는 듯, 다시 잠들었다. Mullis의 머리 안에서는 마치 이날 밤 DNA 폭탄이 터지는 것만 같았다.

다음 월요일 시터스 실험실로 돌아온 Mullis는 고속도로에서 떠올랐던 아이디어를 테스트하였고, 결과는 예상 그대로 였다. 다른 동료들은 그다지 설득되지 않았었는데, 너무나 간단했었으므로, 아마도 누군가 이미 시도는 했었을 것이므로... 그 후 한 학회에서 노벨상 수상자 조수아 레더베르그(Joshua Lederberg, 3장 참조)는 Mullis의 포스터를 면밀히 검토하면서, 의심쩍어했었다. Mullis가 설명한 후, 분자유전학의 아이콘인 Lederberg는 몇 가닥 남지않은 머리카락을 만지면서 왜 진작 이런 아이디어를 내지 못했는지 스스로 의아해했다.

PCR의 발견자는 그러면 누구에게 감사했을까? 러시아의 스푸트닉(SPUTNIK)? 노벨상 수상자 Mullis는 그의 자서전에서 러시아군이 적막한 남카롤리나에서 컬럼비아에 핵폭탄을 투하할 경우를 대비하여, 어릴적 친구들과 테이블 아래에서 화학원소들을 조합하였다고 썼다. 1957년 'Sputnik 충격'으로 미국 정부는 일반 시민의 교육에 많은 투자를 하였다. 13세된 Mullis는 크리스마스에 화학원소 장난감세트를 선물로 받았는데 이것이 PCR 역사의 시작이었다.

Kary Mullis

그림 10.34 인간유전체 해독프로젝트에서 사용된 자동 서열화기

여, 오차가 발생하여 여러 차례 반복하여 실험해야 했음에도 불구하고, 모든 유전자를 짧은 시간내에 분석할 수 있었다.

10.16 FISH: 염색체상의 유전자좌(locus)와 유전자 복제수 확인법

어느 염색체에 유전자가 있는지, 한 유전자가 한 개 또는 여러 개 존재하는지 확인하는 방법이 있을까? **FISH(fluorescence *in situ* hybridization)**방법으로 특정 유전자가 있는 염색체를 찾아낼 수 있다. 염색체를 현미경관찰 시 사용하는 슬라이드글라스에 획선(streaking)하고, 핵산을 형광물질로 표지한, 찾고자 하는 유전자의 상보적인 DNA, cDNA를 염색체와 함께 배양한다.

표지된 유전자는 염색체의 해당 유전자와 잡종화된다. 형광현미경으로 표지된 유전자를 관찰할 수 있다. 23개의 사람 염색체를 염색분체(chromatid)의 크기와 밴드로 분류하면, **핵형(karyotype)**을 표현할 수 있다(그림 10.35).

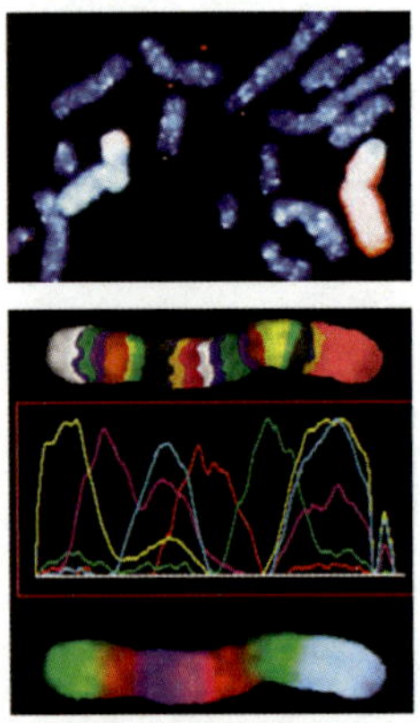

그림 10.35 FISH(위). 일제 추도바(Ilse Chudoba, Metasystems, Jena, 독일)에 의한 염색체 멀티 칼러밴딩

이러한 새로운 기술을 태아의 특정 질병이나 유전병 등을 확인하기 위한 임신진단에서 양수의 양막세포 등을 사용하여, 직접 분석하고 있다. 양막세포의 염색체에서 다운증후군의 원인이 되는 21번 삼염색체(trisomy)를 분석해 낼 수 있다. 그러나 염색체를 거치지 않고 발생되는 세포들의 변화는 확인할 수 없으므로, 각 양수 샘플당 50개 이상의 세포를 검사해야 신뢰할 수 있는 결과를 얻게 된다.

FISH 검사방법으로 양수세포에서 13, 18, 21번 염색체의 변형여부와 성염색체 X, Y를 확인할 수 있다. 염색체 구조와 조합을 분석하는 방법은 독일의 예나대학과 메타시스템(사)에서 개발하였다(그림 10.35).

멀티칼라 밴딩(multicolor banding, 그림 10.35)은 암진단과 치료 시 사용되는 방법으로 각광받고 있다. 암세포들은 주변의 건강한 세포와 비교하여 세포분열 때마다 조절되지 않고 다양하게

Box 10.4 PCR: 뛰어난 DNA 복사기

중합효소연쇄반응(polymerase chain reaction, PCR)방법으로 원하는 DNA 조각의 수를 증폭시킬 수 있는 데, 이때 DNA 조각의 염기서열을 알고 있어야 한다. DNA 중합효소는 복사시작 시점에 첨가한다. DNA 증식은 *Thermus aquaticus*(*Taq polymerase*, 그림 10.36)에서 분리된 열에 안정한 중합효소나 다른 중합효소로 시작된다. 자동화된 PCR 개발에서 고온에서 효소의 안정성이 결정적이었는데, 이는 각 사이클 후 고온에서 불활성화된 중합효소를 첨가하지 않아도 되기 때문이었다.

MJ모델 'Tetriad' Thermal Cyclers
아래: *Roche Light Cycler*

DNA 조각 끝부분을 복제하려면, 한 가닥 DNA의 작은 조각(프라이머 또는 개시 서열)을 원하는 데로 상보적이 되도록 합성한다.

PCR에 필요한 DNA 주형(template), 두 개의 프라이머(중합효소와 DNA 조각들, 핵산들 A, G, C, T)를 반응기에 넣어 완충액에 녹인다. PCR 반응기(PCT thermocycler)에 의해 반응이 조절된다.

- 94℃까지 가열하면 이중나선구조가 풀어져 두 개의 한 가닥 DNA가 생성된다.
- 40~60℃까지 냉각하면 두 개의 프라이머들은 한 가닥 DNA 끝부분에 각각 잡종화되고, 중합효소가 연결되고 마킹된 부분에서 복사가 시작된다.
- 양 DNA 끝부분에 두 개의 중합효소가 연결되어, 상보적인 핵산들이 연결되어 원하는 DNA가 복제된다. 이러한 방법으로 두 개의 같은 이중나선 DNA가 생성된다.
- 다시 94℃까지 가열하면 두 개의 이중나선 DNA가 풀어지고, 4개의 한 가닥 DNA가 생성된다.
- 냉각하면 4개의 프라이머가 각 4개 DNA 끝부분에 결합되고, 중합효소는 동일한 4개의 이중나선 DNA를 생성한다.
- 이러한 사이클이 반복되면 8, 16, 32, 64, 128, 256개 순서로 복제된다.

한 사이클이 3분 정도 걸리고, 이러한 방법으로 20회 정도 복제되면 백만 개 정도 생성된다. PCR 시작시 이론적으로 한 분자에서 여러 개의 DNA로 복제될 수 있지만, 실제로 PCR반응을 원활하게 진행시키려면 3~5개에서 그 이상 DNA가 필요하다.

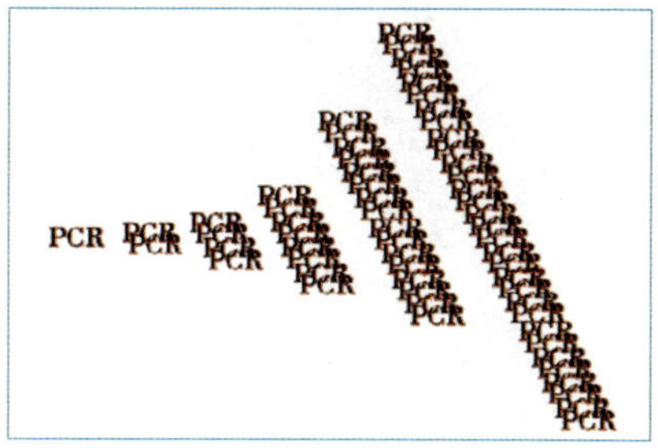

PCR 원리의 도식화

PCR은 연구는 물론 진단에서도 매우 중요한데, 바이러스와 세균도 직접 찾아낼 수 있다. 유전자 질병과 암 진단법에 PCR 방법이 자주 사용된다. 여기에서 PCR은 외부조건 등에 매우 민감하게 반응하므로, 만약 실험실에서 다른 DNA로 오염된다면 쉽게 잘못된 결과로 연결된다. 만약 공기중에 DNA가 있다면 오염의 원인이 될 수 있다. 홍콩에서 SARS가 유행하였을 때, 건강한 사람을 SARS 환자로 오인하여 병원에 입원시킴으로써 전염시켜 비극적 결과를 초래하기도 하였다.

나타난다. 암세포에서는 건강한 사람세포의 염색체들과 비교하여 23개 중 빠져있기도 하고, 휘어져 있거나, 다른 염색체에 붙어있기도 하다. 유전자에서 이러한 변화는 MCB(multicolor banding)법에서 나타난다. 암세포의 표시된 염색체들은 여러 가지 형광색으로 나타난다. 세포유전자의 문제들을 육안으로 확인할 수 있는 데, 5번 두 개의 염색체 중 한 개(푸른 색)가 없거나, 색채가 뒤바뀌어 있기도 하다. 한 개의 암세포에서 여러 가지 이런 형태가 자주 관찰되는데, 진단하려면 여러 가지 관찰된 사항들을 취합하는 소프트웨어가 필요하다. 염색체 조각들을 형광색소로 표지된 DNA로 혼합한다. 암세포의 유전자를 MCB법으로 분석함으로써 병을 정확하게 진단하고, 적절한 치료법을 제안할 수 있다.

10.17 생명공학의 쾌거: 인간게놈프로젝트

1990년 10월 역사상 가장 위대한 프로젝트가 시작되었다. 총 30억 달러의 연구비가 책정되었다. 이제 생명공학자와 분자생물학자들은 밤낮으로 사람의 23개의 염색체에 분포되어있는 **34억 염기쌍**을 분석하여 지도로 만든다(Box 10.5). 23쌍의 염색체는 부모 각각에서 온, 22쌍의 염색체와 두 개의 성염색체(여성 XX, 남성 XY)이다. 34억 염기쌍들은 많은 양의 정보를 가지고 있는데, 마치 1,000쪽으로 되어 있는 뉴욕주 전화번호부 200권이 가지고 있는 양과 비교될 수 있다. 이는 디지털 정보로 750MB정도이고, 한 개의 DVD에 입력할 수 있다.

남자와 여자를 구별하는 가장 작은 **Y 염색체**에는

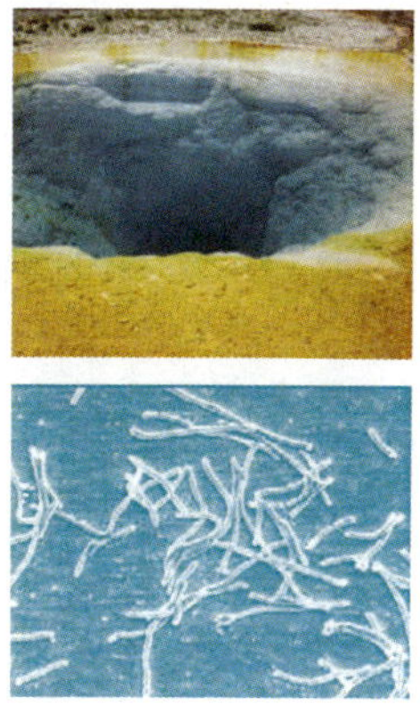

그림 10.36 옐로우 스톤 공원의 온천에서 분리된 *Thermus aquaticus*

Box 10.5 생명공학 역사: 인간게놈프로젝트

사람의 모든 유전자를 분석하여 지도화하는 일은 80년대 중반까지만 해도 불가능한 것으로 여겨졌다. 당시에는 작은 바이러스를 분석하는 것으로 충분하였다. 1977년 Fred Sanger는 유전자 파지 *ΦX*174의 5,375염기를 완벽하게 분석하였고, 20년 후에야 살아있는 생명체(세균 *Haemophilus influenzae*)를 최초로 분석하였다.

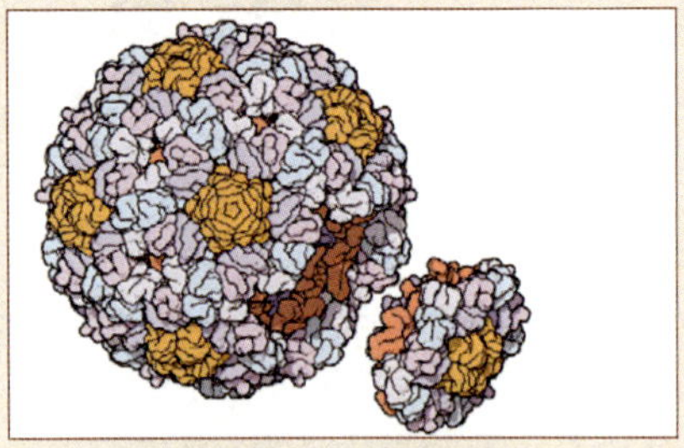

박테리오파지 *ΦX*174(단백질 캡슐) 유전자를 최초로 서열화하였다.

산타 크루즈에 있는 캘리포니아대학 학장인 Robert Sinsheimer는 1985년 캠퍼스에서 가장 영향력있는 분자생물학자들과 함께 새로운 큰 프로젝트를 계획하게 되었다. 용기있고 흥분되는 일이지만 불가능할 것으로도 생각되었다. 나중에 DNA 서열화방법을 개발하여 노벨상을 수상하게된 Walter Gilbert(Sanger와 노벨상을 공동수상하였음)는 포기하지 않고 시도하였다.

동서 냉전 후 미국 정부의 에너지부(Department of Energy, DOE)는 새로운 과제를 찾아 나서면서 거액을 준비하였다. 당시 많은 연구자들은 이러한 프로젝트의 의미와 결과에 대해 회의적이었으므로, 실제 쓸데없는 연구를 규모만 키우는 것 같았다. 노벨상 수상자인 Sydney Brenner는 DNA 서열화를 형무소에서 실시하자고 제안하면서, 심각한 범죄자일수록 염색체도 클 것이라는 농담까지 하기에 이르렀다.

또 다른 문제로서 다른 생물계통의 연구에는 연구비가 전혀 배당되지 않을 것이라는 점이 제기되었다. 그리고 거의 97%가 직접적인 기능이 없는 30억 문자로 시작할 수 있는 것은 별로 없었다. 미국정부의 에너지부는 도대체 어떤 계획이 있는지도 알 수 없었다. 미국의 생물의학연구를 담당하고 있는 NIH(National Institute of Health, 미국립보건원)는 망설였고, AAS(American Academy of Sciences, 미국과학아카데미)는 비판과 우려에도 불구하고 추진하였는데, 우선 유전자 지도를 만들기로 하였다. 또한 새로운 기술을 여러 생물체들 대장균(*Escherichia coli*), 효모(*Saccharomyces cerevisiae*), 예쁜 꼬마선충(*Caenorhabditis elegans*)의 유전자 분석에 적용하기로 하였다.

미국 의회는 연구비를 승인하였고, NIH도 협력하면서 1988년 유전자 연구관리 역할을 하기로 하였다. Watson은 그의 과학자로서의 인생에서 이중나선구조에서 인간유전자의 30억 단계로 들어가는 단 한 번의 기회라 하면서 이 프로젝트를 총지휘하게 되었다. NIH는 다시 유전자연구의 최첨단에 서게 되었다. Watson은 새로운 유전자지도 기술을 개발하고 동시에 질병유전자를 분석하였다.

1989년 30개 회원국의 연구자들과 공동으로 과다한 경쟁이나 쓸데없이 중복 연구하는 것을 피하기 위해 HUGO(human genome organisation, 인간게놈프로젝트)를 조직하였다. Craig Venter가 나타나기까지 모든 일이 순조롭게 진행되는 듯 했다. NIH 소속이었던 그는 별 기능이 없는 DNA로 시간낭비를 피하기 위해 직접 중요한 유전자들을 골라 특허를 신청하였다. NIH의 특허부서는 Venter가 첫 번째 특허 347 EST(expressed sequence tags)를 공개하기에 앞서 특허신청서를 제출하였다.

다른 연구자들은 분노하였고, Watson은 공개적으로 Venter의 서열화방법을 마치 뇌없는 로봇이 하는 일이라 하면서 비판하였다. EST 프로그램은 원숭이들도 할 수 있는 일이라 하였는데, 이에 대해 Venter는 고릴라 가면을 쓰고 찍은 사진으로 반응하였다. 노벨상 수상자 Paul Berg과 당시 부통령 Al Gore 등은 인간유전체해독프로젝트는 특허를 신청하지 않는 쪽으로 의견을 모았다.

Watson은 특허신청을 계속 주장하던 NIH 원장인 Bernadine Healy와의 논란 끝에 1992년 인간유전체해독프로젝트에서 탈퇴하였다. 특허국은 1992년 8월 특허신청서를 반려하였고, NIH의 새로운 원장인 Harold Varmus는 1994년 모든 특허신청을 포기하였다.

Craig Venter는 1992년 7월 NIH를 떠나면서 한 투자회사의 7천만 달러(후에 8천 5백만 달러) 투자로 그의 계획을 실행할 계획이었다. 그는 '모든 과학자들의 꿈이란 아이디어, 능력과 이상에 투자할 수 있는 투자자를 만나는 일이다' 라고 하였다.

크렉 벤터(Craig Venter, 왼쪽), 빌클린턴(Bill Clinton)과 프란시스 콜린스(Francis Collins)의 인간유전체해독프로젝트 설명. Clinton은 "오늘 우리는 사람을 만든 신의 언어를 배운다."

경쟁은 사업을 촉진시킨다. 모든 이러한 역사는 마치 탐정소설같이 Kevin Davis의 2003년에 출판된 소설 「Sequence, 인간유전자에 대한 경쟁」에서 읽을 수 있다. 여기에는 일등을 위한 자리만 있을 뿐이다.

1995년 Venter는 존 홉킨 대학과 함께 최초로 세균 *Haemophilus influenzae*의 유전자지도를 만들었다고 발표하였다. 그들은 단 일년 동안 유전자총(shot gun) 기술로 성공할 수 있었고, NIH는 이 방법을 불확실하다고 거절하였다. 1996년 '공공기관 연구자' 들은 제빵효모인 *Saccharomyces*

5천만 개의 염기쌍이 있고, 가장 큰 염색체(1번 염색체)에는 2억 5천 개 염기쌍이 있다. 비교하자면 모델생물체로 초파리 *Drosophila*는 단지 10권의 전화번호부, 효모는 단 1권, 대장균 *E. coli*는 300쪽 정도와 비교된다.

한 개의 유전자가 잘못되면 6,000종류의 질병이 발생될 수 있다. 유전자 책에서 한 개의 단어가 잘못 표시되면, 세포는 전혀 다른 종류의 단백질과 잘못된 양을 생성하게 된다.

심장마비, 동맥경화, 천식과 암 등 다른 질병에

*cerevisiae*의 유전자지도를 내놓았다. Venter는 1998년 5월 새로운 회사인 Celera Genomics에서 유전자총 기술로 3천억 달러의 비용으로 단지 3년 동안 사람 유전자를 분석하였다. Watson 다음으로 질병유전자 개발 선두에 선 Francis Collins는 새로운 목표를 발표하였는데, 2001년 초 인간유전자(전체의 90% 정도), 2003년 모든 서열분석을 완료할 것이라 하였다. 이는 당초 계획보다 2년 앞당긴 것이었다. Venter는 1년 후 초파리 *Drosophila* 유전자를 분석하여 복수하였고, 2000년 1월 Celera는 90% 인간유전자 지도를 완성하였다고 하였다. 국가프로젝트에서는 2달 후 20억 염기쌍을 분석하였다고 발표하였다.

유전자분석에 대한 경쟁과 압박은 극심해졌고, DOE는 두 연구기관을 중재하여 분석된 유전자를 동시에 발표하게 하였다. 2000년 7월 26일 Craig Venter, Bill Clinton, Francis Collins는 기자회견을 하였고, Collins의 압력(영국에서는 Blair)은 승리하는 것 같았다. 그러나 5개월 후 Venter는 그의 Databank를 아무나 자유롭게 드나들 수 있게 하는 것에 대해 거절하였다. 2001년 2월 미국의 Science지는 Venter의 인간유전자지도를, Nature지는 공공기관의 결과를 공개하였다.

그러나 투자와 공개하는 일에는 차이가 있다. 국가프로젝트에서 연구자들은 유전자들은 나누어 분석하고 다시 취합한다. Venter의 방법에서는 유전자를 기계로 자르고 서열화하여 다시 취합하니 비용이 적게 든다.

국가프로젝트에서는 알려지지 않은 12명의 기부자들의 DNA를 분석하였다. Celera에서는 한 사람의 유전자를 분석하였는데, 비용은 적게 들어가지만, 후에 국가프로젝트 결과가 반드시 필요하였다는 사실이 알려지게 되었다. Celera의 슈퍼컴퓨터는 경쟁자가 분석한 데이터 서열을 부분적으로 사용하였다. 두 경쟁자들은 우리들 보통 인생에서와 마찬가지로 서로 의존하여 도움을 받게 되었다.

서는 여러 종류의 유전자들이 관련되어 있고, 환경적 조건과 영향과도 관계가 있다.

단일 유전자 질병에는 페닐케톤뇨증(PKU, phenylketonuria), 무도병(Huntington's Chorea), 섬유낭포증(cystic fibrosis) 등이 있다.

연구자들은 암, 천식 등의 경우 인간유전자를 통해 치료방법과 예방법 등이 개발될 수 있다고 주장한다. 유전체를 해독하려면 일단 아래 3가지 유형의 분석이 선행되어져야 한다.

- **유전체학(genomics)**: DNA 서열분석. 500~800bp 중 각 서열을 분석하여 모든 데이터를 취합해야 하므로, 여기에 조직화 전략이 필요하다.
- **후기유전체학** 또는 기능유전학(postgenomics, functional genomics): 조절유전자들과 조절기능들은 일정 부위에 있으므로, 알려지지 않은 유전자도 알아낼 수 있다.
- **생물정보학(bioinformatics)**: 유전체학과 후기유전체학에 슈퍼컴퓨터를 도입하여 연계되어 있는 DNA 서열을 분석하고 유전자 기능을 예측할 수 있다. 거대한 분량의 데이터를 취합 또는 분석할 수 있어야 한다.

10.18 유전체 지도

한 생물체의 유전자는 10억 개 이상의 염기쌍으로 되어있다. 알려져 있는 서열화기술로는 단지 750개 염기쌍을 분석할 수 있다. 국가프로젝트에서 알려진 **유전자 지도**는 짧은 서열 위치를 읽어낼 수 있다. 유전자지도는 분명하고 전체적인 마커로 표시된다. 서열화된 퍼즐구성체는 **마커**에 따라 이동되므로, 유전자 지도와 물리적 지도로 구별된다.

유전자 위치는 분자생물학적 실험기술로 분석된다. 1994년 인간유전체해독프로젝트의 목표는 100만 개의 염기쌍을 한 개의 마커를 사용하여 유전자 지도를 만드는 것이었다. 2년 후 한 개의 마커를 사용하여 60만 개의 염기쌍을 세분하여 분석할 수 있었다. CACACA로 반복되는 5264 **STRs (short tandem repeats)**로 되어있으며, Tandem DNA는 염색체에 나타난다. 유전자 수는 PCR로 분석하며 프라이머를 사용하여 STR로 하이브리드화하여,

프라이머–CACACA–프라이머

프라이머–CACACACACACACACA–프라이머

그림 10.37 크렉 벤터(Craig Venter)와 빌클린턴(Bill Clinton), 프란시스 콜린스(Francis Collins)

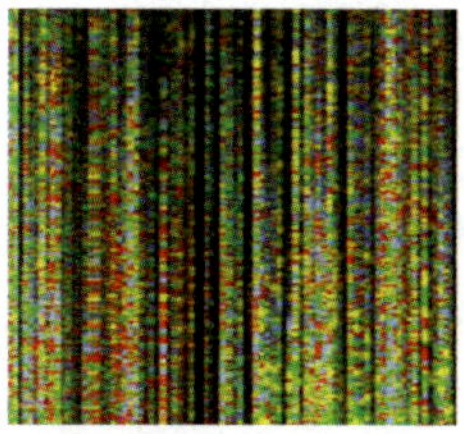

그림 10.38 형광 마커와 서열화 겔

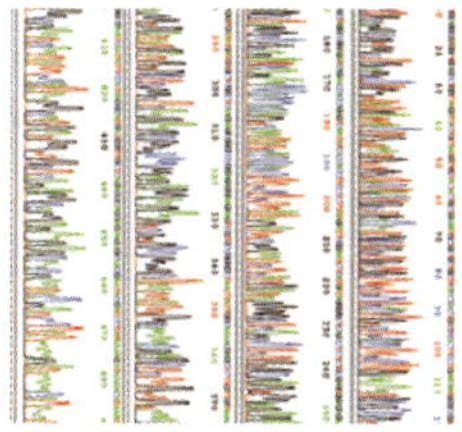

그림 10.39 DNA 서열화 결과 예

실타래와 DNA

한 개의 사람 세포를 큰 거실의 300,000배 정도의 크기라고 가정하자. 방 한구석에 비글(VW자동차)이 있다면, 이는 핵으로 작용한다. 염색체의 DNA 분자는 수 km의 면으로 된 실이 비글 안에 돌아가면서 실타래를 만드는데, 이 차안에 46개의 실타래를 만든다. *"Life itself"*보이스 렌스베르거(Boys Rensberger, NY 1996)

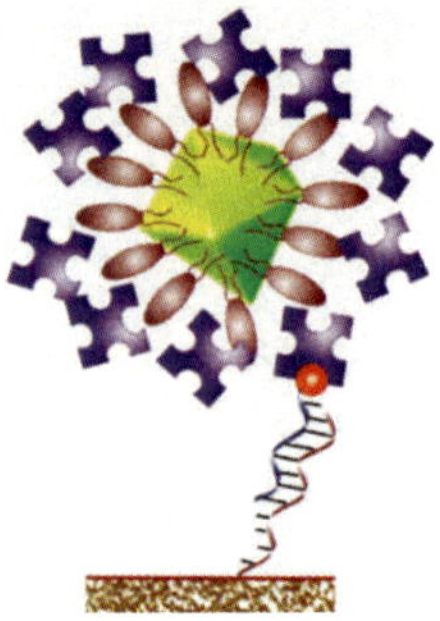

그림 10.40 슈퍼노바 원리: (우주의 초신성) PCR을 다른 방법으로 대체할 수 있을까? 디터 트라우(Dieter Trau)와 "8 sens"생물진단시약 회사(Berlin-Buch)는 1997년 이에 대한 아이디어가 있었다. 위 사진과 같이 다이아몬드는 원자들이 매우 촘촘하게 밀집되어 있는 구조이다. 염화인 결정을 DNA탐침으로 사용한다. 100nm결정은 100,000,000개 염화인 분자를 가지고 있다. 이 결정은 마커로 사용하는데, 물에 녹지 않게 만들고, 정제된 한 가닥 DNA가 1억 개 이상 연결되어 검사될 수 있다. 염화 분자는 분리되고, 용액은 형광빛을 띠게 되는데, 마치 우주의 슈퍼노바 같다.

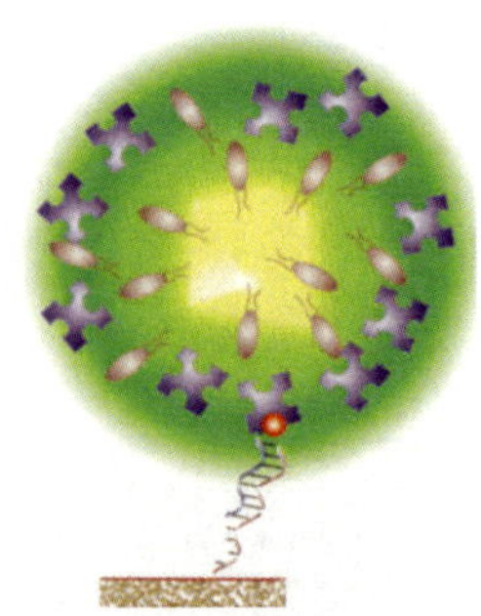

등을 만들어 PCR로 분석하고, 전기영동법으로 분석하여 크기에 따라 분석한다. 첫 번째 PCR 생성물은 두 번째 생성물보다 짧으므로 겔 상에 밴드로 먼저 나타나게 된다. 인간유전자에는 최소한 65만 개의 STR들이 있다.

다른 마커로는 **RFPL**과 **SNP**등이 있다. RFPL은 PCR–프라이머, PCR, 그리고 제한효소 처리, 전기영동법 등으로 분석된다. 현재 상태나 분해위치를 분석할 수 있다. 유전자에서 SNP 위치는 최소한 두 개의 핵산으로 나타나는데, 즉 점돌연변이(point mutation)이 된다. SNP와 하이브리드를 만드는 짧은 올리고핵산 마커로 만든다.

다양한 종류의 마커가 있으므로 특정 유전자 위치(locus)에서 여러 가지 조합을 통한 분석이 가능하다.

10.19 유전체 지도 작성

물리적인 유전자 지도에서는 염색체에서 DNA분자에 있는 특정 DNA 서열 위치가 표시되어 있다. DNA 표지자는 **ESTs(expressed sequence tags**, Box 10.6)로서 유전자의 부분 서열에서 상보적인 DNA(cDNA)로부터 만들어진다.

세포 내 DNA로부터 전사된 mRNA를 DNA로 전환시켜 라이브러리를 만든다. cDNA는 mRNA로부터 역전사효소(reverse transcriptase)를 사용하여 합성한다(3장 참조).

어떤 유전자인지 EST 서열로부터 구별할 수는 없지만, 유전자 위치는 알 수 있다. 다음과 같은 방법이 있다.

- **FISH**(fluorescence *in situ* hybridization): 불소크롬으로 표지된 한 가닥 등 두 가닥 DNA를 사용한다. 염색체 DNA를 늘리면 마커의 위치를 정확히 파악할 수 있다.
- 유전자나 염색체와 겹쳐지는 DNA 조각들에는 **mapping agent**를 사용한다.

10.20 게놈 서열 분석: Contig법과 Shotgun법

인간유전체해독프로젝트를 그만두었던 Craig Venter는 6년 후, 1998년 Celera Genomics(사)를 설립하고, 여기에서 사람의 DNA를 국가프로젝트에서보다 더 빨리 분석하고자 하였다.

길고 긴 경쟁 후 2000년 양측은 합심하여 결과를 공개하였다. 의견의 차이는 분석법에 있었는데, clone contig와 유전자총 방법이었다.

클론 contig 방법에서는 겹쳐지는 클론을 분석하면서 서열화한다. 복제된 유전자들을 제한효소로 처리하면 15만 개 염기쌍(150kb)이 만들어지면, 이 조각들은 세균의 인조염색체(bacterial artificial chromosomes, BACs)에 클로닝한다.

클로닝된 세균의 염색체는 F–플라스미드에서 만들어진 새로운 벡터로서, DNA 조각 300kb까지 수용할 수 있다.

세균 세포가 분열되면서 사람 유전자의 DNA조각들도 복제된다. 세균 세포는 한 개의 DNA복제본을 가지고 있게 되는데, 23권의 사전과 비교할 수 있다. 예를 들면,

클론 A: 12권의 26쪽에서 49쪽까지
클론 B: 12권의 35쪽에서 52쪽까지
클론 C: 12권의 18쪽에서 36쪽까지
클론 D: 12권의 27쪽에서 50쪽까지

사실 어떤 클론이 몇 권과 몇 쪽에 나타나는지 정확히 알지 못하지만, 클론라이브러리는 전체 유전자를 모두 포함하게 된다.

각 클론은 다른 클론과 공간배열이 이루어져야 하고, 제한효소로 처리하여 클론유전자 감식이 가능하게 한다. 그리고 PCR을 사용하여 분해위치를 분석한다(이전에는 서던블롯 사용).

클로닝된 DNA조각을 서열화하고, 각 서열은 **Contig지도**에서 위치를 찾는다.

클론 A가 클론 B에서와 같이, 마커(예, STRs)를 42쪽과 46쪽에 가지고 있다면, 26쪽에서 52쪽까지 재배열한다. 클론 C에서도 발견되는 마커를 클론 A가 27쪽과 30쪽에 가지고 있다면, 18쪽까지 연장하

여 재구성한다. 모든 클론을 사용할 필요는 없는데, 클론 D(27쪽에서 50쪽까지)는 더 이상 의미가 없게 된다. 전체 유전자에서 가장 적은 숫자로 부분적으로 겹쳐지는 클론을 찾는데, 이것을 contig라 한다. 인간유전자의 경우 3만 개 BAC 클론이 그것이다.

BAC에 있는 DNA조각들은 직접 서열화하기에는 너무 크므로, 우선 분해하여 하위 클론에서 복사한다. 이는 Sanger종결법을 개선한 것인데, 사실 느리고 비용이 많이 들어가므로 경제적인 방법을 찾게 되었다.

Craig Venter와 Celera Genomics사는 유전자총 방법으로 *Haemophilus influenzae* 유전자를 1995년 분석하였다.

사전에 지도화하지 않고 1,830kb인 유전자를 초음파로 처리하여 잘게 자르고 분석한다. 이렇게 생성된 서열에서 겹쳐지는 부분을 찾고, 각 서열은 구별할 수 있어야 한다. 초음파로 처리된 DNA를 전기영동법으로 분리하고 젤상에서 정제하여 *E. coli*에 클로닝한다. 클론라이브러리에 19,678개의 클론이 있어서, 28,643회 서열화 실험을 실시하였다. 작은 서열은 포기하고 나머지 24,304개만 컴퓨터에 입력하면, 36시간 정도 분석 후 140개 서열(소위 contigs라 하는)이 나타난다. 더 꼼꼼한 분석을 하려면 초음파로 처리한 더 많은 조각들 사이에 λ 파지 라이브러리와 올리고핵산마커를 연계하여 사용한다.

세균 유전자는 크기도 작고, 반복서열이 없으므로 유전자총방법으로 쉽게 분석되었다. 진핵세포 유전자의 경우 반복서열이 있으므로 유전자총방법을 적용하면 DNA 서열들이 겹쳐질 수도 있다. 수천 kb 염기쌍 정도 될 수 있는 진핵유전자의 반복서열들은 위치가 서로 뒤바뀔 수도 있으므로, 유전자총방법으로 유전자지도를 만들 때에는 이 부분에서 주의가 필요하다. 따라서 크기가 큰 유전자를 빠르게 분석하려면 예정된 유전자총방법을 적용하되, 생성된 서열은 지속적으로 유전자지도로 확인한다.

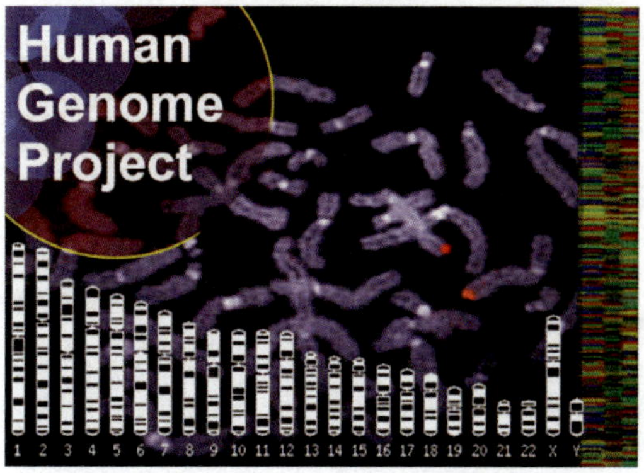

10.21 인간게놈은 이제 어떻게 활용되나?

James Watson의 설명에 의하면 남성의 Y 염색체의 차이는 전적으로 쓸모없는 DNA(junk DNA)로 되어 있다. 인간유전자는 마치 암호화되지 않는 DNA로 된 거대한 황무지의 오아시스같이 실제 전체 DNA의 3%정도 되는데, 단백질을 생산하지 않으므로 쓸모없는 DNA로 표시된다.

유전자 34억 개의 알파벳은 암호화된 서열에 따라 찾아야 하므로 이는 생명정보학 분야의 일이다. 실망스럽게도 창조의 원천은 단 20,000 ~30,000개의 유전자(2005년 현재)로 되어 있으며, 참고로 효모는 6,000개, 예쁜 꼬마선충 *Caenorhabditis elegans*는 18,000개로 되어있다.

장세균(enterobacteria)의 경우 DNA의 78%가 유전자를 암호화하는 반면 사람은 단지 3%정도가 암호화한다. 맨해튼의 전화번호부로 비유하면 300쪽의 세균 전화번호부의 78%, 즉 234쪽만 읽혀질 수 있다. 사람의 경우 유전자정보는 6,000쪽과 비교되고, 약 2백만 쪽에 분산되어 있다. 과연 어떤 정보가 들어있을까? 일반적으로 공상과학소설가들의 상상같이 특정 정보나 중국의 CHI(9장 참조, RNAi), 영혼 같은 것은 없다.

인간유전자를 지속적으로 연구분석하기 위한 목적으로, 국제적인 학회를 조직하여 1억 달러의 연구비를 조성하고 HapMap 프로젝트(map of haplotypes, 그림 10.42)를 시작하였다. 지속적인 연구로 천식, 암, 당뇨병 같이 확산되고 있는 질병과

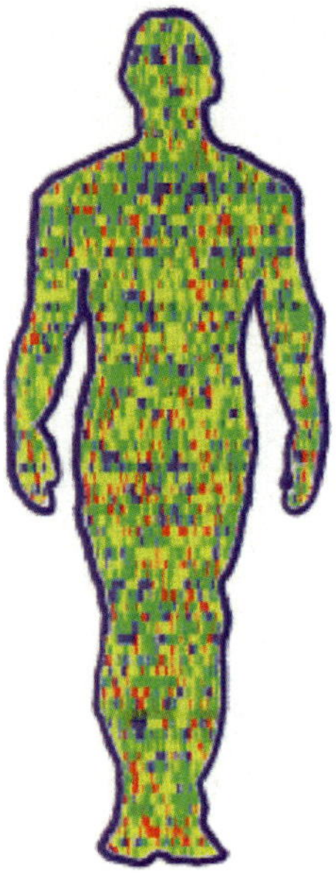

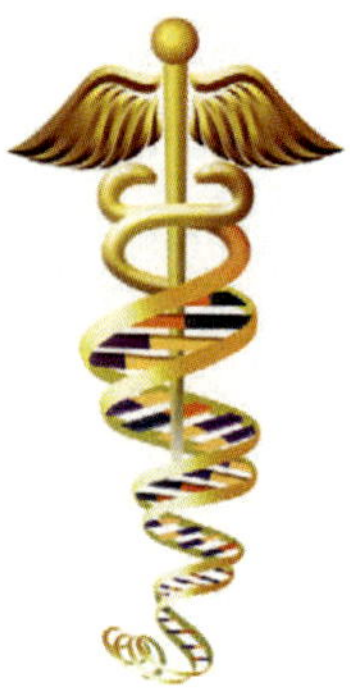

그림 10.41 인간유전체 해독프로젝트의 심볼

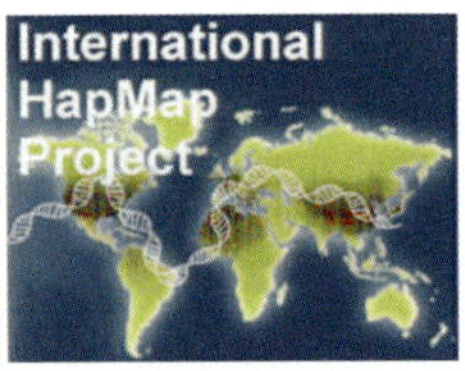

그림 10.42 Hap Map 프로젝트에서는 인간유전자의 유전적 다양성에 대한 연구를 하고 있다.

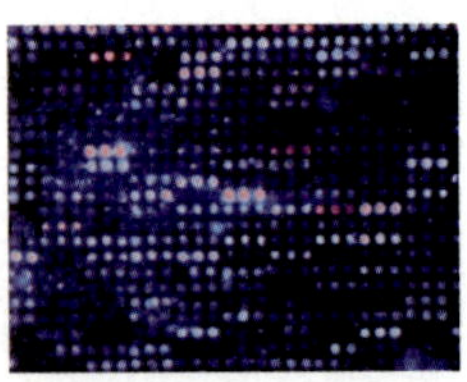

그림 10.43 유전자칩(DNA 어레이)으로 모든 생물체의 유전자를 분석한다.

관련있는 유전자를 찾고 이에 대한 방안을 찾고자 한다. 이 학회에는 미국, 일본, 중국, 캐나다, 나이지라아와 영국 등이 NHGRI(National Human Genome Research Institute)에 같이 참여하고 있다.

HapMap 프로젝트는 3년 내에 완결되어 인간 유전자상에서 유전적 다양성도 알려질 수 있을 것이다. 사람별로 나타나는 유전적 차이를 비교하여 유전자가 질병에 미치는 영향을 분석하고 파악하고자 한다. 인간유전체해독프로젝트에서 인간유전자에 대한 기본 지식을 얻었다면 HapMap 프로젝트에서는 응용방안을 찾고자 한다.

HapMap 프로젝트에서는 나이지리아, 일본, 중국과 미국 연구자들로부터 혈액시료를 채취하여 DNA를 분리한다. 초기에 200~400명의 혈액시료로 시작하였고, 결과는 인터넷상에 게재하여 자유롭게 누구나 활용할 수 있도록 하여서, HapMap이 완성되면 질병과 유전자의 관계를 전세계적으로 연구할 수 있을 것이다. 관심있는 사람은 국가유전자지도계획(**National Geographic Project**)에 본인의 DNA와 함께 130달러를 지불하면 조상에 대한 결과를 얻을 수 있다. 인간유전체해독프로젝트는 유전적 질병에 대한 연구와 함께 질병 치료제를 찾을 수 있는 정보(pharomacogenomics)를 제공하여 암의 완치도 가능할 것이다.

10.22 게놈 서열에 대한 이해

컴퓨터에 DNA 서열이 입력되어 있어도 마치 황무지의 3%인 오아시스 같은 유전자에 대해 어떻게 이해해야 할까? 단백질생성물의 아미노산 서열을 안다면 DNA 서열을 예측할 수 있다. 대부분 유전자에는 이러한 정보가 없다.

어느 위치에서 읽기를 시작할까? 유전자의 DNA 서열은 **'열린해독틀(open reading frame, ORF)'**로서 시작코돈(자주 mRNA의 TAC, AUG)로 시작되고 암호화 서열의 끝부분에 있는 정지코돈 ATT(UAA), ATC(UAG)나 ACT(UGA)으로 정열되어 있다.

6개의 해독틀(reading frame)을 만들고 유전자들은 이중결합위에 양방향으로 늘어놓는다. 이상적인 DNA 서열을 보면

5'-TACATAGGAGTTGCCGTTAAATCCCATCTTACCACGACT-3'
3'-ATGTATCCTCAACGGCAATTTAGGGTAGAATGGTGCTGA-5'

다음과 같이 해독틀을 읽어낼 수 있다.

TAC/A → 첫 번째 틀
ACA/T → 두 번째 틀
CAT/A → 세 번째 틀
5'-TACATAGGAGTTGCCGTTAAATCCCATCTTACCACGACT-3'

다음 다른 끝을 읽는다.

3'-ATGTATCCTCAACGGCAATTTAGGGTAGAATGGTGCTGA-5'
네 번째 틀 ← C/TGA
다섯 번째 틀 ← G/CTG
여섯 번째 틀 ← T/GCT

세 번째 해독틀을 mRNA(녹색)로 변화시키고, 아미노산(적색)은 다음과 같다.

5'-TA/CATAGGAGTTGCCGTTAAATCCCATCTTACCACGACT-3'
AU/GUA/UCC/UCA/ACG/GCA/AUU/UAG/GGU/AGA/AUG/GUG/CUG/A
Val Ser Ser Lys Ala Ile STOP!

해독틀은 열려있지 않고 mRNA상에서 'UAG'가 나타나면 중단되고 부분적으로 번역된다. 이렇게 모든 해독틀을 읽고, 여섯 개 중 첫 번째 해독틀만 열려있다.

5'-TACATAGGAGTTGCCGTTAAATCCCATCTTACCACGACT-3'
AUG/UAU/CCU/CAA/CGG/CAA/UUU/AGG/GUA/GAA/UGG/UGC/UGA
Start Tyr Pro Gln Arg Gln Phe Arg Val Glu Trp Cys STOP!

놀라운 것은 작지만 완벽한 펩티드가 된다.

세균의 경우, 이렇게 하여 분석이 가능하지만, 진핵세포에는 유전자들 사이에 공간이 많으므로 진짜 유전자가 아닌 짧은 **ORF**를 발견하게 된다.

유전자를 찾으면, 자료에 있는 것과 동일한 서열을 찾고, 다른 생물체의 경우에도 비슷한 것을 찾을 수 있다. 만약 동일한 서열을 발견하였다면, 기능도

Box 10.6 생명공학 역사: 인간게놈프로젝트

Craig Venter

일본에서 미국으로 돌아가는 비행기 안 태평양 10km상공에서 Craig Venter는 당시 NIH에서 스트레스 호르몬인 아드레날린의 수용체에 대한 연구를 하고 있었다. 심장세포 표면에 있는 아드레날린 수용체를 찾아서 단백질을 분리정제하여 생성 유전자를 찾고 있었지만, 매우 느리고 비용이 많이 드는 연구였다. 1986년 Venter는 자동서열화기계를 개발하였던 캘리포니아의 ABI(Applied Biosystems)로 갔다. 이 회사에서는 Fred Sanger의 원리에 형광물질(방사선 대신)을 사용하고 ABI 373A는 24개 시료를 동시에 분석하므로 DNA의 12,000개 염기를 알려주었다. 이 분석기의 가격은 당시 10만 달러였다.

1987년 초 Venter는 NIH 실험실에서 새로운 이 '장난감'으로 아드레날린 수용체와 관련있는 쥐의 유전자를 서열화하였다. 이 분석기는 다른 당시의 여러 가지 분석방법과 비교하여 훨씬 빠르고, 비용도 적게 들었다. Venter는 많은 유전자 질병의 유전적 원인으로 알려져 있는 X 염색체(Xq28)의 긴 부분(long arm)을 분석하고자 하였다. 당시 NIH 유전자센터장이었던 James Watson에게 기기에 필요한 비용을 신청하였으나 지지부진한 상태였었다.

기다리는 동안 Venter는 인간유전자에 중요한 두 가지 작은 과제를 하고 있었는데, 헌팅턴 무도병(Huntington' s chorea)와 관련있는 4번 염색체와 근육퇴행위축(muscular dystrophy)과 관련있는 19번 염색체를 분석하고 있었다. 두 가지 유전자의 염색체간에 서로 직접적인 관계는 없었지만, 6만개와 106,000개의 염기들이 분석되었지만, Venter에게는 더 빠른 분석이 필요하였다. 당시 Venter의 연구원으로 후에 경쟁자가 되었던 Francis Collins도 있었다.

'해결책' 으로 유전자를 코딩하지 않는 DNA, 즉 쓸모없는 DNA의 서열화를 피하기 위해 유전자를 농축하면, 전사 과정에서 한 가닥 mRNA로 암호화되지 않는 DNA(intron)는 자연적으로 제거된다. 단백질로 암호화되는 필수적인 mRNA만 세포핵에서 세포질의 리보솜에 도착하여 번역된다.

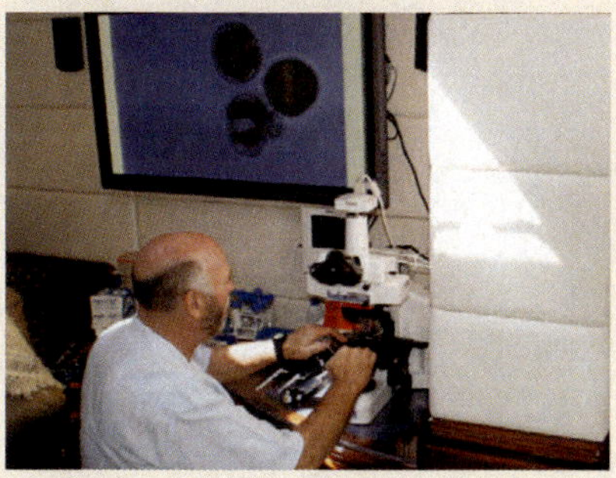

실험실에서의 Venter

세포에서 비교적 불안정한 RNA 분자를 분리, 정제하고 상보적인 DNA로 만들면 소위, cDNA 라이브러리라고 하는 cDNA를 얻게 된다. 3장에서 설명되었듯이 역전사효소를 사용한다. 진핵세포의 mRNA(세포 RNA의 1~3%)는 친화크로마토그래피(affinity chromatography)법으로 분리되는데, 3' 말단의 올리고-A 서열(즉, …AAAAA-3')을 이용한다. 컬럼에는 TTTTT 서열이 있는 올리고-T matrix가 있어서 AAAAA를 합성하면서 붙들어 놓으면 다음과정에서 컬럼으로부터 회수된다.

Venter의 아이디어는 놀라울 정도로 간단하여, 우선 동료인 마크 아담스와 뇌세포의 cDNA 라이브러리를 만들었다. 뇌에서 필요한 유전자를 만회 이상 복사하고 mRNA를 역전사효소로 cDNA로 전환시키고, 세균 플라스미드에 넣으면 반응이 계속 진행된다. 세균은 한천배지에서 콜로니를 형성하면서 자라면, 콜로니를 선택한다. 각 콜로니에는 아직 알려지지 않은 유전자의 cDNA가 있으므로, 이 DNA들을 분석한다.

그 다음 과정으로 Venter는 200~300개의 염기를 이미 공개된 다른 생물체의 유전자와 비교하였다. 각 cDNA 서열은 expressed sequence tag(EST)로 표시된다.

이러한 실험과정은 단순하고 우아하기까지 하다. 노벨상 수상자인 Sydney Brenner는 1986년 인트론 DNA를 피할 수 없지만 다루는 방법을 알면 처리가 가능한 소득세와 비교하였다.

Venter는 더 효율적으로 연구하였다. Watson에게 기다리는 동안 최소한 2백만 개 이상의 염기를 분석할 수 있었을 것이라하며, 항의와 동시에 분석하려던 X 염색체에 대한 연구비를 신청한 지 2년 후 취소하였다. 1991년 6월 그는 그의 새로운 EST 방법을 Science지에 발표하였다. 그는 뇌에서 작용하는 330개의 유전자를 발견하였고, 이는 신경조직에서 5,000가지 알려져 있는 유전자 질병의 1/4 정도되는 양이었다. 이때 NIH에서는 3,000개 미만의 인간유전자를 공개하였다. Venter는 혼자서 몇 개월 이내에 알려진 총유전자의 10% 이상을 분석하였다.

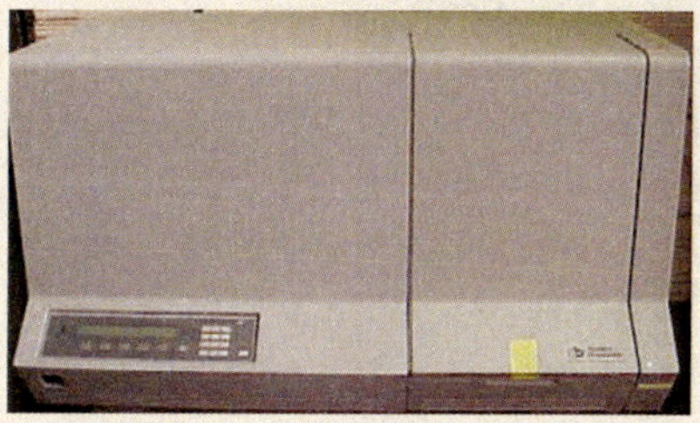

전설적인 DNA 자동분석기: ABI 373A

비슷할 것이다. 예쁜꼬마선충(*Caenorhabditis elegnas*)과 초파리(*Drosophila melanogaster*)에서 발견된 유전자들이 사람의 유전자에도 나타난다.

10.23 약학게놈학

세계적인 제약회사인 GSK(GlaxoSmith Kline)사의 부사장 **Allen Rose**는 '비싸게 처방된 의약품들이 정작 환자들 50% 이상에게는 무용지물이다'

Box 10.7 DNA 칩

DNA 칩과 DNA 미세정렬(microarray)은 서열을 알고 있는 DNA 분자를 모아놓은 것이다. 정렬은 사각형 모양으로 되어 있고, 수만 개의 염기가 수백단위로 되어 있다(예를 들면, 60 · 40, 100 · 100 또는 300 · 500). 각 단위는 유리표면에 지름 200um 미만의 크기에 정확한 위치에 고정된다. 정확히 조합된 DNA조각들의 백만 개 이상 복제된 것이며, 컴퓨터에서는 어느 위치에 어떤 DNA가 있는지 저장되어 있다.

두 가지 방법이 있는데,

1. DNA를 미리 만들어서 표면에 고정(spotted microarray) 또는
2. DNA *in situ*(high density oligonucleotide)를 유리웨이퍼에 합성한다.

Affymetrix는 *in situ* Chip으로 유전자칩 상용화부분에서 선두 자리를 차지하고 있는 회사로서, DNA를 글라스칩에 빛으로 고정시킨다. DNA칩은 일반적으로 작은 글라스나 합성막으로 되어 있으며, DNA분자를 한 가닥 올리고핵산형태로 일정한 간격으로 고정되어 있다. '올리고'는 직접 칩표면에서 합성되는데, 이러한 사진제판(photolithographic) 공정은 Steve Fodor와 동료들에 의해 Affymetrix에서 개발되었다.

간단하게 설명하면 레이저광을 사용하고, 빛을 차단하기 위해 일부는 항상 덮여져 있다. 빛이 도착하는 위치에 반응이 시작되는 곳으로 핵산(A, G, C, T)을 강한 빛에너지를 사용하여 고정시킨다. 이렇게 여러 가지 한 가닥 DNA분자를 작은 칩에서 합성한다. 25만~100만 개의 올리고핵산을 1cm^{2}의 표면 위에 넣을 수 있다.

다른 방법은 로봇을 사용하여 칩 표면에 DNA 한 방울을 떨어뜨리고 건조시킨다. 이런 방법으로 수천 개의 올리고핵산을 칩에 고정시키고, 잉크제트원리를 적용시킨다.

다음 단계로서 칩에 DNA 조각들을 놓는다. mRNA를 사용하는 경우 역전사효소를 사용하여 cDNA를 만들고, DNA는 제한효소를 사용하여 작게 자른다. 분석하고자 하는 이중나선구조 DNA 조각들은 사전에 녹여서 한 가닥 DNA로 만들면, 상보적인 한 가닥 DNA가 있는 칩에 고정된다.

올리고 서열

CTTTTTTCCCCCC

는 한 가닥 DNA의 다음과 같은 서열

GAAAAAGGGGG 를 연결한다.

칩에 고정된 DNA조각들은 낚시에 비유하면 '먹이'가 되어 분자생물학적으로 DNA 조각들을 낚게 된다(molecular fish on chips). 각 DNA 먹이는 수백만 종류의 DNA 분자 혼합물에서 해당되는 DNA를 찾아내어 완벽하게 일치하게 된다(hybridization).

작은 이중나선구조물이 생성되고 걸린 DNA 조각들은 DNA 칩위에 계획된 위치에 붙게 된다. 사전에 형광색소로 염색하면, 레이저상에서 형광색을 띠게 된다.

레이저스캐너로 칩에 접근하면 잡종화를 관찰할 수 있다. 컴퓨터에는 칩의 어느 위치에 어떤 올리고핵산이 있는지에 대한 정보가 입력되어 있으므로 시료에서 가져온 DNA 조각들을 찾아낼 수 있다.

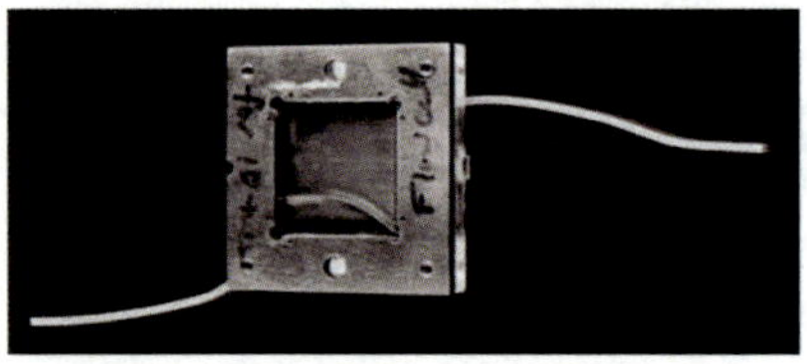

Affymerrix의 최초 DNA 칩

알렌 유(싱가폴 대학)가 소아의 급성임파선염을 gene expression profiling으로 분석한 Affymerrix유전자 칩, 미세정열 그림을 보이고 있다.

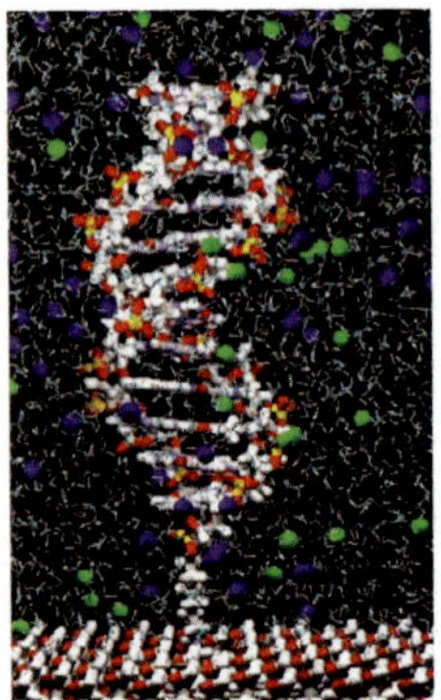

그림 10.44 DNA 칩: 한 가닥 DNA와 혼합된 DNA 존재

라고 하면서 이는 제약업계의 공공연한 비밀(그림 10.46)이라 하였다. 치매에 처방된 약들은 환자 3명 중 1명, 암환자의 경우 4명 중 1명에게 효과가 있다. 편두통, 골다공증, 동맥경화의 경우 50% 미만의 환자들에게 의약품이 효과를 내는데, 이는 환자가 의약품의 효과를 방해하는 유전자를 가지고 있기 때문이라고 한다. 약 90% 이상되는 많은 종류의 약들이 30~50%정도의 환자들에게만 효과를 낼 수 있다고 Rose는 주장하였는데, 그는 분자의약학자이다.

같은 종류의 약이 사람에 따라 다르게 효과가 있다는 것을 우리는 알고 있다. 의사는 질병에 따라 처방한다. 만약 의사가 사람의 유전자를 감안하여 처방한다면 의학분야에서 혁명이 될 것이다. 의약품의 부작용도 줄어들 수 있다. 유전학 연구자가 만약 폐암 유발 유전자를 알아낸다면 건강한 사람과 환자를 비교할 수 있다. 두 가지 유전자서열의 차이가 알려진다면 암에 걸릴 수 있는 확률을 낮출 수 있을 것인데, 자주 변이된 염기쌍(SNP, single nucleotide polymorphism)이 발견된다.

이러한 정보는 진단검사에 사용될 수 있는데, 발암가능성이 높은 사람에게 경고하고, 의사는 어느 의약품이 가장 효과가 있는지 예측할 수 있다(그림 10.48). 천식환자에게 알부테롤(Albuterol)이 얼마나 효과가 있을지 β-2AR 유전자로 예측할 수 있다. 알부테롤은 허파근육을 이완하여 기도를 열리게 하고, 이 유전자는 4~5가지 대립형질(allele)이 알려져 있다. 이로서 천식환자의 25%정도에게 알부테롤의 효과가 없을 수 있는 이유를 이해할 수 있다. 효소 시토크롬 P-450의 다양성에 대한 테스트로 항우울성 약제로 효과가 있을지 예측할 수 있고, 다른 테스트로는 고혈압이나 편두통에 사용하는 약의

효과를 예측할 수 있다(그림 10.48).

인간유전체해독프로젝트의 선두주자인 **Francis Collins**(그림 10.37)는 2010년에는 흔히 알려진 25가지 질병에 대한 사전 테스트로 사람들에게 생활습관을 바꿀 수 있을 것이라 했다. 2020년에는 당뇨병, 고혈압 등 국민병의 경우 유전자를 기본으로 한 맞춤식 의약품(designer medicine)이 만들어질 것이다. 2030년에는 노화조절 유전자를 분석할 수 있는데, 1,000달러 미만의 가격으로 사람마다 각자 유전자 분석을 의뢰할 수 있다.

2040년에는 유전자를 바탕으로 한 의약품이 일반화되어 대부분 질병을 증상이 나타나기 전에 미리 예측하여 만드는 의약품과 유전자치료를 적용할 수 있을 것이다. 개인별 맞춤식 의약품이 일반화될 것이다. 일반적인 사람들 외에도 이러한 정보에 대해 보험회사, 회사경영진들, 정부와 정보요원들도 기뻐할 것이다.

콜린스에 의하면, 우리는 모두 4~5개의 불량유전자와 많은 종류의 위험요인이 되는 더 많은 종류의 유전자들이 있다고 한다. 사람들은 스스로 유전자를 선택할 수 없으므로, 유전자들은 따라서 사람들을 해치는 데 작용되지 않도록 해야 한다.

제약산업은 효과가 높은 SNP진단시약을 개발하고자 하나 높은 비용(수억 달러)과 새로운 약품에 대해 치루어야 하는 엄격한 임상시험으로 어려움을 겪고 있고, 특히 대개 상용화하기 전 임상 마지막 단계에서 실패하게 되므로 막대한 손해를 보는 경우가 자주 있다. '의약품 혁명'에서는 **DNA 칩**(DNA Chip)이나 **DNA 미세정렬**(DNA micro-arrays)을 우표만한 크기와 모양으로 만들 것을 제안하였다(그림 10.47).

10.24 DNA 칩

또 다른 혁명이 일어나고 있다. DNA 칩으로 칩테크놀로지와 레이저스캐너, CCD 그림분석으로 시료에 어떤 DNA 해독틀이 있는지 알아낼 수 있다(Box 10.7).

DNA 칩은 유전자칩이나 DNA 미세정렬이라 하기도 하는데, 1990년대에 개발되었다. Affymetrix사, Santa Clara사(California) 등은 수천 개의 DNA를 마치 실리콘에 트랜지스터를 넣은 것과 같이 유리마이크로칩에 고정화하였다(그림 10.47). 여기에 컴퓨터 칩 생산기술을 적용시킨 후 DNA 칩 기술은 빠르게 발전하였다. 늦어도 앞으로 10년 이내에 DNA 칩은 우리의 일상생활과 분리하여 생각할 수 없을 정도가 될 것이다.

유전자칩은 유전자 분석과 유전자 활성 테스트에 사용된다. 많은 종류의 DNA 테스트에서 정보수입을 위해 수십 개에서 수백 개의 반응관을 필요로 하는데, 바이오칩을 사용하면, 칩 자체가 매우 작으므로 이에 적용할 정도면 충분하다. 이용과 응용가능성은 무궁무진하다.

- 발현프로필로 세포에 있는 모든 RNA들이 만드는 단백질의 종류와 시점을 측정할 수 있다.
- AIDS, 암연구와 분자의약품분야에서 DNA 서열의 변이정도 테스트
- SNP 분석

충분한 양의 DNA가 바이오칩에 있다면 DNA를 분석할 수 있는데, 이것은 **SBH(sequencing by hybridization)**라 하며, 특히 맞춤식의약품에 SNP분석은 매우 실용적이다.

10.25 질병의 원인 탐색: 유전자발현 프로파일

유전자 발현 프로파일(효모의 경우 그림 10.43)로 인간유전자 활성의 변화를 분석하여 질병에 대한 연구를 할 수 있다.

건강한 조직과 병든 조직에서 활성있는 유전자들을 연구하기 위해 우선 조직에서 **mRNA**를 분리한다. 역전사효소를 사용하여 형광색소로 표지된 cDNA를 만들고 유전자칩에 고정하고 수천 개의 유전자조각을 넣는다. 마킹된 cDNA를 칩의 상보적인 조각에 연결하면 활성유전자가 보여진다. 발현프로파일을 비교하여 수백 개의 유전자간 활성의 차이

그림 10.45 Genotyping 예: 마이클 양의 유전자 칩으로 한약(위)을 검사하였다.
Fritillaria cirrhosa(가운데)는 심한 기침과 폐결핵 치료에 사용된다.
*F. thunbergii*는 유방암 치료에 사용된다. 유전자 칩으로 동정함(아래).

그림 10.46 비싼 약을 처방받는 환자들에게 적용할 수 있다고 알렌 로즈는 설명한다.

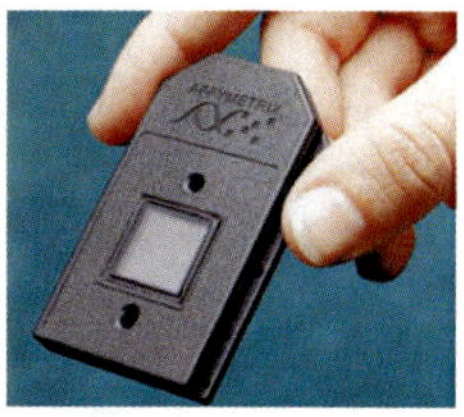

그림 10.47 Affymerrix의 유전자 칩

그림 10.49 단백질 칩의 시각적 모형

그림 10.48 유전자 기초 약물치료

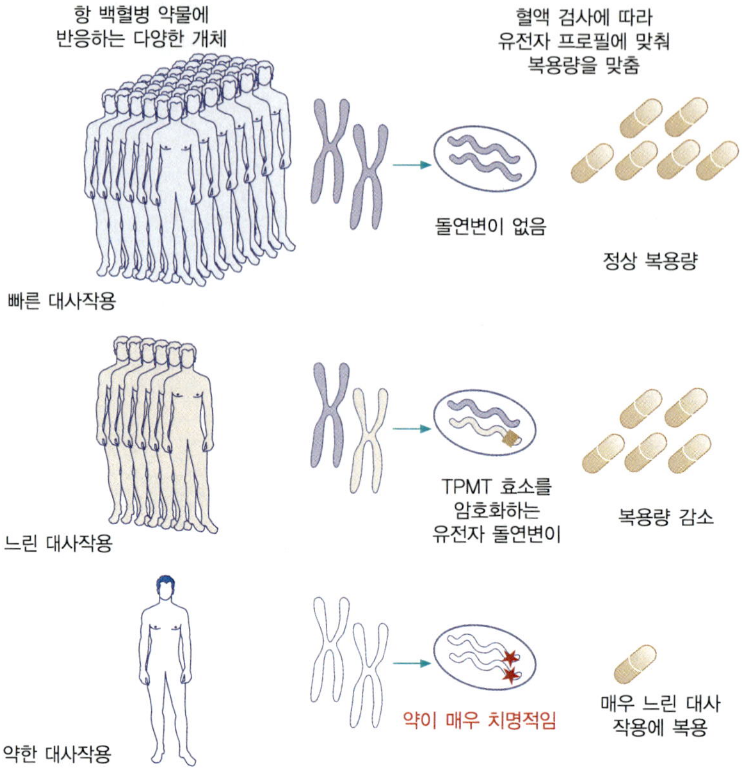

를 비교하고 질병의 원인이 되는 유전자를 찾는다.

질병의 원인이 될 수 있는 유전자군을 선택하여 기능을 분석하는 여러 가지 방법을 적용하여 검사한다. 우선 유전자의 기능을 검색하고, 여기에서 얻은 정보를 중심으로 병든 세포에서 별다른 역할을 하지 않을 유전자들을 제외시킨다. 이런 과정을 거치면 몇 가지 유전자만 남아서 동물실험을 실시하는데, 동물에서 유전적 변화가 사람에게도 비슷하게 적용되기 때문이다. 이러한 실험 후 분자생물학적 단계에서 질병 발생에 유전자가 원인이 되는지에 대한 결과를 얻을 수 있다.

1995년부터 유전자 발현 분석은 수천 개의 유전자를 동시에 발현프로필 하는 방법이 전세계적으로 사용되고 있다. 세포의 모든 mRNA, 즉 transcriptom 분석이 가능해 졌고, 의학적 과정도 같이 전사체(transcriptom) 테스트한다.

10.26 단백질체학

전사체(mRNA) 분석은 질병을 분석하고 연구하는데 매우 유용하고 의약품과 환경변화에 대한 반응을 예측할 수 있다. 세포의 기능을 담당하는 것은 mRNA가 아니라 단백질이며, 단백질합성은 독립적으로 이루어지므로 mRNA에 대한 결과가 항상 단백질 기능과 일치하지는 않는다.

1995년 제안된 '**프로테오믹스(proteomics)**' 또는 '프로테옴분석(proteome analysis)' 이란 용어에서는 세포, 조직과 생물체의 총단백질에 대한 연구를 이해한다. 고등생물의 경우 한 개의 유전자로부터 10개의 단백질이 생성된다. 발현양상, 기능과 단백질간의 작용을 단백질체학(proteomics) 또는 기능유전체학(functional genomics)이라 한다.

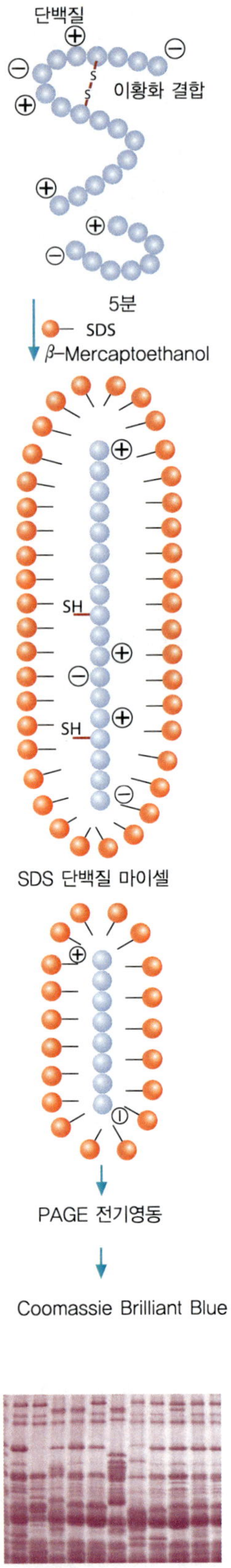

그림 10.50 SDS-PAGE 원리

일반적으로 단백질 분석은 두 가지로 나눌 수 있는데, 시료를 얻고, 각 단백질을 분리하여 동정하고 구조를 분석한다.

시료는 2D SDS-PAGE(**2차원적 폴리아크릴아마이드 전기영동법**)을 사용하고, 핵산의 전기영동법의 경우와 마찬가지로 단백질분자들이 이동하면서(작은 분자들이 빠르게 이동한다) 분리된다.

다만 핵산의 경우와 달리 단백질은 모든 밴드가 똑같이 이동하지 않고, 전기적으로 음성인 단백질은 양극(cathode)방향으로, 양성 단백질은 음성(anode) 방향으로 이동한다.

이 방법에서 SDS(sodium dodecyl sulfate)는 mercaptoethanol(-S-S-결합을 -SH로 환원, 그림 10.50)과 함께 단백질을 변성시킨다. **SDS**는 음성 탐지자로 단백질의 비공유결합(non-covalent binding)을 분리하고 단백질구조를 '펼쳐' 놓으므로 마이셀(micelle)이 형성되고 전기를 띠게 된다. 전기적으로 음성인 미셀은 핵산의 경우와 같이 분자크기에 비례하고 SDS로 변성된 단백질들은 젤에서 분리된다.

다음 코마시블루로 염색하면 단백질 밴드들이 보여지고, 단백질 0.1μg까지 밴드로 나타나므로 확인이 가능하다.

새롭게 개발된 2D-GE(2-dimensional gel electrophoresis, 그림 10.51)법에서는 IEF(isoelectric focusing)를 사용하고 수직으로 pH 농도구배(낮은 pH에서 높은 pH까지)조건을 만든다. 단백질시료를 넣으면 단백질은 등전점 pH 값에 따라 이동하여 밴드가 생성된다. SDS로 겔을 처리하면 SDS 겔상에서 수평으로도 이동되는데, 이렇게 하여 2차원적 분리가 가능해진다. 단백질들은 한 방향으로 이동한 다음에는 크기에 따라 다시 오른쪽 각도로 움직인다.

대부분의 연구자들은 2D-GE법에 별로 만족하지 않는데, 특히 정확성과 재연성이 문제된다. 다른 방법으로 MS(mass spectrometry)를 사용한다. 2D GE로 분리한 후 단백질을 겔에서 잘라내고, 트립신같은 단백질분해효소로 처리하면 펩티드결합이 풀어지고, 이 펩티드를 MS로 분석하여 단백질에 대한 총체적 정보를 얻게 된다.

10.27 MALDI: 단백질 이온 가스

MS(mass spectrometry)는 원래 매우 민감한 이온화된 원자를 분석하기 위해 개발되었으나, 크기가 작은 무기분자와 유기분자 분석에도 오랫동안 사용되었다. 단백질, DNA 같은 분자크기가 큰 생물질 분석은 최근에 성공적으로 이루어졌으나, 수분을 제거하고 MS의 진공상태로 이동하여 물질의 안정된 상태에서 분석된다.

이것은 마치 우주인을 우주인 복장을 갖추어 입히지 않은 채 우주로 보내는 것과 같으므로, 분자크기가 크고 전하가 있는 분자를 휘발성으로 만들려면 트릭이 필요하다.

오늘날 두 가지 트릭 중의 하나를 **MALDI(matrix assisted laser desorption ionization)**라 하며, 80년대 말 뮌스터대학 **Franz Hillenkamp**(그림 10.53)와 연구원들에 의해 개발되었다.

단백질을 자외선을 흡수하는 크리스털에 넣는다. 기질 용액과 단백질분자를 메탈과 혼합하고 용매가 휘발하여 없어질 때까지 기다린다. 단백질이 고정된 크리스털을 진공공간으로 넣고 시료에 매우 강한 자외선 레이저를 순간적으로 쪼이면 폭발하듯이 자외선을 흡수하여 기질에서 단백질이 진공공간으로 휘발된다. 이 과정에서 단백질분자가 전기적으로 양성 또는 음성으로 하전된다.

MALDI에 의해 생성된 이온은 대부분 **TOF(time of flight)**법으로 분석되는데, 이온들은 약 1m 정도되는 진공상태의 파이프라인을 통해 날라가게 되는데, 대략 백만 분의 1초 동안 측정된다. 단백질 이온들은 그 전에 전기장을 통해 가속되기도 한다. 같은 전하를 띤 다른 크기의 단백질들은 다른 속도로 날라가게 된다. 작은 크기의 단백질 이온은 크기가 큰 단백질보다 더 빨리 날아가고, 이온이 두 개이면 한 개인 단백질보다 두 배 더 빨리 날아가게 된다. 날아가는 시간은 단백질의 무게/전기량(m/z) 비로 계산되고, 시간은 flight analyser로 측정된다. 좋은 MALDI-TOF MS는 단백질을 0.001%의 정확도로 측정할 수 있다.

TOF-MS는 매우 신속하고 정확하게 작동하는 SDS-PAGE와 같다. 두 경우 모두 하전된 분자의 이

그림 10.51 최초 2차원 전기영동

그림 10.52 패트릭 오파렐은 학생으로 2D-PAGE를 개발하여 *E.coli*에서 수천 개 단백질을 분리하였다. 그러나 재연성이 낮다.

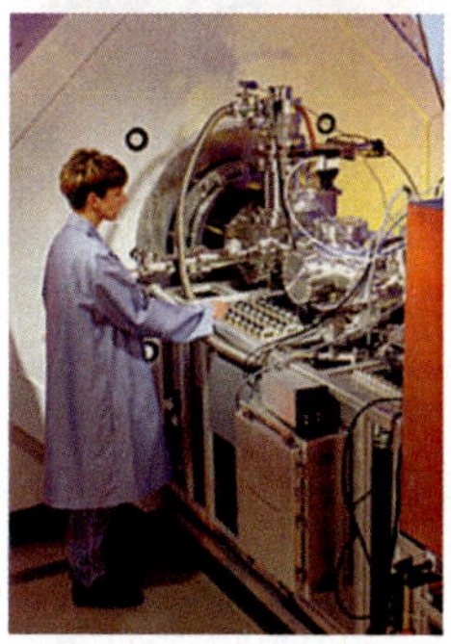

그림 10.53 뮌스터대학 프란즈 힐렌캄프는 MALDI를 개발하였다.

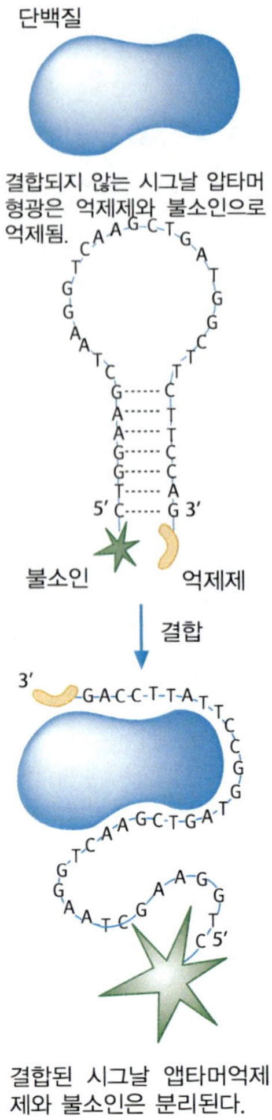

그림 10.54 앱타머의 기능

그림 10.55 스티븐 호킹은 눈의 움직임으로 컴퓨터를 통해 대화한다: "... 어디선가, 누구인가 사람을 위해 일한다..."

동경로나 시간을 측정한다. MS는 isoelectric focusing을 보완하는 이상적인 방법이지만 가격은 매우 높다.

다른 방법으로는 큰 분자의 이온을 생성하는 ESI(electrospray ionization)법이 있다.

10.28 앱타머와 단백질 칩

단백질 미세정렬은 DNA 정렬과 비슷한 방법으로 만들 수 있다(그림 10.49). 정렬에는 특정 고정 물질, 예를 들면 항체로 고정화 할 수 있다. MS(MALDI-TOF)나 형광표지자로 읽을 수 있다. 단백질 칩은 10만 개를 spotting 할 수 있는 DNA 칩과 비교하면 아직 개발이 미약하지만, 정량적 분석와 세포추출물에서 RNA를 읽어낼 수 있다.

프라이부르크 출신이며 「Laborjournal」의 편집자인 단백질생화학자 **Hubert Rehm**은 다음과 같이 말하였다. "단백질생화학자에게도 세포추출물을 넣고 30분 후 소스에 있는 단백질의 형태, 변형, 숫자, 농도를 알아낼 수 있고 또한 칩은 포도당, 유산, 올리고당, 다당류 등 대사산물의 농도까지 측정할 수 있는 장난감 같은 칩이 있었으면 좋겠다... 단백질칩에는 수백만 개의 단클론항체군이 필요하다." 결론은 이것은 불가능할 것 같다.

그러나 다른 아이디어도 있다. **앱타머**란 DNA 또는 RNA oligonucleotide(15~60 뉴클레오티드)로서 특정 단백질과 결합하며, 가볍고, 값싸고, DNA 합성기에서 대량생산이 가능하다. 항체의 대체물질로 사용이 가능하며 이온이나(Zn^{2+}), ATP, 펩티드, 단백질과 당단백질에 대해 결합할 수 있는 형태로 생성이 가능하다. 앱타머의 반응특이성이 항체의 경우보다는 낮지만, 결합의 유무를 나타나게 할 수 있다(그림 10.54). 핵산 5'-위치에 형광물질로 표지된 앱타머를, 3' 위치에는 quencher(형광색소를 소멸시키는 물질)를 붙인다. 분석하고자 하는 물질이 없는 경우 앱타머는 quencher에 의해 형광물질이 녹아 없어지고, 있는 경우에는 분석물질과 결합하여 형광색을 띠게 된다. Quencher는 fluorophore에서 분리되어, 앱타머는 형광을 보유하게 된다.

10.29 인간게놈의 완전정복이 가능할까?

Stephen Hawking같은 회의주의자들은 지난 1만 년 동안 '인간 유전자 DNA에 별다른 변화가 없었으나, 느리게 일어나는 생물학적 진화과정을 거치지 않고도 곧 우리 안에 자리잡고 있는 DNA가 복잡하게 될 것이고, 사람의 뇌부위가 커진다거나, 법적으로 제한하여도 누구든 어디서든 사람의 능력을 개선하고자 할 것이다' 라고 하였다.

James Watson 같은 낙관론자는 '유전학 자체가 문제가 될 경우는 절대 없을 것이지만, 우리가 유전학을 잘못 사용하게 되는 경우 생명윤리적인 부분이 회자될 것이다' 라고 하였다.

10.30 *Quo vadis*, 생명공학?

> "미래에는 컴퓨터가.... 아마도 1.5 톤 정도 될 것이다"
> (컴퓨터 연구개발, 1949년)

이러한 당시의 예측을 염두에 두고 앞으로 우리의 미래를 조심스럽게 살펴보자. 본 저자는 그로닝엔 대학 **Oliver Kayser**의 분석에 동의한다.

판단은 독자의 몫이며, 다음에는 여러 가지 예측된 내용들이다.

- 점차 많은 종류의 맥주, 와인, 빵과 치즈(1장) 등이 유전적으로 변화된 미생물에 의해 생산되고 있다. '좋은, 오래된' 균주들을, 향이나 맛에 변화를 주지 않으면서, 변화시킨다고 하나 유감스럽게도 그렇지 못한 것이 현실이다.
- 농업(7장)에서는 분명히 농약과 비료의 사용을 감소시킬 것이나, 농부 스스로 이미 산재해 있는 많은 양의 유해물질을 없앨 수는 없고, 종의 다양성도 급격히 계속해서 줄어들 것이다. 새로운 기술이 문제가 아니라, 산업적으로 종자개량, 비료, 농약과 생명공학회사들에 대한 의존도가 높아질 것이라는 것이 문제이다.

- 분해되는 생물 플라스틱과 미생물은 환경의 '정화제'이다(6장).
- 생명공학기술의 의약품 분야(4, 9장)에 대한 영향력은 증가할 것이다. 유전공학, 면역물질 생산(5장)과 진단기술의 발전으로 지금까지 치료가 불가능했던 질병들을 혁명적으로 치료할 수 있을 것이다.
- 전적으로 새로운 개념의 생명공학 의약품이 개발될 것이다. CMV(cytomegalovirus)의 안구감염에 열배열-올리고핵산인 'Vitravene'이 허가되었다. 그 전에는 AIDS 환자의 경우 CMV에 감염되면 실명될 수밖에 없었다.
- PhRMA(Pharmaceutical Research and Manufacturers of America, 미국의약품개발연구소와 의약품산업)는 면역성질병, 천식, 치매, MS(multiple sclerosis, 다발성 경화증)와 암 등 200가지 질병을 치료할 수 있는 369개의 의약품들이 개발되고 있다고 하였다.
- 생명공학의약품은 현재 전세계의약품 시장의 5% 정도이며, 2050년까지는 15% 정도 증가할 것이다.
- 생명공학 특허는 1995년 이후 매년 25%씩 증가하였다.
- AIDS와 말라리아에 대한 예방(5장)도 가능할 것이다.
- 유전자진단법은(10장) 개인의 유전자프로필을 사용하면 한 시간내에 100달러의 가격으로 가능하게 될 것이고, 이렇게 되면 수요는 폭발적으로 증가할 것이다.
- 혈액샘플 한 가지로 100가지 종류의 새로운 유전자와 면역진단이 가능하게 될 것이다. 저렴한 가격의 바이오테스트 막대, 바이오칩을 사용하여 여러 가지 질병진단을(예를 들면, 심장마비의 위험도) 동시에 몇 분 이내에, 집에서 환자 스스로 할 수 있을 것이다.
- 맞춤식 의료기술, 바이오칩을 사용한 진단 등이 산업적으로 10년 이내에 가능할 것이다.
- 프로테오믹스와 약물유전학분야에서는 아직 알려지지 않은 마커를 발견하고, 새로운 질병 치료법이 개발될 것이다.
- 유전자변이 동물(9장)의 장기를 사용할 수 있게 되어 장기부족 문제는 더 이상 존재하지 않을 것이다.
- 조직공학의 발전으로 새로운 코와 피부를 만들고, biohybrid system은 간과 신장의 기능을 증진시킬 것이다.
- 줄기세포(9장)로 파킨슨씨병, 치매, 혈액암, 유전자 결함이 원인이 되는 ADA(adenosine deaminase deficiency), CF(cystic fibrosis) 등의 치료기술이 언젠가는 개발될 것이지만, 10년 이내에는 기대하기 어렵다. 환자에게 필요한 치료기술에 대한 신뢰를 높이고, 치료의 위험성을 낮출뿐만 아니라, 윤리적, 심미적 차원에서 사회적 설득이 필요하다. 특히 여러 측면에서 가능한 어떠한 우려도 배려해야 한다.
- 21세기 초기 10년 동안 생명공학분야는 유능한 컴퓨터의 등장, 자동화된 실험기술, 유전학과 단백질학, 물질대사에 대한 지식과 함께 급격히 발전될 것이다.
- 개인과 사회에서 생명공학기술의 유용성을 알려야 한다. 생명공학기술로 더 많은 생명을 살려내면 생명공학에 대한 사회적 인지도는 증가할 것이다.
- 현재 미국에서는 의약품개발에 8억 8천만 달러가 투자되고 있으며, 개발에서 상품화까지 15년 정도 필요하다. 이중 75%는 잘못된 예측으로 소비되고 있는데, 유전공학기술의 발전으로 5억 달러로, 시간은 약 15%정도 줄일 수 있을 것이다.
- 2015년에는 현재 사용되는 의약품의 30%정도가 유전공학기술로 개발된 의약품으로 대체될 것이다.
- 2010년부터 유전자 약농(gene pharming)과 함께 유전자변이 식물과 동물(7, 8장)로 사람에게 중요한 단백질을 생산할 수 있을 것이다.
- 유전자요법과 나노로봇은 2010~2018년에 가능하게 될 것이다.

나노생명공학(nanobiotechnology)은 분명히 미래에 중요한 기술이 될 것이다. 생물질분자로 "분

그림 10.56 칩기술, 생물공학, 정보학의 접합된 생물전자학(bioelectronics)은 차세대 첨단기술이다.

그림 10.57 피터 프롬허쯔(Peter Fromherz)의 첨단연구:
달팽이 뉴런은 뉴런네트워크의 한 부분이다. 벌레를 칩에 고정화된 세포로서, 신경세포를 자극하여 생성된 시그널을 측정한다. 뉴런은 전기 시냅스를 생성한다.

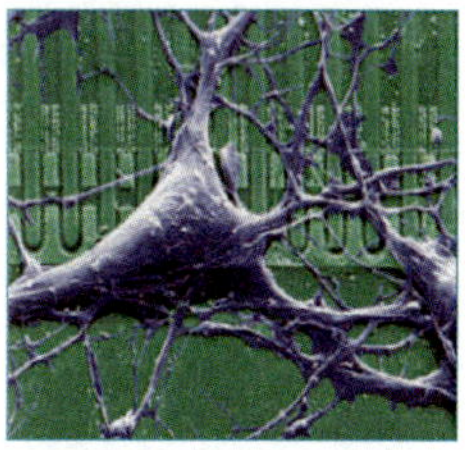

그림 10.58 규소 칩에 고정화된 쥐 뇌의 신경세포

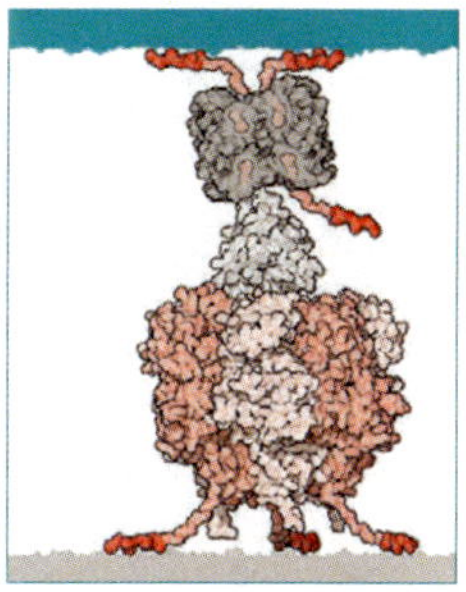

그림 10.59 나노생명공학: 나노프로펠러에 ATP 합성효소를 사용한다.
3개 아미노산기를 아랫부분에 엔진으로 사용한다.
ATP가 첨가되면 프로펠러는 돌아간다(파랑색).

자적 기계", 예를 들면, ATP로 세균을 움직일 수 있는 나노생물엔진(nanobiomotor, 그림 10.59) 같은 것도 개발될 것이다.

생물전자학(bioelectronics)에서는 포도당에 대한 바이오센서를 상품화하였는데, 최근에는 칩에 신경세포를 심어서 신호를 전달하고 있다(그림 10.57, 10.58).

에필로그
Victor Hugo는 '시대가 원하는 한 가지 아이디어보다 더 중요한 것은 없다'라고 하였다.
생명공학의 시대가 도래하여, 인류는 환상적인 발전을 경험하게 될 것이다.

편집후기 **만프레드 보핑어(Manfred Bofinger)에 대한 기억**

EFG 처리 후의 저자(왼편)와 화가(오른편)

부록에는 생명공학 제품 적포도주가 묘사되었다. 유명한 판화가 만프레드 보핑거 부부와 같이 공동 저서인「당신이 고양이 클로닝했지요?」출간을 축하하였다. 그의 그림은 거의 천재적이었다.

저자가 홍콩에서 전화로 부탁한 결과, 그는 세탁제 효소를 가위와 톱을 사용하여 무엇이든(기질) 작게 만드는 난장이로 묘사하였다.

그리고 그는 무엇이든 분해하는 알칼리성 인산분해효소를 넥타이와 자켓을 갖추어 입은 돼지가 공중에 있는 책상에 앉아 처리하는 모습으로 표현하였다.

보핑거는 이렇게 무미건조한 아이디어를 기발한 형태로 묘사하여, 그가 보내는 팩스를 받는 날은 마치 크리스마스 선물을 받는 것 같았다.

생명공학분야를 파라다이스(뱀이 있는!)의 생물공학나무로 묘사하였다. 여기에 색채를 추가하였다. 이렇게 늘 보핑거의 새 작품이 완성되었다.

2004년 성탄절 즈음, 팩스가 들어오지 않았고, 나는 그의 부인으로부터 그가 혼수상태에 빠졌다는 소식을 들었다. 상상도 할 수 없는 일이 벌어진 것이었다.

만프레드 보핑거는 2006년 1월 8일 세상을 떠났다.

그의 삶에 대한 기쁨, 선과 이성에 대한 믿음은 매우 인상적이었다.

평소 그가 즐겨 인용하였던 베르톨트 브레히트(Bertolt Brecht)의 문구 :

우리가 실천했던 만큼만 이성은 세상에 존재한다. 이성적인 사람들의 승리는 곧 이성의 승리를 의미한다.

라이하르드 레네베르그
(*Reinhard Renneberg*)
2006년 7월, 홍콩

생명공학나무 뿌리와 열매는 생명공학의 각 분야를 의미한다.

참고문헌

- Das aktuellste US–Lehrbuch der Biotechnologie:
  Barnum S R(2005) Biotechnology. An Introduction. 2nd ed., Thomson–Brooks/Cole Belmont
- Das beste Lehrbuch zur Genomik, aber eher für Fortgeschrittene:
  Primrose S B, Twyman R M(2004) Genomics. Applications in Human Biology. Blackwell Publishing, Malden
- Spannend und fundiert, berichtet zum Humangenomprojekt:
  Davies K(2003) Die Sequenz. Der Wettlauf um das menschliche Genom. DTV, München
- Die Zukunftsvision zum Genom, auf Englisch, aber unbedingt lesen!
  Collin F, Green E D, Guttmacher A E, Guyer MS(2003) A vision for the future of genomics research, *Nature 422:835–845*
- Das Standardwerk für Proteinlabors, endlich versteht man, was man immer falsch gemacht hat:
  Rehm H(2002) Der Experimentator. Proteinbiochemie/Proteomics, Spektrum Akademischer Verlag, Heidelberg
- Knappeste Einführung, didaktisch gut:
  Weber T P(2002) Schnellkurs Genforschung. DuMont, Köln
- Die faszinierende Welt der Humangenetik gut erklärt:
  Cummings M R(2003) Human Heredity. Principles and issues. 6th ed., Thomson–Brooks/Cole, Pacific Grove
- Vom genialen Schöpfer der Molekülgrafiken in diesem Buch:
  Goodsell D S(2004) Bionanotechnology. Lessons from Nature. Wiley–Liss, Hoboken
- Vom führenden Bioethiker Deutschlands geschrieben:
  Reich J(2003) Es wird ein Mensch gemacht. Möglichkeiten und Grenzen der Gentechnik. Rowohlt, Berlin
- Rundumschlag gegen eine profitgesteuerte Biotech–Industrie:
  Rifkin J(2000) Das biotechnische Zeitalter. Die Geschäfte mit der Gentechnik. Goldmann, München

웹사이트

- Ein Trainingskurs in der DNA–Fingerabdruck–Technik:
  www.fbi.gov
- Gute Einführung auf Deutsch in FISH:
  www.miszalok.de/Lectures/L13_Fish/Fish_deutsch.htm
- PCR–Animation:
  www.dnalc.org/shockwave/pcranwhole.html
- zum Humangenomprojekt, HUGO:
  www.ornl.gov/sci/techresources/Human_Genome/home.shtml
- Das Deutsche Humangenomprojekt:
  www.dhgp.de/deutsch/
- Das National Human Genome Research Institute:
  www.genome.gov/
- Pharmacogenomik:
  www.ornl.gov/sci/techresources/Human_Genome/medicine/phama.shtml
- Kritische Analysen zur Gendiagnostik: *www.genewatch.org*

자가진단을 위한 8가지 문제

1. 국민질병은 무엇이며, 바이오센서로 진단하는 방법은?
2. 임신진단에서 분석되는 물질은? 난자 수정 후 바로 분석이 가능한지?
3. 전기영동법에서 분리되는 DNA의 특징은?
4. DNA 증폭에 적용되는 두 가지 원리는?
5. 한 싸이클이 3분 걸린다면, 한 시간 동안 DNA 복제는 얼마나?
6. MALDI에서 단백질 분자의 반응은?
7. 인간게놈프로젝트에서 Contig 방법보다 더 빠르고 정확한 방법은?
8. 제노믹스와 프로테오믹스의 개념은?

찾아보기